水库干支流异重流研究

李　涛　夏军强　张俊华　夏润亮　著

黄河水利出版社
·郑州·

内 容 提 要

本书集成与凝练了长期从事水库干支流异重流工作的主要研究成果，不仅从异重流基本理论、泥沙运动基本理论和低含沙量、高含沙量异重流相似到实体模型的设计及制作等方面进行了探讨，而且还结合低含沙量动床模型试验的实例，详细介绍了低含沙量动床模型试验的成果和经验。

本书理论基础强，资料丰富，机制阐述清晰，是一部涉及异重流、水力学、河流动力学、河流模拟方面的科技专著。本书可供广大水库泥沙研究工作者、异重流研究人员及大专院校有关师生参考。

图书在版编目(CIP)数据

水库干支流异重流研究/李涛等著. —郑州：黄河水利出版社，2020. 12

ISBN 978-7-5509-2737-7

Ⅰ. ①水… Ⅱ. ①李… Ⅲ. ①水库泥沙-异重流-研究 Ⅳ. ①TV145

中国版本图书馆 CIP 数据核字(2020)第 126513 号

策划编辑：岳晓娟　　电话：15937166587　　QQ：2250150882

出 版 社：黄河水利出版社　　网址：www. yrcp. com

地址：河南省郑州市顺河路黄委会综合楼 14 层　　邮政编码：450003

发行单位：黄河水利出版社

发行部电话：0371-66026940、66020550、66028024、66022620(传真)

E-mail：hhslcbs@ 126. com

承印单位：河南匠之心印刷有限公司

开本：787 mm×1 092 mm　1/16

印张：36. 75

字数：850 千字　　印数：1—1 000

版次：2020 年 12 月第 1 版　　印次：2020 年 12 月第 1 次印刷

定价：168. 00 元

前 言

有支流入汇且支流库容占较大比例的多沙河流水库,干支流水沙倒灌过程及规律是非常复杂的理论难题。水库异重流是干支流水沙交换的关键载体,而异重流潜入条件是判断支流口门倒灌或入汇水流流态的重要指标,也是区别异重流与壅水明流的重要理论依据。

已建水库且长期运用的实测资料表明,干支流倒灌可能使得支流库容不能有效利用,影响取水环境,以至对整个水库的综合利用效益产生重要影响。本书以多沙、少沙河流水库典型支流为研究对象,采用理论探讨、实测资料分析、水槽试验与概化模拟相结合的方法,从理论上揭示了水库低含沙与高含沙异重流潜入的力学机制,定量分析了典型水库支流倒灌与入汇的淤积过程,概化模拟了不同断面形态条件下异重流输移对支流分流分沙的影响,并针对水环境治理过程中对于低含沙量异重流的治理进行了工程方案探讨。研究成果不仅能从理论上揭示异重流潜入的动力学过程,有利于深化对水库支流淤积变化与水沙演化规律的认识,而且还能为水库的调水方案、调水调沙、水库运用方式、水库支流异重流的形成及其拦门沙预防与治理等方面提供技术支撑。

全书共分3篇23章。第一篇为多沙河流水库异重流运行与支流倒灌机制研究;第二篇为水库河宽变化段异重流局部损失研究,第三篇为低含沙异重流潜入研究与实践。第一篇从水力学基本理论、泥沙运动基本理论和流速分布方面介绍了异重流的基本理论及应用情况,分析了异重流不平衡输沙规律和头部运行临界时间预测、支流口门淤积发展情况、干支流断面形态对支流分流分沙影响的试验研究及数值模拟(吴丹撰写第1章,夏润亮、夏军强撰写第2章,李涛撰写第3章至第7章);第二篇详细介绍了水库异重流在河宽变化段的动力学机制及小浪底水库地形变化对其影响(李涛撰写);第三篇从低含沙量异重流形成条件与模拟难点进行研究,采用水槽试验对水温、模型沙进行了分选,探讨了分层异重流的形成变化过程,并建设了水库实体模型,验证合理后进行了有无拦沙坝对水库异重流的形成、运行及输移的影响,同时分析了典型年的拦沙效果对取水口含沙量的影响,剖析了拦沙坝水库淤积后库容恢复的可能性(李涛撰写第1章,李涛、邹健撰写第2章至第5章,任智慧、王子路撰写第6章,李涛、任智慧、王子路撰写第7章,李涛、王子路、任智慧撰写第8章,李涛、高平撰写第9章);附件材料收集了黄河主要水库的运用方式及相关设计指标(安婷婷、王琳、李卓铮撰写),研究成果较为丰富。

本书得到国家自然科学基金面上项目“水库高含沙异重流演化过程的动力学机制关键问题研究“(51679103)、青年项目“底床形态对异重流分流约束机制及其水沙演化机理”(51309110)、黄科院院所长基金项目“小浪底水库近坝段浑水可动性研究”(HKY-JBYW-2018-02)、河南省杰青基金“利于小浪底水库长期使用运用方式研究”(202300410539)、河南省优青项目“基于深度学习的河南黄河水库群智能决策研究”(212300410059)等的资助,特此感谢!黄河水利科学研究院长期从事水库泥沙研究的专家马怀宝教高、陈书奎教高等人，从全书内容到表达方式，都提出了不少宝贵意见。很多默默无闻的临时试验人员和在读本科、研究生辅助开展了相关试验测验及数据整理工作。在此谨致谢意。

限于作者水平，本书错误之处在所难免，热忱欢迎读者提出宝贵意见。

作　者

2020年12月

目　录

第一篇　多沙河流水库异重流运行与支流倒灌机制研究

第二篇 水库河宽变化段异重流局部损失研究

第三篇　低含沙异重流潜入研究与实践

第一篇　多沙河流水库异重流运行与支流倒灌机制研究

第1章　引　言

1.1　研究背景与意义

多沙河流水库一般处于干旱半干旱地区,常常面临淤积问题,经常利用水库异重流排沙满足水库减淤需要,可以提高水资源的利用效率。大型水库由于库容大,控制流域面积大,在库区常存在较大支流,如官厅水库的支流妫水河,黄河三门峡水库的支流渭河,小浪底水库的支流畛水、石井等,支流库容一般占比较大。水库运用过程中受水库调度、支流边界条件等因素的影响,导致库容不能重复利用,一定条件下不能满足设计阶段的拦沙效益,而且水资源的稀缺性使得支流的冲淤变化也具有举足轻重的作用。而异重流在干支流倒灌过程中起到了重要的水沙连通作用,水库潜入位置与支流口门相对位置不同,支流倒灌的情况不同,支流的冲淤演变也有区别,水库支流的冲淤演变如果朝不利方向发展,会引起水库调度的困难,甚至引起防洪能力和供水能力降低。水库调蓄能力降低,是水旱灾害增多的重要原因。

水库异重流是由于入库浑水与水库拦蓄的清水水体之间存在密度差而产生的。入库浑水在一定条件下从清水表面下潜到清水下层,与清水掺混较少,合适的来流动力和库区地形条件可使之运行到坝前,闸门开启及时可排沙出库,如果闸门开启不及时或来流流量大于闸门泄流能力,便形成浑水水库,可延长排沙时间,提高水库排沙效率。异重流排沙不降低库水位的双赢特点在水资源宝贵地区得到人们的广泛重视,达到既可以水库减淤保持有效库容,又可以节省水资源、提高水资源利用效率的目的。已有水库运行管理经验证明,利用异重流排沙是减少水库淤积的一条有效途径(胡春宏 等,2003;张俊华 等,2013;Kondolf et al.,2014;Chamoun,2016)。特别是多沙河流上的中小型水库,回水短、比降大,产生异重流的机会多。表1-1-1为国内外几座水库一次异重流排沙的平均排沙比。异重流运行至坝前所需的能量一般足够,只要水库调度得当,异重流的排沙效果往往很好。

表1-1-1　国内外几座水库一次洪水异重流排沙比

水库	原河床坡降 J_b (1/1 000)	库长 L (km)	入库含沙量 (kg/m^3)	出库含沙量 (kg/m^3)	排沙比 (%)
黑松林	110	3	372	370	91.4
官厅	14~15	20	132	75	42.0
三门峡	3.5	113	44	13	24.0
米德湖(美)	10	110~185	50	17.5	39.0
红山	6.0	34	44	—	0.5~11
冯家山	38.5	18.5	最大604	—	20.8
小浪底	11	123.4	最大296	最大165	64.7*

注: * 为2004~2015年汛前调水调沙时段平均值。

异重流的运动是一个克服阻力的过程,阻力对异重流的运行具有重要的意义。范家骅(1959)、韩其为等(1988)较早研究了异重流在运动过程中的沿程损失,以及在经过扩宽、束缩、分汇流、转弯段时的局部损失,减小了异重流排沙动能。这在官厅水库、丹江口水库(章厚玉 等,2003)和小浪底水库(张俊华 等,2000,2002,2013)中也发现了类似现象,大多认为与水库支流分流处水沙演变过程有关。水库支流几何边界的存在使得异重流的流线发生弯曲,在支流口门形成复杂的三维流场,导致支流口门处水流流态复杂多变,对干流异重流产生分流作用,引起干流异重流能量损失,干扰干流异重流运行至坝前,从而对水库库容利用、拦沙效益等产生影响,也会对不利的来水来沙条件产生更为不利的响应。

伴随多沙水库排沙运用而来的是大量的异重流倒灌引起的支流泥沙淤积问题。如黄河干支流水库 3 147 座(Ran et al. ,2013),大多已经面临或将要面临泥沙淤积引起的淤损问题。已建水库实测资料表明支流倒灌在口门淤积发展问题上的严重性。例如,位于永定河的官厅水库(胡春宏 等,2003;张俊华 等,2013),其支流妫水河的自然条件与小浪底库区支流畛水极为相似。妫水河来水量占入库总水量的 5%,难以冲开干流倒灌淤积物,造成妫水口门累积性淤积,形成的拦门沙坎高度随水库运用时间增加而逐年抬升,倒坡比降不断增大,至 1997 年达 80‱,致使妫水河库区 2. 52 亿 m^3 的蓄水不能利用,直接影响水库供水。2001 年 11 月至 2002 年 7 月期间,不得不在妫水口门淤积滩面上开通一条底宽 15 m、长约 4. 5 km 的渠道,引用被拦截在妫水河库区的水量,以解北京西部水资源紧缺之急(胡春宏 等,2003;张俊华 等,2013)。位于汉江的丹江口水库与小浪底水库相似之处是库区支流众多,目前两座水库干流均尚未达到淤积平衡。距大坝 67. 6 km 处的支流远河,位于汉江干流河床重点淤积区,口门相应淤积较厚,达 28. 7 m,口门段支流纵比降由 1960 年的 90‱的正坡变为 40‱的倒坡,口门淤积形成的拦门沙坎高度约 12. 3 m。远河所处的干流库段尚属淤积发展阶段,随着干流边滩的淤积,拦门沙坎高度还会有所淤高。预计随着库区不断淤积,部分支流在低水位时甚至成为死湖区或称消落。梁林江(2005)研究了汇流区不同水沙组合对渭河下游河道冲淤变化的影响,并提出了改变不利水沙组合的对策。张俊勇等(2005)认为支流入汇改变了干流的流量、流量过程、含沙量及来沙过程等水沙条件,南水北调工程实施后,能够消除支流入汇的不利影响,并且能够充分利用支流流量,使丹江口调水达到最大的效果。刘同宦等(2006)通过水槽试验,得出了支流有无来水来沙情况不同干支汇流比下的干流床面冲淤二维等值线图。目前,多沙多支流水库的部分支流已经形成较为明显的倒坡,已建水库实际状况与小浪底水库实体模型预测结果均表明(张俊华 等,2007,2013),随着水库拦沙期泥沙的不断淤积,部分支流口门拦门沙坎高度有逐步抬升的趋势。支流拦门沙的存在,阻止了干支流水沙交换,形成了与干流隔绝的水域,使其高程以下的支流库容不能得到有效利用,甚至成为既不能拦沙,又不能参与正常调度的无效库容。

上述支流口门的淤积发展是不同阶段的水流输沙形态形成的,但在多沙河流水库运用过程中,异重流排沙的调度方式起到了提高水库排沙效率的作用,因此异重流倒灌进入支流就往往不可忽视。受此影响,许多研究者也对此开展了大量基础研究和应用研究,包括异重流的潜入条件、持续条件、选择性引水、孔口排沙等方面。主要通过理论探讨、水槽试验、模型试验和数值模拟等技术手段进行研究。主要研究现状如下。

1.2　异重流研究进展

两种或两种以上的流体相互接触，其密度有一定的且较小的差异，如果其中一种流体沿着交界面的方向流动，在流动过程中不与其他流体发生全局性的掺混现象，这种流动称作异重流（张瑞瑾 等，1989）。异重流是一种常见的自然现象，最早是一位瑞典科学家在莱茵河发现的。20 世纪 50 年代初，我国开始对异重流问题进行了大量的原型观测研究，进行长达 20 多年的系统的观测试验（侯晖昌 等，1958）。20 世纪五六十年代，三门峡、刘家峡、巴家嘴、汾河、红山等大型水库的修建，异重流观测同步进行，为后续研究提供了大量的实测资料，也为水库排沙减淤、水库运用与管理提供了重要依据。自 2001 年后，小浪底水库开始了较为系统的异重流观测，积累了大量的实测资料（张俊华 等，2007）。在异重流水槽试验研究方面，中国水利水电科学研究院于 1956 年开始进行异重流研究，为三门峡水利枢纽规划设计提供了科学依据（钱宁 等，1958；范家骅 等，1959）。1980 年，陕西省水利科学研究所进行了高含沙异重流试验研究。1983 年，黄河水利科学研究院在室内水槽做了高含沙异重流研究，并对巴家嘴水库高含沙异重流进行了全面系统的分析研究。近年来，随着黄河调水调沙投入生产实践，黄委在实体模型试验、水槽试验和数值模拟等方面进行了大量的研究，集中于异重流潜入条件（张俊华 等，2007a；李书霞 等，2013；李涛 等，2016）、持续运动条件（张金良 2004；李书霞 等，2011；Li et al.，2013）、不平衡输沙规律（李涛 等，2012）等问题。与此同时，相关专著陆续出版，如清华大学钱宁等的专著《异重流》（1958）、中国水利水电科学研究院的专著《异重流的研究和应用》（1959）、韩其为（2003）的专著《水库淤积》、黄河水利科学研究院焦恩泽的专著《黄河水库泥沙》（2004）、李书霞等的专著《水库异重流》（2013）等。上述专著分别深入浅出地在水库淤积方面将其由定性描述到定量研究的过渡进行尝试，研究内容广泛，为后续研究提供了较好的研究基础。

泥沙淤积是影响水库寿命的重大难题，尤其在多沙河流上水库显得更为突出。探索异重流在水库中的潜入及演进规律，掌握异重流排沙规律，是减少水库淤积、延长水库寿命的一条重要途径。小浪底水库近期调水调沙实践中一直将调控水库塑造异重流作为小浪底水库减淤的一项重要内容。小浪底水库异重流一般是由三门峡水库下泄高含沙水流，或下泄大流量清水冲刷小浪底库尾淤积物两种措施合并而完成的（张金良 等，2001；张俊华 等，2007a；李国英，2004，2006，2011；李涛 等，2016）。

1.2.1　异重流潜入研究

异重流潜入点是判断异重流与明流水流形态的重要区别，其流速分布和含沙量分布的具体形式，与其上、下游断面的流速和含沙量的分布形式不同，属于过渡状态，此乃判别潜入点的重要依据，也是以往研究形成的共识。流速分布代表了水流阻力变化，也是浑水能量转化的特征，研究水库异重流潜入点垂线流速分布理论公式，进一步改进潜入点判别式，对水库调水调沙预案编制、水库优化调度及多沙河流水库规划设计等方面具有重要意义。

围绕米德尔湖、官厅水库、刘家峡水库、小浪底水库等水库的实测资料，范家骅(1957)、Benjamin(1968)、Singh 与 Shah(1971)、曹如轩等(1984)、钱善琪(1993)、Simpson(1997)结合水槽试验研究了不同进口含沙量对异重流潜入的影响，其中部分涉及了高含沙异重流潜入问题。Basson(1998)从河流最小功率的角度提出了异重流形成条件；Rooseboom(1982)从清浑水密度差产生压力差的角度提出了产生异重流的条件为异重流压力大于紊流压力；Akiyama 等(1984)验证了发生均匀异重流时异重流功率的确小于或等于河流入库功率。Savage & Brimberg(1975)通过理论探讨底坡和交界面与河底阻力的影响，得到潜入点修正弗劳德数。Farrell & Stefan(1986)采用水槽试验和数学模型研究异重流的潜入与运动。张俊华(2000,2007a,2013)、李涛等(2011)、李书霞等(2012)采用实测资料分析、水槽试验、物理模型试验，分别研究了异重流潜入点条件、潜入条件中的重力修正系数随含沙量变化等问题。也有学者从异重流潜入物理机制出发研究异重流潜入理论模型，姚鹏(1996)在潜入力学机制基础上提出异重流潜入过渡区模型，赵琴等(2012)利用动量方程和能量方程得到了浑水异重流潜入理论模型。郭振仁(1990)认为动量修正系数的大小与水流弗劳德数有关，Hebbert 等(1979)用三角形断面的水槽研究了潜入点水深，李书霞等(2012)认为，流速不均匀分布引起的动量修正系数对异重流潜入点判别条件的影响不能忽略，在水库异重流潜入条件中假定动量修正系数为常数，得到新的潜入条件。从动量修正系数的数学表达式可以看出，其取值与流速的垂向分布形式有关。前人研究了水库异重流形成后的流速与含沙量沿垂向分布规律。Raymond(1951)、Ippen & Harleman 等(1952)给出了层流异重流的流速分布为抛物线型和紊流异重流流速分布形式，Michon 等(1955)将紊流流速分布分为最大流速所在点以上、以下部分，王艳平等(2007b)对修正后的指数流速分布公式进行了验证，可以看出，异重流潜入点处流速垂线分布公式尚未给出。

1.2.2 异重流头部流速研究

通过试验研究异重流运动是一种经典的手段。黄河水利科学研究院张俊华提出了多沙河流水库异重流模型相似律(张俊华 等,2000,2002,2007a,2007b,2013)，是国内首家开展物理模型试验进行异重流潜入、运行研究。异重流水槽试验展开研究的有很多。大部分研究主要是关于统一粒径的异重流。国内外学者利用水槽研究了异重流的水力学特性，并研究了异重流的运动机制。按顺直无障碍和有障碍分为两类。第一类为顺直无障碍水槽试验，范家骅等(1959)、Middleton(1966)、Savage 等(1975)、Simpson(1997)、Parker 等(1986)、Lee 等(1997)、张小峰(2011)、Bahar 等(2013)开展了水槽异重流试验，研究了局部掺混、头部流速、潜入条件、纵向运动速度修正系数等，其中未考虑阻力损失。Garcia(1994)对异重流的研究是基于不同粒径泥沙，Britter(1980)用盐水研究了不同坡度下异重流运动。第二类为局部有障碍的水槽试验，Johnson 等(1988)研究了水库与海岸处异重流潜入情况，Bournet 等(1999)研究了温差异重流在扩宽水槽中运动，未考虑泥沙运动和扩宽处局部阻力问题。李涛等(2012)开展了局部河宽变化段异重流水槽试验研究，但未考虑底床横断面形态变化对异重流的影响，陈媛媛等(2013)开展了温差分层水库异重流试验，利用顺直水槽中放置有机玻璃隔板来模拟香溪河与长江干流的交汇，忽略了分流处局部阻力的存在,一定程度上影响了成果的精度。

从上看出,一方面,无论无障碍还是有障碍水槽试验,以往的水槽试验研究中水槽底部一般为矩形,并未考虑水槽底床横断面形态约束作用和支流存在的突变制约作用,而河道或水库断面形态约束将对异重流运动产生重要影响,不同的断面形态导致异重流运动过程中演化机制存在较大区别,这也是模拟计算中与自然界实际不符,产生较大误差的根源之一;另一方面,以往研究中采用盐水或者单一的成分如高岭土来形成异重流,即使采用浑水研究异重流,其含沙量一般较小,缺乏了泥沙沿程沉降、淤积对异重流运动过程的影响,导致在高含沙异重流应用中出现偏离。而且在水沙演化机制与局部损失研究方面还比较少,且其中往往以忽略异重流的局部损失为假定,这种假定在多沙河流水库实际应用中产生了较大误差,甚至导致结果与实际产生较大偏差。

大部分的水槽试验研究都离不开头部流速的探讨,一方面是头部流速相对直观、易于测验,另一方面是异重流的运动过于复杂,而头部流速是这个复杂现象的主要缩影。由于周围流体的剪切而表现出明显的向上运动,这导致容重大的流体向上和向后倾斜,导致头部变稠,通过与周围流体混合而增强了这种作用。在平面上,浑水异重流头部运动速度逐渐减缓(Altinakar et al. ,1990)。异重流头部运动速度减缓的原因,可能是和头部运动速度与泥沙沉速比值的变化有关。

由于泥沙颗粒的不易穿透性和非均匀性,现有先进的测验仪器如流速、含沙量等测验仪器均利用物理学的声波、光波、电阻等特性进行测验(Chamoun et al. ,2016a),这些物理学行为在遇到大小不等的泥沙颗粒时的反射与衍射规律不同,不容易修正,因此不少科学家采用盐水进行模拟异重流,但这又带了新的问题,盐水中无颗粒沉降、淤积等问题带来的密度变化,既不知道密度分布结构两者有何不同,又不知道异重流与周围河床的冲淤作用。Middleton(1966)采用浑水异重流研究认为在比降大于4%时,头部流速与两者密度差、头部厚度的平方根成正比,但公式中未考虑比降,认为是与颗粒沉降有关的内部法向应力分量推动作用而非重力分量的推动作用,和明流流动机制一致。Britter & Linden (1980)通过试验研究了斜坡上头部流速,发现小于5°(比降约为9%)时头部流速沿程衰减,但在大一些的底坡时,异重流浮应力足以克服摩擦影响,头部流速区域稳定。他们采用浮应力通量 B 的立方根无量纲化建立关系,发现坡角大于5°(比降约为9%)时,无量纲流速几乎是独立于比降。相似的尝试,如 Altinakar 等(1990)详细对比了非保守异重流头部在斜坡上的运动、淤积对头部流速的影响。他们发现斜坡上即使距离进口远的位置处异重流头部流速也没有明显区别,也发现相对淹没比例 h/H 引起头部流速一些增加(其中 h 是异重流后续体的厚度,H 是环境水深)。Kuenen & Migliorini(1950)、Middleton (1966)、Tesaker(1969)、Stefan(1973)、Ashida & Egashira(1975)、Britter & Linden(1980)、Luthi(1981)、Palesen(1983)、Siegentaler & Buhler(1985)、Parker 等(1987)、Middleton & Neal(1989)、Altinaker 等(1990)、Garcia & Parker(1993)、Marino 等(2005)对头部流速的公式化用不同的参数进行了尝试,如初始浮应力通量、河床底坡、头部厚度、当地弗劳德数、当地浮应力、周围水体掺混系数、周围流体、底部拖曳系数、最大流速。部分水槽试验情况汇总见表1-1-2。

表 1-1-2 水槽试验及头部流速公式统计

序号	水槽试验	泥沙或盐水体积比浓度(%)	水槽长 L(m) 高 H(m)宽 B(m) 比降(%)	头部流速	单宽流量 q (m^2/s)	类型
1	范家骅(1959)	泥沙 d_{50}= 0.002 mm	$L50H2B0.5$ 0.5%,0.05%	$U_f \approx \overline{U}(g'qJ_0/k')^{1/3}$	0.006~0.019 8	持续流量
	范家骅(1980)	泥沙	$L10H0.3$	$U_f=0.71(g'h)^{1/2}$		持续流量
2	Middleton (1966)	塑料沙和盐水	4%	$U_f=0.75(g'H_f)^{1/2}$	—	固定体积
3	Tesaker(1969)	粗沙	0.05~0.125	$U_f=C'(g'H\tan\varphi)^{1/2}$		持续流量
4	Simpson & Britter (1979)	盐水	$L1H0.12B0.5$ 0	$U_f=0.83(g'q)^{1/3}$	0.003 7~0.03	持续流量
5	Britter & Linden (1980)	盐水	$L2.4H0.62B0.15$ 0~100%	$\frac{U_f}{(g'q)^{1/3}}=\frac{0.75(g'H_f)^{1/2}}{(g'q)^{1/3}}=1.5\pm0.2$	—	固定体积
6	Rottman & Simpson (1983)	盐水	$L3.48H0.2B0.5$ 0~100%	$x_*=(g'x_0^h h_0^5/\upsilon^2)^{1/7}$		固定体积
7	Altinakar et al. (1990)	泥沙 d_{50}= 0.032/0.014 mm	$L16.55H0.8B0.5$ (0,3.6%)	$\frac{U_f}{(g_0'q_0)^{1/3}}=S_2^{1/3}\left[\frac{\cos\theta}{\alpha}+\frac{\alpha\sin\theta}{2(E_w+C_d)}\right]\left[\frac{\sin\theta}{E_w+C_d}\right]^{-2}$		持续流量
8	Özgökmen et al. (2002)	盐水	0.5,3psu 2%,4%,9%	$U_f=(1.05\pm0.1)(g'H_f)^{1/3}$	—	固定体积
9	Felix et al. (2005)	高岭土 16% d_{50}=0.006 m, 和 SO_2 粉 d_{50}=0.009 m,28%	$L4.5H0.5B0.2$ 8.75%	$u=U+m\cos(\theta/r)$	—	固定体积 120 L

续表 1-1-2

序号	水槽试验	泥沙或盐水体积比浓度(%)	水槽长 L(m) 高 H(m)宽 B(m) 比降(%)	头部流速	单宽流量 q (m^2/s)	类型
10	Samothrakis et al.(2006)	盐水,酚酞染色	$L5H0.5B0.3$ 11%	$U_f=1.6\pm0.3(g'q)^{1/3}$		固定体积
11	许少华 等(2008)	盐水与高岭土(0.016 2 mm)混合 999.3/1 000.71 g/cm^3	$L4H1.2B0.1$,2%	测量值	0.035~0.088	持续流量
12	Stagnaro et al.(2014)	沙-盐混合 90%~10%	0.5%	$U_f=(1.05\pm0.1)(g'H_f)^{1/3}$	0.009~0.012 1	持续流量
13	Marleau(2014)	盐水 1.001~1.05 g/cm^3	$L1.97H0.485B0.176$ 25%~113%	$FrD=0.48,0.43(D/H=0.75,0.5)$	—	固定体积
14	Catherine et al.(2015)	盐水	$L1.48H0.28B0.19$ 0~14%	$U_f\approx0.716(g'H)^{1/2}$	—	固定体积
15	Marleau(2015)	盐水下层 1.002 0~1.020 0 g/cm^3 上层 1.001~1.05 g/cm^3	$L1.97H0.485B0.17$ 2.6%,5.2%,7.9%	$U_{GC}=0.5[(D-hS)(2-D/H)g'_{02}]^{1/2}$, $g'_{02}=g(\rho_0-\rho_u)/\rho_u$, $S=(\rho_L-\rho_u)/(\rho_0-\rho_u)$	—	固定体积
16	Chamoun et al.(2017)	高性能聚氨酯粉 $d_{50}=0.014$ mm,2.3%	$L8.55H1B0.27$ 0	$U_f=0.83(g'q)^{1/3}$	0.001	持续流量

在盐水异重流中，可以观察到头部运动速度变快（Altinakar et al.，1990）。Britter & Simpson（1978）、Garcia & Parsons（1996）、Parsons & Garcia（1998）、Mok 等（2003）、Nogueira 等（2013）与 Ottolenghi 等（2016）研究了头部与周围流体的掺混问题。Thomas 等（2003）采用离子追踪技术研究了无滑移边界条件下二维头部流速的结构问题。Marino 等（2005）基于"盒子"试验的关注于一个合适的弗劳德数形式来表达头部流速。Patterson 等（2006）重点研究了自加速异重流的早期发展不同阶段，Fathi 等（2008）研究了扩宽段的头部流速变化，Sequeiros 等（2009）研究了自加速异重流，自加速异重流是由于挟沙异重流从斜坡上流向下游过程中在河床上发生冲刷，Oehy & Schleiss（2007）、Naftchali 等（2016）与 Yaghoubi 等（2016）发现了人工糙率和障碍影响，Dhafar 等（2017）利用摄像技术研究了异重流头部在无限制边界上的传播。从中可以看出，大部分头部流速形式接近根据谢齐方程计算异重流头部运动公式（Altinakar et al.，1990）

$$U_{\mathrm{f}} = C_{\mathrm{c}}\sqrt{g_{\mathrm{f}}H_{\mathrm{f}}} \tag{1-1-1}$$

这个方程式也可以表示成关于初始流量、底坡、雷诺数的方程（Altinakar et al.，1990）。

1965 年，金德春等分析了 90°交角的青山人工运河异重流平均流速与含沙量的沿程变化，范家骅（1980）研究了 150°交角水槽支流倒灌的初始速度、平均流速等沿程变化，并使用葛洲坝三江、青山运河资料进行了验证计算。

1.2.3 异重流数值模拟研究

水库泥沙异重流研究以采用理论分析、原型观测、结合模型试验、水槽试验和数学模型开展研究。异重流形成发展过程的边界条件较一般的水流复杂，潜入处的水力泥沙因素与异重流的发生、发展及运行状况密切相关，历来广为研究者们所关注。王光谦等（1996）建立了异重流的运动基础理论，而后王光谦等（2000）进行水槽试验模拟异重流运动计算、验证；方春明等（1997）用立面二维数学模型探讨了影响异重流潜入条件的因素；彭杨等（2000）认为异重流潜入运动的过程中与静止环境中的浮力射流运动有相似之处。Huppert & Simpson（1980）在理论和试验上利用"盒子"试验分析假定流量近似连续流动，Ellison & Turner（1959）的定量工作其中的一些是属于这种类型的流动。Bonnecaze 等（1995）和 Bonnecaze（1999）运用改进的头部速度（Huppert & Simpson，1980）封闭方程，Imran 等（1998）改进了 Garcia & Parker（1991）卷吸方程，Garcia & Parker（1993）做了一系列试验，采用流动稳定性来检验与河床的相互作用，结果提出了一个淤积、掺混模型，作为迄今提出的几乎当前所有国外数值模型的基础。但对于多沙河流水库，现有的高维数学模型应用还受到许多限制，用一维的方法（刘树君 等，2012；胡园园，2015；王增辉 等，2015a，2015b；尹晔，2016），即沿垂线积分的方法，再加上一些经验关系给出了异重流运动的数值解，无疑具有其实际意义。

1.3　支流倒灌淤积研究进展

1.3.1　干支流汇流区局部损失研究

Taylor(1944)首次对汇流角为45°和135°时矩形明渠水流入汇问题进行试验,研究了水深问题;Webbe & Greated(1966)提供了一种计算断面相对能量损失的手段;Modi 等(1981)依据摩擦力损失研究了明渠交汇区域的水流结构;Best & Reid(1984)用试验探讨了分离区的物理机制成因,建立了入汇区纵横向回流区尺度与流量比和动量比的经验公式;Best(1988)提炼了三个表示汇流口门河床形态的独立要素,认为主要受控于河道汇流角(干支流几何轴线交角)及汇流比(支流流量与干流流量之比);罗福安等(1995)关注了直角分水口水流形态;王兴奎等(1995)试验研究宽浅河道横向取水;Hsu 等(1998)研究了分离区末端的能量和动量的变化;Bradbrook 等(2001)提出干支流河床高程不一致会使次生环流加强、分离区增大,Huang & Weber(2002)利用模型试验数据研究了明渠交叉口处的三维流速。张志昌等(2015)研究发现,相对沿程水头损失随着弗劳德数的增大而减小,水跃段总水头损失与水跃区总水头损失的比值、相对局部水头损失、局部阻力系数均随着弗劳德数的增大而增大。

前人对明渠与管流分汇流的水流结构与局部损失研究较多,而对异重流的局部损失研究较少,本书通过研究水库异重流干支流分流局部损失机制,分析局部损失的产生机制,可加强对异重流分流分沙的认识。

1.3.2　支流倒灌研究

有支流入汇且支流库容占有较大比例的水库,支流库容的有效利用与否将对整个水库的综合利用效益产生重要影响。王小艳等(1994)认为渭河口拦门沙的形成主要是由倒灌引起的,提出了倒灌流量预报方法。马振海(1995)采用一维非恒定悬移质不平衡输沙数学模型模拟了黄河倒灌渭河时渭河下游河道水沙变化过程及河床冲淤。华祖林等(2001)提出了确定倒灌河段最大流速的经验公式。伍超等(2000)认为在干支流交汇口,干流流量变化速率越大,支流倒灌流量越大。韩其为(2003)从理论上研究了支流异重流形成、流量衰减、倒灌长度、含沙量沿程变化及淤积等。冯小香等(2005)将支流的倒灌设想为一个具有一定库容的水库蓄泄问题。此外,还有类似河网计算方法,将干支流河道的交汇处看作一分汊点,在汊点连接处假设水位相等,利用一维非恒定流方程,可求出支流各断面的水位与流量过程。由于不同水库自然条件千差万别,加之水库实际调度过程各不相同,使得干支流倒灌过程与淤积形态存在巨大差别,现有简单的处理方法难以反映干流涨水及落水过程中进入或流出支流流量的变化情况。张俊华等(2000)在进行小浪底水库实体模型研究时发现,库区支流主要为异重流淤积,若支流位于干流异重流潜入点下游,则干流异重流会沿河底倒灌支流;若支流位于干流三角洲顶坡段,则在支流口门形成拦门沙,当干流水位抬升时,浑水会漫过拦门沙坎倒灌支流,而后在支流内潜入形成异重流。张俊华等(2007a,2013)、蒋思奇等(2012)基于实体模型试验,对干支流倒灌问题进行了极为深入的研究,并得到许多有价值的认识,概化出干支流分流比计算方法,并运用于小浪底水库运用初期库区淤积过程的数值模拟研究。韩其为等(2014)在研究江湖关系变化机制中分析了分流后支流淤积的机制。

分沙问题是分支河道研究中重要的课题之一。在20世纪二三十年代,德国学者进行了不同分水角度与底沙分配的研究,苏联、意大利及中国等国针对不同的边界条件与不同的水流泥沙因子条件下分流比与分沙比关系开展了试验研究,佟二勋(1962)于20世纪60年代总结认为,影响沙量分配主要是三个方面因素:分汊口附近的水流条件、边界条件及泥沙因子。由于不同水库自然条件千差万别,加之水库实际调度过程各不相同,目前尚未能对其水沙运动规律准确把握与模拟,使得干支流倒灌过程与淤积形态存在巨大差别,现有的处理方法难以反映干流涨水及落水过程中进入或流出支流流量的变化情况。

1.4　问题的提出

从以上可以看出,已查阅的资料多偏重于工程运用中需求牵引提出的具体问题,对于干支流分流后支流异重流的头部流速和分流分沙情况的研究关注不多(韩其为,2003)。对头部流速的研究认识大部分认为或概化为均匀流,对异重流作为波动的研究还不多见。近年来,逐步采用数值模拟技术对异重流潜入及运行全过程进行研究,并取得一定的成果。但在用一维方法解异重流运动时常碰到一些困难,例如高含沙异重流潜入点的位置难以准确确定、沿垂线积分的积分系数难以确定、支流内异重流头部流速确定还缺乏干流影响、支流分流分沙比例难以确定等。

由于不同水库自然条件千差万别,加之水库实际调度过程各不相同,目前尚未能对其水沙运动规律准确把握与模拟,使得潜入点的认识还停留在经验性较强的阶段,从理论上探讨这些问题还有待深入,现有的处理方法没有给出准确描述潜入点流速分布的函数形式,难以反映潜入点的流速分布状况和动量修正系数的变化情况,结果与实际还存在一定出入。

通过查阅现有资料,对支流与干流相互作用的研究成果进行分类,可分为原型实测资料分析、物理模型试验、数学模型模拟等。从研究的内容来看,大部分是对支流与干流的分汇口及相邻河段水流特性的研究,而对其水沙流态、分流比例及口门回流尺度的研究尚不充分;针对某一特定的支流分汇河段研究较多,对普遍性的研究仍不成熟。库区支流的存在,不仅存在干流分流进入支流水沙,而且存在由于分汇口处水流的顶托作用产生壅水,使得分汇口及附近河段水流和泥沙运动受到极大干扰。现有研究对明流分流河段及水流流态关注较多,而对库区出现浑水异重流分流研究并不多见。分流角度、干支流分流比、分沙比、水流雷诺数和弗劳德数及流体的物理特性等是影响分流程度的主要因素。

1.5　研究的内容与思路

1.5.1　主要研究内容

本篇以理论推导、水槽试验、实测资料分析及数值模拟为主要研究手段,针对水库异重流潜入条件及头部流速衰减规律、不同断面形态对支流倒灌影响等问题开展研究，主要研究内容如下：

(1)异重流潜入条件及头部流速研究。

研究水库高含沙异重流潜入点流速沿垂线分布特点，分析潜入点浑水潜入的物理机制，建立潜入点流速沿垂线分布理论公式，提出潜入点动量修正系数理论值；采用小浪底水库实测资料，提出水库高含沙异重流潜入点判别新公式。利用新的公式预测并分析2015年小浪底水库异重流潜入过程，分析其输移规律。研究异重流头部运动规律，在此基础上，建立动量方程与能量方程，提出异重流进入支流头部流速公式。

(2)水库典型支流口门淤积发展的物理机制。

选择多沙河流上典型水库，分析小浪底水库、官厅水库，研究其典型支流口门淤积发展的物理机制，探讨水沙条件、库区运用水位变化规律，分析典型支流口门淤积发展的主要影响因子。

(3)干流不同断面形态对异重流支流倒灌的影响机制及模拟。

研究干流不同断面形态对异重流头部运动的影响，分析干支流异重流分流处的局部损失机制，明晰局部损失产生的物理机制，分析流量、含沙量对支流分流的局部损失影响特征。在此基础上，明晰异重流分流比、分沙比的影响因子，研究支流分流分沙比随弗劳德数、雷诺数等关键物理参量的变化特点，并利用水槽试验结果进行率定、验证。

在上述研究工作基础上，采用新的潜入条件、支流头部流速、分流分沙模式完善现有一维水动力数学模型，以2016年调水调沙期小浪底水库支流畛水分流分沙为基础方案，假定小浪底水库运用至不同阶段，水库发生溯源冲刷，其干流河槽横断面形态发生变化，研究其对支流分流、分沙的影响，以期为多沙河流水库进行优化调度、减小其死库容，以达到充分利用支流库容的目的服务。

1.5.2　技术路线

本研究围绕水库异重流潜入条件及头部流速衰减规律、不同断面形态对支流倒灌影响等问题开展研究，以理论探讨、水槽试验、实测资料分析及数值模拟为手段，分别介绍如下(见图1-1-1)：

(1)异重流潜入力学机制。

采用理论探讨与实测资料分析、计算等手段，分析异重流潜入点流速沿垂线分布特征，开展积分计算，获得动量修正系数理论值，利用小浪底水库实测资料验证计算结果。

(2)水库典型支流口门淤积发展的物理机制。

分析已有典型多沙河流水库小浪底、官厅的运用及其对典型支流淤积的实测资料，研究小浪底畛水支流、官厅水库妫水河支流的口门断面淤积演变特点，采用入库流量、入库含沙量及库区三角洲顶点位置等指标，研究其口门断面淤积的变化特点。

(3)干流不同断面形态对支流异重流倒灌的影响机制。

利用直角干支水槽，改变干流进口的流量、含沙量，研究异重流在支流口门处的水沙演化机制，分析水库干支流异重流分流的局部损失特点，提出异重流支流分流局部损失系数。在此基础上，改变干流河槽横断面形态，分析水库干支流异重流分流局部损失的物理

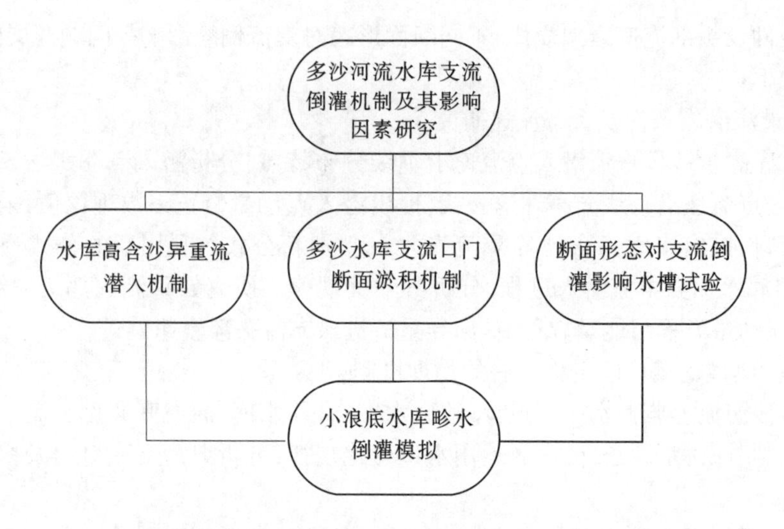

图 1-1-1 研究路线

机制,提出异重流支流分流比和分沙比理论公式,并采用水槽试验资料进行率定与验证。

(4)多沙河流水库干流异重流倒灌支流过程模拟。

完善已有一维水动力数学模型,以小浪底水库运用对畛水支流的影响为基础方案,改变干流河槽横断面形态为梯形、三角形,分析干流异重流倒灌支流的过程及其对支流分流、分沙的影响。

第2章　水库异重流潜入点流速分布及其判别公式的改进

挟沙异重流在多沙河流水库存有蓄水情况下时常发生,由于挟沙异重流是饱和输沙,其运动输移过程严重影响水库的淤积过程与分布,往往成为水库调度中被关注的焦点。异重流潜入点的位置是判别异重流是否发生的标志,通过对潜入点位置进行判别,可以分清水库明流与异重流的界限,从而分析其上下游不同的水沙输移规律,以利于在数学模型计算及水库调度预案编制过程中准确把握水库排沙情况(Alavian,1992;Britter & Linden,1980;Lambert & Giovanoli,1988;DeSilva,1996;Morris & Fan,1997;De Cesare et al. ,2001;Dallimore et al. ,2004;Petkovsek & Roca,2014;余斌,2002;李涛 等,2006;解河海 等,2008;唐海东 等,2009;徐洲元 等,2010;李涛 等,2011;赵琴 等,2012;李璇,2015;曾康,2016;曾曾 等,2016)。

本章从水库异重流潜入现象着手,分析了水库异重流潜入点位置与潜入机制,在回顾前人推导的水库异重流控制方程的基础上,探讨了多沙河流水库异重流的有效重力、压力、连续方程和动量方程的不同,给出动量修正系数的表达式,提出潜入点流速沿垂线分布理论公式,积分得出弗劳德数与体积比含沙量的显性关系式,利用原型观测资料,对新的异重流潜入点判别公式进行了参数率定,并利用公式对2015年小浪底水库调水调沙过程中异重流未能排沙出库进行了分析。研究结果表明,水库部分明流库段水深不能满足异重流潜入条件,异重流沿程上浮多次,不能稳定运行。

2.1　异重流潜入点位置

在多沙河流上修建水库,挟沙水流进入水库回水区以后,因为过水面积增大,水流流速减缓,粗颗粒泥沙受到自身的重力作用不能再继续悬浮,沉积在水库回水区末端,剩余的细颗粒泥沙被水流带往下游。在一定的水沙条件作用下,挟沙水流与水库内清水产生密度差,由密度差沿垂线分布不同形成压力差,浑水自潜入点开始潜入库底形成异重流(范家骅,1959;Akiyama,1984;张瑞瑾,1989;Morris & Fan,1997; Basson,1998;Cesare et al. ,2001;Dai & Garcia,2009;Li et al. ,2011)。水库异重流发生及形成的特定位置,一般称为潜入点。由于异重流与明流具有不同的水沙运动特点,人们常常将潜入点作为两种水流形态(明流与异重流流态)分界,以分别分析其水沙运动规律。

潜入点处漂浮物聚集,水面出现有回流现象,常成为判断潜入点位置的直观标志。这是由于上游带来的大量漂浮物在潜入点下游清水的倒流作用下聚集,潜入点上下河段截然分明。根据上述现象,可以很容易判断是否发生异重流。根据上述描述,可以采用漂浮物聚集现象(Morris & Fan,1997;张瑞瑾,1989;韩其为,2003;谈明轩 等,2015;林挺,2016),从直观上判断异重流潜入与否。

2015 年以前在历次黄河调水调沙过程中，小浪底水库均成功塑造异重流，在库区能明显观察到潜入点的位置。图 1-2-1 为 2014 年小浪底水库异重流潜入点处的漂浮物聚集照片。上游洪水带来大量的垃圾、死鱼及其他漂浮物，潜入点下游水面出现“漩涡”现象，这些漂浮物便聚集在潜入点附近，同时可以看到水面翻花现象。此时，由于山体规顺河势作用，主流偏向右岸，水面上出现半月形的潜入曲线。从 Tanganyika 湖潜入点航拍图也可以看出潜入点出现水面翻花情况，见图 1-2-2(a)、(b)(唐武 等，2016；Chamoun et al.，2016b)。小浪底水库实体模型试验中，也多次模拟出异重流潜入点产生过程，同样可以看到潜入点附近有水面漂浮物聚集及翻花现象，见图 1-2-3。

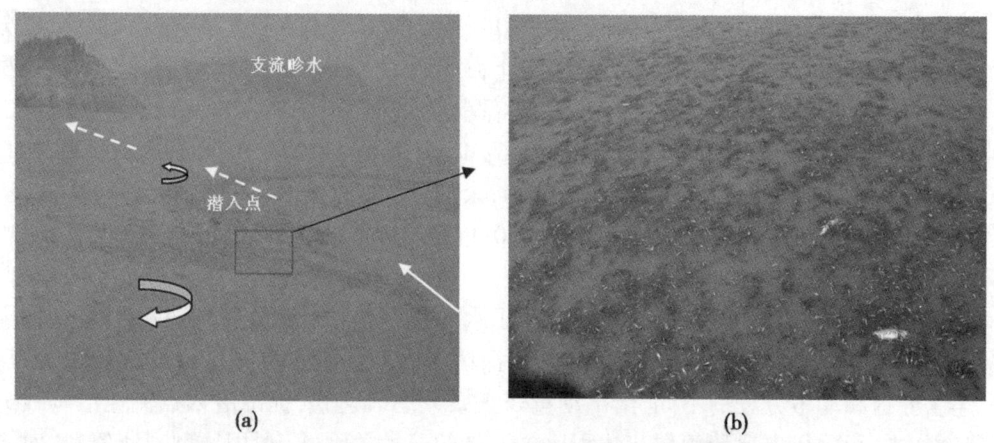

(a)　　(b)

图 1-2-1　小浪底水库 2014 年 7 月异重流潜入点(距坝 18 km)

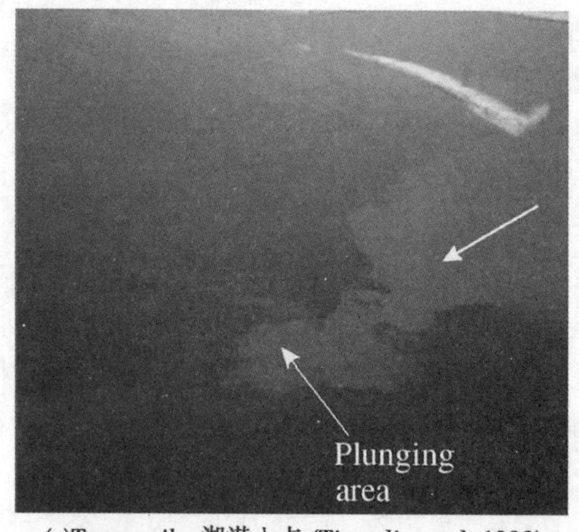

(a)Tanganyika 湖潜入点 (Tiercelin et al.,1992)

(b)茵河入 Geneva 湖形成异重流

图 1-2-2

异重流潜入点位置会随着来水来沙条件和水下地形的变化而调整。当潜入处的断面过宽时，潜入后的异重流并不分布于整个库底，而是逐渐扩宽。在水面上，其分布并不是直线，而是具有舌状的曲线，这是由于异重流沿横向流速分布为二次曲线形状，中间部分流速较大、两侧较小；随着扩散角的增大，潜入点边界线依次为主流半月形、单侧半月形、全断面半月形。在水下，潜入后的异重流并不分布于整个库底，主要区别是水下异重流有双侧回流、单侧回流、无回流,见图 1-2-4(Johnson & Stefan,1988;李涛 等,2012)。在窄深弯道处,也可以看到异重流受弯道作用翻到水面上来。随着水位高低、入库流量的大小及底部淤积情况等不断变化,潜入点位置也不断变化,不仅在上、下游变化,而且潜入点处的水流形态也会横向移动(韩其为,2003)。

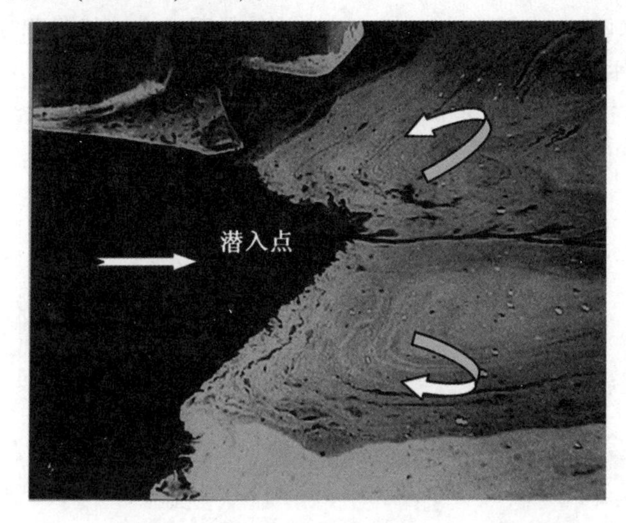

图 1-2-3　小浪底水库实体模型试验中异重流潜入点(距坝 53 km)

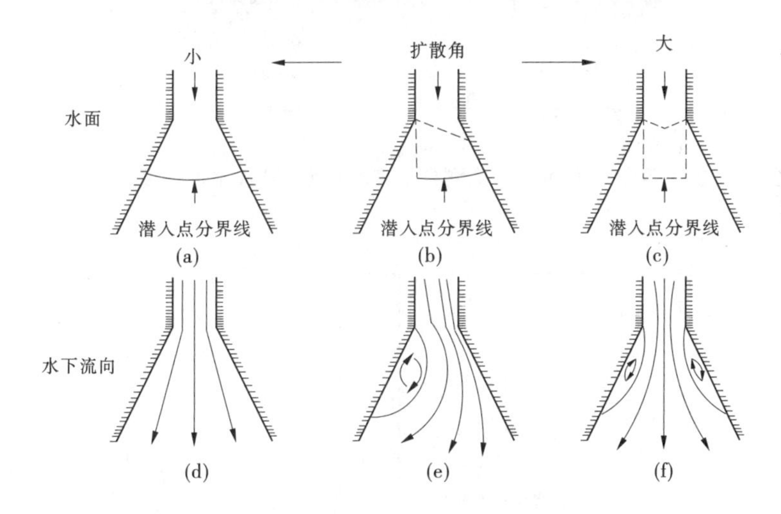

图 1-2-4　水库异重流潜入点平面示意图

2.2　异重流潜入机制

两种流体之间存在密度差产生的压力差是异重流形成的主要驱动动力。假设在垂直交界面两侧的流体分别为清水和浑水,明显地,交界面上任一点所受的压力两侧是有差异的。因浑水的密度比清水大,浑水侧压力大于清水侧的压力,此压力差必然驱动浑水向清水一侧流动。由于两侧的压力差越接近河底越大,因此浑水肯定以潜入的方式进入清水下层,浑水异重流产生的实质就在于此(张瑞瑾,1989)。与一般明渠水流一样,维持异重流运动的动力仍是重力。所不同的是,因为浑水是在清水下层运动,又一定受到清水的浮力作用,减小了浑水的重力作用。减小了异重流的有效重力,异重流运动的惯性力及阻力作用之间的相互关系从而被改变了,造成异重流区别于一般水流的独特情况。

黄河三门峡水库1961年8月16~18日测验的异重流主流线沿程变化图见图1-2-5。小浪底水库2002年7月7~8日异重流主流线沿程变化图见图1-2-6。从图1-2-5、图1-2-6中可看出,异重流潜入前后,由于水深沿程增加,其流速和含沙量沿垂线的分布形状将沿程发生变化,具体可描述如下:

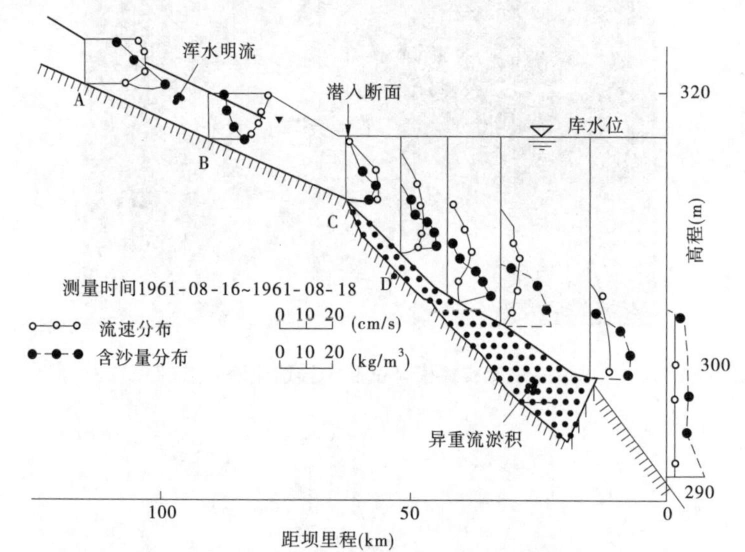

图1-2-5　三门峡水库实测异重流的流速和含沙量沿垂线分布

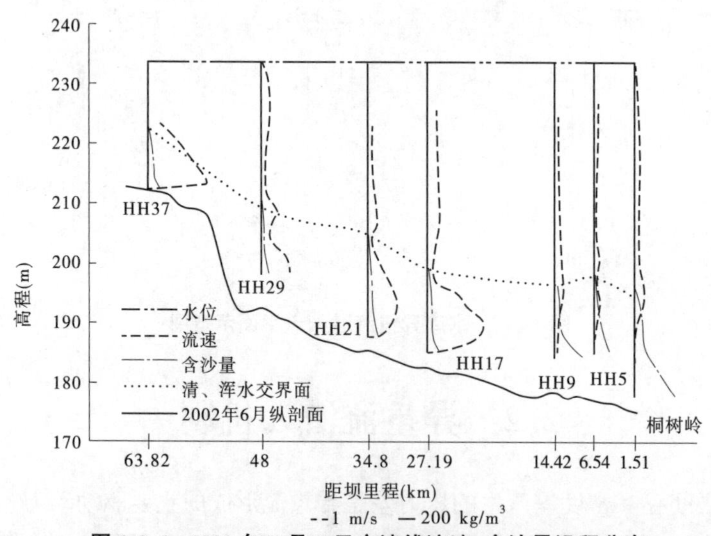

图1-2-6　2002年7月8日主流线流速、含沙量沿程分布

(1)在离潜入点较远的上游,水深较小,流速较大,含沙量较大,流速和含沙量沿水深呈正常明流流速、含沙量分布，见图 1-2-5 中三门峡水库异重流潜入前的浑水明流 A 断面，其流速分布为水面流速最大，沿垂线到水下逐渐减小。

(2)到离潜入点不远的地方，水深增大，流速和含沙量分布发生扭曲，呈不正常的明流流速、含沙量状态，最大流速位置向库底移动，见图 1-2-5 中 B 断面。

(3)在水深增大到一定程度的地方，浑水开始潜入库底，此处成为异重流潜入点，该处流速及含沙量沿垂线分布变化剧烈，一般地，在水面处流速为 0，含沙量也几乎为 0，最大流速位置接近水库库底。

(4)潜入点的下游，异重流已经形成，见图 1-2-5 中 D 断面，异重流的流速和含沙量沿水深分布比较均匀，异重流之上清水层形成横轴环流，含沙量的零点在水面以下。在潜入点处，有漂浮物聚集，这通常是判定异重流发生的一个直观标志。潜入点的水流泥沙条件可以作为判定异重流是否发生的条件。

图 1-2-5 中水库中明流转化为异重流时主流线流速垂线分布的沿程变化说明，此处尽管上层清水能被浑水带动，但是由于闸门开启，清水被带出库外，不能形成横轴环流，看不到表层清水的向上流动。

前人研究认为(范家骅，1959；Akiyama & Stefan，1984；Farrell & Stefan，1986；曹如轩，1992；Garcia et al.，1994；Lee & Yu，1997；Jain et al.，1999；Yu et al.，2000；Cesare et al.，2001；Kassem et al.，2003；Cigizoglu，2003；焦恩泽，2004；Cesare et al.，2006；Parker & Toniolo，2007)，从异重流潜入点处流速垂线分布形态发生改变，在潜入点上游水库明流段，由于壅水作用，水流表面流速由大逐渐减小；至潜入点处，流速最大值靠近水底，水体开始分层，浑水潜入清水下层，在潜入点处的表面流速和底部流速均为零。如图 1-2-6 中，小浪底水库距坝 62.49 km 的 HH37 断面为异重流潜入点下游断面，测得异重流最大流速 2.35 m/s，相应高程为 214.29 m，最大含沙量为 114 kg/m^3，相应高程为 213.19 m，浑水水深 10.5 m。

根据水库测验资料和水槽试验资料(姚鹏 等，1996；方春明 等，1997；彭杨 等，2000；李涛 等，2012，2015；王增辉 等，2015)，异重流的流速分布近似接近抛物线形状，最大流速点发生在交界面以下，含沙量的分布则在交界面突然增大，然后比较均匀增加，直至底部。

2.3　水库异重流控制方程

控制水库异重流运动的方程包括连续方程与动量方程，其形式与一般的控制方程类似，区别在于水体下层异重流所受的有效重力(钱宁，1958；范家骅，1959；张瑞瑾，1989；韩其为，2003；张俊华 等，2007b)。本节在推导过程中，主要将异重流运动中含沙量及流速沿垂线不均匀分布对其动量传递的因素包括在内。

2.3.1　异重流有效重力

异重流运动的力学特性之一是有效重力大大减小。与一般明渠水流一样，维持异重流运动的动力仍是重力。由于浑水是在清水下面运动，故浑水的重力作用减小。要消去这个浮力,可对清水和浑水同时施加与重力加速度相等的反向加速度$-g$(韩其为,2003)。此时上层清水的容重为零,可不予考虑。而下层浑水的容重为:

$$\rho_m g - \rho_c g = (\rho_m - \rho_c) g = \frac{\rho_m - \rho_c}{\rho_m} g\rho_m = \eta_g g\rho_m \tag{1-2-1}$$

式中:ρ_c、ρ_m 分别为清水、浑水密度;g 为重力加速度;$\eta_g g = g'$称为有效重力加速度;η'_g为重力修正系数,可表示为:

$$\eta'_g = \frac{\gamma_m - \gamma_c}{\gamma_m} = \frac{\rho_m - \rho_c}{\rho_m} \tag{1-2-2}$$

式中:γ_c、γ_m 分别为清水、浑水容重。可见由于清水的浮力作用,浑水的重力加速度减小到 η_g 倍,又因 η_g 的量级一般为 $10^{-3} \sim 10^{-1}$,故异重流的重力作用大为减弱。

引入含沙量浓度 S(kg/m^3),则浑水密度 ρ_m 可表示为 $\rho_m = \rho_c + (1 - \rho_c/\rho_s)S$,故式(1-2-2)可进一步表示为:

$$\eta'_g = 1 - \frac{\rho_c}{\rho_m} = 1 - \frac{\rho_c}{\rho_c + (1 - \rho_c/\rho_s)S} \tag{1-2-3}$$

式中:ρ_s 为泥沙密度,一般取 2 650 kg/m^3,而清水密度 ρ_c 一般为 1 000 kg/m^3。

由上式可知,即使含沙量 S 有较大的变化,也只能引起浑水密度 ρ_m 较小的变化。例如,当含沙量 S 从 1 kg/m^3 增至 100 kg/m^3,即增加 100 倍时,浑水密度 ρ_m 将从 1 000. 622 kg/m^3 增至 1 062. 2 kg/m^3,即只增加 6. 2%。而此时 $\sqrt{\eta_g}$ 仅增加 10 倍左右,即从 0. 025 增加到 0. 242。当含沙量 S 在 1~400 kg/m^3 变化时,利用浑水容重 γ'、清水容重 γ_0、泥沙干容重 γ_s、含沙量 S 可得:

$$\eta'_g = \frac{\gamma' - \gamma_0}{\gamma'} = \frac{(\gamma_s - \gamma_0)S}{(\gamma_s - \gamma_0)S + \gamma_0\gamma_s} \tag{1-2-4}$$

当 $\gamma_s = 2\ 650\ kg/m^3$ 时,式(1-2-4)可变为:

$$\eta'_g = \frac{1.65S}{1.65S + 2\ 650} = 1 - \frac{1}{1 + \dfrac{S}{1\ 606}} \tag{1-2-5}$$

对式(1-2-5)分别进行一次求导和二次求导分别可得:

$$(\eta'_g)' = \frac{\dfrac{1}{1\ 606}}{\left(1 + \dfrac{S}{1\ 606}\right)^2} > 0 \tag{1-2-6}$$

$$(\eta'_g)'' = -\frac{\dfrac{1}{1\ 606^2}}{\left(1 + \dfrac{S}{1\ 606}\right)^3} < 0 \tag{1-2-7}$$

从式(1-2-6)可知,重力修正系数 η'_g随含沙量 S 单调递增,从式(1-2-7)可知,曲线是凹形曲线。这就表明重力修正系数 η'_g随含沙量 S 的增大而增大,但增大的幅度在逐渐减小。

根据含沙量 S_V 与 η'_g 拟合关系可以得到：

$$\eta'_g = -1.7474(S_V)^2 + 1.6115S_V + 0.0011 \tag{1-2-8}$$

在后面各章节的分析中，主要采用式(1-2-8)分析异重流运动的基本力学规律。

异重流运动的力学特性之二是惯性力的作用相对突出。在水力学中常以弗劳德数表示惯性力与重力的对比关系。若令异重流的流速为 u_m，相应厚度为 h_m，则异重流的密度弗劳德数(Fr')可表示为：

$$Fr' = \frac{u_m}{\sqrt{g'h_m}} = \frac{u_m}{\sqrt{\eta_g g h_m}} \tag{1-2-9}$$

上式表明，在相同的异重流流速及水深条件下，当含沙量 $S = 20\ \mathrm{kg/m^3}$ 时，异重流的密度弗劳德数大约为相同条件下明流的 9 倍。

2.3.2　异重流压力分析

压力作用相对突出是异重流运动的另外一个力学特性。异重流潜入点上游浑水来流量减小时，潜入点以下的异重流将停止运动，则是压力作用相对突出的例子。浑水异重流的静水压力(压强)分布(钱宁，1958；范家骅，1959；张瑞瑾，1989；韩其为，2003；张俊华等，2007a)如图 1-2-7 所示。

令 γ'_m 为任意一点的浑水容重，加强只沿水深变化，不考虑横向变化；γ_m 为平均浑水容重。由图 1-2-7 中的异重流压力分布，可将异重流部分任意点的压强表示为：

$$p = \gamma_c h_c + \int_z^{h_t} \gamma'_m \mathrm{d}z \tag{1-2-10}$$

式中：γ_c 为清水容重；h_c 为清水厚度；z 为垂向坐标；h_m 为浑水厚度。

图 1-2-7 中异重流厚度(h_m)内的总压力为：

$$P = \int_0^{h_m} p\mathrm{d}z = \gamma_c h_c h_m + \int_0^{h_m}\left(\int_z^{h_m}\gamma'_m \mathrm{d}z\right)\mathrm{d}z \tag{1-2-11}$$

其中 γ'_m 与某点含沙量 S 之间的关系为：

$$\gamma'_m = \gamma_c + \frac{\gamma_s - \gamma_c}{\gamma_s}S \tag{1-2-12}$$

以往文献中一般假定异重流容重沿水深不变，即 $\gamma'_m = \gamma_m$，这样任一点压强表达式可写为：

$$p = \gamma_c h_c + \gamma'_m(h_m - z) = \gamma_c h_c + \gamma_m(h_m - z) \tag{1-2-13}$$

则异重流厚度内的总压力为

$$P = \int_0^{h_m} p\mathrm{d}z = \gamma_c h_c h_m + \gamma_m h_m^2/2 \tag{1-2-14}$$

从式(1-2-11)、式(1-2-14)可以看出，γ'_m 只有等于平均值 γ_m 时，两式才相等。如果 γ'_m 随水深 z 而变，则总压力 P 的表达式就变得不可计算了。为考虑浑水容重沿水深分布的不均匀性，需要在式(1-2-14)中 γ_m 之前加修正系数 k_m，其定义式为：

$$k_m = \frac{\int_0^{h_m}(\int_z^{h_m}\gamma'_m \mathrm{d}z)\mathrm{d}z}{\gamma_m \frac{h_m^2}{2}} \tag{1-2-15}$$

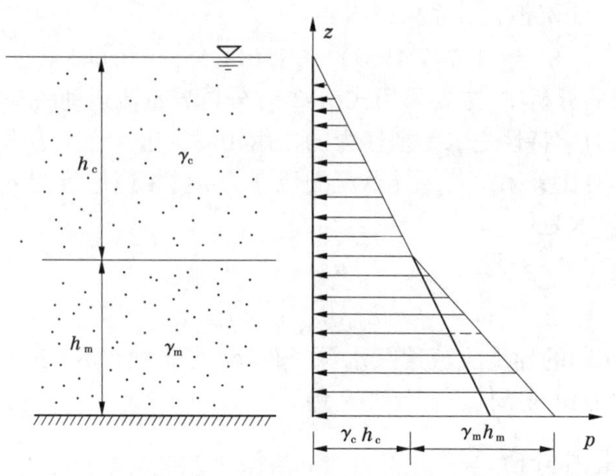

图 1-2-7 异重流压强沿垂线分布

由于垂线上任一点的浑水容重 γ'_m 与含沙量 S 的关系可用式(1-2-12)表示，而异重流含沙量沿垂线分布异常复杂，一般难以用确切的数学形式表达出来。k_m 的大小取决于含沙量 S 沿水深的变化趋势，目前可利用常见的含沙量沿水深分布公式近似计算。如采用张红武等(1994)提出的悬移质含沙量沿垂线分布公式，可由下式表示：

$$\frac{S}{S_a}=\exp\left[(5.33\frac{\omega}{\kappa u_*})(\arctan\sqrt{1/\xi-1}-1.345)\right] \tag{1-2-16}$$

式中：S_a 为近底($z=a$)的含沙量；$\xi=a/h_m$；令 $Z=\frac{\omega}{\kappa u_*}$ 为悬浮指标，则式(1-2-16)可改写为 $S/S_a=\exp[f(Z),\xi]$。因此，$\gamma'_m=\gamma_c+\frac{\gamma_s-\gamma_c}{\gamma_s}S$ 可写成：$\gamma'_m=\gamma_c+\frac{\gamma_s-\gamma_c}{\gamma_s}S_a\exp[f(Z),\xi]$。故式(1-2-16)的具体表达式为：

$$k_m=\frac{\int_0^{h_m}\left([\gamma_c(h_m-z)]+\frac{\gamma_s-\gamma_c}{\gamma_s}S_a\int_z^{h_e}\exp[f(Z,\frac{z}{h_m})]\mathrm{d}z\right)\mathrm{d}z}{\gamma_m\frac{h_m^2}{2}}=F(Z,S_a,h_m,\gamma_c,\gamma_s) \tag{1-2-17}$$

因此，由式(1-2-17)可知，静水压力不均匀分布系数 k_m 主要与近底含沙量大小、悬浮指标等因素密切相关。

图 1-2-8(a)给出了小浪底库区 2001 年 8 月 24 日实测异重流潜入点处含沙量及浑水密度沿垂线的分布形状，该垂线上的异重流厚度为 3.8 m，平均含沙量为 144 kg/m^3。由图可知，计算可得 $\int_0^{h_m}(\int_z^{h_m}\gamma'_m\mathrm{d}z)\mathrm{d}z=7\ 570$ N/m 与 $\gamma_m\frac{h_m^2}{2}=7\ 854$ N/m，因此可得压力修正系数 $k_m=0.964$。该实测资料中异重流潜入点处的平均悬沙粒径为 0.009 mm，计算得到悬浮指标 Z 值相对较小。因此，水深 2 m 以下的含沙量沿垂线分布较为均匀，导致 k_m 接近于 1.0。

由图 1-2-8(b) 可知,计算可得$\int_0^{h_m}(\int_z^{h_m}\gamma'_m dz)dz = 16\ 337$ N/m 与$\gamma_m \frac{h_m^2}{2} = 21\ 121$ N/m,因此可得压力修正系数 $k_m = 0.774$。尽管该实测资料中异重流潜入点处的平均悬沙粒径也为0.009 mm,悬浮指标Z值相对较小,但由于含沙量沿水深分布很不均匀,使得k_m值较小。因此,上述计算分析看出,在某些条件下,静水压力不均匀分布系数 k_m 的值远偏离 1。

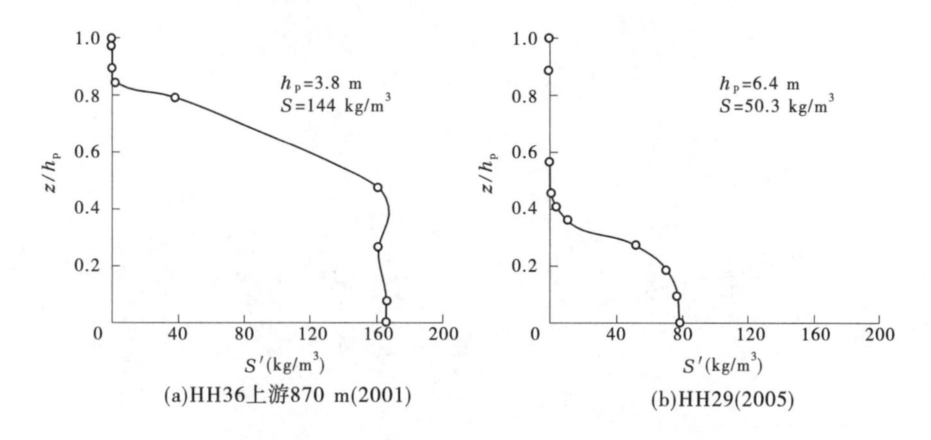

图 1-2-8　潜入点处含沙量及浑水密度沿垂线分布

2.3.3　异重流连续方程

对二维非恒定异重流来说,如果令 ρ_m、h_m 分别为异重流部分的平均密度与厚度,q_m 为异重流运动的单宽流量,则异重流运动的连续方程与一般流体运动相同(钱宁,1958;范家骅,1959;张瑞瑾,1989;韩其为,2003;张俊华 等,2007b),可写成如下形式:

$$\frac{\partial}{\partial t}(\rho_m h_m) + \frac{\partial}{\partial x}(\rho_m q_m) = 0 \tag{1-2-18}$$

对于恒定异重流而言,存在$\partial\rho_m/\partial t=0$、$\partial h_m/\partial t=0$。因此,上式可进一步改写为:

$$q_m \frac{\partial}{\partial x}(\rho_m) + \rho_m \frac{\partial}{\partial x}(q_m) = 0 \tag{1-2-19}$$

假设ρ_m 沿程不变,应存在$\frac{\partial}{\partial x}(\rho_m)=0$,故可导出:

$$\partial q_m/\partial x = 0 \quad 及 \quad q_m = u_m h_m = 常数 \tag{1-2-20}$$

在一般情况下,水库浑水异重流在运动过程中流速沿程变化,泥沙沿程落淤,密度沿程变化。故上述连续条件一般不能满足。在实际工程应用中,如无支流倒灌过程,一般可以认为两个相邻断面之间水沙运动过程,可近似用式(1-2-20)表示(韩其为,2003)。

2.3.4　异重流动量方程

引入浑水容重及流速沿水深分布的不均匀修正系数后,在此基础上推导非恒定异重流运动的动量方程。异重流受力情况如图 1-2-9 所示。为分析简便起见,假定清水水面水平,水流方向平行与异重流交界面方向,取水流方向与坐标轴 x 方向一致,以单位宽度、长度均为 Δx 的异重流流体作为研究对象,并在推导过程中忽略包含 Δx^2 的二阶微小项。则异重流在水流方向所受的各项作用力可表达为如下形式(钱宁,1958;范家骅,1959;张瑞瑾,1989;韩其为,2003;张俊华 等,2007a)。

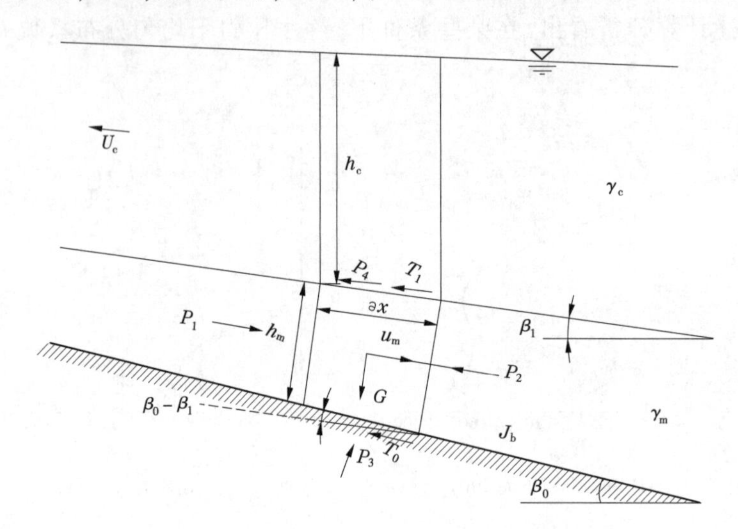

图 1-2-9 非恒定异重流运动过程的受力

(1)压力项(P_1, P_2, P_3)

$$P_1 = \left(\gamma_c h_c h_m + k_m \gamma_m \frac{h_m^2}{2}\right) \tag{1-2-21}$$

$$\begin{aligned} P_2 &= \gamma_c\left(h_c + \frac{\partial h_c}{\partial x}\Delta x\right)\left(h_m + \frac{\partial h_m}{\partial x}\Delta x\right) + k_m \frac{\gamma_m}{2}\left(h_m + \frac{\partial h_m}{\partial x}\Delta x\right)^2 \\ &\approx \gamma_c \mathrm{h}_c h_m + k_m \gamma_m \frac{h_m^2}{2} + (\gamma_c h_c + k_m \gamma_m h_m)\frac{\partial h_m}{\partial x}\Delta x + \gamma_c h_m \frac{\partial h_c}{\partial x}\Delta x \end{aligned} \tag{1-2-22}$$

$$\begin{aligned} P_3 \sin(\beta_0 - \beta_1) &= \left[\gamma_c\left(h_c + \frac{\partial h_c}{\partial x}\frac{\Delta x}{2}\right) + k_m \gamma_m\left(h_m + \frac{\partial h_m}{\partial x}\frac{\Delta x}{2}\right)\right]\frac{\Delta x \cdot \sin(\beta_0 - \beta_1)}{\cos(\beta_0 - \beta_1)} \\ &\approx (\gamma_c h_c + k_m \gamma_m h_m)\frac{\partial h_m}{\partial x}\Delta x \end{aligned} \tag{1-2-23}$$

式中:β_0 为河底坡度;β_1 为清浑水交界面的坡度;h_c、h_m 分别为清水、浑水的厚度。

(2)重力项(G)

$$G\sin\beta_1 = k_m \gamma_m\left(h_m + \frac{\partial h_m}{\partial x}\frac{\Delta x}{2}\right)\Delta x \sin\beta_1 = k_m \gamma_m h_m \frac{\partial h_c}{\partial x}\Delta x \tag{1-2-24}$$

(3)阻力项(包括床面、交界面)(T)

$$\begin{aligned} T &= T_0 \cos(\beta_0 - \beta_1) + T_1 \\ &= \tau_0 \frac{\Delta x}{\cos(\beta_0 - \beta_1)}\cos(\beta_0 - \beta_1) + \tau_1 \Delta x \end{aligned}$$

$$
\begin{aligned}
&= \frac{f_{0\,\mathrm{m}}}{8}\frac{k_{\mathrm{m}}\gamma_{\mathrm{m}}}{g}u_{\mathrm{m}}^{2}\Delta x + \frac{f_{1\mathrm{m}}}{8}\frac{k_{\mathrm{m}}\gamma_{\mathrm{m}}}{g}u_{\mathrm{m}}^{2}\Delta x \\
&= \frac{k_{\mathrm{m}}f_{\mathrm{m}}}{8}\frac{\gamma_{\mathrm{m}}}{g}u_{\mathrm{m}}^{2}\Delta x(k_{\mathrm{m}}f_{\mathrm{m}} = k_{\mathrm{m}}f_{0\,\mathrm{m}} + k_{\mathrm{m}}f_{1\mathrm{m}})
\end{aligned}
\tag{1-2-25}
$$

式中：f_{m} 为异重流综合阻力系数；$f_{0\mathrm{m}}$ 为床面阻力系数；$f_{1\,\mathrm{m}}$ 为异重流交界面阻力系数。

（4）惯性力项（I）

$$
I = k_{\mathrm{m}}\frac{\gamma_{\mathrm{m}}}{g}\left(h_{\mathrm{m}} + \frac{\partial h_{\mathrm{m}}}{\partial x}\frac{\Delta x}{2}\right)\Delta x\frac{\mathrm{d}u_{\mathrm{m}}}{\mathrm{d}t} \approx k_{\mathrm{m}}\frac{\gamma_{\mathrm{m}}}{g}h_{\mathrm{m}}\Delta x\left(\frac{\partial u_{\mathrm{m}}}{\partial t} + \alpha_{\mathrm{m}}u_{\mathrm{m}}\frac{\partial u_{\mathrm{m}}}{\partial x}\right) \tag{1-2-26}
$$

此处引入参数 α_{m}，表示因流速沿垂线不均匀分布引起的动量修正系数。另外，还存在一项附加应力，因表层清水以 u_{c} 的速度向上游流动而对异重流产生的附加应力 T_{c}，故力的平衡方程式应为：

$$
P_1 - P_2 + P_3\sin(\beta_0 - \beta_1) + G\sin\beta_1 - T - T_{\mathrm{c}} = I \tag{1-2-27}
$$

将有关各力的表达式代入式（1-2-27），化简可得：

$$
(k_{\mathrm{m}}\gamma_{\mathrm{m}} - \gamma_{\mathrm{c}})h_{\mathrm{m}}\frac{\partial h_{\mathrm{c}}}{\partial x} - \frac{f_{\mathrm{m}}}{8}\frac{k_{\mathrm{m}}\gamma_{\mathrm{m}}}{g}u_{\mathrm{m}}^{2} - \frac{T_{\mathrm{c}}}{\Delta x} = \frac{k_{\mathrm{m}}\gamma_{\mathrm{m}}}{g}h_{\mathrm{m}}\left(\frac{\partial u_{\mathrm{m}}}{\partial t} + \alpha_{\mathrm{m}}u_{\mathrm{m}}\frac{\partial u_{\mathrm{m}}}{\partial x}\right) \tag{1-2-28}
$$

$$
T_{\mathrm{c}} = \tau_{\mathrm{c}}\Delta x \tag{1-2-29}
$$

$$
\frac{\partial h_{\mathrm{c}}}{\partial x} = -\frac{\partial(Z_{\mathrm{b}} + h_{\mathrm{m}})}{\partial x} = J_{\mathrm{b}} - \frac{\partial h_{\mathrm{m}}}{\partial x} \tag{1-2-30}
$$

式中：τ_{c} 为附加阻力；Z_{b} 为河底高程；$J_{\mathrm{b}} = -\dfrac{\partial Z_{\mathrm{b}}}{\partial x}$。则式（1-2-28）可写成：

$$
J_{\mathrm{b}} - \frac{f_{\mathrm{m}}}{8}\frac{u_{\mathrm{m}}^{2}}{\eta'_{g}gh_{\mathrm{m}}} - \frac{\tau_{\mathrm{c}}}{h_{\mathrm{m}}(k_{\mathrm{m}}\gamma_{\mathrm{m}} - \gamma_{\mathrm{c}})} - \frac{\partial h_{\mathrm{m}}}{\partial x} = \frac{1}{\eta'_{g}g}\left(\frac{\partial u_{\mathrm{m}}}{\partial t} + \alpha_{\mathrm{m}}u_{\mathrm{m}}\frac{\partial u_{\mathrm{m}}}{\partial x}\right) \tag{1-2-31}
$$

式中：$\eta'_{g} = \dfrac{k_{\mathrm{m}}\gamma_{\mathrm{m}} - \gamma_{\mathrm{c}}}{k_{\mathrm{m}}\gamma_{\mathrm{m}}}$。

建立的非恒定异重流运动的动量方程见式（1-2-31）。该式具有了描述异重流含沙量与流速沿垂线不均匀分布对异重流运动产生的影响。还需要注意的是，由于潜入点附近流速沿垂线分布主要表现为表层及底层流速均为0，故 α_{m} 值一般大于1。且已有实测资料看出，参数 k_{m} 的值在含沙量沿垂线分布极不均匀时，一般小于1。因此，在异重流运动的动量方程中考虑含沙量与流速沿垂线不均匀分布对异重流运动的影响是非常有必要的。

式（1-2-31）中的动量修正系数 α_{m} 的计算公式为：

$$
\alpha_{\mathrm{m}} = \frac{\int_{0}^{h_{\mathrm{p}}} u'u'\mathrm{d}z}{u_{\mathrm{m}}^{2}h_{\mathrm{m}}} \tag{1-2-32}
$$

式中：u' 为异重流垂线上某一点的流速；u_{m} 为异重流的垂线平均流速。

图1-2-10（a）、（b）分别给出了上述两条潜入点处的流速沿垂线分布图，由式（1-2-32）可计算得到这两条垂线上的动量修正系数 α_{m} 值分别为1.196、1.423。从明渠水流能量耗散率沿程变化的研究结果看出（郭振仁，1990），动量修正系数随水流弗劳德数变化，一般地，水流弗劳德数越小，相应 α_{m} 值越大。因此，流速不均匀分布引起的动量修正系数

对异重流潜入点判别条件的影响不可忽略，而以往的判别条件一般都假定 $\alpha_m = 1$，在理论上有所欠缺。

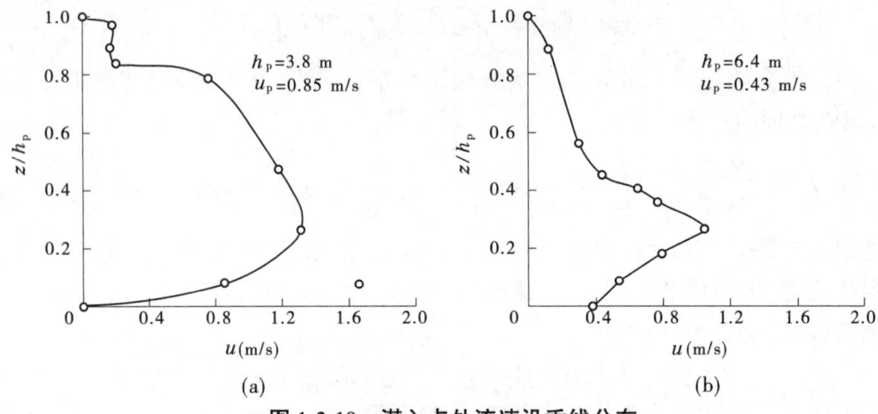

图 1-2-10　潜入点处流速沿垂线分布

2.4　潜入点判别公式

研究者们利用实测资料分析和水槽试验、实体模型试验等手段对此做出了大量工作，已有异重流潜入点条件的判别公式以范家骅等(1959,2008)提出的计算公式为代表，但该公式是建立在含沙量相对较低的基础上。由于对潜入点处流速沿垂线分布中的动量修正系数的理论认识不深入，还处于经验估计阶段，不能从数学、物理方法上分离相关关系。因此，本节在以往研究基础上，推导出异重流运动的控制方程，分析异重流含沙量与流速沿垂线不均匀分布对异重流运动的影响，建立弗劳德数与含沙量的显性关系式，最后提出了潜入点判别公式的改进形式。

2.4.1　已有潜入点判别公式回顾

2.4.1.1　范家骅公式

范家骅等(1959)不少学者(Singh & Shah, 1971; Stefan, 1973; Savage & Brimberg, 1975; Hebbert et al., 1979; Johnson et al., 1987; Johnson et al., 1987; Parker et al., 1987; Farrell & Stefan, 1988; Monaghan et al., 1999; Fleenor, 2001; Novo et al., 2002; Arita & Nakai, 2008)从非均匀异重流方程出发分析，认为浑水潜入时交界面沿程变化存在一转折点 k，其 $dh_m/dx \to -\infty$，故 $u_{mk}^2/(\eta_g g h_{mk}) = 1$，此处 $\eta_g = \Delta\rho/\rho_m$，$\Delta\rho = \rho_m - \rho$ 为浑水与清水密度差。说明 k 点断面处于临界状态[见图 1-2-11(a)、(b)]。由于潜入点处在 k 点上游，潜入点水深 h_p 大于 h_{mk}，则 u_p 显然比 u_{mk} 要小，即应有：$\dfrac{u_p^2}{\eta_g g h_p} < 1$。

在潜入点处可设 $u_p^2/(\eta_g g h_p) = Fr'^2_p$，密度弗劳德数 Fr'_p 值随含沙量等因素和不同条件而改变。对平底河槽，按异重流产生前后断面上的作用力与进、出断面动量改变率的关系，同样可以得出异重流潜入点形成也应满足范家骅等提出的关系式的结论(朱鹏程，

1981)。目前范家骅等(1959)水槽试验的研究成果在工程实践及数值模拟中采用较多,判别潜入点处的水沙条件是否满足下式:

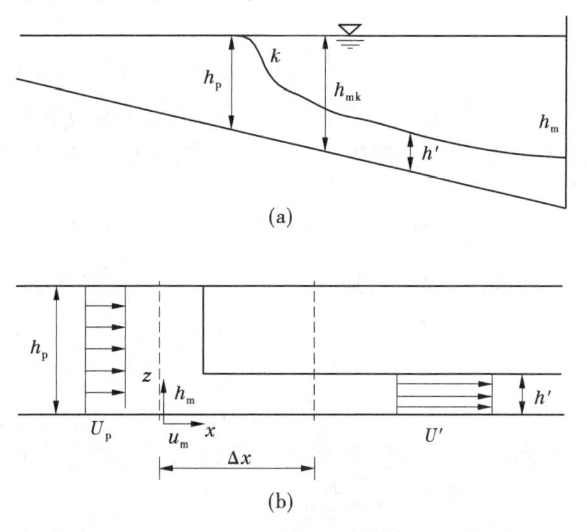

图 1-2-11　水库异重流潜入形成分析示意图

$$u_p^2/(\eta_g g h_p)=0.6 \tag{1-2-33}$$

如果满足,异重流即可形成;如果不满足上式条件,异重流不能形成。上式一般在低含沙水流($S<20\ \mathrm{kg/m^3}$)中应用较多。

2.4.1.2　芦田和男公式

芦田和男(1980)推导动量方程后得到异重流形成的判别条件,假定静压分布和流速分布为常数,对运动方程进行积分可得到:$u_m^2h_m-u_p^2h_p=\dfrac{1}{2}\dfrac{\Delta\rho}{\rho}(h_p^2-h_m^2)$。可以看出,式中明显还忽略了重力沿底坡的分力作用。联立异重流连续方程 $u_mh_m=u_ph_p=q_m$,可得到:$h_p=\dfrac{1}{2}(\sqrt{8Fr'^2_p+1}-1)h_m$。该式表明在水深 h_p 处挟沙水流潜入清水下层形成异重流。其中 $Fr'^2_p=u_m^2/(\eta_g g h_m)$ 表示异重流的密度弗劳德数的平方。联立阻力公式,得到潜入点处水深 h_p 的近似解为:

$$h_p=0.365\left(\frac{q_m^2}{\eta_g g J_b}\right)^{1/3} \tag{1-2-34}$$

2.4.1.3　Akiyama & Stefa 潜入公式

Akiyama & Stefan(1984)从理论角度分析了异重流的潜入形成条件,分别在潜入区建立动量方程和连续方程,将初始的掺混稀释作用进行了充分考虑,定义掺混稀释系数 $\theta=u_mh_m/u_ph_p$。提出了不同缓坡和陡坡的情况下潜入水深 h_p 的表达式。其研究比芦田和男(1980)较为深入。但该成果适用性不太理想。

2.4.1.4　高含沙异重流潜入公式

已有高含沙水流的异重流潜入点试验现仅有中国曹如轩等(1984)、焦恩泽(2004)的水槽试验成果。由于浑水含沙量高,流体黏滞系数大,一般地,假设其水流为 Bingham 流体,曹如轩等(1984)、焦恩泽(2004)曾利用 Bingham 流体有关参数,和流体阻力系数建立联系,得出了潜入点不同含沙量对密度弗劳德数的变化趋势,分析认为符合试验数据趋势(范家骅 等,2008)。

曹如轩等(1984)开展了高含沙异重流试验,提出了公式(1-2-34)和式(1-2-35)只适用于含沙量小于 40 kg/m³ 的看法。因为流体黏性随着含沙量的增大而增大,水流形态发生改变后,潜入点密度弗劳德数 Fr'_p 相应减小。水槽试验结果表明,当有效雷诺数 $Re_m=(4h_p u_p \gamma_m)/[g(\eta+\frac{R\tau_B}{2u_p})]>5\ 000$ 时为低含沙水流,此时潜入点水深用式(1-2-34)计算;当 $300<Re_m\leqslant 5\ 000$ 时,浑水水流为高含沙非均质流,密度弗劳德数 Fr'_p 的值变化于 0.40~0.57,当 $Re_m\leqslant 300$ 时,浑水水流为高含沙均质流,潜入点水深则按下式确定:

$$h_p=2.34\frac{\tau_B}{\Delta\gamma J_b} \tag{1-2-35}$$

式中:u_p 为潜入点处的断面平均流速;R 为水力半径;γ_m 为浑水容重;$\Delta\gamma$ 为清浑水容重差;η 为浑水刚性系数;τ_B 为极限剪切应力。

在高含沙水流形成的异重流上游(焦恩泽,2004),明流段水面平静,潜入点下游不发生水跃现象。如果上游水流含沙量小于 400 kg/m³,明渠段水流表面即刻出现微细波纹,特别地,当上游水流含沙量小于 200 kg/m³ 时,明流段水流湍急,波浪陡峭,异重流潜入点下游出现的水跃异常突出。随上游水流含沙量的减小,水流流态表现为湍急,波浪起伏较大。该现象与水流含沙量的大小关系密切。充分证明了水流含沙量大小与水流流动形态关系密切,也就是水流含沙量的大小会改变水流流动形态。水槽试验数据展示了 Re_m 与体积比含沙量存在较好的相关关系,潜入点处密度弗劳德数 Fr'_p 与体积比含沙量 S_V 也关系密切。因此,上述三者的关系可表达为:

$$\sqrt{Fr'_p Re_m}=a/(S_V)^b \tag{1-2-36}$$

对于不同的水流含沙量,式中常数 a 与 b 取值临界条件如下:当 $S_V\leqslant 0.04$ 时,$a=16$,$b=0.61$;当 $0.04<S_V\leqslant 0.15$ 时,$a=1.6$,$b=1.3$;当 $S_V>0.15$ 时,$Fr'_p Re_m$ 与 S_V 无关。近期范家骅(2008)认为,曹如轩等(1984)第 1 号水槽试验中有小于 400 kg/m³ 的异重流资料,其潜入点深度值出现异常现象。经与焦恩泽(2004)相同流量、含沙量和水槽底坡 0.01 的数据对比,两者 h_m 值的差别较为明显。因此,有必要在下阶段对高含沙水流时的异重流潜入条件做进一步研究。

2.4.1.5 其他潜入公式

一般地,大多潜入点密度弗劳德数接近 0.6 是接受的(范家骅 等,1959;李书霞 等,2012)。对异重流潜入现象的研究国内外的其他一些成果,有基于野外观测(Elder & Wunderlich,1973)和实验室试验(Singh & Shan,1971),还有通过理论分析得到(Savage & Brimberg,1975;Hebbert et al.,1979;Jain & Subash,1981;Stefan et al.,1988;Tilston,2017)。Savage & Brimberg(1975)分析水槽试验资料认为 Fr'^2_p 的范围为 0.09~0.64;Akiyama 等(1984)经过理论分析并与实测资料比较认为 Fr'^2_p 在 0.01~0.303;Ford & Jonson(1990)的野外观测发现潜入点处的密度弗劳德数 Fr'^2_p 的范围大致在 0.01~0.49。

在实际工作中，由于异重流的判断需要利用潜入点水深进行判断和计算。范家骅 等(1959)、Singh & Shah(1971)、Savage & Brimberg(1975)、芦田和男(1980)、曹如轩(1984)、Akiyama & Stefan(1984)、Stefan 等(1988)、Ford(1990)、Unes 等(2015)对潜入点水深进行了各自的研究，表 1-2-1 为潜入点水深半经验公式汇总表。各家潜入点处水深成果都可以写成如下统一形式：

$$h_{\mathrm{p}}=\left(\frac{1}{Fr'^2_{\mathrm{p}}}\right)^{1/3}\left(\frac{q_{\mathrm{m}}^2}{\eta_g g}\right)^{1/3} \tag{1-2-37}$$

但无论上述的各种潜入点水沙的公式形式，都没有考虑潜入点处流速沿垂线分布问题，从理论上解决潜入点处弗劳德数与潜入点含沙量的隐性函数关系，导致上述研究结果存在诟病。

表 1-2-1　潜入点水深半经验公式汇总

作者	潜入点水深公式
范家骅 等(1959)	$u_{\mathrm{p}}^2/(\eta_g g h_{\mathrm{p}})=0.6$
Singh & Shah(1971)	$h_{\mathrm{p}}=0.0185+1.3\left(\frac{q_0^2}{\varepsilon_0 g}\right)^{1/3}$，$h_{\mathrm{p}}(\mathrm{m})$
Savage & Brimberg (1975)	$h_{\mathrm{p}}=\left(\frac{q_0^2}{\varepsilon_0 g F_{\mathrm{p}}^2}\right)^{1/3}$，$F_{\mathrm{p}}=\frac{2.05}{1+\alpha}\left(\frac{S}{C_D}\right)^{0.478}$，$0.01<C_D<0.09$；$0.2<\alpha<0.8$
芦田和男(1980)	$h_{\mathrm{p}}=0.365[q_{\mathrm{m}}^2/(\eta_g g J_{\mathrm{b}})]^{1/3}$
曹如轩(1984)	$h_{\mathrm{p}}=2.34[\tau_B/(\Delta\gamma J_{\mathrm{b}})]$
Akiyama & Stefan (1984)	缓坡：$h_{\mathrm{p}}=\frac{1}{2}\left(\frac{2+\gamma}{2}+\frac{S_2S}{C_D}+\sqrt{\left(\frac{2+\gamma}{2}+\frac{S_2S}{C_D}\right)^2-\frac{4(S_2S/C_D)}{1+\gamma}}\right)\left(\frac{C_D}{S_2S}\right)^{1/3}\left(\frac{q_0^2}{\varepsilon_0 g}\right)^{1/3}$
	陡坡：$h_{\mathrm{p}}=\frac{1}{2}\left(\frac{2+\gamma}{2}+S_1+\sqrt{\left(\frac{2+\gamma}{2}+S_1\right)^2-\frac{4S_1}{1+\gamma}}\right)\left(\frac{1}{S_1}\right)^{1/3}\left(\frac{q_0^2}{\varepsilon_0 g}\right)^{1/3}$ $S_1h_{\mathrm{d}}^2\overline{\varepsilon_{\mathrm{d}}}=\int_0^\infty \varepsilon_{\mathrm{d}}z\mathrm{d}z$ 和 $S_2h_{\mathrm{d}}\overline{\varepsilon_{\mathrm{d}}}=\int_0^\infty \varepsilon_{\mathrm{d}}\mathrm{d}z$ $\overline{\varepsilon_{\mathrm{d}}}$、$\varepsilon_{\mathrm{d}}$ 表示平均密度和局部密度差
Stefan et al. (1988)	$h_{\mathrm{p}}=\left(\frac{1}{F_{\mathrm{p}}^2}\right)^{1/3}\left(\frac{q_0^2}{\varepsilon_0 g}\right)^{1/3}$，$0.5<F_{\mathrm{p}}<1$
Ford(1990)	$h=1.6\left[Q^2/\left(gL^2\frac{\lvert\Delta\rho\rvert}{\rho}\right)\right]^{1/3}$，$h$ 为潜入点水深，$\Delta\rho$ 为水库水密度和入流密度的密度差，L 为交汇区宽度
Unes et al. (2015)	$h_{\mathrm{p}}=-1.791+2.756(q^2/g')^{1/3}-1.156q$
其他成果	$h_{\mathrm{p}}=(1/Fr'^2_{\mathrm{p}})^{1/3}[q_{\mathrm{m}}^2/(\eta_g g)]^{1/3}$

2.4.2　动量修正系数理论分析

对于恒定异重流，存在$\partial u_m / \partial t = 0$，因此式(1-2-31)中的水沙因子仅随 x 而变。在二维恒定流情况下，单宽流量(q_m)沿程不变，故应有

$$\frac{d}{dx}(q_m) = \frac{d}{dx}(h_m u_m) = h_m \frac{d}{dx}(u_m) + u_m \frac{d}{dx}(h_m) = 0 \quad 或 \quad \frac{du_m}{dx} = -\frac{u_m}{h_m}\frac{dh_m}{dx} \tag{1-2-38}$$

将上式代入式(1-2-31)化简可得：

$$J_b - \frac{f_m}{8}\frac{u_m^2}{\eta'_g g h_m} - \frac{\tau_c}{h_m(k_m\gamma_m - \gamma_c)} - \frac{\partial h_m}{\partial x} = \frac{1}{\eta'_g g}\left(\frac{\partial u_m}{\partial t} + \alpha_m u_m \frac{\partial u_m}{\partial x}\right) \tag{1-2-39}$$

式中：u_m 为异重流平均流速；τ_c 为附加阻力；Z_b 为河底高程；$J_b = -\frac{\partial Z_b}{\partial x}$；$\alpha_m$ 表示因流速沿垂线不均匀分布引起的动量修正系数；f_m 为异重流综合阻力系数；γ_m、γ_c 为平均浑水容重、清水容重；h_m 为浑水的厚度；$\eta'_g = \frac{k_m\gamma_m - \gamma_c}{k_m\gamma_m}$为重力修正系数；$g$ 为重力加速度。

将式(1-2-38)代入式(1-2-39)化简可得：

$$\frac{\partial h_m}{\partial x} = \frac{J_b - \frac{f_m}{8}\frac{u_m^2}{\eta'_g g h_m} - \frac{\tau_c}{h_m(k_m\gamma_m - \gamma_c)\eta'_g g}}{1 - \frac{\alpha_m}{\eta'_g g} u_m \frac{u_m}{h_m}} \tag{1-2-40}$$

式中的动量修正系数 α_m 的计算公式为式(1-2-32)，u_m 为异重流的垂线平均流速，含沙量修正系数 k_m 的计算公式为式(1-2-15)，k_m 的大小取决于含沙量 S 沿水深的变化趋势，目前可利用常见的含沙量沿水深分布公式近似计算。

已有异重流潜入点形成条件的水槽试验观测结果表明(范家骅等，1959)，从明流过渡到异重流的清浑水交界面曲线，发现有一拐点 k，其 $dh_m/dx \to -\infty$。同样采用该条件，则式(1-2-41)可得：$\alpha_{mk} u_{mk}^2 / (\eta'_g g h_{mk}) = 1$。由于潜入点处在 k 点上游，潜入点水深 h_p 大于 h_{mk}，则 u_p 显然比 u_{mk} 要小，即应有：

$$\frac{\alpha_m u_p^2}{\eta'_g g h_p} < 1 \tag{1-2-41}$$

2.4.3　潜入点流速沿垂线分布理论公式

根据图1-2-5、图1-2-6中异重流流速沿垂线分布形式，假设异重流流速沿垂线分布接近抛物线形，服从表层及底层流速均为0近似的二次抛物线规律，其数学形式为：

$$\frac{u'}{V_m} = a\left(\frac{z}{h_p}\right)^2 + b\left(\frac{z}{h_p}\right) \tag{1-2-42}$$

式中：u'为异重流垂线上某一点 z 的流速，m/s；V_m 为异重流垂线上的最大流速，m/s；h_p 为异重流潜入点浑水水深，m。

对2001~2014年小浪底水库实测异重流潜入点资料和小浪底水库实体模型试验资料进行了分析整理，根据流速分布图形，结合含沙量垂线分布特点，分成三类：一为上层有薄层清水；二为明显地分层，上下层流动方向相反；三为其流速分布同明渠流流速分布类似。认为第一类为潜入点处测验资料，第二类为潜入点下游的资料，第三类为潜入点上游的资料，由于潜入点处水流变化剧烈，不易稳定测验，因此对实测数据进行了合理性分析，本书采用第一类资料进行分析，结果见图1-2-12。

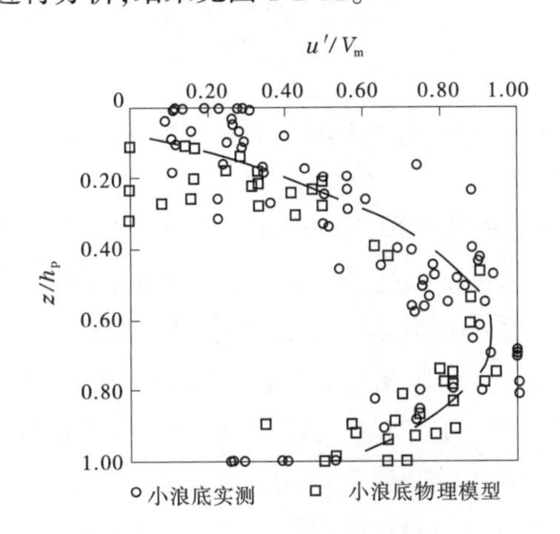

图1-2-12　潜入点流速沿垂线分布图

按照流速沿垂线分布的特点，当$\frac{z}{h_p}=0,1,\frac{u'}{V_m}=0;\frac{z}{h_p}=\frac{1}{2},\frac{u'}{V_m}=1$，可得出式(1-2-42)的参数$a=-4,b=4$。代入式(1-2-42)，得：

$$\frac{u'}{V_m}=-4\left(\frac{z}{h_p}\right)^2+4\left(\frac{z}{h_p}\right) \tag{1-2-43}$$

根据小浪底水库实测资料和物理模型试验数据拟合结果，可得$a=-1.79,b=2.36$。代入式(1-2-42)，可得：

$$\frac{u'}{V_m}=-1.79\left(\frac{z}{h_p}\right)^2+2.36\left(\frac{z}{h_p}\right) \tag{1-2-44}$$

从式(1-2-43)、式(1-2-44)中可以看出，两个系数的理论值和实测值较为接近，正负相同、数量级一致，其差别在于潜入点是一个由明流过渡到异重流的变化区域，受测验手段、阻力和水流、泥沙运动等复杂性的影响而产生，导致理论值与模型试验、实测资料的拟合值的差别，但两者数值接近，正负及数量级相同，计算结果是合理的。

对式(1-2-42)分别积分可得：

$$u_m=\frac{\int_0^{h_p}V_m\left(\frac{bz}{h_p}+\frac{az^2}{h_p^2}\right)dz}{h_p}=V_m\left(\frac{b}{2}+\frac{a}{3}\right) \tag{1-2-45}$$

$$\int_0^{h_p}u'u'dz=V_m^2\int_0^{h_p}\left(\frac{bz}{h_p}+\frac{az^2}{h_p^2}\right)^2dz=V_m^2h_p\left(\frac{b^2}{3}+\frac{a^2}{5}+\frac{ab}{2}\right) \tag{1-2-46}$$

$$h_p=h_m \tag{1-2-47}$$

将式(1-2-45)、式(1-2-46)、式(1-2-47)代入式(1-2-32)可得:

$$\alpha_m = \frac{\int_0^{h_p} u'u'\mathrm{d}z}{u_m^2 h_m} = \frac{\frac{b^2}{3} + \frac{a^2}{5} + \frac{ab}{2}}{\left(\frac{b}{2} + \frac{a}{3}\right)^2} \tag{1-2-48}$$

当 $z=h_p$ 时,理论值 $u_m=\frac{2}{3}V_m$;代入式(1-2-48)可得:

$$\alpha_m = 1.20 \tag{1-2-49}$$

当 $z=h_p$ 时,小浪底水库实测值 $u_m=0.34V_m$,代入式(1-2-48)可得:

$$\alpha_m = 1.13 \tag{1-2-50}$$

式(1-2-48)即为动量修正系数的理论表达式,从中可以看出,动量修正系数与潜入点水深成反比,水深越大,动量修正系数越小。对于潜入点处流速沿垂线分布形式为抛物线分布时,其理论值为1.20,对于小浪底水库,其计算值为1.13。

部分学者认为流速沿垂线分布服从对数规律,可得到 $\alpha_m=1+g/C^2\kappa^2$,式中,C 为谢才系数;κ 为 von Karman 常数,取0.4。如果流速沿垂线分布满足1/7幂函数的分布形式,可得到 $\alpha_m=1.016$;如果满足表层及底层流速均为0近似的二次抛物线分布形式,可计算得到的动量修正系数 α_m 一般大于1.1(李书霞 等,2012;Xia et al.,2016)。本书计算结果与其预测基本符合。

2.5　潜入点判别公式验证与率定

已有水槽试验结果显示,异重流潜入点处的密度弗劳德数 $=Fr'_p$ 会随含沙量的增加而减小,大约含沙量到400 kg/m³ 时为止;且又在400 kg/m³ 时发生转折,Fr'_p 值会直线下降。以往研究通常根据水槽试验资料点绘 Fr'_p 与含沙量(S)或体积比含沙量(S_V)之间的相关关系。由于密度弗劳德数 Fr'_p 本身间接含有含沙量因子,显然这种处理方法是不合理的,需要进一步改进(Xia J Q et al.,2016)。

因此,可对式(1-2-40)改写成:$\frac{u_p^2}{gh_p}=f(\alpha_m, S_V, \frac{\omega}{\kappa u_*})$。限于目前实测资料的精度,还无法直接考虑悬浮指标对潜入点形成的影响。因此,本次研究仅将体积比含沙量对异重流潜入点形成的作用加入,即

$$Fr_p^2 = u_p^2/(gh_p) = f(S_V/\alpha_m) \tag{1-2-51}$$

式中:Fr_p 为潜入点处的弗劳德数;$f(S_V)$ 为体积比含沙量 S_V 的某一函数,需要由实测资料确定。

套汇异重流潜入点处的水槽试验资料(范家骅 1959;曹如轩 1984;焦恩泽 2004)、小浪底水库实体模型试验资料(张俊华 等,2007b)和小浪底水库实测资料(吴柏春,2002;侯素珍 2003;徐建华 等,2007;吴幸华 等,2009;张永征 等,2010;朱素会 2011)。采用的已有异重流资料范围主要集中在多沙河流水库,如三门峡水库,见表1-2-2,其实测潜入点的含沙量一

般不会超过 400 kg/m³，因此大于 400 kg/m³ 的水槽试验结果在本次分析中暂不考虑。

如图 1-2-13 所示，可得到 Fr_p 与 S_V 之间的关系，可用下式表示：

$$Fr_p^2 = u_p^2/(gh_p) = 0.263(S_V)^{0.76} \qquad R^2 = 0.54$$

或

$$Fr_p = u_p/\sqrt{gh_p} = 0.51(S_V)^{0.38} \qquad R^2 = 0.54 \tag{1-2-52}$$

将式(1-2-51)与式(1-2-52)联立，可得潜入点处的密度 Fr'_p数为：

$$Fr'^2_p = u_m^2/(\eta_g gh_m) = 0.24(S_V)^{-0.137} \quad 或 \quad Fr'_p = u_m/\sqrt{\eta_g gh_m} = 0.49(S_V)^{-0.069} \tag{1-2-53}$$

本推导过程是采用弗劳德数 Fr_p 的定义直接与体积比含沙量建立关系而得到密度弗劳德数 Fr'_p的关系式，从推导过程中避免了前人研究过程中含沙量与密度弗劳德数 Fr'_p直接建立相关关系而引起数据点子散乱的问题（李书霞 等，2012；Xia et al.，2016）。

将 $q_m = u_p h_p$ 代入式(1-2-53)，则可得潜入点水深与单宽流量及体积比含沙量之间的具体表达式，即

$$h_p = 0.738\,6q_m^{2/3}/S_V^{0.764/3} \qquad R^2 = 0.91 \tag{1-2-54}$$

上式表明，当来流单宽流量增加时，潜入点应下移；当来流含沙量增加时，潜入点应上移。在实际异重流潜入条件判别中，一般可以采用式(1-2-54)估算潜入点水深。

整理三门峡水库 1961~1962 年异重流期间、小浪底水库 2006~2015 年调水调沙期实测资料，见表 1-2-2、表 1-2-3。代入式(1-2-54)进行估算，潜入点处计算与实测水深对比，如图 1-2-14 所示。从图中可以看出，计算与实测的潜入点水深较为接近。实测值 H_p 与计算值 H_{pcal} 的相关关系式为：

$$H_p = 1.030\,6H_{pcal} - 0.043\,9 \qquad R^2 = 0.910\,7 \tag{1-2-55}$$

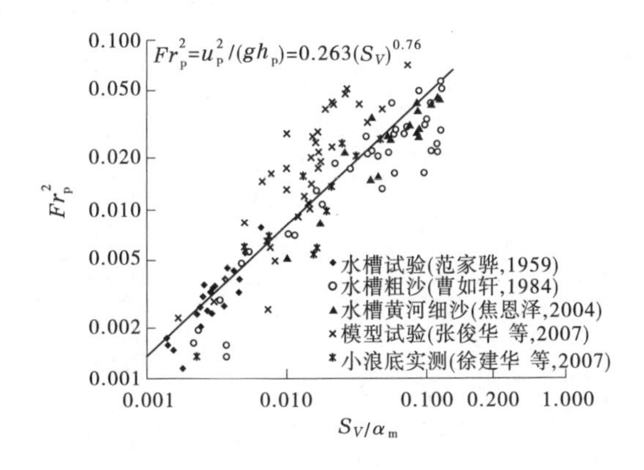

图 1-2-13　潜入点处 Fr_p^2 与 S_V/α_m 关系

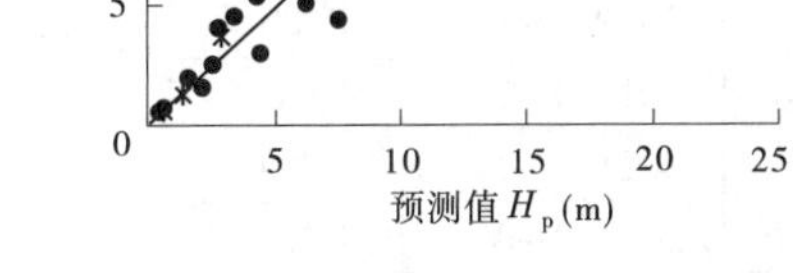

图 1-2-14　潜入点水深计算与实测对比

其相关关系较好，相关系数 $R^2=0.91$。较改进前的相关系数 $R^2=0.54$ 提高较多。原型观测数据中潜入点水深在 0.6~21.0 m，流速在 0.19~1.35 m/s，含沙量在 4~169 kg/m³ 变化。但正如范家骅指出的，由于现场情况的复杂性及测验仪器精度限制，原型观测资料大多不是真正潜入点处进行的测验，图中部分数据点较为分散。因此，可以认为式(1-2-54)可以用于多沙河流水库异重流潜入点的判别条件。

表 1-2-2　三门峡水库潜入点数据汇总

序号	日期（年-月-日）	流速 u_p（m/s）	浑水水深 h_p（m）	单宽流量 q_m（m^2/s）	含沙量 S（kg/m^3）	浑水中悬沙中值粒径 d_{50}（mm）	潜入点 Fr'_p
1	1961-07-02	0. 253	0. 6	0. 15	49. 2	0. 013	0. 651
2	1961-08-10	0. 434	3. 7	1. 61	49. 7	0. 007	0. 650
3	1962-07-26	0. 423	5. 9	2. 50	52. 4	0. 007	0. 648
4	1962-08-02	0. 459	1. 2	0. 55	50. 9	0. 013	0. 649

表 1-2-3　小浪底水库异重流潜入点数据汇总

序号	日期（年-月-日）	流速 u_p（m/s）	浑水水深 h_p（m）	单宽流量 q_m（m^2/s）	含沙量 S（kg/m^3）	浑水中悬沙中值粒径 d_{50}（mm）	潜入点 Fr'_p
1	2001-08-24	0. 98	3. 7	3. 63	141. 0	0. 009	0. 573
2	2002-07-07	1. 48	9. 4	13. 91	291. 0	0. 027	0. 394
3	2002-07-07	1. 01	10. 4	10. 50	132. 0	0. 020	0. 363
4	2002-07-12	0. 48	5. 9	2. 83	10. 6	—	0. 779
5	2004-07-08	1. 26	7. 5	9. 45	62. 3	0. 015	0. 760
6	2004-07-08	0. 95	7. 7	7. 32	135. 0	0. 019	0. 393
7	2004-07-09	0. 95	5. 8	5. 51	57. 8	0. 013	0. 676
8	2004-07-10	0. 59	3. 9	2. 30	49. 3	0. 016	0. 553
9	2005-06-27	0. 96	11. 4	10. 94	14. 9	0. 008	0. 947
10	2006-06-25	1. 00	6. 7	6. 70	34. 0	0. 023	0. 857
11	2006-06-28	0. 40	4. 5	1. 80	34. 8	0. 024	0. 413
12	2007-06-27	0. 61	8. 0	4. 88	21. 0	0. 006	0. 606
13	2007-06-27	0. 55	3. 0	1. 65	9. 2	0. 006	1. 341
14	2007-06-28	0. 75	6. 0	4. 50	27. 3	0. 006	0. 756
15	2008-06-28	0. 41	7. 8	3. 20	8. 0	0. 006	0. 668
16	2008-06-29	1. 28	12. 4	15. 87	66. 6	0. 020	0. 582
17	2009-06-29	0. 19	2. 5	0. 48	3. 2	0. 007	0. 864
18	2009-06-30	1. 10	5. 9	6. 49	35. 1	0. 014	0. 989
19	2009-07-01	0. 70	6. 1	4. 27	80. 9	0. 016	0. 413
20	2010-07-05	0. 32	9. 2	2. 94	12. 1	0. 013	0. 538
21	2011-07-04	1. 50	6. 3	9. 42	232. 0	0. 016	0. 867
22	2011-07-06	0. 86	5. 2	4. 47	31. 6	0. 012	0. 390
23	2012-07-04	0. 81	5. 4	4. 37	148. 0	0. 043	1. 058
24	2013-07-04	0. 39	4. 1	1. 61	51. 7	0. 014	1. 350
25	2013-07-06	0. 98	8. 8	8. 62	36. 6	0. 013	0. 938
26	2013-07-07	1. 10	6. 8	7. 48	61. 2	0. 021	0. 411
27	2014-07-05	0. 28	0. 8	0. 22	45. 0	0. 006	0. 655
28	2014-07-06	0. 72	21. 0	15. 12	10. 5	0. 006	0. 724
29	2014-07-07	0. 35	11. 5	4. 03	5. 0	0. 006	0. 762
30	2014-07-08	0. 42	9. 1	3. 82	5. 0	0. 006	0. 762

2.6　小浪底水库 2015 年异重流潜入预测

通过近年来的调水调沙实践,认为影响汛前调水调沙期小浪底水库异重流排沙的因素很多,如三门峡水库前期蓄水量及泄放方式、对接水位、异重流塑造期潼关断面来水来沙过程、三门峡水库泄空后排沙期的水沙过程、小浪底库区前期边界条件、异重流运行距离等。2015 年小浪底水库进行了人工塑造异重流的水库调水调沙,结果无泥沙出库。本书利用上述结果对此进行分析和总结,以利于积累经验,提高对水库调度的认识。

2015 年小浪底全库区淤积量为 0.446 亿 m^3,其中干流淤积量为 0.33 亿 m^3,支流淤积量为 0.116 亿 m^3。2015 年 4~10 月,淤积主要发生在 HH40(距坝 69.34 km)断面以下库段(含支流),淤积量为 0.966 亿 m^3。

2.6.1　2015 年黄河调水调沙情况

2015 年调水调沙的目标是:满足下游 7 月上旬抗旱用水,并留有余地;尽可能实现水库排沙减淤;规顺河势,维持黄河下游中水河槽;进一步探索不同运用条件下水库排沙规律。

异重流塑造指标:①水量指标。调水调沙前万家寨、三门峡水库应尽量多蓄水,使其水位分别接近 977 m、318 m,相应汛限水位以上蓄水量分别为 2.2 亿 m^3、4.2 亿 m^3。②对接水位指标。2015 年三门峡坝前淤积泥沙(异重流沙源)较少,万家寨水库与三门峡水库的对接水位以 305 m 以下为宜。三门峡水库与小浪底水库的对接水位按 240 m 左右考虑。③流量指标。人工塑造异重流期间,万家寨水库按 1 200 m^3/s 均匀下泄,直至库水位降至汛限水位以下,大流量水头传播至三门峡大坝时间约为 5 d;三门峡水库按照由小到大(3 000 m^3/s×4 h、4 000 m^3/s×4 h、5 000 m^3/s)流量泄放水库蓄水至汛限水位冲刷小浪底库区泥沙。小浪底水库库区 2015 年汛前地形影像及调水调沙期异重流形成区间示意图见图 1-2-15。

图 1-2-15　小浪底水库库区 2015 年汛前地形影像及调水调沙期异重流形成区间示意图

两库水沙过程见图 1-2-16。

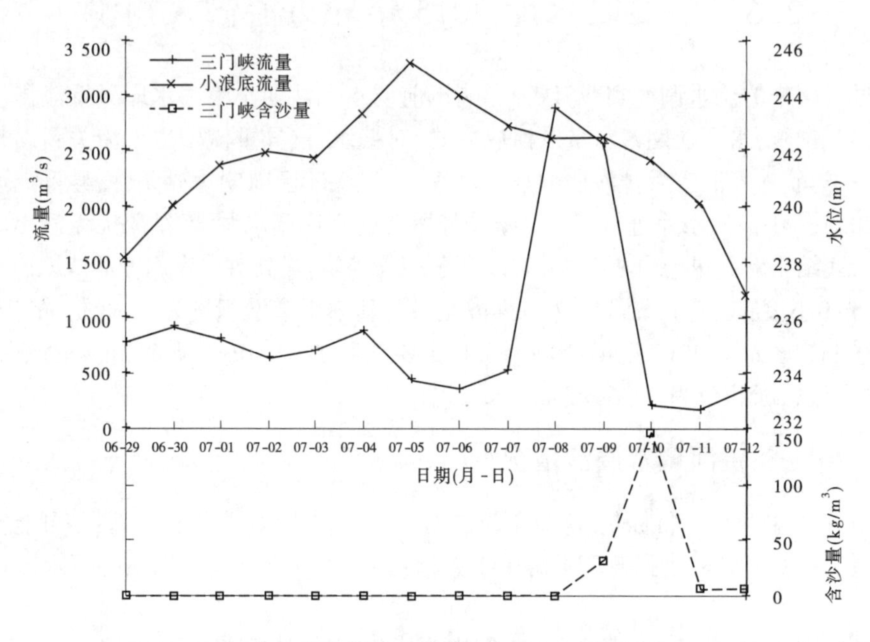

图 1-2-16　2015 年汛前调水调沙期小浪底水库进出库水沙过程(日均)

(1)三门峡水库。7 月 8 日 22 时,三门峡水库开始排沙,含沙量为 0.553 kg/m^3,7 月 9 日 8 时,含沙量为 1.51 kg/m^3。从 7 月 9 日 10 时开始,出库含沙量迅速增加,10 时 42 分含沙量增至 73.2 kg/m^3,11 时增至 176 kg/m^3,之后至 10 日 8 时含沙量基本维持在 150 kg/m^3 以上,其中 9 日 12 时含沙量增大到 272 kg/m^3,为本次调水调沙期间三门峡水库最大出库含沙量瞬时值。7 月 10 日 8 时开始,出库含沙量迅速减小,从 7 月 10 日 20 时至本次调水调沙调度结束,三门峡水库出库含沙量均在 10 kg/m^3 以下。

(2)小浪底水库。至 7 月 8 日 8 时三门峡水库开始加大泄量时,小浪底水库水位降至 235.48 m,相应蓄水量减少至 17.57 亿 m^3。之后,受小浪底蓄水影响,7 月 8 日 14 时至 7 月 9 日 16 时,小浪底库水位有所回升,库水位最高升至 236.48 m,相应蓄水量为 18.9 亿 m^3(7 月 9 日 16 时)。随着入库流量急剧减小,库水位下降,蓄水量相应减少,至 7 月 12 日 8 时调水调沙调度结束时,库水位降至 233.24 m,蓄水量减少至 14.8 亿 m^3。小浪底水库日均最大进出库流量分别为 2 890 m^3/s 和 3 300 m^3/s,日均最大入库含沙量为 147.6 kg/m^3。水流挟带的泥沙沿程不断落淤,洪水含沙量不断衰减,距坝 63.82 km 的河堤站监测到的含沙量为 15.4 kg/m^3。

表 1-2-4 为调水调沙期间小浪底水库进出库水沙统计表。由表 1-2-4 可以看出,整个调水调沙期间,小浪底进出库水量分别为 10.22 亿 m^3 和 28.16 亿 m^3。最大瞬时入库输沙率为 361.76 t/s,最大日均入库沙量 0.071 亿 t(7 月 9 日),累计入库沙量 0.101 亿 t,水库未排沙。

表 1-2-4 调水调沙期间小浪底水库进出库水沙统计

站名	统计时段:6 月 29 日 08:00 至 7 月 12 日 08:00							
	平均流量(m^3/s)	最大流量		水量(亿 m^3)	平均含沙量(kg/m^3)	最大含沙量		沙量(亿 t)
		值(m^3/s)	出现时间(月-日 T 时:分)			值(kg/m^3)	出现时间(月-日 T 时:分)	
三门峡	909.9	5 580	07-05 T 17:12	10.22	9.88	272	07-09 T 12:00	0.101
小浪底	2 507	3 650	07-05 T 08:00	28.16	0	0	—	0

2.6.2 2015 年小浪底水库异重流潜入预测分析

异重流潜入后,水深变化迅速,异重流的水面线出现一个拐点,在该拐点可近似地认为$\frac{dh}{dx}\to\infty$,这相当于明流中缓流转入急流的临界状态。因此,在该点应满足 $Fr=V'/\sqrt{\eta_g gh'}=1$。由于潜入点在拐点以上,故在潜入点 $Fr<1$ 成立,根据中国水利水电科学院范家骅的试验资料,该点满足

$$Fr=\frac{V}{\sqrt{\eta_g gh_0}}=0.78 \tag{1-2-56}$$

或

$$Fr^2=\frac{V^2}{\eta_g gh_0}=0.60 \tag{1-2-57}$$

此处 q、V、h_0 为潜入点的值。不仅如此,异重流形成还与水库底坡 J_0 有关。水库底坡在一定程度上决定异重流的均匀流动,事实上在异重流潜入后,经过一定距离,它将为均匀流,其水深为:

$$h'_n=\frac{Q}{V'B}=\left(\frac{\lambda'}{8\eta_g g}\frac{Q^2}{J_0B^2}\right)^{1/3} \tag{1-2-58}$$

而按式(1-2-54)潜入点的水深为:

$$h_p=0.738\ 6q_m^{2/3}/S_V^{0.764/3} \tag{1-2-59}$$

若异重流潜入后并变为均匀流,且其水深 $h'_n<h_0$,则潜入成功;否则,如 $h'_n>h_0$,则潜入后变为均匀流的水深将超过表层清水水面,这表示异重流上浮而消失,也即潜入不成功。由式(1-2-58)及式(1-2-59)可得两个水深的比值

$$\frac{h'_n}{h_0}=\left(\frac{0.6\lambda'}{8J_0}\right)^{1/3} \tag{1-2-60}$$

当$\frac{h'_n}{h_0}=1$时,称为临界情况;令此时 $J_0=J_{0,c}$,则

$$J_{0,c}=\frac{0.6\lambda'}{8}=0.001\ 875 \tag{1-2-61}$$

$J_{0,c}$ 也称为临界值。故异重流形成除满足潜入条件外,尚需满足 $h'_n<h_0$,或者 $J_0>J_{0,c}$,

综合这两种条件在一般情况下异重流水深应满足

$$h > \max[h_0, h'_n] \tag{1-2-62}$$

即在潜入点

$$h = \max[h_0, h'_n] \tag{1-2-63}$$

式中：h_n为异重流潜入后均匀运动的水深。其物理意义表明，当 $h_0>h'_n$，即"陡坡"异重流时，则只需满足条件 $h>h_0$；当 $h_0<h'_n$，即"缓坡"异重流时，则只需满足条件 $h>h'_n$(韩其为，1988，2003)。2015 年小浪底水库异重流的潜入分析可采用新的潜入点判别条件式(1-2-54)和式(1-2-63)进行预测分析。

2015 年由于受来水来沙条件不利、水文预报黄河下游未来水流偏枯等制约，水库异重流塑造过程中水位较高，水库异重流在库区中上段发生，距坝较远，水库汛前调水调沙期异重流未能持续运动到坝前，该时段水库无排沙。为了探讨该时段水库异重流潜入与形成过程，提高人工塑造异重流认识，利用以上研究成果对 2015 年小浪底水库调水调沙期的异重流进行了计算分析。

从式(1-2-54)可以看出，判断异重流运行所需水深时，需要潜入点流量、含沙量等资料。由于 2015 年异重流潜入点位置难以判断，缺乏潜入点处流量、含沙量资料，本次采用回水末端以下的河堤站实测含沙量作为潜入点含沙量，而河堤站以上为峡谷型河道，流量沿程变化不大，因此采用入库流量作为潜入点流量来计算潜入点水深 h_p 对异重流潜入过程进行预测分析。

图 1-2-17、图 1-2-18 给出了流量、含沙量相对较大的 2015 年 7 月 8 日、7 月 9 日异重流在各断面运行所需水深。可以看出，7 月 8 日其稳定潜入区域在 HH15 断面以下附近，7 月 9 日其稳定潜入区域在 HH15 断面以上附近，在稳定潜入区以上河段，异重流均有潜入后上浮的现象，或者持续运行一段距离后又上浮。

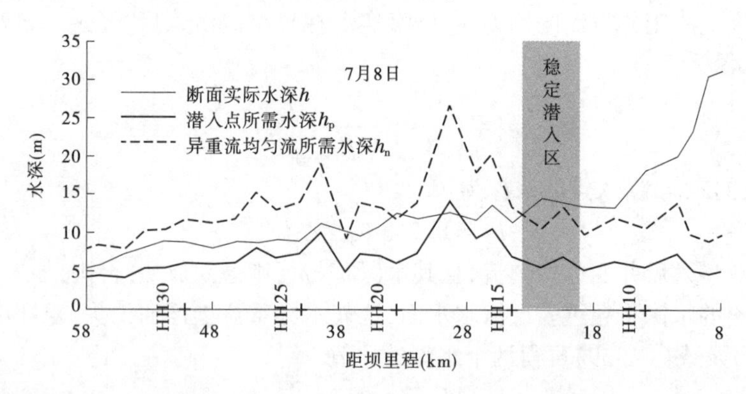

图 1-2-17　2015 年 7 月 8 日潜入点水深计算

具体地，7 月 8 日，HH23 至 HH19(距坝 38.55～31.85 km)水深满足潜入点水深，但不满足异重流均匀流所需水深，因此没有稳定潜入；距坝 22.10 km 的 HH14 断面水深能够满足异重流均匀流水深，因此在此断面附近异重流能够潜入且向前运行。在此断面以下，水深既满足潜入点水深，又满足异重流均匀流所需水深，因此从 HH14 断面开始，异重流开始稳定潜入运行。7 月 9 日也出现类似现象，最终在 HH15 断面稳定潜入。

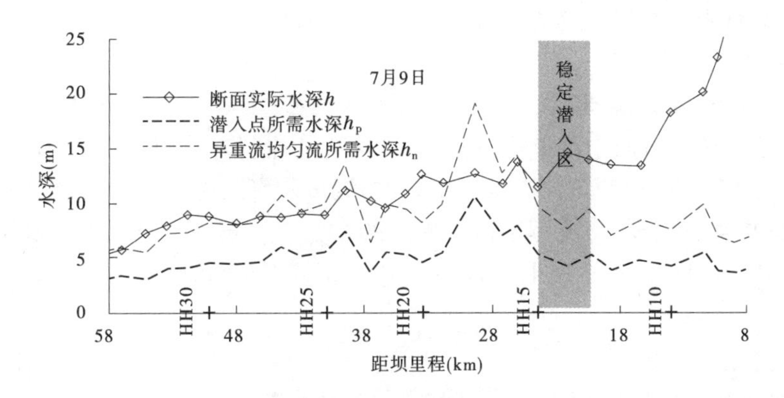

图 1-2-18　2015 年 7 月 9 日潜入点水深计算

由以上分析可知，由于对接水位高，三门峡蓄水塑造的洪水过程只是在小浪底水库尾部段造成冲刷，冲刷量小，水流含沙量恢复有限，同时三角洲顶坡段平缓，异重流形成过程中处于临界潜入状态，前锋受阻，库区回水长，异重流向前运行时含沙量衰减快，不能满足异重流潜入条件，沿程消耗了水流能量，再加上后续流量减小，稳定潜入后很快消失，致使异重流不能运行到坝前出库。

2.6.3　2018 年小浪底水库异重流潜入预测分析

针对黄河调水调沙过程中小浪底水库异重流的形成与排沙研究，主要分为三类，第一类是针对异重流运行过程中涉及的关键技术问题进行完善的数值模拟研究，张俊华等(2002)开展了黄河小浪底水库运用初期库区淤积过程的一维水动力学数值模拟研究，王增辉(2016)进行了多沙河流水库异重流与溯源冲刷过程的数值模拟研究，模拟了考虑干支流倒回灌的小浪底水库异重流，许力伟(2001)研究了非恒定异重流的数值模拟。第二类是分析异重流塑造的黄河调水调沙实测资料，结合基础水槽试验，提出一系列的理论公式和经验公式。韩其为(2009)讨论了黄河调水调沙的理论依据，李书霞(2006)等研究了小浪底水库塑造异重流中持续运行条件，张俊华(2016)等近期对小浪底水库调水调沙研究新进展进行了总结，王睿禹(2015)等初步探讨了异重流卷吸系数和运行距离。李涛(2017)等提出了基于流速垂线分布的水库异重流潜入点水深公式，可适用于多沙河流水库异重流的潜入水深预测与异重流的形成判别。第三类是开展了相关的物理模型试验研究，张俊华等(1999)在黄河三门峡库区泥沙模型的设计研究基础上，完善了相关多沙河流水库异重流模型相似律，修建了黄河小浪底水库物理模型，并在实验室中模拟了异重流的形成与运行。但以往的研究或集中于实测资料分析，或集中于理论探讨，尚缺乏对小浪底水库异重流的形成与运行过程中的跟踪和理论分析工作，尤其是以往的异重流发生的位置大多距坝较远，或距坝距离较近但持续历时较短，异重流的形成与运行的判别还存在一定误差。

为了探讨该时段水库异重流潜入过程，深化异重流潜入规律的认识，利用已有研究成果对 2018 年小浪底水库 7 月“腾库迎洪”期的异重流形成及排沙过程进行探讨，分析低于三角洲顶点后发生的剧烈冲刷情况，探讨小浪底水库低水位条件下库区淤积形态剧烈变化及相应条件下异重流形成变化的过程,以期为水库调水调沙预案编制提供理论依据和技术参考。

2.6.3.1　**研究范围及数据来源**

小浪底水库位于黄河中游最后一座峡谷出口,其控制流域面积为69.4万 km^2,占黄河流域面积的92.3%,控制黄河流域近100%的泥沙。库区为峡谷型水库,平面形态上窄下宽,且库区内支流众多,支流库容占总库容的41.3%。黄河流域及小浪底水库库区平面见图1-2-19。2018年7月16日影像图及调水调沙期异重流形成区间见图1-2-20。

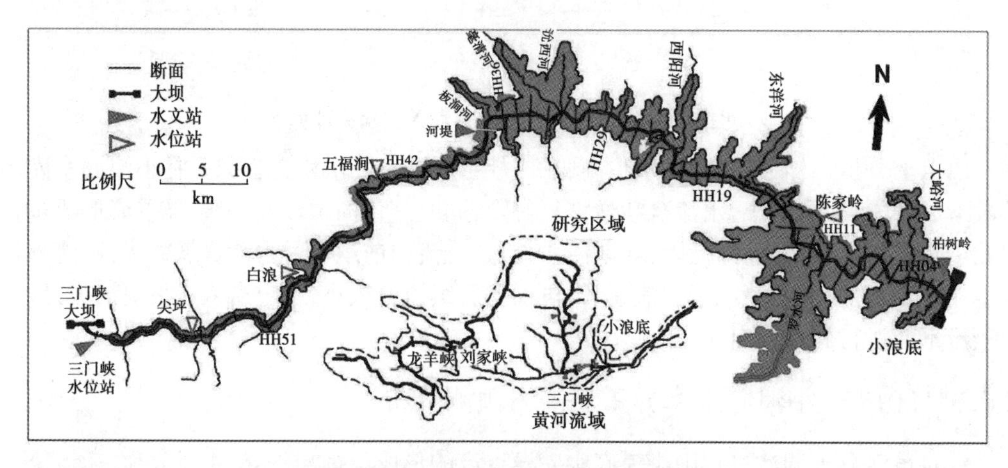

图1-2-19　黄河流域及小浪底水库库区图

图1-2-20　小浪底水库库区2018年7月16日影像及“腾库迎洪”期异重流形成区间示意图

小浪底水库的开发任务是以防洪(防凌)、减淤为主,兼顾供水、灌溉、发电。水库千年一遇设计洪水位274 m,可能最大洪水(同万年一遇)校核洪水位、正常蓄水位均为275 m,相应库容为94.22亿 m^3(2018年4月库容,下同)。本书2018年7月水文数据来源于黄河网水情信息报汛日均资料,影像资料来自黄委信息中心遥感影像。其余资料来自于黄委水文局测验的水文资料汇编。

2.6.3.2　**异重流的形成与运行**

图1-2-21为小浪底水库干流深泓点纵剖面图。从图中可以看出,库区干流仍保持三角洲淤积形态。泥沙淤积主要集中在三角洲顶点以上的洲面段,尤其是HH16~HH46(距

坝 26.01~85.76 km)库段,2018 年 4 月三角洲顶点接近 HH11 断面(距坝 16.39 km),三角洲顶点高程 222.36 m。

图 1-2-22 为 2018 年 4 月小浪底水库干流典型横断面图。

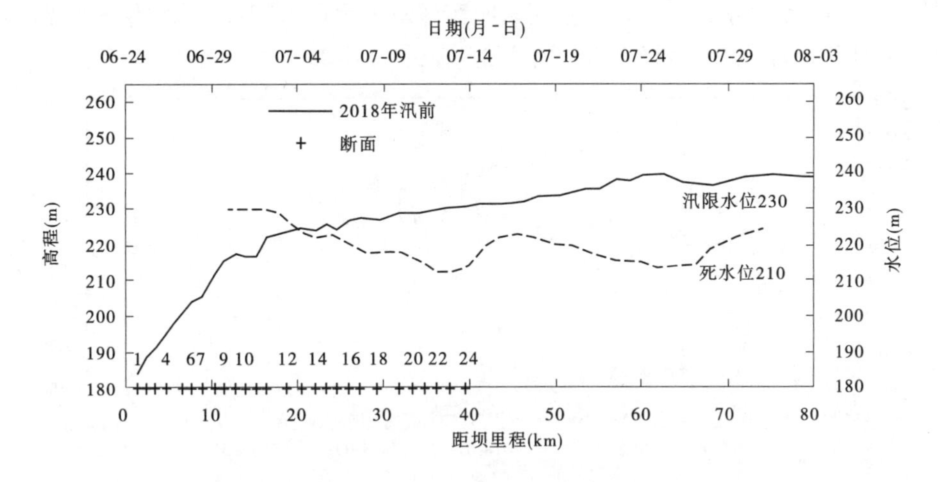

图 1-2-21　2018 年 4 月小浪底水库干流深泓点纵剖面

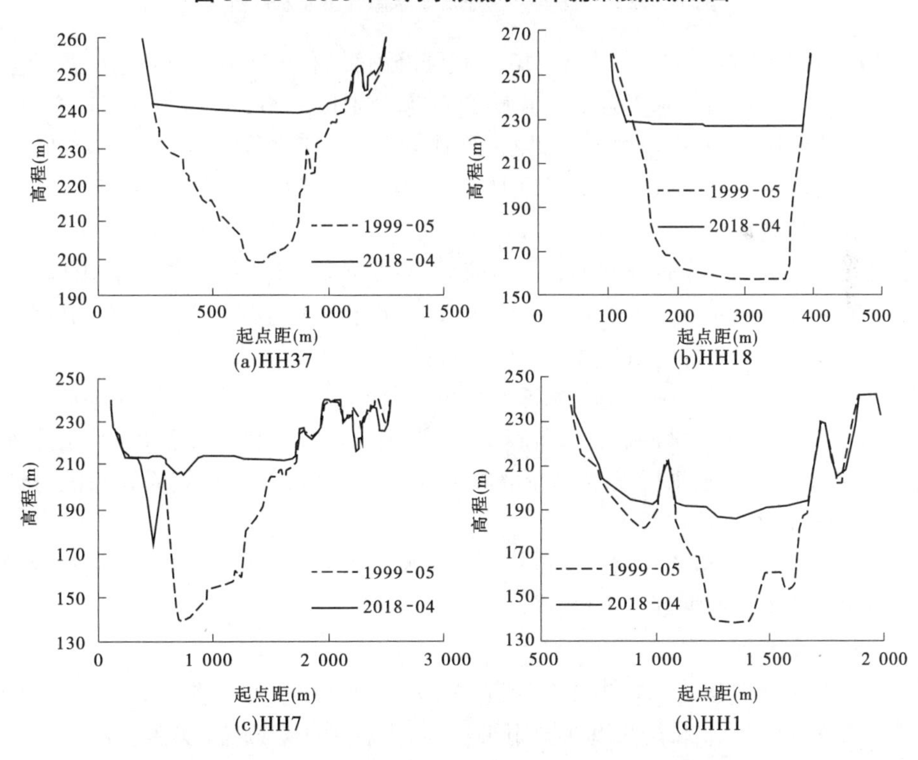

图 1-2-22　2018 年 4 月小浪底水库干流典型横断面图

从图 1-2-22 中可以看出,距坝 62.49 km 的 HH37 断面、距坝 29.35 km 的 HH18 断面 2018 年汛前河槽均不明显,距坝 8.96 km 的 HH07 断面则与 HH37 断面相反,2018 年汛前出现明显河槽(深泓点 205.48 m),距坝 1.32 km 的 HH01 断面则与 HH07 断面相似,

2018 年汛前出现明显河槽(深泓点 184.04 m)。

2018 年汛期,受降雨影响,黄河上游来水明显偏多,兰托区间多条支流出现建站以来最大流量,黄河中游山陕区间、泾渭河及黄河下游大汶河也出现了明显的洪水过程。为应对渭河洪水和上游来水,三门峡、小浪底水库实施防洪运用,在黄河下游形成明显的水沙过程。2018 年 7 月小浪底水库入出库水沙过程见图 1-2-23。

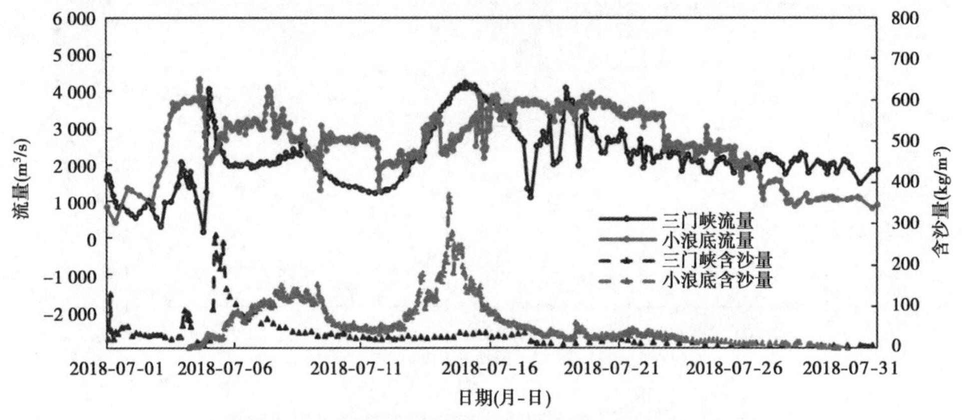

图 1-2-23　2018 年 7 月小浪底水库入出库水沙过程

受 2018 年 7 月 1~4 日和 7 月 9~10 日较强降雨影响,黄河最大支流渭河流域连续发生两次洪水过程。三门峡水库自 7 月 4 日 23 时起分别按 3 000 m^3/s 泄流 2 h、4 000 m^3/s 控泄直至敞泄运用,冲刷小浪底库尾泥沙(此时小浪底水库水位约为 222 m);5 日 4 时 39 分敞泄运用至泄空。15 日 19 时,逐步关闭 12 个深孔。自 7 月 17 日开始回蓄,按不超汛限水位 305 m 控制运用。

小浪底水库自 7 月 3 日开始加大下泄流量,与西霞院水库联合调度,控制西霞院出库流量在 1 900~4 100 m^3/s。7 月 4 日 8 时,小浪底水库异重流开始排沙出库,其间小浪底最大出库含沙量为 369 kg/m^3(7 月 14 日 10 时)。

水库异重流塑造过程中小浪底水库水位由高降低,然后又进行回蓄,小浪底水库排沙比较大,使得库区产生大量冲刷,库区淤积三角洲顶点部位泥沙大量滑塌,冲出库外。同时,水库异重流在库区近坝段发生,水库"腾库迎洪"运用期异重流较为容易的持续运动到坝前,该时段水库排沙比较大。

小浪底水库 2018 年 7 月的异重流形成分为潼关以上来水、三门峡下泄大流量过程与小浪底水库降低水位迎洪等三个过程。

1. 潼关以上来水

7 月 3 日前,此阶段三门峡出库含沙量 25 kg/m^3 左右,进入小浪底库区时小浪底坝前水位接近 230 m,回水末端在八里胡同附近,潜入点在 HH14 断面,异重流潜入时间推测为 7 月 4 日 2 时左右。7 月 4 日 8 时 20 分,在 HH07 断面监测到异重流潜入点,最大测点流速达到 0.39 m/s,最大含沙量为 5.04 kg/m^3。7 月 4 日 9 时左右,HH01 断面异重流厚度达 11.3 m,最大测点流速为 1.21 m^3/s。7 月 4 日 10 点测得小浪底水文站含沙量 1 kg/m^3。此阶段小浪底水库出库含沙量迅速增加,但量值较小。具体见表 1-2-5。

表 1-2-5 异重流潜入特征统计

地点	三门峡	潜入点 HH14	潜入点 HH07	潜入点 HH01	小浪底
时间	7 月 3 日	7 月 4 日 02:00	7 月 4 日 08:20	7 月 4 日 09:00	7 月 4 日 10:00
流量(m^3/s)	728				
含沙量(kg/m^3)	25.0		5.04		1.0
最大流速(m/s)			0.39	1.21	
距坝里程(km)		22.1	7.74	1.32	0
桐树岭水位(m)	228.81	225.98	224.75	223.79	

2. 三门峡泄水

7 月 4~10 日,三门峡水库泄水,小浪底水库降低水位引起河道消落冲刷,潜入点向坝前移动,自 HH14 断面快速移动到 HH07 断面,出库含沙量迅速增加。此阶段小浪底水库出库含沙量受坝前水位变化影响,含沙量量值大且变幅较大。本次异重流期间 7 月 4~10 日异重流潜入点基本位于 HH07 断面,HH07 断面也作为潜入点断面进行全断面测验。

3. 小浪底水库降低水位迎洪

至 7 月 11 日,随着小浪底水库库水位下降,潜入点逐渐下移至 HH06 断面,至 7 月 12 日,潜入点下移至 HH05 断面。小浪底水位 7 月 13 日到最低水位后,一直稳定在 215 m,回水末端约 HH04 断面,持续至 7 月 26 日。此阶段,小浪底水库发生溯源冲刷,出库含沙量较为稳定。

本次洪水调度过程中,7 月 12 日坝前水位下降至 212.69 m(回水末端距坝里程 10.54 km,HH8 断面上游 220 m),低于 2018 年汛前库区三角洲顶点 222.36 m(距坝里程约 16.39 km)约 10 m,水库回水末端以上河段发生了剧烈的溯源冲刷,河槽刷深,见图 1-2-24。潜入点处含沙量较三门峡下泄的含沙量增加较多,潜入点处大量聚集漂浮物,7 月 25 日,进行测验时,坝前桐树岭站水位 213.6 m,潜入点位于 HH04 断面(距坝里程 4.75 km)上游 200 m 左右,见图 1-2-25。至 7 月 27 日河道仍发生冲刷,维持一定宽度的河槽,见图 1-2-26。

(a)

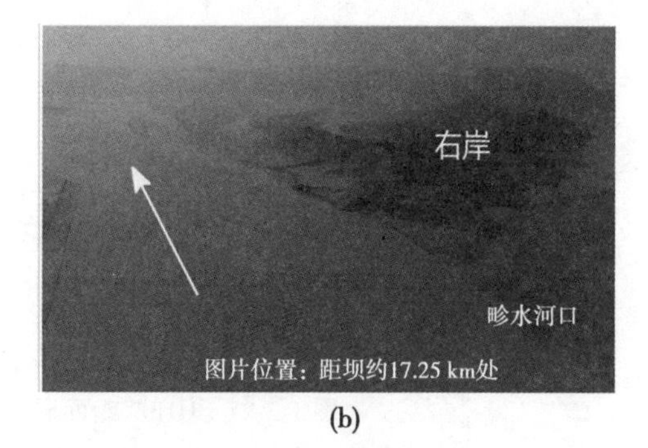

(b)

图 1-2-24 7 月 12 日无人机拍摄的畛水河与干流交汇处地形

(a)

(b)

图 1-2-25　7 月 25 日库区潜入点照片

图 1-2-26　7 月 27 日干流河床地形

2.6.3.3　异重流的运行分析

图 1-2-27 为距坝 8.96 km 的 HH7 断面异重流要素与进出口流量对比。从图中可以看出，小浪底水库入库流量 Q_{smx} 先由 1 240 m³/s 增加到 3 810 m³/s，后缓慢降低到 1 970 m³/s，而小浪底出库流量 Q_{xld} 先由 3 770 m³/s 降低到 2 080 m³/s，然后增加到 3 110 m³/s，小浪底出库含沙量由 0 kg/m³ 先增加 34.5 kg/m³，而后下降到 21.8 kg/m³，再增加到 49.6 kg/m³。考虑水流在库区的传播时间，小浪底入库流量随时间变化的过程线与出库含沙量随时间变化的过程线较为一致，说明入库大流量在库区引起了剧烈的冲刷。

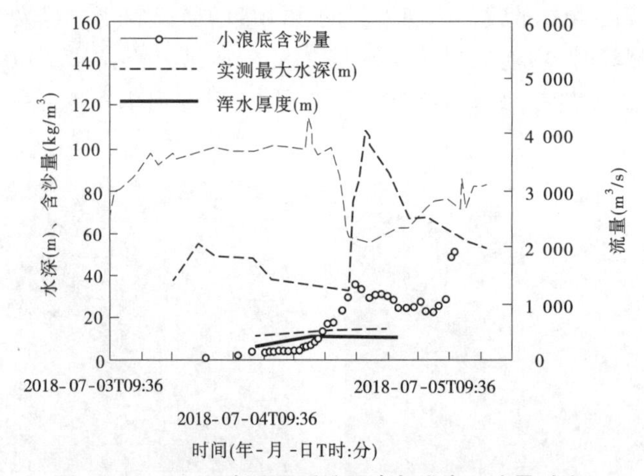

图 1-2-27　HH07 断面异重流要素与进出口流量对比

图 1-2-28 为距坝 8.96 km 的 HH07 断面异重流要素与出库含沙量对比。随着 HH07

断面实测水深由 10.5 m(2018 年 7 月 4 日 08:20)增加为 15.0 m(2018 年 7 月 5 日 06:30),浑水厚度由 10.4 m 增加为 11.0 m,最大点流速由 0.39 m/s 增加为 1.29 m/s。图 1-2-29 为距坝 1.32 km 的 HH01 断面异重流要素与出库含沙量对比,从图中可以看出,随着 HH01 断面实测水深由 39.3 m(2018 年 7 月 4 日 09:00)减小为 36.8 m(2018 年7 月 5 日 15:30),浑水厚度由 11.3 m 增加为 21.8 m,最大点流速由 1.21 m/s 增加为 2.04 m/s,说明当时的排沙洞泄洪排沙能力不足以满足掺混后的浑水水体宣泄,引起浑液面升高。

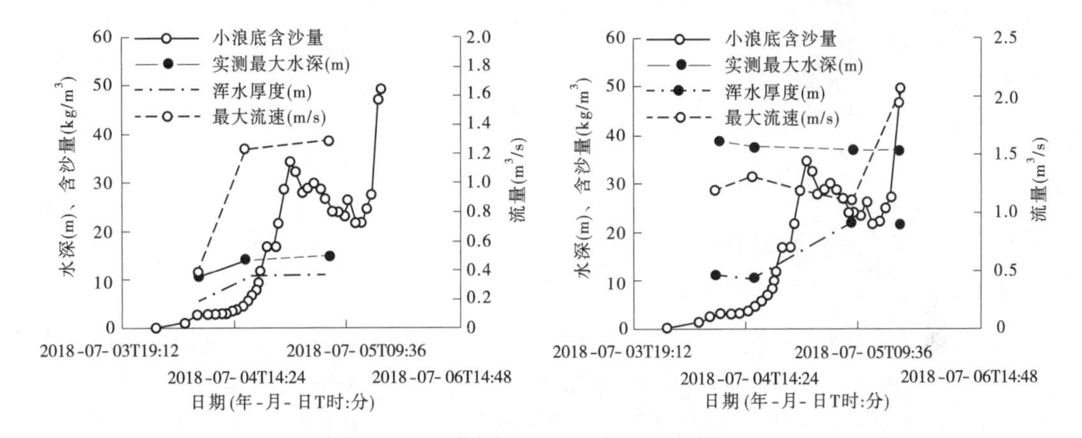

图 1-2-28　HH7 断面异重流要素与出库含沙量对比

图 1-2-29　HH1 断面异重流要素与出库含沙量对比

2.6.3.4　2018 年 7 月小浪底水库异重流潜入预测分析

判断异重流运行所需水深时,潜入点流量、含沙量采用潜入点以上河段冲刷计算结果。图 1-2-30 给出了初始异重流潜入时的实测结果。2018 年 7 月 4 日、7 月 12 日异重流在各断面运行所需水深。可以看出,7 月 3~10 日其稳定潜入区域在 HH07 断面附近,7 月 12 日之后稳定潜入区域在 HH06 断面附近,潜入点距坝较近,导致本时段异重流排沙比较大。

具体地,7 月 12 日距坝 6.54~4.55 km 的 HH05~HH04 断面水深能够满足异重流均匀流水深,因此在此断面附近异重流能够潜入且向前运行。在此断面以下,水深既满足潜入点水深,又满足异重流均匀流所需水深,因此从 HH05 断面开始,异重流开始稳定潜入运行。7 月 25 日异重流仍在此断面附近稳定潜入。

图 1-2-31 为 7 月洪水过程中异重流潜入点距坝里程随时间变化。图中套绘了实测潜入点位置变化过程、预测潜入点位置变化过程及小浪底水库坝前水位控制站桐树岭站的水位变化过程。潜入点位置随入库水沙变化、坝前水位自距坝 13.99 km 向距坝 4.55 km 移动,从中可以看出,计算结果很好地预测了潜入点向坝前移动的过程,并与实测潜入点位置较为接近。

由以上分析可知,由于对接水位低,三门峡水库蓄水塑造的洪水过程在小浪底水库三角洲顶坡段及前坡段造成剧烈冲刷,水流含沙量恢复较大,同时三角洲前坡段陡峻,水深突然增大,异重流形成后容易进入稳定潜入状态,库区回水短,异重流向前运行时含沙量衰减小,沿程水流能量消耗少,再加上后续流量较大,稳定潜入后很快运行至坝前,在排沙底孔处异重流运行出库。

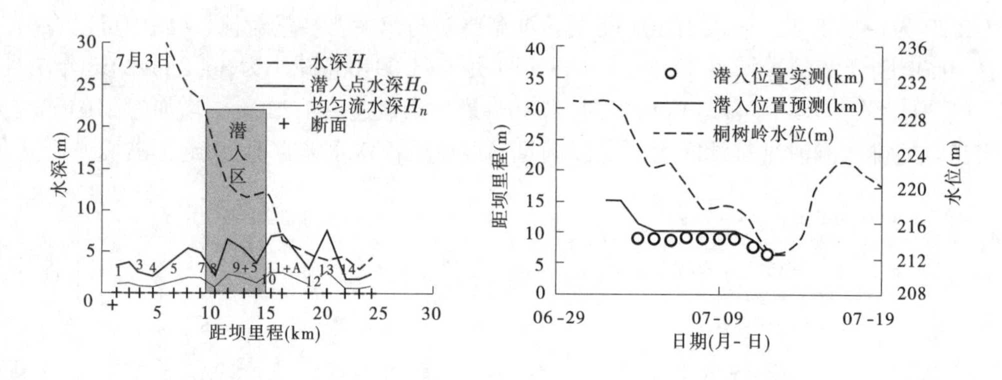

图 1-2-30　2018 年 7 月 3 日潜入点水深预测　　图 1-2-31　2018 年 7 月异重流潜入点位置变化预测

2.6.3.5　讨论

在 2018 年 7 月期间，小浪底水库水位降低维持较长时间，库区回水末端以上河段发生了大量冲刷，冲刷产生的高含沙量洪水在回水末端处潜入并形成异重流，在异重流的形成过程中，大量泥沙淤积在回水末端处，增加了淤积厚度，减小了回水末端水深，促使异重流潜入点向坝前推进；另一方面，随着冲刷的持续进行，洪水的含沙量逐渐增加，形成异重流的高含沙量洪水的含沙量也持续增加，也会促使异重流的潜入点向坝前移动。图 1-2-32 为 7 月洪水过程中异重流潜入点位置随时间变化与 2018 年汛前、汛后地形对比图。图中套绘了实测潜入点位置变化、小浪底水库坝前水位控制站桐树岭站的水位变化过程。可以看出，潜入点下移过程中，潜入点以上河段发生了大量淤积。图中的单点分别为潜入点实测河底，从中可以看出，潜入区域河底厚度增加，这是上游溯源冲刷带来的大量泥沙形成的，但是由于坝前段地势宽阔，纵剖面向前推进后形成了固定通道，大部分泥沙排出库外，库区淤积量不再增加，河床抬升受到抑制，导致潜入点至距坝 4.55 km 的 HH4 断面后不再前行。

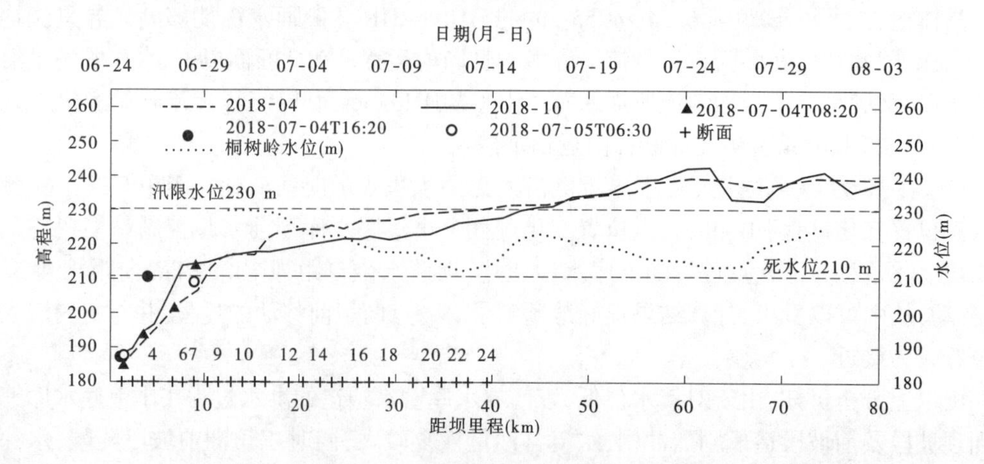

图 1-2-32　2018 年异重流潜入位置与水位

2.7　本章小结

通过理论推导、实体模型试验与实测资料分析，对水库异重流潜入点流速分布形式公式进行了研究，得到以下结论：

(1)根据动量修正系数的定义，将潜入点流速垂线分布公式进行计算后，相应得到动量修正系数的理论值为 1.2，小浪底水库实测及物理模型实测值为 1.13。

(2)根据上述研究结果，利用 2006~2014 年小浪底库区潜入点实测、1961~1962 年三门峡库区实测资料、小浪底库区模型试验资料，结合前人研究，对潜入点判别条件进行了修正，得到了新的潜入点修正公式 $h_p = 0.738\ 6 q_m^{2/3} / S_V^{0.764/3}$，该公式与单宽流量的 2/3 次方成正比，与体积比含沙量的 0.764/3 次方成反比，既考虑了高含沙异重流，又从潜入点流速沿垂线理论分布出发，具有较强的理论性，其计算结果与实测值接近。

(3)采用新的计算公式，计算了小浪底水库 2015 年 7 月 8 日、7 月 9 日异重流潜入过程，分析认为只有部分时段的水沙条件能满足异重流潜入水深，异重流不能保持持续潜入，在异重流与明流水流形态下不断转换，消耗了浑水能量，不能满足异重流潜入条件，再加上后续流量减小，稳定潜入后很快消失，导致异重流不能运行坝前出库。

(4)2018 年 7 月汛期洪水属于矮胖型的连续洪水，在中游水库群三门峡、小浪底水库的调节配合下，洪水冲刷小浪底水库回水末端以上河道内泥沙，在近坝段形成了异重流，水库排沙比较大，总结分析本时段异重流的形成规律，具有一定的理论价值和实践价值。

(5)小浪底水库在“腾库迎洪”期形成异重流的潜入点距坝近，较为容易地持续运动到坝前，该时段水库排沙比较大。在此异重流塑造过程中，小浪底水库水位由高降低，然后又进行回蓄，对小浪底水库排沙减淤而言是有利的，大流量、低水位、长历时的减淤过程使得水库排沙比较大。

(6)考虑水流在库区的传播时间，小浪底入库流量随时间变化的过程线与出库含沙量随时间变化的过程线较为一致，说明入库大流量在库区引起了剧烈的冲刷。距坝 1.32 km 的 HH01 断面异重流要素与出库含沙量对比，可以看出，随着 HH01 断面实测水深由 39.3 m(2018 年 7 月 4 日 09:00)减小为 36.8 m(2018 年 7 月 5 日 15:30)，浑水厚度由 11.3 m 增加为 21.8 m，最大点流速由 1.21 m/s 增加为 2.04 m/s，当时的排沙洞泄洪排沙能力不足以满足掺混后的浑水水体宣泄，引起浑液面升高。

(7)采用基于垂线流速分布的水库异重流潜入点公式对 2018 年小浪底水库异重流的潜入过程的预测表明，潜入点位置随入库水沙变化、坝前水库及库区淤积的变化自距坝 13.99 km 向距坝 4.55 km 移动，计算结果与实测值较为接近，反映了该变化过程，证明该公式也适用于含沙量与地形剧烈变化条件下异重流潜入的预测。

(8)建议加强异重流形成期间的浑水水深、流速、含沙量及颗粒级配监测，提高对多沙河流水库异重流形成与运行的认识。进一步研究配合水库泄水建筑物启闭等调度措施，尽量减小对各孔洞的磨蚀，改善水轮机过沙条件，提高小浪底水库的综合利用效益。

第 3 章 基于浑液面变化的水库异重流不平衡输沙规律探讨

水库排沙是水库淤积中颇为重要的一环,有很大的实际意义。利用水库淤积和排沙规律,通过水库调度,采用所谓“蓄清排浑”的方法,对某些水库在实践中摸索了一些成功经验,使水库淤积大量减缓,甚至不再淤积。而在多沙河流上利用水库异重流排沙,可以提高水库的排沙用水效率,充分利用宝贵的水资源具有重要的民生价值和现实意义。

韩其为(2003)认为正如挟沙能力规律一样,异重流的不平衡输沙规律在本质上与明流也应该是一致的。另一方面,异重流在水库内的运动可视为准均匀流,可以分段用均匀流的公式计算其流速。而含沙量与挟沙能力紧密联系(接近于正比关系),是由于异重流与明流不同,不是含沙量向挟沙能力调整,而是挟沙能力向含沙量调整。含沙量向挟沙能力调整,要通过冲淤来实现,调整的速度慢;挟沙能力向含沙量调整,通过改变流速来实现,调整得快。因此,水库准均匀异重流输沙,是一种特殊的不平衡输沙,一方面它是超饱和的,另一方面它又与挟沙能力密切相关,由本断面的水力泥沙因素唯一决定。这一点正是异重流流速与含沙量密切联系的表现。

本章对韩其为总结的水库异重流不平衡输沙规律公式进行推导,探讨了该公式在异重流形成浑水水库的浑液面变化条件下的规律,并利用小浪底水库实测资料进行了验证。

3.1 理论推导

在水库异重流的排沙计算中,一般利用韩其为不平衡输沙规律公式来计算沿程含沙量。先对不平衡输沙方程进行推导:

$$\frac{\mathrm{d}P_{4,l}S}{\mathrm{d}x} = -\frac{\alpha\omega_l}{q}(P_{4,l}S - P_{4,l}^*S^*) \tag{1-3-1}$$

利用

$$S^*(l) = K_2\frac{VJ_0S}{\omega_l} \tag{1-3-2}$$

此时 $S^*(l)$ 表示全部泥沙均为 l 组泥沙时的挟沙能力。从而可以得到:

$$S^* = \sum_{l=1}^{n} P_{1,l}S^*(l) = K_2\frac{VJ_0S}{\omega} \tag{1-3-3}$$

其中

$$\frac{1}{\omega} = \sum_{l=1}^{n}\frac{P_{1,l}}{\omega_l} \tag{1-3-4}$$

式中:$P_{1,l}$ 为第 l 组粒径的床沙级配;ω_l 为第 l 组粒径的泥沙沉速;ω 为群体沉速。

将其代入式(1-3-1)可以得到

$$\frac{\mathrm{d}P_{4,l}S}{\mathrm{d}x}=-\frac{\alpha\omega_l}{q}\left(P_{4,l}S-P_{4,l}^{*}K_2\frac{VJ_0S}{\omega}\right) \tag{1-3-5}$$

对于明显的淤积情况 $P_{4,l}^{*}\approx P_{4,l}$，故

$$\frac{\mathrm{d}P_{4,l}S}{\mathrm{d}x}=-\frac{\alpha P_{4,l}S\omega_l}{q}+P_{4,l}K_2\frac{\alpha VJ_0S}{h}\frac{\omega_l}{\omega} \tag{1-3-6}$$

上式可以写为

$$\frac{\mathrm{d}P_{4,l}S}{\mathrm{d}x}=P_{4,l}S\left(-\frac{\alpha\omega_l}{q}+K_2\frac{\alpha J_0}{h}\frac{\omega_l}{\omega}\right) \tag{1-3-7}$$

韩其为关于浑水水深 h 的表达式其实是对浑液面的比降为 0 的情况进行了推导，在异重流实际运动中，浑液面比降一般不为 0。本章拟对浑液面为正比降和倒比降的两种情况进行探讨、推求。

假设 h_0、h_L 分别为异重流运动段上、下游控制断面浑水水深，h 为未知断面浑水水深，x、L 分别为异重流运动段内未知断面、下游控制断面距上游断面距离。浑液面正比降示意图如图 1-3-1 所示。

其中：β 为水库底坡坡角，φ 为 0～L 的浑液面与水平面夹角。$x=CC'$，$L=CA'$，$\frac{L\sin\beta}{\tan\varphi}=BA$。

由图 1-3-1 所示几何关系得：

$$\frac{(CA'-CC')\sin\beta+h-h_0}{CA'\sin\beta}=\frac{B'A}{BA}=\frac{BA-BB'}{BA} \tag{1-3-8}$$

$$\frac{(L-x)\sin\beta+h-h_0}{L\sin\beta}=\frac{L\sin\beta/\tan\varphi-x\cos\beta}{L\sin\beta/\tan\varphi} \tag{1-3-9}$$

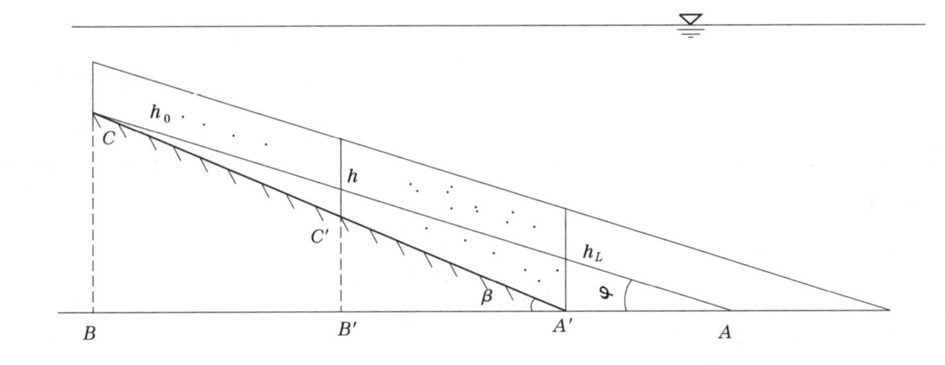

图 1-3-1　浑水水库浑液面正比降示意图

整理得：

$$h=h_0+x(\sin\beta-\cos\beta\tan\varphi) \tag{1-3-10}$$

如图 1-3-2 浑液面倒比降示意图所示，同理可以得到：

$$h=h_0+x(\sin\beta+\cos\beta\tan\varphi) \tag{1-3-11}$$

综合式(1-3-10)、式(1-3-11)可以得到：

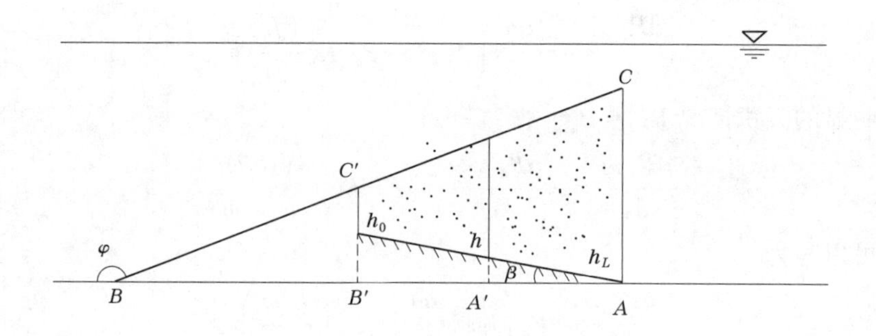

图 1-3-2　浑水水库浑液面倒比降示意图

$$h = h_0 + x(\sin\beta - \cos\beta\tan\varphi) \tag{1-3-12}$$

将式(1-3-12)变形得：

$$\frac{1}{h} = \frac{1}{h_0 + x(\sin\beta - \cos\beta\tan\varphi)} = \frac{1}{h_0}\left(\frac{1}{1 + \dfrac{\sin\beta - \cos\beta\tan\varphi}{h_0}x}\right) \tag{1-3-13}$$

令$\dfrac{\sin\beta-\cos\beta\tan\varphi}{h_0}=t$，只有当$-1<tx<1$时，利用泰勒级数展开，则式(1-3-13)可变为：

$$\frac{1}{h} = \frac{1}{h_0}\left(\frac{1}{1 + tx}\right) = \frac{1}{h_0}[1 - tx + t^2x^2 - t^3x^3 + \cdots + (-tx)^n] \quad (-1 < tx < 1) \tag{1-3-14}$$

将式(1-3-14)代入式(1-3-1)，考虑到异重流颗粒较细，忽略平均沉速沿程变化，并在 $0\sim L$ 之间积分得：

$$\ln\frac{p_{4,l}S}{p_{4,l,0}S_0} = -\frac{\alpha\omega_l L}{q} + \frac{\alpha K_2 J_0}{h_0}\frac{\omega_l}{\omega}[tL - \frac{1}{2}t^2L^2 + \frac{1}{3}t^3L^3 - \frac{1}{4}t^4L^4 + \cdots + \frac{1}{n+1}(-1)^n t^{n+1}L^{n+1}) \quad (-1 < tL < 1] \tag{1-3-15}$$

即　$$p_{4,l}S = p_{4,l,0}S_0 e^{-\frac{\alpha\omega_l L}{q} + \frac{\alpha K_2 J_0 \omega_l}{h_0 \omega}[tL - \frac{1}{2}t^2L^2 + \frac{1}{3}t^3L^3 - \frac{1}{4}t^4L^4 + \cdots + \frac{1}{n+1}(-1)^n t^{n+1}L^{n+1}]} \quad (-1<tL<1) \tag{1-3-16}$$

又由式(1-3-4)可得

$$\frac{\omega_l}{\omega} = \sum_{l=1}^{n}\frac{P_{1,l}}{\omega_l}\omega_l = \sum_{l=1}^{n}P_{1,l} = 1 \tag{1-3-17}$$

对 l 求和后得：

$$S = S_0\sum_{l=1}^{n}p_{4,l,0}e^{-\frac{\alpha\omega_l L}{q} + \frac{\alpha K_2 J_0}{h_0}[tL - \frac{1}{2}t^2L^2 + \frac{1}{3}t^3L^3 - \frac{1}{4}t^4L^4 + \cdots + \frac{1}{n+1}(-1)^n t^{n+1}L^{n+1}]} \quad (-1 < tL < 1) \tag{1-3-18}$$

一般地，$\beta<10°$，$\varphi<10°$，所以 $\sin\beta\approx\beta$(弧度)，$\tan\varphi\approx\varphi$(弧度)，也可以得到：

$$t = (\beta - \varphi\cos\beta)/h_0 \tag{1-3-19}$$

为满足式(1-3-14)，必须使得 $x<\dfrac{1}{t}=\dfrac{h_0}{\beta-\varphi\cos\beta}$成立，这就说明异重流的含沙量不平衡输沙变化过程与潜入厚度、库底比降、浑液面比降的变化过程有关，又与传播距离有关。

3.2　资料验证

小浪底水库自2001年下闸蓄水,已开展了多次汛前调水调沙试验和生产实践。在此过程中,黄委水文局采用新设备判断出大水深下浑液面的出现,逐断面沿垂线按浑水水深不同取样若干点测验获得垂线含沙量分布,各断面测验1～3条垂线,假设一条垂线上两点之间含沙量线性分布和浑液面沿断面横向水平分布,取各断面含沙量等值点连线代表浑液面。对于异重流形成浑水水库浑液面的确定,不同的研究目的采用的判断方法存在差异。由于本章主要研究异重流输沙规律,含沙量小于5 kg/m³的浑水挟沙量较少,可以忽略。因此,文中浑液面为实测异重流运行各断面的含沙量垂线分布中5 kg/m³等值线所在平面。典型异重流沿程含沙量垂线分布见图1-3-3。

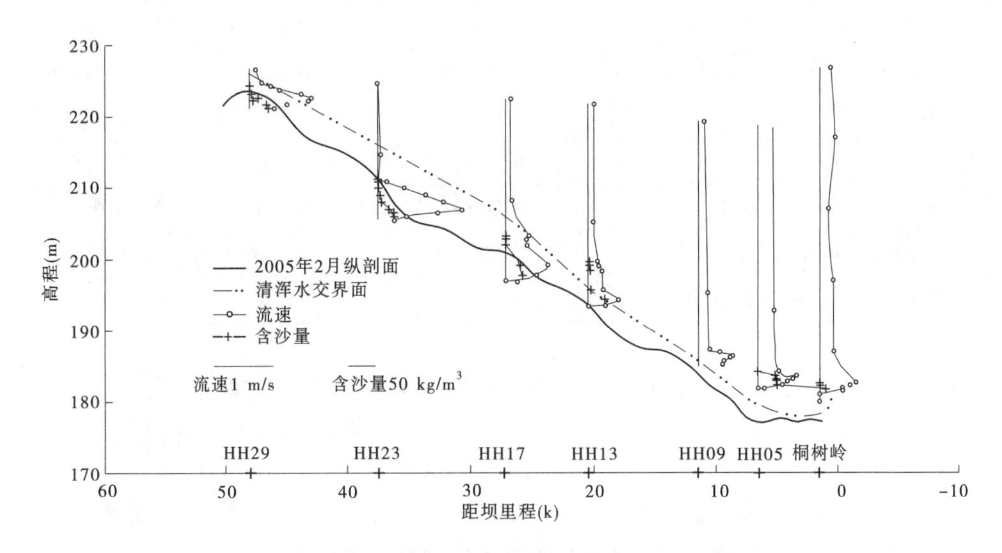

图1-3-3　异重流沿程含沙量垂线分布图(2005年6月29日)

利用式(1-3-18)开展了异重流排沙预测计算,并与韩其为原公式进行了对比计算。结果见表1-3-1。计算结果与原有公式、实测资料进行了对比,表明式(1-3-18)预测异重流不平衡输沙过程更为有效。

从表1-3-1中可以得到,在库区其他边界条件不变时,河宽发生变化,将引起浑液面比降与库底比降较大差值,说明异重流厚度发生了较大变化,计算排沙过程需要考虑分河段计算,保证计算河段内的河宽沿程变化较小,甚至不变。在库区其他边界条件不变时,异重流厚度沿程变化不大,导致浑液面比降与库底比降差值较小,式(1-3-18)就可以计算含沙量发生的变化,此时,计算河段的长度可以较长。这主要是式(1-3-18)推导过程中未考虑河宽的变化引起的。

对于β、φ,我们统计了近年的小浪底水库浑液面资料平均值,并进行了$\beta-\varphi\cos\beta$的计算,统计及计算成果列于表1-3-2。

表 1-3-1　小浪底水库异重流排沙预测计算

洪水时段	2001-08-19～09-05	2002-06-23～07-04	2002-07-05～07-09	2003-08-01～09-05	2004-07-07～07-10
入库水量(亿 m^3)	13.61	10.98	6.46	36.78	4.35
入库沙量(亿 t)	2.00	1.06	1.71	3.77	0.382 1
出库沙量(亿 t)	0.127	0.006	0.189	0.042	0.054 8
实际排沙比(%)	6.35	0.57	11.05	1.11	14.34
式(1-3-18)预测排沙比(%)	22.90	29.43	14.80	26.10	14.63
韩其为公式预测排沙比(%)	27.05	32.83	24.85	27.48	14.34

表 1-3-2　小浪底水库异重流的底坡及浑液面比降平均值统计

年份	库底底坡 β	浑液面比降 φ	$\beta-\varphi\cos\beta$
2001 年 8 月 22、25、27 日	0.000 42	0.000 21	0.000 21
2002 年 7 月 7、8、11、13 日	0.000 52	0.000 36	0.000 16
2003 年 8 月 3、4、5、29、30 日，9 月 1、2 日	0.001 10	0.000 15	0.000 95
2004 年 7 月 8、9、10 日	0.000 82	0.000 87	−0.000 05
2005 年 6 月 29 日	0.000 89	0.001 03	−0.000 14
2006 年 6 月 26、27、28 日	0.000 90	0.001 10	−0.000 02
2007 年 6 月 28、29、30 日，7 月 1、2 日	0.001 08	0.001 16	−0.000 08

从表 1-3-2 中可以看出，异重流运动的库底底坡的比降随年份的递增而增加，浑液面的比降也有类似规律，而 $\beta-\varphi\cos\beta$ 的值在 2004 年出现转折，由原来的正值变为负值。

另一方面，从小浪底水库近年年异重流传播过程中了解到，2001～2003 年为自然形成异重流，其中，2001 年的异重流到达坝前后，闸门没有开启，异重流传送的细颗粒泥沙被拦截在库内，形成坝前铺盖，一定程度上解决了大坝的防渗等问题；2004～2007 年为小浪底水库调水调沙试验及调水调沙生产实践，且从 2004 年开始人工塑造异重流，人工塑造异重流的目的就是通过合理的水沙配置，使泥沙顺利地在全流域范围内得到输送，排沙入海的数量越多越好。这就使得浑液面比降增大，浑水厚度沿程减小，泥沙大量排沙出库，减少了水库淤积。

3.3　本章小结

从理论上，式(1-3-18)由于考虑了水库库底的比降问题，相当于在水库不平衡输沙计算中考虑了库区的三维性问题，使计算结果更符合实际。但在实际应用中，仍然存在不能对水库排沙进行泥沙预报的问题，主要是有关参数变化规律研究还比较浅，如浑液面与库底比降的变化方向等因素的变化规律，这需要继续探索新的方法来解决异重流排沙过程中的泥沙预报问题。

第4章　小浪底水库异重流头部运行临界时间预测初步研究

4.1　简　介

异重流作为一种水流运动,与明渠水流是有本质差别的。异重流发生之后,可能运行很长的距离,或运行不久,即行消失。例如官厅水库在1956年8月23日和28日、1958年9月12日的异重流就不能运动到坝址,中途即行消失。要保持它继续运行,必须满足某些条件,也就是头部运行距离长短的问题。因为异重流发生之后,重要的问题是在一定水库地形和水库长度,以及一定的洪峰等条件下,头部是否能流到坝址,并能在一定时间内通过泄水孔道排出。因此,研究该问题是非常重要的。通过此问题的研究,可以对水库排沙数量做出估计。

实践证明,调水调沙已经成为处理河道泥沙、维持河道健康的有效措施之一。人工塑造异重流是调水调沙的关键环节之一,而异重流头部运行距离预测是关系人工塑造异重流问题的重要指标和参数。国外对人工塑造异重流的研究较少,针对异重流本身运动规律的研究较为丰富,国内对人工塑造异重流的研究较多,本章研究的开展具有重要的实践价值和理论意义。

限于资料收集手段和时间,目前收集的国外异重流头部运行距离相关内容的资料较少,而研究关于"lock box"的实验性研究资料、文献较多。异重流头部运行距离与水库入流流量、含沙量、潜入点位置及河道边界条件有关。

从维持异重流稳定的观点出发,列维导出预测关系式。在实验室里产生异重流比较容易,而且这方面的研究也比较多(Anjuhvn. V. N. et. al,2010;Fukoka,S & Fukushima. Y,1980,Tan A et al,2010 Octavio et al. 2019),在实践中从异重流形成到最终运行到大坝(Rooseboom & Annandale)均很难预测。Jesus Graoa Sanc-hez主要是从一些基于水库泥沙运动试验的研究得到的结果。他将异重流运动过程分为三个阶段:形成并稳定段、近似恒定流段、衰退段。并采用无量纲数对测验的试验数据进行了统计分析。根据研究提出一个计算模式,从理论上来预测这种现象。曹如轩通过分析高含沙异重流的不稳定性,将异重流分为三类:低含沙水流,或为流量较大的高含沙非均质流;高含沙非均质流或流量大的均质流,异重流排沙时间远大于洪峰持续时间;高含沙均质流,由于阻力特性及输沙特性的制约,具有特殊性。韩其为推导得到了异重流从潜入点到达坝前的时间;于涛认为水库异重流形成后,其运动需要条件主要包括补给条件和维持运动的条件。张俊华、李书霞基于2001~2003年小浪底库区异重流资料,点绘了小浪底水库入库流量及含沙量的关系,分析了异重流产生并持续运行至坝前的临界条件。李国英对2004~2010年黄河汛前调水调沙期间万家寨、三门峡、小浪底水库联合调度在小浪底库区形成异重流并排沙出库情况进行了研究,认为影响小浪底水库异重流排沙比的重要因素有入库水沙动力、动力作用时机、库区地形条件等。根据分析提出了基于万家寨、三门峡、小浪底 3 座水库联合调度的小浪底水库异重流排沙比计算公式。

从收集的资料分析来看,大部分学者均从异重流运行基本特点的某一方面进行了理论推导,符合异重流持续运行特性。有的学者从异重流的运行时间进行描述,有的学者从异重流的运行距离,还有的学者从水库异重流排沙比进行研究,但对水库异重流运行过程的宏观方面、异重流潜入点和流态变化方面结合研究较少,本章通过研究小浪底水库异重流潜入点水沙变化特性、潜入后流态变化特点及异重流水沙平衡规律,以期获得小浪底水库异重流头部运行距离预测方法。

4.2 小浪底水库异重流潜入点含沙量

4.2.1 明流段无壅水或壅水程度低

水库明流段无壅水或壅水程度低时,入库洪水在库区明流段河道内发生冲刷,尤其是坝前水位降低,三角洲顶点脱离回水,河槽自三角洲顶点处发生溯源冲刷,形成高含沙洪水,容易在库区潜入库底成为异重流。受库区边界条件约束,流态复杂多变,为了简化起见,本节考虑为一般均匀流。这样假设与实际有所出入,但限于目前的条件,暂时采用此法计算。

连续方程

$$Q = VBh \tag{1-4-1}$$

张瑞瑾挟沙力公式

$$S_* = k\left(\frac{V^3}{gh\omega}\right)^m \tag{1-4-2}$$

曼宁系数

$$V = \frac{1}{n}h^{\frac{2}{3}}J^{\frac{1}{2}} \tag{1-4-3}$$

式中:Q 为流量;B 为宽度;h 为水深;V 为流速;S_* 为水流挟沙力;k、m 为系数;J 为底坡;ω 为泥沙沉速;n 为糙率。

根据式(1-4-1)、式(1-4-2)可得:

$$S_* = k\left(\frac{Q^3}{g\omega B^3 h^4}\right)^m \tag{1-4-4}$$

根据式(1-4-2)、式(1-4-3)可得:

$$h = \left(\frac{Qn}{BJ^{\frac{1}{2}}}\right)^{\frac{3}{5}} \tag{1-4-5}$$

根据式(1-4-4)、式(1-4-5)可得:

$$S_* = \left(\frac{k^{\frac{1}{m}}}{g\omega n^{\frac{12}{5}}}Q^{\frac{3}{5}}B^{-\frac{3}{5}}J^{\frac{6}{5}}\right)^m \tag{1-4-6}$$

让

$$N=\left(\frac{k^{\frac{1}{m}}}{g\omega n^{\frac{12}{5}}}\right)^{m} \tag{1-4-7}$$

根据实测资料,异重流潜入后泥沙颗粒级配变化较小,此处假设潜入处泥沙颗粒级配和糙率系数不变,即群体沉速 ω 和 n 为常数,可近似得到潜入处水流含沙量:

$$S_p=S_*=NQ^{\frac{3}{5}m}B^{-\frac{3}{5}m}J^{\frac{6}{5}m} \tag{1-4-8}$$

式(1-4-8)表明,潜入点以上的水流挟沙能力或含沙量大小与流量、河床比降成正比,而与河宽成反比。

另一方面,冲刷强度主要取决于水流的动力条件以及水库的边界条件。不同流量的历时长短及其非线性的变化特征对明流段河床产生作用,间接影响含沙量变化,从这方面来说,也是水流的动力条件之一。

综合考虑式(1-4-6)、式(1-4-8)中的影响因子,说明入库流量、入库含沙量、河床比降、河宽在水流输沙过程中的作用较大,再加上考虑到流量的非恒定性,假设潜入点上游断面浑水流量与三门峡站入库流量相同,可得到潜入点处断面含沙量如下函数形式:

$$S_{pi}=f\left(\frac{S_i}{Q_i},Q_i,\Delta T_i,J_i,B_i\right) \tag{1-4-9}$$

式中:S_{pi} 为潜入点断面含沙量,kg/m^3;Q_i 为第 i 时段入库流量,m^3/s;S_i 为第 i 时段入库含沙量,kg/m^3;ΔT_i 为入库流量 Q_i 的持续时间,s;J_i 为潜入点以上河道比降;B_i 为异重流潜入点断面河宽,m。

利用2008年6月小浪底水库潜入点实测资料验证,可近似得到潜入点处断面含沙量计算公式:

$$S_{pi}=\varphi\left(\frac{S_i}{Q_i}\right)^{-0.04}\frac{(Q_i\Delta T_i^n)^{0.6}J_i^{1.2}}{B_i^{0.6}} \tag{1-4-10}$$

式中:n 为与 ΔT_i 相关的参数;φ 为冲刷参数。

利用2009~2010年小浪底水库入库水沙条件对式(1-4-10)进行计算,计算结果点绘于图1-4-1。

从式(1-4-10)形式来看,本公式既可以计算入库为清水时潜入点含沙量(此时将 S_i 处理为0.000 1 kg/m^3 计算),又可以计算入库为浑水时的潜入点含沙量。计算结果表明,初期洪峰时段,计算值接近潜入点水沙实测值,为清水冲刷河床产生异重流,式(1-4-10)能够描述这一物理过程;而由于后续洪水大多为三门峡水库排沙时段,明流库段的冲淤变化较为复杂,此时该公式的适用性值得斟酌。

4.2.2 明流段壅水程度高

三角洲顶点附近洲面的壅水明流输沙,主要取决于水库蓄水体积以及进出库流量之间的对比关系,依据水库实测资料所建立的水库壅水排沙计算关系可以看出,随着蓄水体积的减小、出库流量的增大,明流壅水段的排沙比相应增大。

$$\eta=a\lg Z+b \tag{1-4-11}$$

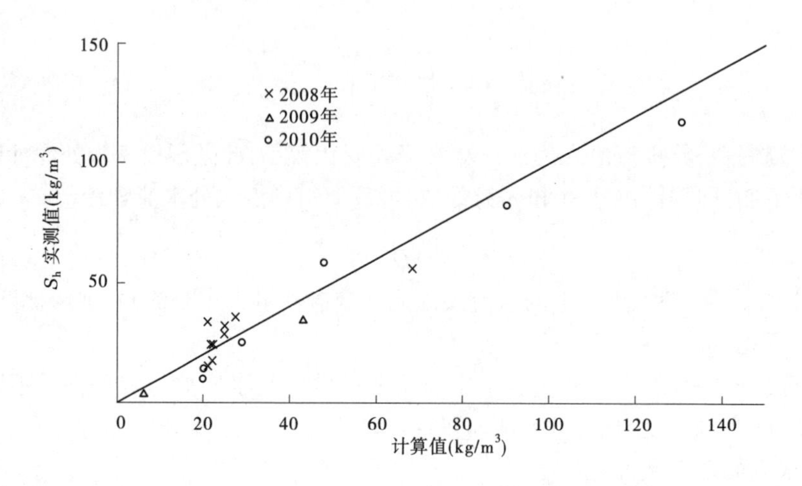

图 1-4-1　计算值与实测值对比

式中：η 为排沙比；Z 为壅水指标，$Z=\dfrac{VQ_i}{Q_0^2}$；V 为计算时段中壅水段水体体积，m^3；$a=-0.8232$，$b=4.5087$。

从公式物理意义看，壅水段水体体积代表了库区流速，它既反映了水库断面大小，这是影响流速的直接因素；又反映了库区回水的长短，因泥沙的沉降与壅水距离也是相关的。同时出库流量 Q_0 决定了壅水体的变化情况，相同体积壅水体，库区泄水建筑物不开启，不泄流，泥沙排不出去；另一种情况下，下泄流量较大，排沙量较多。因此，出库沙量多少与出库流量也相关。入库流量 Q_i 代表了入库的水动力，一定程度上代表挟沙能力大小，入库流量大，水流动力强，能挟带较多泥沙至坝前。

4.3　小浪底水库异重流头部运行时间预测

根据水库异重流潜入点弗劳德数满足：

$$Fr=\frac{V}{\sqrt{\eta_g gh}}=0.78 \tag{1-4-12}$$

式中：η_g 为重力修正系数，它是表示清浑水容重差的量度；g 为重力加速度（9.8 N/kg 或 m/s^2）；V 为潜入点平均流速，m/s；h 为潜入点平均水深，m。

一方面，当入库洪水量不小于异重流运行段浑水体积时，异重流才可以运行至坝前排沙出库，不形成浑水水库，此时对于潜入断面：

$$\sum_{i=1}^{n}\Delta T_iQ_i \geqslant hBL \tag{1-4-13}$$

式中：Q_i 为入库流量，m^3/s；ΔT_i 为入库流量 Q_i 持续时间，s；h 为异重流潜入断面浑水平均水深，m；B 为异重流运行段平均宽度，m；L 为潜入断面至坝前距离，m。

即可得：

$$h \leqslant \sum_{i=1}^{n}\Delta T_iQ_i/BL \tag{1-4-14}$$

又

$$Fr = \frac{V}{\sqrt{\eta_g gh}} = \frac{\frac{\overline{Q}}{Bh}}{\sqrt{\eta_g gh}} = \frac{\frac{\sum_{i=1}^{n} \Delta T_i Q_i / \sum_{i=1}^{n} \Delta T_i}{Bh}}{\sqrt{\eta_g gh}}$$

$$= \frac{\sum_{i=1}^{n} \Delta T_i Q_i / \sum_{i=1}^{n} \Delta T_i}{B\sqrt{\eta_g gh^3}} = \frac{1}{\sqrt{\eta_g g \frac{\sum_{i=1}^{n} \Delta T_i Q_i}{B} \frac{\left(\sum_{i=1}^{n} \Delta T_i\right)^2}{L^3}}} \tag{1-4-15}$$

根据相关研究成果,异重流的 Fr 随时间、沿程变化见图 1-4-2。可见,HH28 ~ HH17 断面异重流发生时水流的 Fr 相对较大,随后逐渐减小,HH13 断面以下 Fr 相对较小,变化不大。沿程平均 Fr 逐渐减小,HH13 断面以后保持稳定。

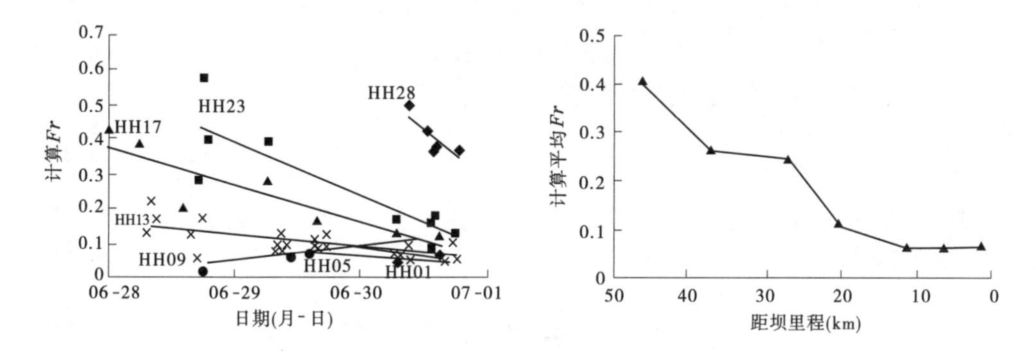

图 1-4-2 水流 Fr 随时间及沿程变化

收集小浪底水库已有测验资料,分析认为当入库流量大于 500 m³/s,且潜入点位于三角洲前坡段时,异重流运行段平均弗劳德数为 0~0.78。

$$0 \leqslant Fr \leqslant 0.78 \tag{1-4-16}$$

$$0 \leqslant \frac{1}{\sqrt{\eta_g g \frac{\sum_{i=1}^{n} \Delta T_i Q_i}{B} \frac{\left(\sum_{i=1}^{n} \Delta T_i\right)^2}{L^3}}} \leqslant \frac{V}{\sqrt{\eta_g gh}} \leqslant 0.78 \tag{1-4-17}$$

$$\eta_g g \frac{\sum_{i=1}^{n} \Delta T_i Q_i}{B} \frac{\left(\sum_{i=1}^{n} \Delta T_i\right)^2}{L^3} \geqslant 1.644 \tag{1-4-18}$$

利用浑水容重 γ'、清水容重 γ_0、泥沙干容重 γ_s、潜入处含沙量 S_p 可得:

$$\eta_g = \frac{\gamma' - \gamma_0}{\gamma'} = \frac{(\gamma_s - \gamma_0) S_p}{(\gamma_s - \gamma_0) S_p + \gamma_0 \gamma_s} \tag{1-4-19}$$

当 $\gamma_s = 2\ 650\ kg/m^3$ 时，式(1-4-19)可变为：

$$\eta_g = \frac{1.65S_p}{1.65S_p + 2\ 650} = \frac{1}{1 + 1\ 606/S_p} \tag{1-4-20}$$

将式(1-4-20)代入式(1-4-18)可得：

$$\frac{\sum_{i=1}^{n} \Delta T_i Q_i / B}{1 + 1\ 606/S_p} / \frac{L^3}{(\sum_{i=1}^{n} \Delta T_i)^2} \geqslant 0.167 \tag{1-4-21}$$

式(1-4-21)中字母含义同上。其中：

$$S_p = \sum_{i=1}^{n} \Delta T_i Q_i S_{pi} / \sum_{i=1}^{n} \Delta T_i Q_i \tag{1-4-22}$$

令

$$V = \sum_{i=1}^{n} \Delta T_i Q_i \tag{1-4-23}$$

$$T = \sum_{i=1}^{n} \Delta T_i \tag{1-4-24}$$

$$S_c = 1 + 1\ 606/S_p \tag{1-4-25}$$

由此，式(1-4-21)可化简为：

$$\frac{V}{BS_c} / \frac{L^3}{T^2} \geqslant 0.167 \tag{1-4-26}$$

另一方面，根据水流连续方程可知，浑水能够排出水库，洪峰持续时间要大于洪峰在水库内的传播时间 T_0，即

$$T = \sum_{i=1}^{n} \Delta T_i \geqslant T_0 \tag{1-4-27}$$

对于小浪底水库，根据不同的地形和入库水沙条件，T_0 根据试算得出。

从式(1-4-27)中可以看出，满足式(1-4-27)条件时，异重流头部可以持续到坝前，其中，入库流量 Q_i 与入库含沙量 S_p 和持续历时 T 的平方成反比，与运行距离 L 的立方成正比。

4.4 讨　论

假设入库流量、含沙量与相应持续时间、坝前水位和河床比降已知，利用式(1-4-26)可推算出潜入点至坝前的异重流运行历时。采用近年小浪底水库实测资料进行计算见表 1-4-1。加上洪峰传播时间，即可得到浑水进入小浪底水库后，以异重流运行到坝前的持续时间。

2010 年汛期调水调沙期，根据三门峡水库加大泄量时刻与小浪底水库异重流潜入时刻、排沙时刻相对比，分析认为三门峡水库与小浪底水库潜入点间洪峰传播时间约 12 h，潜入点至坝前传播时间约 5.5 h。

表 1-4-1 的物理意义是在当年的水沙调度原则和边界条件下，只要满足异重流运行历时，异重流头部即可持续到坝前。从表 1-4-1 中可以看出，2010 年潜入后异重流约 4.9

h 到达坝前,2009 年潜入后异重流约 8 h 到达坝前,2008 年潜入后异重流约 10.8 h 到达坝前。

表 1-4-1　异重流头部历时计算

年份	2006	2007	2008	2009	2010
计算值(h)	12.3	19.2	10.8	8.0	4.9
实测值(h)	14.8	21.0	10.3	22.55	5.52
潜入点含沙量 S_p(kg/m³)	34.0	21.0	13.4	3.2	10.0
小浪底站含沙量 S_{xld}(kg/m³)	12.06	0.1	0.8	0.2	1.2

4.5　本章小结

本章在回顾以往研究成果的基础上,通过理论分析,提出了一个分析、计算异重流头部运行到坝前的时间条件,并利用实测资料进行了初步计算,结果表明,计算值与实测值较为接近,该条件可适用于小浪底水库异重流塑造调度预测。但受限于小浪底水库地貌形态多变、支流密布,且异重流运动属于不均匀、非均质流动,运行规律特别复杂,需要进一步开展相关研究。

第 5 章 多沙水库典型支流口门淤积发展影响分析

支流作为水库综合效益发挥的重要组成部分,支流淤积形态不利如拦门沙坎发育导致支流形成倒比降,将影响干支流水沙交换(张俊华 等,2000;谢金明,2012;张俊华 等,2016;Anton et al. ,2016),会严重干扰水库的调度,从而影响水库综合效益的发挥,尤其是对于支流库容占比例较大的水库而言,更是如此。本章选取多沙河流水库黄河小浪底水库、永定河官厅水库作为典型实例,在对水库运用以来来水来沙、水库调度、库区干支流淤积量与形态分析的基础上,研究异重流输移对水库淤积分布的影响,尤其是支流的存在产生新的水沙输移形式,如分流分沙、局部损失等,严重影响库区干流异重流的运动,从而影响水库淤积的分布,重点研究支流口门拦门沙坎抬升变化特征,分析干流来水来沙对支流淤积变化的影响因素,揭示支流口门淤积发展规模对入库水沙与库区淤积形态的响应机制。

5.1 小浪底水库运用及淤积分析

小浪底水库坝址控制流域面积 69.42 万 km^2,占黄河流域面积的 92.3%。大坝位于河南洛阳以北约 40 km 的黄河干流上,上距三门峡水库 123.4 km,下距郑州花园口 115 km,是黄河干流三门峡水库以下唯一可以取得较大库容的控制性枢纽。工程的开发目标是以防洪(凌)、减淤为主,兼顾供水、灌溉和发电等(张俊华 等,2000;李景宗,2008)。该工程于 1997 年截流,2001 年底竣工。

水库主要建筑物包括拦河坝、泄洪排沙建筑物和发电引水建筑物(见图 1-5-1)。水库泄洪、排沙、引水建筑物均集中布置在北岸,3 条排沙洞和 3 条孔板泄洪洞进口高程为 175 m,三条明流泄洪洞进口高程分别为 195 m、209 m 和 225 m,溢洪道高程为 258 m,发电洞进口高程 1$^{\#}$~4$^{\#}$为 195 m,5$^{\#}$~6$^{\#}$为 190 m,泄水建筑物建设成了“低位排沙、高位排漂、中间引水发电”的具有多沙河流水库运用经验总结的兼顾泄流能力与安全运用有利的布局。

小浪底水库为峡谷型水库,平面形态上窄下宽。根据河道平面形态的变化,可将库区划分为上、下两段。库区上段范围包括三门峡到板涧河(长度约 57.5 km),河床宽度为 200~400 m。库区下段范围包括板涧河至小浪底大坝长度约 65.9 km,河床宽度为 500~800 m,其中距坝里程 25~29 km 的库段被称为“八里胡同”,两岸最窄 200~300 m(张俊华 等,2000;李景宗,2008;孟庆伟,2009)。图 1-5-2 为库区 275 m 等高线平面范围。库区原始河床为砂卵石和岩石覆盖,平均比降约 11‰,沿程有许多险滩,河床纵剖面起伏不平,局部形成跌水。

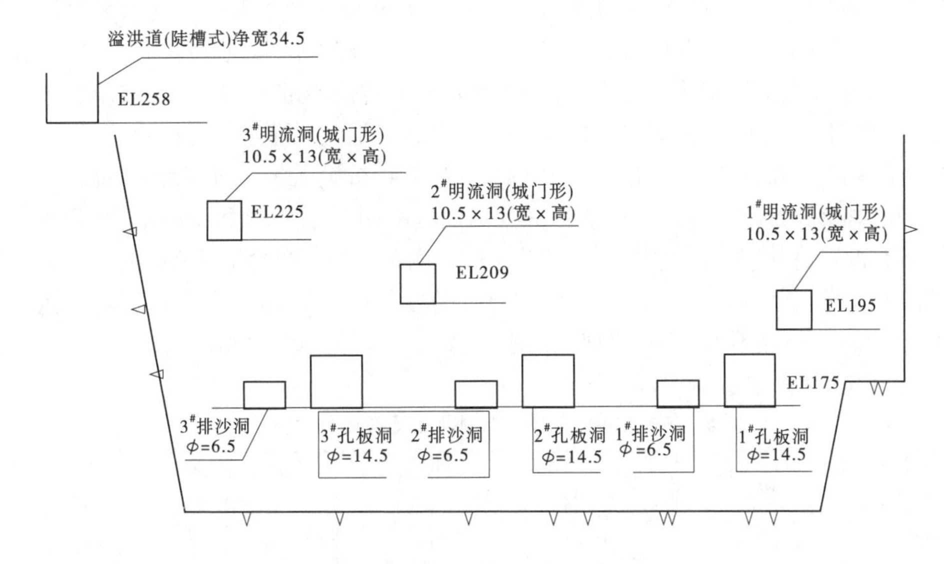

图 1-5-1　小浪底水库泄洪建筑物上游立视示意图　(单位:m)

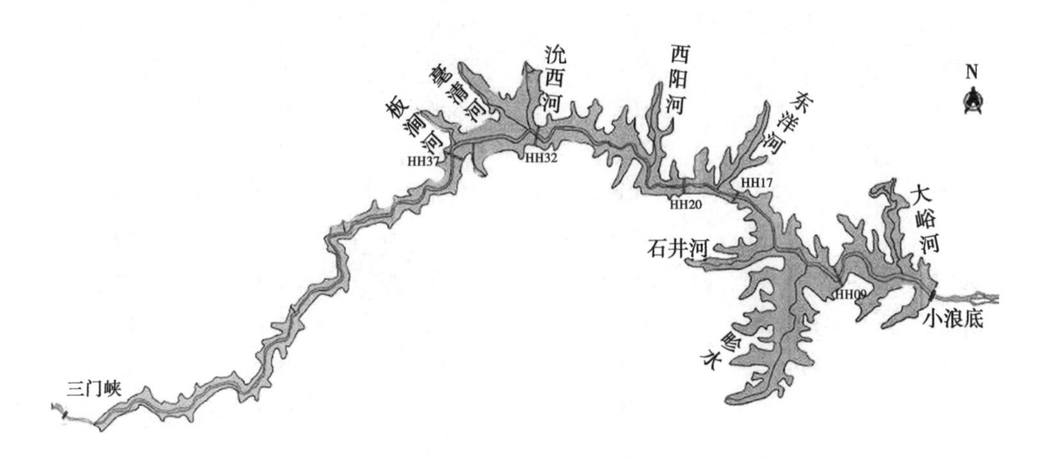

图 1-5-2　小浪底库区平面示意图

小浪底水库正常蓄水位 275 m,设计原始总库容约 126.5 亿 m^3,调水调沙库容 10.5 亿 m^3,长期有效库容 51 亿 m^3,水库拦沙后期永久性拦沙容积为 72.5 亿 m^3,其中干流拦沙容积为 50.9 亿 m^3,占总拦沙容积的 70.2%;支流拦沙容积为 21.6 亿 m^3,占总拦沙容积的 29.8%。支流河口拦沙坎淤堵库容 3 亿 m^3。

根据 1997 年 9 月实测资料计算原始库容为 127.538 亿 m^3,干流库容为 74.904 亿 m^3,约占总库容的比例为 58.7%;支流库容为 52.634 亿 m^3,约占总库容的比例为 41.3%。水库原始库容特征如下:高程 230 m 以上库容 85.09 亿 m^3,占总库容的比例为 66.7%。距坝约 30 km 范围内库容约占总库容的比例为 60.3%;素有“八里胡同”之称的库段以下 4 条大支流(东洋河、石井河、畛水、大峪河)占支流总库容的比例为 59.6%;距坝 67 km 以上(占总库长的 52%)库容约占总库容的比例为 6.8%。小浪底水库蓄水至 275 m 时,形成东西长约 130 km、南北宽 300~3 000 m 的狭长水域。

库区原始库容大于 1 亿 m^3 的支流有 11 条,集中分布在水库下段。支流平时流量很小甚至断流,只是在汛期发生历时短暂的洪水,同时有砂卵石推移质顺流而下。据计算分析,库区支流年平均推移质输沙总量约为 30 万 t,悬移质输沙量为 471 万 t,与干流来沙量相比可略而不计。因此,支流库容的拦沙量主要取决于干流倒灌进入支流的沙量。

小浪底库区干流布设 56 个地形观测断面,支流共布设 118 个地形观测断面。距坝 1.51 km 处的桐树岭断面及距坝 63.82 km 处的河堤断面为库区水沙因子站。沿程自下而上还布设陈家岭、麻峪、五福涧、白浪、尖坪等水位观测站。各站观测位置分布见表 1-5-1。

小浪底水库入库站为三门峡水文站(以下简称三门峡站),由于小浪底库区其他支流来水来沙量较小,一般不做考虑,仅把三门峡站作为库区的入库水沙站。出库站为小浪底水文站(以下简称小浪底站)。

表 1-5-1　小浪底库区观测断面及各支流位置

断面号、测站或支流	距坝里程(km)	断面号、测站或支流	距坝里程(km)	断面号、测站或支流	距坝里程(km)
HH01	1.32	HH19	31.85	HH38	64.83
桐树岭*	1.51	HH20	33.48	板涧河#	65.90
HH02	2.37	HH21	34.80	HH39	67.99
HH03	3.34	HH22	36.33	HH40	69.39
大峪河#	3.90	HH23	37.55	HH41	72.06
HH04	4.55	HH24	39.49	HH42	74.38
HH05	6.54	HH25	41.10	HH43	77.28
HH06	7.74	西阳河#	41.30	五福涧△	77.28
HH07	8.96	HH26	42.96	HH44	80.23
HH08	10.32	麻峪△	44.10	HH45	82.95
HH09	11.42	HH27	44.53	HH46	85.76
HH10	13.99	HH28	46.20	HH47	88.54
畛水#	18.00	HH30	50.19	白浪△	93.20
HH12	18.75	HH31	51.78	HH49	93.96
HH13	20.39	HH32	53.44	HH50	98.43
石井	22.10	沇西河#	54.00	HH51	101.61
HH14	22.10	HH33	55.02	HH52	105.85
陈家岭△	22.43	HH34	57.00	HH53	110.27
HH15	24.43	亳清河#	57.60	尖坪△	111.02
HH16	26.01	HH35	58.51	HH54	115.13
HH17	27.19	HH36	60.13	HH55	118.84
HH18	29.35	HH37	62.49	HH56	123.41
东洋河#	31.00	河堤*	63.82	三门峡	123.41

注:表中△代表水位站,*代表水沙因子站,#代表支流。

5.1.1　入出库水沙条件与水库调度方式

5.1.1.1　三门峡站入库水沙变化

《小浪底水利枢纽拦沙初期运用调度规程》规定库区泥沙淤积体达到21亿~22亿 m^3 之前为拦沙初期。水库运用至2006年汛后，小浪底库区淤积量为21.582亿 m^3，达到了《小浪底水利枢纽拦沙初期运用调度规程》规定的拦沙初期与拦沙后期的指标。因此，本节将小浪底水库运用以来划分为拦沙初期与拦沙后期两个时段，分别分析入、出库水沙量的变化。

1. 三门峡站水沙量变化

1999年10月至2006年10月为小浪底水库拦沙初期，年均入库水量、沙量分别为183.76亿 m^3、3.911亿t，由于刘家峡水库（1968年10月蓄水）、龙羊峡水库（1986年10月蓄水）对黄河径流的调节影响较大，小浪底水库运用后与刘家峡水库、龙羊峡水库联合运用后的1987~1999系列相比，水量减少27.6%，沙量减少50.4%。水库拦沙后期第一阶段（2007~2015年），年均入库水量、沙量分别为249.79亿 m^3、2.320亿t，年均入库水量较拦沙初期有所增加，但入库沙量进一步减小，见表1-5-2。

1999年10月至2006年10月，入库水沙量年际变化较大，入库水量相对较大的2006年为221.00亿 m^3，最少的2002年仅134.96亿 m^3，入库沙量相对较大的2003年7.564亿t，最少的2006年仅2.325亿t（见图1-5-3），见表1-5-2。

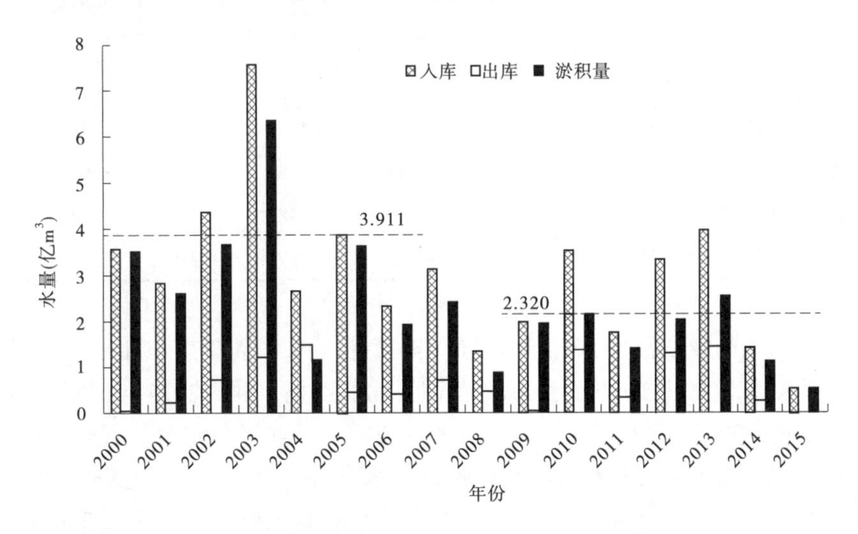

图1-5-3　小浪底水库运用以来入、出库沙量、淤积量柱状图

2007年之后，入库水量有所增加，而来沙量持续减少。2007~2015年，年均入库水量为249.79亿 m^3，沙量为2.320亿t，入库年均含沙量为9.3 kg/m^3。其中汛期水量为120.68亿 m^3，占全年水量的48.3%；汛期沙量为2.143亿t，占全年沙量的92.4%。入库水量相对较大的2012年为358.24亿 m^3，较少的2015年仅183.80亿 m^3；入库沙量相对较大的2013年为3.955亿t，最少的2015年仅0.501亿t。年内最大来沙量为7.564亿t（2003年），2015年为入库沙量最少的年份，仅0.501亿t。

表 1-5-2 三门峡站不同时段年均入库水沙特征统计

年份	水量(亿 m^3)				沙量(亿 t)			
	汛期	非汛期	全年	汛期占全年(%)	汛期	非汛期	全年	汛期占全年(%)
2000	67.23	99.37	166.6	40.4	3.341	0.229	3.57	93.6
2001	53.82	81.14	134.96	39.9	2.83	0.000	2.83	100.0
2002	50.87	108.39	159.26	31.9	3.404	0.971	4.375	77.8
2003	146.91	70.70	217.61	67.5	7.559	0.005	7.564	99.9
2004	65.89	112.5	178.39	36.9	2.638	0.000	2.638	100.0
2005	104.73	103.80	208.53	50.2	3.619	0.457	4.076	88.8
2006	87.51	133.49	221.00	39.6	2.076	0.249	2.325	89.3
2007	122.06	105.71	227.77	53.6	2.514	0.611	3.125	80.4
2008	80.02	138.10	218.12	36.7	0.744	0.593	1.337	55.6
2009	85.01	135.43	220.44	38.6	1.615	0.365	1.980	81.6
2010	119.73	133.26	252.99	47.3	3.504	0.007	3.511	99.8
2011	125.33	109.28	234.61	53.4	1.748	0.005	1.753	99.7
2012	211.99	146.25	358.24	59.2	3.325	0.002	3.327	99.9
2013	174.29	148.27	322.56	54.0	3.948	0.007	3.955	99.8
2014	111.71	117.89	229.60	48.7	1.389	0.000	1.389	100.0
2015	127.78	56.02	183.80	30.5	0.000	0.501	0.501	100.0
1987~1999	116.02	137.93	253.95	45.7	7.479	0.409	7.888	94.8
2000~2006	82.42	101.34	183.76	44.9	3.638	0.273	3.911	93.0
2007~2015	128.77	129.27	258.04	49.9	2.348	0.199	2.547	92.2
2000~2015	103.94	116.96	220.90	47.1	2.797	0.219	3.016	92.7

图 1-5-4 为三门峡站汛期入库水量与全年累计入库水量双累积曲线。从图中可看出,入库水量发生改变是 2003 年、2007 年汛期,此节点将 2000~2015 年时段分为三个部分,分别是 2000~2002 年、2003~2006 年、2007~2015 年,这三个时段随着时间的递增,其斜率分别为 0.354 7、0.432 9、0.502 6,汛期入库水量占全年入库水量比例增加。

图 1-5-5 为三门峡站汛期与全年累计入库沙量双累积曲线图。从图中可看出,入库沙量发生改变是 2003 年、2007 年汛期,此节点将 2000~2015 年时段分为三个部分,分别是 2000~2002 年、2003~2006 年、2007~2015 年,这三个时段随着时间的递增,其斜率分别为 0.857 8、0.916 6、0.967 6,汛期入库沙量占全年入库水量比例增加。

小浪底水库运用以来,累计入库沙量 48.255 亿 t,其中细沙(细颗粒泥沙,$d \leqslant 0.025$ mm,下同)、中沙(中颗粒泥沙,0.025 mm$<d\leqslant$0.05 mm,下同)、粗沙(粗颗粒泥沙,$d>0.05$ mm,下同)分别为 23.017 亿 t、12.331 亿 t、12.908 亿 t,分别占入库沙量的 47.7%、25.6%、26.7%,见表 1-5-3。

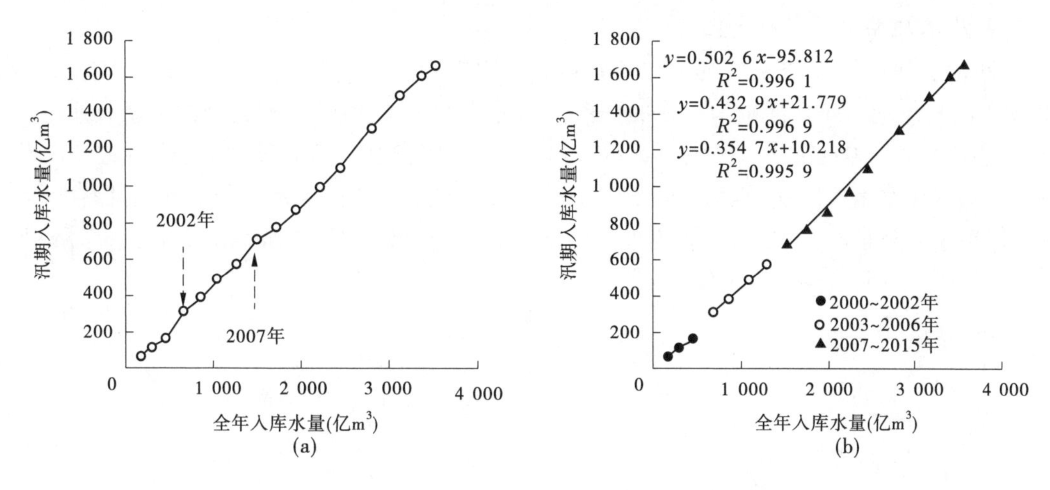

图 1-5-4 小浪底水库 2000~2015 年入库累计水量双累积曲线

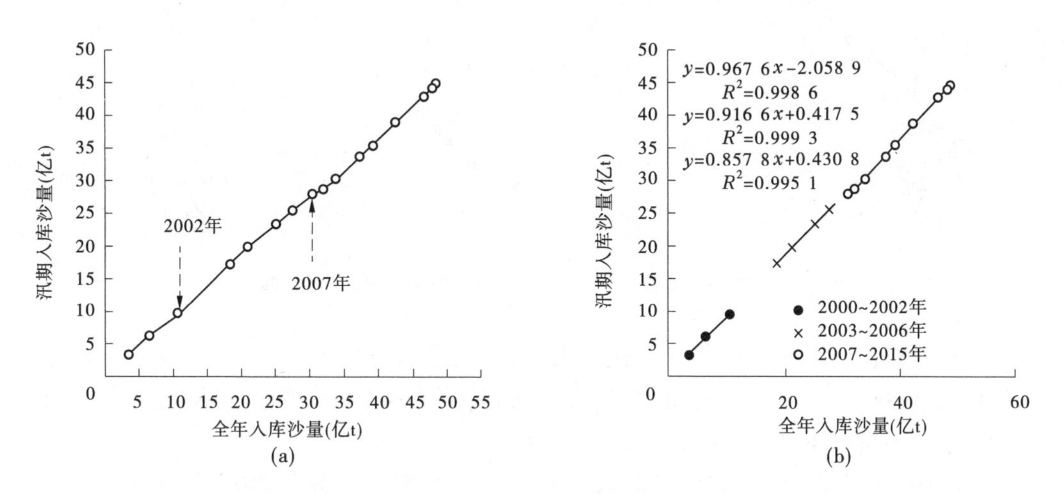

图 1-5-5 小浪底水库 2000~2015 年入库累计沙量双累积曲线

表 1-5-3 2000~2015 年小浪底库区淤积物及排沙组成

级配	入库沙量(亿 t)		出库沙量(亿 t)		淤积量(亿 t)		全年入库泥沙组成(%)	全年排沙组成(%)	全年淤积物组成(%)	全年排沙比(%)
	汛期	全年	汛期	全年	汛期	全年				
细沙	21.678	23.017	7.833	8.267	13.845	14.750	47.7	79.6	38.9	35.9
中沙	11.263	12.331	1.221	1.270	10.042	11.061	25.6	12.2	29.2	10.3
粗沙	11.813	12.908	0.818	0.844	10.995	12.064	26.7	8.2	31.9	6.5
全沙	44.755	48.255	9.872	10.381	34.883	37.874	—	—	—	21.5

2000~2015 年年均入库水量为 220.90 亿 m³,沙量为 3.016 亿 t,年平均入库含沙量为 13.7 kg/m³。其中,汛期平均入库水量为 103.94 亿 m³,占全年水量的 47.1%;汛期平均入库沙量为 2.797 亿 t,占全年沙量的 92.7%。

2. 小浪底站出库水沙变化

小浪底水库拦沙初期(1999~2006 年),年均出库水量、沙量分别为 197.74 亿 m^3、0.643 亿 t,年均出库含沙量为 3.3 kg/m^3,与入库水沙条件相比,水库处于向下游补水、拦沙状态(李珍,2004;王婷,2009;马献宾 等,2011;王庆,2012;娄渊知,2013)。2007 年以来,年均出库水量、沙量分别为 264.58 亿 m^3、0.653 亿 t,年均出库水量较拦沙初期有所增加,但出库沙量也略有增加,水库仍处于向下游补水、拦沙状态,从淤积量来看,水库淤积趋缓,见图 1-5-6。

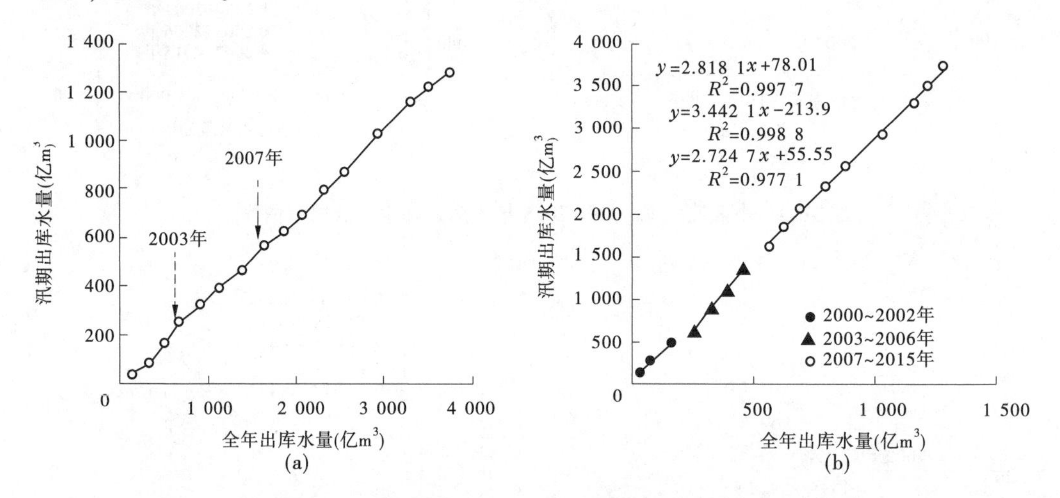

图 1-5-6　小浪底水库 2000~2015 年累计出库水量双累积曲线

2000~2006 年,出库水沙年际变化较大,出库水量相对较大的 2006 年为 265.28 亿 m^3,最少的 2000 年仅 141.15 亿 m^3,出库沙量相对较大的 2004 年为 1.487 亿 t,最少的 2000 年,仅 0.042 亿 t(见图 1-5-6),见表 1-5-4。

2007 年以来,出库水量有所增加,而出库沙量有所增加。2007~2015 年,年均出库水量、沙量分别为 264.58 亿 m^3、0.653 亿 t,年平均出库含沙量为 2.5 kg/m^3。其中汛期水量为 173.53 亿 m^3,占全年出库水量的 34.4%;汛期出库沙量为 0.609 亿 t,占全年出库沙量的 93.3%。出库水量相对较大的 2012 年为 384.21 亿 m^3,较少的 2009 年仅 211.36 亿 m^3;出库沙量相对较大的 2013 年为 1.420 亿 t,最少的 2015 年无出库泥沙。

图 1-5-6 为小浪底站汛期与全年累计出库水量双累积曲线。从图中可看出,出库水量发生改变是 2003 年、2007 年,此节点将 2000~2015 年时段分为三个部分,分别是 2000~2002 年、2003~2006 年、2007~2015 年,其斜率分别为 2.724 7、3.442 1、2.818 1,这三个时段随着时间的延长,汛期出库水量占全年出库水量比例先增加后减小。

图 1-5-7 为小浪底站汛期与全年累计出库沙量双累积曲线。从图中可看出,出库水、沙量发生改变是 2007 年,此节点将 2000~2015 年时段分为两个部分,分别是 2000~2006 年、2007~2015 年,其斜率分别为 0.981 8、1.0,这两个时段随着时间的递增,汛期占全年出库沙量比例增加。

表 1-5-4　小浪底水文站不同时段年均水沙特征统计

年份	水量(亿 m^3)				沙量(亿 t)			
	汛期	非汛期	全年	汛期/全年(%)	汛期	非汛期	全年	汛期/全年(%)
2000	39.05	102.1	141.15	27.7	0.042	0.000	0.042	100.0
2001	41.58	123.34	164.92	25.2	0.221	0.000	0.221	100.0
2002	86.29	107.98	194.27	44.4	0.701	0.000	0.701	100.0
2003	88.01	72.69	160.70	54.8	1.176	0.030	1.206	97.5
2004	69.19	182.4	251.59	27.5	1.487	0.000	1.487	100.0
2005	67.05	139.2	206.25	32.5	0.434	0.015	0.449	96.7
2006	71.55	193.73	265.28	27.0	0.329	0.069	0.398	82.7
2007	100.77	134.78	235.55	42.8	0.523	0.182	0.705	74.2
2008	59.29	176.34	235.63	25.2	0.252	0.210	0.462	54.5
2009	66.75	144.61	211.36	31.6	0.034	0.002	0.036	94.4
2010	102.73	147.82	250.55	41.0	1.361	0.000	1.361	100.0
2011	81.11	149.21	230.32	35.2	0.329	0.000	0.329	100.0
2012	151.83	232.38	384.21	39.5	1.295	0.000	1.295	100.0
2013	133.74	230.41	364.15	36.7	1.420	0.000	1.420	100.0
2014	60.54	157.92	218.45	27.7	0.269	0.001	0.269	99.7
2015	62.74	188.29	251.03	25.0	0.000	0.000	0.000	—
2000~2015 平均	80.14	155.20	235.34	34.1	0.617	0.032	0.649	95.1
2000~2006 平均	66.10	131.63	197.74	33.4	0.627	0.016	0.643	97.5
2007~2015 平均	91.06	173.53	264.58	34.4	0.609	0.044	0.653	93.3

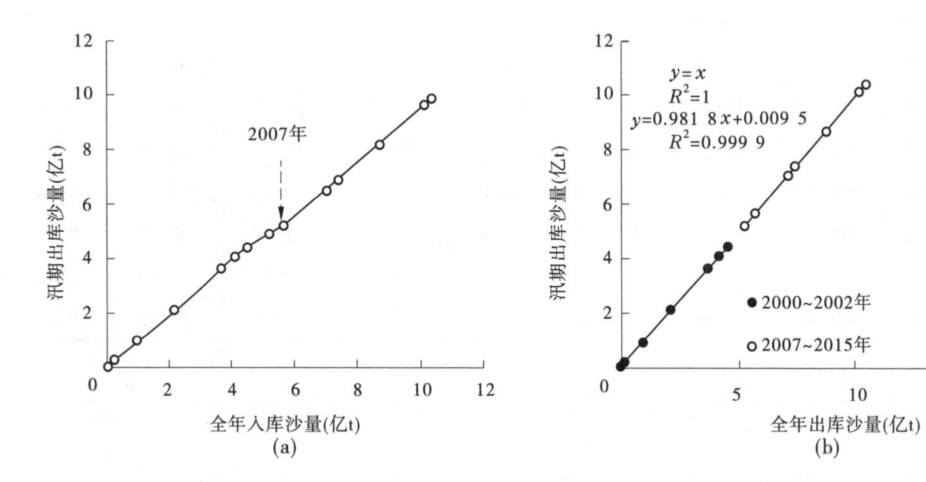

图 1-5-7　小浪底水库 2000~2015 年累计出库沙量双累积曲线

2000~2015 年累计出库沙量 10.381 亿 t,其中细沙、中沙、粗沙分别为 8.267 亿 t、1.270 亿 t、0.844 亿 t,分别占出库沙量的 79.6%、12.2%、8.2%。出库细沙占排沙总量的 79.6%,说明排出库外的绝大部分是细沙(王婷 等,2016)。

2000~2015 年年均出库水量为 235.34 亿 m^3,沙量为 0.649 亿 t,年平均出库含沙量为 2.8 kg/m^3。其中,汛期水量为 80.14 亿 m^3,占全年水量的 34.1%;汛期沙量为 0.617 亿 t,汛期平均出库含沙量为 7.7 kg/m^3,占全年沙量的 95.1%。

5.1.1.2 水库调度过程

小浪底水库运用以来,按照满足黄河下游防洪(凌)、减淤、供水、灌溉、生态环境等目标(李珍,2004;李立刚,2005;李立刚 等,2016),进行了防洪、调水调沙、春灌蓄水及供水等一系列调度,见图 1-5-8。汛限水位 2001 年为 220 m,2002~2013 年为 225 m,2013 年至今为 230 m。水库汛期最高水位达到 268.09 m(2012 年 10 月 31 日),最低水位 191.72 m(2001 年 7 月 28 日);非汛期最高水位达到 270.04 m(2013 年 11 月 19 日),最低水位 180.34 m(2000 年 11 月 1 日),见表 1-5-5。

表 1-5-5　2000~2015 年小浪底水库特征水位

年份	汛限水位(m)	汛期				非汛期			
		最高水位(m)	日期(月-日)	最低水位(m)	日期(月-日)	最高水位(m)	日期(月-日)	最低水位(m)	日期(月-日)
2000	215	234.30	10-30	193.42	07-06	210.49	04-25	180.34	11-01
2001	220	225.42	10-09	191.72	07-28	234.81	11-25	204.65	06-30
2002	225	236.61	07-03	207.98	09-16	240.78	02-28	224.81	11-01
2003	225	265.48	10-15	217.98	07-15	230.69	04-08	209.60	11-02
2004	225	242.26	10-24	218.63	08-30	264.30	11-01	235.65	06-30
2005	225	257.47	10-17	219.78	07-22	259.61	04-10	226.17	06-30
2006	225	244.75	10-19	221.09	08-11	263.30	03-11	223.61	06-30
2007	225	248.01	10-19	218.83	08-07	256.15	03-27	226.79	06-30
2008	225	241.60	10-19	218.80	07-22	252.90	12-20	225.10	06-30
2009	225	243.61	10-01	215.84	07-13	250.23	06-16	226.09	06-30
2010	225	249.70	10-18	211.60	08-19	250.84	06-18	230.56	06-30
2011	225	263.94	10-18	215.39	07-04	251.90	12-25	228.19	06-30
2012	225	268.09	10-31	211.59	08-04	267.90	12-16	226.18	06-30
2013	230	256.83	10-07	212.19	07-04	270.04	11-19	228.25	06-30
2014	230	266.86	10-31	222.51	07-05	260.86	02-24	236.62	06-30
2015	230	244.32	07-01	229.12	08-14	269.91	02-09	245.08	06-30

图 1-5-8 为 2000 年小浪底水库运用以来水位变化情况,从图中可以看出,一般可划分为三个时段:

第一阶段从上年 11 月至翌年 6 月,该期间水库的主要任务是保证黄河下游工农业生产、城市生活及生态用水,水库向下游补水。

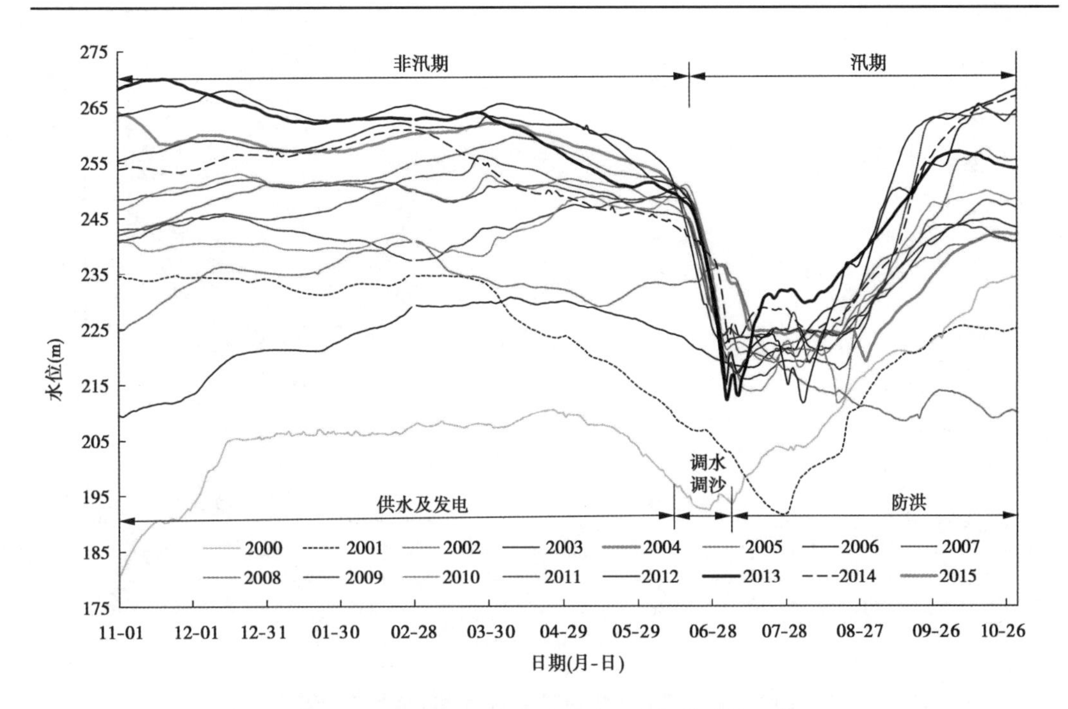

图 1-5-8　2000~2015 年小浪底水库坝前水位变化

第二阶段主要为汛前调水调沙期,一般从 6 月下旬至 7 月上旬,该期间库水位大幅度下降。调水调沙过程又可分为两个时段,第一时段为小浪底水库清水下泄阶段,即水库加大清水下泄流量,冲刷并维持下游河槽过洪能力;第二时段为小浪底水库排沙阶段,即三门峡水库开始加大泄量进行人工塑造异重流。

第三阶段一般为 7 月中旬至 10 月下旬。该期间水库运用又分为两个时段,7 月 11 日至 8 月 20 日和 8 月 21 以后。7 月 11 日至 8 月 20 日,由于受汛前调水调沙的影响,初期水位一般较低,随着水库蓄水,坝前水位逐渐抬升接近并基本维持汛限水位。其中 2007 年、2010 年以及 2012 年曾利用洪水进行汛期调水调沙,水位有较大幅度降低。从 8 月 21 日起水库开始蓄水,库水位持续抬升。

其中,2007 年以前,水库主要发挥拦蓄作用,坝前水位较高,见图 1-5-9。

2007 年以来,水库坝前蓄水体较小,主要在非汛期拦沙,仅 2007 年、2010 年进行过汛期调水调沙,2012 年洪水期间进行过降低水位排沙,其他年份在汛前调水调沙结束后,水库一般蓄水至汛限水位附近时未进行过降低水位排沙,见图 1-5-10。

5.1.2　库区淤积过程与分布

5.1.2.1　沙量平衡法淤积量

1. 全沙

小浪底水库从 1999 年 9 月蓄水运用至 2015 年 10 月,入库沙量 48.256 亿 t,出库沙量 10.381 亿 t,库区淤积泥沙 37.875 亿 t,年均淤积 2.367 亿 t,年内淤积量最大为 6.358 亿 t(2003 年),淤积量最小仅 0.501 亿 t(2015 年)。图 1-5-11 为小浪底水库 2000~2015

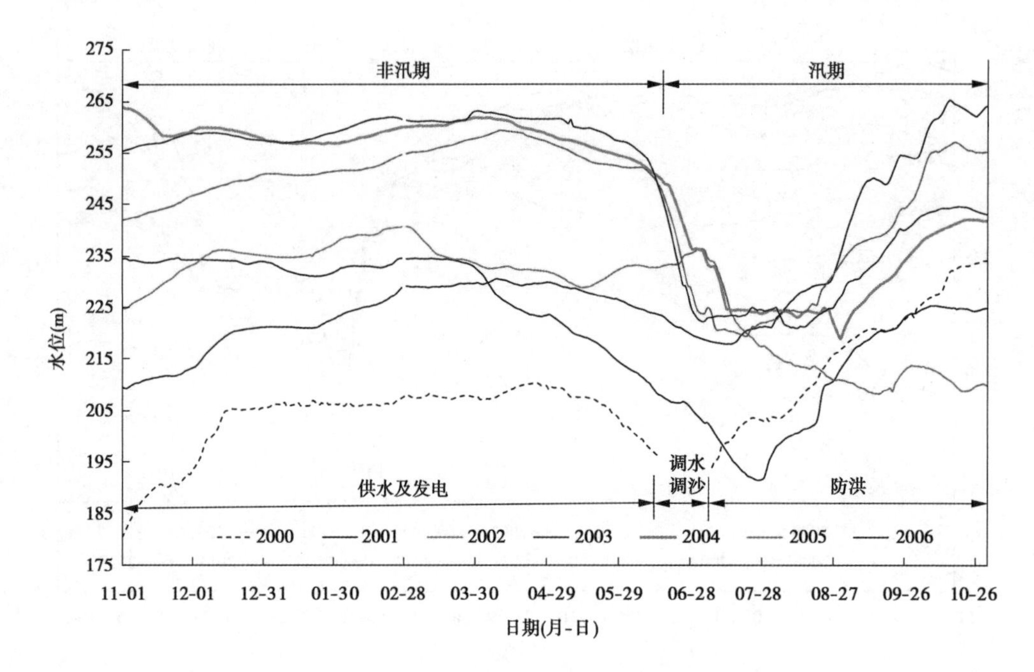

图 1-5-9　2000～2006 年小浪底水库坝前水位变化

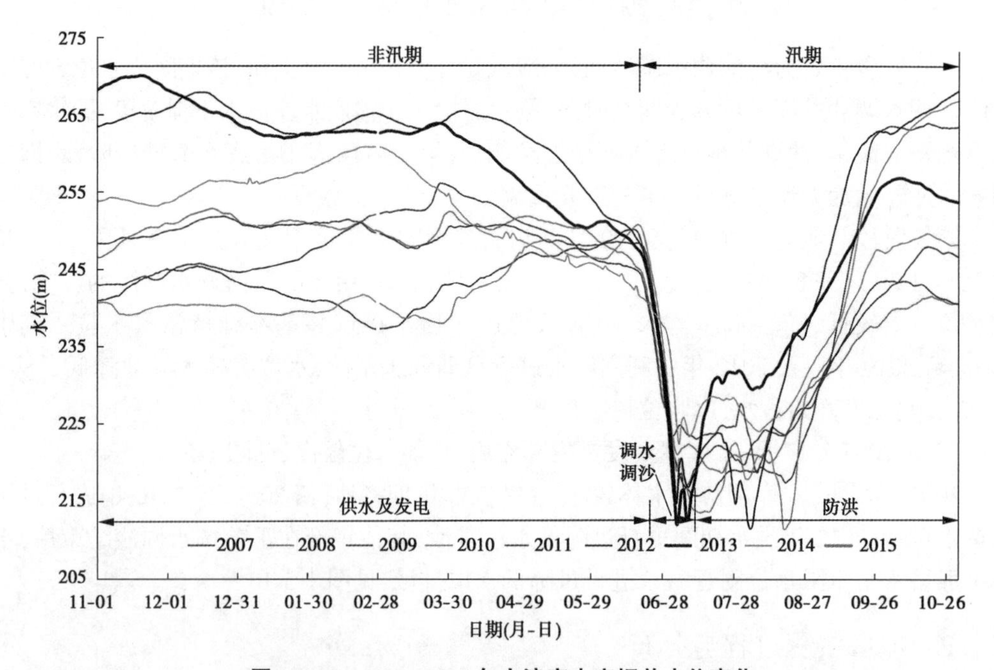

图 1-5-10　2007～2015 年小浪底水库坝前水位变化

年库区淤积累计沙量双累积曲线,从图 1-5-11(a)可以看出,汛期淤积量随年淤积量递增,在 2002 年、2007 年曲线发生改变,将此过程分为三段,从图 1-5-11(b)可以看出,随着全年淤积量的增加,三段曲线斜率依次为 0.838 3、0.9、0.959 8,说明库区汛期淤积量占全年的比例在增加。

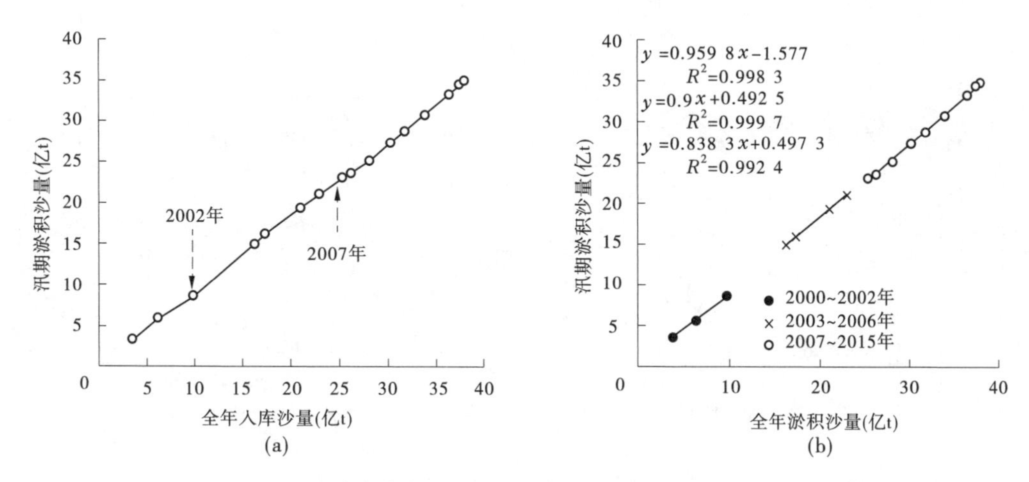

图 1-5-11　小浪底水库 2000~2015 年库区淤积累计沙量双累积曲线

2. 分组泥沙

库区累计淤积量为 37.875 亿 t,细沙、中沙、粗沙分别为 14.750 亿 t、11.061 亿 t、12.064 亿 t,细沙、中沙、粗沙分别占淤积物总量的 38.9%、29.2%和 31.9%。

2000~2015 年水库年均排沙比为 21.5%,即水库淤积比为 78.5%,说明进入水库的泥沙绝大部分没有排泄出库,而是淤积在水库中。细沙的排沙比为 35.9%,中沙、粗沙排沙比分别为 10.3%、6.5%。可以看出,水库拦截了大部分中粗颗粒泥沙,但是也拦截了 64.1%的细沙。

5.1.2.2　断面法淤积量

1. 淤积量

从小浪底水库运用至 2015 年 10 月,全库区断面法淤积量为 31.172 亿 m^3。泥沙淤积主要发生在干流,干、支流淤积量分别为 25.024 亿 m^3、6.148 亿 m^3,分别占库区淤积量的 80.3%、19.7%。图 1-5-12(a)为断面法库区干支流汛后与全库区汛后累计淤积量双累积曲线。从图中可以看出,在 2003 年、2010 年变化曲线发生改变。

图 1-5-12(b)为断面法库区干流汛后与全库区汛后累计淤积量分时段双累积曲线。从图中可以看出,干流汛后累计淤积量变化率随水库运用变化,2000~2003 年、2004~2010 年、2011~2015 年三个时段干流淤积量变化率分别为 0.92、0.71、0.66。从图中可以看出,累积变化率逐渐减小,说明干流淤积量在全库区淤积量中的比例减少,干流泥沙淤积趋缓。

图 1-5-12(c)为断面法库区支流汛后与全库区汛后累计淤积量分时段双累积曲线。从图中可以看出,支流汛后累计淤积量变化率随水库运用变化,2000~2003 年、2004~2010 年、2011~2015 年三个时段干流淤积量变化率分别为 0.08、0.29、0.34,累积变化率逐渐增大,说明支流淤积量在全库区淤积量中的比例增加,支流内泥沙淤积占比趋增。

图 1-5-12(d)为断面法库区干支流累计淤积量双累积曲线。从图中可以看出,在 2003 年、2010 年变化曲线发生变化。图 1-5-12(e)为断面法库区干支流累计淤积量分时段双累积曲线图。从图中可以看出,2000~2003 年、2004~2010 年、2011~2015 年三个时

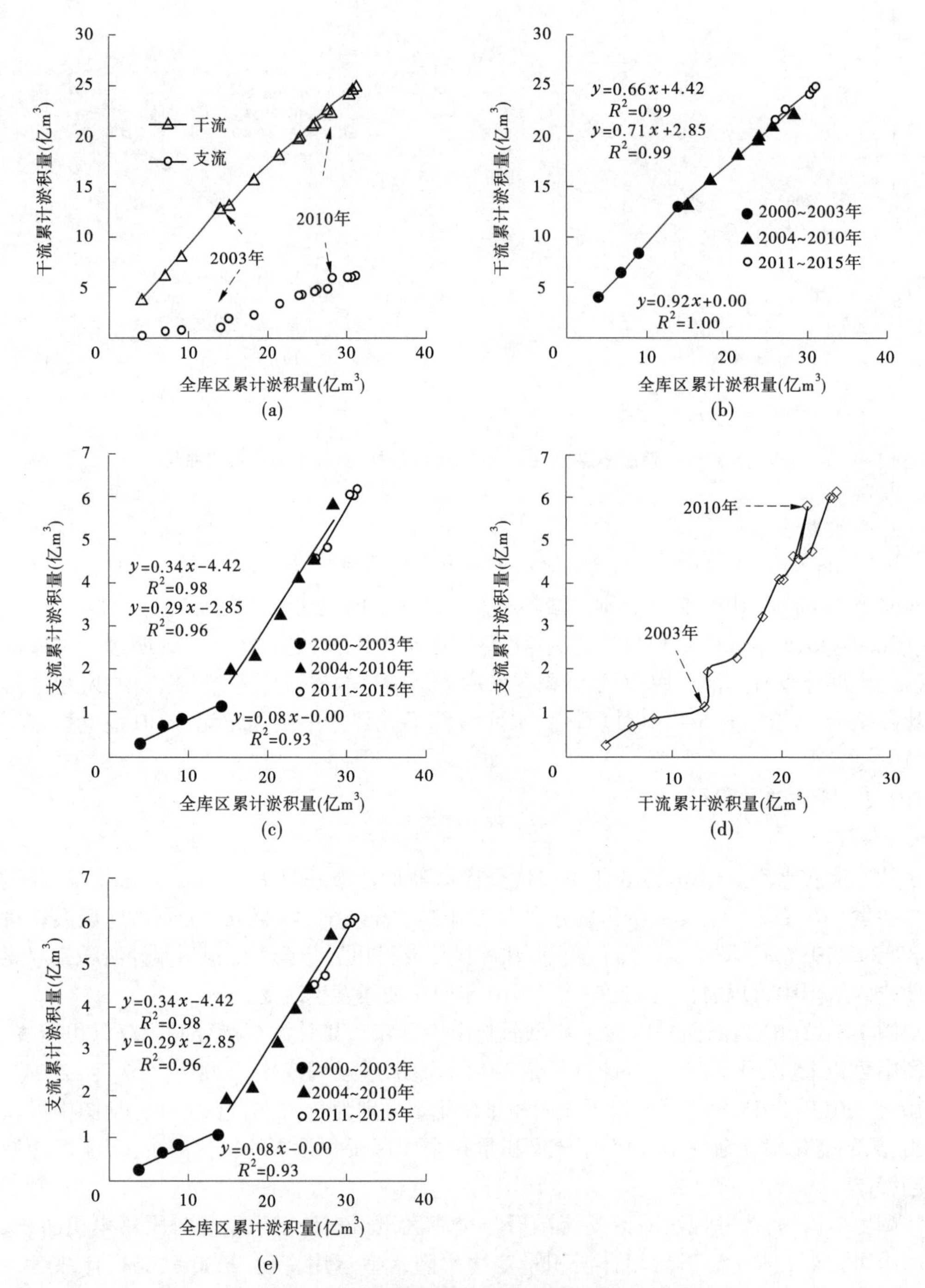

图 1-5-12　断面法库区干支流累积淤积量双累积曲线

段支流累积淤积量与干流累积淤积量变化率分别为 0.08、0.29、0.34，自 2010 年汛后，干支流累计淤积量变化率发生了较大改变，支流累计淤积量占全库区的比例增加。

2. 干支流淤积分布

图 1-5-13 为 1999 年 10 月至 2015 年 10 月年小浪底库区干、支流淤积量柱状图。至 2015 年 10 月,库区支流总淤积量约为 6.148 亿 m^3。支流泥沙主要淤积在库容较大的支流如畛水、石井、西阳河、东洋河、沇西河,口门临靠干流河槽的支流如芮村河、牛湾、大沟河,以及近坝段的支流如石门沟等。支流淤积主要为干流来沙倒灌所致,淤积集中在口门附近,口门向上游沿程减少(张俊华 等,2007a;李振连,2007;祁志峰 等,2011;胡跃斌 等,2014)。

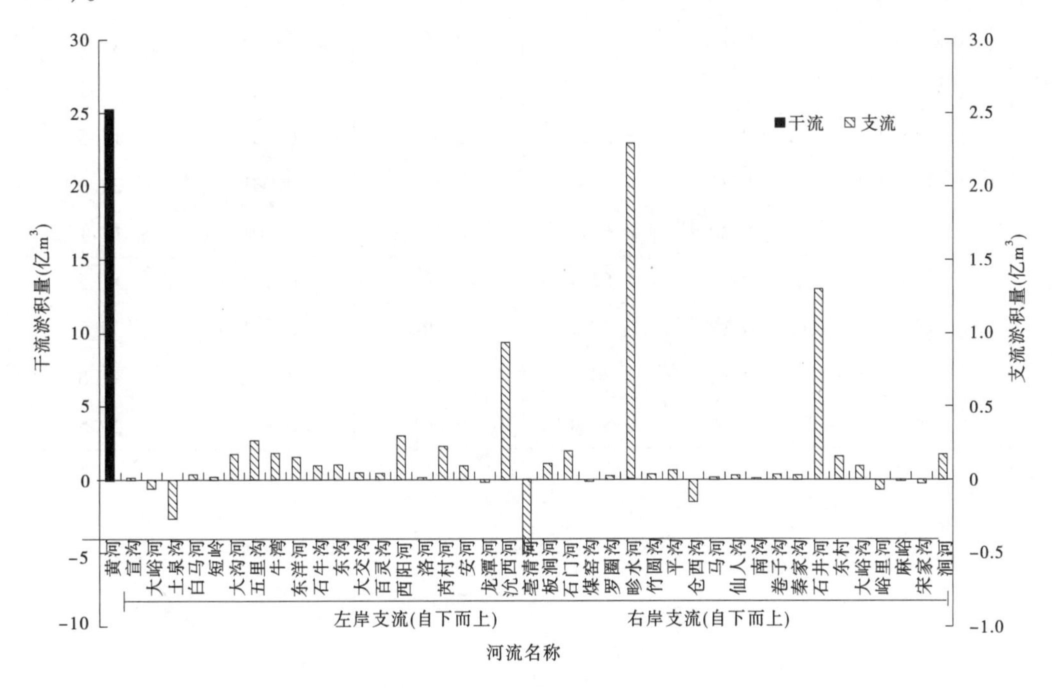

图 1-5-13　1999 年 10 月至 2015 年 10 月小浪底库区干、支流淤积量柱状图

表 1-5-6 为淤积量大于 0.1 亿 m^3 支流淤积量统计表。从表中可以看出,淤积量最大的为畛水支流,达 6.207 亿 m^3,淤积量占其原始库容比例为 35.1%,淤积量最小的为板涧河,淤积量占其原始库容比例为 17.1%;淤积量占其原始库容比例最高的为牛湾,比例为 49.5%,淤积量达 0.184 亿 m^3,淤积量占其原始库容比例最低的为石门沟,比例为 11.5%,淤积量达 0.193 亿 m^3。

图 1-5-14 为畛水与石井历年累计淤积量双累积曲线。从图 1-5-14(a)中可以看出,自 1999 年 10 月水库运用至 2015 年 10 月,畛水与石井累计淤积量为增加趋势,畛水淤积量增加较石井快,但在 2006 年、2010 年、2013 年之后出现了拐点,从图 1-5-14(b)中看出,2000~2006 年、2007~2009 年、2010~2013 年、2013~2015 年其曲线的斜率分别为 2.12、0.39、1.95、-0.55,表示畛水与石井淤积的对比情况,出现负值的原因是畛水在 2013 年 10 月淤积量较大,畛水支流河道较长,再加上拦门沙坎存在致使支流内部蓄水量大,浑水在口门发生分选,内部淤积泥沙粒度较细,沉降较多,而后续几年的淤积量小,在数值上产生了负值的情况。而石井河道长度较短,口门宽阔、无拦门沙坎,内部无蓄水,沟内淤积物

颗粒相对较粗,未发生较大沉降,后续淤积一直递增。

表 1-5-6　淤积量大于 0.1 亿 m³ 支流淤积量

支流		位置	1997 年 9 月库容(亿 m³)	2015 年 10 月库容(亿 m³)	淤积量(亿 m³)	淤积占原始库容比例(%)
左岸	大沟河	HH10—HH11	0.657	0.484	0.173	26.3
	五里沟	HH12—HH13	0.758	0.490	0.268	35.3
	牛湾	HH15	0.365	0.184	0.181	49.5
	东洋河	HH17—HH18	3.111	2.506	0.605	19.5
	西阳河	HH23—HH24	2.353	1.905	0.448	19.1
	芮村河	HH25—HH26	1.548	1.323	0.225	14.5
	沇西河	HH32—HH33	4.070	3.137	0.933	22.9
	板涧河	HH36—HH37	0.621	0.515	0.106	17.1
右岸	石门沟	大坝—HH1	1.673	1.480	0.193	11.5
	畛水	HH11—HH12	17.671	11.464	6.207	35.1
	石井	HH13—HH14	4.804	2.756	2.048	42.6
	涧河	HH35—HH36	0.832	0.661	0.171	20.5

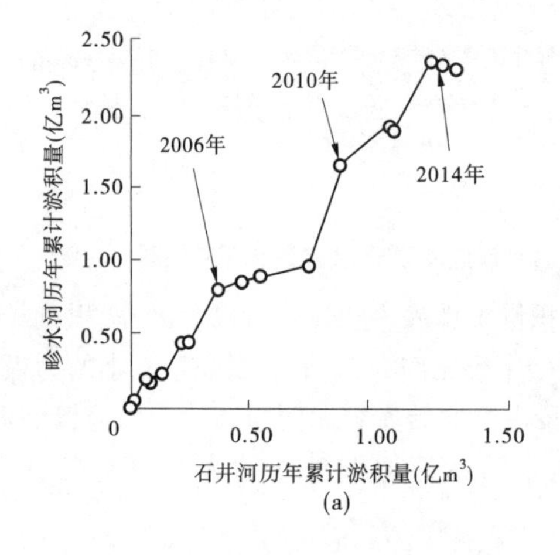

(a)

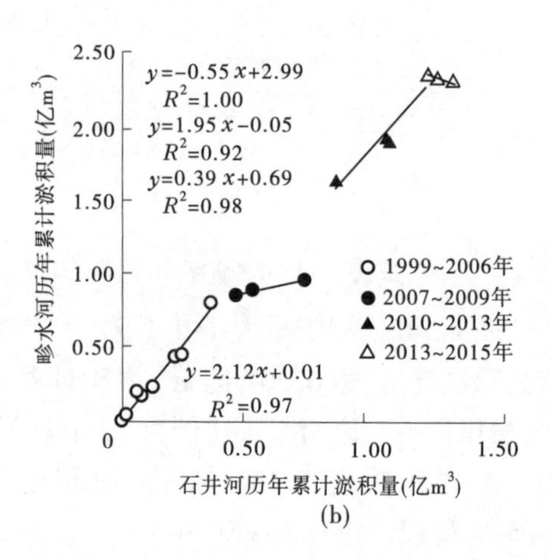

(b)

图 1-5-14　畛水与石井历年累计淤积量的对比

3. 分级高程区间淤积分布

水库淤积主要发生在 140~240 m 高程,最大淤积量发生在 210~215 m 约 3.605 亿 m³,见图 1-5-15。次大淤积量发生在 220~225 m 约 3.286 亿 m³,240 m 高程以上的河段表现为冲刷,最大冲刷量发生在 265~270 m 约-0.865 亿 m³,这可能是水库高边坡滑坡体坍塌等引起的库容增加,在数值上表现为“冲刷”。全库区表现为淤积。

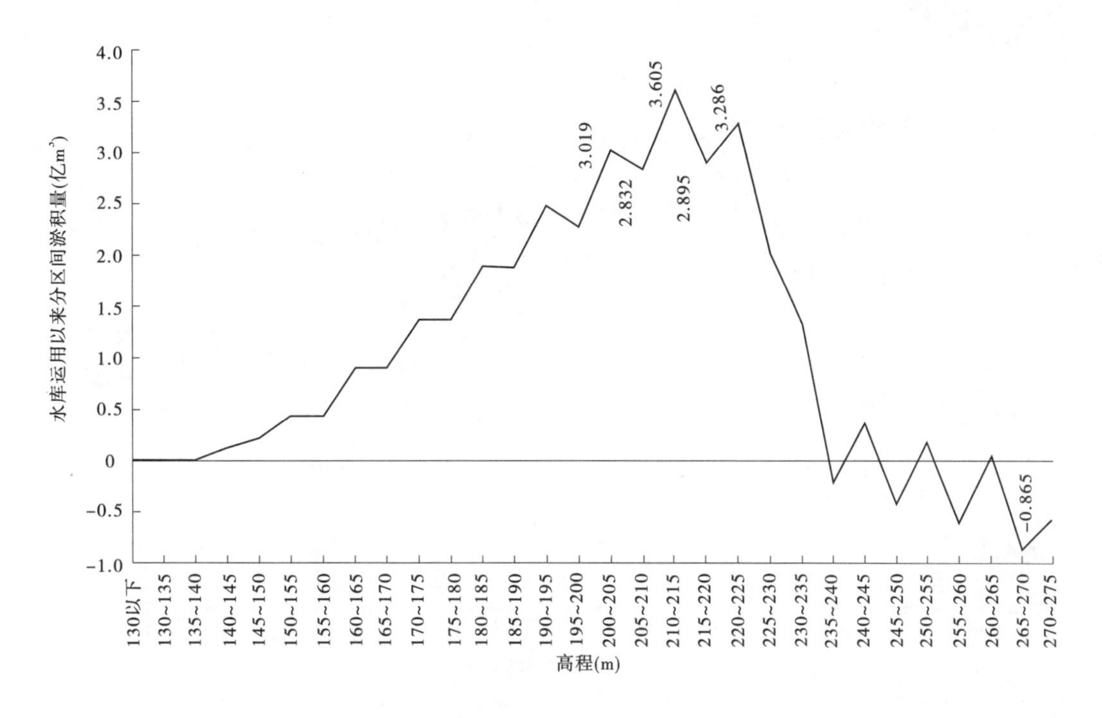

图 1-5-15　1999 年 10 月至 2015 年 10 月小浪底库区分级高程区间淤积量变化

5.1.3　干流纵向与横向淤积形态

5.1.3.1　纵向淤积形态

图 1-5-16 为 1999 年 10 月至 2015 年 10 月小浪底库区干流纵剖面。从图中可以看出,1999 年 10 月库底纵剖面为现状河道地形(张俊华 等,2011;马怀宝 等,2011;王婷 等,2013;夏润亮,2013),伴随水库蓄水拦沙,库区淤积体纵剖面以三角洲淤积的形式朝大坝发展。

表 1-5-7 为小浪底水库运用以来库区分段坡度变化统计表。2000 年汛后,水库拦沙造床作用,干流纵剖面可明显分为三角洲洲面段、前坡段与坝前淤积段,干流纵剖面由锥体转为三角洲(张俊华 等,2011;马怀宝 等,2011;王婷 等,2013;夏润亮,2013)。库区河床初始坡度为 10‱,2000 年三角洲顶坡段坡度为 2. 55‱,前坡段坡度为 18. 41‱,2007 年三角洲顶坡段坡度为 2. 77‱,前坡段坡度为 21. 45‱,2014 年汛后顶坡段坡度为 2. 25‱,前坡段坡度为 24. 15‱,2015 年顶坡段汛后 1. 35‱,前坡段坡度为 22. 9‱,除 2003 年汛后顶坡段 2. 62‱,前坡段坡度为 17. 11‱,顶坡段坡度变化不大,前坡段坡度有增加趋势。

2015 年 10 月,三角洲顶点位置由距坝里程 60 km 以上,下移至距坝里程 16. 39 km 的 HH11 断面,向坝前推移了接近 44 km,三角洲顶点位置高程为 222. 36 m。其中,2003 年三角洲顶点变化最为剧烈,这是因为 2003 年汛期来水来沙偏丰,坝前水位偏高,引起三角洲顶点自 2003 年汛前的距坝 48 km 迅速后退至 2003 年汛后的距坝约 72 km 的位置,后退了约 24 km。可以看出水库淤积的纵剖面受来水来沙影响较大,见图 1-5-17。

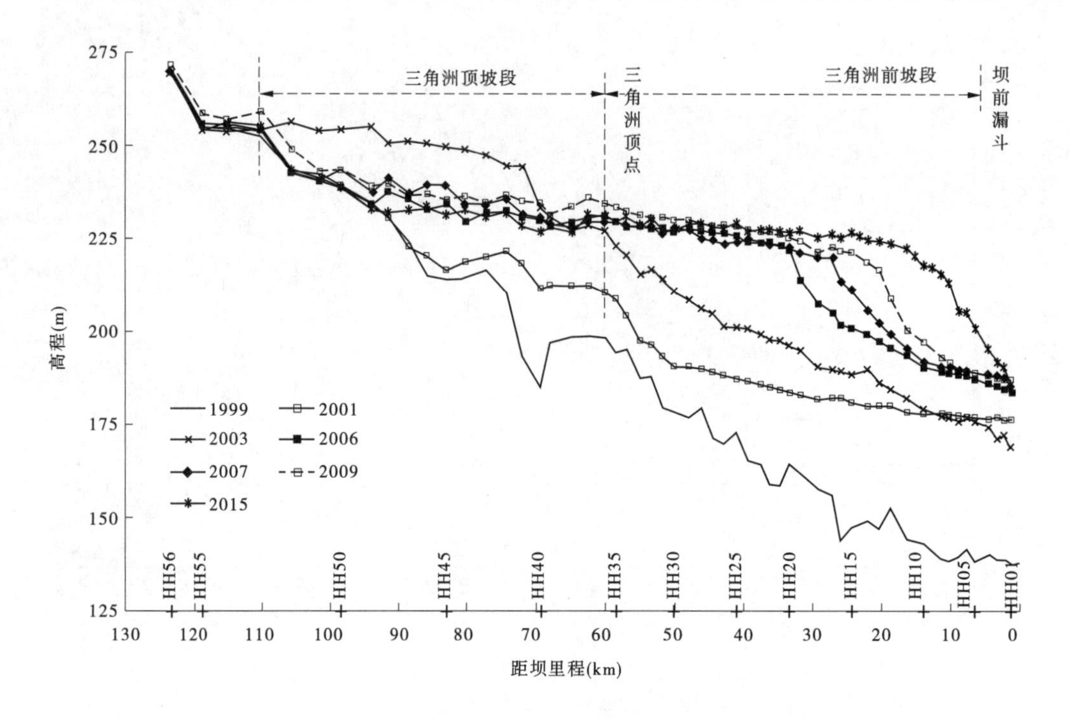

图 1-5-16　小浪底库区历年汛后干流纵剖面套绘(深泓点)

表 1-5-7　小浪底水库运用以来库区分段坡度变化

年份	三角洲顶点		三角洲前坡段		三角洲顶坡段	
	高程(m)	距坝里程(km)	坡度(‱)	距坝里程(km)	坡度(‱)	距坝里程(km)
2000	225.22	69.39	18.41	50.19~69.39	2.55	69.39~88.54
2001	221.53	74.38	12.83	50.19~74.38	-5.88	74.38~82.95
2002	207.68	48.00	16.42	39.49~48.00	1.12	48.00~74.38
2003	244.86	72.06	17.11	55.02~72.06	2.62	72.06~110.27
2004	217.39	44.53	25.29	39.49~44.53	1.07	44.53~88.54
2005	223.56	48.00	11.36	16.39~48.00	3.38	48.00~105.85
2006	221.87	33.48	16.24	13.99~33.48	2.05	33.48~96.93
2007	220.07	27.19	21.45	13.99~27.19	2.77	27.19~101.61
2008	220.25	24.43	45.69	20.39~24.43	2.50	24.43~93.96
2009	219.75	24.43	21.56	11.42~24.43	2.00	24.43~93.96
2010	213.89	16.39	19.01	8.96~18.75	2.52	18.75~101.61
2011	215.16	16.39	20.19	6.54~16.39	3.28	16.39~105.85
2012	210.66	10.32	31.66	4.55~10.32	3.30	10.32~93.96
2013	215.06	11.42	30.11	3.34~11.42	2.31	11.42~105.85
2014	222.71	16.39	24.15	2.37~16.39	2.25	16.39~105.85
2015	222.35	16.39	22.90	2.37~16.39	1.35	16.39~93.96

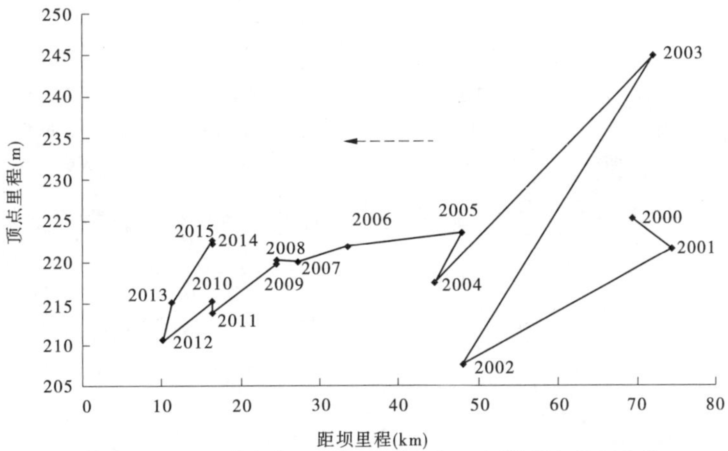

图 1-5-17　小浪底水库历年汛后干流三角洲顶点高程变化

5.1.3.2　干流横断面形态调整过程

河槽形态取决于水沙过程,长时期的小流量过程导致河槽逐步萎缩,历时较长的大流量过程则引起河槽下切展宽,河槽过水面积显著扩大。水库运用以来,大部分时段库区主槽位置相对固定。随着库区泥沙的淤积,横断面整体表现为同步淤积抬升趋势。

图 1-5-18(a)为典型年份 HH01 断面套绘图。HH01 断面距坝 1. 32 km,其横断面变化代表坝前淤积形态的变化,从 2000 年 10 月水库蓄水拦沙,坝前淤积速度加快,到 2002 年 10 月坝前淤积,深泓点高程由 159. 67 m 抬高到 174. 36 m,深泓点由居中摆动到偏右岸,之后全断面平行抬升,至 2006 年 10 月到 183. 51 m,至 2010 年 10 月到 188. 93 m;在 2011 年汛后在断面居中偏左岸出现梯形河槽,经过冲淤调整,至 2015 年汛后,其上底宽为 192 m(左起点距 1 226 m,高程 189. 52 m;右起点距 1 418 m,高程 189. 02 m),下底宽约为 99 m(左起点距 1 261 m,高程 186. 52 m;右起点距 1 360 m,高程 185. 32 m),河槽最大深度约 4. 0 m,左滩坡度为 8. 6%,右滩坡度为 9. 7%。

图 1-5-18(b)为典型年份 HH10 断面套绘图。HH10 断面距坝约 13. 99 km,位于支流畛水口门下游,其横断面形态的变化一定程度上代表了畛水口门干支流交汇处附近地形的变化,2007 年 10 月之前,断面基本为平行抬升,断面上沿横向略有起伏,部分年份出现深泓点,深泓点多偏右岸,在 2007 年 10 月之后,河道冲淤变幅增加,尤其是 2011 年、2012 年汛前、汛后相比,断面两侧出现低槽,中间出高滩,其中 2012 年的冲淤幅度大于 2011 年的。2012 年 10 月之后,断面形态仍表现为平行抬升。

图 1-5-18(c)为典型年份 HH18 断面套绘图。HH18 断面距坝 29. 35 km,位于较为顺直的、狭窄的八里胡同库段,一般水沙条件下为全断面过流,未能形成滩地,基本为全断面淤积抬升。在 2007 年 10 月之后,全断面发生冲刷,平均约 1. 5 m,在 2013 年 10 月之后,继续淤积平行抬升。

图 1-5-18(d)为典型年份 HH25 断面套绘图。HH25 断面距坝 41. 10 km,位于较为顺直的库段,基本为全断面淤积抬升,在 2006 年 10 月之后,断面发生冲刷,出现梯形河槽,其上底宽为 601 m(左起点距 208 m,高程 229. 61 m;右起点距 809 m,高程 229. 33 m),下底宽约为 189 m(左起点距 321 m,高程 223. 53 m;右起点距 510 m,高程 223. 13 m),河槽

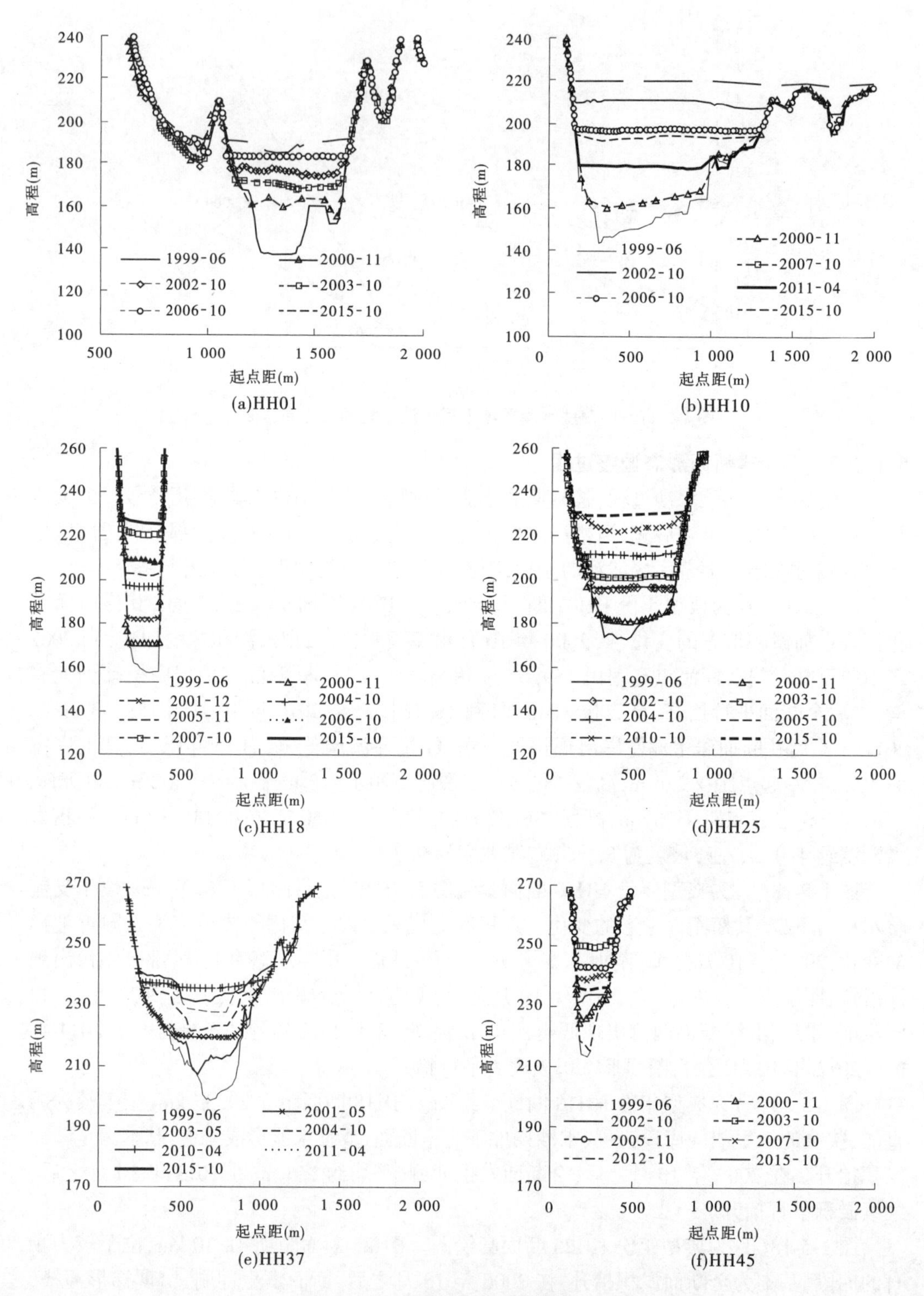

图 1-5-18　典型年份代表断面套绘图

深度最大深约为 6.2 m,左滩坡度为 5.4‰,右滩坡度为 2.1‰。在 2010 年 10 月之后,继续淤积平行抬升。

图 1-5-18(e)为典型年份 HH37 断面套绘图。HH37 断面距坝 62.49 km,位于峡谷出口库段,持续存在滩槽,冲淤变幅较大。在距坝 50.19~62.49 km 的 HH30—HH37 断面,往往是后汛期泥沙淤积的部位,在淤积过程中河槽被部分或全部掩埋,在翌年汛前降水过程中,河槽出现的位置受上下游河势的变化等因素,往往具有随机性。

图 1-5-18(f)为典型年份 HH45 断面套绘图。HH45 断面距坝 82.95 km,位于较为顺直的峡谷库段,基本为无滩槽,冲淤变幅最大。在 2003 年 10 月淤积最高,之后随着历年来水来沙的变化,全断面发生冲刷,在 2015 年 10 月之后,在左岸形成一宽 60 m、深 3 m 的三角形河槽。虽然河槽横向展宽受上下游山嘴的制约,但遇大流量时河槽在展宽与下切的同时得到大幅度的扩展。

5.1.4　支流纵向与横向淤积形态

小浪底库区支流除少量的推移质入库外,来水来沙量较少,与干流来水来沙相比可忽略不计,因此支流的淤积主要由干流来沙倒灌造成。支流倒灌淤积过程与自然地形边界(支流自然平面形态)、干支流相交处干流淤积情况(是否形成明显滩槽、滩槽高差大小,干流河槽与支流口门距离大小)、上游水沙过程(入库流量、入库含沙量大小和历时)、水库调度运用等影响因素关系非常密切(李涛 等,2008;张俊华 等,2016)。

图 1-5-19(a)、(b)分别为典型支流畛水、石井典型年份深泓点纵剖面图。从图中可以看出,支流与干流自然相连,支流口门淤积厚度随干流淤积的增加而增加,支流淤积情况与口门处干流挟沙水流的形态关系密切。当干支流相交处处于干流三角洲顶点以下,干流往往为发生异重流进入支流的现象,同时支流口门淤积为平行抬升,由于存在泥沙的沿程淤积分选,支流河道沿水流流向形成较大坡降。当干流处于三角洲面时,河道内塑造出明显的滩槽,支流成为干流滩地的一部分。干流浑水以明流流态倒灌进入支流,也发生

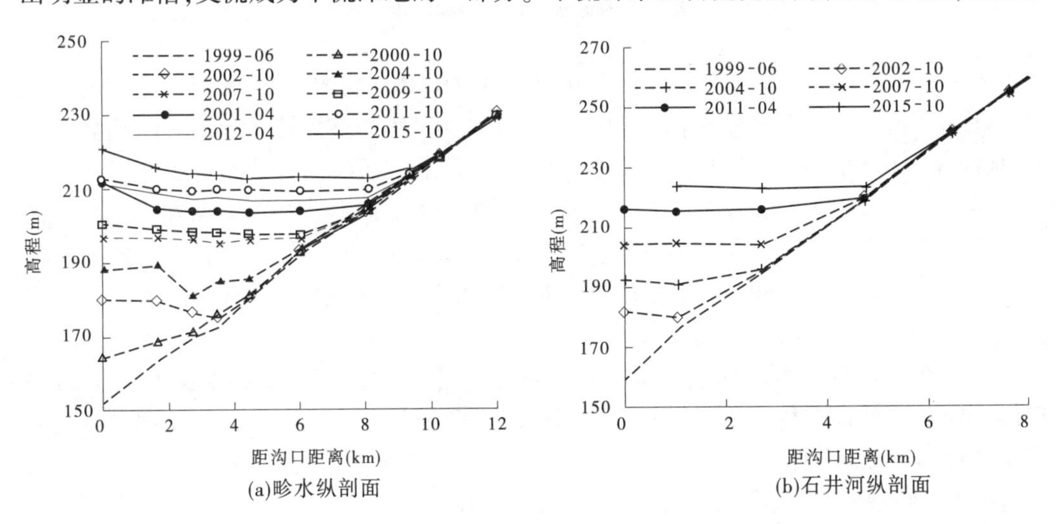

(a)畛水纵剖面　(b)石井河纵剖面

图 1-5-19　典型支流历年汛后深泓点纵剖面套绘图

沿程落淤,结果是支流口门形成淤积较厚,口门以上淤积厚度沿程减少(李涛 等,2008;蒋思奇 等,2012;张俊华 等,2016)。

图 1-5-20(a)、(b)分别为支流畛水 ZSH01、ZSH07 典型年份横断面图。可以看出,支流畛水横断面淤积形态大多是平行抬升。畛水的淤积随着干流同步抬升,其淤积是从口门自下而上逆向淤积,距离口门越近,淤积越多,淤积泥沙颗粒越粗。如图 1-5-20(b)支流畛水典型年份 ZSH07 横断面套绘图中,2010 年 10 月之前,在此断面淤积较少,而在 2010 年 10 月之后,该断面淤积增加迅速,可以从 2011 年 4 月与 2011 年 10 月、2011 年 10 月与 2012 年 10 月地形的对比看出,随着支流畛水口门断面的淤积厚度的增加,支流畛水内外高差增大,比降增大,支流畛水口门以内淤积量增加,支流畛水口门以内淤积量占支流畛水总淤积的比例增大。从这个角度来说,一定程度上,支流口门淤积的形成对支流拦沙库容的利用是有利的。

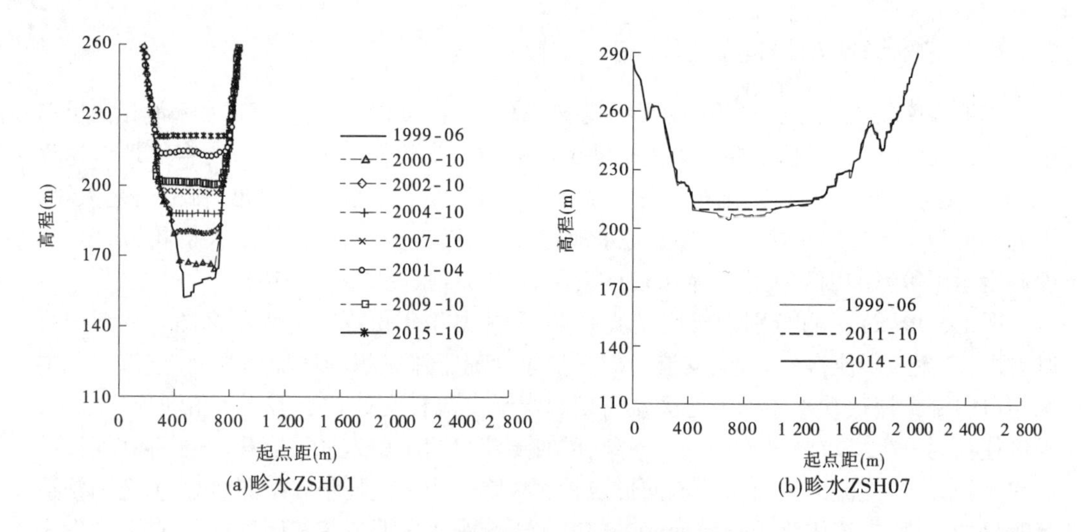

图 1-5-20　支流畛水典型年份横断面套绘图

图 1-5-21(a)、(b)分别为典型年份支流石井 SJH01、SJH02 横断面套绘图。可以看出,水库运用后,横断面石井 SJH01、SJH02 1999~2015 年一直保持平行抬升的趋势。其中,横断面石井 SJH01 在 2011 年汛前停止测验,这是由于横断面石井 SJH01 位于石井口门,石井口门宽阔,由于 2012 年之后库区干流三角洲顶点推过石井口门后,在水流泥沙作用下形成了新的河势,与上游右岸边滩连为一体,逐渐形成为干流滩面的一部分,支流石井则成为该河段干流滩面的延伸。石井 SJH01 断面变为干流滩面的一部分,后续不再测验,后期选择石井 SJH02 断面作为口门断面分析。

畛水口门 ZS01 横断面随着淤积抬升其河宽也逐步展宽,变化统计见表 1-5-8。石井口门 SJH02 横断面随着淤积抬升其河宽也逐步展宽,变化统计见表 1-5-9。从两个口门河底宽度对比来看,石井口门河底宽度大于畛水口门,其内部河底宽度却小于畛水内部河底宽度很多,这也是两支流淤积形态不同的重要原因。

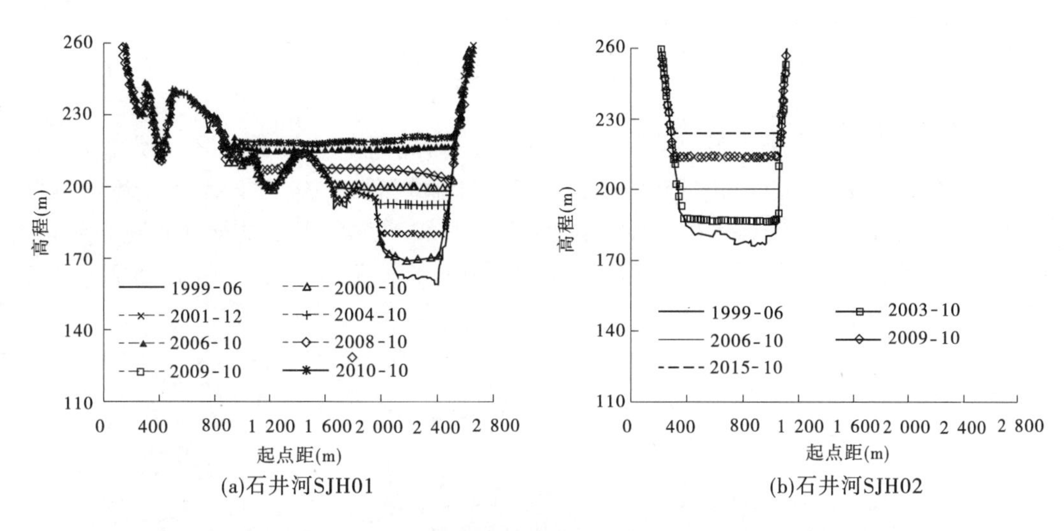

(a)石井河SJH01　(b)石井河SJH02

图 1-5-21　支流石井典型年份横断面套绘图

表 1-5-8　畛水 ZS01 横断面河底宽度变化统计　(单位:m)

年份	左起点距	右起点距	高程	河底宽度	年份	左起点距	右起点距	高程	河底宽度
1999	433	721	160.8	288	2007	310	745	188.4	435
2000	440	690	167.4	250	2009	298	745	210.6	447
2002	400	740	179.8	340	2011	281	799	214.4	518
2004	365	740	188.4	375	2015	263	804	221.3	541

表 1-5-9　石井口门 SJH02 横断面河底宽度变化统计　(单位:m)

SJH01					SJH02				
年份	左起点距	右起点距	高程	河底宽度	年份	左起点距	右起点距	高程	河底宽度
1999	2 186	2 401	162.1	215	1 999	418	1 031	176.9	613
2000	2 050	2 410	169.3	360	2 003	396	1 049	186.7	653
2001	2 019	2 438	180.3	419	2 006	369	1 054	200.4	685
2004	2 008	2 480	192.5	472	2 009	297	1 061	213.9	764
2006	1 636	2 484	199.4	848	2 015	288	1 065	223.7	777
2008	1 582	2 500	206.5	918					
2009	945	2 524	216.4	1 579					
2010	920	2 525	218.5	1 605					

5.2 官厅水库运用及淤积分析

官厅水库位于永定河上游,北京西北约 80 km 处的永定河上游的怀来、延庆盆地,水库跨河北省的怀来县和北京市的延庆县。水库控制流域面积 4.34 万 km^2,占全流域面积的 93%。官厅水库于 1951 年 10 月动工,1954 年 5 月竣工,先后经过了 4 次扩建和加固,1989 年大坝加高后总库容已达 41.6 亿 m^3。官厅水库控制流域示意图见图 1-5-22(程卫华,2012;北京市水务局,2004)。

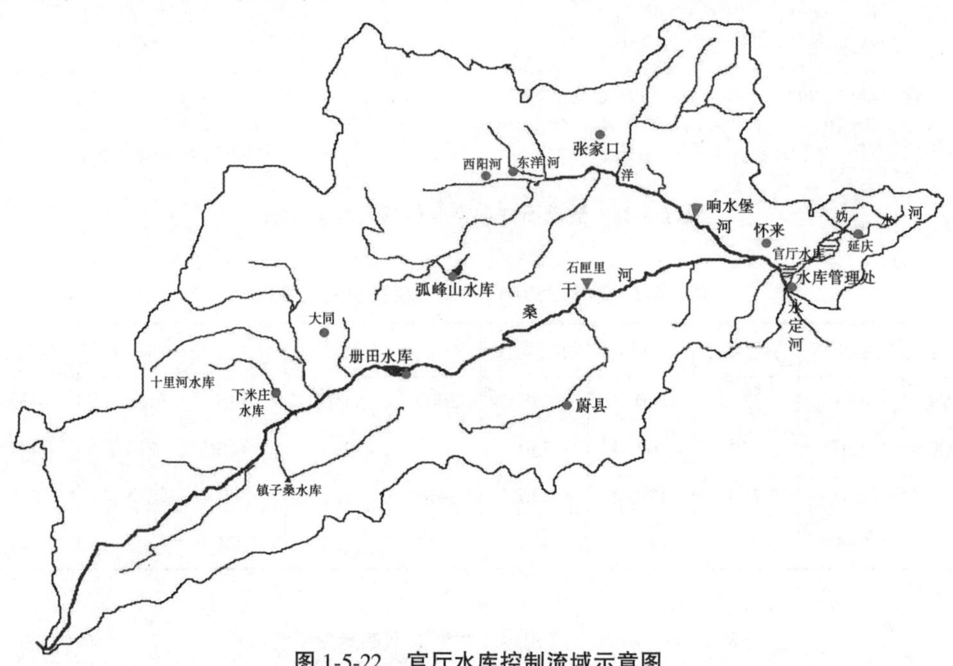

图 1-5-22 官厅水库控制流域示意图

官厅水库以上流域主要有三条支流:洋河、桑干河和妫水河,其中洋河流域面积为 1.67 万 km^2、桑干河流域面积为 2.58 万 km^2,这两条支流占官厅水库上游流域面积的 91%,是主要的产水产沙来源区,妫水河流域面积为 0.085 万 km^2,是水库主要的蓄水区域。

工程的主要目标是防洪、供水、发电、灌溉。工程建筑物包括土坝、溢洪道、泄洪洞及发电引水隧洞等,1986 年工程改建加高大坝 7 m,工程主要技术指标如表 1-5-10 所示。

官厅水库平面形态及测验断面布设如图 1-5-23 所示。官厅水库设计总库容 22.7 亿 m^3,其中干流永定河库区 9.8 亿 m^3,占 43%;支流妫水河库区 12.9 亿 m^3,占 57%。干流来水量约占水库总来水量的 95%,库区沙量基本全部来自干流。支流妫水河的淤积主要是干流倒灌。

5.2.1 入出库水沙条件与水库调度

5.2.1.1 入出库水沙过程

由于妫水河来水来沙较少,其入库水沙基本可以忽略,因此本书将官厅水库入库站分别按桑干河石匣里水文站和洋河响水堡水文站计算(程卫华 等,2012;刘淑红 等,2013;

潘欣 等,2015),二者之和为官厅水库入库。出库站为官厅站,于 1924 年设站,1950 年以前实测年水量、沙量均采用天津水利勘测设计院 1980 年《永定河官厅以上年径流年输沙量分析》报告中修改后的成果,1951 年后的资料出自水文年鉴(胡春宏 等,2004a;刘世海 等,2007;刘淑红 等,2013)。结果如图 1-5-24 所示。

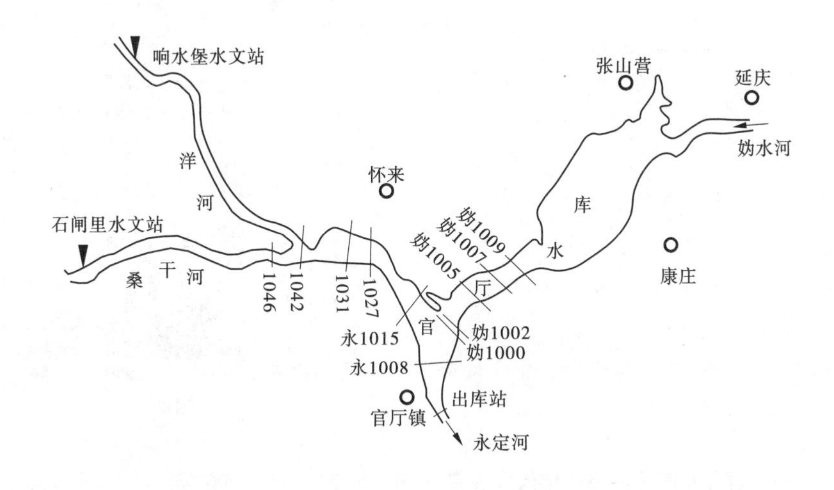

图 1-5-23　官厅水库库区平面图及测验断面布置

表 1-5-10　官厅水库工程特性

项目	改建前	改建后	项目	改建前	改建后
坝顶高程(m)	485.27	492.0	最高蓄水位(m)	479.0	479.0
坝高(m)	45	52	死水位(m)	471.47	
坝顶长度(m)	290	423	总库容(亿 m^3)	22.70	41.60
设计百年一遇洪水(m^3/s)		7 020	防洪库容(亿 m^3)	10.7	29.9
设计千年一遇洪水(m^3/s)	8 800	11 460	兴利库容(亿 m^3)	6.0	2.5
校核洪水(m^3/s)		18 000	死库容(亿 m^3)	6.0	
设计洪水位(m)	483.07	484.84	溢洪道泄洪量(m^3/s)	2 960	6 000
校核洪水位(m)		490.0	泄洪洞泄洪量(m^3/s)	560	560
汛限水位(m)	477.77	476			

20 世纪 20 年代年均径流量为 11.44 亿 m^3,输沙量为 5 802 万 t;30 年代年均径流量为 12.38 亿 m^3,输沙量为 7 614 万 t;40 年代年均径流量为 14.98 亿 m^3,输沙量为 6 755 万 t;50 年代年均径流量为 20.09 亿 m^3,输沙量为 8 563.17 万 t;60 年代年均径流量为 13.02 亿 m^3,输沙量为 3 756.40 万 t;70 年代年均径流量为 8.32 亿 m^3,输沙量为 1 882.10 万 t;80 年代年均径流量为 4.45 亿 m^3,输沙量为 880.95 万 t;90 年代年均径流量为 3.32 亿 m^3,输沙量为 272.11 万 t(王洪彬 等,2002;胡春宏 等,2004a,2004b;刘世海 等,2004,2007;刘淑红 等,2013)。从 20 年代至 90 年代期间,50 年代的年均径流量和输

沙量最大,60 年代以后开始下降,特别是 90 年代下降的更多,90 年代的年均径流量仅是 50 年代的 16.43%,输沙量仅是 50 年代的 3.18%。从 20 年代至 90 年代,官厅站径流量、输沙量呈抛物线变化趋势,其中 50 年代的径流量、输沙量分别是峰顶(刘世海 等,200,2008;刘淑红 等,2013)。图 1-5-25 为官厅水库年入、出库水沙量图。

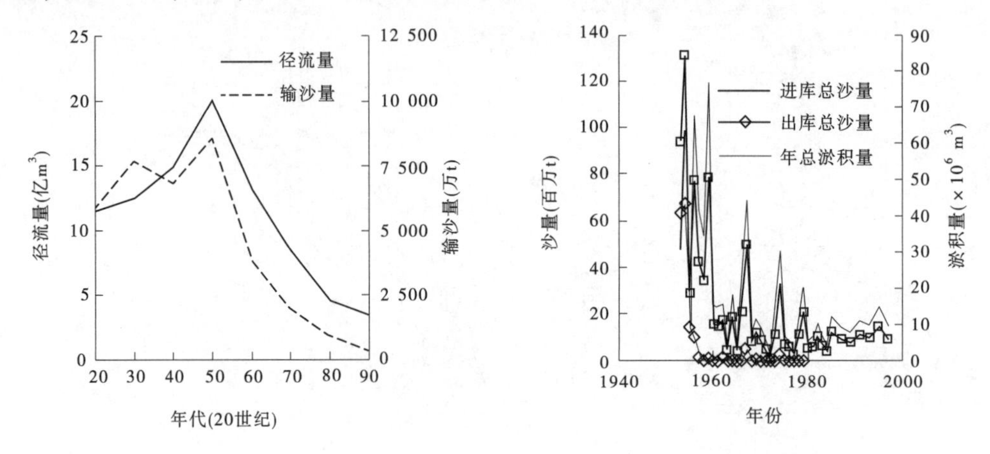

图 1-5-24　官厅水库流域不同年代水沙量　图 1-5-25　1953~2000 年官厅水库年入库水沙量

图 1-5-25 中入库水量大的年份入库沙量也大,大水大沙年有 1954 年、1956 年、1959 年、1967 年和 1979 年,尤其是自 1957 年之后出库沙量大幅减小,与入库沙量相比基本可以忽略。建库至 2000 年多年平均入库径流量为 9.15 亿 m^3,至 2010 年多年平均入库径流量为 7.42 亿 m^3,最大年径流量为 1959 年,达 25.5 亿 m^3,最小年径流量为 2009 年,仅 0.22 亿 m^3(刘淑红,2013;北京市河流泥沙公报,2014)。

5.2.1.2　**水库调度**

官厅水库长期以来一直处于蓄水运用状态,如表 1-5-11、表 1-5-12 所示,一般汛期水位较低,汛后水位抬高。在 20 世纪 80 年代,由于入库水量减少,水库运用水位有所降低,如 1985 年汛期最低运用水位约为 472.25 m(见图 1-5-26~图 1-5-28)。

表 1-5-11　官厅水库不同阶段运用方式

项目	1953-06~ 1955-10	1955-11~ 1974-05	1974-06~ 1980-05	1980-06~ 1990-05	1990-06~ 1997-06
运用方式	拦洪运用期	蓄水运用期	蓄水运用期	蓄水运用期	蓄水运用期
汛期平均水位(m)	456.06	473.50	473.76	473.66	475.27
汛期最高水位(m)	466.16	478.62	478.83	475.94	478.50

随着 20 世纪 80 年代永定河两岸工农业的不断发展,特别是 90 年代北京工业发展迅速,城市用水量大幅度增加(刘淑红,2013;北京市河流泥沙公报,2014),为了缓解用水供需的矛盾,90 年代运行水位比 80 年代有所抬高,汛期平均运用水位升至 475.27 m,汛前最高运用水位曾达 478.5 m。

表 1-5-12　1953~1980 年官厅水库库水位统计　（单位:m）

年份	年平均水位	最高水位	最高水位日期	最低水位	最低水位日期
1953	448.14	464.04	8月27日	443.72	8月11日
1954	452.85	466.14	8月27日	444.68	12月2日
1955	461.98	473.02	12月31日	445.47	7月3日
1956	475.99	478.11	10月10日	473.03	1月1日
1957	476.61	477.98	4月20日	474.75	8月11日
1958	475.02	477.17	4月3日	471.18	7月10日
1959	477.03	478.62	8月23日	474.8	7月16日
1960	473.83	477.62	1月2日	469.47	9月23日
1961	474.17	476.36	12月15日	471.23	7月22日
1962	474.14	477.59	4月12日	470.84	9月28日
1963	471.70	473.42	3月19日	468.42	8月6日
1964	475.26	477.32	9月23日	472.23	1月1日
1965	473.33	477.20	4月7日	469.29	11月21日
1966	472.07	474.73	11月8日	469.20	7月12日
1967	475.81	478.46	9月1日	472.77	7月21日
1968	475.39	477.76	4月6日	472.88	9月17日
1969	475.75	477.06	3月31日	473.03	7月28日
1970	475.46	478.42	4月13日	472.98	12月5日
1971	473.11	475.43	4月11日	471.61	8月22日
1972	471.71	474.84	4月7日	469.49	11月30日
1973	472.86	476.38	12月20日	469.71	1月1日
1974	476.26	477.35	8月25日	472.94	7月11日
1975	473.79	477.19	3月28日	470.75	11月27日
1976	472.37	475.15	11月8日	469.56	7月8日
1977	473.86	475.56	4月3日	472.50	7月26日
1978	473.94	476.54	12月31日	470.24	8月18日
1979	477.27	478.02	5月3日	475.91	7月18日
1980	475.86	478.83	3月31日	472.64	8月29日

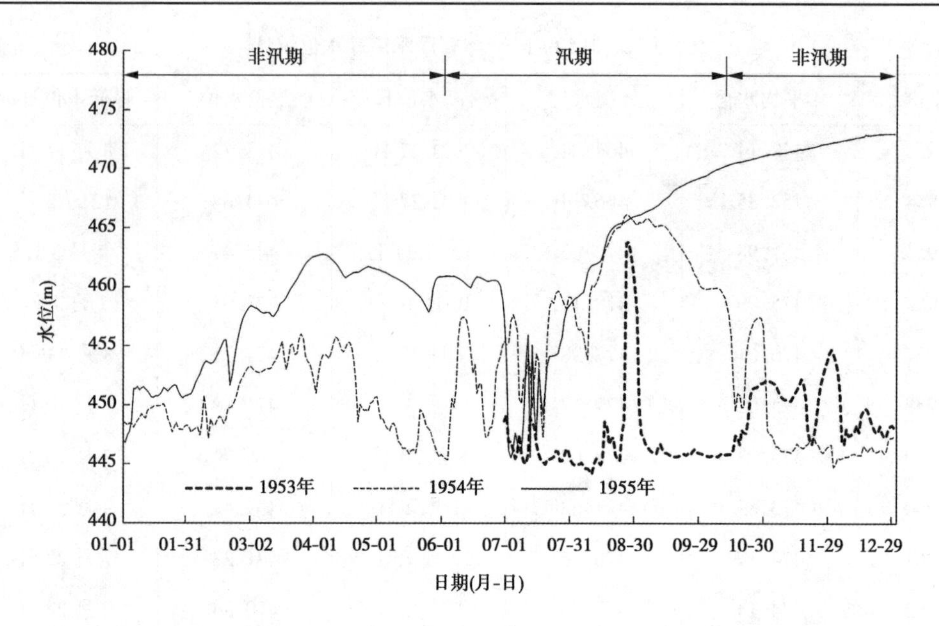

图 1-5-26　官厅水库拦洪运用期(1953~1955 年)坝前水位变化过程

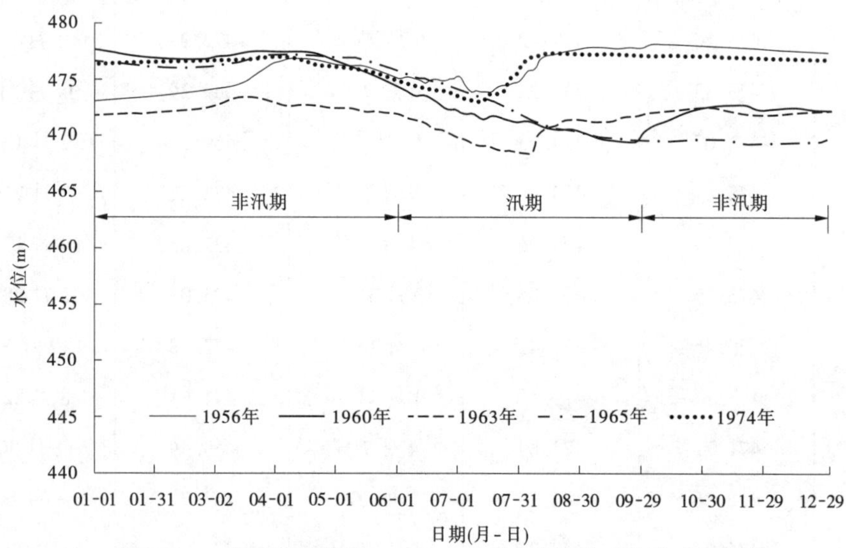

图 1-5-27　蓄水运用前期(1956~1974 年)官厅水库坝前水位变化

5.2.2　库区淤积过程及分布

至 2014 年底,官厅水库泥沙淤积总量约为 6.56 亿 m^3,占大坝改建后总库容的 15.8%,其中 91.5%淤积在永定河库区,永定河库区的调节库容大幅度减少,使水库防洪能力降低。泥沙淤积主要集中在水库建成初期,其中 1953~1959 年淤积约 3.43 亿 m^3,占淤积总量的 52%;1960~1969 年淤积约 1.42 亿 m^3,占淤积总量的 22%。表 1-5-13 给出了水库运用以来各年代库区淤积情况。官厅水库泥沙淤积过程见图 1-5-29。

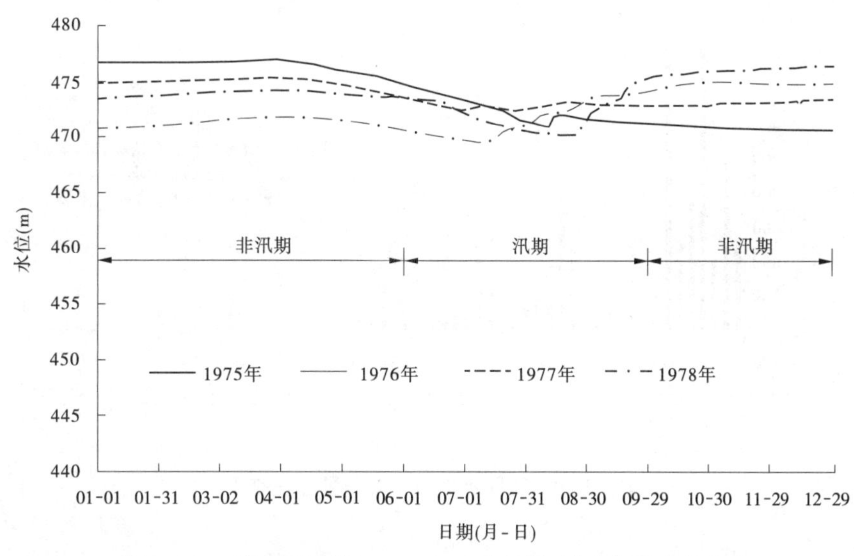

图 1-5-28　蓄水运用期(1975~1978 年)官厅水库坝前水位变化

图 1-5-30 为官厅水库不同区域泥沙淤积分布,由此可见,永 1008—永 1010+1 内泥沙淤积最多,1953~1997 年共淤积 3.302 亿 m^3,占总淤积量的 50.75%(刘世海 等,2007;陈月平,2008),淤积量最少的为妫水河库区,占总淤积量的 8.5%。由于来水来沙不断减少,永 1022+1 以上河段泥沙淤积的比例有增加的趋势,永 1008—永 1010+1 泥沙淤积的比例有减少的趋势。1980 年以前,妫水河库区泥沙淤积主要是大水大沙年异重流潜入引起的,约占总淤积量的 10%,妫水河库区泥沙淤积所占比例大幅度增加至 30%~40%。

表 1-5-13　水库平均实测淤积量统计

年份	入库沙量(亿 t)	淤积量(亿 m^3)	排沙比(%)
1953~1959	4.929	3.427 6	30.46
1960~1969	1.633	1.416 5	13.26
1970~1979	1.077	0.812 0	24.61
1980~1989	0.407	0.538 9	0.00
1990~1999	0.307	0.268 5	12.54
2000~2014	—	0.093 4	—
合计	—	6.556 9	—

注:485 m 高程以下。

这是由于随着三角洲向下游推进,并随着水沙条件、主流河势和水库运行水位的变化而上提下挫或左右摆动。受入库水沙条件、水库调度,以及淤积地形调整的影响,干流河势在干流永定河与支流妫水河交汇区不断摆动(王延贵 等,2003),见图 1-5-31。

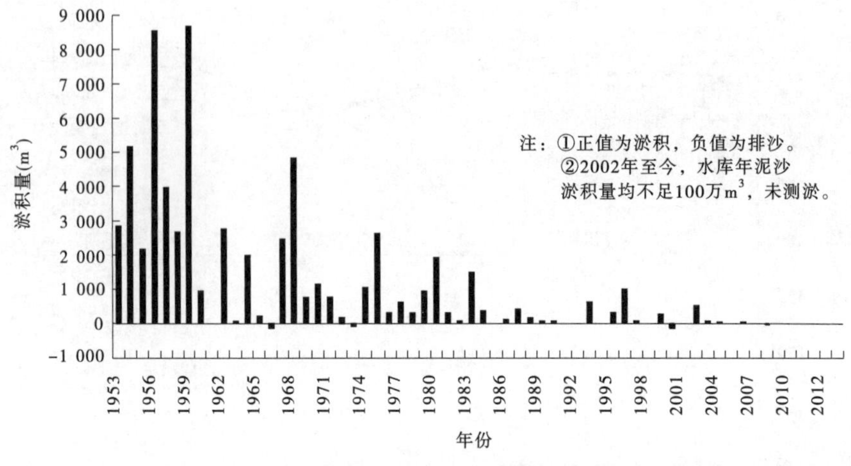

图 1-5-29　官厅水库历年淤积量过程变化

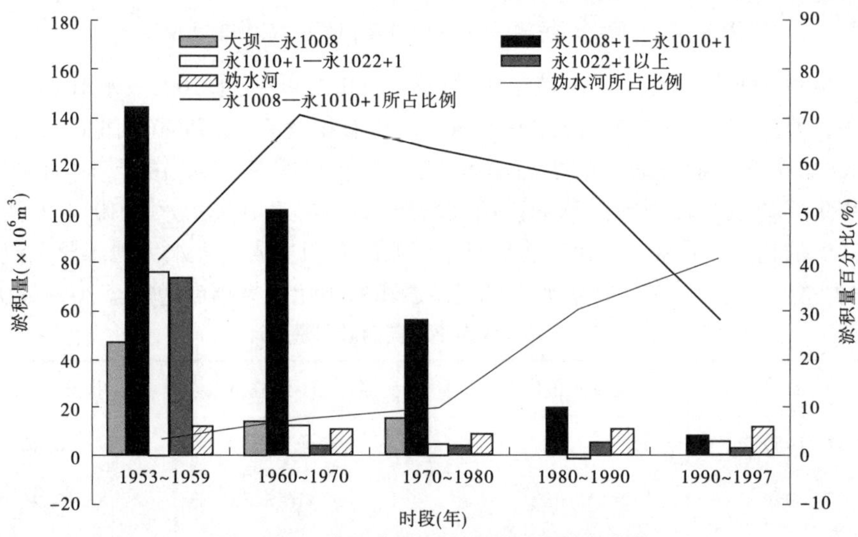

图 1-5-30　官厅水库不同区域泥沙淤积分布

水库运用初期至 1960 年 10 月，主流居中入汇库区。1966 年 5 月、1972 年 6 月、1977 年 6 月，河势摆向右岸，1997 年 6 月，主流摆向左岸妫水口门，可以看出，随着水库的运用及泥沙的淤积，河槽左移，泥沙大量淤积在妫水河口门附近，拦门沙基本形成（沈金山 等，1983；吴华林 等，2002；胡春宏 等，2006）。

1980 年以前，永定河三角洲前坡脚和主流位置位于右岸，拦门沙位于水库永 1008 断面和永 1009 断面之间的右岸。1981 年以后，永定河三角洲及主流摆至左岸，靠近妫水河口门，拦门沙顶位置向上游移至妫 1002 断面附近。

官厅水库尚余存约 16.2 亿 m³ 库容中约有 75%在妫水河库区（以改建前设计值估计）。官厅水库向首都供水的任务主要是依靠妫水河库区的调节库容，但由于距坝大约 8.0 km 的妫水口门拦门沙逐年淤积，其高程已从 20 世纪 80 年代中期的 469 m 淤高至 1995 年汛前的 474 m，造成拦门沙大规模淤堵妫水口门（李善征，1985；张燕菁，2003；张俊

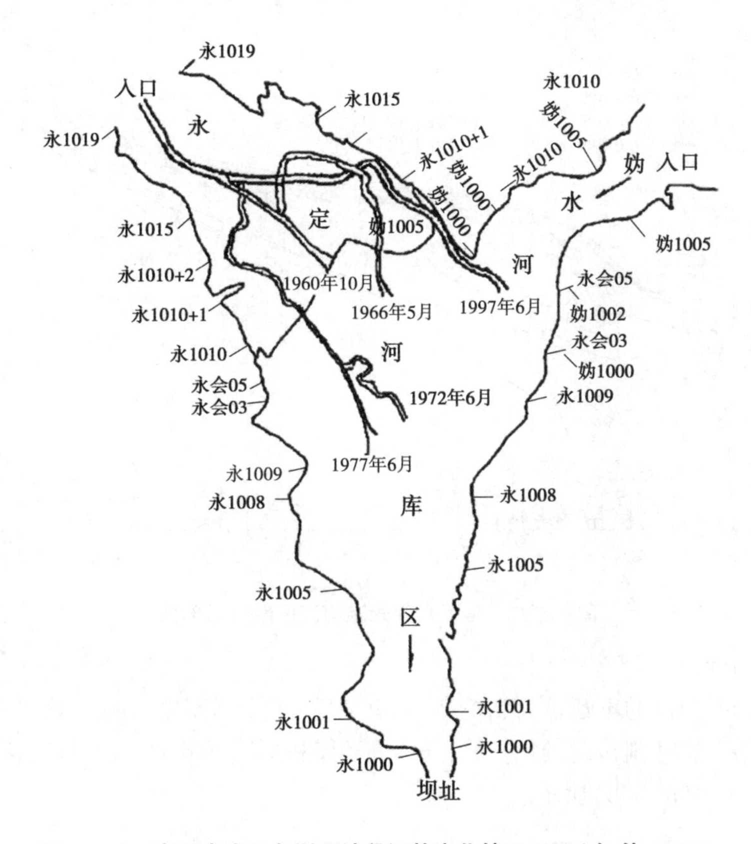

图 1-5-31　官厅水库三角洲顶坡段河势变化情况(王延贵 等,2003)

华 等,2016),使妫水河拦门沙以下库容增至 2.6 亿 m^3,大大降低了妫水河库容的调节能力,水库的防洪、供水等效益都受到严重影响。

5.2.3　干流纵向与横向淤积形态

官厅水库属于典型的三角洲淤积形态,在三角洲上泥沙淤积主要分 4 段,即异重流坝前段(永 1008 断面以下、妫 1002 断面以上)、前坡段(永 1008—永 1010、妫 1002 断面间)、顶坡段(永 1010—永 1039+1 断面间)和尾坡段(永 1039+1 断面以上)(胡春宏 等,2003)。

图 1-5-32 为官厅水库永定河库区淤积纵剖面变化。从淤积看出,前坡段和顶坡段的淤积最大,坝前段和妫水河库段是异重流产生的。洋河整治工程对水库末端淤积发展的进一步影响了水库的淤积分布(冯伶亲,1998)。

洋河自下花园弯道以下原行洪河道宽度 1 000~2 000 m,与桑干河相汇后进入库区,汇流区宽度大约 3 000 m。1975~1979 年在河北省张家口地区的统一规划下,对洋河自上而下进行整治,将河道束窄至 400~500 m,河道直接进入水库末端永 1042 与 1039+1 断面之间。工程于 1979 年夏(丰水丰沙年份)竣工。河道整治引起“束水攻沙”,结果将洋河冲刷下移的大量推移质泥沙输送到水库末端,洋河汇流后过水断面突然加宽,水流散乱,流速减小,水流挟沙能力大幅降低,使得推移质泥沙在水库末端附近大量堆积,并形成明

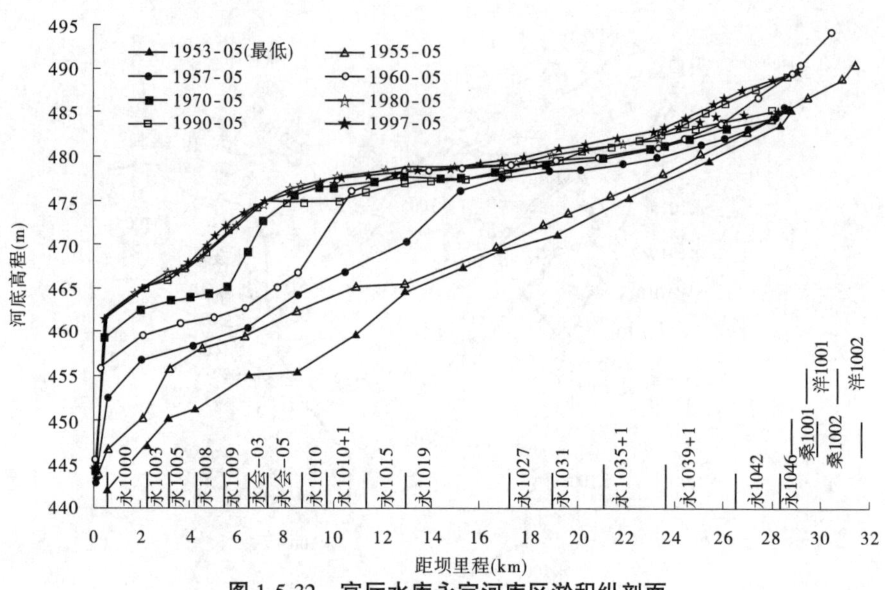

图 1-5-32　官厅水库永定河库区淤积纵剖面

显的口门拦门沙。

随着口门拦门沙的不断扩大和抬高，对束窄后的洋河正常输水输沙产生壅水影响，导致洋河由整治前的冲刷转向淤积发展，并以溯源淤积形式不断向上游发展，逐步形成地上悬河，如图 1-5-33(a)、(b)所示。

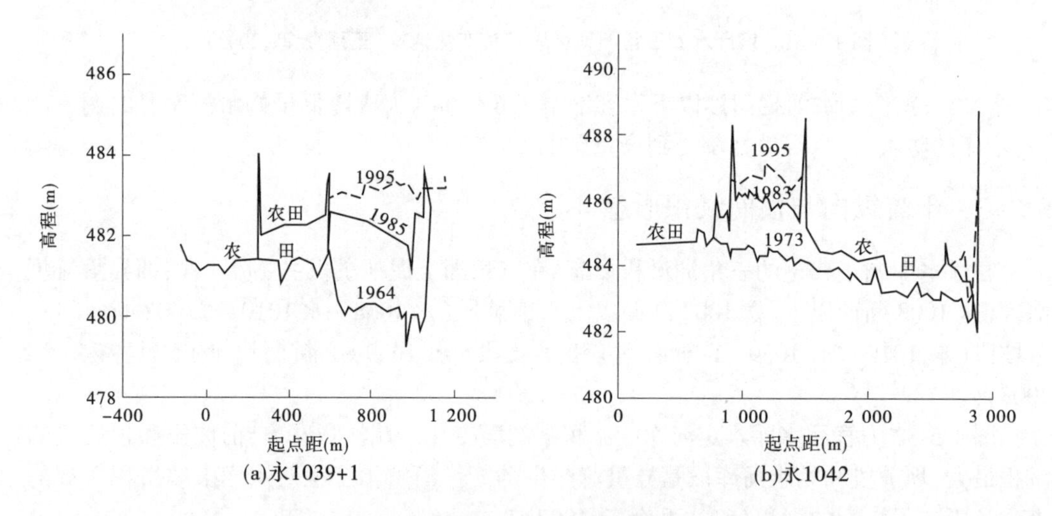

图 1-5-33　永定河两支流汇流断面处断面冲淤变化

1980 年之后，由于官厅水库上游中小型水库大量兴建，入库沙量大幅度减少，1980～1997 年，纵剖面变化不大，1997 年顶点前移至妫 1000—妫 1002 断面，1997～2014 年纵剖面无变化。

由1953年、1970年、1980年和1999年断面图来分析,可知在永1008断面,1953~1970年库底平均高程升高8.62 m,主槽基本为均匀淤积,且已形成较为平坦的库底,而1980~1999年淤积不大,成平稳趋势,见图1-5-34(a)。在永1015断面,从1953年至1980年库底平均高程升高8.92 m,主槽基本为均匀淤积,也已形成平坦的库底,以后几年冲淤变幅不明显,见图1-5-34(b)。

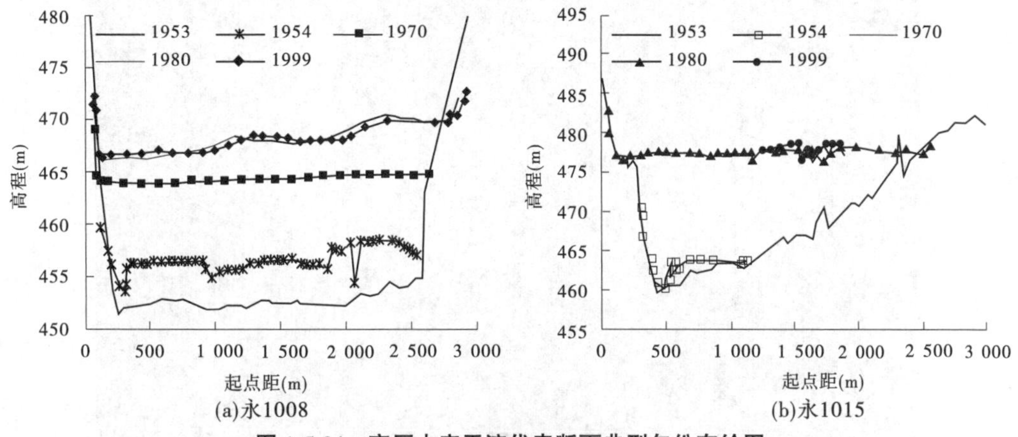

图1-5-34　官厅水库干流代表断面典型年份套绘图

5.2.4　支流纵向与横向淤积形态

图1-5-35~图1-5-37给出了官厅水库支流妫水口门拦门沙位置及拦门沙高程变化情况。拦门沙的存在将干支流库区割裂开来,导致永定河库区与妫水河库区水力联系丧失。1953~1955年为水库运用初期,水库处于拦洪运用阶段,由于壅水形成的回水范围位于妫水河口门区域内,泥沙大量落淤形成了拦门沙初期形态,其坎顶高程接近457 m,在口门外开阔的汇流区淤积面高程普遍居于458~459 m,拦门沙存在倒比降小于0.5‰。

1956~1979年为水库蓄水运用前期,水库正式转入蓄水运用阶段后,水库淤积严重,在妫水口门附近产生异重流分流淤积的机会增加,拦门沙抬升的速率加快。到1960年5月达464 m左右,拦门沙倒比降接近1‰。1960年后,由于永定河库区干流淤积三角洲向坝前推进,异重流挟带的细颗粒泥沙在妫水口门的淤积逐渐增加,使拦门沙坎高程增加迅速,拦门沙范围逐渐扩大;70年代初,拦门沙坎高程已超过465 m,1979年则升至467 m左右,拦门沙倒比降增大至1.6‰。

1980~2014年为蓄水运用后期,1980年初永定河主流从右岸向左岸摆动,到1981年主流已完全摆动到左岸,上游的来水来沙直冲妫水口门。此后,妫水口门附近的三角洲顶点推移速度加快,淤积严重,妫水河口门拦门沙坎的抬升速率明显加快,坎顶高程从1979年的467 m迅速抬高至1995年的474 m,拦门沙倒比降增加到2.1‰,妫水口门被淤堵,至2014年变化很小。

图1-5-38为妫水河支流妫1002断面套绘图。从图中可看出,妫1002横断面基本平行抬升,给出了妫水河拦门沙形成与发展的过程,1955年、1956年、1959年淤积厚度增加较快,分别增加约2.2 m、1.2 m和1.5 m。由于断面边坡存在比降,其横断面河宽随着淤

积抬升略有展宽。其河宽变化特征值统计见表 1-5-14。

图 1-5-35　官厅水库拦门沙位置

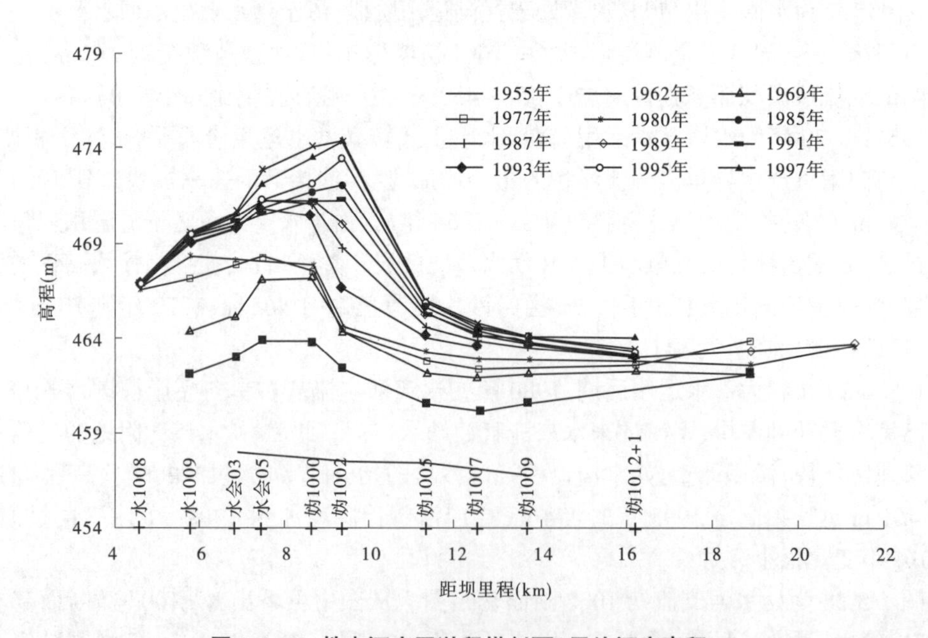

图 1-5-36　妫水河库区淤积纵剖面(平均河底高程)

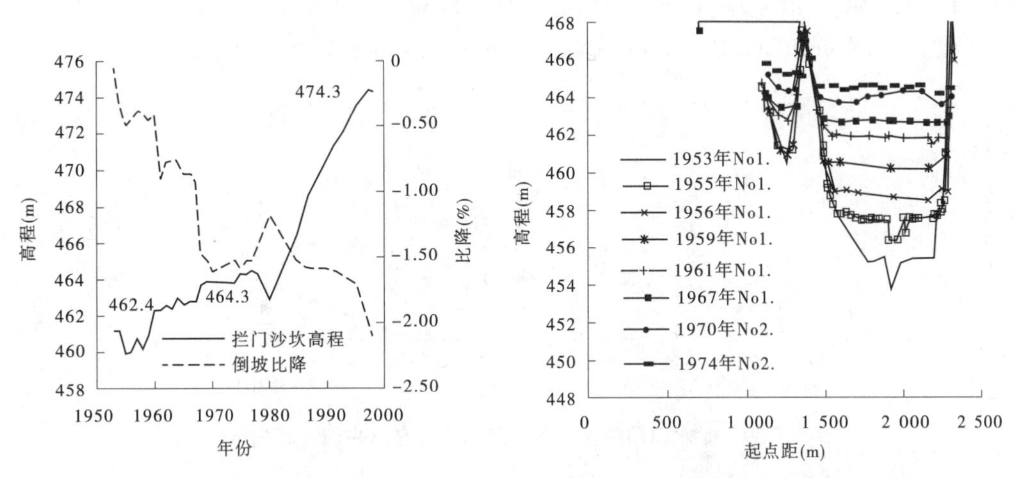

图 1-5-37　官厅水库妫水河拦门沙特征值变化　　**图 1-5-38　妫水河支流妫 1002 断面套绘图**

表 1-5-14　妫 1002 断面河底宽度变化特征统计　　(单位:m)

年份	左起点距	右起点距	平均河底高程	河底宽度 B	年份	左起点距	右起点距	平均河底高程	河底宽度 B
1953	1 772	2 191	455.2	419	1961	1 486	2 274	461.8	788
1955	1 599	2 237	457.5	636	1967	1 486	2 274	462.8	788
1956	1 550	2 267	458.9	717	1970	1 458	2 290	464.0	832
1959	1 515	2 265	460.2	750	1974	1 458	2 290	464.6	832

5.3　多沙河流水库支流淤积的影响机制

支流口门淤积是干流水沙进入支流的倒灌所形成的产物,是水沙倒灌与边界条件综合作用的结果,作为干流倒灌支流水沙过程的主要特征,其形成与发展影响因素众多,如水沙条件、干支流交汇处干流河床的演变过程、水库调度、干流倒灌输沙水流形态等(漆富冬,1997;张金良,2001;洪大林 等,2004;李立刚 等,2006;刘志刚 等,2013;董秀斌,2014;胡春娟,2014)。本节主要利用小浪底水库实测资料对畛水和石井两支流、官厅水库实测资料对妫水河支流的影响因素进行分析,以获得对干支流倒灌问题更深的认识。

5.3.1　水库支流对来水来沙的响应

5.3.1.1　小浪底水库典型支流畛水和石井对实测来水来沙的响应

来水来沙条件暂采用小浪底入库站三门峡站资料,实际上由于沿程调整,在每条支流口门分流进入的水沙条件会与入库有不同幅度的差别。

1. 畛水拦门沙对干流来水来沙的响应

由于畛水具有口门窄、内部宽阔的地形条件特殊性,该支流成为小浪底库区拦门沙最为突出的支流。干流倒灌淤积在 2011 年之前为异重流输沙,之后为明流输沙。小浪底水库运用以来畛水拦门沙及淤积量对来水来沙条件的响应过程见图 1-5-39。

由图 1-5-39 可知,畛水口门断面淤积厚度随年来流量的增大而增加。

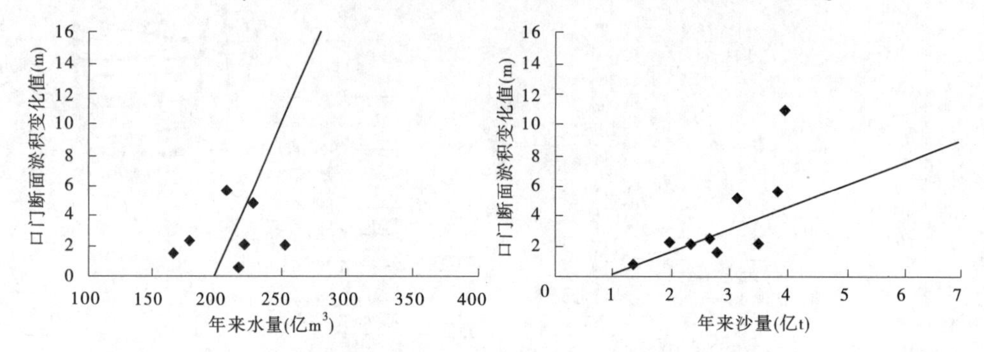

图 1-5-39　畛水口门断面淤积厚度对干流来水来沙过程的响应

2. 石井拦门沙对来水来沙响应

石井距坝约 22.7 km,其地形特点是口门宽阔,实测资料表明,拦门沙问题不突出。小浪底水库运用以来石井拦门沙对干流来水来沙条件的响应过程见图 1-5-40。

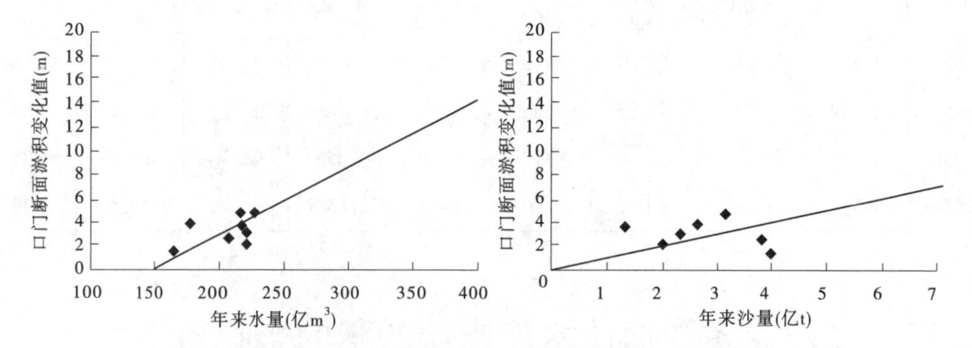

图 1-5-40　石井口门断面淤积厚度对干流来水来沙过程的响应

由图可知:①石井口门断面淤积厚度总体表现为随年干流来水量的增大而增加;②2012 年与 2013 年受干流三角洲推过口门的影响,支流成为干流滩面的延伸,调整较小。

5.3.1.2　妫水河口门断面淤积厚度对官厅水库来水来沙的响应

水库运用对支流淤积产生影响,口门滩面形成和发展与水库边界条件、水沙条件和三角洲淤积发展等因素是密不可分的。官厅水库分为永定河库区和妫水河库区,两库区以狭窄的妫水河连通,狭口宽度仅为 1.5~2.0 km,为永定河库区异重流分流淤积及狭口快速淤积抬高创造了有利的边界条件;永定河来水来沙量远大于妫水河,为拦门沙的发展创造了适宜的水流动力条件。妫水河来水量仅为永定河的 5%,在蓄水状态下,妫水口门的往复小流速难以把前期淤积的泥沙冲刷掉,造成妫水口门的累积性淤积。库区泥沙运动的特殊性在拦门沙的形成与发展过程中发挥了重要的作用(陈立 等,2013;罗海龙,2013;闫涛,2014;胡浩,2016)。

表 1-5-15 为官厅水库淤积特征值统计表。从表中可以看出,妫水口门的淤积随着干

流的淤积而增加。在1955年10月水库正式转入蓄水运用阶段后，三角洲顶点出现在永定河库区上游，并逐年向坝址方向推进，妫水口门附近属异重流淤积区；在丰水丰沙年份，坝前水位较高，容易形成异重流。在蓄水运用前期，三角洲前坡段距妫水口门有一定的距离，对妫水河口门的影响较小，但异重流引起的淤积对拦门沙的形成起到了提供物质的作用。

表1-5-15　官厅水库淤积特征值统计

年份	主流距妫水口门距离(km)	干流淤积范围	干流淤积厚度(m)	妫水河淤积范围	妫水口门淤积厚度(m)
1953	—	坝前—永1015	0~6		
1954	—	坝前—永1015	0~4	妫1002	0~2
1955	—	坝前—永1019	0~3		
1956	—	全库区	0~6	妫1000—妫1002	0~2
1957	—	坝前—永1019	0~6		
1958	—	坝前—永1019	0~5		
1959	0	坝前—永1019	0~5	妫1000—妫1009	1~2
1960	2	坝前—永1010+2	0~4	妫1000—妫1002	0~0.5
1961	0.5	坝前—永1010+2	0~6	妫1000—妫1005	0~0.5
1962	3.25	坝前—永1010+1	0~6		
1963	2	坝前—永1010	0~4		
1964	3.6	坝前—永1015	0~2	妫1000—妫1002	0−0.5
1965	0	坝前—永1010+1	0~3	妫1000—妫1002	0~1
1966	0	坝前—永1010+1	0~4	妫1000—妫1012+1	0~1
1967	0	坝前—永1010+2	0~5	妫1000—妫大桥	0~2
1968	3.35	坝前—永1010+2	0~4		
1969	3.5	坝前—永1010+1	0~3		
1970	2.75	坝前—永会05	0~5		
1974	0.3	坝前—永1010	0~3	妫1000—妫大桥	0~0.5
1975	3.25	坝前—永会02	0~2		
1976	2.8	坝前—永会03	0~4		
1977	2.9	坝前—永会03	0~3		
1978	3.25	坝前—永会03	0~2	妫1000—妫1007	0~0.5

实测资料表明,拦门沙淤积物的 d_{50} 小于 0.005 mm,远小于来沙中径 0.03 mm,说明异重流淤积是主体,表明妁水河库区异重流淤积随来水来沙的丰枯而大幅度增减。因此,分析认为 1956~1980 年的拦门沙发展主要是由异重流淤积造成的(胡春宏 等,2004a;唐海东,2009;胡浩,2016)。明流倒灌使拦门沙更加突出。例如,官厅水库 1955~1980 年期间干支流为异重流倒灌,妫水口门处妫 1000 断面抬升约 10 m,妫水河内部妫 1009 断面抬升约 6 m;1980~1998 年期间干支流为明流倒灌,妫 1000 断面抬升约 6 m,妫 1009 断面仅抬升约 1 m。两个时段两个部位抬升幅度的比值分别为 10:6与 6:1(张俊华 等,2016)。20 世纪 80 年代以来,拦门沙淤积泥沙的粒径逐渐变粗,中径达 0.046 mm,属三角洲前坡段和顶坡段泥沙淤积物,而不属于异重流淤积物(胡春宏 等,2004b;陈珺 等,2010;麻长信,2013),因此认为 1980~2000 年拦门沙发展主要为明流倒灌淤积。

从图 1-5-41 中可以看出,所有干流靠近妫水口门年份(1980 年以后),淤积量和拦门沙高程抬升值均随入库水量的增大而增大;而从拦门沙高程抬升与入库沙量关系来看,1980 年以后相关系数为 0.576 7 较其之前相关系数 0.072 4 相关性更强,相同的入库沙量,1980 年以后妫水河淤积更大,拦门沙高程抬升幅度也更大。因 1980 年以前妫水河淤积主要为异重流倒灌所致,而以后以干流明流倒灌为主,故认为干流明流输沙水流形态较异重流输沙水流形态对妫水河拦门沙淤积抬升的贡献更大。还可以看出,口门断面淤积厚度与入库水量的变化线斜率 0.121 8 小于口门断面淤积厚度与入库沙量的变化线的 0.156 9,说明口门断面淤积厚度受入库沙量的影响大于入库水量的。

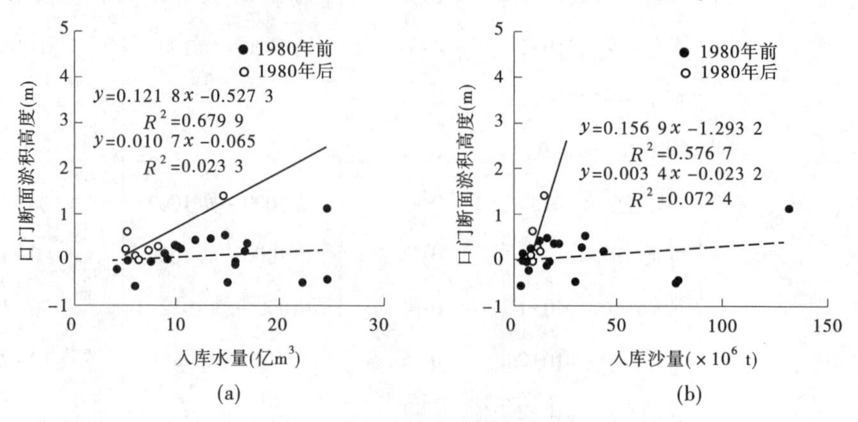

图 1-5-41　妫水河口门断面淤积厚度与入库水沙量对比

干流主流距离妫水口门较远的年份,淤积量与水沙量的相关性并不明显,拦门沙高程抬升很少,由于淤积泥沙的沉降和固结,在个别年份拦门沙高程反而下降。如其中 1957 年、1958 年,虽然其入库沙量较大,但汛期洪水峰量不大,库水位变幅也不大,回水末端距坝 13.3~15.6 km,淤积主要集中在回水末端,妫水河部分几乎无淤积。

由于选用资料包含水库运用以来各运用期的资料,不仅水库调度过程不同,干支流交汇处边界条件曾发生大幅度调整,来水来沙条件更是发生了巨大变化。虽然图 1-5-41 中表现出支流淤积量和拦门沙变化值与干流来水来沙条件有趋势性的变化(张俊华 等,2000;蔡蓉蓉 等,2014;田震,2015;欧阳潮波,2015;李文杰,2015;蒋思奇 等,2015;李娜伟,2015),但点群较为散乱,也表明支流淤积量和拦门沙变化影响因素众多。

5.3.2　异重流倒灌支流的影响机制

图 1-5-42(a)、(b)分别为三条支流河底淤积宽度(以下简称河宽 B)、口门断面淤积厚度(H)随时间的变化图。从图 1-5-42(a)中可以看出,妁水河口门的河宽随着时间延长,出现先增大后稳定的趋势,而畛水河宽处于缓慢增大的过程,石井河的河宽变化同畛水,但增幅大于畛水的。从图 1-5-42(b)中可以看出,妁水河口门的淤积断面淤积厚度随着时间的延长出现先增大后减小的趋势,而畛水口门淤积变化幅度大,具有缓慢增大的趋势,石井的口门淤积变化同畛水。

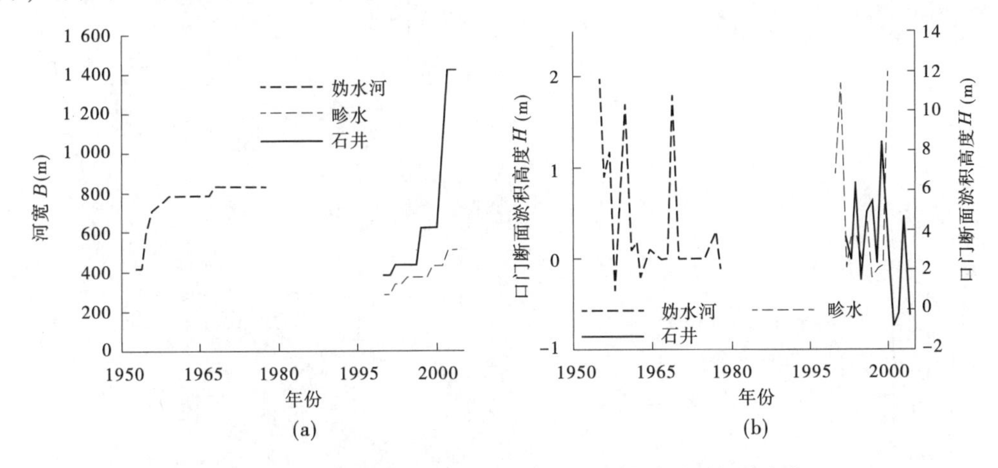

图 1-5-42　三条支流河宽、口门断面淤积厚度随时间的变化

干流水沙进入支流大多以异重流形式进入,支流口门淤积的规模增加在断面方向上表现为宽度和高度二维变化,认为口门宽度 B 与口门断面淤积厚度 H 的组合 $\frac{H}{B}$ 的变化可代表口门断面淤积的变化规模,根据上文分析可知,水库支流口门淤积的增长一定程度上代表了干支流水沙分配与淤积结果,流量 Q 代表入库水流动力,入库流量 Q 越大,$\frac{H}{B}$ 越小,对支流口门形成的淤积越不利,见图 1-5-43(a)。

入库体积比含沙量 S_v 代表入库泥沙条件,含沙量越高 $\frac{H}{B}$ 越大,对支流口门形成的淤积越有利,见图 1-5-43(b);库区的淤积形态(用淤积三角洲顶点距坝里程 L 表示)影响异重流的形成位置和运行距离,三角洲距坝里程 L 代表沿程阻力,该值越大,支流距离三角洲顶点越远,$\frac{H}{B}$ 越大,见图 1-5-43(c)。构造无量纲因子 $\frac{Q^{0.4}}{g^{0.2}L}$ 表征入库动力与库区淤积形态的变化,见图 1-5-43(d),可见 $\frac{Q^{0.4}}{g^{0.2}L}$ 越大,$\frac{H}{B}$ 越小,对支流口门形成的淤积越不利。图 1-5-44(a)、(b)、(c)、(d)分别点绘了异重流倒灌时石井支流口门断面淤积厚度特征与水库来沙及库区淤积形态的关系,图中表明,$\frac{H}{B}$ 与来沙 S_v 呈正相关关系,与淤积形态 L

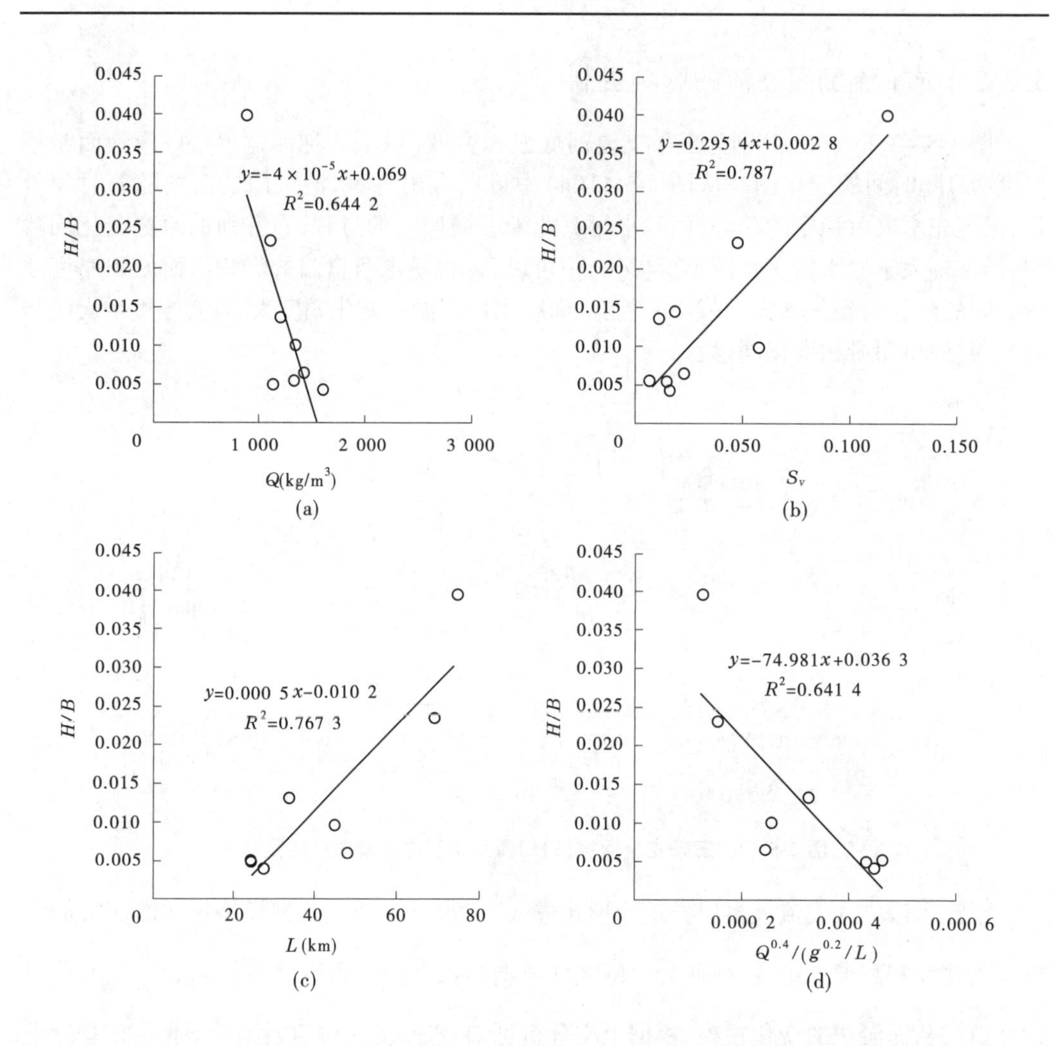

图 1-5-43　畛水口门淤积特征值与各因子的关系

呈弱正相关关系，与水库来流 Q、$\frac{Q^{0.4}}{g^{0.2}L}$呈弱负相关关系。

图 1-5-45(a)、(b)、(c)、(d)分别点绘了异重流倒灌时支流妫水河口门断面淤积厚度特征与水库来沙及库区淤积形态的关系。图中表明，$\frac{H}{B}$与$\frac{Q^{0.4}}{g^{0.2}L}$、来沙 S_v 呈正相关关系，与水库来流 Q 呈弱正相关关系，与淤积形态 L 呈弱负相关关系。其中，图 1-5-45(a)、(c)、(d)的变化规律不同于小浪底水库畛水、石井的变化，可能是在妫水河口门淤积形成过程中，一部分时段是明流直接进入妫水河引起的淤积，而且该部分淤积物为推移质，其口门淤积的规模随入库流量的增大而增加，随三角洲顶点距坝里程的增大而减小。而小浪底水库明流时段与异重流时段挟带的大部分淤积物为悬移质，均为分流进入而非直接进入，二者形成过程有所不同。

根据以上分析，按不同输沙水流形态条件建立以下公式。图 1-5-46(a)、(b)、(c)分

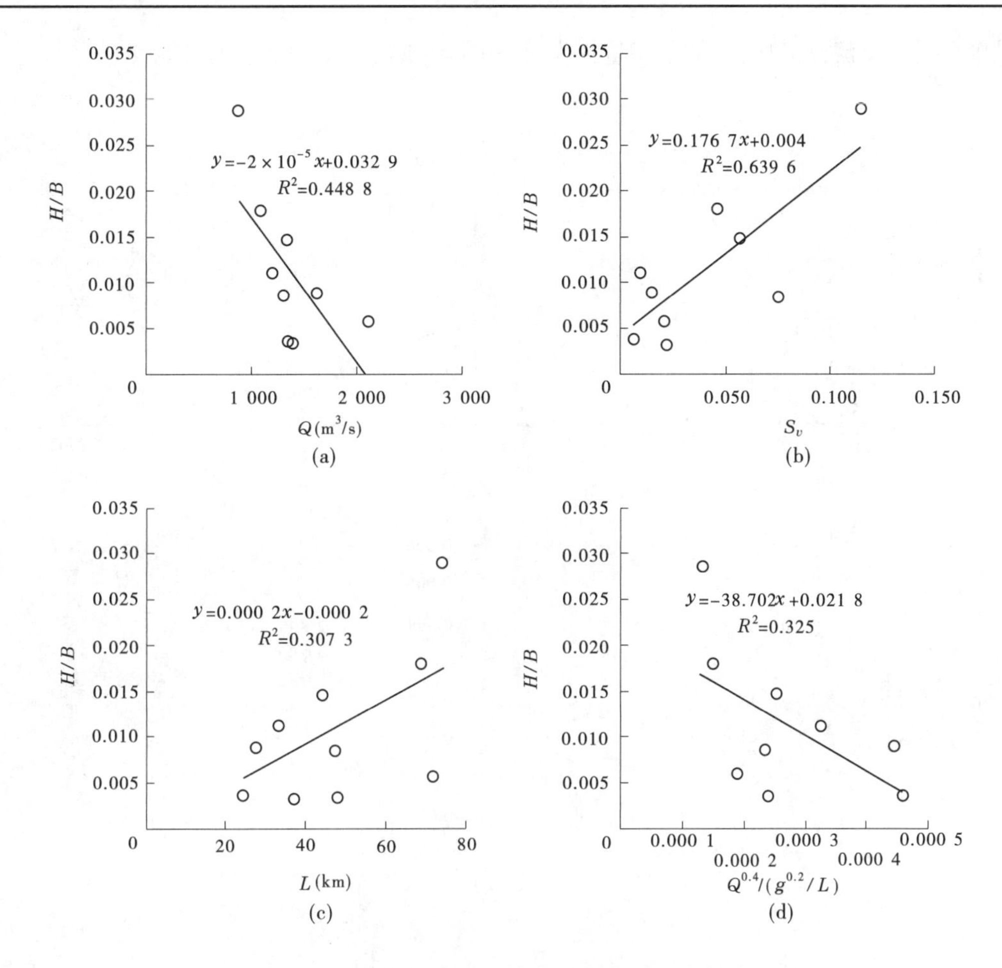

图 1-5-44　石井口门断面淤积特征值与各因子的关系

别为式(1-5-1)、式(1-5-2)、式(1-5-3)计算值与实测值的对比,从图中可以看出,计算值与实测值均较为接近。

�

$$\frac{H}{B} = 11.154S_v^{2.519}\left(\frac{Q^{0.4}}{g^{0.2}L}\right)^{-0.166} \tag{1-5-1}$$

畛水

$$\frac{H}{B} = 0.007S_v^{0.917}\left(\frac{Q^{0.4}}{g^{0.2}L}\right)^{-0.413} \tag{1-5-2}$$

石井

$$\frac{H}{B} = 2.71\times10^{-5}S_v^{0.403}\left(\frac{Q^{0.4}}{g^{0.2}L}\right)^{-0.868} \tag{1-5-3}$$

通过以上分析可知,支流的分流及淤积与入库流量、含沙量及库区的淤积形态有关。入库流量越大,支流分流比小,支流淤积规模小;入库含沙量越大,支流分沙比越大,支流淤积规模越大。

这说明在水库调度或调水调沙过程中,加大入库流量、减小入库含沙量可以减小支流淤积规模。对于水库异重流塑造过程中,相同条件下,加大入库流量可减小支流分流比例,减小能量损失,从这个角度来说,可提高异重流运动到坝前的可能性;而较小的入库流量则会增大支流分流比,增加了能量损失,减小了异重流运动到坝前的可能性。

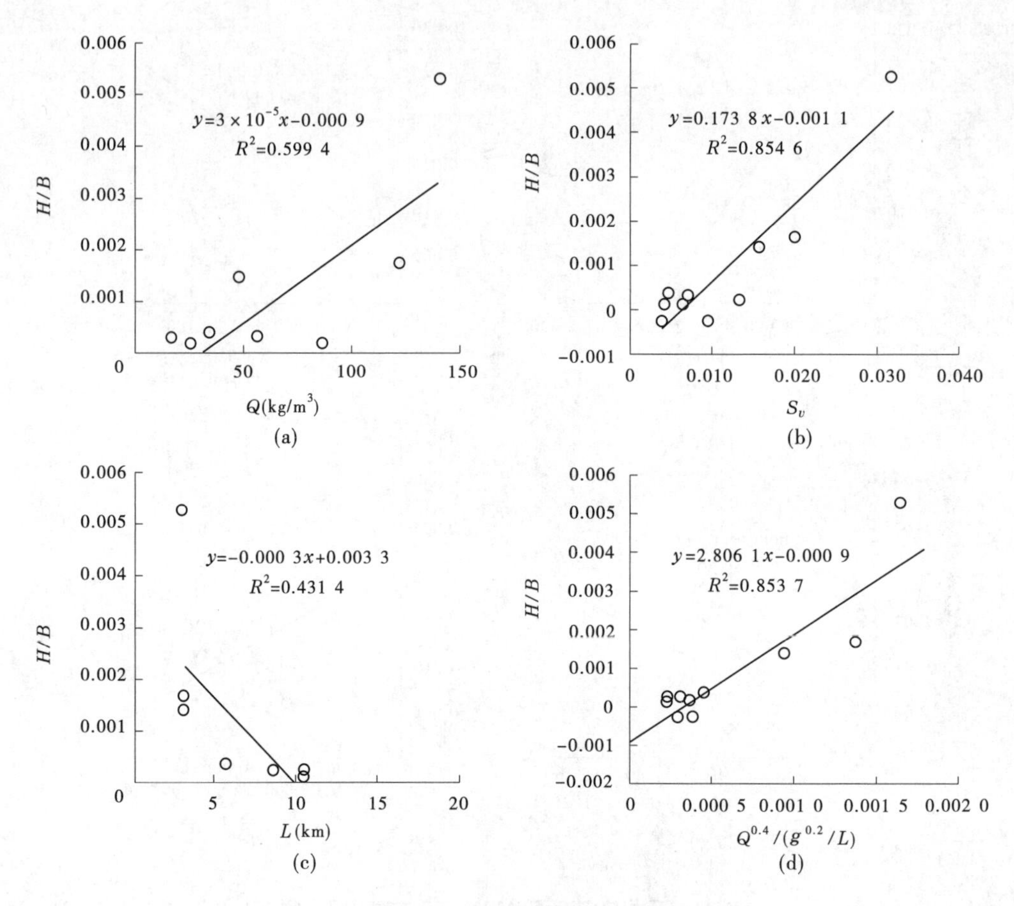

图 1-5-45　妫水口门淤积特征值与各因子的关系

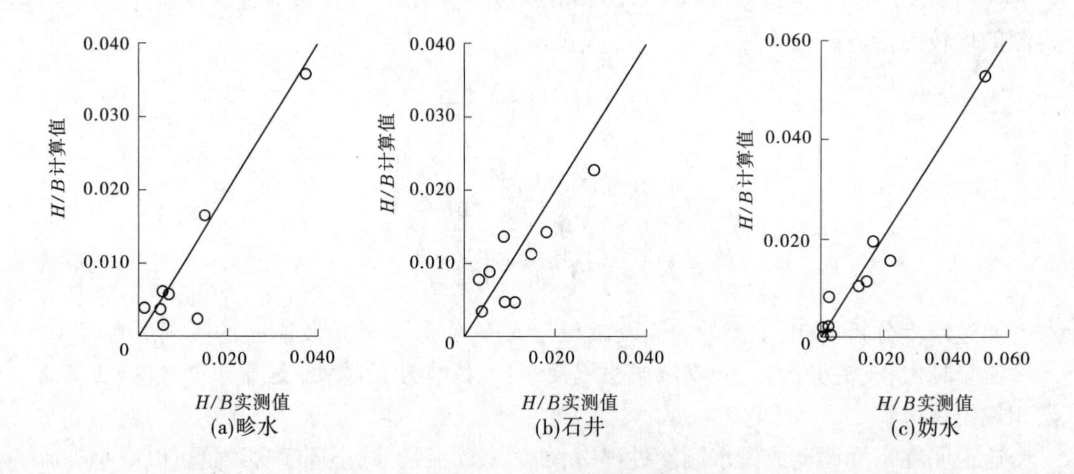

图 1-5-46　三支流 H/B 实测值与计算值对比

5.4　本章小结

(1)小浪底水库支流淤积主要为干流倒灌引起的。支流倒灌淤积过程与自然地形边界、干支流相交处干流地形、入库水沙过程、水库运用等因素密切相关。支流口门淤积面随干流滩面抬高而抬高,支流淤积情况与口门处干流水流形态关系密切。

支流畛水口门断面淤积大多是平行抬升。畛水支流内部的淤积也随着干流同步抬升,其淤积是从口门自下游而上游逆向淤积,距离口门越近,淤积越多,淤积泥沙颗粒越粗。随着支流畛水口门断面的淤积滩面抬升,支流畛水内外高差增大,比降增大,支流畛水口门以内淤积量增加,支流畛水口门以内淤积量占支流畛水总淤积的比例增大。从这个角度来说,一定程度上,口门淤积的形成对支流拦沙库容的利用是有利的。

断面石井 SJH01、SJH02 在 1999~2015 年一直保持平行抬升的趋势。其中,横断面石井 SJH01 在 2011 年汛前停止测验,这是由于横断面石井 SJH01 位于石井口,石井口宽阔,由于 2012 年之后库区干流三角洲顶点推过石井口后,在水流泥沙作用下形成了新的河势,与上游右岸边滩连为一体,逐渐成为干流滩面的一部分,支流石井则成为该河段干流滩面的延伸。

(2)官厅水库支流妫水口门淤积受上游来水来沙条件的影响较大。妫水口门附近产生异重流分流淤积的机会增加,淤积断面淤积厚度的速率较快,到 1960 年 5 月达 464 m 左右,拦门沙倒比降约为 1‰。20 世纪 60 年代以后,由于永定河库区三角洲向坝前推进,异重流挟带的细颗粒泥沙到达妫水口门的数量逐渐增加,使拦门沙高程有了进一步发展,范围进一步扩大,70 年代初期,拦门沙高程已超过 465 m,1979 年则升至 467 m 左右,拦门沙倒比降达 1.6‰。官厅水库支流妫水口门淤积形成拦门沙将干支流库容割裂开来,导致永定河库区和妫水河库区流通连接不畅,水库调节能力削弱,对水库防洪、供水极为不利。

(3)通过对典型多沙河流水库运用对支流淤积的影响分析认为,入库水量及入库沙量对支流淤积的抬升具有重要的影响。探讨了淤积滩面变化规模与入库流量、入库体积比含沙量、库区淤积三角洲距坝里程的变化特性,建立了不同输沙水流形态条件下的淤积滩面变化公式,公式表明,支流的分流及淤积与入库流量、含沙量及库区的淤积形态有关。入库流量越大,支流分流比小,支流淤积规模小;入库含沙量越大,支流分沙比越大,支流淤积规模越大。揭示了淤积滩面变化的规模与入库流量、入库含沙量及库区淤积形态的响应机制。

这说明在水库调度或调水调沙过程中,加大入库流量、减小入库含沙量可以减小支流淤积规模。对于水库异重流塑造过程中,相同条件下,加大入库流量可减小支流分流比例,减小能量损失,从这个角度来说,可提高异重流运动到坝前的可能性。而较小的入库流量则会增大支流分流比,增加了能量损失,减小了异重流运动到坝前的可能性。

(4)官厅水库妫水河淤积的形成与发育既与小浪底水库畛水、石井的有相似之处,又有区别之处。相似的是两水均在支流口门形成淤积,区别之处在于官厅水库妫水河口门干流河段平面宽阔,河势摆动幅度大,妫水河既有干流分流到支流的机会,又有干流浑水直接进入支流的机会,而小浪底水库运用以来均为干流浑水分流倒灌进入支流淤积所形成的。

第 6 章　干流不同断面形态对支流分流分沙影响试验研究

根据小浪底水库与官厅水库典型支流分流与淤积的实测资料结果，认为库区淤积断面形态是影响支流分流分沙的主要因素之一，为了着重分析不同断面形态对支流倒灌的影响，本章在制作概化玻璃水槽基础上，设计了 10 组次试验，对其水沙演化机制进行了分析，研究了头部流速随含沙量、流量及其浑液面的变化，固定点异重流流速演化特性，分流前后垂线流速、含沙量变化，重点研究了不同河槽形态对支流分流分沙的影响，提出了分流分沙比随分流后弗劳德数、局部损失等变化公式。

6.1　水槽试验

6.1.1　水槽及仪器

试验是在黄河水利科学研究院水利部黄河泥沙重点实验室开展的，已建成黄河下游河道动床模型、小浪底库区泥沙动床模型等大型实体模型，已建成 π 形（见图 1-6-1、图 1-6-2）、河宽变化、比降变化等三个玻璃水槽，配套有电磁流速仪、超声浓度计以及高速摄像机等先进仪器（见图 1-6-3）。其中，电磁流速仪的测验将 y 轴正方向定义为顺流方向，x 轴正方向为顺流向的法线方向，z 轴正方向垂直向上，符合右手螺旋法则。

(a)

(b)

图 1-6-1　π 形水槽及测验仪器布置

6.1.2　组次及测验

本次试验的研究目的是分析干流异重流在不同横断面形态条件下，不同流量、含沙量

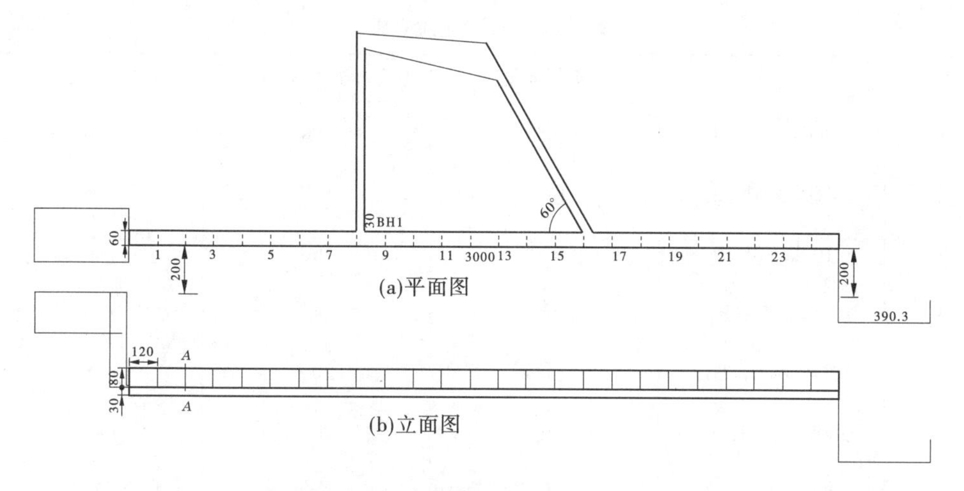

图 1-6-2　π 形水槽概化示意图　（单位：cm）

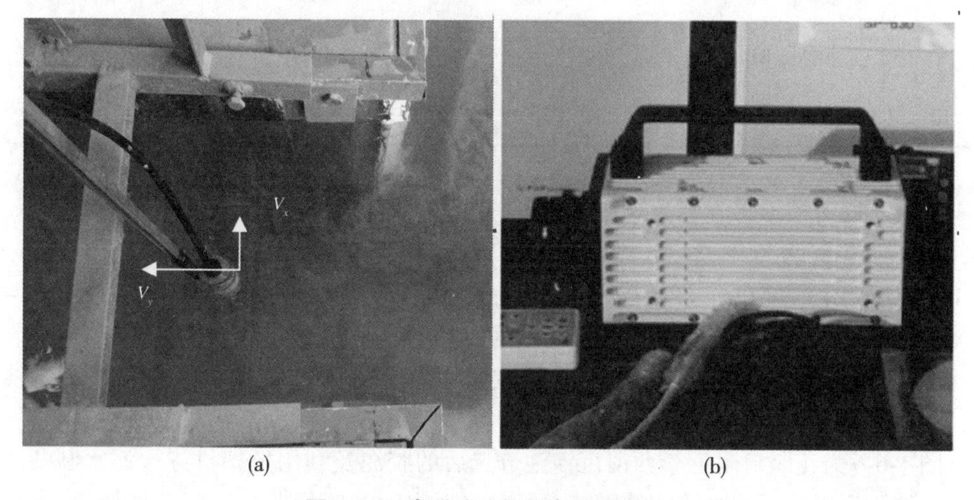

图 1-6-3　电磁流速仪与高速摄像机

干支流水沙演化模式，干流对异重流分流的约束机制和支流分流分沙规律。试验组次具体安排见表 1-6-1。正式试验一共进行了 10 组，其中相同试验组次中，区分干支流有关测验值，拟定 M 代表干流、T 代表支流。如试验第一组次 200 kg-8L-R 中干流的有关因子标为 M-200 kg-8L-R，表示在进口含沙量为 200 kg/m^3、流量为 8 L/s、干流断面形态为矩形的条件下干流试验测验值；T-200kg-8L-R 表示在进口含沙量为 200 kg/m^3、流量为 8 L/s、干流断面形态为矩形的条件下支流试验测验值。

测验内容：干流上游、干流下游（电磁流速仪 2D）、支流口门断面流速（电磁流速仪 3D）、含沙量（虹吸管分层取样、比重瓶法计算）、浑水水深（人工读数），干支流异重流头部运行位置及对应演进时间（人工用秒表测时间），进入支流的异重流的长度。

表 1-6-1　试验组次安排

序号	组次	干流断面形态	含沙量(kg/m³)	流量(L/s)
1	200kg-8L-R	矩形	200	8
2	150kg-8L-R	矩形	150	8
3	100kg-8L-R	矩形	100	8
4	50kg-8L-R	矩形	50	8
5	200kg-8L-Tri	三角形	200	8
6	200kg-4. 8L-Tri	三角形	200	4. 8
7	200kg-2. 4L-Tri	三角形	200	2. 4
8	200kg-8L-Tra	梯形	200	8
9	100kg-8L-Tra	梯形	100	8
10	50kg-8L-Tra	梯形	50	8

干流不同河槽形态分别为矩形、梯形、三角形时如图 1-6-4、图 1-6-5(a)~(c)所示,其中,矩形河槽宽为 0. 6 m,见图 1-6-4(a)、图 1-6-5(a),梯形上底宽为 0. 6 m,见图 1-6-4(b)、图 1-6-5(b),下底宽为 0. 3 m,高为 0. 15 m;三角形底宽为 0. 6 m,见图 1-6-4(c)、图 1-6-5(c),高为 0. 15 m。支流河槽为矩形不变化,见图 1-6-5(d),宽为 0. 3 m。河槽比降约 1%(约 0. 6°)。图 1-6-5 中虚线位置为测验的垂线布置位置,数值表示垂线间距,单位为 cm。

图 1-6-6 为花园口附近李西河沉沙池分选后的胶泥及利用搅拌机进行浑水制备的过程图。由于近年黄河调水调沙的影响,河道内细沙较少,难以收集。经前期调研,李西河沉沙池为郑州城区引水沉沙服务,水源来自花园口闸处黄河干流来水,其淤积泥沙可视为分选后的黄河泥沙。图 1-6-7 为该沙样的颗粒级配曲线,从图中可以看出,胶泥的 d_{50} 为 0. 007 mm,颗粒较细。

6. 1. 3　试验过程

6. 1. 3. 1　矩形断面条件下分流分沙试验

异重流形成后,向前运动将推动不同的含沙量、颗粒级配与组成的悬沙不断发生掺混,其动力过程和淤积过程随时空演化,引起水流变形,如泥沙输移、冲刷或淤积、掺混、卷吸清水(Elisson & Turner,1959),见图 1-6-8。运动过程中可保持浮应力通量的泥沙异重流成为保守型异重流(如不与边界发生相互作用),反之,成为非保守型异重流(如与边界发生相互作用,如冲刷或淤积)。图 1-6-8 中的异重流从几何形态角度可分为三种明显部分:头部、身体和尾部。

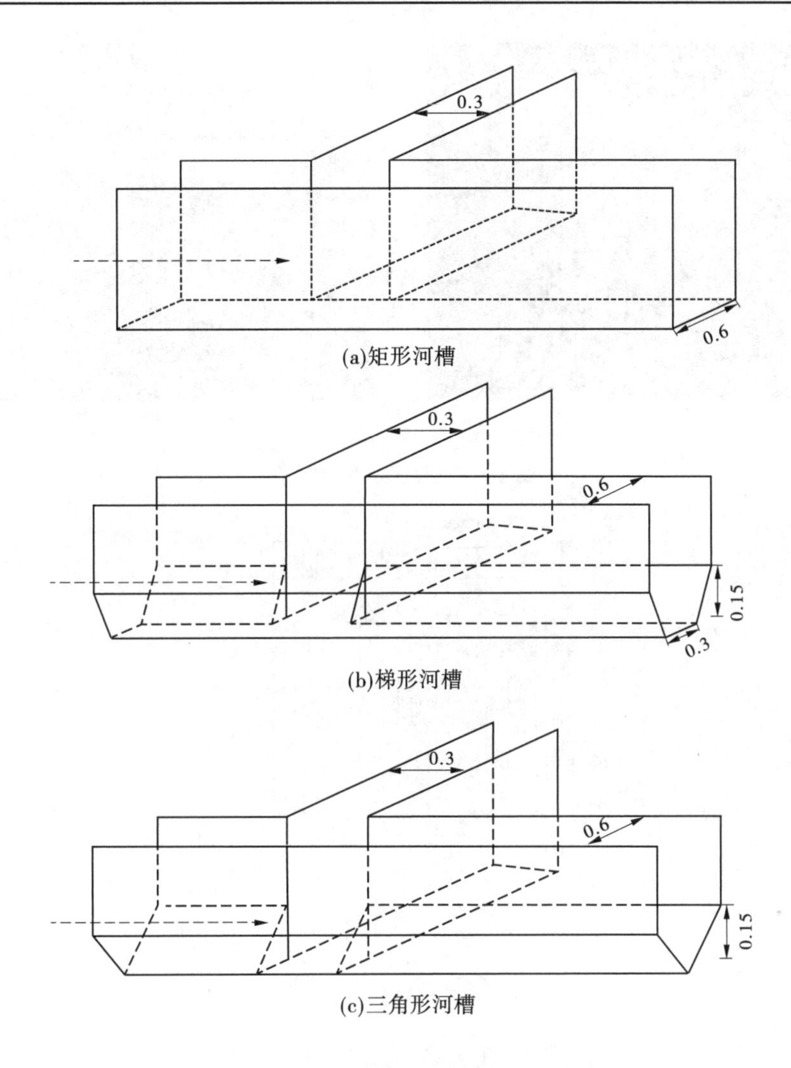

(a)矩形河槽

(b)梯形河槽

(c)三角形河槽

图 1-6-4　干流河槽形态示意图　(单位:m)

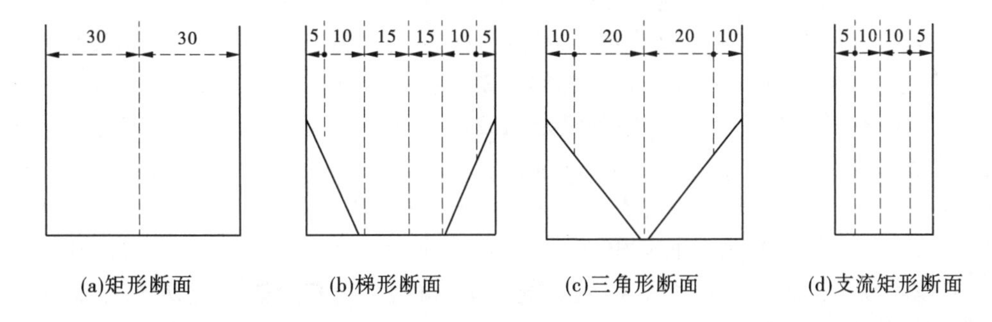

(a)矩形断面　(b)梯形断面　(c)三角形断面　(d)支流矩形断面

图 1-6-5　断面及测验位置示意图　(单位:cm)

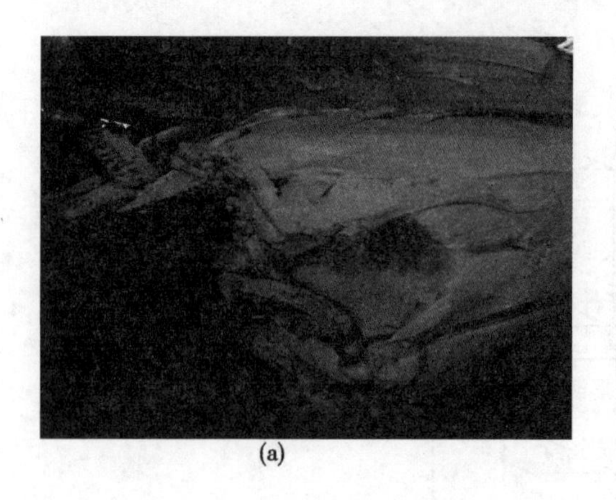
(a)

(b)

图 1-6-6　胶泥及浑水制备

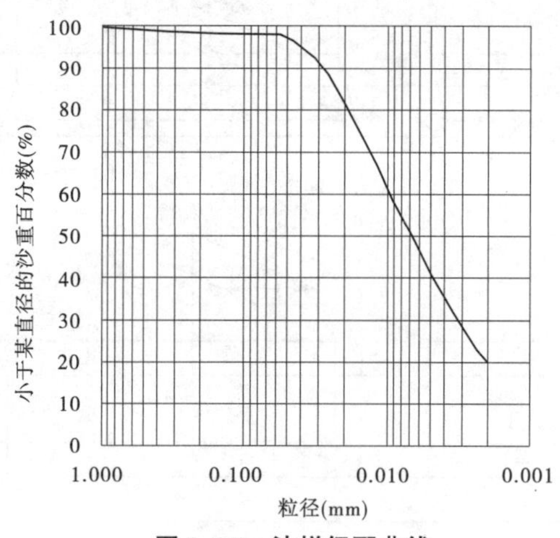

图 1-6-7　沙样级配曲线

异重流头部可概化为半椭球体，在大多情况下，头部厚度略大于身体和尾部，这是由于前进时受到前方清水施加的阻力。在异重流运动动力中头部起到了重要的作用，原因是强烈的三维影响和集中的掺混主要发生在这里（Simpson，1997）。

头部最前面的点被称为鼻子，它位于底部表面上方，是无滑移条件下清水与浑水的剪切产生的阻力结果（Britter & Simpson，1978）。头部挟带清水的诱因是其不稳定性，可分为两种类型，第一种类型的不稳定性是复杂的波形与分裂（lobes & clefts）模式导致的异重流头部表面的二阶重力不稳定（Kneller et al.，1999；Simpson，1972）；第二种类型的不稳定性主要发生在紧接头部之后的位置，是由于上层水体黏滞性剪切头部和身体部分产生的，由一系列翻滚和巨浪联系的开尔文-亥姆霍兹不稳定而引起的（Britter & Simpson，1978）。该区域在头部之后产生大尺度漩涡、掺混，也把头部和身体部分分开，也有人形象地称为异重流的脖子。

通常异重流在头部之后产生大的波浪，形成了一个局部掺混区域，导致清水卷吸进入异重流（Middleton，1993）。身体部分也分为两个部分：密度较大的底部区和在此之上的悬浮掺混区，二者之间的界面给出了身体的不连续性（水体分层），这导致了流速、含沙量及黏性力在垂向上产生突然的梯度。

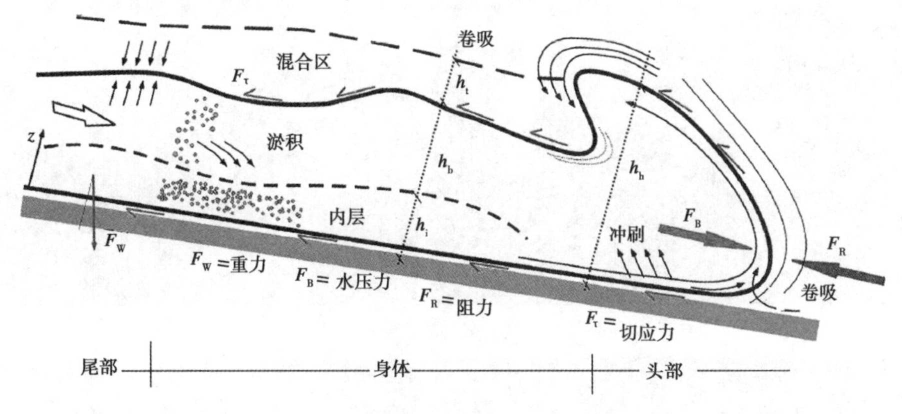

图 1-6-8 头部形状示意图(Rafael et al. ,2012)

释放定流量浑水进入水槽,进行异重流头部运动位置及历时观测,采用电磁流速仪测验垂线流速,虹吸出沙样后采用比重瓶置换法测验垂线含沙量。观测干流异重流分流进入支流的过程。图 1-6-9(a)为矩形河槽干流异重流头部侧面图。干流异重流经过支流口门后,在支流左岸的固体壁面阻碍下,近口门处流线发生弯曲,弯曲的流线受到阻碍,发生变形,浑水发生冲高、卷吸、掺混清水。在支流口门处产生漩涡,形成强烈的紊动,造成巨大的局部损失,浑水的动能转变为势能和热能,后又转化为动能,维持异重流进入支流内部。

图 1-6-9(b)~(g)为该物理过程的连拍图。从图中可以看出,图 1-6-9(b)为 1 min 1 s 浑水到达支流口门上游,图 1-6-9(c)为 1 min 2 s 部分浑水灌入支流图,图 1-6-9(d)为 1 min 4 s 在左岸角壁处进入支流,图 1-6-9(e)为 1 min 6 s 向左岸冲高,图 1-6-9(f)为 1 min 8 s 向右岸冲高,图 1-6-9(g)为 1 min 10 s 主流居中前行。图中粗箭头代表干流异重流流向,细箭头代表支流异重流流向。图 1-6-9(h)为浑水宣泄图。在试验过程中,基本保持水槽内水位缓慢下降,尾门控制以抑制异重流到达尾门后的反射波为限。

从试验过程中可以看出,异重流支流分流物理图形为:干流异重流在密度差产生的压力差作用下进入支流,密度差由含沙量的差异产生。

6.1.3.2 梯形断面条件下分流分沙试验

主要观测梯形断面条件下不同含沙量对干流异重流分流进入支流过程的影响。图 1-6-10 为梯形断面水槽局部与放大图。试验过程中,分流口门处水流紊动强烈,尤其是在分流口门下游的固体边界处,异重流冲高回落,流向折返进入支流内部,由于梯形断面在支流口门形成一个楔形体,异重流进入支流口门后较矩形河槽处掺混强烈。

图 1-6-11(a)为梯形断面干流异重流头部俯视图,图 1-6-11(b)为梯形断面干支流分流水沙演化侧视图,从图中可以看出,支流分流口门上游浑液面高于支流,这是由于浑水进入支流撞击支流口门栏杆后产生反向浑水波带来的。

图 1-6-12 为梯形断面干支流交汇区水沙演化俯视图。从图中可以看出,浑水自清水底层进入支流,上层掺混后的浑水由支流分流口门向干流上、下游分流。图中实线代表上层异重流,虚线代表下层异重流。

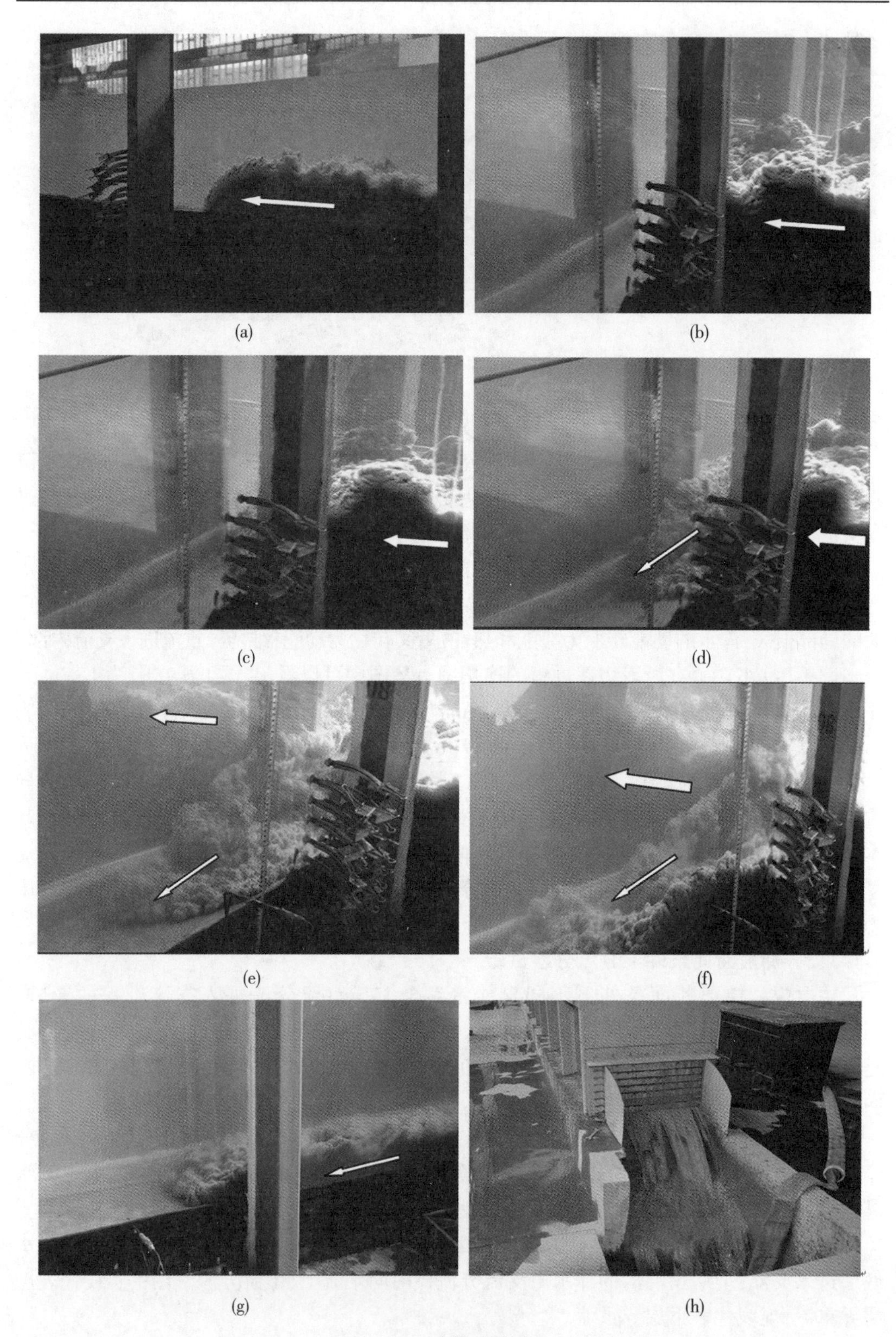

(a) (b) (c) (d) (e) (f) (g) (h)

图 1-6-9　水槽试验过程

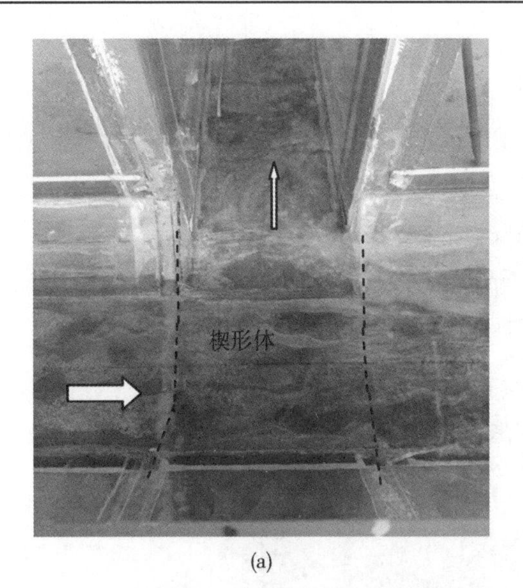

(a)

(b)

图 1-6-10　梯形断面干支流交汇区局部与放大图

(a)异重流头部

(b)干支流交汇区

图 1-6-11　梯形断面头部俯视图及干支流交汇区水沙演化侧视图

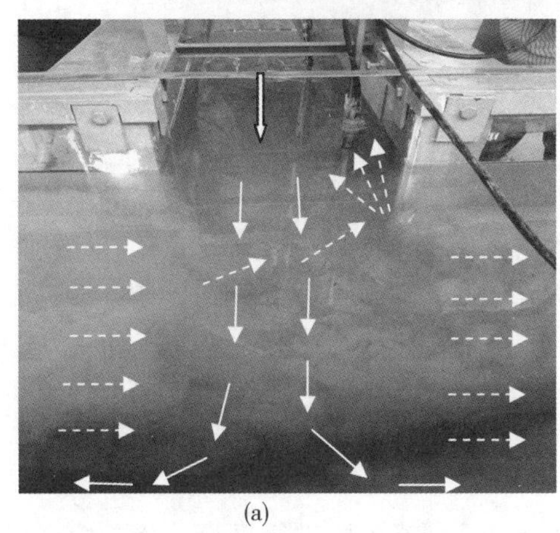

(a)

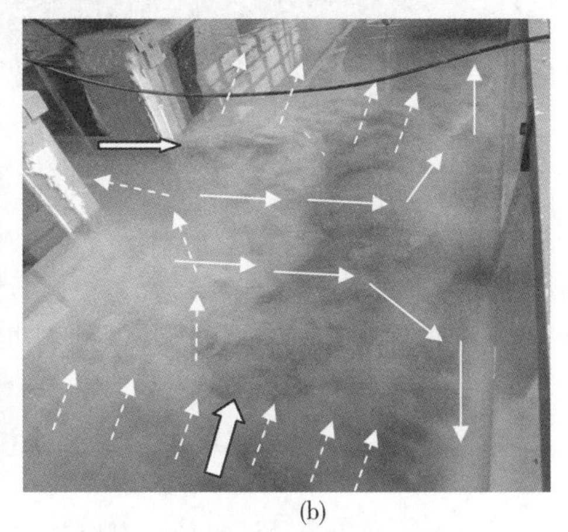

(b)

图 1-6-12　梯形断面干支流交汇区水沙演化俯视图

6.1.3.3　三角形断面条件下分流分沙试验

本试验主要观测三角形断面条件下不同含沙量对干流异重流分流进入支流过程的影响。图 1-6-13 为三角形断面水槽干支流交汇区局部图。交汇口左岸与支流无比降,右岸有边坡,支流进口处干支流为楔形体衔接。

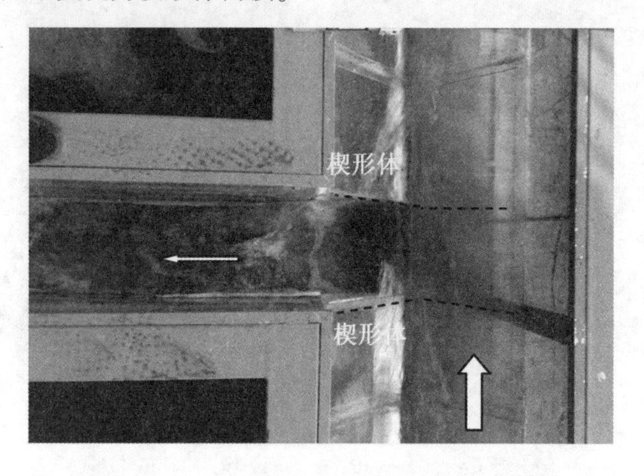

图 1-6-13　三角形断面干支流交汇区局部图

图 1-6-14 为三角形断面干支流交汇区水沙演化图。从图中可以看出,浑水自清水底层进入支流,支流内浑水紊动强烈,产生局部损失。

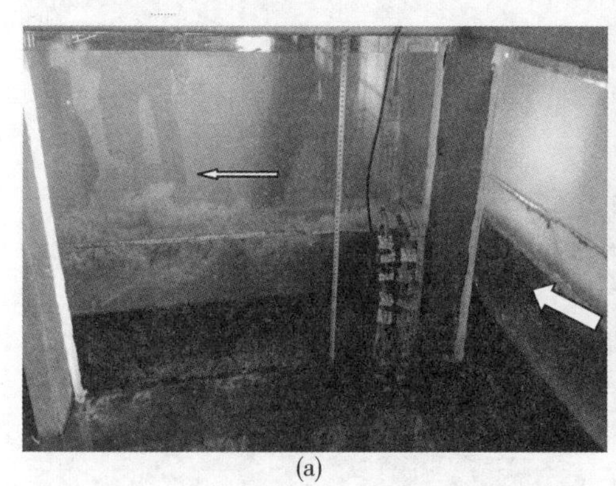

(a)

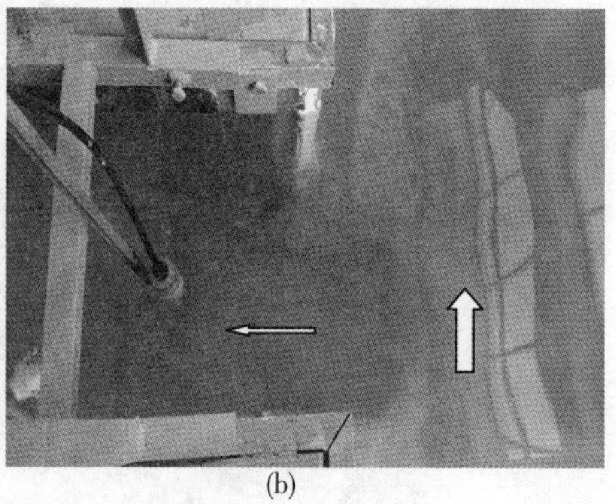

(b)

图 1-6-14　三角形断面干支流交汇区水沙演化侧视与俯视图

试验过程中,分流口门处水流紊动强烈,尤其是在分流口门下游的固体边界处,异重流冲高回落,流向折返进入支流内部,较梯形河槽处掺混强烈。这是由于三角形断面条件下异重流流速大,支流口门外楔形体的影响更大。

6.2　干流异重流分流分沙的约束机制

针对干支流异重流分流试验中观测的主要现象,本节主要进行理论分析。探讨了支流分流对干流异重流的弱化影响,推导了支流内头部流速公式,揭示了异重流分流后局部损失产生的机制。

6.2.1　支流分流对干流异重流的弱化影响

根据水流连续性方程

$$Q = BhV \tag{1-6-1}$$

曼宁公式

$$V = \frac{1}{n}h^{2/3}J^{1/2} \tag{1-6-2}$$

可得：

$$Q = BhV = Bh\frac{h^{2/3}J^{1/2}}{n} = B\frac{h^{5/3}J^{1/2}}{n} \tag{1-6-3}$$

$$Q = Bq \tag{1-6-4}$$

则可得到如下关系：

$$\frac{q_2}{q_1} = \left(\frac{h_2}{h_1}\right)^{5/3}\left(\frac{J_2}{J_1}\right)^{1/2} \tag{1-6-5}$$

其中：下标1代表分流前干流，下标2代表支流口门。一般支流口门比降小于干流的。

异重流分流到支流内部，一方面，会引起干流异重流流量、沙量减小，弱化维持干流异重流运动的能量；另一方面，分流河道淤积的原因首先是由分流引起的，在干支流交汇区产生大量淤积。

由水流挟沙能力公式

$$S^* = K\left(\frac{V^3}{gh\omega}\right)^m \tag{1-6-6}$$

异重流均匀流流速公式

$$V = \left(\frac{8\eta_g gqJ}{\lambda}\right)^{1/3} \tag{1-6-7}$$

可得到：

$$S^* = K\left(\frac{V^3}{gh\omega}\right)^m = K\left(\frac{8\eta_g qJ}{\lambda h\omega}\right)^m = \frac{8^m K}{\lambda^m}\left(\frac{\eta_g qJ}{h\omega}\right)^m \tag{1-6-8}$$

又有：

$$J_2 \approx J_1 \quad , \quad \eta_{g1} \approx \eta_{g2} \quad , \quad \omega_1 \approx \omega_2 \tag{1-6-9}$$

将式(1-6-5)与式(1-6-8)联立得

$$\frac{S_2^*}{S_1^*} = \left(\frac{\eta_{g2}}{\eta_{g1}}\frac{q_2}{q_1}\frac{J_2}{J_1}\frac{h_1}{h_2}\frac{\omega_1}{\omega_2}\right)^m = \left(\frac{\eta_{g2}}{\eta_{g1}}\frac{{q_2}^{2/5}}{{q_1}^{2/5}}\frac{{J_2}^{7/10}}{{J_1}^{7/10}}\frac{\omega_1}{\omega_2}\right)^m \approx \left(\frac{{q_2}^{2/5}}{{q_1}^{2/5}}\right)^m \tag{1-6-10}$$

其中 ω_2 是分流河道口门的泥沙沉速，可用分流前干流的泥沙沉速 ω_1。从式(1-6-10)中可见，由于支流异重流分流比小，而使异重流单宽流量、平均水深、异重流挟沙能力均明显降低，这也是异重流分流则淤和支流发生淤积的原因。

6.2.2　支流异重流头部流速公式

假设干流异重流进入支流，支流内为静水，如图 1-6-15 所示为干流异重流进入支流内部的概化图。下标 0 代表支流倒灌前浑水有关参数，下标 a 代表支流内部浑水层，下标 b 代表支流内部清水层有关参数。

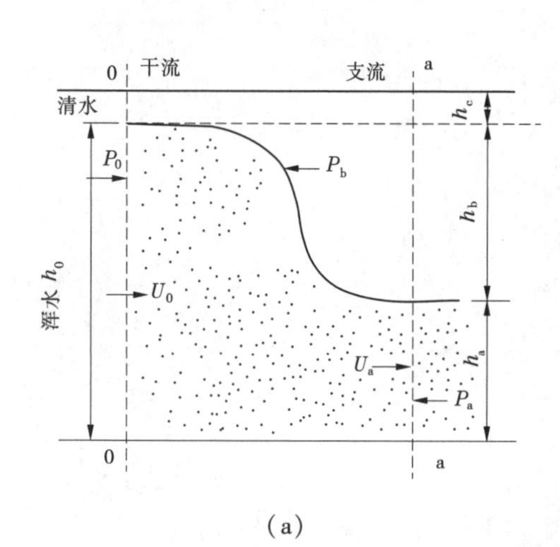

(a)

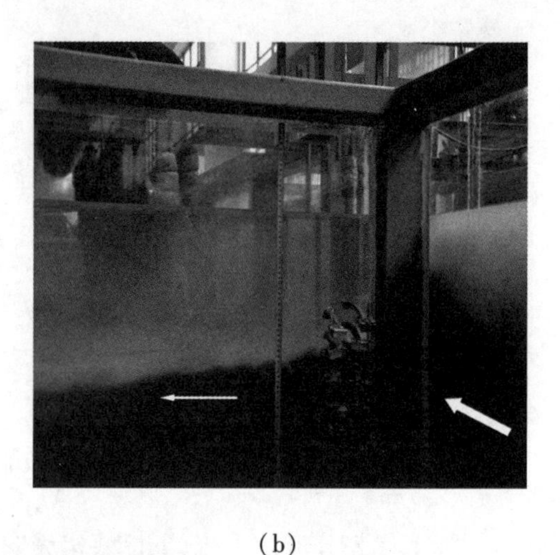

(b)

图 1-6-15　干流异重流倒灌支流纵剖面

令干流行进流速为 U_0，可得动量方程为：

$$P_0 + \frac{\gamma}{g}U_0^2h_0 = P_a + P_b + \frac{\gamma}{g}U_a^2h_a \tag{1-6-11}$$

即：

$$\frac{\gamma}{2}h_0^2 + \frac{\gamma}{g}U_0^2h_0 = \frac{\gamma_0}{2}h_b^2 + \left(\gamma_0 h_b + \frac{\gamma}{2}h_a\right)h_a + \frac{\gamma}{g}U_a^2h_a \tag{1-6-12}$$

式中：γ、γ_0 为浑水和清水的容重；α 为流速分布不均匀系数；h 为水深；U_0 为行近流速；U_a 为支流内异重流头部流速。

同除以 γh_0^2 得：

$$\frac{U_a^2h_a}{gh_0^2} = \frac{1}{2}\frac{\gamma-\gamma_0}{\gamma}\frac{h_0^2-h_a^2}{h_0^2} - \frac{U_0^2}{gh_0} \tag{1-6-13}$$

忽略行进流速，令 $U_0=0$，即可得

$$\frac{U_a^2h_a}{gh_0^2} = \frac{1}{2}\frac{\gamma-\gamma_0}{\gamma}\frac{h_0^2-h_a^2}{h_0^2} \tag{1-6-14}$$

即可得韩其为推导的倒灌异重流流速公式（韩其为，2003）。引进重力修正系数 $\eta_g = \frac{\gamma-\gamma_0}{\gamma}$，上式两边同除以$\frac{\eta_g h_a^2}{h_0^2}$，得：

$$\frac{U_a^2}{\eta_g gh_a} = \frac{h_0^2-h_a^2}{2h_a^2} - \frac{U_0^2h_0}{\eta_g gh_a^2} \tag{1-6-15}$$

即

$$\frac{U_a^2}{\eta_g g h_a}=\left(\frac{h_0}{h_a}\right)^2\left[1-\frac{U_0^2}{\eta_g g h_0}\right]-1 \tag{1-6-16}$$

可以得到：

$$Fr_a^2+1=\left(\frac{h_0}{h_a}\right)^2(1-Fr_0^2) \tag{1-6-17}$$

因为上式等式左边 $Fr_a^2+1>0$，且$\left(\frac{h_0}{h_a}\right)^2>0$，所以，$1-Fr_0^2>0$。

进而得到：

$$Fr_0^2<1 \tag{1-6-18}$$

因此，干流倒灌到支流内的异重流为缓流。

由于

$$Fr_a^2+1=\left(\frac{h_0}{h_a}\right)^2(1-Fr_0^2)\geqslant 1\text{，且 }1-Fr_{rin}^2\leqslant 1 \tag{1-6-19}$$

所以，$h_a\leqslant h_0$，即倒灌支流的异重流厚度随着沿程衰减，其值一定不大于口门水深。

$$\gamma h_0+\gamma\frac{\alpha U_0^2}{2g}=\gamma_0 h_b+\gamma h_a+\gamma\frac{\alpha U_a^2}{2g}+\xi\gamma\frac{\alpha U_a^2}{2g} \tag{1-6-20}$$

上式可改写为：

$$\gamma h_0-\gamma_0 h_b-\gamma h_a+\gamma\frac{\alpha U_0^2}{2g}=(1+\xi)\gamma\frac{\alpha U_a^2}{2g} \tag{1-6-21}$$

即

$$\frac{2g}{\gamma\alpha}(\gamma-\gamma_0)(h_0-h_a)+U_0^2=(1+\xi)U_a^2 \tag{1-6-22}$$

则可得：

$$U_a=\sqrt{\frac{1}{1+\xi}\left[\frac{2g}{\gamma\alpha}(\gamma-\gamma_0)(h_0-h_a)+U_0^2\right]}=K\sqrt{2\eta_g g(h_0-h_a)/\alpha+U_0^2} \tag{1-6-23}$$

式中：常数 $K=1/\sqrt{(1+\xi)}$，一般取 0.5。

当式(1-6-23)中 U_0、h_a 为 0 时，即为韩其为(2003)推导的倒灌流速公式形式：

$$U_{hqw}=K_2\sqrt{\eta_g g h_0} \tag{1-6-24}$$

式中：U_{hqw} 为倒灌流速；常数 K_2 为流速系数，一般由阻力系数决定。

6.2.3　异重流分流局部损失

若异重流为恒定流，则$\frac{\partial U'}{\partial t}=0$。在二维恒定流条件下(中国科学院水利电力部水利水电科学研究院河渠研究所，1959)，由于

$$U'\frac{\mathrm{d}U'}{\mathrm{d}x}=\frac{\mathrm{d}}{\mathrm{d}x}\left(\frac{U'^2}{2}\right) \tag{1-6-25}$$

$$J_0 = -\frac{\mathrm{d}y_0}{\mathrm{d}x} \tag{1-6-26}$$

则式(1-6-25)即可变为：

$$\frac{\mathrm{d}}{\mathrm{d}x}\left(y_0 + h' + \frac{U'^2}{2\eta_g g}\right) = -\frac{f'}{8}\frac{U'^2}{\eta_g g h'} \tag{1-6-27}$$

$$\frac{\mathrm{d}}{\mathrm{d}x}\left(y_0 + h' + \frac{U'^2}{2\eta_g g}\right) = -\frac{\mathrm{d}h'_{\mathrm{f}}}{\mathrm{d}x} \tag{1-6-28}$$

$$y_0 + h' + \frac{U'^2}{2\eta_g g} = -h'_{\mathrm{f}} \tag{1-6-29}$$

式中：h'_{f}为异重流的局部水头损失；y_0 为底面高程(下同)。

式(1-6-29)说明能量方程同样可以用于异重流，只是在出现重力加速度 g 的位置加乘一个重力修正系数 η_g。

边界条件对异重流的阻力是引起异重流水头损失的外在因素，异重流黏滞性是其水头损失的内在因素。异重流与清水层、边界的相对运动和摩擦，是能量耗散的途径。分流口处异重流局部水头损失的形成，主要是由于干支流边界条件的急剧改变，是异重流水流形态发生激烈的变化而产生的。当异重流通过局部变化的位置时，形成回流区，造成大量的局部能量损失，该损失可用能量方程计算，令两断面之间的损失为 h_{f}，则：

$$(h_2 + y_{02}) + \frac{V_2^2}{2\frac{\Delta\gamma_2}{\gamma_2}g} = (h'_2 + y'_{02}) + \frac{V'^2_2}{2\frac{\Delta\gamma'_2}{\gamma'}g} + h_{\mathrm{f}} \tag{1-6-30}$$

式中：h_2、h'_2分别为局部变化段前、后断面的异重流厚度；V_2、V'_2分别为局部变化段前、后断面的异重流平均流速。

如令 $\Delta y_0 = y_{02} - y'_{02}$，则：

$$h_2 + \Delta y_0 + \frac{V_2^2}{2\frac{\Delta\gamma_2}{\gamma_2}g} = h'_2 + \frac{V'^2_2}{2\frac{\Delta\gamma'_2}{\gamma'_2}g} + h_{\mathrm{f}} \tag{1-6-31}$$

在异重流局部阻力计算中，参照中国科学院水利电力部水利水电科学研究院河渠研究所(1959)关于局部损失系数的定义，对于分流段的沿程损失，由于距离较近，Δy_0 很小，可以忽略不计。则分流段的局部损失水头为：

$$h_{\mathrm{f}} = h_2 - h'_2 + \frac{V_2^2}{2\frac{\Delta\gamma_2}{\gamma_2}g} - \frac{V'^2_2}{2\frac{\Delta\gamma'_2}{\gamma'_2}g} \tag{1-6-32}$$

$$\zeta_1 = \frac{h_{\mathrm{f}}}{\dfrac{V_2^2}{2\frac{\Delta\gamma_2}{\gamma_2}g}} = \frac{2\frac{\Delta\gamma_2}{\gamma_2}g}{V_2^2}\left(h_2 - h'_2 + \frac{V_2^2}{2\frac{\Delta\gamma_2}{\gamma_2}g} - \frac{V'^2_2}{2\frac{\Delta\gamma'_2}{\gamma'_2}g}\right) \tag{1-6-33}$$

从式(1-6-32)中看出，对于支流口门处的局部损失，既与口门上下游的浑水厚度有关，又与上下游浑水容重及流速有关。由于干支流浑水厚度接近，浑水含沙量差别较小，可以得到：

$$Q_2 = V_2A_2 \tag{1-6-34}$$

$$Q'_2 = V'_2A'_2 \tag{1-6-35}$$

$$Q'_2 = (1-\eta)Q_2 \tag{1-6-36}$$

$$\frac{\Delta\gamma_1}{\gamma'_1} \approx \frac{\Delta\gamma_2}{\gamma'_2} \tag{1-6-37}$$

式中：η 为干支流分流比。

将式(1-6-34)~式(1-6-37)代入式(1-6-33)可得：

$$\zeta_1 = 2\frac{\Delta\gamma_2 g A_2^2}{\gamma_2 Q_2^2}(h_2 - h'_2) + 1 - \frac{A_2^2(1-\eta)^2}{A'^2_2} \tag{1-6-38}$$

当

$$h_2 \approx h'_2 \tag{1-6-39}$$

分流河段的局部损失系数或局部阻力系数为：

$$\zeta_1 = 1 - \frac{A_2^2(1-\eta)^2}{A'^2_2} \tag{1-6-40}$$

从式(1-6-40)中看出，对于支流口门处的局部损失系数，既与干支流异重流过流断面面积有关，又与干支流分流比有关。局部损失系数与干流过流断面面积的平方成负相关关系，与干支流分流比、支流过流断面面积的平方成正相关关系。

6.3　矩形断面对支流倒灌的水沙演化影响

6.3.1　分流前后干支流典型代表点流速变化

分流前后干支流典型代表点位置见图1-6-16。干流典型代表点位于水槽中心线，支流典型代表点位于水槽左岸5 cm处，距离河底0.5 cm，为试验中流速测验的第1个测点。

干流典型代表点流速测验见图1-6-17。该点流速测验是从异重流未到来之前提前进行，直到异重流头部全部通过。从图1-6-17中可以看出，异重流到达前，水槽内为静水，异重流顺水流方向的头部流速 V_y 发生振荡，呈现出典型的正弦波震荡模式，而水流方向的垂线方向头部流速 V_x 变化较小，基本可以忽略。

支流典型代表点流速测验见图1-6-18。该点流速测验是从异重流未到来之前提前进行，直到异重流头部全部通过。从图1-6-18中可以看出，异重流到达前，水槽内为静水，异重流顺水流方向的头部流速 V_y 发生振荡，呈现出典型的正弦波震荡模式，而水流方向的垂线方向头部流速 V_x 变化较小，基本可以忽略。

从图1-6-19中可以看出，含沙量越大，异重流头部流速越大；异重流到来之前，流速变幅小，清水的紊动幅度小，异重流到来之后，流速变幅大，浑水紊动幅度大；来流含沙量越高，浑水紊动幅度越大，浑水异重流紊动幅度大于清水的。

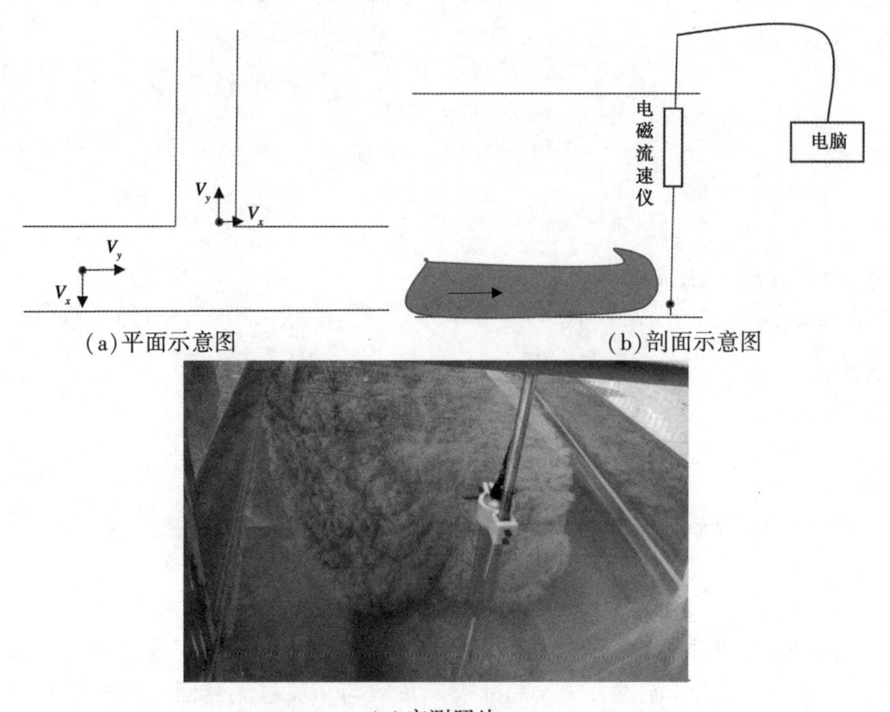

(a)平面示意图　　(b)剖面示意图

(c)实测照片

图 1-6-16　干支流典型测点布置

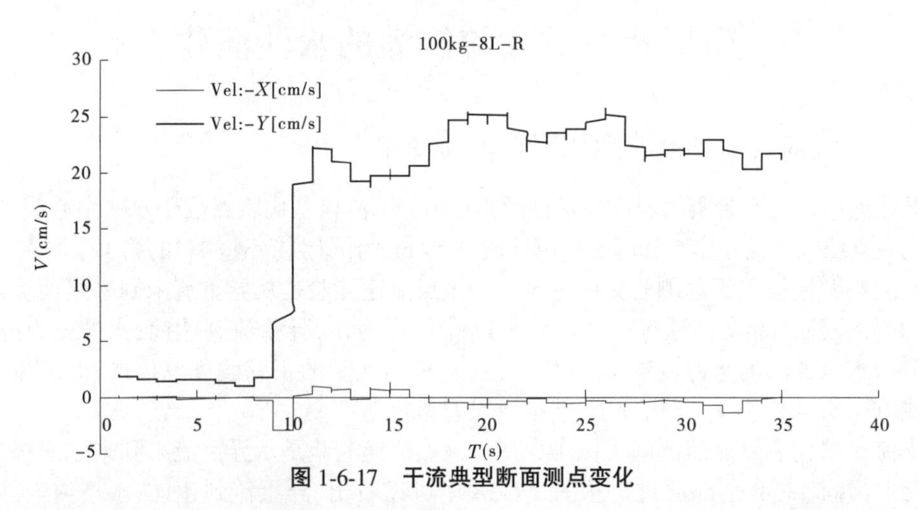

图 1-6-17　干流典型断面测点变化

异重流到达固定点后流速突然增大到最大值,异重流头部过去之后,流速降低,呈波状曲线变化。从 M-500kg-8L-R、M-200kg-8L-R 组次数据系列可以看出,M-500kg-8L-R 组次形成的异重流流速衰减幅度大于 M-200kg-8L-R 的,而其他组次流速也衰减,但衰减幅度小于 M-500kg-8L-R 组次。

图 1-6-20 为矩形河槽不同含沙量条件下支流分流处固定点流速变化图。其变化特征基本同干流,除 T-500kg-8L-R 组次的支流分流流速较小外,其余组次流速随着含沙

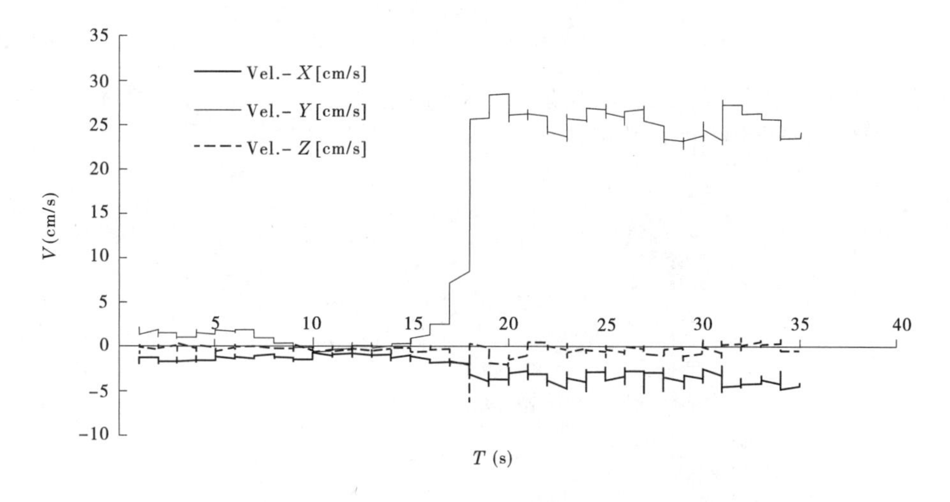

图 1-6-18　支流典型测点变化

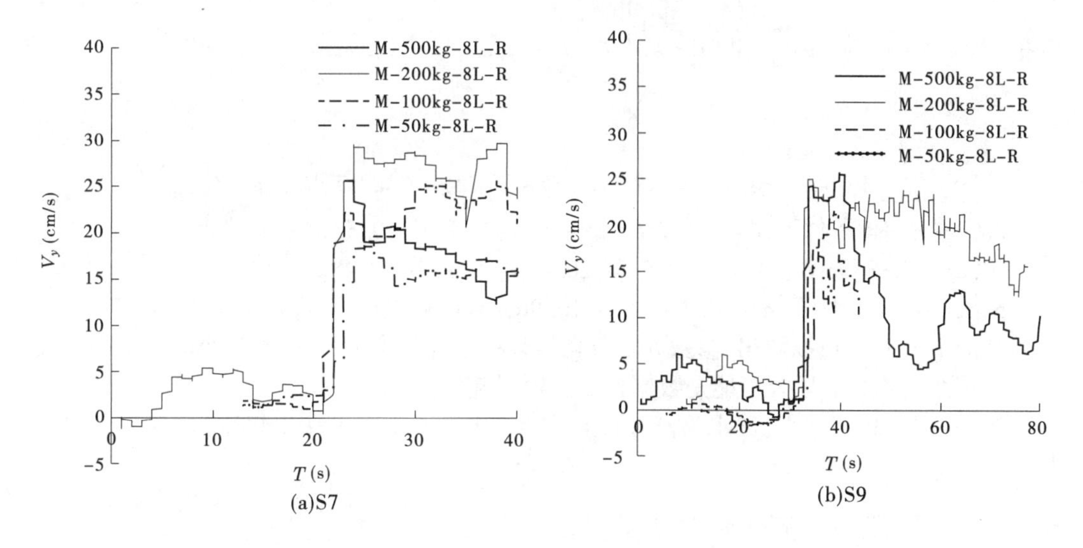

图 1-6-19　矩形河槽不同含沙量条件下干流上游 S7、下游 S9 固定点流速变化

量的增大而增大的变化。

对矩形河槽同一流量，不同含沙量条件下，所测得的 S7 断面流速随时间变化的数据进行汇总分析，根据数据变化特征，可以看出脉动流速随时间变化均呈现出周期性衰减的趋势，因此采用正弦函数和指数函数的组合函数对这一变化特征进行拟合。图 1-6-21 为流速随时间变化拟合图。

500kg-8L-R 条件下，根据实测数据拟合公式

$$V_y = a \times (1.1^{-t} + 0.06) \times \sin\left(\frac{\pi}{15}t\right) + b \tag{1-6-41}$$

式中 $a=14.34, b=11.59, R^2=0.58$。

200kg-8L-R、100kg-8L-R、50kg-8L-R 条件下，根据实测数据拟合公式形式相同，只是参数不同：

$$V_y = a \times \sin\left(\frac{\pi}{8}t\right) + b \times n^{-\frac{t}{100}} \tag{1-6-42}$$

公式表明了异重流头部流速既有周期波动传播的特性又叠加了指数函数的衰减过程,是符合实际变化特点的。式中各系数如下:

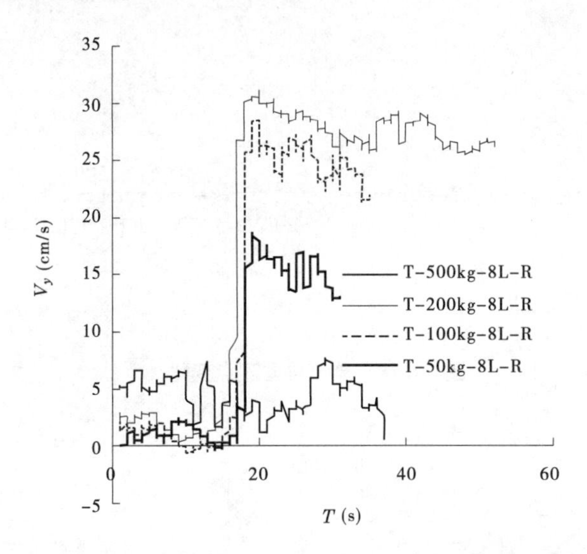

图 1-6-20　矩形河槽不同含沙量条件下支流分流处固定点流速变化

200kg-8L-R 条件下,a=1. 177,b=28. 44,n=1. 5,R^2=0. 53。

100kg-8L-R 条件下,a=-1. 037,b=20. 4,n=1. 6,R^2=0. 48。

50kg-8L-R 条件下,a=-0. 770 4,b=16. 96,n=1. 8,R^2=0. 49。

从图 1-6-20 中可以看出,参数 b 随着含沙量的增加而增大,n 随着含沙量的减小而增加。相关系数不高的原因可能是数据长度过短引起的。

500kg-8L-R 试验中,浑水为高含沙量水体,该流体已变为非牛顿流体,其运动变化情况与其他三种情况不同。

6. 3. 2　异重流头部流速随含沙量变化

图 1-6-22 为 Q=8 L/s 时,S=200 kg/m³、S=150 kg/m³、S=100 kg/m³、S=50 kg/m³ 干支流头部流速沿程变化。从图 1-6-22 中可以看出,干流流速沿程在波动中衰减,在支流口门处受支流分流影响流速减小,经过支流口门后流速减小,分流后流速增大,通过大幅减小直至尾门。在支流内部,头部流速经历先增大后减小的过程。与干流分流后的流速形态类似。

图 1-6-23 为干、支流异重流头部运行图。从图 1-6-23 中可看出,异重流头部流速在初期发生调整,稳定后,流速微幅调整。头部流速随着含沙量的增加而增加。下游无支流时头部流速大于有支流的,初始阶段增大幅度大于稳定阶段,但稳定后比较接近。支流异重流头部流速变化规律同干流的。下游无支流时头部流速较有支流时为小。

这是由于干流内浑水进入支流,支流分流比经历一个先增大后减小又趋于稳定的过程,干流异重流以一定的速度向前运动,后续浑水量减小,导致干流流速减小,再加上沿程阻力和交界面阻力作用,干流内异重流流速减小。而支流内初始为清水,初次分流的浑水

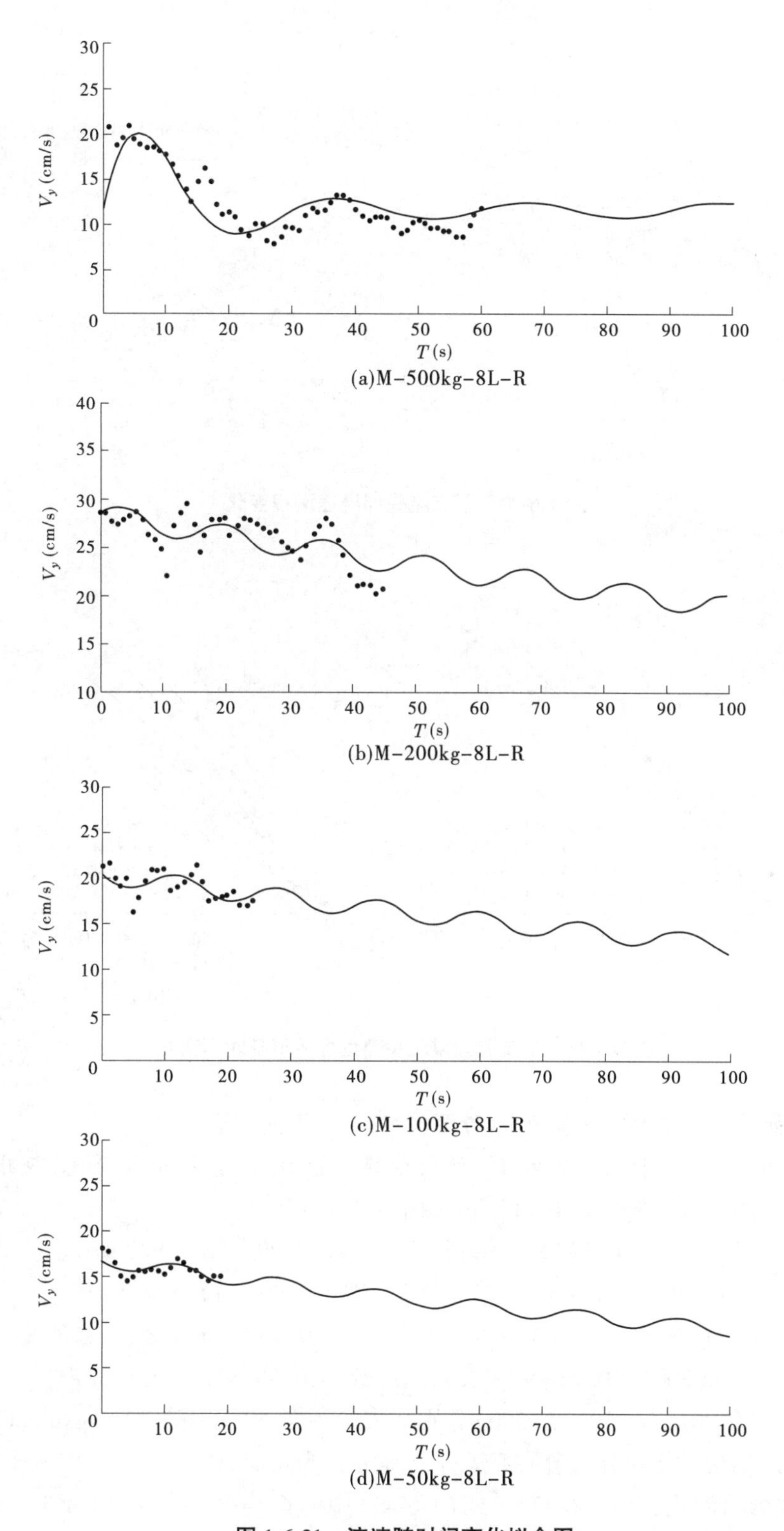

图 1-6-21　流速随时间变化拟合图

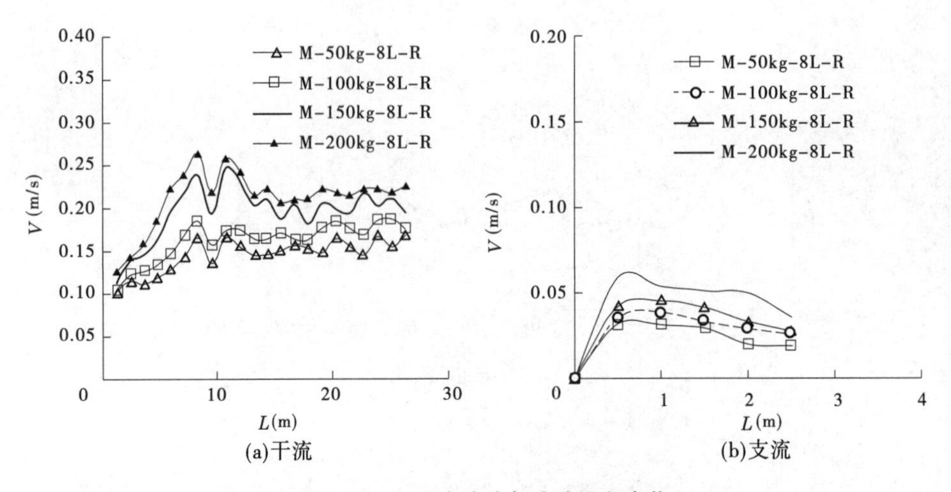

图 1-6-22　干支流头部流速沿程变化

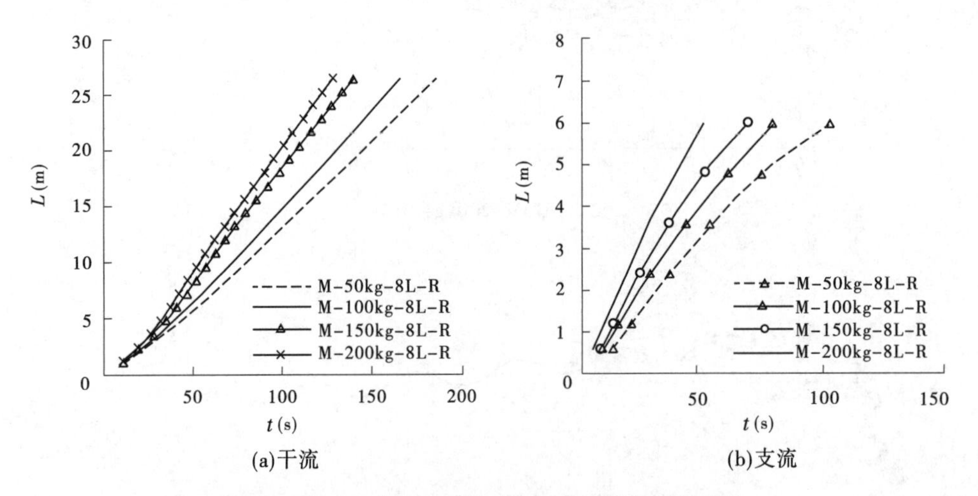

图 1-6-23　干支流异重流头部运行距离随时间变化

量较大,随着干支流浑水容重差减小,分流浑水减少,流速减小。

对图 1-6-23(a)中干流头部异重流运行距离 L 与历时 t 进行拟合,从图中可以看出,其关系接近线性关系,进一步可得到如下四个关系式:

$$L(50)=0.1479t-1.4347\quad R^2=0.99\quad (t>9.7\ \text{s})\tag{1-6-43}$$

$$L(100)=0.1662t-1.6152\quad R^2=0.99\quad (t>9.7\ \text{s})\tag{1-6-44}$$

$$L(150)=0.2017t-1.7803\quad R^2=0.99\quad (t>8.8\ \text{s})\tag{1-6-45}$$

$$L(200)=0.2189t-1.7153\quad R^2=0.99\quad (t>7.8\ \text{s})\tag{1-6-46}$$

式中:$L(50)$、$L(100)$、$L(150)$、$L(200)$分别代表含沙量 50 kg/m^3、100 kg/m^3、150 kg/m^{3}及 200 kg/m^3 对应的干流异重流头部运行距离,m;t 为相应时间,s。

从式中可以看出,式(1-6-43)~式(1-6-46)中的截距分别为-1.434 7、-1.615 2、-1.780 3、-1.715 3,平均值为-1.636 3。截距的存在表示异重流初始运动阶段的掺混到稳定的过程。式(1-6-43)～式(1-6-46)中 50 kg/m³、100 kg/m³、150 kg/m³ 及 200 kg/m³ 对应斜率分别为 0.147 9、0.166 2、0.201 7、0.218 9。

同样的,由图 1-6-23(b)可得到支流四个相应关系式:

$$L_t(50) = 0.061t + 0.018 \quad R^2 = 0.99 \tag{1-6-47}$$

$$L_t(100) = 0.077t + 0.052\,9 \quad R^2 = 0.99 \tag{1-6-48}$$

$$L_t(150) = 0.089\,2t + 0.098\,4 \quad R^2 = 0.99 \tag{1-6-49}$$

$$L_t(200) = 0.119\,7t + 0.122\,5 \quad R^2 = 0.99 \tag{1-6-50}$$

式中:$L_t(50)$、$L_t(100)$、$L_t(150)$、$L_t(200)$分别代表含沙量 50 kg/m³、100 kg/m³、150 kg/m³、200 kg/m³ 对应的支流异重流头部运行距离,m;t 为相应时间,s。

从式中可以看出,式(1-6-47)～式(1-6-50)中的截距分别为 0.018、0.052 9、0.086 3、0.122 5,平均值约为 0.072 5。截距为 $t=0$ 时支流内异重流首次分流进入的距离。式(1-6-47)～式(1-6-50)中 50 kg/m³、100 kg/m³、150 kg/m³、200 kg/m³ 对应斜率分别为 0.061、0.077、0.089 2、0.119 7。

斜率代表异重流头部的平均流速,从中可以看出,相同比降和进口流量条件下,随着进口含沙量的增加,干、支流异重流头部平均流速增加明显。这是由于含沙量大的干流异重流进入支流内的含沙量也大,头部流速也大,支流内异重流沿程衰减。

从式中可以看出,干、支流异重流头部的运行与含沙量关系较为密切,假设 a 为曲线斜率,令:

$$a = bx + c \tag{1-6-51}$$

式中:无量纲数 S/γ_s 作为含沙量变化因子;b、c 为常数;γ_s 为泥沙容重,为 2 650 kg/m³。

对数据拟合得到图 1-6-24,得到

干流　$$a = 1.317\,1x + 0.121\,6 \quad R^2 = 0.98 \tag{1-6-52}$$

支流　$$a = 0.998x + 0.039\,7 \quad R^2 = 0.96 \tag{1-6-53}$$

由式(1-6-43)～式(1-6-53)得到异重流头部运动距离随含沙量、时间变化公式:

干流　$$L(S) = (1.317\,1S/\gamma_s + 0.121\,6)t - 1.636\,3 \tag{1-6-54}$$

支流　$$L(S) = (0.998S/\gamma_s + 0.039\,7)t + 0.072\,5 \tag{1-6-55}$$

采用水槽试验资料,利用韩其为倒灌流速公式(1-6-24)、本书提出的新公式(1-6-23)计算了进入支流的异重流头部流速,并与实测值进行了对比,结果见图 1-6-25。从图中看出,两公式均可进行计算倒灌异重流流速,韩其为倒灌流速公式计算值较实测值略小,本书新公式考虑了行进流速,其值略大于韩其为公式,更接近实测值。

图 1-6-26 为干支流浑液面变化图。从图中可以看出,干支流内异重流头部的厚度随含沙量的增大而减小,异重流厚度从大到小依次为 M-50kg-8L-R 组次、M-100kg-8L-R 组次、M-150kg-8L-R 组次、M-200kg-8L-R 组次。其中 M-50kg-8L-R 组次的异重流厚度最大。

根据异重流均匀流流速公式(1-6-7),其流速与重力修正系数、单宽流量、比降呈正相关关系,由于含沙量越小,异重流均匀流流速越小,而单宽流量、比降相同,因此浑水厚度就越大,异重流与清水的掺混就越容易。干流异重流厚度受原始地形的局部影响较大,沿程厚度波动起伏。支流内部地形近似为水平,其浑水厚度变化较小。干流浑液面在头部

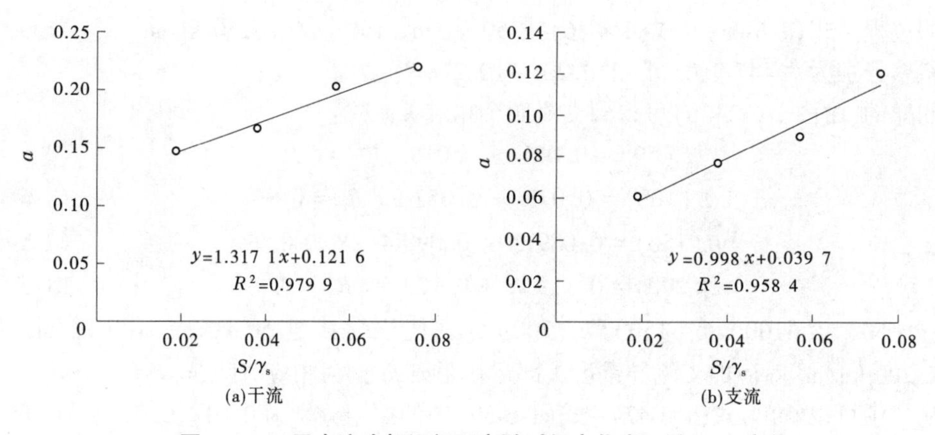

图 1-6-24　干支流头部运行距离随时间变化率 a 随 S/γ_s 变化

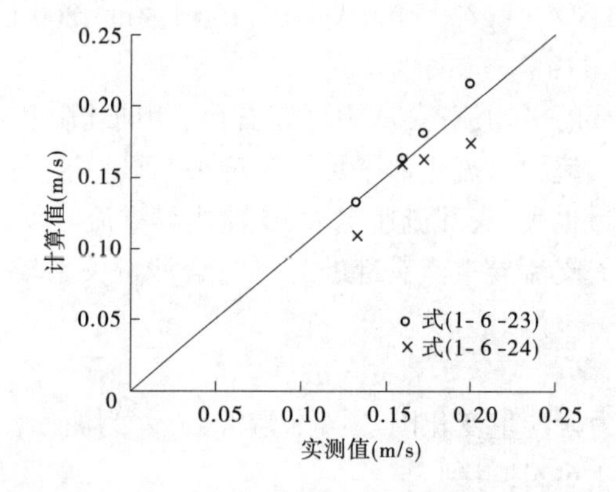

图 1-6-25　支流分流异重流头部流速计算与实测对比

经过时，干流厚度大于支流厚度，而头部经过后，异重流进入支流内，随着时间的延长，干支流厚度差减小，干支流厚度趋于相同。

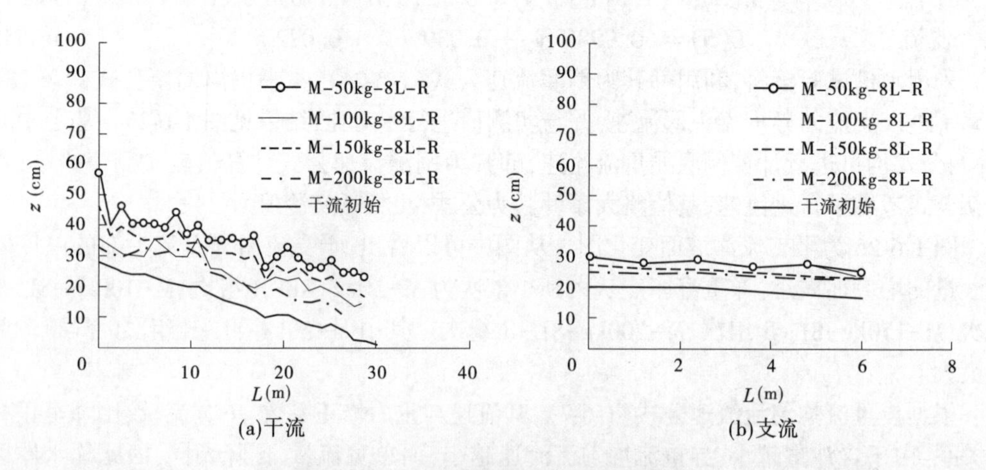

图 1-6-26　干支流异重流头部浑液面变化

6.3.3　分流前后垂线流速变化

图 1-6-27、图 1-6-28 分别为 200kg-8L-R、50kg-8L-R 垂线流速分布图及现场测验照片。z 为高程(下文同)。从图 1-6-27 中可以看出,分流前流速大于分流后流速;干流异重流在异重流运动方向的法线方向上流速 V_x 较小,其最大流速约为 7 cm/s,位于距河底 1.5 cm 的位置,在顺水流运动方向上流速 V_y 较大,最大约为 25 cm/s,位于距河底 1.5 cm 的位置。支流内异重流运动方向的法线方向上流速比顺流方向流速小,其法线方向上流速 V_x 最大为 2 cm/s,顺水流方向流速 V_y 最大为 5 cm/s,位置均位于距河底 1.5 cm,其中支流内水流流速量级与干流接近。

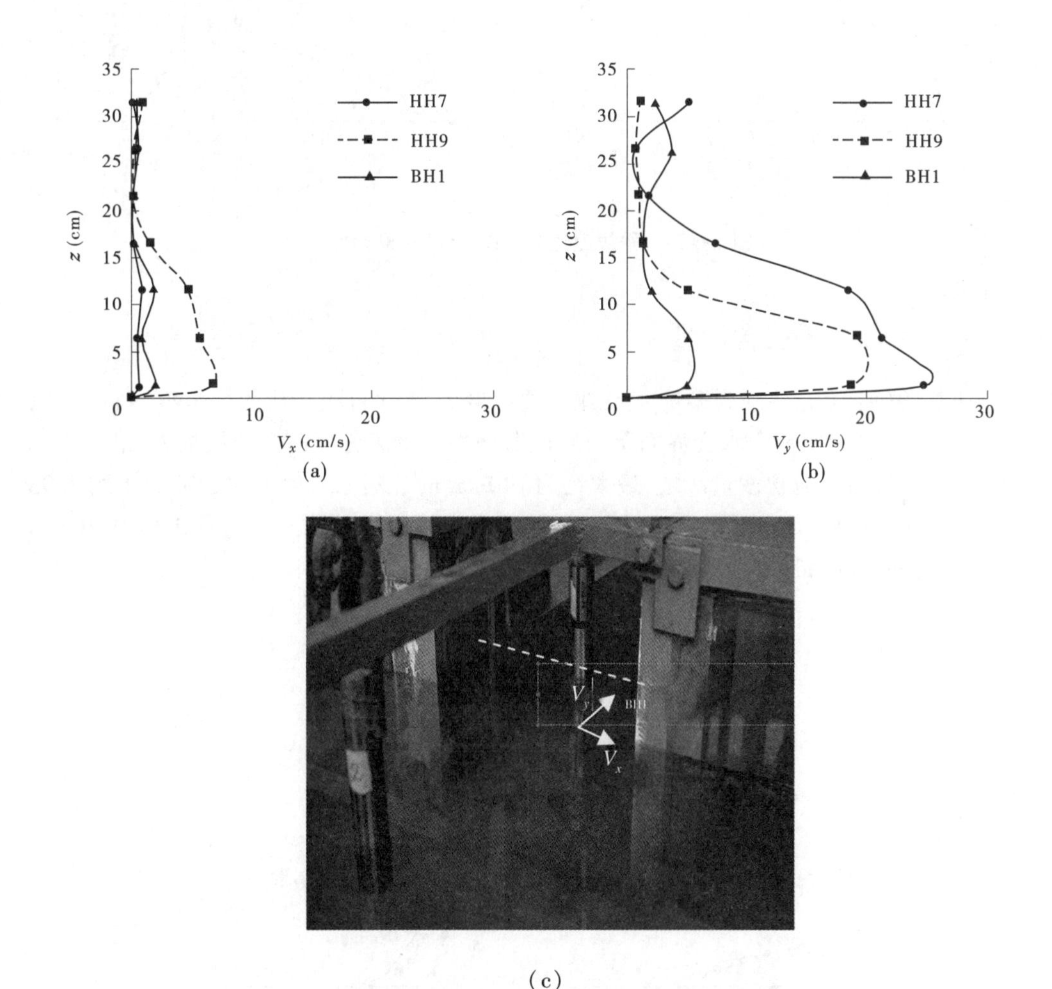

(c)

图 1-6-27　垂线流速分布图及现场测验照片(200kg-8L-R)

从图 1-6-28 中可以看出,干流异重流其流向的法线方向上流速 V_x 小,其最大流速为 6 cm/s,位于距河底 3.5 cm 的位置,在顺流向上流速 V_y 大,最大为 21 cm/s,位于距河底 5.5 cm 的位置;支流内异重流其流向的法线方向上流速 V_x 比顺流向流速 V_y 小,流向的法

线方向流速 V_x 最大为 2 cm/s,位于距河底 1.5 cm 的位置,顺水流方向流速 V_y 最大为 4 cm/s,位置位于距河底 3.5 cm 处,其中支流内异重流流速量级与干流大致一致。

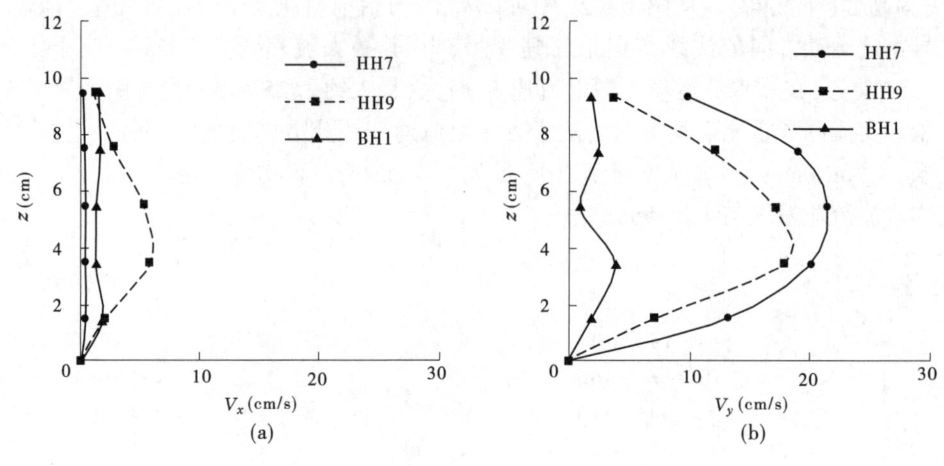

图 1-6-28　垂线流速分布图(50kg-8L-R)

6.3.4　分流前后垂线含沙量

图 1-6-29(a)、(b)分别为第 1、第 4 组次垂线含沙量分布图。从图 1-6-29(a)中可以看出,含沙量沿垂线由清浑水交界面至河底逐渐增大。干流分流前含沙量最大,最大约为 170 kg/m³,分流后干流含沙量次之,最大约为 140 kg/m³,支流内含沙量最小,最大约为 95 kg/m³。从图 1-6-29(b)中可以看出,其含沙量基本规律与之相同。这与图 1-6-30(Rafael et al.,2012;Imran et al.,2016)中的实测结果是一致的。

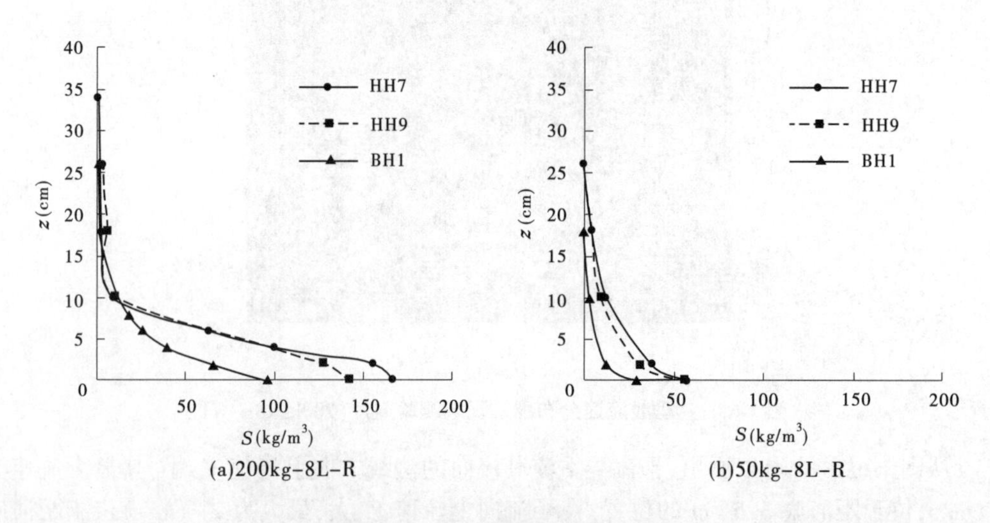

图 1-6-29　含沙量沿垂线分布图

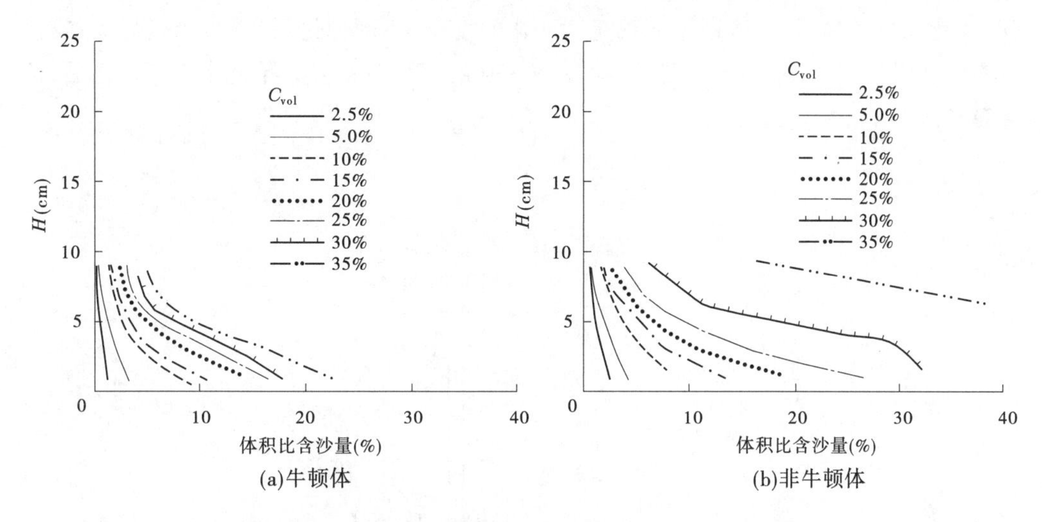

图 1-6-30 含沙量沿垂线分布实测图(Rafael et al.,2012)

6.4 梯形断面对支流倒灌的水沙演化影响

6.4.1 分流前后干支流典型代表点流速变化

图 1-6-31 为梯形河槽不同含沙量条件下干流上游 S7、下游 S9 固定点流速变化图。从梯形河槽相同流量不同含沙量对比图可以看出,在支流上游 1.2 m 的 S7 断面,M-200kg-8L-Tra 的头部流速最大,M-100kg-8L-Tra 次之,M-50kg-8L-Tra 最小;支流下游 1.2 m 处 S9 断面流速变化规律相同。

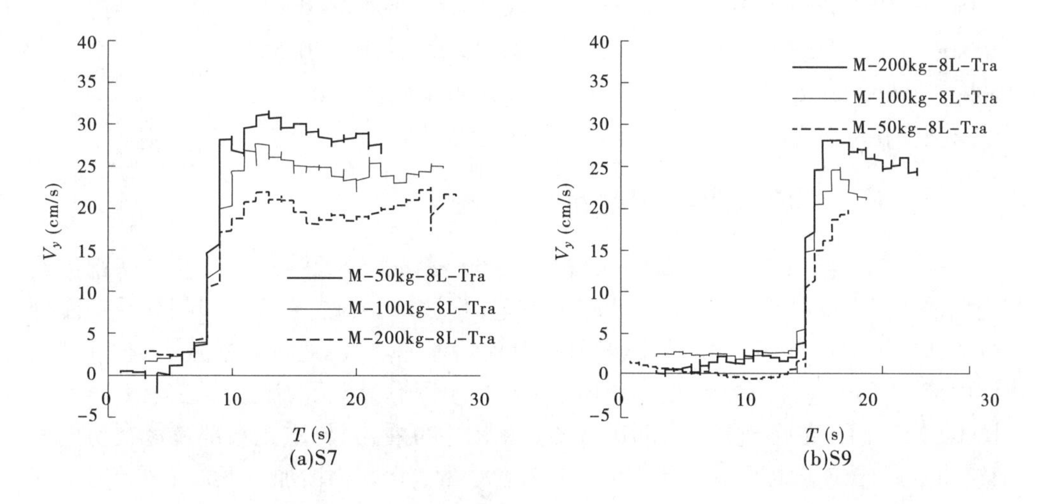

图 1-6-31 梯形断面不同含沙量条件下干流上游 S7、下游 S9 固定点流速变化

图 1-6-32 为梯形河槽不同含沙量条件下支流口门固定点流速变化图。从图中可以

看出,梯形河槽条件下,头部通过前其流速变化幅度小,头部通过后,该点流速增大,支流内异重流头部通过该固定点时其梯度较缓,M-50 kg-8L-Tra 组次异重流头部通过后,流速衰减明显。

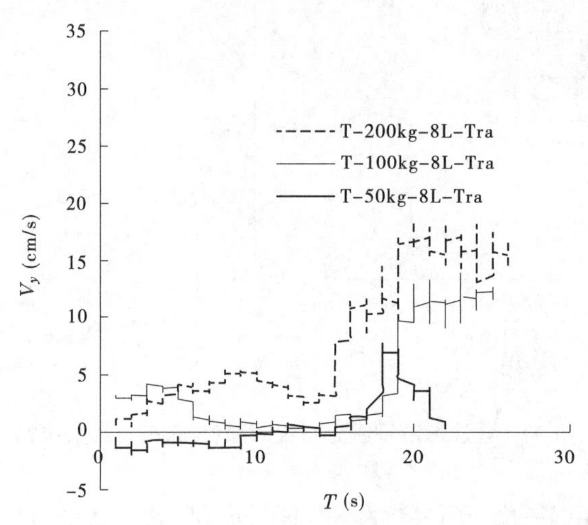

图 1-6-32 梯形断面不同含沙量条件下支流口门固定点流速变化

对梯形断面 S7 处同一流量、不同含沙量条件下,采用正弦函数和指数函数的组合函数对这一变化特征进行拟合。图 1-6-33 为流速随时间变化拟合图。三种不同含沙量条件下,其曲线拟合均可用下式表示:

$$V_y = a \times 1.1^{-t} \times \sin\left(\frac{\pi}{n}t\right) + b \tag{1-6-56}$$

式中各系数如下:

200kg - 8L - Tra 条件下,$a = 2.524$,$b = 28.45$,$n = 8$,$R^2 = 0.65$。

100kg - 8L - Tra 条件下,$a = 2.125$,$b = 24.32$,$n = 7$,$R^2 = 0.56$。

50kg - 8L - Tra 条件下,$a = 2.236$,$b = 19.78$,$n = 6$,$R^2 = 0.45$。

从参数变化可以看出,参数 b、n 随含沙量的增大而增大。

6.4.2 异重流头部流速随含沙量变化

图 1-6-34 为 Q=8 L/s 时,S=200 kg/m^3、S=100 kg/m^3、S=50 kg/m^3 干支流头部流速沿程变化。从图中可以看出,干流头部流速沿程发生波动、衰减,在支流口门处受支流分流影响流速减小,经过支流口门后流速减小,分流后流速增大,通过大幅减小直至尾门。在支流内部,头部流速经历先增大后减小的过程。与干流分流后的流速形态类似。

图 1-6-35 为干、支流异重流头部运行图。从图中可看出,异重流头部流速在初期发生调整,稳定后,流速微幅调整。头部流速随着含沙量的增加而增加。下游无支流时头部流速大于有支流的,初始阶段增大幅度大于稳定阶段,但稳定后比较接近。支流异重流头部流速变化规律同干流的。下游无支流时头部流速较有支流时为小。

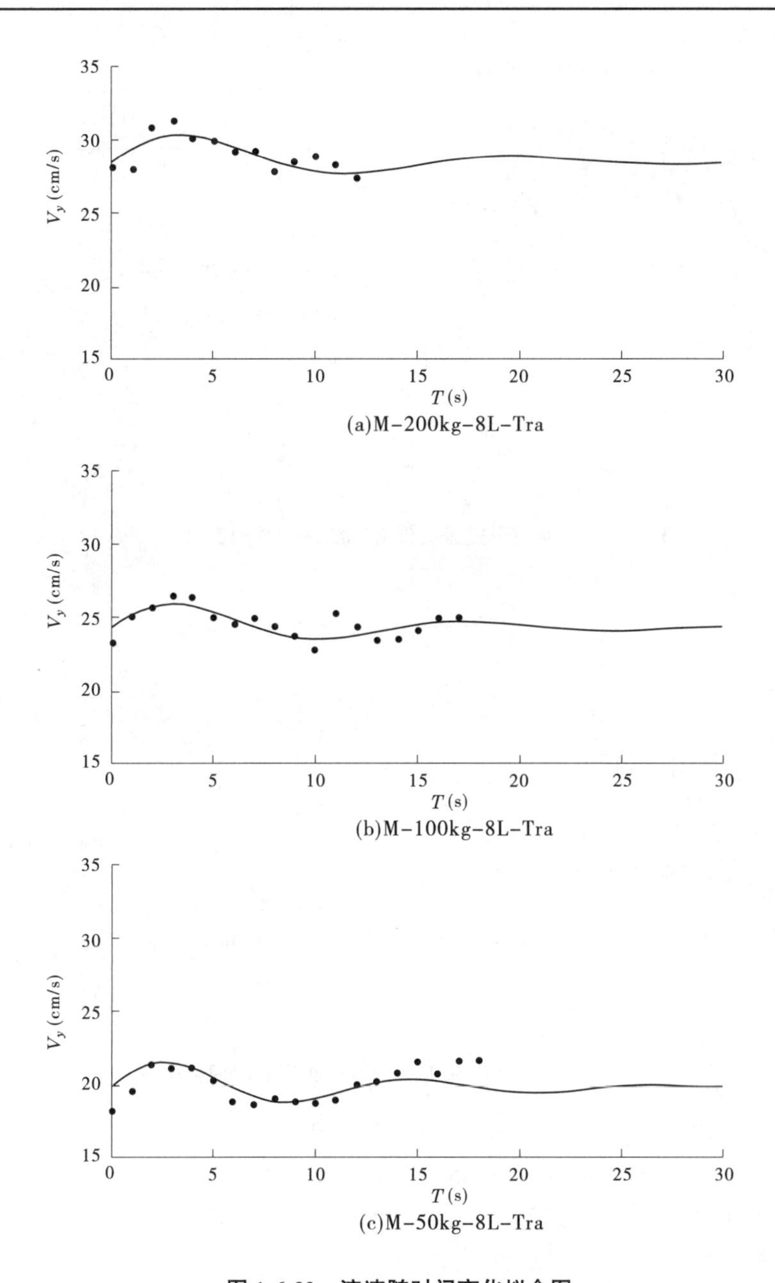

图 1-6-33　流速随时间变化拟合图

这是由于干流内浑水进入支流，支流分流比经历一个先增大后减小又趋于稳定的过程，干流异重流以一定的速度向前运动，后续浑水量减小，导致干流流速减小，再加上沿程阻力和交界面阻力作用，干流内异重流流速减小。而支流内初始为清水，初次分流的浑水量较大，随着干支流浑水容重差减小，分流浑水减少，流速减小。

对图 1-6-35(a)中干流头部异重流运行距离 L 与历时 t 进行拟合，从图中可以看出，其关系接近线性关系，进一步可得到如下三个关系式：

$$L(50) = 0.1583t - 0.5359 \quad R^2 = 0.992 \quad (t > 3.4\ \text{s}) \tag{1-6-57}$$

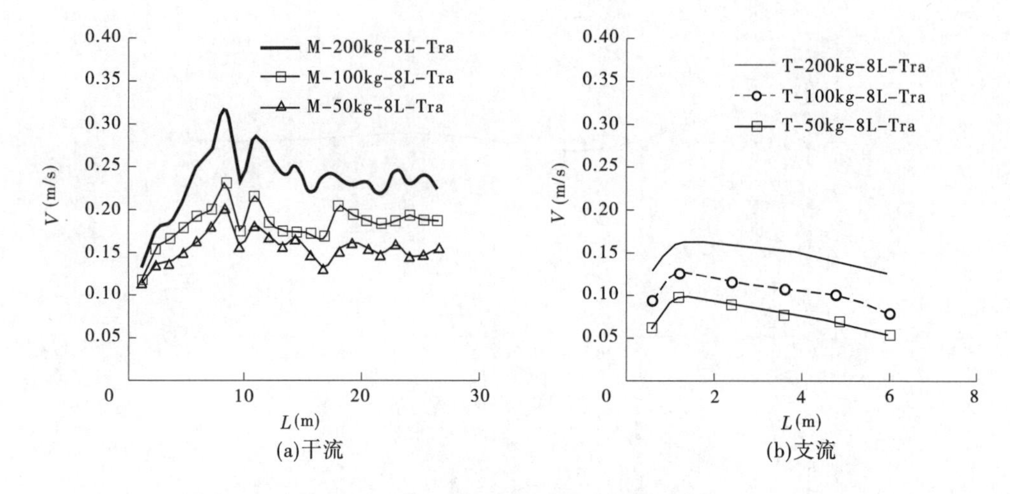

图 1-6-34　干支流头部流速随含沙量的变化

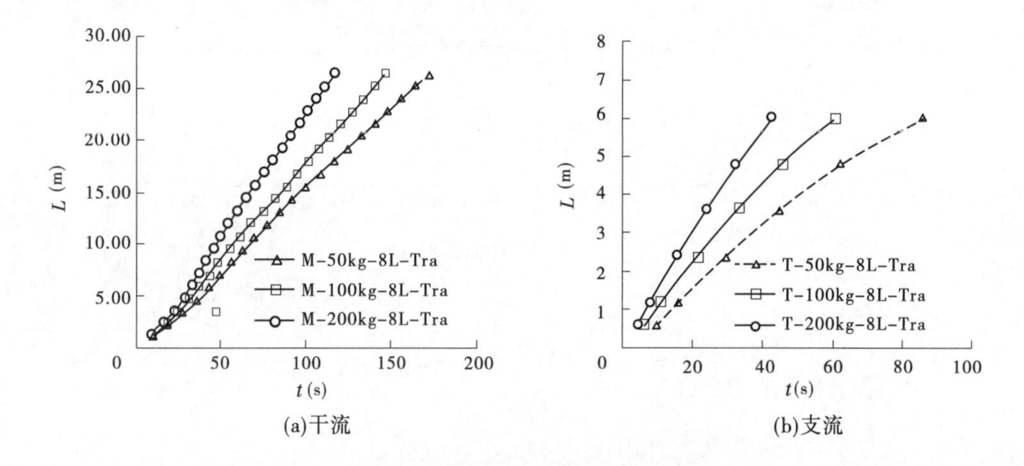

图 1-6-35　干支流异重流头部运行距离随时间变化图

$$L(100) = 0.186\ 1t - 0.869\ 9 \quad R^2 = 0.997 \qquad (t > 4.7\ \text{s}) \tag{1-6-58}$$

$$L(200) = 0.240\ 2t - 1.453\ 9 \quad R^2 = 0.999 \qquad (t > 6.1\ \text{s}) \tag{1-6-59}$$

式中：$L(50)$、$L(100)$、$L(200)$分别代表含沙量 50 kg/m³、100 kg/m³、200 kg/m³ 对应的干流异重流头部运行距离，m；t 为相应时间，s。

从式中可以看出，式（1-6-57）～式（1-6-59）中的截距分别为-0.535 9、-0.869 9、-1.453 9，平均值为-0.953 2。截距的存在表示异重流初始运动阶段的掺混到稳定的过程。式(1-6-57)～式(1-6-59)中 50 kg/m³、100 kg/m³、200 kg/m³ 对应斜率分别为 0.158 3、0.186 1、0.240 2。

斜率代表异重流头部的平均流速，从中可以看出，相同比降和进口流量条件下，随着进口含沙量的增加，干流头部平均流速增加明显。

同样的，由图 1-6-35(b)可得到支流三个相应关系式：

$$L_t(50) = 0.062\ 9t - 0.131\ 1 \quad R^2 = 0.99 \quad (t > 2.1\ \text{s}) \tag{1-6-60}$$

$$L_t(100) = 0.1157t - 0.2205 \quad R^2 = 0.99 \quad (t > 1.9\ \text{s}) \tag{1-6-61}$$

$$L_t(200) = 0.1727t - 0.2325 \quad R^2 = 0.99 \quad (t > 1.3\ \text{s}) \tag{1-6-62}$$

式中：$L_t(50)$、$L_t(100)$、$L_t(200)$分别代表含沙量 50 kg/m^3、100 kg/m^3、200 kg/m^3 对应的支流异重流头部运行距离，m；t 为相应时间，s。

从式中可以看出，式(1-6-60)～式(1-6-62)中的截距分别为－0.131 1、－0.220 5、－0.232 5，平均值约为－0.194 7。截距为支流内异重流进入的距离。式(1-6-60)～式(1-6-62)中 50 kg/m^3、100 kg/m^3、200 kg/m^3 对应斜率分别为 0.062 9、0.115 7、0.172 7。

斜率代表异重流头部的平均流速，从中可以看出，相同比降和进口流量条件下，随着进口含沙量的增加，支流异重流头部平均流速增加明显。这是由于含沙量大的干流异重流进入支流内的含沙量也大，头部流速也大，支流内异重流沿程衰减。

从式中可以看出，干支流异重流头部运动与含沙量关系较为密切，假设 a 为曲线斜率，令

$$a = bx + c \tag{1-6-63}$$

式中：无量纲数 S/γ_s 作为含沙量变化因子；b、c 为常数；γ_s 为泥沙干容重，取 2 650 kg/m^3。对数据拟合得到图 1-6-36，得到：

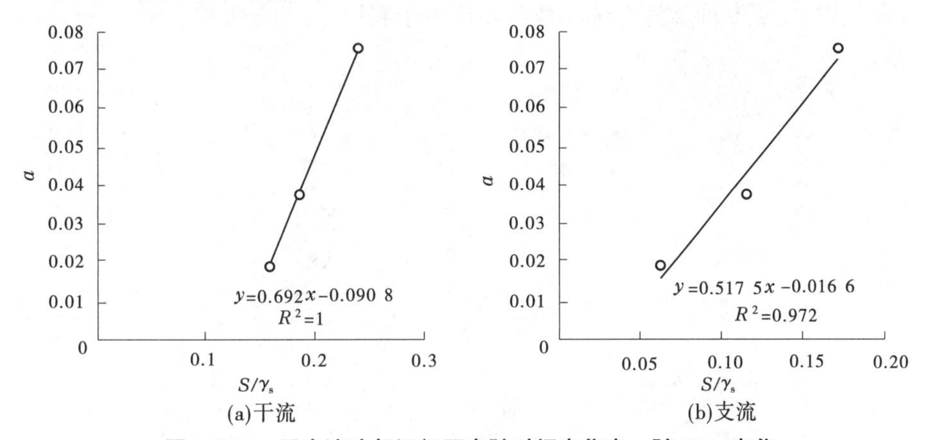

图 1-6-36　干支流头部运行距离随时间变化率 a 随 S/γ_s 变化

干流　$a=0.692S/\gamma_s-0.0908$　$R^2=1$　(1-6-64)

支流　$a=0.5175S/\gamma_s-0.0166$　$R^2=0.97$　(1-6-65)

由式(1-6-60)～式(1-6-65)得到异重流头部运动距离随含沙量、时间的变化公式：

干流　$L(S)=(0.692S/\gamma_s-0.0908)t-0.9532$　(1-6-66)

支流　$L(S)=(0.5175S/\gamma_s-0.0166)t-0.1947$　(1-6-67)

图 1-6-37 为梯形断面干支流浑液面变化图。其变化规律基本同矩形的。支流内部浑液面厚度变化随进口含沙量的变化微弱。

6.4.3　分流前后垂线流速变化

图 1-6-38～图 1-6-42 分别为干流距左岸 5 cm、15 cm、30 cm、45 cm、55 cm 处，支流距左岸 5 cm、10 cm、15 cm、20 cm、25 cm 处垂线流速分布图。从图中可以看出，干支流顺水

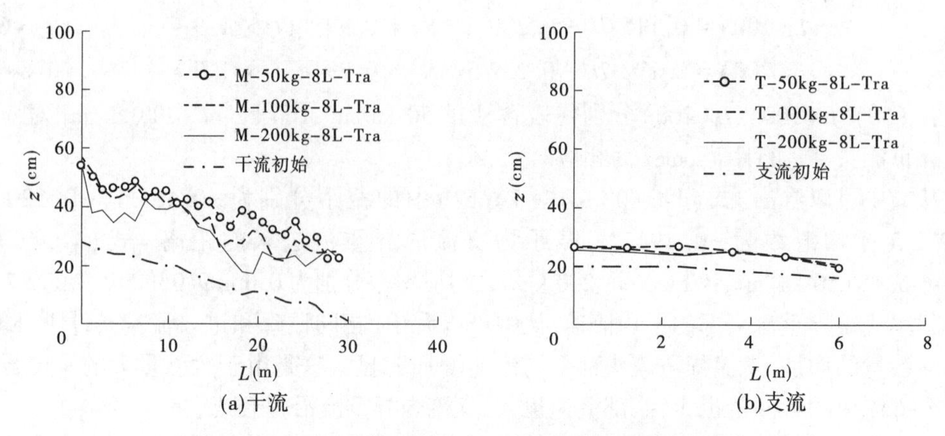

(a)干流　　(b)支流

图 1-6-37　干流为梯形断面时干支流异重流头部浑液面变化

流方向流速均比法线方向流速大。干流分流前流速大于分流后流速,且浑水厚度分流前大于分流后。干流最大流速点位于断面中心垂线上,最大流速约为 35 cm/s,距河底 3.5 cm 位置,支流内最大的流速点发生在距左岸 10 cm 垂线上,最大流速约为 18 cm/s,距河底 1.5 cm 位置,支流断面流速总体趋势为左岸大于右岸。

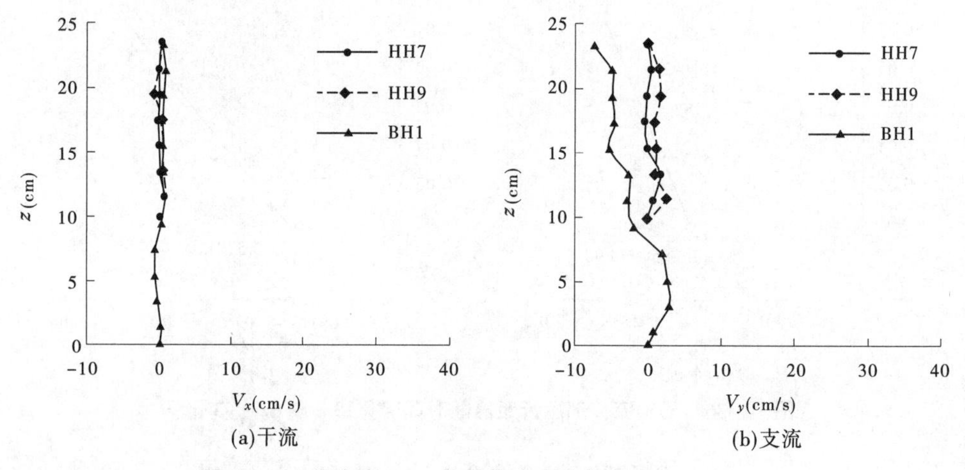

(a)干流　　(b)支流

图 1-6-38　距左岸 5 cm 处垂线流速分布(200kg-8L-Tra)

6.4.4　分流前后垂线含沙量变化

图 1-6-43 为干流距左岸 5 cm、15 cm、30 cm、45 cm、55 cm 处,支流距左岸 5 cm、10 cm、15 cm、20 cm、25 cm 处垂线含沙量分布图。由图 1-6-43 可知,由清浑水交界面至河部,含沙量逐渐增大;干流上分流前含沙量比分流后含沙量大,受边壁影响,断面中心处的含沙量比两侧的含沙量高,断面中心位置分流前后最大含沙量分别为 220 kg/m^3、160 kg/m^3,两侧的最大含沙量分流前后分别为 200 kg/m^3、170 kg/m^3;在支流分水口门处的断面上,这种情况恰恰相反,两侧的含沙量比中心处含沙量高,中心位置处最大含沙量约为 135 kg/m^3,而两侧的最大含沙量为 160 kg/m^3。

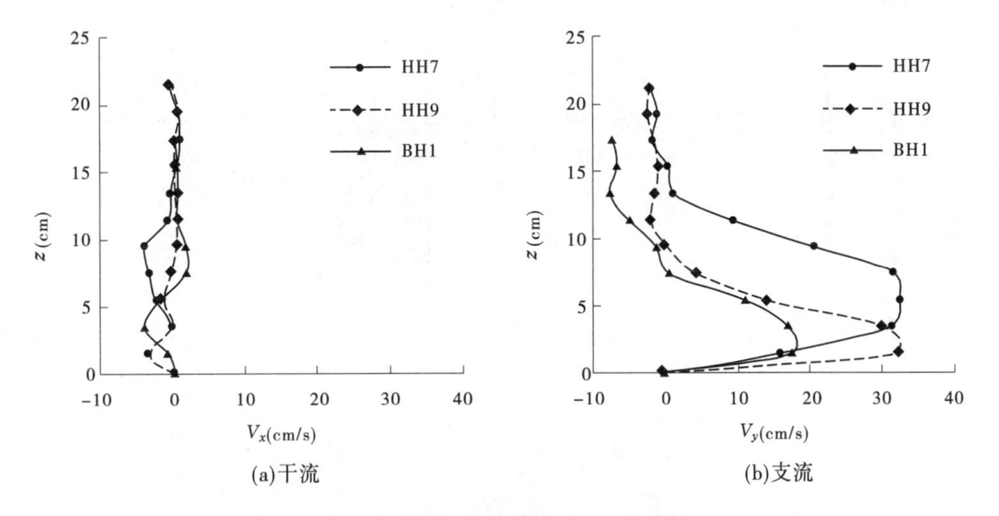

图 1-6-39　距左岸 15 cm 处垂线流速分布(200kg-8L-Tra)

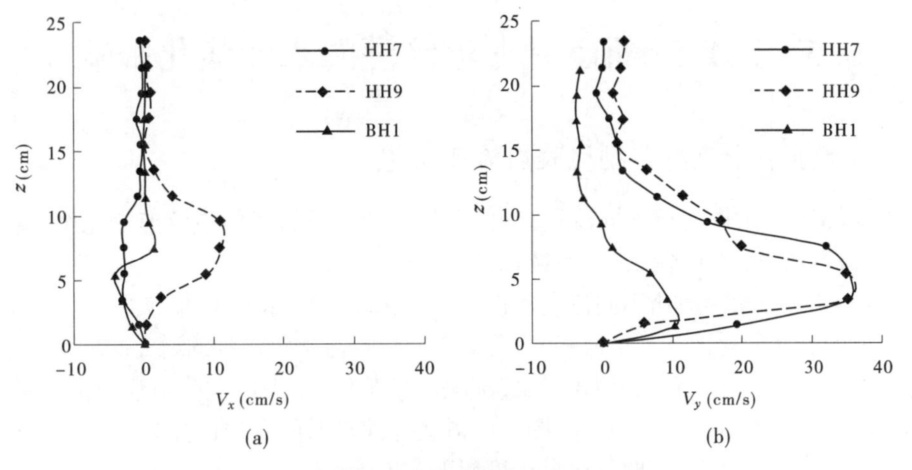

图 1-6-40　距左岸 30 cm 处垂线流速分布(200kg-8L-Tra)

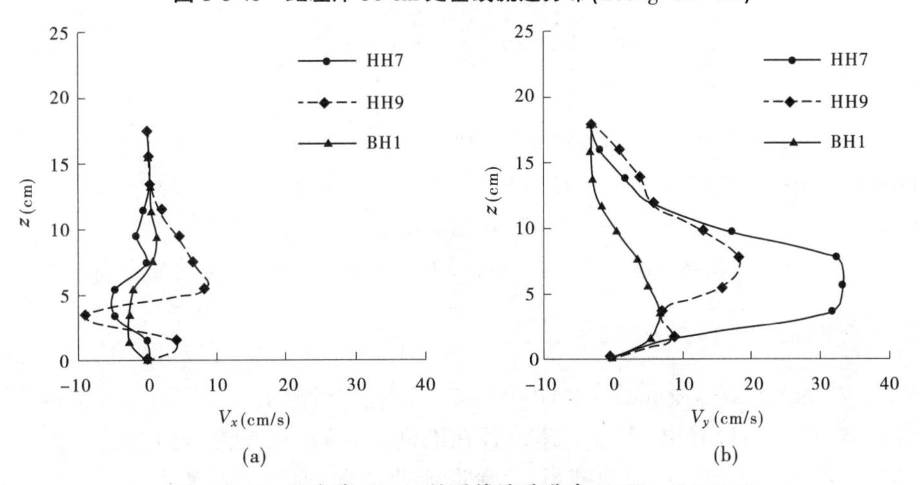

图 1-6-41　距左岸 45 cm 处垂线流速分布(200kg-8L-Tra)

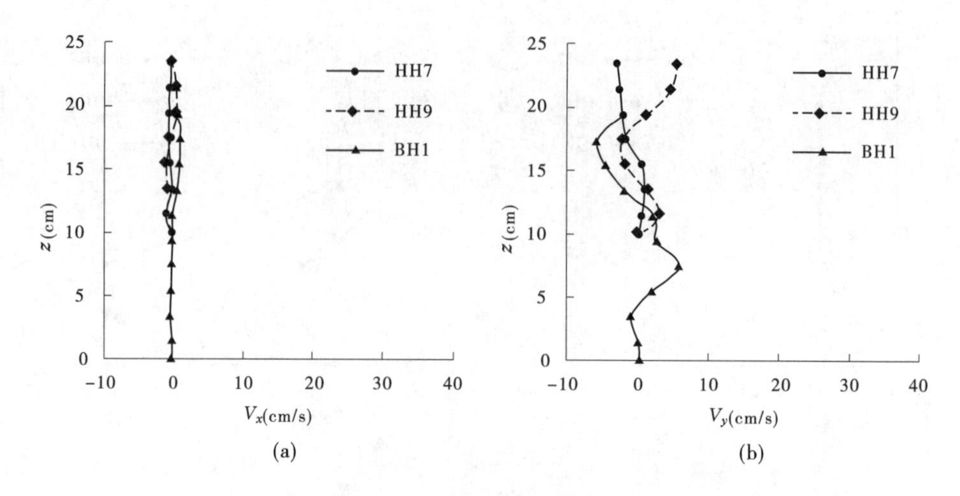

图 1-6-42 距左岸 55 cm 处垂线流速分布(200kg-8L-Tra)

6.5 三角形断面对支流倒灌的水沙演化影响

6.5.1 分流前后干支流典型代表点流速变化

图 1-6-44 为三角形河槽不同流量条件下干流上游、下游固定点流速变化图,从图中看出,随着流量增大,异重流头部及后续流动的流速越大。

图 1-6-45 为三角形河槽不同流量条件下支流固定点流速变化图,从图中可以看出,支流分流处的流速变化形式与干流相同,支流内固定点流速随流量的增大而增大。

对三角形河槽 S7 断面处相同含沙量、不同流量条件下,采用正弦函数和指数函数的组合函数对这一变化特征进行拟合。图 1-6-46 为流速随时间变化拟合图。

三种不同流量条件下,其曲线拟合均可用下式表示:

$$V_y = a \times \sin\left(\frac{\pi}{5}t\right) + b \times n^{-\frac{t}{50}} \tag{1-6-68}$$

式中各系数如下:

200kg-8L-Tri 条件下,$a=-0.2752$,$b=33.89$,$n=1.3$,$R^2=0.72$。

200kg-4.8L-Tri 条件下,$a=-0.2598$,$b=24.68$,$n=1.2$, $R^2=0.76$。

200kg-2.4L-Tri 条件下,$a=0.1002$,$b=15.37$,$n=1.1$,$R^2=0.58$。

从结果可以看出,参数 a 随流量的减小而增大,参数 b、n 随流量的减小而减小。

6.5.2 异重流头部流速随流量变化

图 1-6-47 为 $S=200\ \mathrm{kg/m^3}$,$Q=8$ L/s、$Q=4.8$ L/s、$Q=2.4$ L/s 干支流头部流速沿程变化。从图 1-6-47 中可以看出,干流流速沿程在波动中衰减,在支流口门处受支流分流影响流速减小,经过支流口门后流速减小,分流后流速增大,通过大幅减小直至尾门。在支流内部,头部流速经历先增大后减小的过程,干流分流后的流速形态类似。

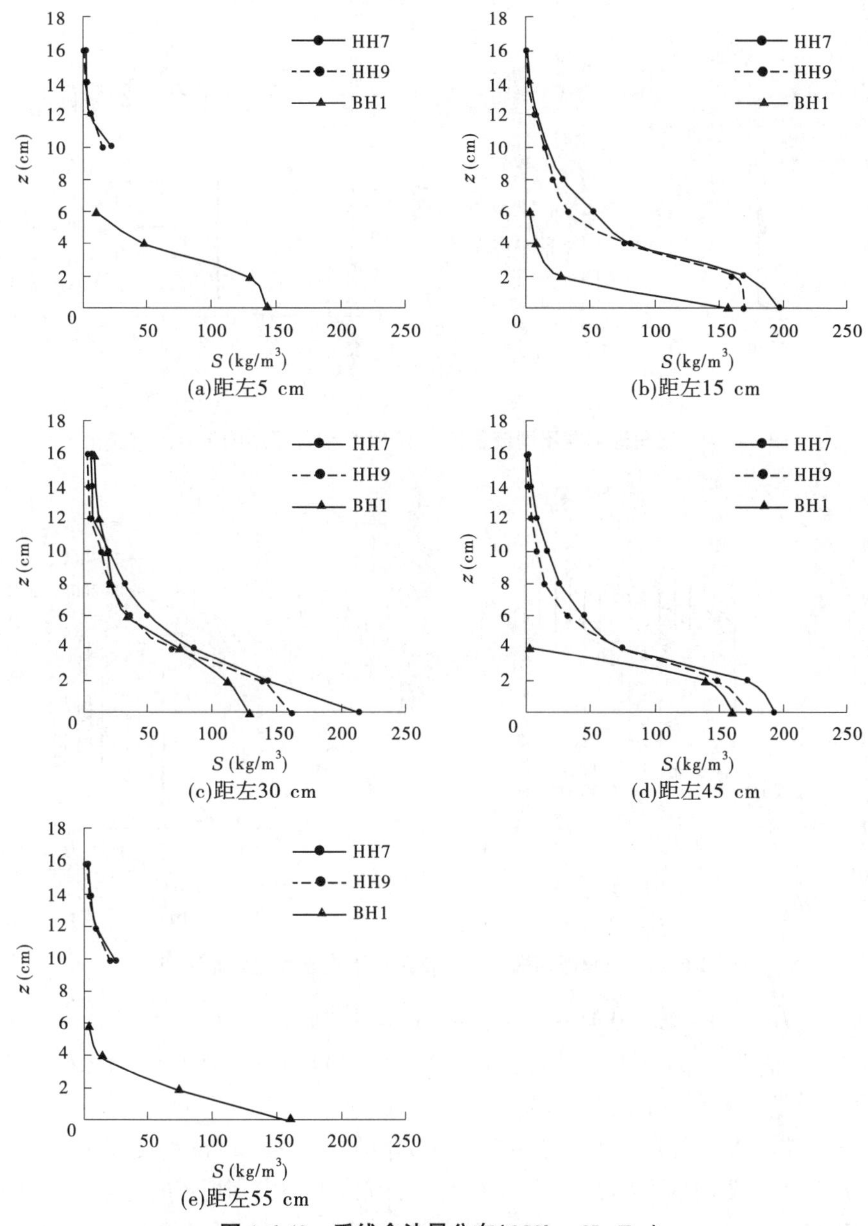

图 1-6-43　垂线含沙量分布(200kg-8L-Tra)

图 1-6-48 为干、支流异重流头部运行距离随时间变化图。从图中可看出,异重流头部流速在初期发生调整,稳定后,流速微幅调整。头部流速随着进口流量的增加而增加。支流异重流头部流速变化规律同干流的。

对图 1-6-48(a)中干流头部异重流运行距离 L 与历时 t 进行拟合,从图中可以看出,其关系接近线性关系,进一步可得到如下三个关系式:

$$L(2.4) = 0.103t - 0.1491 \quad R^2 = 0.9804 \quad (t > 1.4\ \text{s}) \tag{1-6-69}$$

$$L(4.8) = 0.1572t - 0.4958 \quad R^2 = 0.9906 \quad (t > 3.2\ \text{s}) \tag{1-6-70}$$

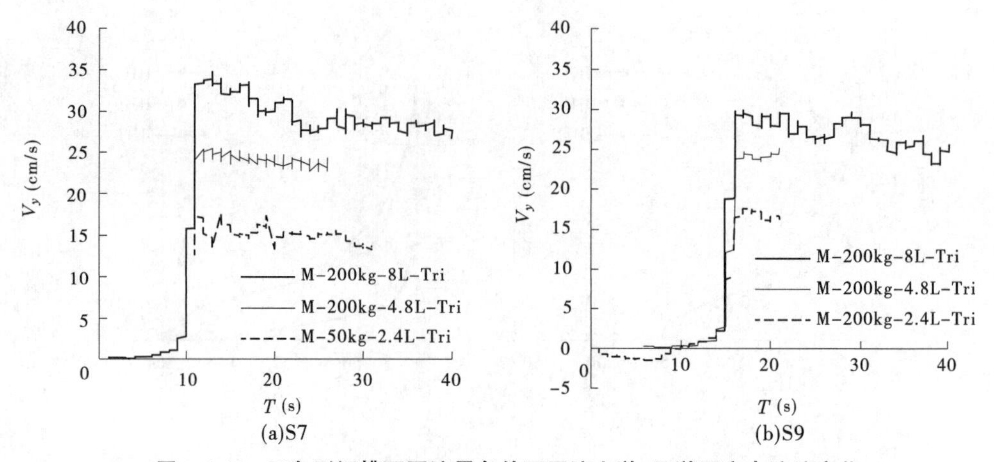

图 1-6-44 三角形河槽不同流量条件下干流上游、下游固定点流速变化

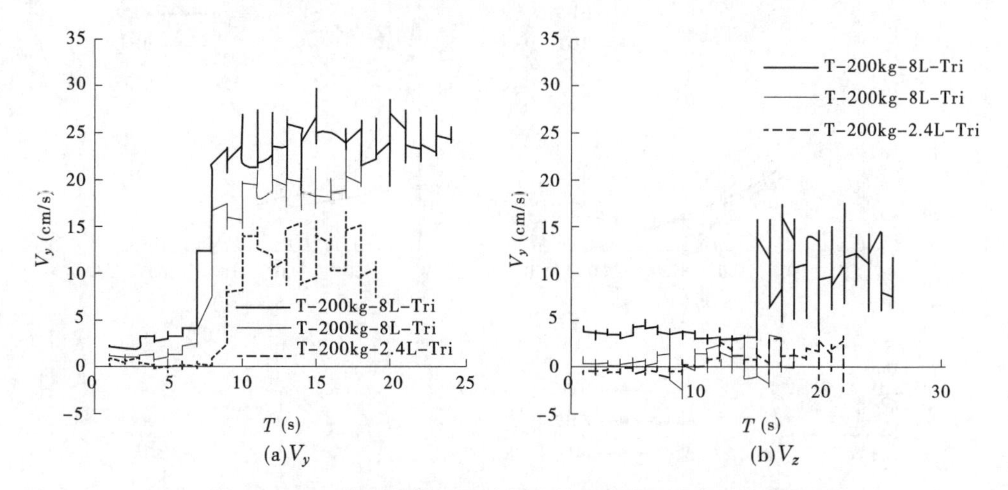

图 1-6-45 三角形河槽不同流量条件下支流固定点流速变化

$$L(8.0) = 0.2504t - 0.9257 \quad R^2 = 0.9984 \qquad (t > 6.1\ \text{s}) \tag{1-6-71}$$

式中:$L(2.4)$、$L(4.8)$、$L(8.0)$分别代表含沙量 $S=200\ \text{kg/m}^3$ 时 $Q=2.4$ L/s、4.8 L/s、8 L/s 对应的干流异重流头部运行距离,m;t 为相应时间,s。

从式中可以看出,式(1-6-69)~式(1-6-71)中的截距分别为-0.149 1、-0.495 8、-0.925 7,平均值为-0.523 5。截距的存在表示异重流初始运动阶段的掺混到稳定的过程。式(1-6-69)~式(1-6-71)中 Q=8 L/s、4.8 L/s、2.4 L/s 对应斜率分别为 0.103、0.157 2、0.250 4。

斜率代表异重流头部的平均流速,从中可以看出,相同比降和进口含沙量条件下,随着进口流量的增加,干流头部平均流速增加明显。

同样的,由图 1-6-48(b)可得到支流三个相应关系式:

$$L_t(2.4) = 0.0629t - 0.1311 \quad R^2 = 0.99 \quad (t > 2.1\ \text{s}) \tag{1-6-72}$$

$$L_t(4.8) = 0.1157t - 0.2205 \quad R^2 = 0.99 \quad (t > 1.9\ \text{s}) \tag{1-6-73}$$

$$L_t(8.0) = 0.1727t - 0.2325 \quad R^2 = 0.99 \quad (t > 1.3\ \text{s}) \tag{1-6-74}$$

式中:$L_t(2.4)$、$L_t(4.8)$、$L_t(8.0)$分别代表含沙量 $S=200\ \text{kg/m}^3$ 时 $Q=2.4$ L/s、4.8 L/s、8

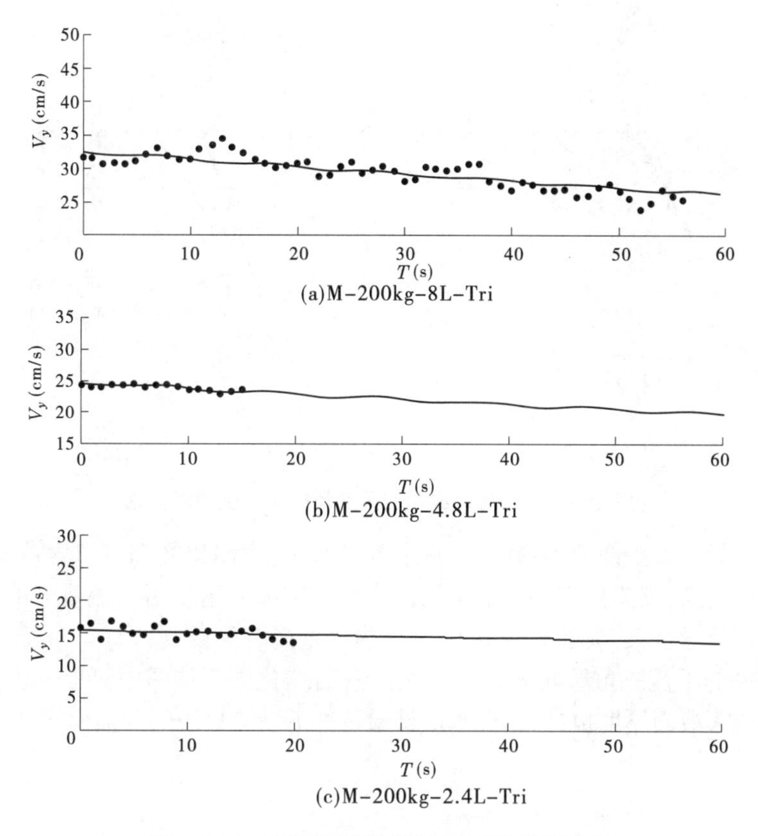

图 1-6-46　三角形断面流速随时间变化拟合图

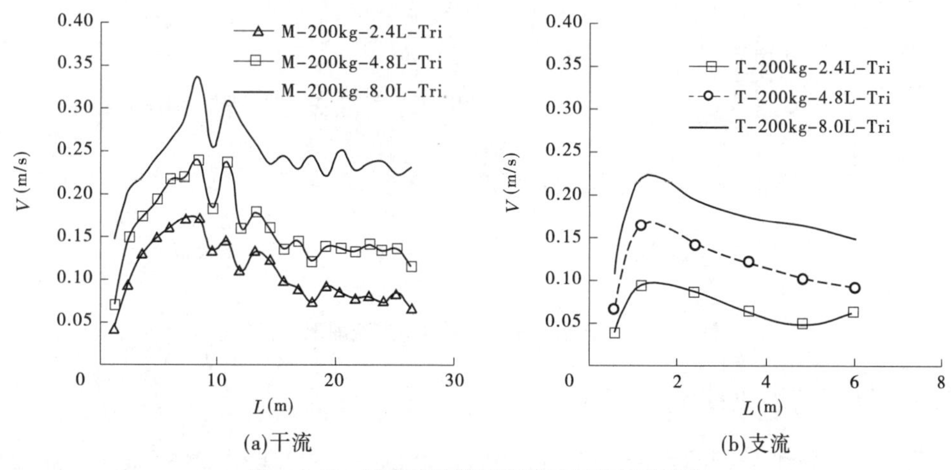

图 1-6-47　干支流头部流速随进口流量的变化

L/s 对应的支流异重流头部运行距离,m;t 为相应时间,s。

从式中可以看出,式(1-6-72)~式(1-6-74)中的截距分别为-0.131 1、-0.220 5、-0.232 5,平均值约为-0.194 7。截距为支流内异重流进入的距离。式(1-6-72)~式(1-6-74)中 Q=2.4 L/s、4.8 L/s、8 L/s 对应斜率分别为0.062 9、0.115 7、0.172 7。

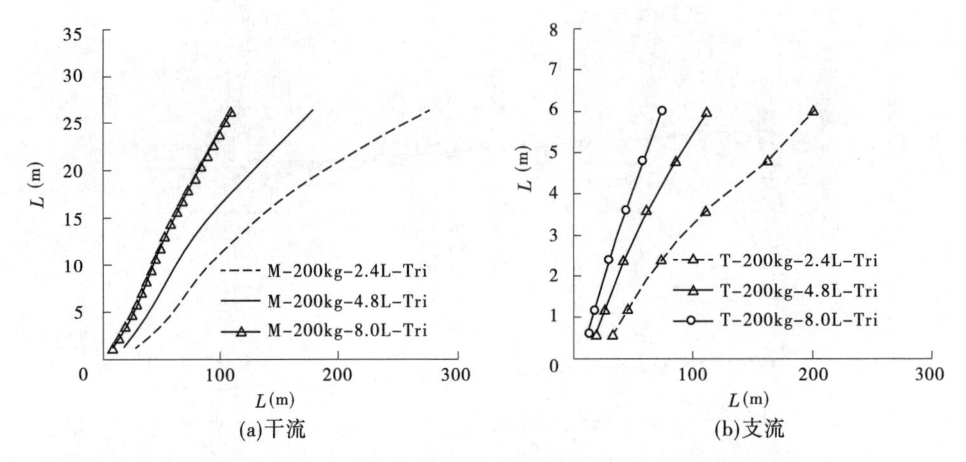

图 1-6-48　干支流异重流头部运行距离随时间变化

斜率代表异重流头部的平均流速,从中可以看出,相同比降和进口含沙量条件下,随着进口流量的增加,支流异重流头部平均流速增加明显。这是由于流量大的干流异重流进入支流内的流量也大,头部流速也大,支流内异重流沿程衰减。

图 1-6-49 为干流三角形断面时干支流浑液面变化图。从图中可以看出,流量越大,干支流异重流浑液面厚度也越大,但本次试验条件下该流量级间浑液面厚度差异较小。

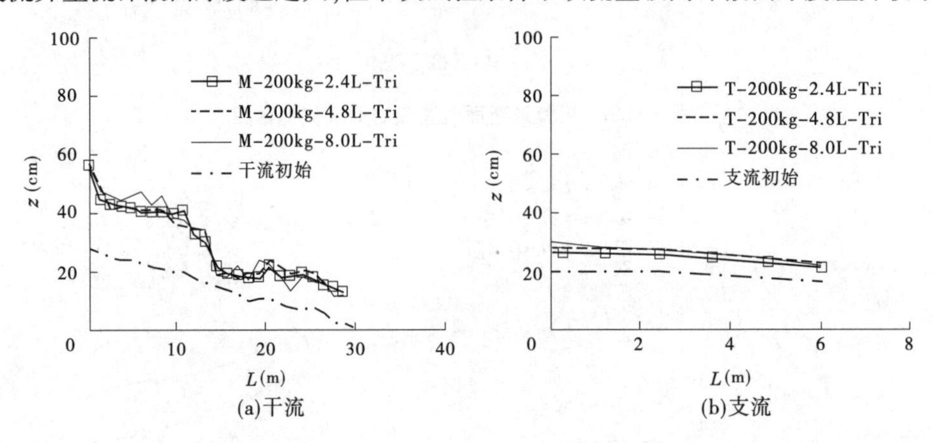

图 1-6-49　干流三角形断面时干支流浑液面变化

6.5.3　分流前后垂线流速变化

图 1-6-50 分别为干流距左岸 10 cm、30 cm、50 cm 处,支流距左岸 5 cm、15 cm、25 cm 处垂线流速分布图。从图中可以看出,干支流顺水流方向流速均比法线方向流速大。干流最大流速点位于断面中心垂线上,最大瞬时流速约为 40 cm/s,距河底 5.5 cm 位置,支流内最大的流速点发生在距左岸 10 cm 垂线上,最大流速约为 40 cm/s,距河底 3.5 cm 位置,支流断面流速总体趋势为左岸大于右岸。

6.5.4　分流前后垂线含沙量变化

图1-6-51为干流距左岸10 cm、30 cm、50 cm处，支流距左岸5 cm、15 cm、25 cm处垂线含沙量分布图。由图中可知，由清浑水交界面至河底含沙量逐渐增大；干流上分流前含沙量比分流后含沙量大，断面中心位置分流前后最大含沙量分别为190 kg/m³、185 kg/m³；在支流分水口门处的断面上，最大含沙量点位于断面中心位置处，约为180 kg/m³，而两侧的最大含沙量为170 kg/m³。

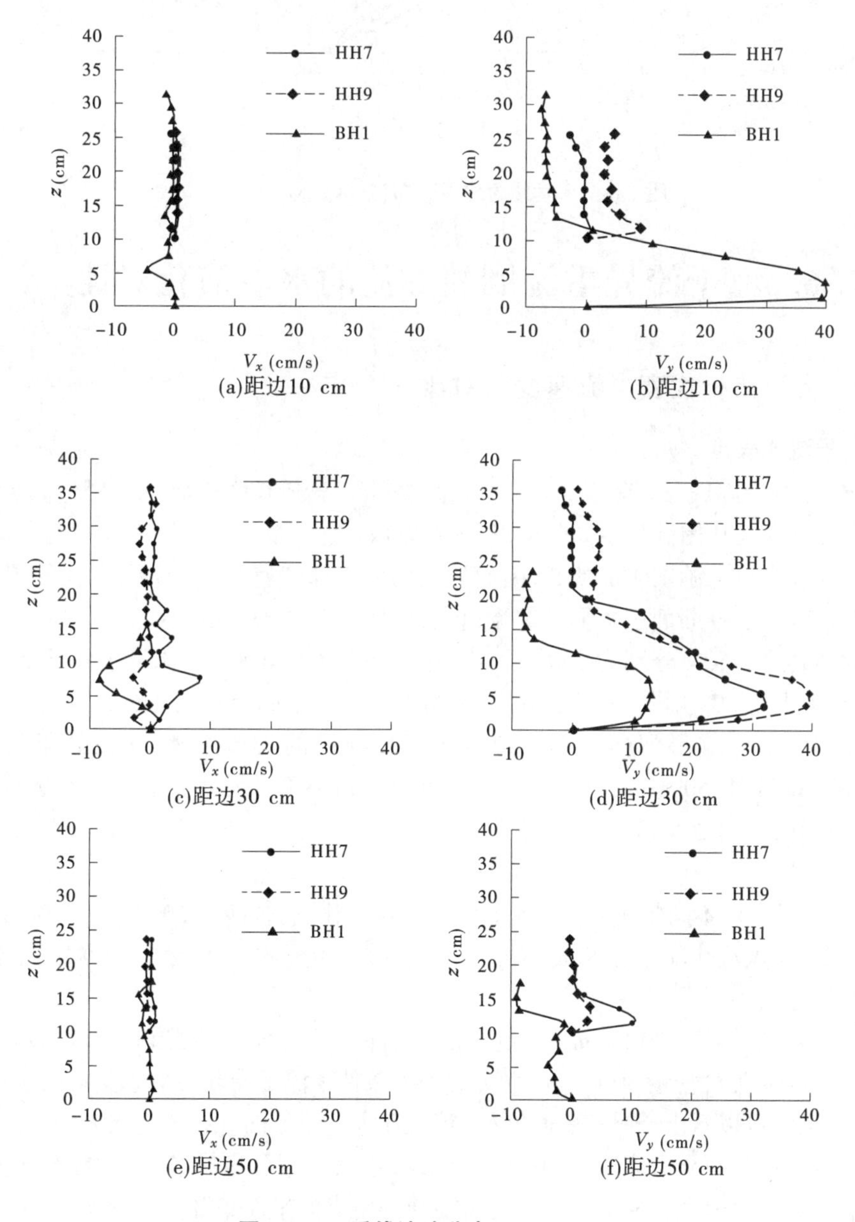

图1-6-50　垂线流速分布(200kg-8L-Tri)

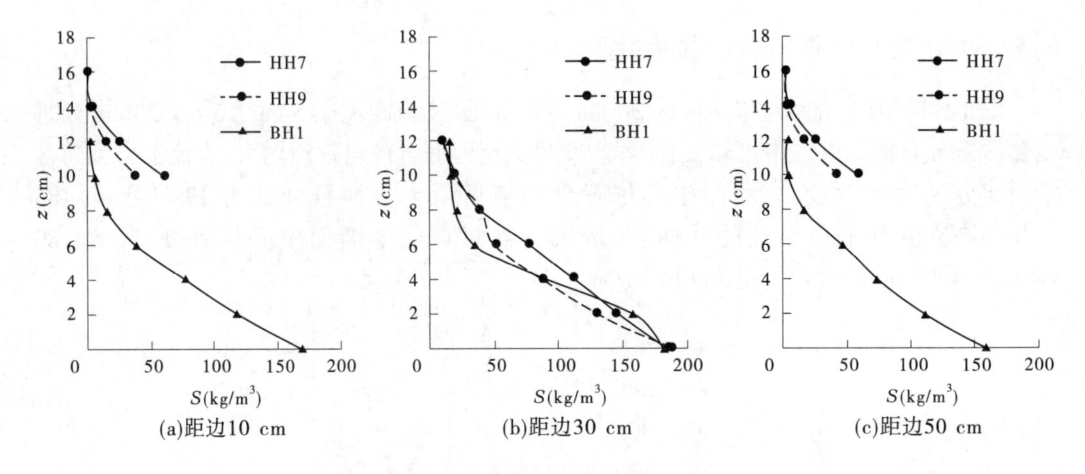

图 1-6-51　垂线含沙量分布(200kg-8L-Tri)

6.6　干流异重流倒灌支流的水沙演化对比

6.6.1　干支流典型代表点流速变化对比

6.6.1.1　干流代表点

图 1-6-52 为 200 kg/m³ 含沙量、8 L/s 流量条件下干流不同断面形态支流上游 S7、下游 S9 固定点流速对比图。从不同断面形态在 200 kg 含沙量 8 L 流量情况下的流速对比图可以看出,在支流上游 1.2 m 的 S7 断面处三角形头部流速最大,梯形次之,矩形最小;支流下游 1.2 m 处 S9 断面三角形头部流速最大,梯形次之,矩形最小。

图 1-6-53、图 1-6-54 分别为 100 kg/m³、50 kg/m³ 含沙量 8 L/s 流量条件下干流不同断面形态支流上游 S7、下游 S9 固定点流速对比图。从图 1-6-53、图 1-6-54 可以看出,不同断面形态情况下,梯形河槽头部流速大于矩形河槽的头部流速,支流分流分沙后,M-50kg-8L-R 与 M-50kg-8L-Tra 固定点处流速差别小于分流分沙前。含沙量越大,分流分沙对流速的影响越大。

6.6.1.2　支流

图 1-6-55 为干流不同断面形态支流固定点流速对比图,含沙量 200 kg/m³、流量 8 L/s 条件下支流固定点流速随干流断面形态变化特点是,矩形的流速最大,三角形的流速次之,梯形的流速最小。

图 1-6-56 为含沙量 100 kg/m³、流量 8 L/s 条件下干流不同断面形态支流固定点流速对比图,图 1-6-57 为含沙量 50 kg/m³、流量 8 L/s 条件干流不同断面形态支流固定点流速对比图。从图中可以看出,梯形断面的异重流流速大于矩形的。在异重流未到之前,梯形流速大于矩形流速,而异重流头部到达时,梯形流速没有矩形流速增幅快,且在异重流头部过去之后,矩形流速大于梯形流速。这可能与固定点的平面布置位置有关。

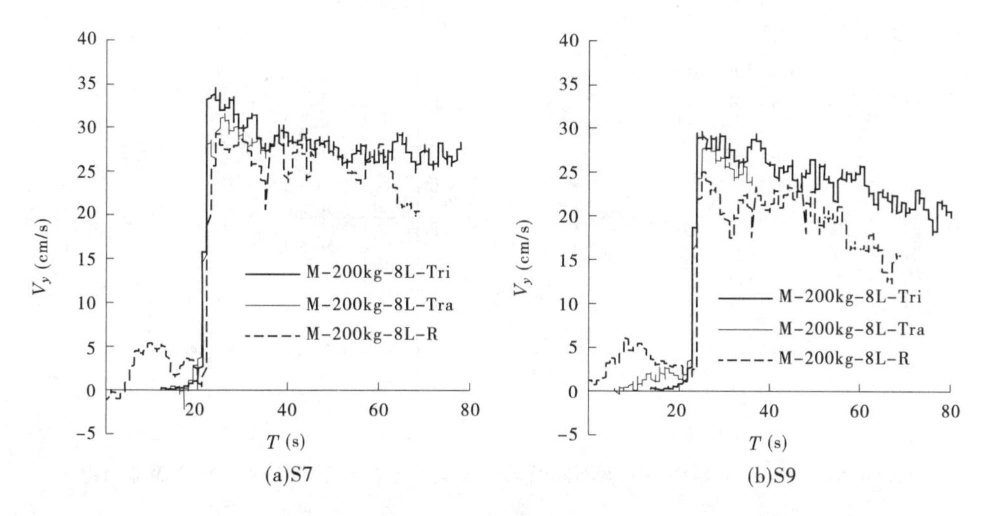

图 1-6-52　200kg-8L 条件下干流不同断面形态支流上游 S7、下游 S9 固定点流速对比

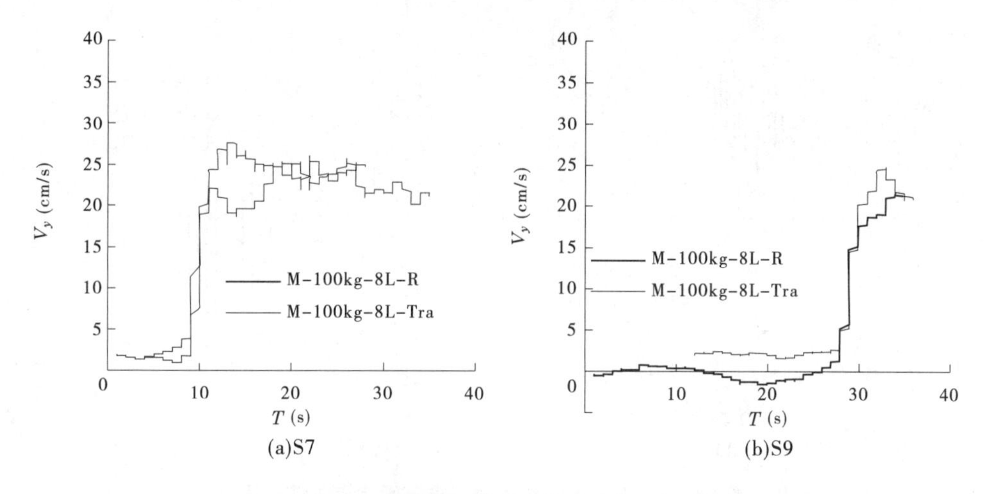

图 1-6-53　100kg-8L 条件下干流不同断面形态支流上游 S7、下游 S9 固定点流速对比

6.6.2　头部流速对比

图 1-6-58 为 200 kg/m^3、流量 8 L/s 条件下干流不同断面形态干流、支流头部流速沿程变化对比图。从图中可以看出，相同条件下，异重流沿程流速大小依次为三角形断面、梯形断面、矩形断面。在支流存在的库段，影响了异重流运动加速段的连续性，异重流运动为非恒定状态，相同含沙量条件下，头部流速接近；底床横断面为三角形断面，支流分流比较大，浑水分流量大，干流内浑水流量小，下游流速减小较多。底床横断面为矩形断面，支流分流比小，浑水分流量大，干流内浑水流量大，下游流速减小较少，在河床比降作用下，流速逐渐增大。底床横断面为梯形断面，支流分流比居中，下游流速减小不大，含沙量大时异重流动量大，头部流速加速明显。在河床比降作用下，流速也逐渐增大。

图 1-6-59 为 100 kg/m^3、流量 8 L/s 条件下干流不同断面形态干流、支流头部流速沿程变化对比图。图 1-6-60 为 50 kg/m^3、流量 8 L/s 条件下干流不同断面形态干流、支流头

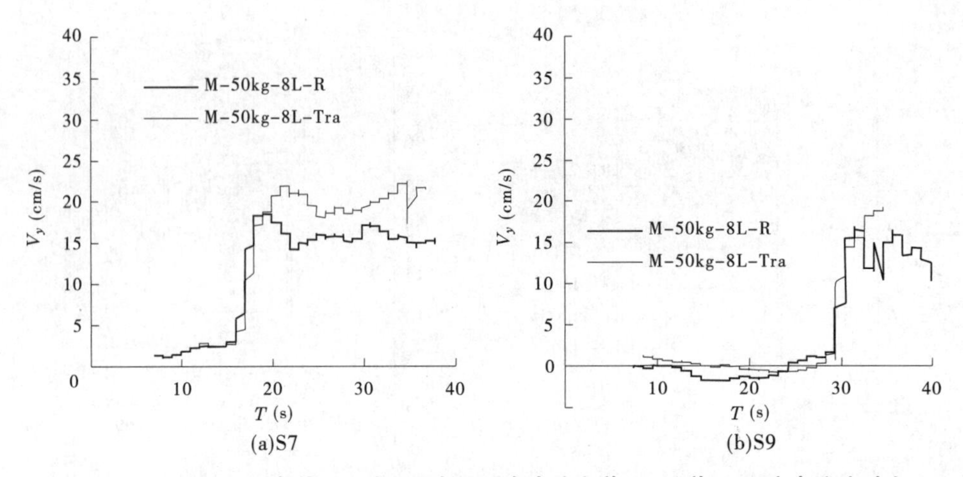

图 1-6-54　50kg-8L 条件下干流不同断面形态支流上游 S7、下游 S9 固定点流速对比

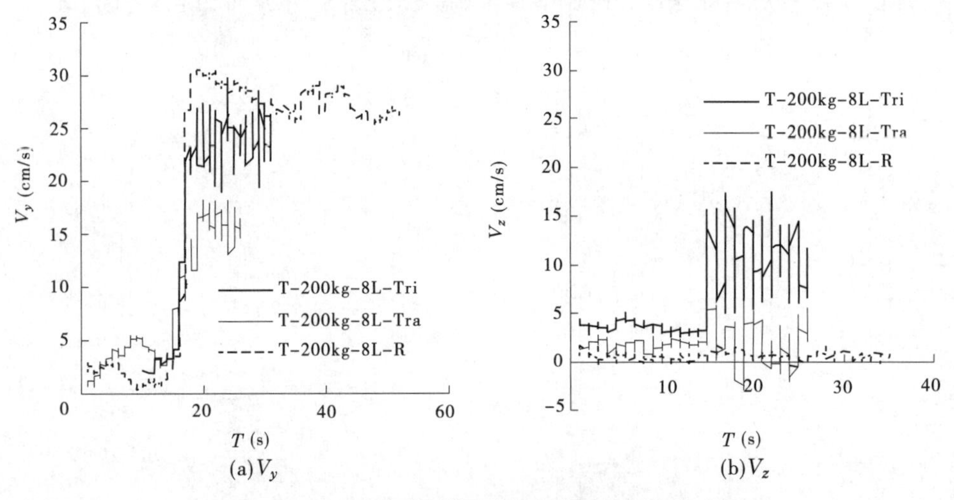

图 1-6-55　干流不同断面形态支流固定点流速对比

部流速沿程变化对比图。其变化规律与 200 kg/m^3、流量 8 L/s 条件相同。图 1-6-61 为干流不同断面形态干流、支流头部运行距离随时间变化对比图。可知,相同时间内异重流头部运行距离从大到小依次为三角形断面、梯形断面、矩形断面,干支流变化规律相同。

6.6.3　浑液面变化对比

图 1-6-62~图 1-6-64 分别为进口含沙量 200 kg/m^3、100 kg/m^3、50 kg/m^3 的 8 L/s 流量条件下不同断面形态干支流浑液面变化对比图。从图中可以看出,干流异重流浑液面厚度从大到小依次为三角形河槽、梯形河槽、矩形河槽,支流异重流浑液面厚度从大到小依次为三角形河槽、梯形河槽、矩形河槽,但其幅度小于干流的较多。

6.6.4　流速沿垂线分布对比

一般地,泥沙异重流的水动力学特性与泥沙输移能力(包括输移数量和输移特殊的

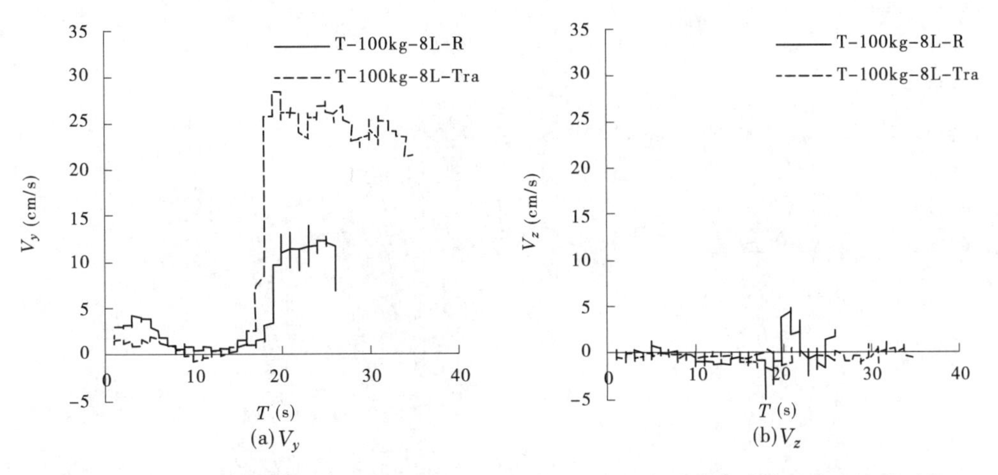

图 1-6-56　含沙量 100 kg/m³、流量 8 L/s 条件干流不同断面形态支流固定点流速对比

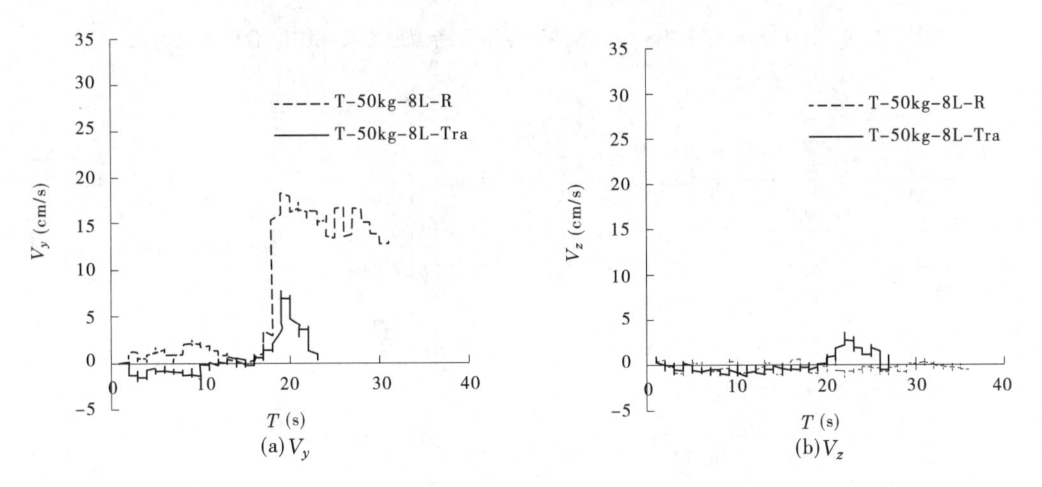

图 1-6-57　含沙量 50 kg/m³、流量 8 L/s 条件干流不同断面形态支流固定点流速对比

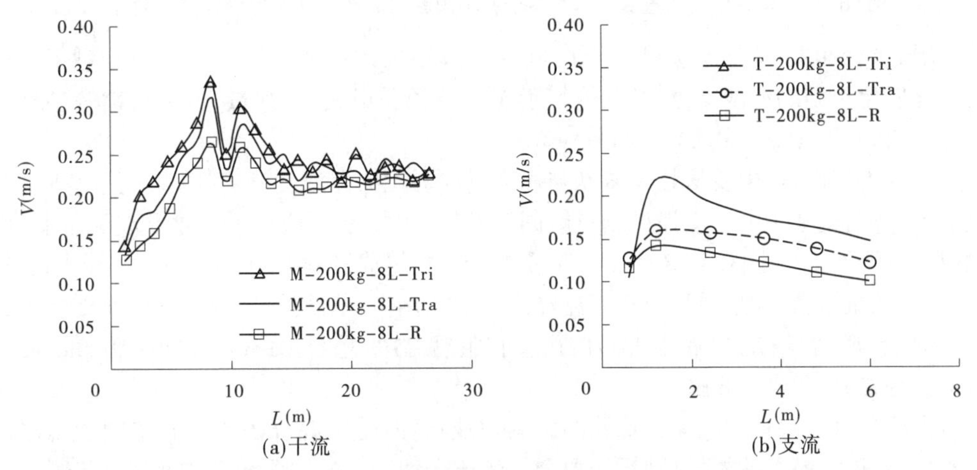

图 1-6-58　200 kg/m³、流量 8 L/s 条件干流不同断面形态头部流速沿程变化对比

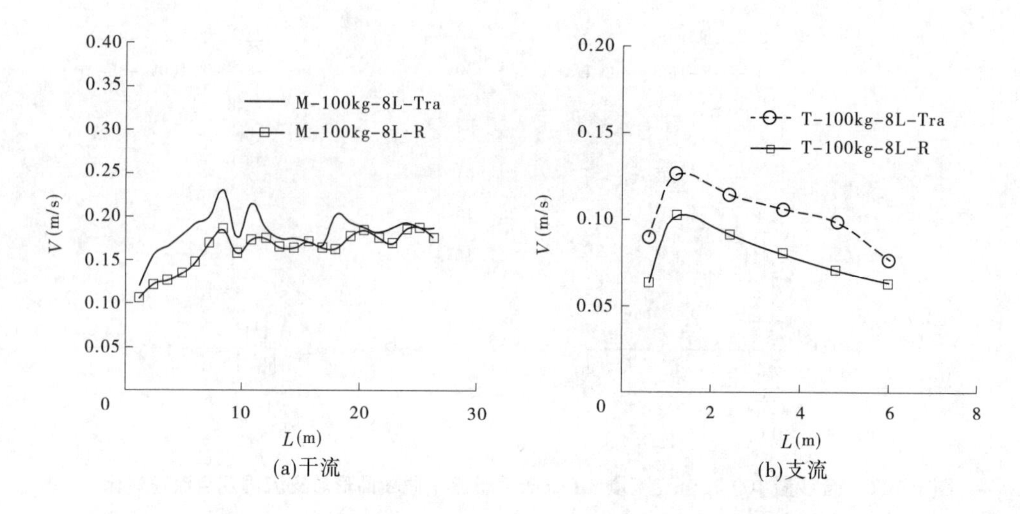

(a)干流　(b)支流

图 1-6-59　100 kg/m³、流量 8 L/s 条件干流不同断面形态头部流速沿程变化对比

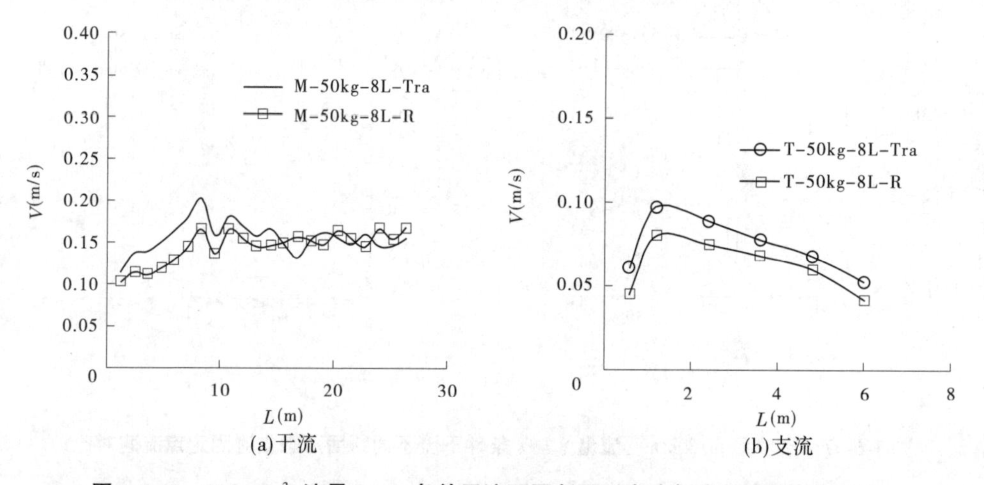

(a)干流　(b)支流

图 1-6-60　50 kg/m³、流量 8 L/s 条件干流不同断面形态头部流速沿程变化对比

粒径情况)紧密相关,与保持泥沙悬浮时间和输移距离的泥沙支撑机制一致。对每一种流动可能发生不同的泥沙支撑机制,依赖于泥沙粒径和组成、含沙量、流变特性等多种特征的混合(Rafael et al. ,2012)。见图 1-6-65。

对于异重流而言,主要依赖于紊动与浮力垂向对比的泥沙支撑机制。但是,对于高含沙量的异重流,这几种泥沙支撑机制可能同时发生,例如受阻沉降:颗粒淤积受到抑制,由于颗粒数量增加到一定区域,产生了一个受泥沙颗粒组成影响下的、比期望的缓慢的运动混合体;离散压力:颗粒悬浮是受相互碰撞产生的作用力;基质强度:间隙流体与细颗粒黏性泥沙混合,产生一定的屈服应力支撑了粗颗粒的悬浮(Lowe,1979; Middleton & Hampton,1973)。见图 1-6-66。

高含沙量对挟沙异重流动力特性的影响表现在:改变了混合体和水流特性如流体密度,增加了异重流潜在的能量、动量和混合体的流变特征。流体含沙量的增加严重影响了颗粒的沉速,是由于颗粒下沉时引起了周围水流向上的运动,颗粒的浮力增加,再加上颗

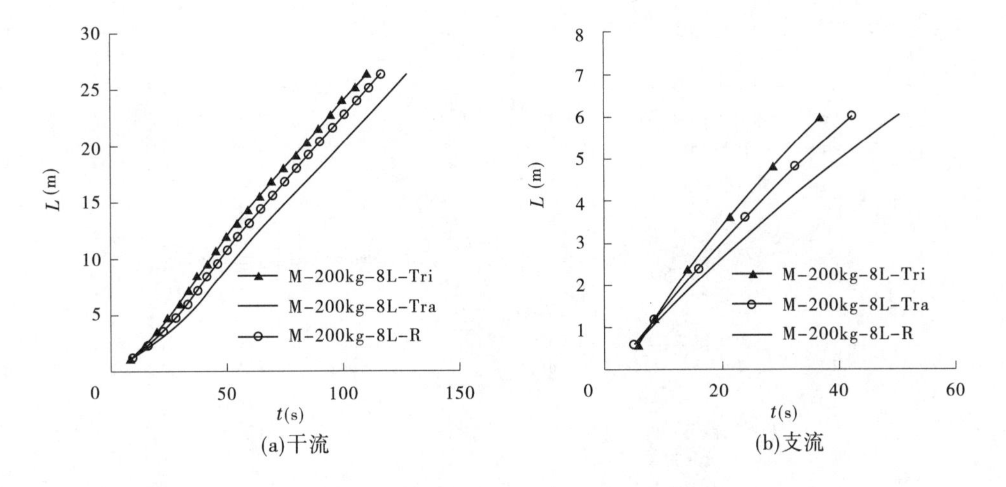

图 1-6-61　干流不同断面形态异重流头部运行距离随时间变化对比

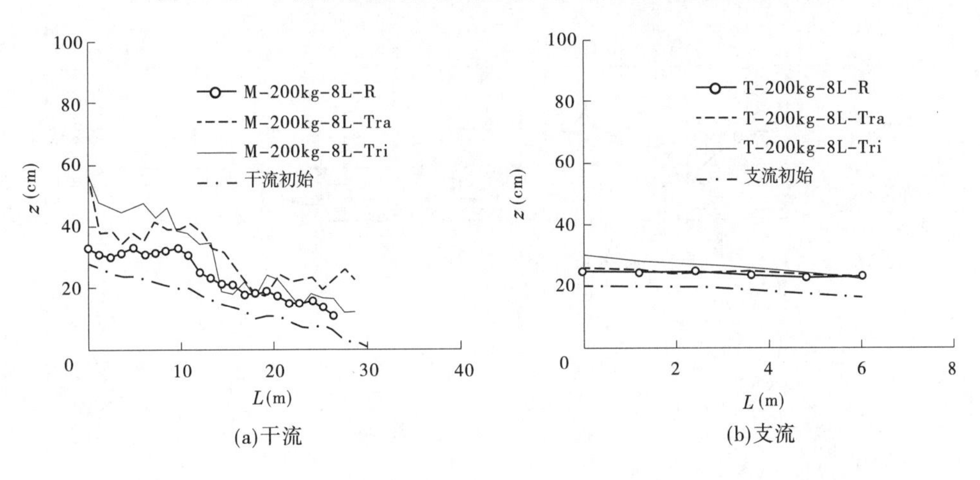

图 1-6-62　200 kg/m³、流量 8 L/s 条件干流不同断面形态浑液面变化对比

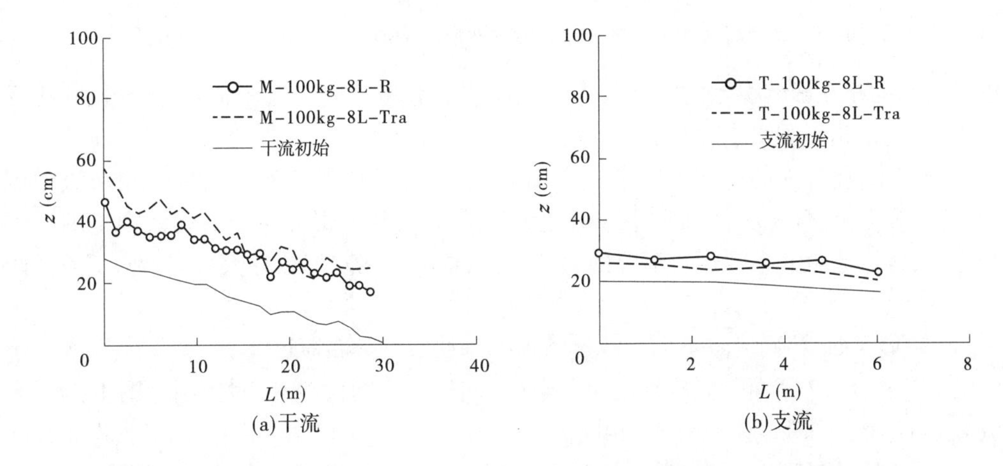

图 1-6-63　100 kg/m³、流量 8 L/s 条件干流不同断面形态异重流浑液面变化对比

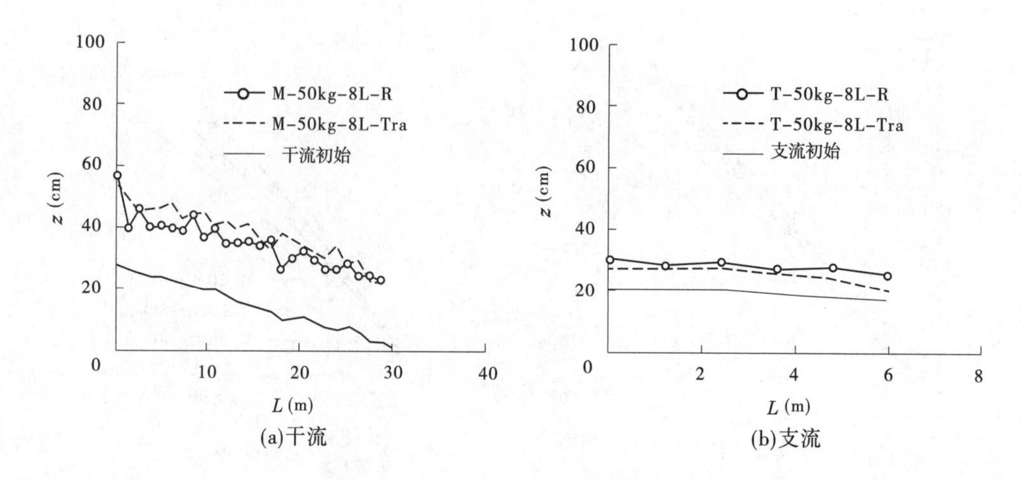

图 1-6-64　50 kg/m³、流量 8 L/s 条件干流不同断面形态异重流浑液面变化对比

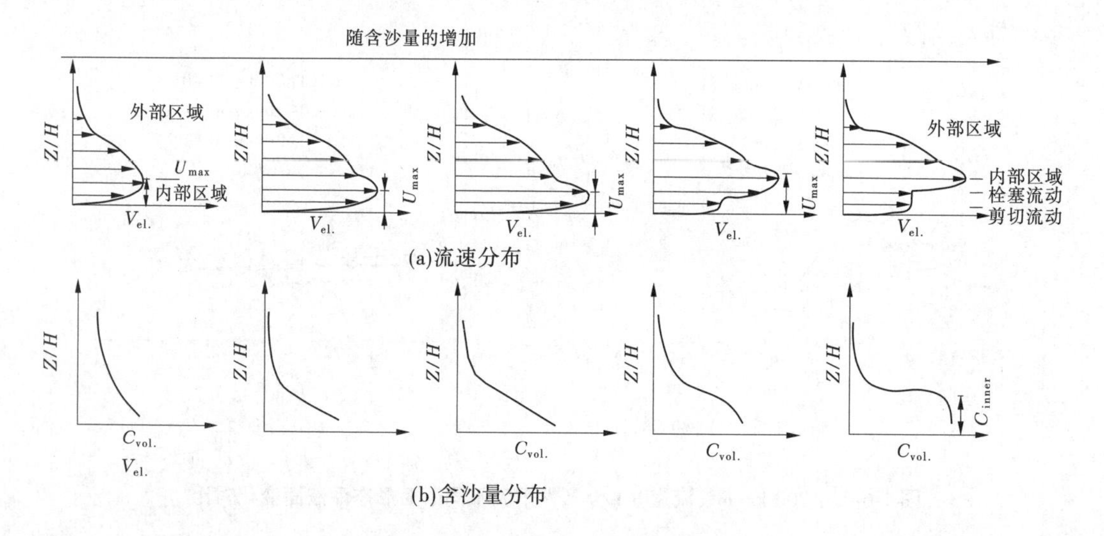

图 1-6-65　流速与含沙量沿垂线分布随含沙量的增加变化(Rafae et al.,2012)

粒组成之间的相互影响引起的干扰沉降。高含沙量引起异重流输移能力趋于增加,相反的,这些变化依赖于浑水中存在的泥沙组成。

比较起来,黏性沙的存在表明了一个不同的场景,黏性颗粒的絮凝将会在水流中沉降,产生了一个近底的高含沙量泥层。不管近底的高含沙量泥层由于剪切流产生的这些紊动影响,将会产生非牛顿运行情况的黏性应力,这会削弱水流输移大量泥沙向下游的能力。

(1)梯形断面,相同流量不同含沙量条件的垂线流速分布对比。

图 1-6-67 为 S7 断面不同垂线流速分布(相同流量不同含沙量)对比图。图 1-6-68 为支流 BH1 断面不同垂线流速分布(相同流量不同含沙量)对比图。由图 1-6-67、图 1-6-68 可知,异重流运动过程中,干流断面上横向流速比之纵向流速要小得多,且因受边壁影响较大,故离边壁近的垂线流速要小于断面中心垂线上的流速。

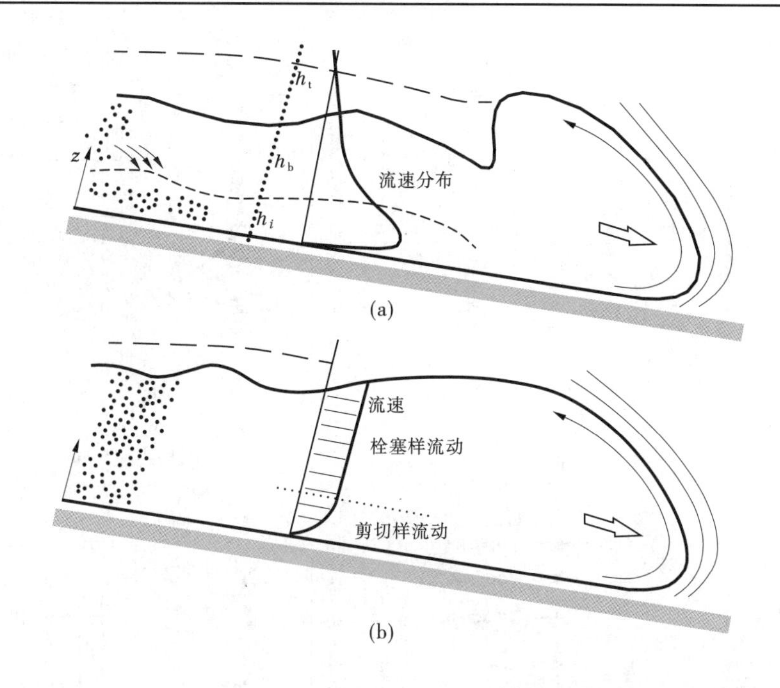

图 1-6-66　不同类型含沙量的异重流的内部动力机制变化对比(Lowe,1979)

相同流量下,在断面中心位置处,含沙量越高,其流速越大,异重流厚度越小,但是在距左边壁 5 cm 处,由于受边壁的影响较大,含沙量越高,其流速越小。支流断面会产生涡流,故其横向速度和垂向速度比的纵向流速都不是很小,其垂直方向速度在断面中心处较稳定,距边壁较近处,垂向速度较大;断面中心位置,由于受到惯性作用,相同流量下,含沙量越高,其流速越大,异重流厚度越大;距左边壁 5 cm 处,由于边壁的影响,相同流量下,含沙量越高,速度反而变小。

(2)三角形断面,相同含沙量不同流量条件垂线流速对比。

图 1-6-69 为干流 S7 断面不同垂线流速分布(相同含沙量不同流量)图。图 1-6-70 为支流 BH1 断面不同垂线流速分布(相同含沙量不同流量)图。由图 1-6-69、图 1-6-70 可知,异重流运动过程中,干流断面上横向流速比之纵向流速要小得多,而且受边壁影响较大,离边壁近的垂线流速要小于断面中心垂线上的流速。

支流断面会产生涡流,故其横向速度和垂向速度比之纵向流速都不是很小,其垂直方向速度在断面中心处较稳定,距边壁较近处,垂直方向速度较大。相同含沙量下,在断面中心位置处,流量越大,其流速越大,异重流厚度越大,但是在支流断面上距左岸边壁 5 cm 处,由于边壁的影响,流量越大,速度反而变小。

(3)流量 8 L/s 含沙量 200 kg/m^3 条件下,不同断面形态的垂线流速分布对比。

图 1-6-71 为干流 S7 断面不同形态垂线流速分布对比图。图 1-6-72 为支流 BH1 断面不同形态垂线流速分布对比图。由图 1-6-71、图 1-6-72 可知,在相同流量和含沙量情况下,在干流 S7 断面处,因三角形断面形态过水面积最小,故其流速最大,异重流厚度最厚,梯形断面次之,矩形断面最小;在支流 BH1 断面处,横向、纵向、垂向流速同样也是干流为三角形断面形态的流速最大,异重流厚度规律与干流相同。

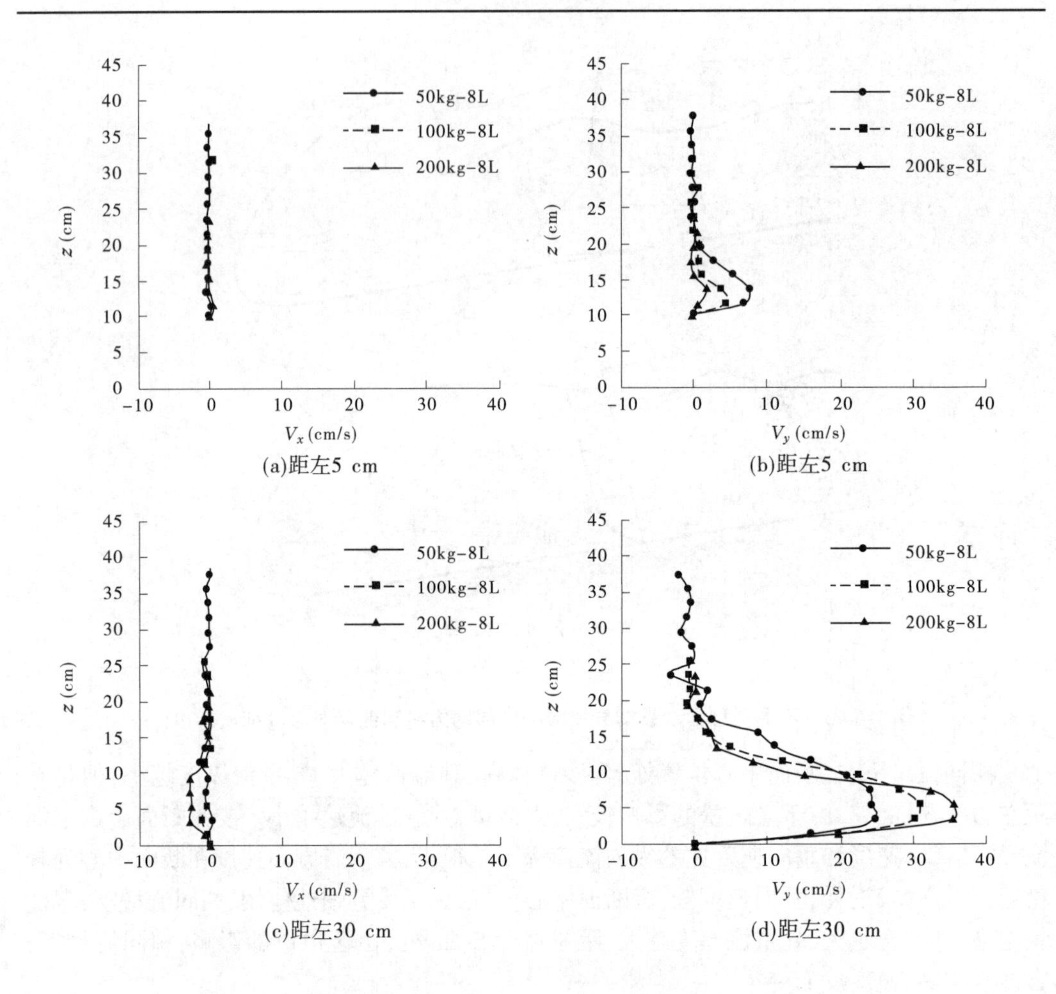

图 1-6-67　S7 断面不同垂线流速分布(相同流量不同含沙量)对比

(4)流速沿垂线分布分析。

紊流异重流在垂线上的流速分布见图 1-6-73,其中浑水区厚度为 h',按照最大流速 u_{max} 所在点的位置,可以分为上、下两个区域,其厚度分别为 h_2'和 h_1'。在这两个区域中,流速分布遵循不同的规律。

最大流速点以下(Ⅰ区)流速分布,采用公式(王艳平,2007)

$$u' = u_m\left(\frac{z}{h}\right)^m,\text{其中 } m = \frac{0.143}{1 - 4.2\sqrt{S_V}(0.46 - S_V)} \tag{1-6-75}$$

式中:u'为距床面高度为 z 处的流速;h 为最大流速点以下水深;u_m 为最大流速。

最大流速点以上(Ⅱ区)流速分布,采用公式

$$u_e = u'_{em}\exp\left[-\frac{1}{2}\left(\frac{z - h_{1e}}{h_{2e}}\right)^2\right] \tag{1-6-76}$$

式中:h_e 为浑水厚度;h_{1e} 为最大流速点以下水深;h_{2e} 为最大流速点至转折点的距离,即 $h_{2e} = h_e - h_{1e}$。

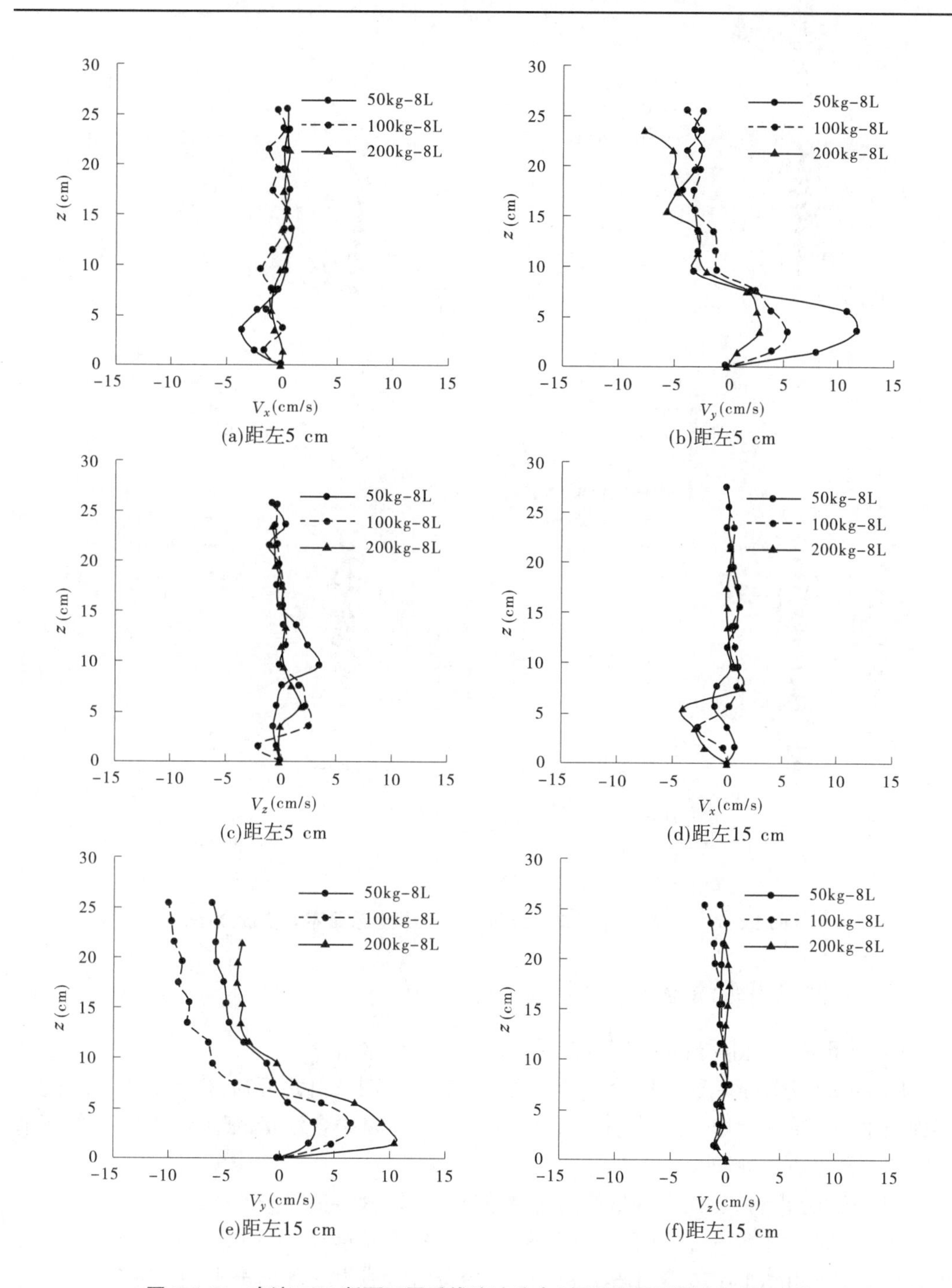

图 1-6-68　支流 BH1 断面不同垂线流速分布(相同流量不同含沙量)对比

图 1-6-74(a)~(c)分别为三角形断面、梯形断面干流流速垂线分布的计算值与实测值对比图。从图中可以看出,该公式可以描述异重流的流速分布,对比结果符合较好。

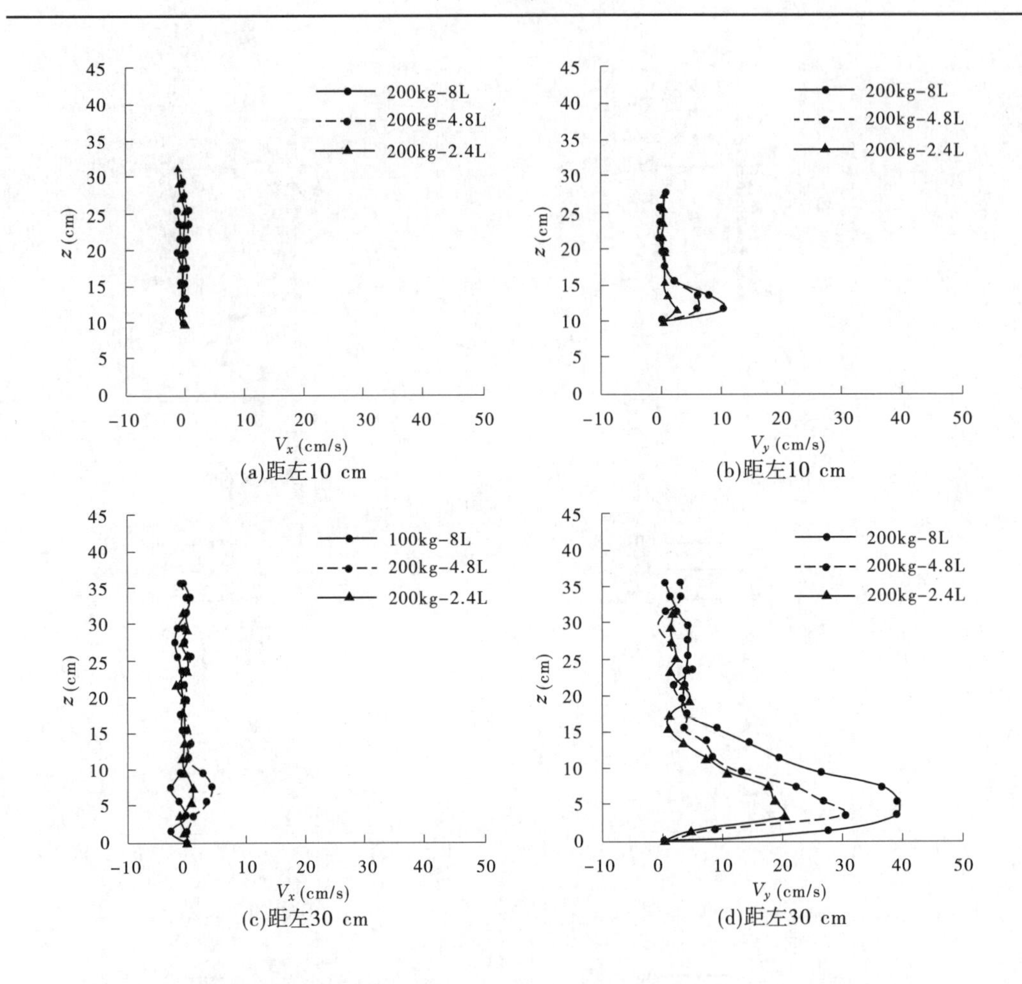

图 1-6-69　S7 断面不同垂线流速分布(相同含沙量不同流量)对比

6.6.5　含沙量沿垂线分布对比

(1)矩形断面,相同流量不同含沙量条件下垂线含沙量分布。

图 1-6-75 为矩形断面不同含沙量沿垂线分布对比图。由此可知,含沙量沿垂线由交界面至水槽底部逐渐增大;在相同流量下,随着入口流量中含沙量的增大,在同一断面垂线上的含沙量也逐渐增大。

(2)三角形断面,相同含沙量不同流量条件下垂线含沙量分布。

图 1-6-76 为干流 S7 断面含沙量沿垂线分布图,图 1-6-77 为支流 BH1 断面含沙量沿垂线分布图。由图 1-6-76、图 1-6-77 可知,含沙量沿垂线由交界面至水槽底部逐渐增大;在相同含沙量下,随着入口流量的增大,在同一断面垂线上的含沙量也逐渐增大,异重流厚度也逐渐增大;由于边壁的影响,靠近边壁的垂线上的含沙量要小于断面中心垂线上的含沙量。

(3)流量 8 L/s 含沙量 200 kg/m^3 条件下,不同断面的垂线含沙量分布。

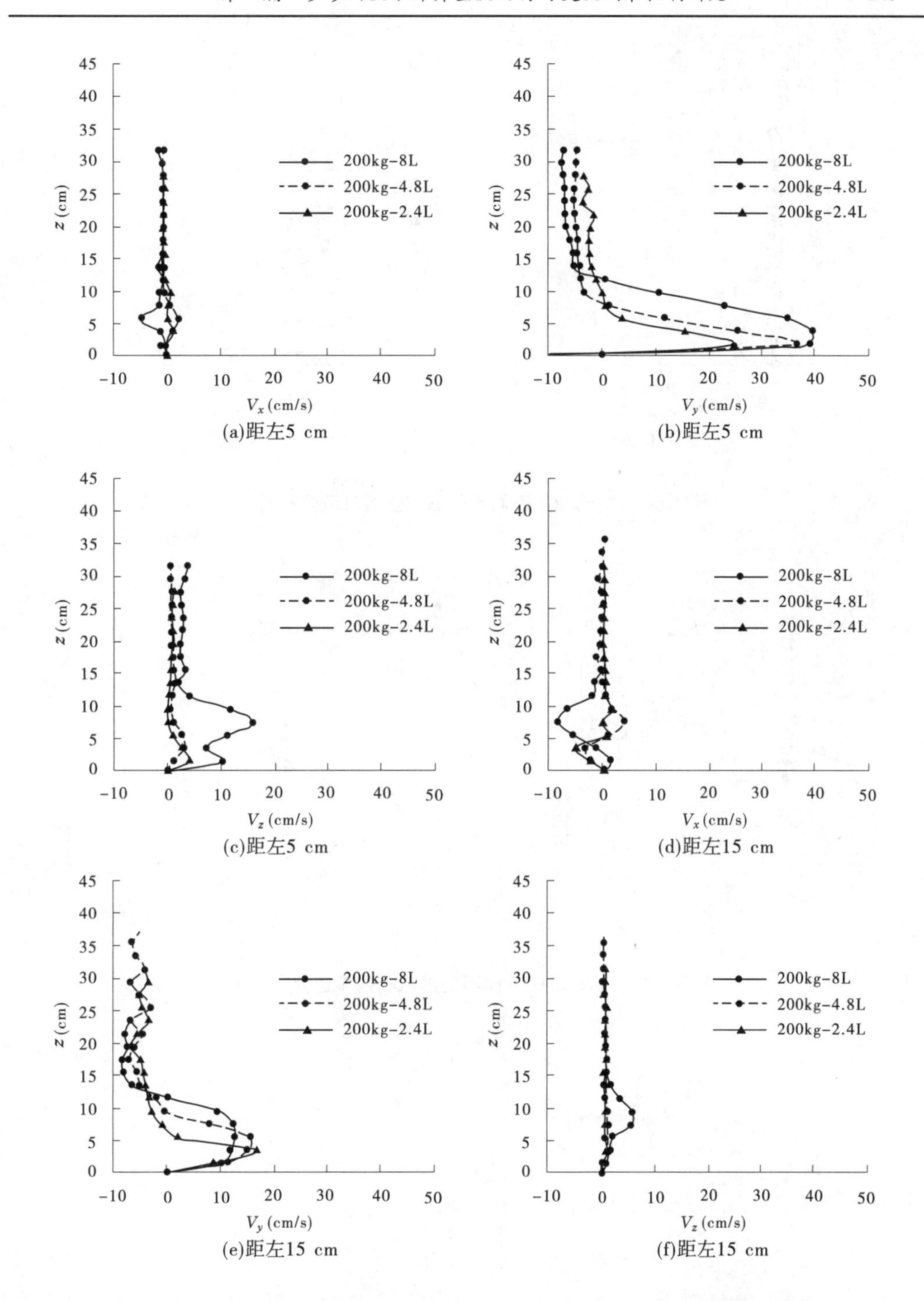

图 1-6-70　支流 BH1 断面不同垂线流速分布(相同含沙量不同流量)对比

图 1-6-78 为干支流代表断面不同形态的含沙量沿垂线分布图。均为断面中心位置。由图 1-6-78 可知,在干流上,相同流量和含沙量条件下,三角形断面形态断面垂线上沙量浓度最大,异重流厚度最大,梯形次之,矩形最小。

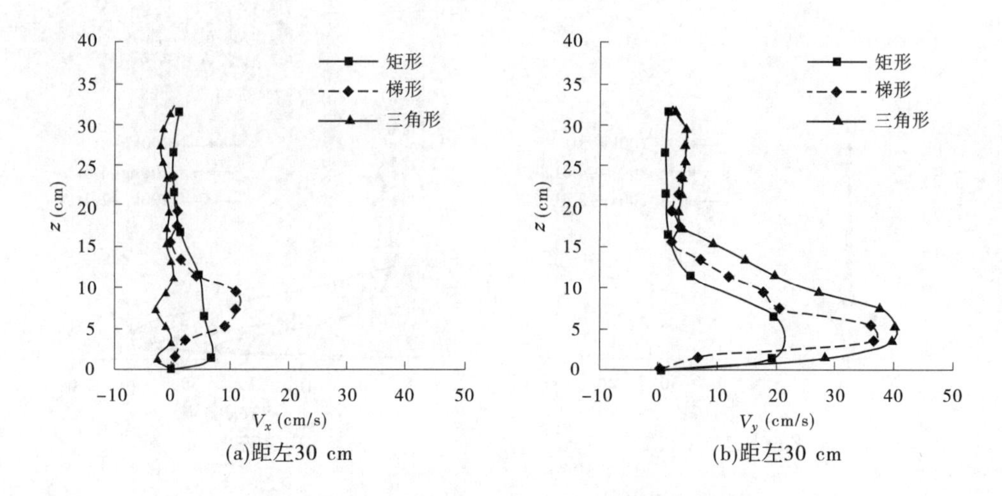

图 1-6-71 干流 S7 断面不同形态垂线流速分布对比

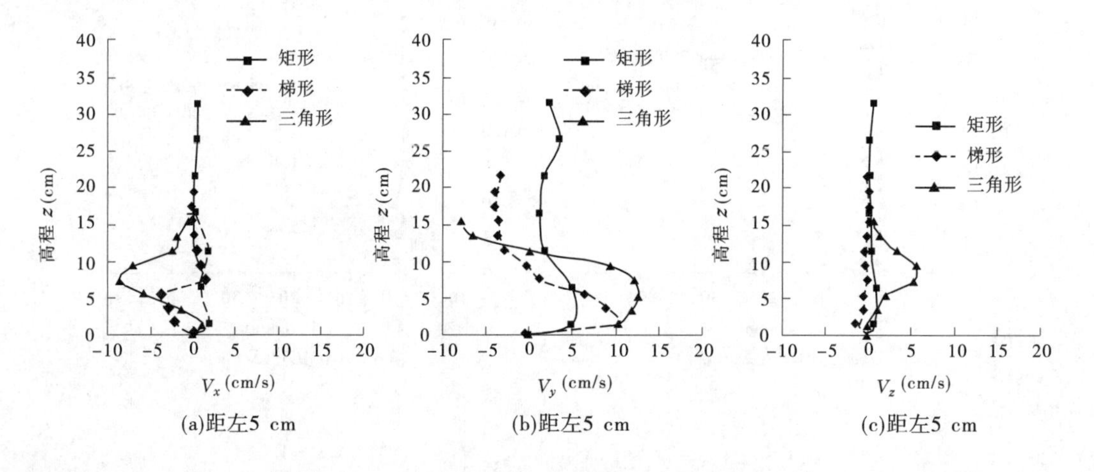

图 1-6-72 支流 BH1 断面不同形态垂线流速分布对比

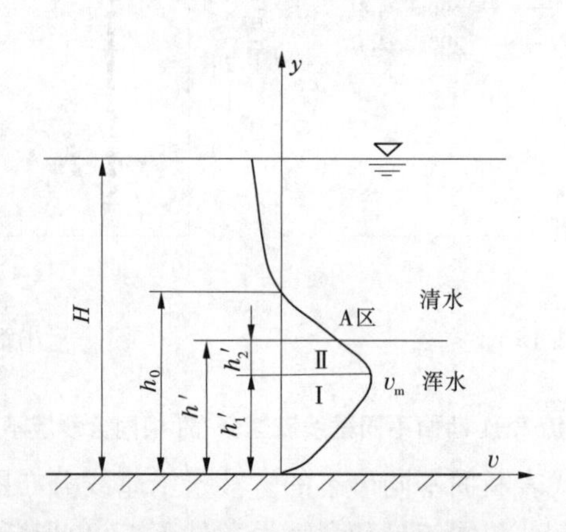

图 1-6-73 异重流运动时流速沿垂线分布

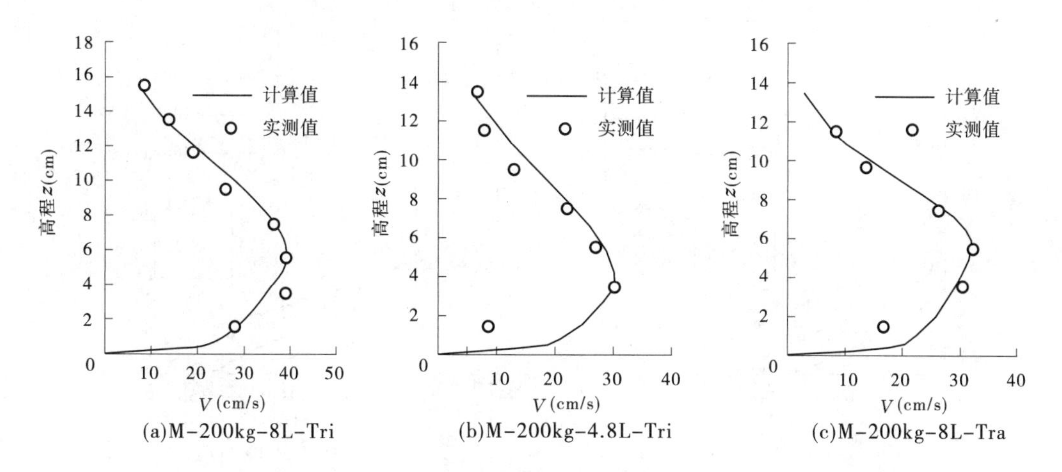

图 1-6-74　计算值与实测值对比

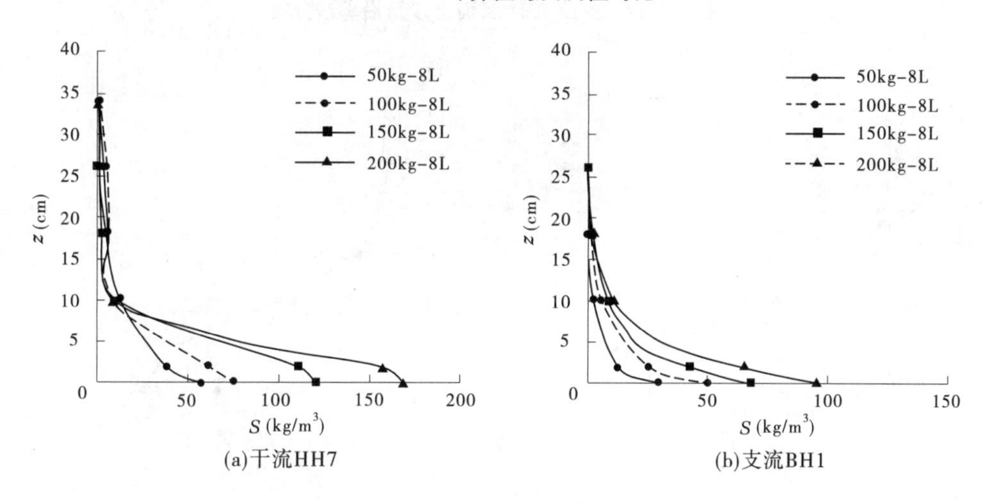

图 1-6-75　矩形断面不同含沙量沿垂线分布对比

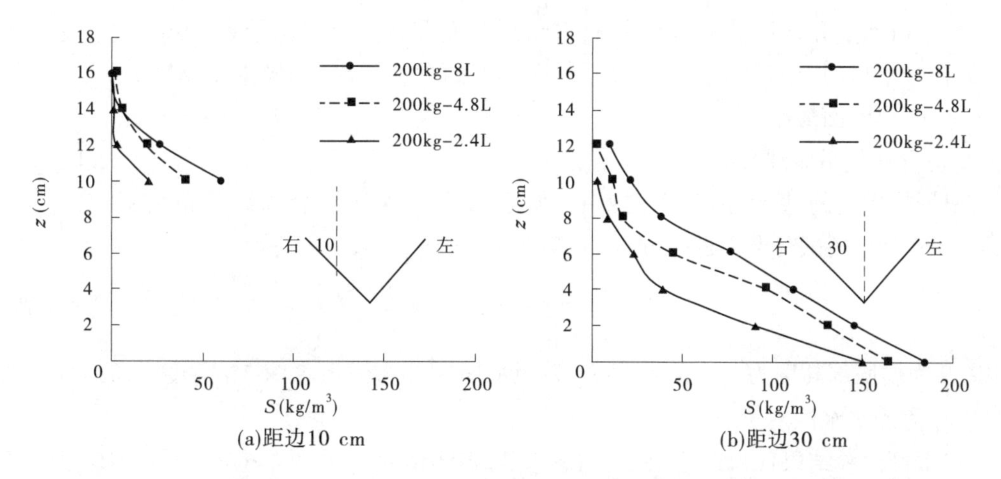

图 1-6-76　干流 S7 断面不同含沙量沿垂线分布对比

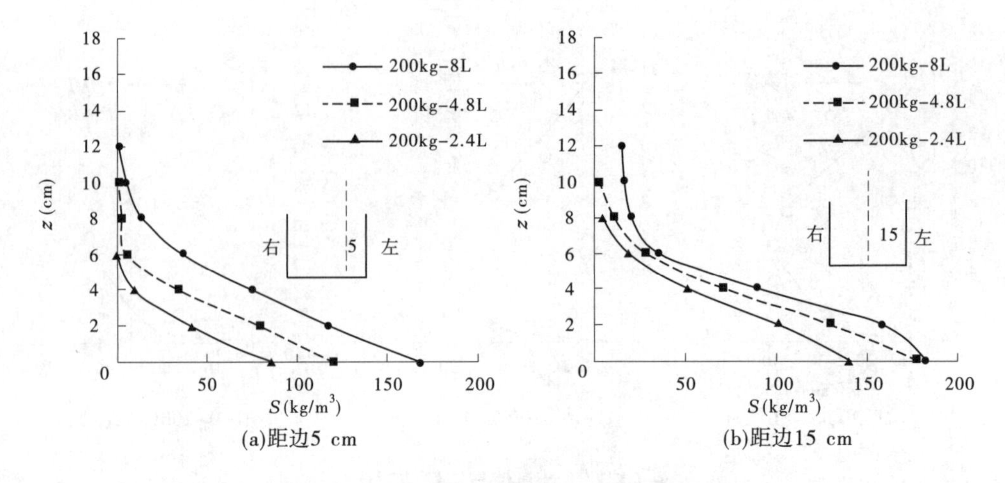

图 1-6-77　支流 BH1 断面含沙量沿垂线分布

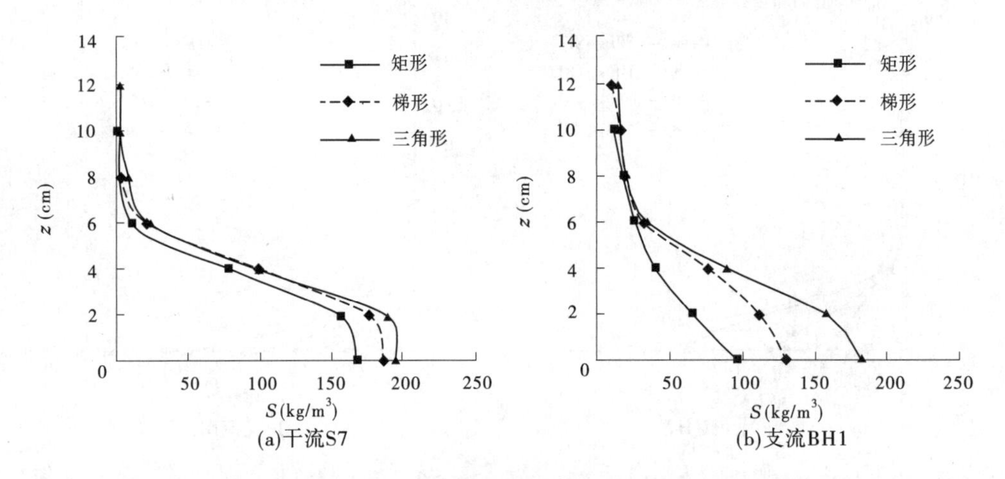

图 1-6-78　干支流代表断面不同形态的含沙量沿垂线分布

在入口流量和含沙量相同条件下,三角形断面形态的分沙比最大,梯形次之,矩形最小,故在分水口门 BH1 断面处,三角形断面形态的含沙量最大,异重流厚度最大,梯形断面次之,矩形断面最小。

(4)含沙量沿垂线分布分析。

根据异重流的挟沙特点,考虑其扩散模式,引入含沙量沿垂线分布公式(Rafael et al. ,2012)对水槽试验结果进行分析:

$$\frac{S}{S_a} = 1.22 \times \exp\left[-4\frac{z}{h_t}\right] \tag{1-6-77}$$

式中:S 为据底部高度为 z 的含沙量;S_a 为距水槽底部为浑水水深 5%高度时所对应的含沙量;h_t 为浑水水深。

将水槽试验结果代入以上公式,计算值与实测值对比见图 1-6-79,从图 1-6-79 中看出,对比结果符合较好,但三角形断面计算值与实测值对比差异大于矩形断面、梯形断面。

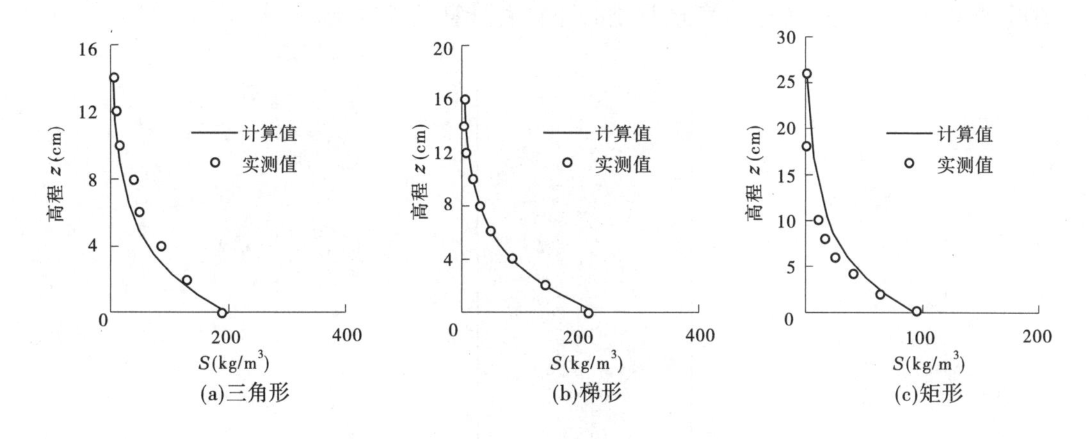

图 1-6-79　不同断面形态计算值与实测值对比(200kg-8L)

6.7　不同断面形态的干流分流分沙机制

图 1-6-80 为矩形、梯形、三角形断面干流异重流分流分沙比随含沙量、流量的变化图。从图中可以看出,干流向支流的分流、分沙比随含沙量的增大而增大。分流比的增大的幅度小于分沙比的。这可能是异重流进入支流后,干支流浑水容重差接近,进入含沙量越高,容重差越小,引起后续异重流进入的流量减小引起的。异重流分流比随着时间的延长先减小后稳定。

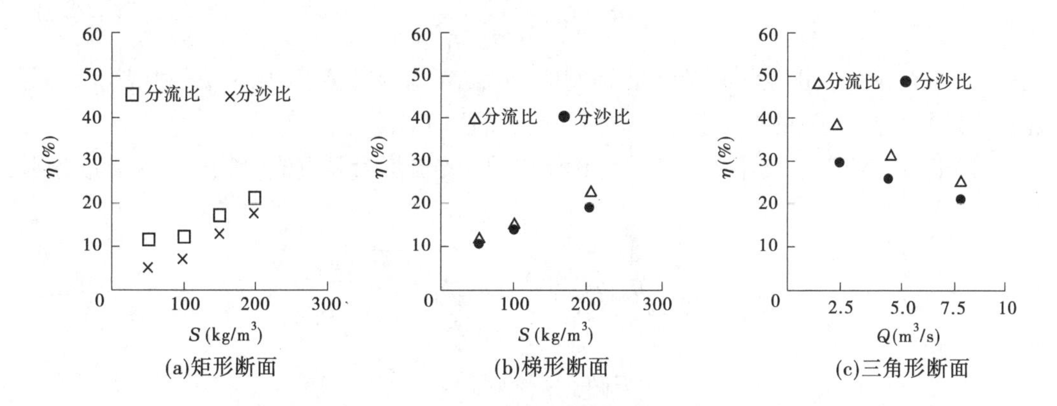

图 1-6-80　不同断面形态干流异重流分流(沙)比变化

图 1-6-81 为干流异重流倒灌支流力学机制分析图。在干支流清浑水容重差和动水压力作用下,干流异重流进入支流。若断面形态为矩形,干支流口门无拦门沙,干流异重流流量沿横断面分布均匀,分流口门处近边壁附近流线发生弯曲,在支流下游边界约束下,浑水折向并沿下游岸壁冲高进入支流,倒灌进入支流内部,沿程不断调整衰减。

目前常采用两种方法计算支流倒灌过程:一是黄河水利科学研究院提出的按分流比计算支流的倒灌流量(张俊华 等,2002,2007a),该方法基于实体模型试验显示出的物理图形，概化出干支流分流比计算方法，分以下两种计算模式。

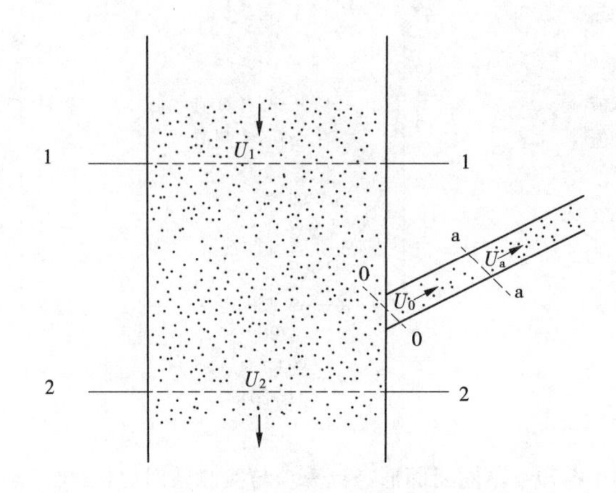

图 1-6-81 干流异重流倒灌支流分析

(1)若支流位于三角洲顶坡段，则干、支流均为明流，则有：

$$Q_m = B_m h_m \frac{1}{n_m} h_m^{2/3} J_m^{1/2} \tag{1-6-78}$$

$$Q_t = B_t h_t \frac{1}{n_t} h_t^{2/3} J_t^{1/2} \tag{1-6-79}$$

假设干、支流糙率相等，即 $n_t = n_m$，则支流分流比 DR 为：

$$DR = C_{mt} \frac{B_t h_t^{5/3} J_t^{1/2}}{B_m h_m^{5/3} J_m^{1/2}} \tag{1-6-80}$$

式中：Q、B、h、n 及 J 分别表示流量、水面宽度、水深、糙率及比降，下标 m、t 分别表示干、支流；C_m 为考虑干、支流的夹角及干流方向而引入的修正系数。

(2)若支流位于干流异重流潜入点下游，则干、支流均为异重流，则干、支流流量分别为：

$$Q_{dm} = B_{dm} h_{dm} \sqrt{\frac{8}{\lambda_{dm}} g h_{dm} J_{dm} \frac{\Delta\gamma_{mm}}{\gamma_{mm}}} \tag{1-6-81}$$

$$Q_{dt} = B_{dt} h_{dt} \sqrt{\frac{8}{\lambda_{dt}} g h_{dt} J_{dt} \frac{\Delta\gamma_{mt}}{\gamma_{mt}}} \tag{1-6-82}$$

式中：Q_d、B_d 及 h 分别表示异重流的流量、宽度及水深；λ_d 表示阻力系数；$\Delta\gamma$ 为清浑水容重差；$\Delta\gamma_m$ 为浑水容重。假设干支流交汇处的阻力系数 λ_d 及水流含沙量相等，即 $\lambda_{dm} = \lambda_{dt}$、$\Delta\gamma_{mm} = \Delta\gamma_t$、$\gamma_{mm} = \gamma_{mt}$，则支流分流比 DR 为

$$DR = C_{mt} \frac{B_{dt} h_{dt}^{3/2} J_t^{1/2}}{B_{dm} h_{dm}^{3/2} J_m^{1/2}} \tag{1-6-83}$$

由此可计算出支流分流量，假定支流水流含沙量与干流相同，则可计算出进入支流的沙量。通过支流输沙计算可得到沿程淤积量及淤积形态。该方法的优点是分流比计算

具有一定的理论基础，缺点是仅考虑干流向支流倒灌的过程（涨水阶段），没有考虑支流向干流回灌的过程（落水阶段）。由于小浪底库区各支流形态及大小，入汇角度均不同，因此很难确定各支流的修正系数 C_{mt}。

第二种方法是韩其为(2003)提出的倒灌流量公式。支流口门异重流厚度和含沙量一定时，随着底坡的增大，倒灌流量逐渐减小。但由于该公式推导时为了积分方便，假设库区河宽沿程减小，这与实际是有区别的。本书在这两种方法推导基础上，吸取了二者经验得到了新的公式。

(1)矩形断面。

假设干流异重流进入支流存在一个微团，在平面上，该微团在干流异重流和浑水压力作用下进入支流，干流异重流流速大小为 U_1，方向沿水流方向，支流异重流分流流速大小 U_{0x}，方向为干流流向的法线方向，即复合流速大小为 $U_0=\sqrt{U_1^2+U_{0x}^2}$，相应流速方向与水流方向夹角为 $\alpha=\arctan\dfrac{U_{0x}}{U_1}$。下标0、1、2分别代表支流内断面、干流上游断面、干流下游断面。

假设干支流均为矩形河槽，根据支流异重流分流的物理图形可知，支流内进入的浑水为干流异重流通过支流口门的过程中发生的，也即干流异重流进入支流只发生在窗口时间 Δt 内：

$$\Delta t=\frac{B_0}{v} \tag{1-6-84}$$

式中：Δt 为通过的窗口时间；B_0 为支流口门宽度；v 为干流异重流流速。

而支流异重流进入支流内部，在窗口时间 Δt 内运行的距离为 L，相应支流内流速为 U，可得：

$$L=\Delta tU=\frac{B_0U}{v} \tag{1-6-85}$$

有

$$Q_1=B_1h_1v \tag{1-6-86}$$

$$Q_0=B_0h_0U \tag{1-6-87}$$

支流分流比 η：

$$\eta=\frac{Q_0}{Q_1} \tag{1-6-88}$$

支流分沙比 η_s：

$$\eta_s=\frac{Q_0S_0}{Q_1S_1} \tag{1-6-89}$$

由式(1-6-85)~式(1-6-88)可得：

$$\eta=\frac{Q_0}{Q_1}=\frac{Lh_0}{B_1h_1}=\frac{L}{B_1}\frac{h_0}{h_1} \tag{1-6-90}$$

由式(1-6-89)、式(1-6-90)可得：

$$\eta_s = \frac{Q_0 S_0}{Q_1 S_1} = \eta \frac{S_0}{S_1} = \frac{L}{B_1} \frac{h_0}{h_1} \frac{S_0}{S_1} \tag{1-6-91}$$

(2)梯形断面。

梯形断面上、下底存在以下关系：

$$B_2 = nB_1 \tag{1-6-92}$$

梯形过流面积

$$A_1 = \frac{1}{2}(1 + n) B_1 h_1 \tag{1-6-93}$$

$$Q_1 = \frac{1}{2}(1 + n) B_1 h_1 v \tag{1-6-94}$$

由式(1-6-85)、式(1-6-88)、式(1-6-94)可得支流分流比：

$$\eta = \frac{Q_0}{Q_1} = \frac{Lh_0}{B_1 h_1} = \frac{2}{n + 1} \frac{L}{B_1} \frac{h_0}{h_1} \tag{1-6-95}$$

由式(1-6-89)、式(1-6-95)可得支流分沙比：

$$\eta_s = \frac{Q_0 S_0}{Q_1 S_1} = \eta \frac{S_0}{S_1} = \frac{2}{n + 1} \frac{L}{B_1} \frac{h_0}{h_1} \frac{S_0}{S_1} \tag{1-6-96}$$

(3)三角形断面。

三角形过流面积

$$A_1 = \frac{1}{2} B_1 h_1 \tag{1-6-97}$$

$$Q_1 = \frac{1}{2} B_1 h_1 v \tag{1-6-98}$$

由式(1-6-85)、式(1-6-87)、式(1-6-88)、式(1-6-98)可得：

$$\eta = \frac{Q_0}{Q_1} = \frac{Lh_0}{B_1 h_1} = 2 \frac{L}{B_1} \frac{h_0}{h_1} \tag{1-6-99}$$

由式(1-6-89)、式(1-6-99)可得：

$$\eta_s = \frac{Q_0 S_0}{Q_1 S_1} = \eta \frac{S_0}{S_1} = 2 \frac{L}{B_1} \frac{h_0}{h_1} \frac{S_0}{S_1} \tag{1-6-100}$$

由几何知识可知，矩形、三角形断面形式均为梯形断面的特例，其表达式均可统一为式(1-6-93)。矩形断面时 $n=1$，三角形断面时 $n=0$。则不同断面形态统一的分流比公式：

$$\eta = \frac{Q_0}{Q_1} = \frac{Lh_0}{B_1 h_1} = \frac{2}{n + 1} \frac{L}{B_1} \frac{h_0}{h_1} \tag{1-6-101}$$

同样地，不同断面形态统一的分沙比公式可写为：

$$\eta_s = \frac{Q_0 S_0}{Q_1 S_1} = \eta \frac{S_0}{S_1} = \frac{2}{n + 1} \frac{L}{B_1} \frac{h_0}{h_1} \frac{S_0}{S_1} \tag{1-6-102}$$

韩其为(2013)利用流管法列伯努利方程确定倒灌长度 L,假定底坡较小,流管边壁及上层均受有切应力,切应力为线性分布,经过一系列推导,得到:

$$L = \frac{1 + \frac{1}{2}Fr^2}{J_0 + \frac{\lambda_0}{8}Fr^2}h_1 \tag{1-6-103}$$

其中:$Fr^2 = \frac{U^2}{\eta_g g h_1}$为倒灌后的支流异重流修正弗劳德数。

由于异重流倒灌的动量交换发生在干支流交汇区,且倒灌物理机制一致,忽略比降影响,借用式中的关系,得出:

$$L = f(Fr, h_1, \xi) \tag{1-6-104}$$

考虑式(1-6-101)与式(1-6-103)可得:

$$\eta = \frac{Q_0}{Q_1} = \frac{2}{n+1}\frac{Lh_0}{B_1 h_1} = f\left(Fr^m, \xi^n, \frac{h_0}{B_1}\right) \tag{1-6-105}$$

考虑式(1-6-102)与式(1-6-103)可得:

$$\eta_s = \frac{Q_0 S_0}{Q_1 S_1} = \eta\frac{S_0}{S_1} = f\left(Fr^m, \xi^n, \frac{h_0}{B_1}\right) \tag{1-6-106}$$

式(1-6-105)、式(1-6-106)分别为支流异重流分流比、分沙比的理论公式。从中可以看出,分流比、分沙比与倒灌后的异重流修正弗劳德数 Fr、倒灌后支流内浑水厚度 h_0、局部阻力系数 ξ 和干流河宽 B_1 有关。

异重流平均流速、平均厚度定义为:

$$U = \frac{\int_0^\delta u^2 \mathrm{d}y}{\int_0^\delta u \mathrm{d}y} \tag{1-6-107}$$

$$h = \int_0^\delta \frac{u}{U}\mathrm{d}y \tag{1-6-108}$$

利查逊数(Richardson number)为:

$$Ri = \frac{\Delta\rho g h}{\rho U^2} \tag{1-6-109}$$

雷诺数(Reynolds number)为:

$$Re = \frac{uh}{v} \tag{1-6-110}$$

整理水槽测验资料,结果汇总见表1-6-2。表中统计了流量、平均流速、平均水深、含沙量等测验数据,并利用式(1-6-107)~式(1-6-110)分别进行了分流前后浑水重度、利查逊数、弗劳德数、雷诺数、分流分沙比、局部损失系数等的相关计算。

图 1-6-82 为干流异重流经过支流河道处的局部损失 h_f 随分流前干流雷诺数 Re 的变化图,从图中可以看出,该局部损失 h_f 随着分流前干流雷诺数 Re 的增大而增大。图 1-6-83 为干流异重流经过支流河道后的局部损失系数 ξ 随分流前干流弗劳德数 Fr 的变化图,从图中可以看出,该分流段的局部损失系数随着分流前干流弗劳德数 Fr 的增大而减小。

表 1-6-2　水槽试验结果汇总

项目	流量 Q (m^3/s)	平均流速 v (m/s)	平均水深 h (m)	含沙量 S (kg/m^3)	浑水重度 γ_s (kg/m^3)	利查逊数 Ri	弗劳德数 Fr	掺混系数 Ei	雷诺数 Re	分流比 η	分沙比 η_s	局部损失系数 ξ
50kg-8L-R	0. 005 9	0. 17	0. 057	29. 2	1 018. 2	0. 33	1. 7	0. 004	7 293	11. 58	5. 12	0. 051
	0. 005 1	0. 16	0. 053	26. 5	1 016. 5	0. 33	1. 8	0. 004	6 312	13. 5	5. 9	
	0. 000 7	0. 11	0. 020	12. 9	1 008. 0	0. 12	2. 9	0. 011	1 689			
100kg-8L-R	0. 006 6	0. 21	0. 051	40. 7	1 025. 4	0. 27	1. 9	0. 005	8 148	12. 1	7. 45	0. 058
	0. 005 9	0. 20	0. 050	38. 0	1 023. 7	0. 30	1. 8	0. 005	7 297	10. 5	6. 4	
	0. 000 8	0. 12	0. 022	25. 0	1 015. 6	0. 24	2. 1	0. 006	1 977			
150kg-8L-R	0. 008 4	0. 22	0. 063	94. 9	1 059. 1	0. 68	1. 2	0. 002	10 420	17. 4	13. 22	0. 130
	0. 007 0	0. 19	0. 060	88. 4	1 055. 0	0. 81	1. 1	0. 002	8 614	17. 3	13. 2	
	0. 001 5	0. 12	0. 041	72. 2	1 045. 0	1. 22	0. 9	0. 001	3 619			
200kg-8L-R	0. 009 2	0. 23	0. 066	126. 7	1 078. 9	0. 90	1. 1	0. 002	11 330	21. 2	18. 07	0. 188
	0. 007 1	0. 20	0. 058	118. 4	1 073. 7	0. 94	1. 0	0. 002	8 852	21. 9	18. 7	
	0. 001 9	0. 12	0. 053	108. 2	1 067. 4	2. 23	0. 7	0. 001	4 794			
200kg-8L-Tri	0. 008 6	0. 31	0. 093	135. 6	1 084. 4	0. 74	1. 2	0. 002	21 419	25. 4	20. 82	0. 163
	0. 006 6	0. 27	0. 083	118. 3	1 073. 7	0. 79	1. 1	0. 002	16 365	23. 6	19. 3	
	0. 002 2	0. 25	0. 029	111. 1	1 069. 2	0. 29	1. 9	0. 005	5 444			
200kg-4. 8L-Tri	0. 004 5	0. 19	0. 079	148. 2	1 092. 3	1. 82	0. 7	0. 001	11 220	31. 6	25. 93	0. 353
	0. 003 2	0. 15	0. 072	140. 3	1 087. 4	2. 69	0. 6	0. 001	7 839	30. 1	24. 7	
	0. 001 4	0. 14	0. 034	121. 6	1 075. 7	1. 19	0. 9	0. 001	3 548			

续表 1-6-2

项目	流量 Q (m^3/s)	平均流速 v (m/s)	平均水深 h (m)	含沙量 S (kg/m^3)	浑水重度 γ_s (kg/m^3)	利查逊数 Ri	弗劳德数 Fr	掺混系数 Ei	雷诺数 Re	分流比 η	分沙比 η_s	局部损失系数 ξ
200kg-2.4L-Tri	0.002 1	0.14	0.051	130.5	1 081.3	1.97	0.7	0.000 8	5 221	38.7	30.03	0.426
	0.001 3	0.10	0.046	121.6	1 075.7	3.46	0.5	0.000 4	3 294	36.9	28.6	
	0.000 8	0.07	0.039	101.2	1 063.0	4.68	0.5	0.000	2 023			
50kg-8L-Tra	0.004 9	0.19	0.096	32.6	1 020.3	0.52	1.4	0.003	13 499	12.2	10.64	0.074
	0.004 3	0.18	0.088	31.7	1 019.7	0.51	1.4	0.003	11 872	12.1	10.5	
	0.000 6	0.09	0.021	28.4	1 017.7	0.40	1.6	0.004	1 487			
100kg-8L-Tra	0.004 8	0.25	0.071	85.7	1 053.3	0.58	1.3	0.003	13 124	16.1	14.46	0.123
	0.004 0	0.22	0.069	81.3	1 050.6	0.70	1.2	0.002	11 017	16.1	14.4	
	0.000 8	0.11	0.023	76.8	1 047.8	0.79	1.1	0.002	1 904			
200kg-8L-Tra	0.007 0	0.31	0.082	127.2	1 079.2	0.60	1.3	0.002	19 193	22.2	18.39	0.176
	0.005 3	0.26	0.075	118.2	1 073.6	0.73	1.2	0.002	14 687	23.5	19.5	
	0.001 5	0.12	0.043	105.6	1 065.8	1.75	0.8	0.001	3 826			

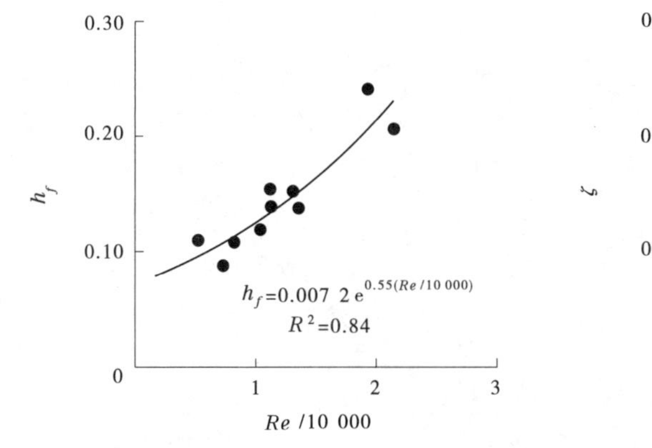

图 1-6-82　h_f~Re/10 000 对比

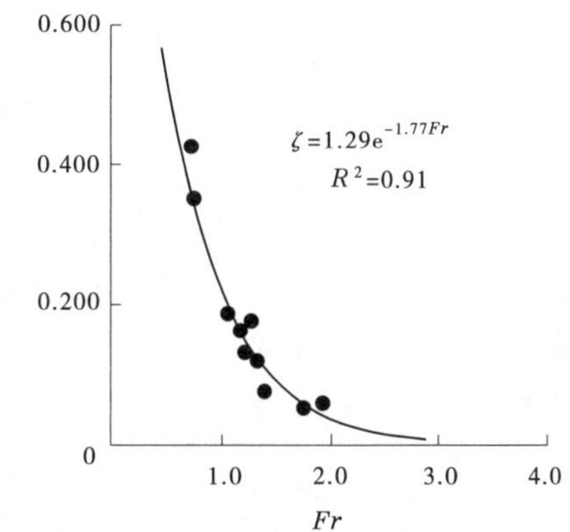

图 1-6-83　ξ~Fr 对比

图 1-6-84 为干流异重流分流、分沙比随分流前干流弗劳德数 Fr 的变化图，从图中可以看出，该异重流分流、分沙比随着分流前干流弗劳德数 Fr 的增大而减小。

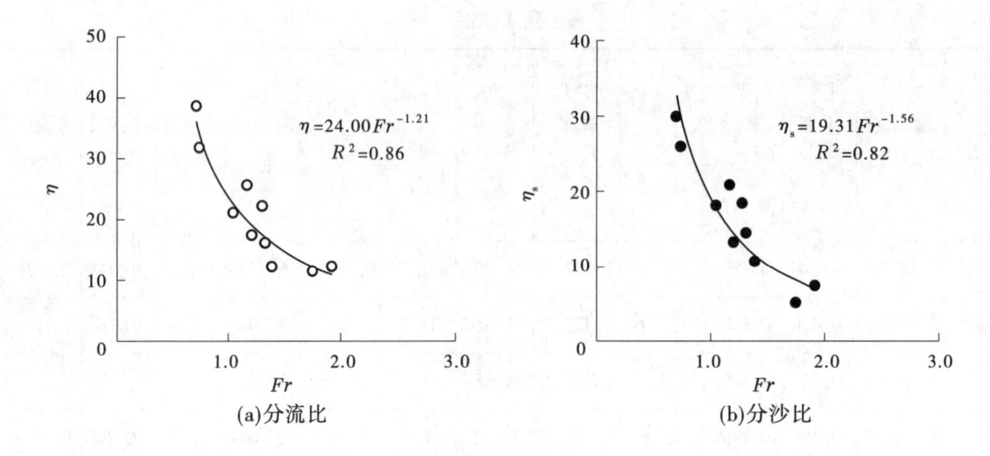

图 1-6-84 分流、分沙比随分流前干流 Fr_1 对比

利用水槽试验资料,对式(1-6-105)、式(1-6-106)进行拟合,得到适用于不同断面形态的异重流分流比公式:

$$\eta = 108Fr^{0.08}\xi^{0.47}\left(\frac{h_0}{B_1}\right)^{0.30} \tag{1-6-111}$$

分沙比公式:

$$\eta_s = 133Fr^{0.08}\xi^{0.36}\left(\frac{h_0}{B_1}\right)^{0.56} \tag{1-6-112}$$

从式(1-6-111)、式(1-6-112)中可以看出,分流比、分沙比与倒灌后的异重流修正弗劳德数 Fr、干流段局部阻力系数 ξ、倒灌后支流内浑水厚度 h_0 成正比,与干流河宽 B_1 成反比。计算值与实测值对比见图 1-6-85。从图中可以看出,计算结果与实测值较为接近。

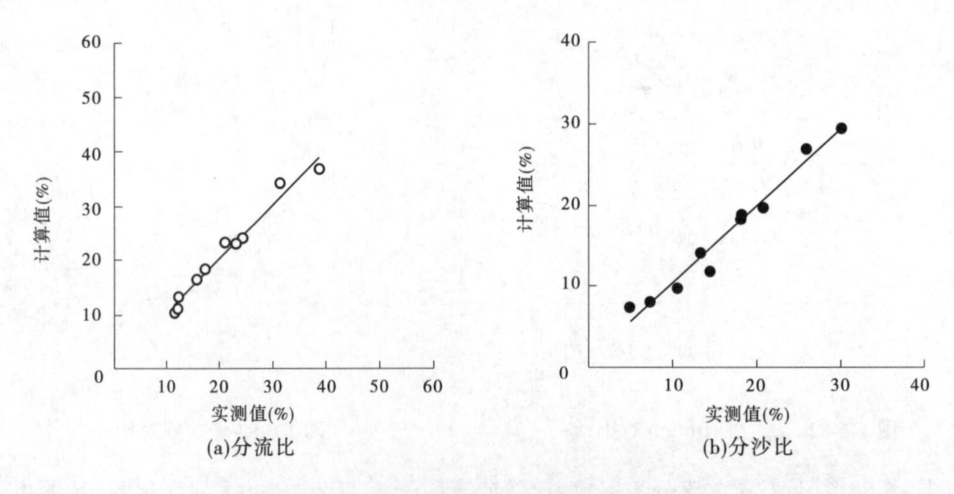

图 1-6-85 分流分沙比计算值与实测值对比

6.8　本章小结

采用玻璃水槽进行了10组次概化水槽试验,主要研究干流异重流在不同断面形态条件下支流的分流、分沙规律。开展了不同流量、不同含沙量对干流河槽形态分别为矩形断面、梯形断面、三角形断面的异重流分流试验研究,分流口门处的紊动能由大到小依次为三角形断面、梯形断面、矩形断面。结果表明:

(1)提出了统一的可描述不同断面形态条件下的分流、分沙比理论公式。其公式形式接近,变化规律相同。与前二者河槽分流、分沙比的区别在于三者常数系数不同,矩形河槽其系数为1,梯形河槽其系数为$1/(n+1)$,三角形河槽其系数为2。

(2)采用水槽试验率定了干流倒灌支流异重流分流比、分沙比的公式的参数。从式中可以看出分流比与倒灌后的异重流修正弗劳德数Fr的0.08次方、干流段局部阻力系数ξ的0.47次方、倒灌后支流内浑水厚度h_0的0.30次方成正比,与干流河宽B_1的0.30次方成反比。分沙比与倒灌后的异重流修正弗劳德数Fr的0.08次方、干流段局部阻力系数ξ的0.36次方、倒灌后支流内浑水厚度h_0的0.56次方成正比,与干流河宽B_1的0.56次方成反比。利用拟合公式对试验结果进行了验证计算,计算结果与实测值较为接近。

(3)提出了新的支流异重流的头部流速公式。该公式既与分流口门处的阻力损失有关,又考虑了干流异重流的影响,考虑干流异重流的行进流速和浑水厚度,结合动量方程和能量方程,得到了新的公式。对矩形河槽进入支流内的头部流速进行了计算验证,结果表明,较以往计算结果偏大,与实际更为符合。

(4)提出了干支流异重流分流窗口时间公式。提出了干支流异重流分流局部损失公式及局部损失系数,根据能量方程、动量方程和连续性方程联立,在考虑分流比的基础上得到局部损失系数与上游过流断面面积的平方成负相关关系,与干支流分流比、下游过流断面面积的平方成正相关关系。

(5)支流口门断面是支流异重流分流最敏感的位置,与明流取水情况相同的是水流结构存在着明显的三维特性,表层流场与底层流场差异较大。分析了分流前后干支流固定点的流速演化,结果表明,含沙量越大,异重流头部流速越大;异重流到来之前,流速变幅小,清水的紊动幅度小,异重流到来之后,流速变幅大,浑水紊动幅度大;来流含沙量越高,浑水紊动幅度越大,浑水异重流紊动幅度大于清水的。

(6)代表点流速演化过程分析表明,异重流头部到达前,前方的清水水体受异重流头部扰动较少,异重流头部影响仅限于异重流运动范围内。第一次在试验中测验到这种现象。对水库调水调沙过程中塑造异重流排沙时,可利用此规律把握开启坝前闸门时机,以闸门前形成流场可影响到异重流为限,无须提前太长时间,可节省清水水量以满足水库及时排沙,而不形成浑水水库。

(7)异重流到达固定点后流速突然增大到最大值,异重流头部过去之后,固定点流速降低,呈波状、衰减曲线变化。对矩形断面而言,从M-500kg-8L-R、M-200kg-8L-R组次数据系列可以看出,M-500kg-8L-R组次形成的异重流流速衰减幅度大于M-200kg-

8L-R 的,而其他组次流速也衰减,但衰减幅度小于 M-500kg-8L-R 组次。支流的变化特征基本同干流,除 M-500kg-8L-R 组次的支流分流流速较小外,其余组次流速随着含沙量的增大而增大的变化。

对于梯形断面形态,在支流上游 1.2 m 的 S7 断面,M-200kg-8L-Tra 的代表点流速最大,M-100kg-8L-Tra 次之,M-50kg-8L-Tra 最小;支流下游 1.2 m 处 S9 断面流速变化规律相同。梯形河槽条件下,支流内异重流头部通过该固定点时其梯度较缓,M-50kg-8L-Tra 组次异重流头部通过后,流速衰减明显。

对于三角形断面形态,M-200kg-8L-Tri 的头部代表点流速最大,M-200kg-4.8L-Tri 次之,M-200kg-2.4L-Tri 最小。

(8)提出了干流异重流头部流速随进口含沙量的增加而增加的规律。干流流速沿程在波动中发生先增大后衰减的过程,在支流口门处受支流分流影响流速减小,分流后流速增大,通过干支流交汇区后大幅减小直至尾门。在支流内部,头部流速经历先增大后减小的过程。矩形断面与梯形断面试验表明,含沙量大的干流异重流进入支流内的含沙量也大,头部流速也大,支流内异重流沿程衰减。三角形断面形态的试验表明,随着流量增大,异重流头部及后续流动的流速越大。

(9)从不同断面形态在 200 kg/m^3 含沙量 8 L/s 流量情况下的流速对比图可以看出,在支流上游 1.2 m 的 S7 断面处三角形头部流速最大,梯形次之,矩形最小;支流下游 1.2 m 处 S9 断面三角形头部流速最大,梯形次之,矩形最小。不同断面形态情况下,梯形河槽头部流速大于矩形河槽的头部流速,支流分流分沙后,M-50kg-8L-R 与 M-50kg-8L-Tra 固定点处流速差别小于分流分沙前的。含沙量越大,分流分沙对流速的影响越大。

(10)含沙量 200 kg/m^3、流量 8 L/s 条件下支流固定点流速随干流断面形态变化特点是,矩形的流速最大,三角形的流速次之,梯形的流速最小。含沙量 100 kg/m^3、流量 8 L/s 条件下,在异重流未到之前,梯形流速大于矩形流速,而异重流头部到达时,梯形流速小于矩形河槽流速增幅,且在异重流头部通过后,矩形流速大于梯形流速。这可能与固定点的平面布置位置有关;含沙量 50 kg/m^3、流量 8 L/s 条件下,梯形河槽的流速大于矩形河槽的流速。

(11)通过对分流前后干支流典型代表点流速变化的分析可以看出,异重流头部到达前,清水水体受干扰较小,异重流只输移浑水水体部分。异重流在代表点的流速变化是既存在周期变化,又同时存在幂指数规律的衰减过程。

(12)对比分析了头部流速的变化。在支流存在的库段,影响了异重流运动加速段的连续性,异重流运动为非恒定状态,相同含沙量条件下,头部流速接近;三角形断面,支流分流比较大,浑水分流量大,干流内浑水流量小,下游流速减小较多。底床横断面为矩形断面,支流分流比小,浑水分流量大,干流内浑水流量大,下游流速减小较少,在河床比降作用下,流速逐渐增大。底床横断面为梯形断面,支流分流比居中,下游流速减小不大,含沙量大时异重流动量大,头部流速加速明显。在河床比降作用下,流速也逐渐增大。

干流异重流浑液面厚度从大到小依次为三角形河槽、梯形河槽、矩形河槽,支流异重流浑液面厚度从大到小依次为三角形河槽、梯形河槽、矩形河槽,但其幅度小于干流的较多。

第7章　小浪底水库干流不同断面形态对畛水倒灌模拟

在小浪底水库进入拦沙后期,水库运用方式将有所调整,在遭遇有利洪水过程时,水库将相机降低水位进行冲刷,库区的河槽形态将得到重塑,不同于拦沙初期运用方式下塑造的类似梯形断面,可能会对支流倒灌产生新的淤积影响,口门淤积形态发展产生变化。在前述章节对异重流潜入、小浪底水库入库水沙变化与支流分流分沙响应及水槽试验的分析基础上,本章利用已有的两步法一维水动力学模型(王增辉 等,2015a,2015b;Wang, et al. ,2016,2017)进行了模拟分析,主要研究小浪底水库干流不同断面形态对畛水支流倒灌的情况,分析异重流分流分沙比的变化,为水库拦沙后期运用提供技术支撑。

7.1　控制方程

从浑水连续方程和运动方程着手,考虑对有无密度分层条件时,流体上下表面边界条件和静水压力有所区别,分别推导了水沙耦合的浑水明流与异重流控制方程(王增辉 等,2015a,2015b,Wang,et al. ,2016,2017)。

7.1.1　浑水明流控制方程

$$\frac{\partial U}{\partial t}+\frac{\partial F}{\partial x}=S \tag{1-7-1}$$

$$\frac{\partial A_b}{\partial t}=\frac{B(D-E)}{1-p} \tag{1-7-2}$$

式中:

$$U=\begin{bmatrix}A\\Q\\AC\end{bmatrix},F=\begin{bmatrix}Q\\Q^2/A\\QC\end{bmatrix}$$

$$S=\begin{bmatrix}B(E-D)/(1-p)-q_l\\-\frac{\rho_b-\rho_m}{\rho_m(1-p)}BU(E-D)-\frac{\rho_s-\rho_w}{\rho_m}(Cq_l-C_lq_l)U+gA(S_b-S_f)-gA\frac{\partial h_m}{\partial x}-gh_c\frac{A}{\rho_m}\frac{\partial \rho_m}{\partial x}\\B(E-D)-C_lq_l\end{bmatrix}$$

式中:A为过流断面面积;Q为断面流量;C为体积比含沙量;B为水面宽度;E为床沙上扬通量;D为悬沙沉降通量;U为断面平均流速;ρ_w、ρ_m分别为清、混水的密度;ρ_b为床沙饱和湿密度;ρ_s为泥沙颗粒密度;p为床沙的孔隙率;g为重力加速度;S_b为底坡;S_f为阻力坡度;h_m为水深;$h_c=[\int_0^{h_m}B_z(h_m-z)\,dz]/A$为过流断面形心高度;$q_l$为干支流倒灌净单宽流量,规定从干流到支流为正;$C_l$为与这部分流量对应的体积比含沙量;$\partial A_b/\partial t$为冲淤断面面积的变化速率。

7.1.2 异重流控制方程

$$\frac{\partial T}{\partial t}+\frac{\partial G}{\partial x}=R \tag{1-7-3}$$

$$\frac{\partial A_{b}}{\partial t}=\frac{B_{t}(D_{t}-E_{t})}{1-p} \tag{1-7-4}$$

式中:

$$T=\begin{bmatrix}A_{t}\\Q_{t}\\A_{t}C_{t}\end{bmatrix},G=\begin{bmatrix}Q_{t}\\Q_{t}^{2}/A_{t}\\Q_{t}C_{t}\end{bmatrix}$$

$$R=\begin{bmatrix}B_{t}(E_{t}-D_{t})/(1-p)+B_{t}e_{w}U_{t}-q_{tl}\\-\frac{\rho_{b}-\rho_{t}}{\rho_{t}(1-p)}B_{t}U_{t}(E_{t}-D_{t})+\frac{\rho_{t}-\rho_{w}}{\rho_{t}}B_{t}e_{w}U_{t}^{2}+g'A_{t}S_{b}-gA_{t}S_{f}'-gA_{t}\frac{\rho_{w}}{\rho_{t}}\frac{\partial z_{s}}{\partial x}-g'A_{t}\frac{\partial h_{t}}{\partial x}-gh_{ct}\frac{A_{t}}{\rho_{t}}\frac{\partial\rho_{t}}{\partial x}\\B_{t}(E_{t}-D_{t})-C_{t}q_{tl}\end{bmatrix}$$

式中:A_t、Q_t、C_t 分别为异重流层的面积、流量和含沙量;B_t 为清浑水交界面的宽度;ρ_t、U_t 分别为异重流层的密度与断面平均流速;h_t 为异重流层厚度;E_t、D_t 为异重流与床面的泥沙交换通量;e_w 为清水掺入系数;$g'=(\rho_t-\rho_w)g/\rho_t$ 为有效重力加速度;S_f'为考虑交界面阻力后的综合阻力坡度;z_s 为高程;h_{ct} 为异重流断面形心高度。

7.2 关键问题处理

7.2.1 明流与异重流的潜入判别

采用第 2 章中提出的潜入点水深计算公式(1-2-54)和式(1-2-63)进行计算,判断明流与异重流的流态,衔接明流与异重流的水力参数。

7.2.2 干流分流分沙计算

方程中同时考虑了干支流倒灌所造成的侧向入流。浑水明流控制方程中的 q_l 的计算使用零维水库法,并采用第 6 章的研究成果式(1-6-111)、式(1-6-112)进行复核计算,提高了模型计算的可靠性。

异重流控制方程中的 q_{tl} 采用考虑底坡的异重流倒灌流量公式(Wang et al.,2016,2017)来计算:

$$q_{tl}=h_{0}^{\frac{3}{2}}\sqrt{\frac{(2J\frac{L}{h_{0}}-4)\xi-6J\frac{L}{h_{0}}+4}{(3-\xi)^{3}}(1+\xi)\eta g} \tag{1-7-5}$$

式中:h_0 为交汇区干流异重流厚度;ξ 为阻力损失系数;J 为支流底坡;L 为潜入段长度。

式(1-7-5)与一般异重流倒灌流量公式的区别在于:该式推导时在动量方程中加入了底坡上的压力项,在 J 取 0 时与韩其为(2003)提出的倒灌流量公式相同。支流口门异重流厚度和含沙量一定时,随着底坡的增大,倒灌流量逐渐减小。ξ 大小受支流底坡限制,即

$$\xi < \left(2\frac{h_0}{L} - 3J\right)/\left(2\frac{h_0}{L} - J\right) \tag{1-7-6}$$

L/h_0 的取值按照 Li 等(2011)研究水库异重流潜入点弗劳德数时的做法,设为 9。

7.2.3　数值离散方法

模型离散时使用有限体积法。数值通量 F 或 G 使用 HLLC 黎曼算子(Toro,1998)计算。在库尾部分底坡较陡的河段,可能出现水跌,而在回水区内流态为弗劳德数很小的缓流。为了使数值格式能够适应不同流态的变化,减小数值震荡,采用了 Aureli 等(2008)提出的 WSDGM(Weighted Surface-Depth Gradient Method)方法来重构单元交界面的水深:

$$\begin{aligned} h^L_{i+\frac{1}{2},j} &= \theta_{i,j} h^{L,DGM}_{i+\frac{1}{2},j} + (1-\theta_{i,j}) h^{L,SGM}_{i+\frac{1}{2},j} \\ h^R_{i+\frac{1}{2},j} &= \theta_{i+1,j} h^{R,DGM}_{i+\frac{1}{2},j} + (1-\theta_{i+1,j}) h^{R,SGM}_{i+\frac{1}{2},j} \end{aligned} \tag{1-7-7}$$

其中,$h^{L,DGM}_{i+\frac{1}{2},j}$,$h^{L,SGM}_{i+\frac{1}{2},j}$ 为界面 $x=(i+1/2)\Delta x$ 左侧由深度梯度法和表面梯度法外插得到的水深,权重 $\theta_{i,j}$ 根据局部弗劳德数计算:

$$\theta_{i,j} = \begin{cases} \dfrac{1}{2}\left[1-\cos\left(\dfrac{\pi Fr_{i,j}}{Fr_{\lim}}\right)\right] & 0 \leqslant Fr_{i,j} \leqslant Fr_{\lim} \\ 1 & Fr_{i,j} > Fr_{\lim} \end{cases} \tag{1-7-8}$$

其中,$Fr_{\lim}$ 是一个需要率定的临界弗劳德数,当某单元的局部弗劳德数大于该临界值时,该单元两侧界面的水深由纯 DGM 法重构。

源项中的水面梯度 $\partial z_s/\partial x$ 使用 Ying(2004)提出的方法,将 z_s 前差与后差的结果按柯朗数加权求和,即

$$\frac{\partial z_s}{\partial x} = w_1 \frac{z^n_{s,i+1} - z^n_{s,i}}{x_{i+1} - x_i} + w_2 \frac{z^n_{s,i} - z^n_{s,i-1}}{x_i - x_{i-1}} \tag{1-7-9}$$

其中

$$\begin{aligned} & w_1 = 1 - \frac{\Delta t}{2}\frac{U^n_i + U^n_{i+1}}{x_{i+1} - x_i}, w_2 = \frac{\Delta t}{2}\frac{U^n_{i-1} + U^n_i}{x_i - x_{i-1}} \quad Q \geqslant 0 \\ & w_1 = \frac{\Delta t}{2}\frac{U^n_i + U^n_{i+1}}{x_{i+1} - x_i}, \quad w_2 = 1 - \frac{\Delta t}{2}\frac{U^n_{i-1} + U^n_i}{x_i - x_{i-1}} \quad Q < 0 \end{aligned} \tag{1-7-10}$$

源项中床面泥沙通量 D_t 和 E_t,清水掺入系数 e_w 以及综合阻力坡度 S_f' 需要与守恒变量联系起来以使方程组封闭,其具体表达式以及离散方法见文献(王增辉,等,2015a)。

7.3　模型验证

使用小浪底水库干支流实测地形资料和 2006 年调水调沙期的水沙资料进行模型验

证。以该时段内三门峡水库下泄流量和含沙量过程作为上游边界条件,见图 1-7-1(a)。以小浪底下泄流量过程和坝前桐树岭站水位作为下游边界条件,见图 1-7-1(b)。

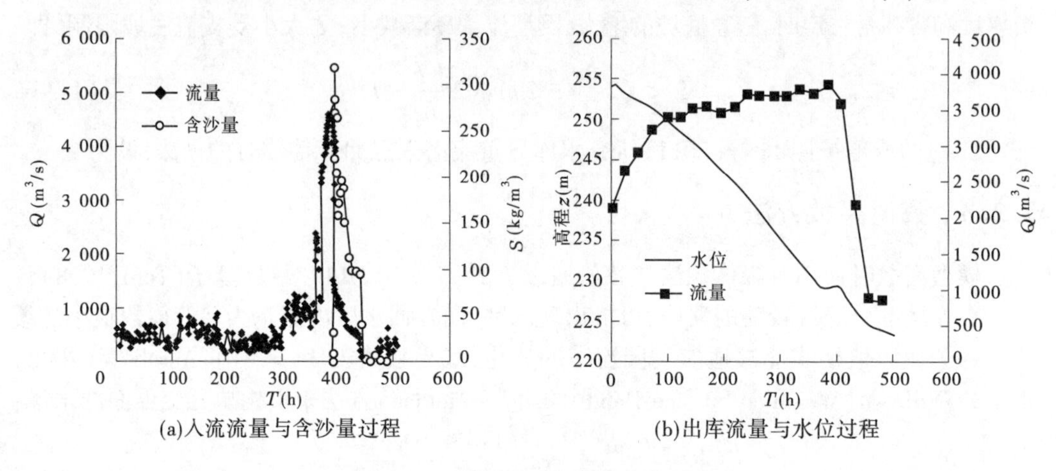

(a)入流流量与含沙量过程　　(b)出库流量与水位过程

图 1-7-1　模型的上下游边界条件

模型计算时间为 6 月 10 日 00:00 至 6 月 28 日 20:00,共 452 h。计算区域从三门峡坝下第一个测量断面 HH56 至小浪底坝前 HH01 断面,全长 123. 4 km,库区内最大的 12 条支流的影响均被考虑在计算过程中。

2006 年异重流观测记录显示潜入位置在 HH27 断面附近,模型预测的初始潜入位置在 HH28 断面(距坝 46. 2 km)。异重流形成 4. 5 h 后到达 HH18 断面(距坝 29. 35 km),如图 1-7-2(a)所示,图中 Q_{in} 是瞬时入库流量。在 t=339. 17 h 异重流到达 HH01 断面,至

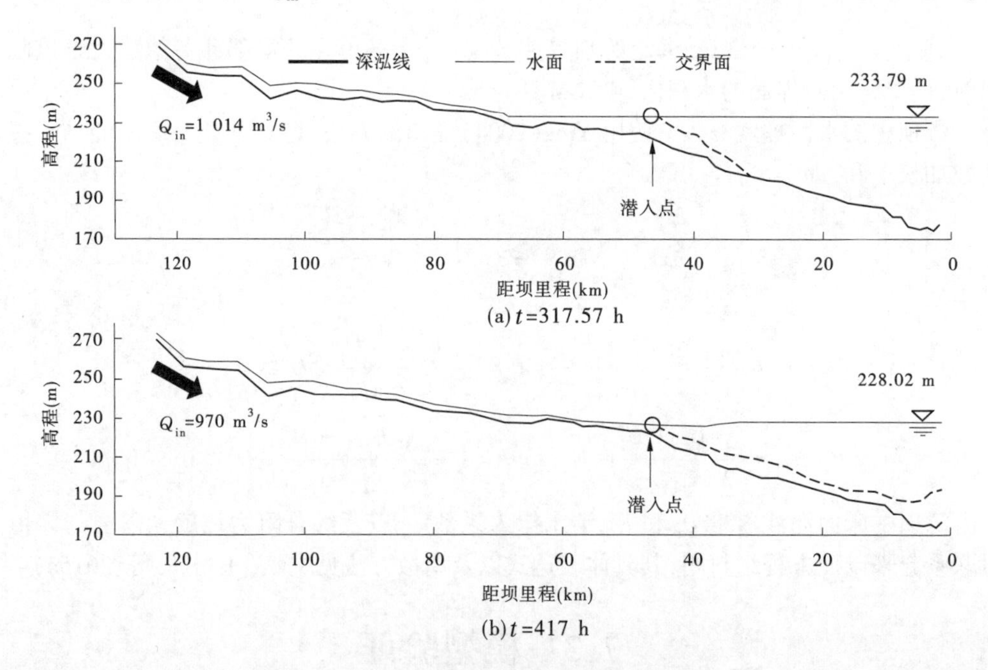

(a) t=317.57 h

(b) t=417 h

图 1-7-2　水面、交界面与深泓点高程沿程分布

此异重流在整个传播过程中平均前进速度为0.5 m/s。随着上游三门峡水库下泄流量增大,潜入点逐步向下游移动,$T=318$ h潜入点位于HH26断面(距坝42.97 km)。洪峰过后潜入点又回到HH28断面,$T=417$ h时小浪底下泄流量迅速减小,坝前清浑水交界面快速达到最高点,如图1-7-2(b)所示。

图1-7-3是库区不同断面位置水面和清浑水交界面高程的计算结果。从中可以看出,各断面位置的水面高程均能较准确地预测。对交界面高程的预测误差大于水面高程,不过由于水下异重流测量的困难(实测时间长,交界面上下的测点较少,交界面高程横向变化大),交界面高程实测值本身就有较大不确定性。在HH22断面[见图1-7-3(a)],模型计算的交界面高程在异重流后期低于实测值。在HH05断面[见图1-7-3(b)],模型计算的交界面高程与异重流后期实测值接近。在HH01断面[见图1-7-3(c)],模型计算的交界面高程在异重流前期和峰值阶段高于实测值。整个调水调沙期间,小浪底水库实测入库沙量0.23亿t,出库沙量0.067亿t,排沙比为29.1%。模型计算的出库沙量0.07亿t,即排沙比30.4%,与实测结果十分接近。根据模型计算结果,HH28断面以上的库区冲刷量1.0亿t,HH28断面以下淤积量1.16亿t,其中支流淤积占43.5%。

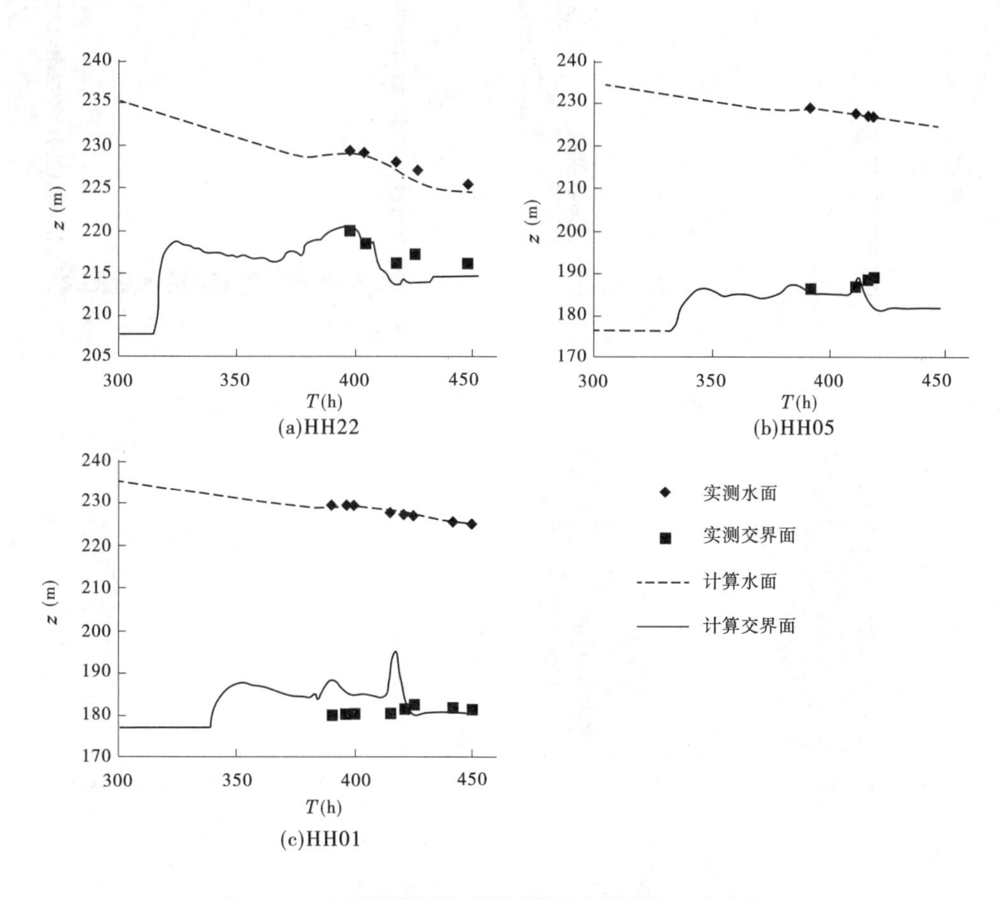

图1-7-3　水面和清浑水交界面高程变化过程(z为高程)

7.4 干流倒灌淤积过程模拟

在小浪底水库进入拦沙后期,水库运用方式将有所调整,在遭遇有利洪水过程时,水库将相机进行降低水位冲刷,库区的河槽形态将得到重塑,不同于拦沙初期运用方式下塑造的类似梯形断面,可能会对支流倒灌产生新的淤积影响,口门淤积形态发展产生变化。在2006年小浪底汛前实测断面基础上,将HH12断面(畛水口门上游断面)至坝前的干流河槽断面分别概化为矩形、三角形和梯形。通过数值模拟比较分析不同的干流河槽形态对异重流库区演进、异重流倒灌流量,以及水库排沙比等的影响。模拟过程的进出口条件仍为2006年调水调沙期间小浪底入库水沙过程和出库流量水位过程。

断面概化的原则为:保持断面最低点高程不变,保持255 m高程下概化前后断面面积不变。在进行梯形变换时,取断面边坡为1:3。以HH10断面为例,概化前后断面形态如图1-7-4所示。

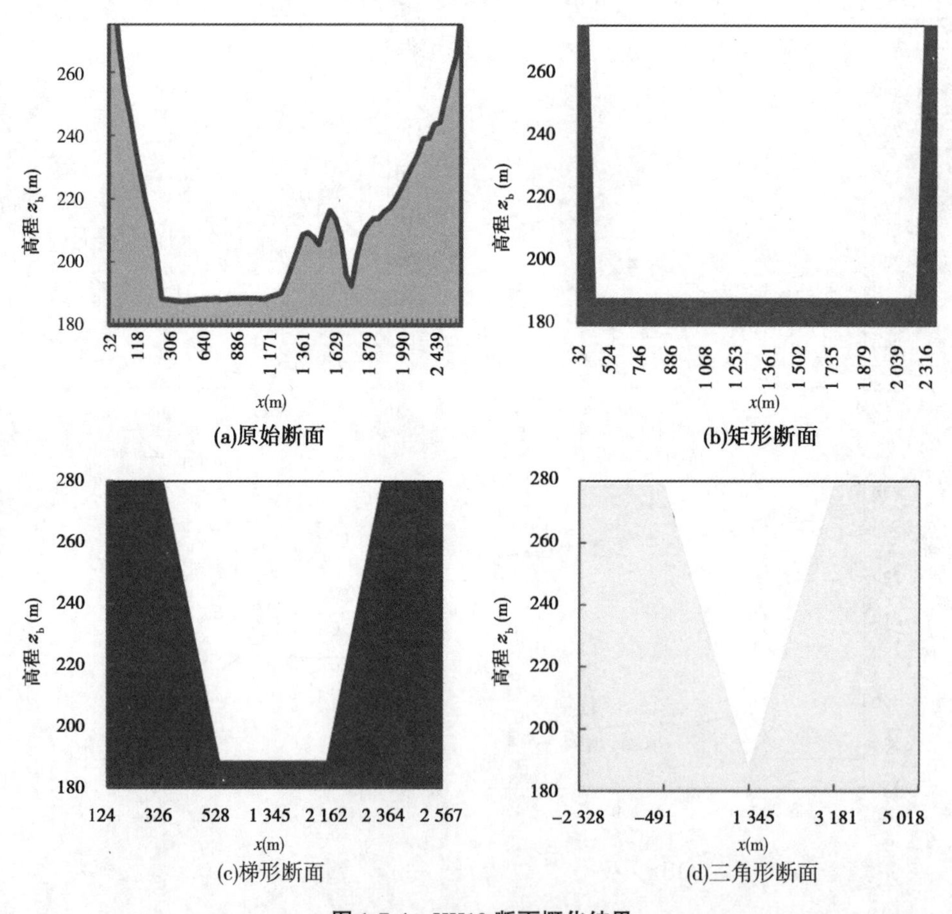

图1-7-4 HH10断面概化结果

7.4.1　干流矩形河槽

干流河槽为矩形时,异重流厚度,含沙量在 HH12、HH10 和 HH01 三个断面位置的变化过程如图 1-7-5 所示。HH12 和 HH10 分别为畛水口门的上、下游断面,HH01 为坝前断面。异重流经过畛水口门后,其厚度变化不大[见图 1-7-5(a)],而含沙量峰值明显减小[从 180 kg/m³ 减小到 140 kg/m³,见图 1-7-5(b)]。异重流到达坝前后,由于受到大坝阻挡,厚度反而增加,厚度最大值为 18.6 m,相应交界面高程 195.6 m。异重流含沙量则进一步减小。

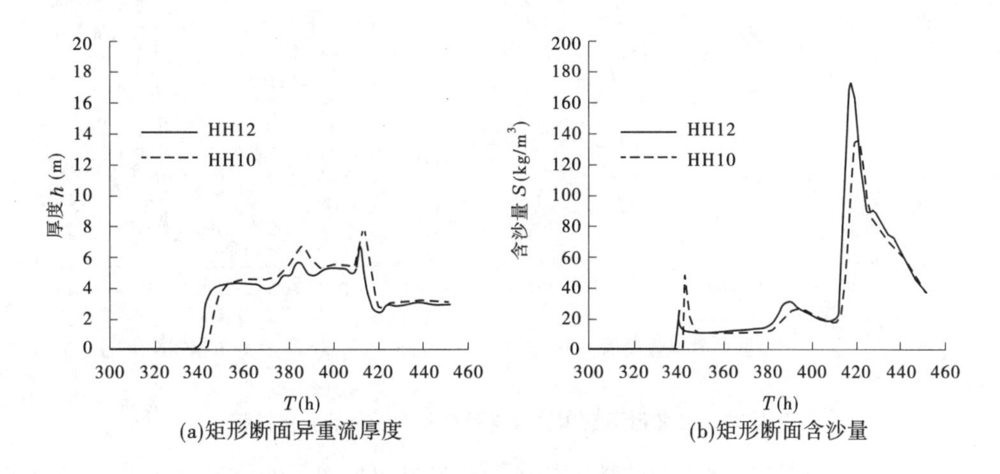

(a)矩形断面异重流厚度　(b)矩形断面含沙量

图 1-7-5　矩形河槽中异重流厚度和含沙量的变化过程

畛水口门干流异重流流量和倒灌入畛水的流量过程见图 1-7-6。异重流倒灌流量的最大值为 1 446 m³/s,瞬时分流比(支流比干流)的最大值为 0.25,按通过干流和进入畛水的浑水总量计算的分流比为 0.22。模型计算出库沙量为 0.141 亿 t,排沙比为 61.3%。

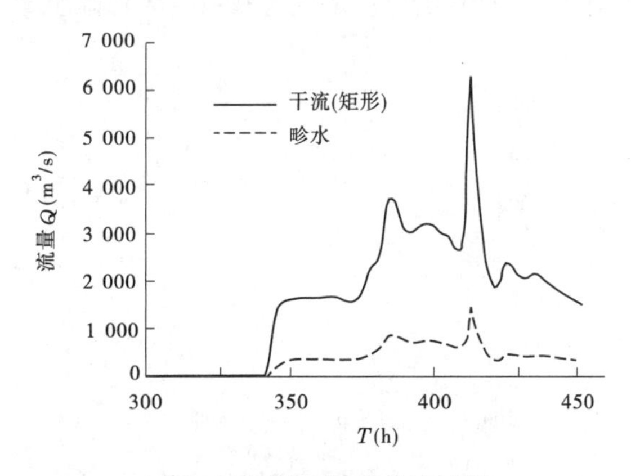

图 1-7-6　矩形河槽分流过程

7.4.2　干流三角形河槽

干流河槽为三角形时,异重流厚度、含沙量在 HH12、HH10 和 HH01 三个断面位置的变化过程如图 1-7-7 所示。三个断面处的异重流厚度和含沙量的大小关系均发生了变化。首先异重流到达 HH12 时其厚度是矩形河槽下的将近 3 倍，厚度最大值达到了 16.8 m。根据第 1 章的分析，异重流厚度的增加会引起倒灌流量的迅速增加，所以在图 1-7-7(a) 中看到异重流经过畛水口门到达 HH10 断面后其厚度明显减小，异重流到达坝前后其厚度进一步减小，并没有像在矩形河槽中那样出现交界面壅高现象。另一方面，从图 1-7-7(b) 中可以看出，异重流经过畛水口门后其峰值含沙量不仅没有减小，反而略有增加。异重流过程后期($t=426$ h 之后)，HH12 至 HH01 断面异重流含沙量呈现明显递减趋势。

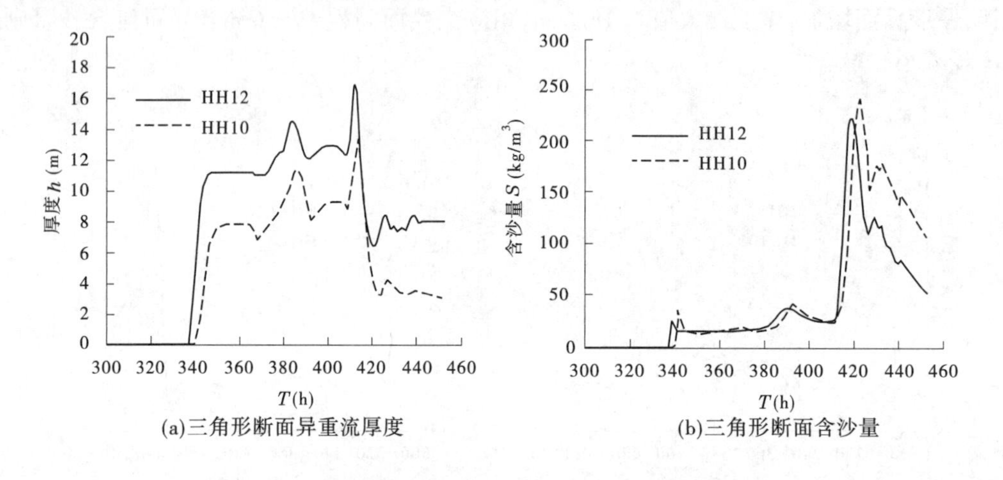

图 1-7-7　三角形河槽中异重流厚度和含沙量的变化过程

畛水口门干流异重流流量和倒灌入畛水的流量过程见图 1-7-8。在干流为三角形的河槽中，倒灌入畛水的流量大，干支流峰值分别为 3 977 m^3/s 和 2 154 m^3/s，瞬时分流比(支流比干流)的最大值为 0.54，按通过干流和进入畛水的浑水总量计算的分流比为 0.326。虽然和矩形河槽计算结果相比，HH01 断面含沙量大小变化不大，但是由于支流分流过多，导致出库流量大幅减小，出库沙量仅为 0.002 亿 t，排沙比只有 0.87%。

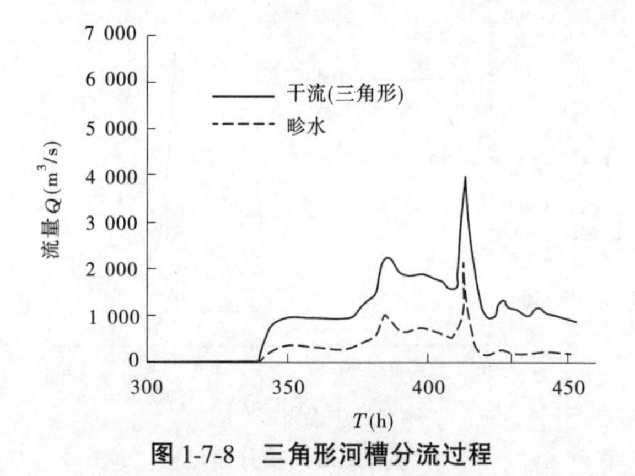

图 1-7-8　三角形河槽分流过程

7.4.3　干流梯形河槽

干流河槽为梯形时，异重流厚度、含沙量在 HH12、HH10 和 HH01 三个断面位置的变化过程如图 1-7-9 所示。和图 1-7-5 相比,河槽为梯形时,异重流厚度,含沙量的变化过程同矩形河槽内的变化过程十分相似。HH01 断面的异重流厚度最大值(15.6 m)比矩形河槽情况下的最大值(18.6 m)有所减小。洪峰到来之前坝前的异重流壅高仍比较明显,异重流过程后期(t=430 h 后)三处的异重流厚度均保持在 3.5 m 左右。畛水口门干流异重流流量和倒灌入畛水的流量过程如图 1-7-10 所示,和矩形河槽情况下相比,变化非常小。倒灌流量峰值略有增大(由 1 446 m^3/s 变为 1 611 m^3/s),瞬时分流比(支流比干流)的最大值为 0.3,按通过干流和进入畛水的浑水总量计算的分流比为 0.26。出库沙量为 0.136 亿 t,排沙比 59.1%,比矩形河槽情况下略减少。

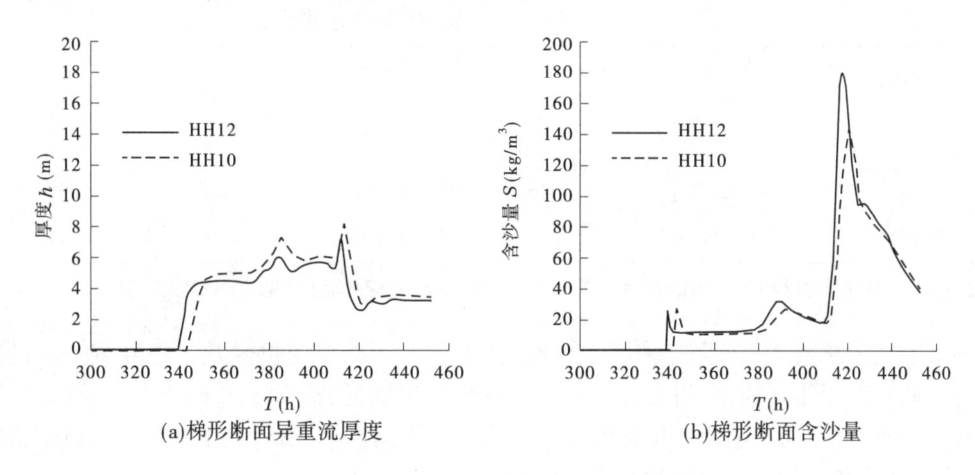

(a)梯形断面异重流厚度　(b)梯形断面含沙量

图 1-7-9　梯形河槽中异重流厚度和含沙量的变化过程

在本研究所使用的断面概化方法下,矩形、三角形和梯形三种形态的差异其实可以用一个参数表示,即边坡角度 α。设断面面积和水深分别为 A_0、h_0,底边宽度为 B_d,则面积可表示为:

$$A_0 = (\frac{h_0}{\tan\alpha} + B_d)h_0 \qquad (1\text{-}7\text{-}11)$$

那么底边宽度与边坡的关系为:

$$B_d = \frac{A_0}{h_0} - \frac{h_0}{\tan\alpha} \qquad (1\text{-}7\text{-}12)$$

图 1-7-10　梯形河槽分流过程

对于矩形断面,$\tan\alpha$ 趋于无穷,则由式(1-7-11)得 $A_0 = B_d h_0$,显然这就是矩形的面积公式。而三角形断面则相当于令式(1-7-12)中 $B_d = 0$,即

$$\tan\alpha = \frac{h_0^2}{A_0} \qquad (1\text{-}7\text{-}13)$$

还是以 HH10 断面为例,255 m 高程以下原始断面的水深为 67.4 m,面积为 1.24×10^5

m^2,代入式(1-7-13)得 $\tan\alpha$ 为 0.036,而在进行梯形概化时使用的边坡为 1∶3,这就解释了干流为梯形时计算的分流比,排沙比指标介于矩形和三角形河槽两种情形之间。

7.4.4　综合比较

对不同干流河槽形态下数模计算结果的进一步比较见表 1-7-1。从矩形到梯形再到三角形,异重流的厚度依次增大,相应的倒灌流量和分流比也依次增大。总流量呈现依次减小的趋势,这反映出了湿周增大,局部阻力损失增大的影响。总流量的减小和分流比的增大又共同造成了排沙比的减小。

表 1-7-1　不同河槽形态下异重流演进过程特征

河槽形态	异重流厚度最大值(m)	最大倒灌流量(m^3/s)	总流量最大值(m^3/s)	分流比(%)	排沙比(%)
矩形	7.78	1 446	7 739	22	61.3
梯形	8.22	1 611	7 492	26	59.1
三角形	13.34	2 154	6 122	33	54.7

注:第 2~5 列数据均指 HH11(干流与畛水交汇处上游)计算结果,总流量指干流流量加倒灌流量。

从上述分析可知,异重流厚度的变化是河槽形态影响支流倒灌及干流异重流演进的重要一环。对于矩形河槽,过流面积是随水深线性增加的,而对于梯形和三角形河槽,在水深较小时,过流面积随水深增加的速率是小于矩形河槽的,所以在上游浑水流量不变的情况下,矩形和三角形河槽中异重流厚度更大。

7.5　本章小结

采用本书研究成果,完善并利用已有的两步法一维水动力学模型进行了模拟,主要研究小浪底水库干流不同断面形态对畛水支流倒灌的情况,分析异重流分流分沙比的变化,该模型方程中同时考虑了支流倒灌所造成的侧向入流,采用第 1 章中的潜入点预测方法计算明流与异重流的衔接,判断明流与异重流的流态。并利用小浪底水库 2006 年调水调沙期实测资料和本书的水槽试验进行了计算验证。结果表明:

(1)数学模型计算结果与小浪底水库 2006 年调水调沙期实测资料验证较好,模型计算结果可靠性好。

(2)以小浪底水库 2006 年调水调沙期水沙条件为进口条件,概化干流横断面形态分别为矩形、三角形和梯形,水库调度方式不变,模拟了不同断面形态对支流倒灌的影响,从矩形到梯形再到三角形,异重流的厚度依次增大,相应的倒灌流量和分流比也依次增大,这反映出了湿周增大,阻力损失增大的影响,总流量的减小与分流比的增大又共同造成了排沙比的减小。

(3)在小浪底水库进入拦沙后期,水库运用方式将有所调整,在遭遇有利洪水过程时,水库将相机降低水位进行冲刷,库区的河槽形态将得到重塑,不同于拦沙初期运用方式下塑造的类似梯形断面,可能会对支流倒灌产生新的淤积影响,口门淤积形态发展产生变化。

第8章　结论与展望

8.1　结　论

本篇以多沙河流水库典型支流小浪底水库畛水、石井和官厅水库妫水为研究对象,采用理论探讨、实测资料分析、水槽试验与概化模拟相结合的方法,从理论上揭示了水库高含沙异重流潜入的力学机制,定量分析了典型多沙水库支流倒灌的淤积过程,并概化模拟了不同断面形态条件下异重流输移对支流分流分沙的影响。研究成果不仅能从理论上揭示异重流潜入的动力学过程,有利于深化对多沙河流水库支流淤积变化与水沙演化规律的认识,而且还能为多沙河流水库的调水调沙方案、水库运用方式、水库支流拦门沙预防与治理等方面提供技术支撑。本篇的主要成果及结论如下:

(1)基于理论分析与水库高含沙异重流潜入点实测资料确定了水库高含沙异重流潜入点垂线流速的分布形式,并建立了适用于高含沙异重流潜入点水深的计算公式。首先从理论角度探讨了水库高含沙异重流潜入点流速沿水深呈抛物线的分布规律,积分得出异重流潜入点处动量修正系数为一定值;基于改进后的描述水库浑水异重流运动的动量方程,建立了潜入点弗劳德数与体积比含沙量之间的显式幂函数关系,在此基础上提出了异重流潜入点水深的计算公式。该公式中参数用多组室内及野外实测资料进行率定与验证,适用于含沙量较大的情况。应用该成果分析了小浪底水库2015年汛前调水调沙期异重流潜入点范围的变化过程,与实际观测结果较为符合。因此,该公式的提出为水库浑水异重流潜入点判别提供了理论依据。

(2)基于小浪底与官厅水库实测资料分析,揭示了不同支流倒灌淤积过程对各类影响因素的响应机制,提出了计算多沙河流水库异重流倒灌条件下支流口门断面淤积规模(年均淤积厚度与河底宽度比值)的公式。探讨了支流口门断面淤积规模与入库流量、含沙量及库区淤积三角洲距坝里程的关系,分析结果表明,入库流量越小、含沙量越大,或者距三角洲顶点越近,则支流口门断面年均淤积厚度与河底宽度比值越大。多沙河流水库支流淤积形态演变机制的定量研究为多沙河流水库运用方式拟定和拟建水库规划提供了技术支撑。

(3)研究了不同断面形态对支流异重流倒灌的水沙演化机制。对比分析了干流异重流倒灌支流前后异重流头部流速、浑液面、垂线流速、垂线含沙量的变化。分析了干流异重流典型代表点流速存在周期性衰减的过程。异重流头部到达前,前方的清水水体受异重流头部扰动较少,异重流头部影响仅限于异重流运动范围内。对水库调水调沙过程中塑造异重流排沙时,可利用此规律把握开启坝前闸门时机。

(4)理论分析了支流分流对干流异重流的约束机制和弱化影响机制。由于支流分流比小,而使平均水深、挟沙能力均明显降低,这也是异重流分流发生衰减与支流产生淤积的重要缘由。

(5)提出了新的干流倒灌支流异重流的头部流速公式。考虑干流异重流的行进流速和浑水厚度,依据动量方程和能量方程,该公式既与分流口门处的阻力损失有关,又考虑了干流异重流的影响,对矩形河槽进入支流内的头部流速进行了计算验证,结果表明,较以往计算结果误差更小,与实际更为符合。

(6)提出了干支流异重流分流局部损失公式及局部损失系数,根据能量方程、动量方程和连续性方程联立,在考虑分流比的基础上,得到局部损失系数与上游过流断面面积的平方成负相关关系,与干支流分流比、下游过流断面面积的平方成正相关关系。

(7)建立了分流、分沙比通用公式,适用于描述不同断面形态条件。采用水槽试验测验数据,率定了干流倒灌支流异重流分流比、分沙比的公式参数。从式中可以看出分流比与倒灌后的异重流修正弗劳德数 Fr 的 0.08 次方、干流段局部阻力系数 ξ 的 0.47 次方、倒灌后支流内浑水厚度 h_0 的 0.30 次方成正比,与干流河宽 B_1 的 0.30 次方成反比。分沙比与倒灌后的异重流修正弗劳德数 Fr 的 0.08 次方、干流段局部阻力系数 ξ 的 0.36 次方、倒灌后支流内浑水厚度 h_0 的 0.56 次方成正比,与干流河宽 B_1 的 0.56 次方成反比。利用拟合公式对试验结果进行了验证计算,计算结果与实测值较为接近。该方法的提出为多沙河流水库支流分流分沙过程的精细模拟提供了理论基础和计算模式。

(8)考虑了干支流倒灌所造成的侧向入流,采用第 1 章中的潜入点预测方法进行计算明流与异重流的衔接,判断明流与异重流的流态,完善并利用已有的明流与异重流两步计算模式一维水动力学模型,模拟分析了小浪底水库干流不同断面形态对畛水支流倒灌的情况,数学模型计算结果表明,从矩形到梯形再到三角形,异重流的厚度依次增大,相应的倒灌流量和分流比也依次增大,总流量的减小与分流比的增大又共同造成了水库排沙比的减小。

8.2 展 望

本篇开展了多沙河流异重流潜入点条件、多沙河流水库运用对支流淤积影响及干支流异重流倒灌的概化水槽试验等工作,得到了干支流异重流倒灌机制的一些有意义结论。但由于影响干支流倒灌的因素较多,分流分沙过程中异重流与清水、边界条件等相互作用的机制非常复杂,需要在未来进行分析和探讨,具体如下:

(1)加强水库异重流、干支流倒灌理论研究。水库异重流潜入条件是判断明流与异重流的重要基础理论依据,是关系水库精细调度的重要物理参数,其流速分布的精细描述是进一步模拟的基础,应进一步加强研究。水库支流倒灌流态复杂多变,涉及明流倒灌与异重流倒灌及其之间的过渡变化,支流口门不平衡输沙规律、内部清浑水的析出与掺混的理论研究,也是下一步研究的方向。

(2)加强支流交汇口淤积形态变化研究。分析宽级配泥沙对支流口门淤积发展的影响,由于本次试验研究过程中,采用的试验沙颗粒细、沉速小,在试验中难以观测淤积形态的变化,在可能的条件下,可选择宽级配试验用沙,以满足异重流引起的淤积形态变化研究的需要。

(3)水库支流倒灌问题关系水库调度,影响水库库容的有效利用。在今后的工作中,应加强观测,主动监测,在合适的条件下如按设计条件下保障拦沙库容,可采取工程措施进行改进,以减小支流口门淤积对干支流水流贯通的干扰,增加工程的拦沙效益。

第二篇　水库河宽变化段异重流局部损失研究

第1章　引　言

1.1　概　述

水库的修建历史长远,为人类提供了多方面的需要。既可以提供电能,又可以进行农业灌溉,还可以防洪,抵御自然灾害。在新的历史时期,特定的水库又被赋予了新的历史任务,它越来越起到不可替代的作用。但水库是具有使用寿命的,水库的淤积严重地降低了水库的使用寿命和效益,威胁着水库除害兴利综合利用效益的发挥。在水库的长期运行中,如何延长水库的使用寿命,提高其使用价值,这些都是水利界尤为关注的重要问题。对处于蓄水状态的多沙河流水库而言,异重流排沙是一种值得重视的减淤措施。利用异重流能挟带大量泥沙而不与清水相混合的规律排沙出库,可以在保持一定水头的条件下,既能蓄水又能排沙,且既能保持较高的兴利效益,又能减少水库淤积,达到延长水库寿命的目的。

根据水库的功能需要,水库大多修建在高山峡谷的出口,具有大的流域控制面积,所以水库库区地形千变万化,曲折回转,宽窄相间。这样的地形条件不利于异重流的运行,由于水流流动中要受到阻力的作用,发生沿程损失和局部损失。异重流运动的距离越远,损失的能量就越多。在人工异重流的塑造中,如何准确把握异重流的运动,让其顺利运动到坝前排出库外,这就需要对异重流的运动过程进行阻力计算,以期获得最佳的异重流排沙出库水力条件。在进行梯级式水库开发后,多个水库的联合调控和调水调沙运行将带来对下游水库库区的冲刷,塑造成冲刷型异重流等。所有这些都涉及水库异重流的沿程阻力和局部阻力问题。因此,开展对水库异重流河宽变化段运动情况的研究是非常有意义的,也是目前我国乃至世界水利行业所关注的前沿课题。

鉴于水库异重流河宽变化段运动情况研究的复杂性,本篇通过概化水槽试验及查阅的相关资料对黄河小浪底水库异重流通过“八里胡同”库段前、后河宽变化段运动情况问题做了一些初步探讨。本篇第1章简要介绍了水库异重流河宽变化段运动情况的研究意义及技术路线;第2章对水库异重流研究现状进行了简述;第3章简要介绍了概化水槽试验概况,包括试验设备、试验沙特性、试验数据采集等;第4章通过试验资料研究了不同进口含沙量及缩窄比和扩宽比对闸孔开启前、后异重流缩窄前、后异重流厚度、流速、含沙量、流态及局部阻力系数的变化情况;第5章通过对小浪底水库近年异重流实测资料分析,研究缩窄前、后异重流厚度、流速、含沙量、流态的变化,对全篇进行了总结,对今后该方向的研究提出几点建议。

1.2　水库异重流研究现状

异重流的发现(钱宁 等,2003)早在19世纪末期,瑞士的一些科学家注意到莱茵河和莱茵河流入康斯坦湖和日内瓦湖以后,浑浊寒冷的河水并没有和澄清温暖的湖水相混,而是潜入湖底,自成一股潜流。

异重流问题真正受人关注是 20 世纪 30 年代。1935 年美国柯罗拉多河上胡佛坝落成蓄水,回水长度达 110 km。当年 3 月上游降暴雨,河水挟带大量泥沙进入水库,随后不久在水坝的泄水孔突然有浑浊的泥水排出,然而与此同时,水库内始终是清澈可鉴。这一出人意料的事实指出异重流可以挟带大量泥沙历经长距离而不与清水相混,并通过合理调度可排出水库,对于减少水库淤积、延长水库寿命提供了可能。自此以后,水库异重流问题开始引起广泛关注,各方面致力于这一问题的研究不乏其人。

1.2.1 水库异重流的流速分布和含沙量分布

水库异重流流速分布是异重流流动阻力状况的反映,也可以说是异重流能量消耗的反映;异重流含沙量的分布研究和流速分布研究是研究异重流挟沙能力的基础。

图 2-1-1 为异重流潜入点附近垂线流速分布和含沙量分布沿程变化。挟带一定数量细颗粒泥沙的浑水水流从水库上游进入水库的壅水段后,由于水深的变化,浑水水流流速分布和含沙量分布从明流(1—1 断面)正常分布逐渐向分布不均匀改变(张瑞瑾,1998),水流最大流速点向库底转移(2—2 断面),当浑水水流流速减小到一定值时,浑水水流开始下潜,在潜入点(3—3 断面)流速和含沙量沿垂线分布更不均匀,水面处流速为 0,含沙量也很小,几乎为清水。潜入点以下(4—4 断面),异重流的流速和含沙量沿水深分布比较均匀,上层清水形成横轴环流,潜入点附近有漂浮物聚集,在野外观测中经常利用这个特点发现异重流的发生。

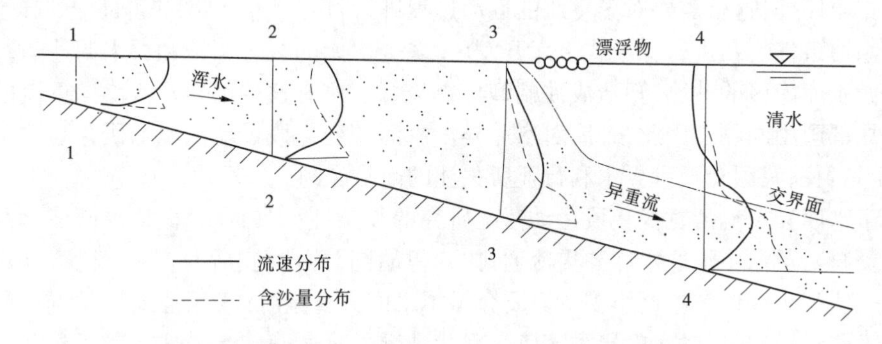

1—1 远离潜入点;2—2 潜入点附近上游;3—3 潜入点;4—4 潜入点下游

图 2-1-1 异重流潜入点附近垂线流速分布和含沙量分布沿程变化

受测量技术和观测条件的限制,异重流在实验室及野外观测的测量精确性得不到保证,异重流流速分布和含沙量的分布研究在定量上困难很大,没有像对明渠流的研究那么广泛。

1.2.1.1 水库异重流流速分布

对于异重流层流的情况,雷诺假设流速分布为抛物线形,从而得到异重流流速分布公式(Raynaud,1951)。伊本和哈勒曼(1933)分析得到流速分布,以图 2-1-2 所示的符号表示为:

$$\frac{u'}{U'} = 1 + 2\frac{y}{h'} - \frac{1}{2\xi}\left[\left(\frac{y}{h'}\right)^2 + \frac{1}{3}\frac{y}{h'} - \frac{1}{12}\right] \tag{2-1-1}$$

式中：ξ 为黏滞力与重力之比的无量纲数；u' 为异重流垂线上各点的流速；U' 为异重流平均流速；y 为最大流速点位置。

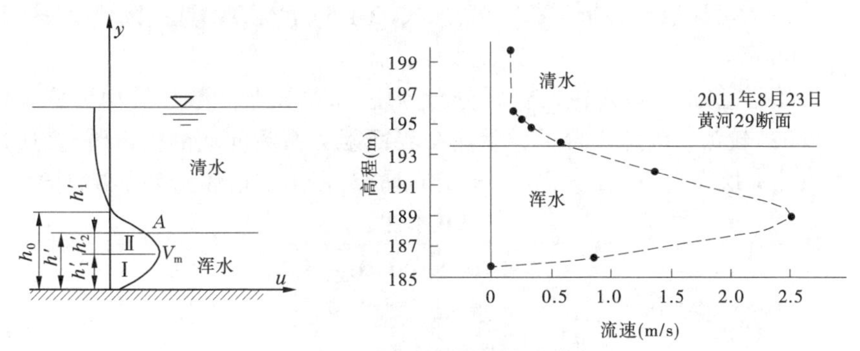

图 2-1-2　水库异重流流速分布

Michon、Goddet 与 Bonefille(1955)在水槽试验中，观察到有异重流流动时，垂线上的流速、含沙量和剪力的分布，在流速分布曲线的上半部有一个折点 A，他们认为可以把通过这一点的平面作为清浑水的交界面。浑水区的厚度为 h'，按照最大流速 V_m 所在点的位置，可以分成上、下两个区域，其厚度分别为 h'_2 及 h'_1。在这两个区域中，流速分布遵循不同的规律，最大流速所在点以下部分的流速分布，Geza 与 Bogich(1959)发现在槽底光滑时，异重流近底处的流速分布基本上遵循对数流速公式：

$$u_y - V_m = \frac{V_*}{k}\lg\frac{y}{h'_1} \tag{2-1-2}$$

式中：u_y 为距 y 处的流速；V_* 为摩阻流速，$V_* = \sqrt{\frac{\tau_0}{\rho'}}$；$\kappa$ 为卡门常数，卡门常数在清水中等于 0.4，而在一般挟沙明渠水流中则与所含泥沙的颗粒大小及浓度有关。南斯拉夫水利实验所、法国谢都水利实验所也得出了相类似的结果。

由于库底的剪力 τ_0 极难测定，V_* 值的精度不高，在援引对数流速分布公式时会造成一定的误差，因此米勋等又引用了指数定律：

$$u_y = AV_m\left(\frac{y}{h'_1}\right)^{\frac{1}{n}} \tag{2-1-3}$$

来校核实测资料。

当槽底粗糙时实测流速与式(2-1-2)及式(2-1-3)都不相符合。在 $0.2 < \frac{y}{h'_1} < 0.9$ 的范围以内，流速分布遵循下列对数定律：

$$u_y - V_m = \frac{V_1}{\kappa'}\lg\frac{y}{h'_1} \tag{2-1-4}$$

其中 κ' 与平均流速 V_1 的关系可参见有关文献。

最大流速所在点以上部分的流速分布，在 $(h_0 - h'_1)$ 的区域内，流速分布自 V_m 经过折点而达于零，曲线的形状与紊动射流在扩散后的流速分布十分相似。根据 Albertson 等(1950)的试验结果，这样的流速分布遵循高斯正常误差定律：

$$u_y = V_m \exp\left[-\frac{1}{2}\left(\frac{y-h'_1}{\sigma}\right)^2\right] \tag{2-1-5}$$

其中 σ 为最大流速点至转折点的距离，从式(2-1-5)不难算出这一区域内的平均流速 V_1 为 V_m 的 0.86 倍。

仿照前人的研究方法，以理论及资料分析为主、水槽试验和数学模型计算为辅的方法，王艳平(2002)较为系统地进行了异重流交界面阻力系数问题的探讨研究，通过分别对异重流最大流速所在点以上、以下的流速分布研究，提出了指数流速分布的指数：

$$m = \frac{0.143}{1 - 4.2\sqrt{Sv}(0.46 - Sv)} \tag{2-1-6a}$$

和

$$u_y = V_m e^{\left[-0.055-0.68\left(\frac{y-h'_1}{\sigma}\right)^2\right]} \tag{2-1-6b}$$

1.2.1.2 水库异重流含沙量分布

对于异重流含沙量沿垂线分布，通过分析黄河小浪底等水库实测资料，发现异重流潜入点的下游附近库段含沙量沿垂线梯度变化较小，交界面不明显，这种情况常发生，主要原因是异重流形成之初流速较大，水流紊动和泥沙的扩散作用使清浑水掺混。潜入之后，随着异重流的推移和稳定，两种水流交界处含沙量梯度增大，异重流含沙量垂直分布较为均匀，清浑水交界面清晰，交界面附近有明显的转折点，如图 2-1-3、图 2-1-4 所示。对于含沙量垂线分布问题，实验室观测研究比较少见。

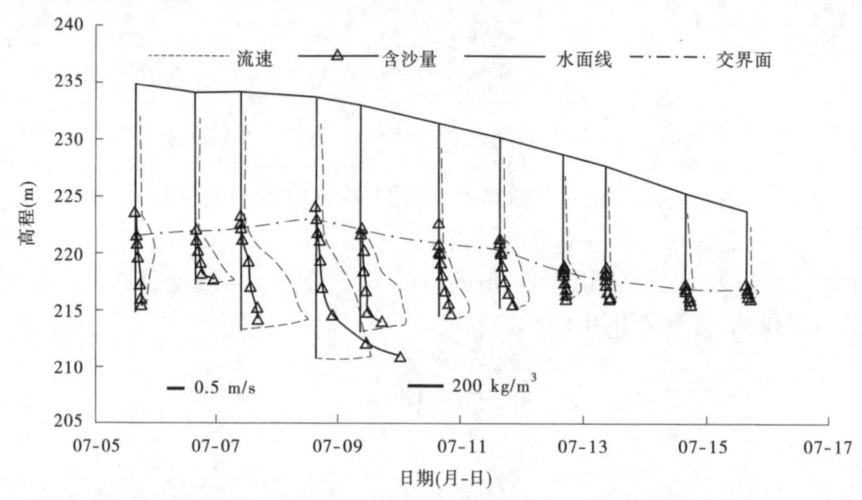

图 2-1-3 2002 年小浪底水库河堤站主流线流速、含沙量随时间变化

张俊华等(1999)在小浪底水库模型试验研究相似率求 λ_{k_e} 的过程中，引用了张红武含沙量分布公式计算异重流含沙量沿垂线分布。即

$$s = s_a \exp\left[\frac{2\omega}{c_n u_*}\left(\arctan\sqrt{\frac{h}{z}-1} - \arctan\sqrt{\frac{h}{a}-1}\right)\right] \tag{2-1-7}$$

认为该式能适用于近壁处含沙量的分布情况，在计算时将有关的水流泥沙因子采用异重流的相应值代入，在调水调沙试验中取得了满意的结果。对高含沙异重流的流速分布和含沙量分布，曹如轩等(1983)也进行了一些试验研究，取得了一定成果。

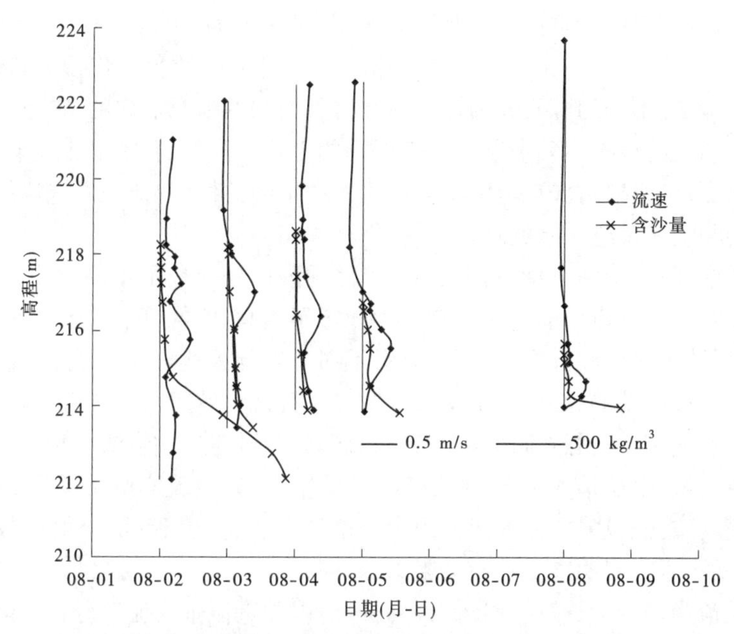

图 2-1-4　2003 年黄河小浪底沇西河口倒灌支流异重流主流线流速及含沙量变化过程

1.2.2　水库异重流的运动

1.2.2.1　水库异重流的阻力

在河流动力学中,在处理岸壁阻力和床面阻力时,有两种途径,一种是巴甫洛夫斯基、姜国干、梅叶-彼得等提出的能坡分割法;另一种处理途径是 Einstein(1942)提出的按阻力划分过流断面的方法,即把水体分成几部分,假定各部分水体的流速相等,等于断面平均流速。这个方法较为普遍地被大家所接受,但各部分流速相同,只是一种近似的假定。目前,人们常采用 Einstein 假定,将整个过流断面划分成上部清浑水交界面和下部底面区,以最大流速所在面作为上、下两部分的分界面,见图 2-1-2;同时假定异重流过流断面的水力半径可以分割;整个过流断面的断面平均流速和床面与边壁附近处的平均流速相等。现有的许多异重流综合糙率的研究及公式都采用了平均流速相等的假定(Raynaud,1951;曹如轩 等,1983;范家骅 等,1963;赵乃熊 等,1987)。

异重流的运动主要就是通过惯性力和有效重力的相互作用引起的,阻力在中间起了关键的作用(姚鹏 等,1994)。异重流一旦产生,正像一般明渠流动一样,重力维持异重流的运行。由于浑水运动在清水的下层,清水必然给予浑水浮力作用,使浑水所受的重力作用减小,异重流运动时重力减少很多,好像处于“失重”状态,而同时阻力和惯性力作用则相对突出。

综合阻力的求法和不同周界上的阻力划分的方法很多,虽然这些方法在理论上还存在问题,但仍不失为目前可用于计算综合阻力的途径,下面进行讨论。

异重流的运动研究的焦点集中在阻力特性上。水库挟沙浑水异重流其实就是分层流动,与一般明渠流和有压管流的根本区别是边界条件不同。异重流上边界是易流动的清水层,一方面,清水层通过掺混进入浑水,使流动的浑水挟带相对静止的清水使之成为浑水的一部分，对其下面的异重流运动有阻力作用；另一方面，本身可被异重流拖动和作为补偿流，形成回旋流动，并且在一定条件下，清水和异重流交界面会出现波状起伏，这是由于异重流的不恒定、不均匀性质和清浑水掺混得不均匀的情况造成的，它类似于沙质河床在水流作用下出现的沙波运动现象。由于可动的上边界层的存在，而且它随着异重流运动情况变化而变化，所以对异重流的阻力作用发挥不同的作用，认识异重流的阻力问题就需要更多时间和实践及进一步的理论支持。

在物理学中，阻力分为有滑移阻力和无滑移阻力，分别是由不同性质的接触面形成的。上层清水对异重流作用的最大影响即为固定不滑移边界，类似于在方管中的流动阻力问题；当上层清水完全和异重流一起运动，不对异重流产生任何阻力，异重流的流速分布类似于一般明渠流动的状态时，上层清水对异重流流动的阻力影响就可以忽略不计；当上层清水被异重流带动，通过流速梯度，异重流部分能量通过挟带清水和析出清水作用与上层清水发生交换，上层清水对异重流将产生反作用，异重流实际上受到的阻碍作用减少。在实际流动中，假设异重流交界面阻力是前述两种极端情况的插值函数。既不大于床面阻力，也不小于类似明渠流动时的阻力。

假定异重流为均匀流，按照上述假设和推理，以异重流垂线流速分布中最大流速点为界分成上下层，如图 2-1-2 所示。阻力系数f'是一个包括床面阻力系数及清浑水交界面阻力系数、边壁阻力系数等在内的综合阻力系数。对于三维流动来说，综合阻力系数为床面阻力系数及清浑水交界面阻力系数、边壁阻力系数等的函数。为了简化，假设边壁阻力与床面阻力相等，综合阻力 T 用床面阻力系数及清浑水交界面阻力系数、边壁阻力系数等叠加表示，按照水力半径分割法，其表达式为：

$$T = [\tau_0(B + 2h') + \tau_1 B]\delta x = \left[\frac{f_0}{8}\frac{\gamma'}{g}U'^2(B + 2h') + \frac{f_1'}{8}\frac{\gamma'}{g}U'^2 B\right]\delta x \tag{2-1-8}$$

式中：τ_0、τ_1、τ 分别为床面平均剪力、交界面平均剪力及异重流平均剪力；B 为河宽。

从能量转化机制知道，异重流在运动过程中，因不断克服阻力而消耗能量，这种能量消耗使异重流的时均能量减少，即时均势能与动能减小。异重流内部各点的时均能量中有一部分通过黏滞作用就地散失为热能，绝大部分通过剪切作用传递到边界，在那里转化为紊动的动能。水力半径 R'就是指异重流周界单位面积上平均所产生的紊动来自水流容积大小为 R'的能量，这样所产生的紊动动能最后又在同容积的水体中散失为热能。虽然异重流交界面和固定边壁有不同的性质，但是交界面和槽底、槽壁处同样存在着流速梯度，所以将异重流作为封闭的方形管流看待，即把清浑水交界面视为一种特殊的壁面，也是断面湿周的一部分，则异重流水力半径可以定义为：

$$R' = \frac{Bh}{2B + 2h} \tag{2-1-9}$$

则综合阻力 T 还可以写为：

$$\begin{aligned} T &= [\tau(2B + 2h')]\delta x \\ &= \frac{f'}{8}\frac{\gamma'}{g}U'^2(2B + 2h')\delta x \end{aligned} \tag{2-1-10}$$

令两式相等，可求得：

$$f' = \frac{B + 2h'}{2B + 2h'} f_0' + \frac{B}{2B + 2h'} f_1' \tag{2-1-11}$$

式(2-1-11)为异重流的综合阻力表达式；$\frac{B + 2h'}{2B + 2h'}$ 为床面阻力 f_0' 在综合阻力系数中所占的权重；$\frac{B}{2B + 2h'}$ 为交界面阻力 f_1' 在综合阻力系数中所占的权重。很明显，$\frac{B + 2h'}{2B + 2h'}$ 大于 $\frac{B}{2B + 2h'}$，$\frac{B + 2h'}{2B + 2h'}$ 为 $\frac{B}{2B + 2h'}$ 的 $\left(1 + 2\frac{h'}{B}\right)$ 倍。

槽底影响层的流速分布和一般二维明渠流和管流没有差别，在紊流状态时满足对数关系，异重流的槽底影响层的阻力系数 f_0' 也应与二维边界流边壁阻力系数相等；而清水影响层的阻力系数 f_1' 会随异重流运动而发生变化。下面考虑形成异重流上边界的可动清水层影响异重流阻力系数 f' 变化的两种情况。

清水层对异重流运动的影响作用的第一种情况是，设异重流深度不变，但最大流速点的相对位置 y_m/h' 将因清水层相对槽底作用的强弱不同而可能从中间处即 $y_m/h' = 1/2$ 向上移动。

清水层对异重流运动的影响作用的第二种情况是，清浑水交界面流速不为零。从能量耗散的角度看，异重流一部分能量经过交界面传递到上面清水层中去消耗，也即此时交界面处能量耗散要比交界面固定时小；而当异重流上层厚度不变时，交界面处流速越大时，清水影响层阻力系数 f_1' 越小。

从上面两种极端情况分析可以看出，异重流阻力系数 f' 一般都要比槽底阻力系数 f_0' 小，即 $0 < f'/f_0' < 1$。当在槽底坡降不变，异重流流量不变的情况下，相应雷诺数不变，异重流流速随含沙量增加而增加，水深随异重流最大流速点相对位置以及异重流对清水层的拖动作用发生变化，而这些与交界面的流速变化和出现的波状起伏密切相关。交界面出现的波状起伏和沙质河床的沙波运动对流动阻力作用应有着相似的性质。对沙波运动许多研究者进行过系统试验研究，得到沙波发生、发展和消失过程中动床阻力的变化规律(钱宁，等，2003；王士强，1990；Wang shiqang et al. 1993)。据此推测异重流阻力系数变化的大致趋势如下：

(1)当异重流流速较小时，异重流底部和交界面上层清水层阻碍作用相同，异重流阻力系数最大。

(2)当异重流流速增大时，异重流底部相对清浑水交界面清水层的影响作用增加，异重流垂线最大流速点相对上移，近似(1)中所述，异重流阻力系数减小。

(3)当异重流流速继续增大时，清浑水交界面出现波浪起伏，上层清水影响增加，异重流垂线最大流速点相对下移，异重流阻力系数增大。

(4)当异重流流速增加到一定值时，波浪起伏趋于消失(对于沙波运动则处于动平整状态)，异重流上层浑水拖动上面清水层，上层回旋流发展充分，这时清水层对异重流上层影响并不减弱即异重流垂线最大流速点位置变化不大，为前面讨论的第(2)种情况，异重流清水影响层的阻力系数 f_1' 减小，引起异重流综合阻力系数的减小。

1.2.2.2　水库异重流的头部

当异重流潜入库底向前运动时，必须排出原有水库中的一部分清水。因此，促使异重流头部前进的力量要比维持继之而来的潜流的力量大,这样就使异重流的头部比后部稳定的潜流要厚。水槽中异重流头部运动照片见第 2 章图 2-2-8。对异重流头部运动进行研究,对认识水库异重流的运动具有十分重要的意义。

在比降小于 4%时,异重流头部的运动速度与库底的比降即底坡无关。Middleton (1966)通过试验认为是正确的;比降超过 4%时,得出的异重流头部速度分布式中的系数有随比降而略有加大的趋势。也有一些公式表明,异重流锋速与底坡的平方根成正相关(Michon,1995),这一锋速其实是指头部后面均匀稳定的潜流部分的流速(Jasim Imvan. et al. 2001)。

钱宁、万兆惠(2003)假设异重流稳定潜流部分的厚度、水库水深为已知,且异重流与水库中均有一定的密度分布。对异重流头部前面某一位置和后部距头部较近某一位置写出伯努里方程,化简后根据不同的情况求解得出异重流头部速度分布。分析认为,前者厚度为后者的 2 倍。而且异重流头部的长度比较短,与后面潜流连接比较突然,有点像泥石流的龙头,在行进中头部的形状和速度基本上保持不变。根据不同情况下的结果得出异重流头部的运动速度与库底的比降即底坡无关。在结论推导过程中,可能存在某个假设与事实背离的情况,这个结论需要进一步研究。

在理论分析的基础上,李义天(1995,2000)建立了异重流头部运动速度及稳定厚度的计算公式。通过数值求解证明了异重流稳定厚度约为环境水深的 0.5 倍,并对前人所提出的公式进行了化简。在现有研究成果的基础上,通过补充环境水流的能量方程,使控制异重流头部运动方程得到封闭,进而改变了以往研究中,只能给出明渠异重流头部运动速度与其稳定厚度的函数关系,而不能直接确定其运动速度及厚度的局面,从理论上证明了明渠异重流的稳定厚度约为环境水深的一半。

针对头部运动的研究,不同的人认识的角度不同,在研究过程中,感兴趣的重点也不同。有的是在生产实践中遇到了相关的问题和困难,仅做点状分析,而非全面认识;有的人是从理论方面进行的概化和简化,具有一般的意义,可作定性认识。异重流头部运动速度即锋速的研究结果,对认识异重流的运动和解决实际问题中利用异重流排沙具有重要意义。

或可利用摄像技术,改进测验手段,以提高测量精度。限于测量水平,对头部运动的研究进展缓慢。

1.2.3 水库异重流输沙规律

认识水库异重流排沙规律在实践中具有重大的实践意义。浑水异重流是自然界挟沙水流运动的一种特殊形式,细颗粒泥沙的存在造成了清浑水的重度差异,从而产生异重流并引起紊动,紊动的形式又反过来维持了泥沙的悬浮,由此促使着水体和泥沙一起运动,相互依存。由于水库异重流所挟带的泥沙颗粒粒径相当小,平均流速和相应异重流的紊动强度比较弱。

范家骅等研究认为,水库异重流所挟带的泥沙颗粒粒径存在极限值(范家骅,等,1959),最大值为 $D_{90}=0.008\sim0.01$ mm,$D_{50}=0.002\sim0.003$ mm。根据官厅水库和实测资料,一般条件下,当异重流流速为 0.1~0.2 m/s 时,挟带泥沙的 D_{90} 约为 0.012 mm,D_{50} 约为0.003 mm,与试验值接近。

金德春认为,浑水异重流的运动和淤积与进口含沙量密切相关。通过提出的描述异重流恒定均匀变量流运动的一元能量方程、动量方程和输沙平衡方程,导出异重流进口速度、深度和异重流速度的沿程变化公式和含沙量沿程变化公式,进而提出了异重流淤积量的计算方法(金德春,1980)。

吴德一(1983)认为,异重流运动时沿程级配是否分选,涉及计算中是否需要对进口级配曲线进行调整的问题。通过分析山东打渔张引黄灌区沉沙条渠资料,建立含沙量衰减百分数(任一断面含沙量/进口断面含沙量)与颗粒衰减百分数(任一断面平均粒径在进口颗粒级配曲线中相应百分数/进口断面平均粒径在进口颗粒级配曲线中相应百分数)之间的经验关系,求得异重流挟沙力,从而进行异重流过饱和沙沉降过程计算。

韩其为等(1981,1988,1998)研究认为,紊流挟沙运动主要取决于紊动扩散与颗粒重力之间的矛盾,如果直接考虑异重流挟带泥沙与紊动扩散之间的数量关系,异重流输沙规律与明渠流在本质上是一致的,但其运动现象及其影响运动的因素又有差别。异重流的流速分布形态虽与明流不同,但仍属于紊流结构。所以,明流输沙规律也适用于异重流。沙玉清(1965)在分析挟沙能力时,发现异重流和明流的资料分析结果基本相同。由于含沙量对明流速度影响不大,而对异重流流速影响很大,得出了异重流挟沙能力与含沙量成正相关的现象,在均匀流条件下,含沙量越大,异重流速度越大,这是异重流挟沙能力与明流的区别所在。他们引入不平衡输沙方程求解含沙量,从而得到结果。需要说明的是这个结果是在含沙量不是很高(小于50~90 kg/m^3)的情况下得到的,超过这个限度时,结果不再有定量的意义,但仍具有定性上的意义。

大型水库控制流域面积较大,一般都存在干、支流异重流交汇问题,对于干流浑水异重流进入支流清水体时,由于支流具有倒比降,干流异重流在支流内常常形成拦门沙和倒锥体,韩其为(1993,1996)对此做了专门研究,从理论上研究了倒灌异重流形成、倒灌流动、异重流衰减、含沙量变化及淤积等;对于支流异重流倒灌干流情况,如果干流流量相对支流异重流较大,将破坏支流异重流的运行,而支流异重流流量与干流流量相当时,支流洪峰携带的含沙量更大,谈广鸣、张小峰(1995)吸取前人对此问题的研究成果,通过分析研究建立了一种计算模式,定性上得到支流的汇入增大了异重流的运行速度,缩短了异重流运行到坝前的时间,而且干流历时长、流量大的洪水有助于支流高含沙异重流运行至坝前,水库实际运行时,应尽可能抓住支流洪峰刚好遭遇的时机,以减少或减缓水库库容损失。

据黄河水利科学研究院进行的小浪底水库模型试验和黄委水文局测验,结果表明,小浪底水库异重流在距坝约30 km以上库段悬沙逐步细化,分选明显,以下库段悬沙中值粒径沿程几乎无变化。小浪底水库发生异重流时,在异重流潜入点附近床沙较粗,在水库淤积三角洲的前坡段床沙沿程细化,在异重流淤积段床沙组成沿程基本无变化,与原型观测结果一致。

黄河水利委员会在小浪底水库的调水调沙生产实践中,通过总结、分析国内外水库异重流观测资料,重点研究小浪底水库异重流实测资料,结合小浪底水库物理模型试验成果,利用前人在异重流发生及运行等方面取得的规律性的认识,结合黄河异重流的具体情况,制订并实施了小浪底单库调节和小浪底、三门峡及万家寨水库联合调度下的人造洪峰、拦粗排细、滞洪调沙、蓄清排浑等方案,并进行了泥沙输移过程的分析计算,在原型黄河上成功地模拟塑造了异重流,取得了宝贵的实测资料,其研究成果为今后掌握水库异重流输沙规律奠定了坚实的基础。

1.2.4　宽度变化对异重流影响研究

Schi 和 Schonf(1953)曾对异重流渐变流(gradually varied flow)进行分析。Armi 和 Farmer(1986)、Grimm 和 Maxworthy (1999)曾对渐变两层流流经收缩段的流态进行研究。在他们的分析中,每层的动量通量假定为守恒的,即无动量的传递,假定一层至另一层之间没有发生水体的掺混。

Parker 等(1987)在推导动量方程时引入两层流之间的水量掺混以及底部的泥沙掺混。具有宽度突然改变的急变两层流,或非连续两层流, Pottrran 等(1985)进行过两层流流过阻碍物时的流态的分析。在他们的分析中,忽略了两层水流之间水量掺混的影响。

范家骅(2005)利用浑水异重流水槽试验,改变不同收缩段和扩宽段的槽宽比,研究异重流流经槽宽突然收缩和突然扩宽时的流动特性,观察了槽宽突变断面上下游的流态,以及局部掺混情况,同时测读有关水沙因子。在不考虑沿程掺混因子的情形下,进行理论分析,求得浑水异重流流经突变断面时,上下游水力的泥沙诸因子与局部掺混系数的关系式。根据实测数据建立上下游槽宽比(扩宽与收缩)与局部掺混系数的经验关系式。利用上述诸公式,可计算求得异重流在槽宽突变时,掺混系数的变化和下游断面的水沙值。

从动量方程出发或从运动方程出发,方春明等(1997)经过理论推导认为异重流潜入判别条件与能量方程相矛盾,改进了异重流潜入条件推导方法,由一维流动的情况下两断面间清水和浑水整体动量平衡方程,得出临界入潜弗氏数与能量阻力系数有关,能量阻力系数大,则临界弗氏数小。

这些有益的尝试给后来的研究提供了参考,也加深了对水库异重流运动的认识深度。但是前人在此方面研究的重点在于河宽变化引起的水量掺混问题,涉及了局部掺混系数、流态等问题,对河宽变化段上下游的异重流厚度、含沙量、流速、局部阻力系数等要素鲜有涉及。本篇拟对此进行初步探讨,以期得到一些新的认识。

1.3　研究内容及技术路线

河流创造了山川沟壑,人类改造着自然界,世界因此而美丽多彩。河流改变了和正在改变着河道边界条件,反过来,河道边界条件约束了和正在约束着河流的发展。人类社会的发展史就是一部人与自然不断和谐发展的历史,同样,河道的演变史也是一曲河流与河道边界条件妥协斗争的交响乐。

水库是建立在河道上的一种大型人工边界条件。由于水库的地形(底坡、湖泊型或峡谷型)、运用情况、泄流设备、泥沙的级配和含沙量、洪峰峰值及历时等各有差别,异重流的运行情况也不相同。

河流大多流经崇山峻岭,两岸地势多变,因此水库库区地形异常复杂,岸线沿流程弯曲回环,宽窄相间。如中国黄河龙羊峡水库地形为盆地和峡谷相间,库面宽一般 500~

2 000 m，最宽处达 11 km，最窄处 60~100 m（赵文林，1996）。中国黄河刘家峡水库最宽处 3 000~6 000 m，最窄处 100~200 m（曹素滨 等，1978）。中国黄河小浪底水库（赵文林，1996）、中国长江三峡水库（赵文林，1996）、汉江的石泉水库（麦达铭，1977）、中国永定河官厅水库、老哈河的红山水库、日本利根川流域的鬼怒川枢纽水库、埃及尼罗河的阿斯旺水库等、土库曼斯坦德詹河的德詹水库等）。表 2-1-1 列出的是国内外水库地形特征资料统计结果。

表 2-1-1　国内外水库地形特征资料统计

国别	流域	库名	地形特点	水库回水长度(km)	最宽宽度(m)	最窄宽度(m)	平均宽度(m)
中国	黄河	龙羊峡	盆地和峡谷相间	107.82	11 000	60	500~1 000
		刘家峡	河道型	66	6 000	100	500
		巴家嘴	河道型	35	小于 800	500	600
		小浪底	河道型	131	24 000	200	2 000
	长江	三峡	河道型	600	1 700	小于 1 000	1 000
		石泉	河道型	38	2 000	50	200
	永定河	官厅	河谷型	23	6 000	290	3 000
	老哈河	红山	湖泊型	28	—	5 500	3 570
日本	利根川	鬼怒川	河道型	176.7	11 000	5 000	9 960
埃及	尼罗河	阿斯旺	河道型	500	—	600	10 000
土库曼共和国	德詹河	德詹	河道型	10	4 000	70	2 500

地形多变和地势交错影响异重流潜入点位置、异重流运行时间、运行距离、厚度、运行速度及挟沙能力、阻力、流态的变化。在河宽变化河段，异重流的厚度如何变化？异重流的流速如何变化？异重流的流态如何变化？异重流的局部阻力如何变化？

针对上述问题，拟对“河宽变化对水库异重流运动影响”这一课题进行初步研究。本篇拟采取的技术路线为：首先回顾前人在水库异重流研究方面的已有研究成就；从研究异重流运动图形入手，并通过分析异重流的压力分布，根据受力状况，运用动力学原理，推导非恒定异重流运动方程。考虑河宽变化对异重流运动的影响进行初步研究，在此基础上，开展水槽试验，分析试验资料获得分析成果。利用黄河小浪底水库“八里胡同”附近河段异重流测验资料，进行定性分析，检验研究结果。

选择该课题并进行初步研究，不仅会丰富河流动力学和水库淤积理论，在学术上是一种新的尝试，而且对工程运用方面亦具有十分重要的现实意义。

第 2 章　水槽试验概况

2.1　试验概况

2.1.1　场地及装置概况

浑水异重流槽宽变化的水槽试验在黄河水利科学研究院水利部重点实验室的自动调坡循环水槽内进行,水槽中约 40 m 长,有效段 36 m。槽宽 60 cm,深 40 cm。

槽身由均匀布设的 4 个连动螺杆支撑,中点为铰支撑,水槽边为 5 mm 厚普通玻璃镶嵌,槽底为红砖衬砌,水泥抹面。水槽全景图见图 2-2-1。

(a)纵向(从头到尾)

(b)俯向(从头到尾)

图 2-2-1　水槽全景图

槽底坡度可调的钢架结构,调坡使用电动机驱动蜗轮和蜗杆调节。调坡的范围为 0.5‰~15‰,精确到 0.5‰。

在水槽的边壁上,安装了 40 m 长的钢卷尺以量测纵向距离(水槽调坡中轴 18 m 左右)。试验以钢卷尺读数为横坐标值,坐标方向指向水槽尾段。

在距离进口约 9.0 m 的位置设置了缩窄段,渐变段在坐标轴上长 30 cm,缩窄段由厚度 4 mm 的有机玻璃板制作,有机玻璃板长度约 5.1 m,进出口夹锐角 30°与槽边壁衔接。在玻璃板与槽边壁之间双边各设置 6 个支撑。玻璃板与水槽的接触使用环氧树脂加固化剂、增韧剂处理,能够承受温度变化引起有机玻璃和水泥变形的影响,防渗效果较好。另外,在有机玻璃板下游双边各设置底孔 1 个,以利于背后渗水的顺利排出。

在水槽需要量测的各断面上,固定布置测针,测针精度可达 0.1 mm,以利于水位的读取。缩窄段进出口各布置测针 1 个,进口前布置 3 个,出口后布置 4 个。具体分布如图 2-2-2 所示。在缩窄段的左岸有机玻璃板壁及缩窄段进出口外的水槽左岸壁上,分别在坐标为 8.6 m(*A—A* 断面)、12.45 m(*B—B* 断面)、15.9 m(*C—C* 断面)处,各设置两排小孔,每排 11 个,小孔直径 0.6 mm,间距 2 cm,接铜管与玻璃壁密封后紧密连接胶管以抽取水样,以测验垂向含沙量。同时在各排小孔附近垂向设置钢卷尺,以尽量准确观察各流层厚度。另外,在河宽变化位置附近也设置钢卷尺,以方便读取异重流厚度变化。

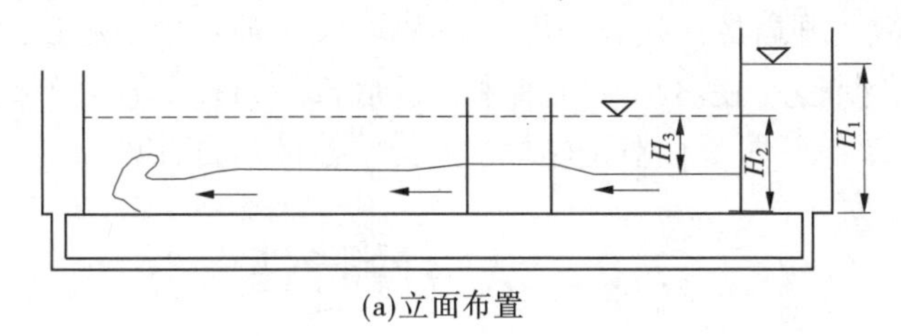

(a)立面布置

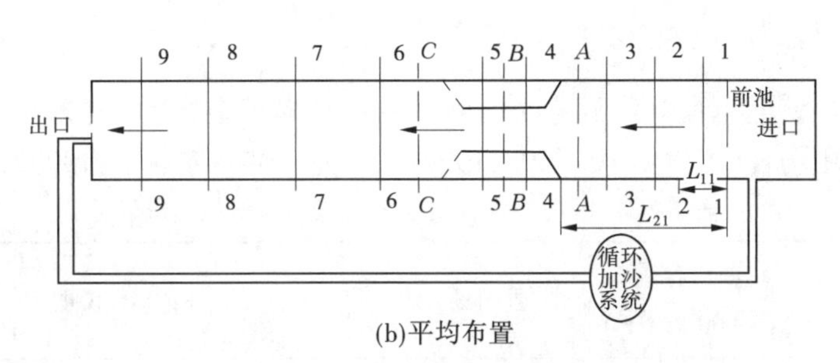

(b)平均布置

图 2-2-2　水槽试验装置

2.1.2　水沙循环系统

泥沙循环系统由两个直径为 3 m、高为 2 m 的大型搅拌池,3 台 7.5 kW 的电机驱动的泥浆泵和尼龙消防袋等配件组成。在一个搅拌池内将从黄河花园口滩地取来的胶泥块浸泡搅拌后配成不同浓度的含沙水体,之后通过消防袋输送至水槽前池。退水渠为底宽 10 cm 的倒梯形断面,可保证泥沙不致大量淤积。退水由退水渠到退水池内,再根据需要由水泵抽至搅拌池内。

水槽首尾两端为固定的、聚合塑料板制作的闸门,闸门靠近底部刻有闸孔,利用打开不同的孔洞组合橡皮塞控制流量。底孔在闸门纵向布置如图 2-2-3 所示。进口闸门高 70

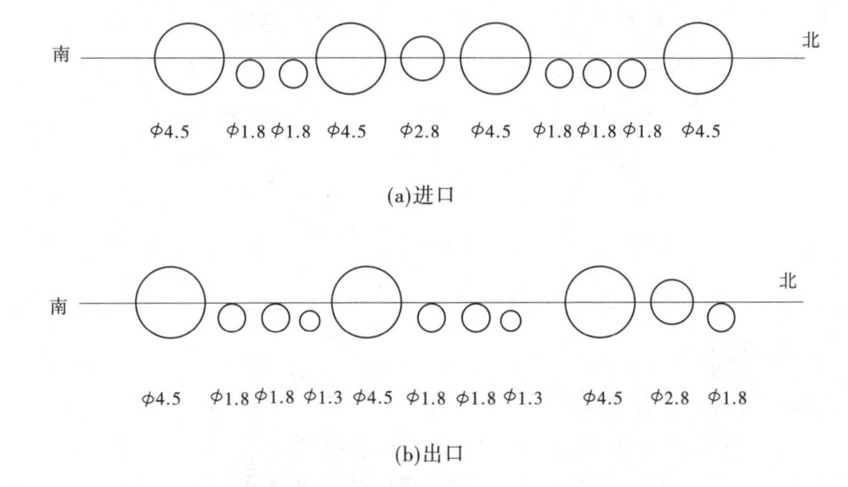

图 2-2-3　控制闸门底孔布置概化图

cm,在钢卷尺读数 0 m 处,出口闸门高 45 cm,在钢卷尺读数 36 m 处。

前池水位壅高后,开启进口孔洞既可调节流量,又可使利用橡皮塞拔出或堵塞圆孔来控制进入水槽的浑水流量,使之形成在清水下的底部异重流运动,为保持异重流出槽流量,用尾门闸孔控制,这样可以相对精确地了解异重流的流量,以形成均匀流动的异重流。

2.2 试验沙特性

2.2.1 常用模型沙的性能

国内外泥沙模型实践中采用过的模型沙材料是多种多样的,表 2-2-1 列出了多种模型沙特性与适用场合(黄岁梁 等,1995,1997;张幸龙,1994;谢鉴衡,1990)。

表 2-2-1 国内外各种泥沙模型试验沙材料一览表

材料名称	颗粒容重($1\ 000\ kg/m^3$)	适用场合	说明
琥珀粉	1.00~1.10	悬沙	
木屑	1.07~1.16	悬沙	经石灰水浸泡或沥青炒制后使用
有机玻璃屑	1.19	悬沙	成分为甲基丙烯酸甲脂
褐煤屑	1.10~1.40	悬沙、推移质	经粉碎或球磨后使用
烟煤屑	1.20~1.50	悬沙、推移质	经粉碎或球磨后使用
聚氯乙烯屑	1.35~1.38	悬沙、推移质	碱水脱脂、粉碎后使用
核桃壳屑	1.30~1.35	推移质	经球磨后使用
电木屑	1.40~1.50	悬沙、推移质	
无烟煤屑	1.40~1.70	悬沙、推移质	经粉磨或球磨后使用
半焦粉	1.60~1.70	悬沙、推移质	氮肥焦渣粉末
煤灰	2.10~2.20	悬沙	火电厂燃烧灰烬,粒径 0.02 mm 左右可变
郑州火电厂粉煤灰	2.00~2.25	悬沙、推移质	火电厂燃烧灰烬
黄河滩地沙	2.61~2.70	悬沙、推移质	滩地取回晾干充分浸泡
郑州热电厂粉煤灰	1.92~2.217	悬沙、推移质	燃烧灰烬
硅屑	2.40	悬沙、推移质	
陶粉	2.65	悬沙、推移质	
滑石粉	2.80	悬沙、推移质	

(1)木屑。

木屑即锯木粉,是一种比重轻、价格便宜的模型沙,起动流速及沉速都比较小。但是使用木屑作为模型沙时,一般要经过处理,如生石灰处理木屑,沥青浸渍锯屑,松香浸渍锯屑,石蜡浸渍锯屑等。而且使用木屑嘴模型沙时,必须对其物理力学性能进行具体测定。

(2)煤屑。

煤屑的颗粒组呈粒状,表面有棱角,用来做推移质模型试验较为合适。缺点是质较脆,试验过程中粒径会逐渐磨碎,颜色黑,不易观察泥沙及水流运动情况。在试验过程中容易形成沙波,阻力较大,很难呈悬移质运动。

(3)煤灰。

煤灰是火电厂燃烧过的从烟筒中排出的废料,颗粒粗细不一,相对密度约为2.15。由于煤灰的主要化学成分为二氧化硅,浸泡在水中以后为水分子所包围,形成与硅酸类似的胶体团,易出现絮凝现象。絮凝以后的煤灰呈群体沉降,其沉速比絮凝以前大得多,一般难以满足试验要求。在这种情况下,可以在水中加反凝剂,使煤灰的絮凝作用减轻,以满足试验要求。

(4)天然沙。

天然沙包括一般细颗粒泥沙和港口淤泥,其相对密度约为2.65。一般可以简单处理,如晾晒、浸泡后参加试验。

(5)滑石粉。

滑石粉的颗粒细,沉速小。重度为2.65~2.80,与天然沙接近,冲淤变形时间比尺与水流运动时间比尺也相差不多。但如在模型河槽中淤积时间较长,易产生板结现象。

在这里根据试验研究内容的需要,选择原型沙来进行试验。

(6)核桃壳粉、桃核粉。

核桃壳粉是用副食企业破取核桃仁时弃置的碎壳再粉碎加工而成的一种模型沙。这种模型沙的容重适中,粒径也有一定的调配范围,较适于推移质模型。使用这种模型沙要先以碱水对其进行脱脂处理,并经长时间泡水后,才能获得稳定的化学性质。

2.2.2　试验沙的特性

本次试验的重点在于研究异重流的运动规律,参与异重流的运动的泥沙颗粒都比较细,本次试验选用黄河滩区天然沙作为试验用沙。试验用沙中值粒径 d_{50} 为0.008 mm,平均粒径为0.018 mm, d_{90} 为0.05 mm。以粒径为横坐标、以小于粒径 d 的重量百分比为纵坐标,绘制其泥沙颗粒级配图,见图2-2-4。

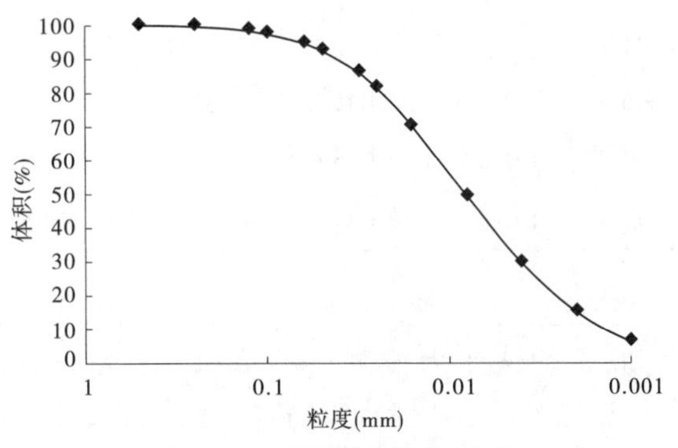

图2-2-4　泥沙颗粒级配曲线

从试验沙样级配曲线上不难得出其 d_{50} 约为0.008 mm,按泥沙分类标准,它在0.05~

0.005 mm,属于细粉土(张瑞瑾,1998)。另外,从细颗粒含量看,其具有一定的黏性。

2.3 量测设备和试验方法

针对异重流测验的特殊性,本试验选用了精度较高的测量设备。主要有测针、低速流速仪、高精度天平、比重瓶、泥沙粒径颗粒分析仪等,含沙量的测验在试验前安装有垂线分布的虹吸管。沿程水位采用测针观测,其精度可精确到 0.1 mm。

2.3.1 流速量测仪器和试验方法

断面中垂线流速分布的测量采用长江水利科学研究院研制的旋桨式光电流速仪杆和 LS-401 型直读式多功能转速信号接收器组成的流速仪进行。流速仪杆由旋桨式叶轮、导光纤维和电光源等部件组成。旋桨式叶轮安放在流速仪杆头的框架上,叶轮直径 0.5 cm,中心距框架底 1.0 cm。在量测时,当旋转叶轮的电镀叶片的叶缘掠过导光纤维检测端时,其反射光将被检测器感受而输出一个电脉冲,根据单位时间(本试验采用 4 s 为单位)内记录的电脉冲数,与叶轮的转速和流速成正相关的关系,本试验采取预先在流速仪上设置好率定的参数 *K*、*C* 值,工作时即可读出流速仪的转速。每次试验前对流速仪进行校核、率定,消除仪器零点漂移造成的误差。率定曲线是在水槽中的用量水堰计算清水恒定均匀流所得流速和流速仪测得的转数点汇曲线,得到参数 *K*、*C* 值。表 2-2-2 为流速仪旋浆的率定参数。

表 2-2-2 悬桨式光电流速仪旋浆的率定参数

浆号	01		02		03		平均值	
	K	C	K	C	K	C	K	C
022	0.019 4	0.038 6	0.019 5	0.028 0	0.019 1	0.027 5	0.018 3	0.030 8
023	0.018 3	0.038 0	0.018 3	0.028 7	0.018 2	0.025 7	0.022 9	0.023 0
025	0.023 3	0.027 5	0.022 9	0.022 8	0.022 6	0.018 6	0.013 8	0.026 6
878	0.013 7	0.033 3	0.013 8	0.025 5	0.013 8	0.020 9	0.014 0	0.041 7
879	0.013 9	0.048 1	0.013 9	0.042 6	0.014 1	0.034 3	0.012 6	0.044 0
880	0.012 8	0.046 6	0.012 5	0.044 0	0.012 5	0.041 5	0.012 8	0.085 7
884	0.012 8	0.090 7	0.012 7	0.085 6	0.012 8	0.080 9	0.016 2	0.045 0
102	0.016 2	0.052 8	0.016 2	0.043 6	0.016 3	0.038 6	0.014 6	0.035 5

试验流速测量时要把流速仪探头上的框架完全放在水中,而且探头要正对流向放置,连续记取 3 次流速值,取平均值作为该测点的流速。流速仪在高含沙量(最高 400 kg/m^3)水流中运行可靠,近似可以运用清水流动时的率定参数计算流速。

2.3.2 含沙量量测试验方法

含沙量测验利用虹吸管原理,在垂线上各点均匀取样,然后用置换法求得含沙量值。

虹吸管用直径 3 mm、长度为 50 mm 的铜管固定在水槽侧面沿垂线布设的小孔上，进口与管壁齐平，铜管接 1 000~1 500 mm 的硅胶管，平滑连接。具体装置见图 2-2-5。

图 2-2-5　含沙量测验装置

垂线虹吸取水沙混合样品后采用实现率定好的容积为 100 mL 的比重瓶、测量精度为 1/1 000 的电子天平及精确到 0.1 ℃的水银温度计测定。置换法具有采用设备简单、工效高的优点，在模型试验中被经常采用。置换法推求含沙量的公式为式(2-2-1)：

$$S = (W_{ws} - W_w + W_t)C \tag{2-2-1}$$

式中：S 为浑水的混合比含沙量，kg/m^3；W_{ws} 为比重瓶加浑水的质量，g；W_w 为比重瓶加清水的质量(事先率定好)，g；V_w 为浑水的混合比含沙量，kg/m^3；W_t 为温度修正值；C 为无量纲参数，试验中天然沙取 16。

经与过滤烘干称重测得含沙量的方法比较，置换法测得的含沙量可以满足精度要求。

考虑到泥沙颗粒级配变化，选取若干代表沙样进行了颗分。参加试验的沙样比较细，采用了先进的英国进口的光电颗粒分布测定仪测量，仪器可以测定的颗粒级配变化范围为 0.1~150 μm。

地形采用水准仪测量，可较准确地描绘地形变化过程。同时采用了照相机拍照、摄相机录制等方法记录异重流发展变化的过程。

2.4　试验控制条件及试验方案

2.4.1　试验控制条件

闸孔的调整总体思路是控制前后闸门的流量基本相同，保证在水槽中异重流均匀流动。开展宽度变化对异重流运动的影响，主要考虑异重流在均匀流动下的情况。在忽略其他非主要因素后，才能准确地实现试验目的。

在预试验中，通过比较计算和实测异重流的流速值来确定进行正式试验时开启的孔数。

2.4.2　试验方案

试验在水槽中 8.6 m 位置，将使用有机玻璃板制作的梯形体放置固定好，试验拟分双侧和单侧两种情况布置。有机玻璃黏结的梯形体与水槽玻璃经环氧树脂加固化剂、增韧剂按照比例处理,围成不漏水的区域。具体布置方式如图 2-2-6 所示;试验条件见表 2-2-3、表 2-2-4。

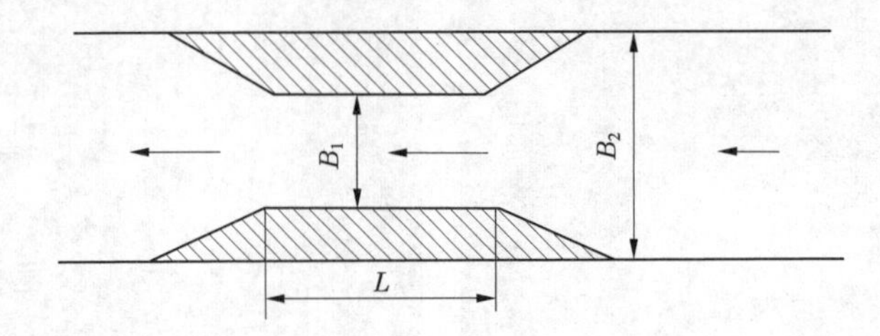

图 2-2-6 河宽变化段平面布置

表 2-2-3 窄段有机玻璃槽尺寸

(单位:cm)

L	510
H	40
进出口扩散角(°)	60

表 2-2-4 垂线含沙量取样断面位置

断面	横坐标(m)
3—3	8.6
5—5	12.45
7—7	15.9

试验中,考虑进口含沙量的不同,试验组次安排见表 2-2-5。

表 2-2-5 试验组次安排

$J\approx 2‰$	方案	$S=200\ m^3/s$	$S=100\ m^3/s$	$S=50\ m^3/s$
$B_1=45$ cm,$B_2=60$ cm	A	A-1	A-2	A-3
$B_1=30$ cm,$B_2=60$ cm	B	B-1,B-4	B-2	B-3,B-5
$B_1=15$ cm,$B_2=60$ cm	C	C-1	C-2	C-3

2.5 试验现象及测量内容

2.5.1 试验现象描述

试验之前,先在水槽中充上清水,见图 2-2-7,并将浑水充入前池。

由于清浑水容重不同,开启进口孔洞,浑水水流遭遇水槽中的清水,立刻发生掺混,在掺混的同时不断地驱赶清水,清水在上层产生反向波,沿程反射逐渐增强。从侧面看异重流锋头,似长龙潜水,头部扁平,向前运动时总是存在鼻部,从图 2-2-8 中可以清楚看到。这可能是两侧的边壁对异重流具有阻碍作用产生的。异重流锋头深度和后续异重流深度相差不大,而且锋头前沿呈下降线,说明上层水体影响异重流。原因是,本来应该头部以某一厚度齐头前进,由于底部阻力作用范围小于上层水体的阻力作用范围,导致浑水的下层流速大于其上层流速。

异重流头部运动的形状实质上为某一瞬时流速分布剖面,在横向分布和垂向分布上非常明显地显现出来,底部对头部运动的阻力小于上层清水对其阻力的影响,也验证了异

(a)平面图

(b)侧面图

图 2-2-7 水槽蓄满清水

重流垂线最大流速点随阻力变化而变化。异重流头部是悬浮在水中的,运动时并非紧贴底部前进,类似于“悬浮”状态,如图 2-2-9 所示。异重流头部与槽底存在一层薄膜水,使异重流头部能够克服壁面阻力而快速前进。

(a)缩窄段上游

(b)缩窄段内

图 2-2-8 水槽异重流的头部运动图

(a)1时刻

(b)2时刻

图 2-2-9 水槽异重流的头部“悬浮”连拍图

从俯向看,异重流如蔓延的浓烟,从主流向四周迅速扩散,又似泥云滚滚,向尾部前进。当浑水波遇到闸门后反射回来,异重流锋头速度顿减,整个流动受到反射波的阻滞,闸前清浑水交界面迅速上升、抬高,增厚的浑水层随之向上游传播。反射的浑水由于含沙量较小,在异重流层上层传播。少量浑水上扬,使交界面变得模糊不清,并逐渐向上层清水扩散。与此同时,由于尾部闸门没有及时打开,上层清水迅速向上游流动,形成纵向环流,速度明显小于异重流流速。

下游闸孔未打开时,水槽内清水和浑水面均很快稳步上升,异重流在运动过程中掺混作用非常强烈,进口含沙量大于沿程含沙量 2~3 倍也证明了这种现象。在打开下游闸门孔洞后,保证出口流量大于进口 1 倍左右,可以削弱反射波,并抑制异重流向上游反射。

试验过程中对异重流交界面混合过程也进行了细致的观察,开始阶段,交界面上浑水被清水阻碍,发生掺混、上扬,可以清晰地看到清水被卷入浑水潜流中。最终,不断掺混的浑水层渐渐增厚,掺混的强度和尺度被交界面上层浑水抑制、变弱、稳定波动。

缩窄段进口对异重流的运行产生阻碍作用。异重流运行至缩窄段进口后,由于槽宽突然变窄,流动的区域被挡板阻挡,流向侧壁的一部分异重流产生反射波,立刻向上游前进。如图 2-2-10 所示为含沙量 140 kg/m^3 进入单侧缩窄段时的情况。到达闸前时与下行的异重流头部发生碰撞、掺混甚至上浮,这与顺直段异重流运行情况有所不同。如图 2-2-11、图 2-2-12 所示为含沙量 140 kg/m^3 进入缩窄段时的情况。

图 2-2-10　进口含沙量 140 kg/m^3 异重流进入缩窄段瞬时反射侧面图

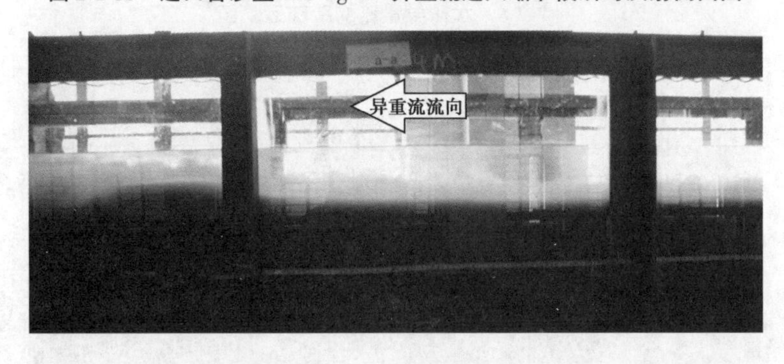

图 2-2-11　进口含沙量 140 kg/m^3 异重流进入缩窄段后上游反射侧面图

缩窄段对高含沙异重流的拥堵作用在试验中比较明显,在多次情况下出现。所谓拥堵作用,主要指由于进口边界条件的不利而产生的上游异重流发生浑水位升高,而下游缩窄顺直段和扩宽段浑水位低于上游水位很多的情况。

在顺直的缩窄段内,异重流层厚度基本保持平稳,厚度略薄于缩窄段上游的异重流厚度,而且在清浑水交界面发生强烈的掺混。当浑水引进槽内形成底部异重流,在缩窄段的

图 2-2-12　进口含沙量 140 kg/m³ 异重流进入缩窄段稳定后侧面图

上游异重流最初到达时,交界面上产生强烈的旋涡。当异重流流到缩窄断面,由于收缩引起的壅水产生一向上游传播的涌浪,在宽段抬高了异重流交界面,直至到达一稳定的高度,这时交界面上的旋涡减弱。缩窄段内所观测交界面纵向坡度说明出现加速流,如图 2-2-13 所示。

图 2-2-13　进口含沙量 60 kg/m³ 异重流通过缩窄段后侧面图

在扩宽段下游,异重流头部进入扩宽段的短时间内,由于断面突然扩宽,异重流横向扩散强烈,横向扩散到达边壁后,具有两边向中间的滚动趋势,侧壁附近异重流厚度变大,中间厚度相对减弱。同时,在扩宽断面下游距离较近的地方,出现局部水跃,而在水跃发生位置上游出现强烈的向上掺混现象。如图 2-2-14 含沙量 140 kg/m³ 异重流进入扩宽段瞬时侧面图和图 2-2-15 含沙量 140 kg/m³ 异重流进入扩宽段发生强烈掺混侧面图,清楚地展现了上述现象。在稳定过后,在扩宽段下游异重流运行厚度较小。如图 2-2-16 含沙量 140 kg/m³ 异重流进入扩宽段稳定后侧面图所示。

在试验过程中,由于出口流量大于进口流量,而且水槽尺度较小,水位不断下降,但是河宽变化段发生现象的规律基本无明显变化。

2.5.2　测量内容

在试验期间,每天记录试验日记,总结试验经验和教训。在试验过程中,在河宽变化的河段要进行拍照和录像。在试验中测量并记录项目有以下 4 个:

项目 1,用固定钢尺测量异重流厚度、交界面厚度和清水水深。

项目 2,在固定断面用虹吸管吸出槽底以上固定高度的水样,用比重瓶法定出含沙量,并记录清水和浑水的温度。

图 2-2-14　进口含沙量 140 kg/m³ 异重流进入扩宽段瞬时侧面图

图 2-2-15　进口含沙量 140 kg/m³ 异重流进入扩宽段发生强烈掺混侧面图

图 2-2-16　进口含沙量 140 kg/m³ 异重流进入扩宽段稳定后侧面图

项目 3，测量固定的三个断面异重流垂线流速，每个断面测一条垂线，用三点法测量。

项目 4，头部运动速度及形状、收缩和扩散影响范围。

第3章　河宽变化段异重流运动初步研究

3.1　异重流的力学机制

异重流属于粗分散体系,异重流运行实际上就是分层流动,主要原因在于上下层流体的密度不同,由于重力作用,密度大的流体在下运行,密度小的位于上层。两层流体相互作用,在交界面上进行了物质和能量的交换。由于下层流体的边界条件比较复杂,因此异重流的运行情况就更加复杂。

3.1.1　异重流的压力分析

假定异重流中含沙量不沿水深而变,也就是假定浑水的密度是均匀的,则异重流中的任一点的压强应为(见图2-3-1):

$$p = \gamma + \gamma'(h_2 - y) \tag{2-3-1}$$

式中:p 为任一点压强;γ、γ' 分别为清、浑水重度;H、h_1、h_2、y 分别为总水深、清水水深、浑水水深、任一点浑水水深。

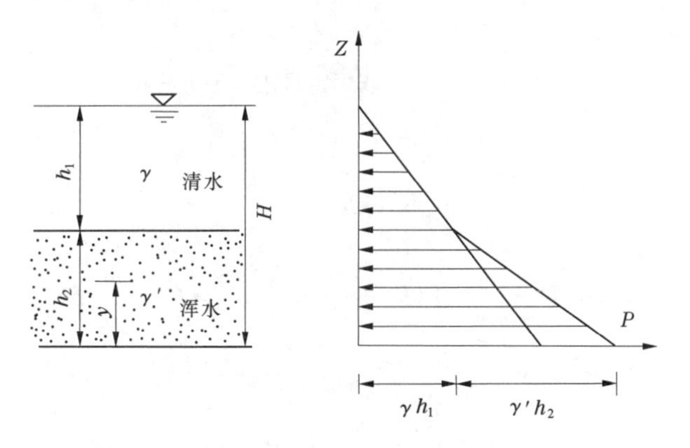

图2-3-1　异重流压强分布

由图2-3-1可以看出,异重流中的压强由两部分叠加而成,一部分是上层清水的压强,另一部分是本层浑水的压强;也可以理解为由这样的两部分叠加而成,一部分是上层及本层清水的压强,另一部分则为本层由清浑水重度差而引起的附加压强。在考虑了清水压强之后,异重流的附加压强可按一般静水压强公式求出,只需将浑水重度改用有效重度 $\Delta\gamma$ 或 $\eta_g\gamma'$ 。

上式又可以改写为:

$$p = \gamma(H - y) + (\gamma' - \gamma)(h_2 - y) \tag{2-3-2}$$

或

$$p = \gamma(H - y) + \eta_g \gamma'(h_2 - y) \tag{2-3-3}$$

不考虑浑水容重沿水深变化和横向变化，γ_m 为异重流平均浑水容重。由异重流压强分布图 2-3-1，可将异重流压强表示为：

$$p = \gamma H_3 + \gamma_m(H_2 - H_3) \tag{2-3-4}$$

3.1.2　异重流的动量方程

异重流受力情况如图 2-3-2 所示。为分析简便起见，假定清水水面是水平的，水流方向与异重流交界面方向平行，取坐标轴 x 的方向与水流方向一致，以宽度为 b、长度为 Δx 的异重流流体作为研究对象，并在推导过程中忽略包含 Δx^2 的二阶微小项，则此异重流流体在水流方向所受的作用力如下：

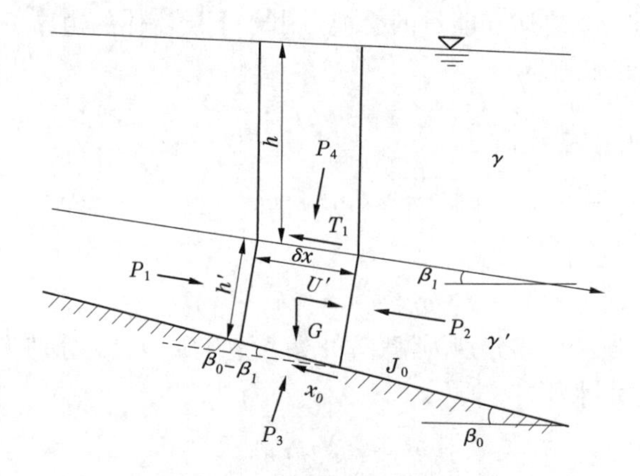

图 2-3-2　二维非恒定异重流受力分析

压力：

$$p_1 = \gamma h h' + \gamma' \frac{h'^2}{2} \tag{2-3-5}$$

$$\begin{aligned} p_2 &= \gamma\left(h + \frac{\partial h}{\partial x}\delta x\right)\left(h' + \frac{\partial h'}{\partial x}\delta x\right) + \frac{\gamma'}{2}\left(h' + \frac{\partial h'}{\partial x}\delta x\right)^2 \\ &\approx \gamma h h' + \gamma' \frac{h'^2}{2} + (\gamma h + \gamma' h')\frac{\partial h'}{\partial x}\delta x + \gamma h' \frac{\partial h}{\partial x}\delta x \end{aligned} \tag{2-3-6}$$

$$\begin{aligned} p_3 \sin(\beta_0 - \beta_1) &= \left[\gamma\left(h + \frac{\partial h}{\partial x}\frac{\delta x}{2}\right) + \gamma'\left(h' + \frac{\partial h'}{\partial x}\frac{\delta x}{2}\right)\right]\frac{\delta x}{\cos(\beta_0 - \beta_1)}\sin(\beta_0 - \beta_1) \\ &\approx (\gamma h + \gamma' h')\delta x \tan(\beta_0 - \beta_1) \\ &\approx (\gamma h + \gamma' h')\frac{\partial h'}{\partial x}\delta x \end{aligned} \tag{2-3-7}$$

P_4 垂直于水流方向，不予考虑。

重力：

$$G\sin\beta_1 = \gamma'\left(h' + \frac{\partial h'}{\partial x}\frac{\delta x}{2}\right)\delta x \sin\beta_1 \approx \gamma' h' \frac{\partial h}{\partial x}\delta x \tag{2-3-8}$$

阻力：

$$
\begin{aligned}
T &= T_0\cos(\beta_0-\beta_1)+T_1\\
&=\tau_0\frac{\delta x}{\cos(\beta_0-\beta_1)}\cos(\beta_0-\beta_1)+\tau_1 x\\
&=\frac{f'_0}{8}\frac{\gamma'}{g}U'^2\delta x+\frac{f'_1}{8}\frac{\gamma'}{g}U'^2\delta x\\
&\approx\frac{f'}{8}\frac{\gamma'}{g}U'^2\delta x
\end{aligned}
\tag{2-3-9}
$$

式中：f_0'、f_1'、f' 分别为异重流床面、交界面及综合阻力系数。

惯性力：

$$
\begin{aligned}
I &= \frac{\gamma'}{g}\left(h'+\frac{\partial h'}{\partial x}\frac{\delta x}{2}\right)\delta x\frac{\mathrm{d}U'}{\mathrm{d}t}\\
&\approx\frac{\gamma'}{g}h'\delta x\left(\frac{\partial U'}{\partial t}+U'\frac{\partial U'}{\partial x}\right)
\end{aligned}
\tag{2-3-10}
$$

力的平衡方程式应为：

$$
P_1-P_2+P_3\sin(\beta_0-\beta_1)+G\sin\beta_1-T=I \tag{2-3-11}
$$

将有关各力的表达式代入，化简得：

$$
(\gamma'-\gamma)h'\frac{\partial h}{\partial x}\delta x-\frac{f'}{8}\frac{\gamma'}{g}U'^2=\frac{\gamma'}{g}h'\delta x\left(\frac{\partial U'}{\partial t}+U'\frac{\partial U'}{\partial x}\right) \tag{2-3-12}
$$

考虑到：

$$
\frac{\partial h}{\partial x}=-\frac{\partial(y_0+h')}{\partial x}=-\frac{\partial y_0}{\partial x}-\frac{\partial h'}{\partial x}=J_0-\frac{\partial h'}{\partial x} \tag{2-3-13}
$$

式中：y_0 为床面高程。

上式可进一步改写为：

$$
J_0-\frac{\partial h'}{\partial x}-\frac{f'}{8}\frac{U'^2}{\eta_g gh'}=\frac{1}{\eta_g g}\left(\frac{\partial U'}{\partial t}+U'\frac{\partial U'}{\partial x}\right) \tag{2-3-14}
$$

式(2-3-14)即为建立的二维非恒定异重流运动方程式。它的形式与一般的二维非恒定流运动方程式是相似的，不同之处仅在于这里多了一个重力修正系数 η_g（张瑞瑾 等，1988）。

3.1.3　异重流的局部阻力系数

若异重流为恒定流，则 $\frac{\partial U'}{\partial t}=0$。在二维恒定流条件下，由于

$$
U'\frac{\mathrm{d}U'}{\mathrm{d}x}=\frac{\mathrm{d}}{\mathrm{d}x}\left(\frac{U'^2}{2}\right) \tag{2-3-15}
$$

$$
J_0=-\frac{\mathrm{d}y_0}{\mathrm{d}x} \tag{2-3-16}
$$

则式(2-3-14)即可变为：

$$
\frac{\mathrm{d}}{\mathrm{d}x}\left(y_0+h'+\frac{U'^2}{2\eta_g g}\right)=-\frac{f'}{8}\frac{U'^2}{\eta_g gh'}
$$

$$\frac{\mathrm{d}}{\mathrm{d}x}\left(y_0 + h' + \frac{U'^2}{2\eta_g g}\right) = -\frac{\mathrm{d}h'_f}{\mathrm{d}x}$$

$$y_0 + h' + \frac{U'^2}{2\eta_g g} = -h'_f \tag{2-3-17}$$

式中：h'_f 为异重流的水头损失；y_0 为底面高程。

式(2-3-17)说明能量方程同样可以用于异重流，也是在出现重力加速度 g 的位置加乘一个重力修正系数 η_g。

边界条件对异重流的阻力是导致水头损失的外因，异重流的黏滞性是水头损失的内因，而异重流的相对运动和摩擦，则是耗能的方式或途径。异重流局部阻力损失的产生，就是由于水流边界条件急剧改变，使异重流形态发生激烈变化而引起的。当异重流通过河宽变化的地区时，产生局部能量损失，这个损失可以用能量方程来计算，令两断面之间的损失为 h_f，则：

$$(h_2 + y_{02}) + \frac{v_2^2}{2\frac{\Delta\gamma}{\gamma'}g} = (h'_2 + y'_{02}) + \frac{v'^2_2}{2\frac{\Delta\gamma}{\gamma'}g} + h_\mathrm{f} \tag{2-3-18}$$

式中：h_2、h'_2分别为河宽变化段前、后断面的异重流厚度；v_2、v'_2分别为河宽变化段前、后断面的异重流平均流速；

如令：$\Delta y_0 = y_{02} - y'_{02}$，则：

$$h_2 + \Delta y_0 + \frac{v_2^2}{2\frac{\Delta\gamma}{\gamma'}g} = h'_2 + \frac{v'^2_2}{2\frac{\Delta\gamma}{\gamma'}g} + h_\mathrm{f} \tag{2-3-19}$$

在异重流局部阻力计算中，参照徐正凡(1986)关于局部阻力系数的定义，对于缩窄段和扩大段的损失，由于距离较近，Δy_0 很小，可以忽略不计。则缩窄或扩大段的局部损失水头为：

$$h_\mathrm{f} = h_2 - h'_2 + \frac{v_2^2}{2\frac{\Delta\gamma_1}{\gamma'_1}g} - \frac{v'^2_2}{2\frac{\Delta\gamma_2}{\gamma'_2}g} \tag{2-3-20}$$

缩窄或扩大段的局部阻力系数为：

$$\zeta_1 = \frac{h_\mathrm{f}}{\dfrac{v_2^2}{2\frac{\Delta\gamma_1}{\gamma'_1}g}} = \frac{h_2 - h'_2}{\dfrac{v_2^2}{2\frac{\Delta\gamma_1}{\gamma'_1}g}} + 1 - \frac{v'^2_2}{v_2^2}\cdot\frac{\dfrac{\Delta\gamma_1}{\gamma'_1}}{\dfrac{\Delta\gamma_2}{\gamma'_2}} \tag{2-3-21a}$$

或

$$\zeta_2 = \frac{h_\mathrm{f}}{\dfrac{v'^2_2}{2\frac{\Delta\gamma_1}{\gamma'_1}g}} = \frac{h_2 - h'_2}{\dfrac{v'^2_2}{2\frac{\Delta\gamma_1}{\gamma'_1}g}} - 1 + \frac{v_2^2}{v'^2_2}\cdot\frac{\dfrac{\Delta\gamma_2}{\gamma'_2}}{\dfrac{\Delta\gamma_1}{\gamma'_1}} \tag{2-3-21b}$$

3.1.4　弗劳德数和雷诺数计算

弗劳德数的物理意义是水流的惯性力和重力之比。根据 Fr 的定义,河宽变化前、后断面的 Fr_2、Fr'_2 计算公式为:

$$Fr_2=\frac{v_2}{\sqrt{\dfrac{\Delta\gamma}{\gamma'}gh_2}}=\frac{v_2}{\sqrt{\dfrac{0.623S_2}{(1\ 000+0.623S)}gh_2}} \tag{2-3-22a}$$

$$Fr'_2=\frac{v'_2}{\sqrt{\dfrac{\Delta\gamma'}{\gamma'}gh'_2}}=\frac{v'_2}{\sqrt{\dfrac{0.623S'_2}{(1\ 000+0.623S'_2)}gh'_2}} \tag{2-3-22b}$$

为了研究方便,本篇假设异重流为牛顿体。雷诺数的物理意义为惯性力作用与黏性力作用之比(赵文林,1996)。根据 Re 的定义,河宽变化前、后断面的 Re_2、Re'_2 计算公式为:

$$Re_2=\frac{v_2\chi_2}{\nu}=\frac{v_2}{\nu}\left(\frac{B_2h_2}{2B_2+2h_2}\right) \tag{2-3-23a}$$

$$Re'_2=\frac{v'_2\chi'_2}{\nu}=\frac{v'_2}{\nu}\left(\frac{B'_2h'_2}{2B'_2+2h'_2}\right) \tag{2-3-23b}$$

式中:S_2、S'_2 分别为异重流河宽变化前、后断面平均含沙量;Fr_2、Fr'_2 分别为异重流河宽变化前、后断面弗劳德数;B_2、B'_2 分别为异重流河宽变化前、后断面平均宽度;χ_2、χ'_2 分别为异重流河宽变化前、后断面水力半径;Re_2、Re'_2 分别为异重流河宽变化前、后断面雷诺数。

3.2　河宽变化对异重流运动的影响

以水力学的观点,从水流流态讨论异重流运动情况,属于渐变流范围。水流流线的曲率对阻力损失的影响可以忽略不计。而在有河宽变化的地方,流线的曲率很大或有不连续处,就会产生局部的损失。

局部边界条件急剧变化是引起局部阻力损失的根本原因。它对水流运动的影响有两个方面:

第一个方面,产生旋涡,加大水流的紊乱与脉动,增大液流的能量损失。所谓脉动,即流速、压强等运动要素围绕某一时间平均值 $\overline{U}$、p 做上、下、左、右跳动的水力现象。

第二个方面,造成液流沿程断面流速重新分布,加大了流速及水流的内摩擦力,导致局部集中的水头损失。

受时间和其他原因的限制,做试验组次较少。由于试验在整体水槽的局部进行了缩窄改造,对缩窄进口和出口作为研究对象进行局部缩窄段和局部扩宽段的异重流运动情况研究,为了叙述方便,在本节对局部缩窄段和局部扩宽段的异重流运动情况进行对比分析。

试验前预先在水槽中准备好清水，加至合适水位后再施放浑水，形成下层异重流。考虑到水槽净深不大，历时稍长、持续的浑水流量将会引起水位上升，导致清水溢出水槽，影响试验进行，在异重流头部通过局部缩窄段后，在尾部闸门开启橡胶塞子。控制出口流量略大于进口，清水水位下降。在闸孔开启前、后异重流运动情况有所不同，现将各种情况分析如下。

3.2.1 异重流厚度

浑水水流从闸孔进入清水后，若闸孔出流流速较大，出孔浑水将射入清水，清浑水发生剧烈掺混，后续浑水水流通过清浑水掺混区，缓缓向前流动；若流速较小，出孔即形成分层流动，浑水在清水下层徐徐移动。

浑水运行一段距离后，到达缩窄断面。在缩窄段的上游，异重流最初到达瞬时，交界面上向上游产生强烈的交混，迅速向上游反射。由于收缩引起的“壅流”产生一向上游反射的涌浪，此涌浪运行在异重流的上层，并与原异重流清浑水交界面相掺混，穿越进口清、浑水交混处到达上游闸下，扩大了清浑水的交界范围，抬高了异重流交界面，直至到达一稳定的高度，这时交界面上的旋涡渐渐减弱。

3.2.1.1 闸孔开启前

异重流头部通过缩窄段尾门闸孔未开前，异重流下潜运动，清、浑水形成纵向环流，水面形成倒比降，从图 2-3-3 可以看出来。由于异重流向下游流动时，惯性力起主要作用，受惯性影响，净增加的浑水体积抬升了清水水位，下游水深增加先于上游，导致了前人所提出的浑水流动带动清水所引起的补偿作用。再加上缩窄段的存在会延缓缩窄段上、下游水位的变化，使下游清水深增加快于上游，水面形成倒比降的时间延长，更增加了异重流形成的水面倒比降，加速了系统的纵向环流，清水向上游流速增大，对异重流运行至尾部也存在一定的加速作用。

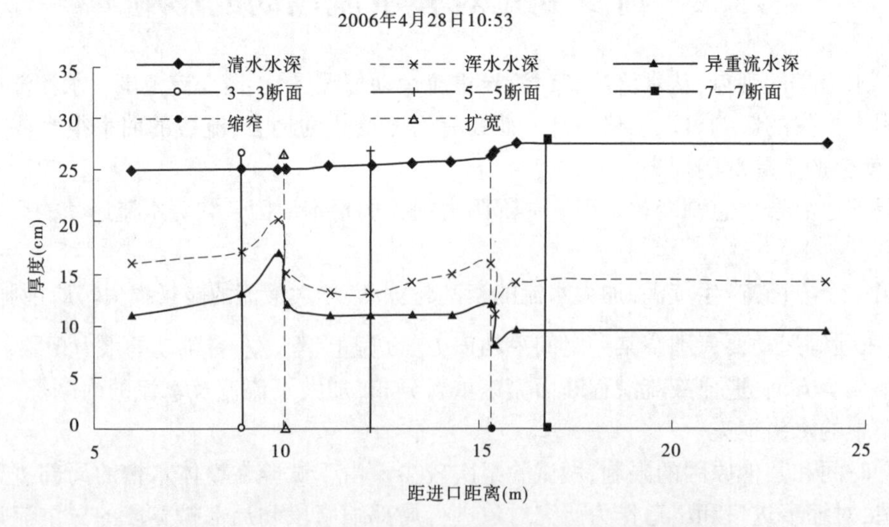

图 2-3-3 C-1 组次开闸前清、浑水及异重流水深沿程变化

倒比降引起清水水深增加示意图如图 2-3-4 所示。在实际测量中，由于操作出口控制条件的不同，导致清水水位有所不同，缩窄段下游异重流流速测得大于上游进口流速，也掩盖了局部损失的真实值。水深值的获得是通过测量取得，测量的时间差也会给水位值带来一定的误差。上述关系可用式(2-3-24)表示出来：

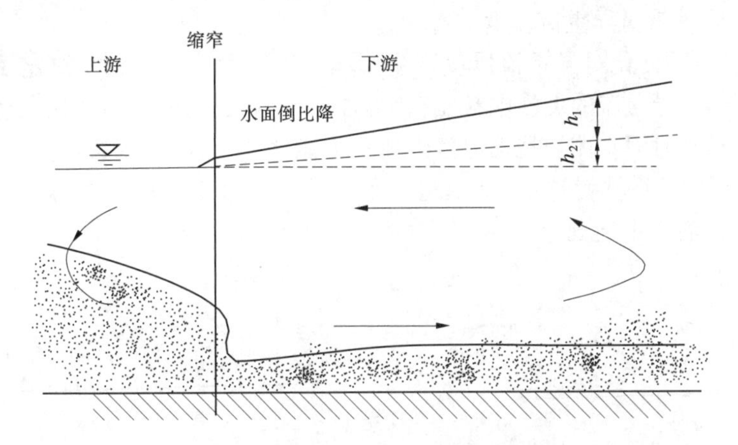

h_1 —缩窄段引起的上下游水深差值；h_2 —异重流引起的上下游水深差值

图 2-3-4　倒比降引起清水水深增加示意图

$$\Delta h = h_1 + h_2 + h_3 \tag{2-3-24}$$

式中：Δh 为上下游水位差值；h_1 为缩窄段引起的上下游水深差值；h_2 为异重流引起的上下游水深差值；h_3 为读取水深值的时间差引起的水深差值。

$$-J = \frac{\Delta h}{L} = \frac{h_1 + h_2 + h_3}{L} \tag{2-3-25}$$

式中：$-J$ 为上下游清水倒比降；L 为水槽长度；其余符号含义同前。

通过对试验资料进行分析，并结合试验实际情况进行计算。利用缩窄前、后，异重流厚度的变化计算平均值得到计算结果列于表 2-3-1。从表中可以看出，缩窄前后厚度基本变化幅度较小，缩窄后与缩窄前比值平均值约为 1.1。

表 2-3-1　开闸前水槽异重流水力特性计算

河段变化（扩展角 150°）	$\frac{B'_2}{B_2}$	F	F'	$\frac{h'_2}{h_2}$	$\frac{v'_2}{v_2}$	$\frac{S'_2}{S_2}$	$\frac{Fr'_2}{Fr_2}$	Re_2	Re'_2	$\frac{Re'_2}{Re_2}$
缩窄	0.25	0.30	0.74	1.20	2.85	1.43	2.47	2 867.33	2 911.69	1.76
	0.50	0.42	0.69	1.13	1.32	1.22	1.18	3 215.27	3 839.04	1.24
	0.75	0.53	0.57	1.07	1.18	0.99	1.05	3 472.57	3 943.06	1.19
扩宽	1.33	0.57	0.55	0.47	0.60	0.86	0.93	2 911.69	1 142.91	0.39
	2.00	0.69	0.67	0.60	0.72	0.92	0.87	3 839.04	2 076.38	0.54
	4.00	0.74	0.71	0.73	0.79	0.97	0.79	3 943.06	2 605.66	0.66

本篇中，B_2、B_2'、h_2、h_2'、S_2、S_2'、v_2、v_2'、Fr_2、Fr_2'、Re_2、Re_2'分别为河宽变化断面前、后异重流宽度、厚度、含沙量、流速、弗劳德数和雷诺数，加“′”表示变化后的因子。规定$\frac{B_2'}{B_2}$在缩窄段为缩窄比，在扩宽段称为扩宽比。本篇中以下皆同。

(1)进口含沙量对异重流厚度的影响。

进口含沙量的变化对异重流厚度产生影响。进口含沙量的大小决定了异重流的重度，并且由于形成异重流的泥沙颗粒比较细，含沙量越大，它的重力作用和黏性作用就越强，在清水中运动时浑水体被扰动以致破坏的可能性越小，清浑水掺混量也越小，浑水水深与异重流水深的差值就越小，加上进入的浑水流量恒定，浑水体的厚度就越薄。从图 2-3-5 中可以看出上述规律。

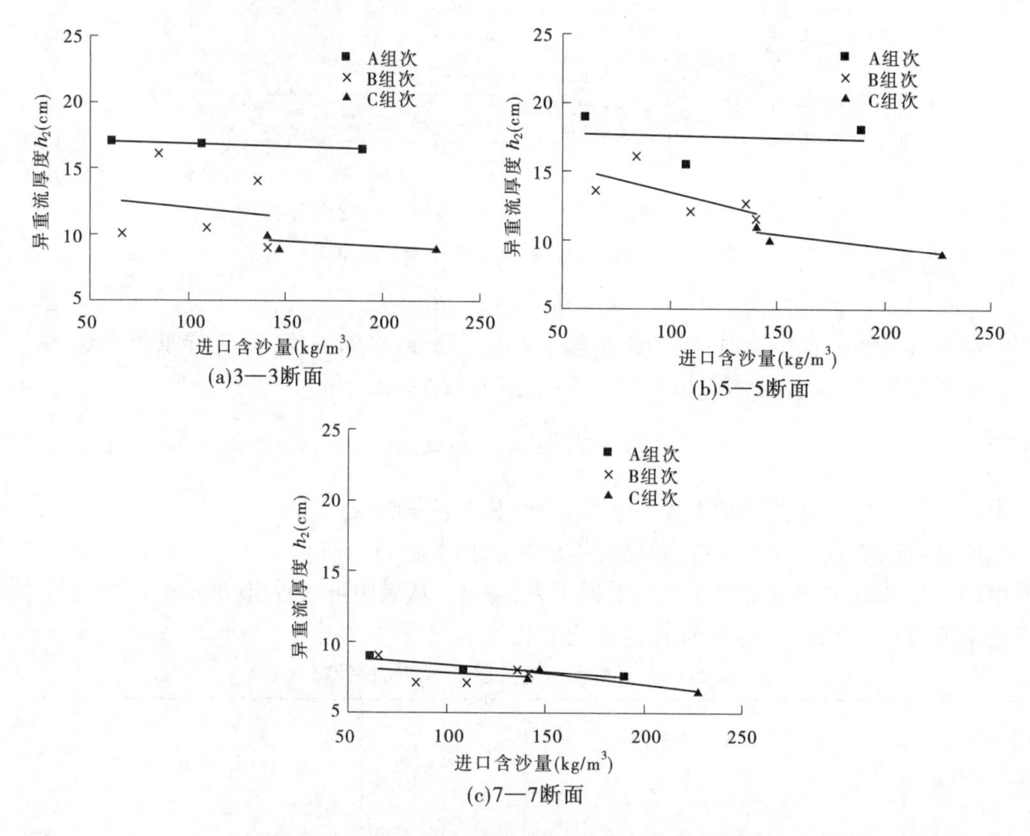

图 2-3-5　开闸前不同断面异重流厚度随进口含沙量变化

从图 2-3-5 中还可以看出，在相同的断面，异重流厚度随含沙量的增大而减小，随下游河槽缩窄的宽度减小而增加。在相同的进口含沙量条件下，3—3 断面异重流厚度因宽度变化产生的变幅较大，最大 17 cm，最小 10 cm，差值达到 7 cm。虽然绝对值不大，但在 24 cm 的清水条件下出现了 7 cm 的变化值，差值占全部水深的 29. 2%，是应该引起注意的。5—5 断面的异重流厚度因宽度变化产生的变幅次之，最大厚度 14 cm，最小 9. 5 cm，差值为 4. 5 cm，占全部水深的 18. 75%。7—7 断面的异重流厚度因宽度变化产生的变幅最小，最大厚度 9 cm，最小 5. 5 cm，差值为 3. 5 cm，占全部水深的 14. 6%。

(2)异重流厚度的变化。

图 2-3-6(a)为闸孔开启前局部缩窄前、后水槽试验结果的 $\frac{h'_2}{h_2}\sim\frac{B'_2}{B_2}$ 关系变化图。从图中可以看出，$\frac{h'_2}{h_2}$ 随 $\frac{B'_2}{B_2}$ 成负相关关系变化，$\frac{h'_2}{h_2}$ 随 $\frac{B'_2}{B_2}$ 的增大而减小。由于该段为局部缩窄段，永远存在 $B'_2 < B_2$ 的关系，也即 $\frac{B'_2}{B_2}$ 总小于 1，则 $\frac{h'_2}{h_2}$ 大于 1，当宽度缩窄后，异重流的厚度减少，减少的程度主要随水槽缩窄程度对浑水向上游反射情况和水槽本身尺度的影响，以及边界条件、进口含沙量等因素的变化而变化。在本水槽试验条件下，$\frac{h'_2}{h_2}$ 最小不会超过 0.96，但也不会大于 1.34。

异重流以与水槽中轴线夹角 150°扩展角进入扩宽段在缩窄段的出口及扩宽段下游附近，出现局部扩宽所引起的水跃现象。而且幅度随宽度扩宽的程度加深而加大，引起的水跃影响的范围也越远。这在水力学相关文献中(徐正凡，1986；余常照，1999；侯素珍等，2002)均有涉及。

值得一提的是，在缩窄段靠近出口的下游部分，异重流曲线出现壅水曲线，厚度增加。主要因为在扩宽断面上也发生了类似于缩窄断面上的剧烈掺混后向上游反射的现象。发生反射后，异重流厚度增加，浑水厚度增加。更有意思的是，下游并没有任何阻碍物，剧烈掺混的浑水向上游运动而非下游，类似于下游存在不可逾越的障碍。见 2.5 节的图 2-2-14。在 A、B、C 三种河宽变化情况的试验组次中，均发生了相同的现象。这种现象证明了清水对浑水的阻碍作用非常明显。扩宽前、后异重流厚度的变化水力特性计算见表 2-3-1。

图 2-3-6(b)为局部扩宽前、后水槽试验结果的 $\frac{h'_2}{h_2}\sim\frac{B'_2}{B_2}$ 关系变化图。从图中可以看出，$\frac{h'_2}{h_2}$ 随 $\frac{B'_2}{B_2}$ 成负相关关系变化，$\frac{h'_2}{h_2}$ 随 $\frac{B'_2}{B_2}$ 的增大而减小。由于该段为局部扩宽段，永远存在 $B'_2 \geqslant B_2$ 的关系，也即 $\frac{B'_2}{B_2}$ 总不小于 1，则 $\frac{h'_2}{h_2}$ 总小于 1，当宽度扩宽后，异重流的厚度减

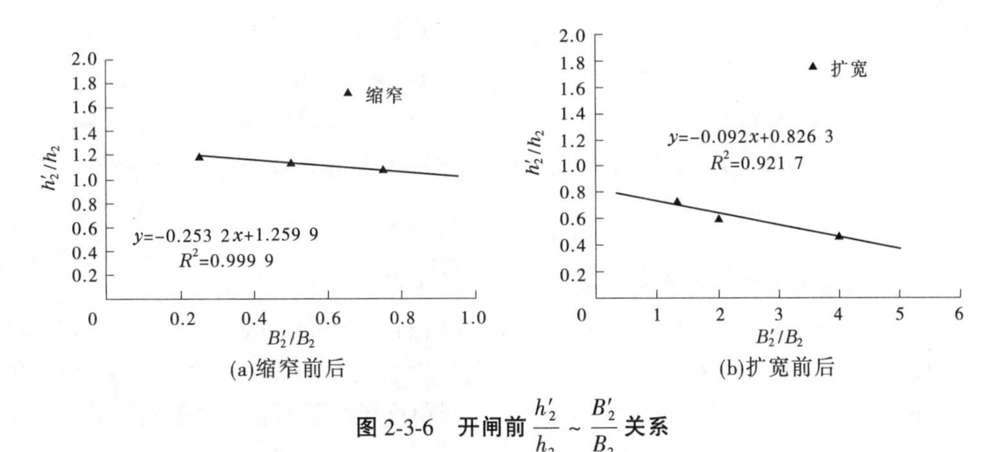

图 2-3-6　开闸前 $\frac{h'_2}{h_2}\sim\frac{B'_2}{B_2}$ 关系

少,减少的程度主要随水槽扩宽程度对浑水向上游反射情况和水槽本身尺度,以及边界条件、进口含沙量等因素的变化而变化。在本水槽试验条件下,$\frac{h'_2}{h_2}$最大不会超过 0.83。

由于本次水槽试验局部缩窄装置安装靠近水槽进口(缩窄处距进口约 10 m),受进口条件影响的制约,缩窄段上游在受到反射后迅速掺混,清、浑水水位差减小,对 3—3 断面试验结果造成了有限的影响。但对于整个试验来说,这个误差可以接受的。

在异重流水跃下游的顺直段,异重流运行稳定,清、浑水交界面较为明显,维持明显分层流动直至运行到尾门闸前。

3.2.1.2　**闸孔开启后**

异重流头部通过缩窄段,即将到达尾门闸孔,在它到达闸门前提前开启,泄流流量大于进口流量,保证将所来的异重流全部排出,以抑制其对上游的反射,难免将部分清水泄出,再加上提前开启的预泄部分清水,导致清水体积减小,闸前水深下降,从图 2-3-7 可以看出。另外,还可以观察到,下游清水水深减小的速度大于上游,再加上局部缩窄段的拦截作用,更加加剧了上、下游清水水面差,抑制了异重流引起的纵向环流中清水的上行。

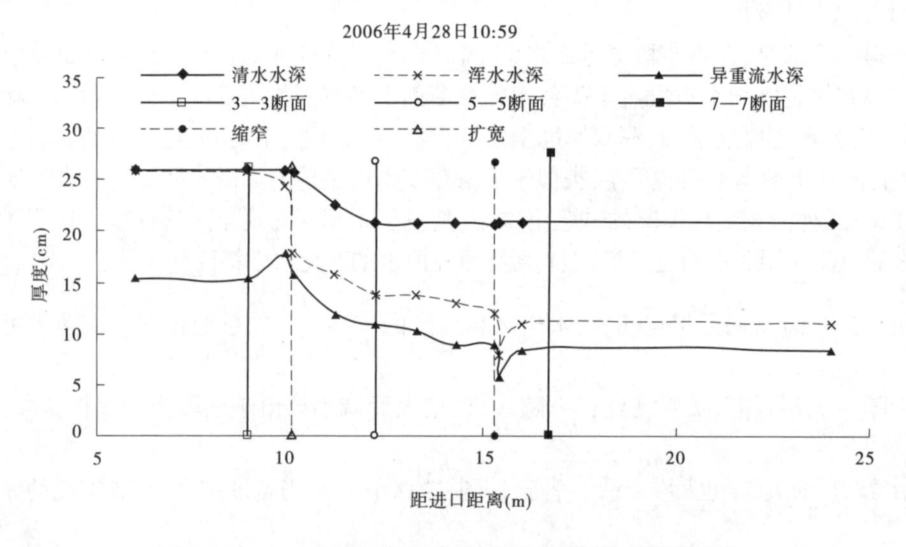

图 2-3-7　C-1 组次开闸后清、浑水及异重流水深沿程变化

闸孔开启后,缩窄后下游狭窄段内,水面波动减弱,趋于基本稳定状态。缩窄段上游浑水由于缩窄槽宽的阻流作用,再加上进口的掺混作用,浑水层很快到达清水水面,异重流厚度也较开闸前小幅上升,下游缩窄段内清、浑水厚度和异重流厚度呈现下降的趋势,各流层水面线为降水曲线,窄段内为异重流加速流。开闸后异重流水力特性计算见表 2-3-2。

1. 进口含沙量对异重流厚度的影响

图 2-3-8 为开闸后 3—3 断面、5—5 断面、7—7 断面异重流水深随进口含沙量变化图。从图中可以看出,含沙量对缩窄段上游的厚度影响较大,对缩窄段内厚度影响次之,对扩宽段下游的影响最小。不同试验组次的宽度变化对厚度影响基本相同。对上游厚度的影响的因素中,进口距离较近占有一定的比例。

表 2-3-2　开闸后水槽异重流水力特性计算

河段变化（扩展角150°）	$\frac{B'_2}{B_2}$	Fr_2	Fr	$\frac{h'_2}{h_2}$	$\frac{S'_2}{S_2}$	$\frac{v'_2}{v_2}$	$\frac{Fr'_2}{Fr_2}$	Re_2	Re'_2	$\frac{Re'_2}{Re_2}$
缩窄	0.25	0.30	0.63	0.99	0.85	3.44	2.37	4 529.51	5 890.17	1.39
	0.50	0.30	0.69	0.78	0.82	2.11	2.40	3 456.50	4 411.41	1.31
	0.75	0.39	0.65	0.89	1.02	1.44	1.68	4 092.77	4 790.46	1.16
扩宽	1.33	0.63	0.67	0.96	0.72	0.72	1.05	5 890.17	2 129.60	0.36
	2.00	0.69	0.71	0.97	0.86	0.86	1.04	4 411.41	2 678.83	0.61
	4.00	0.65	0.55	0.96	0.92	0.92	0.86	4 790.46	3 015.37	0.65

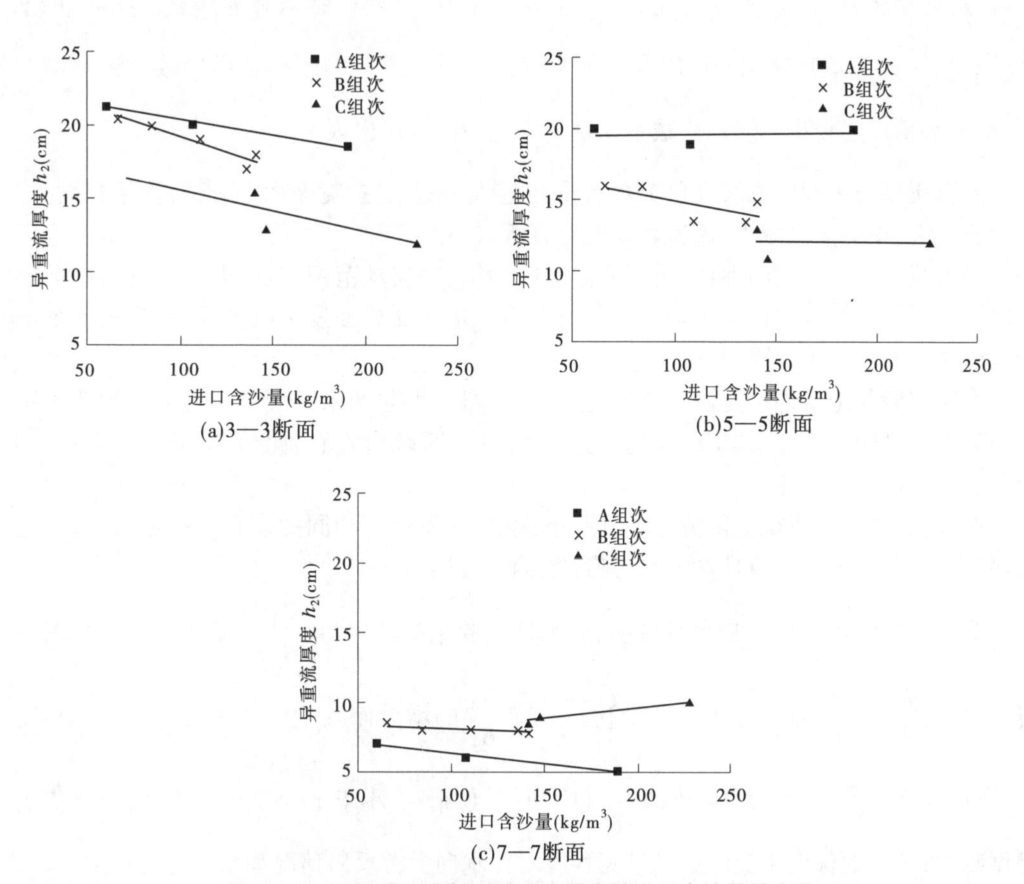

图 2-3-8　开闸后不同断面异重流厚度随进口含沙量的变化

从图 2-3-8 中还可以看出，在缩窄前后，相同的断面，异重流厚度随含沙量的增大而减小，随下游河槽缩窄的宽度减小而增加。但在扩宽断面，异重流厚度不随含沙量的增大而变化，随下游河槽缩窄的宽度减小而减小。

2. 异重流厚度的变化

在相同的进口含沙量条件下,3—3 断面异重流厚度因宽度变化产生的变幅较大,最大 18. 5 cm,最小 12. 5 cm,差值达到 6 cm。虽然绝对值不大,但在 24 cm 的清水条件下出现了 6 cm 的变化值,差值占全部水深的 25%,也是比较可观的。5—5 断面的异重流厚度因宽度变化产生的变幅次之,最大差值为 3 cm,占全部水深的 12. 5%。7—7 断面的异重流厚度因宽度变化产生的变幅最小,最大差值为 2. 5 cm,占全部水深的 10. 5%。在存在河宽变化的区域,含沙量变化对异重流厚度的影响小于宽度变化对异重流厚度的影响。

图 2-3-9(a)为闸孔开启后局部缩窄前、后水槽试验结果的 $\frac{h'_2}{h_2} \sim \frac{B'_2}{B_2}$ 关系变化图。从图中可以看出,$\frac{h'_2}{h_2}$ 随 $\frac{B'_2}{B_2}$ 成负相关关系变化,$\frac{h'_2}{h_2}$ 随 $\frac{B'_2}{B_2}$ 的增大而减小。由于该段为局部缩窄段,永远存在 $B'_2 < B_2$ 的关系,也即 $\frac{B'_2}{B_2}$ 总小于 1,则 $\frac{h'_2}{h_2}$ 小于 1,在本水槽试验条件下,不大于 0. 98。产生这种情况的原因在于缩窄段进口对异重流的阻碍作用导致上游厚度增大,由于水槽尺度较小,导致 $\frac{h'_2}{h_2}$ 减小。这与原型情况有所出入。

异重流以与水槽中轴线夹角 150°扩展角进入扩宽段,扩宽断面上、下游流量相同,过流面积增大,单宽流量减小,流速和厚度均有所减小。

异重流运动至扩宽断面后,由于断面宽度增加,使流动范围扩展,但在扩宽断面前形成降水曲线,清、浑水水位同时降低。又由于清浑水在交界面发生剧烈掺混,浑水水位下降幅度小于清水水位下降幅度。

在缩窄段的出口即扩宽段下游附近,局部扩宽所引起的水跃现象一直持续到清水水面消失。而且同一宽度,其幅度变化不大,引起的水跃影响的范围也基本固定。见 3. 2. 3 节的图 2-3-15。

在 A、B、C 三种河宽变化情况的试验组次中,均发生了相同的现象。扩宽前、后异重流厚度的变化计算平均值计算的水力特性结果见表 2-3-2。

图 2-3-9(b)为开闸后局部扩宽前、后水槽试验结果的 $\frac{h'_2}{h_2} \sim \frac{B'_2}{B_2}$ 关系变化图。从图中可以看出,$\frac{h'_2}{h_2}$ 随 $\frac{B'_2}{B_2}$ 成负相关关系变化,$\frac{h'_2}{h_2}$ 随 $\frac{B'_2}{B_2}$ 的增大而减小。由于该段为局部扩宽段,永远存在 $B'_2 \geqslant B_2$ 的关系,也即 $\frac{B'_2}{B_2}$ 总不小于 1,则 $\frac{h'_2}{h_2}$ 小于 1,当宽度扩宽后,异重流的厚度减少,减少的程度主要随水槽扩宽程度对浑水向上游反射情况和水槽本身尺度,以及边界条件、进口含沙量等因素的变化而变化。在本水槽试验条件下,$\frac{h'_2}{h_2}$ 不会大于 0. 77。

开闸后异重流厚度均比开闸前有所升高。较大的进口含沙量对异重流厚度具有稳定作用。宽度越缩窄,缩窄断面上、下游厚度越大。扩宽的越宽,下游厚度越小。在存在河宽变化的区域,进口含沙量变化对异重流厚度的影响小于宽度变化对异重流厚度的影响。

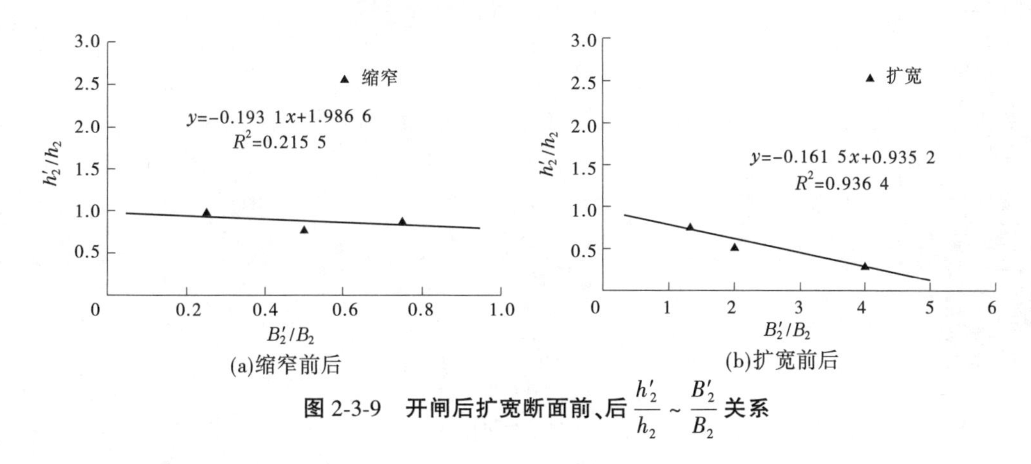

图 2-3-9　开闸后扩宽断面前、后 $\frac{h'_2}{h_2} \sim \frac{B'_2}{B_2}$ 关系

3.2.2　异重流含沙量

含沙量用来描述水流输运泥沙的能力，是水流泥沙运动过程中变化最为复杂的评价因子。在较短的距离里，含沙量的调整是有限的。下面对缩窄段对含沙量的影响做一初步分析。含沙量的大小是影响异重流分层运动的重要因素，从清水表面到水底层，共有三层流体运动，表层为清水，底层为异重流层，在异重流层为清浑水掺浑层。

3.2.2.1　闸孔开启前

1. 进口含沙量对异重流含沙量的影响

异重流沿程含沙量受进口含沙量的变化影响。图 2-3-10 为开闸前 3—3 断面、5—5 断面、7—7 断面异重流含沙量随进口含沙量的变化图。从图 2-3-10 中可以看出，相同的进口含沙量条件下，宽度缩窄变化越小，异重流含沙量越大。在相同的断面，宽度变化相同时，含沙量变化情况和一般情况相同，即进口含沙量与断面含沙量成正相关正向变化。缩窄比越小，进口含沙量对异重流的含沙量影响就越大。这与实际也是相符的。

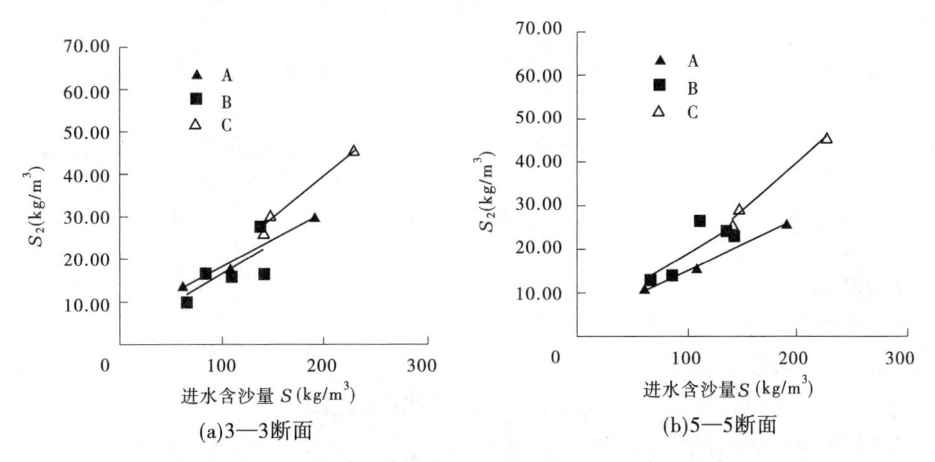

图 2-3-10　开闸前三个断面异重流厚度随进口含沙量变化

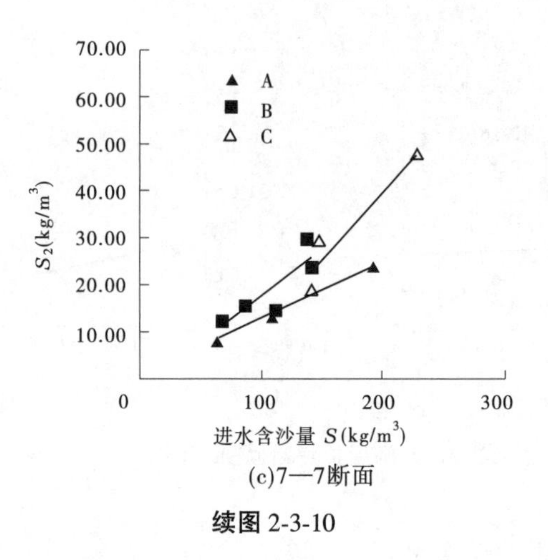

(c)7—7断面

续图 2-3-10

2. 异重流含沙量的变化

图 2-3-11(a)为闸孔开启前局部缩窄前、后水槽试验结果的 $\frac{S_2'}{S_2} \sim \frac{B_2'}{B_2}$ 关系变化图。从图中可以看出，$\frac{S_2'}{S_2}$ 随 $\frac{B_2'}{B_2}$ 成正相关变化，$\frac{S_2'}{S_2}$ 随 $\frac{B_2'}{B_2}$ 的增大而增大。由于该段为局部缩窄段，永远存在 $B_2' < B_2$ 的关系，也即 $\frac{B_2'}{B_2}$ 总小于 1，则 $\frac{S_2'}{S_2}$ 也小于 1，当宽度缩窄后，异重流的 $\frac{S_2'}{S_2}$ 减小，主要随水槽缩窄程度对清浑水掺混、边界条件、进口含沙量等因素的变化而变化。

图 2-3-11(b)为闸孔开启前局部扩宽前、后水槽试验结果的 $\frac{S_2'}{S_2} \sim \frac{B_2'}{B_2}$ 关系变化图。从图中可以看出，$\frac{S_2'}{S_2}$ 随 $\frac{B_2'}{B_2}$ 成负相关关系变化，$\frac{S_2'}{S_2}$ 随 $\frac{B_2'}{B_2}$ 的增大而减小。由于该段为局部扩宽段，永远存在 $B_2' > B_2$ 的关系，也即 $\frac{B_2'}{B_2}$ 总大于 1，$\frac{S_2'}{S_2}$ 总小于 1，当宽度扩宽后，异重流的 $\frac{S_2'}{S_2}$ 减小，减小的程度主要随槽缩窄程度受清浑水掺混和水槽本身尺度的影响，以及边界条件、进口含沙量等因素的变化而变化。在本水槽试验条件下，$\frac{S_2'}{S_2}$ 不会大于 1。

3.2.2.2　闸孔开启后

1. 进口含沙量对异重流含沙量的影响

异重流沿程含沙量受进口含沙量的变化影响较大。图 2-3-12 为开闸后 3—3 断面、5—5 断面、7—7 断面异重流含沙量随进口含沙量的变化图。从图中可以看出，相同的进口含沙量条件和在相同的断面，宽度变化相同时，含沙量变化情况和开启闸孔前情况相同。但含沙量值均比开闸前有所上升。

2. 异重流含沙量的变化

图 2-3-13(a)为闸门开启后局部缩窄前、后水槽试验结果的 $\frac{S_2'}{S_2} \sim \frac{B_2'}{B_2}$ 关系变化图。从

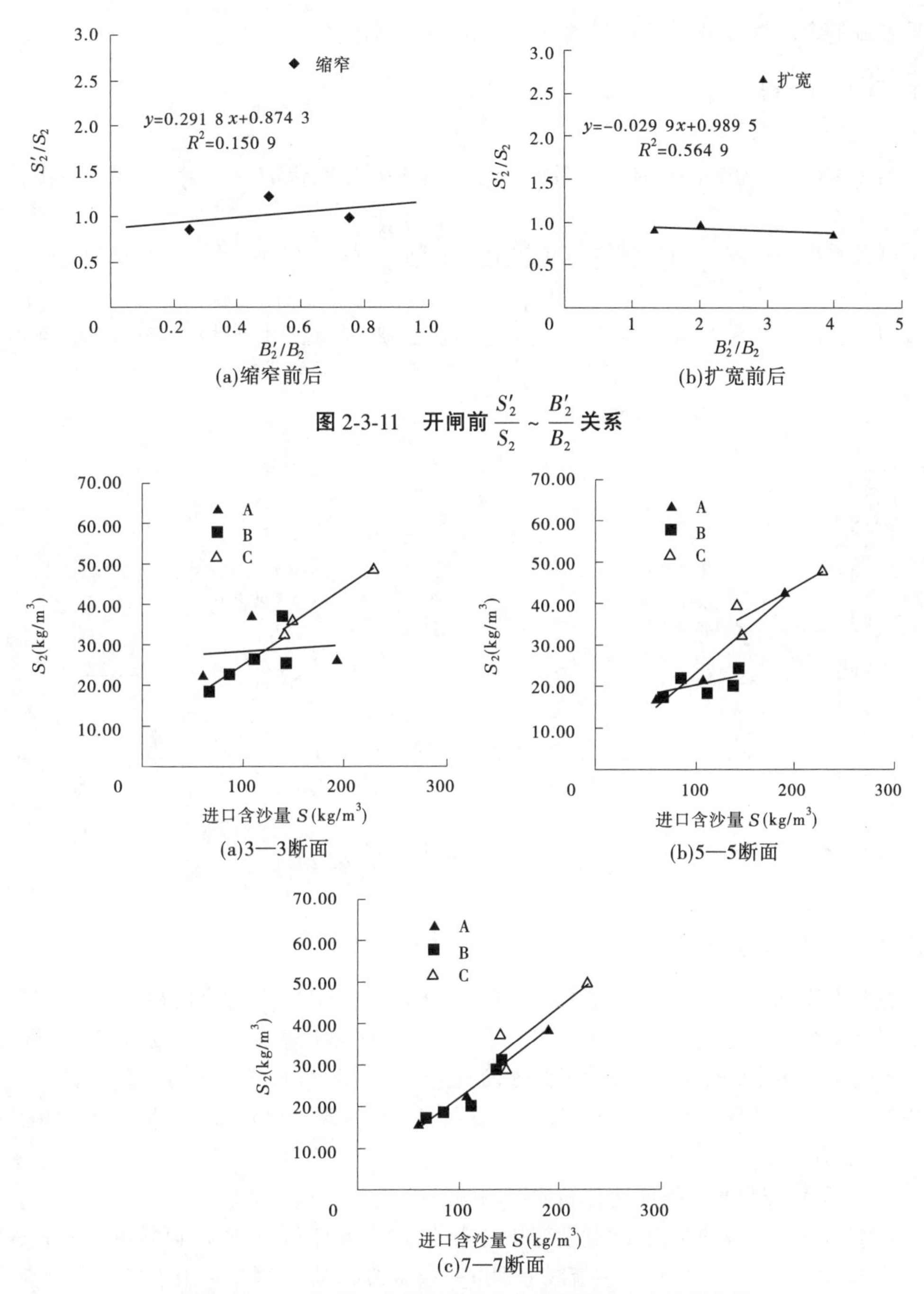

图 2-3-11　开闸前 $\frac{S_2'}{S_2} \sim \frac{B_2'}{B_2}$ 关系

图 2-3-12　开闸前三个断面异重流含沙量随进口含沙量变化

图中可以看出，$\frac{S_2'}{S_2}$ 随 $\frac{B_2'}{B_2}$ 成正相关变化，$\frac{S_2'}{S_2}$ 随 $\frac{B_2'}{B_2}$ 的增大而增大。由于该段为局部缩窄段，永远存在 $B_2' < B_2$ 的关系，也即 $\frac{B_2'}{B_2}$ 总小于1，则 $\frac{S_2'}{S_2}$ 小于1。闸门开启后，宽度缩窄上下

游异重流的含沙量减少,主要随水槽缩窄程度对清浑水掺混情况变化。在本水槽试验条件下,$\frac{S'_2}{S_2}$ 也不会大于 1.0。

图 2-3-13(b)为闸孔开启后局部扩宽前、后水槽试验结果的 $\frac{S'_2}{S_2} \sim \frac{B'_2}{B_2}$ 关系变化图。从图中可以看出,$\frac{S'_2}{S_2}$ 随 $\frac{B'_2}{B_2}$ 成负相关关系变化,$\frac{S'_2}{S_2}$ 随 $\frac{B'_2}{B_2}$ 的增大而减小。由于该段为局部扩宽段,永远存在 $B'_2 > B_2$ 的关系,也即 $\frac{B'_2}{B_2}$ 总大于 1,则 $\frac{S'_2}{S_2}$ 大于 1,当异重流稳定后,宽度扩宽段异重流的 $\frac{S'_2}{S_2}$ 增大幅度稍增。

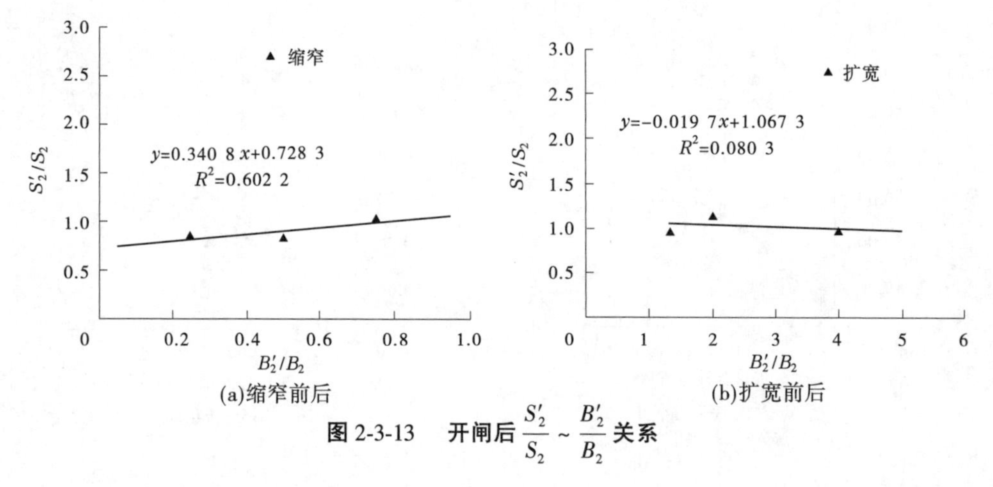

图 2-3-13　开闸后 $\frac{S'_2}{S_2} \sim \frac{B'_2}{B_2}$ 关系

3.2.3　异重流流速及流态

在明渠流动中,水流流经局部缩窄段后,由于过水宽度变窄,过水面积减小,为了保持湿周尽量不变,水流流速和水力半径将会增大,流速增大相对水力半径较为容易。同样,异重流也是一种水流流动,只是挟带泥沙而且边界条件比较特殊而已,所以,在许多文献中也涉及自然界中异重流通过局部地形变化段发生流速增大的现象(侯素珍 等,2002;张俊华 等,2003)。

3.2.3.1　河宽变化对垂线流速分布的影响研究

水槽为顺直的玻璃水槽,除宽度变化位置外,槽内无任何障碍,假设异重流横向分布较为均匀。测量时在每个断面主流线分别取一条垂线,5 点法测量。由于局部宽度变化,缩窄断面上游流速垂线分布较为均匀,顺直缩窄段内断面最大流速点靠近异重流中层,大约在槽底向上 4 cm 处,扩宽断面下游最大流速点靠近槽底。这也与实际情况相符合。闸孔开启前缩窄段上、下游垂线流速分布见图 2-3-14。闸孔开启后缩窄段上、下游垂线流速分布见图 2-3-15。

闸孔开启前,由于水槽比降比较大,异重流在水槽中的流动为非均匀流动,沿程流速增加。在经过缩窄段后,异重流下游流速没有比上游进口处流速减少,在最大流速点流速值反而有所增加。

从图 2-3-14 中可以看出,各断面流速最大点出现在垂线的上部,证明闸孔开启前槽底阻力相对较大,清水的阻碍作用较小。3—3 断面单宽流量最小,5—5 断面单宽流量最大,7—7 断面单宽流量介于两者之间。

在 3—3 断面,各组次垂线流速分布形式变化不大。垂线流速分布均匀,略呈上大下小的流速分布形式。含沙量较低时,流动速度较大,垂线流速分布略呈上小下大的流速分布形式。在 5—5 断面,由于边界的缩窄作用,垂线流速分布与 3—3 断面不同,含沙量大小对其垂线分布影响不大,均为下大上小型。缩窄的宽度越窄,垂线流速分布变化越明显。这类似于相同的水量改变值,小体积库容的水库水位变化要比大体积库容的水库水位变化明显。在 7—7 断面,流速分布型式和 3—3 断面类似。开闸前,宽度变化改变垂线流速分布形式。

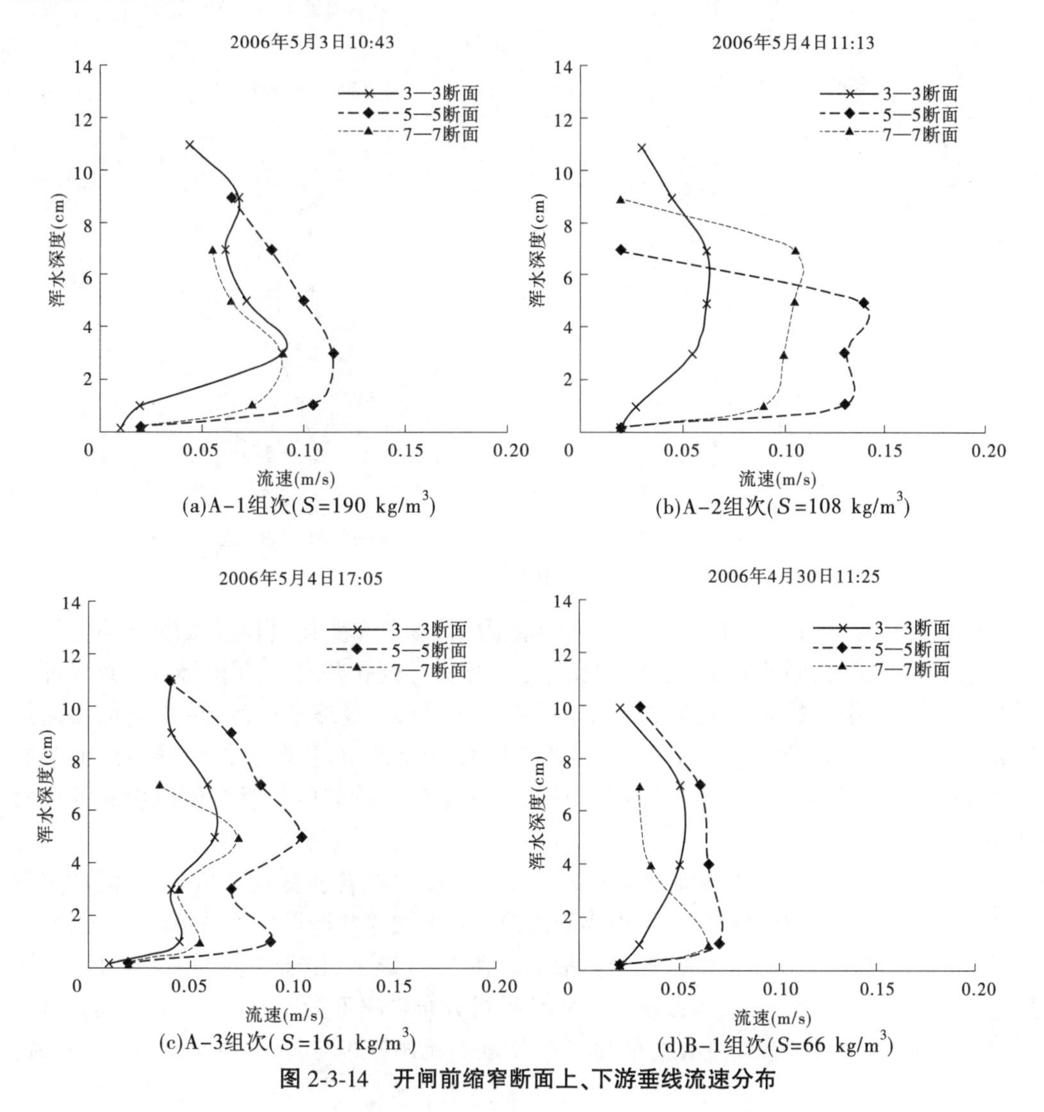

图 2-3-14　开闸前缩窄断面上、下游垂线流速分布

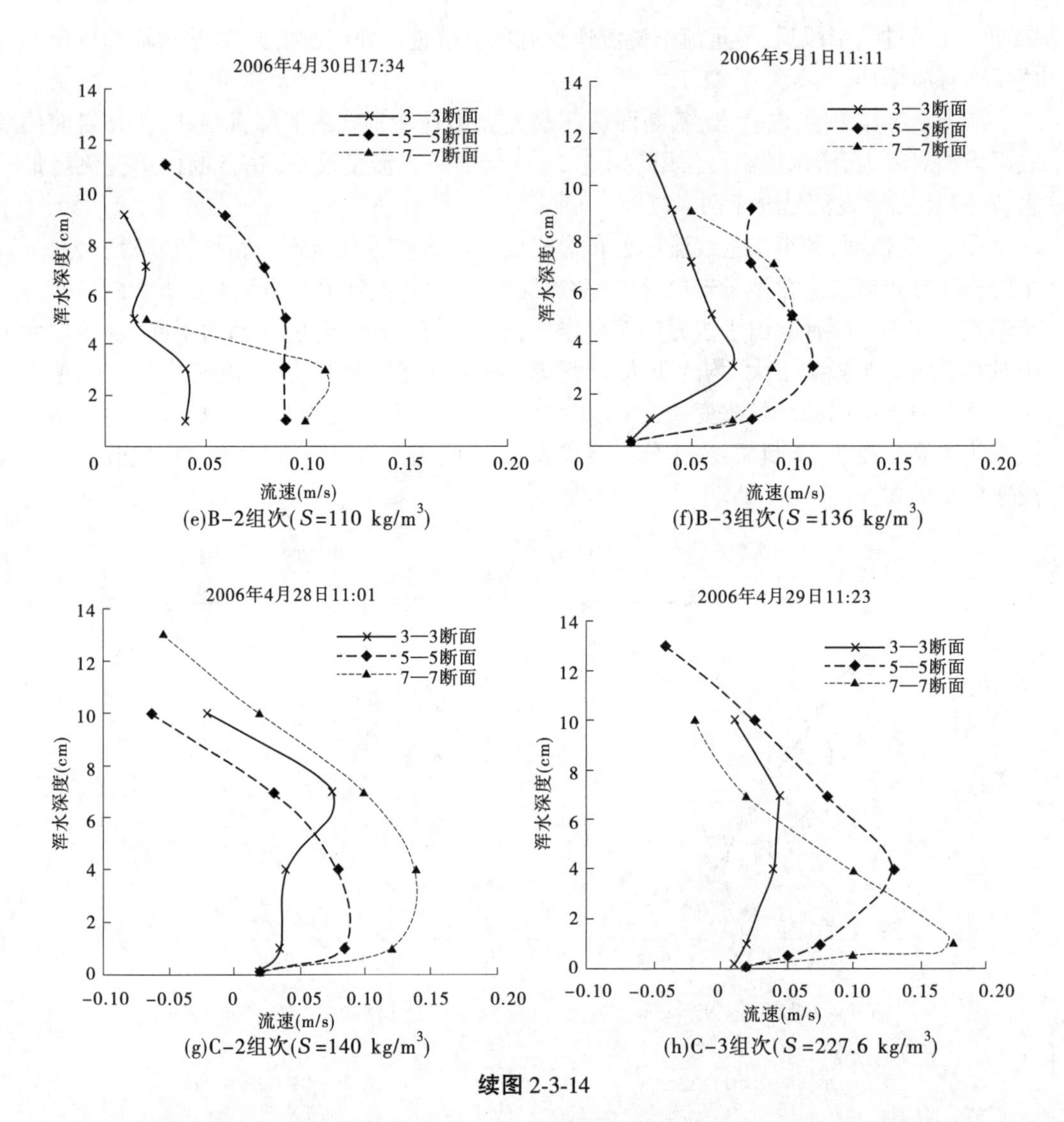

(e)B-2组次(S=110 kg/m^3)　　(f)B-3组次(S=136 kg/m^3)

(g)C-2组次(S=140 kg/m^3)　　(h)C-3组次(S=227.6 kg/m^3)

续图 2-3-14

闸孔开启后,下部闸孔泄流产生的水槽内流场分布变化,引起各断面异重流最大流速点下移至槽底,同断面流速值较闸孔开启前增大。闸孔开启后,虽然清浑水纵向环流被抑制,但泄流引起的异重流流速增加占了主导作用。流经缩窄段后,7—7 断面流速最大值大于 3—3 断面最大值。从图 2-3-15 中各图可以看出,由于测流中,一条垂线的测量需要 1~2 min。而异重流的水槽中的流动又是非恒定非均匀的。垂线值出现波动在所难免。

在 3-3 断面,各组次垂线流速分布型式基本不变。在含沙量较大情况下,流动速度较小,垂线流速分布均匀,略呈上大下小的流速分布形式。含沙量较低时,流动速度较大,垂线流速分布略呈上小下大的流速分布形式。在 5—5 断面,由于边界的缩窄作用,垂线流速分布与 3—3 断面不同,含沙量大小对其垂线分布影响不大,均为下大上小型。缩窄的宽度越窄,垂线流速分布变化越明显。7—7 断面流速分布与 3—3 断面相同。开闸后,宽度变化同样改变垂线流速分布形式。

3.2.3.2　进口含沙量对各断面流速的影响

在相同比降下,同一断面异重流流速随含沙量的增大而减小。这是由于含沙量大小影响浑水流动中的阻力特性。含沙量越大,一方面受到缩窄段的阻碍作用就越大;另一方面,由于试验沙样为原型沙中颗粒级配较细的泥沙,形成的浑水的流变特性也可能对异重流的流速产生影响,这里不多叙述。

异重流流速随含沙量变化见图 2-3-16。由图中可以看出,A、B、C 三个组次中,三个断面流速均随进口含沙量的增大而减小。在含沙量相同时,不同组次中流速随宽度缩窄的减小而减小。3—3 断面与 7—7 断面流速变化值受含沙量的影响的变幅大于 5—5 断面的流速变化值受含沙量的影响的变幅。

开闸后情况与开闸前相同,这里不再叙述了。

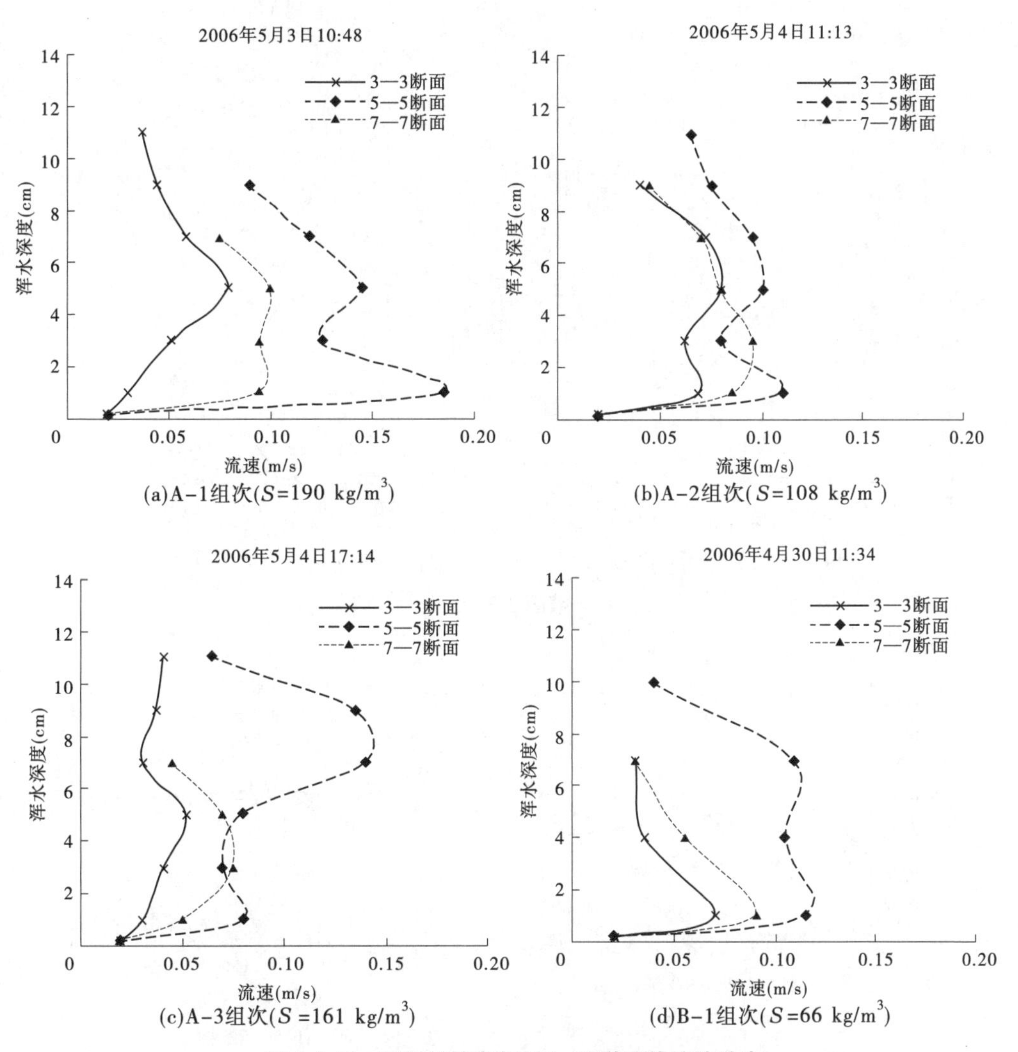

图 2-3-15　开闸后缩窄断面上、下游垂线流速分布

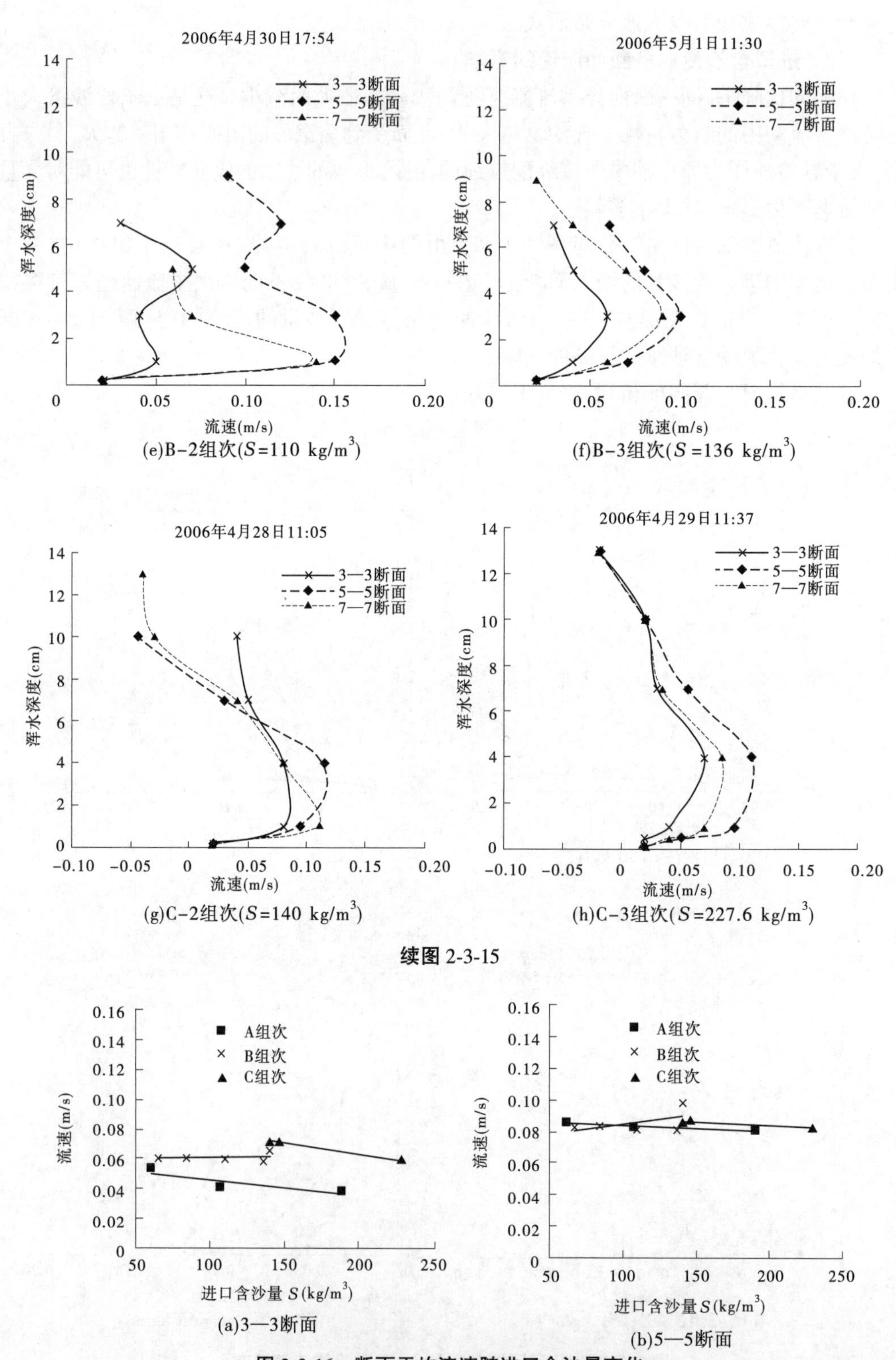

(e)B-2组次(S=110 kg/m^3)

(f)B-3组次(S=136 kg/m^3)

(g)C-2组次(S=140 kg/m^3)

(h)C-3组次(S=227.6 kg/m^3)

续图 2-3-15

(a)3—3断面

(b)5—5断面

图 2-3-16　断面平均流速随进口含沙量变化

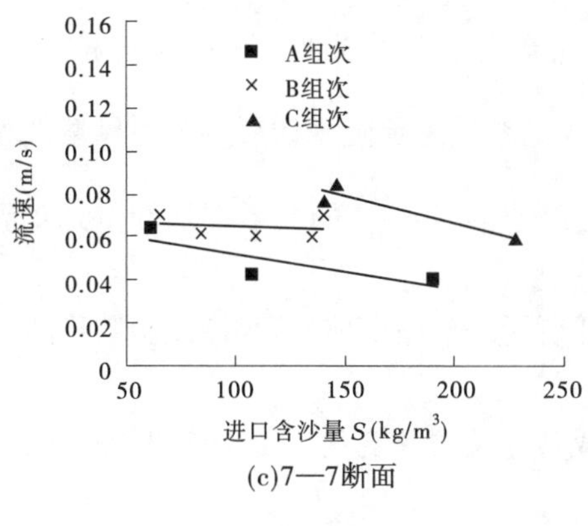

(c)7—7断面

续图 2-3-16

3.2.3.3　河宽变化对流速的影响研究

开闸前河宽变化段对流速变化的影响的泄流条件与开闸后不同,引起两者的变化分别在下面进行讨论。

图 2-3-17(a)为闸孔开启前局部缩窄前、后水槽试验结果的 $\frac{v'_2}{v_2} \sim \frac{B'_2}{B_2}$ 关系变化图。从图中可以看出, $\frac{v'_2}{v_2}$ 随 $\frac{B'_2}{B_2}$ 成负相关关系变化。当 $\frac{B'_2}{B_2}$ 增大时, $\frac{v'_2}{v_2}$ 随 $\frac{B'_2}{B_2}$ 的增大而减小。由于该段为局部缩窄段,永远存在 $B'_2 < B_2$ 的关系,也即 $\frac{B'_2}{B_2}$ 总小于 1,在本试验条件下, $\frac{v'_2}{v_2}$ 最大不大于 3.45。当宽度缩窄后,异重流的流速类似于明渠情况,流速增加,增加的幅度主要随水槽尺度和边界条件等因素的变化而变化。

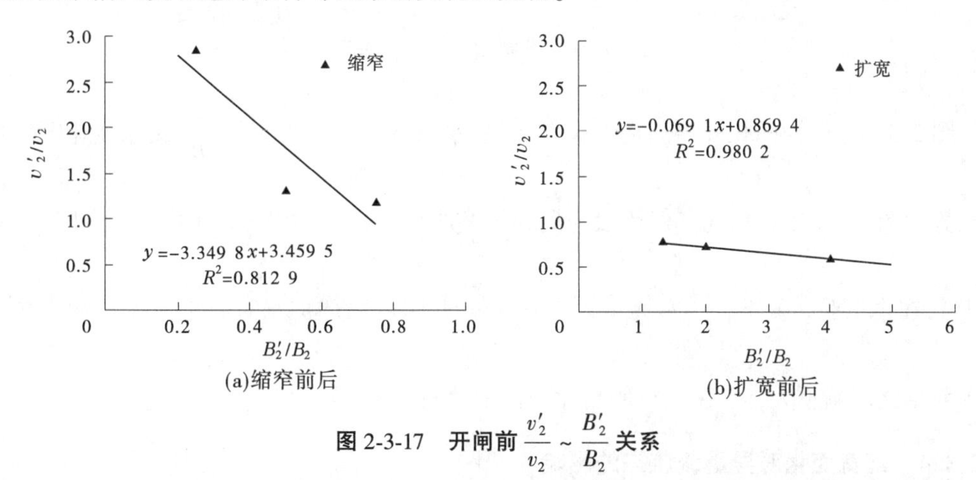

(a)缩窄前后　　(b)扩宽前后

图 2-3-17　开闸前 $\frac{v'_2}{v_2} \sim \frac{B'_2}{B_2}$ 关系

图 2-3-17(b)为闸孔开启前局部扩宽前、后水槽试验结果的 $\frac{v'_2}{v_2} \sim \frac{B'_2}{B_2}$ 关系变化图。变化趋势和图 2-3-16(a)相同。但该段为局部扩宽段,永远存在 $B'_2 \geqslant B_2$ 的关系,也即 $\frac{B'_2}{B_2}$ 总

大于 1,在本试验条件下,$\frac{v'_2}{v_2}$ 最大不大于 0.87。开闸前当宽度扩宽后,异重流的流速类似于明渠情况,流速减少,减少的幅度主要随水槽尺度和边界条件等因素的变化而变化。

开闸后,无论扩宽还是缩窄,$\frac{v'_2}{v_2} \sim \frac{B'_2}{B_2}$ 的关系都是负相关关系变化的。

图 2-3-18(a)为闸孔开启后局部缩窄前、后水槽试验结果的 $\frac{v'_2}{v_2} \sim \frac{B'_2}{B_2}$ 关系变化图。从图中可以看出,$\frac{v'_2}{v_2}$ 随 $\frac{B'_2}{B_2}$ 成负相关关系变化。由于该段为局部缩窄段,永远存在 $B'_2 < B_2$ 的关系,也即 $\frac{B'_2}{B_2}$ 总小于 1,在本试验条件下,$\frac{v'_2}{v_2}$ 最大不大于 4.32,$\frac{v'_2}{v_2}$ 最小不小于 0.34。闸孔开启后局部缩窄对异重流的流速影响比闸孔开启前增大。

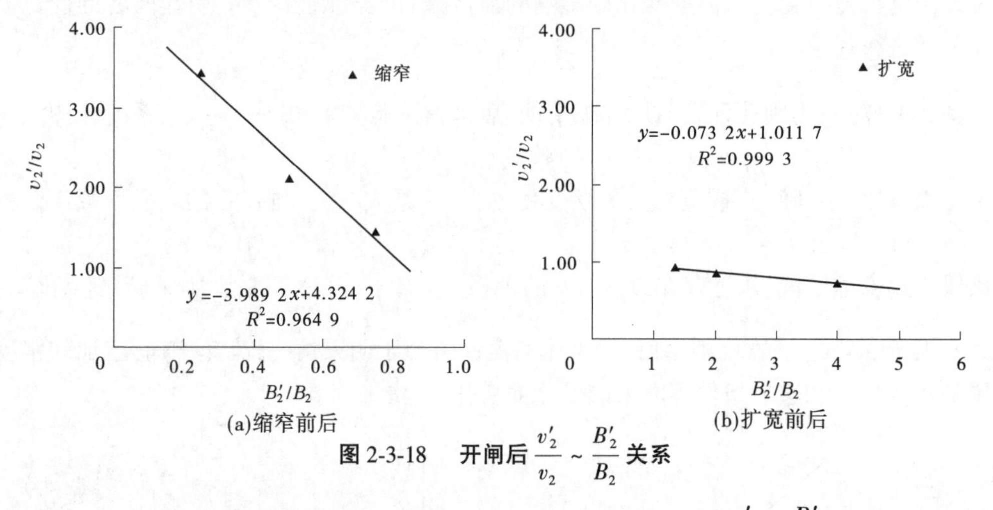

图 2-3-18 开闸后 $\frac{v'_2}{v_2} \sim \frac{B'_2}{B_2}$ 关系

图 2-3-18(b)为闸孔开启后局部扩宽前、后水槽试验结果的 $\frac{v'_2}{v_2} \sim \frac{B'_2}{B_2}$ 关系变化图。变化趋势和图 2-3-17(a)相同。但该段为局部扩宽段,永远存在 $B'_2 \geq B_2$ 的关系,也即 $\frac{B'_2}{B_2}$ 总大于 1,在本试验条件下,$\frac{v'_2}{v_2}$ 最大不大于 0.94。开闸后局部扩宽对异重流流速的影响和开闸前相比影响不大,但 $\frac{v'_2}{v_2}$ 在开闸后比开闸前略有增大。

3.2.3.4 河宽变化对异重流流态的影响

(1)闸孔开启前河宽变化前、后 $\frac{Re'_2}{Re_2} \sim \frac{B'_2}{B_2}$ 关系与 $\frac{Fr'_2}{Fr_2} \sim \frac{B'_2}{B_2}$ 关系。

由表 2-3-1 中的 Re_2、Re'_2 计算数值知道,水槽异重流雷诺数数量级为 10^3 左右,属于紊流阻力平方区。潜流在局部缩窄前、后均为紊流型态。根据表 2-3-1 中的弗劳德数

Fr_2、Fr'_2 可知，Fr_2、Fr'_2 均小于 1，潜流在缩窄断面前为缓流流态，在缩窄断面后仍为缓流流态，缩窄断面上不出现临界流态，最小水深大于临界水深，流态经过缩窄断面后未发生变化。根据弗劳德数的物理意义，异重流在流动过程中以重力为主，惯性力在流动中起辅助作用。异重流的流速小于运动中干扰波的相对波速，下游的干扰不影响上游。

在局部缩窄段内，水流流速增大，弗劳德数增加，雷诺数增加。图 2-3-19(a)为局部缩窄前、后水槽试验结果的 $\frac{Re'_2}{Re_2} \sim \frac{B'_2}{B_2}$ 关系变化图。从图中可以看出，$\frac{Re'_2}{Re_2}$ 随 $\frac{B'_2}{B_2}$ 成负相关关系变化。当 $\frac{B'_2}{B_2}$ 增大时，$\frac{Re'_2}{Re_2}$ 随 $\frac{B'_2}{B_2}$ 的增大而减小。由于该段为局部缩窄段，永远存在 $B'_2 < B_2$ 的关系，也即 $\frac{B'_2}{B_2}$ 总小于 1，则在本试验条件下，$\frac{Re'_2}{Re_2}$ 最大不大于 1.97。当宽度缩窄后，异重流的雷诺数主要随水槽尺度和边界条件等因素的变化而变化。

图 2-3-19(b)局部缩窄前、后水槽试验结果的 $\frac{Fr'_2}{Fr_2} \sim \frac{B'_2}{B_2}$ 关系变化图。从图中可以看出，$\frac{Fr'_2}{Fr_2}$ 随 $\frac{B'_2}{B_2}$ 成负相关关系变化。当 $\frac{B'_2}{B_2}$ 增大时，$\frac{Fr'_2}{Fr_2}$ 随 $\frac{B'_2}{B_2}$ 的增大而减小。由于该段为局部缩窄段，永远存在 $B'_2 < B_2$ 的关系，也即 $\frac{B'_2}{B_2}$ 总小于 1，则 $\frac{Fr'_2}{Fr_2}$ 最大不大于 2.92。当宽度缩窄后，异重流的弗劳德数增加，但都还是缓流流态。在相同条件下，异重流弗劳德数随宽度的减小而有增大的趋势，也即当水槽变窄时，在缩窄段内异重流流态有趋向急流流态的趋势转化。

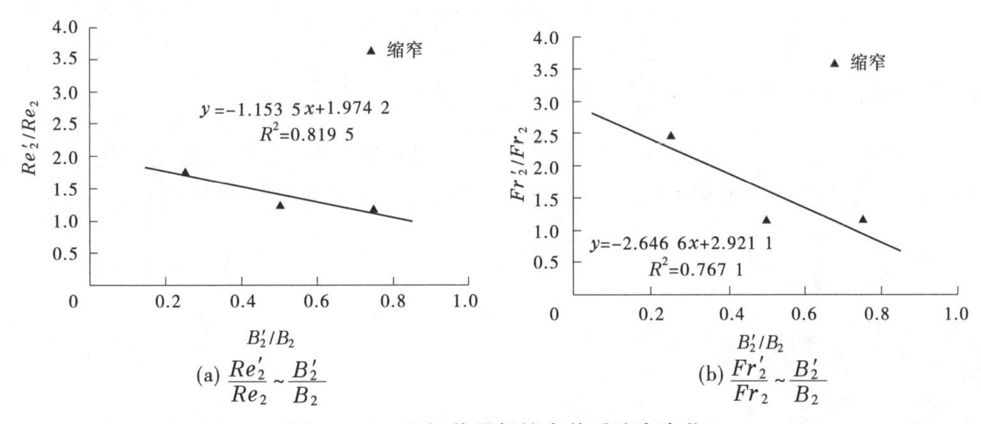

图 2-3-19　开闸前局部缩窄前后流态变化

在局部扩宽段内，水流流速减小，弗劳德数减少，雷诺数减少。图 2-3-20(a)为局部扩宽前、后水槽试验结果的 $\frac{Re'_2}{Re_2} \sim \frac{B'_2}{B_2}$ 关系变化图。从图中可以看出，$\frac{Re'_2}{Re_2}$ 随 $\frac{B'_2}{B_2}$ 成负相关关系变化。当 $\frac{B'_2}{B_2}$ 增大时，$\frac{Re'_2}{Re_2}$ 随 $\frac{B'_2}{B_2}$ 的增大而减小。由于该段为局部扩宽段，永远存在

$B'_2 > B_2$ 的关系,也即 $\frac{B'_2}{B_2}$ 总大于1,则在本试验条件下,$\frac{Re'_2}{Re_2}$ 最大不大于0.64。当宽度扩宽后,异重流的雷诺数主要随水槽尺度和边界条件等因素的变化而变化。

图2-3-20(b)为局部扩宽前、后水槽试验结果的 $\frac{Fr'_2}{Fr_2} \sim \frac{B'_2}{B_2}$ 关系变化图。从图中可以看出,$\frac{Fr'_2}{Fr_2}$ 随 $\frac{B'_2}{B_2}$ 变化不大,成负相关关系。当 $\frac{B'_2}{B_2}$ 增大时,$\frac{Fr'_2}{Fr_2}$ 随 $\frac{B'_2}{B_2}$ 的增大而减小。由于该段为局部扩宽段,永远存在 $B'_2 > B_2$ 的关系,也即 $\frac{B'_2}{B_2}$ 总大于1,则 $\frac{Fr'_2}{Fr_2}$ 最大不大于0.99。当宽度扩宽后,异重流的弗劳德数减少,还是缓流流态。在相同条件下,异重流弗劳德数随宽度的减小而有减小的趋势,也即当水槽变宽时,在扩宽段内异重流流态有向层流转化的趋势。

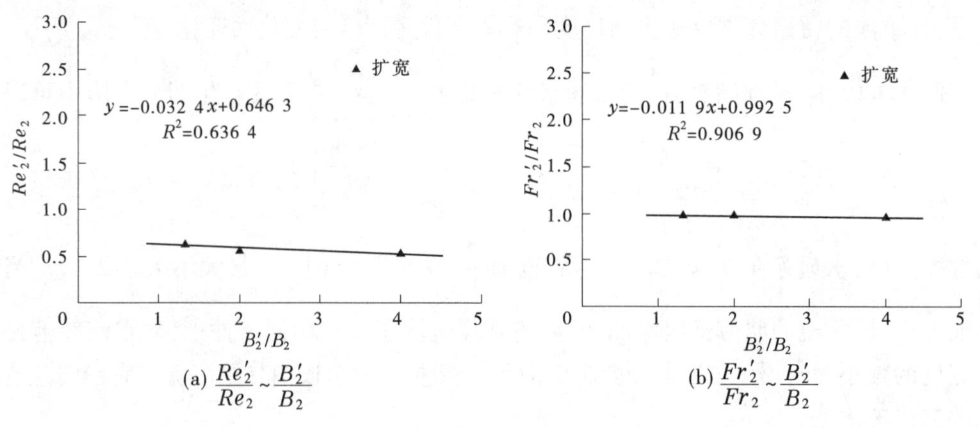

图2-3-20　开闸前局部扩宽前后流态变化

(2)闸孔开启后河宽变化前、后 $\frac{Re'_2}{Re_2} \sim \frac{B'_2}{B_2}$ 关系与 $\frac{Fr'_2}{Fr_2} \sim \frac{B'_2}{B_2}$ 关系。

闸孔开启后,由表2-3-2中的 Re_2、Re'_2 计算数值知道,异重流流态及其变化与开闸前雷诺数数量级及弗劳德数数量级相同。图2-3-21(a)为闸孔开启后局部缩窄前、后水槽试验结果的 $\frac{Re'_2}{Re_2} \sim \frac{B'_2}{B_2}$ 关系变化图。从图中可以看出,$\frac{Re'_2}{Re_2}$ 随 $\frac{B'_2}{B_2}$ 成负相关关系变化,与开闸前的相同。由于该段为局部缩窄段,永远存在 $B'_2 < B_2$ 的关系,也即 $\frac{B'_2}{B_2}$ 总小于1,则在本试验条件下,$\frac{Re'_2}{Re_2}$ 最大不大于4.26,$\frac{Re'_2}{Re_2}$ 最小不小于0.06。开闸后,当宽度缩窄时,异重流的雷诺数增大,增大幅度主要随水槽尺度和边界条件等因素的变化而变化。

图2-3-21(b)为闸孔开启后局部缩窄前、后水槽试验结果的 $\frac{Fr'_2}{Fr_2} \sim \frac{B'_2}{B_2}$ 关系变化图。从图中可以看出,$\frac{Fr'_2}{Fr_2}$ 随 $\frac{B'_2}{B_2}$ 变化较大。当 $\frac{B'_2}{B_2}$ 增大时,$\frac{Fr'_2}{Fr_2}$ 随 $\frac{B'_2}{B_2}$ 的增大而减小。由于该

段为局部缩窄段，永远存在 $B'_2 < B_2$ 的关系，也即 $\frac{B'_2}{B_2}$ 总小于1，则 $\frac{Fr'_2}{Fr_2}$ 最小不小于0.41，$\frac{Fr'_2}{Fr_2}$ 最大不大于4.92。当闸孔开启后，缩窄段弗劳德数比开启闸孔前增加幅度较大。

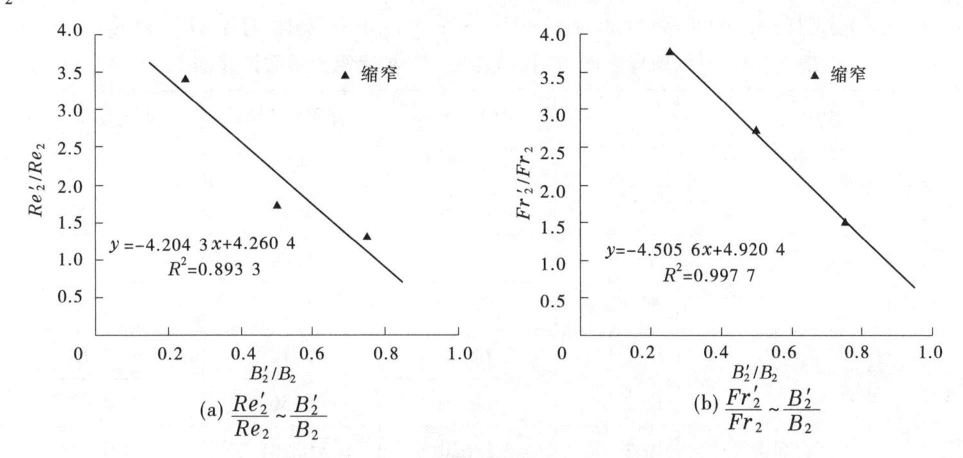

图2-3-21　开闸后局部缩窄前后流态变化

图2-3-22(a)为闸孔开启后局部扩宽前、后水槽试验结果的 $\frac{Re'_2}{Re_2}\sim\frac{B'_2}{B_2}$ 关系变化图。从图中可以看出，$\frac{Re'_2}{Re_2}$ 随 $\frac{B'_2}{B_2}$ 成负相关关系变化。则在本试验条件下，$\frac{Re'_2}{Re_2}$ 最大不大于0.74。当开闸后，宽度扩宽引起异重流的雷诺数变化幅度较小。

图2-3-22(b)为闸孔开启后局部缩窄前、后水槽试验结果的 $\frac{Fr'_2}{Fr_2}\sim\frac{B'_2}{B_2}$ 关系变化图。从图中可以看出，$\frac{Fr'_2}{Fr_2}$ 随 $\frac{B'_2}{B_2}$ 成正相关关系变化。当 $\frac{B'_2}{B_2}$ 增大时，$\frac{Fr'_2}{Fr_2}$ 随 $\frac{B'_2}{B_2}$ 的增大而增大。$\frac{Fr'_2}{Fr_2}$ 最小不小于1.02。开闸后，在缩窄段内异重流流态有趋向急流流态的趋势变弱。

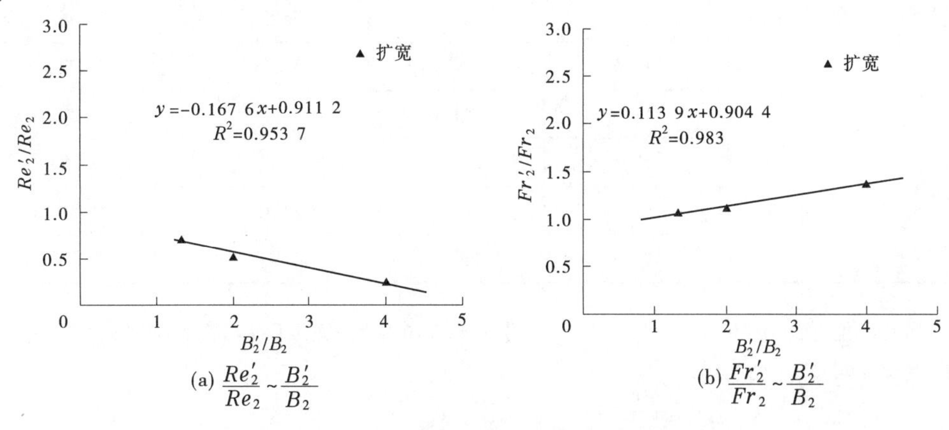

图2-3-22　开闸后局部扩宽前后流态变化

3.2.4　异重流局部阻力系数

利用试验数据计算异重流局部缩窄、扩宽阻力系数。为了对异重流阻力系数有一个量的对比,同时进行了同尺度明渠局部缩窄、扩宽阻力系数的计算。计算结果见表 2-3-3、表 2-3-4,它们分别为开闸前、后异重流与明渠局部缩窄和扩宽阻力系数计算结果表。

表 2-3-3　开闸前异重流与明渠局部缩窄、扩宽阻力系数计算结果

局部变化	缩窄比(扩宽比)	组次	进口含沙量(kg/m^3)	异重流阻力系数ζ_2	明渠阻力系数ζ_2
缩窄	0.25	A-1	190.0	1.50	0.20
		A-2	108.0	1.86	0.26
		A-3	61.0	1.99	0.24
	0.50	B-1	66.0	1.10	0.13
		B-2	110.0	0.36	0.07
		B-3	136.0	0.23	0.11
		B-4	84.5	0.44	0.07
		B-5	141.0	1.21	0.13
	0.75	C-1	147.0	0.53	0.03
		C-2	141.0	0.63	0.05
		C-3	227.6	0.48	0.02
扩宽	4.00	A-1	190.0	7.39	0.16
		A-2	108.0	6.32	0.27
		A-3	61.0	5.74	0.22
	2.00	B-1	66.0	2.70	0.06
		B-2	110.0	3.40	0.02
		B-3	136.0	5.72	0.05
		B-4	84.5	5.37	0.02
		B-5	141.0	3.82	0.07
	1.33	C-1	147.0	1.82	0.00
		C-2	141.0	2.10	0.01
		C-3	227.6	4.93	0.00

下面对进口含沙量、缩窄比和扩宽比及二者同时对局部阻力系数的影响进行初步分析,获得了初步的研究结果。

表 2-3-4　开闸后异重流与明渠局部缩窄、扩宽阻力系数计算结果

局部变化	缩窄比（扩宽比）	组次	进口含沙量（kg/m^3）	异重流阻力系数 ζ_2	明渠阻力系数 ζ_2
缩窄	0.25	A-1	190.0	1.89	0.00
		A-2	108.0	1.90	0.10
		A-3	61.0	1.95	0.14
	0.50	B-1	66.0	1.56	0.03
		B-2	110.0	1.78	0.08
		B-3	136.0	0.86	0.08
		B-4	84.5	1.46	0.07
		B-5	141.0	0.63	0.08
	0.75	C-1	147.0	0.61	0.01
		C-2	141.0	0.93	0.01
		C-3	227.6	0.52	0.05
扩宽	4.00	A-1	190.0	9.55	0.00
		A-2	108.0	9.86	0.04
		A-3	61.0	10.20	0.08
	2.00	B-1	66.0	2.41	0.00
		B-2	110.0	3.22	0.02
		B-3	136.0	3.04	0.02
		B-4	84.5	6.41	0.00
		B-5	141.0	4.47	0.03
	1.33	C-1	147.0	1.08	0.00
		C-2	141.0	3.29	0.00
		C-3	227.6	1.67	0.01

3.2.4.1　局部阻力系数与进口含沙量的影响研究

1. 闸孔开启前

进口含沙量的大小直接影响异重流的含沙量的大小。进入水槽的浑水在与清水剧烈掺混后，以一定的含沙量向下游运动。异重流含沙量的大小影响异重流的重度，在惯性力和阻力共同作用的条件下，含沙量不同的异重流通过缩窄段时局部损失是不同的。

图 2-3-23(a)、图 2-3-23(b)分别为开闸前局部缩窄阻力系数与进口含沙量变化图和开闸前局部扩宽局部阻力系数与进口含沙量变化图。从图中可以看出，缩窄段的局部阻力系数都随进口含沙量的增大而减小，扩宽段的局部阻力系数都随进口含沙量的增大而增大。而缩窄段的局部阻力系数随进口含沙量的变幅较大，宽度缩窄程度越大，这种趋势

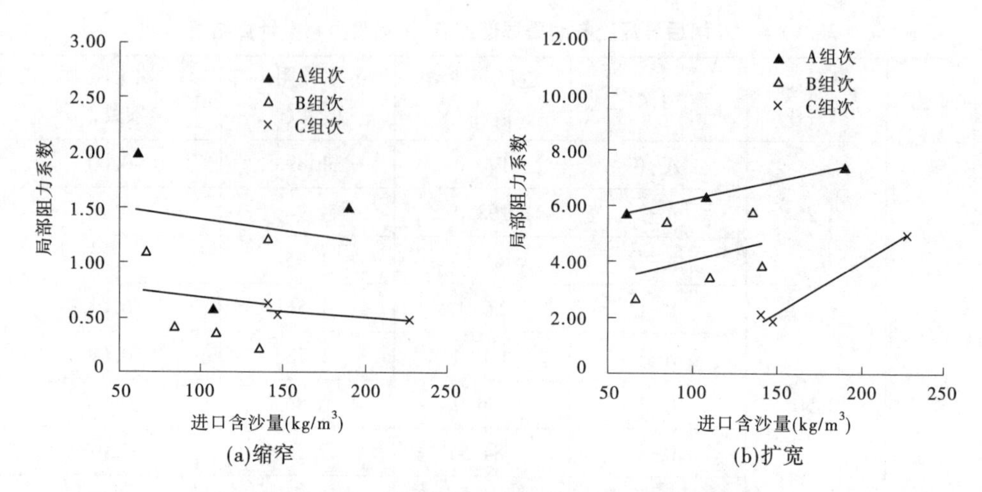

图 2-3-23　开闸前局部阻力系数与进口含沙量变化

越明显。扩宽段的局部阻力系数受进口含沙量的影响也较大,宽度缩窄程度对局部阻力系数的影响较强。

2. 闸孔开启后

图 2-3-24(a)、(b)分别为开闸后局部缩窄阻力系数与进口含沙量变化图和开闸后局部扩宽局部阻力系数与进口含沙量变化图。从图中可以看出,缩窄段的局部阻力系数随进口含沙量的增大而增大,扩宽段的局部阻力系数随进口含沙量的增大而减少。缩窄段的局部阻力系数随进口含沙量的变幅减小,宽度缩窄程度越大,这种趋势越微弱。而扩宽段的局部阻力系数受进口含沙量的影响相对较小,宽度缩窄程度对局部阻力系数的影响也是微弱的。

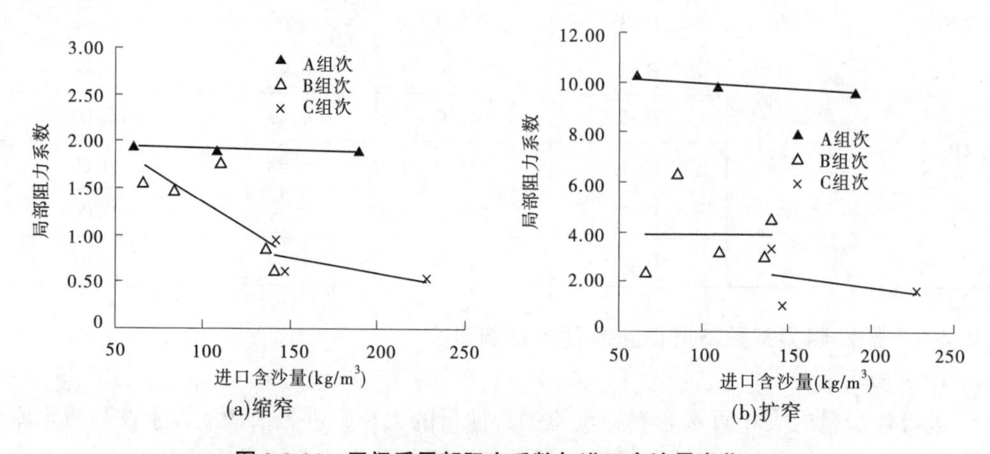

图 2-3-24　开闸后局部阻力系数与进口含沙量变化

3.2.4.2　局部阻力系数与宽度变化、进口含沙量变化的关系研究

在上面对异重流局部缩窄、扩宽阻力系数与宽度变化和进口含沙量各自的变化关系进行了研究,接下来研究一下异重流局部缩窄、扩宽阻力系数与宽度变化和进口含沙量同时变化关系。

1. 闸孔开启前

根据表 2-3-1 中计算的异重流局部缩窄、扩宽局部阻力系数计算结果。异重流局部缩窄阻力系数同时对缩窄比和进口含沙量进行回归(朱勇华 等,1999)得:

$$y_1 = 2.157 - 2.499B + 0.0002S \quad (2\text{-}3\text{-}26a)$$

式中:y_1 为异重流局部缩窄阻力系数;B 为缩窄比;S 为进口含沙量。

查表得 $F_{0.95}(2,8) = 4.46$,而计算 $F_{0.95} = 5.6$,所以,$F_{0.95}(2,8) \leqslant F_{0.95}$,缩窄比和进口含沙量之间有显著差异。缩窄比的 $t = -6.39$,$p < 0.05$,说明与异重流局部缩窄阻力系数在统计学意义上反向联系显著。进口含沙量 $t = 0.003$,$p > 0.01$,说明与异重流局部缩窄阻力系数在统计学意义上无相关关系。去除进口含沙量因素,异重流局部缩窄阻力系数缩窄比进行回归得:

$$y_1 = 2.175 - 2.474B \quad (2\text{-}3\text{-}26b)$$

$t = -3.55$,$p < 0.01$,说明与异重流局部扩宽阻力系数在统计学意义上负相关关系显著。通过式(2-3-26b)可以看出,异重流局部缩窄阻力系数和缩窄比成负相关关系变化,而与进口含沙量无关。

对异重流局部扩宽阻力系数同时对扩宽比和进口含沙量进行线性回归得:

$$y_2 = -0.421 + 1.412B + 0.012S \quad (2\text{-}3\text{-}27a)$$

式中:y_2 为异重流局部扩宽阻力系数;B 为扩宽比;S 为进口含沙量。

查表得 $F_{0.95}(2,8) = 4.46$,而计算 $F_{0.95} = 8.3$,所以,$F_{0.95}(2,8) \leqslant F_{0.95}$,扩宽比和进口含沙量之间有显著差异。缩窄比的 $t = 4.04$,$p < 0.01$,说明与异重流局部扩宽阻力系数在统计学意义上线性相关关系高度显著。进口含沙量 $t = 1.62$,$p > 0.05$,说明与异重流局部扩宽阻力系数在统计学意义上无相关关系。去除进口含沙量因素,异重流局部扩宽阻力系数与扩宽比进行回归得:

$$y_2 = 1.48 + 1.269B \quad (2\text{-}3\text{-}27b)$$

$t = 3.46$,$p < 0.01$,说明与异重流局部扩宽阻力系数在统计学意义上相关显著。通过式(2-3-27b)可以看出,异重流局部扩宽阻力系数和扩宽比成正相关变化。

2. 闸孔开启后

根据表 2-3-2 中计算的闸孔开启后异重流局部缩窄、扩宽局部阻力系数计算结果,异重流局部缩窄阻力系数同时对缩窄比和进口含沙量进行线性回归得:

$$y_1 = 2.508 - 2.150B - 0.003S \quad (2\text{-}3\text{-}28a)$$

式中:y_1 为异重流局部缩窄阻力系数;B 为缩窄比;S 为进口含沙量。

查表得 $F_{0.95}(2,8) = 4.46$,而 $F_{0.95} = 11.12$,所以,$F_{0.95}(2,8) \leqslant F_{0.95}$,缩窄比和进口含沙量之间同开闸前有显著差异。缩窄比的 $t = -3.65$,$p < 0.01$,说明与异重流局部缩窄阻力系数在统计学意义上反向联系显著。进口含沙量 $t = -1.28$,$p > 0.05$,说明与异重流局部缩窄阻力系数在统计学意义上无线性相关关系。剔出进口含沙量的影响,得出局部缩窄阻力系数与缩窄比的相关关系:

$$y_1 = 2.508 - 2.453B \quad (2\text{-}3\text{-}28b)$$

$t = -4.39$,$p < 0.01$,说明与异重流局部缩窄阻力系数在统计学意义上反向联系显著。通过式(2-3-28b)可以看出,异重流局部缩窄阻力系数和缩窄比成负相关关系变化。

对异重流局部扩宽阻力系数同时对扩宽比和进口含沙量进行线性回归分析得：

$$y_2 = -1.505 + 2.922B - 0.003S \tag{2-3-29a}$$

式中：y_2 为异重流局部扩宽阻力系数；B 为扩宽比；S 为进口含沙量。

查表得 $F_{0.95}(2,8) = 4.46$，而计算 $F_{0.95} = 72.5$，所以，$F_{0.95}(2,8) \leqslant F_{0.95}$，扩宽比和进口含沙量之间有显著差异。扩宽比的 $t = 7.739$，$p < 0.01$，说明与异重流局部扩宽阻力系数在统计学意义上存在高度显著相关关系。进口含沙量 $t = -0.367$，$p > 0.05$，说明与异重流局部扩宽阻力系数在统计学意义上无相关关系。剔出进口含沙量的影响，得除局部扩宽阻力系数与扩宽比的相关关系：

$$y_2 = -1.972 + 2.957B \tag{2-3-29b}$$

$t = 8.52$，$p < 0.01$，说明与异重流局部扩宽阻力系数在统计学意义上相关显著。通过式(2-3-29b)可以看出，异重流局部扩宽阻力系数和扩宽比成正相关变化。

3.2.4.3　宽度变化对局部阻力系数的影响研究

1. 闸孔开启前

闸孔开启前，局部损失的产生是受缩窄段的阻碍而来的。图 2-3-25、图 2-3-26 分别为开闸前异重流与明渠局部缩窄、扩宽阻力系数随缩窄比、扩宽比变化柱状图。从图 2-3-25 中可以看出，异重流通过缩窄段的局部阻力系数不仅随宽度的缩窄程度的减小而增大，而且比同尺度的明渠水流局部缩窄阻力系数大许多。同时，宽度缩窄越多，异重流缩窄局部阻力系数比明渠大的幅度越大。在局部扩宽段，图 2-3-26 中也清楚地说明了异重流局部扩宽阻力系数和明渠局部扩宽阻力系数的变化特点和缩窄段的相同。比较两幅图，可以看到异重流局部缩窄阻力系数变幅要比局部扩宽阻力系数大许多。这是异重流运动中本身能量较小，微小改变引起较大的变幅产生的。

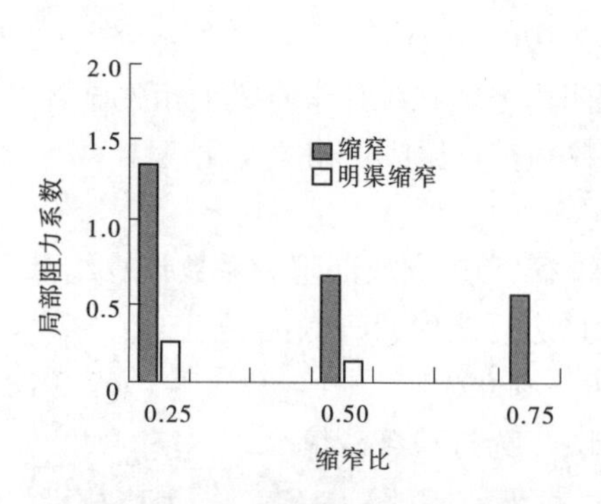

图 2-3-25　开闸前异重流与明渠局部缩窄阻力系数随缩窄比变化柱状图

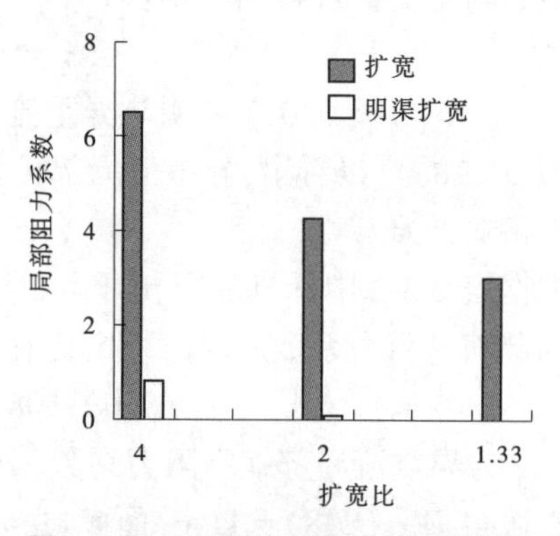

图 2-3-26　开闸前异重流与明渠局部扩宽阻力系数随扩宽比变化柱状图

2. 闸孔开启后

图 2-3-27、图 2-3-28 分别为开闸后异重流与明渠局部缩窄、扩宽阻力系数随缩窄比、扩宽比变化柱状图。在两幅图中，闸孔开启后异重流局部缩窄、扩宽阻力系数和开闸前局部缩窄、扩宽阻力系数的变化特点相同。只是开闸后异重流局部缩窄阻力系数和开闸前变化不大；而局部扩宽阻力系数比开闸前增大。

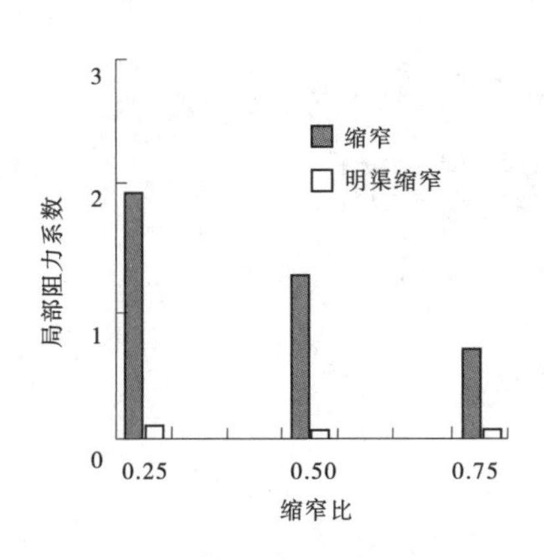

图 2-3-27　开闸后异重流与明渠局部缩窄阻力系数随缩窄比变化柱状图

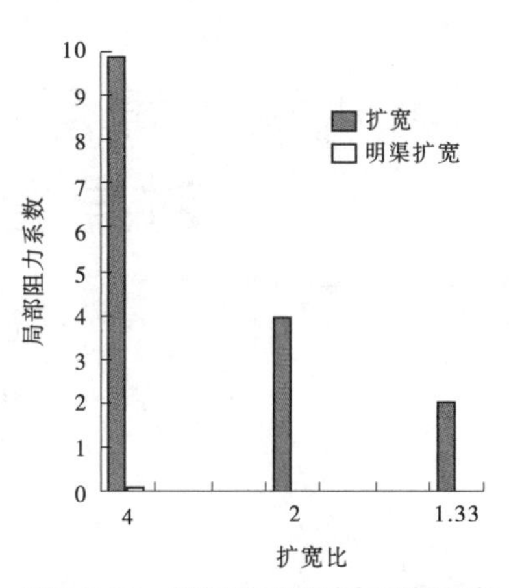

图 2-3-28　开闸后异重流与明渠局部扩宽阻力系数随扩宽比变化柱状图

异重流流经扩宽段后,由于边界急剧变宽,阻碍异重流运动的边界突然增大许多,异重流发生水跃,一方面消耗了大部分的能量;另一方面,水跃也加速了与清水的掺混的速度和量度。水跃发生的过程中,旋滚的浑水不断卷入清水,清水带走部分浑水,大部分浑水挟带清水在水跃的末端向下游运动,这导致损失更大。还有局部流动以外的其他多方面的原因,由于进口缩窄后部分浑水反射向上游运动,再加上缩窄段进口距离水槽进口较小,在试验中也受到进口浑水掺混的影响。

3.3　本章小结

本章对试验资料进行了详细分析,主要对闸孔开启前、后异重流厚度、含沙量、流态和局部阻力系数受宽度变化和进口含沙量的影响进行了分析,加深了对河宽变化影响异重流运动情况的认识。

(1)由于异重流惯性作用突出的特性,清、浑水形成纵向环流。缩窄段的存在,延缓了上、下游水位差的存在,加速了系统环流,使得异重流通过缩窄段后流速大于进入缩窄段的流速。

(2)闸孔开启前的异重流运动情况,可看作异重流的头部运动情况;闸孔开启后,为异重流在稳定后的运动情况。

(3)异重流在通过突然缩窄和扩宽变化段后,水流流态没有发生质的变化,流速、含沙量、交界面在闸孔开启前后的变化情况大致相同,均为缓流流态,但存在一定的差别。

(4)异重流通过突然缩窄和扩宽变化段时,局部阻力系数较明渠流动为大,是由于其自身能量较小,较小的损失就会引起较大的阻力系数,与明渠流动相比,局部阻力系数相对较大。

(5)运用统计学方法,利用水槽试验数据进行的异重流局部缩窄、扩宽阻力系数的计算结果,获得了闸孔开启前后异重流局部缩窄、扩宽阻力系数与缩窄比、扩宽比和进口含沙量的相关关系,并对其进行了讨论比较,得出了局部阻力系数与缩窄比和扩宽比相关关系显著,与进口含沙量无相关关系。

第 4 章　黄河小浪底水库地形变化对异重流运动影响

4.1　概　述

4.1.1　水库概况

黄河小浪底水库大坝位于河南省洛阳市以北 40 km 的黄河干流上,上距三门峡水库 130 km,下距京广铁桥 115 km,处在承上启下控制黄河水沙的关键部位。控制流域面积 69.4 万 km^2,占黄河流域面积的 92.3%,控制黄河流域近 100%的泥沙。库区原始库容 128.8 亿 m^3,其中防洪库容约 40.5 亿 m^3,拦沙库容约 75 亿 m^3,可以长期保持有效库容 51 亿 m^3,是黄河干流三门峡水库以下唯一能够取得较大库容的控制性工程。

库区为峡谷型水库,平面形态上窄下宽。根据河道平面形态的不同,可将库区划分为两段。上段自三门峡水文站至板涧河口,长约 62.4 km,河谷底宽 200~400 m。下段自板涧河口至小浪底拦河坝长约 61 km,河谷底宽 800~1 400 m(蓄水位在 275 m),其中距坝 25 km 至 29 km 之间的八里胡同库段,河谷宽仅 200~300 m。图 2-4-1 为小浪底水库沿程河谷宽度变化示意图(高程 275 m)。库区较大的支流有畛水、大峪河、石井河、东洋河、西阳河、亳清河等 15 条,集中分布在距坝 60 余 km 的库段内。库区原始河床为砂卵石和岩石覆盖河床,平均比降约 11‰,沿程有许多险滩,河床纵剖面起伏不平,局部形成跌水。

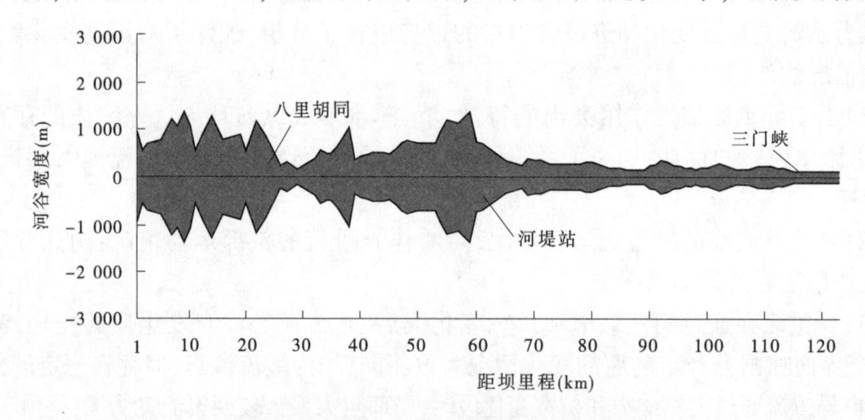

图 2-4-1　小浪底水库沿程河谷宽度变化示意图(高程 275 m)

黄河小浪底水库的作用是十分巨大的。在黄河已发生过的几次调水调沙试验中,小浪底水库承上启下,塑造洪峰,协调水沙关系,使不和谐、不利于下游“二级悬河”的上游水沙搭配通过小浪底水库调节后,形成和谐的水沙搭配关系,而且朝着利于下游防洪及河道行洪的方向发展。

4.1.2 近期水沙条件

根据实测水文资料统计,1952~1996 年三门峡、小浪底实测年平均径流量分别为 381.7 亿 m^3 和 385.9 亿 m^3,年平均输沙量分别为 12.29 亿 t 和 12.11 亿 t,三门峡—小浪底区间多年平均水量为 8.8 亿 m^3,年平均产沙量 0.074 亿 t。

1997 年小浪底大坝截流后至 1999 年施工期,三门峡和小浪底两站径流量相差不大,年平均为 171 亿 m^3,小浪底站这三年总输沙量 13.63 亿 t,比三门峡站减少 1.34 亿 t。如果不考虑区间产沙,可认为小浪底库区淤积量为 1.34 亿 t。2000 年小浪底水库已开始蓄水运用,全年入库径流量为 163.1 亿 m^3,入库沙量为 3.57 亿 t,出库径流量为 152 亿 m^3,相应沙量只有 0.04 亿 t,进库沙量的 98.8%在水库中淤积。

小浪底水库入库水沙过程受三门峡水库调度的制约。非汛期三门峡水库蓄水运用下泄清水,汛期基本为敞泄运用。小浪底入库水沙从年内分配看,汛期 7~9 月来水 38 亿 m^3,占全年水量的 28.1%;入库沙量全部来自 7~10 月,其中 8 月下旬的一次洪水来沙量 2 亿 t,占全年沙量的 70.6%。小浪底进库水量及沙量年内分配见图 2-4-2。

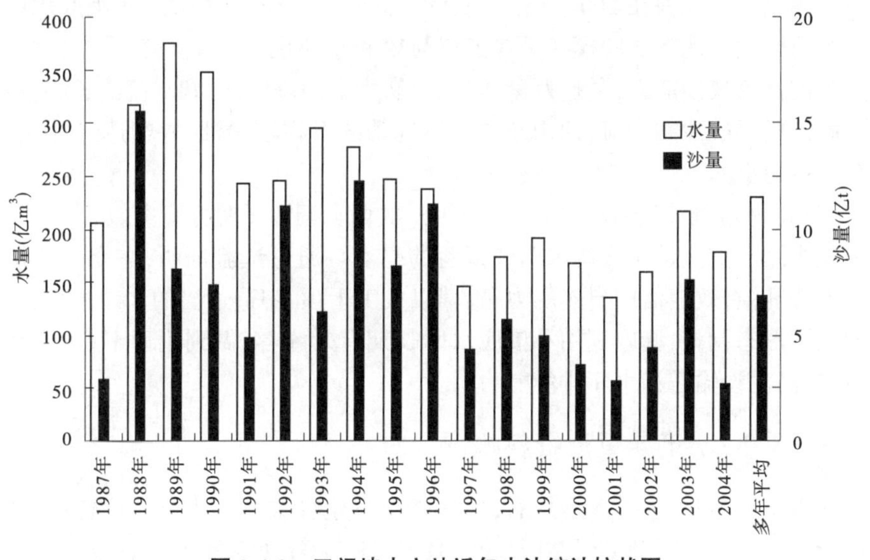

图 2-4-2 三门峡水文站近年水沙统计柱状图

4.1.3 黄河 4 次调水调沙试验简介

2002~2005 年,针对小浪底水库运用的初期阶段水沙调控方式,进行了 3 次调水调沙试验。试验的目的就是探索如何利用小浪底水库初期的巨大库容,有效地协调黄河的水沙关系,通过对河道径流和水库蓄水的调度,调节水沙过程,减少小浪底水库和黄河下游河道的淤积,恢复和提高黄河下游主河槽的过流能力。在这 3 次调水调沙试验中,根据不同来源区水沙条件、水库蓄水情况和工程调度原则,采用了不同的模式(李国英,2004):

(1)首次调水调沙试验模式——基于小浪底水库单库调节为主的原型试验。

首次调水调沙试验的前期条件是,2002 年 5 月、6 月,黄河上中游来水较前几年同期偏丰。黄河首次调水调沙试验采用了以小浪底水库蓄水为主,单库调度运行的试验模式。在试验中若发生中小洪水过程,且含沙量较高时,加强水库水沙观测,适时进行小浪底水库异重流排沙试验。

(2)第二次调水调沙试验模式——基于空间尺度水沙对接的原型试验。

第二次调水调沙试验的前期条件是:2003 年前汛期,黄河流域降雨较少,没有出现流域性的洪水。此次调水调沙的模式为,小浪底、故县、陆浑三库联合调度,小浪底水库排泄坝前淤积泥沙和浑水,形成高含沙水流,在花园口与经过故县、陆浑水库调控的小花间低含沙量洪水对接,以清驭浑,实现空间尺度的调水调沙。

此次试验是一次多库联合调度的调水调沙,洪水属于"上下共同来水",且各区域来水的含沙量不同,小浪底以上洪水含沙量较高,而小花区间洪水基本为清水,通过多水库的联合调度,清浑水对接,其调度理念为今后利用同时来自不同区间和不同含沙量径流提供了技术模式,也为异重流和浑水水库的调度提供了新的方式。

(3)第三次调水调沙试验模式——基于干流水库群联合调度、人工异重流塑造和泥沙扰动的原型试验。

第三次调水调沙试验在 2004 年汛前实施。此时,万家寨、三门峡、小浪底水库的水位都在汛限水位以上。此次试验模式是在卡口河段和小浪底水库上段实施人工扰沙,以充分利用水流的富余挟沙能力;通过万家寨、三门峡水库的调度,达到水流的长距离接力,在小浪底水库上段形成冲刷水流,冲刷经过人工扰动的淤积三角洲,并塑造异重流,将泥沙送至坝前并排泄出库。

(4)第四次调水调沙转入生产运行,与第三次调水调沙试验方案类似。

小浪底水库异重流是 4 次调水调沙试验的亮点。通过试验证明,在充分认识自然规律的基础上,能够有效地借用自然的力量,辅以人工干预,塑造适当的水沙过程,实现水浪底水库的淤积形态调整,调度利用小浪底水库长期有效库容,做到用而不占;实现人工异重流塑造,提高泥沙输送和水库排沙能力。

4.1.4　2001~2005 年异重流资料概况

小浪底水库自 2001 年投入运用后,库区多次发生异重流。主要时段包括:2001 年 8 月 20 日至 9 月 7 日,2002 年 6 月 20 日至 7 月 15 日;2003 年 8 月 2~8 日及 8 月 27 日至 9 月 16 日,2004 年 7 月 5~13 日及 8 月 22~31 日,2005 年 6 月 29 日至 7 月 2 日及 7 月 5~10 日。根据实际小浪底水库入库水沙条件和水库调度运用目标的不同,测量的重点也有不同,所以对一个问题的一个方面而言,资料并不充分,因此在下面的研究中,借用附近的断面水文要素进行分析。

为了了解近年小浪底水库的情况,对 2001 年小浪底水库异重流资料做一简介。2001 年小浪底库区产生异重流的水沙是来自黄河中游、渭河和北洛河 8 月下旬至 9 月上旬的一场洪水过程。该场洪水产生异重流的起至水位及库区纵剖面见图 2-4-3。小浪底水库异重流期间入库、出库流量、含沙量及水位过程见图 2-4-4 表 2-4-1。

河堤水沙因子站(距坝 63.82 km)自 20 日 14 时至 25 日 8 时,含沙量维持在 100 kg/m^3 以上,其中在 300 kg/m^3 以上维持了 38 h,最大含沙量为 534 kg/m^3(22 日 12 时),29 日 2

时以后回落至 30 kg/m³ 以下。

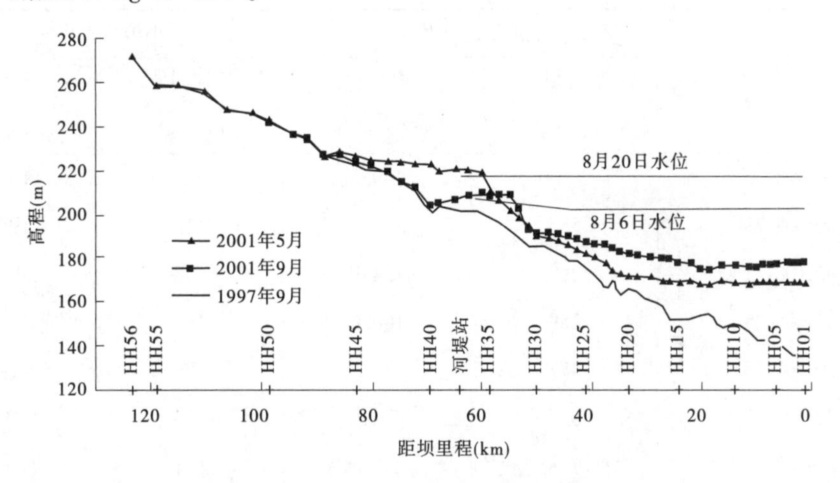

图 2-4-3　2001 年汛期前后库区纵剖面

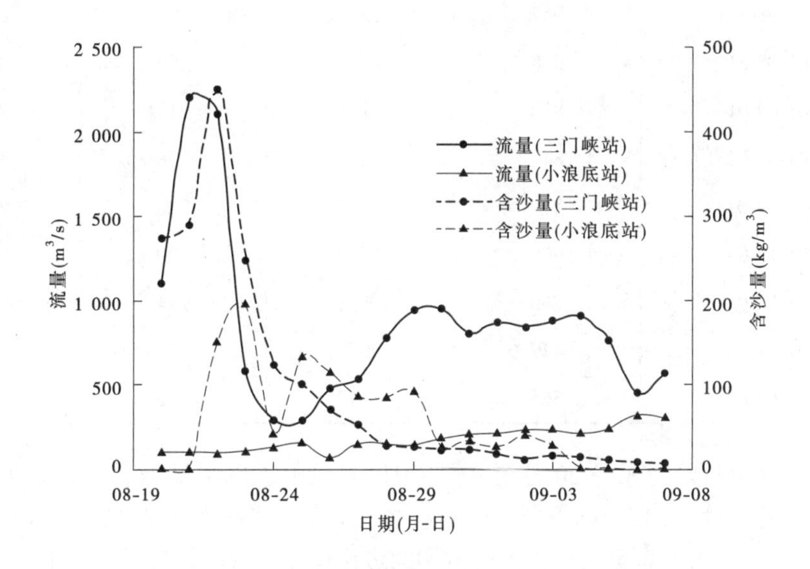

图 2-4-4　2001 年异重流时段进出库水沙过程

表 2-4-1　小浪底水库 2001 年异重流期间进出库水沙过程(日均)

日期(年-月-日)	三门峡(入库)		小浪底(出库)	
	流量 (m³/s)	含沙量 (kg/m³)	流量 (m³/s)	含沙量 (kg/m³)
2001-08-20	1 110	273.0	107	0
2001-08-21	2 200	289.0	104	0

续表 2-4-1

日期(年-月-日)	三门峡(入库)		小浪底(出库)	
	流量(m^3/s)	含沙量(kg/m^3)	流量(m^3/s)	含沙量(kg/m^3)
2001-08-22	2 100	449.0	97	152.0
2001-08-23	585	249.0	112	194.0
2001-08-24	299	124.0	138	41.1
2001-08-25	289	100.0	161	133.0
2001-08-26	473	70.2	76	113.0
2001-08-27	537	51.7	154	85.7
2001-08-28	778	28.1	151	84.5
2001-08-29	946	26.2	146	91.1
2001-08-30	957	23.6	191	27.3
2001-08-31	808	22.8	209	34.2
2001-09-01	870	17.8	217	26.4
2001-09-02	847	12.6	236	39.7
2001-09-03	877	15.7	238	29.5
2001-09-04	905	15.2	220	2.0
2001-09-05	766	11.2	244	1.2
2001-09-06	449	8.3	322	0
2001-09-07	565	7.6	309	2.2

异重流测验时段为 8 月 20 日至 9 月 7 日,时段内进库水量 14.14 亿 m^3,出库水量 2.97 亿 m^3,蓄水量 11.17 亿 m^3;三门峡站沙量 2.0 亿 t,小浪底站沙量为 0.13 亿 t,拦沙量 1.87 亿 t,排沙比为 6.5%,具体异重流期间进出库水沙要素统计见表 2-4-2。

表 2-4-2　小浪底水库异重流测验时段进出库水沙要素统计

站名	最大流量(m^3/s)	最大含沙量(kg/m^3)	平均流量(m^3/s)	平均含沙量(kg/m^3)	水量(亿 m^3)	输沙量(亿 t)
三门峡	2 890	531	861	94.5	14.14	2.00
小浪底	580	196	180.6	55.63	2.97	0.13

需要指出的是,为使坝前尽快形成覆盖层,对异重流排沙进行了适当控制,致使异重流排沙比较小。2001 年黄河小浪底水库异重流阶段,异重流经由潜入点(HH31 断面附近)入潜,通过 HH19 断面、HH17 断面、HH15 断面后,到达坝前并经泄水洞排沙出库。

4.2 河宽变化段异重流运动特性分析

小浪底库区八里胡同库段为全库区最狭窄河段,入口在 HH19 断面和 HH18 断面之间,长约 4 km,出口在 HH16 断面下游,区间河道顺直。分析八里胡同库段及其上下游异重流水力因子的变化,对研究小浪底水库异重流排沙十分必要,同时,亦是对水槽试验结果的检验。以下利用小浪底水库异重流观测资料,分析异重流运行至缩窄段(八里胡同进口)及扩宽段(八里胡同出口)的局部阻力。

表 2-4-3、表 2-4-4 分别为小浪底水库近年异重流缩窄、扩宽前、后水力特性计算结果。在表 2-4-3 中,同时借用《异重流的研究与应用》(水利水电研究院,1959)中官厅水库在 1954 年的资料计算了异重流水力特性。

表 2-4-3　小浪底、官厅水库近年异重流缩窄前后水力特性计算结果

年份	$\frac{B'_2}{B_2}$	Fr_2	Fr'_2	$\frac{h'_2}{h_2}$	$\frac{v'_2}{v_2}$	$\frac{S'_2}{S_2}$	$\frac{Fr'_2}{Fr_2}$	Re_2	Re'_2	$\frac{Re'_2}{Re_2}$
2001 年	0.78	0.13	0.08	1.25	1.42	1.04	0.63	2 805 194.77	1 246 090.29	0.44
2002 年	0.78	0.15	0.38	1.04	1.38	1.09	2.54	1 832 876.30	4 438 736.15	2.42
2003 年	0.78	0.23	0.40	1.27	1.36	0.60	1.77	279 544.53	479 656.72	1.72
2005 年	0.36	0.63	0.37	2.49	1.07	1.24	0.60	571 013.94	1 228 212.09	2.15
官厅水库 1954 年	0.48	0.71	0.51	1.76	0.78	0.85	0.72	101 130.47	152 028.79	1.50
	0.57	0.51	0.51	1.46	1.00	1.19	0.98	152 028.79	262 884.89	1.73
	0.80	0.51	0.54	1.26	1.00	1.21	1.07	262 884.89	399 733.51	1.52

表 2-4-4　小浪底水库近年异重流扩宽前后水力特性计算结果

年份	$\frac{B'_2}{B_2}$	Fr_2	Fr'_2	$\frac{h'_2}{h_2}$	$\frac{v'_2}{v_2}$	$\frac{S'_2}{S_2}$	$\frac{Fr'_2}{Fr_2}$	Re_2	Re'_2	$\frac{Re'_2}{Re_2}$
2001 年	1.60	0.08	0.13	0.91	0.74	0.77	1.58	1 246 090.29	3 387 851.26	2.72
	1.25	0.13	0.13	1.13	1.05	0.80	0.99	2 805 194.77	3 387 851.26	1.21
2002 年	1.91	0.38	0.06	1.22	0.19	1.15	0.15	4 438 736.15	959 003.60	0.22
	1.48	0.15	0.06	1.26	0.53	1.50	0.39	1 832 876.30	959 003.60	0.52
2003 年	1.98	0.36	0.20	1.08	0.63	1.16	0.56	1 130 164.44	853 851.76	0.76
	1.98	0.53	0.36	0.79	0.58	1.01	0.68	4 599 587.36	2 122 405.58	0.46
2004 年	1.98	0.59	0.30	0.87	0.67	1.22	0.51	1 299 627.45	658 260.61	0.51
2005 年	1.98	0.37	0.38	0.51	0.74	1.37	1.01	1 228 212.09	421 916.04	0.34

库区 HH31 断面以上及 HH15 断面以下较宽,HH16 断面至 HH19 断面之间最窄,在宽

窄交界处,流线曲率较大或不连续,则产生局部损失。断面扩大后,异重流流速降低,厚度有所减小,因而挟沙能力也会减小。当异重流通过收缩断面时,将引起交界面的壅高等现象。

4.2.1 异重流厚度

图 2-4-5 为 2001 年 8 月库区 HH19、HH17、HH15 断面河底高程、水位、异重流交界面随时间变化图、图 2-4-6 为 2001 年库区异重流清浑水交界面变化过程。从图中可以看出,2001 年 8 月 21~26 日,三个断面水位基本未变,HH19 断面交界面高程基本恒定,而河底高程随时间的增加而增加,河底发生淤积,异重流厚度逐渐变厚;HH17 断面交界面高程随时间的增加明显升高,而河底高程基本未变,断面未发生淤积,异重流厚度渐渐增加;异重流在 8 月 22 日传播到 HH15 断面即 HH19 断面测到后 26 个小时左右,交界面高程随时间增加而无变化,河底高程随时间的增长而增加,断面发生淤积,异重流的厚度随历时的增加而变薄。

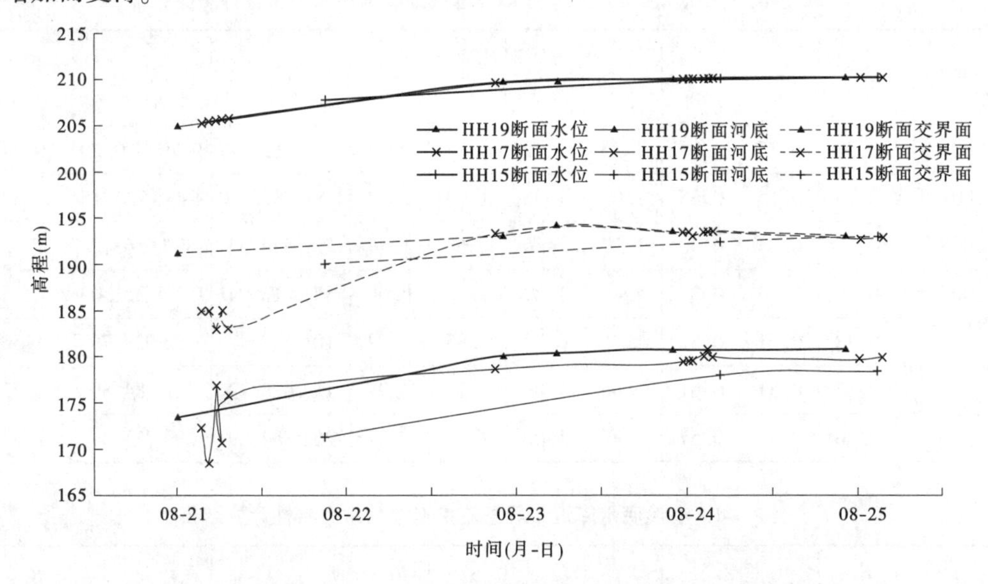

图 2-4-5 2001 年 8 月库区 HH19、HH17、HH15 断面河底高程、水位、异重流交界面随时间变化

从现象上可以看出,异重流过流过程时间较短,异重流传播至 HH19 断面后,在 HH17 断面前发生壅水现象,进入 HH17 断面附近的“八里胡同”库段后,断面宽度缩窄,过水面积迅速减小,流速增大,异重流交界面曲线为跌水曲线,后交界面渐渐升高。经过一段时间,异重流运行至 HH15 断面,断面宽度突然增大,流速减小,异重流交界面曲线发生水跃现象,异重流层厚度增加。

图 2-4-7(a)为小浪底水库“八里胡同”库段附近局部缩窄前、后水库异重流的 $\frac{h'_2}{h_2}$ ~ $\frac{B'_2}{B_2}$ 关系变化图。h_2、h'_2、B_2、B'_2 分别为河宽变化断面前、后异重流厚度和宽度,加“′”表示变化后的因子(下同)。从图中可以看出,$\frac{h'_2}{h_2}$ 与 $\frac{B'_2}{B_2}$ 成负相关变化,$\frac{h'_2}{h_2}$ 随 $\frac{B'_2}{B_2}$ 的增大而减

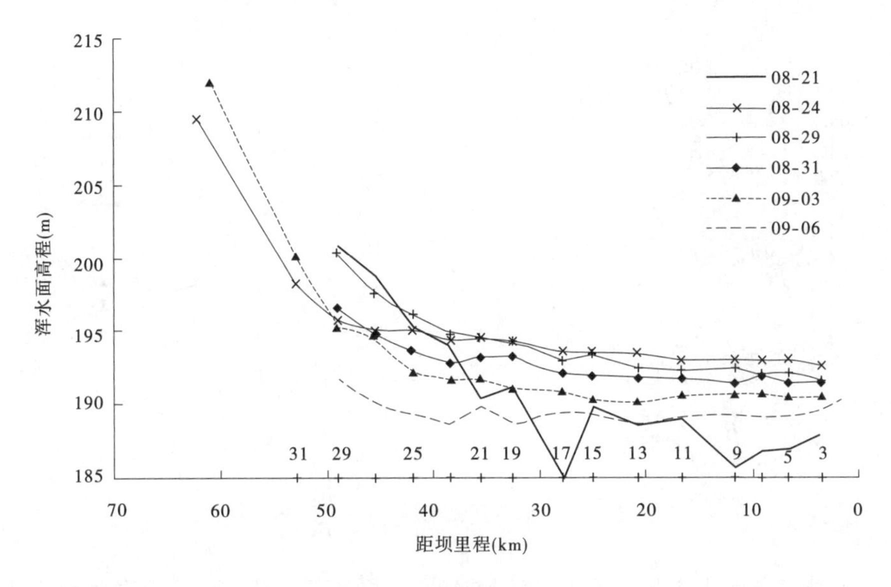

图 2-4-6　2001 年库区异重流清浑水交界面变化过程

小。由于该段为局部缩窄段，永远存在 $B_2' < B_2$ 的关系，也即 $\frac{B_2'}{B_2}$ 总小于 1，在小浪底水库和官厅水库相应河段，$\frac{h_2'}{h_2}$ 不会小于 0.56，但不会大于 3.20。

图 2-4-7(b)为小浪底水库“八里胡同”库段附近局部扩宽前、后小浪底水库异重流的 $\frac{h_2'}{h_2} \sim \frac{B_2'}{B_2}$ 关系变化图。从图中可以看出，$\frac{h_2'}{h_2}$ 与 $\frac{B_2'}{B_2}$ 成负相关变化，$\frac{h_2'}{h_2}$ 随 $\frac{B_2'}{B_2}$ 的增大而减小。由于该段为局部扩宽段，永远存在 $B_2' > B_2$ 的关系，也即 $\frac{B_2'}{B_2}$ 总大于 1，当宽度扩宽后，异重流的厚度既可能增加也可能减少，主要随出口地形条件的变化而变化。在小浪底水库“八里胡同”库段，$\frac{h_2'}{h_2}$ 不会大于 1.11。

4.2.2　异重流含沙量

图 2-4-8(a)为小浪底水库“八里胡同”库段附近局部缩窄前、后水库异重流的 $\frac{S_2'}{S_2} \sim \frac{B_2'}{B_2}$ 关系变化图。S_2、S_2'、B_2、B_2' 分别为河宽变化断面前、后异重流厚度和宽度，加“′”表示变化后的因子(下同)。从图中可以看出，$\frac{S_2'}{S_2}$ 与 $\frac{B_2'}{B_2}$ 成负相关变化，$\frac{S_2'}{S_2}$ 随 $\frac{B_2'}{B_2}$ 的增大而减小。由于该段为局部缩窄段，永远存在 $B_2' < B_2$ 的关系，也即 $\frac{B_2'}{B_2}$ 总小于 1，当宽度缩窄后，

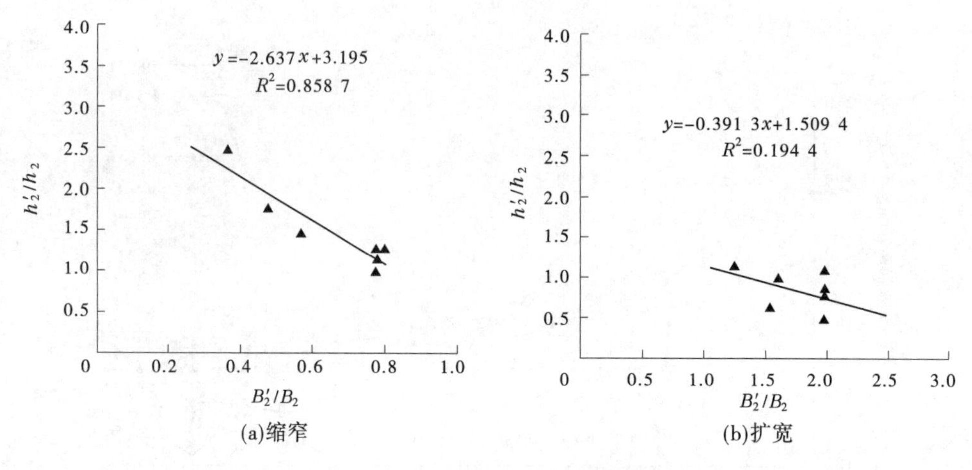

图 2-4-7 河宽变化前后 $\frac{h'_2}{h_2} \sim \frac{B'_2}{B_2}$ 关系

缩窄处上游壅水导致上游异重流的含沙量减小,主要随缩窄进口地形等条件而变化,在小浪底水库和官厅水库相应河段,$\frac{S'_2}{S_2}$ 不会大于 1.18。

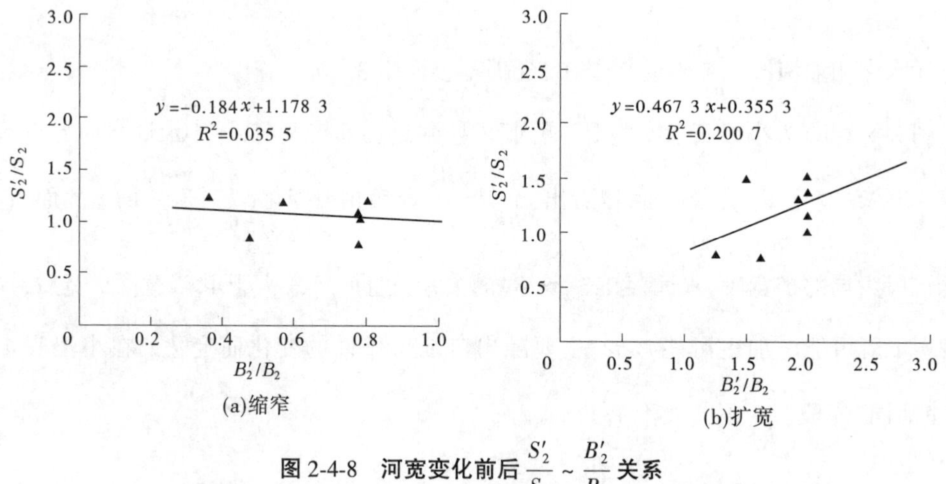

图 2-4-8 河宽变化前后 $\frac{S'_2}{S_2} \sim \frac{B'_2}{B_2}$ 关系

图 2-4-8(b)为小浪底水库"八里胡同"库段附近局部扩宽前、后小浪底水库异重流的 $\frac{S'_2}{S_2} \sim \frac{B'_2}{B_2}$ 关系变化图。从图中可以看出,$\frac{S'_2}{S_2}$ 与 $\frac{B'_2}{B_2}$ 成正相关变化,$\frac{S'_2}{S_2}$ 随 $\frac{B'_2}{B_2}$ 的增大而增大。由于该段为局部扩宽段,永远存在 $B'_2 > B_2$ 的关系,也即 $\frac{B'_2}{B_2}$ 总大于 1,当宽度扩宽后,扩宽处上游壅水导致上游异重流的含沙量减小,主要随出口地形等条件的变化而变化。在小浪底水库"八里胡同"库段,$\frac{S'_2}{S_2}$ 不会小于 0.83。

4.2.3　异重流流速及流态

4.2.3.1　流速沿垂线分布

从水槽试验中观察到局部缩窄对流速的垂线分布产生了较大的影响。在小浪底水库“八里胡同”库段，进出口的垂线流速分布图见图2-4-9~图2-4-12。从图中可以看出，“八里胡同”库段附近进口断面流速最大点靠近底部，“八里胡同”库段断面流速全垂线增大，“八里胡同”库段附近出口断面流速最大点近底，3个断面主流线垂线流速分布对应较好，说明在主流方向上，缩窄段对“八里胡同”库段断面的流速加速作用比较明显。

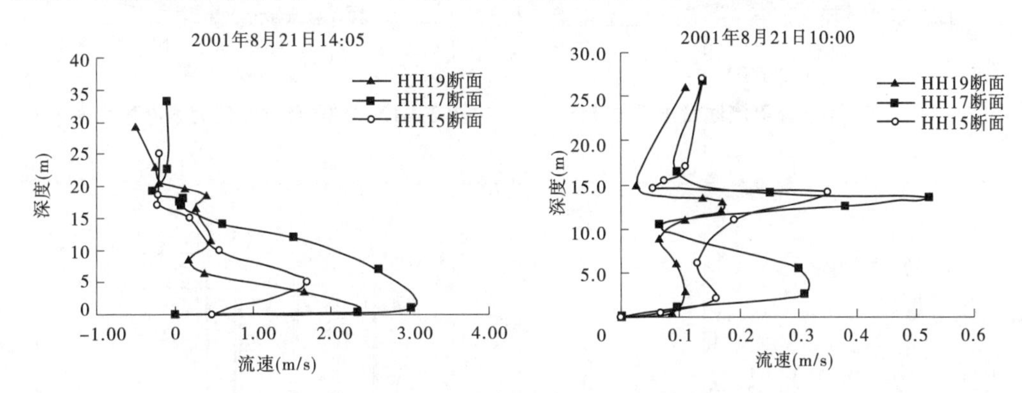

图2-4-9　2001年异重流流速沿垂线分布

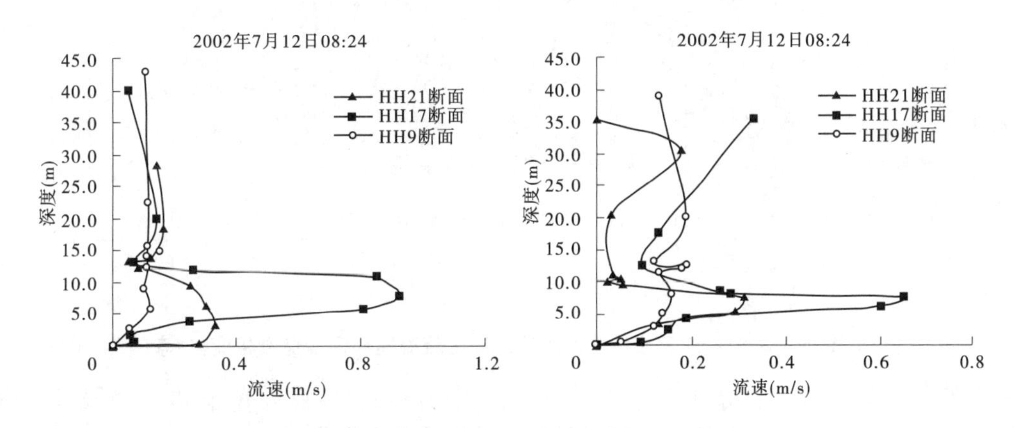

图2-4-10　2002年异重流流速沿垂线分布

本篇第3章中水槽异重流的流速沿垂线分布特点相同，缩窄引起上游的壅水作用，流速沿垂线分布相对均匀；缩窄段内流速增大，沿垂线分布出现整体流速增大，出现“尖刀”；而在缩窄段出口也即扩宽断面流速减少，由于惯性，分布类似于缩窄段内的分布情况。

图2-4-13为2001年8月21~22日小浪底水库异重流主流流速和含沙量沿程变化图，从图中可以看出，含沙量和流速是一对相互作用的因素。异重流的分层运动既与含沙量有关，又与一定的流速有关。异重流的形成和运动需要一定的流速、含沙量条件。

另一方面，同一垂线上，流速的最大值在含沙量分布的垂线中上部取得，含沙量的最

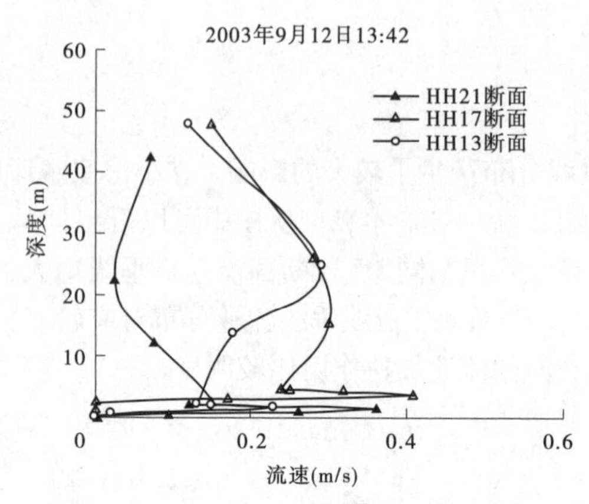

图 2-4-11　2003 年异重流流速沿垂线分布

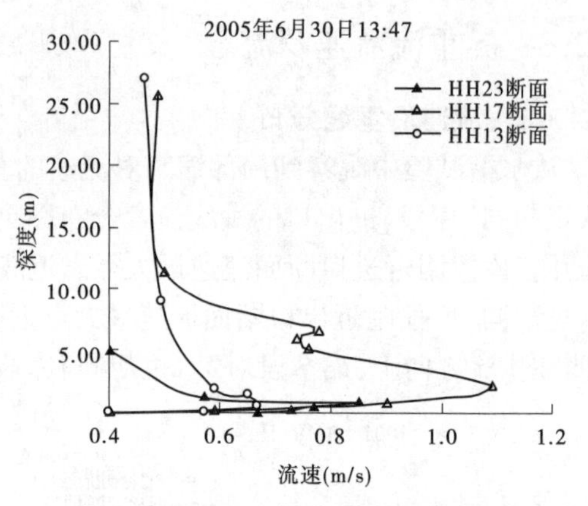

图 2-4-12　2005 年异重流流速沿垂线分布

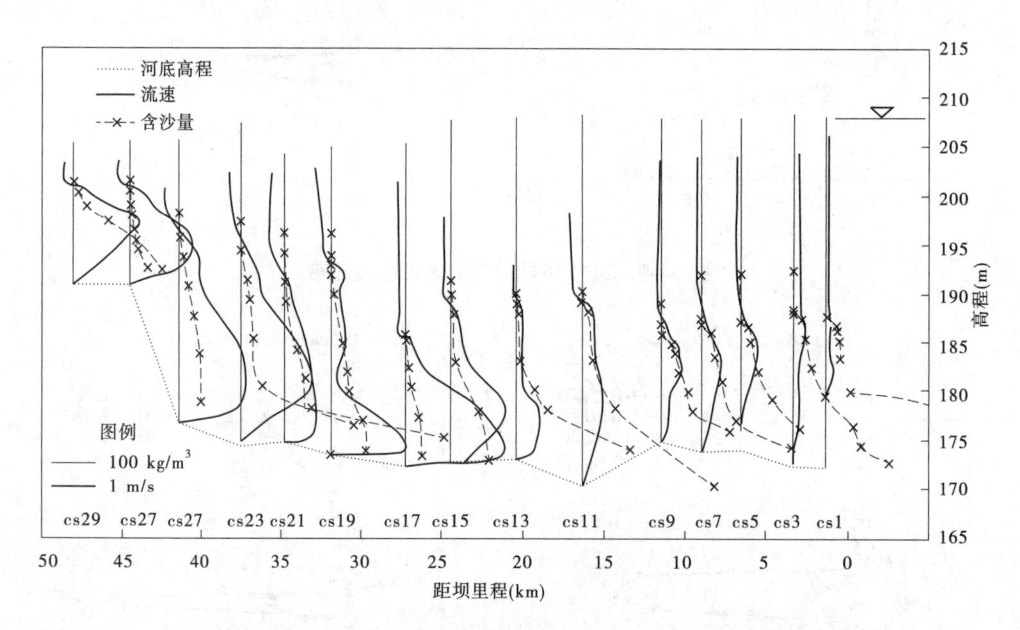

图 2-4-13　2001 年 8 月 21~22 日小浪底水库异重流主流流速和含沙量沿程变化(李国英,2004)

大值在流速分布的垂线底部取得。流速分布在顺坡段最大值靠近底部,在反坡段最大值向上移动,这说明了不同的底部比降对异重流的流速分布产生较大影响。

还可以看出,水库异重流的流动存在非均匀的特性。河宽的变化对流速的影响要大于对含沙量的影响。在缩窄段内异重流流速加大后,流速最大值趋于含沙量分布的底部。在缩窄段的下游,局部扩宽,流速最大值恢复至含沙量分布的中上部。河宽变化改变异重流的垂线分布形式。

4.2.3.2　河宽变化对流速的影响

图 2-4-14(a)为小浪底水库“八里胡同”库段附近局部缩窄前、后异重流的 $\frac{v_2'}{v_2} \sim \frac{B_2'}{B_2}$ 关

系变化图。从图中可以看出，$\frac{v'_2}{v_2}$与$\frac{B'_2}{B_2}$成正相关变化，$\frac{v'_2}{v_2}$随$\frac{B'_2}{B_2}$的增大而增大。由于该段为局部缩窄段，永远存在$B'_2 < B_2$的关系，也即$\frac{B'_2}{B_2}$总小于1，在小浪底水库“八里胡同”库段，$\frac{v'_2}{v_2}$不会小于0.96。

图2-4-14(b)为小浪底水库“八里胡同”库段附近局部扩宽前、后异重流的$\frac{v'_2}{v_2} \sim \frac{B'_2}{B_2}$关系变化图。从图中可以看出，$\frac{v'_2}{v_2}$与$\frac{B'_2}{B_2}$成负相关变化，$\frac{v'_2}{v_2}$随$\frac{B'_2}{B_2}$的增大而减小。由于该段为局部扩宽段，永远存在$B'_2 > B_2$的关系，也即$\frac{B'_2}{B_2}$总大于1，当宽度扩宽后，异重流的流速，主要随出口地形条件的变化而变化。在小浪底水库“八里胡同”库段出口，$\frac{v'_2}{v_2}$不会大于0.86。是“八里胡同”库段出口处地形出现急剧弯道，河底地形变化复杂，加上流量的不恒定作用而导致的。另一方面，不同场次洪峰对应的异重流在各断面的准确测量也是一个困难。

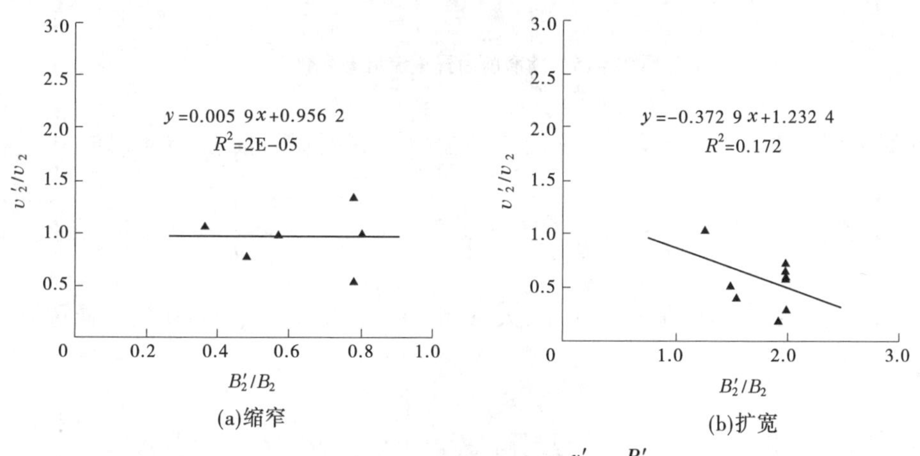

图2-4-14　河宽变化前后异重流$\frac{v'_2}{v_2} \sim \frac{B'_2}{B_2}$关系

4.2.3.3　河宽变化段对流态的影响

图2-4-15(a)为小浪底水库“八里胡同”库段附近局部缩窄前、后异重流的$\frac{Re'_2}{Re_2} \sim \frac{B'_2}{B_2}$关系图。从图中可以看出，$\frac{Re'_2}{Re_2}$与$\frac{B'_2}{B_2}$成负相关变化，$\frac{Re'_2}{Re_2}$随$\frac{B'_2}{B_2}$的增大而减小。由于该段为局部缩窄段，永远存在$B'_2 < B_2$的关系，也即$\frac{B'_2}{B_2}$总小于1，宽度缩窄后异重流仍处于紊流。

图 2-4-15(b)为小浪底水库“八里胡同”库段附近局部缩窄前、后异重流的 $\frac{Fr'_2}{Fr_2} \sim \frac{B'_2}{B_2}$ 关系图。从图中可以看出，$\frac{Fr'_2}{Fr_2}$ 随 $\frac{B'_2}{B_2}$ 成正相关变化，$\frac{Fr'_2}{Fr_2}$ 随 $\frac{B'_2}{B_2}$ 的增大而增大。由于该段为局部缩窄段，永远存在 $B'_2 < B_2$ 的关系，也即 $\frac{B'_2}{B_2}$ 总小于 1，宽度缩窄后异重流仍为缓流流态，有向急流转化的趋势。

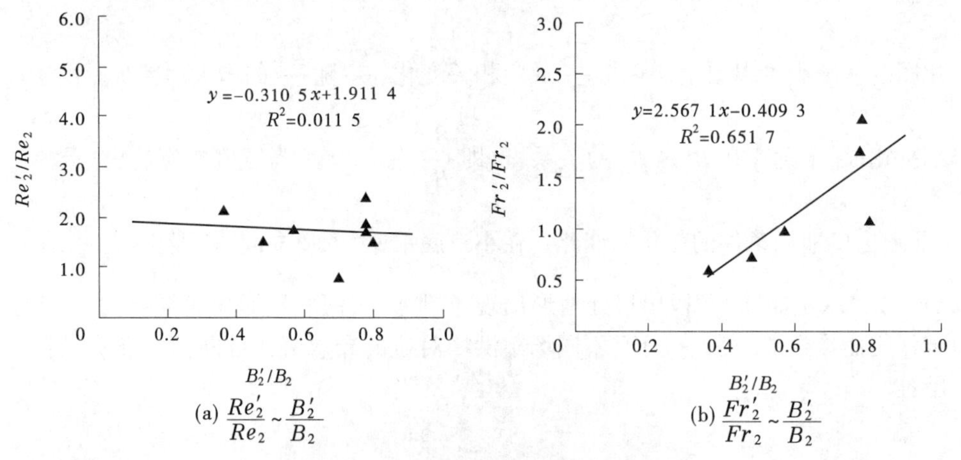

(a) $\frac{Re'_2}{Re_2} \sim \frac{B'_2}{B_2}$　　(b) $\frac{Fr'_2}{Fr_2} \sim \frac{B'_2}{B_2}$

图 2-4-15　缩窄前后异重流流态变化

图 2-4-16(a)为小浪底水库“八里胡同”库段附近局部扩宽前、后异重流的 $\frac{Re'_2}{Re_2} \sim \frac{B'_2}{B_2}$ 关系图。从图中可以看出，$\frac{Re'_2}{Re_2}$ 与 $\frac{B'_2}{B_2}$ 成负相关关系变化，$\frac{Re'_2}{Re_2}$ 随 $\frac{B'_2}{B_2}$ 的增大而减小。由于该段为局部扩宽段，永远存在 $B'_2 > B_2$ 的关系，也即 $\frac{B'_2}{B_2}$ 总大于 1，宽度扩宽后异重流仍处于紊流。

图 2-4-16(b)为小浪底水库“八里胡同”库段附近局部扩宽前、后异重流的 $\frac{Fr'_2}{Fr_2} \sim \frac{B'_2}{B_2}$ 关系图。从图中可以看出，$\frac{Fr'_2}{Fr_2}$ 与 $\frac{B'_2}{B_2}$ 成负相关关系变化，$\frac{Fr'_2}{Fr_2}$ 随 $\frac{B'_2}{B_2}$ 的增大而减小。由于该段为局部缩窄段，永远存在 $B'_2 > B_2$ 的关系，也即 $\frac{B'_2}{B_2}$ 总大于 1，宽度扩宽后异重流仍为缓流流态。

4.2.4　异重流局部阻力系数

对异重流的厚度、含沙量、流速等因素的研究，目的是得到异重流通过河宽变化段的局部阻力系数的变化规律。在实践中，由于在计算异重流的运动情况时常常需要了解局

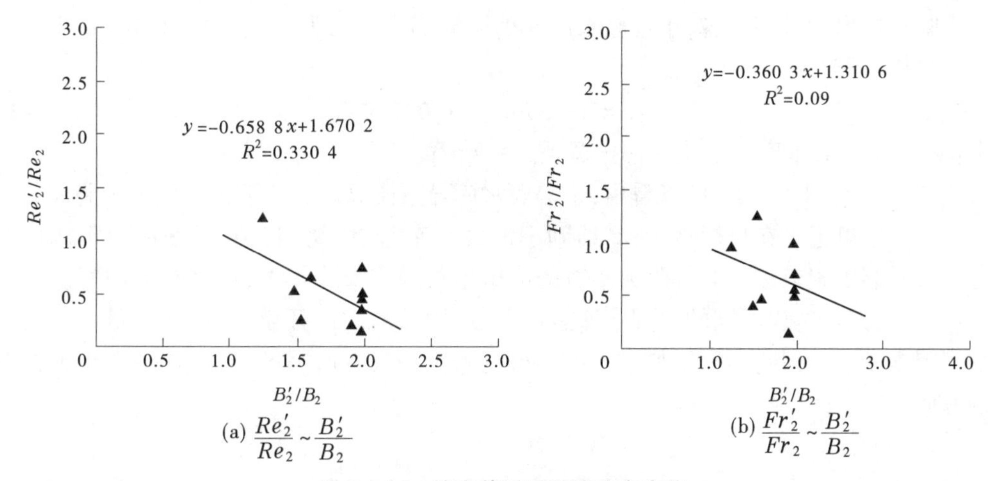

图 2-4-16　扩宽前后异重流流态变化

部阻力的变化。水库异重流在运动过程中沿程衰减主要受到阻力的影响。沿程阻力在全程异重流运动中起重要作用,但在局部缩窄或扩宽河段,局部阻力对异重流的运动产生较大的影响。

在这里,由于黄河小浪底“八里胡同”河段两岸为悬崖峭壁,边界条件不易改变,缩窄比、扩宽比的变化实则为其上下游断面的宽度变化。表 2-4-5 为小浪底水库异重流局部缩窄阻力系数计算值与缩窄比统计表。表 2-4-6 小浪底水库异重流局部扩宽阻力系数计算值与扩宽比统计表。在小浪底水库异重流局部阻力系数计算中,多计算了缩窄段进口至计算断面的局部损失值,最终导致了计算结果与实际有些出入。但在有限的资料条件下进行如此计算,是能够说明问题的。

表 2-4-5　小浪底水库异重流局部缩窄阻力系数计算值与缩窄比统计

缩窄比(B)	0.78	0.78	0.78	0.36	0.36
局部缩窄损失(Y_1)	4.80	2.50	7.80	5.90	9.534

表 2-4-6　小浪底水库异重流局部扩宽阻力系数计算值与扩宽比统计

扩宽比(B)	1.60	1.91	1.98	1.98	1.98
局部扩宽损失(Y_2)	21.00	23.34	35.67	24.39	18.62

图 2-4-17 为小浪底水库异重流局部缩窄阻力系数实测计算值与缩窄比关系图。从图中可以看出,局部阻力系数随缩窄比的增大而减小。

根据水槽试验研究结果,去除进口含沙量因素,对小浪底水库异重流局部缩窄阻力系数计算值与缩窄比进行了统计分析,得到:

$$y_1 = -6.4917B + 10.077 \tag{2-4-1}$$

式中:y_1 为小浪底水库异重流局部缩窄阻力系数。

图 2-4-18 为小浪底水库异重流局部扩宽阻力系数实测计算值与扩宽比关系图。从图中可以看出,局部阻力系数随扩宽比的增大而增大。

去除进口含沙量因素,对小浪底水库异重流局部扩宽阻力系数计算值与扩宽比进行了统计分析,得到:

$$y_2 = 13.576B - 1.0275 \tag{2-4-2}$$

式中:y_2 为小浪底水库异重流局部扩宽阻力系数。

从图 2-4-17、图 2-4-18 可以看出,小浪底水库异重流局部扩宽损失系数大于局部缩窄损失系数 2 倍以上。在自然界中,具体到小浪底水库“八里胡同”河段,水库异重流局部阻力系数受制因素较多。局部阻力系数的取值不仅与缩窄比相关,而且与不同场次的洪峰流量大小,流量过程不同的前期水库运用条件,不同的闸门开启条件、含沙量大小及与级配等因素相关。这些因素增加了水库异重流阻力系数的研究的难度,是下一步工作努力的方向。

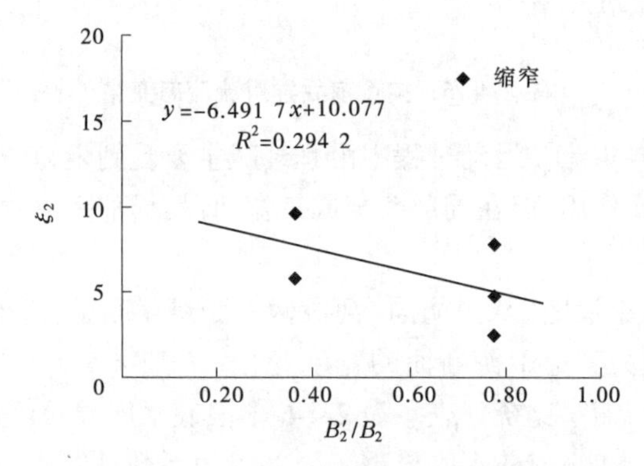

图 2-4-17　小浪底水库异重流局部缩窄阻力系数计算值与缩窄比

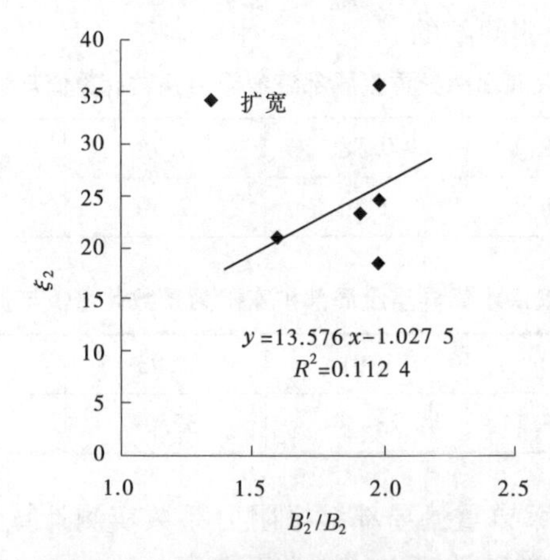

图 2-4-18　小浪底水库异重流局部扩宽阻力系数计算值与扩宽比

在今后的水文测量中,建议加强对河宽变化段的异重流水文要素的测量,例如对同一主流异重流实施多组定点、同时测量。另外,开发或引进新的测量设备和仪器,以期推进水库异重流局部阻力系数研究。

4.3　本章小结

本章对黄河小浪底水库近年异重流的运动情况进行了初步分析，在分析过程中，获得了以下有益的成果：

(1)异重流通过缩窄段前、后，厚度既主要随水槽缩窄程度对浑水向上游反射情况影响减少，减少幅度随支流倒灌条件、进口含沙量等因素的变化而变化。在小浪底水库和官厅水库相应河段，缩窄前后$\frac{h'_2}{h_2}$随$\frac{B'_2}{B_2}$增大而减小，$\frac{h'_2}{h_2}$不会小于0.56，但不会大于3.20；扩宽前、后，$\frac{h'_2}{h_2}$随$\frac{B'_2}{B_2}$增大而减小，$\frac{h'_2}{h_2}$不会大于1.11。

(2)异重流通过缩窄段前、后，含沙量变化较小。由于河宽变化引起壅水的作用，导致上游含沙量减小，在小浪底水库和官厅水库相应河段，$\frac{S'_2}{S_2}$随$\frac{B'_2}{B_2}$增大而减小，$\frac{S'_2}{S_2}$不会大于1.18；扩宽后$\frac{S'_2}{S_2}$随$\frac{B'_2}{B_2}$增大而增大，$\frac{S'_2}{S_2}$不会小于0.83。

(3)异重流通过缩窄段前、后，流速沿垂线分布型式变化，$\frac{v'_2}{v_2}$随$\frac{B'_2}{B_2}$的增大而增大，小浪底水库“八里胡同”库段，$\frac{v'_2}{v_2}$不会小于0.96；扩宽后$\frac{v'_2}{v_2}$随$\frac{B'_2}{B_2}$增大而减小，$\frac{v'_2}{v_2}$不会大于0.86。异重流通过缩窄段前、后，流态基本无变化，均保持上游流态。

(4)小浪底水库异重流局部缩窄计算值与缩窄比的相关关系：

$$y_1 = -6.4917B + 10.077$$

小浪底水库异重流局部扩宽阻力系数计算值与扩宽比的相关关系：

$$y_2 = 13.576B - 1.0275$$

小浪底水库异重流通过缩窄段前、后，局部扩宽引起的阻力损失远大于局部缩窄引起的阻力损失。

第5章　结论与展望

5.1　结　论

本篇主要工作是通过概化水槽试验,初步研究了缩窄段对异重流运动产生的巨大影响,改变了上游的流速分布形式。试验中采取了与以往不同的异重流形成过程,即从蓄有清水的水槽下层直接释放浑水水流,略去了明流段及潜入过程;通过试验数据分析了闸孔开启前、后进口含沙量、缩窄比和扩宽比对缩窄和扩宽前后异重流厚度、含沙量、流速、流态的影响;简要分析了进口含沙量、缩窄比和扩宽比对局部阻力损失影响,并在此基础上定量分析了小浪底水库“八里胡同”库段异重流通过缩窄比和扩宽比对局部阻力系数的变化规律。主要认识和结论如下:

水槽试验中,闸门开启与否,对缩窄段和扩宽段的异重流的运动规律影响是量的区别,获得规律是一致的。试验中开启闸孔前异重流的运动可认为是异重流头部的运动;开启闸孔后异重流的运动可认为是稳定阶段的运动。原型中水库的异重流,在一般情况下,可认为是开闸后稳定阶段的运动。这与小浪底水库中观测到的规律是相似的,主要区别在于异重流运行至闸前,闸门开度和时机不同,引起水库坝前的浑水反射的干扰作用影响。

5.1.1　异重流厚度变化

(1)闸孔开启前。

水槽试验中,在相同的断面,异重流厚度随含沙量的增大而减小,随下游河槽缩窄的宽度减小而增加。在存在河宽变化的区域,含沙量变化对异重流厚度的影响小于宽度变化对异重流厚度的影响。

水槽试验中,局部缩窄前、后厚度比随缩窄比成负相关关系变化,在本水槽试验条件下,厚度比最小不会大于0.96,但也不会大于1.34。局部扩宽前、后厚度比随扩宽比成负相关关系变化,在本水槽试验条件下,厚度比最大不大于0.83。受原型条件、异重流发生时间等因素所限,原型中异重流头部运动的实测资料较难获得。

(2)闸孔开启后。

含沙量对缩窄段上游的厚度影响较大,对缩窄段内厚度影响次之,对扩宽段下游的影响最小。在缩窄前后,相同的断面,异重流厚度随含沙量的增大而减小,随下游河槽缩窄的宽度减小而增加。但在扩宽断面,异重流厚度不随含沙量的增大变化,随下游河槽缩窄的宽度减小而减小。

水槽试验中,局部缩窄前、后厚度比随缩窄比成负相关关系变化,在本水槽试验条件下,不大于0.98。产生这种情况的原因在于缩窄段进口对异重流的阻碍作用导致上游厚度增大，由于水槽尺度较小，导致厚度比减小。这与原型情况有所出入。局部扩宽前、后厚度比随扩宽比成负相关关系变化，在本水槽试验条件下，厚度比不会大于0.77。在小浪底水库和官厅水库相应河段，缩窄前后厚度比随缩窄比增大而减小，厚度比不会小于0.56，但不会大于3.20；扩宽前、后，厚度比随扩宽比增大而减小，厚度比不会大于1.11。

5.1.2　异重流含沙量变化

（1）闸孔开启前。

水槽试验中，相同的进口含沙量条件下，宽度缩窄变化越小，异重流含沙量越大。在相同的断面，宽度变化相同时，含沙量变化情况和一般情况相同，即进口含沙量与断面含沙量成正相关正向变化。缩窄比越小，进口含沙量对异重流的含沙量影响就越大。这与实际也是相符的。

水槽试验中，局部缩窄前、后含沙量比随缩窄比成正相关变化，当宽度缩窄后，异重流的含沙量比减少，主要随水槽缩窄程度对清浑水掺混、边界条件、进口含沙量等因素的变化而变化。局部扩宽前、后含沙量比随扩宽比成负相关关系变化，在本水槽试验条件下，含沙量比不会大于1。

（2）闸孔开启后。

水槽试验中，异重流沿程含沙量受进口含沙量的变化影响较大。相同的进口含沙量条件和在相同的断面，宽度变化相同时，含沙量变化情况和开启闸孔前情况相同。但含沙量值均比开闸前有所上升。

水槽试验中，局部缩窄前、后含沙量比随缩窄比成正相关变化，含沙量比随缩窄比的增大而增大。在本水槽试验条件下，含沙量比也不会大于1.0。局部扩宽前、后含沙量比随扩宽比成负相关关系变化。当异重流稳定后，宽度扩宽段异重流的含沙量比增大幅度稍增。

由于河宽变化引起壅水的作用，导致上游含沙量减小，在小浪底水库和官厅水库相应河段，含沙量比随缩窄比增大而减小，含沙量比不会大于1.18；扩宽后含沙量比随扩宽比增大而增大，含沙量比不会小于0.83。

5.1.3　异重流流速及流态变化

由于局部宽度变化，缩窄断面上游流速垂线分布较为均匀，顺直缩窄段内断面最大流速点靠近异重流中层，大约在槽底向上4 cm处，扩宽断面下游最大流速点靠近槽底。

水槽试验中，在相同比降下，同一断面异重流流速随含沙量的增大而减小。在含沙量相同时，不同组次中流速随宽度缩窄的减小而减小。3—3断面与7—7断面流速变化值受含沙量的影响的变幅大于5—5断面的流速变化值受含沙量的影响的变幅。开闸后情况与开闸前相同。

水槽试验中，开闸前，局部缩窄前、后流速比随缩窄比成负相关关系变化。在本试验条件下，流速比最大不大于3.45。局部扩宽前、后变化趋势和局部缩窄前、后相同，在本试验条件下，流速比最大不大于0.87。

水槽试验中，开闸后，局部缩窄前、后流速比随缩窄比成负相关关系变化。在本试验条件下,流速比最大不大于4.32,最小不小于0.34。闸孔开启后局部缩窄对异重流的流速影响比闸孔开启前增大。局部扩宽前、后流速比随扩宽比成负相关关系变化,在本试验条件下,流速比最大不大于0.94。开闸后局部扩宽对异重流流速的影响和开闸前相比影响不大,但流速比在开闸后比开闸前略有增大。小浪底水库"八里胡同"库段,缩窄后流速比随缩窄比成弱的正相关关系变化,不会小于0.96;扩宽后流速比随扩宽比增大而减小,流速比不会大于0.86。

水槽试验中,闸孔开启前,无论是缩窄段还是扩宽段,雷诺数比、弗劳德数比均随缩窄比成负相关关系变化。当宽度缩窄后,异重流的弗劳德数增加,但都还是缓流流态。在相同条件下,异重流弗劳德数随宽度的减小而有增大的趋势,也即当水槽变窄时,在缩窄段内异重流流态有趋向急流流态的趋势转化。在局部扩宽段内,水流流速减小,弗劳德数减少,雷诺数减少。当宽度扩宽后,异重流的弗劳德数减少,还是缓流流态。在相同条件下,异重流弗劳德数随宽度的减小而有减小的趋势,也即当水槽变宽时,在扩宽段内异重流流态有向层流转化的趋势。

水槽试验中,闸孔开启后,无论是缩窄段还是扩宽段,雷诺数比、弗劳德数比均随缩窄比成负相关关系变化。当宽度缩窄时,异重流的雷诺数增大,增大幅度主要随水槽尺度和边界条件等因素的变化而变化。宽度扩宽引起异重流的雷诺数变化幅度较小。在缩窄段内异重流流态有趋向急流流态的趋势变弱。小浪底水库"八里胡同"库段附近,异重流通过缩窄段前、后,流态基本无变化,均保持上游流态。

5.1.4　异重流局部阻力系数

5.1.4.1　进口含沙量对局部阻力系数的影响

水槽试验中,闸孔开启前,缩窄段的局部阻力系数都随进口含沙量的增大而减小,扩宽段的局部阻力系数都随进口含沙量的增大而增大。而缩窄段的局部阻力系数随进口含沙量的变幅较大。宽度缩窄程度越大,这种趋势越明显,扩宽段的局部阻力系数受进口含沙量的影响也较大,这说明宽度缩窄程度对异重流头部局部阻力系数的影响较强。

水槽试验中,闸孔开启后,缩窄段的局部阻力系数随进口含沙量的增大而增大,扩宽段的局部阻力系数随进口含沙量的增大而减小。缩窄段的局部阻力系数随进口含沙量的变幅减小,宽度缩窄程度越大,这种趋势越微弱。而扩宽段的局部阻力系数受进口含沙量的影响相对较小,这说明宽度缩窄程度对局部阻力系数的影响在开闸后是微弱的。

5.1.4.2　宽度变化与局部阻力系数关系

(1)闸孔开启前。

水槽试验中,异重流局部缩窄阻力系数缩窄比进行回归得:

$$y_1 = -2.474B + 2.175$$

水槽试验中,异重流局部扩宽阻力系数扩宽比进行回归得:

$$y_2 = 1.269B + 1.480$$

水槽试验中,闸孔开启前,异重流通过缩窄段的局部阻力系数不仅随宽度的缩窄程度的减小而增大,而且比同尺度的明渠水流局部缩窄阻力系数大许多。同时,宽度缩窄越多,异重流缩窄局部阻力系数比明渠大的幅度越大。在局部扩宽段,异重流局部缩窄阻力系数要比局部扩宽阻力系数大2倍左右。

(2)闸孔开启后。

水槽试验中,局部缩窄阻力系数与缩窄比的相关关系:

$$y_1 = -2.453B + 2.508$$

小浪底水库异重流局部缩窄计算值与缩窄比的相关关系:

$$y_1 = -6.4917B + 10.077$$

水槽试验中,局部扩宽阻力系数与扩宽比的相关关系:

$$y_2 = 2.957B - 1.972$$

小浪底水库异重流局部扩宽阻力系数与扩宽比的相关关系:

$$y_2 = 13.576B - 1.0275$$

水槽试验中,闸孔开启后,异重流局部缩窄、扩宽阻力系数和开闸前局部缩窄、扩宽阻力系数的变化特点相同。只是开闸后异重流局部缩窄阻力系数和开闸前变化不大,而局部扩宽阻力系数比开闸前增大。在局部扩宽段,异重流局部扩宽阻力系数要比局部缩窄阻力系数大2倍以上。小浪底水库"八里胡同"库段附近,异重流局部扩宽阻力系数要比局部缩窄阻力系数大4倍以上。

5.2 展　望

水库异重流的局部河宽变化研究涉及河流动力学、水力学、土力学以及沉积学等多种学科,是目前水利学科、气象学科、地质学科等多学科关注的前沿交叉课题之一。其研究成果对丰富和完善河流动力学、河床演变学等有着十分重要的理论意义,应用在水库调度的实践中,能产生长远的社会经济效益。

由于时间紧,组次安排较为简单,根据试验设备条件和人员安排情况,得到较大收获,下面给今后的研究提几点建议:

(1)进一步研究影响异重流局部阻力的因素。目前研究的影响因素是很有限的,很多因素都还没有进一步研究,下一步应该做的工作还有很多,比如,研究进、出口流量、流量过程、缩窄角度变化、进口清浑水头差、不同运用方式等对异重流局部阻力的影响。

(2)局部损失计算中相关参数的确定。结合现代流体力学理论的最新进展,推进异重流局部损失研究的广度和深度。研究异重流在固定河段的相关运动参数的取值,对水库异重流排沙计算有重要的指导意义,将使计算更贴近实际,更具实际意义。

(3)研究重点。在今后的研究中,重视异重流在通过扩宽段的运动情况,加强异重流头部运动的研究,尤其是通过扩宽段之后的头部流速分布、运动形态、淤积形态等方面。这方面规律认识的深化,将增加水库异重流人工塑造的预报精度。

(4)测量手段和仪器。要深入研究异重流运动规律,必须获得有效的试验数据。由于异重流的运动特性,试验过程短,而测量项目多,需要人手多,受制因素较多,改进测量手段,或采用数字化机械装备控制,以保证试验结果的精确度,引进或开发先进仪器设备是非常必要的。

(5)试验条件改善。由于水槽尺度与自然界水库的自然尺度差距悬殊,所得到的规律性认识还有待于进一步研究,以建立更深、更精确的数学关系的条件。因此,急需在大尺度的试验条件下进行试验,以提高模拟水库异重流基本规律的水平。

(6)在自然界水文测验中,加密对异重流通过河宽变化段时的水文要素测量,以获得更为接近的异重流运动情况,提高人们认识异重流运动规律的水平。

第三篇　低含沙异重流潜入研究与实践

第1章　绪　论

1.1　研究背景

牛栏江—滇池补水工程是滇池流域水环境综合治理六大工程措施的关键性工程，是滇中调水的近期重点工程。该补水工程配合环湖截污、入湖河道整治等综合治理措施，可有效增加滇池水资源总量和提高水环境容量，加快湖泊水体循环和交换，对治理滇池水污染、改善滇池水环境具有十分重要的作用。

补水工程主要由德泽水库水源枢纽工程、干河提水泵站工程及输水线路三部分组成，见图3-1-1。德泽水库位于牛栏江干流上游段（七星桥至德泽水文站之间）。坝址位于德泽大桥上游4.2 km处，距昆明市173 km。坝址以上控制流域面积4 551 km^2，坝高142 m，水库正常蓄水位1 790.00 m，相应库容41 597万m^3，最低运行水位1 752.00 m，相应死库容18 902万m^3，调节库容21 236万m^3。干河泵站位于库区支流干河内，泵站取水口布置于左岸干河汇口下游约330 m处（见图3-1-2），下游距大坝枢纽约17 km，上游距正常蓄水位时回水末端约18 km，取水口断面牛栏江天然河床高程1 729.2 m。输水线路总长为115.84 km，起点位于干河泵站出水池，高程1 972.762 m，终点位于盘龙江松华坝水库下游2.2 km处，水流经瀑布公园、盘龙江河道汇入滇池。

工程于2013年12月29日正式通水，截至2016年底已累计向滇池补水约15亿m^3，对改善滇池水质发挥了重要作用。但实际运行过程中存在汛期水流含沙量较枯期显著增加、泵站取水的水体浑浊的问题，根据中国电建集团昆明勘测设计研究有限公司前期监测成果，当含沙量大于0.056 kg/m^{3}时，对瀑布公园及盘龙江入滇池河道景观和水环境等存在较大影响，见图3-1-1。

针对这一问题，2016年中国电建集团昆明勘测设计研究有限公司开展了牛栏江干河泵站取水防沙治理一期工程可行性研究工作，2017年开展了牛栏江引水汛期泥沙综合整治应急工程干河拦沙坝可行性研究。经调查研究发现，汛初5月、6月德泽水库低水位时取水口上游干、支流回水均较短，同时汛期在距离取水口较近位置形成异重流现象，由此导致汛期取水中泥沙含量偏高，水体浑浊。长期来看，随着回水变动区的泥沙淤积向泵站取水口门附近进一步发展，可能使泵站取水防沙形势趋于恶化。

为积极稳妥地推进干河泵站取水防沙治理工作，中国电建集团昆明勘测设计研究有限公司结合现场调查和初步计算分析成果，认为异重流的形成与运行是其中关键的影响因素，在此基础上提出了三期实施方案，建议优先实施干河支流拦沙坝等治理工程措施，同时委托清华大学与黄河水利科学研究院针对“干河汇口—泵站取水口”水沙运动规律和变动回水区泥沙淤积的发展情况进一步开展专题研究，为治理方案的制订和实施提供必要的科技支撑。项目研究采用资料分析、数学模型、物理模型相结合的技术路线，其中

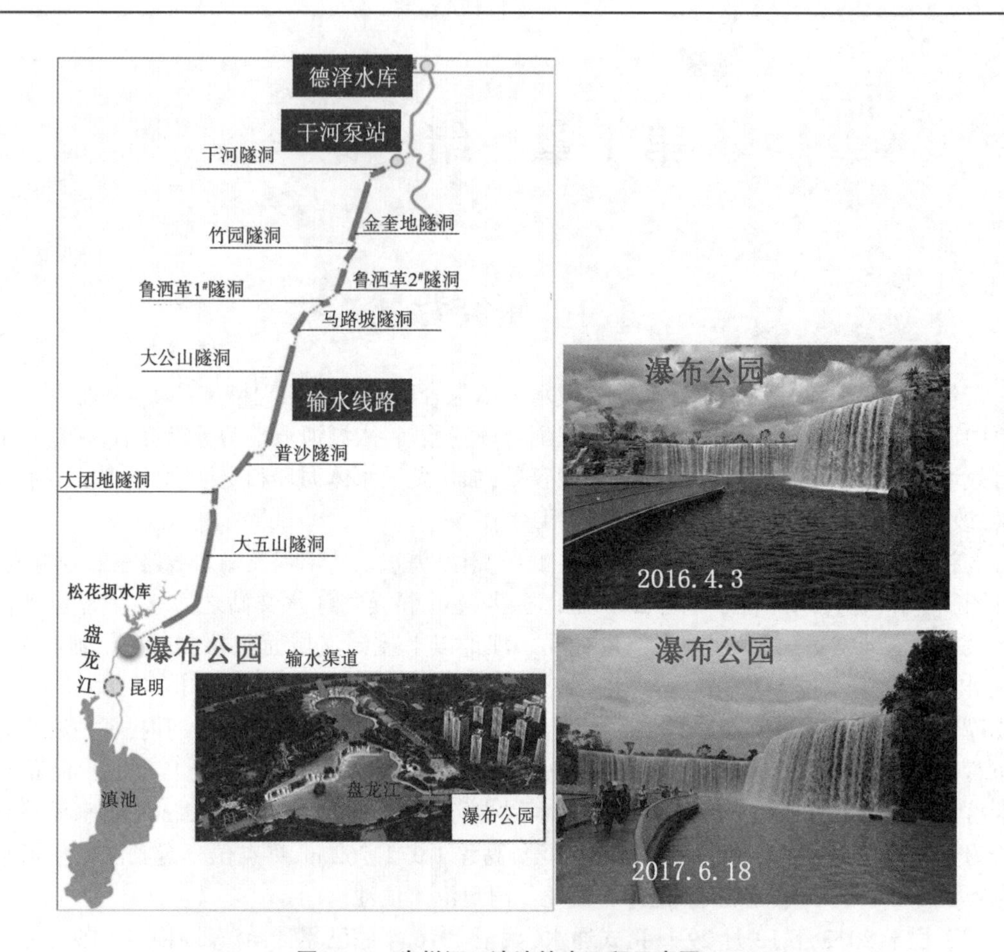

图 3-1-1　牛栏江—滇池补水工程示意图

图 3-1-2　取水口与德泽水库相对位置关系

物理模型部分由黄河水利科学研究院承担。

1.2　研究内容及技术路线

根据研究工作的复杂性和研究目标，针对推荐泵站取水防沙治理措施的物理模型模型沙选择、制作与试验，相继开展了水槽基础试验、模型设计与制作、模型验证试验、干支流拦沙坝修建前后典型汛期洪水过程试验、干支流拦沙坝库容恢复试验。

（1）水槽基础试验。

利用水槽开展前期基础试验，进行模型沙选择。采用初选的模型沙，针对表层异重流、中层异重流及底层异重流的潜入条件与输移特征等进行概化试验，为物理模型设计提供基础，并对相关量测仪器设备进行比测。

（2）模型设计与制作。

依照《河工模型试验规程》（SL 99—2012），采用水库物理模型相似律研究成果，针对研究对象水沙特点和边界条件，进行物理模型设计与制作。模拟范围自牛栏江干流取水口下游（距坝 14.86 km）至回水末端（距坝 36.05 km）约 21.2 km、干河汇口以上约 6 km，模拟高程范围为 1 695~1 800 m。

模型设计应满足水流运动、泥沙运动与河床变形相似，同时考虑异重流相似，并控制时间变态问题；模型制作在保证模型稳定性的前提下，严格控制定床边界的平面与垂向偏差；设计性能稳定，便于调控模型控制与量测系统。

（3）模型验证试验。

受制于牛栏江河道地形、测验工作量大及交通不便等不利条件，在多次测验结果分析基础上，选取异重流运动较为完整的测验时段（干河 7 月 26 日，牛栏江 7 月 20 日）的实测水沙过程、河道边界以及德泽水库调度等资料对模型进行验证试验，通过对比流速、含沙量的变化，检验模型与原型的相似性。

（4）干支流拦沙坝修建前后典型汛期洪水过程试验研究。

针对干河、牛栏江来水来沙情况，以清华大学设计的、得到专家认可的、具有较好的代表性的 5 场共 42 天典型洪水过程进行试验，分析德泽水库不同蓄水状态下，干支流拦沙坝修建前后坝区水沙输移过程、拦沙坝泄流及水流含沙量过程、取水口取水含沙量过程等。在此基础上，对三个典型年水沙过程条件下拦沙坝拦沙及对取水口取水含沙量过程进行预测分析。

（5）干支流拦沙坝库容恢复试验研究。

拦沙坝区降水冲刷是库容恢复的重要方式，拦沙坝排沙过程影响因素复杂且难以准确把握。为达到理想的冲刷效果，并把握拦沙坝下泄水沙组合，针对干河、牛栏江来水来沙情况，选取第 3 场典型汛期洪水、干河拦沙坝加牛栏江拦沙坝运行 10 年淤积水平年进行试验，研究来水来沙条件等主要因素对库容恢复效果等的影响。

物理模型试验方案见表 3-1-1。

表 3-1-1　物理模型试验方案

方案	地形条件	洪水过程	德泽水库水位	说明
1	现状地形	典型洪水系列	1 760 m、1 790 m	无拦沙坝
2	干河拦沙坝+牛栏江拦沙坝现状地形	典型洪水系列	1 760 m、1 790 m	拦沙坝溢流
3	干河拦沙坝+牛栏江拦沙坝运行 10 年淤积地形	典型洪水第 3 场	保证取水口前畅流无壅水	恢复拦沙坝库容

第2章　研究河段概况

2.1　德泽水库调度

德泽水库是牛栏江—滇池补水工程水源地。按照规划，牛栏江—滇池引水工程2020年之前重点向滇池补充生态水量，改善滇池水环境，并在昆明发生供水危机时，提供城市生活及工业用水；2020~2030年主要任务为曲靖市生产、生活供水，其次与金沙江调水工程共同向滇池补水，并作为昆明市的后备水源提供供水安全保障。本次研究采用昆明勘测设计研究有限公司提供的以向滇池补充生态水量为主的德泽水库运行方式，见表3-2-1。德泽水库具体运行方式说明如下：

(1)控制水库枯水期最低运行水位不低于1 752 m，汛期6~11月最高运行水位不超过1 790 m。

(2)泵站逐月抽水量按2017年(平水年$P=50\%$)确定，6月或7月留1个月时间停止抽水安排泵站检修。

(3)生态流量通过发电引水泄放，枯期12月至次年5月按不少于5.4 m^3/s泄放(如4月、5月入库流量较大，可增加泄放流量)，汛期6~11月扣除调水量后如水量充足，则电站均按满发(引用流量20 m^3/s)考虑，如不能满发，应按不少于16.2 m^3/s生态流量下放。

(4)汛期库水位达到1 790 m后开启泄水建筑物泄洪，维持水位在1 790 m。水位具体计算过程如下：

①初始条件取2015年与2016年12月31日末蓄水位的平均值4.033亿m^3。计算中先按生态及发电用水要求假设下泄流量，然后根据水量平衡方程：

$$\Delta V = (Q - q)\Delta t = W_{来} - W_{用} \tag{3-2-1}$$

计算出日末的蓄水量，再根据水库库容曲线：

$$y = -1.887\,3x^2 + 27.775x + 1\,707.1 \tag{3-2-2}$$

计算出日末库水位，并判断日末水位是否满足要求，若满足，则以相同的方法试算下一天；若不满足，则重新假设下泄流量进行计算。

②在计算过程中，若下泄流量假设为生态及发电用水最小流量，水位还是低于死水位，则应减小抽水流量。枯水期按生态及发电用水最小流量下泄，汛期一般按电站满发流量20 m^3/s下放，当水位达到1 788 m左右可以适当考虑调洪，下泄流量等于来水减抽水流量，下泄流量不大于泄流能力，一般最大下泄流量为300 m^3/s。

表 3-2-1　德泽水库水位运行方式汇总

项目		12月	1月	2月	3月	4月	5月	6月	7月	8月	9月	10月	11月	合计
月末控制水位	(m)						≥1 752	≤1 790	≤1 790	≤1 790	≤1 790	≤1 790	≤1 790	
逐月调水量	(万 m^3)	4 107	4 107	3 709	6 160	5 962	6 160	5 962	0	6 160	5 962	6 160	5 962	60 411
逐月调水流量	(m^3/s)	15.3	15.3	15.3	23	23	23	23	0	23	23	23	23	
生态及发电用水		按生态流量不低于 5.4 m^3/s 通过发电下放						尽可能按电站满发流量 20 m^3/s 下放，且不少于 16.2 m^3/s						
泄洪运行								汛期多余水量通过枢纽溢洪道和泄洪洞下放，维持水位在 1 790 m						

注：本表由昆明勘测设计研究有限公司提供。

2.2　库区地形

2.2.1　库区河道横断面

德泽水库库区由牛栏江干流及其支流干河组成。位于库区的牛栏江干流长约 38 km，干河约在距坝址 17.7 km 处汇入牛栏江干流。

本次研究采用的水库地形为 2017 年 5 月新测 1 m 等高距地形图，测量期间水库水位约为 1 770 m。牛栏江 23 km 以下为船测地形，有水下地形测量结果；而牛栏江 23 km 以上河道及支流干河(1 770 m 以上部分)的地形均采用无人机测量，无水下地形。对于牛栏江 23~27 km 河段的水下地形，用 2009 年原有 2 m 地形替代修正；对于 27 km 以上河道，由于测量时河道流量不大，有、无水下地形差别不大，不予修正。

在模型制作过程中，根据 2017 年 5 月实测资料条件及研究需要对库区牛栏江干流及干河自上游至下游划分了 42 个断面、内插了 23 个断面，其中位于干河支流上的断面数为 16 个、内插了 4 个断面，共 85 个断面。德泽水库的干支流分布及断面布置如图 3-2-1 所示。牛栏江、干河断面特征分布见表 3-2-2、表 3-2-3。

表 3-2-2　牛栏江断面间距

断面	距坝(km)	间距(km)	深泓点(m)	断面	距坝(km)	间距(km)	深泓点(m)	断面	距坝(km)	间距(km)	深泓点(m)
19	14.86	0.00	1 695.25	30	21.90	0.21	1 744.41	47	26.78	0.69	1 770.58
20	15.68	0.82	1 698.94	31	22.08	0.18	1 744.80	48	27.27	0.49	1 771.49
21	16.42	0.74	1 705.16	32	22.25	0.17	1 745.18	49	28.06	0.80	1 772.67
S1	16.48	0.06	1 707.56	33	22.44	0.19	1 745.60	50	28.78	0.72	1 773.59
22	17.04	0.56	1 728.33	34	22.62	0.18	1 745.98	51	29.46	0.67	1 774.54
泵站	17.31	0.27	1 729.24	35	22.83	0.21	1 760.06	52	30.18	0.72	1 775.66
S2	17.47	0.16	1 729.64	36	23.07	0.24	1 760.93	S6	30.33	0.15	1 775.81
23	17.58	0.11	1 730.05	37	23.22	0.16	1 761.50	w1	30.38	0.05	1 775.96
汇口	17.70	0.12	1 730.25	38	23.51	0.29	1 762.28	w2	31.57	1.19	1 784.36
S5	17.91	0.21	1 730.56	39	23.76	0.25	1 762.77	w3	32.37	0.80	1 786.02
24	18.37	0.46	1 730.98	40	23.96	0.19	1 763.15	w4	33.00	0.63	1 786.65
25	19.24	0.87	1 732.01	41	24.19	0.23	1 763.59	w5	33.53	0.53	1 787.19
26	20.09	0.85	1 736.77	42	24.41	0.23	1 764.04	w6	34.53	1.00	1 786.20
27	20.62	0.54	1 742.59	43	24.75	0.34	1 765.01	w7	34.83	0.30	1 788.70
拦沙坝	20.83	0.21	1 742.81	44	24.94	0.19	1 765.56	w8	35.54	0.72	1 794.30
28	21.22	0.39	1 743.36	45	25.37	0.43	1 766.45	w9	36.05	0.50	1 796.50
29	21.70	0.48	1 743.97	46	26.08	0.71	1 767.58				

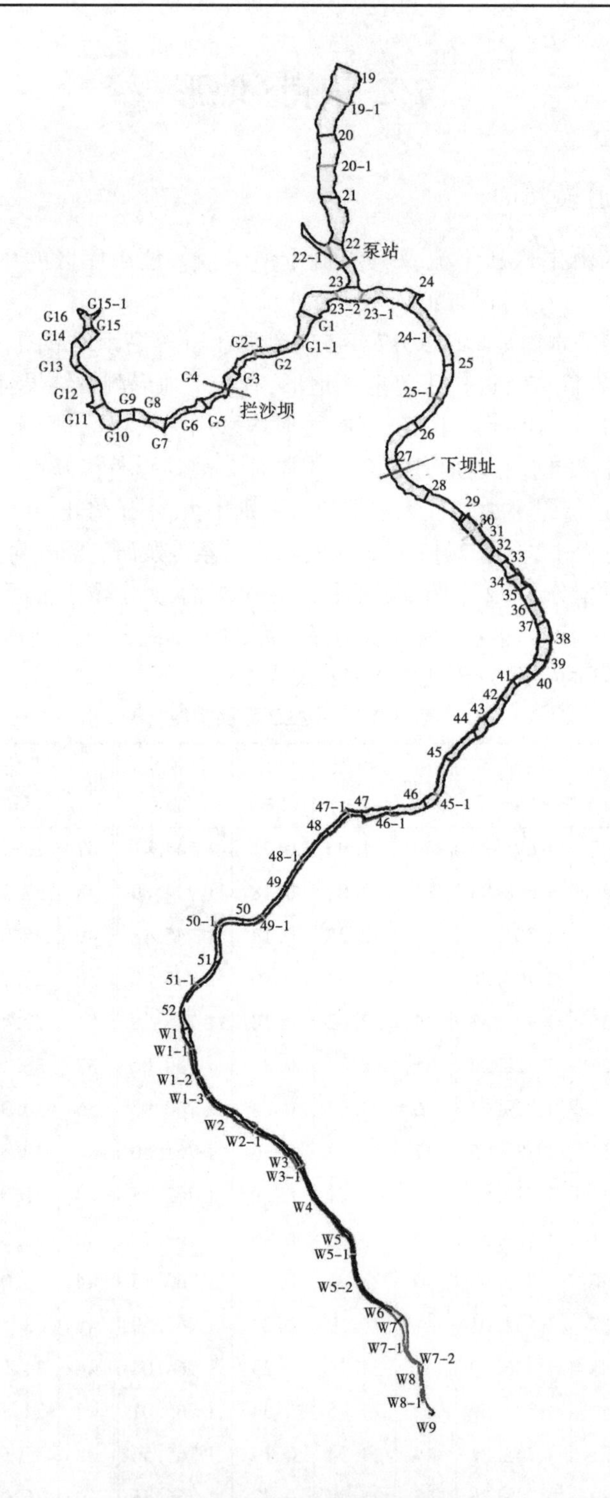

图 3-2-1　德泽水库及计算断面分布

表 3-2-3　干河断面间距

断面	距坝(km)	间距(km)	深泓点(m)	断面	距坝(km)	间距(km)	深泓点(m)	断面	距坝(km)	间距(km)	深泓点(m)
S3	18.14	0.00	1 740	G6	20.28	0.23	1 761	G12	21.64	0.23	1 772
G1	18.31	0.16	1 746	G7	20.60	0.32	1 763	G13	21.97	0.33	1 775
G2	18.93	0.62	1 754	G8	20.81	0.21	1 765	G14	22.25	0.28	1 776
G3	19.52	0.59	1 758	G9	21.00	0.19	1 770	S4	22.47	0.22	1 776
G4	19.72	0.21	1 759	G10	21.17	0.17	1 771	G15	22.53	0.06	1 776
G5	20.06	0.33	1 740	G11	21.42	0.25	1 772	G16	22.75	0.22	1 777

注:G4 为拦沙坝位置。

2.2.2　库区河道纵断面

牛栏江为金沙江右岸的一级支流,发源于寻甸县境内金所乡老黄山,流经昆明市的嵩明、寻甸县,曲靖市的马龙、宣威、会泽县及昭通市的巧家、鲁甸县境内(黄梨树至大沙店河段右岸区域基本属贵州省管辖),在昭阳区的麻耗村附近汇入金沙江。流域呈南北向狭长形。全流域最高点为牛栏江下游西部分水岭附近的药山,海拔达 4 040 m,最低位于金沙江交汇口,海拔仅 550 m。集水面积 13 672 km^2,河道全长 440 km,河道平均比降 4.4‰。其中上游段(德泽水文站以上)河长 172 km,河道平均比降 2.1‰。水系近似呈南北及北东—南西向,发育呈枝状。

位于德泽水库库区的牛栏江干流河道纵剖面如图 3-2-2 所示。库区牛栏江干流长约 38 km。由图中可以看出,库区牛栏江干流河道总体呈梯级状,在距坝址约 10 km、17 km 及 24 km 处各有一个陡坎,其余各段总体坡降大体相当,约为 1.3‰。

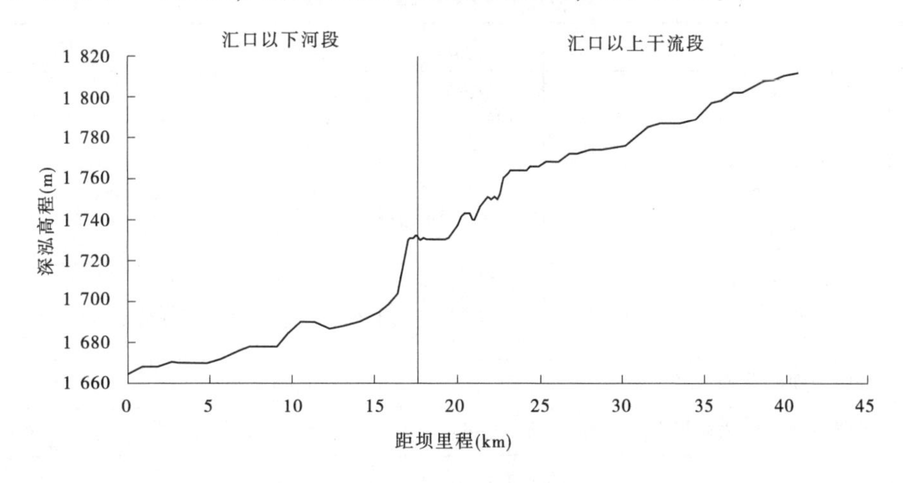

图 3-2-2　德泽水库库区牛栏江干流河道纵断面(2017 年实测)

位于德泽水库库区的干河(支流)河道纵断面如图 3-2-3 所示,干流长约 5 km,在距坝

约 17.7 km 处汇入牛栏江干流。

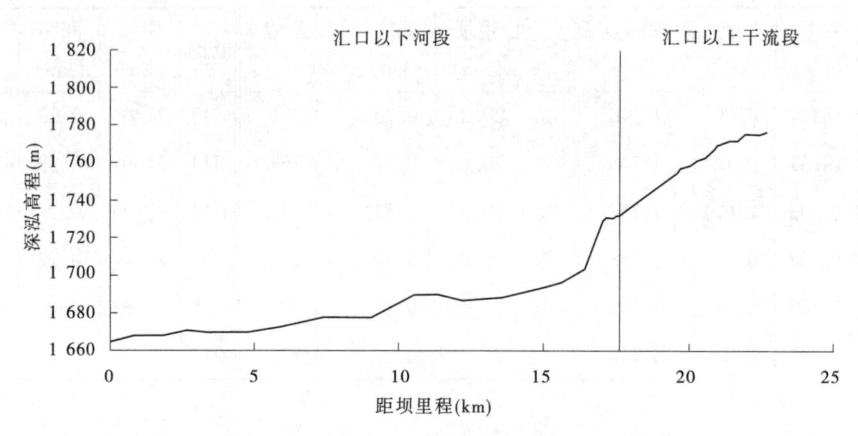

图 3-2-3　德泽水库库区干河河道纵断面(2017 年实测)

2.3 泥　沙

2.3.1 入库水沙系列资料

德泽水库坝址径流面积 4 551 km^2,坝址以上河道平均比降约 2.3‰,河道内有两处较大陡坎,陡坎处最大比降约为 63.3‰。枯水期水面宽一般为 50~80 m,坝址以上多年平均流量 54.1 m^3/s,多年平均含沙量 0.72 kg/m^3,多年平均输沙量 133.1 万 t,其中悬移质 121 万 t、推移质 12.1 万 t。泥沙主要集中在主汛期 6~9 月,占全年来沙量的 90%以上。水库主要泥沙特征值见表 3-2-4。

表 3-2-4　德泽水库主要泥沙特征值

编号	项目	单位	特征值	说明
1	多年平均来沙量	万 t	133.1	
	其中:悬移质	万 t	121	
	推移质	万 t	12.1	按悬移质的 10%计
2	多年平均含沙量	kg/m^3	0.72	
3	悬移质泥沙平均粒径	mm	0.027	大沙店水文站实测资料
4	悬移质泥沙中值粒径	mm	0.008	
5	河床质泥沙平均粒径	mm	31.44	
6	河床质泥沙中值粒径	mm	8.4	

表 3-2-4 数据摘自 2009 年泥沙数模计算报告(钟德钰、申晓东,2009)。本次研究采用中国电建集团昆明勘测设计研究有限公司提供的入库水沙资料,与 2009 年计算采用数据有所不同。

据实测资料及插补延长所得德泽水库1961～2007年(除2002年)的长系列平均年径流量和悬移质年来沙量分别为15.81亿m^3和120.00万t,相应年平均流量、年平均输沙率和平均含沙量分别为50.12 m^3/s、37.83 kg/s和0.755 kg/m^3。图3-2-4和图3-2-5为干河汇口上游牛栏江干流长系列年均流量和年均输沙率变化过程看,可以看到,径流量和输沙率均在一定程度上呈减少趋势。

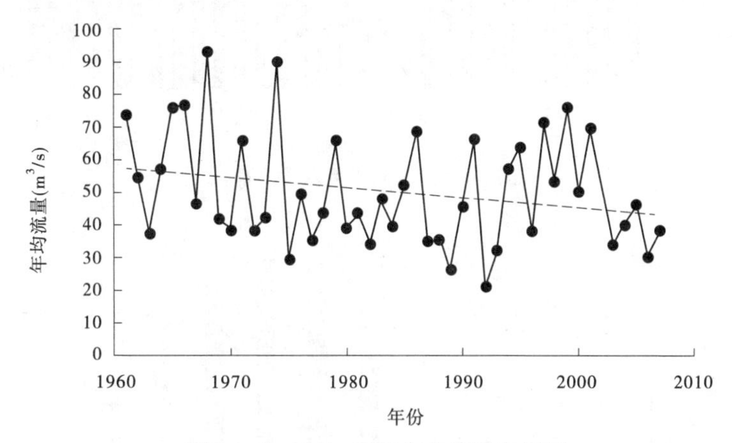

图3-2-4　1961～2007年入库流量系列

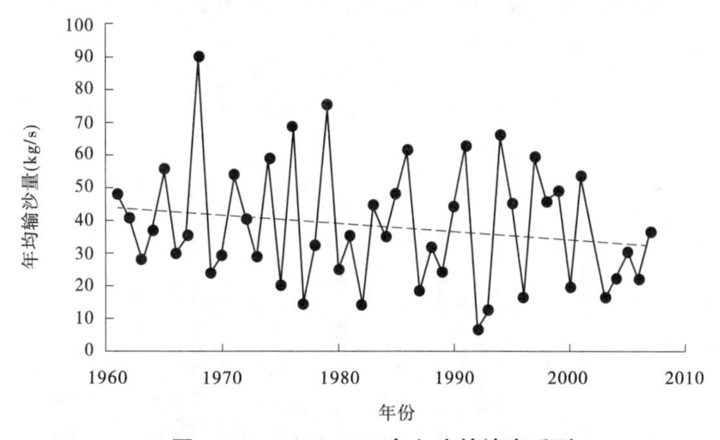

图3-2-5　1961～2007年入库输沙率系列

选择近期1977～2001年+2003～2007年30年系列(简称1977～2007系列)作为数模长系列计算的代表系列,该30年系列入库总水量和总沙量分别为440.68亿m^3和3 352.13万t,年均径流量和年均来沙量分别为14.69亿m^3和111.74万t,相应年平均流量和年平均输沙率分别为46.58 m^3/s和35.43 kg/s,均略小于长系列平均年径流量和平均年来沙量;最大日均流量756.6 m^3/s,多年平均含沙量0.761 kg/m^3,最大日均含沙量8.65 kg/m^3。

1977～2007年系列的历年入库水量过程如图3-2-6所示,年内各月份平均入库水量分布如图3-2-7所示;历年的入库沙量过程如图3-2-8所示,年内各月份平均入库沙量如图3-2-9所示。由图可见,系列年来水来沙均主要集中在汛期6～11月,特别是6～9月。

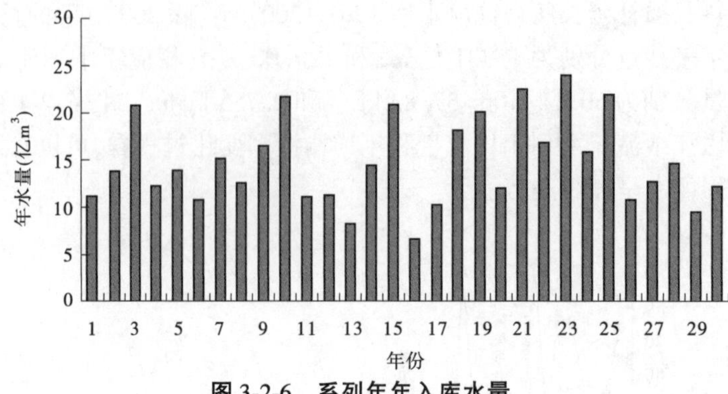

图 3-2-6　系列年年入库水量

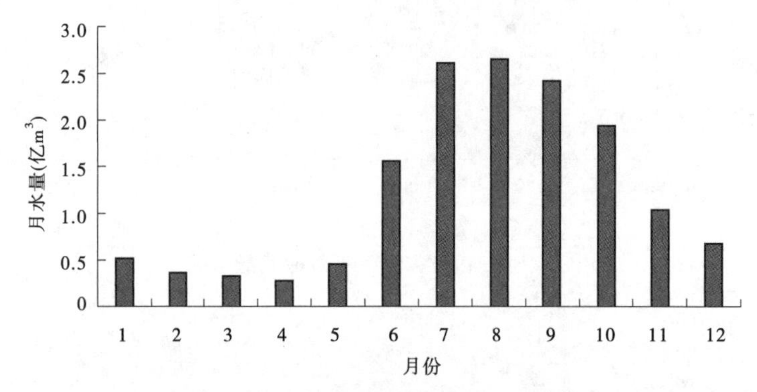

图 3-2-7　系列年各月份平均入库水量

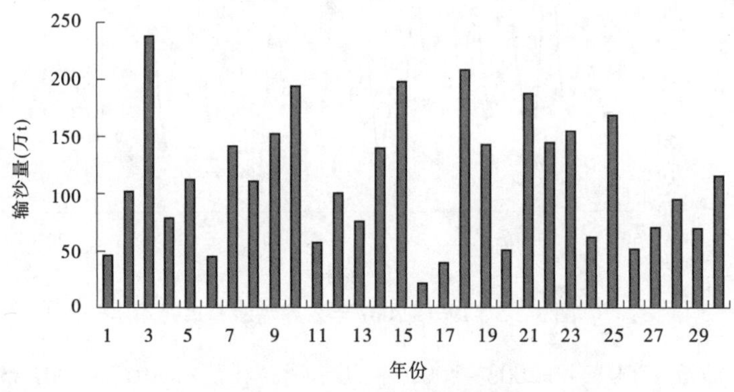

图 3-2-8　系列年年入库沙量

2.3.2　分段水沙系列资料

根据库区地形及项目研究需要,可将入库水沙资料分为三个库段:支流段、泵站取水口断面以上干流段、泵站取水口断面至坝前段。

表 3-2-5、表 3-2-6 统计了 1977~2007 年系列取水口以上两个库段历年各月平均入库流量过程。可以得到,支流段历年各月平均入库流量为 5.55 m^3/s,泵站取水口断面以上干流段历年各月平均入库流量为 34.53 m^3/s,泵站取水口断面至坝前段历年各月平均入库流量为 6.50 m^3/s。

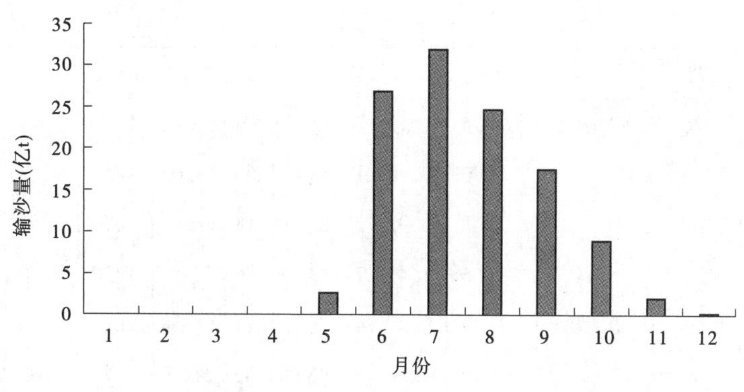

图 3-2-9 系列年各月平均入库沙量

表 3-2-7、表 3-2-8 统计了 1977~2007 年系列取水口以上两个库段的入库输沙率。支流段历年各月平均入库输沙率为 7.10 kg/s，相应平均含沙量为 1.280 kg/m³；泵站取水口断面以上干流段历年各月平均入库输沙率为 18.23 kg/s，相应平均含沙量为 0.528 kg/m³。

由各河段入库水沙资料可以看出，支流段入库流量约占总入库流量的 11.9%，输沙率约为总入库输沙率的 20.0%；泵站取水口断面以上干流的来流量约占水库总来流量的 74.1%，输沙率约占水库总输沙率的 51.5%。

表 3-2-5 支流 1977~2007 年系列历年各月平均入库流量 （单位：m³/s）

年份	1月	2月	3月	4月	5月	6月	7月	8月	9月	10月	11月	12月	年平均
1977	0.76	1.17	0.87	0.87	0.95	1.33	2.76	7.56	11.28	7.52	4.02	1.69	3.40
1978	1.50	0.87	0.78	0.68	0.90	19.96	9.44	8.25	10.97	4.01	0.66	0.69	4.89
1979	0.70	0.63	0.60	0.54	1.16	8.90	22.09	24.12	30.95	7.32	3.53	1.58	8.51
1980	1.08	0.83	0.75	0.64	1.62	5.09	5.07	18.30	7.88	7.52	2.39	0.79	4.33
1981	0.91	0.97	0.77	0.78	3.20	14.89	14.13	8.61	5.66	4.13	4.49	0.88	4.95
1982	0.91	1.81	0.62	0.65	1.73	3.19	1.84	2.21	7.93	7.40	1.94	1.02	2.60
1983	1.59	1.69	1.86	1.07	1.71	5.50	5.54	16.52	17.12	7.60	5.66	1.56	5.62
1984	1.30	0.78	0.57	0.71	2.26	13.40	14.94	2.00	6.97	5.55	1.22	1.08	4.23
1985	0.89	0.97	1.13	0.69	1.24	14.15	15.26	12.05	11.17	3.69	1.67	1.26	5.35
1986	1.35	1.37	0.90	1.56	1.58	4.54	18.59	17.90	24.67	28.92	6.88	1.95	9.19
1987	1.28	1.15	0.84	0.60	0.60	2.02	12.03	4.52	5.56	7.20	0.99	0.77	3.13
1988	0.74	0.43	0.68	1.04	1.32	5.08	4.71	3.87	13.63	9.20	2.91	1.13	3.73
1989	0.89	0.70	1.41	0.69	2.81	9.62	6.93	5.09	2.82	8.97	1.22	1.10	3.52
1990	0.90	0.83	0.83	0.87	1.69	22.46	11.87	6.55	7.21	12.00	2.84	0.53	5.72
1991	1.08	1.14	0.89	0.84	1.06	5.22	27.81	14.61	33.61	21.54	9.17	2.14	9.93
1992	1.80	2.52	0.41	0.53	1.66	2.51	1.09	0.80	0.45	3.12	0.63	0.91	1.37

续表 3-2-5

年份	1月	2月	3月	4月	5月	6月	7月	8月	9月	10月	11月	12月	年平均
1993	0.89	1.26	0.57	0.50	0.84	1.18	1.92	9.56	11.18	4.57	1.44	1.13	2.92
1994	0.97	1.19	2.05	0.85	1.96	22.44	12.29	13.69	11.00	8.87	3.69	1.92	6.74
1995	2.73	3.00	1.19	0.45	2.68	2.92	25.32	15.18	11.56	10.38	5.19	2.20	6.90
1996	1.13	0.79	0.75	0.52	1.66	3.49	11.11	8.79	2.94	4.20	6.06	1.82	3.60
1997	1.26	1.00	0.38	0.46	1.15	8.87	41.90	14.21	11.58	20.24	4.26	1.10	8.87
1998	0.92	0.80	0.87	1.11	1.70	10.65	31.48	22.52	5.57	1.77	2.02	1.16	6.71
1999	2.03	1.50	1.00	0.51	3.33	4.12	13.35	39.85	27.36	8.54	15.56	1.82	9.91
2000	2.45	2.21	1.87	1.47	3.16	7.48	16.62	17.37	7.12	4.07	0.68	1.41	5.49
2001	1.04	1.43	1.45	0.88	4.70	29.64	20.51	14.37	6.73	9.69	12.03	1.74	8.68
2003	3.12	2.71	2.02	1.76	3.43	15.86	7.54	3.17	3.40	1.86	1.29	1.59	3.98
2004	1.61	1.59	1.30	1.84	4.47	8.28	12.90	16.03	7.87	4.61	1.37	1.20	5.25
2005	1.78	1.65	1.87	1.64	1.80	6.05	14.13	11.97	16.23	10.83	2.57	2.31	6.07
2006	2.60	1.93	1.48	0.32	1.70	24.67	14.48	3.25	2.71	10.95	2.14	1.56	5.65
2007	1.70	1.98	1.88	0.61	3.51	3.04	12.87	22.77	8.24	2.21	1.77	1.44	5.17
1977~2007年平均	1.40	1.36	1.09	0.86	2.05	9.55	13.68	12.19	11.05	8.28	3.68	1.38	5.55

表 3-2-6　取水口以上干流段 1977~2007 年系列历年各月平均入库流量　(单位:m^3/s)

年份	1月	2月	3月	4月	5月	6月	7月	8月	9月	10月	11月	12月	年平均
1977	11.2	12.2	9.4	8.7	6.5	12.0	41.1	53.5	57.0	52.0	33.0	23.3	26.7
1978	18.6	12.4	10.2	8.4	13.7	80.6	64.9	60.5	56.2	32.2	18.7	14.6	32.6
1979	11.4	8.7	7.2	6.8	5.6	35.4	112.3	131.9	139.7	61.2	31.7	25.1	48.1
1980	18.4	13.6	10.1	8.9	10.0	31.0	30.4	76.8	42.3	58.3	28.3	18.7	28.9
1981	15.2	11.0	7.9	8.3	19.3	78.9	69.5	60.0	51.7	29.9	24.4	15.7	32.7
1982	12.6	13.7	8.1	7.8	6.2	28.9	27.5	41.2	74.6	53.8	24.2	17.8	26.4
1983	15.6	13.0	15.7	9.0	8.2	22.3	15.6	116.0	103.5	50.8	35.6	21.8	35.6
1984	20.5	11.6	9.0	8.1	18.1	59.7	82.2	39.1	45.7	31.4	17.7	14.0	29.8
1985	11.6	12.1	8.3	9.0	13.7	68.6	107.7	77.3	81.1	40.8	24.1	16.3	39.2

续表 3-2-6

年份	1月	2月	3月	4月	5月	6月	7月	8月	9月	10月	11月	12月	年平均
1986	14.8	9.5	9.5	8.0	12.6	35.2	93.7	89.6	122.3	130.7	47.5	26.5	50.0
1987	17.7	17.3	10.9	9.0	8.7	16.3	75.2	47.8	42.2	38.2	21.0	18.3	26.9
1988	12.8	9.6	8.3	7.0	6.8	18.1	32.3	40.4	84.2	54.5	26.6	19.0	26.6
1989	13.0	10.8	8.0	7.7	12.9	32.8	38.3	26.0	20.9	30.3	13.7	12.3	18.9
1990	9.6	5.8	7.3	5.3	20.1	87.4	69.6	42.2	44.0	66.2	26.8	17.7	33.5
1991	14.7	8.4	6.4	5.6	4.9	21.3	106.7	80.0	136.2	99.0	57.1	27.5	47.3
1992	24.1	17.1	12.8	10.1	11.7	19.1	13.5	11.8	15.3	32.7	16.1	11.9	16.4
1993	9.6	7.9	6.8	5.7	5.6	11.3	14.4	59.1	74.9	50.7	31.0	18.9	24.7
1994	11.9	11.5	9.5	8.7	8.0	89.3	80.8	73.3	94.2	65.3	32.3	25.9	42.6
1995	21.0	13.8	10.8	8.3	12.7	38.7	103.1	97.0	107.2	84.8	45.2	30.8	47.8
1996	19.3	14.5	11.0	10.0	14.4	26.5	72.1	55.6	29.8	29.8	42.9	21.6	28.9
1997	13.5	11.2	9.7	8.7	8.8	42.1	159.6	107.7	95.0	110.1	39.0	25.2	52.5
1998	16.2	11.6	12.6	10.6	11.5	50.6	133.8	114.3	38.9	26.7	25.2	16.9	39.1
1999	17.5	9.6	5.9	5.4	24.4	33.2	101.7	181.6	128.9	55.3	70.5	32.3	55.5
2000	18.9	16.3	15.0	11.9	18.0	43.3	80.2	101.8	55.2	42.3	29.3	18.6	37.6
2001	15.9	11.4	10.7	8.2	23.5	96.7	108.3	100.0	72.2	76.4	59.2	30.2	51.1
2003	15.6	10.7	8.0	6.2	12.8	73.3	51.7	35.8	40.3	22.3	13.8	11.4	25.2
2004	10.5	9.2	5.8	7.0	16.8	33.3	55.4	73.9	61.4	40.9	20.7	17.2	29.3
2005	15.1	8.5	9.4	6.7	5.7	27.4	68.5	62.3	83.9	69.8	28.6	20.1	33.8
2006	15.2	9.3	7.2	6.4	14.4	36.4	50.6	21.3	17.7	40.8	16.9	9.6	20.5
2007	8.9	8.4	3.5	6.0	12.0	19.7	54.3	105.6	53.8	31.9	18.0	14.4	28.0
1977~2007年平均	15.04	11.35	9.18	7.92	12.26	42.32	70.50	72.78	69.00	53.64	30.63	19.79	34.53

表 3-2-7　支流 1977~2007 年系列历年各月平均入库输沙率　　(单位:kg/s)

年份	1月	2月	3月	4月	5月	6月	7月	8月	9月	10月	11月	12月	年平均
1977	0.00	0.00	0.00	0.00	0.01	2.21	4.10	10.05	12.53	5.13	0.63	0.00	2.89
1978	0.00	0.00	0.00	0.00	0.74	41.82	12.57	7.33	12.60	1.80	0.27	0.00	6.43
1979	0.00	0.00	0.00	0.00	0.00	28.91	51.68	43.10	54.29	2.89	0.25	0.02	15.09
1980	0.00	0.00	0.00	0.00	0.50	13.24	10.50	28.15	3.37	3.44	0.24	0.00	4.95
1981	0.00	0.00	0.00	0.00	6.21	31.24	21.69	13.27	8.13	2.00	2.08	0.00	7.05

续表 3-2-7

年份	1月	2月	3月	4月	5月	6月	7月	8月	9月	10月	11月	12月	年平均
1982	0.00	0.00	0.00	0.00	0.00	7.71	1.55	3.83	12.71	7.54	0.47	0.00	2.82
1983	0.00	0.00	0.00	0.00	0.00	2.57	3.43	68.10	25.04	6.26	2.44	0.00	8.99
1984	0.00	0.00	0.00	0.00	6.71	35.96	27.10	4.44	7.42	2.48	0.12	0.00	7.02
1985	0.00	0.00	0.00	0.00	3.95	49.60	27.88	21.26	11.27	1.52	0.03	0.00	9.63
1986	0.00	0.00	0.00	0.00	0.39	10.78	46.85	19.37	35.78	32.19	2.31	0.00	12.31
1987	0.00	0.00	0.00	0.00	0.00	0.54	27.95	3.58	8.07	3.04	0.00	0.00	3.60
1988	0.00	0.00	0.00	0.00	0.01	19.85	12.77	10.38	28.06	4.62	0.28	0.00	6.33
1989	0.00	0.00	0.00	0.00	3.75	20.51	10.48	3.16	2.60	15.62	0.40	0.88	4.78
1990	0.00	0.00	0.00	0.00	5.85	46.34	21.36	5.86	10.01	14.56	1.65	0.14	8.81
1991	0.00	0.00	0.00	0.00	0.00	9.46	49.54	17.63	52.88	15.21	4.85	0.90	12.54
1992	0.27	0.00	0.00	0.00	2.88	8.11	0.61	0.59	1.29	2.01	0.00	0.00	1.31
1993	0.00	0.00	0.00	0.00	0.74	0.50	1.80	13.29	9.21	3.98	0.04	0.00	2.46
1994	0.00	0.00	0.00	0.00	0.57	63.64	38.67	32.45	15.12	8.12	0.00	0.00	13.21
1995	0.00	0.00	0.00	0.00	2.98	16.18	61.79	12.80	7.68	5.62	1.28	0.00	9.03
1996	0.00	0.00	0.00	0.00	0.39	2.30	21.62	5.31	0.64	2.81	5.18	0.00	3.19
1997	0.00	0.00	0.00	0.00	0.00	16.87	76.92	25.97	7.66	15.06	0.00	0.00	11.87
1998	0.00	0.00	0.00	0.00	0.00	25.28	51.88	28.89	3.57	0.00	0.00	0.00	9.13
1999	0.00	0.00	0.00	0.00	6.91	6.97	14.77	49.13	26.04	4.25	9.05	0.00	9.76
2000	0.00	0.00	0.00	0.00	0.70	8.35	17.33	14.92	1.90	3.52	0.00	0.00	3.89
2001	0.00	0.00	0.00	0.00	2.22	69.32	21.22	11.56	4.14	11.40	8.15	0.00	10.67
2003	0.00	0.00	0.00	0.00	2.34	23.62	10.65	0.81	1.47	0.00	0.00	0.00	3.24
2004	0.00	0.00	0.00	0.00	3.99	4.94	5.01	28.18	7.15	3.67	0.11	0.00	4.42
2005	0.00	0.00	0.00	0.00	0.00	6.47	30.54	15.01	11.50	8.44	0.01	0.00	6.00
2006	0.00	0.00	0.00	0.00	2.11	26.18	8.75	1.42	1.82	11.12	0.84	0.00	4.35
2007	0.00	0.00	0.00	0.00	2.74	2.50	23.03	51.35	6.40	1.52	0.01	0.00	7.30
1977~2007年平均	0.01	0.00	0.00	0.00	1.89	20.07	23.80	18.37	13.01	6.66	1.36	0.06	7.10

表 3-2-8　取水口以上干流段 1977~2007 年系列历年各月平均入库输沙率

（单位:kg/s）

年份	1月	2月	3月	4月	5月	6月	7月	8月	9月	10月	11月	12月	年平均
1977	0.00	0.00	0.00	0.00	0.03	5.73	10.62	26.03	32.45	13.29	1.63	0.00	7.48
1978	0.00	0.00	0.00	0.00	1.90	107.47	32.31	18.84	32.37	4.62	0.70	0.00	16.52
1979	0.00	0.00	0.00	0.00	0.00	73.88	132.08	110.15	138.75	7.38	0.63	0.06	38.58
1980	0.00	0.00	0.00	0.00	1.28	34.11	27.05	72.54	8.69	8.86	0.62	0.00	12.76
1981	0.00	0.00	0.00	0.00	15.98	80.42	55.84	34.16	20.92	5.14	5.34	0.00	18.15
1982	0.00	0.00	0.00	0.00	0.00	19.98	4.01	9.91	32.91	19.53	1.22	0.00	7.30
1983	0.00	0.00	0.00	0.00	0.00	6.57	8.77	174.25	64.08	16.01	6.23	0.00	22.99
1984	0.00	0.00	0.00	0.00	17.25	92.41	69.63	11.42	19.06	6.38	0.32	0.00	18.04
1985	0.00	0.00	0.00	0.00	10.14	127.21	71.50	54.53	28.91	3.89	0.07	0.00	24.69
1986	0.00	0.00	0.00	0.00	0.99	27.62	120.05	49.65	91.69	82.50	5.92	0.00	31.53
1987	0.00	0.00	0.00	0.00	0.00	1.39	72.00	9.22	20.79	7.82	0.01	0.00	9.27
1988	0.00	0.00	0.00	0.00	0.03	51.10	32.86	26.72	72.22	11.90	0.73	0.00	16.30
1989	0.00	0.00	0.00	0.00	9.67	52.95	27.06	8.17	6.72	40.34	1.04	2.28	12.35
1990	0.00	0.00	0.00	0.00	15.02	119.05	54.87	15.05	25.72	37.40	4.24	0.35	22.64
1991	0.00	0.00	0.00	0.00	0.00	24.22	126.89	45.15	135.45	38.96	12.43	2.30	32.12
1992	0.71	0.00	0.00	0.00	7.50	21.13	1.58	1.54	3.37	5.24	0.00	0.00	3.42
1993	0.00	0.00	0.00	0.00	1.92	1.29	4.65	34.41	23.85	10.31	0.10	0.00	6.38
1994	0.00	0.00	0.00	0.00	1.45	162.82	98.92	83.03	38.69	20.78	0.00	0.00	33.81
1995	0.00	0.00	0.00	0.00	7.64	41.49	158.43	32.83	19.69	14.41	3.28	0.00	23.15
1996	0.00	0.00	0.00	0.00	1.00	5.94	55.88	13.72	1.65	7.26	13.39	0.00	8.24
1997	0.00	0.00	0.00	0.00	0.00	43.15	196.73	66.42	19.58	38.52	0.00	0.00	30.37
1998	0.00	0.00	0.00	0.00	0.00	64.71	132.81	73.96	9.14	0.00	0.00	0.00	23.38
1999	0.00	0.00	0.00	0.00	17.74	17.90	37.92	126.16	66.87	10.91	23.23	0.00	25.06
2000	0.00	0.00	0.00	0.00	1.82	21.56	44.76	38.54	4.90	9.09	0.00	0.00	10.06
2001	0.00	0.00	0.00	0.00	5.68	177.61	54.38	29.62	10.60	29.22	20.89	0.00	27.33
2003	0.00	0.00	0.00	0.00	6.02	60.89	27.46	2.08	3.78	0.00	0.00	0.00	8.35
2004	0.00	0.00	0.00	0.00	10.29	12.74	12.91	72.70	18.44	9.46	0.27	0.00	11.40
2005	0.00	0.00	0.00	0.00	0.00	16.65	78.63	38.65	29.61	21.73	0.03	0.00	15.44
2006	0.00	0.00	0.00	0.00	5.45	67.53	22.56	3.67	4.69	28.69	2.15	0.00	11.23
2007	0.00	0.00	0.00	0.00	7.03	6.40	59.05	131.66	16.41	3.91	0.02	0.00	18.71
1977~2007年平均	0.02	0.00	0.00	0.00	4.86	51.53	61.07	47.16	33.40	17.12	3.48	0.17	18.23

2.4　德泽水库异重流测验

实际工程资料显示，微小的密度差异即可形成异重流，如长江某河段含沙量为 1.0 kg/m³ 即可产生异重流；美国 Shaver Lake 测量资料所得异重流形成的最低含沙量是 1.28 kg/m³；法国苏提(Sautet)水库含沙量仅 1 kg/m³，能运行 5 km。一般而言，来水中含有少量泥沙(1~2 kg/m³)，有一定的密度差，即可形成异重流。虽然较小的含沙量即可形成异重流，但只有当浑水含沙量大于 10~15 kg/m³ 时，异重流才比较稳定。

除含沙量外，泥沙颗粒大小也是影响异重流的重要参数，当来水含沙量不高时，形成异重流的泥沙颗粒应较细小，通常以 $d=0.01$ mm 的粒径为界限粒径；在含沙量高时，较粗泥沙也能形成异重流。此外，泥沙颗粒大小对异重流能否持续不断地向前运动也有一定影响，如果进入水库的泥沙多为较粗颗粒，那么泥沙往往到不了坝前就淤积了；如果进入水库的泥沙含有大量的黏土和粉沙，则较容易形成异重流，运动到坝前并通过大坝底孔排出水库。

德泽水库入库悬移质泥沙颗粒较细，加之坡降较大，因此汛期洪水期间极易形成异重流。表 3-2-9 统计了 2016~2017 年在水库现场实际观察到的异重流潜入情况，图 3-2-10 显示了异重流潜入点沿河道的具体分布情况。需要说明的是，水库异重流的实际发生场次应该远多于现场观测到的次数。

表 3-2-9　2016~2017 年现场观察到的异重流发生情况统计

日期(年-月-日)	入库总流量(m³/s)	干河含沙量(kg/m³)	牛栏江含沙量(kg/m³)	坝前水位(m)	干河潜入点距汇口距离(km)	牛栏江潜入点距汇口距离(km)	泵站出水池浊度(NTU)
2016-06-18	103.0	—	—	1 768.62	2.8	—	—
2016-07-08	150.0	—	—	1 780.88	3.8	3.1	—
2017-06-09	11.0	—	—	1 763.00	2.3	—	6.9
2017-06-17	139.0	—	—	1 766.00	1.8	3.0	269.1
2017-07-06	273.0	—	—	1 789.90	5.0	1.2	30.6
2017-09-08	—	0.159	0.223	—	5.1	4.9	—

由表 3-2-9 和图 3-2-10 可以看到，在干河发现的 6 次异重流和牛栏江发现的 4 次异重流，多数发生在干河与牛栏江交汇区以上的河段。这与水库的回水影响和河床地形条件有关，两者的结合使得该区域河道的水深增加较快，为异重流的发生创造了有利条件。

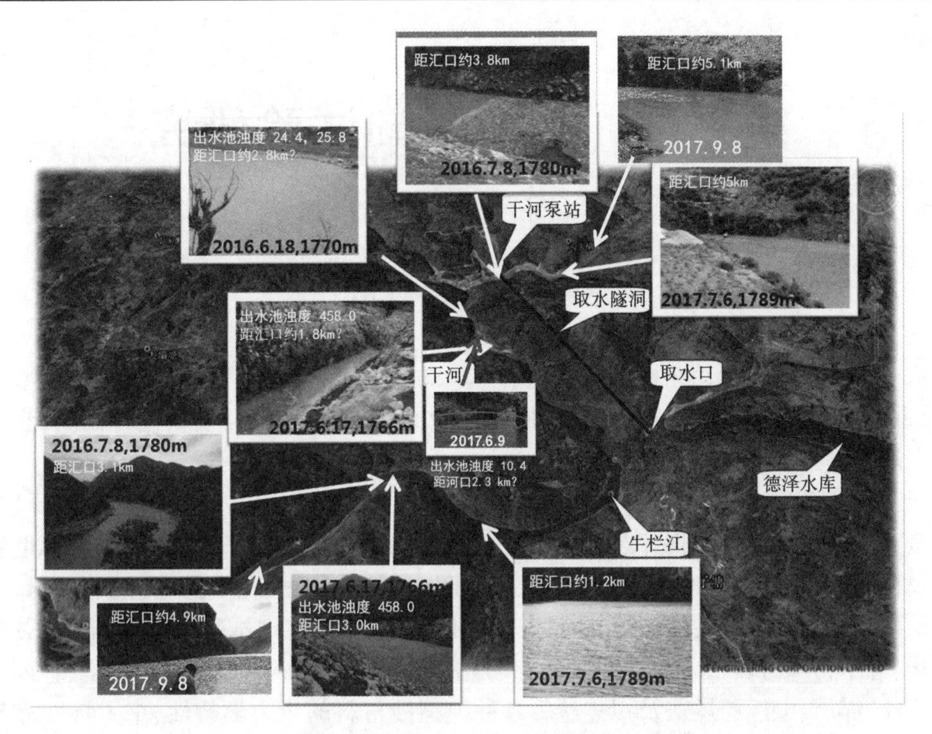

图 3-2-10　2016~2017 年现场观察异重流发生位置示意图

2.5　本章小结

(1)德泽水库是牛栏江—滇池补水工程水源地。按照规划,牛栏江—滇池引水工程2020 年之前重点向滇池补充生态水量,改善滇池水环境,并在昆明发生供水危机时,提供城市生活及工业用水;2020~2030 年主要任务为曲靖市生产、生活供水,其次与金沙江调水工程共同向滇池补水,并作为昆明市的后备水源提供供水安全保障。

(2)本次研究采用的水库地形为 2017 年 5 月新测 1 m 等高距地形图,测量期间水库水位约为 1 770 m。在模型制作过程中,根据实测资料条件及研究需要,清华大学与黄河水利科学研究院对库区牛栏江干流及干河自上游至下游划分了 42 个断面、内插了 23 个断面,其中位于干河支流上的断面数为 16 个、内插了 4 个断面,共 85 个断面。

(3)德泽水库坝址径流面积 4 551 km^2,坝址以上河道平均比降约 2.3‰,河道内有两处较大陡坎,陡坎处最大比降约为 63.3‰。枯水期水面宽一般为 50~80 m,坝址以上多年平均流量 54.1 m^3/s,多年平均含沙量 0.72 kg/m^3,多年平均输沙量 133.1 万 t,其中悬移质 121 万 t、推移质 12.1 万 t。

(4)支流段入库流量约占总入库流量的 11.9%,输沙率约为总入库输沙率的 20.0%;泵站取水口断面以上干流的来流量约占水库总来流量的 74.1%,输沙率约占水库总输沙率的 51.5%。

第3章　水槽基础试验研究

3.1　试验目的

水槽试验是在河工动床模型试验之前开展的前期基础试验,目的是对初选模型沙特性、异重流潜入条件与输移特征等进行概化试验,对相关量测仪器设备进行比测,为牛栏江动床河工模型试验提供支撑。

河工动床模型试验中,模型沙特性对于正确模拟原型泥沙运动规律具有重要作用。特别是对于本试验需要模拟库区异重流运行与冲刷的原型情况来说,既要保证异重流运动与淤积相似,又要保证冲刷相似。因此,对于模型沙的物理、化学基本特性有更高的要求。长期以来,李保如、屈孟浩、张红武、王桂仙等曾在大量生产试验中,对包括电厂煤灰、塑料沙、电木粉等材料在内的模型沙的特性进行了总结,近几年张红武、张俊华、钟德钰进行天然沙、煤屑、电厂粉煤灰及拟焦沙等各种模型沙材料的土力学特性、重力特性等基本特性研究,为本模型的选沙打下基础。

一般来说,模型沙在潮湿环境中固结严重,使得起动流速增加,致使模型河床冲淤相似性明显偏差(特别是影响冲刷过程的相似)。清华大学曾开展了 $D_{50} \leqslant 0.038$ mm 的电木粉起动流速试验,其结果为:$h=10$ cm 时,初始条件下 $V_c=10.8$ cm/s;在水下沉积两天后,V_c 增加到 12 cm/s;在水下沉积两个月后,$V_c=21$ cm/s。而脱水固结 2 周后,即使流速增至 28 cm/s,电木粉也不能起动。

20 世纪 90 年代末,张俊华等也开展了郑州热电厂粉煤灰($\gamma_s=20.58$ kN/m^3,$D_{50}=0.035$ mm)及山西煤屑($\gamma_s=14.7$ kN/m^3,$D_{50}=0.05$ mm)两种模型沙的起动流速试验,结果表明,在相近水深条件下,山西煤屑的起动流速随着沉积时间增加有大幅度的增加。例如,在水深同为 4 cm 条件下,水下固结 96 h 后,起动流速从初始的 5.95 cm/s 达到 8.40 cm/s,脱水固结 96 h 后可以达到 13.1 cm/s。而郑州热电厂粉煤灰的起动流速随固结时间增加而有所增大,但随时间增加所受的影响明显较小。

大量研究表明(张红武 等,1994),为使多沙河流动床模型达到冲刷相似并避免严重的时间变态,必须找出容重适中且成本造价不高的模型沙。通过长期的多沙河流模型试验,体会到采用容重较小的电木粉或塑料沙(包括容重约为 12.74 kN/m^3 的人造模型沙),不仅造价高,难以适应模型沙用量巨大的需要,而且这类模型沙因稳定性较差而会出现严重的时间变态问题。其中郑州热电厂粉煤灰的物理化学性能较为稳定,同时还具备造价低、宜选配加工等优点。此外,张红武等(1994)曾分析了不同电厂粉煤灰的化学组成,发现由于煤种和燃烧设备等多方面的原因,其化学组成及物理特性相差较大。粉煤灰中的酸性氧化物——SiO_2、Al_2O_3 等是使粉煤灰具有活性的主要物质,其含量越多,粉煤灰的活性越高。即使是同一种粉煤灰,由于颗粒粗细的不同,质量上也会有很大差异,沉积过程中干容重也将有较大的差别，且细度越大，活性越高。采用活性高的物质作为模型沙材料时，由于处于潮湿的环境中极易发生化学变化，固结或板结严重。郑州热电厂粉煤灰中活性物质含量较少，颗粒较粗，该模型沙张红武、张俊华等用来模拟泾河东庄水库、颍河白沙水库、黄河三门峡、小浪底等水库的泥沙问题取得了成功的经验。

前人曾以无烟煤为原料制成模型沙材料，而采用煤屑这种容重为13.23～14.7 kN/m^3的模型沙材料，除难避免时间变态影响外，而且还会因为材料强度不大、在潮湿环境中自身易出现变化（常见的是氧化反应）而难以重复使用。为此，清华大学黄河研究中心以煤为基础研制出一种容重适中（起动流速较小又不会造成时间变态）、材料强度较大、物理化学性能稳定且适应多沙河流动床模型的模型沙材料。为提高煤的强度及容重，受煤的热解动力学原理启发，必须将煤在隔绝空气的条件下进行加热。因此，研制的新型模型沙材料可称之为拟焦（pseudochark）。亦即，根据泥沙模型设计对于模型沙容重等方面要求，通过对灰分、挥发分、黏结指数等指标的控制，购置容重γ_s约为13.72 kN/m^3的焦煤作为原料；为最大限度地减少原料中杂质，尽量减少材料容重并粉碎成1 mm的颗粒，以便于均匀热解；将洗选过的煤焦采取热解工艺，在隔绝空气下加热过程中，煤焦的有机质随着温度的提高而发生一系列不可逆的化学、物理和物理化学变化，脱去有机物质及挥发分，再采用含一定浓度的外加剂溶液喷洒其中，加速形成稳定性较强且容重适中的新材料——拟焦，按级配要求粉碎后即制成成品的拟焦沙。见表3-3-1。

表3-3-1　模型沙对比

材料	容重（kN/m^3）	干密度（t/m^3）	水下休止角（°）	d_{50}（mm）
郑州热电厂煤灰	20.58	0.90	29.5～30.5	0.037
拟焦沙	16.66～18.62	0.65～0.67	30～34	0.004～0.043

本模型为了满足泥沙运动相似条件，经分析，所取拟焦模型沙容重γ_s不能大于1.9 t/m^3（否则不能满足起动相似条件），也不能小于1.5（否则存在时间变态问题），因此取容重γ_s为1.7 t/m^3的拟焦沙作为模型沙。鉴于模型沙水下容重是影响泥沙运动相似性的重要指标，如容重为1.7 t/m^3的模型沙与为2.17 t/m^3的郑州火电厂粉煤灰相比，前者水下容重（0.7 t/m^3）不足后者（1.17 t/m^3）的60%，显然活动性存在较大差别。

综上所述，根据以往模型试验经验，选择粉煤灰与拟焦沙进行了容重、淤积物干容重、颗粒级配、物理特性等的对比及拟焦沙沉降试验，拟焦沙的容重小于粉煤灰，其颗粒级配亦小于粉煤灰，初步选择拟焦沙进行水槽基础试验进行进一步确定。

3.2　试验概况

3.2.1　试验水槽

将已有的一条长30 m、高1 m、宽0.6 m的玻璃水槽[见图3-3-1(a)]，根据牛栏江

N23—N39 断面的实测资料，按照水平比尺 200、垂直比尺 50 对水槽进行改建，改建后玻璃水槽长 30 m、宽 0. 1 m[见图 3-3-1(b)]，模型纵剖面图如图 3-3-2 所示。表 3-3-2 为水槽和牛栏江断面相对位置统计表。

(a)

(b)

图 3-3-1　试验水槽全景

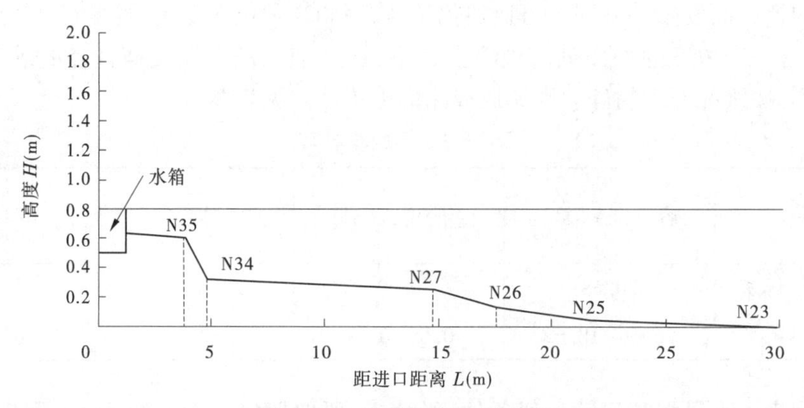

图 3-3-2　水槽纵剖面示意图

表 3-3-2　水槽断面和牛栏江断面相对位置统计

水槽断面	距进口距离(m)	牛栏江断面	距进口距离(m)
1	1. 2	N37	1. 79
2	2. 4	N36	2. 58
3	3. 6	N35(拐点)	3. 78
4	4. 8	N34(拐点)	4. 84
5	6. 0	N33	5. 72
6	7. 2	N32	6. 67
7	8. 4	N31	7. 52
8	9. 6	N30	8. 39
9	10. 8	N29	9. 44

续表 3-3-2

水槽断面	距进口距离(m)	牛栏江断面	距进口距离(m)
10	12.0	N28	11.82
11	13.2	N27(拐点)	14.79
12	14.4	N26(拐点)	17.48
13	15.6	N25(拐点)	21.72
14	16.8	N24	26.07
15	18.0	N23(拐点)	30.00
16	19.2		
17	20.4		
18	21.6		
19	22.8		
20	24.0		
21	25.2		
22	26.4		
23	27.6		
24	28.8		
25	30.0		

3.2.2　模型沙

根据模型初步设计,并考虑原型水流含沙量低、泥沙颗粒细的特点,选择清华大学黄河研究中心开发的拟焦沙,其容重 $\gamma_s = 1.666\ kN/m^3$。

图 3-3-3 为拟焦沙的颗粒级配曲线图,从图中可看出,拟焦沙的 D_{50} 为 27.31 μm。

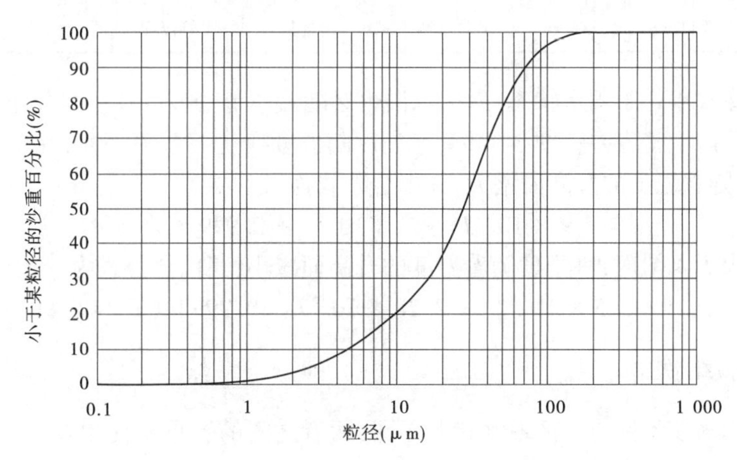

图 3-3-3　拟焦沙级配曲线

3.2.3 水密度差

异重流是由于水库蓄水与入库水流之间的密度差所形成的,水流密度差往往由含沙量或水温共同作用。牛栏江与干河水流含沙量低,清浑水密度差值较小,表 3-3-3 给出了清浑水密度差随含沙量变化情况。

表 3-3-3 不同含沙量清浑水密度差

含沙量 (kg/m³)	密度差 (×10⁻³ t/m³)	含沙量 (kg/m³)	密度差 (×10⁻³ t/m³)	含沙量 (kg/m³)	密度差 (×10⁻³ t/m³)	含沙量 (kg/m³)	密度差 (×10⁻³ t/m³)
0.1	0.041 18	2	0.823 53	4.8	1.976 5	7.6	3.129 4
0.2	0.082 35	2.2	0.905 88	5	2.058 8	7.8	3.211 8
0.3	0.123 53	2.4	0.988 24	5.2	2.141 2	8	3.294 1
0.4	0.164 71	2.6	1.070 6	5.4	2.223 5	8.2	3.376 5
0.5	0.205 88	2.8	1.152 9	5.6	2.305 9	8.4	3.458 8
0.6	0.247 06	3	1.235 3	5.8	2.388 2	8.6	3.541 2
0.7	0.288 24	3.2	1.317 6	6	2.470 6	8.8	3.623 5
0.8	0.329 41	3.4	1.400 0	6.2	2.552 9	9	3.705 9
0.9	0.370 59	3.6	1.482 4	6.4	2.635 3	9.2	3.788 2
1	0.411 76	3.8	1.564 7	6.6	2.717 6	9.4	3.870 6
1.2	0.494 12	4	1.647 1	6.8	2.800 0	9.6	3.952 9
1.4	0.576 47	4.2	1.729 4	7	2.882 4	9.8	4.035 3
1.6	0.658 82	4.4	1.811 8	7.2	2.964 7	10	4.117 6
1.8	0.741 18	4.6	1.894 1	7.4	3.047 1		

德泽水库常年处于蓄水状态,库区水温也会随着季节变换以及空间分布而变化,水温的差异同样可产生密度差。图 3-3-4 为水密度随温度变化关系图,由图可知,水温在 0~4 ℃时,水密度随着温度的升高而增大,其拟合公式为:

$$\rho_w = -9 \times 10^{-6}T^2 + 7 \times 10^{-5}T + 0.999\,8, R^2 = 1 \tag{3-3-1}$$

当水温大于 4 ℃时,水密度随着温度的升高而减小,其拟合公式为:

$$\rho_w = -5.5 \times 10^{-6}T^2 + 2.28 \times 10^{-5}T + 0.999\,99, R^2 = 0.99 \tag{3-3-2}$$

3.2.4 试验组次

由于入库水沙条件与库区蓄水状况不同,两者之间的容重差使得在德泽库区形成异重流,且会形成表层、中层或底层异重流。

水槽试验以牛栏江的水沙与边界条件为背景设计试验组次,设计了 7 组次试验,重点研究低含沙量条件下,含沙量对异重流潜入及运行的影响。试验组次安排见表 3-3-4。

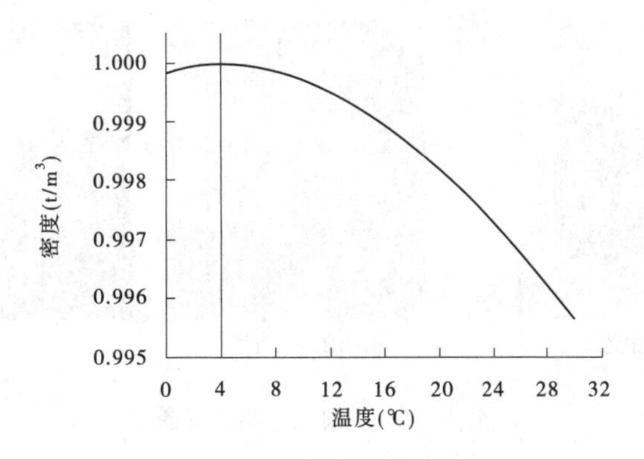

图 3-3-4　水密度随温度变化

表 3-3-4　试验组次安排

编号	浑水 总量 V (L)	进口 流量 Q (L/s)	进口 含沙量 S (kg/m³)	入侵浑水 温度 T (℃)	入侵浑水 密度 ρ' (kg/m³)	水槽清水 温度 T (℃)	水槽清水 密度 ρ (kg/m³)
1	300	1	1	28.8	996.418 8	17.5	998.688 6
2	350	1	1	22.8	998.000 06	22.4	997.681 5
						20.4	998.123
3	440	1	0.4	20.9	998.181 1	21.5	997.885 2
						20.1	998.185 6
4	350	1	0.1	22.8	997.629 5	22.8	997.588 3
						22.6	997.635 1
5	400	1	10	16.8	1 002.929	16.6	998.845 5
6	300	1	1	21.8	998.229 96	21	997.994 8
7	250	1	0.5	22	997.978 88	22	997.773

试验过程是先将水槽中充蓄清水,模拟德泽蓄水状态,之后在水槽入口施放一定流量的浑水,模拟洪水过程,观测水流运动状况。

3.2.5　试验测量

试验测验内容包括异重流头部流速、垂线流速分布、垂线含沙量分布,清浑水水温。

测验内容及方法:垂线流速(电磁流速仪),含沙量(OBS3+浊度仪),浑水厚度(人工读数),头部运动速度(人工用秒表测时间),水温(水银温度计)。使用仪器如图 3-3-5 所示。

试验过程中采用 OBS3+浊度仪进行含沙量测验,采用电磁流速仪进行流速测验。为了排除不同容器、不同水温以及不同粒径对浊度仪的测验结果的影响,进行了比对试验。

图 3-3-6(a)为选取的 6 种不同颜色容器(从左到右依次编号为 1~6),图 3-3-6(b)为不

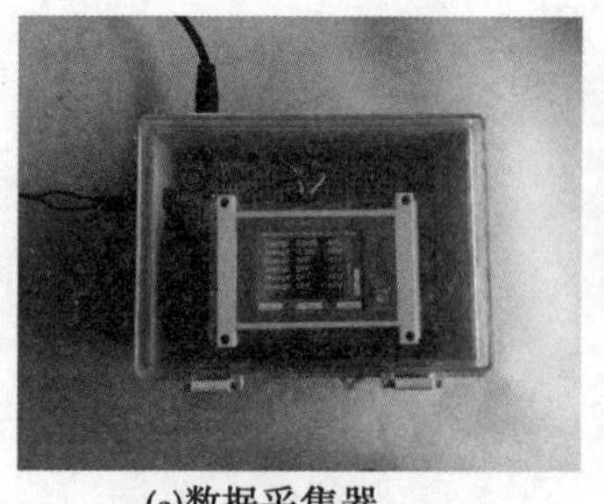

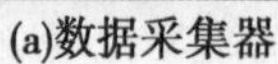

(a)数据采集器

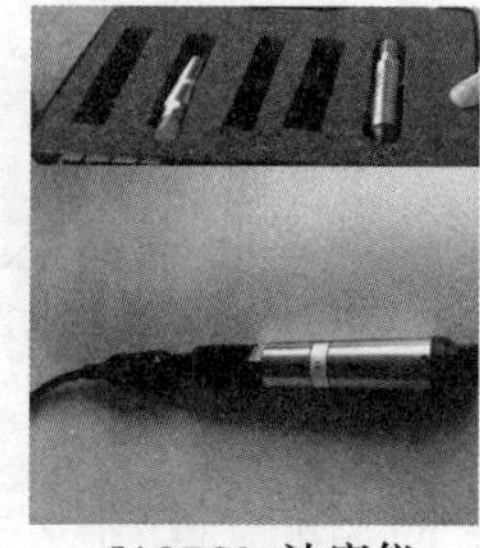

(b)OBS3+浊度仪

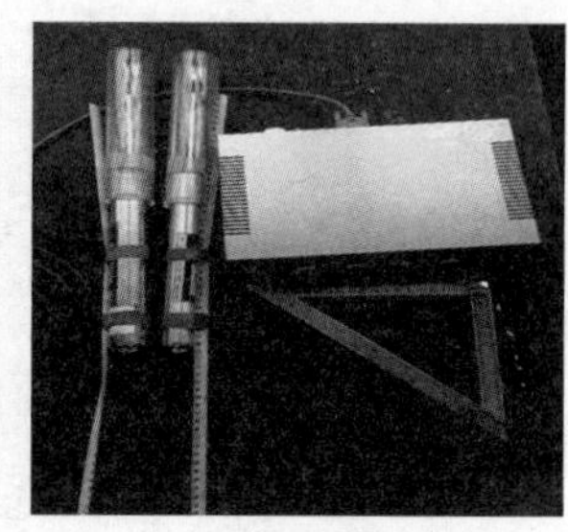

(c)电磁流速仪

图 3-3-5　水槽试验测量仪器

同容器下含沙量—电压对比。数据表明,不同颜色容器对含沙量测验值影响较小,可忽略。

(a)

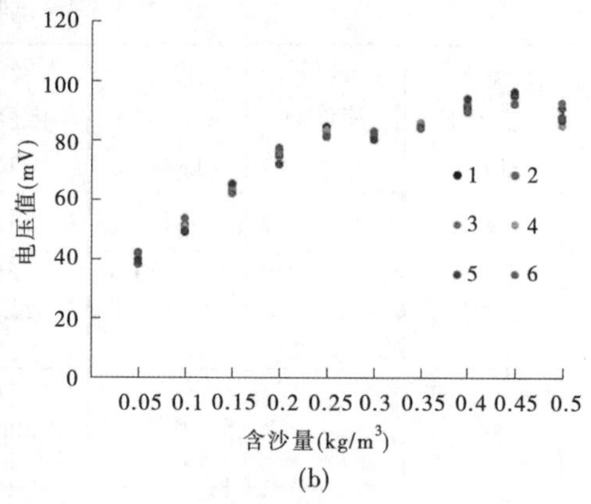

(b)

图 3-3-6　不同颜色容器对含沙量测验值影响

在不同水温(17 ℃、23 ℃、27 ℃、30 ℃)条件下,将 4 组含沙量—电压测量试验数据汇总见图 3-3-7,从图中可以看出,不同温度条件下,率定所得数据变化不大,温度对含沙量测验值的影响也可忽略。

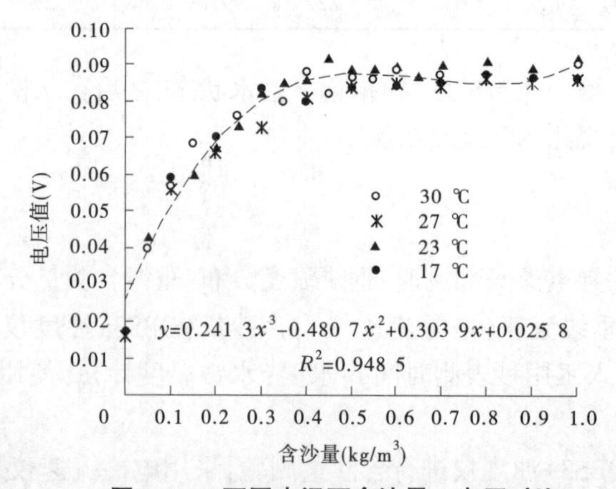

图 3-3-7　不同水温下含沙量—电压对比

3.3　试验过程及测验结果

3.3.1　表层异重流试验

表层异重流试验含沙量 $S=1\ kg/m^3$。

1. 密度差

试验开始前，用水银温度计测得清浑水水温。清水温度 17.5 ℃，对应密度值 0.998 688 6 t/m³；拟焦沙配制的浑水温度 28.8 ℃，对应清水密度值 0.996 007 0 t/m³，拟焦沙含沙量 1 kg/m³ 时对应浑水密度 $\gamma' = \gamma_0 + (1 - \gamma_0/\gamma_s)S = 0.996\ 418\ 8\ t/m^3$。由于拟焦沙含量为 1 kg/m³ 浑水温度高于水槽充蓄清水温度，导致浑水密度小于清水密度，两者相差 0.002 269 t/m³。

2. 异重流潜入与运行

图 3-3-8(a)为明流转换为表层异重流的过程。由于水槽蓄水与浑水之间存在较大的温度差，图中 1#以上槽底坡度较缓，为明渠水流，1#以下槽底比降增大，水深沿程增加，密度较小的浑水脱离槽底而漂浮于清水之上，形成了表层异重流。图 3-3-8(b)表示表层异重流在持续前行。

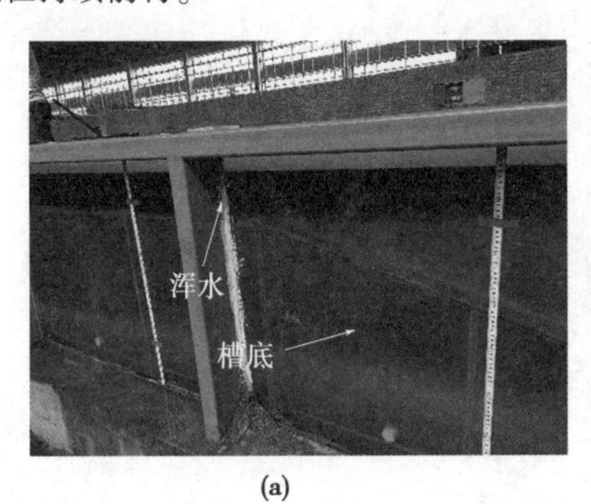

(a)

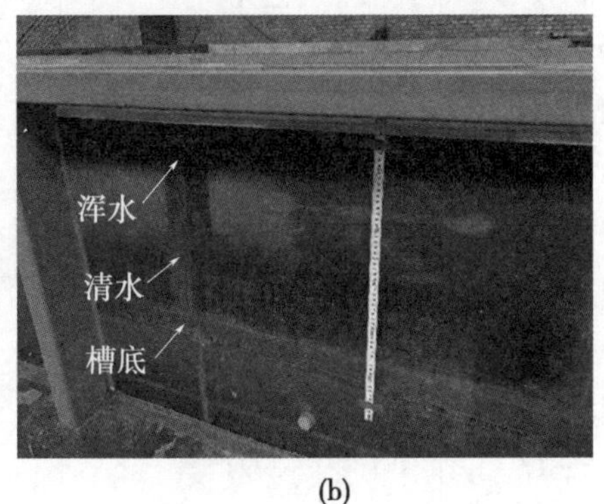

(b)

图 3-3-8　异重流潜入与运行过程

3. 流速变化

表 3-3-5 为异重流头部流速测验结果，可以看出头部流速呈沿程衰减趋势，流速沿程变化见图 3-3-9。

采用电磁流速仪对异重流流速进行观测，电磁流速仪放置在断面 7(距进口 8.4 m)位置。水槽宽度较窄，假设流速沿横向均匀分布，且横向流速较小，故忽略横向流速，只考虑顺水流方向流速。本次试验形成的是表层异重流，故测验点从水面开始，依次向下，两测验点间距为 2 cm，结果如图 3-3-10 所示。由图可知，异重流在水面运行，在表层流速最大，达到 14.43 cm/s，流速随着水深呈梯度变化逐渐减小。

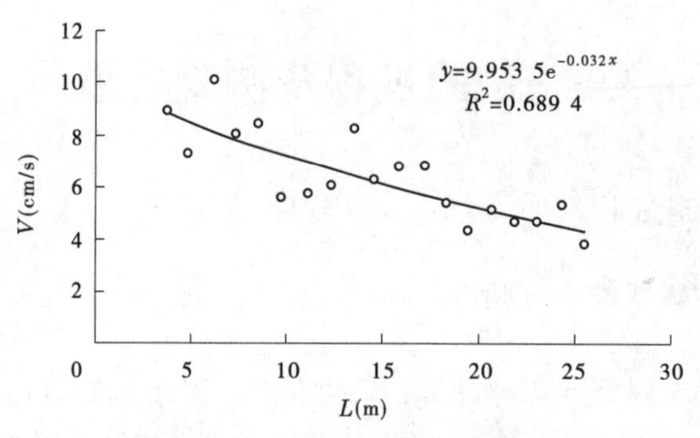

图 3-3-9 异重流头部流速沿程变化

表 3-3-5 异重流头部流速测验结果

水槽断面	时间(s)	间隔距离(cm)	速度(cm/s)
3—4	12.24	108.7	8.88
4—5	14.7	107	7.28
5—6	13.98	140.8	10.07
6—7	14.24	114.4	8.03
7—8	13.42	113.5	8.46
8—9	22.07	124.2	5.63
9—10	22.46	129.3	5.76
10—11	20.3	122.8	6.05
11—12	15.19	125	8.23
12—13	16.84	106	6.29
13—14	18.44	125	6.78
14—15	17.71	121.3	6.85
15—16	22.39	120.2	5.37
16—17	27.1	117.5	4.34
17—18	23.73	121	5.10
18—19	25.38	119.7	4.72
19—20	25.03	118.1	4.72
20—21	23.01	122.7	5.33
21—22	30.51	117.7	3.86

3.3.2 中层异重流试验

3.3.2.1 含沙量 $S=1\ kg/m^3$

1. *密度差*

清水温度上层为22.4 ℃,对应密度值0.997 681 5 t/m³,底层为20.4 ℃,对应密度值0.998 123 t/m³;拟焦沙浑水温度22.8 ℃,对应清水密度值0.997 588 3 t/m³,则拟焦沙浑

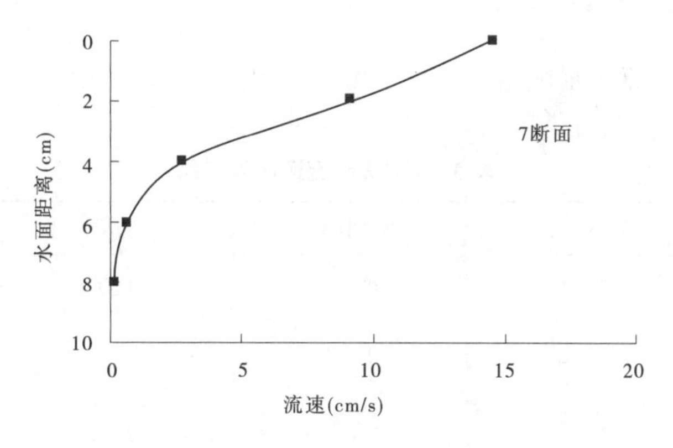

图 3-3-10　流速沿垂线分布

水含沙量 1 kg/m³ 时,对应浑水密度值 $\gamma' = \gamma_0 + \left(1 - \frac{\gamma_0}{\gamma_s}\right) S = 0.998\ 000\ 064\ 7$ t/m³,浑水密度较上层清水密度为大,较底层清水密度为小,清浑水密度差最小为 0.000 123 t/m³。

2. 异重流潜入与输移过程

本次试验在断面 5(距进口 6.0 m)位置开始潜入形成中层异重流。图 3-3-11 为异重流试验过程图片。

(a)异重流潜入点　(b)明流与异重流转换过程

(c)中层异重流　(d)中层异重流的传播

图 3-3-11　异重流形成与输移过程

3. 流速变化

表 3-3-6 为头部流速测验结果。从中可以看出,头部流速沿程减缓。头部流速沿程变化见图 3-3-12。

表 3-3-6　头部流速测验结果

运动描述	水槽断面	时间(s)	间距(cm)	速度(cm/s)
无潜入	0—1	15.28	120	7.85
	1—2	12.7	120	9.45
	2—3	20.34	120	5.90
	3—4	20.38	120	5.89
中层异重流	4—5	43.06	120	2.79
	5—6	43.28	120	2.77
	6—7	46.38	120	2.59
	7—8	48.45	120	2.48
	8—9	52.23	120	2.30
	9—10	51.54	120	2.33
	10—11	71.56	120	1.68
	11—12	82.19	120	1.46
	12—13	115.06	120	1.04
	13—14	130.31	120	0.92
	14—15	175.18	120	0.69
	15—16	162.34	120	0.74
	16—17	168.09	120	0.71
	17—18	179.5	120	0.67
	18—19	237.14	120	0.51

采用电磁流速仪对流速进行观测,电磁流速仪放置在断面 8(距进口 9.6 m)、断面 10(距进口 12.0 m)和断面 12(距进口 14.4 m)位置。测验点自水面开始,依次向下,结果如图 3-3-13 所示。由图可知,断面 8(距进口 9.6 m)垂线最大流速约为 3.7 cm/s,距水面 20 cm 位置;断面 10(距进口 12.0 m)垂线最大流速约为 1.9 cm/s,距水面 16 cm 位置;断面 12(距进口 14.4 m)垂线最大流速约为 1.6 cm/s,距水面 6 cm 位置;上游断面流速总体大于下游断面流速。

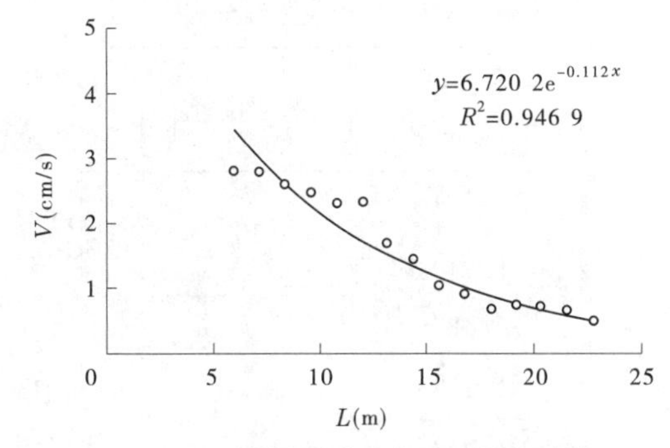

图 3-3-12　异重流头部流速沿程变化

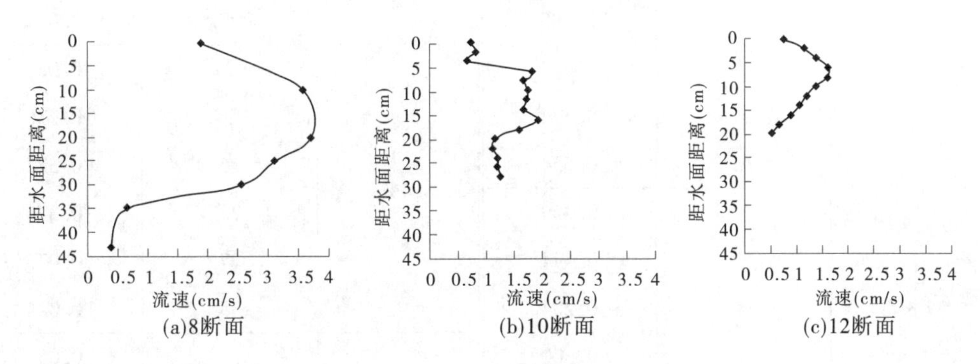

图 3-3-13　流速沿垂线分布

4. 含沙量变化

采用 OBS3+仪器对试验水体进行在线监测。表 3-3-7 为含沙量垂线分布表，图 3-3-14 为含沙量沿垂线分布情况。从图中可以看出，浑水由明流转变为中层异重流并向下游传播。

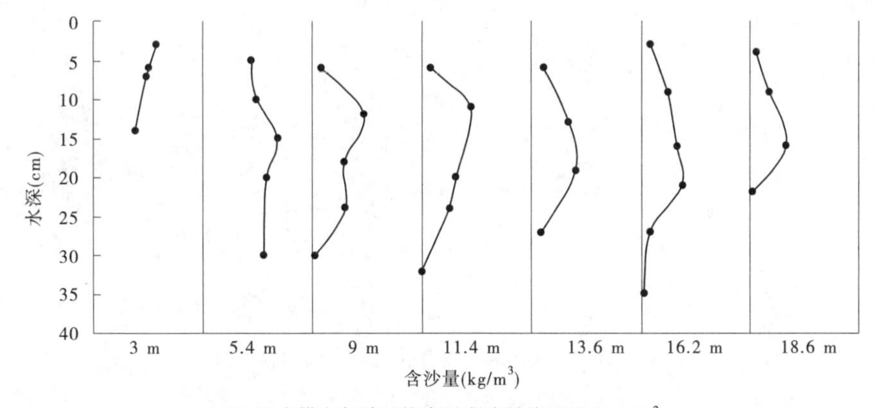

注：图中横向每单元格表示含沙量从 0 至 1 kg/m³。

图 3-3-14　含沙量沿垂线分布

图 3-3-15 为异重流断面平均含沙量沿程变化图，可以看出含沙量呈沿程逐渐减小的趋势。

表 3-3-7　含沙量垂线分布

断面位置	距水面(cm)	含沙量(kg/m³)	断面位置	距水面(cm)	含沙量(kg/m³)
3	3	0.581	10	24	0.244
	6	0.515		32	0.003
	7	0.483	12	6	0.111
	14	0.378		13	0.342
5	5	0.443		19	0.402
	10	0.495		27	0.092
	15	0.677	14	3	0.081
	20	0.574		9	0.236
	30	0.554		16	0.322
8	6	0.459		21	0.376
	12	0.474		27	0.076
	18	0.284		35	0.024
	24	0.300	16	4	0.053
	30	0.022		9	0.177
10	6	0.084		16	0.337
	11	0.444		22	0.023
	20	0.311			

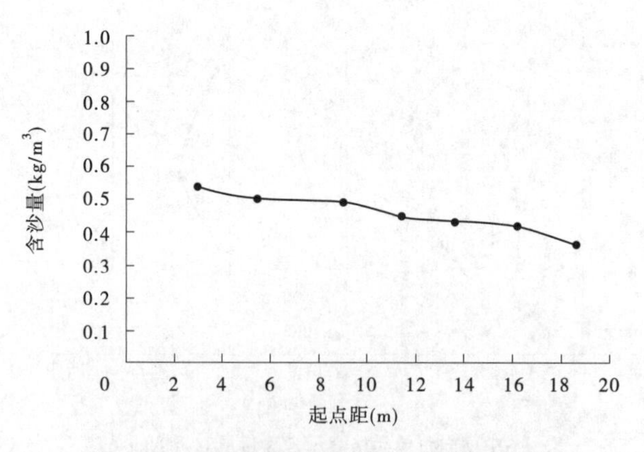

图 3-3-15　异重流断面平均含沙量沿程变化

3.3.2.2　含沙量 S=0.4 kg/m³

1. 密度差

清水温度在断面 6(距进口 7.2 m)上层为 20.4 ℃,对应密度值 0.998 112 30 t/m³,中层为 20.6 ℃,对应密度值 0.998 080 7 t/m³,底层为 20.2 ℃,对应密度值 0.998 164 9 t/m³;断面 11(距进口 13.2 m)上层为 21.5 ℃,对应密度值 0.997 885 2 t/m³,中层为 20.6 ℃,对应密度值 0.998 080 7 t/m³,底层为 20.1 ℃,对应密度值 0.998 185 6 t/m³;断面 15(距进口 18.0 m)水温均为 20.3 ℃,对应密度值为 0.998 144 0 t/m³;拟焦沙浑水温度 20.9 ℃,对应清水密度值 0.998 016 4 t/m³,则拟焦沙浑水含沙量 0.4 kg/m³ 时,对应浑水密度值 $\gamma' = \gamma_0 + (1 - \gamma_0/\gamma_s)S = 0.998\ 181\ 1$ t/m³。因此,部分水槽水层中浑水密度大于清水密度,清浑水密度差最小仅为 0.000 004 5 t/m³。

2. 异重流形成与输移

图 3-3-16 为异重流试验过程图片。拟焦沙浑水在断面 9(距进口 10.8 m)处形成中层异重流。

(a)中层异重流的形成

(d)中层异重流的形成

图 3-3-16　异重流形成与输移过程

3. 流速变化

表 3-3-8 为头部流速测验结果。从中可以看出,头部流速沿程在波动中衰减。头部流速沿程变化见图 3-3-17。

表 3-3-8　头部流速测验表

运动描述	水槽断面	时间(s)	间距(cm)	速度(cm/s)
无潜入	3—4	15.49	108.7	7.017
中层异重流	4—5	25.45	107	4.204
	5—6	44.82	140.8	3.141
	6—7	33.82	114.4	3.383
	7—8	53.27	113.5	2.131
	8—9	56.12	124.2	2.213

续表 3-3-8

运动描述	水槽断面	时间(s)	间距(cm)	速度(cm/s)
中层 异重流	9—10	46. 3	129. 3	2. 793
	10—11	43. 87	122. 8	2. 799
	11—12	41	125	3. 049
	12—13	70. 96	106	1. 494
	13—14	159. 38	125	0. 784
	14—15	193. 32	121. 3	0. 627
	15—16	167. 8	120. 2	0. 716
	16—17	70. 33	117. 5	1. 671
	17—18	138. 37	121	0. 874
	18—19	131. 66	119. 7	0. 909
	19—20	208. 06	118. 1	0. 568
	20—21	180. 89	122. 7	0. 678
	21—22	118. 14	117. 7	0. 996

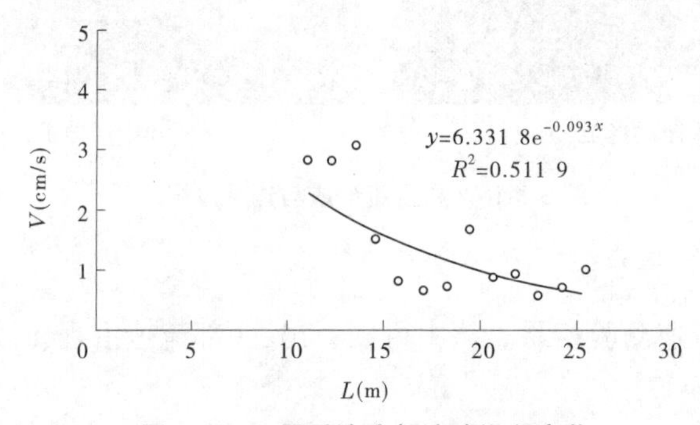

图 3-3-17　异重流头部流速沿程变化

图 3-3-18 为固定断面垂线流速测验结果。采用电磁流速仪 2D 和 3D 对流速进行观测,电磁流速仪 3D 放置在断面 7(距进口 8. 4 m)位置,电磁流速仪 2D 放置在断面 9 位置。测验点自水槽底部开始,依次向上,两测验点间距为 2 cm,结果如图 3-3-18 所示。由图可知,断面 7(距进口 8. 4 m)垂线最大流速约为 3. 87 cm/s,距河底 12 cm 位置;断面 9(距进口 10. 8 m)垂线最大流速约为 2. 94 cm/s,距河底 6 cm 位置;上游断面流速总体大于下游断面流速。

4. 含沙量变化

表 3-3-9 和图 3-3-19 反映了异重流垂线平均含沙量沿程变化情况。由图可知,异重流垂线平均含沙量沿程在波动中衰减。

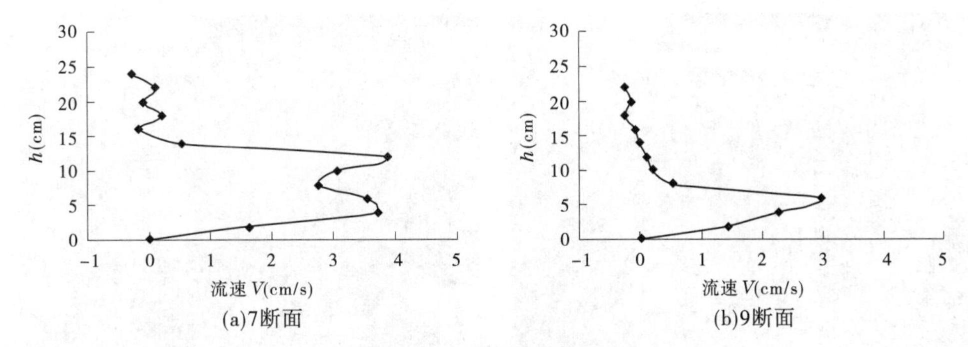

图 3-3-18　流速沿垂线分布

表 3-3-9　异重流垂向平均含沙量沿程变化

水槽断面(间距 1.2 m)	含沙量(kg/m³)	水槽断面(间距 1.2 m)	含沙量(kg/m³)
4	0.201	11	0.14
5	0.198	14	0.138
6	0.186	16	0.097
8	0.179	18	0.057
10	0.168	20	0.036

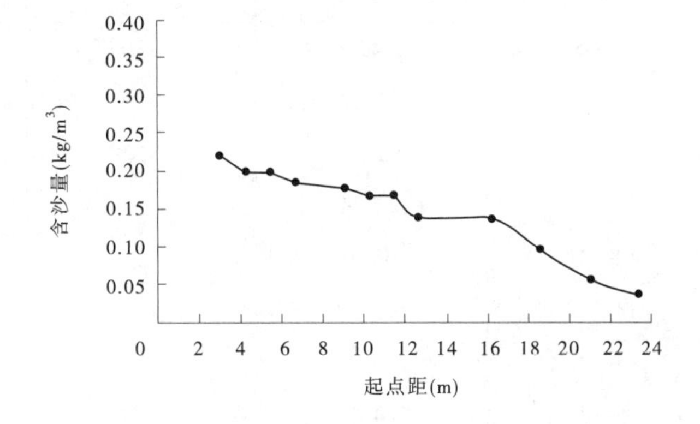

图 3-3-19　异重流垂向平均含沙量沿程变化

3.3.2.3　含沙量 S=0.1 kg/m³

1. 密度差

清水温度上层为 22.8 ℃,对应密度值 0.997 588 3 t/m³,底层为 22.6 ℃,对应密度值 0.997 635 1 t/m³;拟焦沙浑水温度 22.8 ℃,对应清水密度值 0.997 588 3 t/m³,则拟焦沙浑水含沙量 0.1 kg/m³,对应浑水密度值 $\gamma' = \gamma_0 + \left(1 - \dfrac{\gamma_0}{\gamma_s}\right) S$ =0.997 629 5 t/m³,浑水密度较上层清水密度为大,较底层清水密度为小,清浑水密度差最小为 0.000 005 6 t/m³。

2. 异重流形成与输移过程

本组次试验在断面 5(距进口 6.0 m)位置开始潜入形成中层异重流。图 3-3-20 为异重流试验过程图片。

图 3-3-20 异重流形成过程

3. 流速变化

表 3-3-10 为头部流速测验结果。从中可以看出,头部流速沿程减缓。头部流速沿程变化见图 3-3-21。

表 3-3-10 异重流头部流速测验结果

流态	水槽断面	时间(s)	间隔距离(cm)	速度(cm/s)
明流	3—4	26	120	4.62
	4—5	36	120	3.33
中层异重流	5—6	40	120	3.00
	6—7	42.83	120	2.80
	7—8	55.91	120	2.15
	11—12	167.69	120	0.72
	12—13	160.18	120	0.75
	13—14	178.24	120	0.67
	14—15	269.35	120	0.45
	15—16	344.79	120	0.35

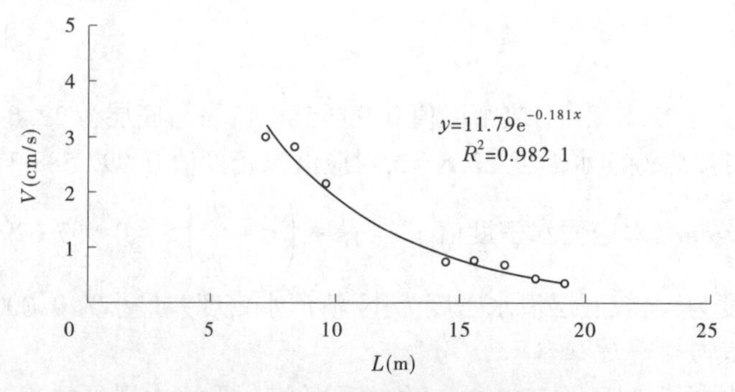

图 3-3-21 头部流速沿程变化

采用电磁流速仪对流速进行观测，电磁流速仪放置在断面8（距进口2.6 m）和断面10（距进口12.0 m）位置。测验点自河底开始，逐次向上，测点间隔2 cm，结果如图3-3-22所示。

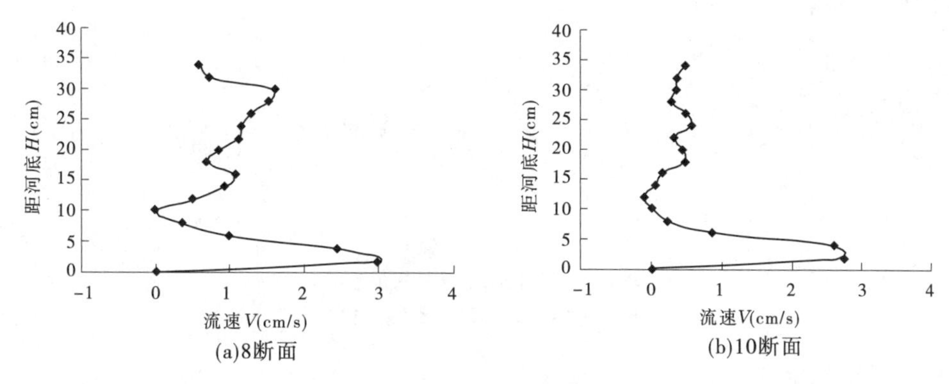

图3-3-22　异重流流速沿垂线分布

4. 含沙量变化

采用OBS3+仪器对试验水体进行在线监测，表3-3-11为含沙量垂线分布表，图3-3-23为含沙量沿垂线分布情况。由图可知，浑水由明流转变为中层异重流并向下游传播。

表3-3-11　含沙量垂线分布

距进口距离（m）	含沙量（kg/m^3）	距进口距离（m）	含沙量（kg/m^3）	距进口距离（m）	含沙量（kg/m^3）	距进口距离（m）	含沙量（kg/m^3）
5.4	0.055	7.8	0.085	10.2	0.025	12.6	0
5.4	0.055	7.8	0.065	10.2	0.035	12.6	0.02
5.4	0.07	7.8	0.075	10.2	0.025	12.6	0.01
5.4	0.06	7.8	0.07	10.2	0.03	12.6	0
5.4	0.055	7.8	0.075	10.2	0.025	12.6	0
5.4	0.045	7.8	0.065	10.2	0.025		
5.4	0.07	7.8	0.07	10.2	0.015		
		7.8	0.07	10.2	0		

图3-3-24为异重流断面平均含沙量沿程变化图。由图可知，含沙量沿程逐渐减小。

3.3.3　底层异重流试验

3.3.3.1　含沙量 S=10 kg/m^3

1. 密度差

试验开始前，用水银温度计测得清浑水水温。清水温度为16.6 ℃，对应密度值0.998 845 5 t/m^3；拟焦沙浑水温度16.8 ℃，对应清水密度值0.998 811 4 t/m^3，则拟焦沙浑水含沙量10 kg/m^3，对应浑水密度值 $\gamma' = \gamma_0 + \left(1 - \dfrac{\gamma_0}{\gamma_s}\right) S$ =0.998 811 4+(1−1/1.7)×10/

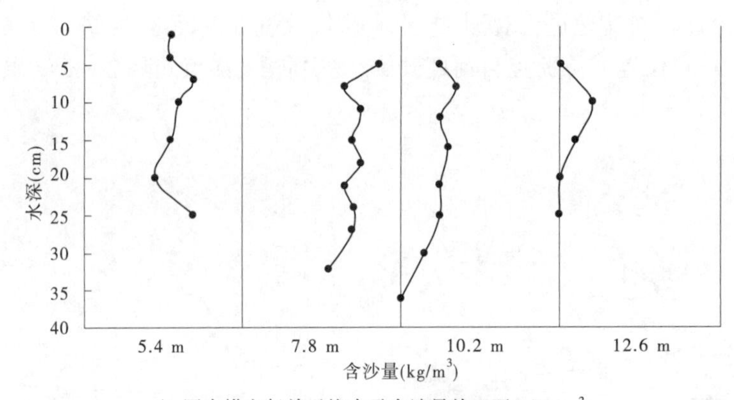

注:图中横向每单元格表示含沙量从 0 至 1 kg/m³。

图 3-3-23　含沙量沿垂线分布

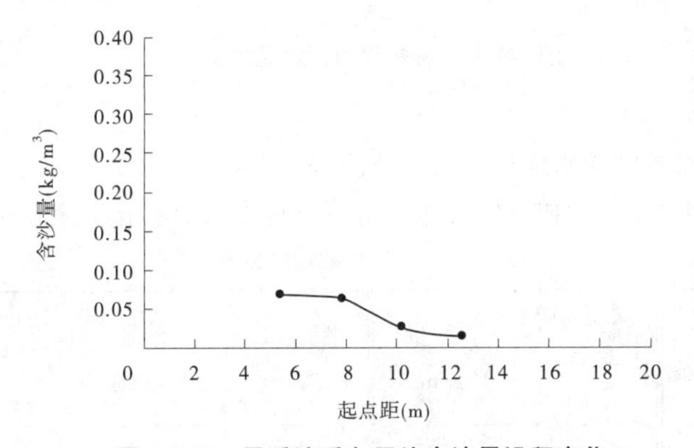

图 3-3-24　异重流垂向平均含沙量沿程变化

1 000=0. 998 811 4+(1−0. 588 235 3)/100 =1. 002 929(t/m³),浑水密度较清水密度大,清浑水密度差为 0. 004 08 t/m³。

2. 异重流潜入与运行

本次试验在断面 5—6 中间(距进水口 6. 6 m)位置处形成底层异重流。图 3-3-25 为异重流试验过程图片。

(a)明流转换为表层异重流

(b)表层流转换为底层异重流

图 3-3-25　异重流形成与输移过程

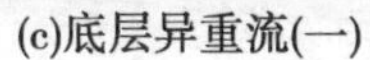
(c)底层异重流(一)

(d)底层异重流(二)

续图 3-3-25

3. 流速变化

表 3-3-12 为异重流头部流速测验结果。从中可以看出,头部流速沿程减缓。头部流速沿程变化见图 3-3-26。

表 3-3-12　异重流头部流速测验结果

水槽断面	时间(s)	间隔距离(cm)	速度(cm/s)	水槽断面	时间(s)	间隔距离(cm)	速度(cm/s)
4—5	32.67	120	3.67	13—14	48.32	120	2.48
5—6	33.19	120	3.62	14—15	46.79	120	2.56
6—7	34.57	120	3.47	15—16	49.15	120	2.44
7—8	34.81	120	3.45	16—17	58.03	120	2.07
8—9	36.71	120	3.27	17—18	47.35	120	2.53
9—10	35.1	120	3.42	18—19	58.66	120	2.05
10—11	32.91	120	3.65	19—20	60.29	120	1.99
11—12	40.35	120	2.97	20—21	59.23	120	2.03
12—13	35.12	120	3.42				

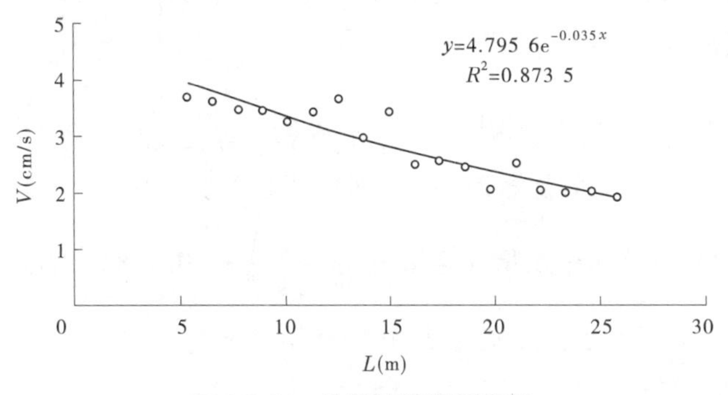

图 3-3-26　头部流速沿程变化

采用电磁流速仪对流速进行观测，电磁流速仪放置在断面 5 和断面 10 位置。测验点从河底开始，逐次向上，测点间隔 2 cm，结果如图 3-3-27 所示。

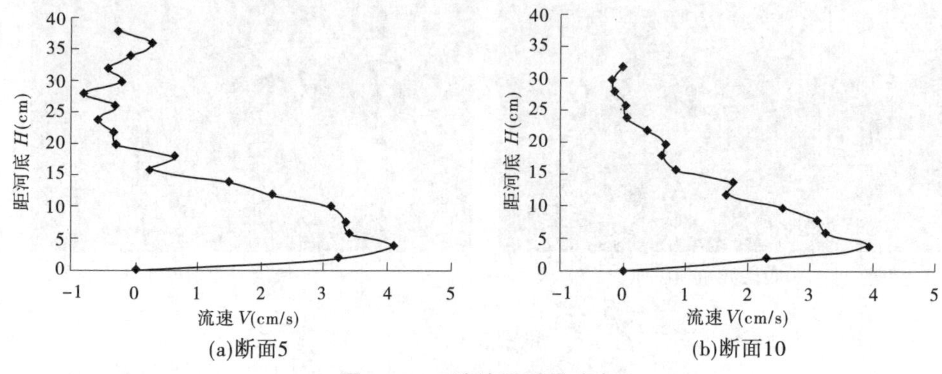

(a)断面5　　(b)断面10

图 3-3-27　流速沿垂线分布

4. 含沙量变化

采用 OBS3+仪器对试验水体进行在线监测，表 3-3-13 为含沙量沿垂线分布表，图 3-3-28 为含沙量沿垂线分布情况。

表 3-3-13　含沙量沿垂线分布

断面	距进口距离(m)	水深(cm)	含沙量(kg/m³)	断面	距进口距离(m)	水深(cm)	含沙量(kg/m³)
3—4	4.2	5	1.86	11—12	13.8	28	0.81
		10	3.48			33	1.71
		15	2.44				
8—9	10.2	9	0.19	14—15	17.4	34	0.53
		14	0.85			39	0.88
		19	1.02	20—21	24.6	40	0.3
		24	3.71			45	0.51

图 3-3-29 为异重流断面平均含沙量沿程变化图。由图可知，含沙量沿程逐渐减小。

3.3.3.2　含沙量 $S=1\ \mathrm{kg/m^3}$

1. 密度差

试验开始前，用水银温度计测得清浑水水温。清水温度为 21 ℃，对应密度值 0.997 994 8 t/m³；拟焦沙浑水温度 21.8 ℃，对应清水密度值 0.997 818 2 t/m³，拟焦沙浑水含沙量 1 kg/m³，对应浑水密度值 $\gamma'=\gamma_0+\left(1-\dfrac{\gamma_0}{\gamma_s}\right)S=0.998\ 229\ 96\ \mathrm{t/m^3}$，浑水密度较清水密度大，与水槽下层清水密度差为 0.000 235 16 t/m³。

2. 异重流潜入与运行

由于浑水含沙量低，清浑水水温相差不大，其容重也相差不大。加之水流在运行过程

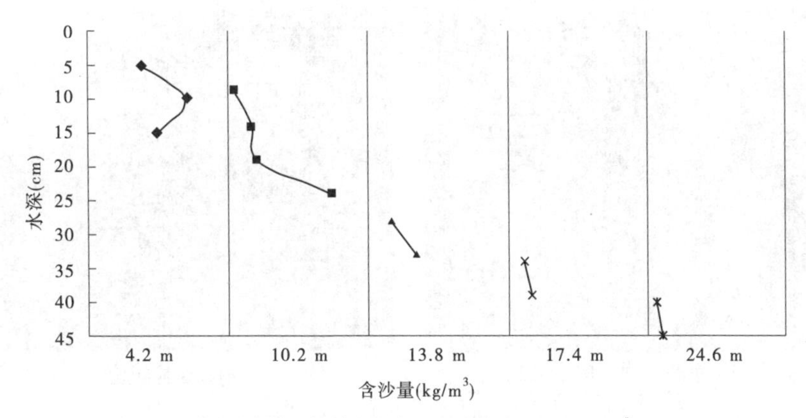

注:图中横向每单元格表示含沙量从 0 至 1 kg/m^3。

图 3-3-28　含沙量沿垂线分布

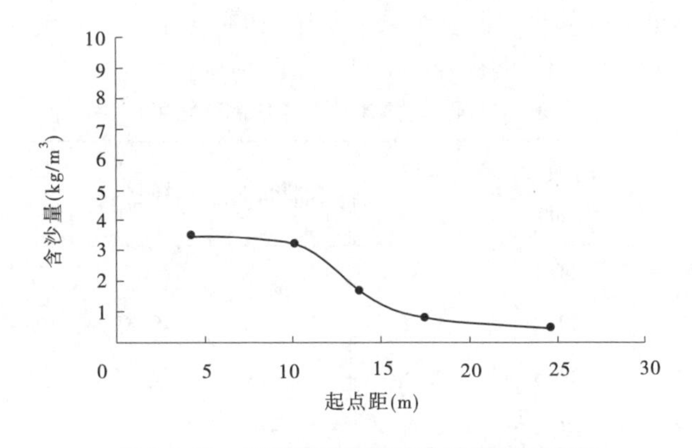

图 3-3-29　异重流垂向平均含沙量沿程变化

中泥沙沉降或异重流清水析出等因素,浑水容重沿程并非一成不变,清浑水容重差也会不断调整。图 3-3-30 给出了水槽异重流产生与输移过程,可以看出,在水槽底坡转折处,异重流运动部位更接近表层,至断面 5(距进口 6.0 m)处下沉转变为中层异重流,运行到断面 10(距进口 13.0 m)位置处进一步下沉沿槽底运行形成底层异重流。

(a)明流转换为表层异重流

(b)表层异重流转换为中层异重流

图 3-3-30　异重流产生与输移过程

(c)中层异重转化为底层异重流

(d)底层异重流

续图 3-3-30

3. 流速变化

表 3-3-14 为异重流头部流速测验结果。从中可知,异重流头部流速沿程在波动中衰减。异重流头部流速沿程变化见图 3-3-31。

表 3-3-14　异重流头部流速测验结果

水槽断面	时间(s)	间隔距离(cm)	速度(cm/s)	水槽断面	时间(s)	间隔距离(cm)	速度(cm/s)
8—9	16. 85	124. 2	7. 37	15—16	54	120. 2	2. 23
9—10	26. 6	129. 3	4. 86	16—17	49. 83	117. 5	2. 36
10—11	51. 56	122. 8	2. 38	17—18	73. 26	121	1. 65
11—12	78. 63	125	1. 59	18—19	54. 7	119. 7	2. 19
12—13	73. 94	106	1. 43	19—20	56. 5	118. 1	2. 09
13—14	49. 77	125	2. 51	20—21	59. 14	122. 7	2. 07
14—15	50. 77	121. 3	2. 39				

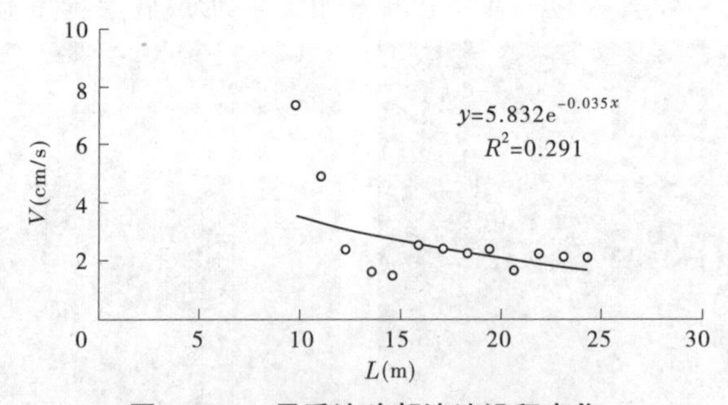

图 3-3-31　异重流头部流速沿程变化

图 3-3-32 为固定采用电磁流速仪 2D 和 3D 对异重流流速进行观测。电磁流速仪 3D 固定放置在断面 8(距进口 9. 6 m)位置,电磁流速仪 2D 固定放置在断面 10(距进口 12. 0 m)位置。测验点自水槽底部开始,依次向上,两测验点间距为 2 cm,结果如图 3-3-32 所

示。从图中可知,断面8(距进口9.6 m)垂线最大流速约为4.8 cm/s,距河底2 cm位置;断面10(距进口12.0 m)垂线最大流速约为3.4 cm/s,距河底4 cm位置;上游断面流速总体大于下游断面流速。

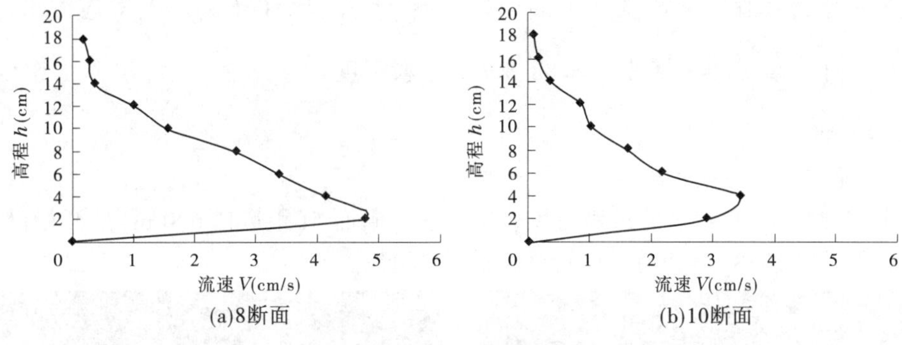

图 3-3-32　流速沿垂线分布

4. 含沙量变化

采用OBS3+仪器对试验水体进行在线监测,表3-3-15为垂线含沙量测验结果,图3-3-33为含沙量沿垂线分布情况。

表 3-3-15　垂线含沙量测验结果

7断面(距进口8.4 m)		10断面(距进口12.0 m)	
距水面(cm)	对应含沙量(kg/m³)	距水面(cm)	对应含沙量(kg/m³)
13	0.42	11	0.35
19	0.52	17	0.46
23	0.62	24	0.46
31	0.34	32	0.5
		37.5	0.5

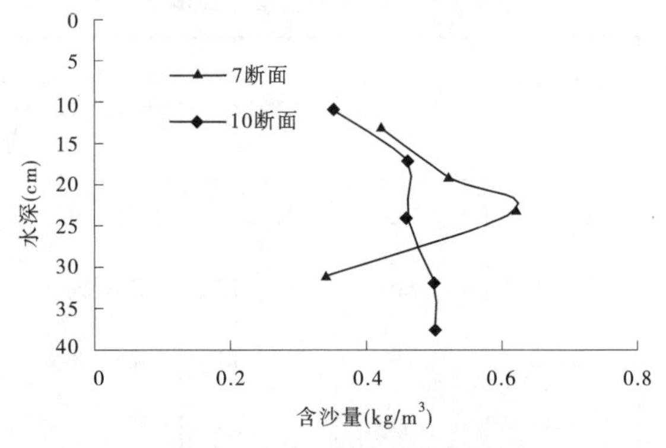

图 3-3-33　含沙量沿垂线分布

由图3-3-33可知,断面7(距进口8.4 m)处形成的是中层异重流,断面7(距进口8.4 m)处总水深为40 cm,在距水面23 cm处达到最大;断面10(距进口12.0 m)形成的是底层异重流,底层含沙量大于上层含沙量,自水面沿垂线向下呈梯度分布。

3.3.3.3　**含沙量 S=0.5 kg/m³**

1. 密度差

水槽前期充蓄清水温度为 22 ℃,对应密度值 0.997 773 0 t/m³;拟焦沙浑水温度 22 ℃,对应清水密度值 0.997 773 0 t/m³,拟焦沙浑水含沙量 0.5 kg/m³,对应浑水密度值 $\gamma' = \gamma_0 + \left(1 - \frac{\gamma_0}{\gamma_s}\right) S$ = 0.997 978 88 t/m³,浑水密度较清水密度大,清浑水密度差为 0.000 205 88 t/m³。

2. 异重流潜入与输移过程

图 3-3-34 为异重流试验过程图片。拟焦沙在断面 5(距进口 6.0 m)处开始潜入,在断面 9(距进口 10.8 m)处潜入河底形成底层异重流。

(a)明流转换为底层异重流

(b)异重流输移

图 3-3-34　异重流潜入与运行

3. 流速变化

表 3-3-16 为异重流头部流速测验结果,图 3-3-35 为异重流头部流速沿程变化。从中可以看出,头部流速沿程减缓。

表 3-3-16　异重流头部流速测验

水槽断面	时间(s)	间隔距离(cm)	速度(cm/s)	水槽断面	时间(s)	间隔距离(cm)	速度(cm/s)
6—7	14.47	114.4	7.906	10—11	120.01	122.8	1.023
7—8	29.35	113.5	3.867	11—12	290.06	125	0.431
8—9	33.16	124.2	3.745	12—13	410.06	106	0.258
9—10	44.25	129.3	2.922				

图 3-3-36 为固定断面垂线流速变化。采用电磁流速仪 2D 和 3D 对异重流流速进行垂线观测,电磁流速仪 3D 放置在断面 8(距进口 9.6 m)位置,电磁流速仪 2D 先后放置在断面 9(距进口 10.8 m)和断面 11(距进口 13.2 m)位置。本次试验形成的是底层异重

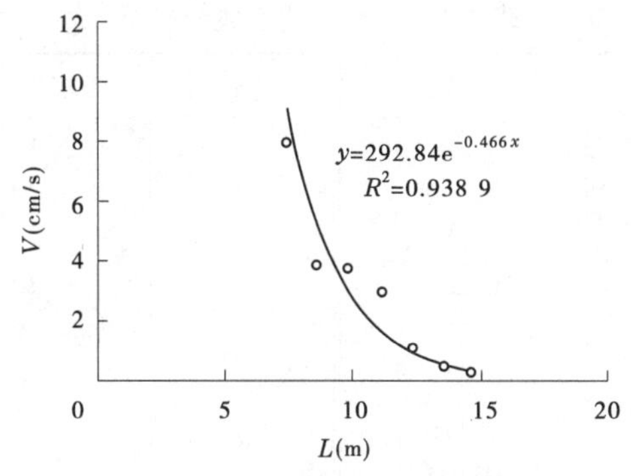

图 3-3-35　异重流头部流速沿程变化

流,故测验点自水槽底部开始,依次向上,两测验点间距为 2 cm,只考虑顺水流方向流速,结果如图 3-3-36 所示。由图可知,断面 8(距进口 9.6 m)垂线最大流速约为 4.4 cm/s,距河底 6 cm 位置;断面 9(距进口 10.8 m)垂线最大流速约为 3.5 cm/s,距河底 4 cm 位置;断面 11(距进口 13.2 m)垂线最大流速约为 0.3 cm/s,距河底 4 cm 位置;上游断面流速总体大于下游断面流速。

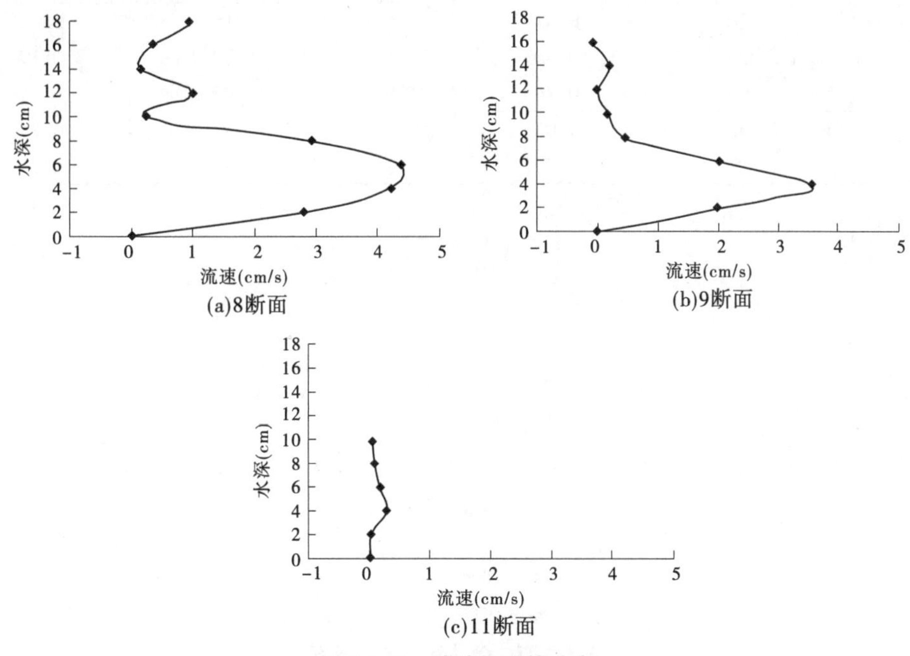

图 3-3-36　流速沿垂线分布

4. 含沙量变化

采用 OBS3+仪器对试验水体进行在线监测,表 3-3-17 为含沙量垂线分布表。

图 3-3-37 为含沙量沿垂线分布情况。从图中可以看出,异重流在断面 4—5(距进口 4.8~6 m)之间潜入,在断面 9(距进口 10.8 m)潜入底层,底层含沙量大于上层含沙量,自水面沿垂线向下呈梯度分布。

表 3-3-17　含沙量垂线分布

断面位置	距水面(cm)	含沙量(kg/m³)	断面位置	距水面(cm)	含沙量(kg/m³)
3	2	0.335	7	15	0.360
	5	0.253		20	0.343
	8	0.183		25	0.307
4	5	0.298		30	0.307
	10	0.271	8	0	0.102
	15	0.334		5	0.134
5	0	0.166		10	0.161
	5	0.194		15	0.271
	10	0.334		20	0.298
	15	0.376		25	0.351
	20	0.360	9	15	0.048
6	0	0.130		20	0.102
	5	0.215		25	0.206
	10	0.334		30	0.343
	15	0.450		35	0.360
	20	0.316	10	15	0.142
	25	0.403		20	0.194
	30	0.343		25	0.253
7	0	0.061		30	0.253
	5	0.307		35	0.253

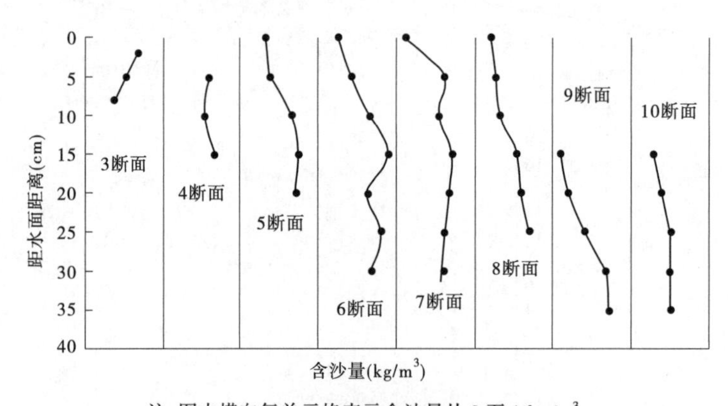

注:图中横向每单元格表示含沙量从 0 至 1 kg/m³。

图 3-3-37　含沙量沿垂线分布

图 3-3-38 为异重流断面平均含沙量沿程变化图。由图可知,含沙量沿程逐渐减小。

3.3.4　不同组次对比

3.3.4.1　各试验组次异重流形式

表 3-3-18 为各试验组次异重流形成类别情况。

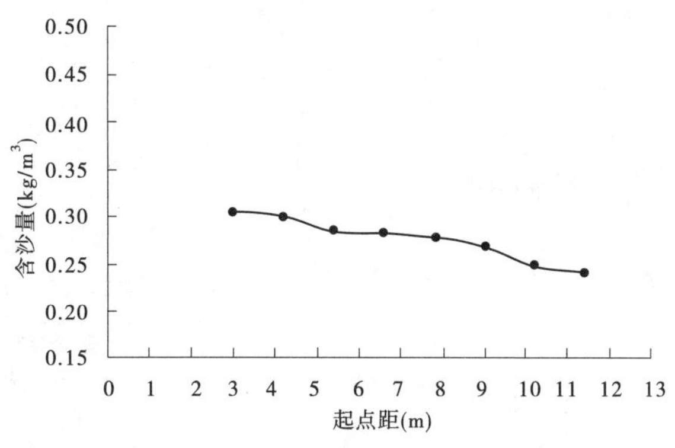

图 3-3-38　异重流垂线平均含沙量沿程变化

表 3-3-18　各组次异重流形成情况汇总

编号	浑水总量 V (L)	进口流量 Q (L/s)	进口含沙量 S (kg/m³)	入口水深 h (m)	入侵浑水温度 T (℃)	入侵浑水密度 ρ' (kg/m³)	水槽清水温度 T (℃)	水槽清水密度 ρ (kg/m³)	异重流
1	300	1	1	0.07	22.8	996.418 8	17.5	998.688 6	表层
2	350	1	1	0.07	22.8	998.000 06	22.4 20.4	997.681 5 998.123	中层
3	440	1	0.4	0.07	20.9	998.181 1	21.5 20.1	997.885 2 998.185 6	中层
4	350	1	0.1	0.07	22.8	997.629 5	22.8 22.6	997.588 3 997.635 1	中层
5	400	1	10	0.07	16.8	1 002.929	16.6	998.845 5	底层
6	300	1	1	0.07	21.8	998.229 96	21	997.994 8	底层
7	250	1	0.5	0.07	22	997.978 88	22	997.773	底层

3.3.4.2　头部流速随含沙量变化

图 3-3-39 为各组次头部流速沿程变化对比图。由图可知，7 组试验头部流速沿程均在波动中减小。相同流量不同含沙量中、底层异重流头部流速对含沙量越高头部流速越大，但由于含沙量差异较小，流速差别不大。相同流量和含沙量表层、中层、底层异重流头部流速，表层异重流头部流速最大，底层异重流次之，中层异重流最小。钱宁指出，对于表层异重流来说，阻力损失可忽略不计，故同等情况下表层异重流头部流速最大；当异重流以中层异重流形式出现时，其异重流运动速度将较同等情况下的底层异重流为小。而本次试验得出结论与其一致，验证了本次试验的可信性。

3.3.4.3　垂线流速随进口含沙量变化

图 3-3-40 为相同断面、相同流量、不同进口含沙量条件下，流速沿垂线分布对比。由图可知，相同流量下，同一位置处，含沙量越高，其流速越大。

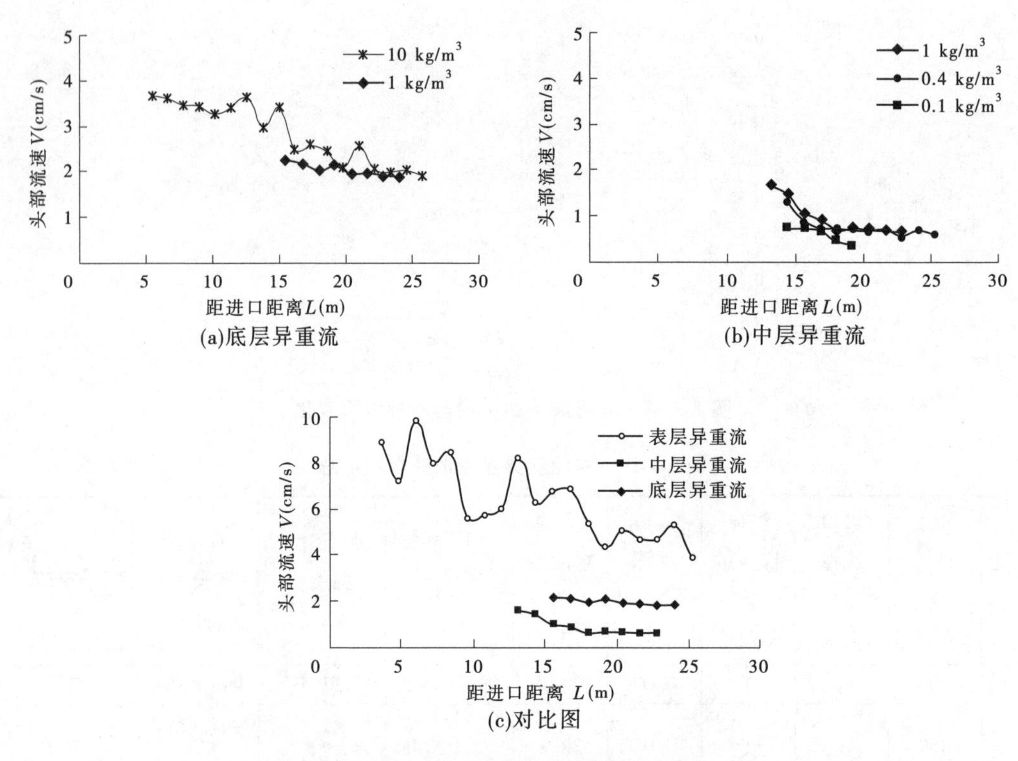

图 3-3-39　各组次异重流头部流速沿程变化对比

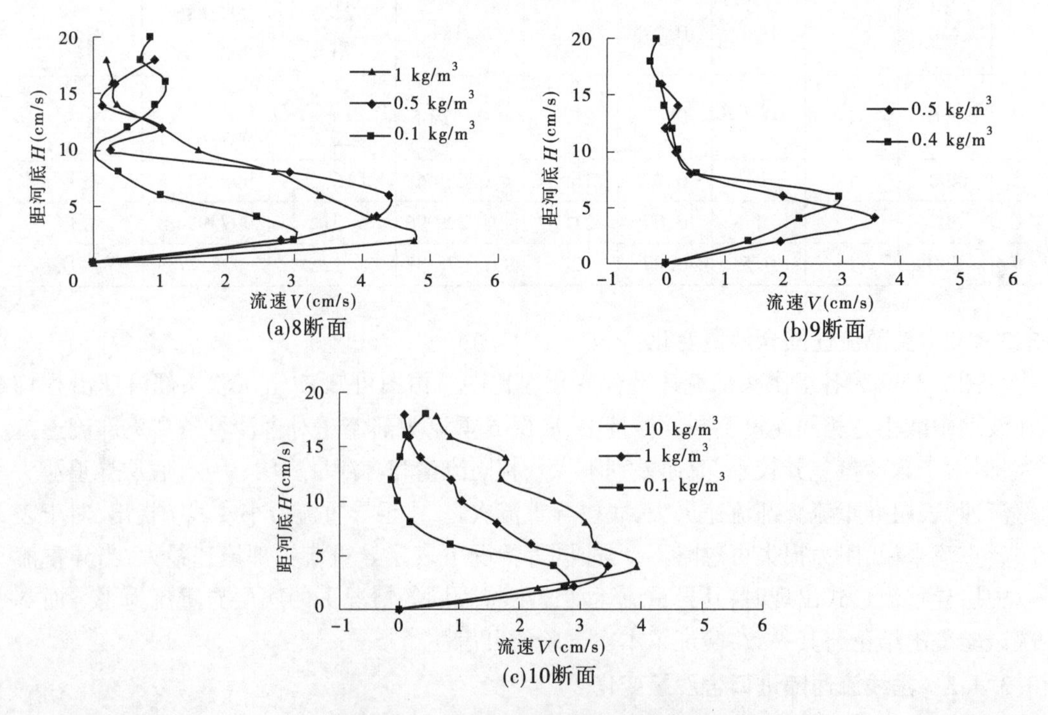

图 3-3-40　不同含沙量流速沿垂线分布

3.3.4.4　含沙量沿程变化

图 3-3-41 为含沙量沿程变化。从图中可以看出,相同流量,不同进口含沙量形成的异重流,其含沙量均是沿程衰减的,含沙量越小衰减越快;同一位置含沙量,进口含沙量越大,其垂线平均含沙量越大。

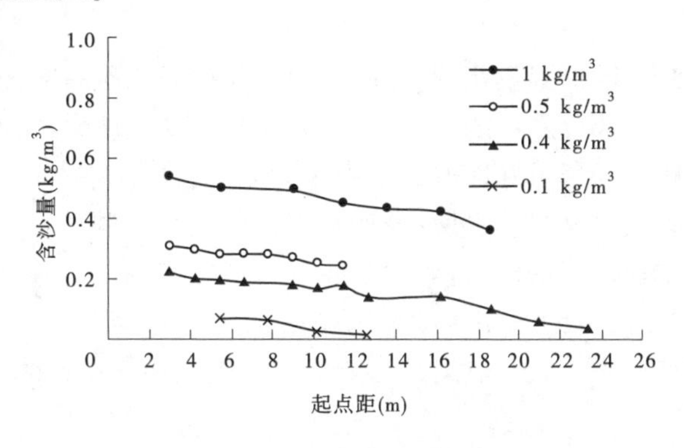

图 3-3-41　含沙量沿程变化

3.4　本章小结

开展了 7 组次概化水槽试验,研究了低含沙量条件下,相同流量、不同含沙量对异重流潜入及运行的影响。结果表明:

(1)模型沙选择方面,根据经验,选择粉煤灰与拟焦沙进行了容重、淤积物干容重、颗粒级配、物理特性等的对比及拟焦沙沉降试验,拟焦沙的容重小于粉煤灰,其颗粒级配亦小于粉煤灰,采用拟焦沙配置的含沙量条件下,其浑水均能在概化水槽试验中形成异重流,并向下游传播。确定拟焦沙作为模型沙进行物理模型试验更容易满足试验要求。

(2)量测设备精度方面,通过基础试验,排除了温度、容器的颜色等因素对 OBS3+的影响,熟练掌握了 OBS3+的使用方法,为物理模型试验的开展打下了良好的基础。

(3)模型初步设计方面,在确定的比尺、拟焦沙条件下,按照拟定的流量、含沙量过程,完成了多组次的表层、中层、底层异重流试验,初步验证了模型设计的合理性。在同一断面位置处,含沙量越高,其流速越大;异重流头部流速沿程在波动中衰减,且随着进口含沙量的增加而增大;异重流含沙量沿程减小,且随着进口含沙量的增加而增大。

(4)温度对低含沙异重流试验影响较大。在物理模型试验中,需要控制温度均一,以免影响试验结果。

第 4 章　物理模型设计及制作

天然河道中泥沙运动形式不相同,而河道中各种粒径泥沙的冲淤是一个统一的整体。在模型中单独试验某一部分颗粒的泥沙,只复演其某一种运动形式,不可能很好地解决水利工程中的泥沙问题。为了更好地解决工程实际问题,需要在一个模型上同时复演各种粒径泥沙的运动,即在一个模型上进行悬沙和底沙的综合试验。窦国仁(1977)对长江三峡变动回水区进行物理模型搭建,得到含沙量比尺为 0.51;针对长江三峡工程问题的复杂性和重要性,窦国仁(1995)采用含沙量比尺 0.51 建立变动回水区的长泥沙模型,对整个变动回水区的泥沙淤积及其对航运的影响进行研究。表 3-4-1 列举了几个有代表性的低含沙量河工模型。

表 3-4-1　低含沙量河工模型

作者	名称	模型沙	含沙量比尺	异重流设计	研究目的	处理方法
窦国仁(1977)	长江葛洲坝水利枢纽全沙模型	电木粉	0.459	异重流发生相似	悬沙和底沙的综合试验	提出模型中同时进行推移质、悬移质和异重流试验的相似准则
窦国仁(1995)	三峡工程变动回水区全沙试验模型	电木粉	0.51	无	研究三峡工程变动回水区的泥沙淤积	建造了长达 800 m 的全沙试验模型
杨国炜(1992)	汉江丹江口水库变动回水区油房沟河段泥沙模型	塑料沙	0.085	无	复演全时段河道再造床过程的试验研究工作	应用三峡工程水库变动回水区的泥沙冲淤和河床演变问题方法
王国兵(1994)	黄河小浪底水利枢纽泥沙模型	电木粉	0.56~3.97	异重流发生相似	研究低含沙水流与高含沙水流的泥沙运动	在试验过程中,保持泥沙颗粒级配相似
高学平(1996)	全沙模型	电木粉	0.528	异重流发生相似	同时复演 3 种泥沙运动	3 种泥沙运动时间比尺一致

4.1　相似条件

由于牛栏江水沙条件及河床边界条件复杂，形成水库后有异重流发生，水流运动及河床变形规律难以模拟，模型设计难度很大。根据张红武等(1994)和张俊华等(1997)动床模型相似律研究成果，考虑原型水库水沙特点，模型除满足水流重力、阻力相似条件外，还必须遵循如下相似条件：

(1)水流挟沙相似条件：

$$\lambda_S = \lambda_{S*} \tag{3-4-1}$$

(2)泥沙悬移相似条件：

$$\lambda_\omega = \lambda_v \frac{\lambda_H}{\lambda_{\alpha*}\lambda_L} \tag{3-4-2}$$

(3)泥沙起动及扬动相似条件：

$$\lambda_v = \lambda_{v_c} = \lambda_{v_f} \tag{3-4-3}$$

(4)河床冲淤变形相似条件：

$$\lambda_{t_2} = \frac{\lambda_{\gamma_0}\lambda_L}{\lambda_S\lambda_v} \tag{3-4-4}$$

式中：λ_L、λ_H 分别为水平及垂直比尺；λ_R 为水力半径比尺；λ_v 为流速比尺；λ_S、λ_{S*} 分别为含沙量比尺和水流挟沙力比尺；λ_ω 为泥沙沉速比尺；λ_{v_c}、λ_{v_f} 分别为泥沙起动流速比尺及扬动流速比尺；λ_{t_2} 为河床变形时间比尺；λ_{γ_0} 为淤积物干容重比尺；$\lambda_{\alpha*}$ 为平衡含沙量分布系数比尺。

(5)异重流发生(或潜入)相似条件。

对于水库而言，除必须保证泥沙悬移相似外，还应考虑异重流运动相似，亦即(张俊华等，1997)

$$\lambda_{S_e} = \left[\frac{\lambda(\lambda_{k1}-1)}{\dfrac{\gamma_{sm}-\gamma}{\gamma_{sm}}S_p} + \lambda_{k1}\frac{\lambda_{\gamma_s-\gamma}}{\lambda_{\lambda_s}}\right]^{-1} \tag{3-4-5}$$

(6)异重流挟沙相似条件：

$$\lambda_{S_c} = \lambda_{S_e*} \tag{3-4-6}$$

(7)异重流连续相似条件：

$$\lambda_{t_e} = \frac{\lambda_L}{\lambda_V} \tag{3-4-7}$$

式(3-4-5)～式(3-4-7)中的下标 m、p、e 分别代表模型、原型及异重流有关值。式(3-4-5)中 λ_{k1} 为考虑浑水容重沿垂线分布不均匀性而引入的修正系数比尺，其中 k_1 定义为

$$k_1 = \frac{\int_0^{h_e}\left(\int_z^{h_e}\gamma'_m dz\right)dz}{\gamma_m \dfrac{h_e^2}{2}} \tag{3-4-8}$$

式中:γ'_m、γ_m 分别为垂线上某一点浑水容重及垂线平均浑水容重。

4.2　几何比尺的确定

从满足试验精度要求出发,根据原型河床条件、模型水深 h_m>1.5 cm 及模型水流流态相似的要求,并参照对模型几何变率问题的前期研究结果,认为开展本模型试验适宜的比尺范围为:水平比尺 $\lambda_L=200$,垂直比尺 $\lambda_H=45$,几何变率 $D_t=\lambda_L/\lambda_H$ 约为 4.44。模型布置在黄河水利科学研究院、水利部黄河泥沙重点实验室的模型黄河试验基地内,模型平面布置见图 3-4-1。模拟范围自牛栏江干流取水口下游(距坝 14.86 km)至回水末端(距坝 36.05 km)约 21.2 km、干河汇口以上约 6 km,模拟高程范围为 1 695~1 800 m。牛栏江河段模型长约 70 m、干河支流模型长约 60 m。模型平均宽 2.5 m。

几何变态模型变率问题是泥沙模型中的关键问题之一,为论证本模型变率的合理性,以下就几何变率做专门论证。

对于变态模型变率限制条件问题,张红武等(1994)和张俊华等(1997)提出了变态模型相对保证率的概念,若取相对保证率 P_* 为 0.85,则可给出如下形式的变率限制式:

$$D_t \leqslant 0.0319\frac{B}{H} + 0.85 \tag{3-4-9}$$

分别将库区内宽深比较小的不利断面作为代表断面,将其 B、H 的数值代入上式,可求得 $D_t \leqslant 5$,亦即,采用变率为 4.44 的变态模型,可保证模型过水断面上有 85%以上的区域流速场与原型相似。

窦国仁从控制变态模型边壁阻力与河底阻力的比值以保证模型水流与原型相似的概念出发,提出了限制模型变率的关系式:

$$D_t \leqslant 1 + \frac{B}{20H} \tag{3-4-10}$$

将原型代表断面特征值代入上式,求得 $D_t \leqslant 8$,显然本模型所取几何变率满足限制条件式(3-4-10)。

张瑞瑾等学者认为过水断面水力半径 R 对模型变态十分敏感,由此可导出如下变率指标表达式(谢鉴衡,1990):

$$D_R = \left(2 + \frac{B}{H}\right) \Big/ \left(2D_t + \frac{B}{H}\right) \tag{3-4-11}$$

由式(3-4-11)及库区内代表断面的有关因子可计算出模型变率指标 D_R 位于模型与原型相似的理想区段(原作者视 $D_R=0.95\sim1$ 为理想区)。

窦国仁曾利用三个不同宽度的水槽进行了正态、变态模型回流相似情况的试验,结果表明,只要同时满足重力和阻力相似,不论是正态模型还是变态模型(变率小于 5),回流情况均能保证相似。据张红武、李保如的研究结果,在 4~6 的变率范围内,对流场相似性的影响较小,对含沙量分布的影响也自然不大。清华大学开展的葛洲坝枢纽回水变动区模型的几何变率大于 2,流速及含沙量分布与原型都做到了相似。以上计算检验和分析论证结果,说明了本模型采用 $D_t=4.44$ 在各家公式所限制的变率范围之内,几何变态的影响有限,可以满足本水库工程实际需要。

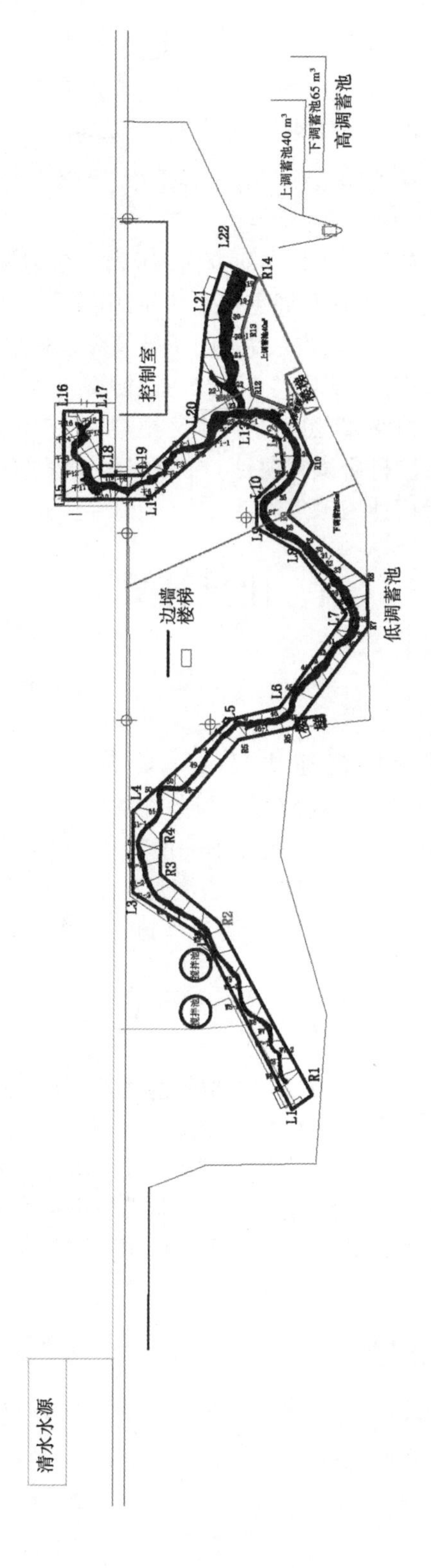
清水水源
控制室
边墙
楼梯
低调蓄池
高调蓄池
上调蓄池40 m³
下调蓄池65 m³
L1
R1
R2
L3
R3
R4
L4
L6
L7
L8
L16
L17
L18
L19
L20
L21
L22
R14

图 3-4-1　模型平面布置

4.3　模型沙选择

若取原型沙 γ_s=2.71 t/m³,得水下容重比尺 $\lambda_{\gamma_s-\gamma}$=2.44。大量模型试验及专门采用拟焦沙进行的模型试验表明,这类模型沙具有干容重小、凝聚力弱、起动流速小、不易板结及能保证模型长系列放水试验的需要等优点。

近10多年来,清华大学、黄河水利科学研究院、河北省水利设计研究院、北京水利科学研究院等单位使用该模型沙成功地开展克孜尔水库(新疆最大的水库)的模型、乌鲁木齐河大西沟水库模型、红山水库(内蒙古最大的水库)模型、内蒙古西辽河德日苏宝冷水库泥沙模型、长江三峡库区重庆河段模型、上荆江河段模型、长江黄石河段模型、渭河咸阳城区段治理模型、陕西黑河亭口水库、黑河亭口坝区模型、无定河王疙堵水库模型、宁蒙黄河治理模型等40多项大型泥沙科研试验项目。本项目组又通过基础水槽试验,对现有模型沙进行比选,最终选定试验用沙为拟焦沙。

4.4　比尺计算

4.4.1　流速及糙率比尺

由水流重力相似条件求得流速比尺 $\lambda_v=\sqrt{45}=6.71$,由此求得流量比尺 $\lambda_Q=\lambda_v\lambda_H\lambda_L=60\ 373$;取 $\lambda_R=\lambda_H$,由水流阻力相似条件求得糙率比尺 $\lambda_n=0.9$。根据条件相近的水库的实测资料,回水变动区河床糙率值一般为0.018~0.024,由此求得模型糙率应满足 $n_m=0.02\sim0.026$。为分析模型糙率是否满足该设计值,作为初步模型设计,利用张红武等(1994)的公式及预备试验结果对模型糙率进行分析:

$$n=\frac{\kappa h^{1/6}}{2.3\sqrt{g}\lg\left(\dfrac{12.27h\chi}{0.7h_s-0.05h}\right)} \tag{3-4-12}$$

式中:κ 为卡门常数,为简便计取 $\kappa=0.35$;若取原型水深为2.5 m,则 $h_m=2.5\ \text{m}/45=0.056\ \text{m}$;$\chi$ 为校正参数,对于床面较为粗糙的模型小河,取 $\chi=1$;h_s 为模型的沙波高度,参考室内试验结果,$h_s\approx0.01\sim0.02$ m。由式(3-4-12)可求得模型糙率值 $n_m\approx0.014\sim0.016\ 8$,比设计值小一些,这初步说明所选模型沙在模型进口段同水流阻力相似条件相差不多。至于库区近坝段,其水面线主要受水库运用亦即坝前控制水位的影响,受河床糙度的影响相对不大。

4.4.2　悬沙沉速及粒径比尺

泥沙悬移相似条件式(3-4-2)中的平衡含沙量分布系数比尺 λ_a,是随泥沙的悬浮指标 $\omega/\kappa U_*$ 的改变而变化的。若原型的 $\omega/\kappa U_*>0.15$,式(3-4-2)可归纳为:

$$\lambda_\omega=\lambda_v\left(\frac{\lambda_H}{\lambda_L}\right)^m \tag{3-4-13}$$

式中：m 为指数，在 $0.15<\omega\leq0.5$ 时，$m=0.75$。对于 $\omega/\kappa U_*<0.15$ 的细沙，其悬移相似条件可表示为：

$$\lambda_\omega=\lambda_v\left(\frac{\lambda_H}{\lambda_L}\right)^{0.97}\exp\left[4.4\left(\frac{\omega}{\kappa U_*}\right)_{\mathrm{p}}\left(\frac{\lambda_v}{\lambda_\omega}\sqrt{\frac{\lambda_H}{\lambda_L}}-1\right)\right] \tag{3-4-14}$$

利用原型建库后的水力泥沙因子，估算悬浮指标体 $\omega/\kappa U_*<0.15$，因此可采用式(3-4-14)计算泥沙的沉速比尺 λ_ω。将原型资料及有关比尺代入式(3-4-14)，初步通过试算得出 λ_ω 约为1.75。

原型悬移质泥沙沉速公式因涉及过渡区和滞流区，尚不能用 Stockes 公式来直接推求粒径比尺关系式，张罗号利用量纲和谐原理及前人资料，得到了常见粒径范围($d=0.003\sim0.9$ mm)的沉速公式，最近在其博士论文中考虑泥沙沉速与水下容重应该仍然保持线性关系，又进一步微调为如下形式：

$$\omega_0=0.037\frac{\gamma_s-\gamma}{\gamma}\frac{g^{0.867}}{\nu^{0.734}}d^{1.6} \tag{3-4-15}$$

式中：ν 为运动黏滞系数。

悬移质粒径比尺关系式为：

$$\lambda_d=\left(\frac{\lambda_\omega}{\lambda_{\gamma_s-\gamma}}\right)^{0.625}\lambda_\nu^{0.459} \tag{3-4-16}$$

式中：λ_ν 为水流运动黏滞系数比尺；λ_d为悬移质粒径比尺。

根据悬移质沙样颗分资料（清华大学、黄河水利科学研究院《牛栏江干河治理研究中期报告》表3.12），原型泥沙中值粒径为0.008 mm，平均粒径为0.027 mm，平均沉速为0.098 cm/s（通过沙重百分数加权）。

将沉速比尺、容重比尺代入式(3-4-16)，并暂取 $\lambda_v=0.66$（经过原型、模型水温分别计算两者的水流运动黏滞系数），计算可得悬移质粒径比尺为0.64。要求模型沙中值粒径为0.008/0.67=0.012(mm)，采用清华大学提供的极细模型沙，可以模拟异重流运动规律。

不过，鉴于平均粒径与平均沉速一般比中值粒径更能够代表非均匀沙样的整体情况，为了合理模拟原型中悬移质泥沙运动引起的河床变形，还必须考虑模型沙的平均粒径大小，尤其要保证模型沙平均沉速满足悬移相似条件。故由上述牛栏江悬移质泥沙沉速0.098 cm/s与悬移质沉速比尺，求出模型沙平均沉速为0.098/1.75=0.056(cm/s)，基本同清华大学提供的细颗粒模型沙平均沉速接近或略微偏小（如图3-4-2所示，其中值粒径 d_{50} 为0.018 mm，平均粒径 d_{cp} 为0.025 mm，平均沉速为0.048 cm/s）。

由以上对于悬移相似条件的模型设计与分析，认识到由于原型悬移质泥沙级配的特殊性（中值粒径极小，平均粒径与平均沉速相对较大），使得本模型的模型沙选配十分复杂。

4.4.3　含沙量比尺

含沙量比尺可通过计算水流挟沙力比尺来确定。

本设计引用适用于大江大河且同样适应于模型的张红武、张清公式，其形式为（张红

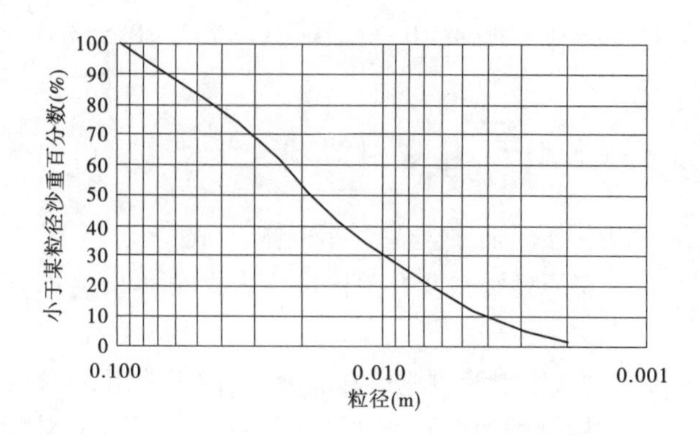

图 3-4-2　细颗粒拟焦沙级配曲线

武、张清，1992)：

$$S_* = 2.5\left[\frac{\xi(0.0022 + S_V)v^3}{\kappa\left(\frac{\gamma_s - \gamma_m}{\gamma_m}\right)gh\omega}\ln\left(\frac{h}{6D_{50}}\right)\right]^{-0.62} \tag{3-4-17}$$

式中：κ 为卡门常数；ω_s 为泥沙在浑水中的沉速；v 为流速；h 为水深；D_{50} 为床沙中径；S_V 为以体积百分比表示的含沙量；$S_V=S/\gamma_s$；ξ 为容重影响系数，可表示为：

$$\xi = \left(\frac{1.7}{\gamma_s - \gamma}\right)^{2.25} \tag{3-4-18}$$

对于本次选用的模型沙，γ_s 为 1.7 t/m³，则 $\xi=7.36$。对原型沙，$\xi\approx1$。

采用式(3-4-17)计算水流挟沙力，应考虑含沙量对 κ 值及 ω 的影响，两者均采用张红武和张清(1992)给出的公式计算。

将有关原型资料代入式(3-4-17)、式(3-4-18)，可得到原型水流挟沙力 S_{*p}。同时采用原型有关物理量及相应的比值代入上述计算式，并通过试算可得到模型水流挟沙力 S_{*m}，可以求出两者的比值 S_{*p}/S_{*m}。

另外，为在模型中较好地复演异重流的运动，含沙量比尺应兼顾式(3-4-5)。在运用式(3-4-8)时，尚需引入异重流含沙量分布公式。由于紊动扩散作用及重力作用仍是决定异重流挟沙运动的一对主要矛盾，其浓度沿水深的分布及挟沙能力规律与一般挟沙水流应当类似。因此，可引用张红武提出的含沙量沿垂线分布公式计算异重流含沙量沿垂线分布。在计算时将有关的水力泥沙因子采用异重流的相应值代入。把由此得到的 λ_{k1} 的表达式与式(3-4-5)联解，通过试算即可求出异重流含沙量比尺。

在模型试验中，为保证异重流沿程淤积分布及出库泥沙特性与原型相似，还应满足异重流挟沙相似条件式(3-4-6)。可引用式(3-4-17)、式(3-4-18)计算原型及模型异重流挟沙力，进而确定 λS_{*e}。所得计算结果与式(3-4-5)得出的结果相差不多，并且与上述水流挟沙相似条件确定的 λ_S 基本一致，因此选用 $\lambda_S=\lambda_{S_e}=1$，可同时满足明渠水流及异重流挟沙相似条件，又能满足异重流发生相似条件。

4.4.4　时间比尺

根据容重 $\gamma_s=1.7$ t/m³ 的拟焦沙沉积过程试验，测得其初期干容重为 0.56 t/m³

(d_{50}=0. 016~0. 017 mm)。

至于原型淤积物干容重主要依据实测资料确定。初始淤积物干容重一般为0. 55~0. 85 t/m³(程龙渊 等,1993),在水库中细颗粒泥沙初始淤积物干容重较小,本次模型设计可初步选用0. 65 t/m³。由原型及模型沙干容重可求得λ_{γ_0}=1. 16。由式(3-4-4)可以求得河床变形时间比尺为λ_{t_2}=34. 6≈35,可见λ_{t_2}与水流运动时间比尺$\lambda_{t_1}=\lambda_L/\lambda_v$=29. 8较为接近,对于所要开展的非恒定库区动床模型试验,可以避免常遇到的两个时间比尺相差甚远所带来的时间变态问题,也不至于对水库蓄水、排沙及异重流运动的模拟带来不利的影响。

4.4.5　比尺汇总

模型设计考虑了一般水流运动及泥沙运动相似条件,也考虑了在水库中发生异重流时的相似问题。含沙量比尺、河床变形时间比尺等需结合验证试验进一步优选。比尺汇总见表3-4-2。

表3-4-2　比尺汇总

相似条件	比尺名称	数值	说明
几何相似	水平比尺	200	根据场地条件确定水平比尺
	垂直比尺	45	按模型变率限制条件选定
水流运动相似	流速比尺	6. 7	
	流量比尺	60 373	
	糙率比尺	0. 9	
	水流运动时间比尺	29. 8	
泥沙运动相似	泥沙粒径比尺	0. 64	
	含沙量比尺	1. 0	待验证
	河床变形时间比尺	35	待验证

4.5　模型制作

4.5.1　模型制作

牛栏江拦沙坝至进口长约15. 22 km(模型长约76 m),模拟高程范围1 729~1 800 m(模型高约1. 58 m);取水口至牛栏江拦沙坝约3. 52 km(模型长约17. 6 m),取水口至干河河道末端约6 km(模型长约30 m),自取水口以下2. 45 km(模型长约13 m)模拟,高程范围1 695 ~1 790 m,其中,高程范围1 729~1 790 m部分模型在地面以上,高约1. 36 m,高程范围1 695~1 729 m部分开挖地面净深0. 76 m。见图3-4-3。模型整体长约132 m,宽约2. 5 m,高约2. 11 m。其中牛栏江干流河段长度21. 2 km(约106 m),干河河段长度6 km(约30 m)。横剖面示意图见图3-4-4。50墙0. 5 m+37墙0. 5 m,以上24墙,模型内齐平。防水卷材贴于边墙内侧。

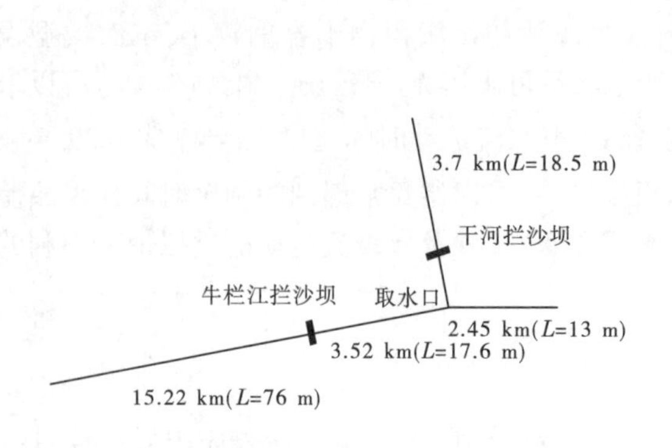

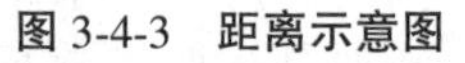
图3-4-3　距离示意图

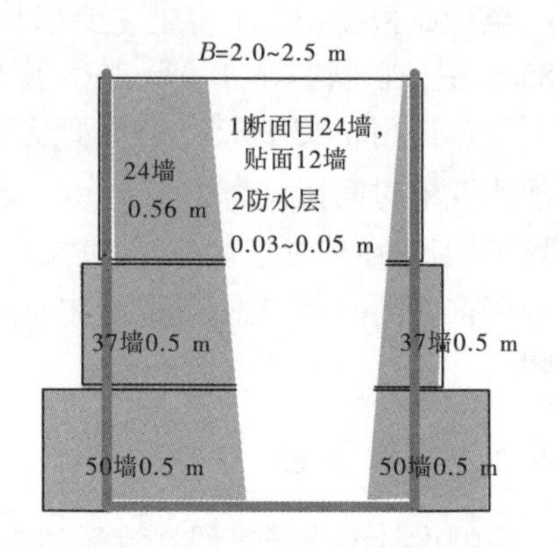

图3-4-4　一体模型剖面示意图

先按照模型设计的几何比尺将原型1 800 m等高线范围放入预定场地内,然后勾勒边墙拐点,放样后制作边墙及断面,见图3-4-5。边墙及断面全部制作完成后(见图3-4-6),开始填土、夯实施工,见图3-4-7。最终边墙合龙。完工后模型照片见图3-4-8。

(a)

(b)

图3-4-5　边墙制作及断面制作照片

(a)

(b)

图3-4-6　模型制作照片

(a)

(b)

图 3-4-7　土工及边墙合龙照片

(a)

(b)

(c)

图 3-4-8　模型局部

4.5.2　水位调蓄

由于模型模拟范围仅为德泽水库库区的上段,将距坝 14.89 km 的 19 断面作为模型的出口断面,安装闸门与控制系统。尾门设计使用 2 cm 厚的有机玻璃与边墙连接,安装钢架防护玻璃变形,处理接口部分防水。在河底沿断面内侧切割宽度 20 cm、高度 50 cm 的泄水孔,外侧连接锥形体连接法兰,外接闸板式闸门。示意图见图 3-4-9。

为了满足异重流到达出口位置的流态与原型相似,即异重流仍处于畅流状态,且满足控制水位要求,故在尾门连通处修建了高、低两个调蓄池。试验之前加入清水,试验过程中用于维持坝前水位的稳定。高调蓄池与河道右岸边墙预留缺口无缝连接,以保证模型与高调蓄池在 1 750 m 以上水体连通。低调蓄池则与高调蓄池采用溢流坝连通,各布置若干台不同出水量的水泵进行组合,可满足互相调节。示意图见图 3-4-10。

(a)

(b)

图 3-4-9　尾门浑水控制

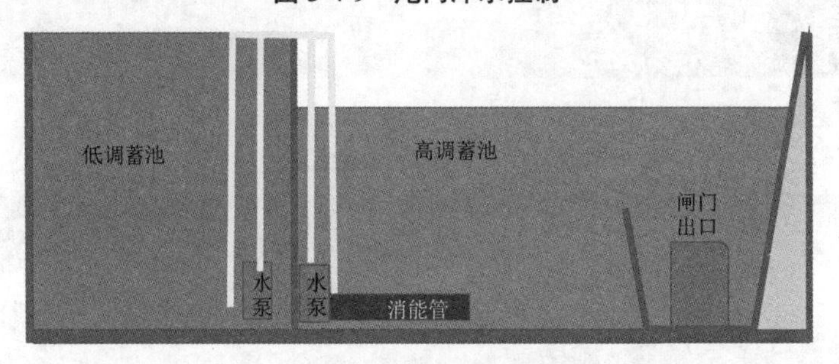

图 3-4-10　高低调蓄池及尾门布置示意图

4.6　本章小结

模型设计不仅考虑了一般水流运动及泥沙运动相似条件，而且考虑了在水库中发生异重流时的相似问题。其中，含沙量比尺、河床变形时间比尺等需结合验证试验进一步优选。

(1)模型满足几何相似条件的水平比尺为 200，垂直比尺为 45；满足水流运动相似条件的流速比尺为 6.7，糙率比尺为 0.9，水流运动时间比尺为 29.8；满足泥沙运动相似条件的泥沙粒径比尺为 0.64，含沙量比尺为 1.0，冲淤时间比尺为 35。

(2)为了保证异重流畅泄而不发生反射，需增加出库流量以保证水位不变，保证模型与原型相似。因此，在尾门连通处设计修建高、低调蓄池，提前加入清水，以维持坝前水位的稳定。

第 5 章　验证试验

验证试验的目的是验证模型设计比尺的合理性。在模型上施放选取典型水沙过程，对各水流因子进行测验，并与原型测验结果对比分析，以验证其模型与原型的相似度。

5.1　水沙条件

通过对实测资料的分析，认为2017年7月20日牛栏江、7月26日干河的测验结果相对完整，牛栏江、干河流量大小具有一定代表性，含沙量略低，但较之其他测验结果为优，作为验证试验水沙条件。采用牛栏江入库流量239.3 m^3/s、含沙量0.357 kg/m^3，干河入库平均流量29.9 m^3/s、平均含沙量0.204 kg/m^3。见表3-5-1。

表3-5-1　入库水沙条件

干支流名称	流量(m^3/s)	含沙量(kg/m^3)	时间
牛栏江	239.3	0.357	7月20日
干河	29.9	0.204	7月26日

7月20日，只进行了牛栏江断面距离取水口3.7 km至上游的区域，上游测量至取水口以上13 km，在距离取水口10~13 km区域，表层、中层、底层含沙量均呈现逐渐增加的趋势，增幅较为明显；在距离取水口8~10 km区域垂线含沙量又整体下降，且表层、中层、底层含沙量下降速率较为一致，含沙量减少明显，下降约50%；距离取水口8 km以内区域，呈现中上层水体含沙量落淤降低、底层含沙量逐渐增加的趋势。见3-5-2。

7月26日，干河断面水体含沙量恢复至洪水之前水平，呈现底层含沙量>中层含沙量>表层含沙量的Rose分布特征。见表3-5-3。

表3-5-2　7月20日牛栏江断面垂线测点表层、中层、底层及垂线含沙量统计

时间(年-月-日T时:分)	垂线编号	距取水口距离(m)	距德泽坝距离(km)	水深(m)	表层含沙量(kg/m^3)	中层含沙量(kg/m^3)	底层含沙量(kg/m^3)	垂线平均含沙量(kg/m^3)
2017-07-20T14:49	cx49	3 724	21.20	39.40	0.041	0.273	0.800	0.300
2017-07-20T15:01	cx50	4 647	22.12	30.20	0.156	0.260	0.543	0.252
2017-07-20T15:09	cx51	4 831	22.30	30.80	0.050	0.250	0.594	0.263
2017-07-20T15:15	cx52	4 893	22.36	30.50	0.053	0.250	0.403	0.243
2017-07-20T15:18	cx53	4 970	22.44	31.00	0.094	0.242	0.430	0.257
2017-07-20T15:22	cx54	5 049	22.52	30.80	0.103	0.288	0.407	0.295

续表 3-5-2

时间（年-月-日 T时:分）	垂线编号	距取水口距离（m）	距德泽坝距离（km）	水深（m）	表层含沙量（kg/m³）	中层含沙量（kg/m³）	底层含沙量（kg/m³）	垂线平均含沙量（kg/m³）
2017-07-20T15:26	cx55	5 247	22.72	19.60	0.154	0.316	0.547	0.294
2017-07-20T15:29	cx56	5 563	23.03	22.80	0.135	0.263	0.532	0.290
2017-07-20T15:34	cx57	5 993	23.46	19.40	0.194	0.354	0.583	0.345
2017-07-20T15:39	cx58	6 492	23.96	20.00	0.187	0.339	0.488	0.335
2017-07-20T15:42	cx59	6 749	24.22	19.60	0.155	0.294	0.387	0.308
2017-07-20T15:47	cx60	7 436	24.91	17.30	0.160	0.322	0.369	0.290
2017-07-20T15:53	cx61	8 260	25.73	17.40	0.261	0.295	0.336	0.302
2017-07-20T16:00	cx62	9 255	26.73	12.20	0.445	0.473	0.494	0.474
2017-07-20T16:04	cx63	9 719	27.19	13.60	0.508	0.532	0.578	0.539
2017-07-20T16:08	cx64	10 152	27.62	12.00	0.498	0.520	0.602	0.528
2017-07-20T16:16	cx65	11 154	28.63	12.80	0.437	0.451	0.452	0.452
2017-07-20T16:23	cx66	12 140	29.61	10.70	0.363	0.378	0.420	0.386
2017-07-20T16:29	cx67	12 960	30.43	9.50	0.306	0.347	0.366	0.346
2017-07-20T16:31	cx68	13 051	30.52	8.90	0.369	0.358	0.348	0.357

表 3-5-3　7 月 26 日干河断面垂线测点表层、中层、底层及垂线含沙量统计

时间（年-月-日 T时:分）	垂线编号	距取水口距离（m）	距德泽坝距离（km）	水深（m）	表层含沙量（kg/m³）	中层含沙量（kg/m³）	底层含沙量（kg/m³）	垂线平均含沙量（kg/m³）
2017-07-26T11:08	cx16	0	17.47	47.6	0.089	0.093	0.123	0.103
2017-07-26T10:49	cx15	218.2	17.69	43.8	0.090	0.101	0.119	0.104
2017-07-26T10:43	cx14	322.4	17.79	29.7	0.086	0.099	0.092	0.097
2017-07-26T10:33	cx13	601.1	18.07	25.8	0.080	0.096	0.119	0.097
2017-07-26T10:18	cx12	1 082.5	18.55	35.3	0.079	0.098	0.141	0.104
2017-07-26T10:04	cx11	1 601.9	19.07	32.6	0.086	0.118	0.158	0.113
2017-07-26T09:52	cx10	2 539.2	20.01	16.5	0.084	0.119	0.126	0.115
2017-07-26T09:44	cx09	2 930.1	20.40	20.5	0.085	0.126	0.145	0.123
2017-07-26T09:36	cx08	3 568.6	21.04	13.6	0.089	0.130	0.146	0.129
2017-07-26T09:29	cx07	3 918.9	21.39	10.5	0.097	0.131	0.148	0.131
2017-07-26T09:22	cx06	4 299.5	21.77	8.8	0.097	0.143	0.163	0.137
2017-07-26T09:16	cx05	4 507.8	21.98	7.2	0.120	0.161	0.171	0.158

续表 3-5-3

时间 (年-月-日 T 时:分)	垂线编号	距取水口距离(m)	距德泽坝距离(km)	水深(m)	表层含沙量(kg/m³)	中层含沙量(kg/m³)	底层含沙量(kg/m³)	垂线平均含沙量(kg/m³)
2017-07-26T09:12	cx04	4 789.8	22.26	6.9	0.161	0.166	0.163	0.164
2017-07-26T09:07	cx03	4 996.7	22.47	3.2	0.166	0.184	0.178	0.178
2017-07-26T09:02	cx02	5 187.6	22.66	6.2	0.175	0.180	0.339	0.192
2017-07-26T08:57	cx01	5 289.7	22.76	4.6	0.185	0.187	0.187	0.187

5.2　试验控制及量测

5.2.1　进出口控制

清、浑水使用独立的双循环管道系统，包括清水池、潜水泵、清水循环管道、孔口箱、浑水搅拌池、浑水循环管道与孔口箱、搅拌设备等。用预先率定的孔口箱对入库典型洪水过程进行精细调节。出口处采用阀门控制出库流量。试验前采用循环水泵保证模型内蓄水体温度均匀，采用冰块控制进口清、浑水温度略低于模型内清水温度，以消除水温带来温度传递等的影响。

5.2.2　水位控制

2017 年 7 月 20 日水库日平均水位 1 785 m，回水末端距坝前 31.87 km、距模拟库段出口 17.01 km。尾门采用有机玻璃封闭及闸门进行控制，见图 3-4-9。

5.2.3　含沙量测验

由于本河段含沙量存在数值小、变幅大的特点，在试验中摸索了浊度计法和重量法配合测验。含沙量取样采用虹吸法按高程逐点取 300 mL 浑水至取样瓶中，取水口和出水池取样情况见图 3-5-1。

(a)

(b)

图 3-5-1　取水口及出水池取样

5.2.3.1　**浊度计法**

拟焦沙率定结果见图 3-5-2(a)。在 0.15 kg/m^3 以下时含沙量与 OBS3+浊度值呈正比关系,其对应关系为:

$$S = A \times 0.0047 - 0.0296$$

式中:S 为含沙量,kg/m^3;A 为浊度值,NTU。

从以上可知,OBS3+对本次粒径的含沙量的测验拐点值较小,试验过程中部分含沙量大于拐点值。超过部分使用重量法测验。

5.2.3.2　**重量法**

1.准备工作

清洗称量瓶并将过滤膜放入称量瓶中,放入烤箱烘烤 1 h。将烘烤后的称量瓶放入干燥冷却箱中冷却至室温。称量每个称量瓶重量并记录。核对每批次样品瓶号并记录。

2.过滤工作

将浑水样品充分摇晃后倒入量杯中,记录液体体积。将过滤膜从称量瓶中取出放入过滤设备中,紧固上盖。在将量杯中的浑水样品倒入过滤杯中,取少量清水冲洗量杯并倒入过滤杯,开启真空泵。取少量清水冲洗过滤杯壁。待液体过滤完成,小心将滤膜取出放入原称量瓶中。记录该样品液瓶号并对应相应的称量瓶号。将称量瓶放入烤箱中烘烤 2 h,不要盖紧称量瓶盖。取出烘烤后的称量瓶,放入干燥冷却箱中冷却至室温。称量每个称量瓶重量并对应原过滤膜的重量。

3.含沙量计算

含沙量 S 可按下式计算:

$$S = \frac{A - B}{V} \tag{3-5-1}$$

式中:S 为含沙量,kg/m^3;A 为泥沙颗粒+滤膜+称量瓶重量,kg;B 为滤膜+称量瓶重量,kg;V 为体积,m^3。

测验过程见图 3-5-2(b)。

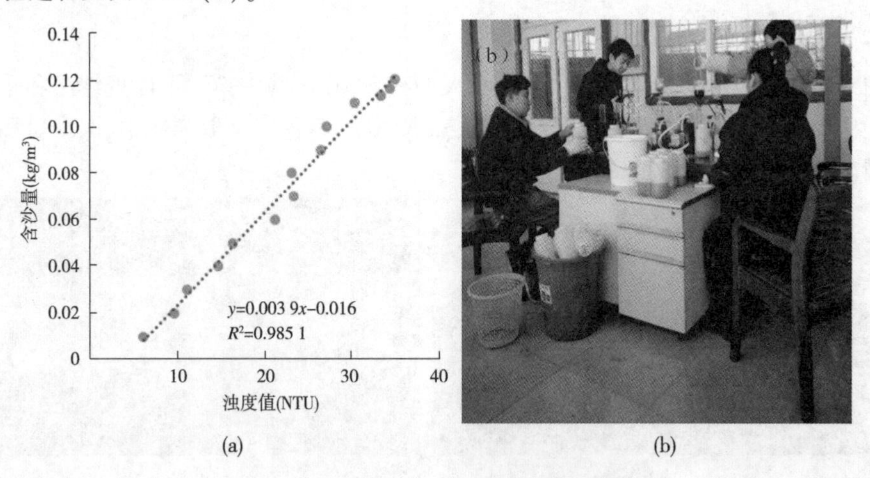

(a)　　(b)

图 3-5-2　拟焦沙率定曲线及重量法测验

5.2.4　流速测验

流速采用电磁流速仪测验各断面,小威龙多普勒超声流速仪测验取水口断面,见图 3-5-3。

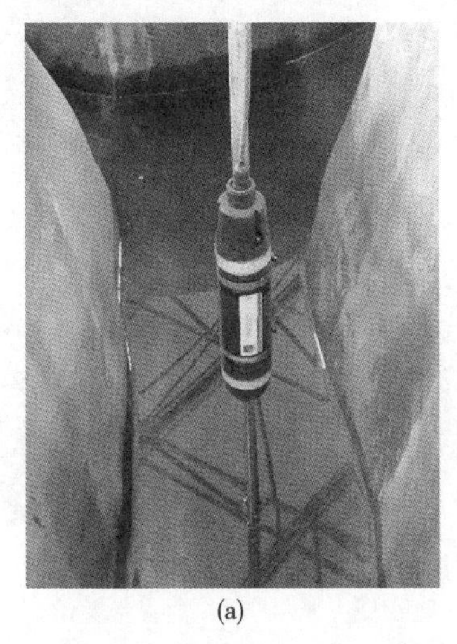

(a)

(b)

图 3-5-3　取水口断面处小威龙及 29 断面处电磁流速仪流速测验

5.2.5　试验过程

试验前将模型蓄满清水至预定水位,在搅拌池将配置固定含沙量的浑水输送至孔口箱内,按换算后的模型清水流量、浑水流量进行控制,组合不同孔口箱的孔口至预定数值。清水、浑水进入模型后发生掺混(见图 3-5-4),满足潜入条件后形成底层异重流,异重流头部清晰可见(见图 3-5-5),其中,牛栏江潜入点位于 37 断面(距坝 23.2 km),试验过程中干河河段洪水潜入点位于 G13 断面(距坝 21.97 km)。异重流沿程通过弯道、宽窄相间、跌坎与平坦河段,发生掺混、扩散。

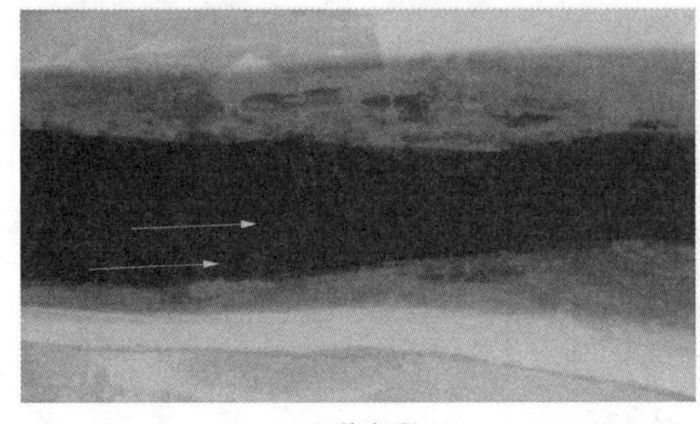

(a) 明流段

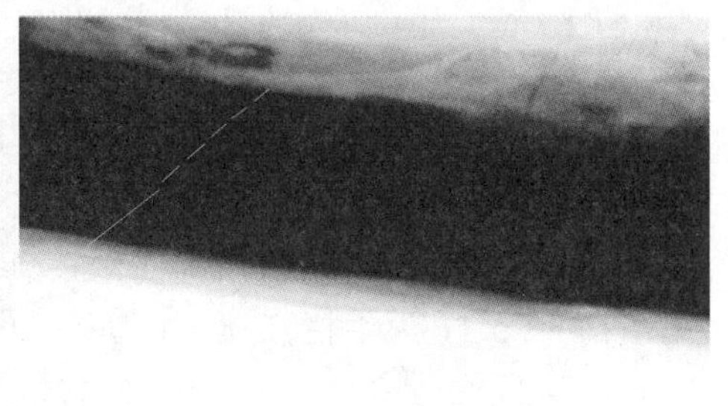

(b) 异重流

图 3-5-4　试验过程

牛栏江、干河汇口处地形呈“T”形,牛栏江、干河在汇口附近河道在平面上一字排开,而与下游泵站方向的河道夹角均接近 90°,干河河口高程高于牛栏江上下游河道,类似存在一个跌坎,而牛栏江河道在汇口至泵站附近河底高程较为接近。支流干河异重流先至汇口,一部分浑水向下游泵站方向输移,排向下游;另一部分浑水向牛栏江干流倒灌,运行

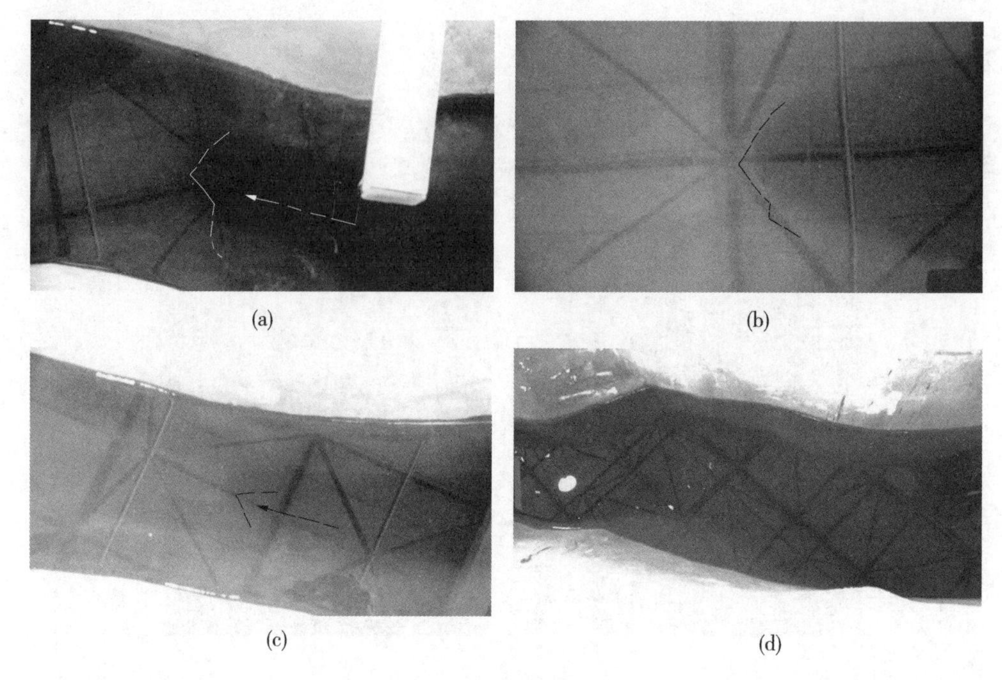

(a) (b) (c) (d)

图 3-5-5 异重流头部运行

一定距离后,与牛栏江来流迎头相遇,由于其能量远小于牛栏江异重流,最终二者一起排向下游。在牛栏江异重流到达汇口后,小部分浑水倒灌进入干河,大部分排向下游,到达尾门后,通过控制阀门,维持预定水位,保证进出库水量大致平衡,兼顾浑液面不上升的原则,底层浑水形成固定厚度(见图 3-4-9)。试验过程中在固定断面进行观测、取样。

5.3 含沙量验证

7 月 20 日流速测量点位见图 3-5-6,牛栏江、干河含沙量测量点位分别见图 3-5-7、图 3-5-8。图 3-5-9 为干河含沙量沿程变化原型与模型对比图。从图 3-5-9 中可以看出,含沙量沿程衰减,在近干河沟口处,遭遇牛栏江异重流倒灌支流,导致支流沟口含沙量略有增加。

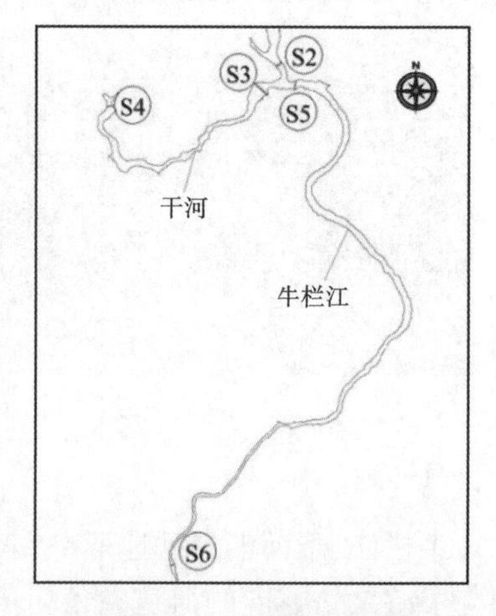

图 3-5-6 流速断面位置

图 3-5-10 为牛栏江含沙量沿程变化原型与模型结果对比图,图 3-5-11 为牛栏江典型断面 cx50(距坝约 22.11 km)、24 断面(距坝约 18.24 km)含沙量沿垂线变化原型与模型对比图。可以看出,牛栏江含沙量也发生沿程衰减。泵站取水出口处含沙量小于河道内含沙量沿垂线变化模型图。由于原型除河道进口来水来沙外,两岸沿程有水沙汇入,而模型则是将水沙集中于进口添加,加之水温等环境的原因,导致模型测验结果与原型有所偏离。

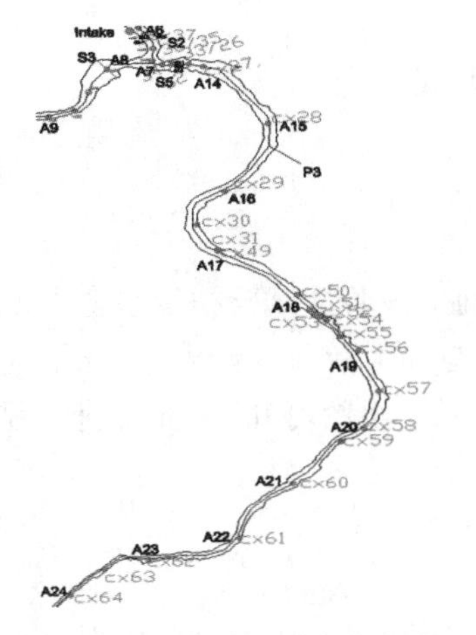

图 3-5-7　牛栏江含沙量断面位置图

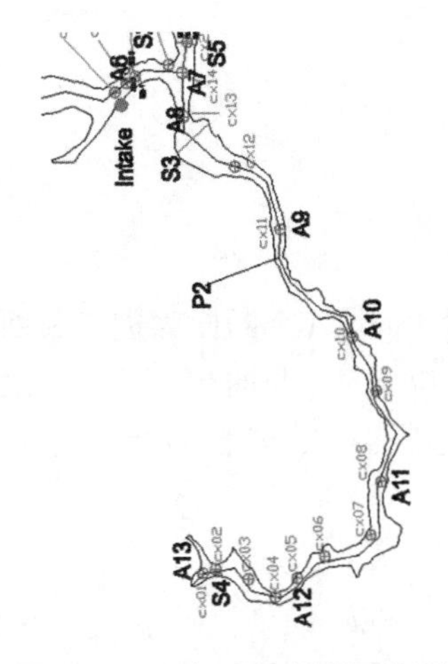

图 3-5-8　干河含沙量断面位置

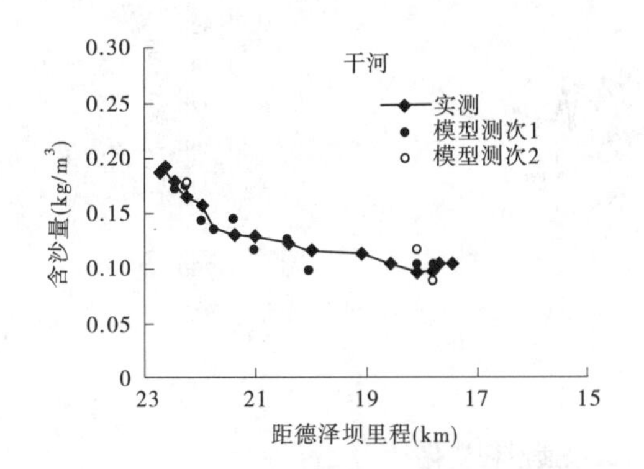

图 3-5-9　干河含沙量沿程变化原型与模型结果对比

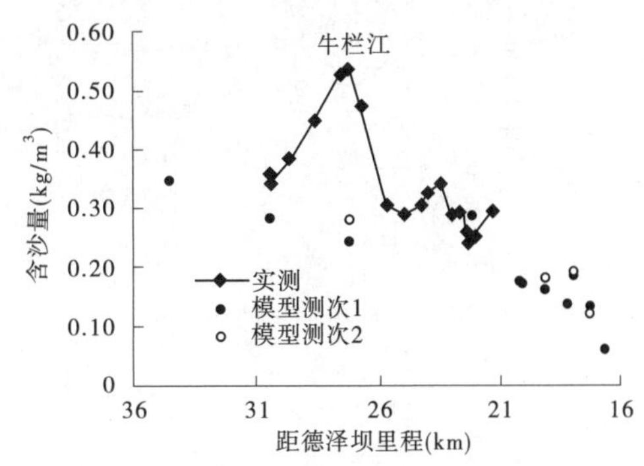

图 3-5-10　牛栏江含沙量沿程变化原型与模型结果对比

从图 3-5-11 中可以看出，牛栏江断面含沙量垂线分布近似为异重流，cx50 断面原型、模型测次 1、模型测次 2 含沙量平均值约 0.38 m^3/s、0.36 m^3/s、0.33 m^3/s。原型与模型基本相似。

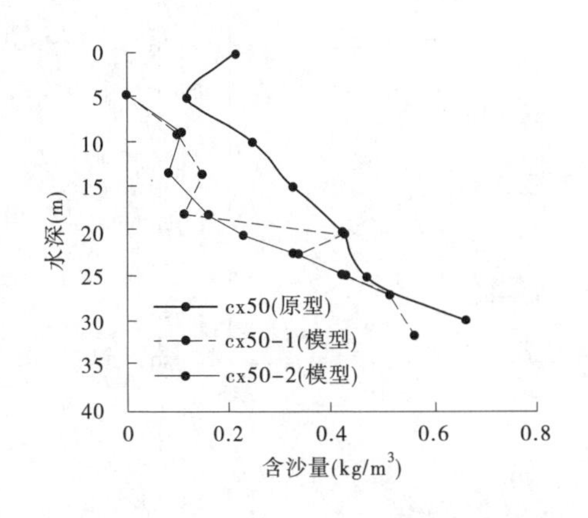

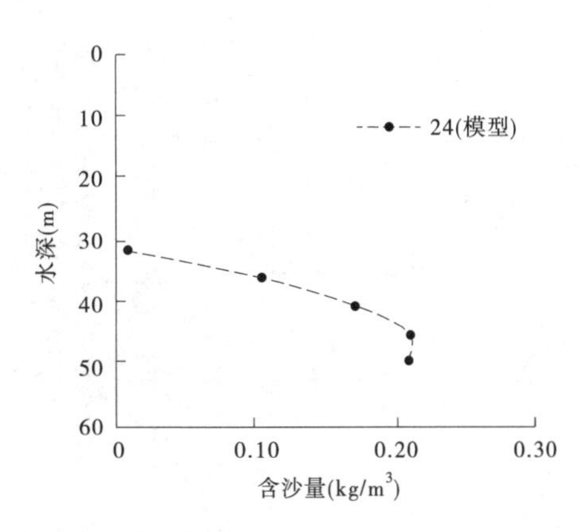

图 3-5-11　牛栏江典型断面含沙量垂线分布

5.4　流速验证

5.4.1　头部流速

牛栏江河段 W9 断面为进口断面,19 为出口断面。该验证试验初始水位为 1 785 m,回水末端位于 W3 断面与 W2 断面之间。头部流速自 W1 断面开始测量,并根据流速比尺,将模型所得数据转换为原型数据,如图 3-5-12 所示。由图可知,头部流速沿程在波动中衰减。

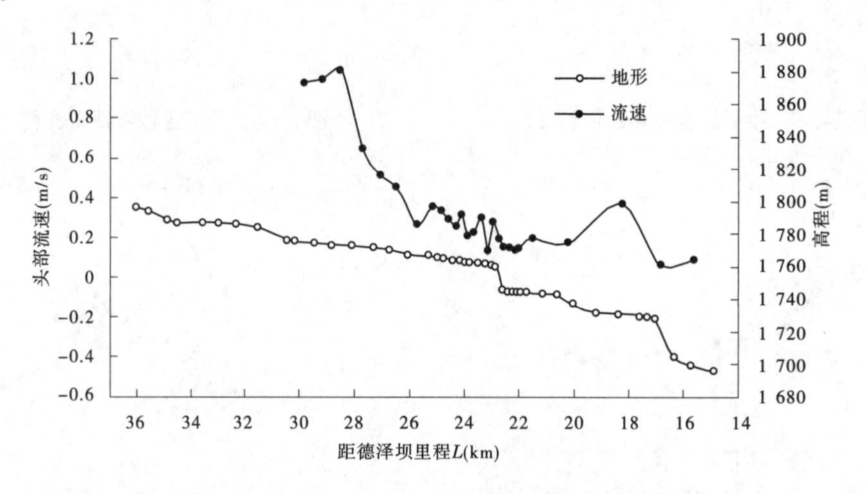

图 3-5-12　牛栏江头部流速沿程变化

干河河段 G16 断面为进口断面。头部流速自进口开始记录,结果如图 3-5-13 所示。由图可知,由于上游来水来沙较少,头部流速很小,沿程变化幅度不大,但仍有减小的趋势。

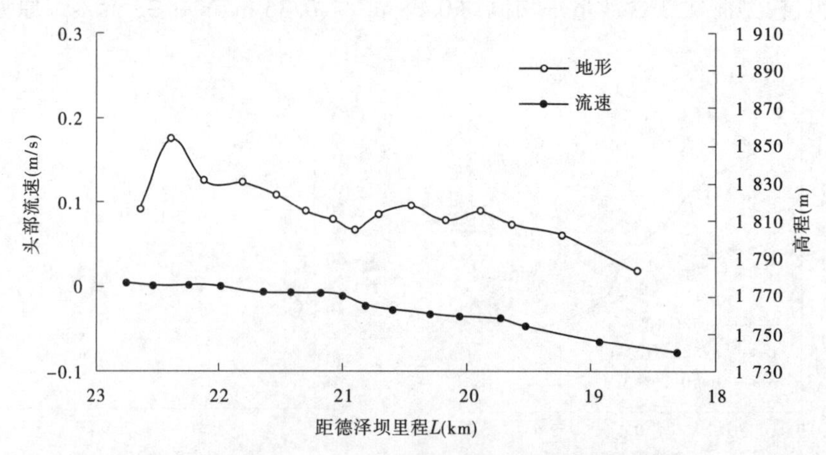

图 3-5-13　干河头部流速沿程变化

5.4.2　垂线流速

根据实测资料,原型对 S2、S3、S4、S5 及 S6 断面垂线流速进行了测验,断面位置如图 3-5-6 所示。对这 5 个断面进行流速对比验证,如图 3-5-14～图 3-5-18 所示。由图可知,模型与原型垂线流速分布总体趋势是一致的,且部分测点的流速原型数值和模型值符合较好,说明模型试验满足水流结构相似。

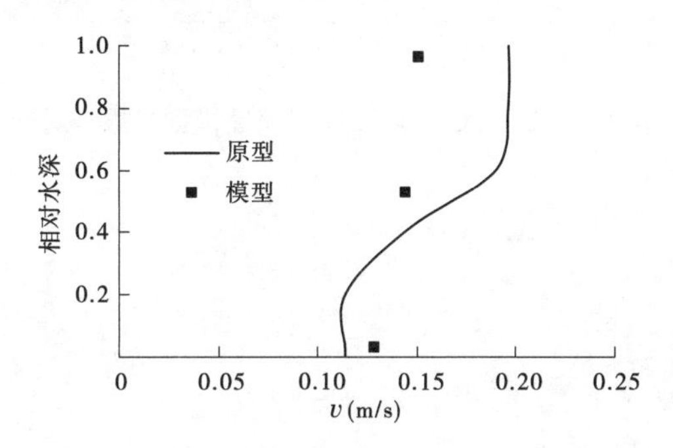

图 3-5-14　干河 S4 断面垂线流速模型与原型对比

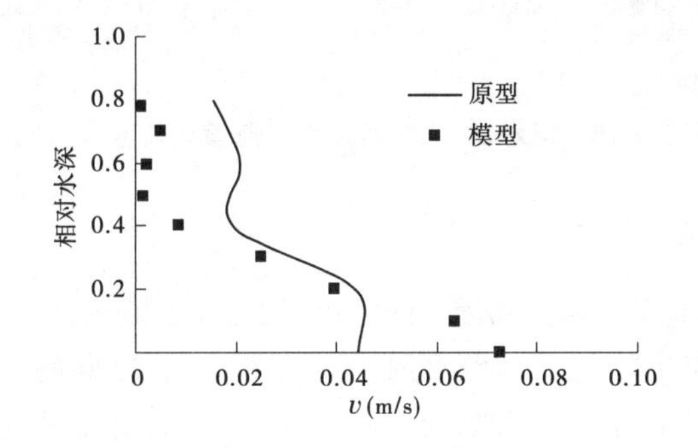

图 3-5-15　干河 S3 断面垂线流速模型与原型对比

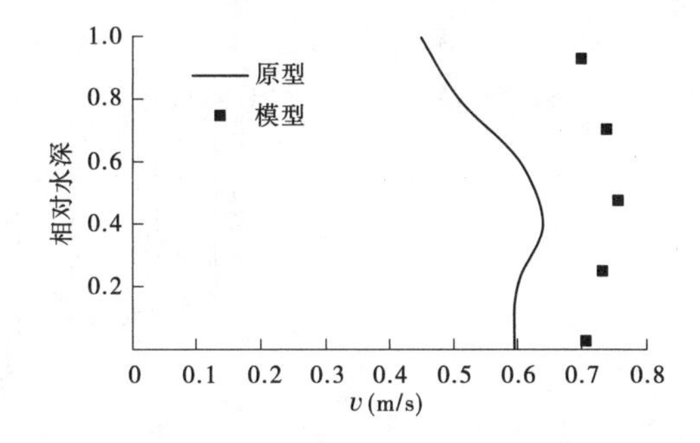

图 3-5-16　牛栏江 S6 断面垂线流速模型与原型对比

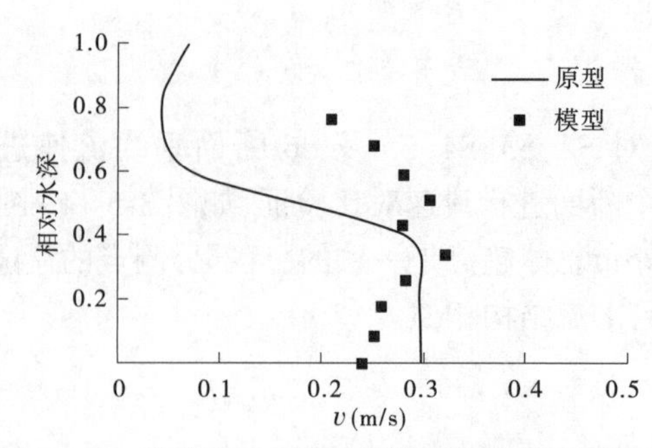

图 3-5-17　牛栏江 S5 断面垂线流速模型与原型对比

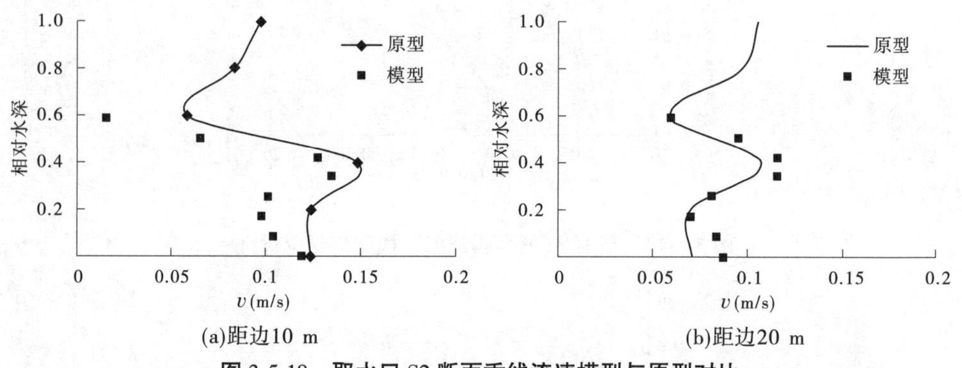

图 3-5-18　取水口 S2 断面垂线流速模型与原型对比

5.4.3　垂线流速沿程分布

对牛栏江沿程连续测量了 9 条断面垂线流速，如图 3-5-19 所示。由图可知，在 45 断面，流速呈明流分布，水面流速最大，沿垂线至河底逐渐减小；在 37 断面，随水深增大，流速沿垂线分布发生改变，呈非典型的明流流速分布，最大流速位置向库底移动；在 34 断面异重流已经形成，水体表面流速很小甚至为负值，最大流速接近库底，并以此流态向下游运行。

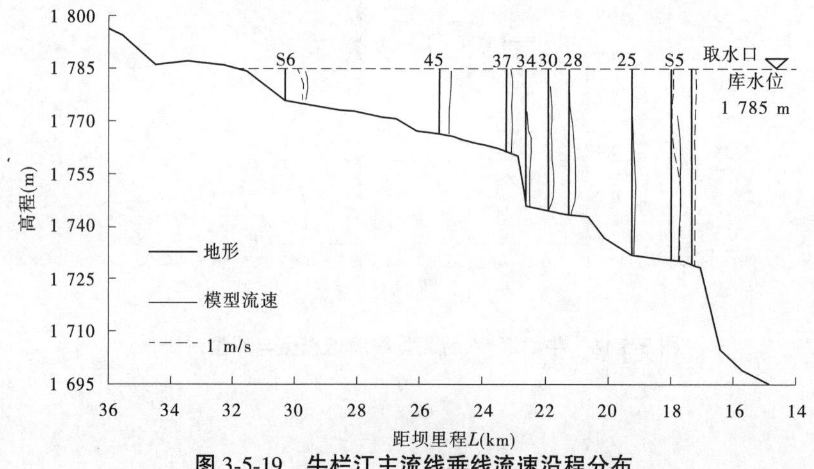

图 3-5-19　牛栏江主流线垂线流速沿程分布

对干河沿程连续测量了5个断面的垂线流速，如图3-5-20所示。

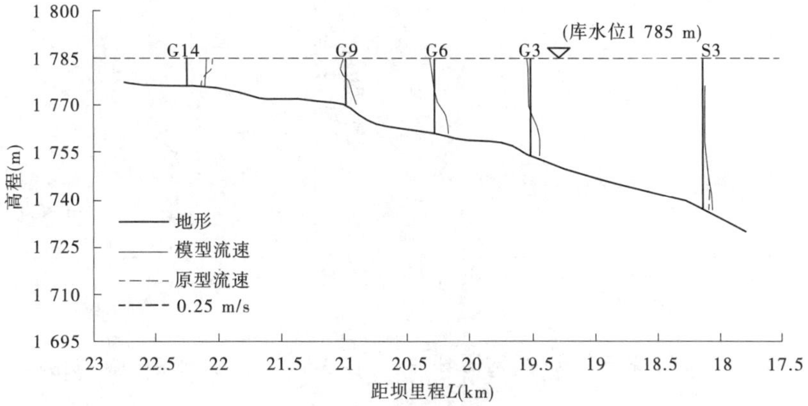

图3-5-20　干河主流线垂线流速沿程分布

由图3-5-20可知，在G14断面，流速呈典型明流分布，水面流速最大，沿垂线至河底逐渐减小；在G9断面，水深增大后，浑水潜入库底，形成异重流，该处流速沿垂线分布特点是水面处流速接近0甚至为负值，最大流速靠近水库库底，并以此流态向下游运行。

5.5　低含沙异重流潜入判别条件

本章采用李涛、夏军强、张俊华等提出的潜入点预测公式：

$$h_0 = 0.738\,6\frac{q_{\mathrm{m}}^{2/3}}{S_V^{0.764/3}} \tag{3-5-2}$$

式中：h_0为潜入点水深，m；q_{m}为潜入点处异重流单宽流量，m^2/s；S_V为潜入点处异重流体积比含沙量，kg/m^3。

从公式中可以看出，该公式建立了单宽流量与体积比含沙量之间的显函数关系，与实际较为符合。但以往潜入点公式研究基础为高含沙量异重流，在预测工程河段异重流发生时，具有一定的不适用，因此需要对原有公式参数进行率定。率定后的李涛低含沙量公式为：

$$h_0 = 0.738\,6\frac{q_{\mathrm{m}}^{2/3}}{S_V^{1/3}} \tag{3-5-3}$$

修正后计算水深与实测水深对比结果如图3-5-21所示。

在方案试验结果合理性分析中，采用修正后的李涛公式进行潜入点的预测。

采用7月20日牛栏江流量、含沙量及水位资料，李涛公式水深为22.23 m，位于38—39断面(距坝23.5~23.7 km)之间。采用7月26日干河流量、含沙量及水位资料，李涛公式水深为10.08 m，位于G13断面(距坝22 km)。计算水深与模型实测水深对比列于图3-5-22中。

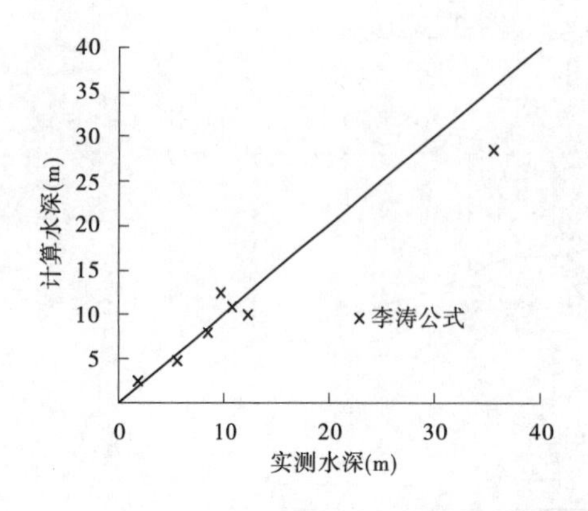

图 3-5-21　修正后计算水深与实测水深对比图

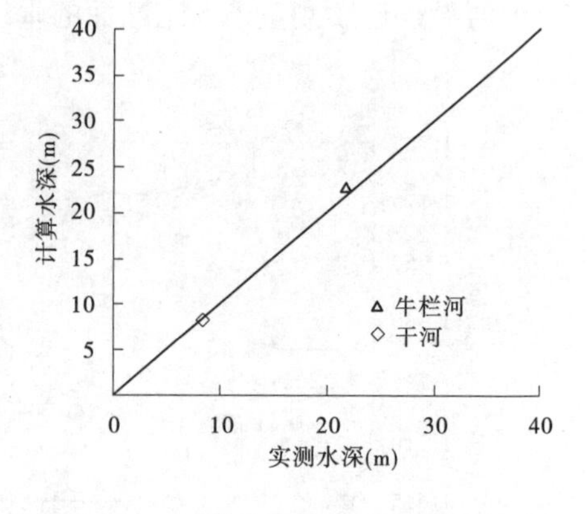

图 3-5-22　计算水深与模型实测水深对比

5.6　本章小结

(1)选择模型水平比尺200、垂直比尺45,几何变率为4.44,分析表明几何变态可以满足本水库工程实际需要。满足水流运动相似条件的流速比尺为6.7,糙率比尺为0.9,水流运动时间比尺为29.8;满足泥沙运动相似条件的泥沙粒径比尺为0.64,含沙量比尺为1.0,冲淤时间比尺为35。

(2)在选择的验证时段内,模型中牛栏江、干河均形成了底层异重流,垂线含沙量与流速测验表明,模型测验值与原型实测值接近,表明模型基本满足与原型相似。由于原型除河道进口来水来沙外,两岸沿程有水沙汇入,而模型则是将水沙集中于进口添加,加之水温等环境的原因,导致模型测验结果与原型有所偏离。

(3)利用德泽水库实测资料对水库异重流潜入点公式进行了修正,并对验证试验测验结果进行了对比,形成的异重流潜入点位置与模型观测位置接近,可用来进行异重流潜入与形成预测。

以上说明,试验结果所反映的河道水沙变化与原型基本相似,所建立的实体模型可以用于取水口工程所在河段的水沙演进与引水含沙量预测研究。

第6章　取水防沙方案试验

本章开展牛栏江、干河拦沙坝修建前后的典型洪水方案试验,采用物理模型模拟方法,分析德泽水库典型洪水过程对取水口断面含沙量的影响、拦沙坝的拦沙效果及其对降低取水口含沙量的作用。

6.1　水沙条件及拦沙坝

6.1.1　典型洪水及悬沙级配

6.1.1.1　典型洪水

为了比较拦沙坝对不同洪水的拦沙效果及降低取水口断面含沙量的作用,需要选择若干场典型洪水作为三维数模计算和物理模型试验的水沙条件。经过对1977~2007年汛期洪水发生情况及场次洪水过程的分析,发现1998年汛期的洪水与含沙量之间具有较好的关系,且洪峰流量大小适中,具有较好的代表性。因此,以1998年汛期场次洪水为基础设计典型洪水过程。

为了解不同流量对应含沙量的变化范围,以1977~2007年系列干河交汇口以上牛栏江干流日流量过程基础,洪峰流量按40~90 m^3/s、90~150 m^3/s、150~230 m^3/s、230~320 m^3/s、320~430 m^3/s、>430 m^3/s共划分为6个流量级别,统计了各流量级洪峰流量出现的场次及其相应最大含沙量等特征值,结果见表3-6-1。

表3-6-1　洪水流量出现频率及相应含沙量变化范围分析

编号	(1)	(2)	(3)	(4)	(5)	(6)	合计
流量级别(m^3/s)	40~90	90~150	150~230	230~320	320~430	>430	
场次	143	55	35	12	8	7	260
频率(%)	55.0	21.2	13.5	4.6	3.1	2.7	100
平均流量(m^3/s)	57.50	117.93	184.12	264.12	377.80	486.43	
平均含沙量(kg/m^3)	0.47	1.12	1.06	1.50	1.32	1.87	
最大日含沙量(kg/m^3)	3.10	4.38	5.77	6.21	5.81	4.82	
最小日含沙量(kg/m^3)	0.04	0.24	0.42	0.85	0.84	1.86	
15%分位含沙量(kg/m^3)	0.19	0.49	0.90	1.78	1.04	1.93	
中位数含沙量(kg/m^3)	0.40	1.37	1.67	2.60	2.50	2.73	
85%分位含沙量(kg/m^3)	1.00	2.58	2.71	4.02	4.22	4.24	

根据表中各流量级中位数含沙量,相应放大或缩小各场次洪水的含沙量过程,使其最大含沙量与中位数含沙量的大小正好相等,从而得到与各典型洪水相匹配的含沙量过程,作为干河交汇口以上牛栏江各典型洪水相应的含沙量条件,结果见表 3-6-2 和图 3-6-1。为消除这种不一致性,将第(4)和第(5)中位数含沙量分别按 2.50 kg/m^3 和 2.60 kg/m^3 考虑。

表 3-6-2　牛栏江干流(干河交汇口上游)5 场典型洪水

洪水场次	天数	日流量(m^3/s)	日含沙量(kg/m^3)	日输沙率(kg/s)
1	1	19.17	0.059	1.13
	2	13.28	0.047	0.62
	3	21.77	0.044	0.96
	4	30.26	0.400	12.10
	5	65.41	0.370	24.21
	6	34.95	0.160	5.58
	7	17.38	0.091	1.58
2	8	23.91	0.201	4.82
	9	39.19	0.160	6.25
	10	54.47	0.151	8.25
	11	117.74	1.370	161.31
	12	62.92	1.268	79.75
	13	31.28	0.547	17.12
	14	31.28	0.312	9.75
3	15	57.42	0.523	30.02
	16	73.16	0.685	50.09
	17	117.62	0.822	96.64
	18	169.45	1.670	282.98
	19	180.41	1.038	187.27
	20	110.64	0.416	46.07
	21	94.79	0.323	30.62
	22	59.01	0.376	22.20
	23	64.89	0.313	20.30
4	24	67.38	0.600	40.41
	25	130.57	0.860	112.35
	26	231.25	1.234	285.28
	27	273.11	2.500	682.78
	28	193.37	1.247	241.06
	29	152.50	0.948	144.53
	30	107.65	0.755	81.26
	31	95.49	0.754	71.99
	32	86.32	0.558	48.16

续表 3-6-2

洪水场次	天数	日流量(m^3/s)	日含沙量(kg/m^3)	日输沙率(kg/s)
5	33	84.39	0.333	28.12
	34	76.46	0.253	19.34
	35	107.83	0.211	22.71
	36	190.57	1.671	318.40
	37	375.21	2.600	975.56
	38	191.75	1.481	283.94
	39	130.20	1.111	144.60
	40	134.94	0.862	116.25
	41	120.00	0.859	103.06
	42	50.00	0.358	17.89
平均		102.13	1.128	115.17

相应的干河支流5场典型洪水的含沙量，按其长系列平均含沙量与牛栏江入库平均含沙量的比例进行放大（支流放大比例1.280/0.528=2.424），从而得到相应干河支流5场干流典型洪水及含沙量过程，分别见表3-6-3及图3-6-2。交汇口以下典型洪水及含沙量过程见图3-6-3。

表 3-6-3　干河支流5场典型洪水

洪水场次	天数	日流量(m^3/s)	日含沙量(kg/m^3)	日输沙率(kg/s)
1	1	4.04	0.143	0.58
	2	2.80	0.113	0.32
	3	4.58	0.107	0.49
	4	6.37	0.970	6.17
	5	13.77	0.897	12.35
	6	7.36	0.387	2.85
	7	3.66	0.221	0.81
2	8	5.03	0.488	2.46
	9	8.25	0.387	3.19
	10	11.46	0.367	4.21
	11	24.78	3.321	82.29
	12	13.24	3.073	40.68
	13	6.58	1.327	8.73
	14	6.58	0.756	4.97

续表 3-6-3

洪水场次	天数	日流量(m^3/s)	日含沙量(kg/m^3)	日输沙率(kg/s)
3	15	12.08	1.417	17.13
	16	17.21	1.800	30.98
	17	27.68	2.490	68.91
	18	39.87	4.048	161.42
	19	42.45	2.516	106.82
	20	26.03	1.010	26.28
	21	22.30	0.783	17.46
	22	13.88	0.912	12.67
	23	15.27	0.758	11.58
4	24	15.85	1.455	23.08
	25	30.72	2.088	64.15
	26	54.41	2.994	162.89
	27	64.26	6.061	389.47
	28	45.50	3.025	137.65
	29	35.88	2.300	82.53
	30	25.33	1.832	46.40
	31	22.47	1.830	41.11
	32	20.31	1.354	27.50
5	33	16.62	0.808	13.42
	34	15.06	0.613	9.23
	35	21.24	0.510	10.84
	36	37.53	4.041	151.68
	37	73.90	6.303	465.79
	38	37.77	2.139	80.80
	39	25.64	1.934	49.60
	40	26.58	2.088	55.49
	41	23.00	1.758	40.44
	42	15.00	1.147	17.20
平均		22.44	2.645	59.35

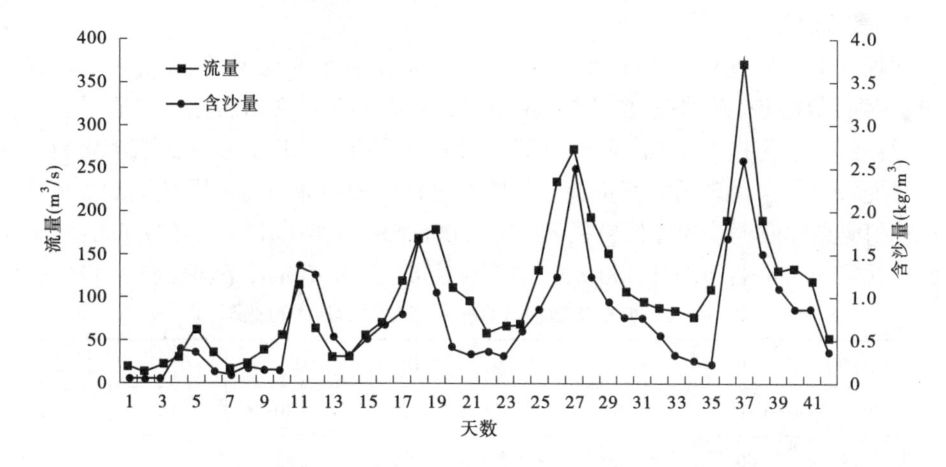

图 3-6-1　牛栏江干流(干河交汇口以上)5 场典型洪水流量和含沙量过程

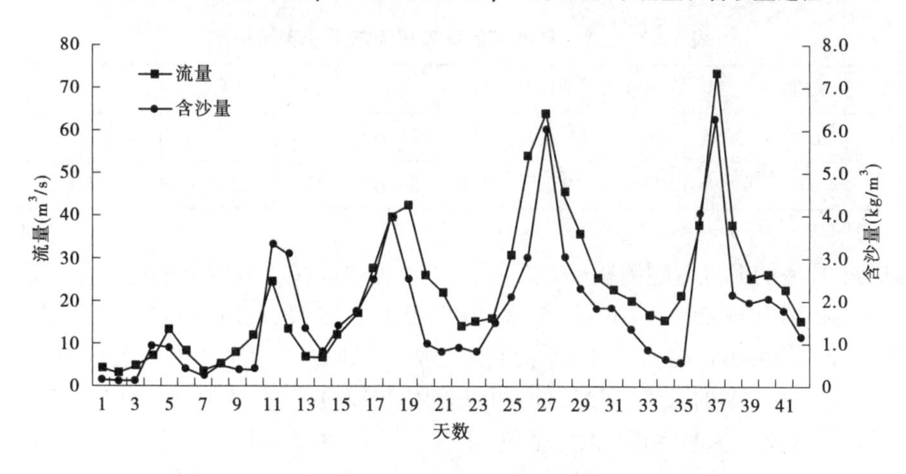

图 3-6-2　干河支流 5 场典型洪水流量和含沙量过程

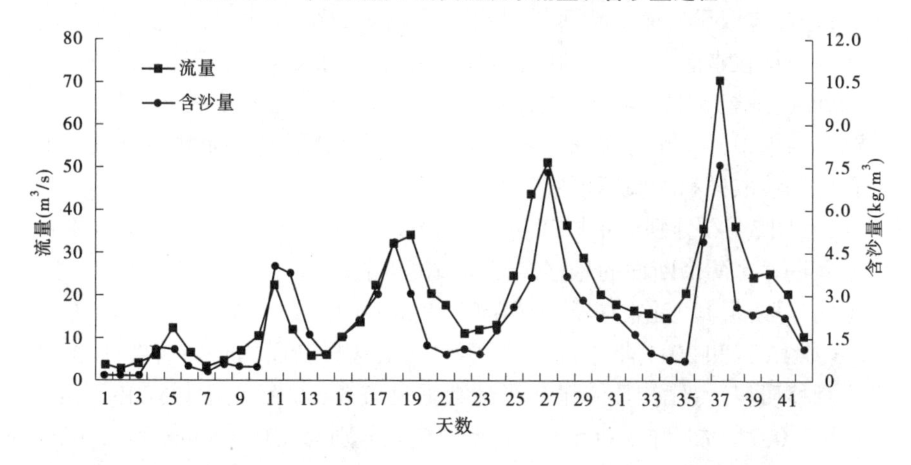

图 3-6-3　干河交汇口以下牛栏江干流 5 场典型洪水流量和含沙量过程

6.1.1.2　悬沙级配

水库坝址上游马龙河车马碧水库以及下游大沙店水文站有实测悬移质资料。而2009年数模计算报告(钟德钰、申晓东,2009)认为,大沙店水文站实测悬移质资料与德泽水文站泥沙级配较为接近,故德泽干、支流入库悬移质级配采用大沙店的实测资料。河床质泥沙级配资料则采用现场实测资料。具体的悬移质和河床质泥沙颗粒级配见表3-6-4、表3-6-5,相应悬移质泥沙的中值粒径 d_{50} 为0.008 mm,平均粒径为0.027 mm;河床颗粒中细泥沙粒径至1 mm,粗的达300 mm,中值粒径 d_{50} 为8.4 mm,平均粒径31.44 mm。

表3-6-4　2009年数模计算采用悬移泥沙质颗粒级配

粒径(mm)	1	0.5	0.25	0.1	0.05	0.01	<0.005
ΔP(%)	0.05	0.45	4.5	10	30	15	40
P(%)	100	99.95	99.5	95	85	55	40

表3-6-5　2009年数模计算采用河床泥沙颗粒级配

粒径(mm)	>300	200	100	80	60	40	20	10	5	2	1
ΔP(%)	0.05	0.35	4.6	3.4	7	12.6	18.6	13.8	8.8	22.8	8
P(%)	100	99.95	99.6	95	91.6	84.6	72	53.4	39.6	30.8	8

2017年开展的泥沙专题测验(程晨 等,2017)共对悬移质泥沙级配进行了3次测验,包括2017年6月9日、2017年6月15日、2017年7月19日,相应各测次的入库总流量分别为10.5 m^3/s、76.0 m^3/s、234.4 m^3/s,其中,第一次即2017年6月9日测验时的入库流量偏小,不能代表汛期的入库泥沙条件,所以采用2017年6月15日和2017年7月19日的测验结果作为确定未来入库泥沙级配的依据。其次,由于水库的壅水作用,悬移质泥沙在随水流向下游运动的过程中,其泥沙级配会有变细的倾向,进一步考虑到单次测验可能会存在一定误差,应取靠近库尾断面的测验结果作为入库悬移质泥沙级配的代表。再次,每次泥沙测验中均在水面下50 cm和近底50 cm分别测取表层和底层的泥沙级配,原则上讲,同一断面(垂线)上位于底层的泥沙级配应该较表层的泥沙级配为粗,但这一特点在目前的测验结果中并不十分显著,原因可能是泥沙颗粒较细,泥沙沿垂线分布较为均匀,此外,野外泥沙取样和测验不可避免地会存在一定误差。

图3-6-4和图3-6-5分别为牛栏江和干河2017年6月15日和2017年7月19日两个测次中位于靠近库尾两个断面的悬移质泥沙级配测验结果,可以看到,各测次泥沙级配虽然存在一定的分散,但其变化趋势基本相同。图3-6-6和图3-6-7分别给出了牛栏江和干河2017年6月15日和2017年7月19日两个测次选择断面的平均结果,以此作为本次研究的入库悬移质泥沙级配,具体泥沙级配数据见表3-6-6,相应牛栏江和干河的中值粒径 d_{50} 分别为0.007 2 mm和0.005 3 mm,平均粒径分别为0.015 8 mm和0.011 9 mm,小于0.01 mm细粉沙和黏性泥沙分别占到61%和70%,小于0.005 mm黏性颗粒泥沙分别占37%和49%。

作为对比,图中还给出了2009年数模计算采用的大沙店悬移质泥沙级配曲线,可以看到,该级配较本次采用悬沙级配为粗。注意到2017年开展的泥沙专题测验(程晨 等,2017)中,没有测取到完全不受回水影响的天然河段,可能会漏掉一些较粗粒径的泥沙,分析计算中需要加以注意。

表3-6-6　干、支流入库悬移泥沙质颗粒级配

河流名称	粒径(mm)	<1	0.5	0.25	0.125	0.062	0.031	0.016	0.008	0.004	0.002	0.001
牛栏江	P(%)	100.0	100.0	99.8	98.8	96.2	90.7	77.5	53.6	29.5	14.5	7.1
	ΔP(%)	0.0	0.2	0.9	2.6	5.5	13.2	24.0	24.1	15.0	7.4	7.1
干河	P(%)	100.0	100.0	100.0	99.5	97.5	92.4	82.0	63.9	41.9	22.6	10.9
	ΔP(%)	0.0	0.0	0.5	2.0	5.1	10.5	18.0	22.1	19.3	11.7	10.9

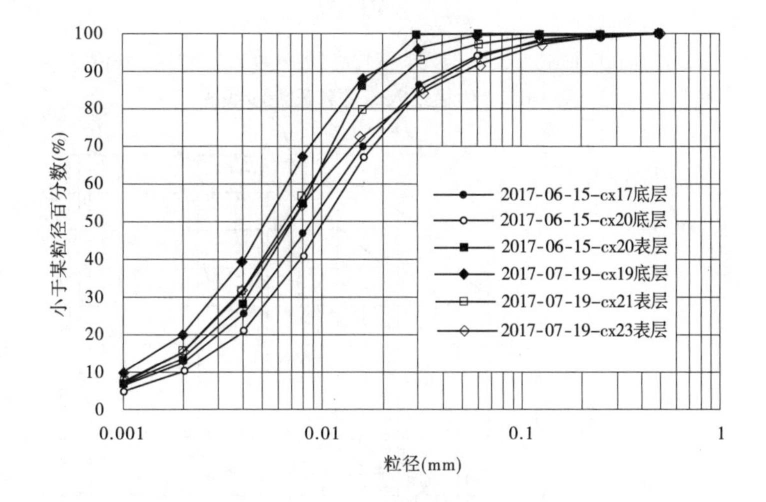

(2017年6月15日和2017年7月19日两个测次中库尾两断面)

图3-6-4　牛栏江悬移质泥沙级配测验结果

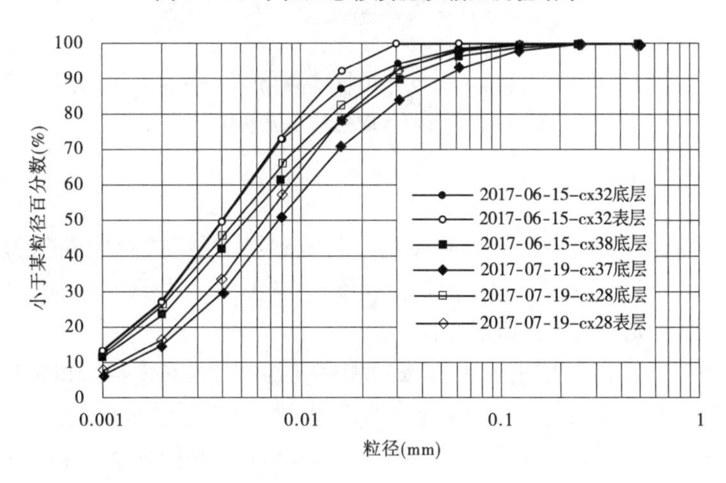

(2017年6月15日和2017年7月19日两个测次中库尾两断面)

图3-6-5　干河悬移质泥沙级配测验结果

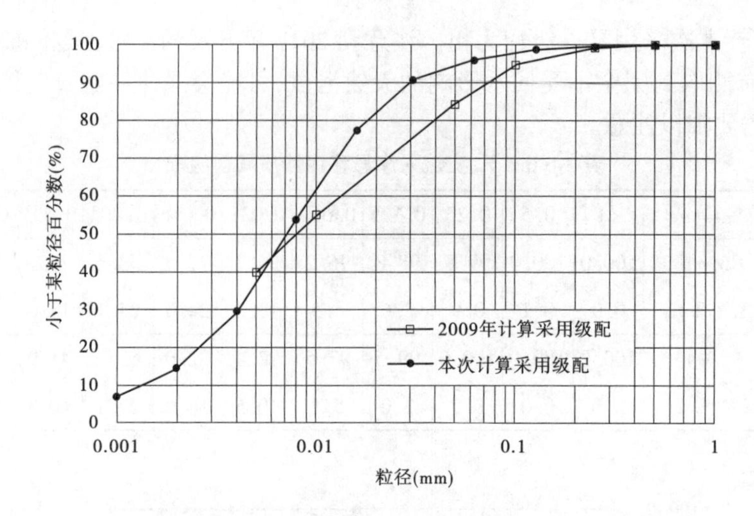

(2017 年 6 月 15 日和 2017 年 7 月 19 日两个测次中库尾两断面平均值)

图 3-6-6　牛栏江入库悬移质泥沙级配

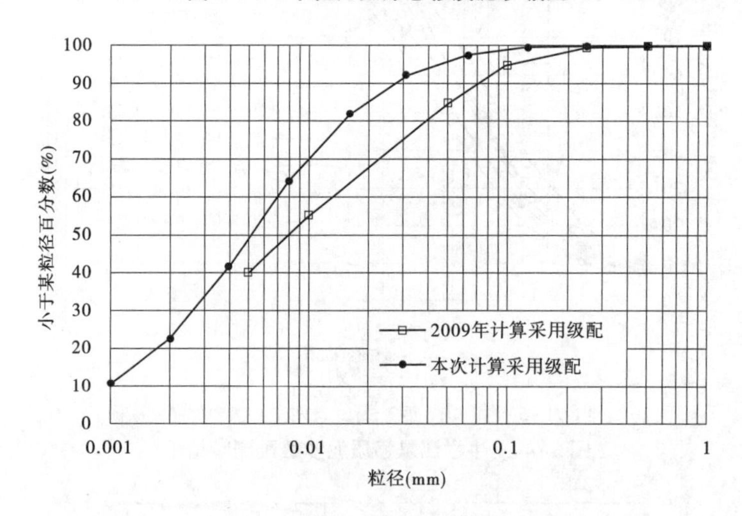

(2017 年 6 月 15 日和 2017 年 7 月 19 日两个测次中库尾两断面平均值)

图 3-6-7　干河入库悬移质泥沙级配

6. 1. 2　拦沙坝设计

根据昆明勘测设计研究有限公司提供的设计资料,牛栏江拦沙坝位于 27 断面上游约 210 m,距德泽水库坝址约 20. 83 km,干河拦沙坝位于 G4 断面,距德泽水库坝址约 19. 72 km。

6. 1. 2. 1　干河拦沙坝及泄水孔口泄流能力

干河拦沙坝泄水孔口分别由河中溢流坝和底孔组成,见图 3-6-8 和图 3-6-9。溢流坝堰顶高程 1 785 m,孔口总宽度 21 m;底孔不参与泄洪,仅在下游水位低于 1 765 m 时进行排沙运行,底孔靠左岸布置,孔口尺寸 3 m(宽)×5 m(高),底板高程 1 760 m。

自由出流条件下干河拦沙坝溢流坝和底孔的水位—泄量关系如表 3-6-7 所示。

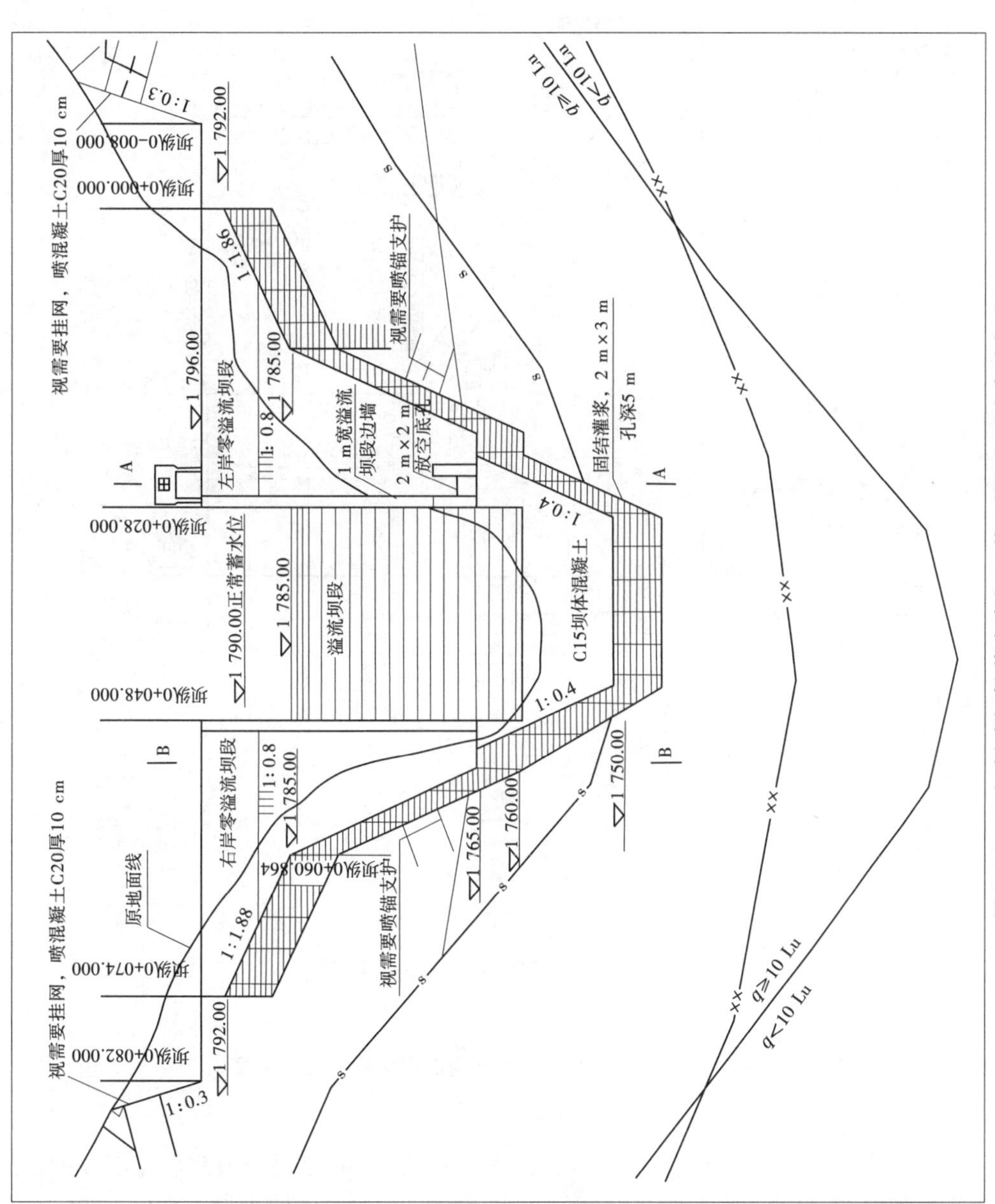

图 3-6-8　干河拦沙坝推荐方案坝下游立视图(溢流表孔部分)

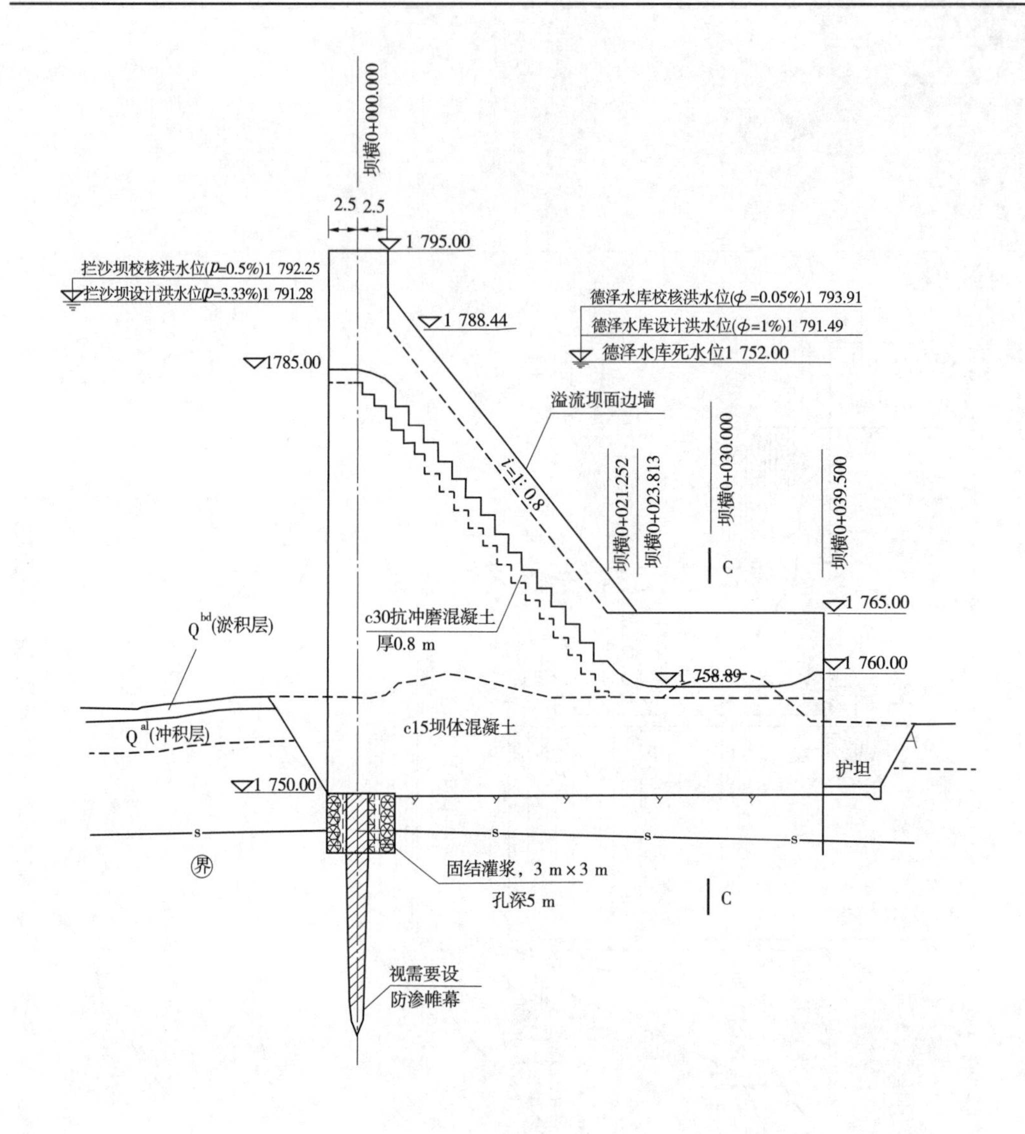

图 3-6-9　干河拦沙坝推荐方案溢流坝中心线典型剖面

6.1.2.2　牛栏江沙坝及泄水孔口泄流能力

根据昆明勘测设计研究有限公司提供的设计资料，牛栏江拦沙坝泄水孔口分别由河中溢流坝和左、右岸冲沙底孔组成，见图 3-6-10 和图 3-6-11。溢流坝堰顶高程 1 795 m，孔口总宽度 42 m；底孔分别设置于溢流坝两侧，不参与泄洪，仅在下游水位低于 1 765 m 时进行排沙运行，左、右岸底孔尺寸均为 5 m(宽)×7 m(高)，底板高程 1 765 m。

表 3-6-7　干河拦沙坝溢流坝和底孔水位—泄量关系

上游水位(m)	溢流坝泄量(m³/s)	底孔泄量(m³/s)	说明	上游水位(m)	溢流坝泄量(m³/s)	底孔泄量(m³/s)	说明
1 793	1 010	266		1 776		177	
1 792	827	262		1 775		170	
1 791	656	257		1 774		163	
1 790	499	253	德泽水库正常蓄水位	1 773		156	
1 789	357	248		1 772		148	
1 788	232	243		1 771		140	
1 787	126	238		1 770		132	
1 786	45	234		1 769		123	
1 785	0	228	堰顶高程	1 768		113	
1 784		223		1 767		102	
1 783		218		1 766		90	
1 782		213		1 765		75	
1 781		207		1 764		60	
1 780		202		1 763		45	
1 779		196		1 762		30	
1 778		190		1 761		15	
1 777		183		1 760		0	泄洪洞底坎

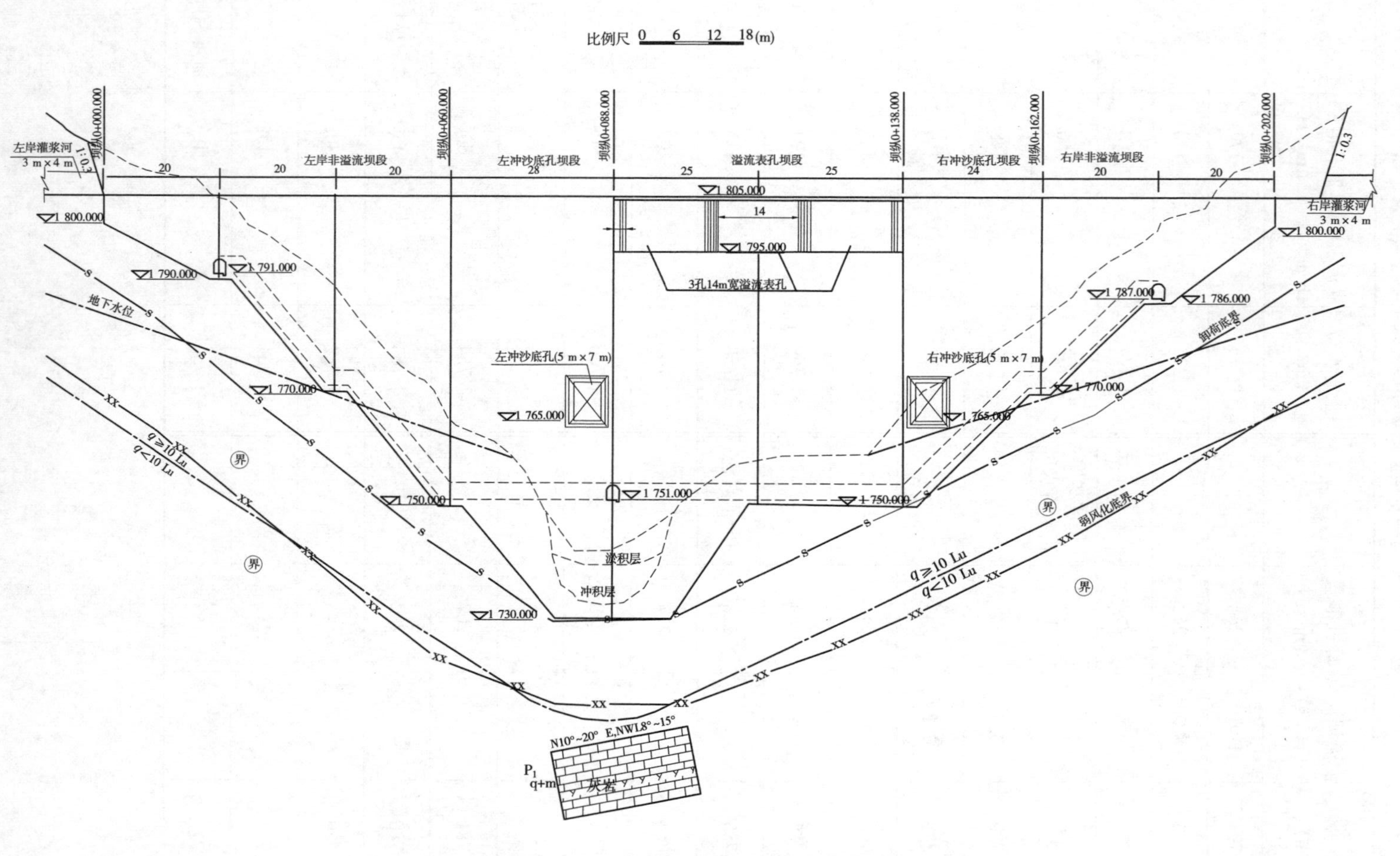

图 3-6-10　牛栏江拦沙坝推荐方案上游立面图(溢流表孔部分)

自由出流条件下，牛栏江拦沙坝泄水孔口的水位—泄量关系如表3-6-8所示。

表3-6-8　牛栏江拦沙坝溢流坝和底孔水位—泄量关系

上游水位(m)	溢流坝泄量(m³/s)	左、右岸底孔总泄量(m³/s)	说明	上游水位(m)	溢流坝泄量(m³/s)	左、右岸底孔总泄量(m³/s)	说明
1 805	2 824	1 358		1 784		885	
1 804	2 411	1 339		1 783		856	
1 803	2 021	1 320		1 782		826	
1 802	1 654	1 301		1 781		795	
1 801	1 312	1 282		1 780		762	
1 800	998	1 262		1 779		728	
1 799	714	1 241		1 778		693	
1 798	464	1 221		1 777		655	
1 797	253	1 200		1 776		616	
1 796	89	1 179		1 775		573	
1 795	0	1 157	堰顶高程	1 774		527	
1 794		1 135		1 773		469	
1 793		1 113		1 772		410	
1 792		1 090		1 771		351	
1 791		1 066		1 770		293	
1 790		1 042		1 769		234	
1 789		1 018		1 768		176	
1 788		993		1 767		117	
1 787		967		1 766		59	
1 786		940		1 765		0	
1 785		913					

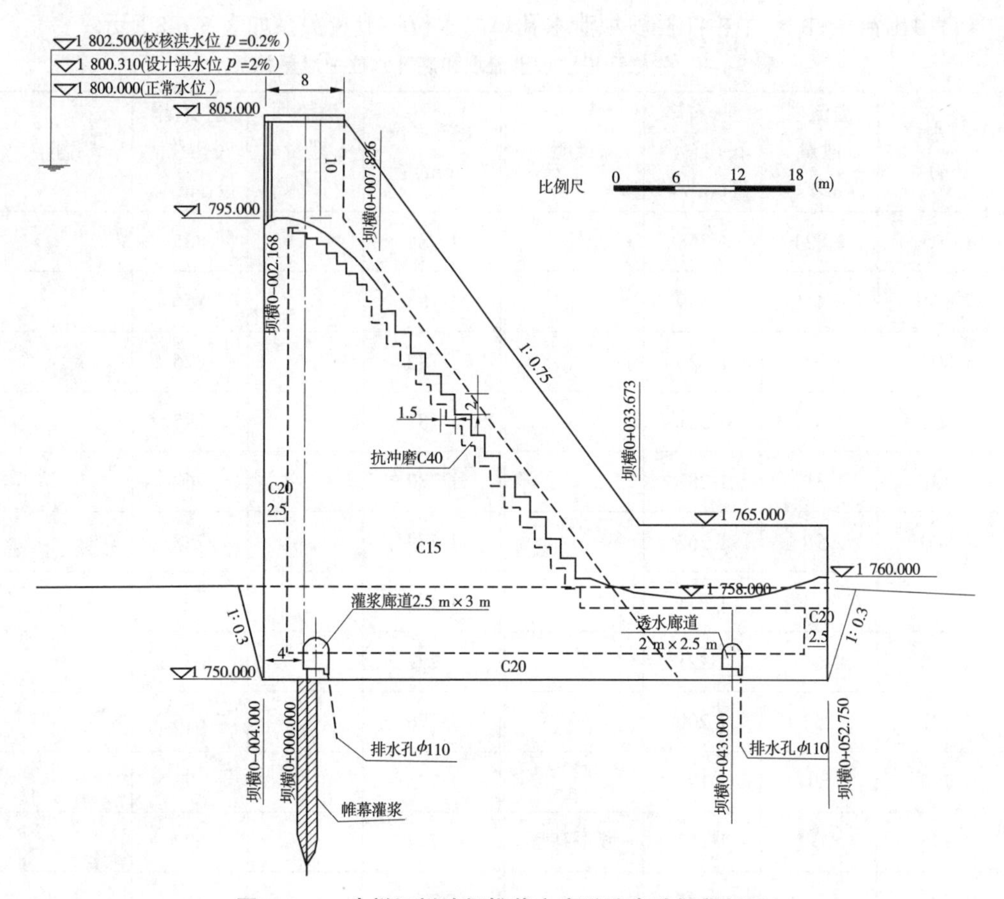

图 3-6-11　牛栏江拦沙坝推荐方案溢流表孔坝段剖面

6.2　试验控制及量测

6.2.1　水位控制

通过模型尾部阀门与两个蓄水池调节，尽可能在维持设计水位的前提下，使得异重流处于畅流状态。

6.2.2　试验过程

试验前采用循环水泵保证模型内蓄水体温度均匀，采用冰块控制进口清浑水温度略低于模型内清水温度，以消除水温带来温度传递等的影响。在无坝试验前将模型清水蓄至预定水位，将搅拌池配置的固定含沙量的浑水输送至孔口箱内，逐级按模型时间序列控制预设的清、浑水孔口启闭组合，精细控制清、浑水流量。

各测验断面距坝里程见表 3-6-9。牛栏江各测验处分别为回水末端附近 W5 断面、拦沙坝址上游 29 断面、拦沙坝址断面、干支流交汇口上游 24 断面、泵站取水口断面、引水口下游 20 断面。干河各测验处分别为支流进口 G14 断面、拦沙坝址上游 G9 断面、拦沙坝址 G4 断面、干支流交汇口上游 G1 断面。

表 3-6-9　测验断面位置统计

牛栏江断面	距德泽坝里程(km)	距拦沙坝里程(km)	河底高程(m)	干河断面	距德泽坝里程(km)	距拦沙坝里程(km)	河底高程(m)
W5	33.53	12.746	1 787.19	G14	22.249 3	2.525	1 776
29	21.695	0.911	1 743.97	G9	20.996	1.272	1 770
拦沙坝	20.784	0	1 742.81	拦沙坝 G4	19.724	0.000	1 759
24	18.369	2.415	1 730.98	G1	18.306	1.418	1 746
取水口	17.311	3.473	1 729.24				
20	15.681	5.103	1 698.94				

6.3　试验组次

拦沙坝拦沙效果及库容恢复物理模型试验方案组合汇总于表 3-6-10,其中有坝方案指牛栏江、干河同时修拦沙坝,无坝方案指牛栏江与干河同时无拦沙坝。

表 3-6-10　拦沙坝拦沙效果的物理模型试验方案组合

方案组合	地形条件	系列洪水过程	德泽水库水位
1	无拦沙坝现状地形	35~42 d 系列洪水过程(包含第 6 场典型洪水)	2 个典型运用水位
2	干河拦沙坝+牛栏江拦沙坝初期地形	同上	同上

为便于描述不同试验条件与过程,采用字符与数字的组合加以区分,其组合形式为"德泽水库控制高水位/低水位(*H*/*L*)-场次洪水(1~5)-流量-含沙量-峰前/洪峰/峰后(1/2/3)-无坝/有坝(0/1)"。例如 H-1-65-0.37-2-0,表示德泽水库控制水位为高水位 1 790 m、第一场次洪水、流量为 65 m/s、含沙量为 0.37 kg/m^3、洪峰时段、无坝状态;L-1-65-0.37-2-1,表示德泽水库控制水位为低水位 1 760 m、第 1 场次洪水、流量为 65 m/s、含沙量为 0.37 kg/m^3、洪峰时段、有坝状态。牛栏江、干河试验过程不同时段标识形式见表 3-6-11、表 3-6-12。

对于取水口断面及 20 断面,按"德泽水库控制高水位/低水位(*H*/*L*)-场次洪水(1~5)-峰前/洪峰/峰后(1/2/3)-无坝/有坝(0/1)-时序(1~42 d)"区分。取水口断面及 20 断面不同时段组次安排标号见表 3-6-13。

表 3-6-11　牛栏江组次安排标号

洪水场次	天数	日流量 (m^3/s)	日含沙量 (kg/m^3)	试验组次			
				无坝方案		有坝方案	
				1 790 m	1 760 m	1 790 m	1 760 m
1	1	19.17	0.059	H-1-19-0.06-1-0	L-1-19-0.06-1-0	H-1-19-0.06-1-1	L-1-19-0.06-1-1
	2	13.28	0.047	H-1-13-0.05-1-0	L-1-13-0.05-1-0	H-1-13-0.05-1-1	L-1-13-0.05-1-1
	3	21.77	0.044	H-1-22-0.04-1-0	L-1-22-0.04-1-0	H-1-22-0.04-1-1	L-1-22-0.04-1-1
	4	30.26	0.4	H-1-30-0.4-1-0	L-1-30-0.4-1-0	H-1-30-0.4-1-1	L-1-30-0.4-1-1
	5	65.41	0.37	H-1-65-0.37-2-0	L-1-65-0.37-2-0	H-1-65-0.37-2-1	L-1-65-0.37-2-1
	6	34.95	0.16	H-1-35-0.16-3-0	L-1-35-0.16-3-0	H-1-35-0.16-3-1	L-1-35-0.16-3-1
	7	17.38	0.091	H-1-17-0.09-3-0	L-1-17-0.09-3-0	H-1-17-0.09-3-1	L-1-17-0.09-3-1
2	8	23.91	0.201	H-2-24-0.2-1-0	L-2-24-0.2-1-0	H-2-24-0.2-1-1	L-2-24-0.2-1-1
	9	39.19	0.16	H-2-39-0.16-1-0	L-2-39-0.16-1-0	H-2-39-0.16-1-1	L-2-39-0.16-1-1
	10	54.47	0.151	H-2-54-0.15-1-0	L-2-54-0.15-1-0	H-2-54-0.15-1-1	L-2-54-0.15-1-1
	11	117.74	1.37	H-2-118-1.37-2-0	L-2-118-1.37-2-0	H-2-118-1.37-2-1	L-2-118-1.37-2-1
	12	62.92	1.268	H-2-63-1.27-3-0	L-2-63-1.27-3-0	H-2-63-1.27-3-1	L-2-63-1.27-3-1
	13	31.28	0.547	H-2-31-0.55-3-0	L-2-31-0.55-3-0	H-2-31-0.55-3-1	L-2-31-0.55-3-1
	14	31.28	0.312	H-2-31-0.31-3-0	L-2-31-0.31-3-0	H-2-31-0.31-3-1	L-2-31-0.31-3-1

续表 3-6-11

洪水场次	天数	日流量 (m^3/s)	日含沙量 (kg/m^3)	试验组次			
				无坝方案		有坝方案	
				1 790 m	1 760 m	1 790 m	1 760 m
3	15	57.42	0.523	H-3-57-0.52-1-0	L-3-57-0.52-1-0	H-3-57-0.52-1-1	L-3-57-0.52-1-1
	16	73.16	0.685	H-3-73-0.69-1-0	L-3-73-0.69-1-0	H-3-73-0.69-1-1	L-3-73-0.69-1-1
	17	117.62	0.822	H-3-118-0.82-1-0	L-3-118-0.82-1-0	H-3-118-0.82-1-1	L-3-118-0.82-1-1
	18	169.45	1.67	H-3-169-1.67-1-0	L-3-169-1.67-1-0	H-3-169-1.67-1-1	L-3-169-1.67-1-1
	19	180.41	1.038	H-3-180-1.04-2-0	L-3-180-1.04-2-0	H-3-180-1.04-2-1	L-3-180-1.04-2-1
	20	110.64	0.416	H-3-111-0.42-3-0	L-3-111-0.42-3-0	H-3-111-0.42-3-1	L-3-111-0.42-3-1
	21	94.79	0.323	H-3-95-0.32-3-0	L-3-95-0.32-3-0	H-3-95-0.32-3-1	L-3-95-0.32-3-1
	22	59.01	0.376	H-3-59-0.38-3-0	L-3-59-0.38-3-0	H-3-59-0.38-3-1	L-3-59-0.38-3-1
	23	64.89	0.313	H-3-65-0.31-3-0	L-3-65-0.31-3-0	H-3-65-0.31-3-1	L-3-65-0.31-3-1
4	24	67.38	0.6	H-4-67-0.6-1-0	L-4-67-0.6-1-0	H-4-67-0.6-1-1	L-4-67-0.6-1-1
	25	130.57	0.86	H-4-131-0.86-1-0	L-4-131-0.86-1-0	H-4-131-0.86-1-1	L-4-131-0.86-1-1
	26	231.25	1.234	H-4-231-1.23-1-0	L-4-231-1.23-1-0	H-4-231-1.23-1-1	L-4-231-1.23-1-1
	27	273.11	2.5	H-4-273-2.5-2-0	L-4-273-2.5-2-0	H-4-273-2.5-2-1	L-4-273-2.5-2-1
	28	193.37	1.247	H-4-193-1.25-3-0	L-4-193-1.25-3-0	H-4-193-1.25-3-1	L-4-193-1.25-3-1
	29	152.5	0.948	H-4-153-0.95-3-0	L-4-153-0.95-3-0	H-4-153-0.95-3-1	L-4-153-0.95-3-1
	30	107.65	0.755	H-4-108-0.76-3-0	L-4-108-0.76-3-0	H-4-108-0.76-3-1	L-4-108-0.76-3-1
	31	95.49	0.754	H-4-95-0.75-3-0	L-4-95-0.75-3-0	H-4-95-0.75-3-1	L-4-95-0.75-3-1
	32	86.32	0.558	H-4-86-0.56-3-0	L-4-86-0.56-3-0	H-4-86-0.56-3-1	L-4-86-0.56-3-1

续表 3-6-11

洪水场次	天数	日流量 (m^3/s)	日含沙量 (kg/m^3)	试验组次			
				无坝方案		有坝方案	
				1 790 m	1 760 m	1 790 m	1 760 m
5	33	84.39	0.333	H-5-84-0.33-1-0	L-5-84-0.33-1-0	H-5-84-0.33-1-1	L-5-84-0.33-1-1
	34	76.46	0.253	H-5-76-0.25-1-0	L-5-76-0.25-1-0	H-5-76-0.25-1-1	L-5-76-0.25-1-1
	35	107.83	0.211	H-5-108-0.21-1-0	L-5-108-0.21-1-0	H-5-108-0.21-1-1	L-5-108-0.21-1-1
	36	190.57	1.671	H-5-191-1.67-1-0	L-5-191-1.67-1-0	H-5-191-1.67-1-1	L-5-191-1.67-1-1
	37	375.21	2.6	H-5-375-2.6-2-0	L-5-375-2.6-2-0	H-5-375-2.6-2-1	L-5-375-2.6-2-1
	38	191.75	1.481	H-5-192-1.48-3-0	L-5-192-1.48-3-0	H-5-192-1.48-3-1	L-5-192-1.48-3-1
	39	130.2	1.111	H-5-130-1.11-3-0	L-5-130-1.11-3-0	H-5-130-1.11-3-1	L-5-130-1.11-3-1
	40	134.94	0.862	H-5-135-0.86-3-0	L-5-135-0.86-3-0	H-5-135-0.86-3-1	L-5-135-0.86-3-1
	41	120	0.859	H-5-120-0.86-3-0	L-5-120-0.86-3-0	H-5-120-0.86-3-1	L-5-120-0.86-3-1
	42	50	0.358	H-5-50-0.36-3-0	L-5-50-0.36-3-0	H-5-50-0.36-3-1	L-5-50-0.36-3-1

表 3-6-12　干河组次安排标号

洪水场次	天数	日流量（m^3/s）	日含沙量（kg/m^3）	试验组次			
				无坝方案		有坝方案	
				1 790 m	1 760 m	1 790 m	1 760 m
1	1	4.04	0.143	H-1-4-0.14-1-0	L-1-4-0.14-1-0	H-1-4-0.14-1-1	L-1-4-0.14-1-1
	2	2.8	0.113	H-1-3-0.11-1-0	L-1-3-0.11-1-0	H-1-3-0.11-1-1	L-1-3-0.11-1-1
	3	4.58	0.107	H-1-5-0.11-1-0	L-1-5-0.11-1-0	H-1-5-0.11-1-1	L-1-5-0.11-1-1
	4	6.37	0.97	H-1-6-0.97-1-0	L-1-6-0.97-1-0	H-1-6-0.97-1-1	L-1-6-0.97-1-1
	5	13.77	0.897	H-1-14-0.9-2-0	L-1-14-0.9-2-0	H-1-14-0.9-2-1	L-1-14-0.9-2-1
	6	7.36	0.387	H-1-7-0.39-3-0	L-1-7-0.39-3-0	H-1-7-0.39-3-1	L-1-7-0.39-3-1
	7	3.66	0.221	H-1-4-0.22-3-0	L-1-4-0.22-3-0	H-1-4-0.22-3-1	L-1-4-0.22-3-1
2	8	5.03	0.488	H-2-5-0.49-1-0	L-2-5-0.49-1-0	H-2-5-0.49-1-1	L-2-5-0.49-1-1
	9	8.25	0.387	H-2-8-0.39-1-0	L-2-8-0.39-1-0	H-2-8-0.39-1-1	L-2-8-0.39-1-1
	10	11.46	0.367	H-2-11-0.37-1-0	L-2-11-0.37-1-0	H-2-11-0.37-1-1	L-2-11-0.37-1-1
	11	24.78	3.321	H-2-25-3.32-2-0	L-2-25-3.32-2-0	H-2-25-3.32-2-1	L-2-25-3.32-2-1
	12	13.24	3.073	H-2-13-3.07-3-0	L-2-13-3.07-3-0	H-2-13-3.07-3-1	L-2-13-3.07-3-1
	13	6.58	1.327	H-2-7-1.33-3-0	L-2-7-1.33-3-0	H-2-7-1.33-3-1	L-2-7-1.33-3-1
	14	6.58	0.756	H-2-7-0.76-3-0	L-2-7-0.76-3-0	H-2-7-0.76-3-1	L-2-7-0.76-3-1

续表 3-6-12

洪水场次	天数	日流量（m^3/s）	日含沙量（kg/m^3）	试验组次			
				无坝方案		有坝方案	
				1 790 m	1 760 m	1 790 m	1 760 m
3	15	12.08	1.417	H–3–12–1.42–1–0	L–3–12–1.42–1–0	H–3–12–1.42–1–1	L–3–12–1.42–1–1
	16	17.21	1.8	H–3–17–1.8–1–0	L–3–17–1.8–1–0	H–3–17–1.8–1–1	L–3–17–1.8–1–1
	17	27.68	2.49	H–3–28–2.49–1–0	L–3–28–2.49–1–0	H–3–28–2.49–1–1	L–3–28–2.49–1–1
	18	39.87	4.048	H–3–40–4.05–1–0	L–3–40–4.05–1–0	H–3–40–4.05–1–1	L–3–40–4.05–1–1
	19	42.45	2.516	H–3–42–2.52–2–0	L–3–42–2.52–2–0	H–3–42–2.52–2–1	L–3–42–2.52–2–1
	20	26.03	1.01	H–3–26–1.01–3–0	L–3–26–1.01–3–0	H–3–26–1.01–3–1	L–3–26–1.01–3–1
	21	22.3	0.783	H–3–22–0.78–3–0	L–3–22–0.78–3–0	H–3–22–0.78–3–1	L–3–22–0.78–3–1
	22	13.88	0.912	H–3–14–0.91–3–0	L–3–14–0.91–3–0	H–3–14–0.91–3–1	L–3–14–0.91–3–1
	23	15.27	0.758	H–3–15–0.76–3–0	L–3–15–0.76–3–0	H–3–15–0.76–3–1	L–3–15–0.76–3–1
4	24	15.85	1.455	H–4–16–1.46–1–0	L–4–16–1.46–1–0	H–4–16–1.46–1–1	L–4–16–1.46–1–1
	25	30.72	2.088	H–4–31–2.09–1–0	L–4–31–2.09–1–0	H–4–31–2.09–1–1	L–4–31–2.09–1–1
	26	54.41	2.994	H–4–54–2.99–1–0	L–4–54–2.99–1–0	H–4–54–2.99–1–1	L–4–54–2.99–1–1
	27	64.26	6.061	H–4–64–6.06–2–0	L–4–64–6.06–2–0	H–4–64–6.06–2–1	L–4–64–6.06–2–1
	28	45.5	3.025	H–4–46–3.03–3–0	L–4–46–3.03–3–0	H–4–46–3.03–3–1	L–4–46–3.03–3–1
	29	35.88	2.3	H–4–36–2.3–3–0	L–4–36–2.3–3–0	H–4–36–2.3–3–1	L–4–36–2.3–3–1
	30	25.33	1.832	H–4–25–1.82–3–0	L–4–25–1.82–3–0	H–4–25–1.82–3–1	L–4–25–1.82–3–1
	31	22.47	1.83	H–4–22–1.83–3–0	L–4–22–1.83–3–0	H–4–22–1.83–3–1	L–4–22–1.83–3–1
	32	20.31	1.354	H–4–20–1.35–3–0	L–4–20–1.35–3–0	H–4–20–1.35–3–1	L–4–20–1.35–3–1

续表 3-6-12

洪水场次	天数	日流量 (m^3/s)	日含沙量 (kg/m^3)	试验组次			
				无坝方案		有坝方案	
				1 790 m	1 760 m	1 790 m	1 760 m
5	33	16.62	0.808	H-5-17-0.81-1-0	L-5-17-0.81-1-0	H-5-17-0.81-1-1	L-5-17-0.81-1-1
	34	15.06	0.613	H-5-15-0.61-1-0	L-5-15-0.61-1-0	H-5-15-0.61-1-1	L-5-15-0.61-1-1
	35	21.24	0.51	H-5-21-0.51-1-0	L-5-21-0.51-1-0	H-5-21-0.51-1-1	L-5-21-0.51-1-1
	36	37.53	4.041	H-5-38-4.04-1-0	L-5-38-4.04-1-0	H-5-38-4.04-1-1	L-5-38-4.04-1-1
	37	73.9	6.303	H-5-74-6.3-2-0	L-5-74-6.3-2-0	H-5-74-6.3-2-1	L-5-74-6.3-2-1
	38	37.77	2.139	H-5-38-2.14-3-0	L-5-38-2.14-3-0	H-5-38-2.14-3-1	L-5-38-2.14-3-1
	39	25.64	1.934	H-5-26-1.93-3-0	L-5-26-1.93-3-0	H-5-26-1.93-3-1	L-5-26-1.93-3-1
	40	26.58	2.088	H-5-27-2.09-3-0	L-5-27-2.09-3-0	H-5-27-2.09-3-1	L-5-27-2.09-3-1
	41	23	1.758	H-5-23-1.76-3-0	L-5-23-1.76-3-0	H-5-23-1.76-3-1	L-5-23-1.76-3-1
	42	15	1.147	H-5-15-1.15-3-0	L-5-15-1.15-3-0	H-5-15-1.15-3-1	L-5-15-1.15-3-1

表 3-6-13　取水口及 20 断面组次安排标号

洪水场次	天数	牛栏江		干河		总入库		取水口			
								无坝方案		有坝方案	
		日流量 (m^3/s)	日含沙量 (kg/m^3)	日流量 (m^3/s)	日含沙量 (kg/m^3)	日流量 (m^3/s)	日含沙量 (kg/m^3)	1 790 m	1 760 m	1 790 m	1 760 m
1	1	19.17	0.059	4.04	0.143	23.2	0.074	H-1-1-0-1	L-1-1-0-1	H-1-1-1-1	L-1-1-1-1
	2	13.28	0.047	2.8	0.113	16.1	0.058	H-1-1-0-2	L-1-1-0-2	H-1-1-1-2	L-1-1-1-2
	3	21.77	0.044	4.58	0.107	26.4	0.055	H-1-1-0-3	L-1-1-0-3	H-1-1-1-3	L-1-1-1-3
	4	30.26	0.4	6.37	0.97	36.6	0.499	H-1-1-0-4	L-1-1-0-4	H-1-1-1-4	L-1-1-1-4
	5	65.41	0.37	13.77	0.897	79.2	0.462	H-1-2-0-5	L-1-2-0-5	H-1-2-1-5	L-1-2-1-5
	6	34.95	0.16	7.36	0.387	42.3	0.199	H-1-3-0-6	L-1-3-0-6	H-1-3-1-6	L-1-3-1-6
	7	17.38	0.091	3.66	0.221	21.0	0.114	H-1-3-0-7	L-1-3-0-7	H-1-3-1-7	L-1-3-1-7
2	8	23.91	0.201	5.03	0.488	28.9	0.251	H-2-1-0-8	L-2-1-0-8	H-2-1-1-8	L-2-1-1-8
	9	39.19	0.16	8.25	0.387	47.4	0.199	H-2-1-0-9	L-2-1-0-9	H-2-1-1-9	L-2-1-1-9
	10	54.47	0.151	11.46	0.367	65.9	0.189	H-2-1-0-10	L-2-1-0-10	H-2-1-1-10	L-2-1-1-10
	11	117.74	1.37	24.78	3.321	142.5	1.709	H-2-2-0-11	L-2-2-0-11	H-2-2-1-11	L-2-2-1-11
	12	62.92	1.268	13.24	3.073	76.2	1.582	H-2-3-0-12	L-2-3-0-12	H-2-3-1-12	L-2-3-1-12
	13	31.28	0.547	6.58	1.327	37.9	0.683	H-2-3-0-13	L-2-3-0-13	H-2-3-1-13	L-2-3-1-13
	14	31.28	0.312	6.58	0.756	37.9	0.389	H-2-3-0-14	L-2-3-0-14	H-2-3-1-14	L-2-3-1-14

续表 3-6-13

洪水场次	天数	牛栏江		干河		总入库		取水口			
								无坝方案		有坝方案	
		日流量（m^3/s）	日含沙量（kg/m^3）	日流量（m^3/s）	日含沙量（kg/m^3）	日流量（m^3/s）	日含沙量（kg/m^3）	1 790 m	1 760 m	1 790 m	1 760 m
3	15	57.42	0.523	12.08	1.417	69.5	0.678	H-3-1-0-15	L-3-1-0-15	H-3-1-1-15	L-3-1-1-15
	16	73.16	0.685	17.21	1.8	90.4	0.897	H-3-1-0-16	L-3-1-0-16	H-3-1-1-16	L-3-1-1-16
	17	117.62	0.822	27.68	2.49	145.3	1.140	H-3-1-0-17	L-3-1-0-17	H-3-1-1-17	L-3-1-1-17
	18	169.45	1.67	39.87	4.048	209.3	2.123	H-3-1-0-18	L-3-1-0-18	H-3-1-1-18	L-3-1-1-18
	19	180.41	1.038	42.45	2.516	222.9	1.320	H-3-2-0-19	L-3-2-0-19	H-3-2-1-19	L-3-2-1-19
	20	110.64	0.416	26.03	1.01	136.7	0.529	H-3-3-0-20	L-3-3-0-20	H-3-3-1-20	L-3-3-1-20
	21	94.79	0.323	22.3	0.783	117.1	0.411	H-3-3-0-21	L-3-3-0-21	H-3-3-1-21	L-3-3-1-21
	22	59.01	0.376	13.88	0.912	72.9	0.478	H-3-3-0-22	L-3-3-0-22	H-3-3-1-22	L-3-3-1-22
	23	64.89	0.313	15.27	0.758	80.2	0.398	H-3-3-0-23	L-3-3-0-23	H-3-3-1-23	L-3-3-1-23
4	24	67.38	0.6	15.85	1.455	83.2	0.763	H-4-1-0-24	L-4-1-0-24	H-4-1-1-24	L-4-1-1-24
	25	130.57	0.86	30.72	2.088	161.3	1.094	H-4-1-0-25	L-4-1-0-25	H-4-1-1-25	L-4-1-1-25
	26	231.25	1.234	54.41	2.994	285.7	1.569	H-4-1-0-26	L-4-1-0-26	H-4-1-1-26	L-4-1-1-26
	27	273.11	2.5	64.26	6.061	337.4	3.178	H-4-2-0-27	L-4-2-0-27	H-4-2-1-27	L-4-2-1-27
	28	193.37	1.247	45.5	3.025	238.9	1.586	H-4-3-0-28	L-4-3-0-28	H-4-3-1-28	L-4-3-1-28
	29	152.5	0.948	35.88	2.3	188.4	1.206	H-4-3-0-29	L-4-3-0-29	H-4-3-1-29	L-4-3-1-29
	30	107.65	0.755	25.33	1.832	133.0	0.960	H-4-3-0-30	L-4-3-0-30	H-4-3-1-30	L-4-3-1-30
	31	95.49	0.754	22.47	1.83	118.0	0.959	H-4-3-0-31	L-4-3-0-31	H-4-3-1-31	L-4-3-1-31
	32	86.32	0.558	20.31	1.354	106.6	0.710	H-4-3-0-32	L-4-3-0-32	H-4-3-1-32	L-4-3-1-32

续表 3-6-13

洪水场次	天数	牛栏江		干河		总入库		取水口			
								无坝方案		有坝方案	
		日流量(m^3/s)	日含沙量(kg/m^3)	日流量(m^3/s)	日含沙量(kg/m^3)	日流量(m^3/s)	日含沙量(kg/m^3)	1 790 m	1 760 m	1 790 m	1 760 m
5	33	84.39	0.333	16.62	0.808	101.0	0.411	H-5-1-0-33	L-5-1-0-33	H-5-1-1-33	L-5-1-1-33
	34	76.46	0.253	15.06	0.613	91.5	0.312	H-5-1-0-34	L-5-1-0-34	H-5-1-1-34	L-5-1-1-34
	35	107.83	0.211	21.24	0.51	129.1	0.260	H-5-1-0-35	L-5-1-0-35	H-5-1-1-35	L-5-1-1-35
	36	190.57	1.671	37.53	4.041	228.1	2.061	H-5-1-0-36	L-5-1-0-36	H-5-1-1-36	L-5-1-1-36
	37	375.21	2.6	73.9	6.303	449.1	3.209	H-5-2-0-37	L-5-2-0-37	H-5-2-1-37	L-5-2-1-37
	38	191.75	1.481	37.77	2.139	229.5	1.589	H-5-3-0-38	L-5-3-0-38	H-5-3-1-38	L-5-3-1-38
	39	130.2	1.111	25.64	1.934	155.8	1.246	H-5-3-0-39	L-5-3-0-39	H-5-3-1-39	L-5-3-1-39
	40	134.94	0.862	26.58	2.088	161.5	1.064	H-5-3-0-40	L-5-3-0-40	H-5-3-1-40	L-5-3-1-40
	41	120	0.859	23	1.758	143.0	1.004	H-5-3-0-41	L-5-3-0-41	H-5-3-1-41	L-5-3-1-41
	42	50	0.358	15	1.147	65.0	0.540	H-5-3-0-42	L-5-3-0-42	H-5-3-1-42	L-5-3-1-42

6.4 德泽水库高水位控制

6.4.1 无坝方案

无坝试验前将模型清水蓄至预定水位,将搅拌池配置的固定含沙量的浑水输送至孔口箱内,逐级按模型时间序列控制预设的清、浑水孔口启闭组合精细控制清、浑水流量。无坝条件下,支流干河流量小,水流含沙量相对较高,洪水过程中大多可形成底层异重流,且可运行至取水口断面下游;牛栏江洪水过程中一般情况下可产生异重流,在来流含沙量较低部分时段或河段可转化为壅水明流。

(1)第1场洪水。

图3-6-12、图3-6-13分别为牛栏江拦沙坝址上游29断面、坝址下游24断面、干河G1断面和取水口断面垂线流速含沙量分布图。从图3-6-12、图3-6-13中可以看出,第1场洪水在牛栏江、干河上游形成异重流,在向下游传播的过程中发生掺混,由于干河距离较短,干河洪水含沙量大于牛栏江的,部分洪水倒灌进入牛栏江,引起牛栏江下游浑水厚度增加,最大流速点上移,下层流速减小,一定条件下向上游倒灌,见图3-6-12(b)。干河倒灌后剩余洪水及牛栏江洪水进入下游断面,在取水口断面中下部形成两层流动,上层含沙量小、流速大、厚度大,下层含沙量大、流速小、厚度小,见图3-6-13。这充分证明了牛栏江、干河在取水口断面尚未发生充分掺混。

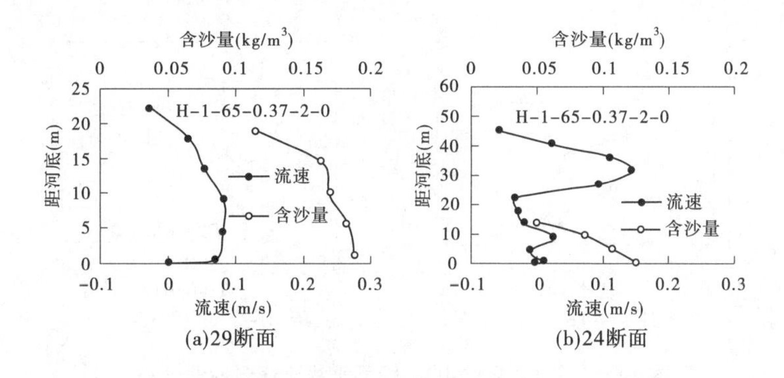

图3-6-12 第1场洪水29、24断面垂线流速含沙量分布

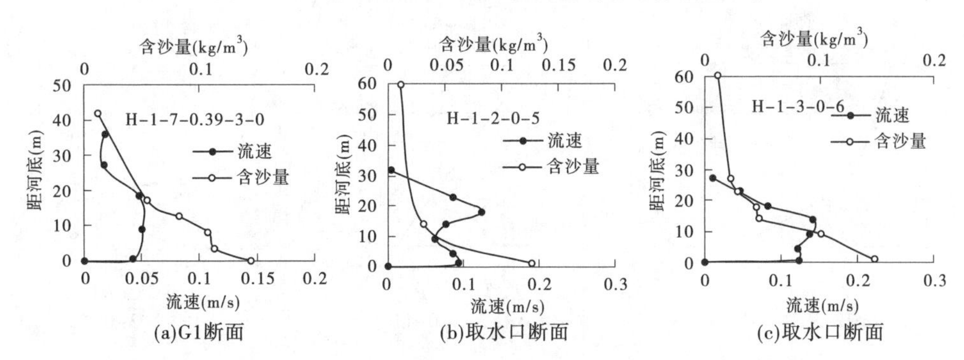

图3-6-13 第1场洪水G1、取水口断面垂线流速含沙量分布

(2)第 2 场洪水。

图 3-6-14~图 3-6-16 分别为牛栏江拦沙坝上游 29 断面、下游 24 断面、干河 G1 和取水口断面第 2 场洪水无坝方案垂线流速含沙量分布图。从图 3-6-14、图 3-6-15 中可以看出,第 2 场洪水洪峰时在牛栏江、干河上游形成异重流,在向下游传播的过程中发生掺混,虽然异重流未发生倒灌,但二者交汇后仍在取水口断面中下部形成两层流动,上层含沙量小、流速大、厚度大,下层含沙量大、流速小、厚度小,见图 3-6-16。图中含沙量的分布表明,沙峰与洪峰不同步。

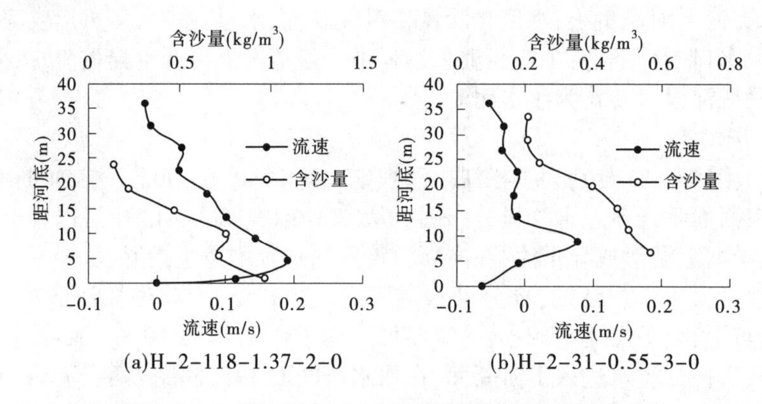

图 3-6-14　第 2 场洪水 29 断面垂线流速含沙量分布

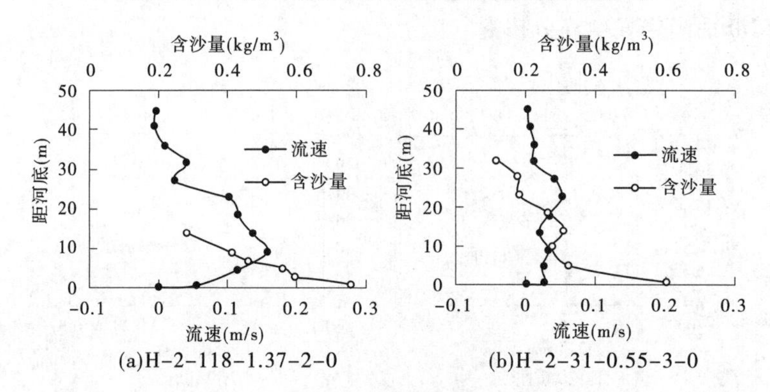

图 3-6-15　第 2 场洪水 24 断面垂线流速含沙量分布

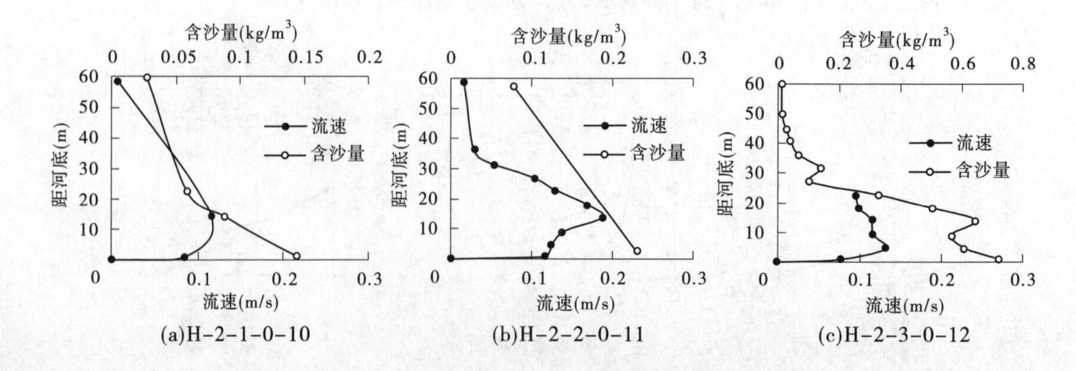

图 3-6-16　第 2 场洪水取水口断面垂线流速含沙量分布

(3)第3场洪水。

图3-6-17~图3-6-20分别为牛栏江拦沙坝上游29断面、下游24断面、干河G1和取水口断面第3场洪水无坝方案垂线流速含沙量分布图。在前期低含沙量浑水的累积作用下,从图3-6-17、图3-6-18中可以看出,第3场洪水在牛栏江29断面位置尚未形成异重流,在24断面位置已形成异重流,干河G1断面已形成异重流,在向下游传播的过程中发生掺混,未发现明显倒灌。牛栏江、干河洪水在取水口断面中下部形成两层流动,上层含沙量小、流速大、厚度大,下层含沙量大、流速小、厚度小,见图3-6-20。

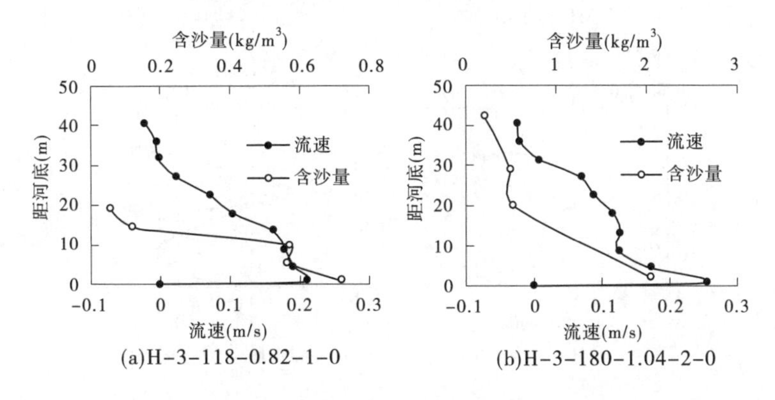

图3-6-17　第3场洪水29断面垂线流速含沙量分布

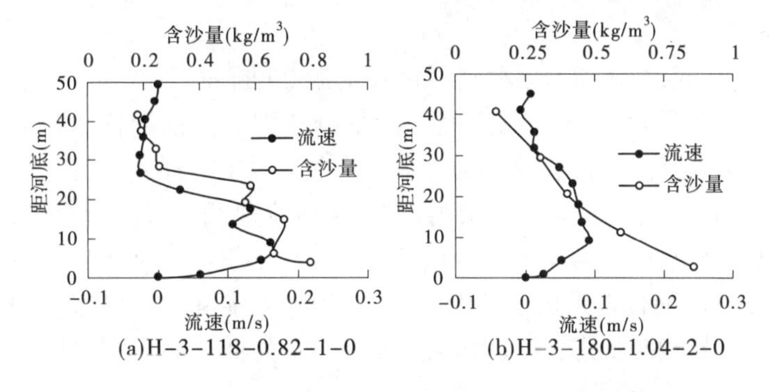

图3-6-18　第3场洪水24断面垂线流速含沙量分布

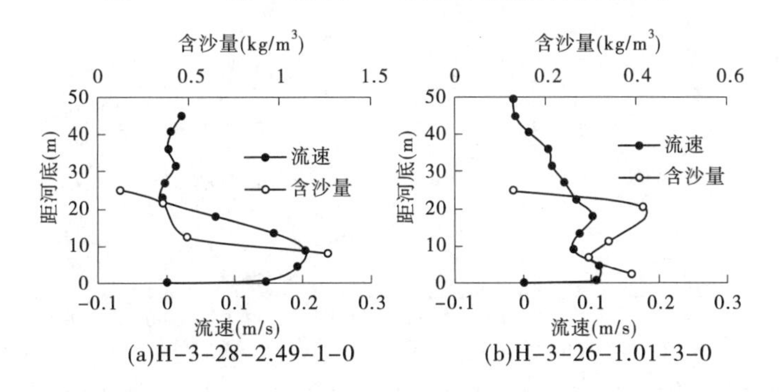

图3-6-19　第3场洪水G1断面垂线流速含沙量分布

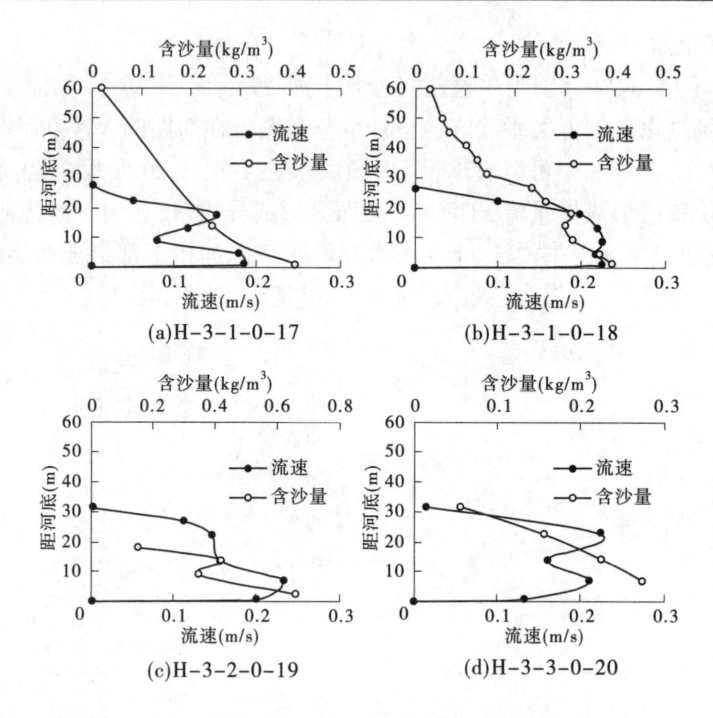

图 3-6-20 第 3 场洪水取水口断面垂线流速含沙量分布

(4)第 4 场洪水。

图 3-6-21~图 3-6-24 分别为牛栏江拦沙坝上游 29 断面、下游 24 断面、干河 G1 和取水口断面第 4 场洪水无坝方案垂线流速含沙量分布图。在前期浑水的累积作用下,从图 3-6-21、图 3-6-22 中可以看出,第 4 场洪水洪峰前流量 131 m^3/s、含沙量 0.86 kg/m^3 时在牛栏江 29 断面位置已形成异重流,并通过 24 断面位置,干河 G1 断面已形成异重流,以异重流的形式通过取水口。第 4 场洪水洪峰流量 273 m^3/s、含沙量 2.5 kg/m^3 时在牛栏江 29 断面位置、24 断面位置形成全断面浑水的特征,从流速、含沙量沿垂线分布图形看,浑水处于明流潜入的过渡状态,第 4 场洪水峰后亦是如此。而干河 G1 断面和取水口断面在峰前、洪峰、峰后均为异重流。

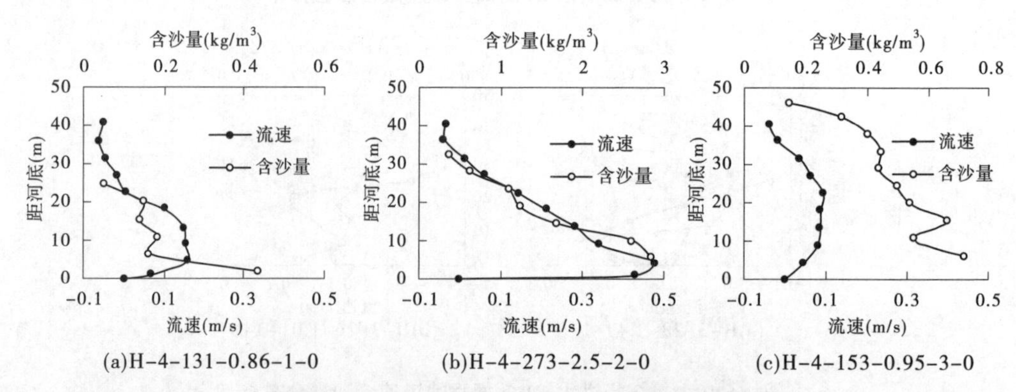

图 3-6-21 第 4 场洪水 29 断面垂线流速含沙量分布

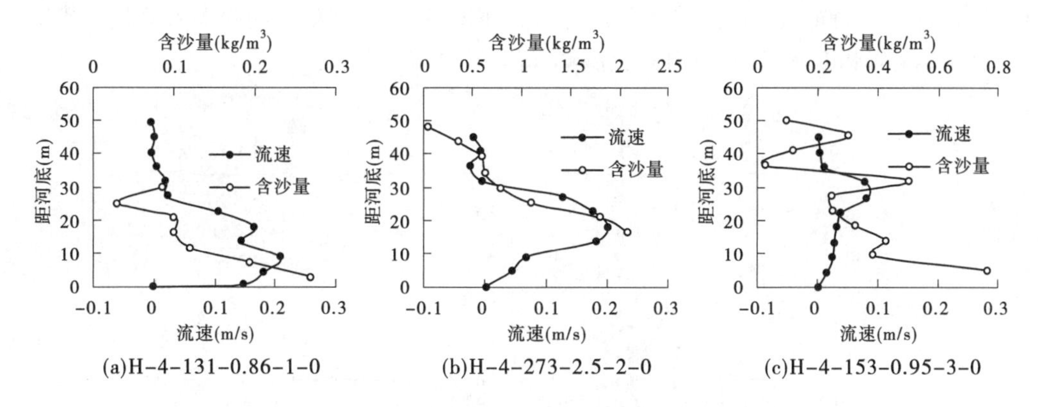

图 3-6-22　第 4 场洪水 24 断面垂线流速含沙量分布

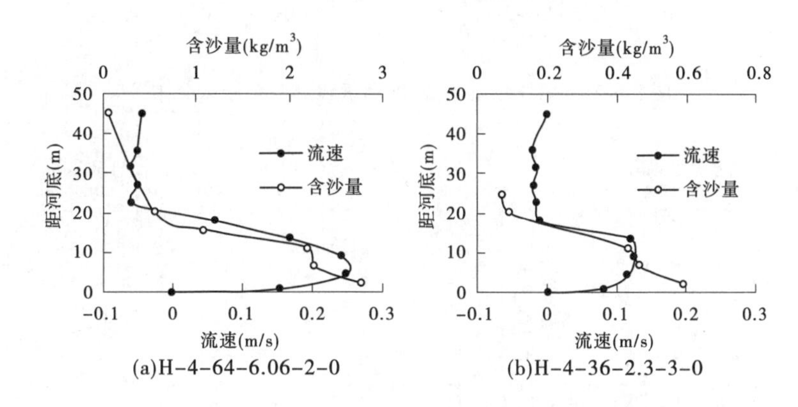

图 3-6-23　第 4 场洪水 G1 断面垂线流速含沙量分布

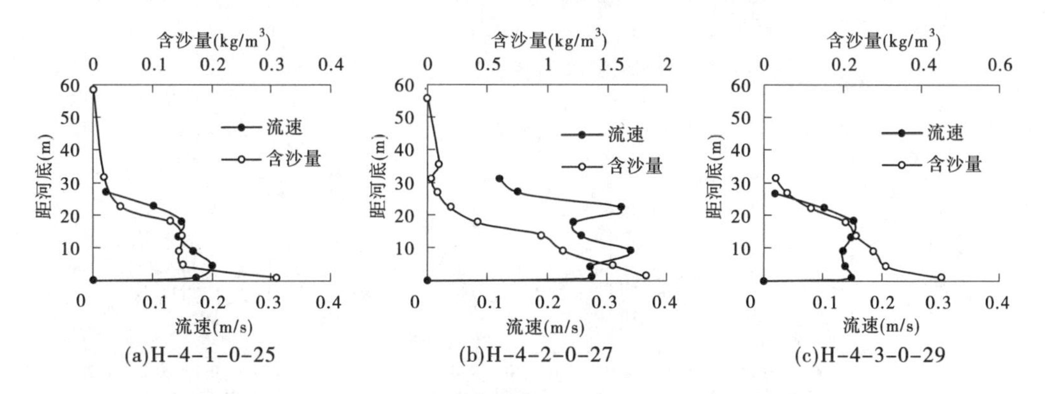

图 3-6-24　第 4 场洪水取水口断面垂线流速含沙量分布

(5)第 5 场洪水。

图 3-6-25~图 3-6-28 分别为牛栏江拦沙坝上游 29 断面、下游 24 断面、干河 G1 和取水口断面第 5 场洪水无坝方案垂线流速含沙量分布图。在前期浑水的累积作用下,从图 3-6-25、图 3-6-26 中可以看出,第 5 场洪水峰前牛栏江 24 断面位置已形成异重流,干河 G1 断面已形成异重流,以异重流的形式通过取水口断面。第 5 场洪水峰后亦是如此。第 5 场洪水洪峰流量 375 m^3/s、含沙量 2.6 kg/m^3 时在牛栏江 29 断面位置、24 断面位置形

成全断面浑水的特征,从流速、含沙量沿垂线分布图形看,浑水处于明流潜入的过渡状态。而干河 G1 断面和取水口断面在峰前、洪峰、峰后均为异重流。

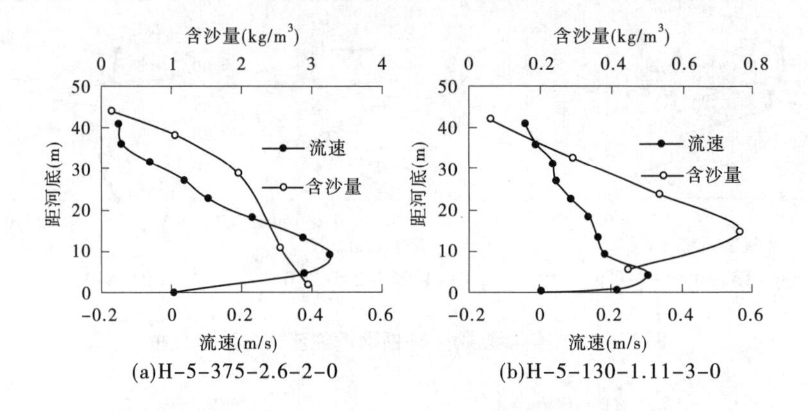

图 3-6-25　第 5 场洪水 29 断面垂线流速含沙量分布

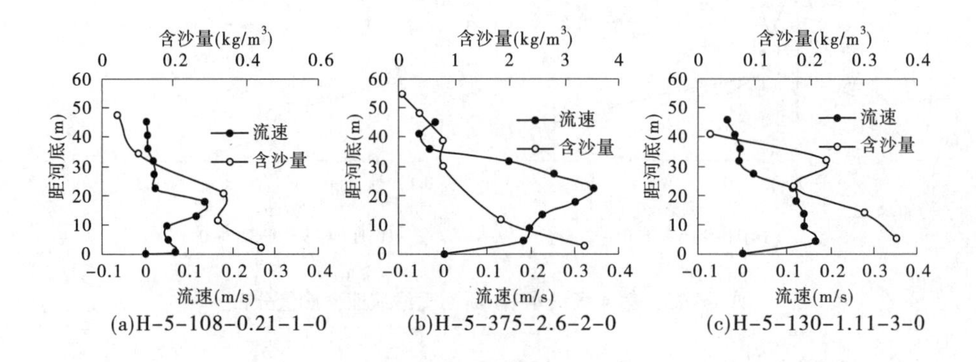

图 3-6-26　第 5 场洪水 24 断面垂线流速含沙量分布

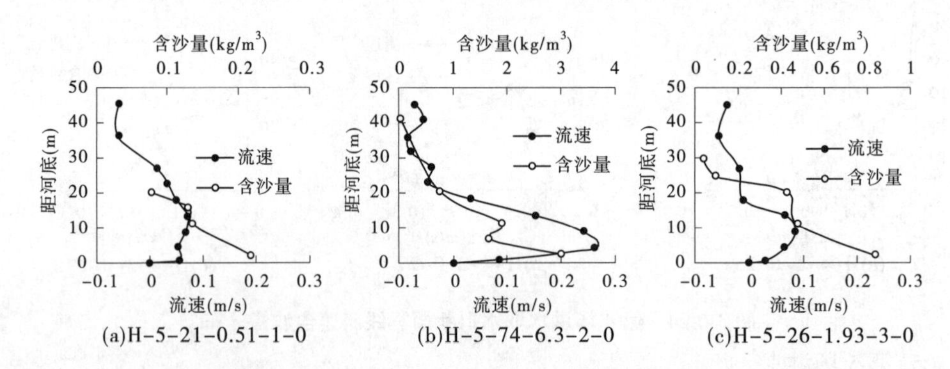

图 3-6-27　第 5 场洪水 G1 断面垂线流速含沙量分布

总体看,无坝方案第 1~5 场洪水在干河及取水口断面均测得异重流,而牛栏江上游的水流流态较为复杂。可能是牛栏江上游边界条件及低的来沙系数引起的。

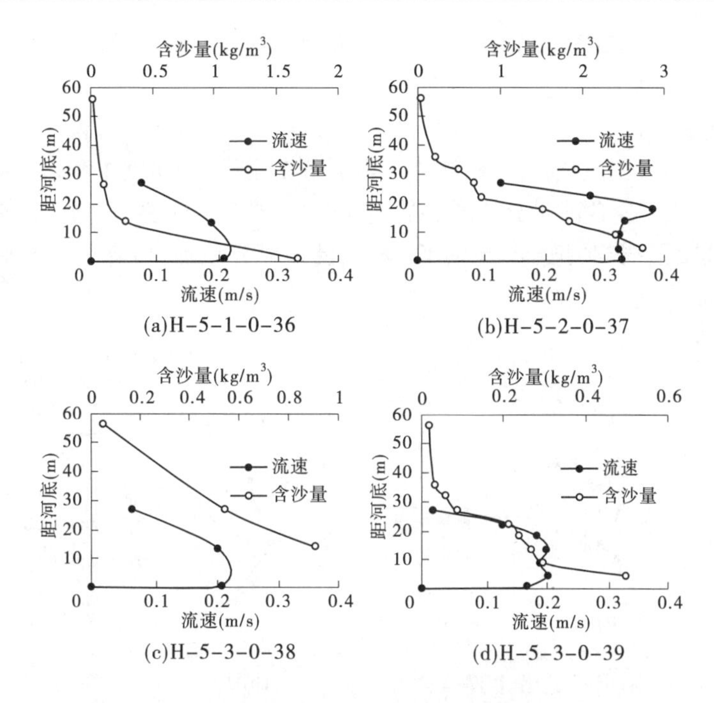

图 3-6-28　第 5 场洪水取水口断面垂线流速含沙量分布

6.4.2　有坝方案

在 1 790 m 有坝水位条件下，牛栏江浑水进入后，在 W6 断面附近开始潜入河底，形成底层异重流，洪水到达拦沙坝后，向坝顶方向壅高，然后回落，再向上游发生缓慢反射，浑水持续到达坝前，溢流坝上清水逐渐变浑。见图 3-6-29。

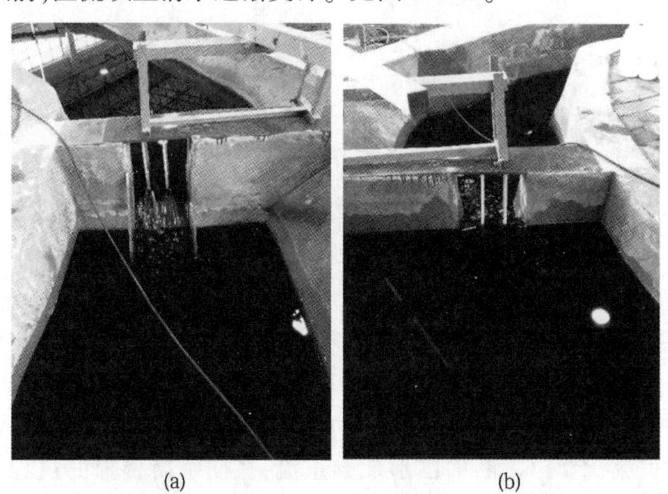

(a)　(b)

图 3-6-29　1 790 m 方案牛栏江拦沙坝溢流

由于拦沙坝的存在，第1场洪水牛栏江部分被拦截在拦沙坝内，干河洪水形成异重流后，浑水不断在坝前累积，溢流出拦沙坝。

(1)第2场洪水。

图3-6-30、图3-6-31分别为牛栏江拦沙坝下游24断面、干河G1和取水口断面第2场洪水无坝方案垂线流速含沙量分布图。从图3-6-30、图3-6-31中可以看出，在拦沙坝作用下，24断面流速沿垂线均匀分布，干河G1断面已形成异重流，以异重流的形式通过取水口断面。

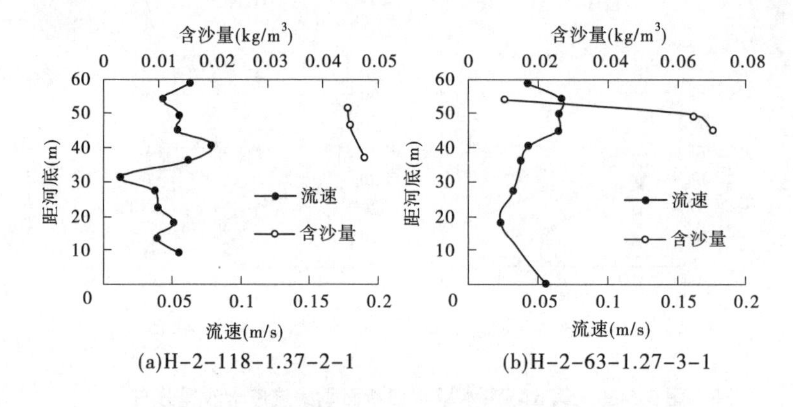

图3-6-30　第2场洪水24断面垂线流速含沙量分布

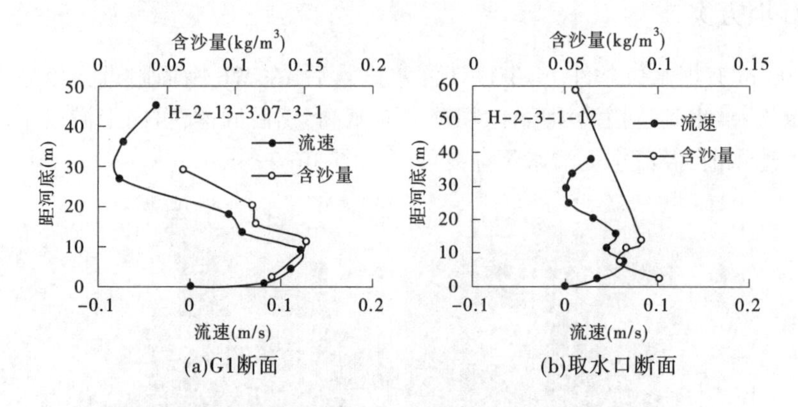

图3-6-31　第2场洪水G1、取水口断面垂线流速含沙量分布

(2)第3场洪水。

图3-6-32～图3-6-34分别为牛栏江拦沙坝上游29断面、下游24断面、干河G1和取水口断面第3场洪水无坝方案垂线流速含沙量分布图。在前期低含沙量浑水的累积作用下，从图3-6-32中可以看出，第3场洪水在牛栏江29断面位置尚未形成异重流，在24断面位置已形成异重流，干河G1断面已形成异重流，在向下游传播的过程中发生掺混，未发现明显倒灌。牛栏江、干河洪水在取水口断面中下部形成两层流动，上层含沙量小、流速大、厚度大，下层含沙量大、流速小、厚度小，见图3-6-34。

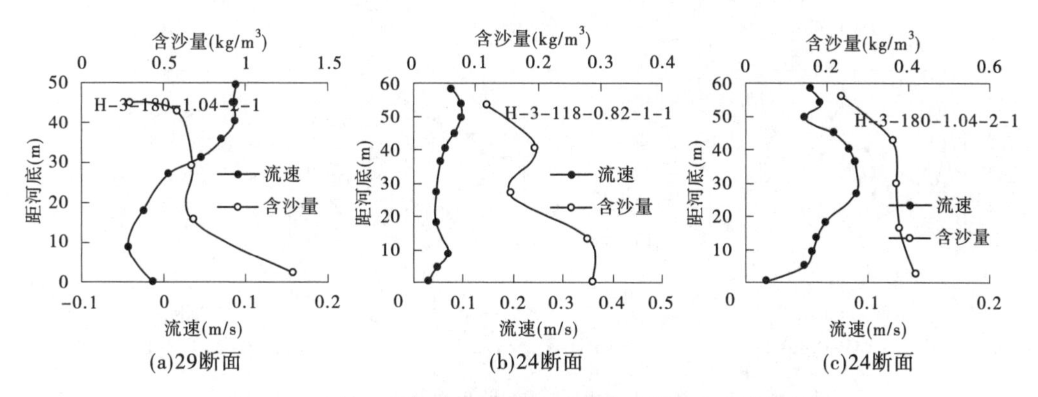

(a)29断面　(b)24断面　(c)24断面

图 3-6-32　第 3 场洪水 29 断面、24 断面垂线流速含沙量分布

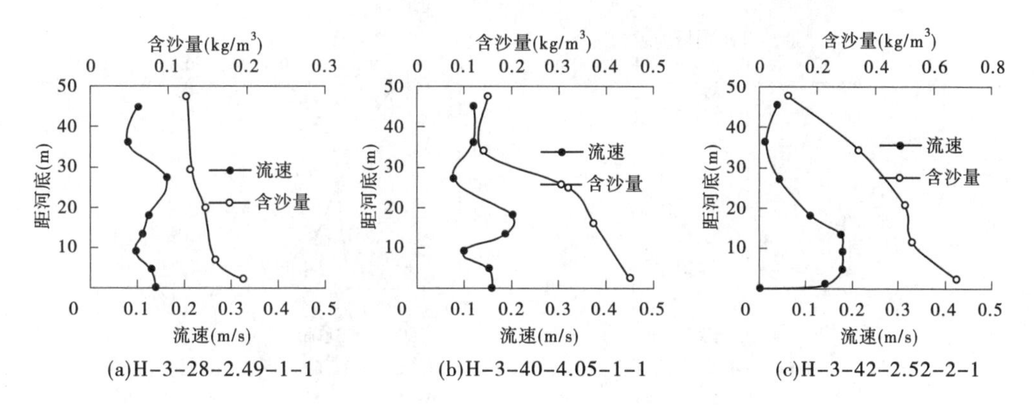

(a)H-3-28-2.49-1-1　(b)H-3-40-4.05-1-1　(c)H-3-42-2.52-2-1

图 3-6-33　第 3 场洪水 G1 断面垂线流速含沙量分布

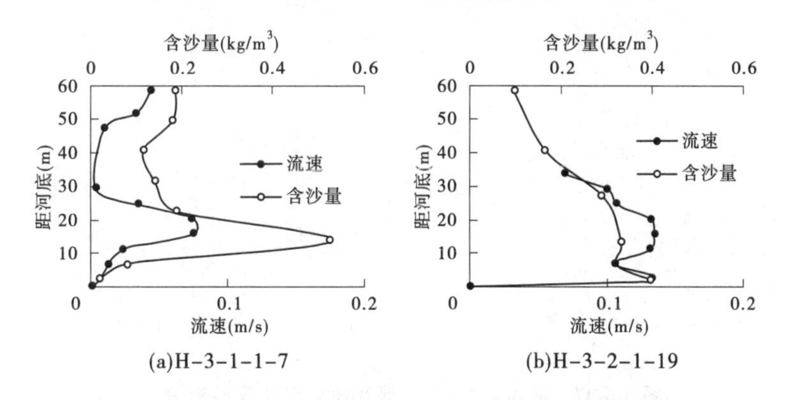

(a)H-3-1-1-7　(b)H-3-2-1-19

图 3-6-34　第 3 场洪水取水口断面垂线流速含沙量分布

(3)第 4 场洪水。

图 3-6-35~图 3-6-38 分别为牛栏江拦沙坝上游 29 断面、下游 24 断面、干河 G1 和取水口断面第 4 场洪水有坝方案垂线流速含沙量分布图。从图 3-6-35、图 3-6-36 中可以看出,在拦沙坝作用下,前期浑水拦截在拦沙坝以上,第 4 场洪水在牛栏江 29 断面位置尚未形成异重流,在 24 断面位置已形成异重流,干河 G1 断面形成异重流,以异重流的形式通过取水口断面。

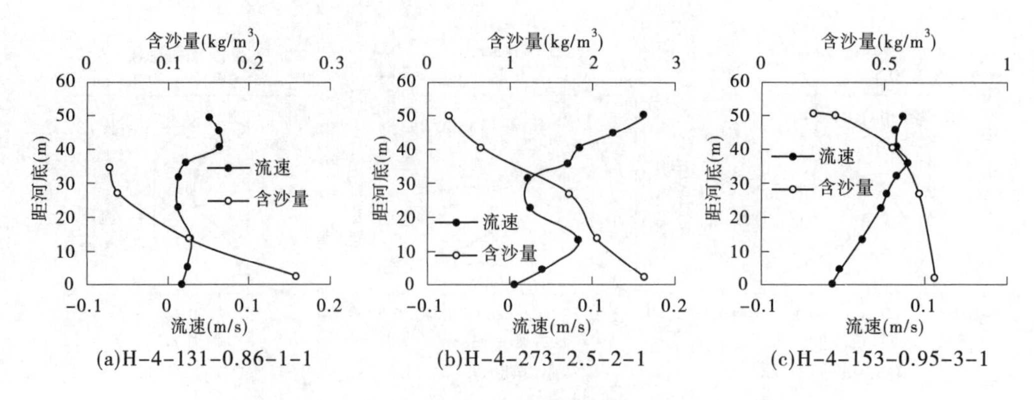

图 3-6-35　第 4 场洪水 29 断面垂线流速含沙量分布

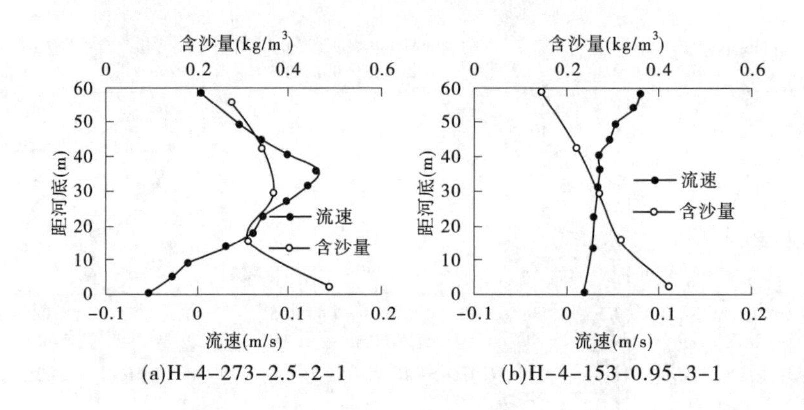

图 3-6-36　第 4 场洪水 24 断面垂线流速含沙量分布

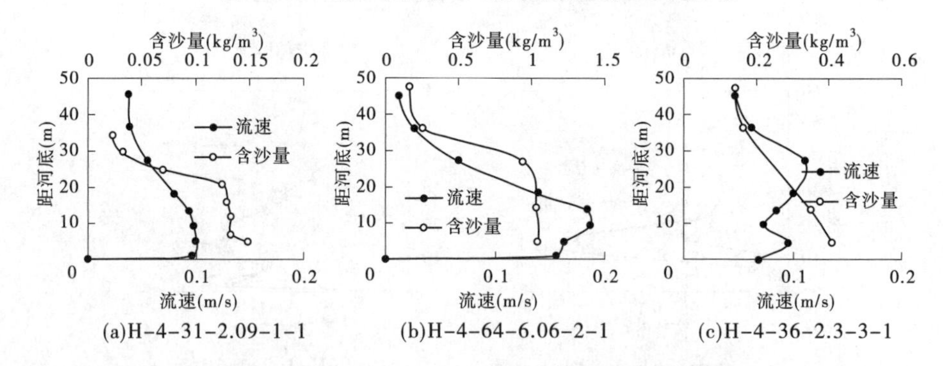

图 3-6-37　第 4 场洪水 G1 断面垂线流速含沙量分布

(4)第 5 场洪水。

图 3-6-39~图 3-6-42 分别为牛栏江拦沙坝上游 29 断面、下游 24 断面、干河 G1 和取水口断面第 5 场洪水有坝方案垂线流速含沙量分布图。从图 3-6-39、图 3-6-40 中可以看出,第 5 场洪水峰前在牛栏江 29 断面位置形成异重流,以异重流形式通过 24 断面,到达取水口断面。在洪峰流量 375 m^3/s、含沙量 2.6 kg/m^3 时在牛栏江 29 断面位置流速沿垂线均匀分布,含沙量最大值接近河底,在 24 断面位置已形成异重流,干河 G1 断面形成异重流,以异重流的形式通过取水口。

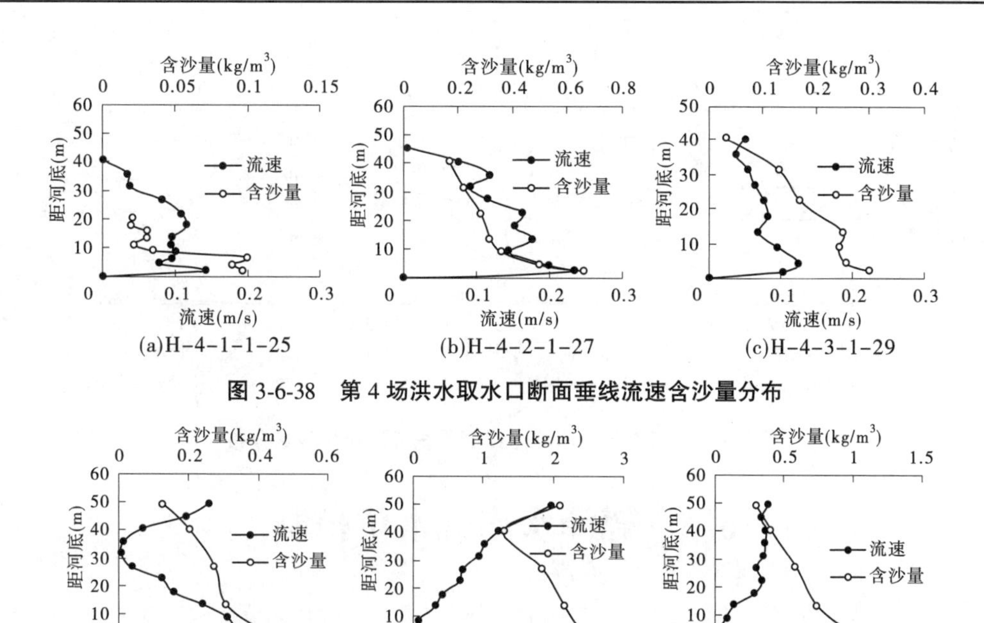

图 3-6-38 第 4 场洪水取水口断面垂线流速含沙量分布

图 3-6-39 第 5 场洪水 29 断面垂线流速含沙量分布

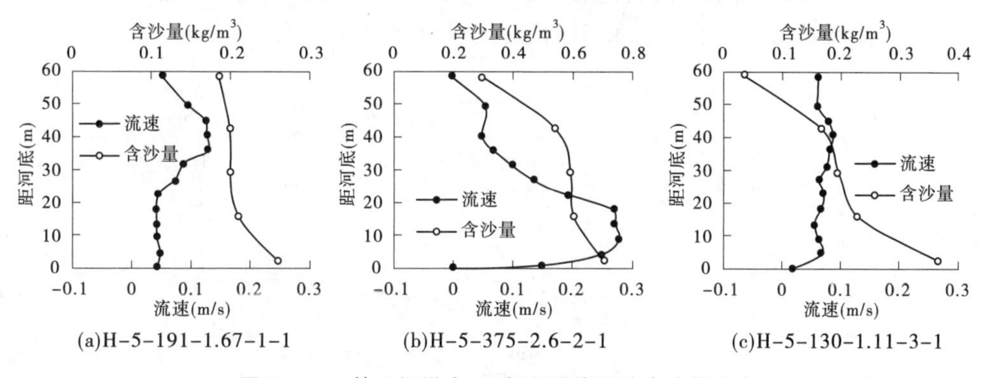

图 3-6-40 第 5 场洪水 24 断面垂线流速含沙量分布

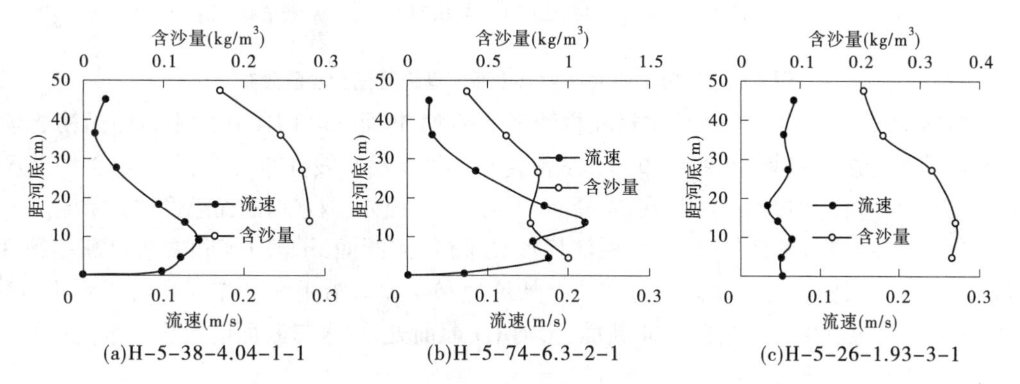

图 3-6-41 第 5 场洪水 G1 断面垂线流速含沙量分布

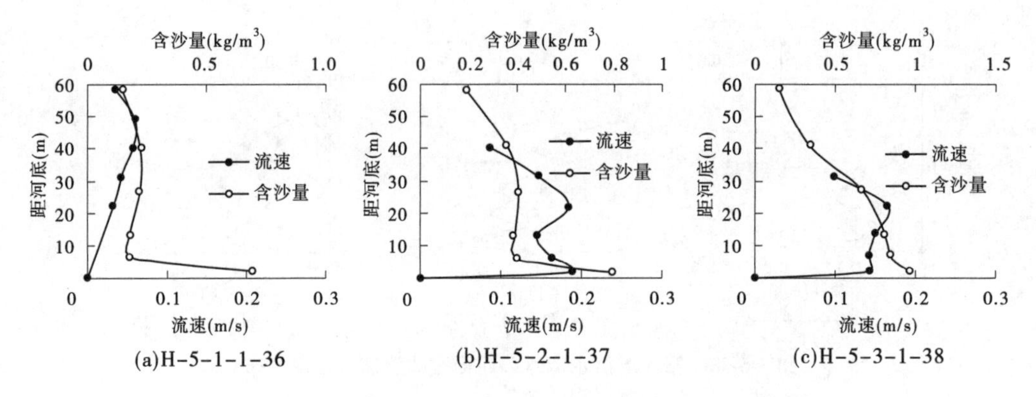

图 3-6-42 第 5 场洪水取水口断面垂线流速含沙量分布

6.5 德泽水库低水位控制

6.5.1 无坝方案

图 3-6-43、图 3-6-44 分别为牛栏江拦沙坝下游 24 断面、干河 G1 和取水口断面第 1 场洪水无坝方案流速含沙量垂线分布图。从图 3-6-43、图 3-6-44 中流速与含沙量沿垂线分布对比可以看出，第 1 场洪水运行过程中，牛栏江在 24 断面已形成异重流，而干河 G1 断面则处于异重流潜入点附近。取水口断面已形成异重流。

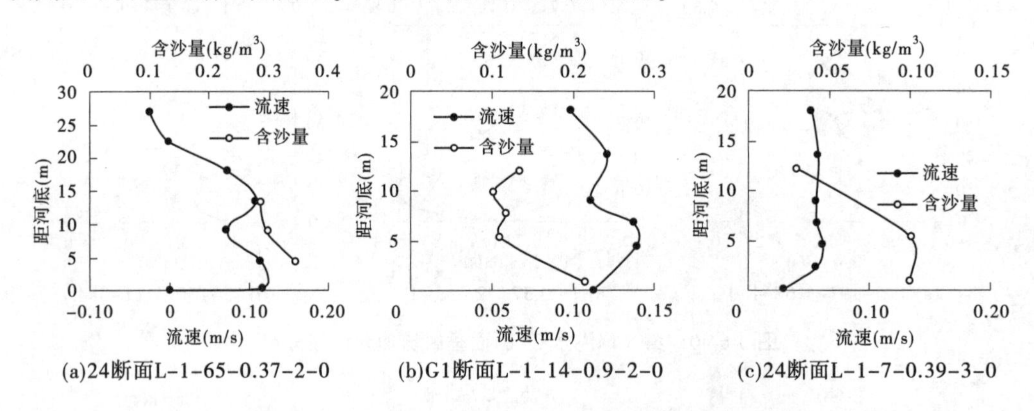

图 3-6-43 第 1 场洪水 24、G1 断面垂线流速含沙量分布

图 3-6-45～图 3-6-47 分别为牛栏江拦沙坝下游 24 断面、干河 G1 和取水口断面第 2 场洪水无坝方案流速含沙量垂线分布图。从流速和含沙量沿垂线分布可以看出，第 2 场洪水运行过程中，峰前、洪峰时牛栏江在 24 断面、干河 G1 断面处、取水口断面已形成异重流。

图 3-6-48～图 3-6-50 分别为牛栏江拦沙坝下游 24 断面、干河 G1 和取水口断面第 3 场洪水无坝方案流速含沙量垂线分布图。从流速和含沙量沿垂线分布对比可以看出，第 3 场洪水运行过程中，牛栏江在 24 断面、干河 G1 断面处、取水口断面已形成异重流。

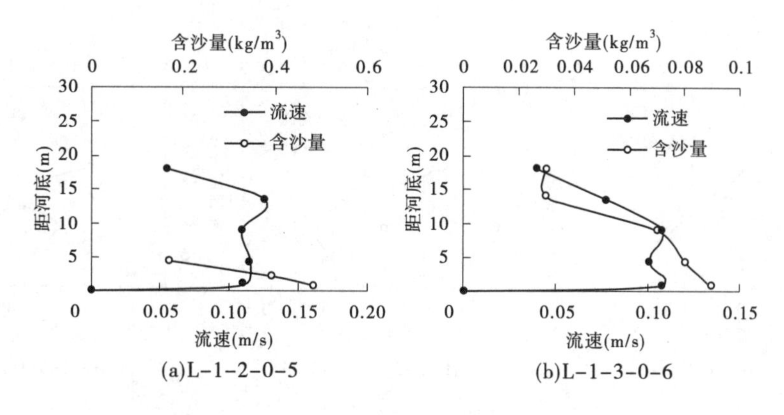

图 3-6-44　第 1 场洪水取水口断面垂线流速含沙量分布

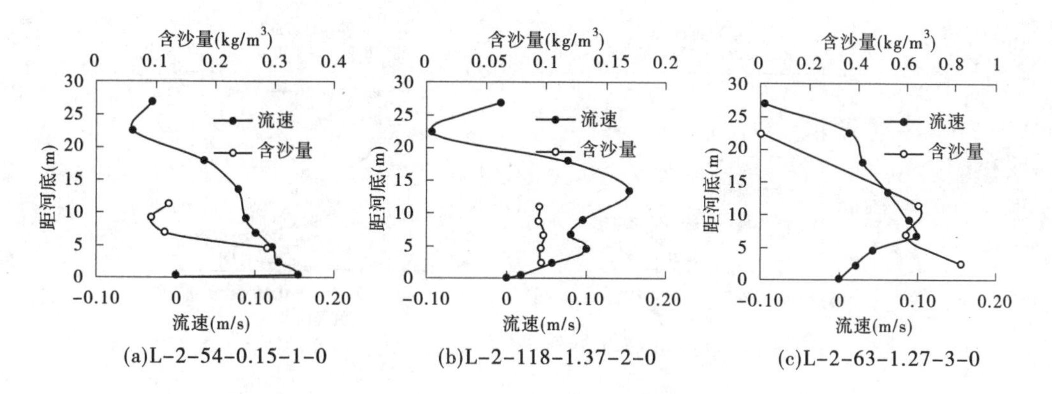

图 3-6-45　第 2 场洪水 24 断面垂线流速含沙量分布

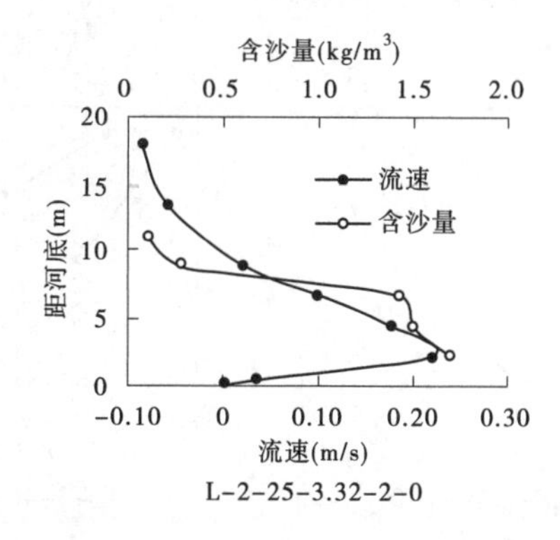

图 3-6-46　第 2 场洪水 G1 断面垂线流速含沙量分布

图 3-6-51～图 3-6-53 分别为牛栏江拦沙坝下游 24 断面、干河 G1 和取水口断面第 4 场洪水无坝方案流速含沙量垂线分布图。从流速和含沙量沿垂线分布可以看出，第 4 场洪水运行过程中，峰前时牛栏江在 24 断面、干河 G1 断面处、取水口断面已形成异重流。从图 3-6-51、图 3-6-52 中可以看出，洪峰时牛栏江 24 断面流速沿垂线分布呈现上层流速与下层流速相反的特征，干河 G1 断面含沙量高于牛栏江的，说明洪峰时干河倒灌干流至 24 断面。

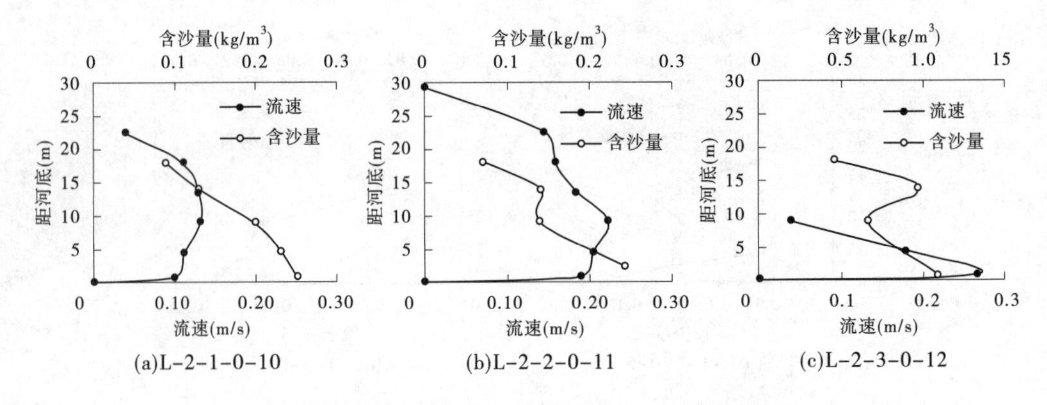

图 3-6-47　第 2 场洪水取水口断面垂线流速含沙量分布

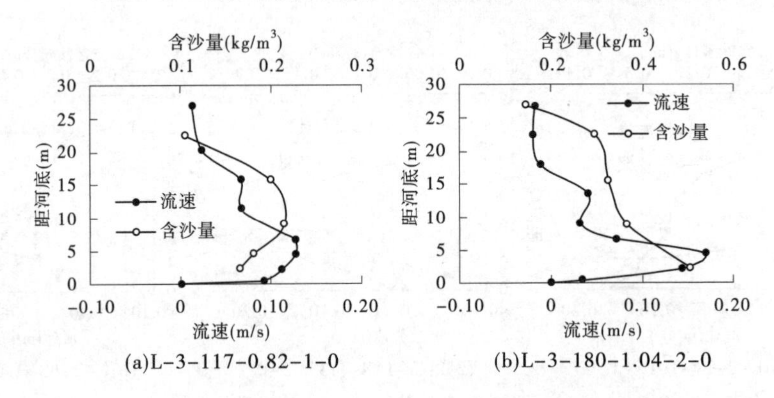

图 3-6-48　第 3 场洪水 24 断面垂线流速含沙量分布

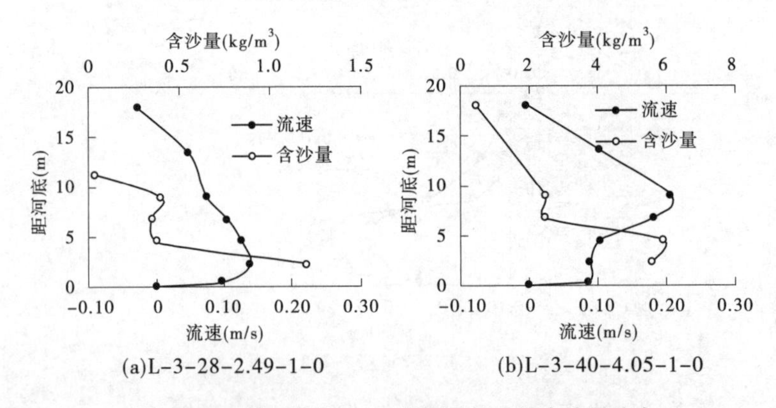

图 3-6-49　第 3 场洪水 G1 断面垂线流速含沙量分布

图 3-6-54～图 3-6-56 分别为牛栏江拦沙坝下游 24 断面、干河 G1 和取水口断面第 5 场洪水无坝方案流速含沙量垂线分布图。从流速和含沙量沿垂线分布对比图中可以看出，第 5 场洪水运行过程中，峰前时牛栏江在 24 断面、干河 G1 断面处、取水口断面已形成异重流。洪峰时牛栏江 24 断面流速沿垂线分布呈现典型壅水明流的特征，与峰后干河 G1 断面情况接近。洪峰后牛栏江 24 断面已形成异重流，与干河 G1 洪峰时特征接近。取水口断面除洪峰外均为异重流。

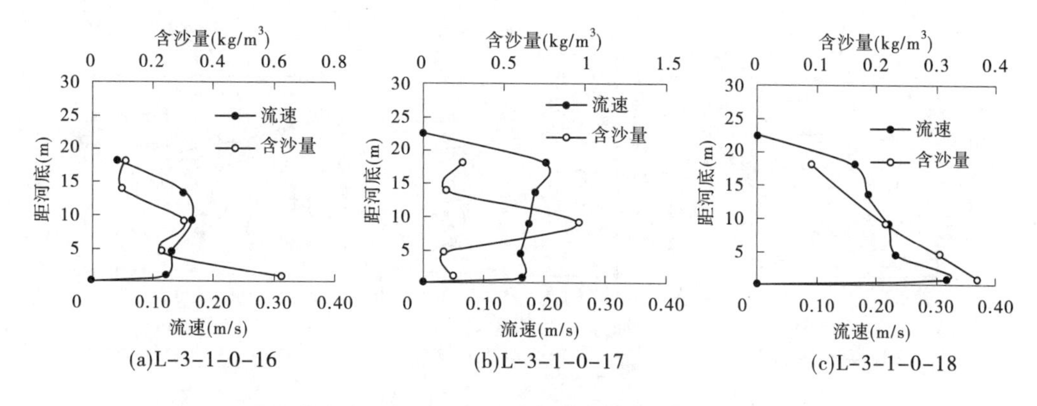

图 3-6-50　第 3 场洪水取水口断面垂线流速含沙量分布

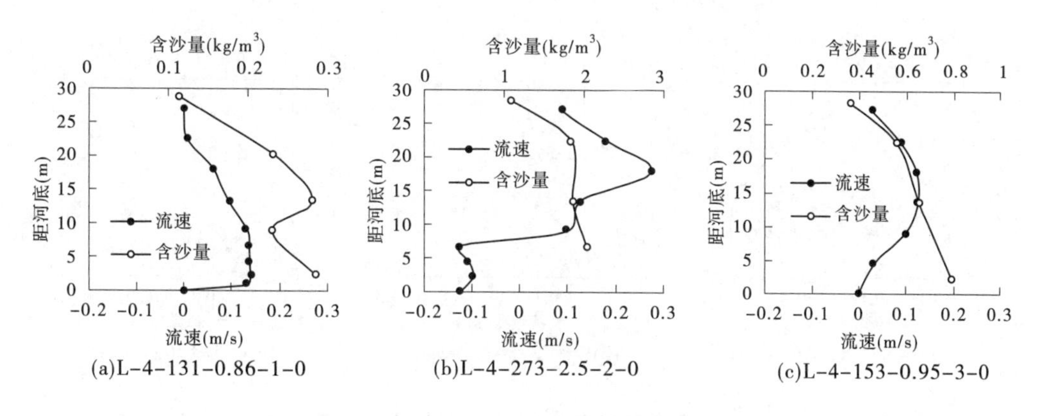

图 3-6-51　第 4 场洪水 24 断面垂线流速含沙量分布

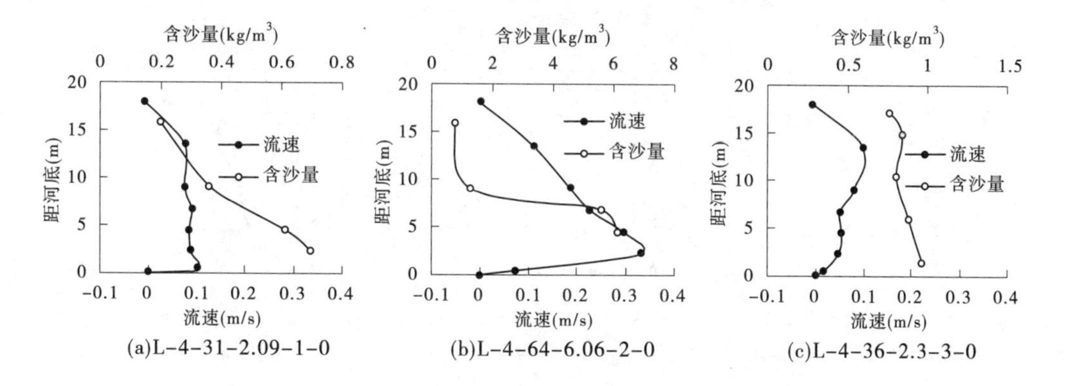

图 3-6-52　第 4 场洪水 G1 断面垂线流速含沙量分布

6.5.2　有坝方案

在 1 760 m 水位、有坝条件下进行了牛栏江河段拦沙坝内浑液面变化和头部流速的观测。开始试验后浑水进入回水区 W6 断面附近开始潜入河底，形成底层异重流，如图 3-6-57 所示。

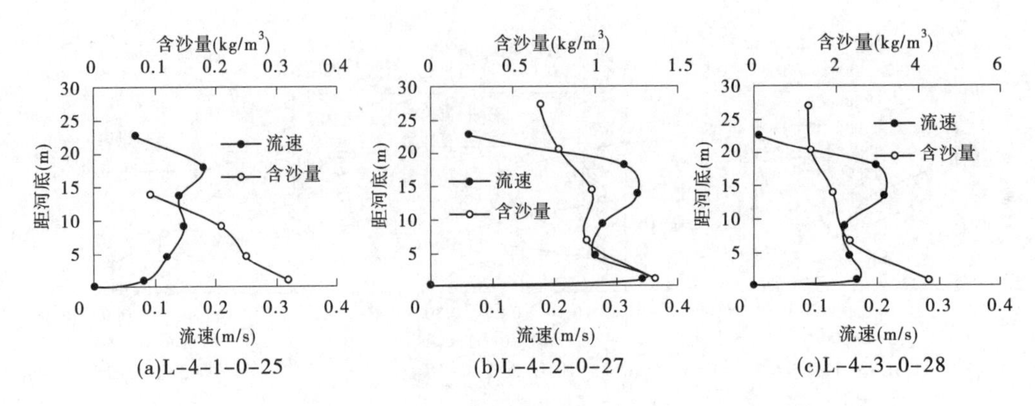

图 3-6-53　第 4 场洪水取水口断面垂线流速含沙量分布

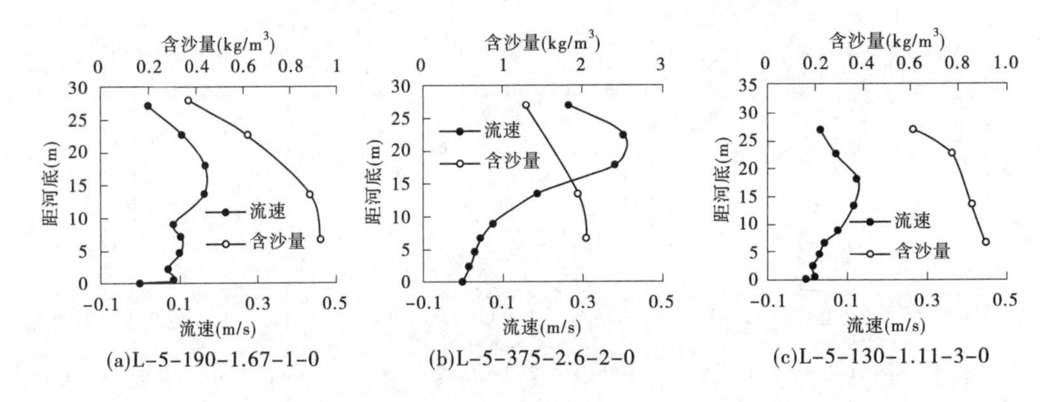

图 3-6-54　第 5 场洪水 24 断面垂线流速含沙量分布

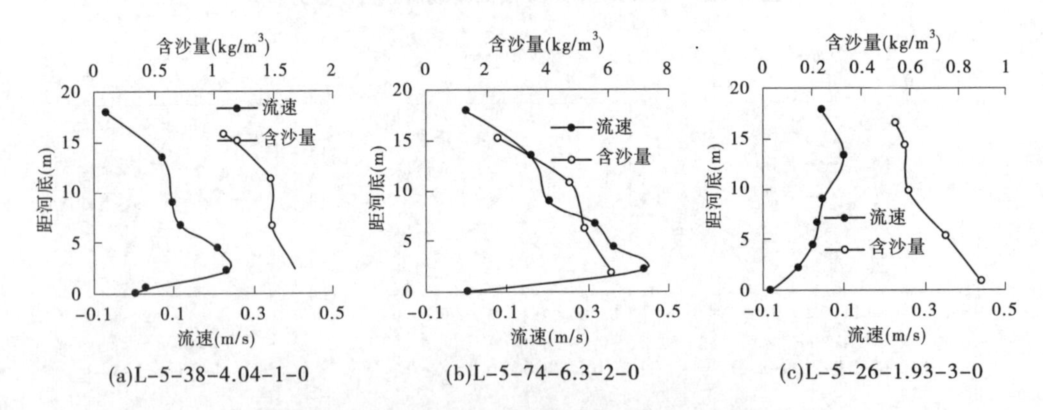

图 3-6-55　第 5 场洪水 G1 断面垂线流速含沙量分布

浑水异重流于第 1 场洪水第 6 天到达拦沙坝前，由于上游来流流量和含沙量均很小，故异重流后续动力不足，爬高十分缓慢，呈现出拦沙坝前浑水层整体逐渐抬升的现象，于第 11 天越过拦沙坝。其间采用浊度仪判别清浑水交界面，测量沿程断面上层清水厚度，得到拦沙坝前浑水层厚度随时间变化过程，如图 3-6-58 所示。从图中可以看出，浑水到达坝前后垂向雍高、向上游反射，上游浑水持续进入，拦沙坝内浑液面形成类似水盆的形状，拦沙坝上游异重流头部流速沿程分布如图 3-6-59 所示。拦沙坝溢流见图 3-6-60。

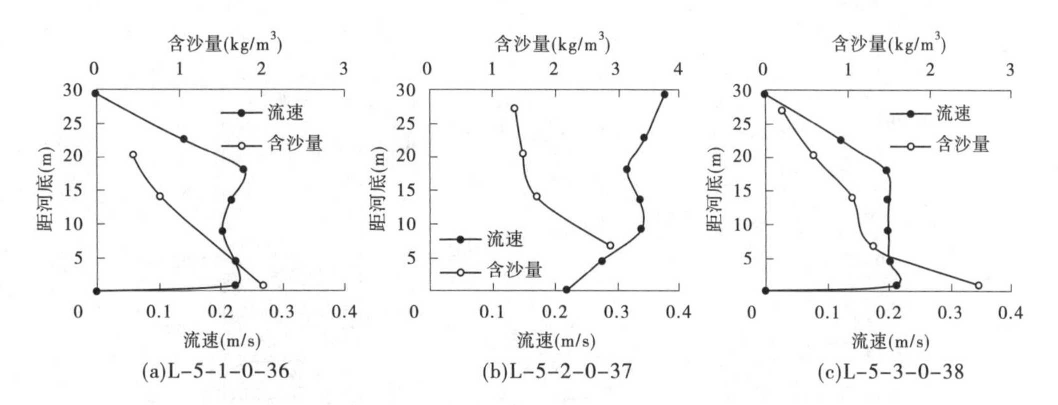

图 3-6-56　第 5 场洪水取水口断面垂线流速含沙量分布

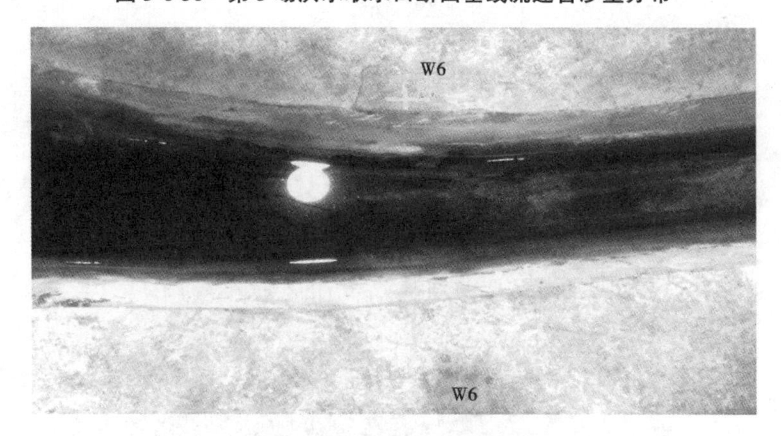

图 3-6-57　浑水到达 W6 断面

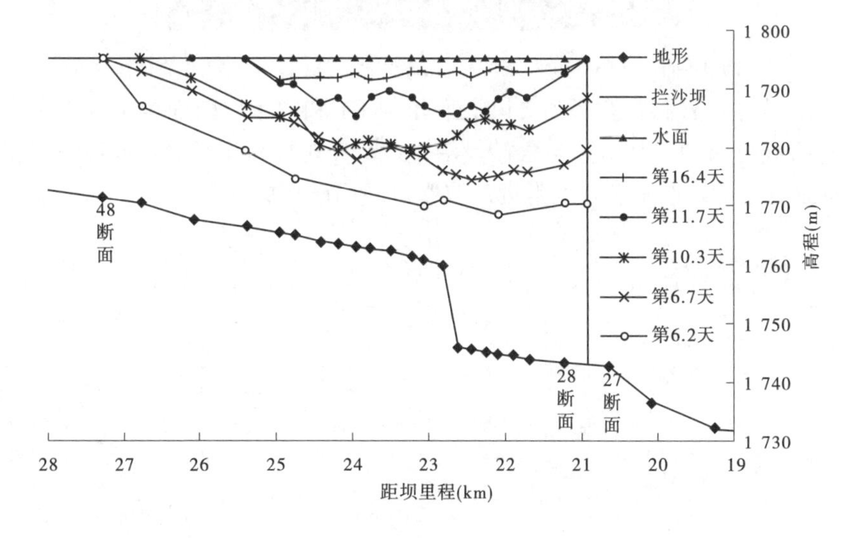

图 3-6-58　牛栏江拦沙坝前浑水层随时间变化(1 760 m 有坝)

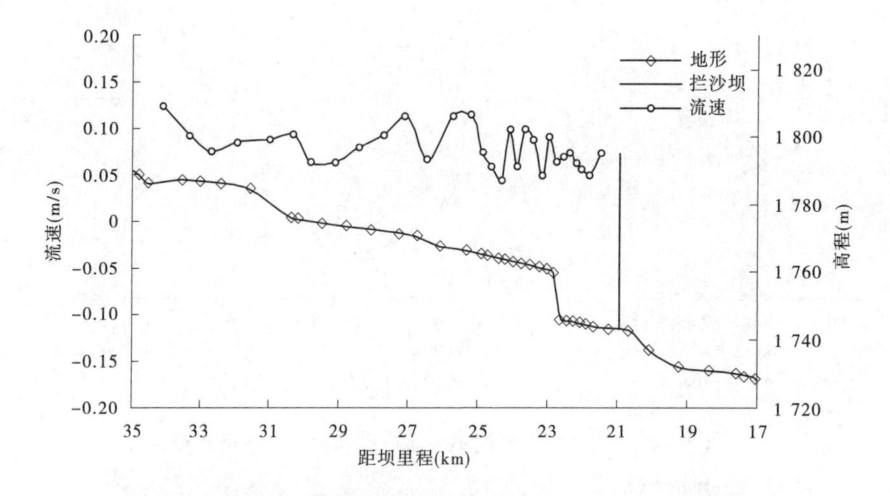

图 3-6-59　牛栏江拦沙坝上游异重流头部流速(1 760 m 有坝)

图 3-6-60　1 760 m 方案牛栏江拦沙坝溢流(自下游向上游看)

图 3-6-61 为牛栏江拦沙坝下游 24 断面、干河 G1 和取水口断面第 1 场洪水有坝方案流速含沙量垂线分布图。从流速与含沙量沿垂线分布可以看出,第 1 场洪水运行过程中,干河 G1 断面则处于异重流潜入点附近。取水口断面已形成异重流。

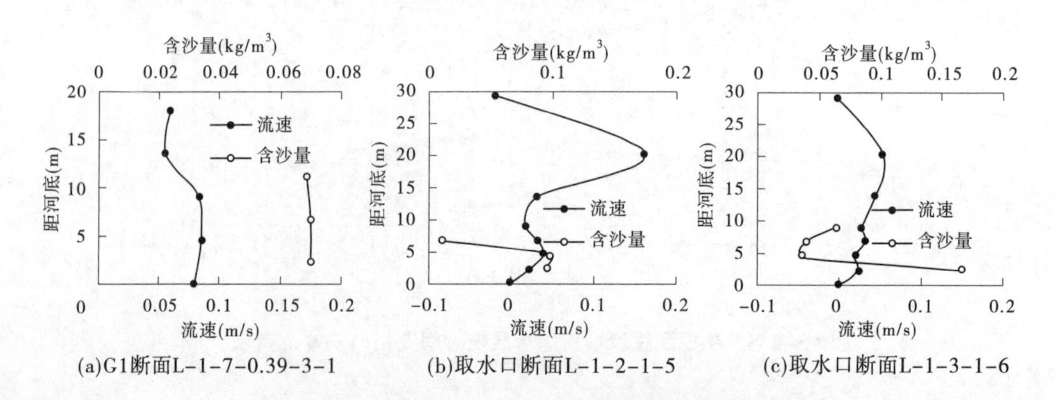

图 3-6-61　第 1 场洪水 G1、取水口断面垂线流速含沙量分布

图 3-6-62～图 3-6-64 分别为牛栏江拦沙坝下游 24 断面、干河 G1 和取水口断面第 2 场洪水有坝方案流速含沙量垂线分布图。从流速与含沙量沿垂线分布对比可以看出，第 2 场洪水运行过程中，牛栏江在 24 断面已形成异重流，而干河 G1 断面则处于异重流潜入点附近。取水口断面除洪峰时形成异重流外，其余时段无异重流。

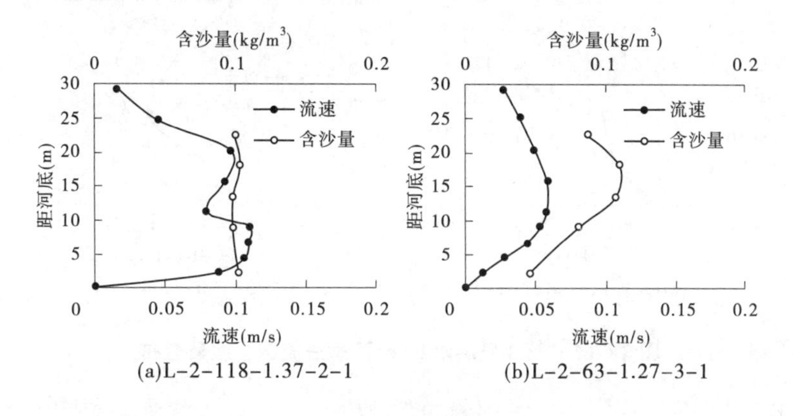

图 3-6-62 第 2 场洪水 24 断面垂线流速含沙量分布

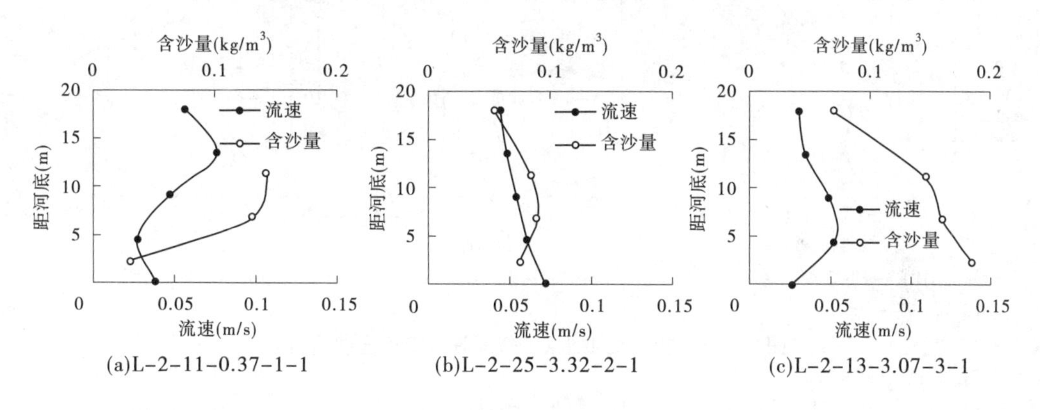

图 3-6-63 第 2 场洪水 G1 断面垂线流速含沙量分布

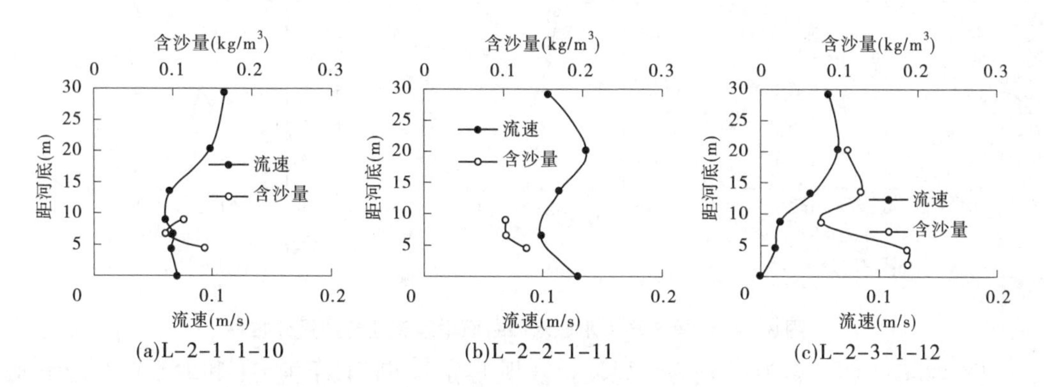

图 3-6-64 第 2 场洪水取水口断面垂线流速含沙量分布

图 3-6-65～图 3-6-67 分别为牛栏江拦沙坝下游 24 断面、干河 G1 和取水口断面第 3

场洪水有坝方案流速含沙量垂线分布图。可以看出,第 3 场洪水运行过程中,牛栏江在 24 断面、干河 G1 断面、取水口断面处于异重流潜入点上游附近。

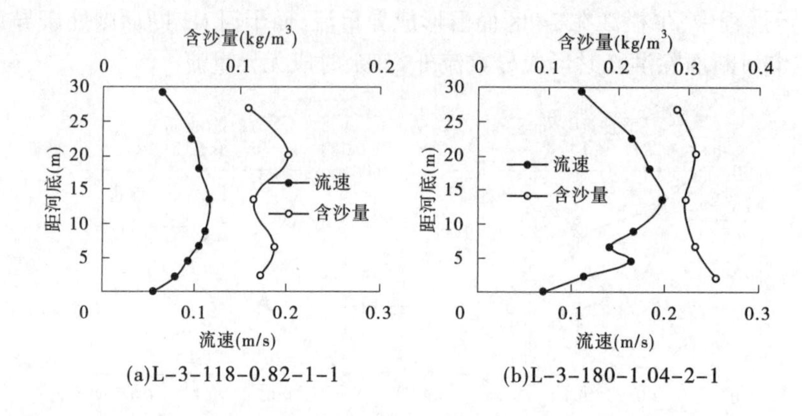

(a)L-3-118-0.82-1-1　(b)L-3-180-1.04-2-1

图 3-6-65　第 3 场洪水 24 断面垂线流速含沙量分布

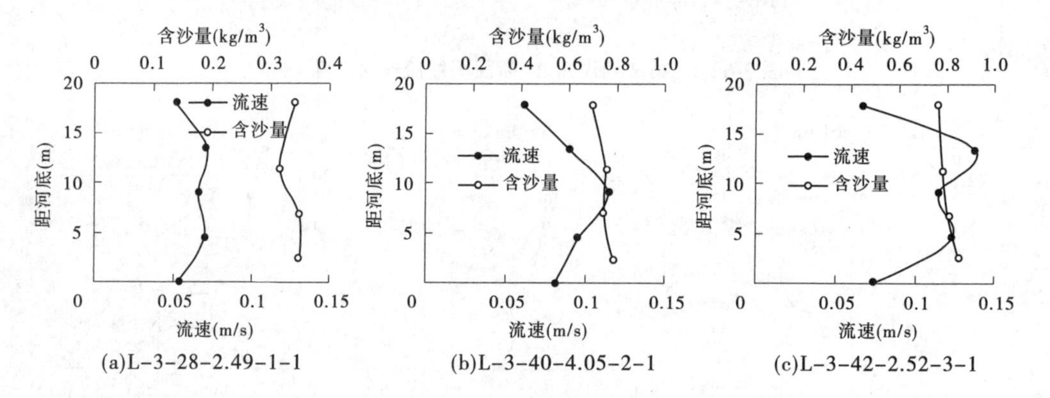

(a)L-3-28-2.49-1-1　(b)L-3-40-4.05-2-1　(c)L-3-42-2.52-3-1

图 3-6-66　第 3 场洪水 G1 断面垂线流速含沙量分布

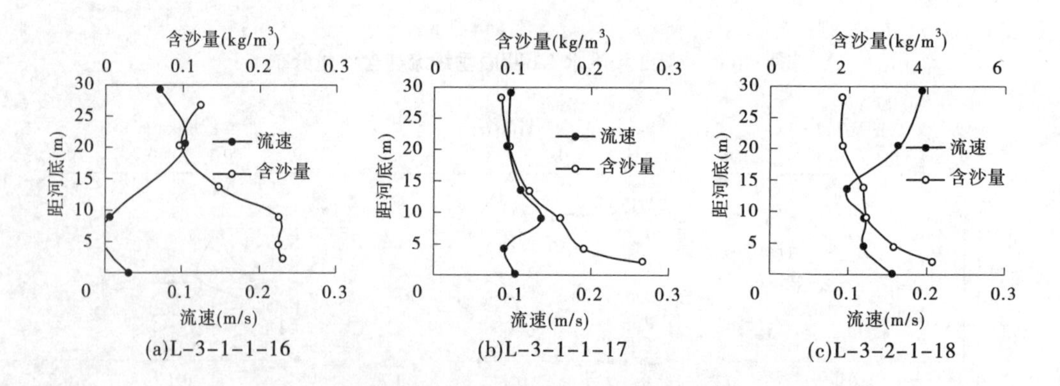

(a)L-3-1-1-16　(b)L-3-1-1-17　(c)L-3-2-1-18

图 3-6-67　第 3 场洪水取水口断面垂线流速含沙量分布

图 3-6-68~图 3-6-70 分别为牛栏江拦沙坝下游 24 断面、干河 G1 和取水口断面第 4 场洪水有坝方案流速含沙量垂线分布图。从图中可以看出,第 4 场洪水运行过程中,牛栏江在 24 断面和干河 G1 断面、取水口断面处于异重流潜入点上游附近。

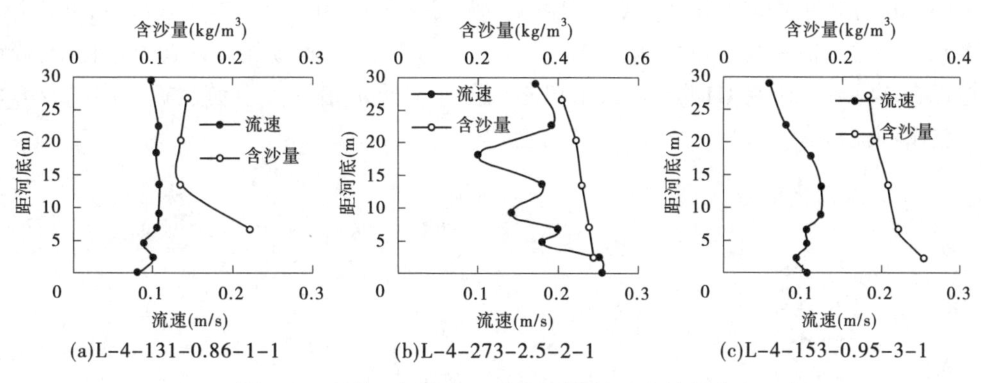

图 3-6-68　第 4 场洪水 24 断面垂线流速含沙量分布

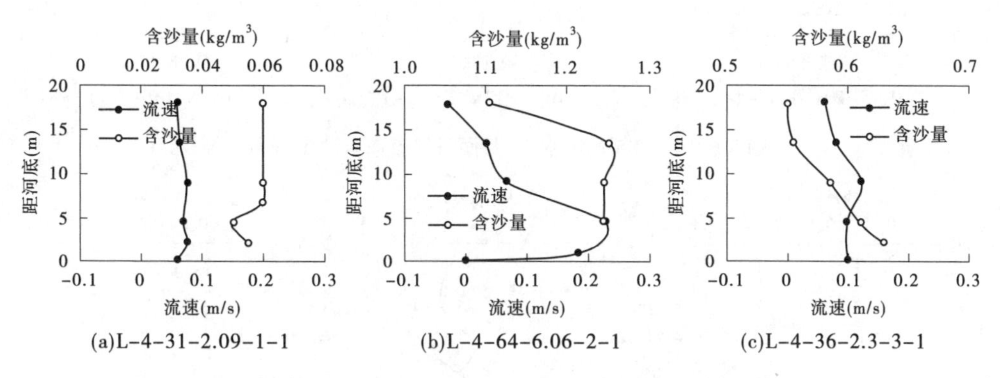

图 3-6-69　第 4 场洪水 G1 断面垂线流速含沙量分布

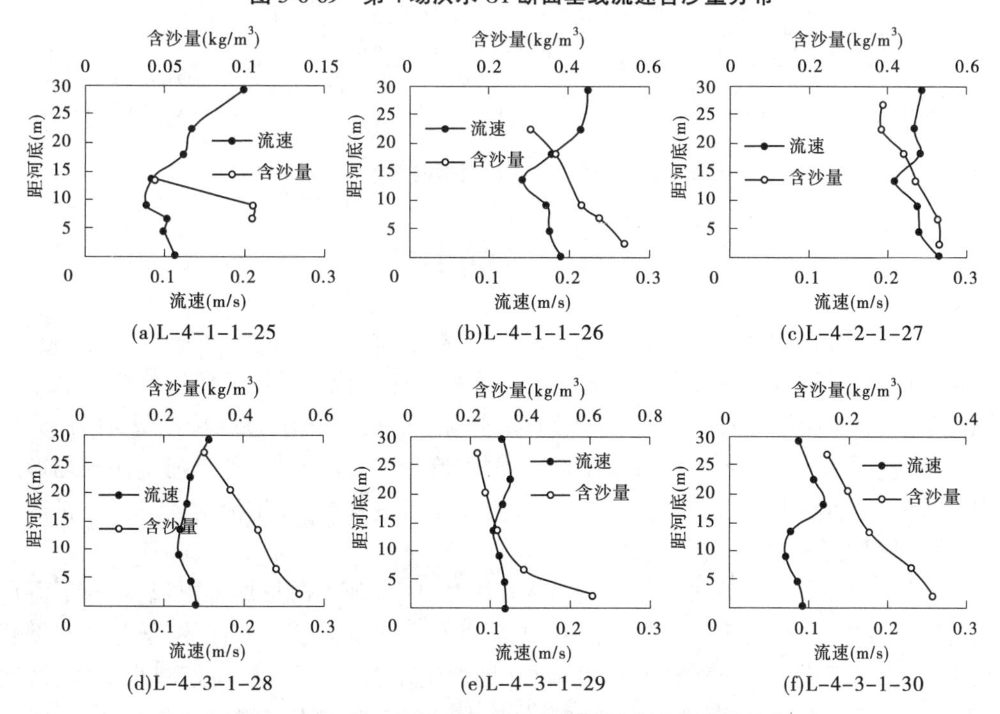

图 3-6-70　第 4 场洪水取水口断面垂线流速含沙量分布

图 3-6-71～图 3-6-73 分别为牛栏江拦沙坝下游 24 断面、干河 G1 和取水口断面第 5 场洪水有坝方案流速含沙量垂线分布图。从图中可以看出，第 5 场洪水运行过程中，峰前牛栏江在 24 断面、干河 G1 断面、取水口断面处于异重流潜入点上游附近。洪峰及峰后处于壅水明流流态。

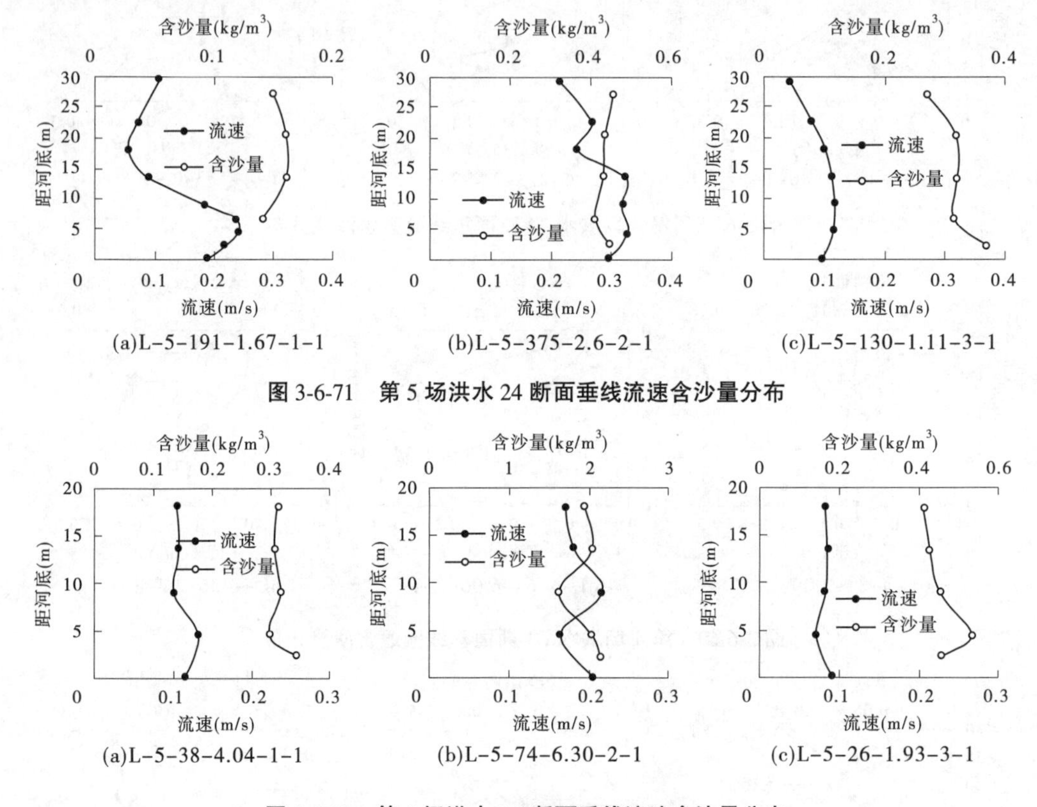

图 3-6-71　第 5 场洪水 24 断面垂线流速含沙量分布

图 3-6-72　第 5 场洪水 G1 断面垂线流速含沙量分布

6.6　本章小结

（1）采用两个典型水位进行尾门控制。一个高水位 1 790 m，一个低水位 1 760 m。通过控制阀门与调节池，保证异重流畅流状态维持设计水位。无坝试验前将模型清水蓄至预定水位，将搅拌池配置的固定含沙量的浑水输送至孔口箱内，逐级按模型时间序列控制预设的清、浑水孔口启闭组合精细控制清、浑水流量。无坝条件下，干河支流内均形成底层异重流，运行至取水口下游；牛栏江河段内在运行过程中，异重流潜入、运行、扩散至全断面的过程均有出现。

（2）高水位条件下无坝方案第 1 场洪水在牛栏江、干河上游形成异重流，在向下游传播的过程中发生掺混，由于干河距离较短，干河洪水含沙量大于牛栏江的，部分洪水倒灌进入牛栏江，引起牛栏江下游浑水厚度增加，最大流速点上移，下层流速减小，向上游倒灌；牛栏江、干河在取水口断面尚未发生充分掺混。第 2 场洪水洪峰时在牛栏江、干河上

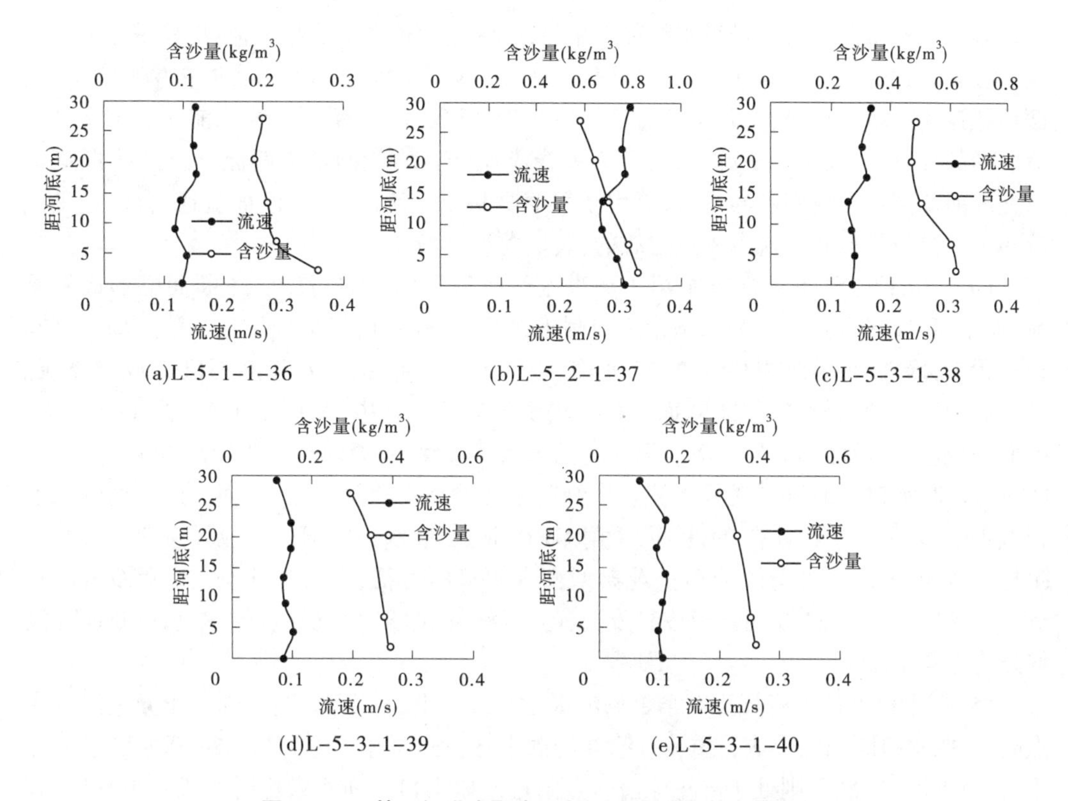

图 3-6-73　第 5 场洪水取水口断面垂线流速含沙量分布

游形成异重流，在向下游传播的过程中发生掺混，二者交汇后仍在取水口断面中下部形成两层流动，沙峰与洪峰不同步。第 3 场洪水在牛栏江 29 断面位置尚未形成异重流，在 24 断面位置已形成异重流，干河 G1 断面已形成异重流，在向下游传播的过程中发生掺混。第 4 场洪水洪峰前牛栏江 29、24 断面和干河 G1 断面已形成异重流，以异重流的形式通过取水口。洪峰流量 273 m/s、含沙量 2.5 kg/m^3 时在牛栏江 29 断面位置、24 断面位置浑水处于明流潜入的过渡状态，洪水峰后亦是如此。而干河 G1 断面和取水口断面在峰前、洪峰、峰后均为异重流。第 5 场洪水峰前牛栏江 24 断面位置已形成异重流，干河 G1 断面已形成异重流，以异重流的形式通过取水口。洪峰流量 375 m^3/s、含沙量 2.6 kg/m^3 时在牛栏江 29 断面位置、24 断面位置浑水处于明流潜入的过渡状态。而干河 G1 断面和取水口断面在峰前、洪峰、峰后均为异重流。

(3)高水位条件下有坝方案第 1 场洪水全部被拦截在拦沙坝内。第 2 场洪水洪峰流量 118 m^3/s、含沙量 1.37 kg/m^3 时在牛栏江 29 断面位置表层流速增大，含沙量最大值接近河底，24 断面流速沿垂线均匀分布，干河 G1 断面已形成异重流，以异重流的形式通过取水口。第 3 场洪水在牛栏江 29 断面位置尚未形成异重流，在 24 断面位置已形成异重流，干河 G1 断面已形成异重流，在向下游传播的过程中发生掺混。牛栏江、干河洪水在取水口断面中下部形成两层流动，上层含沙量小、流速大、厚度大，下层含沙量大、流速小、厚度小。在拦沙坝作用下，前期浑水拦截在拦沙坝以上，第 4 场洪水在牛栏江 29 断面位置尚未形成异重流，在 24 断面位置峰前形成异重流，干河 G1 断面形成异重流，以异重流的形式通过取水口。第 5 场洪水峰前在牛栏江 29 断面位置形成异重流，以异重流形式通过 24 断面，到达取水口断面。在洪峰流量 375 m^3/s、含沙量 2.6 kg/m^3 时在牛栏江 29 断面位置流速沿垂线均匀分布，含沙量最大值接近河底，在 24 断面位置峰前形成中层异重流、洪峰时已形成底层异重流、峰后则为垂线流速分布均匀的壅水明流，干河 G1 断面则只在峰前及洪峰形成底层异重流，峰后则发生全断面过流，取水口断面流速、含沙量垂线分布大多时段类似异重流潜入点上游的，表层含沙量增加。

(4)低水位条件下无坝方案第 1 场洪水运行过程中，牛栏江在 24 断面已形成异重流，而干河 G1 断面则处于异重流潜入点附近，取水口断面已形成异重流。第 2 场洪水运行过程中，峰前、洪峰时牛栏江在 24 断面、干河 G1 断面处、取水口断面已形成异重流。洪峰后干河倒灌牛栏江至 24 断面。第 3 场洪水运行过程中，牛栏江在 24 断面、干河 G1 断面、取水口断面已形成异重流。第 4 场洪水运行过程中，峰前时牛栏江在 24 断面、干河 G1 断面、取水口断面已形成异重流。洪峰时干河倒灌牛栏江至 24 断面。第 5 场洪水运行过程中，峰前时牛栏江在 24 断面、干河 G1 断面处、取水口断面已形成异重流。洪峰时牛栏江 24 断面流速沿垂线分布呈现典型壅水明流的特征，与峰后干河 G1 断面情况接近。洪峰后牛栏江 24 断面已形成异重流，与干河 G1 洪峰时特征接近。取水口断面除洪峰外均为异重流。

(5)低水位条件下有坝方案第 1 场洪水运行过程中，干河 G1 断面则处于异重流潜入点附近，取水口断面已形成异重流。第 2 场洪水运行过程中，牛栏江在 24 断面已形成异重流，而干河 G1 断面则处于异重流潜入点附近。取水口断面除洪峰时形成异重流外，其余时段无异重流。第 3、4 场洪水运行过程中，牛栏江在 24 断面、干河 G1 断面、取水口断面处于异重流潜入点上游附近。第 5 场洪水运行过程中，峰前牛栏江在 24 断面、干河 G1 断面、取水口断面处于异重流潜入点上游附近。洪峰及峰后处于壅水明流流态。

第7章　拦沙坝取水防沙效果分析

在牛栏江与干河修建拦沙坝之后,改变了河流自然状态下的水流分布与输沙过程,进而对引水含沙量产生影响。对比拦沙坝修建前后,牛栏江拦沙坝上游29断面,拦沙坝下游24断面,干河拦沙坝上游G9断面,拦沙坝下游G1断面及交汇口下游取水口断面模型试验观测过程,量化分析拦沙坝对河流输沙过程的影响,以及取水防沙效果。

7.1　水流动力条件

7.1.1　高水位方案拦沙坝对垂线流速影响

(1)第1场洪水。

牛栏江洪水量级小,有坝未到达测验断面,干河洪水通过了取水口断面。图3-7-1为干河G9、G1、取水口断面有拦沙坝前后垂线流速对比图。从图中可以看出,干河G9、G1断面垂线流速有坝方案较无坝方案减小。有坝方案取水口断面最大流速点略有上移,厚度增加。

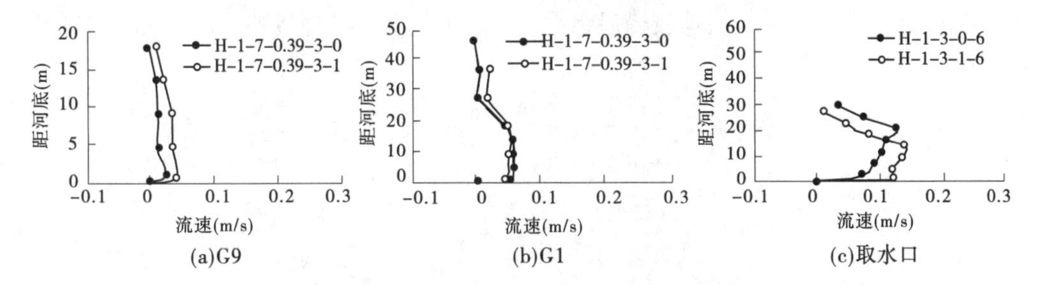

图3-7-1　第1场洪水G9、G1、取水口断面有无拦沙坝垂线流速分布对比

(2)第2场洪水。

图3-7-2、图3-7-3分别为牛栏江拦沙坝下游24断面、干河G9、G1、取水口断面有坝方案前后垂线流速对比图。

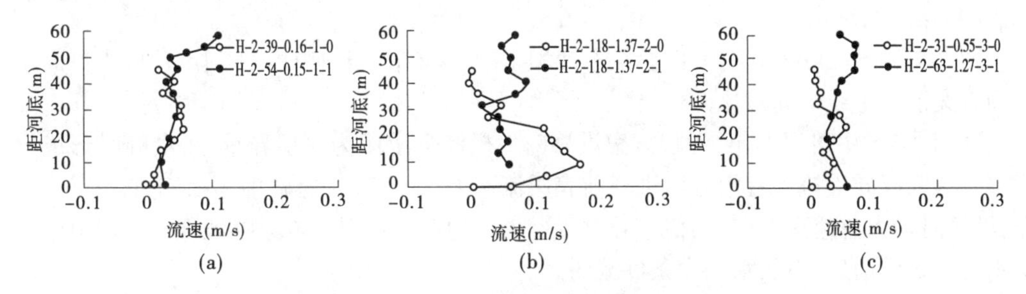

图3-7-2　第2场洪水24断面有无拦沙坝垂线流速分布对比

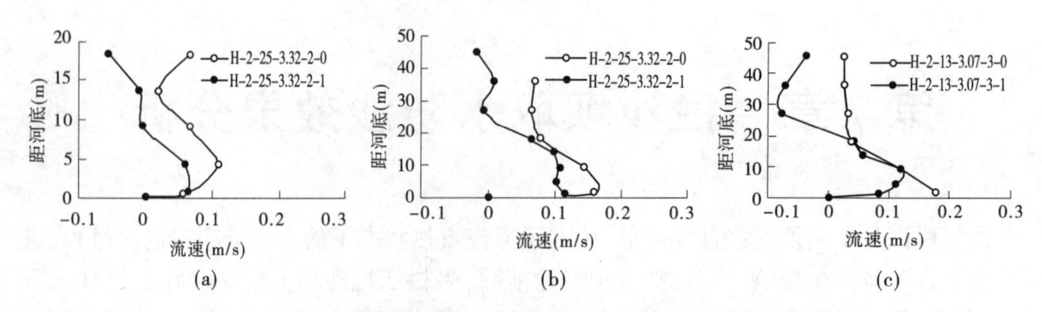

图 3-7-3　第 2 场洪水 G9、G1 断面有无拦沙坝垂线流速分布对比

从图 3-7-2 中可以看出,牛栏江拦沙坝下游 24 断面垂线分布变化表明,无坝方案洪峰前牛栏江下游段为弱的中层异重流,洪峰时形成底层异重流,峰后底层异重流最大流速点上移,最大流速值减小。有坝方案,洪峰前表层流速大,中下层流速增大,类似于典型明流垂线分布,洪峰后,形成上、下两层,中上层流速较大,下层厚度、流速较小。有坝方案拦沙坝以下河段中上层水动力条件增加,下层水动力条件减弱。

从图 3-7-3(b)、(c)中可以看出,无坝方案干河上游洪峰时形成底层异重流。有坝方案,洪峰时拦沙坝内形成较明显的弱底层异重流、强表层回流,水流动力减弱。有坝方案拦沙坝内水流流态复杂,洪峰时水动力条件弱于无坝方案。

从图 3-7-3 中可以看出,无坝方案干河下游洪峰前后均为底层异重流,但中上层同时存在一定流速,有坝方案异重流厚度增加不大,底层最大流速减小约 30%。

从图 3-7-4 中可以看出,拦沙坝未影响汇口以下河段的底层异重流流态,无坝方案均为底层异重流,洪峰时最大流速较峰后为大。有坝方案异重流厚度略有减小,最大流速减小较多。

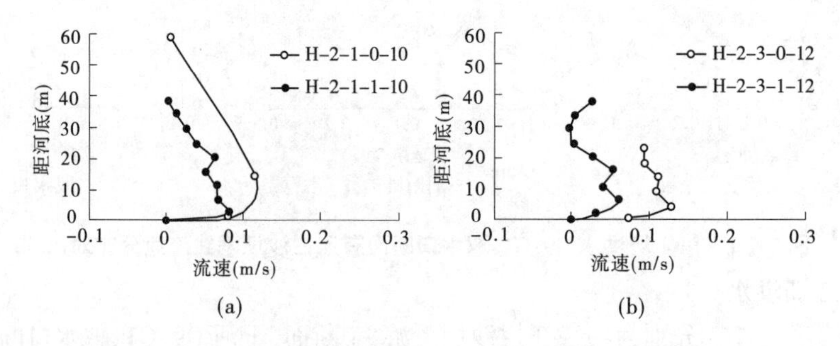

图 3-7-4　第 2 场洪水取水口断面有无拦沙坝垂线流速分布对比

(3)第 3 场洪水。

图 3-7-5~图 3-7-8 分别为牛栏江拦沙坝下游 24 断面、干河 G9、干河 G1、取水口断面有坝方案前后垂线流速对比图。

从图 3-7-5 中可以看出,无坝方案洪峰前牛栏江下游段为底层异重流,洪峰时形成厚度增大的底层异重流。有坝方案洪峰前表层流速大,中下层流速略小,类似于明流垂线分布,洪峰时最大流速点上移,类似于异重流潜入点的流态。有坝方案拦沙坝以下河段中上层水动力条件增加,下层水动力条件减弱。

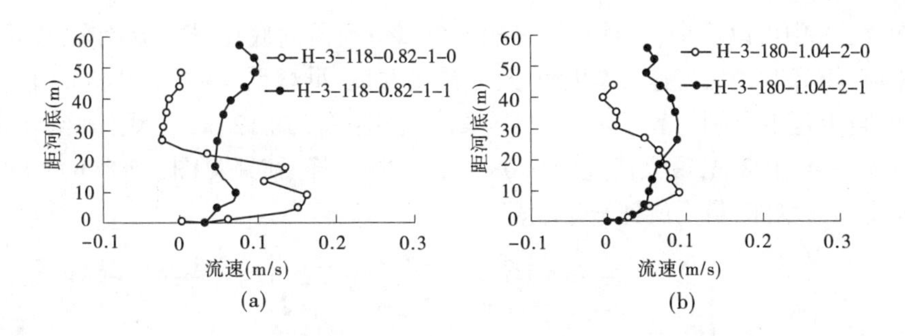

图 3-7-5　第 3 场洪水 24 断面有无拦沙坝垂线流速分布对比

从图 3-7-6 中可以看出，无坝方案干河上游洪峰前形成中层异重流。有坝方案，拦沙坝内无异重流，呈现典型的明流流态，流速分布较为均匀，约为 0.06 m/s。

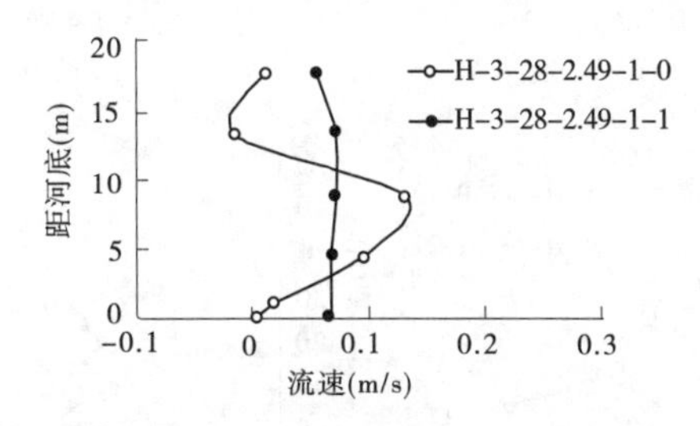

图 3-7-6　第 3 场洪水 G9 断面有无拦沙坝垂线流速分布对比

从图 3-7-7 中可以看出，无坝方案干河下游洪峰前为底层异重流，厚度约 20 m，最大流速约为 0.21 m/s。有坝方案，洪峰前坝区存在明显的表层流、中层和底层异重流，表层流厚度约 15 m，最大流速约 0.10 m/s，中层异重流厚度较大，约为 26 m，最大流速约为 0.16 m/s，底层异重流厚度减小，约为 9 m，最大流速约为 0.14 m/s。有坝方案出现表层流、中层流和底层异重流，干河下游水动力条件表层、中层增强，底层减弱（见表 3-7-1）。

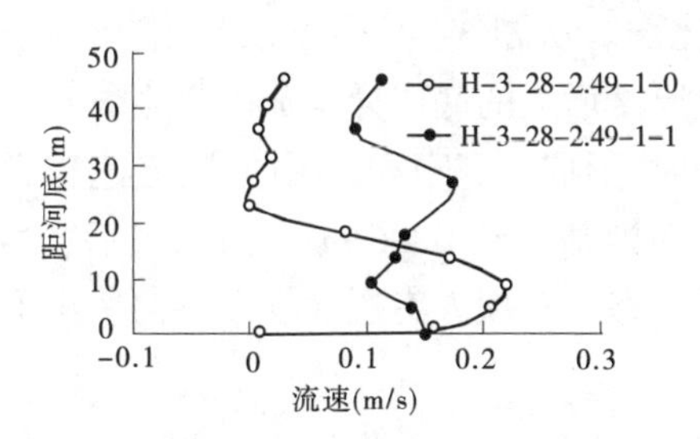

图 3-7-7　第 3 场洪水 G1 断面有无拦沙坝垂线流速分布对比

表 3-7-1　G1 断面有无拦沙坝垂线流速特征对比

拦沙坝	洪峰前					
	最大流速(m/s)			厚度(m)		
	表层	中层	底层	表层	中层	底层
无坝	/	/	0.21	/	/	20
有坝	0.10	0.16	0.14	15	26	9

从图 3-7-8 中可以看出,拦沙坝未影响汇口以下河段的底层异重流流态,无坝时均为底层异重流,洪峰时最大流速较峰后为大。有坝方案,洪峰前[见图 3-7-8(a)]呈弱二层流动形态,自上至下分别为表层流、中层异重流,表层厚度约 12 m,最大流速约 0.04 m/s,中层异重流厚度约 28 m,最大流速约 0.08 m/s。洪峰、峰后时[见图 3-7-8(b)~(d)]底层异重流厚度略有增加,最大流速减小较多。

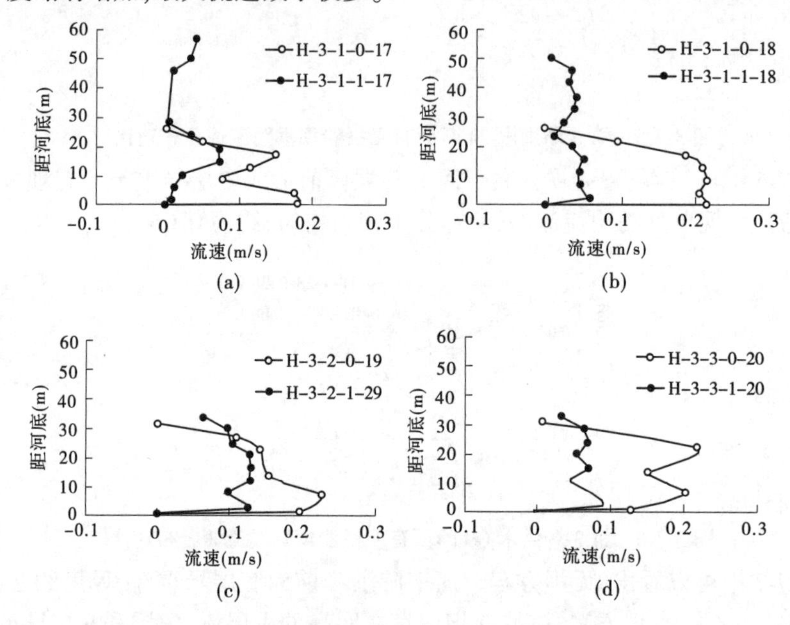

图 3-7-8　第 3 场洪水取水口断面有无拦沙坝垂线流速分布对比

(4)第 4 场洪水。

图 3-7-9~图 3-7-12 分别为牛栏江拦沙坝下游 24 断面、干河 G9、干河 G1、取水口断面有坝方案前后垂线流速对比图。从图 3-7-9 中可以看出,无坝方案洪峰前牛栏江下游段为底层异重流,洪峰时形成厚度增大的底层异重流。有坝方案洪峰前存在表层流速,中下层为中层异重流,沙峰到来时,形成上、下两层,中上层流速较大,最大为 0.13 m/s,厚度约 40 m,下层厚度约 10 m,流速最大约 0.06 m/s,洪峰过后,含沙量减小,最大流速点上移,类似于异重流潜入前的流态。有坝方案拦沙坝以下河段中上层水动力条件增加,下层水动力条件减弱。

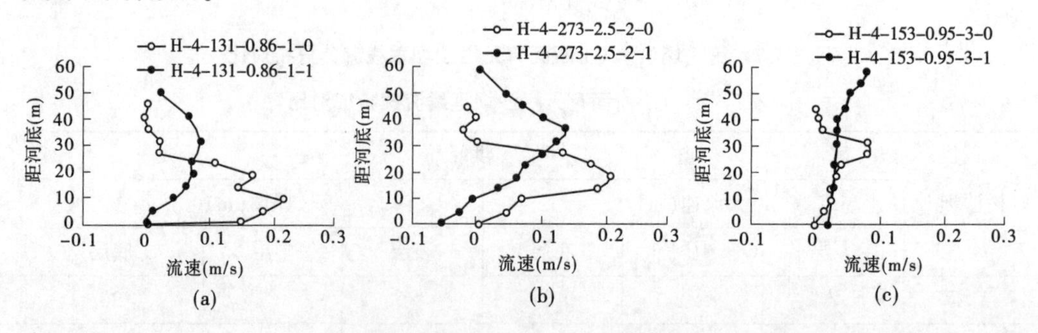

图 3-7-9　第 4 场洪水 24 断面有无拦沙坝垂线流速分布对比

从图 3-7-10 中可以看出,无坝方案干河上游洪峰时形成底层异重流,洪峰后最大流速点略有上移,流速减小。有坝方案洪峰时坝区形成中层异重流,最大流速点距河底约 9 m,最大流速约为 0.15 m/s,峰后含沙量降低,流速略有减小,最大流速点下移,距河底约 5 m。有坝方案拦沙坝内水流流态复杂,洪水期水动力条件弱于无坝方案。

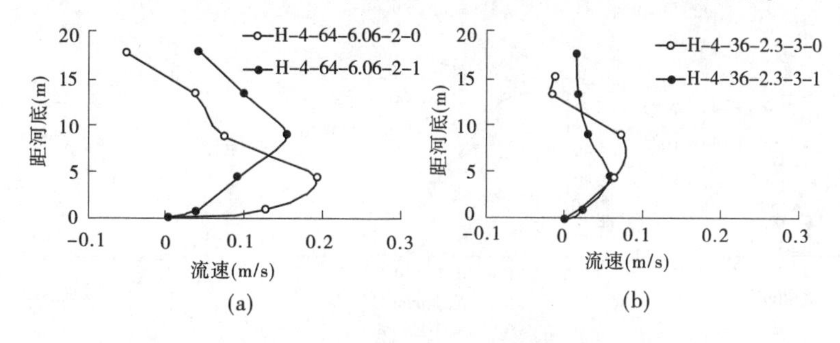

图 3-7-10　第 4 场洪水 G9 断面有无拦沙坝垂线流速分布对比

从图 3-7-11 中可以看出,洪峰时为底层异重流流速分布,最大流速约 0.25 m/s,最大流速点位置距河底 4.5 m;洪峰过后,流量、含沙量减小,流速分布呈现为底层异重流流速分布形式,最大流速较洪峰减小,约为 0.12 m/s,流速最大点位置抬升,距河底约 18 m。呈现明显的场次异重流叠加后的流态。有坝方案洪峰时含沙量较大,流速沿垂线分布为明显的底层异重流,表层存在顺水流方向流速,表层厚度约 15 m,最大流速约为 0.01 m/s,底层异重流厚度约为 35 m,最大流速约为 0.19 m/s。洪峰后流速沿垂线分布呈现中层和底层异重流,表层厚度约 15 m,最大流速约为 0.05 m/s,中层异重流厚度约为 26 m,最大流速约为 0.11 m/s,底层异重流厚度减小,约为 9 m,最大流速减小约为 0.10 m/s。具体见表 3-7-2。有坝方案出现表层流、中层和底层异重流,干河下游水动力条件略有增强。

表 3-7-2　G1 断面有无拦沙坝垂线流速特征对比

拦沙坝	洪峰前						洪峰后					
	最大流速(m/s)			厚度(m)			最大流速(m/s)			厚度(m)		
	表	中	底	表	中	底	表	中	底	表	中	底
无坝	/	/	0.25	/	/	20	/	/	0.12	/	/	18
有坝	0.01	/	0.19	15	/	35	0.05	0.11	0.10	15	26	9

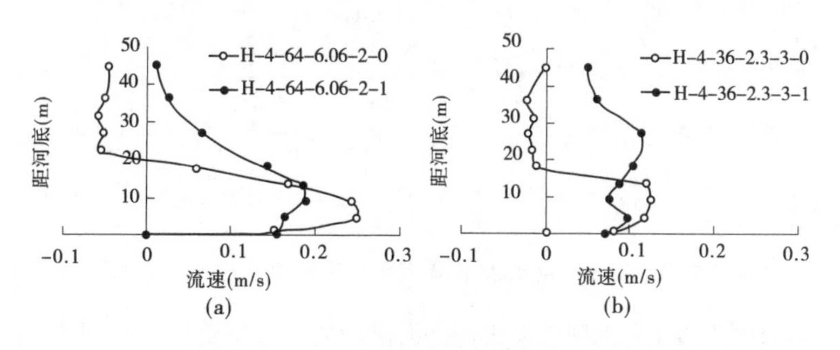

图 3-7-11　第 4 场洪水 G1 断面有无拦沙坝垂线流速分布对比

从图 3-7-12 中可以看出,拦沙坝未影响汇口以下河段的底层异重流流态,无坝方案均为底层异重流,洪峰时最大流速较峰后为大。有坝方案洪峰前呈弱的二层流动形态,自上至下分别为中层和底层异重流层,中层厚度约 30 m,最大流速约 0. 12 m/s,底层异重流厚度约 5 m,最大流速约 0. 14 m/s。洪峰时异重流厚度增加约为 45 m,最大流速减小为 0. 23 m/s。

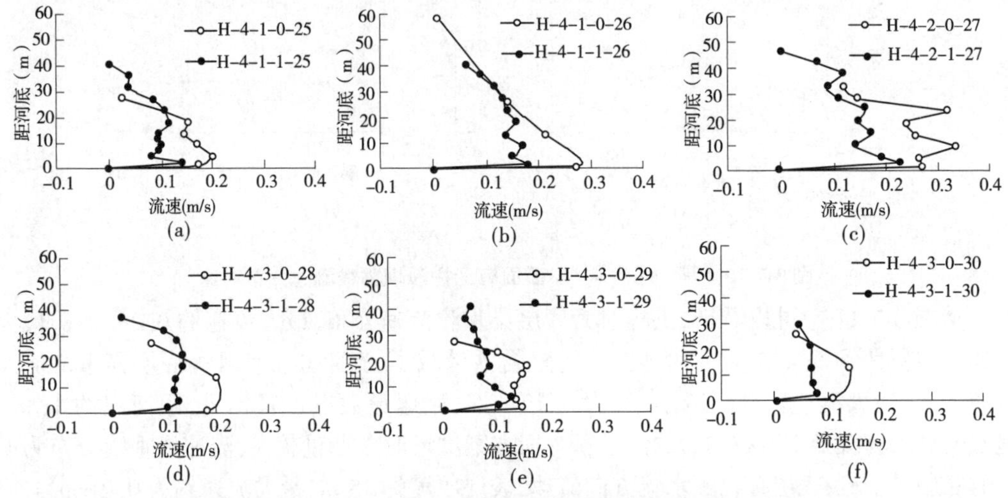

图 3-7-12 第 4 场洪水取水口断面有无拦沙坝垂线流速分布对比

(5)第 5 场洪水。

图 3-7-13~图 3-7-16 分别为牛栏江拦沙坝下游 24 断面、干河 G9、干河 G1、取水口断面有坝方案前后垂线流速对比图。从图 3-7-13 中可以看出,牛栏江拦沙坝下游 24 断面垂线分布变化表明,无坝方案洪峰时形成厚度约为 35 m 的中层异重流,最大流速值约为 0. 34 m/s;峰后异重流厚度稍有减小为 30 m,最大流速值为 0. 18 m/s。有坝方案洪峰时呈典型的底层异重流流速分布形式,流速最大为 0. 28 m/s,厚度约为 40 m,洪峰后呈现明流流态,断面平均流速约为 0. 06 m/s。有坝方案拦沙坝以下河段表层水动力增加,中下层水动力减弱。

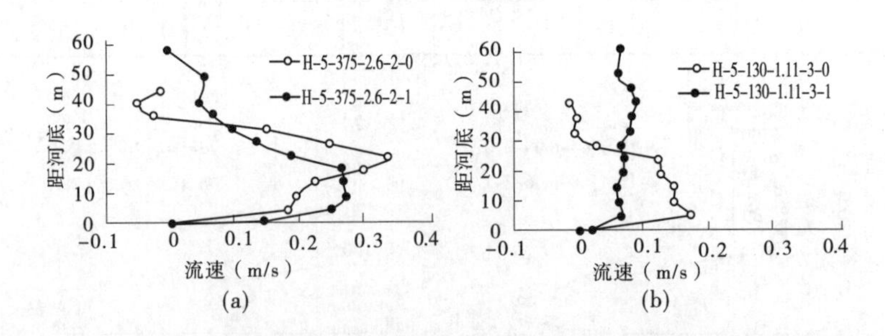

图 3-7-13 第 5 场洪水 24 断面有无拦沙坝垂线流速分布对比

从图 3-7-14 中可以看出,无坝方案干河上游洪峰后形成中层异重流,洪峰时形成底层异重流,最大流速点近河底。有坝方案洪峰时异重流厚度约 13 m,最大流速约 0. 13 m/s,洪峰过后含沙量降低,流速减小,最大流速约0.07 m/s。有坝方案拦沙坝内水流流态复杂,洪水期水动力条件较弱于无坝时。

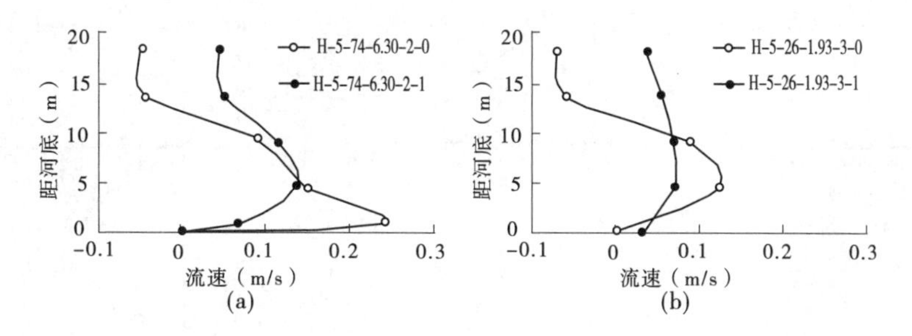

图3-7-14　第5场洪水G9断面有无拦沙坝垂线流速分布对比

从图3-7-15中可以看出,无坝方案干河下游洪峰时为底层异重流,厚度约20 m、最大流速约为0.27 m/s,回流层厚度较大,约为30 m;洪峰后同样为底层异重流,底层异重流厚度略有减小,约为18 m,最大流速约为0.09 m/s。有坝方案洪峰时坝区底层异重流,底层异重流厚度约为35 m,最大流速约为0.22 m/s。洪峰后流速减小,沿垂线分布均匀,平均约为0.06 m/s。有坝方案,出现表层流和底层异重流,干河下游水动力条件减小。

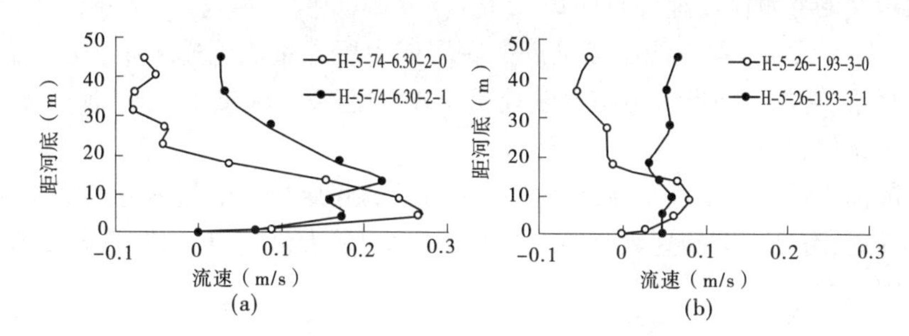

图3-7-15　第5场洪水G1断面有无拦沙坝垂线流速分布对比

从图3-7-16中可以看出,无坝方案均为底层异重流,洪峰时[见图3-7-16(b)]最大流速较洪峰前后为大。有坝方案洪峰前[图3-7-16(a)]呈弱的中层异重流流动形态,最大流速约0.06 m/s,距河底约50 m。洪峰时[见图3-7-16(b)]表层流速较无坝方案增加,下层为底层异重流,厚度约为48 m,最大流速为0.19 m/s。洪峰后[见图3-7-16(d)、(e)]为中层异重流流动形态,最大流速较洪峰前[见图3-7-16(a)]流速增加。

整体看:

牛栏江24断面无坝方案垂线流速呈明显的底层异重流流速分布,下层流速比上层流速大。流量、含沙量越大,其异重流流速越大。有坝方案溢流方式下泄的浑水发生没有潜入或潜入不完全现象,呈现出明流流速分布或者中层异重流流速分布形式,且断面垂线流速最大值比之建坝前断面垂线流速最大值为小。

干河G9断面无坝方案垂线流速呈明显的底层或中层异重流流速分布,水面流速较底层或中层流速小。有坝方案,前两场洪水流速较无坝方案为小,第三场洪水期间由于拦沙坝上游浑水体的影响,呈现出明渠流流速分布形式,后两场大洪水期间,形成了下层流

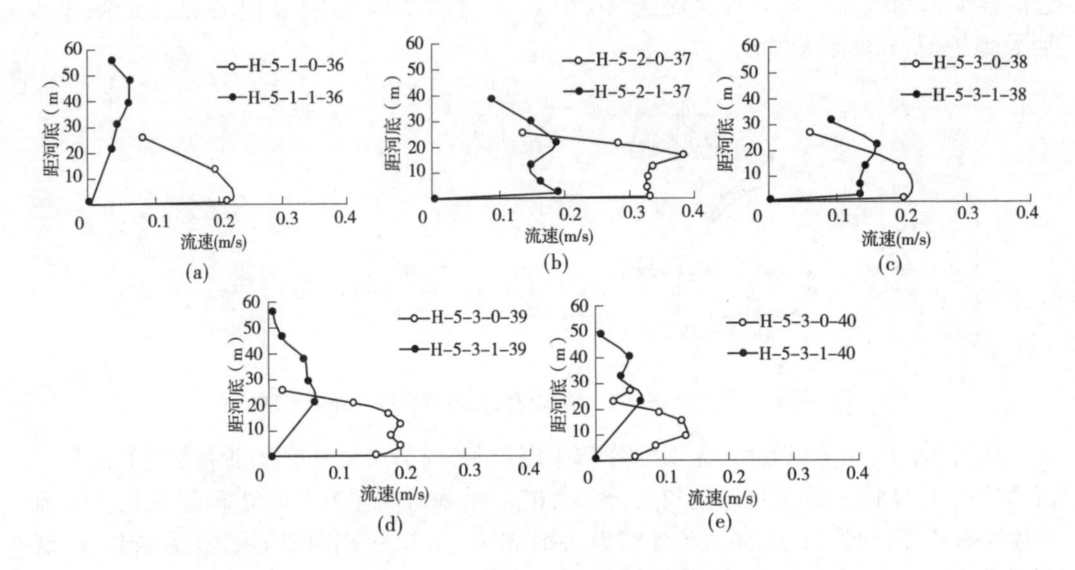

图 3-7-16　第 5 场洪水取水口断面有无拦沙坝垂线流速分布对比

速大于上层流速的异重流流速分布形式。

干河 G1 断面无坝方案垂线流速呈近似底层或中层异重流流速分布，表层流速较之中层或底层最小；有坝方案断面流速普遍较无坝方案流速小，流量、含沙量较小时，无法满足异重流潜入条件，呈现明流流速分布形式。

取水口断面无坝方案断面垂线流速呈现出明显的底层异重流流速分布形式，底层流速大于表层流速；有坝方案流速较无拦沙坝方案为小，最大流速点上移，且异重流厚度较无拦沙坝方案为大。

7.1.2　低水位方案拦沙坝对垂线流速影响

有坝方案采用溢流的方式下泄流量，1 760 m 低水位时牛栏江拦沙坝上游和干河拦沙坝上游 G9 断面，有无拦沙坝水深差别较大，输沙模式不同；对拦沙坝下游牛栏江 24 断面和干河 G1 断面及交汇口下游取水口断面进行对比分析拦沙坝拦沙效果。

(1)第 1 场洪水。

牛栏江洪水量级小，大多被拦截在拦沙坝以上库区，浑水基本未到达 24 断面。干河洪水通过了取水口断面。图 3-7-17 为干河 G1、取水口断面有拦沙坝前后垂线流速对比图。从图中可以看出，干河 G1 断面无坝时为明流流态，汇口下游河段形成底层异重流，表面有回流层。有坝时干河 G1 断面垂线流速较无坝时流速增加，接近异重流潜入形态，汇口下游河段为中层异重流，最大流速点距河底约 20 m。有坝时干河 G1、取水口断面最大流速点较无坝时均有位置上移、异重流厚度增加的现象。

(2)第 2 场洪水。

图 3-7-18～图 3-7-20 分别为牛栏江拦沙坝下游 24 断面、干河 G1、取水口断面有无拦沙坝方案垂线流速对比图。

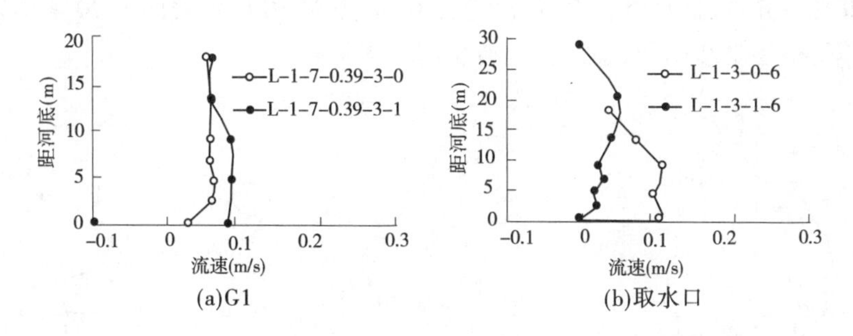

(a)G1　(b)取水口

图 3-7-17　第 1 场洪水 G1、取水口断面有无拦沙坝垂线流速分布对比

从图 3-7-18 中可以看出,无坝方案洪峰异重流在牛栏江拦沙坝 24 断面上游形成,峰后流速减小、异重流厚度略有增加。有坝方案库区异重流运行受到制约,由于拦沙坝的表层溢流,根据水量平衡原理,拦沙坝下游流量不减少,而无坝方案在拦沙坝上游形成异重流沿程衰减,流量衰减,因此建坝后下游河段水动力条件增强。

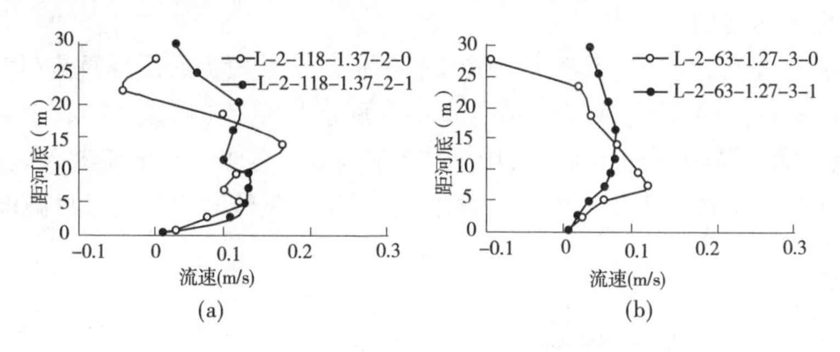

(a)　(b)

图 3-7-18　第 2 场洪水 24 断面有无拦沙坝垂线流速分布对比

从图 3-7-19 中可以看出,无坝方案干河上游形成底层异重流,洪峰前、洪峰、洪峰后厚度分别为 10 m、10 m、14 m,最大流速分别为 0. 13 m/s、0. 22 m/s、0. 11 m/s。洪峰时上层存在回流层厚度约 10 m,洪峰后厚度增大、流速减小。有坝方案,洪峰前、洪峰时、洪峰后流速分布呈现明流分布情况。洪峰时虽最大流速减小,但垂线平均流速增加较大,水动力条件强于无坝方案,而峰后最大流速接近无坝方案。有坝方案干河拦沙坝下游表层流速增加,水流流态复杂。

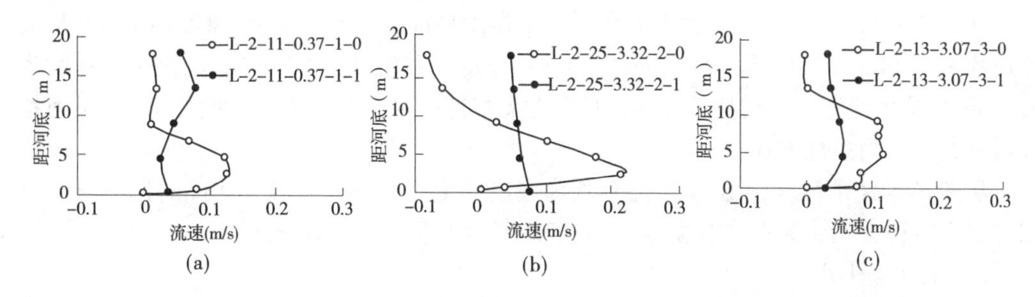

(a)　(b)　(c)

图 3-7-19　低水位 1 760 m 第 2 场洪水 G1 断面有无拦沙坝垂线流速分布对比

从图 3-7-20 中可以看出,拦沙坝影响交汇口以下河段的水流流态,无坝方案均为底层异重流,洪峰时异重流厚度约 25 m,较峰后 10 m 为大,峰后水表面下 20 m 有较大回流层。有坝方案,整场洪水期间,本河段呈典型的明流流态。

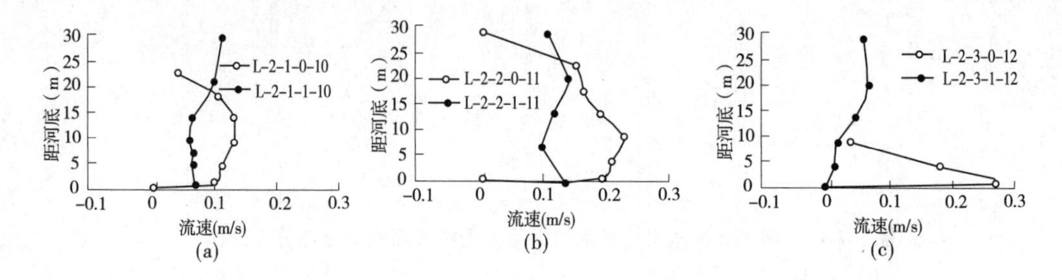

图 3-7-20　第 2 场洪水取水口断面有无拦沙坝垂线流速分布对比

(3)第 3 场洪水。

图 3-7-21~图 3-7-23 分别为牛栏江拦沙坝下游 24 断面、干河 G1、取水口断面有坝方案前后垂线流速对比图。

从图 3-7-21 中可以看出,无坝方案洪峰前牛栏江下游段为底层异重流(厚度 20 m、最大流速 0.13 m/s),洪峰时形成厚度稍有减小的底层异重流(厚度 17 m、最大流速 0.17 m/s)。有坝方案,洪峰前表层流速小,中下层流速略大,类似于异重流潜入处的流态。有坝方案拦沙坝以下河段中上层水动力条件增加,下层在洪峰时水动力条件减弱。

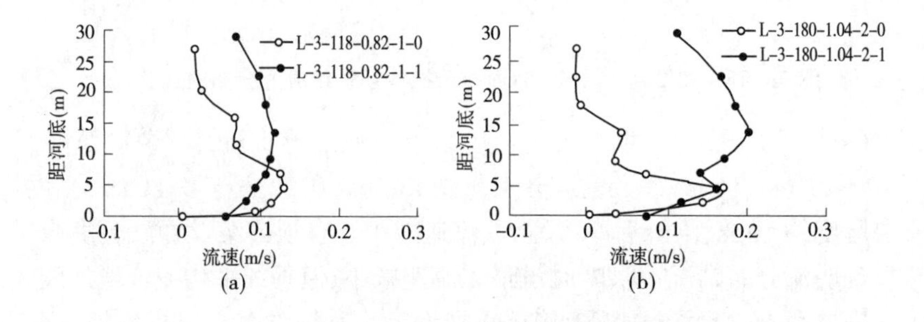

图 3-7-21　第 3 场洪水 24 断面有无拦沙坝垂线流速分布对比

从图 3-7-22 中可以看出,无坝方案干河下游洪峰前为底层异重流,厚度约 17 m、最大流速约为 0.14 m/s,距河底约 2.5 m;洪峰形成中层异重流,厚度约为 14 m,最大流速约为 0.19 m/s,最大流速点距河底约 5 m。有坝方案整场洪水全时段表现为明流流态,干河拦沙坝下游水动力条件增强。

从图 3-7-23 中可以看出,无坝方案均为底层异重流,表层存在约 10 m 的回流层。有坝方案全时段为明流流态。有坝方案,交汇口下游水动力条件减弱。

(4)第 4 场洪水。

图 3-7-24~图 3-7-26 分别为牛栏江拦沙坝下游 24 断面、干河 G1、取水口断面有坝方案前后垂线流速对比图。

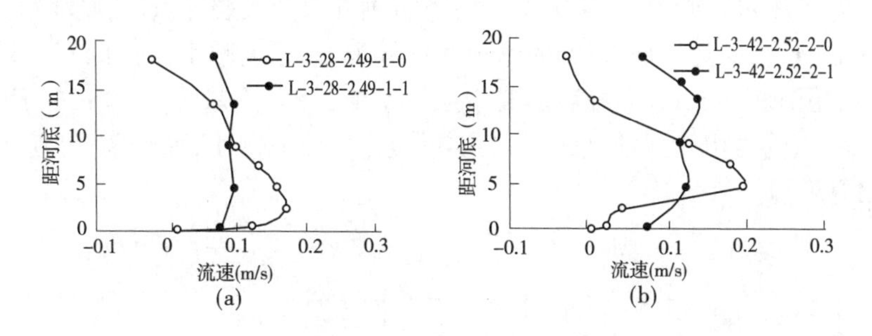

图 3-7-22 第 3 场洪水 G1 断面有无拦沙坝垂线流速分布对比

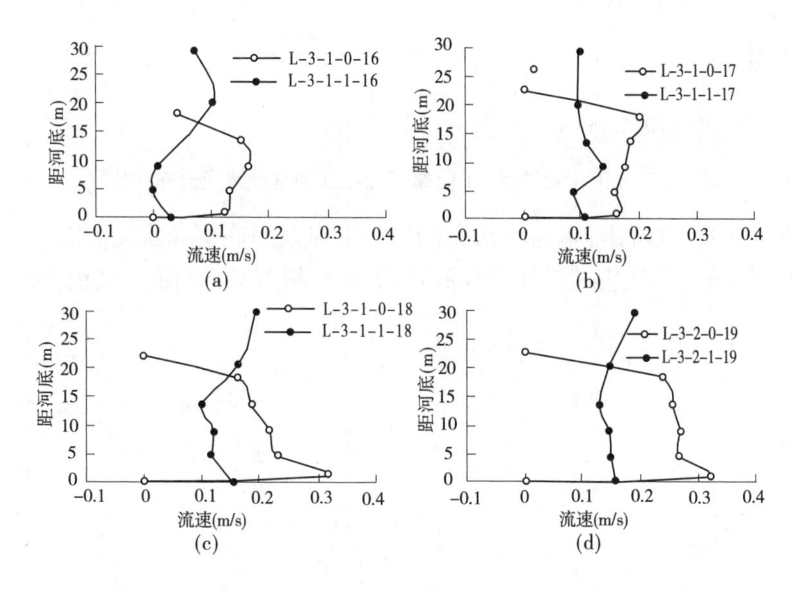

图 3-7-23 第 3 场洪水取水口断面有无拦沙坝垂线流速分布对比

从图 3-7-24 中可以看出,无坝方案洪峰前牛栏江下游段为底层异重流,厚度约为 23 m,最大流速为 0. 13 m/s;洪峰时形成了厚度约为 22 m 的中层异重流,底部存在约 7 m 的回流层;洪峰后,流量、含沙量降低,流速减小,约为 0. 12 m/s。有坝方案,整场洪水全时段表现为明流流态,拦沙坝下游水动力条件略有增强。

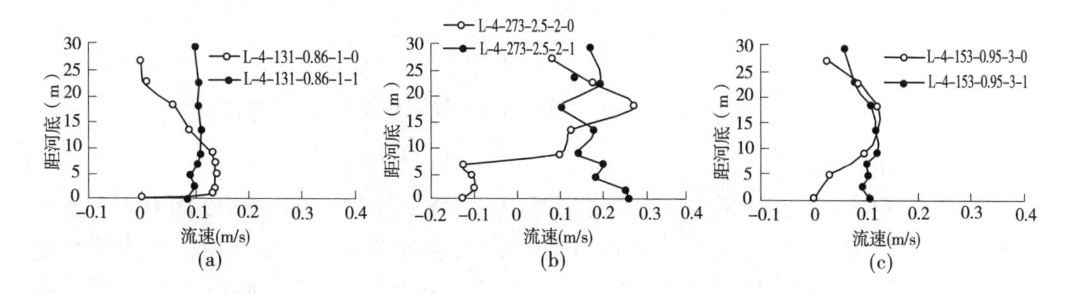

图 3-7-24 第 4 场洪水 24 断面有无拦沙坝垂线流速分布对比

从图 3-7-25 中可以看出,无坝方案干河下游洪峰前为底层异重流,厚度约 17 m、最大流速约为 0. 11 m/s,接近河底;洪峰时形成底层异重流,厚度减小,约为 17 m,最大流速约为 0. 33 m/s,距河底 2. 5 m,洪峰后形成中层异重流,最大流速约 0. 10 m/s,距河底约 14 m。有坝方案,洪峰时由于拦沙坝的存在,洪峰坦化后流速减小,而峰前、峰后干河下游水动力条件略有增强。

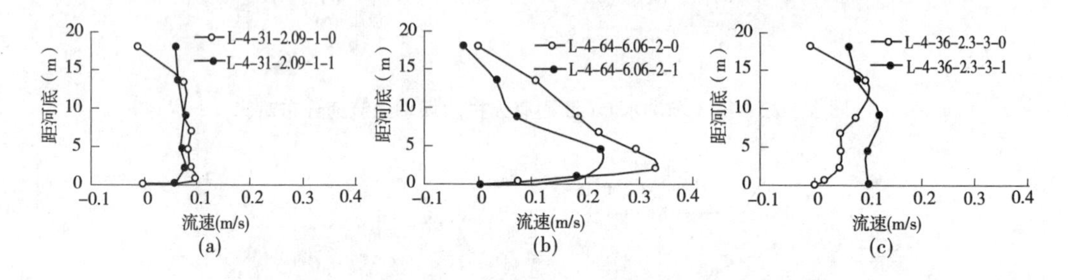

图 3-7-25　第 4 场洪水 G1 断面有无拦沙坝垂线流速分布对比

从图 3-7-26 中可以看出,本场洪水交汇口以下河段的底层异重流流态,无坝方案均为底层异重流,洪峰时最大流速较峰前、峰后为大。有坝方案全断面为明流流态。

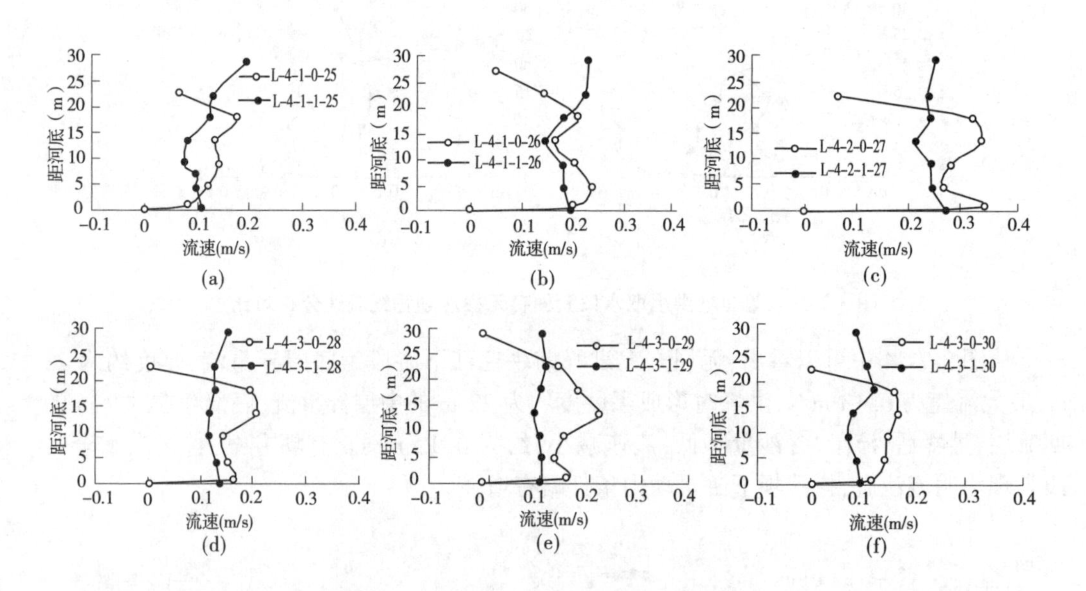

图 3-7-26　第 4 场洪水取水口断面有无拦沙坝垂线流速分布对比

(5)第 5 场洪水。

图 3-7-27~图 3-7-29 分别为牛栏江拦沙坝 24 断面、干河 G1、取水口断面有坝方案前后垂线流速对比图。从图 3-7-27 中可以看出,无坝方案洪峰前牛栏江下游段为中层异重流;洪峰时形成中层异重流,厚度约 22 m,最大流速约 0. 40 m/s,距水面约 7 m;峰后形成中层异重流,厚度约 20 m,最大流速约 0. 13 m/s,距水面 12 m。有坝方案洪峰前存在表层流速,中下层为底层异重流,最大流速点下移,下层流速较大,最大为 0. 24 m/s,厚度约 13

m,洪峰到来后,呈明流流速分布,洪峰后现潜入流态。有坝方案拦沙坝以下河段近河底处水动力条件增强。

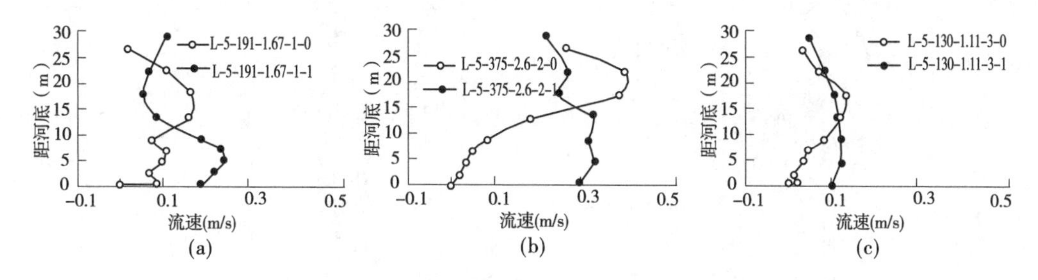

图 3-7-27 第 5 场洪水 24 断面有无拦沙坝垂线流速分布对比

从图 3-7-28 中可以看出,无坝方案干河下游洪峰前为底层异重流,厚度约 10 m,最大流速约为 0.23 m/s,距河底 2.5 m;洪峰时形成底层异重流,厚度约 14 m,最大流速约为 0.44 m/s,距河底 2.5 m;洪峰后形成中层异重流,厚度约为 12 m,最大流速约为 0.10 m/s。有坝方案时为明流流态,干河下游水动力条件增强。

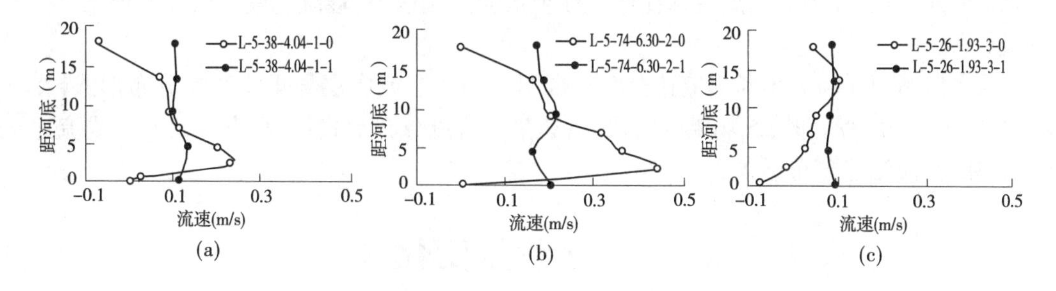

图 3-7-28 第 5 场洪水 G1 断面有无拦沙坝垂线流速分布对比

从图 3-7-29 中可以看出,无坝方案除洪峰时为明流外,峰前、峰后均为底层异重流,洪峰时平均流速较峰前、峰后为大。有坝方案时为明流,全断面垂线流速较为均匀,干河下游水动力条件较无坝时减弱。

整体看:

牛栏江 24 断面无坝方案断面流速分布呈现底层或中层异重流流速分布趋势,表层流速较之中层或底层最小,有坝方案断面流速分布呈近似明流分布。有坝方案断面平均流速普遍较无坝方案流速大,这是由于底层异重流流速是在断面不变条件下沿程逐渐衰减的,有坝方案上游流量与下泄流量基本持平,拦沙坝相当于为一新的进口,浑水运行到 24 断面时流速衰减比无坝方案小,故有坝时水动力条件较无坝时增加。

干河 G1 断面无坝方案断面流速分布多呈明显的底层或中层异重流流速分布形式,但在场次“L-1-7-0.39-3-0”即第 1 场洪峰后流量时,流量、含沙量不能满足异重流潜入条件,流速分布为明渠流流速分布;有坝方案,各级流量经过拦沙坝后含沙量降低,使得 G1 断面处水深不满足异重流完全潜入条件,断面垂线流速多呈现出明渠流流速分布形式。在场次“L-4-64-6.06-2-0”即第 4 场洪峰期间,断面垂线流速同样呈现了异重流流

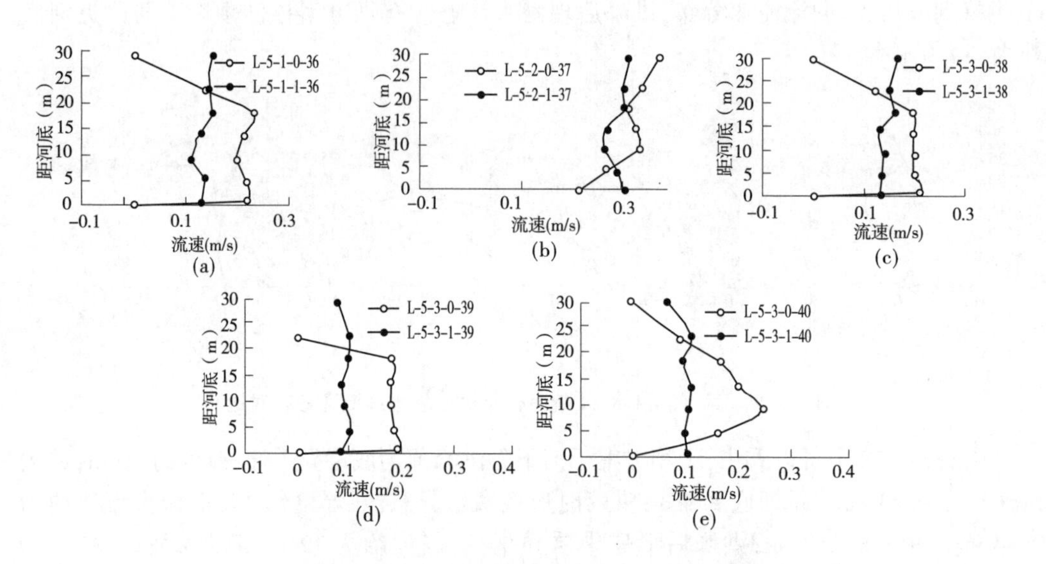

图 3-7-29　第 5 场洪水取水口断面有无拦沙坝垂线流速分布对比

速分布形式，有拦沙坝最大点流速比无拦沙坝最大点流速小，且流速最大点位置较之无拦沙坝要高。

取水口断面无坝方案断面流速分布呈现明显的底层或中层异重流流速分布形式，在场次“L-5-2-0-37”即第 5 场洪峰时段，流速呈现明流分布形式；有坝方案断面垂线流速均呈现出明流流速分布形式。

7.2　含沙量变化

7.2.1　高水位拦沙坝对含沙量影响

(1)第 1 场洪水。

图 3-7-30 套绘了牛栏江干流第 1 场典型洪水过程中各典型断面(W5、潜入点、29、拦沙坝、24、取水口、20 和出口)平均含沙量沿程变化情况。从图中可以看出，同一量级洪水下，无坝、有坝方案各断面含沙量均有不同程度降低。含沙量越高沿程衰减越快，有、无拦沙坝对其下游垂线平均含沙量影响较小。

图 3-7-31 套绘了干河第 1 场典型洪水过程中各典型断面(G14、G9、G4 和 G1)垂线平均含沙量沿程变化情况。从图中可以看出，同一量级洪水过程，有坝方案各断面垂线平均含沙量均有不同程度降低。有坝方案中拦沙坝下游含沙量衰减幅度小。

(2)第 2 场洪水。

图 3-7-32~图 3-7-34 分别为牛栏江拦沙坝上游 29 断面、干河 G1 和取水口断面第 2 场洪水有坝、无坝方案含沙量垂线分布对比图。

从图 3-7-32 和图 3-7-33 中可以看出，洪峰和峰后，有坝方案 29 断面和 24 断面垂线平均含沙量减小。

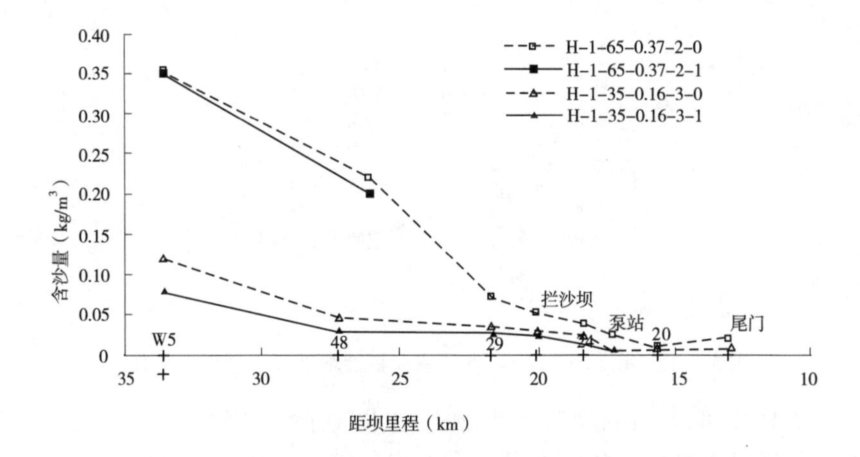

图 3-7-30　第 1 场洪水牛栏江有无拦沙坝沿程含沙量变化对比

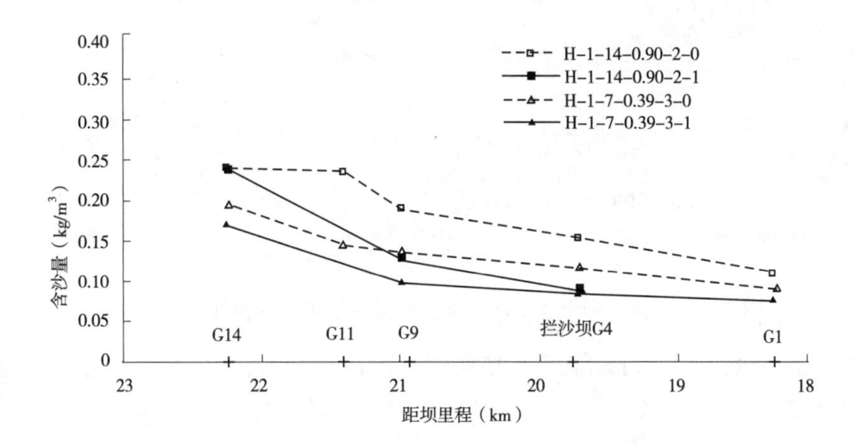

图 3-7-31　第 1 场洪水干河有无拦沙坝沿程含沙量变化对比

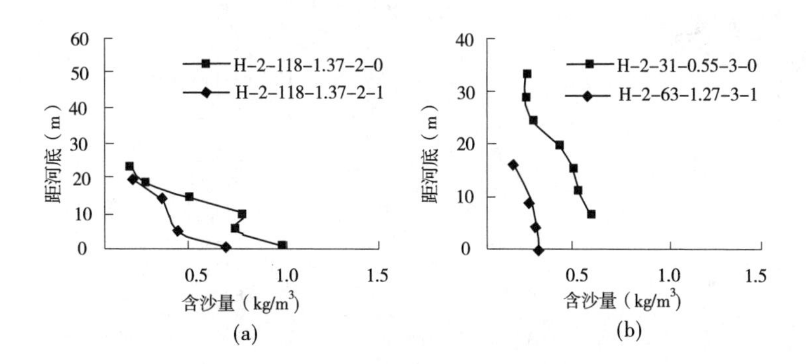

图 3-7-32　第 2 场洪水 29 断面有无拦沙坝垂线含沙量分布对比

从图 3-7-33 中可以看出，洪峰过后，距河底 10 m 以下 G1 断面有坝方案含沙量减小，而距河底 10 m 以上，有坝方案含沙量增加。

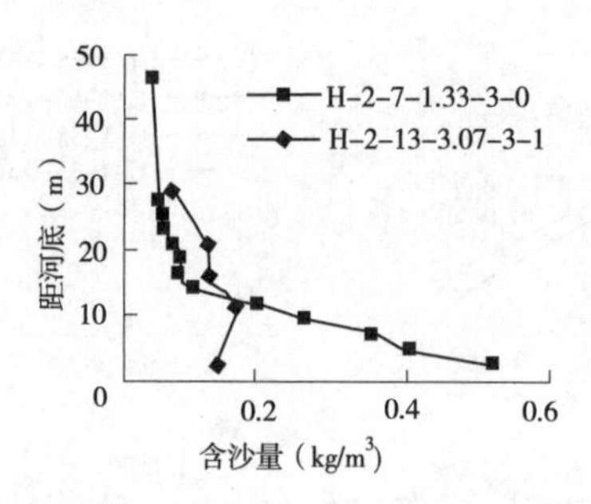

图 3-7-33　第 2 场洪水 G1 断面有无拦沙坝垂线含沙量分布对比

从图 3-7-34 中可以看出，峰前和洪峰时，取水口有坝方案含沙量减小；峰后，无坝方案平均含沙量较有坝方案平均含沙量减小。

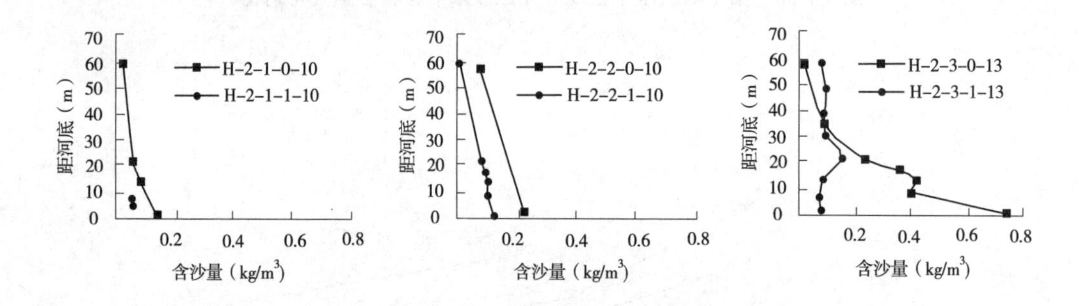

图 3-7-34　第 2 场洪水取水口断面有无拦沙坝垂线含沙量分布对比

图 3-7-35 套绘了牛栏江干流第 2 场典型洪水典型断面（W5、潜入点、29、26、24、取水口、20 和出口）平均含沙量沿程变化情况。从图中可以看出，同一量级洪水下，有坝方案各断面垂线平均含沙量均有不同程度降低。

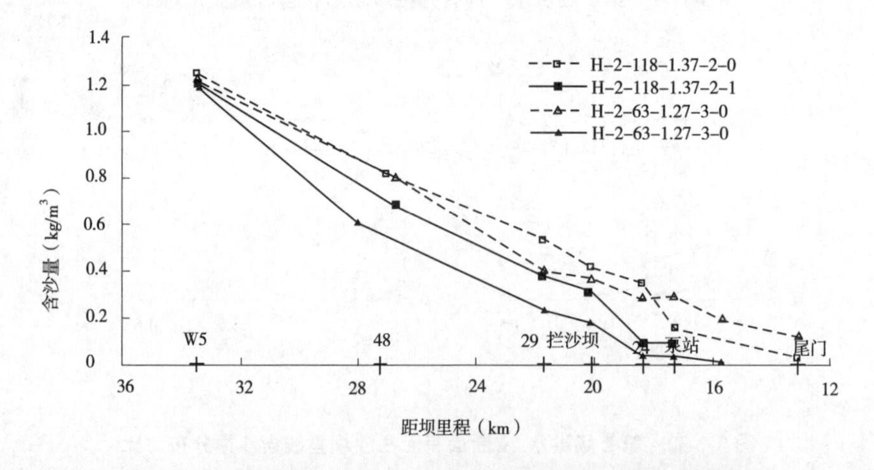

图 3-7-35　第 2 场洪水牛栏江有无拦沙坝沿程含沙量变化对比

图 3-7-36 套绘了干河第 2 场典型洪水典型断面（G14、G9、拦沙坝 G4 和 G1）平均含沙

量沿程变化情况。从图中可以看出,同一量级洪水下,有坝方案各断面垂线平均含沙量均有不同程度降低。

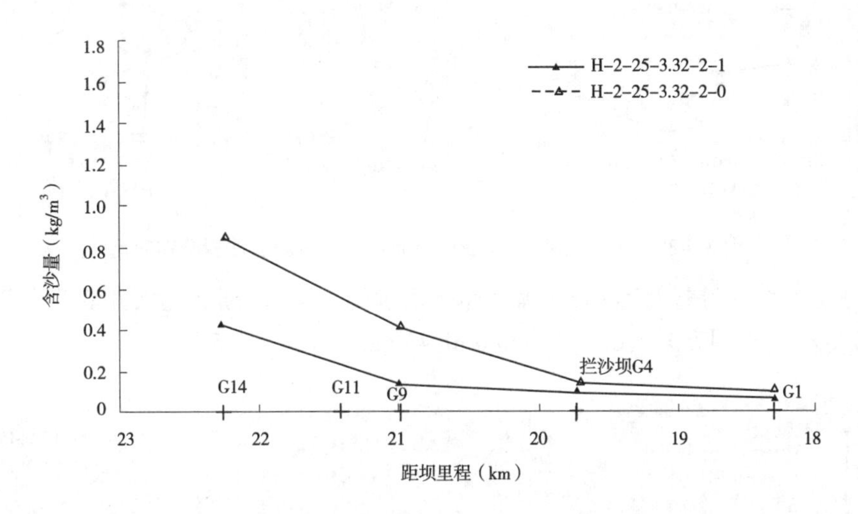

图 3-7-36 第 2 场洪水干河有无拦沙坝沿程含沙量变化对比

(3)第 3 场洪水。

图 3-7-37~图 3-7-40 分别为牛栏江拦沙坝上游 29 断面、下游 24 断面、干河 G1 和取水口断面第 3 场洪水有拦沙坝前后含沙量垂线分布对比图。

有坝方案与无坝方案拦沙坝以上含沙量变化不大,浑水深度略有增加,而拦沙坝以下河段含沙量降低。从图 3-7-37 中可以看出,第 3 场洪水洪峰时 29 断面无坝方案垂线平均含沙量 0.81 kg/m³,有坝方案垂线平均含沙量为 0.56 kg/m³,减少了 31.16%;从图 3-7-38 中可以看出,24 断面无坝方案垂线平均含沙量 0.46 kg/m³,有坝方案垂线平均含沙量 0.35 kg/m³,减少了 23.91%。

峰前时,29 断面有坝方案含沙量减小;洪峰和峰后,无坝方案含沙量和有坝方案含沙量变化呈现交叉趋势,距河底 20 m 以下有坝方案底部含沙量减小,在距河底 20 m 以上有坝方案含沙量增加。

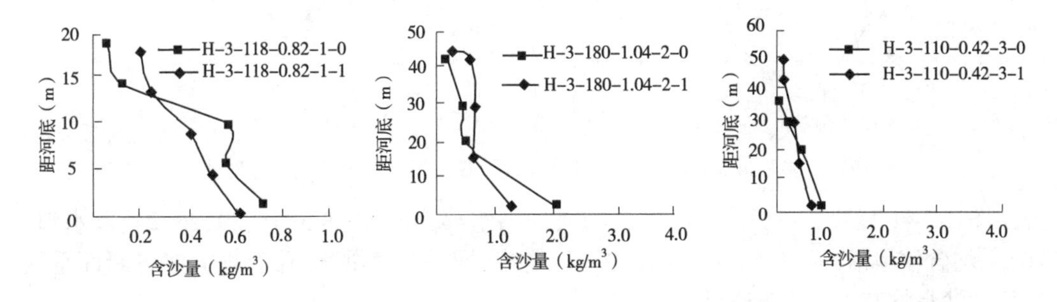

图 3-7-37 第 3 场洪水 29 断面有无拦沙坝垂线含沙量分布对比

从图 3-7-39 中可以看出,峰前干河 G1 断面有坝方案含沙量较无坝方案含沙量减小;

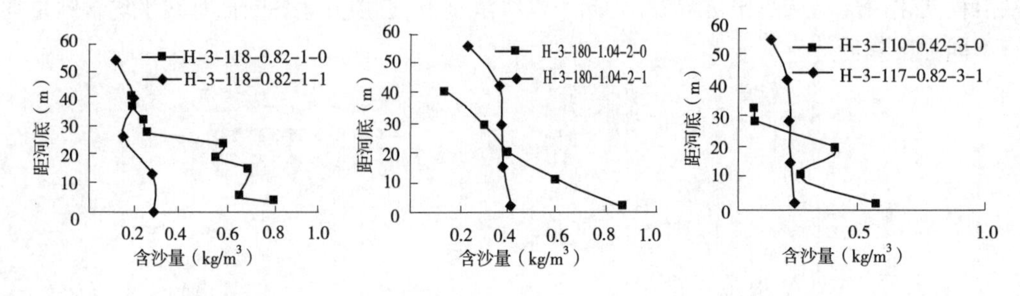

图 3-7-38　第 3 场洪水 24 断面有无拦沙坝垂线含沙量分布对比

峰后有坝方案含沙量略大于无坝方案。第 3 场洪峰干河 G1 断面无坝方案垂线平均含沙量 0.88 kg/m^3,有坝方案垂线平均含沙量 0.43 kg/m^3,减少了 51.3%。

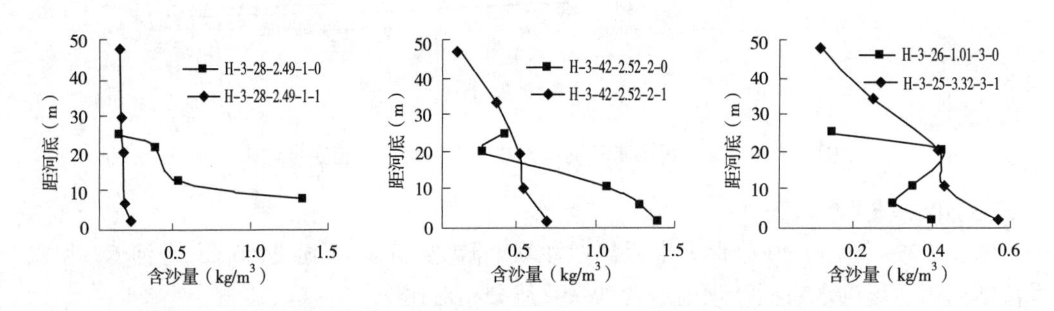

图 3-7-39　第 3 场洪水干河 G1 断面有无拦沙坝垂线流速分布对比

从图 3-7-40 中可以看出,洪峰和峰后,有坝方案含沙量较无坝方案含沙量减小,无坝方案底部含沙量大于有坝方案底部含沙量。

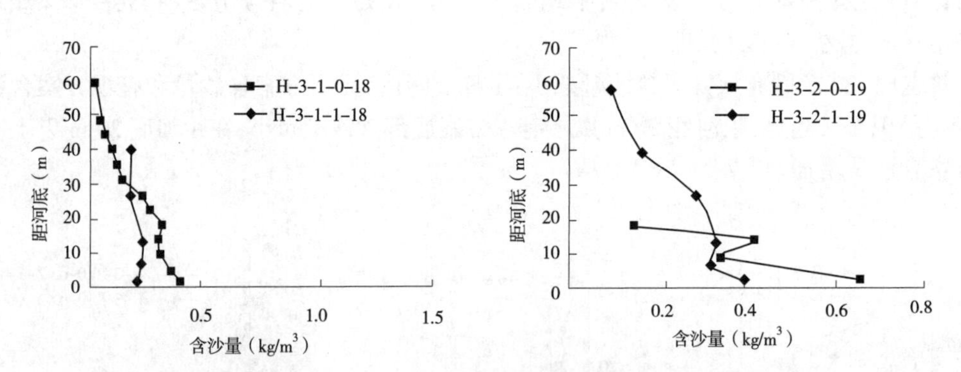

图 3-7-40　第 3 场洪水取水口断面有无拦沙坝垂线含沙量分布对比

图 3-7-41 套绘了牛栏江干流第 3 场典型洪水典型断面(W5、48、29、26、24、取水口、20)平均含沙量沿程变化情况。从图中可以看出,同一量级洪水下,有坝方案各断面垂线平均含沙量均有不同程度降低。

图 3-7-42 套绘了干河第 3 场典型洪水典型断面(G14、G9、G4 和 G1)平均含沙量沿程变化情况。从图中可以看出,同一量级洪水下,有坝方案各断面垂线平均含沙量均有不同程度降低。

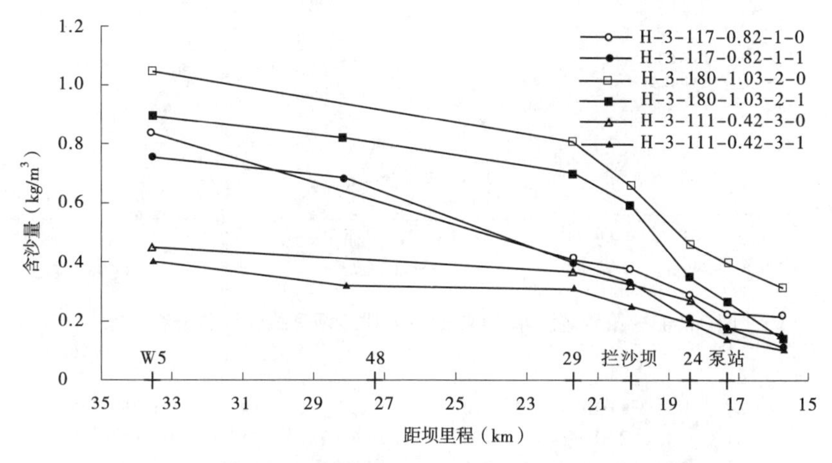

图 3-7-41　第 3 场洪水牛栏江有无拦沙坝沿程含沙量变化对比

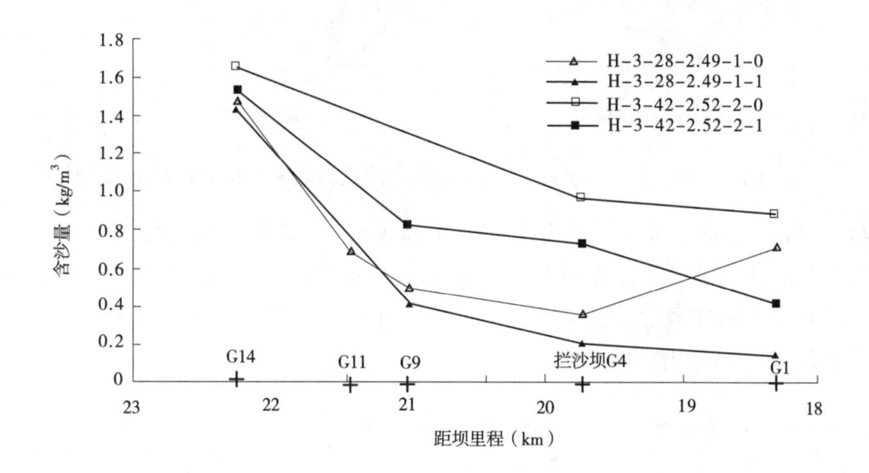

图 3-7-42　第 3 场洪水干河有无拦沙坝沿程含沙量变化对比

(4)第 4 场洪水。

图 3-7-43～图 3-7-46 分别为牛栏江拦沙坝上游 29 断面、下游 24 断面、干河 G1 和取水口断面第 4 场洪水有拦沙坝前后含沙量垂线分布对比图。

从图 3-7-43 中可以看出,29 断面峰前有坝方案含沙量较无坝方案减小;洪峰时,距河底 10 m 以下 29 断面有坝方案含沙量较无坝方案减小,距河底 10 m 以上,有坝方案含沙量较无坝方案增加;峰后,有坝方案含沙量较无坝方案增加。从图 3-7-44 中可以看出,拦沙坝修建后,洪峰时 24 断面的垂线含沙量减小,峰后含沙量变化不明显。

第 4 场洪水洪峰时,29 断面无坝方案垂线平均含沙量 1.49 kg/m³,有坝方案垂线平均含沙量 1.46 kg/m³,减少了 1.52%;24 断面无坝方案垂线平均含沙量 0.92 kg/m³,有坝方案垂线平均含沙量 0.36 kg/m³,减少了 61.39%。

从图 3-7-45 中可以看出,干河 G1 断面峰前,有坝方案含沙量较无坝方案减小;洪峰时,距河底 13.5 m 以下,有坝方案含沙量减小,距河底 13.5 m 以上,有坝方案含沙量大于无坝方案含沙量,浑水厚度增加。第 4 场洪水洪峰时,干河 G1 断面无坝方案垂线平均含

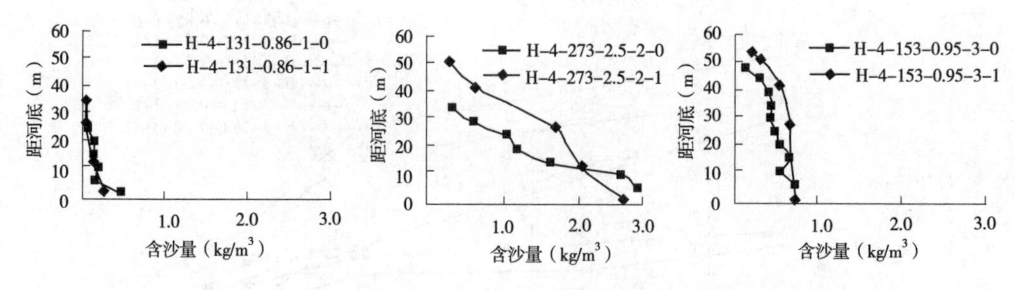

图 3-7-43　第 4 场洪水 29 断面有无拦沙坝垂线含沙量分布对比

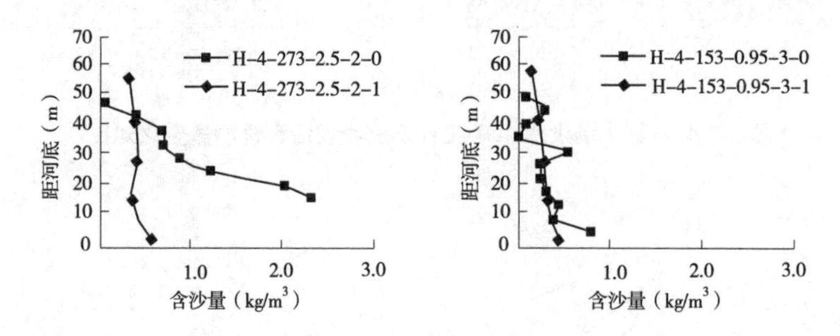

图 3-7-44　第 4 场洪水 24 断面有无拦沙坝垂线含沙量分布对比

沙量 1.47 kg/m³，有坝方案垂线平均含沙量 0.68 kg/m³，减少了 54.0%。

从图 3-7-46 中可以看出，峰前取水口断面有坝方案含沙量较无坝方案减小；洪峰有坝方案含沙量较无坝方案含沙量减小；峰后，距河底 10 m 以上有坝方案垂线平均含沙量大于无坝方案，浑水厚度增加。

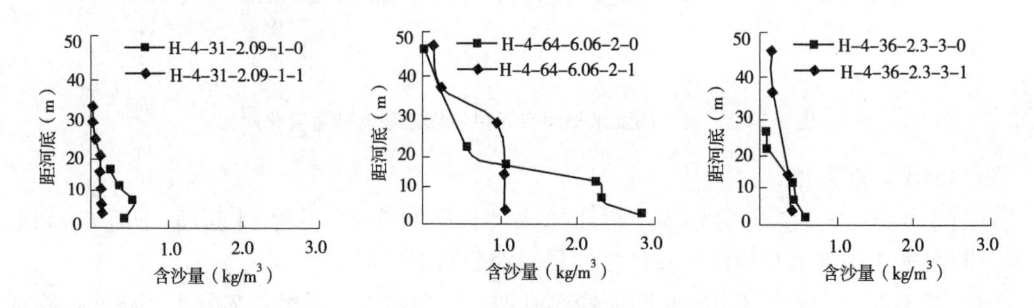

图 3-7-45　第 4 场洪水 G1 断面有无拦沙坝垂线流速分布对比

第 4 场洪水时，取水口断面无坝方案垂线平均含沙量 0.63 kg/m³，有坝方案垂线平均含沙量 0.39 kg/m³，减少了 42.87%，减少的主要是底部含沙量。

图 3-7-47 套绘了牛栏江干流第 4 场典型洪水典型断面（W5、潜入点、29、26、24、取水口、20）平均含沙量沿程变化情况。从图中可以看出，同一量级洪水下，有坝方案各断面垂线平均含沙量均有不同程度的降低。

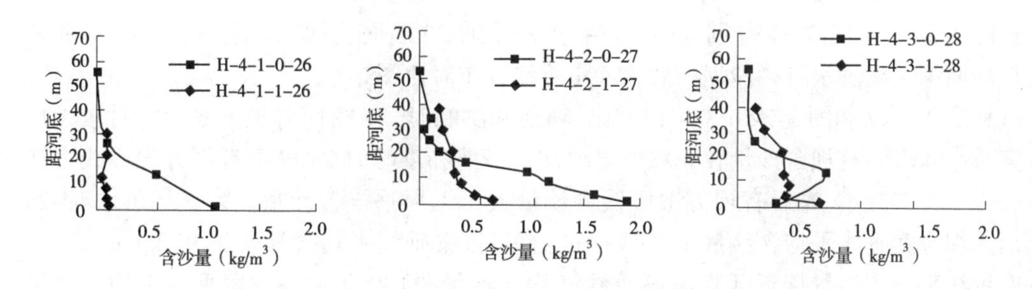

图 3-7-46　第 4 场洪水取水口断面有无拦沙坝垂线含沙量分布对比

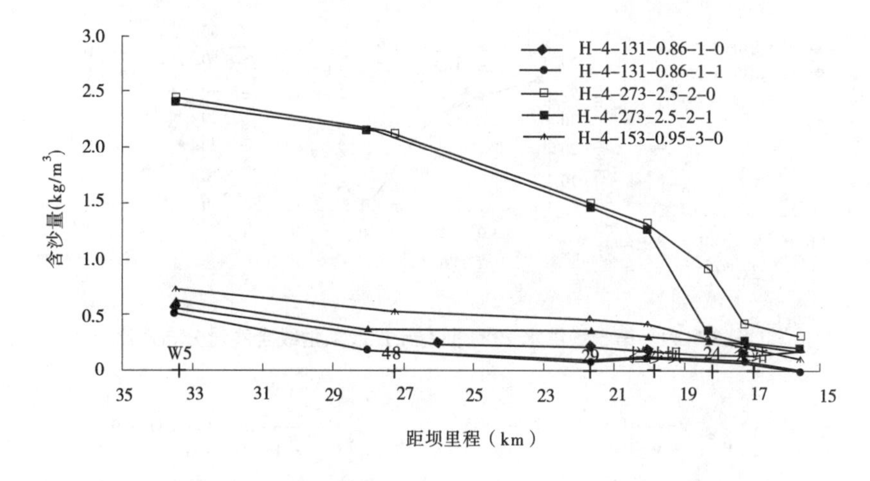

图 3-7-47　第 4 场洪水牛栏江有无拦沙坝沿程含沙量变化对比

图 3-7-48 套绘了干河第 4 场典型洪水典型断面（G14、G9、G4 和 G1）平均含沙量沿程变化情况。从图中可以看出，同一量级洪水下，有坝方案各断面垂线平均含沙量均有不同程度的降低。

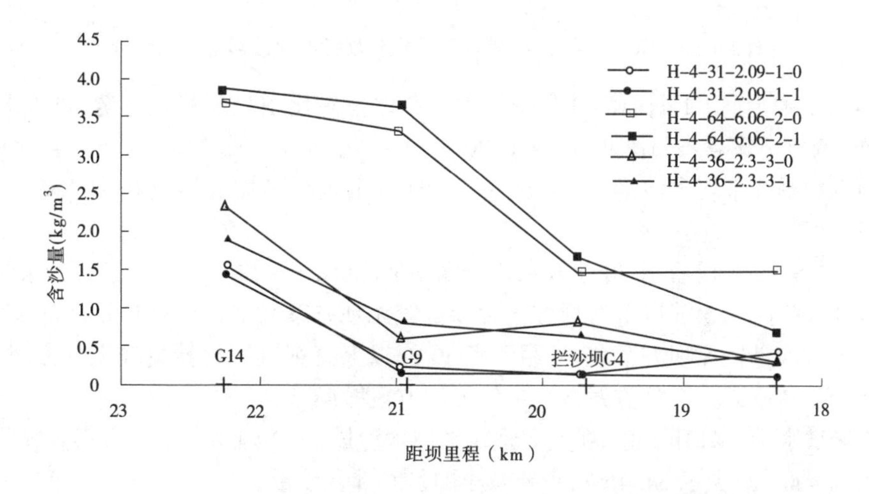

图 3-7-48　第 4 场洪水干河有无拦沙坝沿程含沙量变化对比

(5)第 5 场洪水。

图 3-7-49～图 3-7-52 分别为牛栏江拦沙坝上游 29 断面、下游 24 断面、干河 G1 和取水口断面第 2 场洪水有拦沙坝前后含沙量垂线分布对比图。

从图 3-7-49 和图 3-7-50 中可以看出,峰前和洪峰时,29 断面有坝方案含沙量较无坝方案减小;峰后,有坝含沙量较无坝方案增加。峰前和洪峰时 24 断面有坝方案垂线含沙量较无坝方案减小,峰后有坝方案垂线含沙量大于无坝垂线含沙量。第 5 场洪水时,29 断面无坝方案垂线平均含沙量 1.74 kg/m^3,有坝方案垂线平均含沙量 1.93 kg/m^3,有坝方案垂线平均含沙量接近无坝方案垂线平均含沙量;24 断面无坝方案垂线平均含沙量 1.22 kg/m^3,有坝方案垂线平均含沙量 0.55 kg/m^3,减少了 55.28%。

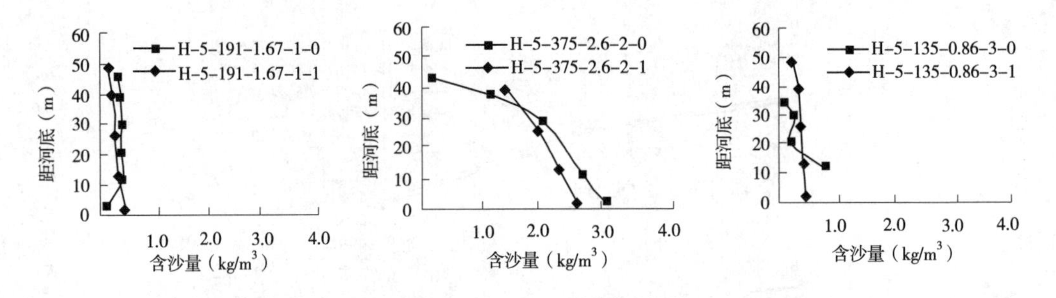

图 3-7-49　第 5 场洪水 29 断面有无拦沙坝垂线含沙量分布对比

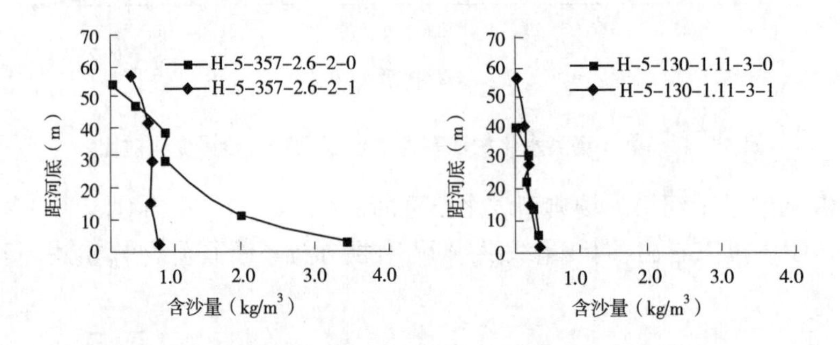

图 3-7-50　第 5 场洪水 24 断面有无拦沙坝垂线含沙量分布对比

图 3-7-51 中干河 G1 断面洪峰和峰后垂线含沙量对比图呈现相同趋势,即在距河底 20 m 以下,有坝方案含沙量减小,距河底 20 m 以上,有坝含沙量增加。第 5 场洪水时,G1 断面无坝方案垂线平均含沙量 1.48 kg/m^3,有坝方案垂线平均含沙量 0.71 kg/m^3,减少了 52.0%。

从图 3-7-52 中可以看出,峰前取水口断面距河底 13.5 m 以下有坝方案含沙量较无坝方案减小,距河底 13.5 m 以下有坝方案含沙量较无坝方案增加;洪峰时,距河底 30 m 以下有坝方案含沙量较无坝方案减小,距河底 30 m 以上有坝方案含沙量较无坝方案增加;峰后,距河底 10 m 以上有坝方案含沙量较无坝方案增加。

第 5 场洪水,取水口断面无坝方案垂线平均含沙量 1.19 kg/m^3,有坝方案垂线平均含沙量 0.42 kg/m^3,减少了 64.46%,主要减小的是底部含沙量。

图 3-7-53 套绘了牛栏江干流第 5 场典型洪水典型断面(W5、潜入点、29、26、24、取水

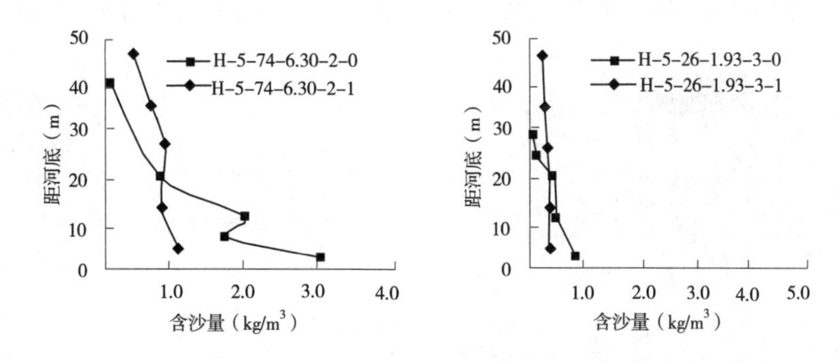

图 3-7-51　第 5 场洪水 G1 断面有无拦沙坝垂线含沙量分布对比

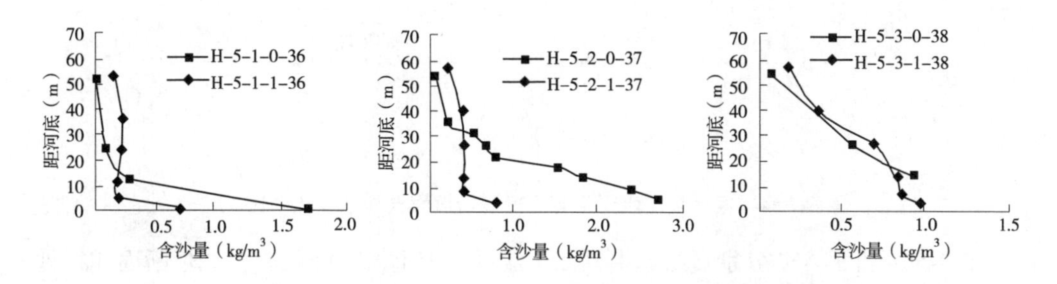

图 3-7-52　第 5 场洪水取水口断面有无拦沙坝垂线含沙量分布对比

口、20)垂线平均含沙量沿程变化情况。从图中可以看出,同一量级洪水下,牛栏江有坝方案各断面垂线平均含沙量均有不同程度降低。牛栏江峰后有坝方案含沙量降低不明显,干河有坝方案较无坝方案减小较多。

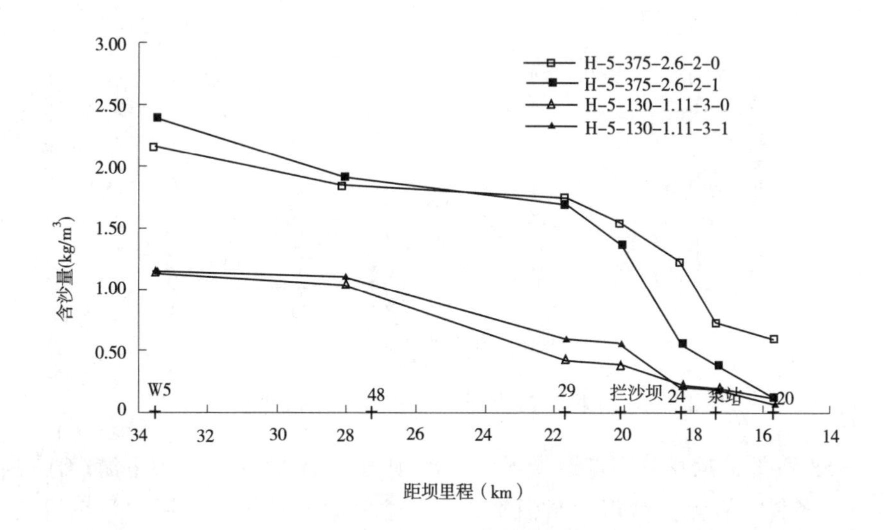

图 3-7-53　第 5 场洪水牛栏江有无拦沙坝沿程含沙量变化对比

图 3-7-54 套绘了干河第 5 场典型洪水典型断面(G14、G9、G4 和 G1)平均含沙量沿程

变化情况。从图中可以看出,同一量级洪水下,有坝方案各断面垂线平均含沙量均有不同程度降低。

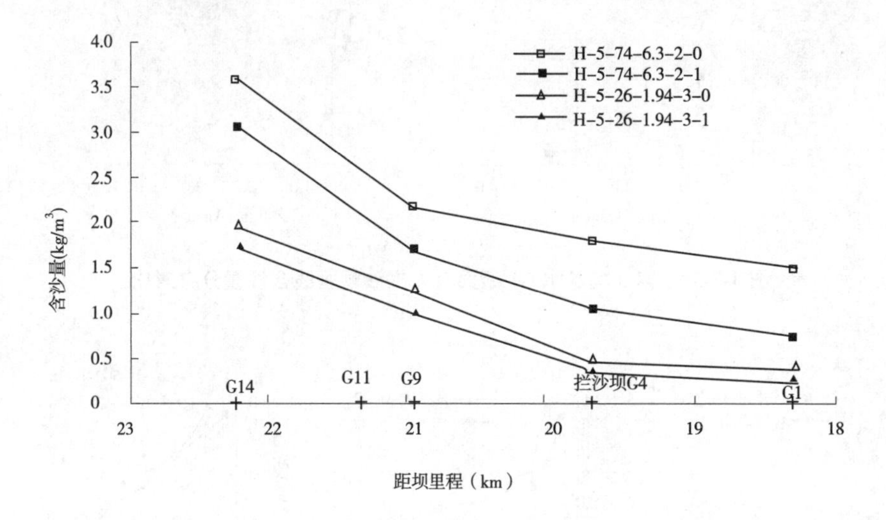

图 3-7-54 第 5 场洪水干河有无拦沙坝沿程含沙量变化对比

图 3-7-55~图 3-7-57 分别点绘了牛栏江干流拦沙坝上游 29 断面、拦沙坝断面和拦沙坝下游 24 断面在 1 790 m 水位条件下有无拦沙坝断面垂线平均含沙量变化对比图。从图中可以看出,有拦沙坝的情况下,拦沙坝下游 24 断面的含沙量有明显的降低。24 断面有坝洪峰含沙量较无坝情况分别减少 8. 82%(洪水 2)、57. 79%(洪水 3)、61. 39%(洪水 4)、55. 28%(洪水 5)。

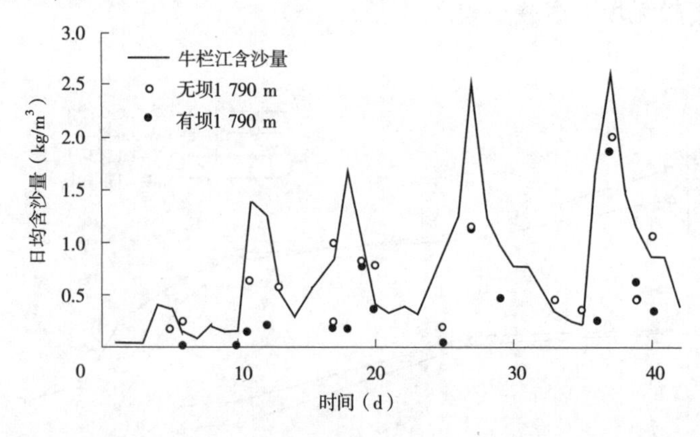

图 3-7-55 牛栏江 29 断面有无拦沙坝含沙量变化对比

图 3-7-58 和图 3-7-59 分别点绘了干河拦沙坝(G4)断面和拦沙坝下游(G1)断面在 1 790 m 水位条件下有无拦沙坝时断面垂线平均含沙量对比图。从图中可以看出,有坝方案时拦沙坝断面的含沙量有明显的降低。有坝方案拦沙坝断面在第 3~第 5 场洪水过程中的洪峰时段,减沙比例分别为 30. 8%、42. 9%、64. 7%,可见干河有坝方案拦沙效果显著。

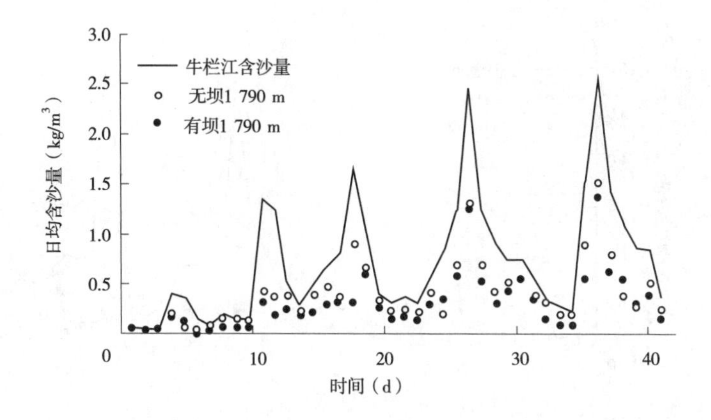

图 3-7-56　牛栏江拦沙坝断面有无拦沙坝含沙量时间序列变化对比

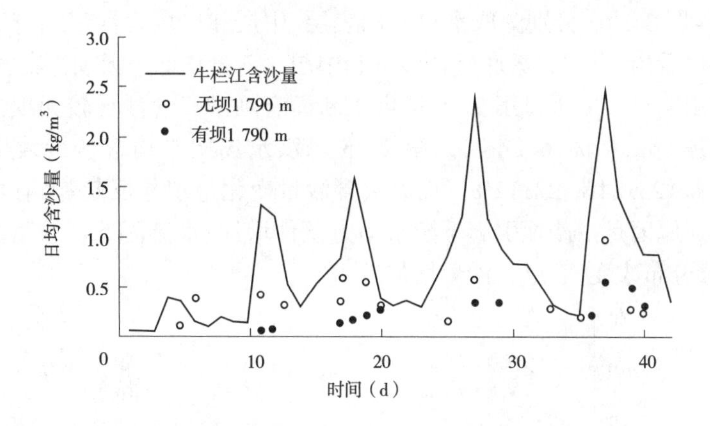

图 3-7-57　牛栏江 24 断面有无拦沙坝含沙量时间序列变化对比

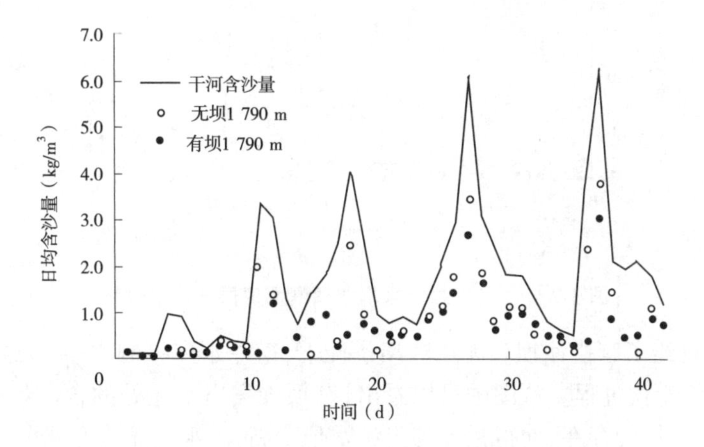

图 3-7-58　干河拦沙坝断面有无拦沙坝含沙量时间序列变化对比

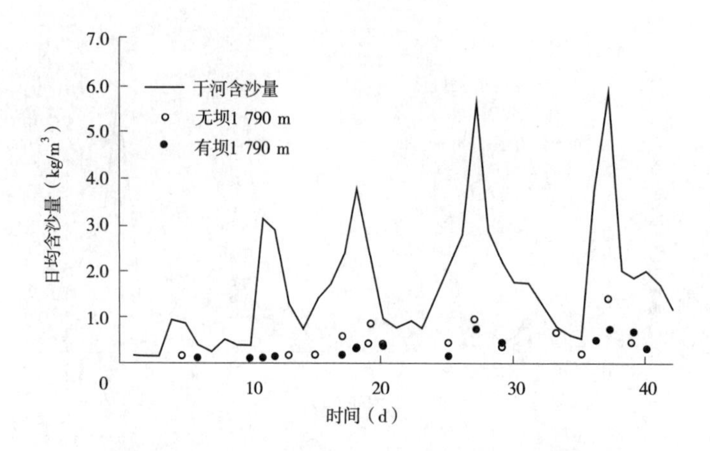

图 3-7-59　干河 G1 断面有无拦沙坝含沙量时间序列变化对比

图 3-7-60～图 3-7-62 分别为取水口断面表层、中层和底层含沙量在有无拦沙坝时的变化过程。可以看出，有坝方案底层含沙量和中层含沙量均低于无坝方案，尤其对于含沙量峰值减少作用明显。取水口第 2～5 场洪水断面有坝洪峰含沙量较无坝情况分别减少 71.69%、49.75%、42.87%、64.46%。第 2～5 场洪水场次平均含沙量减少比例分别为 20.96%、37.40%、25.84%、22.12%。而表层含沙量变化呈现相反趋势，有坝方案含沙量大于无坝方案。原因是拦沙坝引起下游水动力条件增加，水流流态由异重流变为壅水明流，导致含沙量分布改变，表层含沙量增加。

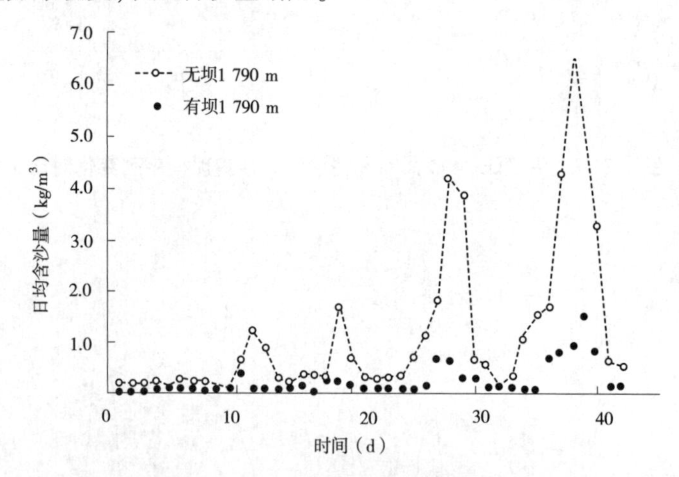

图 3-7-60　有无拦沙坝取水口断面底层含沙量过程

图 3-7-63 点绘了有拦沙坝和无拦沙坝条件下，德泽水库控制水位 1 790 m 时出水池含沙量随时间的变化过程。从图中可以看出，有坝方案出水池处的含沙量较无坝方案降低，并且由于拦沙坝的存在，使得拦沙坝上游水位壅高，洪水传播速度减小，到达取水口的时间变长，使得有坝方案含沙量的峰值迟于无坝方案含沙量峰值出现的时间。有坝方案出水池含沙量小于无坝方案的。

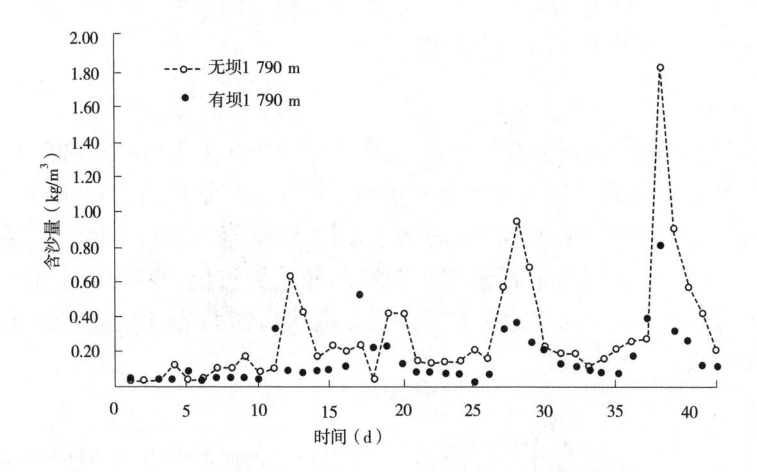

图 3-7-61　有无拦沙坝取水口断面中层含沙量过程

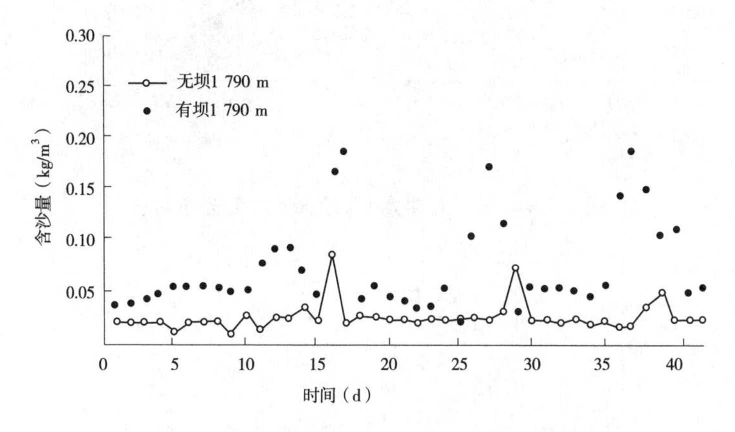

图 3-7-62　有无拦沙坝取水口断面表层含沙量过程

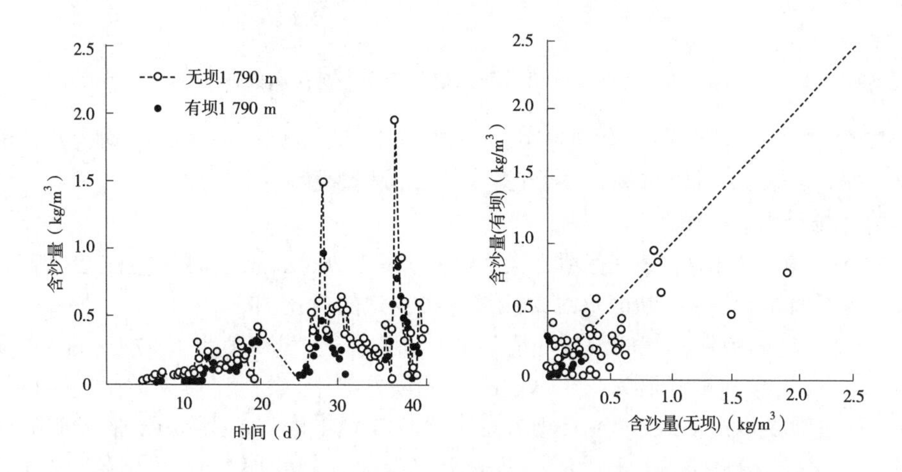

图 3-7-63　1 790 m 水位条件下有无拦沙坝方案出水池含沙量变化

7.2.2 低水位拦沙坝对含沙量影响

(1)第1场洪水。

图3-7-64、图3-7-65分别为有坝方案、无坝方案1 760 m水位时G1断面、取水口垂线含沙量分布变化的对比图。第1场洪水过程中牛栏江的流量峰值为65 m^3/s,含沙量峰值为0.37 kg/m^3;干河流量峰值为14 m^3/s,含沙量峰值为0.9 kg/m^3。在图3-7-64、图3-7-65中干河G1断面洪峰时段出现了明显的底层异重流,在峰后则为壅水明流。有坝方案含沙量在洪峰、峰后均与无坝方案接近。取水口断面的有坝方案较无坝方案的含沙量洪峰时明显降低,峰后接近。

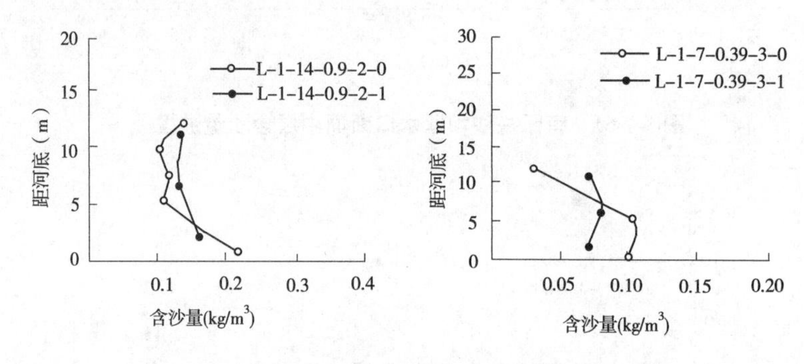

图3-7-64 第1场洪水G1断面含沙量分布对比

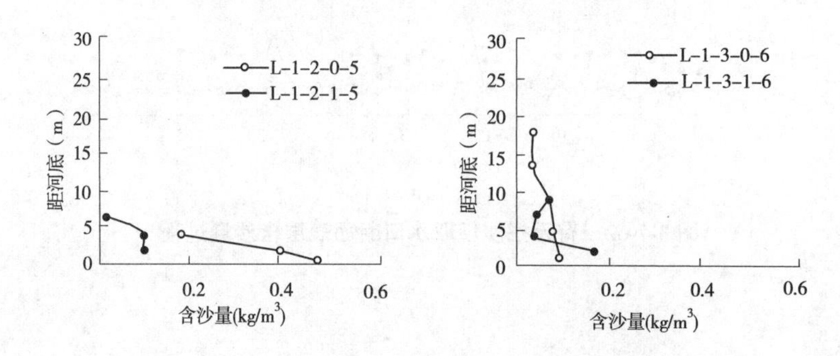

图3-7-65 第1场洪水取水口断面含沙量分布对比

图3-7-66、图3-7-67分别为有坝方案、无坝方案1 760 m水位时垂线平均含沙量沿程变化的对比图。从图中可以看到,有坝方案牛栏江沿程含沙量减小幅度较大。

(2)第2场洪水。

图3-7-68~图3-7-71分别为有坝方案、无坝方案1 760 m水位时牛栏江29断面、24断面、取水口断面及干河G1断面垂线含沙量分布变化的对比图。

第2场洪水过程中牛栏江的流量峰值为118 m^3/s,含沙量峰值为1.37 kg/m^3;干河流量峰值为25 m^3/s,含沙量峰值为3.32 kg/m^3。无坝方案中,牛栏江形成了比较明显的底层异重流,高含沙洪水沿河底运行;有坝方案中牛栏江坝上游、坝下游均未形成明显的底层异重流;从图3-7-68中看出,牛栏江有坝方案比无坝方案的坝上游含沙量洪峰前有明显的降低,洪峰时变化不大;从图3-7-69中看出,坝下游含沙量洪峰时变化不大,洪峰后

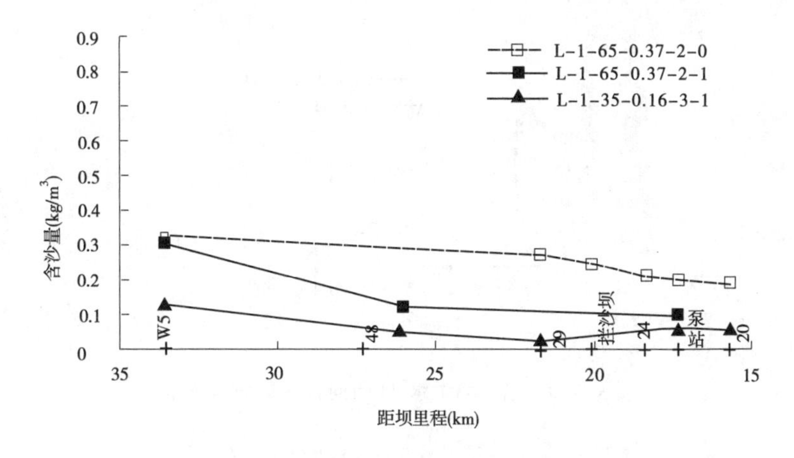

图 3-7-66　第 1 场洪水牛栏江沿程含沙量变化

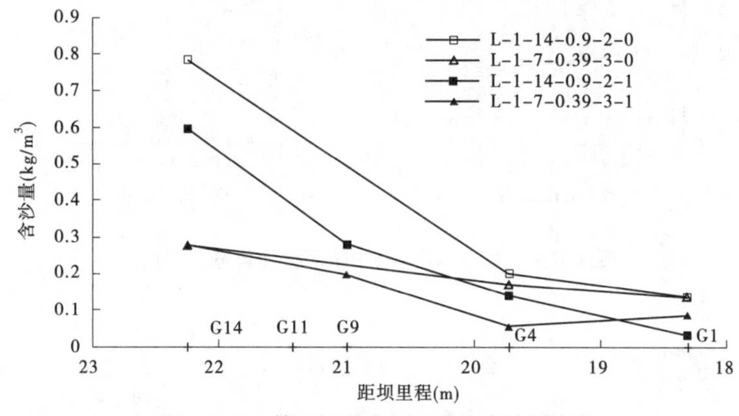

图 3-7-67　第 1 场洪水干河沿程含沙量变化

明显降低。从图 3-7-70 中看出，干河无坝方案形成底层异重流，而有坝方案则全断面含沙量分布均匀。有坝方案含沙量在洪峰、峰后均较无坝方案降低，但表层含沙量增加。从图 3-7-71 中看出，取水口河段无坝方案形成厚度较大的底层异重流，而有坝方案则厚度减小、含沙量降低。峰前减小幅度小，峰后减小幅度大。

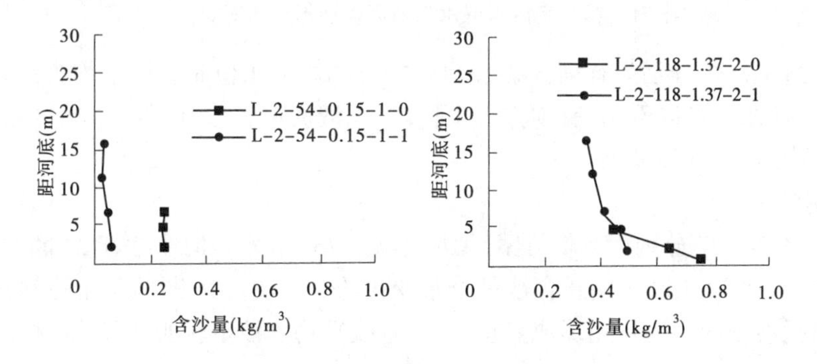

图 3-7-68　第 2 场洪水 29 断面含沙量分布对比

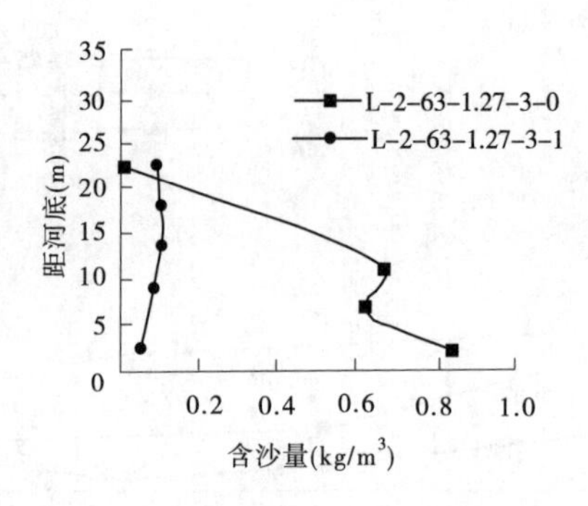

图 3-7-69 第 2 场洪水 24 断面含沙量分布对比

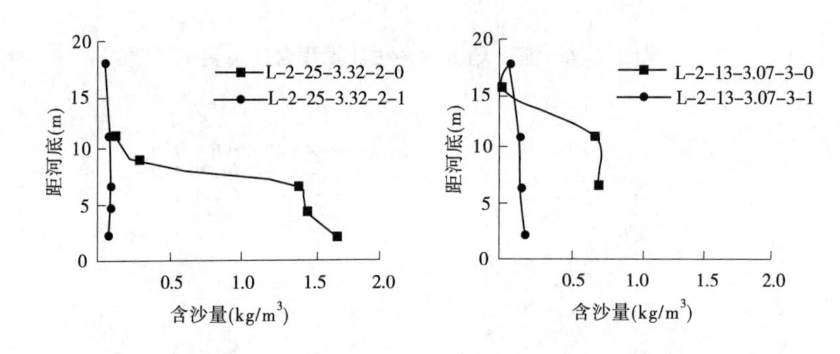

图 3-7-70 第 2 场洪水 G1 断面含沙量分布对比

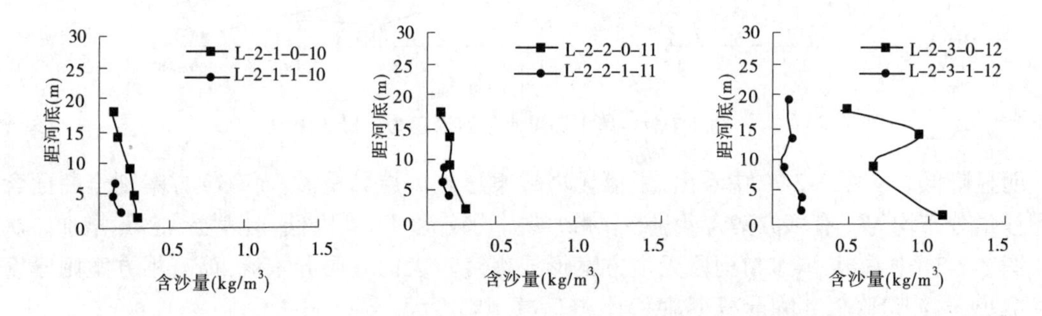

图 3-7-71 第 2 场洪水取水口断面含沙量分布对比

图 3-7-72、图 3-7-73 分别为有坝方案、无坝方案 1 760 m 水位时垂线平均含沙量沿程变化的对比图。从图中可以看到,有坝方案牛栏江、干河的沿程含沙量减小幅度较大,拦沙坝以下河段含沙量衰减幅度小。

(3)第 3 场洪水。

图 3-7-74~图 3-7-77 分别为有坝方案、无坝方案 1 760 m 水位时牛栏江 24 断面、取水口断面、20 断面及干河 G1 断面垂线含沙量分布变化的对比图。24 断面位于拦沙坝下游 2. 4 km,洪峰时拦沙坝的拦蓄作用形成异重流,其垂线平均含沙量较明流降低。峰前峰后变化不大。

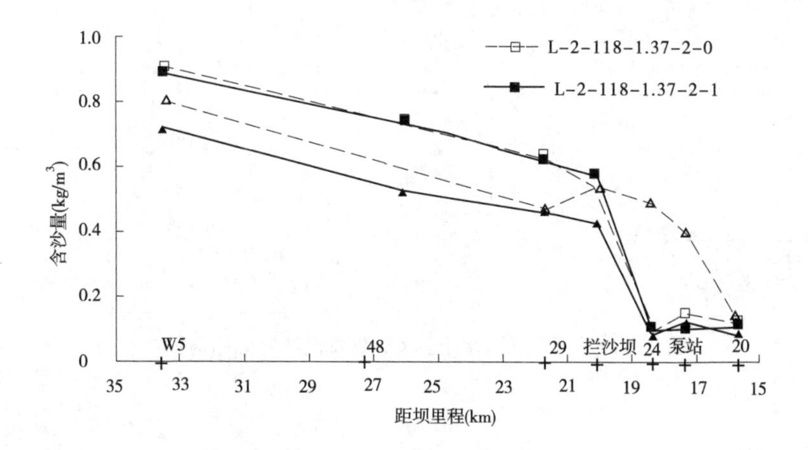

图 3-7-72　第 2 场洪水牛栏江沿程含沙量变化

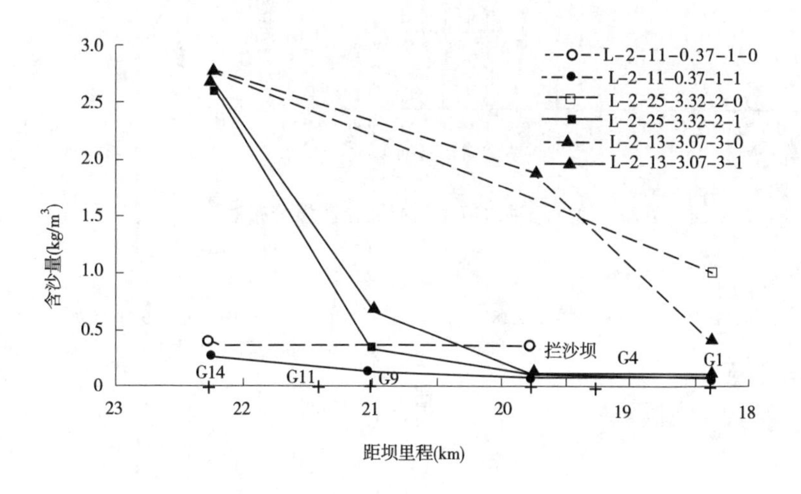

图 3-7-73　第 2 场洪水干河沿程含沙量变化

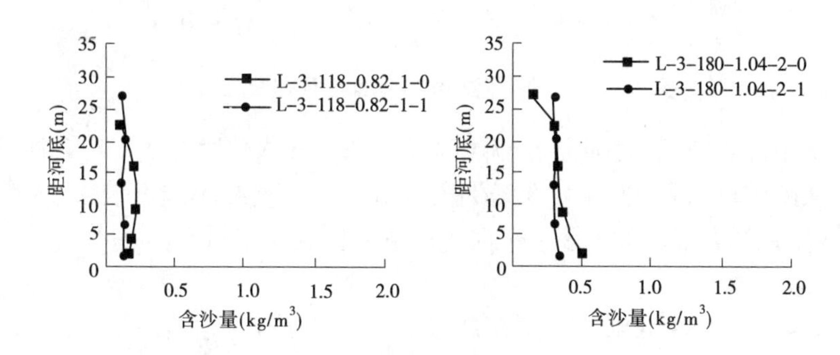

图 3-7-74　第 3 场洪水 24 断面含沙量分布对比

从图 3-7-75、图 3-7-76 看出，干河 G1 断面洪峰时有坝方案含沙量较无坝方案降低较多，而峰前、峰后含垂线含沙量较为接近。有坝方案降低了下游含沙量，较无坝方案难以满足异重流形成条件。取水口断面垂线含沙量降低。

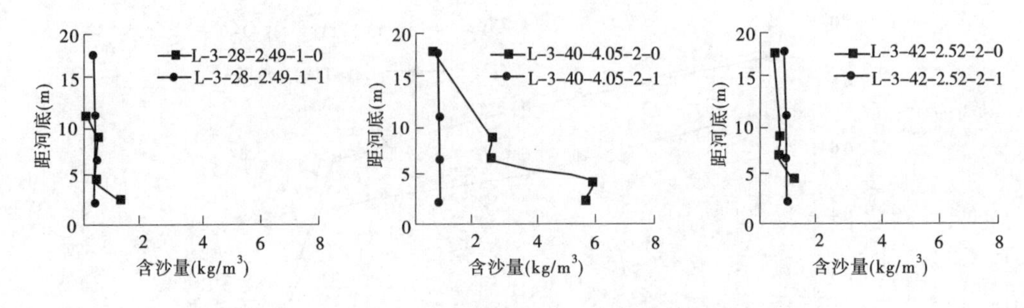

图 3-7-75　第 3 场洪水干河 G1 断面含沙量分布对比

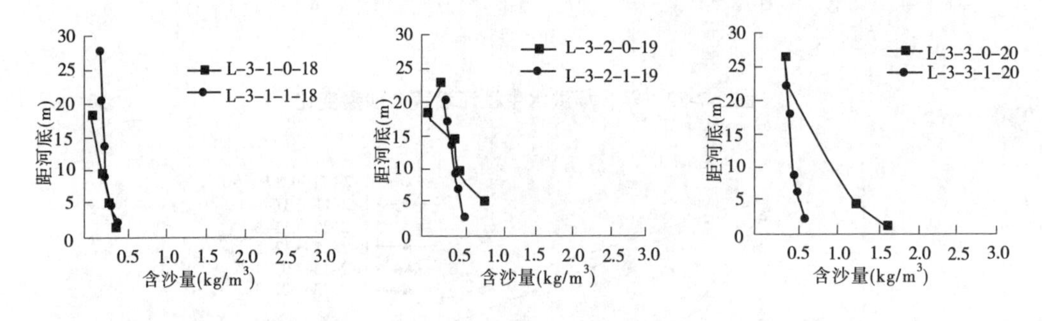

图 3-7-76　第 3 场洪水取水口断面含沙量分布对比

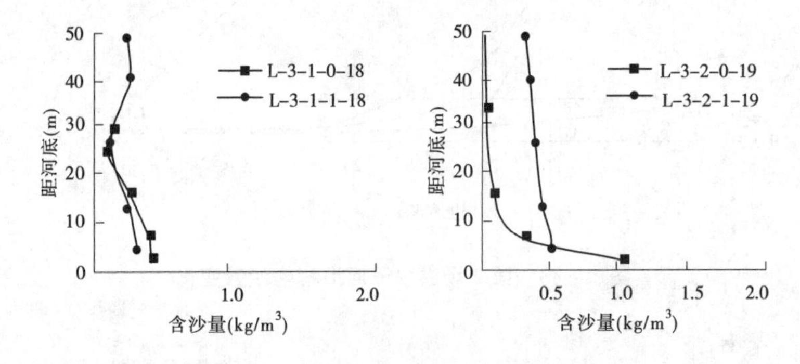

图 3-7-77　第 3 场洪水 20 断面含沙量分布对比

图 3-7-78、图 3-7-79 为有坝方案、无坝方案 1 760 m 水位时垂线平均含沙量沿程变化的对比图。从图中可以看到，有坝方案牛栏江沿程含沙量减小幅度较大，入库含沙量越高，有坝方案较无坝方案降低越多。干河含沙量输移规律相同。

(4)第 4 场洪水。

图 3-7-80～图 3-7-83 分别为有坝方案、无坝方案 1 760 m 水位时牛栏江 24 断面、取水口断面、20 断面及干河 G1 断面垂线含沙量分布变化的对比图。

从图 3-7-80 中可以看出，24 断面有坝方案未出现较为明显的沙峰情况，拦沙坝将泥沙拦蓄，下泄浑水在下游输移时含沙量沿垂线分布均匀。从图 3-7-81 中可以看出，干河下游 G1 断面有坝方案含沙量变化同牛栏江。

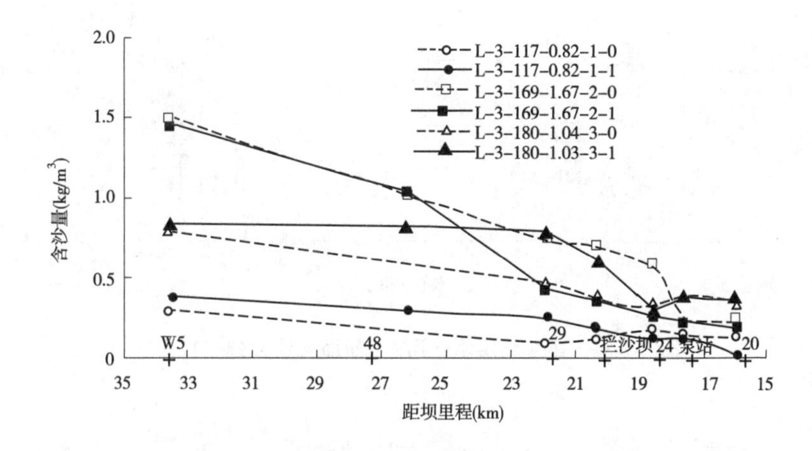

图 3-7-78 第 3 场洪水牛栏江沿程含沙量变化

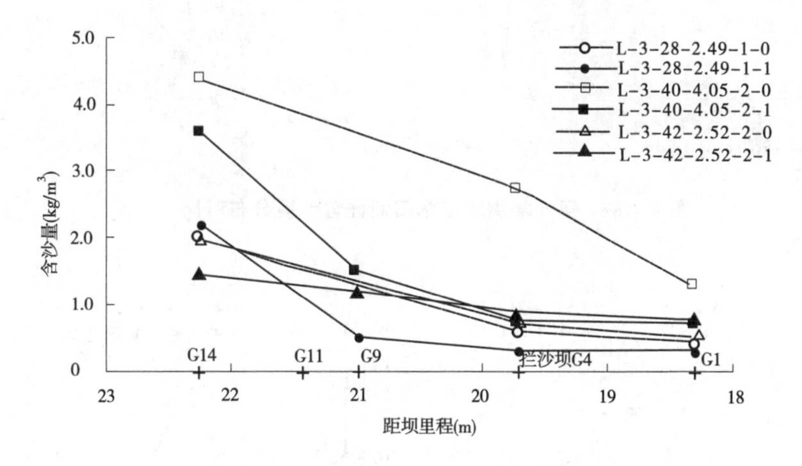

图 3-7-79 第 3 场洪水干河沿程含沙量变化

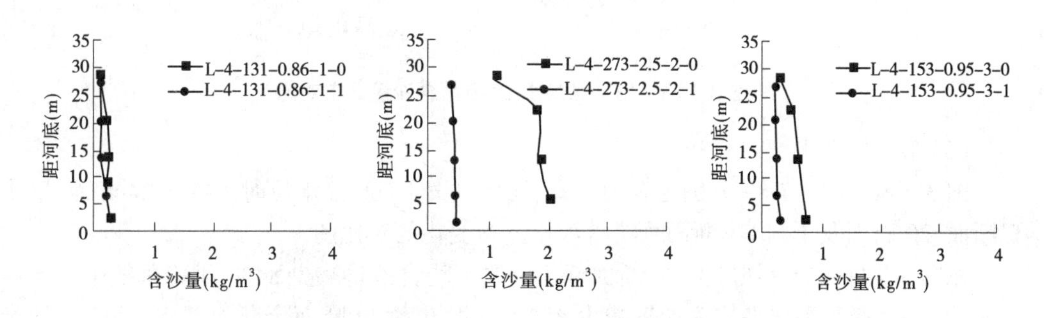

图 3-7-80 第 4 场洪水 24 断面含沙量分布对比

图 3-7-84、图 3-7-85 分别为有坝方案、无坝方案 1 760 m 水位时垂线平均含沙量沿程变化的对比图。从图中可以看到,洪峰时有坝方案干河沿程含沙量减小幅度较牛栏江大。峰前、峰后减小幅度均较小。

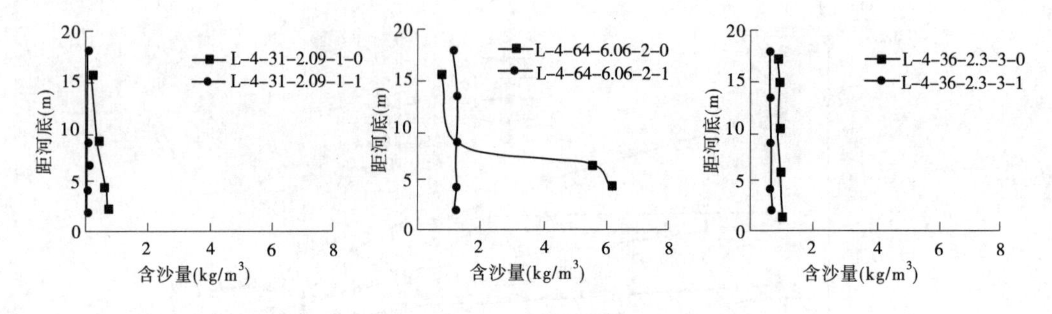

图 3-7-81　第 4 场洪水干河 G1 断面含沙量分布对比

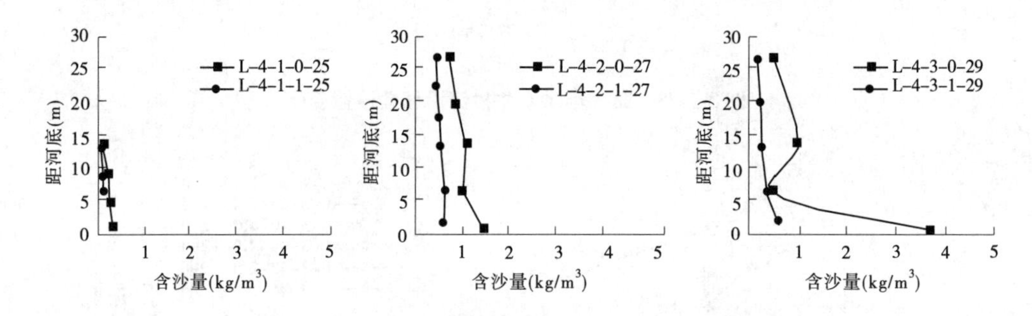

图 3-7-82　第 4 场洪水取水口断面含沙量分布对比

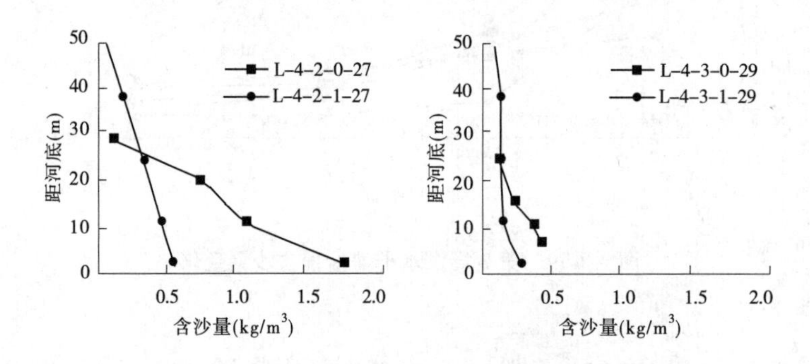

图 3-7-83　第 4 场洪水 20 断面含沙量分布对比

(5)第 5 场洪水。

图 3-7-86~图 3-7-89 分别为有坝方案、无坝方案 1 760 m 水位时牛栏江 24 断面、取水口断面、20 断面及干河 G1 断面垂线含沙量分布变化的对比图。

在图 3-7-86 中,有坝方案 24 断面峰前垂线平均含沙量减少 84%,洪峰垂线平均含沙量减少 72%,峰后垂线平均含沙量减少 55%;有坝方案 24 断面全断面浑水,垂线含沙量较小。无异重流出现。干河 G1 断面(见图 3-7-87)与 24 断面的情况类似,无坝方案洪峰时出现异重流,有坝方案则无。在取水口断面无坝方案洪峰时出现厚度较大的异重流含沙量分布,而有坝方案则为全垂线含沙量分布均匀,含沙量降低幅度大。

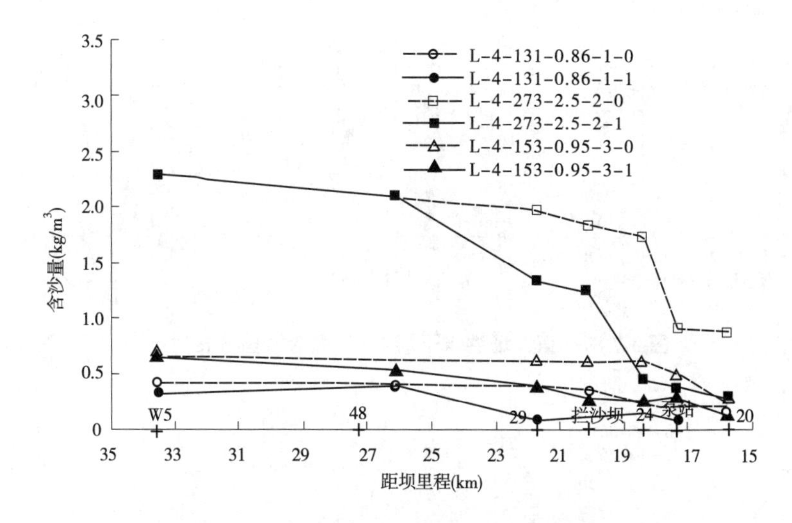

图 3-7-84　第 4 场洪水牛栏江沿程含沙量变化

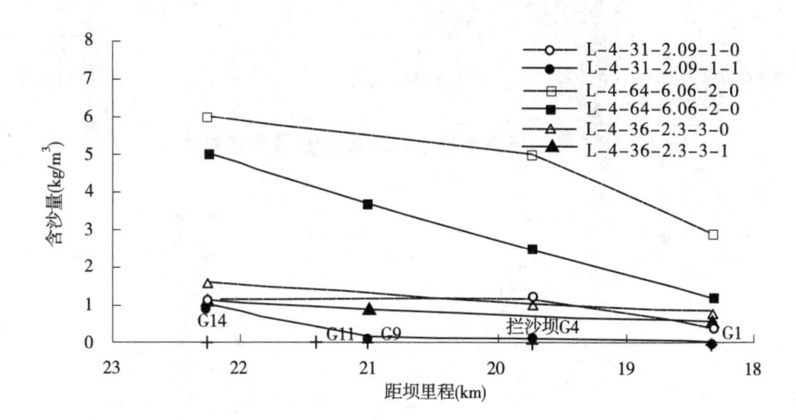

图 3-7-85　第 4 场洪水干河沿程含沙量变化

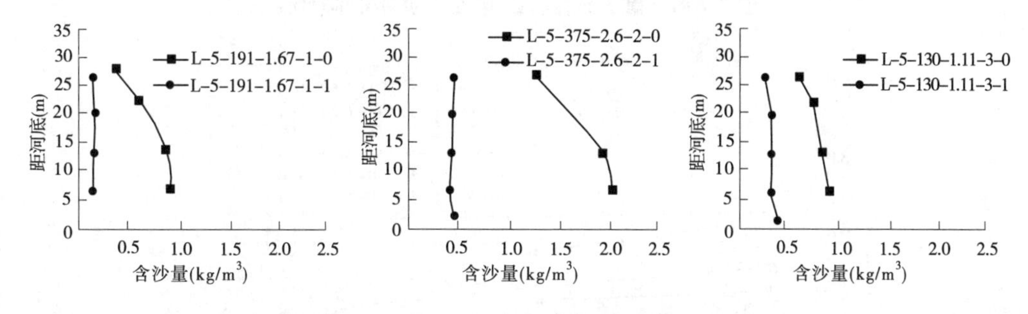

图 3-7-86　第 5 场洪水 24 断面含沙量分布对比

图 3-7-90、图 3-7-91 分别为有坝方案、无坝方案 1 760 m 水位时垂线平均含沙量沿程变化的对比图。从图中可以看到，有坝方案干河较牛栏江沿程含沙量减小幅度大。

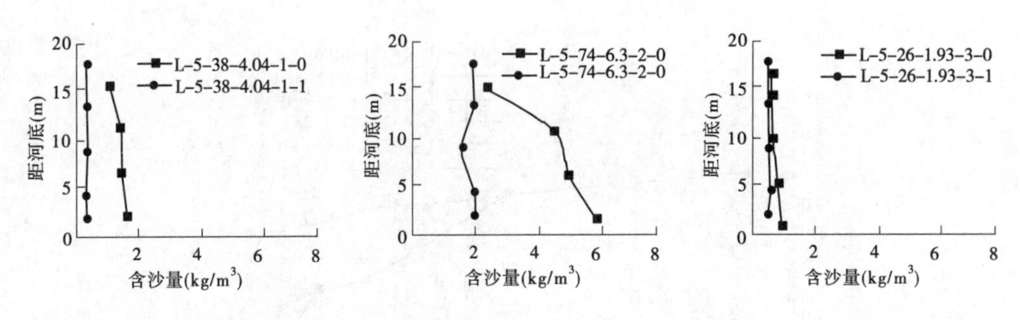

图 3-7-87 第 5 场洪水干河 G1 断面含沙量分布对比

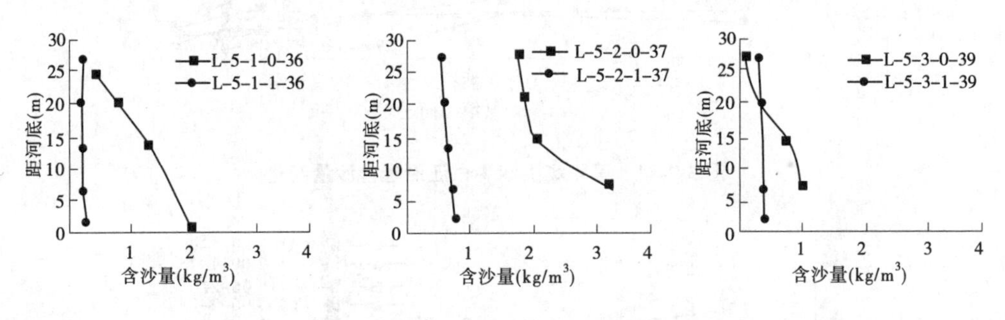

图 3-7-88 第 5 场洪水取水口断面含沙量分布对比

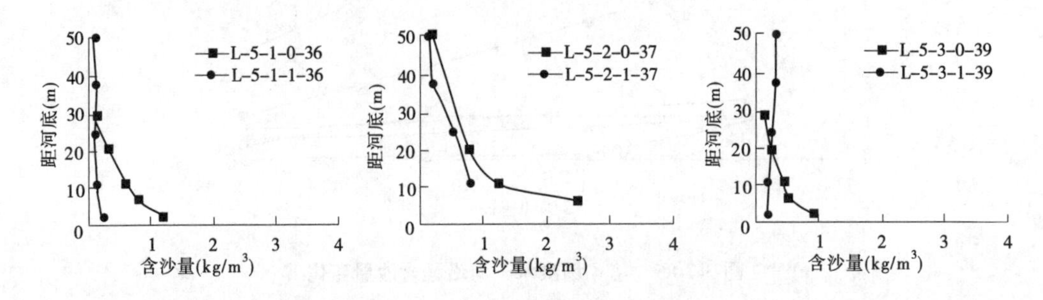

图 3-7-89 第 5 场洪水 20 断面含沙量分布对比

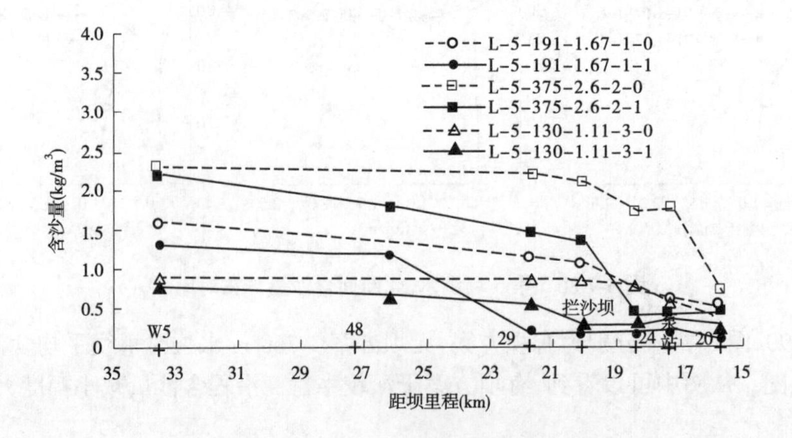

图 3-7-90 第 5 场洪水牛栏江沿程含沙量变化

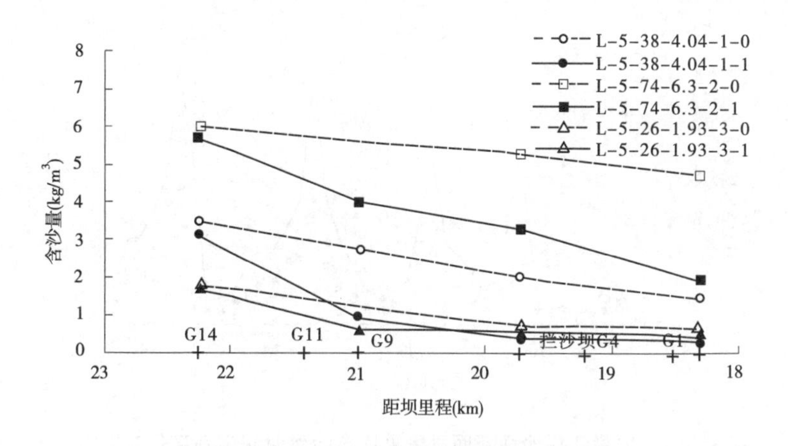

图 3-7-91　第 5 场洪水干河沿程含沙量变化

总体看,在水位 1 760 m 时,有坝方案较无坝方案拦截了泥沙,降低了拦沙坝下游的含沙量值,且含沙量沿垂线分布多改变为上下均匀分布。

(6)典型断面垂线平均含沙量时间序列变化对比图。

图 3-7-92~图 3-7-97 分别为有坝方案、无坝方案 1 760 m 水位时牛栏江 29 断面、拦沙坝断面、24 断面及干河拦沙坝断面、G1 断面和交汇口下游 20 断面垂线平均含沙量时间序列变化对比图。

从沿程图看,普遍存在的规律是在进口小流量、小含沙量情况下,有坝方案对含沙量的降低不够明显;在大流量、大含沙量的情况下,有坝方案有明显的降低现象。值得注意的是有坝方案在相对小流量、小含沙量的情况下增加了取水口表层含沙量,有坝方案取水口断面上层垂线平均含沙量相对增加,下层垂线平均含沙量相对减少,呈现出较均匀的含沙量分布形式。

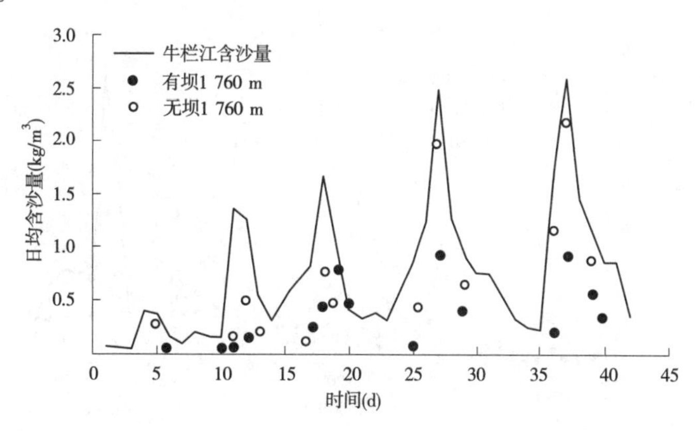

图 3-7-92　牛栏江 29 断面垂线平均含沙量时间序列变化对比

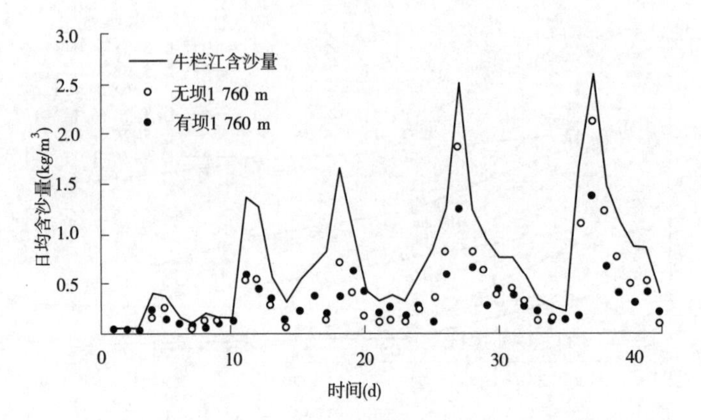

图 3-7-93　牛栏江拦沙坝断面垂线平均含沙量时间序列变化对比

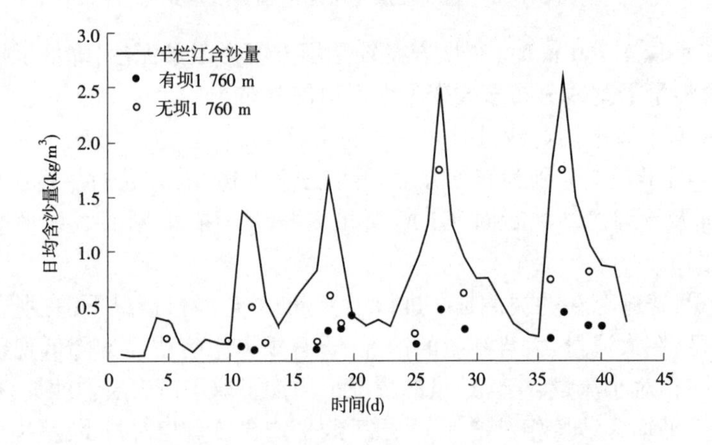

图 3-7-94　牛栏江 24 断面垂线平均含沙量时间序列变化对比

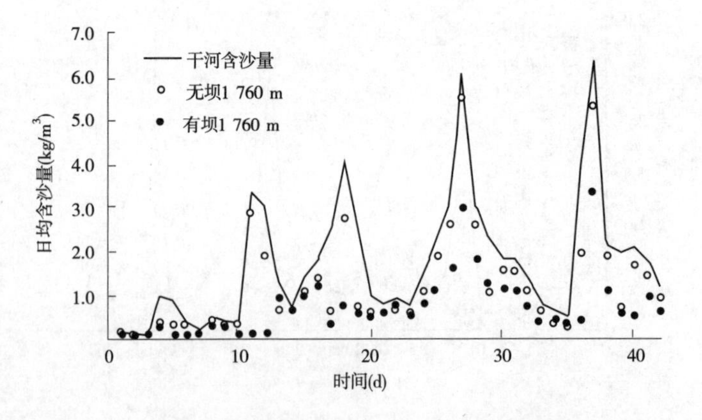

图 3-7-95　干河拦沙坝断面垂线平均含沙量时间序列变化对比

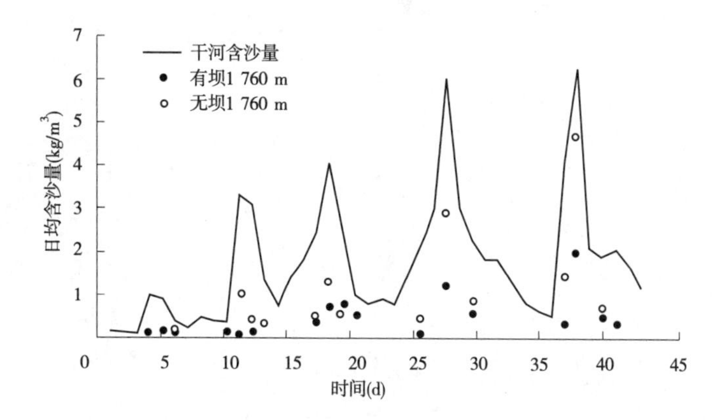

图 3-7-96　干河 G1 断面垂线平均含沙量时间序列变化对比

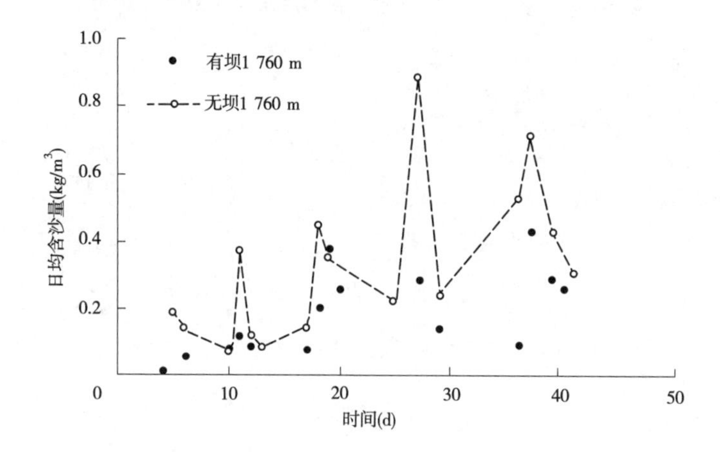

图 3-7-97　牛栏江 20 断面垂线平均含沙量时间序列变化对比

图 3-7-98～图 3-7-100 分别为有坝方案、无坝方案 1 760 m 水位时取水口底层(距河底 0.9 m)、中层(距河底 13.95 m)、表层(距河底 29 m)含沙量时间序列对比图。从图中可以看到,有坝方案底层、中层含沙量较无坝方案减小幅度较大。而表层则出现有坝方案较无坝方案除后第 3 场洪水洪峰时含沙量增加外,其余均有减小。取水口断面第 1～5 场洪水洪峰含沙量有坝较无坝分别减少 44%、33%、45%、58%、61%,场次平均含沙量减少比例分别为 31.25%、75%、40.43%、73.39%、56.67%。

图 3-7-101 为有坝方案、无坝方案 1 760 m 水位时出水池含沙量随时间变化对比图。从图中可以看到,有坝方案出水池含沙量较无坝方案,除第 5 场洪水较为接近外,其余减小幅度均较大。

7.2.3　拦沙坝对取水口断面中、表层含沙量影响

以 1 760 m 水位为例,图 3-7-102 和图 3-7-103 分别表示无拦沙坝、有拦沙坝条件下取水口断面底层(高程 1 732 m)、中层(引水口底板高程 1 744 m)、表层(高程 1 759 m)含沙量随时间的变化情况。由图可知,无论有、无拦沙坝,表层含沙量低于中层、底层含沙量,

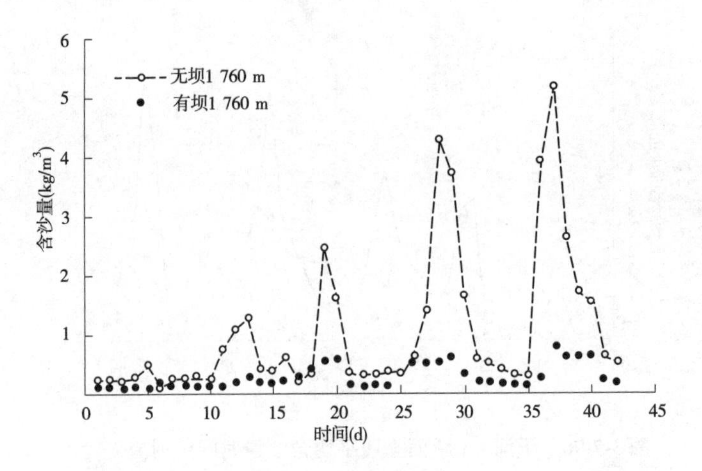

图 3-7-98　有无拦沙坝取水口断面底层含沙量过程对比

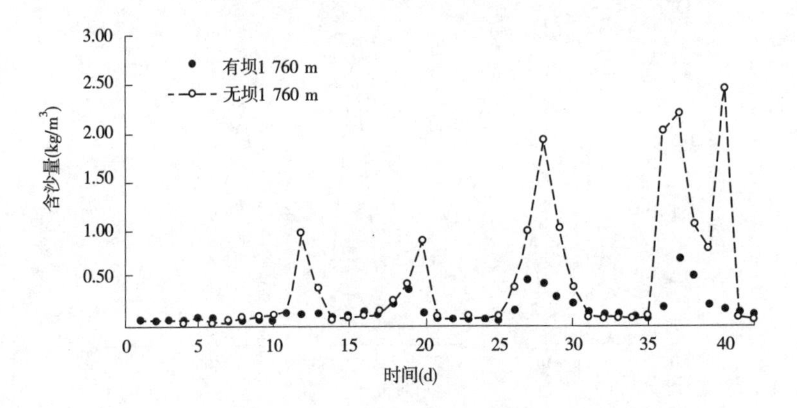

图 3-7-99　有无拦沙坝取水口断面中层含沙量过程对比

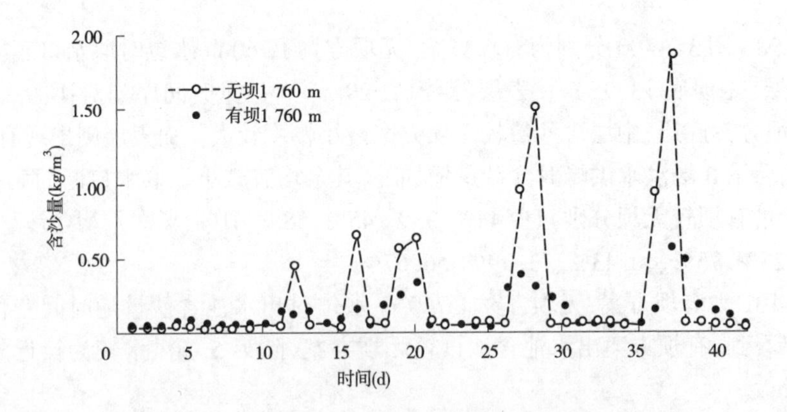

图 3-7-100　有无拦沙坝取水口断面表层含沙量过程对比

含沙量沿垂线存在明显的分层现象,这对取水口采用表层取水十分有利。此外,无拦沙坝方案含沙量分层情况较有拦沙坝方案更加明显,可见拦沙坝在一定程度上会干扰含沙量的分层现象,对取水口的含沙量垂向分布造成影响。

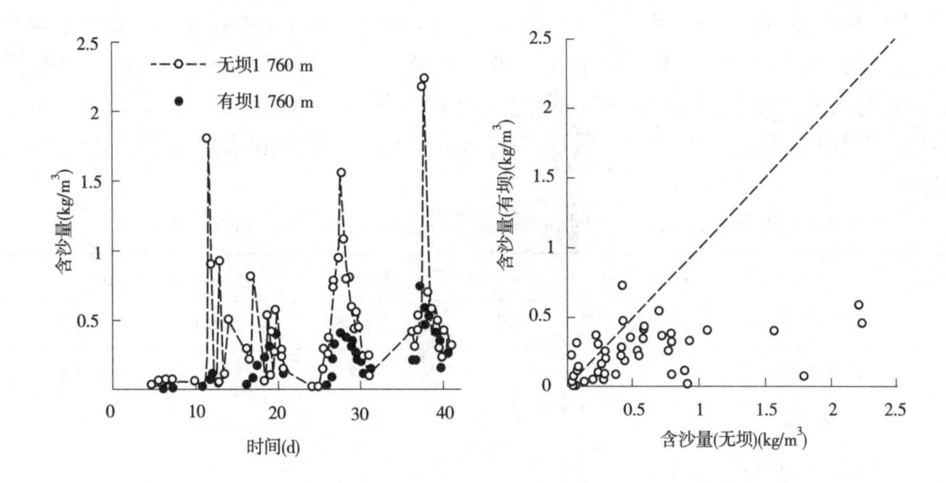

图 3-7-101　有坝、无坝方案出水池含沙量随时间变化对比

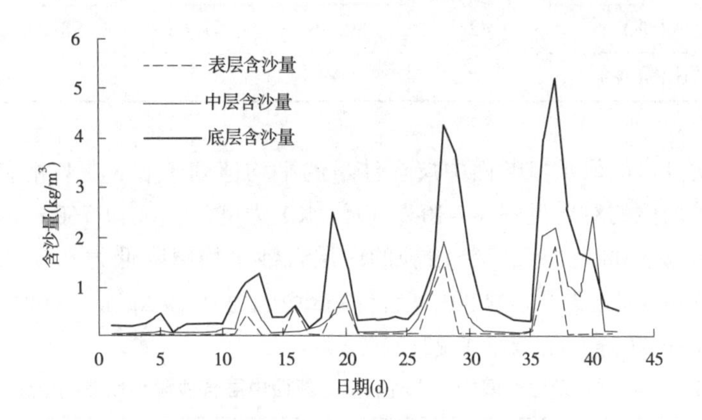

图 3-7-102　无拦沙坝时取水口断面含沙量随时间变化(1 760 m)

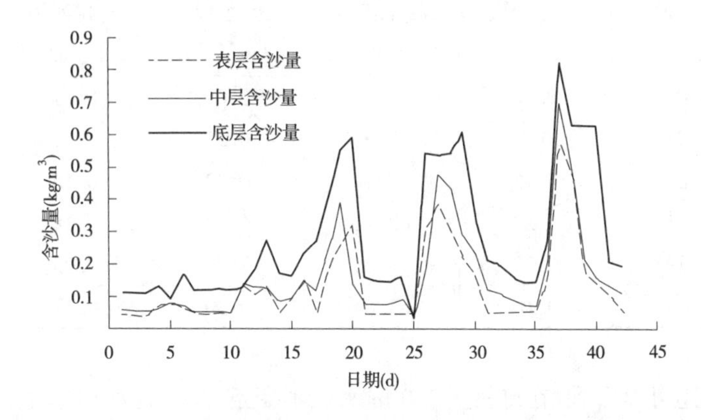

图 3-7-103　有拦沙坝时取水口断面含沙量随时间变化(1 760 m)

以 0.056 kg/m^3 为标准，统计洪水系列 42 d 过程的中层、表层含沙量的达标时间，见表 3-7-3。当运用水位 1 790 m 时，取水口中层含沙量满足要求的时间比例从无拦沙坝时的 14.29%增加到有拦沙坝时的 23.80%，增加了 9.51%；表层则从无拦沙坝时的 95.24%

降低到有拦沙坝时的66.67%,降低了28.57%。当运用水位为1 760 m时,取水口中层含沙量满足要求的时间从无拦沙坝时的14.29%提高到有拦沙坝时的16.67%,提高了2.38%;表层则从无拦沙坝时的80.95%降低到有拦沙坝时的47.62%,降低了33.33%。拦沙坝的存在提高了取水口中层含沙量满足要求的时间,降低了取水口表层含沙量满足要求的时间。

表3-7-3　有、无拦沙坝(2个)时取水口断面分层含沙量<0.056 kg/m³ 比例

位置	含沙量达标时间	总时间(d)	1 760 m		1 790 m	
			无坝	有坝	无坝	有坝
中层	时间(d)	42	6	7	6	10
	比例(%)		14.29	16.67	14.29	23.80
	增加比例(%)		2.38		9.51	
表层	时间(d)	42	34	20	40	28
	比例(%)		80.95	47.62	95.24	66.67
	增加比例(%)		-33.33		-28.57	

将不同场次洪水的取水口断面中层含沙量的平均值列于表3-7-4,相应有、无拦沙坝时中层含沙量平均值的对比见图3-7-104。以洪水1为例,在水位1 760 m时,无拦沙坝的中层含沙量均值为0.08 kg/m³,有拦沙坝的中层含沙量均值降低为0.06 kg/m³,减少了25%;在水位1 790 m时,无拦沙坝的中层含沙量均值为0.09 kg/m³,有拦沙坝的中层含沙量均值降低为0.07 kg/m³,减小了22.22%。

表3-7-4　有、无拦沙坝(2个)时取水口断面中层含沙量平均值的变化

典型洪水编号	水位1 760 m			水位1 790 m		
	无拦沙坝(kg/m³)	有拦沙坝(kg/m³)	减少比例(%)	无拦沙坝(kg/m³)	有拦沙坝(kg/m³)	减少比例(%)
洪水1	0.08	0.06	25	0.09	0.07	22.22
洪水2	0.27	0.1	62.96	0.25	0.11	56
洪水3	0.24	0.15	37.5	0.22	0.18	18.18
洪水4	0.56	0.22	60.71	0.37	0.18	51.35
洪水5	0.89	0.22	75.28	0.5	0.23	54
平均值	0.44	0.16	63.63	0.30	0.17	43.33

由表3-7-4还可以看到,在维持1 760 m水位不变条件下,拦沙坝修建后可使洪水1~洪水5的取水口断面中层含沙量均值分别减少25%、62.96%、37.5%、60.71%和75.28%。1 790 m水位不变条件下,拦沙坝修建后可使洪水1~洪水5的取水口断面中层含沙量均值分别减少22.22%、56.00%、18.18%、51.35%和54.00%。拦沙坝对洪水1~洪水5有减少取水口断面中层含沙量的作用。

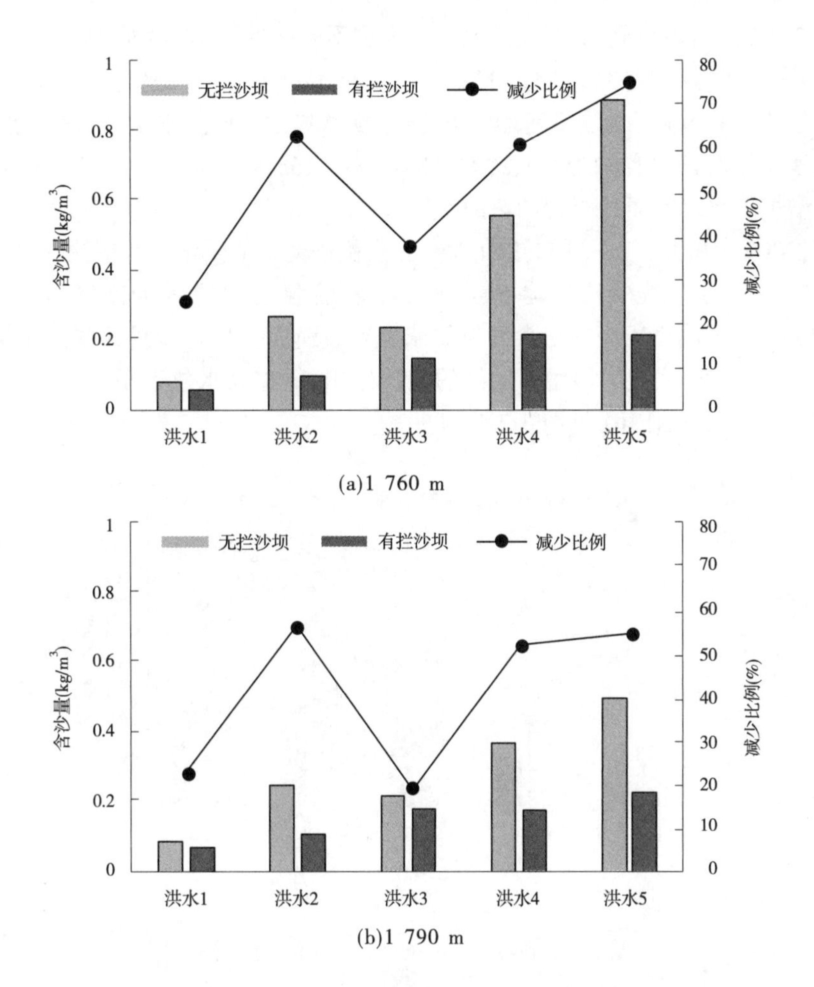

图 3-7-104　不同水位下有、无拦沙坝(2 个)时取水口断面中层含沙量平均值比较

将不同场次洪水的取水口断面表层含沙量的平均值列于表 3-7-5,相应有、无拦沙坝时表层含沙量平均值的对比见图 3-7-105。以洪水 1 为例,在水位 1 760 m 时,无拦沙坝的表层含沙量均值为 0.11 kg/m³,有拦沙坝的表层含沙量均值降低为 0.04 kg/m³,减少了 63.64%;在水位 1 790 m 时,无拦沙坝的表层含沙量均值为 0.02 kg/m³,有拦沙坝的表层含沙量均为 0.07 kg/m³,增加了 250%。

表 3-7-5　有、无拦沙坝时取水口断面表层含沙量平均值的变化

典型洪水编号	水位 1 760 m			水位 1 790 m		
	无拦沙坝(kg/m³)	有拦沙坝(kg/m³)	减少比例(%)	无拦沙坝(kg/m³)	有拦沙坝(kg/m³)	减少比例(%)
洪水 1	0.11	0.04	63.64	0.02	0.07	-250
洪水 2	0.16	0.09	43.75	0.02	0.07	-250
洪水 3	0.16	0.14	12.5	0.03	0.14	-366.67
洪水 4	0.36	0.19	47.22	0.03	0.08	-166.67
洪水 5	0.34	0.19	44.12	0.02	0.11	-450
平均值	0.23	0.14	39.13	0.02	0.09	-291.67

由表 3-7-5 还可以看到,在维持 1 760 m 水位不变条件下,拦沙坝修建后可使洪水 1~洪水 5 的取水口断面表层含沙量均值分别减少 63. 64%、43. 75%、12. 5%、47. 22%和 44. 12%;在维持 1 790 m 水位不变条件下,拦沙坝修建后可使洪水 1~洪水 5 的取水口断面表层含沙量均值分别增加 250%、250%、366. 67%、166. 67%和 450%,拦沙坝对洪水 1~洪水 5 有增加取水口断面表层含沙量的作用。

对比表 3-7-3 和表 3-7-5 可知,以 1 760 m 水位条件下的洪水 5 为例,断面平均含沙量在拦沙坝修建前后的减少比例为 51. 39%,而表层含沙量的减少比例为 44. 12%[见图 3-7-105(a)],说明由于中底层含沙量的减少导致断面平均含沙量的减少比例变大,可见拦沙坝的修建对中底层含沙量有较好的拦沙作用,但在高水位运用时对表层含沙量可能增加,会有较大的反作用[见图 3-7-105(b)]。

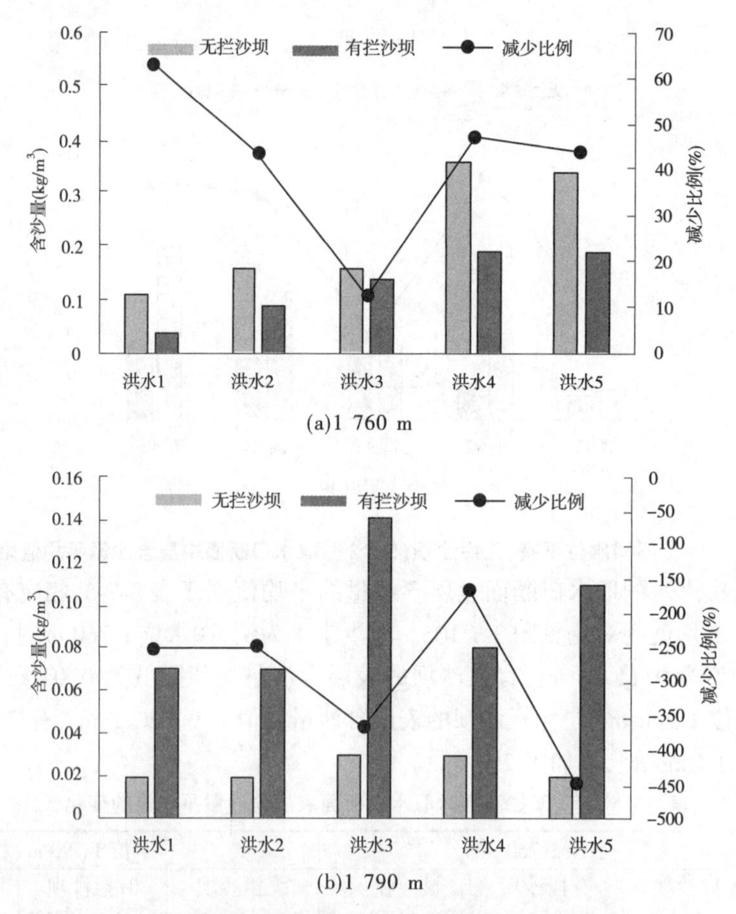

图 3-7-105　不同水位有无拦沙坝取水口断面表层含沙量平均值比较

7.3　异重流潜入合理性分析

异重流潜入后,水深变化迅速,异重流的水面线出现一个拐点,在该拐点可近似地认为$\frac{dh}{dx}\to\infty$,这相当于明流中缓流转入急流的临界状态。因此,在该点应满足 $Fr=V'/\sqrt{\eta_g g h'}=1$。

不仅如此,异重流形成还与水库底坡 J_0 有关。水库底坡在一定程度上决定异重流的均匀流动,事实上在异重流潜入后,经过一定距离,它将为均匀流,其水深为:

$$h'_n=\frac{Q}{V'B}=\left(\frac{\lambda'}{8\eta_g g}\frac{Q^2}{J_0B^2}\right)^{1/3} \tag{3-7-1}$$

第 5 章中,修正李涛潜入点水深公式为:

$$h_0=0.738\ 6\frac{q_{\mathrm{m}}^{2/3}}{S_V^{1/3}} \tag{3-7-2}$$

若异重流潜入后并变为均匀流,且其水深 $h'_n<h_0$,则潜入成功;否则如 $h'_n>h_0$,则潜入后变为均匀流的水深将超过表层清水水面,这表示异重流上浮而消失也即潜入不成功。由式(3-7-1)及式(3-7-2)可得两个水深的比值

$$\frac{h'_n}{h_0}=\left(\frac{0.6\lambda'}{8J_0}\right)^{1/3} \tag{3-7-3}$$

当$\frac{h'_n}{h_0}=1$时,称为临界情况;令此时 $J_0=J_{0,\mathrm{c}}$,则

$$J_{0,\mathrm{c}}=\frac{0.6\lambda'}{8}=0.001\ 875 \tag{3-7-4}$$

$J_{0,\mathrm{c}}$ 也称为临界值。故异重流形成除满足潜入条件外,尚需满足 $h'_n<h_0$,或者,综合这两种条件在一般情况下异重流水深应满足

$$h>\max[h_0,h'_n] \tag{3-7-5}$$

即在潜入点

$$h=\max[h_0,h'_n] \tag{3-7-6}$$

式中,h'_n为异重流潜入后均匀运动的水深。其物理意义表明,当 $h_0>h'_n$,即“陡坡”异重流时,则只需满足条件 $h>h_0$;当 $h_0<h'_n$,即“缓坡”异重流时,则只需满足条件 $h>h'_n$。其中,h 为断面总水深。

有坝方案均采用溢流的方式下泄流量,则拦沙坝位置对于下游河道来说相当于新的进口。由于拦沙坝的影响,通过拦沙坝的流量、含沙量相对于上游进口流量、含沙量均会有所变化。通过根据拦沙坝上游水位计算得出的下泄流量 Q 以及拦沙坝断面测验的含沙量 S,采用修正李涛潜入点水深计算公式(3-7-2)对拦沙坝下游 24、G1 及取水口断面异重流形成进行计算预测,以验证模型试验测得牛栏江拦沙坝下游 24 断面、干河拦沙坝下游 G1 断面及取水口断面垂线流速分布、含沙量的合理性。

表 3-7-6 为 1 760 m 低水位和 1 790 m 高水位条件下,拦沙坝下游计算潜入点水深与异重流均匀流所需水深汇总表。从表中可看出,两种工况下,异重流均匀流所需水深与计算潜入点水深比值均小于 1,即 $h_n<h'_0$,说明“陡坡”异重流时,则只需满足条件 $h>h_0$,其拦沙坝下游异重流形成即可发生稳定潜入。

表 3-7-6　计算潜入点水深与异重流均匀流所需水深汇总

地点	时间(d)	潜入点水深 h_0(m)	异重流均匀流所需水深 h_n'(m)	h_n'/h_0
1 760 m 低水位牛栏江拦沙坝下游	11	39.57	22.82	0.58
	12	23.38	13.48	0.58
	17	34.44	19.86	0.58
	18	38.23	22.04	0.58
	19	46.91	27.04	0.58
	25	42.21	24.33	0.58
	27	45.68	26.34	0.58
	29	39.22	22.61	0.58
	36	26.35	15.19	0.58
	37	48.67	28.06	0.58
	39	31.22	18.00	0.58
1 790 m 高水位牛栏江拦沙坝下游	10	11.22	6.47	0.58
	11	29.99	17.29	0.58
	12	18.58	10.71	0.58
	17	27.57	15.90	0.58
	18	33.98	19.59	0.58
	19	34.48	19.88	0.58
	25	27.93	16.11	0.58
	27	57.85	33.35	0.58
	29	37.76	21.77	0.58
	36	32.45	18.71	0.58
	37	56.88	32.80	0.58
	39	32.83	18.93	0.58

续表 3-7-6

地点	时间(d)	潜入点水深 h_0(m)	异重流均匀流所需水深 h_n'(m)	h_n'/h_0
1 760 m 低水位干河拦沙坝下游	6	20.80	5.60	0.27
	10	21.47	5.78	0.27
	11	32.37	8.72	0.27
	12	21.08	5.68	0.27
	17	22.48	6.06	0.27
	18	21.41	5.77	0.27
	19	21.19	5.71	0.27
	20	18.37	4.95	0.27
	25	39.44	10.62	0.27
	27	16.61	4.48	0.27
	36	26.92	7.25	0.27
	37	19.20	5.17	0.27
	39	17.85	4.81	0.27
1 790 m 高水位干河拦沙坝下游	6	12.63	3.40	0.27
	10	13.84	3.73	0.27
	11	24.00	6.47	0.27
	12	13.58	3.66	0.27
	17	18.71	5.04	0.27
	18	17.19	4.63	0.27
	19	16.17	4.36	0.27
	25	25.27	6.81	0.27
	27	15.47	4.17	0.27
	29	15.14	4.08	0.27
	36	19.49	5.25	0.27
	37	20.15	5.43	0.27
	39	13.68	3.68	0.27

续表 3-7-6

地点	时间(d)	潜入点水深 h_0(m)	异重流均匀流所需水深 h'_n(m)	h'_n/h_0
1 760 m 低水位交汇口下游	6	23.88	9.91	0.41
	11	44.35	18.40	0.41
	12	27.73	11.50	0.41
	17	41.10	17.06	0.41
	18	43.13	17.90	0.41
	19	38.12	15.82	0.41
	25	53.12	22.04	0.41
	27	49.45	20.52	0.41
	29	36.17	15.01	0.41
	36	47.79	19.83	0.41
	37	56.00	23.24	0.41
	39	32.40	13.44	0.41
	40	33.51	13.90	0.41
1 790 m 高水位交汇口下游	6	51.23	21.26	0.41
	11	47.67	19.78	0.41
	12	32.71	13.57	0.41
	17	42.63	17.69	0.41
	18	45.66	18.95	0.41
	19	45.23	18.77	0.41
	25	49.95	20.73	0.41
	27	57.09	23.69	0.41
	29	39.11	16.23	0.41
	36	47.41	19.67	0.41
	37	58.90	24.44	0.41
	39	28.98	12.02	0.41
	40	38.06	15.79	0.41

图 3-7-106～图 3-7-111 分别为 1 760 m 低水位和 1 790 m 高水位条件下，拦沙坝下游潜入点水深计算结果与模型结果对比图。图中，计算值与测验值小于断面水深的点说明在该时间段断面水深满足潜入条件，形成异重流；计算值与测验值大于断面水深的点说明在该时间段断面水深无法满足潜入条件，未形成异重流；计算值与测验值接近断面水深的

点说明该时间段内异重流形成处于临界值,异重流可能形成,也可能未形成。在实际模型测验中,由于无法确定潜入点水深,故在实际测验结果中,如果断面处形成异重流,则采用小于该断面水深的相同数据表示,如果未形成异重流,则采用小于该断面水深的相同数据表示(如图3-7-106所示,在24断面根据模型测验所得垂线流速分析形成了异重流,说明24断面处水深大于异重流潜入水深,则用20 m表示;根据实测垂线流速分析未形成异重流,说明24断面处水深小于异重流潜入水深,则用40 m表示)。

从图3-7-106中可看出,1 760 m低水位方案时,在第12、36天时,计算结果小于24断面处水深,表明浑水在牛栏江拦沙坝下游异重流形成,流速测验结果也是如此;在其他时间段内,计算结果大于24断面处水深,表明浑水在牛栏江拦沙坝下游未形成异重流,流速测验结果也是如此。说明测验所得24断面垂线流速分布是合理的。

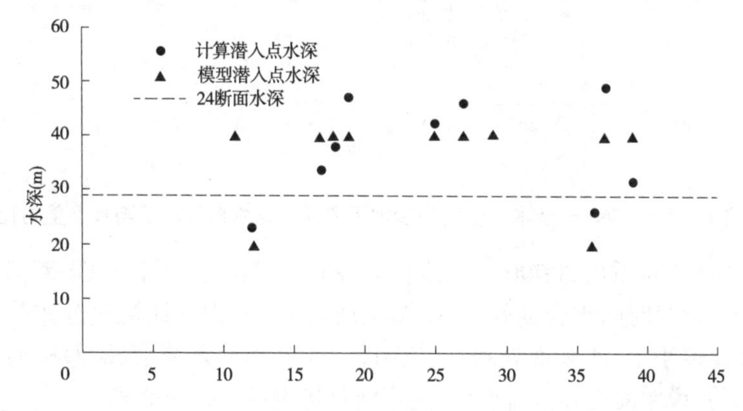

图3-7-106 1 760 m低水位牛栏江拦沙坝下游潜入点水深计算值与模型值对比

从图3-7-107中可看出,1 790 m高水位方案时,牛栏江拦沙坝下游24断面位置计算结果与测验结果大部分时间吻合良好,说明模型测验所得24断面垂线流速分布是合理的。其中在第10、29、39天时,实测该断面垂线流速分布形式与异重流潜入区流速分布形式接近,计算结果表明已经发生潜入,形成了异重流,这可能是洪水场次叠加造成的。

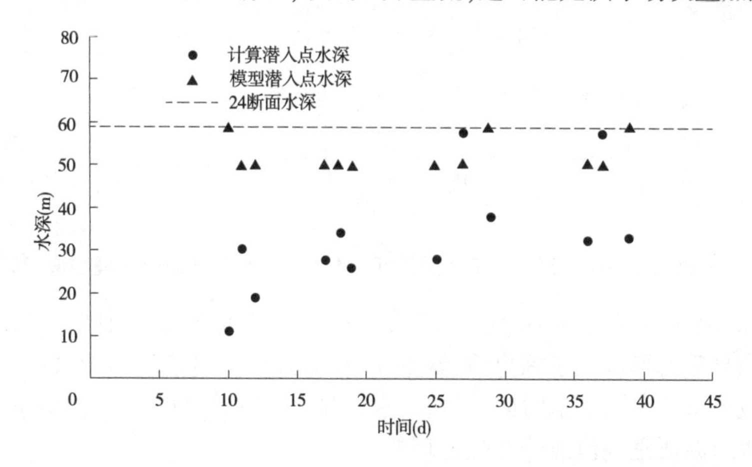

图3-7-107 1 790 m高水位牛栏江拦沙坝下游潜入点水深计算值与模型值对比

从图 3-7-108 中可看出,1 760 m 低水位方案时,大部分计算值十分接近于 G1 断面处水深,说明该时间段内异重流形成处于临界值,异重流可能形成,也可能没有形成,实际测得垂线流速分布形式接近于异重流潜入区的流速分布形式。在第 11、25、27、36 天时,计算结果接近模型结果,说明了测验所得 G1 断面垂线流速分布是合理的。

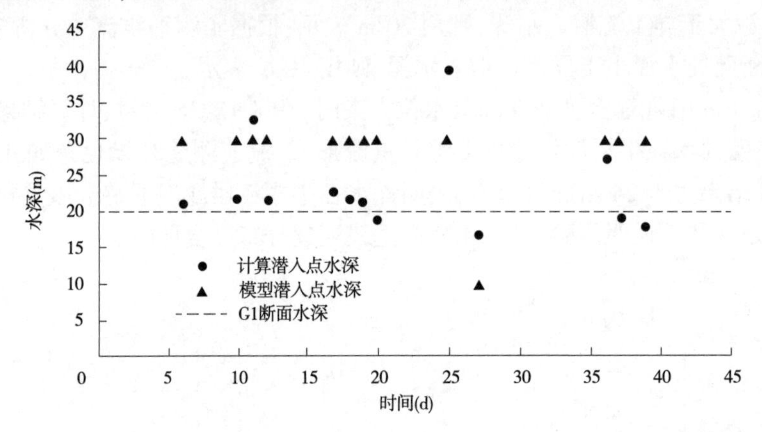

图 3-7-108　1 760 m 低水位干河拦沙坝下游潜入点水深计算值与模型值对比

从图 3-7-109 中可看出,1 790 m 高水位方案时,干河拦沙坝下游 G1 断面位置计算结果与模型结果大部分时间吻合良好,说明测验所得 G1 断面垂线流速分布是合理的。在第 39 天时,计算值小于 G1 断面处水深,说明在 G1 断面异重流形成,但模型测验垂线流速分布较为均匀,说明尚无异重流形成,这可能是场次洪水叠加造成的。

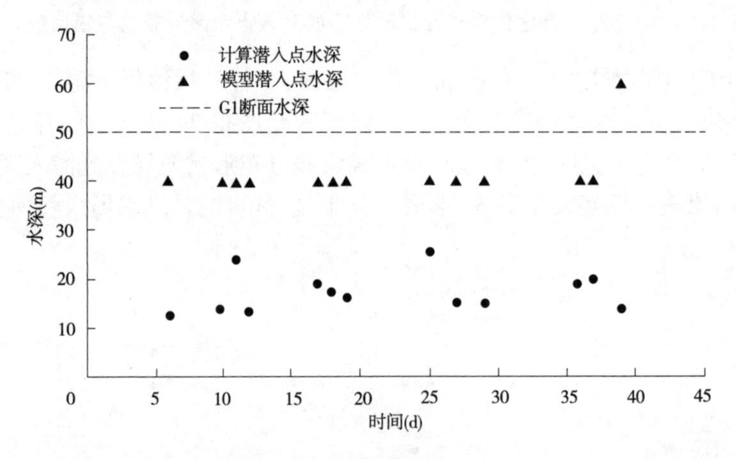

图 3-7-109　1 790 m 高水位干河拦沙坝下游潜入点水深计算值与模型值对比

从图 3-7-110 中可看出,在第 12 天时,计算值十分接近于取水口断面处水深,这就说明该时间段内异重流形成处于临界值,异重流可能形成,也可能没有形成,模型测验结果说明尚未形成异重流。在其他时间段内,取水口断面位置计算值与模型值吻合良好,说明实测所得取水口断面垂线流速分布是合理的。

从图 3-7-111 中可看出,1 790 m 高水位方案时,取水口断面位置计算值与模型值吻合良好,说明测验所得取水口断面垂线流速分布是合理的。

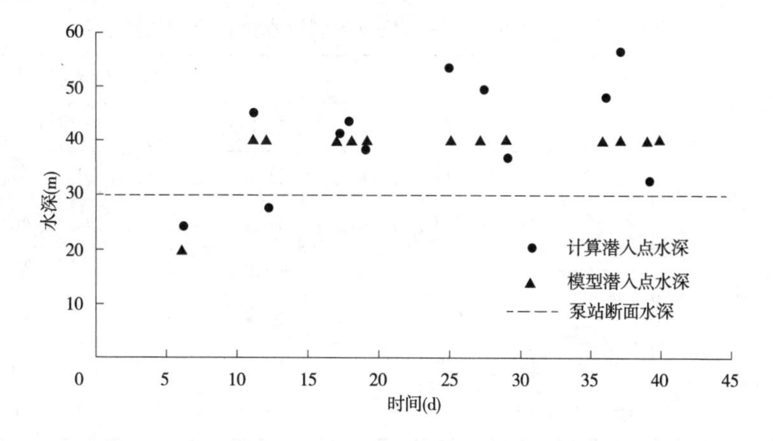

图 3-7-110　1 760 m 低水位交汇口下游潜入点水深计算值与模型值对比

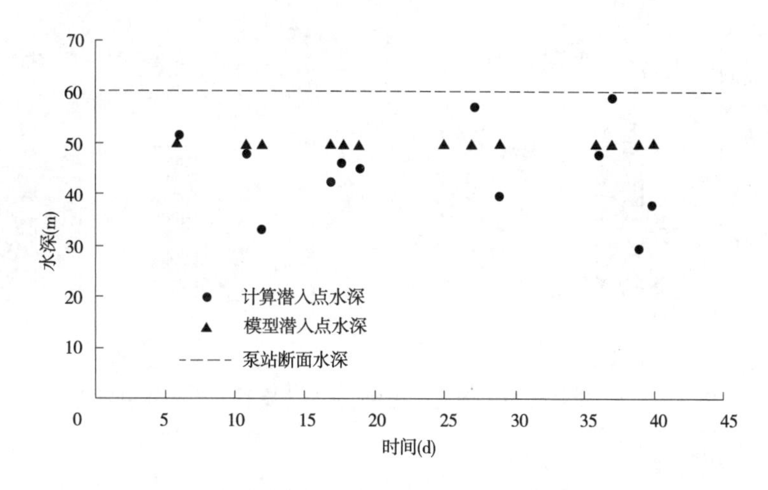

图 3-7-111　1 790 m 高水位汇口下游潜入点水深计算值与模型值对比

整体看，大部分计算值与模型值吻合良好，说明测验所得含沙量及断面垂线流速分布形式均是合理的，同时也验证了式(3-7-2)的可靠性。极个别点的偏离，也许是场次洪水叠加造成的。

7.4　拦沙坝拦沙效果分析

根据流量及含沙量过程，分别统计了干河坝前、牛栏江坝前 42 天设计系列的总输沙量，分别与相应的干河入库、牛栏江入库的入库总输沙量进行对比，可得干河入库—拦沙坝段、牛栏江入库—拦沙坝段 42 天典型洪水过程的拦沙率，结果如表 3-7-7 及图 3-7-112 所示。

由表 3-7-7 和图 3-7-112 可知，无拦沙坝时，干河入库—拦沙坝段的拦沙率在运用水位为 1 760 m 和 1 790 m 时分别为 25.6%和 47.6%，牛栏江入库—拦沙坝段的拦沙率分别为 37.2%和 46.0%。不同库段的拦沙率均具有洪水越小拦沙率越大的变化特点，符合水库运用水位对库区泥沙淤积影响的基本规律。

表 3-7-7　德泽水库不同运用水位下典型洪水过程的平均拦沙率　(%)

拦沙坝情况	库段	德泽水库运用水位	
		1 760 m	1 790 m
无拦沙坝	干河入库—拦沙坝	25.6	47.6
	牛栏江入库—拦沙坝	37.2	46.0
有拦沙坝	干河入库—拦沙坝	57.8	62.0
	牛栏江入库—拦沙坝	56.8	55.9
有、无拦沙坝增加幅度	干河入库—拦沙坝	32.2	14.4
	牛栏江入库—拦沙坝	19.6	9.9

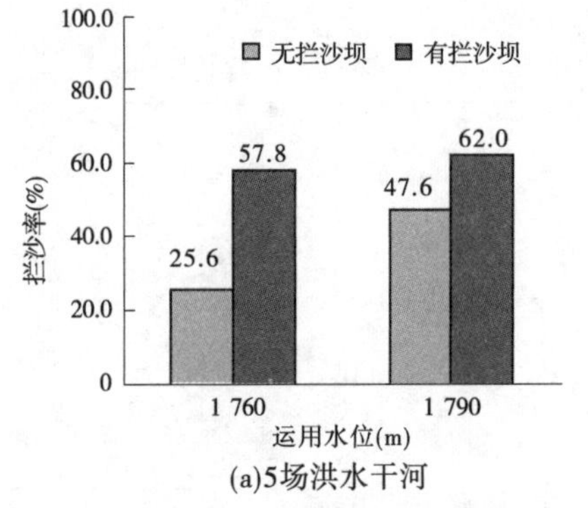

(a)5场洪水干河

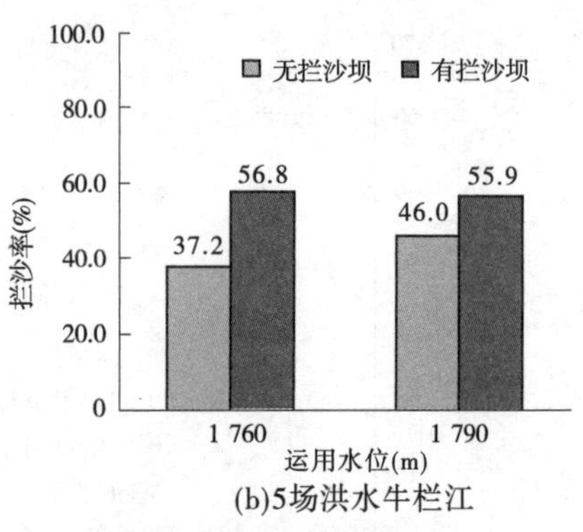

(b)5场洪水牛栏江

图 3-7-112　牛栏江与干河有坝方案、无坝方案拦沙率对比柱状图

由表 3-7-7 和图 3-7-112 可知：

(1)无拦沙坝，德泽水库蓄水 1 760 m。牛栏江回水末端超过坝址断面，坝址以上库段由明流畅流状态转化为壅水明流或异重流，总淤积率为 37.2%。干河回水在拦沙坝址以下，坝址以上库段均为畅流状态，当流量较小或含沙量较高时，库段有所淤积，总淤积率小于牛栏江，为 25.6%。

(2)无拦沙坝，德泽水库蓄水 1 790 m。牛栏江与干河回水末端均较远，随着入库水沙过程变化，牛栏江库段自上而下由明流畅流状态转变为壅水明流进而至异重流，总淤积率大于蓄水位 1 760 m 的，为 46.0%。干河水沙入库后直接为壅水明流或异重流，由于干河含沙量较高，异重流运行较为稳定，该库段总淤积率为 47.6%。

(3)有拦沙坝，牛栏江拦沙坝蓄水位为 1 795 m，略高于无坝的 1 790 m，干河拦沙坝蓄水位 1 785 m，比无坝 1 790 m 方案略低。牛栏江与干河有坝与无坝两者主要的差别体现在无坝时，拦沙坝及其以下库段异重流为畅流状态，有坝之后，坝体的拦阻作用使得异重流不能顺畅运行。德泽水库蓄水位为 1 760 m 和 1 790 m 时，牛栏江拦沙坝以上的拦沙率分别为 56.8%和 55.9%；干河拦沙坝以上的拦沙率分别为 57.8%和 62.0%。

表 3-7-7 还给出了有、无拦沙坝时同一库段拦沙率的增加幅度，可以看到，无论水位高低，拦沙坝的存在均可使拦沙率具有不同程度的提高。德泽水库蓄水位为 1 760 m 和

1 790 m 时,干河拦沙坝以上库段拦沙率分别增加了 32.2%和 14.4%,牛栏江拦沙坝以上拦沙率分别增加了 19.6%和 9.9%,具有水库运用水位越高,拦沙率的增加幅度越小的特点,这是由于水库运用水位越高时,有、无拦沙坝相比其水位差越小。

从浊度变化的角度分析,采用清华大学提供的含沙量与浊度的关系式进行换算,即

$$S = 0.001\,156A + 0.036\,52 \tag{3-7-7}$$

式中:S 为含沙量,kg/m;A 为浊度值,NTU。

统计了修建拦沙坝前后对降低中层浊度(取水浊度)的影响,统计结果列于表 3-7-8、表 3-7-9。可以看出,低水位条件下无坝方案浊度峰值、浊度平均值分别为 2 083.5 NTU、348.2 NTU,5 个不同浊度区间出现的天数(<10.3、10.3~17.1、17.1~50、50~100、>100)分别为 1 d、5 d、17 d、4 d、15 d,相应所占的百分数分别为 2.38%、11.90%、40.48%、9.52%、35.72%,有坝方案浊度峰值浊度平均值分别为 569.6 NTU、105.6 NTU,5 个不同浊度区间出现的天数(<10.3、10.3~17.1、17.1~50、50~100、>100)分别为 1 d、6 d、12 d、11 d、12 d,相应所占的百分数分别为 2.38%、14.29%、28.57%、26.19%、28.57%。

表 3-7-8　低水位取水口中层浊度统计

统计量		无坝方案	有坝方案	无坝-有坝
浊度峰值(NTU)		2 083.5	569.6	1 513.8 72.7%
浊度平均值(NTU)		348.2	105.6	242.5 69.7%
<10.3	出现天数(d)	1	1	0
	百分数(%)	2.38	2.38	0
10.3~17.1	出现天数(d)	5	6	-1
	百分数(%)	11.90	14.29	-2.39
17.1~50	出现天数(d)	17	12	5
	百分数(%)	40.48	28.57	11.90
50~100	出现天数(d)	4	11	-7
	百分数(%)	9.52	26.19	-16.67
>100	出现天数(d)	15	12	3
	百分数(%)	35.71	28.57	7.14

有坝较无坝浊度峰值、浊度平均值分别降低了 1 513.8 NTU、242.5 NTU,降低的比例分别为 72.7 %和 69.7%;5 个不同浊度区间出现的天数(<10.3、10.3~17.1、17.1~50、50~100、>100)分别减少 0 d、-1 d、5 d、-7 d、3 d,相应所占的百分数分别降低 0.00%、-2.39%、11.90%、-16.67%、7.14%。

高水位条件下无坝方案浊度峰值、浊度平均值分别为 1 551.5 NTU、225.2 NTU,5 个

不同浊度区间出现的天数(<10.3、10.3~17.1、17.1~50、50~100、>100)分别为 5 d、1 d、1 d、10 d、25 d,相应所占的百分数分别为 11.9%、2.38%、2.38%、23.81%、59.52%,有坝方案浊度峰值浊度平均值分别为 669.1 NTU、108.8 NTU,5 个不同浊度区间出现的天数(<10.3、10.3~17.1、17.1~50、50~100、>100)分别为 5 d、5 d、10 d、9 d、13 d,相应所占的百分数分别为 11.9%、11.9%、23.81%、21.43%、30.95%,有坝较无坝浊度峰值、浊度平均值分别降低了 882.4 NTU、116.5 NTU,降低的比例分别为 56.9%和 51.7%;5 个不同浊度区间出现的天数(<10.3、10.3~17.1、17.1~50、50~100、>100)分别减少 0 d、-4 d、-9 d、1 d、12 d,相应所占的百分数分别降低 0%、-9.52%、-21.43%、2.38%、28.57%。

表 3-7-9　高水位取水口中层浊度统计

统计量		无坝方案	有坝方案	无坝-有坝
浊度峰值(NTU)		1 551.5	669.1	882.4 56.9%
浊度平均值(NTU)		225.2	108.8	116.5 51.7%
<10.3	出现天数(d)	5	5	0
	百分数(%)	11.90	11.90	0
10.3~17.1	出现天数(d)	1	5	-4
	百分数(%)	2.38	11.90	-9.52
17.1~50	出现天数(d)	1	10	-9
	百分数(%)	2.38	23.81	-21.43
50~100	出现天数(d)	10	9	1
	百分数(%)	23.81	21.43	2.38
>100	出现天数(d)	25	13	12
	百分数(%)	59.52	30.95	28.57

7.5　本章小结

(1)德泽水库坝前水位 1 760 m 和 1 790 m 时,干河入库—拦沙坝的拦沙率分别增加了 32.2%和 14.4%,牛栏江入库—拦沙坝的拦沙率分别增加了 19.6%和 9.9%,具有水库运用水位越高,拦沙率的增加幅度越小的特点,干河入库—拦沙坝拦沙率的增加幅度大于牛栏江入库—拦沙坝拦沙率的增加幅度,说明干河修建拦沙坝对库区泥沙淤积过程的作用更大。

(2)有坝方案拦沙坝破坏了异重流输沙流态,坝下游水流动力增加,最大流速点上移。典型洪水条件下,无坝方案均形成底层异重流,各断面垂线平均含沙量沿程衰减。有坝方案牛栏江、干河拦沙坝下游大部分时段不能满足异重流潜入条件,以壅水明流的形式向下游传播。

(3)高水位、低水位有坝方案出水池含沙量均较无坝方案降低,低水位降低幅度较大。高水位出水池第1~5场有坝洪峰含沙量较无坝情况分别减少50.00%、96.55%、27.50%、49.53%、26.1%。出水池有坝平均含沙量较无坝情况分别减少67.27%、73.70%、-3.77%、40.92%、6.29%。低水位出水池第2~5场洪水洪峰含沙量分别减少为95.56%、82.22%、63.83%、73.64%。第2~5场洪水场次平均含沙量减少比例分别为91.53%、69.49%、60%、49.25%。

(4)有坝方案取水口断面平均含沙量较无坝方案降低。高水位取水口断面第2~5场洪水有坝较无坝情况洪峰含沙量分别减少71.69%、49.75%、42.87%、64.46%,平均含沙量减少比例分别为20.96%、37.40%、25.84%、22.12%。低水位取水口断面第1~5场洪水有坝较无坝情况洪峰含沙量分别减少44%、33%、45%、58%、61%,平均含沙量减少比例分别为31.25%、75%、40.43%、73.39%、56.67%。

(5)高水位时有坝方案取水口断面底层、中层含沙量较无坝方案降低,而表层含沙量增加。拦沙坝修建后使洪水1~洪水5的取水口断面中层含沙量均值分别降低22.22%、56.00%、18.18%、51.35%和54.00%,表层含沙量均值分别减少-250%、-250%、-366.67%、-166.67%和-450%。从浊度指标分析看,有坝较无坝浊度峰值、浊度平均值分别降低了882.4 NTU、116.5 NTU,降低的比例分别为56.9%和51.7%;5个不同浊度区间出现的天数(<10.3、10.3~17.1、17.1~50、50~100、>100)分别减少0 d、-4 d、-9 d、1 d、12 d,相应所占的百分数分别降低0%、-9.52%、-21.43%、2.38%、28.57%。

(6)低水位时有坝方案取水口断面底层、中层、表层含沙量较无坝方案降低。拦沙坝修建后使洪水1~洪水5的取水口断面中层含沙量均值分别降低25%、62.96%、37.5%、60.71%和75.28%,表层含沙量均值分别降低63.64%、43.75%、12.5%、47.22%和44.12%。从浊度指标分析看,有坝较无坝浊度峰值、浊度平均值分别降低了1 513.8 NTU、242.5 NTU,降低的比例分别为72.7 %和69.7%;5个不同浊度区间出现的天数(<10.3、10.3~17.1、17.1~50、50~100、>100)分别减少0 d、-1 d、5 d、-7 d、3 d,相应所占的百分数分别降低0.00%、-2.38%、11.90%、-16.67%、7.14%。

(7)高水位时,取水口中层含沙量满足要求的时间比例从无拦沙坝时的14.29%增加到有拦沙坝时的23.80%,增加了9.51%;表层则从无拦沙坝时的95.24%降低了有拦沙坝时的66.67%,降低了28.57%。低水位时,取水口中层含沙量满足要求的时间从无拦沙坝时的14.29%提高到有拦沙坝时的16.67%,提高了2.38%;表层则从无拦沙坝时的80.95%降低到有拦沙坝时的47.62%,降低了33.33%。拦沙坝的存在提高了取水口中层含沙量满足要求的时间,降低了取水口表层含沙量满足要求的时间。

(8)通过牛栏江、干河拦沙坝下游异重流潜入条件的分析,认为模型试验结果是合理和可信的。

第 8 章　典型年拦沙效果及对取水口含沙量影响预测

采用物理模型模拟的主要目的是分析德泽水库典型洪水过程对取水口断面含沙量的影响、拦沙坝的拦沙效果及其对降低取水口含沙量的作用。采取物理模型试验所反映的水沙输移基本规律,基于不同典型年分析拦沙坝对引水含沙量的影响。根据本篇 6. 1. 1 节选取的典型年汛期过程,将 1997 年作为大水大沙年、1998 年作为中水中沙年、2006 年作为小水小沙年。

8. 1　典型年水沙

图 3-8-1 点绘了干河交汇口上游牛栏江干流的年径流量和年输沙量的关系。根据图中不同年份点据所处位置以及其相应年份日流量和含沙量过程,选择 1997 年作为大水大沙年(径流量 22. 5 亿 m^3、输沙量 186. 4 万 t)、1998 年作为中水中沙年(径流量 16. 8 亿 m^3、输沙量 143. 5 万 t)、2006 年作为小水小沙年(径流量 9. 5 亿 m^3、输沙量 68. 7 万 t)。

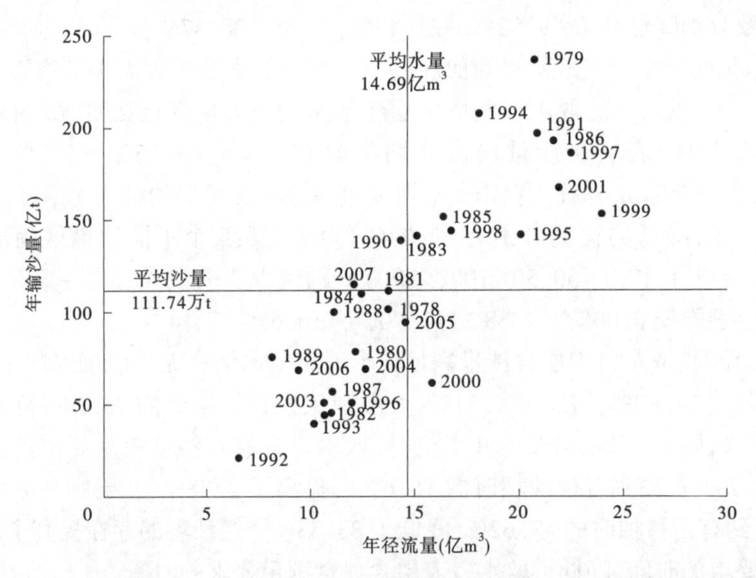

图 3-8-1　1977~2007 年牛栏江干流(干河交汇口上游)年径流量和年输沙量关系

图 3-8-2 为 1997 年大水大沙年、1998 年中水中沙年、2006 年小水小沙年的汛期日流量和含沙量过程。可以看到,一般 11 月的流量和含沙量较小,含沙量超标(含沙量大于 0. 056 kg/m^3)引起瀑布公园景观用水浑浊的机会不大。

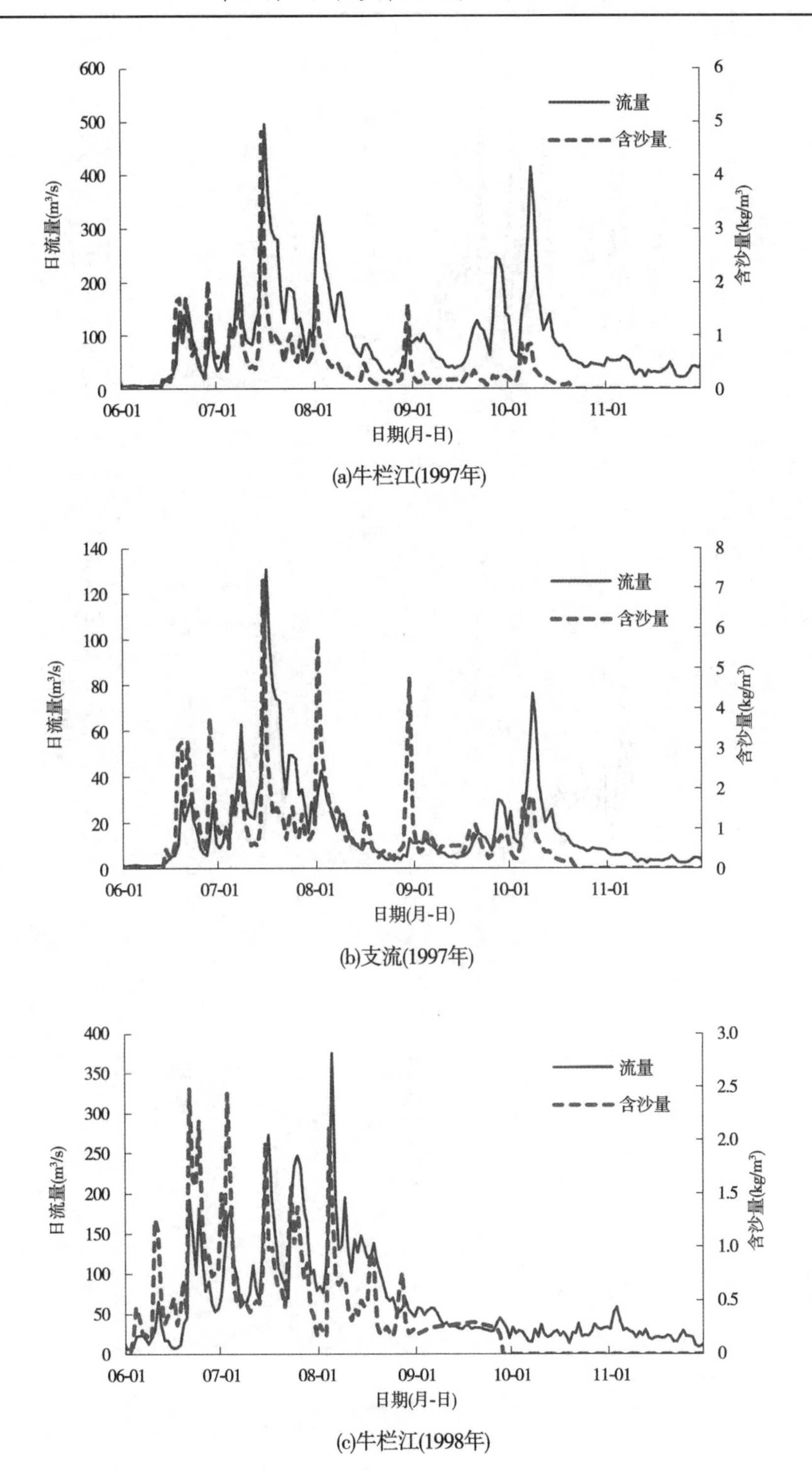

图 3-8-2　典型年汛期日流量和含沙量过程(牛栏江取水口断面以上库段、干河支流)

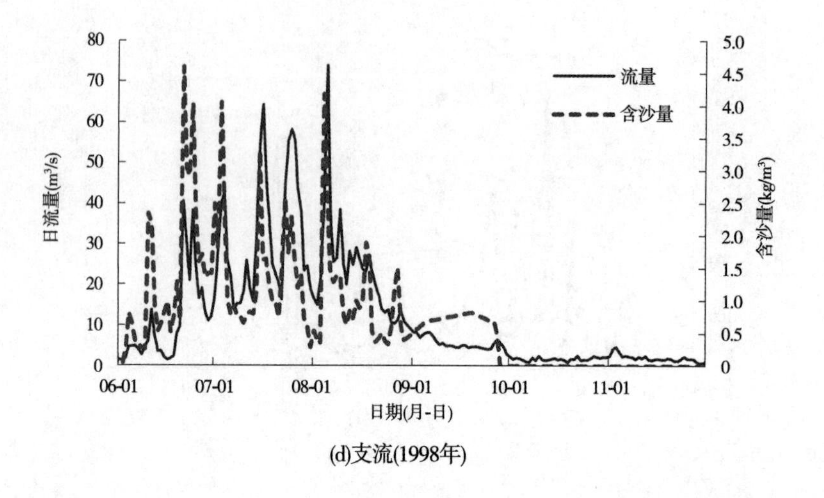

(d)支流(1998年)

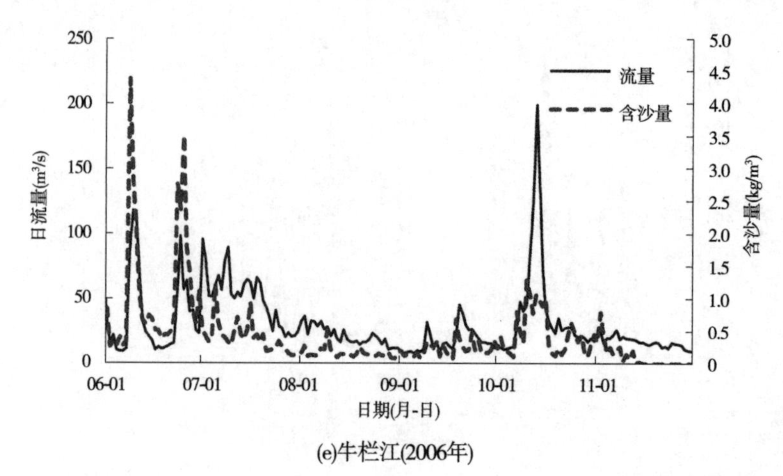

(e)牛栏江(2006年)

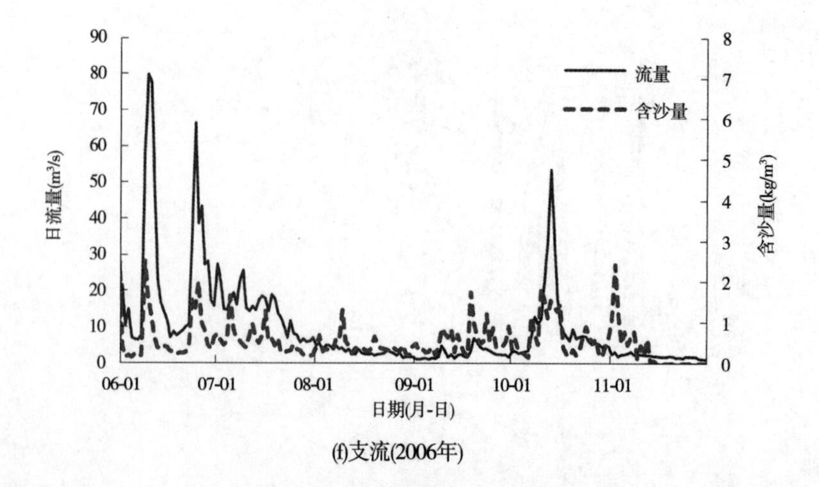

(f)支流(2006年)

续图 3-8-2

8.2 计算方法

采取物理模型试验典型洪水测验结果,并考虑一定的洪水传播时间,根据流量及含沙量过程,分别统计了 42 d 的逐日总入库含沙量,建立逐日总入库含沙量与取水口断面平均含沙量关系式,见图 3-8-3。可得到低水位 1 760 m 无坝方案公式:

$$S_{取水口平均} = 0.092\ 5e^{1.038\ 9S_{总}} \tag{3-8-1}$$

式中:$S_{取水口平均}$为取水口断面平均含沙量;$S_{总}$ 为总入库含沙量。采用相同方法得到相应的其他组次公式见表 3-8-1。

表 3-8-1 有、无拦沙坝取水口断面及出水池含沙量预测公式统计

含沙量	无坝方案	
	高水位 1 790 m	低水位 1 760 m
取水口平均	$S_{取水口平均}=0.122\ 1e^{0.585\ 9S_{总}}$	$S_{取水口平均}=0.092\ 5e^{1.038\ 9S_{总}}$
取水口中层	$S_{中层}=0.099\ 9e^{0.765\ 7S_{总}}$	$S_{中层}=0.080\ 8e^{1.191\ 9S_{总}}$
取水口表层	$S_{表层}=0.019\ 9e^{0.142S_{总}}$	$S_{表层}=0.057\ 2e^{0.951\ 6S_{总}}$
出水池	$S_{取水口}=0.070\ 1e^{1.005\ 8S_{总}}$	$S_{取水口}=0.084\ 1e^{1.193S_{总}}$
含沙量	有坝方案	
	高水位 1 790 m	低水位 1 760 m
取水口平均	$S_{取水口平均}=0.081\ 9e^{0.458\ 8S_{总}}$	$S_{取水口平均}=0.074e^{0.603\ 6S_{总}}$
取水口中层	$S_{中层}=0.062\ 3e^{0.745\ 3S_{总}}$	$S_{中层}=0.052e^{0.890\ 3S_{总}}$
取水口表层	$S_{表层}=0.062\ 3e^{0.345\ 9S_{总}}$	$S_{表层}=0.039\ 2e^{0.965\ 8S_{总}}$
出水池	$S_{取水口}=0.017\ 7e^{1.379\ 6S_{总}}$	$S_{取水口}=0.014e^{1.475S_{总}}$

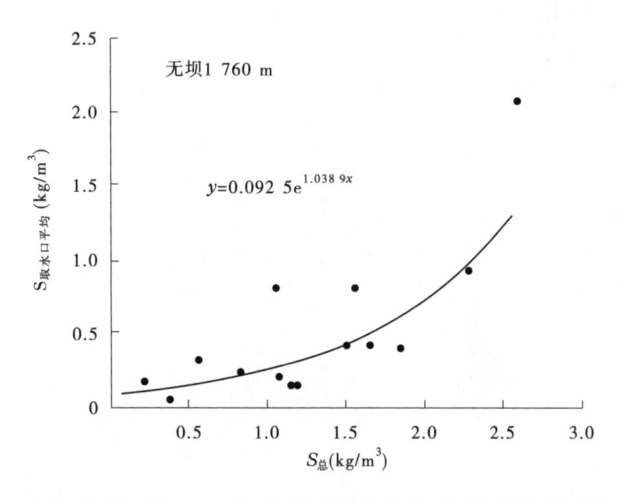

图 3-8-3 无坝方案 1 760 m 总入库含沙量—取水口断面平均含沙量相关关系

8.3　拦沙坝对库区泥沙淤积的影响效果

拦沙坝的修建对拦沙坝上游河段的水库运用水位、水流流速、泥沙淤积等情况有显著的影响。因此,本节通过对比典型年(大水大沙年、中水中沙年和小水小沙年)的整个汛期时段内有、无拦沙坝条件下入库—拦沙坝库段的拦沙率(淤积比)变化情况,分析拟建拦沙坝对库区泥沙淤积的影响效果。

根据建立的逐日入库含沙量与拦沙坝出库含沙量关系,估算了干河入库—拦沙坝段、牛栏江入库—拦沙坝段 2 个库段 153 d 典型年汛期过程的平均拦沙率,结果如表 3-8-2 及图 3-8-4、图 3-8-5 所示。由表 3-8-2 和图 3-8-4、图 3-8-5 可知,无拦沙坝时,干河入库—拦沙坝段的拦沙率在大水大沙年、中水中沙年和小水小沙年时分别为 31. 4%、35. 5%和 29. 8%,牛栏江入库—拦沙坝段的拦沙率分别为 35. 1%、39. 5%和 32. 1%。不同库段的拦沙率基本呈现为来水来沙量越大,拦沙率越小的变化特点。

由表 3-8-2 和图 3-8-4 可知,有拦沙坝时,干河入库—拦沙坝段的拦沙率在大水大沙年、中水中沙年和小水小沙年时分别为 52. 4%、53. 1%和 51. 7%,牛栏江入库—拦沙坝的拦沙率在大水大沙年、中水中沙年和小水小沙年时分别为 55. 8%、55. 2%和 55. 7%。

表 3-8-2　不同典型年汛期水沙过程的平均拦沙率　(%)

拦沙坝情况	库段	德泽水库典型年		
		大水大沙年	中水中沙年	小水小沙年
无拦沙坝	干河入库—拦沙坝	31. 4	35. 5	29. 8
	牛栏江入库—拦沙坝	35. 1	39. 5	32. 1
有拦沙坝	干河入库—拦沙坝	52. 4	53. 1	51. 7
	牛栏江入库—拦沙坝	55. 8	55. 2	55. 7
有、无拦沙坝增加比例	干河入库—拦沙坝	21. 0	17. 6	21. 9
	牛栏江入库—拦沙坝	20. 7	15. 7	23. 6

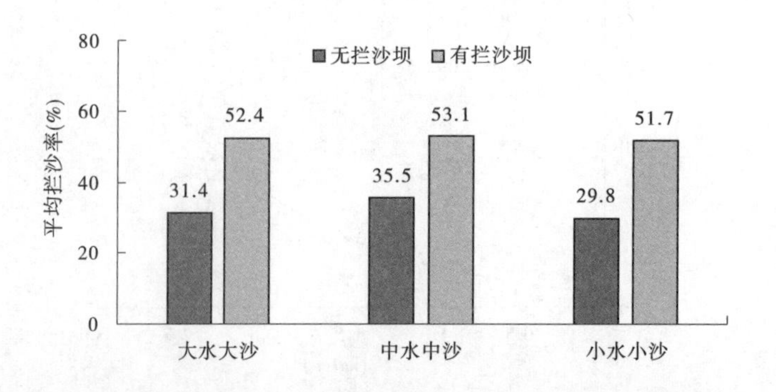

图 3-8-4　干河有、无拦沙坝时不同典型年的平均拦沙率

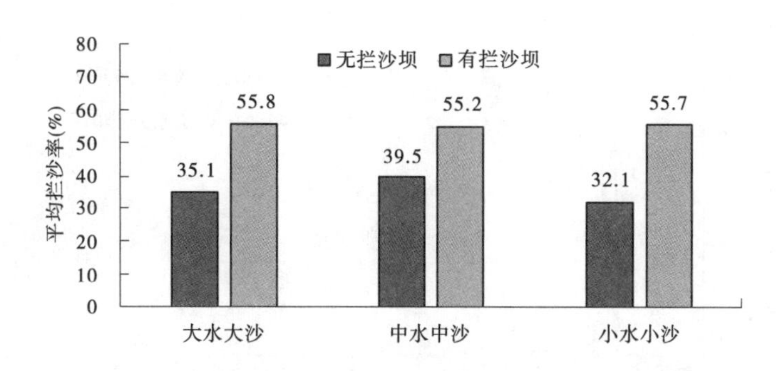

图 3-8-5　牛栏江有、无拦沙坝时不同典型年的平均拦沙率

表 3-8-3 还给出了有、无拦沙坝时同一库段拦沙率的增加比例，可以看到，无论入库水沙条件如何变化，拦沙坝的存在均可使拦沙率具有不同程度的提高。牛栏江入库—拦沙坝在大水大沙年、中水中沙年和小水小沙年时，有、无拦沙坝的拦沙率分别增加了 20.7%、15.7%和 23.6%。干河入库—拦沙坝在大水大沙年、中水中沙年和小水小沙年时，有、无拦沙坝的拦沙率分别增加了 21.0%、17.6%、21.9%。

8.4　拦沙坝对降低取水口断面平均含沙量的作用

将干河和牛栏江每日的入库含沙量根据入库流量进行加权平均，可得总入库平均含沙量，与取水口断面的平均含沙量对比情况如图 3-8-6~图 3-8-8 所示。可以看到，整个汛期断面平均含沙量，有拦沙坝时总体上小于无拦沙坝的状况。

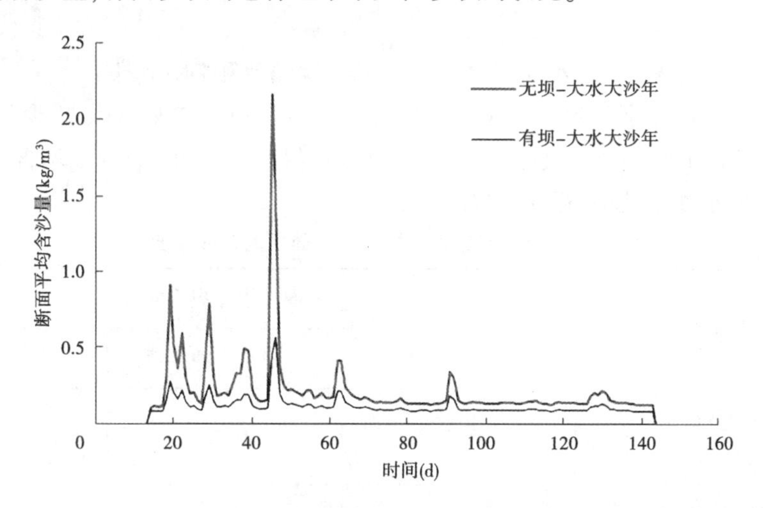

图 3-8-6　大水大沙年取水口断面平均含沙量随时间变化

表 3-8-3 统计了典型年过程中取水口断面的平均含沙量在整个汛期的平均值在修建拦沙坝前、后的变化，相应的对比见图 3-8-9。无拦沙坝时，取水口断面平均含沙量的汛期平均值在大水大沙年、中水中沙年和小水小沙年时分别为 0.26 kg/m^3、0.25 kg/m^3 和 0.27 kg/m^3；有拦沙坝时，取水口断面平均含沙量的汛期平均值在大水大沙年、中水中沙

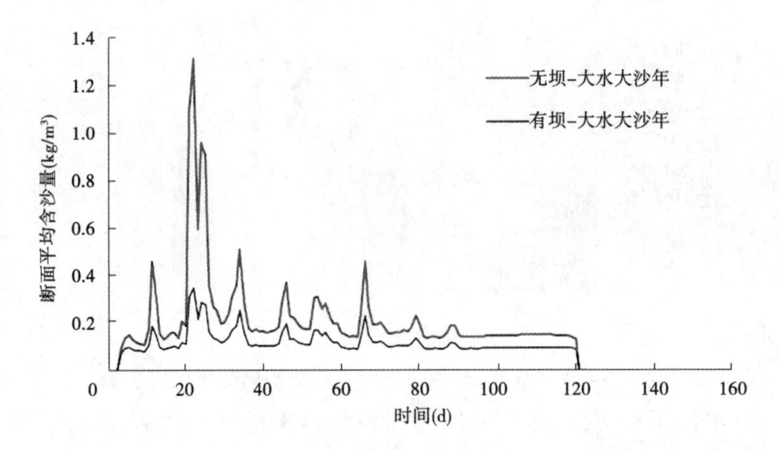

图 3-8-7　中水中沙年取水口断面平均含沙量随时间变化

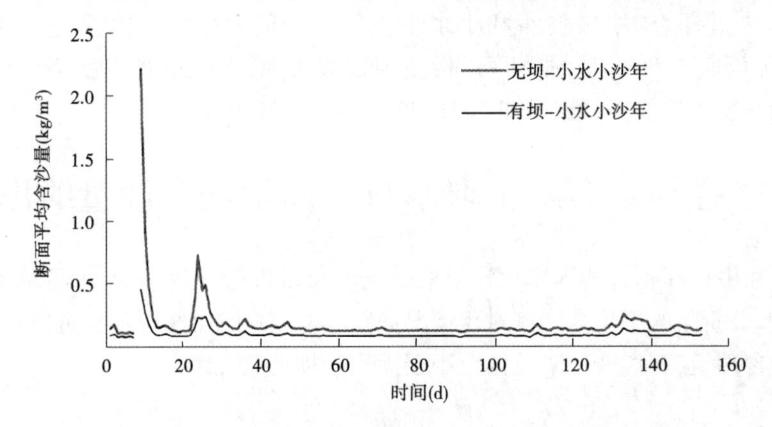

图 3-8-8　小水小沙年取水口断面平均含沙量随时间变化

年和小水小沙年时分别为 0. 13 kg/m³、0. 13 kg/m³ 和 0. 13 kg/m³，减少比例分别为 49. 61%、48. 82%和 52. 51%。总体来看，拦沙坝对降低取水口断面的平均含沙量有一定的作用，且入库水沙量越小，拦沙效果越明显。

表 3-8-3　典型年过程中取水口断面平均含沙量变化

拦沙坝情况	德泽水库典型年		
	大水大沙年	中水中沙年	小水小沙年
无拦沙坝含沙量（kg/m³）	0. 26	0. 25	0. 27
有拦沙坝含沙量（kg/m³）	0. 13	0. 13	0. 13
减少比例（%）	49. 61	48. 82	52. 51

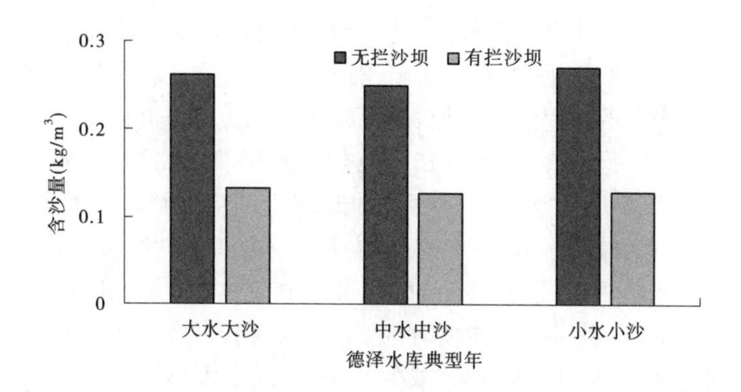

图 3-8-9　有、无拦沙坝时典型年过程中取水口断面平均含沙量汛期平均值变化

8.5　拦沙坝对降低取水口断面分层含沙量的作用

以大水大沙年为例,图 3-8-10 和图 3-8-11 分别表示无拦沙坝、有拦沙坝条件下取水口断面底层、中层及表层含沙量随时间的变化情况。由图可知,无论有、无拦沙坝,底层和中层含沙量均比较接近,而表层含沙量低于中、底层含沙量,表明含沙量沿垂线存在一定的分层现象,但无拦沙坝时的分层现象较有拦沙坝时明显,可见拦沙坝的存在会破坏含沙量的分层现象,这对表层取水有不利影响。

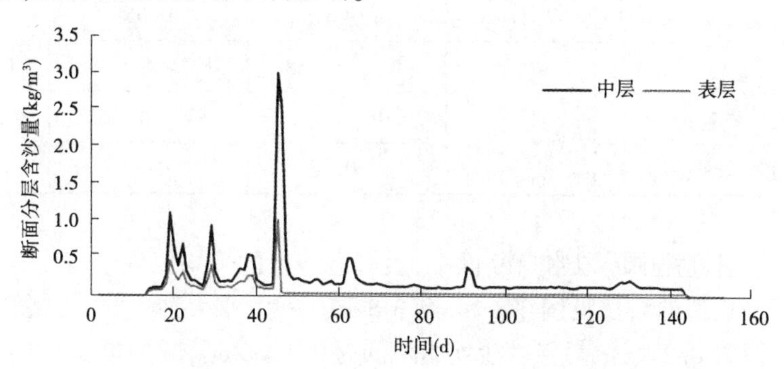

图 3-8-10　大水大沙年、无拦沙坝时取水口断面含沙量随时间变化

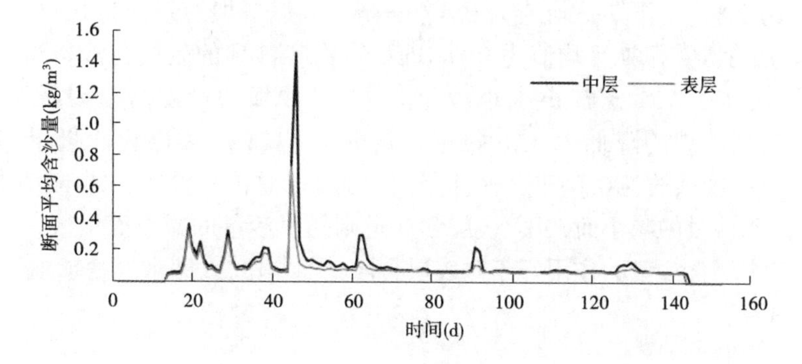

图 3-8-11　大水大沙年、有拦沙坝时取水口断面含沙量随时间变化

下面着重分析在不同典型年条件下，有、无拦沙坝时取水口断面中、表层含沙量随时间的变化情况。如图 3-8-12、图 3-8-13 所示，有拦沙坝时，在不同入库水沙条件下，取水口断面的中层含沙量均有不同程度的降低，表层含沙量则大部分时段增加。

以 0.056 kg/m^3 为标准，统计汛期 153 d 过程中表层含沙量的达标时间，见表 3-8-4。大水大沙年时，取水口中层含沙量满足要求的时间比例从无拦沙坝时的 15.03%降低到有拦沙坝时的 14.78%，减少了 0.25%，表层从无拦沙坝时的 79.08%降低到有拦沙坝时的 18.3%，减少了 60.78%；中水中沙年时，取水口中、表层含沙量满足要求的时间比例从无拦沙坝时的 22.88%提高到有拦沙坝时的 23.53%，提高了 0.65%，表层则从无拦沙坝时的 83%降低到有拦沙坝时的 26.8%，减少了 56.2%；小水小沙年时，取水口中层含沙量满足要求的时间比例没有变化，表层则从无拦沙坝时的 84.31%降低到有拦沙坝时的 4.58%，减少了 79.73%。由此可知，拦沙坝的存在不仅不能增加取水口中、表层含沙量满足要求的时间，反而会提高取水口中、表层含沙量，减少满足要求的时间。

表 3-8-4　有、无拦沙坝(2 个)时取水口断面分层含沙量<0.056 kg/m^3 比例

位置	含沙量达标时间	总时间(d)	大水大沙年		中水中沙年		小水小沙年	
			无坝	有坝	无坝	有坝	无坝	有坝
中层	时间(d)	153	23	22	35	36	0	0
	比例(%)		15.03	14.78	22.88	23.53	0	0
	增加比例(%)		−0.65		0.65		0	
表层	时间(d)	153	121	28	127	41	129	7
	比例(%)		79.08	18.3	83	26.8	84.31	4.58
	增加比例(%)		−60.78		−56.2		−79.73	

将 153 d 汛期过程中的取水口断面中、表层含沙量的平均值列于表 3-8-5，相应有、无拦沙坝时汛期平均值的对比见图 3-8-14、图 3-8-15。在大水大沙年时，无拦沙坝的中层含沙量汛期平均值为 0.2 kg/m^3，有拦沙坝的降低为 0.1 kg/m^3，减少了 50%；表层含沙量汛期平均值为 0.05 kg/m^3，有拦沙坝的为 0.08 kg/m^3，提高了 60.00%。在中水中沙年时，无拦沙坝的中层含沙量汛期平均值为 0.17 kg/m^3，有拦沙坝的降低为 0.09 kg/m^3，减少了 47.1%；表层含沙量汛期平均值为 0.04 kg/m^3，有拦沙坝的表层含沙量汛期平均值为 0.07 kg/m^3，提高了 75%。在小水小沙年时，无拦沙坝的中层含沙量汛期平均值为 0.18 kg/m^3，有拦沙坝的降低为 0.1 kg/m^3，减少了 44.4%；表层含沙量汛期平均值为 0.04 kg/m^3，有拦沙坝的为 0.08 kg/m^3，提高了 100%。总体来看，取水口断面中层含沙量的减少比例随水沙量的减小而减小，表层含沙量则随水沙量的减小而增大。说明拦沙坝对降低取水口中层含沙量的作用好于对表层含沙量的作用，入库水沙量越小，拦沙坝的拦沙效果也越显著。

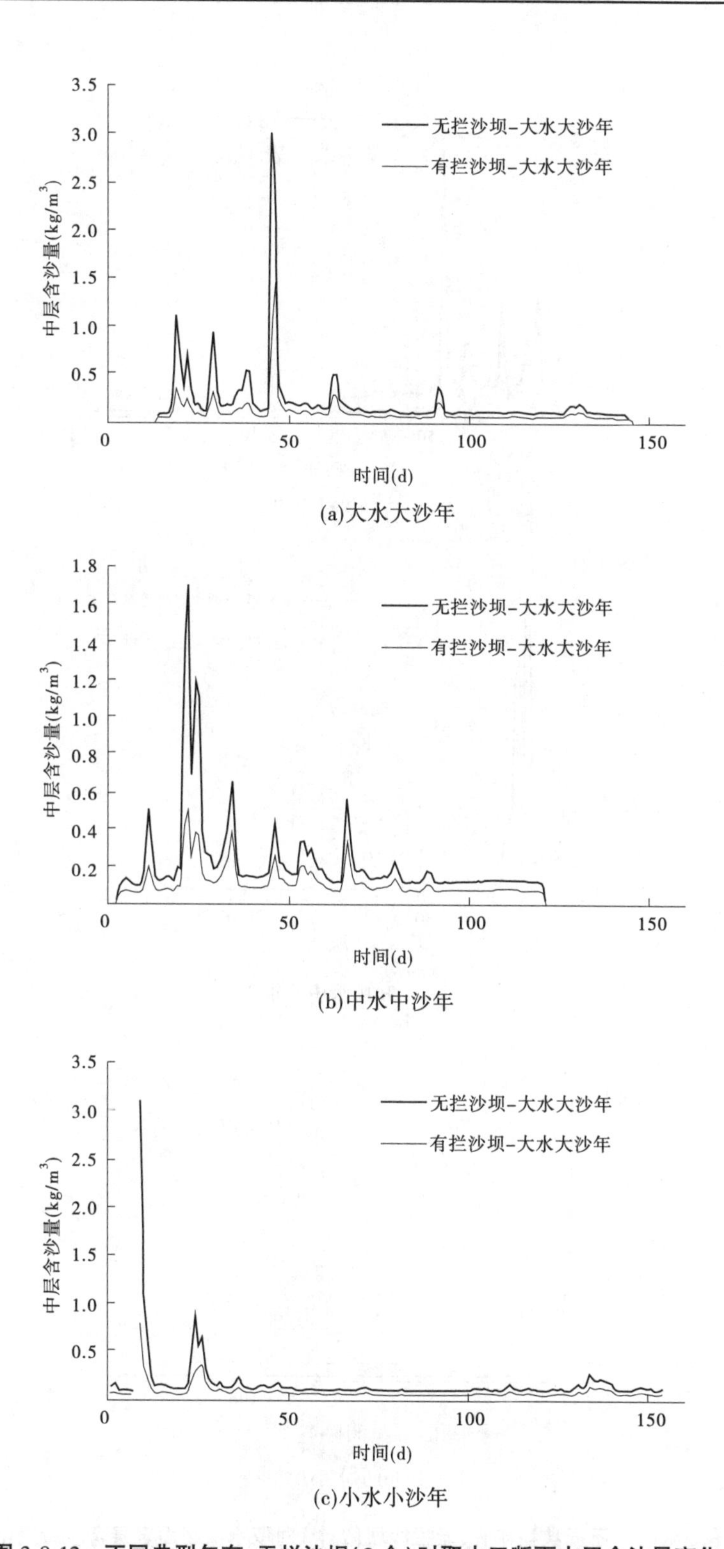

(a)大水大沙年

(b)中水中沙年

(c)小水小沙年

图 3-8-12　不同典型年有、无拦沙坝(2 个)时取水口断面中层含沙量变化

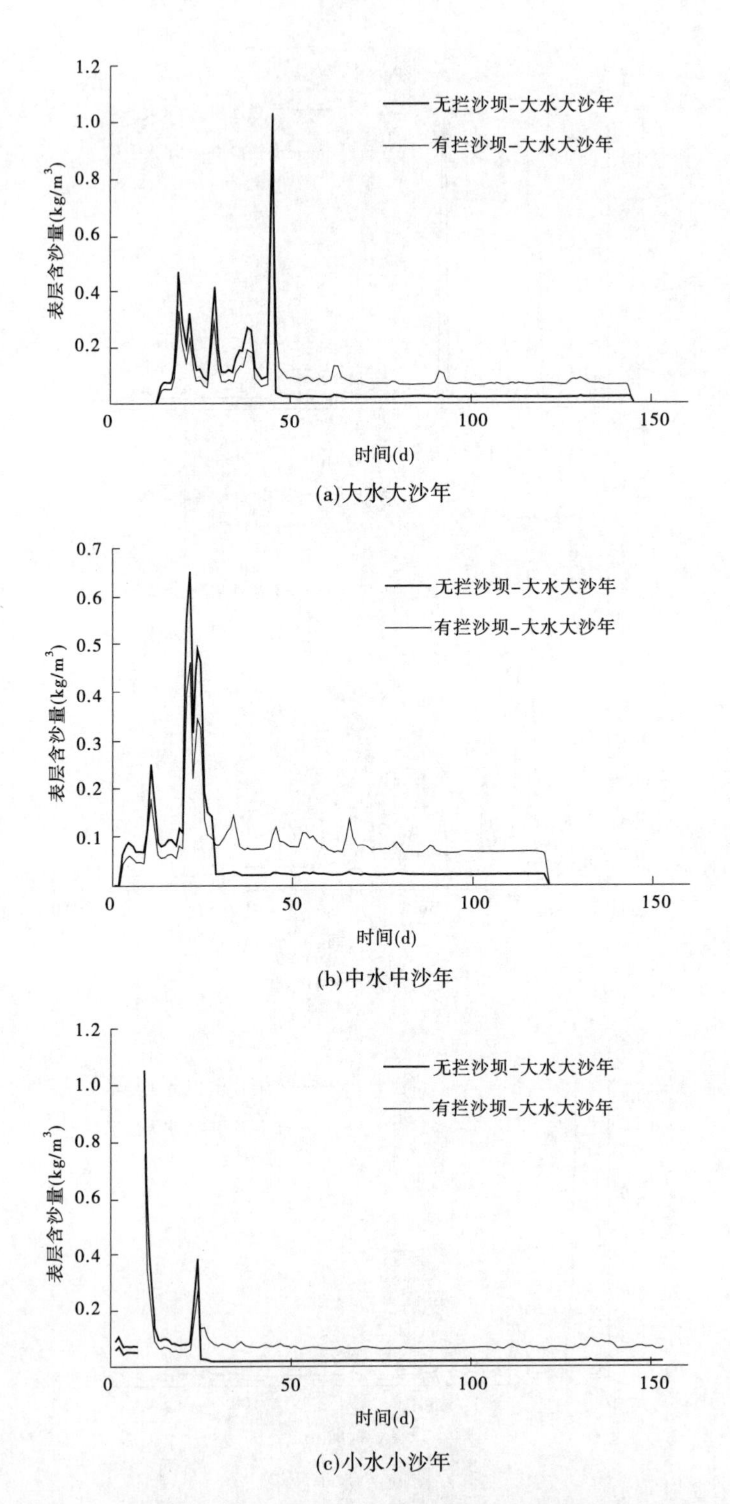

图 3-8-13　不同典型年有、无拦沙坝(2 个)时取水口断面表层含沙量变化

表 3-8-5　有、无拦沙坝(2 个)取水口断面分层含沙量汛期平均值

位置	拦沙坝情况	德泽水库典型年		
		大水大沙年	中水中沙年	小水小沙年
中层	无拦沙坝含沙量(kg/m^3)	0.20	0.17	0.18
	有拦沙坝含沙量(kg/m^3)	0.10	0.09	0.1
	减少比例(%)	50.0	47.1	44.4
表层	无拦沙坝含沙量(kg/m^3)	0.05	0.04	0.04
	有拦沙坝含沙量(kg/m^3)	0.08	0.07	0.08
	减少比例(%)	-60.0	-75.0	-100

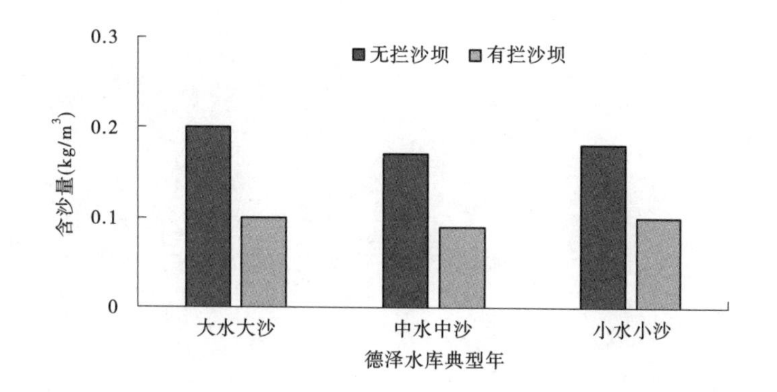

图 3-8-14　有、无拦沙坝(2 个)取水口断面中层含沙量汛期平均值比较

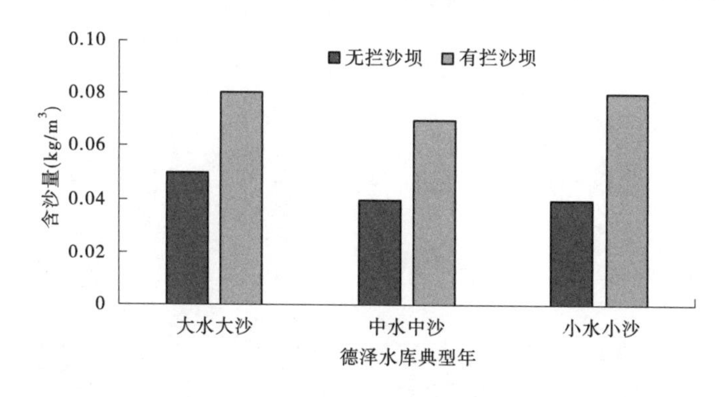

图 3-8-15　有、无拦沙坝(2 个)取水口断面表层含沙量汛期平均值比较

8.6　本章小结

(1)通过分析典型洪水过程汇口处含沙量与取水口及取水口断面含沙量关系,对典型年大水大沙、中水中沙、小水小沙的结果进行了预测,结果表明,拦沙坝的存在均可使拦沙率具有不同程度的提高。牛栏江入库—拦沙坝在大水大沙年、中水中沙年和小水小沙

年时,有、无拦沙坝的拦沙率分别增加了 20.7%、15.7%和 23.6%。干河入库—拦沙坝在大水大沙年、中水中沙年和小水小沙年时,有、无拦沙坝的拦沙率分别增加了 21.0%、17.6%、21.9%。

(2)典型年过程中取水口断面平均含沙量在大水大沙年、中水中沙年和小水小沙年时减少比例分别为 49.61%、48.82%和 52.51%。从趋势上看,拦沙坝减少了取水口断面中、表层含沙量满足要求的时间。取水口断面中层含沙量的减少比例随水沙量的减小而减小,表层含沙量的减少比例则随水沙量的减小而增大。说明拦沙坝对降低取水口中层含沙量的作用好于对表层含沙量的作用,入库水沙量越小,拦沙坝的拦沙效果也越显著。

第9章　拦沙坝库容恢复试验

水库修建拦沙坝后,在正常运用条件下,拦沙坝内将产生累计淤积,造成有效库容减小。在适当条件下,降低水库运用水位冲刷坝区淤积物,是恢复库容的重要方式。影响拦沙坝排沙过程的因素较多,诸如拦沙坝控制水位,入库水沙过程,坝区淤积物形态与组成及固结度等。为预测冲刷效果,并把握拦沙坝下泄水沙组合,针对干河、牛栏江来水来沙频率情况,选取干河拦沙坝与牛栏江拦沙坝运行10年后的淤积地形作为初始地形,采用本篇第6章设计的5场洪水中的第3场干、支流典型洪水过程作为入库水沙条件,开展冲刷恢复库容试验,研究来水来沙条件等主要因素对库容恢复的效果。

9.1　初始条件及量测

9.1.1　初始地形

牛栏江与干河拦沙坝及其下游与清华大学数模计算的初始地形一致,库容恢复试验前地形取清华大学的长系列计算的第10年地形,深泓点纵剖面见图3-9-1。试验前地形为拟焦沙铺制。

从中可以看出,牛栏江、干河河段大部分淤积物分布在拦沙坝以上河段。牛栏江拦沙坝库区基本呈带状,沿程分布较为均匀。拦沙坝前淤积面高程1 757.2 m低于泄流孔洞底坎高程1 765 m约7.8 m。干河淤积纵剖面基本呈锥体淤积形态,拦沙坝前段淤积较厚,淤积面高程1 774.2 m高于泄流孔洞底坎高程1 760 m约14.2 m。干河、牛栏江拦沙坝以上淤积量分别为114.26万m^3、202.71万m^3。不同库段淤积量统计见表3-9-1。

表3-9-1　干河、牛栏江淤积量分布统计　（单位:万m）

牛栏江河段	W7—W1	W1—36	36—拦沙坝	拦沙坝以上	全河段
淤积量	69.45	63.53	69.72	202.71	238.97
干河河段	G16—G10	G10—G4	G4—G1	拦沙坝以上	全河段
淤积量	56.48	57.78	23.42	114.26	137.68

9.1.2　量测内容

模型尾门水位控制采用一维数模提供的数据1 739 m。沿程水位、含沙量测验断面牛栏江包括50、44、34、29,干河包括G14、G10、G4。测验各断面洪水过后地形,计算断面法冲刷量与冲刷地形。在牛栏江W5、干河G14、两拦沙坝及泵站进行流速测验。重量法测验含沙量,用于沙量平衡法计算冲淤量。

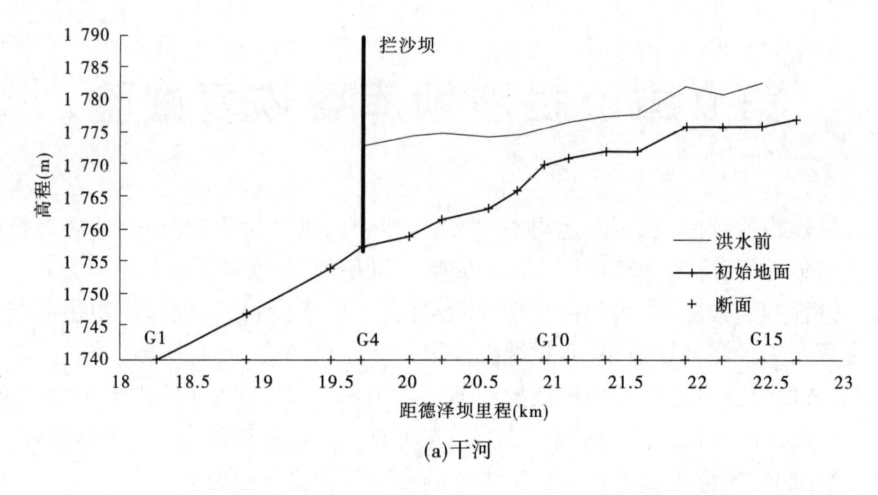

(a)干河

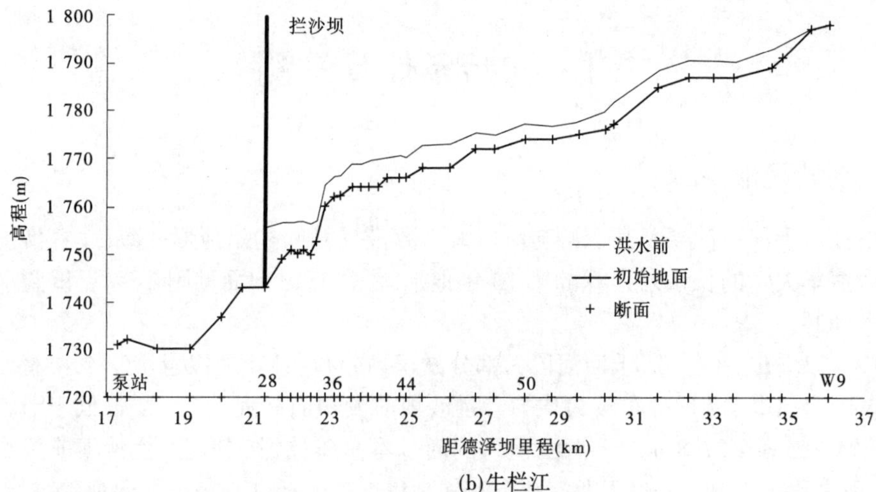

(b)牛栏江

图 3-9-1　干河、牛栏江初始纵剖面

9.2　试验过程

9.2.1　支流干河

试验开始后，牛栏江、干河进口同时释放相应流量、含沙量过程，局部河段出现跌水。在干河拦沙坝前，由于长期未启用底孔，淤积面高程达到 1 774.2 m，高于闸门底坎(1 760 m)约 14.2 m、高于闸门上沿高程(1 767 m)约 7.2 m，洪水到来后开启闸门，随着水流沿淤积物与闸门间缝隙不断排出，见图 3-9-2，淤积物以溯源冲刷形式进入泄流孔洞。图 3-9-3 为溯源冲刷过程中跌坎发展情况。

(a) 闸门打开

(b) 河槽居中

图 3-9-2　干河泄流孔洞排沙

(a) 溯源冲刷发展至 G6 断面

(b)G9–G10 河段溯源冲刷与沿程冲刷

图 3-9-3　干河溯源冲刷

由图 3-9-2 与图 3-9-3 可以看出,在水流作用下,淤积物表面泥沙不断被侵蚀,淤积面迅速下切,较短时间内在底孔前出现跌坎,随后向上游发展。跌坎发展到距坝 60 m 处,上下游水位差约 4. 9 m,河槽居中。随着溯源冲刷发展,近坝段出现两级跌坎,第 1 级跌坎位于距坝约 200 m 处,上下游水位差约 5. 49 m,第 2 级跌坎位于距坝约 400 m 处,上下游水位差约 2. 25 m,河槽居中。试验过程中,由于干流牛栏江水位相对较低(模型出口断面水位为 1 739 m),在干河口门河段,也发生了至口门向上游的溯源冲刷过程。

溯源冲刷上溯速度与水沙过程、淤积物形态与组成及固结度等因素有关,同时,地形条件对河势具有较强的控制作用,对冲刷发展过程也具有较强的影响。表 3-9-2、表 3-9-3 分别为试验过程中干河拦沙坝上下游河段溯源冲刷发展过程观测结果。

9. 2. 2　干流牛栏江

牛栏江拦沙坝前初始淤积面低于泄流孔洞底坎(1 765 m),洪水过程中,水流从泄流孔洞溢流排出,拦沙坝前始终处于蓄水状态(见图 3-9-4)。相对干河而言,牛栏江入库流量大,淤积厚度小,一般为全断面过流,河段内大多发生沿程冲刷(见图 3-9-5)。

表 3-9-2　干河拦沙坝以上河段溯源冲刷跌坎发展统计

日序(d)	第 1 级跌坎	水位差(m)	第 2 级跌坎	水位差(m)	第 3 级跌坎	水位差(m)
	位置(距 G4 坝)		位置(距 G4 坝)		位置(距 G4)	
0.93	120 m	13.5	300 m	4.6		
1.0	80~120 m 右岸坍塌		320 m	3.3		
1.22			559 m	2.7		
1.27	190 m	4.6				
1.53	362 m	12.9	559 m	0.5	451 m	2.1
1.87	252 m	13.6	918 m	1.2	451 m	2.1
2.04	332~559 m 间坍塌					
2.2	559 m	4.8				
2.67	878 m					
3.56	1 441 m 以内见底					

表 3-9-3　干河拦沙坝下游河段溯源冲刷跌坎发展统计

日序(d)	第 1 级跌坎	水位差(m)	第 2 级跌坎	水位差(m)
	位置(距 G4)		位置(距 G4)	
0.47	1 053 m	9.0		
0.62	1 023 m	3.8		
0.82	1 013 m	3.1	933 m	4.8
1.11	756 m			
1.18	756 m	5.4		
1.22	716 m	5.7		
1.49	646 m			
1.67	476 m	9.3		
1.69	348 m	2.3		
2	318 m	2.6	248 m	
2.02	消失		208 m	11.7

图 3-9-4 牛栏江泄流孔洞排沙

图 3-9-5 牛栏江沿程冲刷

9.3 试验结果

9.3.1 沿程水位及典型断面流速

干河、牛栏江典型断面沿程水位随时间变化见图 3-9-6。从图中可以看出,干河拦沙坝以上水位第 2 天最高,随着溯源冲刷的发展,水面比降自拦沙坝向上游依次增加,到第 5 天之后,比降基本不变。下游水位则相反,水面比降减缓。牛栏江拦沙坝以上水位变幅较小,随着上游沿程冲刷的发展,水面比降减小。

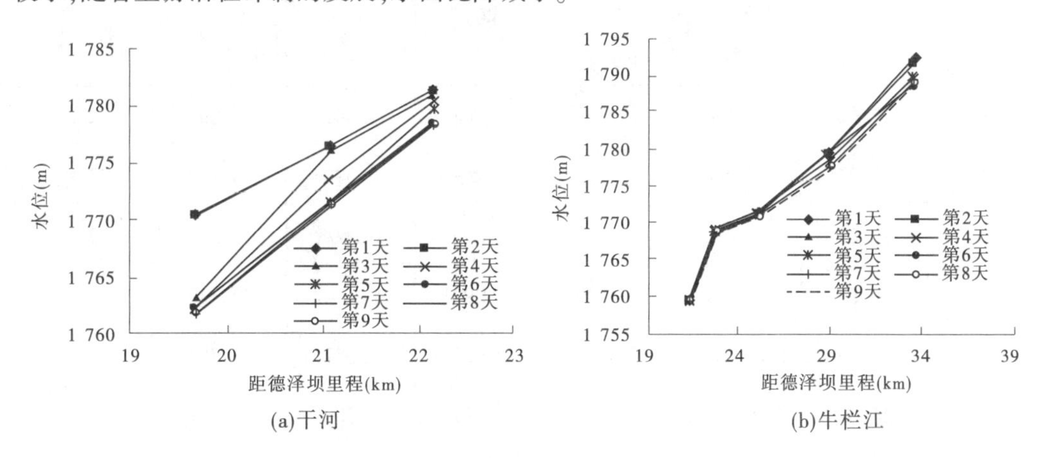

图 3-9-6 沿程水位变化

干河、牛栏江典型断面流速随时间变化见图 3-9-7。可以看出,干河 G10 断面随流量的增加流速增大,在第 3 天开始形成窄深河槽,达到最大流速,之后由于流量增幅大,河道展宽,流速没有较大增幅。G1 断面河宽变化小,随着淤积面冲刷降低,流速随流量的变化正相关变化。泵站断面随着时间的递增流速增大。牛栏江 44、35、24 断面随流量的增加,河道内从无到有出现河槽,之后河槽展宽至两岸山体,流速随之发生先增加后减小的变化

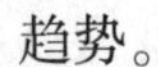
趋势。

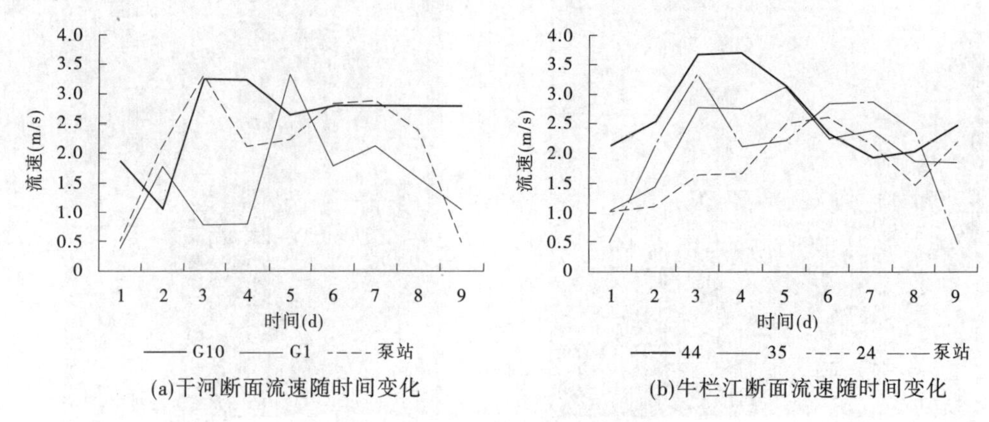

图 3-9-7　典型断面流速随流量变化

9.3.2　含沙量变化

入库水沙过程对拦沙坝区整体形成冲刷,沿程含沙量增加,洪峰过后,含沙量衰减加快,冲刷效率随着历时的增加先增大后减小。干河拦沙坝排沙统计见表 3-9-4。干河排沙比最大值(33.1 倍)出现在第 3 天。干河 9 d 过程来水量 1 872.9 万 m^3,来沙量 3.916 万 t,平均含沙量 2.091 kg/m^3,出库沙量 48.607 万 t,平均含沙量 23.24 kg/m^3,冲刷量 44.691 万 t。

表 3-9-4　干河拦沙坝排沙统计

日序 (d)	$Q_入$ (m^3/s)	$S_入$ (kg/m^3)	$S_出$ (kg/m^3)	$W_{s入}$ (万 t)	$W_{s出}$ (万 t)	ΔW_s (万 t)	排沙比
1	12.08	1.417	17.352	0.148	1.845	−1.697	12.5
2	17.21	1.8	41.112	0.268	6.398	−6.130	23.9
3	27.68	2.49	75.768	0.595	19.693	−19.10	33.1
4	39.87	4.048	30.248	1.394	10.743	−9.349	7.7
5	42.45	2.516	20.52	0.923	7.687	−6.764	8.3
6	26.03	1.01	7.536	0.227	1.708	−1.481	7.5
7	22.3	0.783	1.488	0.151	0.287	−0.136	1.9
8	13.88	0.912	1.176	0.109	0.141	−0.032	1.3
9	15.27	0.758	0.796	0.100	0.105	−0.005	1.1
合计	1 872.89			3.916	48.607	−44.691	12.4

注:ΔW_s 为拦沙坝冲淤量,"−"为冲刷。

牛栏江拦沙坝排沙统计见表 3-9-5。牛栏江排沙比最大值(20.4 倍)出现在第 1 天。牛栏江 9 d 过程来水量 8 012.6 万 m^3,来沙量 6.62 万 t,平均含沙量 0.826 kg/m^3,出库沙量 38.119 万 t,平均含沙量 4.734 kg/m^3,冲刷量 31.499 万 t。

表 3-9-5　牛栏江拦沙坝排沙统计

日序 (d)	$Q_{入}$ (m^3/s)	$S_{入}$ (kg/m^3)	$S_{出}$ (kg/m^3)	$W_{s入}$ (万 t)	$W_{s出}$ (万 t)	ΔW_s (万 t)	排沙比
1	57.42	0.523	10.54	0.3	5.295	-5.036	20.4
2	73.16	0.685	7.5	0.4	4.782	-4.349	11.0
3	117.62	0.822	6.34	0.8	6.488	-5.653	7.8
4	169.45	1.67	7.4	2.4	10.912	-8.467	4.5
5	180.41	1.038	5.36	1.6	8.401	-6.783	5.2
6	110.64	0.416	1.2	0.4	1.148	-0.751	2.9
7	94.79	0.323	0.86	0.3	0.704	-0.440	2.7
8	59.01	0.376	0.52	0.2	0.265	-0.073	1.4
9	64.89	0.313	0.22	0.2	0.123	0.052	0.7
合计	8 012.65			6.620	38.119	-31.499	5.8

注:ΔW_s 为拦沙坝冲淤量,"-"为冲刷。

图 3-9-8 为干河、牛栏江库容恢复过程中含沙量沿程变化图。从图中可以看出,干河含沙量沿程恢复幅度大,含沙量最大值(75.7 kg/m^3)在第 3 天,牛栏江含沙量沿程恢复幅度较小,含沙量最大值(23.5 kg/m^3)在第 1 天,干河沿程含沙量增加较牛栏江含沙量幅度大。

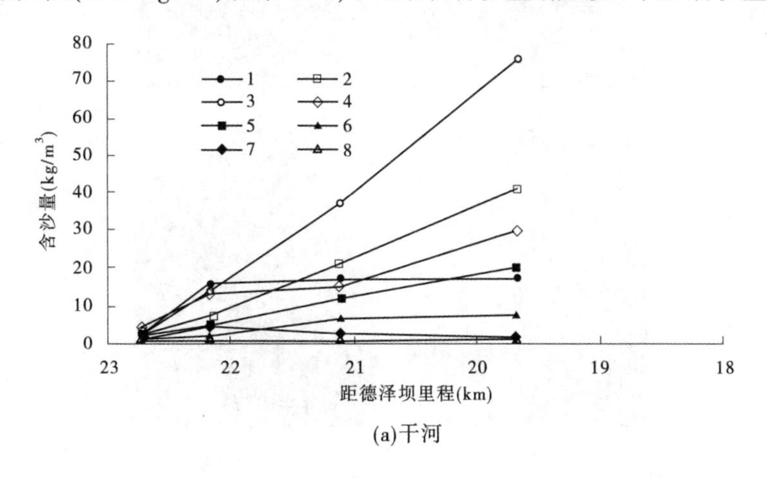

(a)干河

图 3-9-8　干河、牛栏江库容恢复过程中含沙量沿程变化

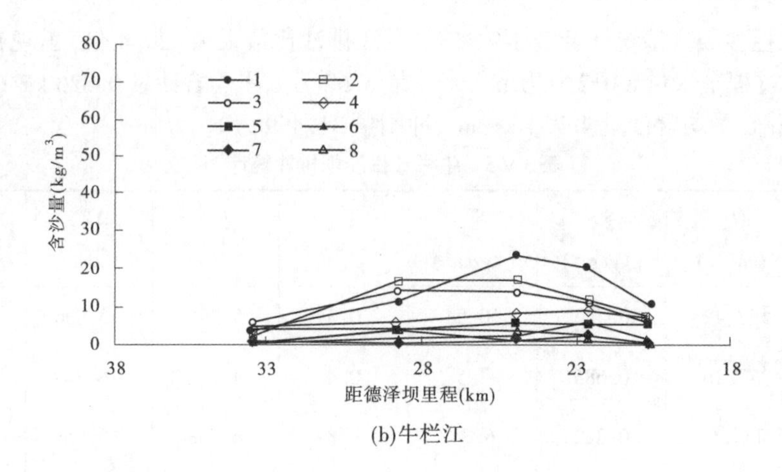

(b)牛栏江

续图 3-9-8

9.3.3 淤积形态变化

9.3.3.1 干河

干河上游出现明显滩槽见图 3-9-9(a)。受溯源冲刷影响，下游出现高滩深槽见图 3-9-9(b)。拦沙坝前库容基本恢复见图 3-9-9(c)。拦沙坝下游冲刷出露基岩，G1～G2 略有淤积，淤积物厚度自上而下略有增加见图 3-9-9(d)。交汇口处具有较大跌坎进入牛栏江。图 3-9-10 为牛栏江降水冲刷前后深泓点纵剖面对比图。

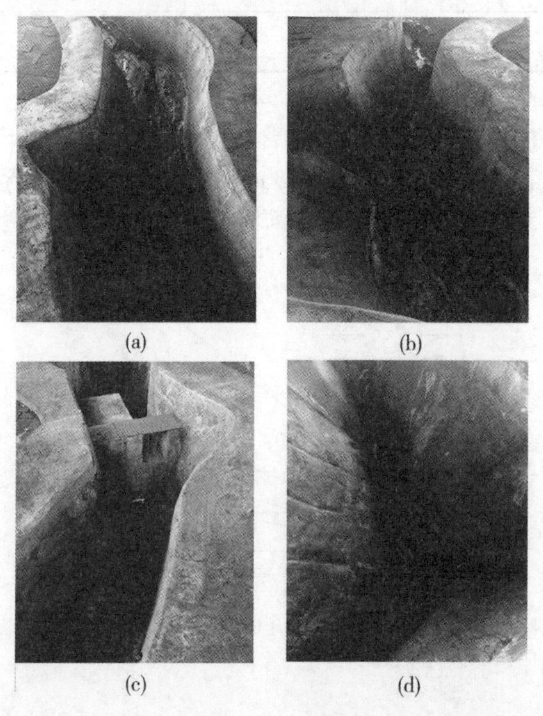

(a) (b) (c) (d)

图 3-9-9 洪水后地形

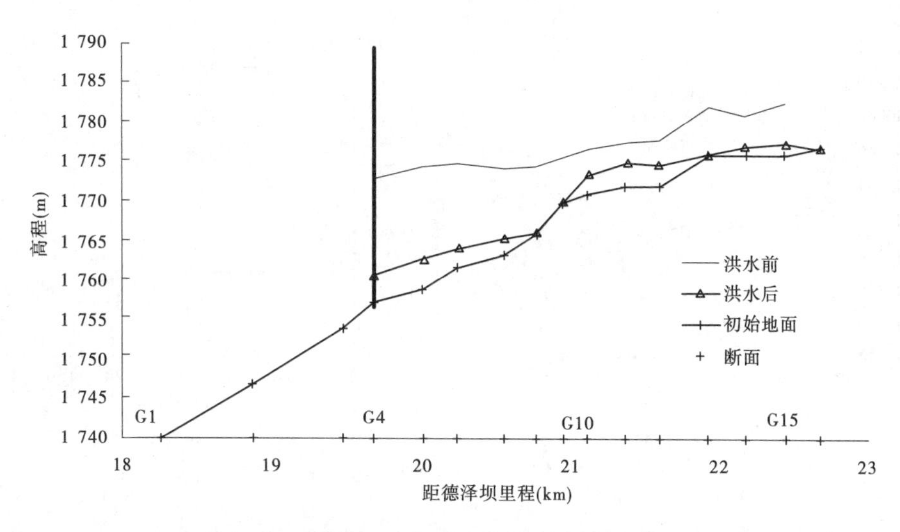

图 3-9-10　牛栏江冲刷试验前后深泓点纵剖面对比

库容恢复试验前后,干河典型断面变化见图 3-9-11。从中可以看出,典型断面均发生河道刷深,河宽增加,河槽规模增大,下游较上游增加的幅度大。

9.3.3.2　牛栏江

图 3-9-12 为牛栏江降水冲刷试验前后深泓点纵剖面对比图。可以看出,36 断面以上河段大多发生了冲刷,36 断面以下河段发生了淤积。

牛栏江降水冲刷试验前后典型断面变化见图 3-9-13。从图中可以看出,36 断面以上河段发生了冲刷,36 断面至拦沙坝区发生了淤积,淤积主要发生在三角洲前坡段,而冲刷主要发生在 36 断面以上河段。

干河、牛栏江河段分段冲淤量见表 3-9-6。断面法计算干河、牛栏江拦沙坝以上淤积量分别为 114.26 万 m^3、202.71 万 m^3,相应冲刷量分别为 50.1 万 m^3、39.54 万 m^3,冲刷所占淤积比例分别为 43.8%、19.5%。

表 3-9-6　分段冲淤量统计　　(单位:万 m^3)

河段	W7—W1	W1—36	36—拦沙坝	拦沙坝以上
牛栏江淤积量	69.45	63.53	69.72	202.71
牛栏江冲刷量	-42.06	-16.74	19.27	-39.54
所占比例(%)	60.6	26.3	-27.6	19.5
河段	G16—G10	G10—G4	G4—G1	拦沙坝以上
干河淤积量	56.48	57.78	23.42	114.26
干河冲刷量	-21.96	-28.14	-19.62	-50.1
所占比例(%)	38.9	48.7	83.8	43.8

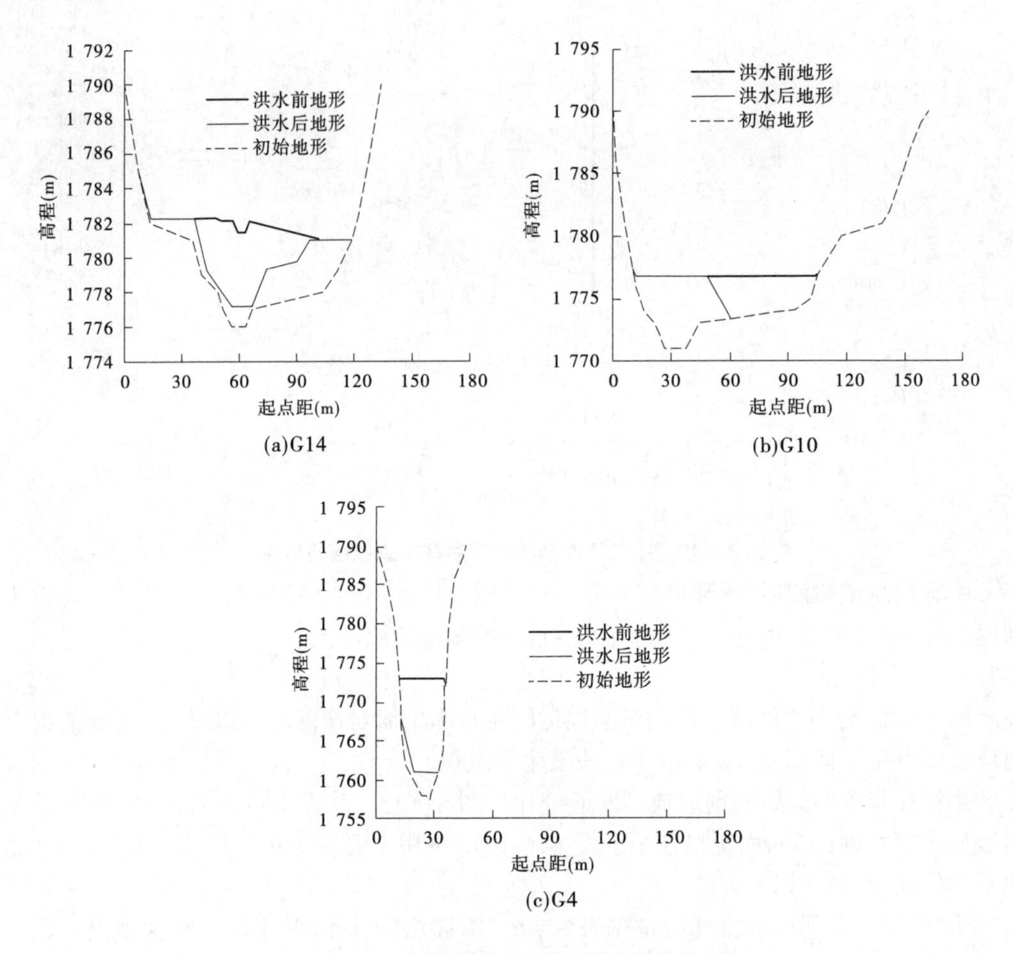

(a)G14

(b)G10

(c)G4

图 3-9-11　干河冲刷试验前后横断面套汇图

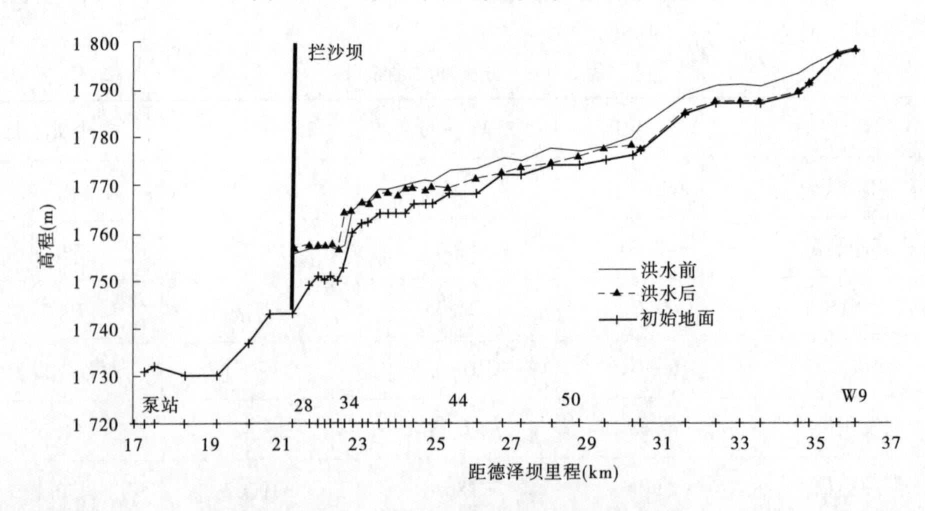

图 3-9-12　牛栏江降水冲刷试验前后深泓点纵剖面对比

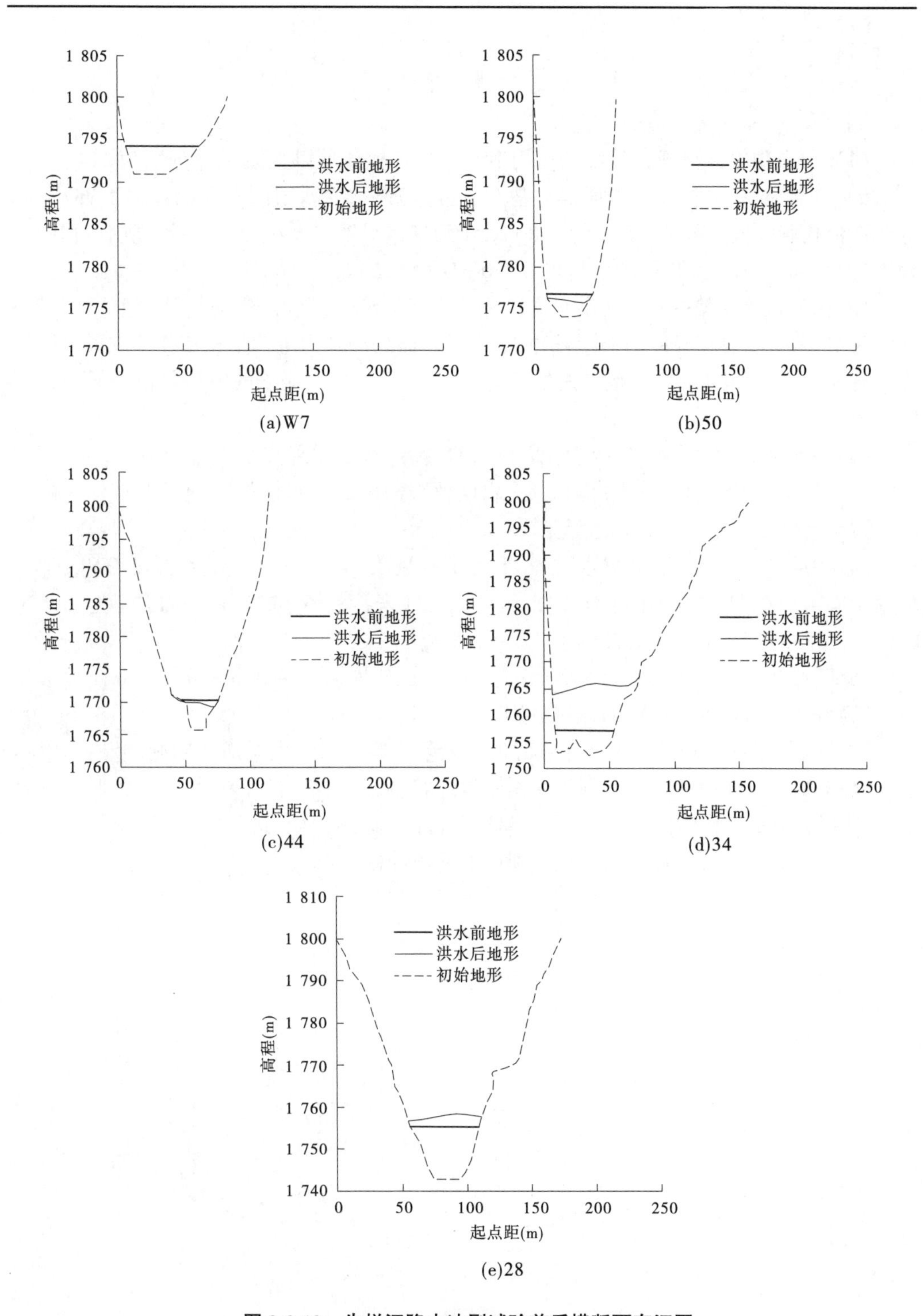

图 3-9-13　牛栏江降水冲刷试验前后横断面套汇图

9.4　本章小结

(1)干河、牛栏江修建拦沙坝并运用10年之后,拦沙坝以上淤积量分别为114.26万m^3、202.71万m^3。牛栏江拦沙坝以上基本呈带状淤积,拦沙坝前淤积面高程1 757.2 m低于泄流孔洞底坎高程1 765 m约7.8 m。干河基本呈锥体淤积形态,拦沙坝前淤积面高程1 774.2 m高于泄流孔洞底坎高程1 760 m约14.2 m。

(2)采用设计的第3场9 d洪水进行拦沙坝库容恢复试验。干河拦沙坝前段以溯源冲刷为主,中间段为溯源冲刷加沿程冲刷,上段以沿程冲刷为主。牛栏江拦沙坝以上以沿程冲刷为主,坝前段4~5 km范围内处于蓄水状态,上游冲刷而来的淤积物部分淤积在坝前回水区。

(3)干河拦沙坝以上库段随着溯源冲刷的发展,水面比降随之增加,到第5天之后,比降基本不变。拦沙坝下游水位则相反,水面比降减缓。牛栏江拦沙坝以上水位变幅较小,随着沿程冲刷的发展,水面比降变缓。

(4)沙量平衡法计算9 d洪水过程,干河来沙量3.916万t,平均含沙量2.09 kg/m^3,出库沙量48.607万t,冲刷量44.691万t;牛栏江来沙量6.62万t,平均含沙量0.826 kg/m^3,出库沙量38.119万t,冲刷量31.499万t。

(5)断面法计算9 d洪水过程,干河、牛栏江拦沙坝以上冲刷量分别为50.1万m^3、39.54万m^3,冲刷量占淤积量的比例分别为43.8%、19.5%。

(6)冲刷试验结果表明:①水库溯源冲刷恢复库容效果远大于沿程冲刷效果;②相同拦沙量,淤积在拦沙坝下段更有利于冲刷恢复库容,因此洪水期拦沙坝尽可能较低水位运用;③选择大流量长历时洪水并尽可能降低德泽水库运用水位,进行拦沙坝冲刷运用,不仅更有利于库容恢复,而且有利于拦沙坝以下河道冲刷。

第10章　结论与建议

本研究基于水力学、河流动力学、动床模型相似律等理论基础,设计并建设了牛栏江、干河及汇口以下局部河段的物理模型,开展了水库低含沙异重流形成理论分析,结合实测资料研究、水槽试验及物理模型试验等多技术手段,通过多组次试验方案分析,并展开方案对比,得出以下结论:

(1)物理模型设计与验证。

根据前期工作经验,在初选模型沙为拟焦沙,基于实测资料分析,初步确定了物理模型试验比尺:水平比尺200,垂直比尺45,含沙量比尺1,河床变形时间比尺35。开展了7组次基础水槽试验,研究了低含沙量条件下,相同流量不同含沙量对异重流潜入及运行的影响。确定拟焦沙作为模型沙进行物理模型试验更容易满足试验要求。排除了温度、容器的颜色等因素对OBS3+的影响,熟练掌握了OBS3+的使用方法。

通过先进和成熟的模型试验方法,采用精密仪器,模型控制精准,符合模型试验的要求,试验结果可信。在拟定的水沙过程条件下,模型中形成了底层异重流,垂线含沙量测验表明,模型测验值与原型实测值接近,垂线流速测验表明,模型流速与原型实测值接近。

基于前人的研究基础,对水库异重流潜入点公式进行了修正,并利用实测资料进行了验证,计算结果表明,形成的异重流潜入点位置与原型观测位置接近,可用来进行异重流潜入与形成预测。试验结果所反映的河道水沙变化与原型相似,所建立的实体模型可以用于取水口工程所在河段的水沙演进与冲淤预测研究。

(2)德泽水库坝前水位1 760 m和1 790 m时,干河入库—拦沙坝的拦沙率分别增加了32.2%和14.4%,牛栏江入库—拦沙坝的拦沙率分别增加了19.6%和9.9%,具有水库运用水位越高,拦沙率的增加幅度越小的特点,干河入库—拦沙坝拦沙率的增加幅度大于牛栏江入库—拦沙坝拦沙率的增加幅度,说明干河修建拦沙坝对库区泥沙淤积过程的作用更大。

(3)有坝方案拦沙坝破坏了异重流输沙流态,坝下游水流动力增加,最大流速点上移。典型洪水条件下,无坝方案均形成底层异重流,各断面垂线平均含沙量沿程衰减。有坝方案牛栏江、干河拦沙坝下游大部分时段不能满足异重流潜入条件,以壅水明流的形式向下游传播。

(4)高水位、低水位有坝方案出水池含沙量均较无坝方案降低,低水位降低幅度较大。低水位出水池第2~5场洪水洪峰含沙量分别减少为95.56%、82.22%、63.83%、73.64%。第2~5场洪水场次平均含沙量减少比例分别为91.53%、69.49%、60%、49.25%。高水位出水池第1~5场有坝洪峰含沙量较无坝情况分别减少50.00%、96.55%、27.50%、49.53%、26.1%。出水池有坝平均含沙量较无坝情况分别减少67.27%、73.70%、-3.77%、40.92%、6.29%。

(5)有坝方案取水口断面底层、中层含沙量较无坝方案降低,而表层含沙量增加。高水位取水口断面有坝洪峰含沙量较无坝情况第 2～5 场洪水分别减少 71.69%、49.75%、42.87%、64.46%，第 2～5 场洪水场次平均含沙量减少比例分别为 20.96%、37.40%、25.84%、22.12%。低水位取水口断面有坝洪峰含沙量较无坝情况第 1～5 场洪水分别减少 44%、33%、45%、58%、61%，第 1～5 场洪水场次平均含沙量减少比例分别为 31.25%、75%、40.43%、73.39%、56.67%。

(6)高水位时，取水口中层含沙量满足要求的时间比例从无拦沙坝时的 14.29%提高到有拦沙坝时的 23.80%，提高了 9.51%；表层则从无拦沙坝时的 95.24%降低到有拦沙坝时的 66.67%，降低了 28.57%。低水位时，取水口中层含沙量满足要求的时间从无拦沙坝时的 14.29%提高到有拦沙坝时的 16.67%，提高了 2.38%；表层则从无拦沙坝时的 80.95%降低到有拦沙坝时的 47.62%，降低了 33.33%。拦沙坝的存在提高了取水口中层含沙量满足要求的时间，降低了取水口表层含沙量满足要求的时间。

从浊度指标分析看，高水位条件下有坝较无坝浊度峰值、浊度平均值分别降低了 882.4 NTU、116.5 NTU，降低的比例分别为 56.9%和 51.7%；5 个不同浊度区间出现的天数(<10.3、10.3～17.1、17.1～50、50～100、>100)分别减少 0 d、-4 d、-9 d、1 d、12 d，相应所占的百分数分别降低 0%、-9.52%、-21.43%、2.38%、28.57%。低水位条件下有坝较无坝浊度峰值、浊度平均值分别降低了 1 513.8 NTU、242.5 NTU，降低的比例分别为 72.7 %和 69.7%；5 个不同浊度区间出现的天数(<10.3、10.3～17.1、17.1～50、50～100、>100)分别减少 0 d、-1 d、5 d、-7 d、3 d，相应所占的百分数分别降低 0、-2.38%、11.90%、-16.67%、7.14%。

(7)通过分析典型洪水过程汇口处含沙量与取水口及取水口断面含沙量关系，对典型年大水大沙、中水中沙、小水小沙的结果进行了预测，结果表明，拦沙坝的存在均可使拦沙率具有不同程度的提高。牛栏江入库—拦沙坝在大水大沙年、中水中沙年和小水小沙年时，有、无拦沙坝的拦沙率分别增加了 20.7%、15.7%和 23.6%。干河入库—拦沙坝在大水大沙年、中水中沙年和小水小沙年时，有、无拦沙坝的拦沙率分别增加了 21.0%、17.6%、21.9%。

(8)典型年过程中取水口断面平均含沙量在大水大沙年、中水中沙年和小水小沙年时减少比例分别为 49.61%、48.82%和 52.51%。拦沙坝减少了取水口断面中层、表层含沙量满足要求的时间。从趋势上看，取水口断面中层含沙量的减少比例随水沙量的减小而减小，表层含沙量的增加则随水沙量的减小而增大。说明拦沙坝对降低取水口中层含沙量的作用好于对表层含沙量的作用，入库水沙量越小，拦沙坝的拦沙效果也越显著。

(9)干河、牛栏江修建拦沙坝并运用 10 年之后，拦沙坝以上淤积量分别为 114.26 万 m^3、202.71 万 m^3，采用设计的第 3 场 9 d 洪水进行拦沙坝库容恢复试验。干河拦沙坝前段以溯源冲刷为主，中间段为溯源冲刷加沿程冲刷，上段以沿程冲刷为主。牛栏江拦沙坝以上以沿程冲刷为主，坝前段 4～5 km 范围内处于蓄水状态。

(10)9 d 洪水过程沙量平衡法计算，干河、牛栏江拦沙坝冲刷量分别为 44.691 万 t、31.499 万 t；断面法计算干河、牛栏江拦沙坝以上冲刷量分别为 50.1 万 m^3、39.54 万 m^3，占淤积量的比例分别为 43.8%、19.5%。冲刷试验结果表明：①水库溯源冲刷恢复库容效果远大于沿程冲刷效果；②相同拦沙量，淤积在拦沙坝下段更有利于冲刷恢复库容，因此洪水期拦沙坝尽可能较低水位运用;③选择大流量长历时洪水并尽可能降低德泽水库运用水位,进行拦沙坝冲刷运用,不仅更有利于库容恢复,而且有利于拦沙坝以下河道冲刷。

(11)鉴于问题的复杂性,建议继续开展取水口河段水沙输移观测,包括德泽水库专题泥沙测验资料,水库淤积状况、流速、含沙量,库区水温分布,异重流形成与潜入、沿程输移,拦沙坝修建后的泥沙、水文、水沙输移等。

附　录

附录 1　龙羊峡水库

龙羊峡水库上距黄河源头 1 686 km，坝址以上控制流域面积 13.14 万 km^2，占黄河流域面积的 17.5%。多年平均流量 650 m^3/s，年径流量 205 亿 m^3，多年平均输沙量 2 490 万 t，实测最大洪峰流量 5 450 m^3/s（1981 年 9 月 13 日）。

龙羊峡水库以发电为主，并与刘家峡水库联合运用，承担下游河段的灌溉、防洪和防凌等综合任务。水库为一等工程，主要建筑物为一级建筑物，1 000 年一遇设计洪水洪峰流量 7 040 m^3/s，可能最大校核洪水洪峰流量 10 500 m^3/s。水库正常蓄水位 2 600 m，相应库容 247.0 亿 m^3（原始库容，下同）；死水位 2 530 m，死库容 53.4 亿 m^3；设计汛限水位 2 594 m，相应库容 224.6 亿 m^3；设计洪水位 2 602.25 m，相应库容 255.6 亿 m^3；校核洪水位 2 607 m，相应库容 274.2 亿 m^3；有效调节库容 193.5 亿 m^3，具有多年调节性能。电站安装有 4 台 32 万 kW 机组，总装机 128 万 kW，最大发电流量 1 240 m^3/s。

水库于 1976 年开工建设，1986 年 10 月下闸蓄水，1987 年 9 月首台机组投产发电，1989 年工程基本竣工，2001 年通过竣工验收。水库投入运用以来，最高蓄水位 2 597.62 m，相应蓄量 238.0 亿 m^3（2005 年 11 月 19 日）；汛期最高运用水位 2 595.66 m，相应蓄量 230.7 亿 m^3（2012 年 9 月 18 日）。

根据 2011 年 5 月 20 日“黄河龙羊峡水电站按设计汛期防洪限制水位运行分析论证报告审查会”结论意见，认为该工程经过 2005 年以来多次高水位运行考验，并通过对库岸和滑坡的技术论证和安全评估，目前水库工程已具备按设计汛限水位 2 594 m 运用的条件。

水库汛期为 7 月 1 日至 9 月 30 日，综合考虑在建工程和水库下游河道防洪安全，水库汛限水位为 2 588 m，相应库容 203.0 亿 m^3。9 月 1 日起水库水位可以视来水及水库蓄水运用情况向设计汛限水位过渡；9 月 16 日起可以向正常蓄水位过渡。

水库库容数据见附表 1-1。泄水建筑物有底孔、深孔、中孔和溢洪道，水库水位—泄流量关系详见附表 1-2。

附表 1-1　龙羊峡水库水位—库容关系　（单位：亿 m^3）

水位(m,大沽)	0	1	2	3	4	5	6	7	8	9
2 530	53.43	55.16	56.92	58.72	60.54	62.39	64.27	66.17	68.12	70.11
2 540	72.13	74.15	76.18	78.23	80.30	82.37	84.47	86.60	88.80	91.05
2 550	93.36	95.69	98.04	100.42	102.82	105.24	107.69	110.17	112.68	115.12
2 560	117.78	120.38	123.02	125.70	128.41	131.15	133.92	136.72	139.55	142.41
2 570	145.30	148.22	151.18	154.18	157.22	160.29	163.39	166.52	169.67	172.85
2 580	176.06	179.31	182.59	185.91	189.26	192.65	196.08	199.54	203.03	206.55
2 590	210.11	213.70	217.31	220.94	224.59	228.26	231.96	235.68	239.42	243.19
2 600	246.98	250.79	254.62	258.48	262.37	266.28	270.22	274.19	278.19	282.22
2 610	286.28									

附表 1-2　龙羊峡水库水位—泄流量关系

水位(m,大沽)		2 570	2 575	2 580	2 585	2 590	2 600	2 607
泄流量(m^3/s)	底孔	1 254	1 291	1 324	1 358	1 392	1 498	1 498
	深孔	1 045	1 097	1 140	1 180	1 218	1 340	1 340
	中孔	1 337	1 461	1 580	1 686	1 791	2 203	2 203
	溢洪道				0	400	4 493	4 493
	合计	3 636	3 849	4 044	4 224	4 801	9 534	9 534
	机组过水	700	700	700	700	700	700	700
	总计	4 336	4 549	4 744	4 924	5 501	10 234	10 234

注：龙羊峡水库最大发电流量 1 240 m^3/s。

龙羊峡水库运用原则：

(1)以水库水位和入库流量作为下泄流量的判别标准。

(2)当水库水位低于汛限水位时，水库合理拦蓄洪水，在满足下游防护对象防洪要求的前提下，按发电要求下泄。

(3)当水库水位达到汛限水位后，龙羊峡、刘家峡两库按一定的蓄洪比例同时拦洪泄流，满足下游防护对象的防洪要求。

(4)鉴于目前龙羊峡水库工程本身已具备按设计汛限水位 2 594 m 运用的条件，在 7 月、8 月，当水库水位达到汛限水位 2 588 m 且低于 2 594 m 时，可根据水库入库流量、龙刘区间来水大小及下游河道状况，加强实时调度。

洪水调度：

当水库水位低于汛限水位 2 588 m 时，水库合理拦蓄洪水，下泄流量以发电要求为主。

当水库水位达到汛限水位 2 588 m 后，洪水调度方式如下：

(1)当发生 1 000 年一遇(洪峰流量 7 040 m^3/s)及以下洪水时，若水库水位超过

2 588.0 m 但不超过 2 594.0 m,原则上控制下泄流量不大于 2 000 m^3/s;当水库水位达到或超过 2 594.0 m 时,根据龙羊峡、刘家峡水库蓄水情况,按最大下泄流量不超过 4 000 m^3/s 方式运用。

(2)当发生 1 000 年一遇以上洪水时,为确保水库大坝安全,根据龙羊峡、刘家峡水库蓄水情况,按最大下泄流量不超过 6 000 m^3/s 控制运用。

附录 2　刘家峡水库

刘家峡水库坝址位于甘肃省永靖县境内的黄河干流上,上距黄河源头 2 019 km,下距省会兰州市 100 km,控制流域面积 18.18 万 km^2,约占黄河全流域面积的 1/4。

刘家峡水库以发电为主,兼有防洪、灌溉、防凌、养殖、供水等综合任务,为不完全年调节水库。水库 1 000 年一遇设计洪水洪峰流量 8 860 m^3/s,可能最大校核洪水洪峰流量 13 300 m^3/s。设计洪水位 1 735 m,相应库容 40.1 亿 m^3(2013 年实测,下同);校核洪水位 1 738 m,相应库容 44.2 亿 m^3。正常蓄水位为 1 735 m,设计汛限水位 1 726 m,相应库容 28.7 亿 m^3。电站经过增容改造,目前有 7 台机组,总装机 139 万 kW,最大发电流量 1 450 m^3/s。刘家峡水库平面布置见附图 2-1。

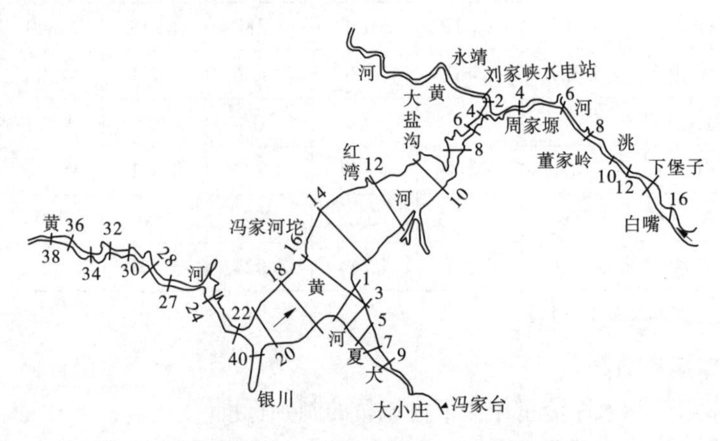

附图 2-1　刘家峡水库平面布置图

泄流建筑物右岸有溢洪道,主坝左侧有泄水道,电站右侧有泄洪洞和排沙洞。泄水道兼有排沙作用。刘家峡水电站枢纽布局见附图 2-2,各泄流建筑物的泄量见附表 2-1。

附表 2-1　刘家峡水电站各泄流建筑物泄量

建筑物名称	底坎高程 (m)	不同水位下的泄量(m^3/s)		
		1 694	1 720	1 735
溢洪道	1 715			3 800
泄洪洞	1 675	930	1 944	2 140
泄水道	1 665	880	1 382	1 488
排沙洞	1 665	68	99	105

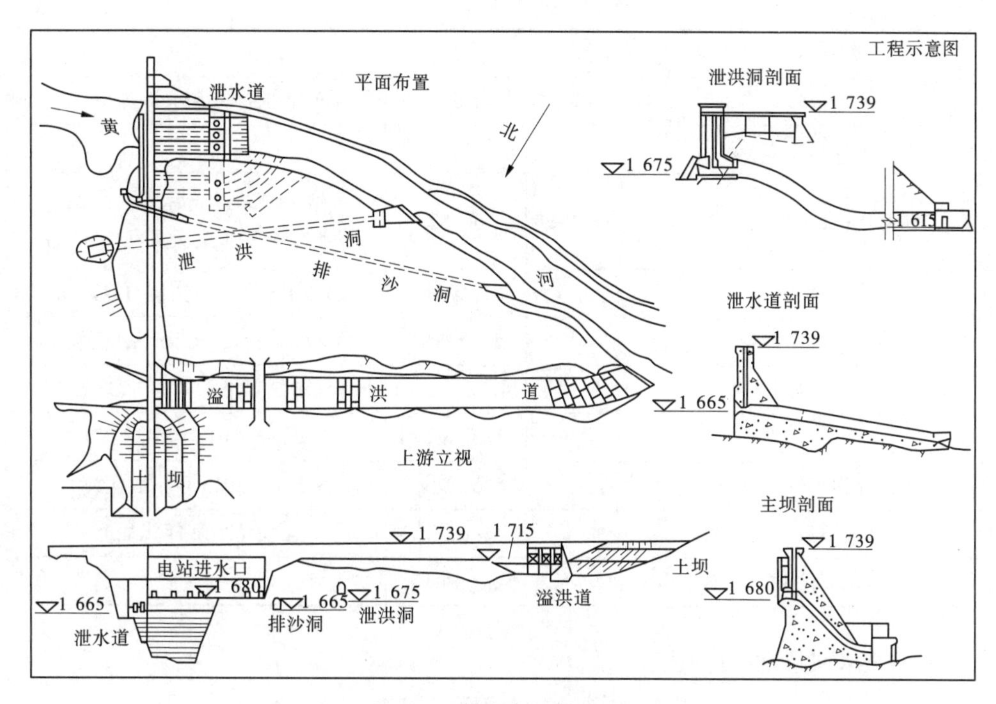

附图 2-2　刘家峡水电站枢纽布局

水库于 1958 年 9 月开工建设,1968 年 10 月下闸蓄水,1969 年 3 月首台机组投产发电,1974 年 12 月最后一台机组安装完毕。水库投入运用以来最高蓄水位为 1 735.81 m,相应蓄量 43.2 亿 m^3(1985 年 10 月 24 日,库容为当时库容)。

水库汛期为 7 月 1 日至 9 月 30 日,汛限水位为 1 727 m,相应库容 29.9 亿 m^3。9 月 16 日起水库水位可以视来水及水库蓄水运用情况向正常蓄水位过渡。

2015 年 9 月 6 日,刘家峡水库洮河口排沙洞建成投入使用。洮河口排沙洞在泄水建筑物中为 8 号(原排沙洞编号为 7 号),进口位于坝址上游 1.2 km 的黄河左岸,进口底坎高程 1 665 m,水库水位 1 735 m 时下泄流量 825 m^3/s,设计最低水位 1 694 m 时下泄流量 625 m^3/s,校核洪水位 1 738 m 时最大下泄流量 838 m^3/s。当水库发电机组过机含沙量大于 15 kg/m^3 时,开启该排沙洞排沙;当洮河口排沙洞出口含沙量降至 5 kg/m^3 左右时关闭该排沙洞闸门。

(1)水库特性,见附表 2-2。

附表 2-2　刘家峡水库特性

名称	单位	数值	说明
校核洪水位	m	1 738	P=0.01%
设计洪水位	m	1 735	P=0.1%
正常蓄水位	m	1 735	
汛期限制水位	m	1 727	

续附表 2-2

名称	单位	数值	说明
死水位	m	1 694	目前控制最低运行水位为 1 717 m
正常蓄水位水库面积	km^2	140	
正常蓄水位回水长度	km	66. 82	炳灵电站建成后为 41. 5 km, 洮河约 30 km,大夏河约 15 km
总库容	亿 m^3	61(设计)	44. 13(2013 年汛后实测,1 738 m 以下)
正常蓄水位以下库容	亿 m^3	57(设计)	40. 13(2013 年汛后实测)
调洪库容	亿 m^3	14. 75(设计)	14. 05(2013 年汛后实测,1 738~1 727 m)
调节库容	亿 m^3	41. 5(设计)	33. 86(2013 年汛后实测)
死库容	亿 m^3	15. 5(设计)	6. 27(2013 年汛后实测)
库容系数	%	16%(设计)	13(2013 年汛后)
水库调节性能		不完全年调节	

(2)枢纽水文特性,见附表 2-3。

附表 2-3　枢纽水文特性

名称	单位	数值	说明
坝址以上流域面积	km^2	181 766	
距河源距离	km	2 019	
多年平均降水量	mm	250~750	坝址以上流域,坝址 260 m
多年平均径流量	亿 m^3	273	
多年平均流量	m^3/s	866	
实测最大流量	m^3/s	5 640	
调查历史最大流量	m^3/s	7 500~7 900	
设计入库洪水流量	m^3/s	8 720	$P=0.1\%$
校核入库洪水流量	m^3/s	10 600	$P=0.01\%$
实测最大洪量(15 d)	亿 m^3	59. 3	
设计洪量(15 d)	亿 m^3	91	$P=0.1\%$
校核洪量(15 d)	亿 m^3	111	$P=0.01\%$
多年平均输沙量	万 t	8 940	
实测最大含沙量	kg/m^3	310	1958 年 7 月 24 日上诠站

(3)挡水建筑物技术特性,见附表 2-4。

附表 2-4　挡水建筑物技术特性

建筑物 特性	河床混凝土 主坝	左岸混凝土 副坝	右岸混凝土 副坝	右岸黄土 副坝	溢流堰
地基特性	云母石英 片岩	云母石英 片岩	云母石英 片岩	云母石英 片岩、红砂岩 及沙砾石层	云母石英片岩
最大坝高(m)	147	27.7	46	45	46
坝顶长度(m)	204	51	300	236	48
坝顶高程(m)	1 739	1 739	1 739	1 739	1 739

(4)泄水建筑物技术特性,见附表 2-5。

附表 2-5　泄水建筑物技术特性

建筑物 特性	溢洪道	泄洪洞	泄水道	排沙洞	洮河口排沙洞
地基特性	云母石英片岩	云母石英片岩	云母石英片岩	云母石英片岩	云母石英片岩
进口底坎 高程(m)	1 715	1 675	1 665	1 665	1 665
孔口尺寸	3 孔 10 m×8.5 m	1 孔 8 m×9.5 m	2 孔 3 m×8 m	1 孔 4 m×5.22 m	1 孔 8 m×10 m
长度(m)	875	529.5	241	675.5	1 480.9
最大单宽流量 (m^3/s)	142	275	190		
渠(洞)身 断面尺寸	宽度 42~30 m	斜段 8 m×12.9 m 平段 13 m×13.5 m	宽度 8 m	洞径 3 m	洞径 10 m
消能方式	连续式鼻坎挑流	连续式鼻坎挑流	连续式鼻坎挑流	平底面流	挑流消能
工作闸门形式 与数量	平板门 3 扇 10 m×8.5 m	弧形 1 扇 8 m×9.5 m	平板定轮 2 扇 3 m×8 m	弧形 1 扇 2 m×1.8 m	弧形 1 扇 4.5 m×5 m
工作闸门启闭机 形式与数量	固定卷扬机 3 套 2×100 t	固定卷扬机 1 套 2×300 t	油压启闭机 2 套 600 t	固定卷扬机 1 套 1×300 t	3 000 kN/ 1 000 kN 偏心 铰液压启闭
设计泄洪量 (P=0.1%) (m^3/s)	3 785	2 140	1 488	105	825
校核泄洪量 (P=0.01%) m^3/s	4 260	2 200	1 524	108	845
渠道(洞)内 最大流速(m/s)	约 30	约 45	约 35	30	约 35

(5)引水建筑物技术特性,见附表 2-6。

附表 2-6　引水建筑物技术特性

建筑物特性	机组进水口	坝内钢管道	地下压力引水隧洞	尾水隧洞
形式	坝面进水口	坝内埋藏式	岩石埋藏式	无压式
尺寸	工作闸门 7 m×8 m	Φ 7.0 m 长 127.26 m	Φ 7.8 m, 长 122.917 m	出口 10.5 m×16.5 m 1#长 65.84 m、 2#长 24.23 m
特性	油压启闭机 450/300 t 进口底坎高程 1 680 m	最大流量 258~348 m³/s	最大流量 258 m³/s	钢筋混凝土衬砌

(6)泄流曲线,见附表 2-7。

附表 2-7　刘家峡水库泄水建筑物泄流曲线

名称	孔口尺寸(宽×高)(m)	闸门形式	底坎高程(m)	孔数	不同高程泄量(m³/s)					
					1 715	1 720	1 725	1 730	1 735	1 738
泄水道	3×8	平板	1 665	1	614	651	685	718	750	772
				2	1 228	1 302	1 370	1 436	1 500	1 544
排沙洞	2×1.8	弧形	1 665	1	90	95	98	102	105	108
泄洪洞	8×9.5	弧形	1 675	1	1 670	1 805	1 930	2 050	2 150	2 200
溢洪道	10×8.5	平板	1 715	1	0	197	557	960	1 263	1 367
				3	0	590	1 671	2 880	3 789	4 100
洮河排沙洞	4.5×5	弧形	1 665	1	733	756	779	802	825	845
合计					3 721	4 548	5 848	7 270	8 369	8 797

水库水位—库容关系数据见附表 2-8。汛期参与泄洪的泄水建筑物有泄水道、泄洪洞、排沙洞及溢洪道,水库水位—泄流量关系见附表 2-9。

附表 2-8　刘家峡水库水位—库容关系　(单位:亿 m³)

水位(m,大沽)	0	1	2	3	4	5	6	7	8	9
1 700	9.32	9.85	10.38	10.90	11.43	11.96	12.61	13.25	13.90	14.54
1 710	15.19	15.83	16.48	17.12	17.77	18.41	19.33	20.25	21.16	22.08
1 720	23.00	23.92	24.84	25.75	26.67	27.59	28.70	29.90	31.35	32.61
1 730	33.86	35.11	36.37	37.62	38.88	40.13	41.44	42.83	44.21	

注:库容为 2013 年值。

附表 2-9　刘家峡水库水位—泄流量关系

水位(m,大沽)		1 715	1 720	1 725	1 730	1 735	1 738
泄流量(m^3/s)	泄水道	1 228	1 302	1 370	1 436	1 500	1 544
	泄洪洞	1 670	1 805	1 930	2 050	2 150	2 200
	7 号排沙洞	90	95	98	102	105	108
	溢洪道	0	590	1 671	2 880	3 789	4 100
	合计	2 988	3 792	5 069	6 468	7 544	7 952
	机组过水	900	900	900	900	900	900
	8 号排沙洞	733	756	779	802	825	838

注:刘家峡水库最大发电流量 1 450 m^3/s。

水库运用原则:

(1)以天然入库流量和龙羊峡、刘家峡两库总蓄洪量作为下泄流量的判别标准(天然入库流量为龙羊峡水库入库流量加上龙刘区间汇入流量)。

(2)刘家峡水库下泄流量应满足下游防护对象的防洪要求。

洪水调度:

刘家峡水库水位低于汛限水位 1 727 m 时,水库合理拦蓄洪水,下泄流量以发电要求为主。

刘家峡水库水位达汛限水位 1 727 m 时,龙羊峡、刘家峡水库联合运用,具体如下。

(1)若龙羊峡水库水位超过 2 588.0 m 但不超过 2 594.0 m,刘家峡水库原则上控制下泄流量不大于 2 500 m^3/s。

(2)若龙羊峡水库水位达到或超过 2 594.0 m,刘家峡水库根据龙羊峡、刘家峡水库蓄水情况,按泄量判别图运用。具体如下:

①当发生 100 年一遇及以下(两库总蓄洪量位于 100 年一遇调度线及以下区域)洪水时,按最大下泄流量不超过 4 290 m^3/s 运用,控制兰州站流量不超过 6 500 m^3/s。

②当发生超过 100 年一遇且不超过 1 000 年一遇(洪峰流量大于 6 860 m^3/s、两库总蓄洪量超过 100 年一遇调度线不超过 1 000 年一遇调度线)洪水时,按最大下泄流量不超过 4 510 m^3/s 运用。

③当发生超过 1 000 年一遇且不超过 2 000 年一遇(洪峰流量大于 8 860 m^3/s、两库总蓄洪量超过 1 000 年一遇调度线不超过 2 000 年一遇调度线)洪水时,按最大下泄流量不超过 7 260 m^3/s 运用。

④当发生 2 000 年一遇以上洪水时(洪峰流量大于 9 450 m^3/s、两库总蓄洪量位于 2 000 年一遇调度线以上区域),刘家峡水库按敞泄运用。

在入库洪水消退过程中,原则上按较快速度回落至汛限水位,实际运行中,视后期来水情况及水库蓄水需要,可逐步减少下泄流量,直到水位回落至汛限水位。

附表 2-10　黄河上游干流梯级工程技术经济指标

序号	水电站名称	建设地点	控制面积（万 km^2）	正常蓄水位（m）	相应库容（亿 m^3）	有效库容（亿 m^3）	调节性能	装机容量（MW）	运行时间（年-月）	管理单位
1	龙羊峡	青海共和	13.1	2 600	247	193.5	多年	1 280	1986-10	黄河上游水电开发公司
2	拉西瓦	青海贵德	13.2	2 452	10.1	1.50	日	3 500	2009-03	黄河上游水电开发公司
3	尼那	青海贵德	13.2	2 235.5	0.29	0.09	日	160	2003-05	青海三江水电开发股份有限公司
4	李家峡	青海尖扎	13.7	2 180	16.5	0.60	日/周	1 600	1996-12	甘肃电力投资公司
5	直岗拉卡	青海尖扎	13.7	2 050	0.15	0.03	日	192	2005-05	青海大唐国际有限公司
6	康杨	青海尖扎	13.7	2 033	0.29	0.05	日	283.5	2007-05	青海三江水电开发股份有限公司
7	公伯峡	青海循化	14.4	2 005	5.50	0.75	日	1 500	2004-08	甘肃电力投资公司
8	苏只	青海循化	14.5	1 900	0.46	0.14	日	225	2005-12	甘肃电力投资公司
9	*黄丰	青海循化	14.5	1 880.5	0.59	0.10	日	225	2013-04	青海三江水电开发股份有限公司
10	积石峡	青海循化	14.7	1 856	2.40	0.40	日	1 020	2010-10	黄河上游水电开发公司
11	大河家	青海甘肃	14.7	1 783	0.10	—	日	142	2016-08	青海三江水电开发股份有限公司
12	炳灵	甘肃积石山	14.8	1 748	0.25	0.66	日	240	2008-07	甘肃电力投资公司
13	刘家峡	甘肃永靖	18.2	1 735	40.1	20.3	年	1 390	1974-12	甘肃电力公司
14	盐锅峡	甘肃兰州	18.3	1 619	2.20	0.07	日	471.2	1975-11	黄河上游水电开发公司

续附表 2-10

序号	水电站名称	建设地点	控制面积（万 km^2）	正常蓄水位（m）	相应库容（亿 m^3）	有效库容（亿 m^3）	调节性能	装机容量（MW）	运行时间（年-月）	管理单位
15	八盘峡	甘肃兰州	21.5	1 578	0.19	0.08	日	220	1980-12	黄河上游水电开发公司
16	河口	甘肃兰州	22	1 558	0.14	—	日	74	2011-06	甘肃电力投资公司
17	柴家峡	甘肃兰州	22.1	1 550.5	0.17	—	日	96	2007-10	柴家峡水电开发公司
18	小峡	甘肃兰州	22.5	1 499	0.48	0.14	日	230	2004-09	黄河小三峡水电开发公司
19	大峡	甘肃兰州	22.8	1 480	0.56	0.53	日	324.5	1998-06	黄河小三峡水电开发公司
20	乌金峡	甘肃靖远	22.9	1 436	0.24	0.10	日	140	2008-10	黄河小三峡水电开发公司
21	沙坡头	宁夏中卫	25.4	1 240.5	0.17	0.11	径流	120.3	2004-03	沙坡头枢纽有限公司
22	青铜峡	宁夏青铜峡	27.5	1 156	0.36	0.29	日	327	1967-02	黄河上游水电开发公司
23	*海勃湾	内蒙古乌海	31.2	1 076	4.90	1.50	年	90	2014-02	内蒙古大唐国际海勃湾水利枢纽开发有限公司
24	三盛公	内蒙古磴口	31.4	1 055	0.80	0.20	径流		1961-05	内蒙古黄河工程管理局

注：带*的为在建工程。

附表 2-11　黄河上游干流梯级水库(水电站)防洪对象防洪标准及安全泄量

(单位:m³/s)

水库(水电站)名称	防洪(度汛)标准		设计洪峰流量	允许龙羊峡最大泄量	允许李家峡最大泄量	允许刘家峡最大泄量
龙羊峡	设计	1 000 年一遇	7 040	4 000		
	校核	可能最大洪水	10 500	6 000		
拉西瓦	设计	1 000 年一遇	4 250	4 000		
	校核	5 000 年一遇	6 310	6 000		
尼那	设计	50 年一遇	4 460	4 000		
	校核	1 000 年一遇	4 890	4 000		
李家峡	设计	1 000 年一遇	4 940	4 000		
	校核	10 000 年一遇	7 220	6 000		
直岗拉卡	设计	50 年一遇	4 270	4 000	4 100	
	校核	1 000 年一遇	4 440	4 000	4 100	
康扬	设计	100 年一遇	4 460	4 000	4 100	
	校核	1 000 年一遇	4 690	4 000	4 100	
公伯峡	设计	500 年一遇	5 440	4 000	4 100	
	校核	10 000 年一遇	7 860	6 000	4 100	
苏只	设计	100 年一遇	5 290	4 000	4 100	
	校核	1 000 年一遇	5 870	4 000	4 100	
*黄丰	设计	100 年一遇	5 350	4 000	4 100	
积石峡	设计	200 年一遇	5 600	4 000	4 100	
	校核	500 年一遇	5 850	4 000	4 100	
大河家	设计	100 年一遇	5 440	4 000	4 100	
	校核	1 000 年一遇	6 100	4 000	4 100	
炳灵	设计	100 年一遇	5 520	4 000	4 100	
	校核	1 000 年一遇	6 270	4 000	4 100	
刘家峡	设计	1 000 年一遇	8 860	4 000	4 100	
	校核	可能最大洪水	13 300	6 000	6 300	
盐锅峡	复核	2 000 年一遇	7 260	6 000	6 300	7 260
八盘峡	复核	1 000 年一遇	7 350	4 000	4 100	4 510
河口	设计	100 年一遇	6 500	4 000	4 100	4 290
	校核	1 000 年一遇	7 350	4 000	4 100	4 510

续附表 2-11

水库(水电站)名称	防洪(度汛)标准		设计洪峰流量	允许龙羊峡最大泄量	允许李家峡最大泄量	允许刘家峡最大泄量
柴家峡	设计	100 年一遇	6 500	4 000	4 100	4 290
	校核	1 000 年一遇	7 350	4 000	4 100	4 510
小峡	设计	50 年一遇	6 310	4 000	4 100	4 290
	校核	500 年一遇	7 170	4 000	4 100	4 510
大峡	设计	100 年一遇	6 500	4 000	4 100	4 290
	校核	1 000 年一遇	8 350	4 000	4 100	4 510
乌金峡	设计	50 年一遇	6 310	4 000	4 100	4 290
	校核	500 年一遇	7 170	4 000	4 100	4 510
沙坡头	设计	50 年一遇	6 550	4 000	4 100	4 290
	校核	500 年一遇	7 480	4 000	4 100	4 510
青铜峡	设计	100 年一遇	6 500	4 000	4 100	4 290
	校核	1 000 年一遇	8 180	4 000	4 100	4 510
*海勃湾	设计	100 年一遇	6 100	4 000	4 100	4 290
三盛公	设计	100 年一遇	6 820	4 000	4 100	4 290
	校核	1 000 年一遇	8 670	4 000	4 100	4 510

注:带*的为在建工程。

附录 3　万家寨水库

万家寨水利枢纽位于黄河中游的上段,上距黄河上中游分界处的托克托县的河口镇 104 km,坝址左岸为山西省偏关县,右岸为内蒙古自治区准格尔旗。万家寨水库坝址控制流域面积 39.48 万 km^2,占黄河流域面积的 52.47%。

万家寨水库是一座峡谷型水库,库区河道示意图见附图 3-1。库区狭窄多弯,两岸陡峻,大部分断面呈"U"形,库面平均宽 350 m 左右,主槽为基岩,两岸滩地为砂卵石淤积物,水库设计回水末端拐上是河道纵坡由缓变陡的转折点。头道拐到拐上河段是平原型河道向山区型河道的过渡段,其中,头道拐—大石窑河段长约 31 km,河床比降 0.12‰,大石窑—拐上河段长 10.8 km,河床比降 0.33‰;拐上以下的库区长 72 km,为山区型河道,河道狭窄,比降大,天然河道平均比降 1.17‰。拐上以下河段共有 4 条支流汇入,分别是红河、龙王沟、黑黛沟和杨家川,其中库区最大支流为红河(也称浑河),距坝 57 km,流域面积 0.55 万 km^2。

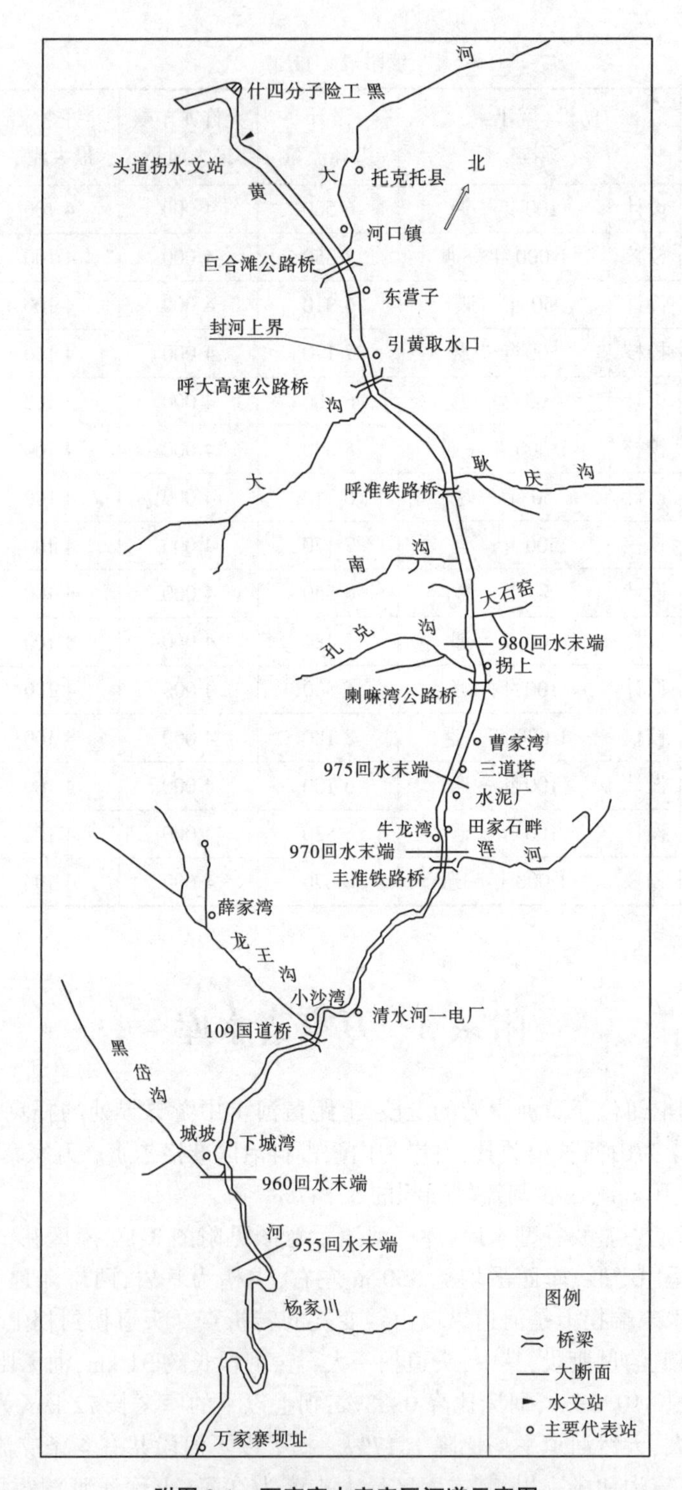

附图 3-1　万家寨水库库区河道示意图

万家寨水库于1998年10月下闸蓄水,1998年12月初第一台机组正式并网发电,2000年12月全部6台机组建成投产。万家寨水利枢纽的主要任务是供水结合发电调峰,同时兼有防洪、防凌作用。万家寨水利枢纽属一等大(1)型工程,设计洪水标准为千年一遇,校核洪水标准为万年一遇。最高蓄水位980 m,正常蓄水位977 m,总库容为8.96亿m^3,调节库容4.45亿m^3,死库容4.51亿m^3。年供水量14亿m^3,其中向内蒙古自治区准格尔旗供水2亿m^3,向山西省供水12亿m^3。水电站装机108万kW,设计年发电量27.5亿kW·h。万家寨水库的基本特征值见附表3-1。

附表3-1 万家寨水库的基本特征值

名称	单位	数量或特征	说明
最高蓄水位	m	980.00	
正常蓄水位	m	977.00	
校核洪水位	m	979.10	
设计洪水位	m	974.99	
防洪限制水位	m	966.00	
排沙期最高运用水位	m	957.00	
排沙期最低运用水位	m	952.00	
冲刷水位	m	948.00	
最高蓄水位时水库面积	km^2	28.11	
回水长度	km	72.34	
总库容(最高蓄水位以下)	亿m^3	8.96	原始库容
调洪库容	亿m^3	3.02	
调节库容	亿m^3	4.45	
死库容	亿m^3	4.51	相应水位960 m

万家寨水库干流入库站头道拐水文站前身是河口镇站,1952年1月由黄河水利委员会设立,1958年4月23日上迁10.3 km,改为头道拐站。水库出库站万家寨水文站位于大坝下游约1.5 km处,隶属于黄河中游水文水资源局,是万家寨水利枢纽的出库专用站。从水库建成运行以来,每年的5月和10月各进行一次库区泥沙淤积测验,干流布置73条断面,支流布置16条断面,共89条测验断面。万家寨水库库区测验断面布设位置见附图3-2及附表3-2,水位计布设位置见附图3-2。其中坝前水位控制站为距坝0.5 km的万码头水位站,沿库区分别布设了哈尔峁水位站(距坝35.5 km)、大沙湾(距坝45.5 km)、丰准铁路桥(距坝57.0 km)、岔河口水位站(距坝58.8 km)、水泥厂水位站(距坝62.9 km)和喇嘛湾水位站(距坝72.1 km)。

附表 3-2　万家寨库区测验断面距坝里程(黄河干流)

断面名称	距坝里程(km)	断面名称	距坝里程(km)	断面名称	距坝里程(km)
WD00	0.02	WD34	32.36	WD59	59.73
WD01	0.69	WD36	35.04	WD60	61.45
WD02	1.76	WD38	37.15	WD61	63.74
WD04	3.93	WD40	38.34	WD62	65.92
WD06	6.58	WD42	41.02	WD63	67.55
WD08	9.14	WD43	42.37	WD64	69.85
WD11	11.70	WD44	43.08	WD65	72.26
WD14	13.99	WD46	44.90	WD66	74.08
WD17	17.09	WD48	46.59	WD67	76.60
WD20	20.09	WD50	48.96	WD68	81.52
WD23	22.45	WD52	52.13	WD69	86.17
WD26	25.31	WD54	55.16	WD70	91.90
WD28	27.27	WD56	56.63	WD71	99.43
WD30	28.91	WD57	57.29	WD72	106.15
WD32	30.51	WD58	58.47		

万家寨水利枢纽建筑物由拦河坝、泄水建筑物、坝后式厂房、引黄取水建筑物等组成。半整体混凝土直线重力坝坝顶高程 982 m,坝顶长 443 m,最大坝高 105 m。泄水建筑物位于河床左侧,包括底孔、中孔、表孔,均采用长护坦挑流消能,万年一遇洪水下泄流量 8 326 m^3/s,千年一遇洪水下泄流量 7 899 m^3/s。河床右侧坝后式厂房安装有 6 台单机容量为 18 万 kW 的水轮发电机组。机组进水口下方设置有 5 个排沙洞,进口高程 912 m,水位 952 m 时单孔泄水流量 56.5 m^3/s。在大坝左岸边坡坝段设有两孔引黄取水口,单孔引水流量 24 m^3/s。水库泄水、引水建筑物布设尺寸见附表 3-3,主要泄水建筑物布置见附图 3-3。

附表 3-3　万家寨水库泄水、引水建筑物布设尺寸

项目	排沙洞	底孔	中孔	表孔	引黄取水口	工业取水口	电站取水口
进口底部高程(m)	912	915	946	970	948	945.55~967.55	932
进口尺寸(m×m)	3×2.4	4×6	4×8	14×10	4×4	1.4×1.6	7.5×8.5
孔数	5	8	4	1	2	4	6
所在坝段	13~17	5~8	9~10	4	2~3	18	12~17

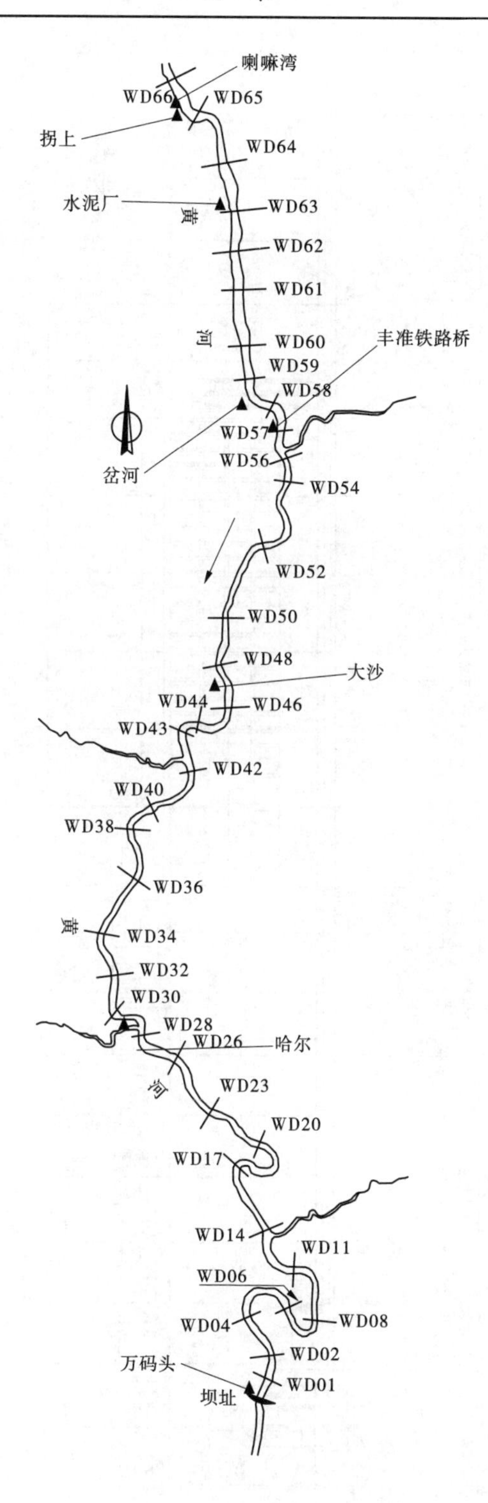

附图 3-2　万家寨库区泥沙淤积测验断面分布

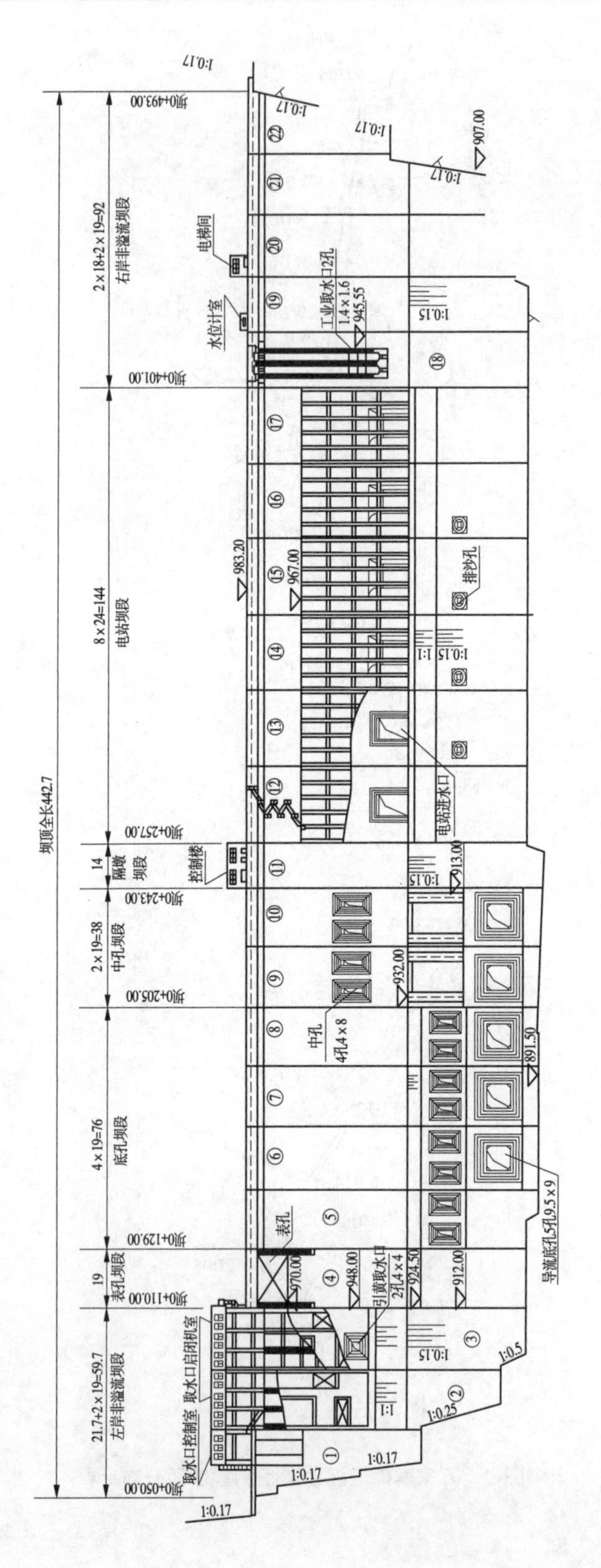

附图 3-3　万家寨水利枢纽主要泄水建筑物布置

万家寨水库位于黄河北干流河段入口处,工程开发任务主要是供水结合发电调峰,兼有防洪、防凌作用。水库最高蓄水位 980 m,正常蓄水位 977 m,汛限水位 966 m,死水位 948 m。水库泄水建筑物包括 8 个底孔、4 个中孔、1 个表孔,电站装有 6 台 18 万 kW 发电机组。水库水位—库容—泄流量关系见附表 3-4。

附表 3-4　万家寨水库水位—库容—泄流量关系

水位(m)	950	952	955	960	965	966	970	975	977	980
库容(亿 m^3)	0.19	0.24	0.34	0.62	1.15	1.28	1.92	2.93	3.42	4.24
机组(m^3/s,单机)	—	264	273	285	296	293	303	266	262	256
总泄流量(m^3/s)	4 321	6 186	6 707	7 652	8 691	8 883	9 653	10 985	11 675	12 709

注:库容为 2017 年 5 月实测。

万家寨水库调度规程

1　范围

本规程规定了万家寨水利枢纽水库的调度依据、调度任务和调度原则、调度要求和调度条件、调度方式及调度管理。

本规程试用于万家寨水利枢纽水库调度工作。

2　规范性引用文件

下列文件对于本文件的应用是必不可少的。凡是注日期的引用文件,仅所注日期的版本适用于本文件。凡是不注日期的引用文件,其最新版本(包括所有的修改单)适用于本文件。

GB 17621—1998　大中型水电站水库调度规范

黄河干流及重要水库、水电站防洪(凌)调度管理办法(试行)　黄防总办〔2010〕34号

黄河水量调度条例实施细则(试行)

防汛、防凌管理标准　黄河万家寨水利枢纽有限公司企业标准 Q/W 206005—2012

水库调度管理标准　黄河万家寨水利枢纽有限公司企业标准 Q/W 206002—2012

3　术语和定义

下列术语和定义适用于本规程。

3.1　水库调度

运用水库的调蓄能力,按来水蓄水实况和水文预报,有计划地对入库径流进行蓄泄。在保证工程安全的前提下,根据水库承担任务的主次,按照综合利用水资源的原则进行调度,以达到防洪、兴利的目的,最大限度地发挥水库对国民经济的贡献作用。

4 总则

4.1 为保障万家寨水利枢纽大坝安全,促进枢纽综合效益发挥,规范水库调度行为,依据国家批准的万家寨水利枢纽的设计文件及国家现行的有关法律法规、方针政策、规程规范,编制本规程。

4.2 万家寨水利枢纽大坝及电站,管理单位为黄河万家寨水利枢纽有限公司;防汛行政责任人为山西省主管副省长;防洪(凌)调度单位为黄河防汛抗旱总指挥部;年度和防汛(凌)运用方案编制单位为万家寨水利枢纽有限公司,审批部门为黄河防汛抗旱总指挥部,备案部门为山西省防汛抗旱指挥部、内蒙古自治区防汛抗旱指挥部、国家防汛抗旱总指挥部;防洪抢险应急预案的编制单位为黄河万家寨水利枢纽有限公司,审批部门为山西省防汛抗旱指挥部,备案部门为黄河防汛抗旱指挥部、内蒙古自治区防汛抗旱指挥部。

4.3 万家寨水利枢纽的主要任务是供水结合发电调峰,同时兼有防洪、防凌作用。万家寨水利枢纽设计为晋、蒙能源基地提供14亿 m^3 年供水量,为华北电网和晋、蒙地区提供108万kW的调峰容量和27.5亿kW·h的年电量,同时水库滞洪和拦蓄上游来冰,对下游防洪、防凌提供有利条件。

4.4 万家寨水利枢纽水库调度的基本原则:遵照黄河防汛抗旱总指挥部的要求,服从国家和流域的整体利益,并按照黄河万家寨水利枢纽初步设计确定的任务、参数、指标及有关运用原则,在确保枢纽工程安全的前提下,充分发挥水库的综合利用效益。

4.5 万家寨水利枢纽各项建筑物及设备应按设计及本规程规定的条件与参数运用。特殊情况下需要超限运用时,应经论证和上级主管部门审批同意。万家寨水利枢纽各项建筑物及设备,已分别编制专门的管理操作规程,作为建筑物及设备运用、检修的依据。万家寨水利枢纽建筑物的安全监测资料及整理分析对安全状况做出的评价,作为水库调度的依据;库区泥沙淤积测验及对淤积状态及时进行总结分析评价,是水库排沙调度的依据。

4.6 万家寨水利枢纽按照初步设计及水库运行初期分期汛限水位论证确定的水库特征水位运行,同时加强水库调度优化研究,以期得到优化的水库调度运行方案。

4.7 龙口是万家寨的反调节水库,在制订年度水库调度与发电计划时,应充分考虑万家寨、龙口梯级水库的联合调度要求。

4.8 **万家寨水利枢纽的防洪调度**

依据初步设计并在考虑下游龙口枢纽、天桥水电站的情况下,万家寨水利枢纽有限公司编制年度防洪调度方案,报黄河防汛抗旱总指挥部审批。万家寨公司依据经批准的年度汛期调度运用方案和防洪调度指令进行防洪调度,服从黄河防汛抗旱总指挥部和山西省防汛抗旱指挥部的调度指挥和监督管理。

4.9 **万家寨水利枢纽的防凌调度**

黄河防汛抗旱总指挥部负责制定年度黄河防凌预案。万家寨水利枢纽有限公司严格按照年度黄河防凌预案确定的水位控制指标运用,为内蒙古河段平稳封河、开河创造条件;凌汛河曲河段封冻期间,龙口电站控制调峰深度甚至退出调峰运行,万家寨、龙口水库联合调度运用,控制流量平稳下泄,为黄河河曲和北干流防凌安全创造条件;开河期,万家寨、龙口水库联合调度要满足黄河防总冲刷潼关高程的要求。

4.10 万家寨水利枢纽的供水调度

春季流凌结束后至4月底前保证蓄水至980 m,6月中下旬万家寨库水位要满足黄河防总调水调沙生产调度要求。全年除8月、9月排沙期外,要满足山西省万家寨引黄工程库水位不低于957 m的要求;特殊情况万家寨水库水位有可能降到957 m以下时,应提前报告引黄工程调度中心。龙口瞬时下泄流量应不小于河曲河段最小生态流量要求。

4.11 万家寨水利枢纽的发电调度

万家寨水利枢纽的发电调度,遵照"电调服从水调、以水定电"的原则,在满足黄河防总制定的下泄流量或水库水位指标的前提下,完成电网调峰和潮流调整任务,发挥万家寨电站在电网中的事故备用作用,并尽量多发电、少弃水,提高万家寨水利枢纽的发电效益。

4.12 万家寨水利枢纽的排沙调度

为保持万家寨水库的调节库容,限制库区泥沙淤积上延,初步设计水库采取"蓄清排浑"的运行方式,8月、9月排沙期水库进行排沙运行。

4.13 万家寨水库调度的主要工作内容包括:编制水库调度方案、运行计划,及时掌握、处理、传递流域水文气象和水库运用等信息,开展水文预报,实施水库水位和出库流量控制,对水库运行情况进行分析总结。

4.14 公司水库调度管理部门及其上级主管部门,应充分采用先进的科学技术、装备,加强科学研究,积极开展水库调度综合自动化和水库经济调度等工作,不断提高水库调度自动化水平。

4.15 公司水库调度人员应不断提高技术业务水平,学习国内外的先进技术,不断提高水库调度工作的自动化水平。

4.16 本规程是进行水库调度工作的依据,公司水库调度人员和有关领导必须熟悉。

5 水工建筑物的安全运用条件

5.1 大坝

5.1.1 万家寨水利枢纽大坝坝顶高程982.00 m,最高蓄水位980 m,校核洪水位979.10 m,正常蓄水位977 m,设计洪水位974.99 m,汛期防洪限制水位966 m。

5.1.2 大坝运行过程中,应定期采集、整编、分析大坝变形、渗流、渗压等资料,如果水库水位超过978.50 m以上,应增加安全巡查和变形、渗流、渗压观测测次,若发现测值异常或突变,应查找原因,必要时采取相应措施,以确保大坝的运行安全。

5.2 泄水建筑物

5.2.1 底孔

底孔是主要的泄洪排沙建筑物,进口底坎高程915.00 m,孔高6.00 m,最高运行水位980.00 m。

5.2.2 表孔

设计表孔主要担负排泄超标准洪水和部分排冰任务,进口底坎高程970.00 m,孔高10.00 m,最高运行水位980.00 m。实际运用过程中无排泄冰凌要求。

5.2.3　中孔

中孔担负着泄洪排沙及排泄漂浮物的任务，进口底坎高程 946.00 m，孔高 8 m，最高运行水位 980.00 m。

5.2.4　消能建筑物

底孔、中孔、表孔泄水建筑物下游消能形式为长护坦末端设挑流鼻坎，运行的基本原则为要求泄水建筑物“均匀、对称、同步、分散”泄洪，且泄洪同时发电。

5.3　引水建筑物

5.3.1　发电引水钢管

发电引水钢管进口底部高程 932.00 m，最高运行水位 980 m。

5.3.2　引黄取水

引黄取水口底坎高程 946.50 m，引水钢管中心线高程 950.00 m，事故闸门底坎高程 948.00 m，运行水位 980~957 m，极限最低运行水位 954.00 m。

5.3.3　排沙洞

排沙洞进口底坎高程 912.00 m，采用虹吸式接驼峰堰进口形式，驼峰堰底坎高程 917.00 m，洞高 3 m。正常运行水位 952~957.00 m，根据设计单位提供的说明，正常运行水位范围可以扩展到 952~960.00 m，特殊情况最高运行水位不高于 966.00 m。排沙洞运行时，要求发电机组同时运行，以避免尾水渠产生泥沙淤积。

5.4　大坝安全评价结果

万家寨水利枢纽 1998 年下闸蓄水，2002 年竣工验收，2008 年进行了竣工验收后首次大坝安全鉴定，结论为“一类坝”。

5.5　大坝安全监测与巡视检查要求

5.5.1　大坝安全监测包括位移、变形、渗流、扬压力等观测监测项目，采用自动监测和人工观测对比校核的方式进行。

5.5.2　巡视检查包括日常巡查、定期检查、大坝定检、特种检查。

5.5.3　大坝安全监测与巡视检查执行《万家寨水工建筑物安全监测规程》和《万家寨水工建筑物安全自动化监测规程》，以便及时发现和分析异常变化情况。

5.5.4　自动监测、观测和巡视检查频次安排见表 1。

表 1　监测项目观测频率

观测项目	正常测次	设计洪水位 974.99 m	校核洪水位 979.10 m	地震（Ⅴ级以上）
近坝区水平垂直位移人工观测	1 年 2 次	1 年 2 次	1 年 2 次	1 年 2 次
沉陷水准测量、倾斜位移人工观测	1 月 2 次	1 月 2 次	1 月 2 次	1 月 2 次
真空激光、引张线、垂线、绕坝渗流、坝基扬压力等自动化监测	1 旬 1 次	1 旬 1 次	1 天 1 次	1 天 1 次
应力、应变及温度仪器监测	1 旬 1 次	1 旬 1 次	1 天 1 次	1 天 1 次
坝基和坝体渗流量人工监测	1 月 2 次	1 月 2 次	3 天 1 次	3 天 1 次
日常巡视检查	1 月 2 次	1 月 1 次	3 天 1 次	2 天 1 次

6　水力机械及金属结构设备的安全运用条件

6.1　水轮发电机组

6.1.1　水轮机安装高程 894.50 m,最大水头 81.5 m,最小水头 51.3 m,排沙期运行水头 55.0~50.0 m,排沙期极限最小水头 45.3 m,冲沙期发电水位 948.00 m。

6.1.2　机组运行区域划分见图 1、图 2。

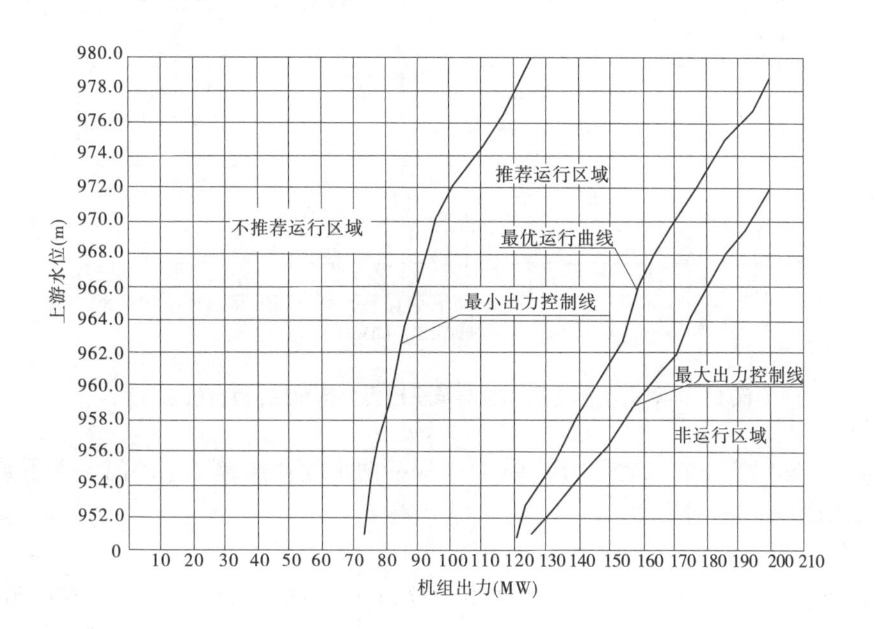

图 1　1~4 号机组上游水位与单机出力关系曲线(两台机运行)

6.1.3　设计多年平均含沙量 6.6 kg/m^3,设计 8 月、9 月排沙期平均过机含沙量 8~12 kg/m^3,实测干流入库最大含沙量 37.6 kg/m^3。

6.2　金属结构设备

6.2.1　表孔闸门

表孔工作闸门设计挡水位 980.00 m,动水启闭,全开全闭。

6.2.2　中孔闸门

中孔工作闸门设计挡水位 980.00 m,动水启闭,全开全闭;中孔事故检修门动水闭门,静水闭门,启门时考虑 2 m 水位差。

6.2.3　底孔闸门

6.2.3.1　底孔进口事故检修闸门设计挡水位 980.00 m,动水闭门,静水启门,启门时考虑 2 m 水位差,启门前先充水平压。

6.2.3.2　底孔弧形工作闸门设计挡水位 980.00 m,泥沙淤积高程 949.90 m,动水启闭。

6.2.3.3　底孔弧形工作闸门的运用基本原则是“均匀、同步、对称、间隔”,并要满足单宽流量不小于 14.5 m^3/s(开度不小于 0.7 m)要求,还应避开震动开度区。

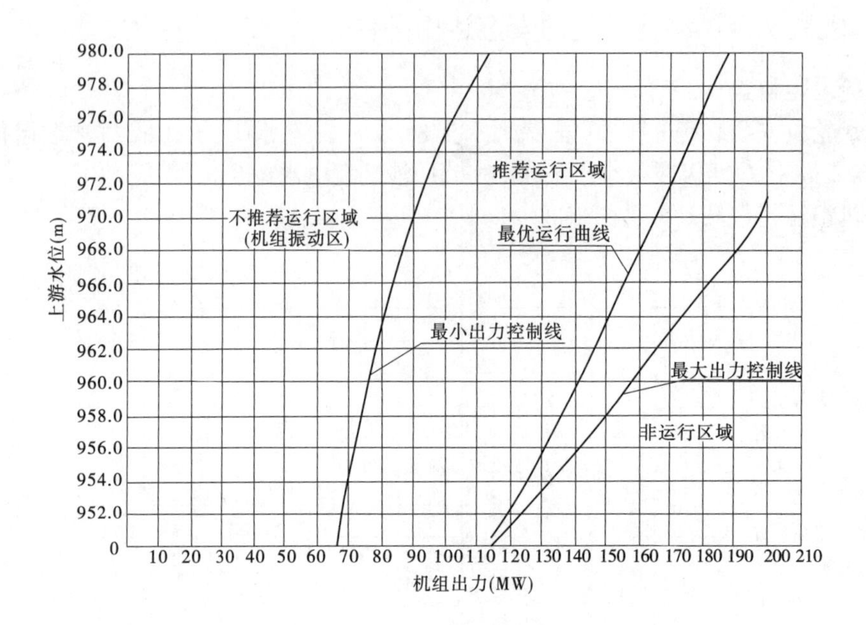

图2　5~6号机组上游水位与单机出力关系曲线(两台机运行)

6.2.3.4　考虑到冬季泄水运用的需要,至少保持两个底孔弧形工作闸门冬季不漏水,以防门封处结冰影响闸门启闭。

6.2.4　排沙洞闸门

6.2.4.1　排沙洞进口检修闸门设计挡水位977 m,检修期间挡沙高度8 m,静水充水平压启门。

6.2.4.2　排沙洞进口事故闸门设计挡水位980 m,常闭状态挡沙,动水闭门,小开充水平压启门。

6.2.4.3　排沙洞出口平面工作闸门设计挡水位980 m,常闭状态挡沙,动水启闭,全开运行。

6.2.4.4　排沙洞出口检修闸门,利用电站尾水检修闸门作为其检修闸门,为出口工作闸门及门槽需检修时挡水。排沙洞运行时,出口检修闸门须全部提起至尾水平台锁定。

7　水库设计运用参数和主要指标

7.1　万家寨水利枢纽水库运用特征水位

7.1.1　万家寨水利枢纽工程设计采用的高程系统为1956年黄海高程系。

7.1.2　万家寨水利枢纽水库调度依据的库水位以坝上码头站为准,入库、出库流量、含沙量以头道拐、万家寨水文站为准。

7.1.3　万家寨水利枢纽的特征水位以《黄河万家寨水利枢纽初步设计说明书》为基本依据,见表2。

表 2　万家寨水利枢纽特征水位

名称	水位(m)	名称	水位(m)
最高蓄水位	980.00	防洪限制水位	966.00
校核洪水位	979.10	排沙期最高(引黄供水最低)运用水位	957.00
正常蓄水位	977.00	排沙期最低运用水位	952.00
设计洪水位	974.99	冲刷(死)水位	948.00

7.2　万家寨水利枢纽设计标准

7.2.1　建筑物洪水设计标准

万家寨水利枢纽属Ⅰ等大(1)型工程,枢纽挡水建筑物设计洪水标准为 1 000 年一遇洪水,入库流量 16 500 m^3/s、下泄量 7 899 m^3/s,相应下游水位 904.24 m;校核洪水标准为 10 000 年一遇洪水,入库流量 21 200 m^3/s、下泄量 8 326 m^3/s,相应下游水位 904.45 m;排沙期最低运用水位(952 m)时总泄量大于 5 000 m^3/s。

7.2.2　设计洪水成果

设计洪水峰、量成果见表 3。

表 3　万家寨水利枢纽设计洪水峰、量成果

(单位:流量,m^3/s;洪量,亿 m^3)

项目		最大流量	1 d 洪量	3 d 洪量	5 d 洪量	15 d 洪量
频率(%)	0.01	21 200	9.33	26.79	44.25	125.51
	0.02	19 800	8.82	25.33	41.77	109.14
	0.1	16 500	7.62	21.89	36.11	102.08
	0.2	15 100	7.11	20.42	33.51	95.34
	1	11 700	5.87	16.84	27.61	78.32
	2	10 300	5.30	15.23	24.90	70.62
	5	8 350	4.56	13.10	21.36	60.03
	10	6 900	3.95	11.35	18.41	52.00
	20	5 380	3.32	9.52	15.46	43.01
均值		3 900	2.55	7.32	11.80	32.10

黄河包头至河口镇河段堤防安全泄量 6 000 m^3/s。遇大于该流量的洪水,沿堤防溢出滞洪,顺河下泄流量不超过 6 000 m^3/s,即河口镇洪水过程的洪水流量小于等于 6 000 m^3/s。河口镇至万家寨坝址区间洪水与坝址洪水同频率,河口镇洪水与之相应。水库设计洪水为:

$$Q_{设} = Q_{河} + Q_{区间}$$

式中　$Q_{设}$——万家寨坝址某频率设计洪水流量；

$Q_{河}$——河口镇相应洪水流量，且 $Q_{河} \leqslant 6\ 000\ m^3/s$；

$Q_{区间}$——河万区间与 $Q_{设}$ 同频率设计洪水流量。

按以上公式组合后生成坝址设计洪水过程线见附表。设计洪水过程自 7 月 24 日 12 时到 9 月 6 日 12 时，历时 45 d。

7.2.3　电站装机容量和保证出力

万家寨电站设计总装机容量 1 080 MW，坝后式电站装机台数 6 台，单机容量 180 MW，保证出力 185 MW。

7.3　万家寨水利枢纽水库基本资料

7.3.1　库容曲线

设计提供的库容曲线使用泥沙淤积 50 年的库容曲线。实际运行中每年汛前汛后均测量一次，使用时采用最新一次的测量结果。2013 年 4 月实测库容曲线见表 4。

表 4　万家寨水库 2013 年 4 月实测库容曲线

水位(m)	库容(m^3)	水位(m)	库容(m^3)	水位(m)	库容(m^3)
922	0.8	955	259	968	1 626
923	1.3	956	308	969	1 795
924	1.8	957	368	970	1 972
925	2.5	958	433	971	2 158
930	7.7	959	510	972	2 352
935	17.8	960	600	973	2 555
940	38.1	961	696	974	2 771
945	71.9	962	799	975	3 000
950	126	963	912	976	3 239
951	142	964	1 035	977	3 490
952	162	965	1 168	978	3 752
953	190	966	1 313	979	4 026
954	222	967	1 466	980	4 311

7.3.2　坝下水位—流量关系曲线

初步设计中采用坝址水位—流量关系曲线，见表 5。

表 5　初步设计坝下水位—流量关系曲线

水位(m)	流量(m^3/s)	水位(m)	流量(m^3/s)
897		903	5 520
898	180	904	7 320
899	620	905	9 310
900	1 360	906	11 370
901	2 440	907	13 500
902	3 850	908	15 700

实际应用中,龙口水库蓄水之前,采用下游出库水文站实测水位—流量关系曲线;龙口水库蓄水之后,采用根据实测资料修订的坝下水位—流量关系曲线。同时,加强观测,根据观测资料复核水位—流量关系曲线。

7.3.3　泄流曲线

除发电机组和排沙洞外,万家寨水库泄水设施主要有底孔、中孔、表孔,不包括机组和排沙洞的泄流曲线见表 6。

表 6　万家寨水库泄流曲线　　(单位:m^3/s)

高程(m)	底孔	中孔	表孔	不计入表孔总泄量	计入表孔总泄量
918	260			260	260
920	559			559	559
930	2 532			2 532	2 532
940	3 429			3 429	3 429
948	4 004	69		4 073	4 073
950	4 135	196		4 331	4 331
952	4 263	360		4 623	4 623
957	4 564	1 132		5 696	5 696
960	4 738	1 528		6 266	6 266
966	5 065	1 929		6 994	6 994
970	5 271	2 156	0	7 427	7 427
975	5 519	2 409	283	7 928	8 211
977	5 615	2 503	487	8 118	8 605
979	5 709	2 594	729	8 303	9 032
980	5 756	2 638	864	8 394	9 258

7.3.4　机组出力特性

万家寨电站水轮发电机组 1#~4#为天津阿尔斯通公司产品,5#、6#为上海希科公司产品,铭牌出力 183.7 MW,最大出力 204.1 MW,出力限制线见表 7。

表 7　万家寨电站水轮发电机组出力限制线

水头(m)	50	55	68	≥69
出力(MW)	114.9	152.8	183.7	204.1

7.4　基本资料管理规定

7.4.1　万家寨水利枢纽调度所需的基本资料,是水库调度运用的基本依据,不得随意改动。如情况发生较大变化,需根据实际情况按相关程序进行修订和使用。

7.4.2　运行期间,应有针对性地安排相关监测试验和测验工作,设计、生产单位应根据实测资料对相关的基本资料及调度要求进行修订。

7.5　水文气象情报与预报

7.5.1　任务

7.5.1.1　充分利用水文气象等部门已有的水文气象站网,开展短、中、长期水文气象情报与预报工作,为万家寨水利枢纽水库调度提供依据和参考。

7.5.1.2　以满足万家寨水库调度需要为原则,做好水文气象部门的协调工作,确保及时获得所需的水库上下游水文气象信息。

7.5.1.3　万家寨公司水情、水调、防汛及水文气象部门,按照分工协作的原则,共同制作满足水库预报调度需求的下述预报成果:

(1)干流头道拐站 7 d 入库流量、支流入库流量过程及库水位短期预报;

(2)头道拐站 8~15 d 入库流量趋势预报;

(3)头万区间不同时段的气象预报和短期降雨预报。

7.5.1.4　各项水文气象情报资料和预报的精度应满足行业相关规范要求。

7.5.2　水文气象情报站网及观测

7.5.2.1　服务于万家寨水利枢纽的水文气象情报站网,包括黄河干流兰州、下河沿、石嘴山、巴彦高勒、三湖河、头道拐、万家寨水文站和头万区间支流挡阳桥、清水河、北古梁水文站,呼和浩特市和鄂尔多斯市的气象站网,以及包头自记水位站和头万区间的水情自动测报系统。

7.5.2.2　水文气象情报内容包括各种时段长度的气象预报、天气预报、降水预报,卫星云图、雷达回波图及降雨量、蒸发量、水位、流量、沙量(包括含沙量、泥沙颗粒级配)、凌情等项目实时监测信息,其观测和传输按现行技术规范和质量标准执行。

7.5.2.3　万家寨水利枢纽在水库上下游布设有水位观测站,坝上码头站代表库水位,坝下站代表下游水位,水库库区设有城破、岔河口、水泥厂、拐上等 4 个自记水位计观测回水变动范围内的库水位,库尾以上还设有蒲滩拐、麻地壕、磴口等 3 个自记水位计观测河道水位过程,服务于流量过程预报和凌期封开河过程预报。

7.5.3　水文气象预报

头道拐至万家寨坝址区间天气预报特别是短期天气预报,主要依靠内蒙古自治区气象局提供技术服务。提供的服务产品有月、旬天气预报,5 d 滚动预报,24 h 天气预报,重要天气预警,实时卫星云图和雷达图等。

7.5.4　洪水预报

万家寨在水库的洪水预报分为两部分,一是干流入库洪水预报,根据上游巴彦高勒水文站的流量过程信息,预报头道拐水文站的流量过程,预报时段取日,预见期4~5 d;二是头道拐—万家寨坝址区间洪水预报,主要利用水情自动测报系统和洪水预报系统进行,预报时段30 min至3 h不等,预见期1~8 h。

7.5.5　泥沙淤积观测

7.5.5.1　观测内容

针对万家寨水利枢纽运行特点,泥沙淤积观测内容重点为:入、出库含沙量过程监测,泥沙颗粒级配分析,水库泥沙淤积包括断面淤积形态、床沙级配、泥沙容重测验,坝前淤积漏斗形态观测,过机水流含沙量及颗粒级配分析等。

7.5.5.2　分析评价

万家寨公司水库调度管理部门应及时组织力量对原型观测资料进行整理,对水库内泥沙淤积量大小与分布以及库区泥沙淤积过程等方面进行分析、计算,并向黄河防汛抗旱总指挥部提交原型观测资料及分析研究报告,同时根据分析成果,对下一阶段的泥沙调度和原型观测提出意见和建议。

万家寨公司水库调度管理部门应根据规定对水库淤积原型观测资料及有关分析成果,及时组织人员进行整编、归档。

8　调度控制水位与流量

8.1　水库水位控制

万家寨水利枢纽水库调度采用“蓄清排浑”运行方式,库水位除满足泥沙冲淤要求外,还要满足防洪、防凌、机组发电和供水等要求。

8.1.1　初步设计汛期7月15日以后和10月15日以前库水位不能超过防洪限制水位966 m,10月底库水位达到970 m,其中8月、9月排沙期水库运用水位952~957 m,冲刷水位948 m。

8.1.2　水库运行初期分期限制水位为前汛期7月1日至8月31日汛限水位966 m;后汛期9月1日至10月31日汛限水位974 m;8月21日起可由前汛期向后汛期过渡,10月21日起可向非汛期过渡。其中8月、9月排沙期入库流量大于1 000 m^3/s时,降低库水位到952~957 m排沙运用。

8.1.3　初步设计封河期11月到2月底最低库水位970 m,稳定封冻前不超过975 m,稳定封冻后可到977 m。

8.1.4　内蒙古河段开河流凌期3月初至4月初库水位降至970 m运行,春季流凌结束后蓄水至977 m,4月底前保证蓄水至980 m,控制时间10 d左右。

8.1.5　5月以后至汛期开始,库水位由980 m逐渐降低至汛限水位以下。

8.1.6　万家寨水库不承担防洪任务,实时调度时主要考虑电站调峰、供水并结合冲刷潼关高程、调水调沙等其他特殊需要,水库水位可在控制水位上下一定范围内变动。根据当时防汛形势、水文气象预警预报能力、水情预报误差和泄水设施启闭时效等实际情况,公司水库调度管理部门提出变动上限,报黄河防汛抗旱总指挥部批准。

8.2 下泄流量控制

8.2.1 无洪水入库时下泄流量控制

万家寨水利枢纽下游是龙口水利枢纽和河曲河段,龙口是万家寨的反调节水库,龙口的出库流量对河曲河段产生直接影响。根据《黄河万家寨水库汛限水位动态控制研究报告》的调查结论,河曲河段的安全过流能力为3 000 m^3/s。因此,无洪水入库时,万家寨、龙口水库联合调度,控制龙口水库下泄流量最大不超过3 000 m^3/s。

8.2.2 有洪水入库时下泄流量控制

初步设计万家寨、龙口水利枢纽下游河道均无防洪要求,但水库有一定的调洪库容,其滞洪作用可以削减洪峰流量,减少下游洪水灾害的威胁。因此,有洪水入库时,万家寨、龙口水库进行防洪调度控制龙口水库下泄流量。

8.2.3 有特殊要求时下泄流量控制

根据天桥水电厂、山西防指的要求及黄河防总的指示,在天桥水库发生超标准洪水时,要求万家寨、龙口水库在确保自身安全的前提下,尽可能减轻天桥水库的防洪压力。因此,当万家寨、龙口水库水位在汛限水位以下时,应尽量减少龙口水库的下泄流量;如超过汛限水位,要动用防洪库容时,由黄河防汛抗旱总指挥部同意调度实施。

8.2.4 凌汛期下泄流量控制

凌汛河曲河段流凌封冻期间,黄河河曲和北干流防凌安全要求万家寨、龙口水库控制流量平稳下泄。因此,龙口电站只能适度调峰,甚至退出调峰运行,万家寨、龙口水库联合调度按出库平衡运用,控制龙口水库下泄流量过程相对平稳。

8.2.5 生态下泄流量控制

根据《黄河水量调度条例实施细则(试行)》要求,龙口水库瞬时下泄流量不得小于50 m^3/s。因此,万家寨水库调度下泄流量要满足龙口瞬时下泄流量不小于50 m^3/s的要求。

9 防洪(凌)调度

9.1 防洪(凌)调度任务和原则

9.1.1 万家寨水库防洪调度任务是:在保证万家寨水利枢纽大坝安全的前提下,通过对水库洪水进行调洪削峰,减轻龙口水库、河曲河段和天桥水库的防洪压力,提高天桥水库的防洪标准。

9.1.2 万家寨水库防凌调度任务是:严格按照黄河防凌预案确定的水位控制指标运用,为内蒙古河段平稳封河、开河创造条件;同时河曲河段流凌封冻期间,万家寨、龙口水库联合调度运用,控制流量平稳下泄,为黄河河曲和北干流防凌安全创造条件。

9.1.3 万家寨水库防洪(凌)调度原则,服从于国家防汛抗旱总指挥部批准的黄河洪水调度方案和年度黄河防凌预案,同时遵循“电调服从水调”“以水定电”原则,目标是实现水沙电一体化调度和综合效益最大化。

9.1.4 万家寨水库防洪由黄河防汛抗旱总指挥部直接调度,由黄河万家寨水利枢纽有限公司负责实施。

9.1.5 万家寨水库的防洪抢险由万家寨水利枢纽有限公司实施,接受山西省防汛抗旱指挥部的督促检查管理,防洪抢险行政责任人为山西省主管副省长。

9.1.6 防洪(凌)调度时,水库下泄最大流量原则上应不超过本次洪水的入库洪峰流量,避免人为致灾。

9.2 防洪调度时期与分期

初步设计万家寨水库汛期为7月1日到10月15日,汛期限制水位966 m。

水库运行初期实施分期汛限水位,7月1日至8月31日为前汛期,汛期限制水位为966 m;9月1日至10月31日为后汛期,汛期限制水位为974 m;8月21日起可由前汛期向后汛期过渡,10月21日起可向非汛期过渡。

9.3 防洪(凌)调度预案与计划

9.3.1 万家寨水库年度防洪运用方案与计划,由万家寨水利枢纽有限公司编制,报黄河防汛抗旱总指挥部审批,报山西省防汛抗旱指挥部、内蒙古自治区防汛抗旱指挥部备案;万家寨水库年度防凌调度运用计划,由万家寨水利枢纽有限公司根据黄河防总负责制定的年度黄河防凌预案编制。

9.3.2 万家寨水库防洪抢险应急预案,由黄河万家寨水利枢纽有限公司编制,报山西省防汛抗旱指挥部审批,报黄河防汛抗旱总指挥部、内蒙古自治区防汛抗旱指挥部备案。

9.3.3 万家寨水库年度防洪运用方案与计划,应根据每年的实际情况逐年制订;防洪抢险应急预案,应根据实际发生变化的情况及时修订,或每隔3~5年修订一次;防洪抢险应急处置方案,根据情况变化每年及时修订。

9.4 防洪调度方式

万家寨水库的防洪调度,通过泄流控制水库水位的方式进行。

9.4.1 区间入库洪水发生期的防洪调度方式

汛期7月下旬至8月上旬是头道拐—万家寨坝址区间洪水发生季节,如果不能确认头道拐—万家寨坝址区间不会发生暴雨洪水,机组发电泄流库水位上升超过汛期限制水位1.00 m时,立即开启底孔泄流控制库水位回落到汛期限制水位以下。

9.4.2 入库洪水小于1 800 m^3/s时的防洪调度方式

根据天气预报确认洪水入库流量小于1 800 m^3/s时,机组发电泄流,库水位上涨达到汛限水位动态控制范围上限时,开启底孔泄流,控制库水位回落到汛限水位。

9.4.3 入库洪水大于1 800 m^3/s时的防洪调度方式

万家寨水库出现入库流量大于1 800 m^3/s情况时,机组发电参与泄洪,开启底孔、中孔逐步增加出库流量。当入库流量大于3 000 m^3/s时,可控制出库流量大于入库流量但不超过3 000 m^3/s,使库水位降低;入库流量达到3 000 m^3/s时,按进出库平衡运用或进行防洪调度调节,直到入库流量消落。

9.5 防凌调度方式

万家寨水库的防凌调度,主要通过发电泄流控制水库水位的方式进行。

9.5.1 开河凌峰到来前万家寨水库的防凌调度方式

凌汛期间的不同阶段,黄河防凌预案规定的万家寨水库水位控制指标是不同的,但在开河凌峰流量过程到来前,入库流量不大。因此,通过机组发电泄流来控制水库水位。

9.5.2 凌汛期龙口水库平稳泄流对万家寨水库调度的要求

防凌预案要求龙口水库控制流量平稳下泄,为黄河河曲和北干流防凌安全创造条件,河曲河段封冻期间,万家寨、龙口两库必须联合调度,使龙口水库至少全天保持 1 台机组运行,不能 3 台大机组同时运行。

9.5.3　开河凌峰期间的调度方式

黄河内蒙古河段开河凌峰流量进入万家寨水库期间,黄河防总要求万家寨水库降低水位泄水运行,以配合利用并优化黄河桃汛洪水冲刷潼关高程试验,此时,万家寨、龙口水库出库流量会大于发电泄流能力。因此,需要开启底孔补充泄流。

9.6　实时调度

万家寨水库黄河干流来水过程平稳,预见期较长;支流暴雨洪水突发性强,预见期有限,预测预报手段可靠性低。因此,对于支流洪水,要结合实时水沙情况,加强实时调度。

9.7　超标准洪水调度

万家寨水库按照水库下泄能力进行防洪调度过程中,如果库水位达到校核洪水位 979.10 m,可判断为万家寨水利枢纽发生超标准暴雨洪水。这时,水库防洪按照标准洪水调度,启动超标准洪水应急预案。

9.7.1　表孔参加泄洪

万家寨水利枢纽发生超标准暴雨洪水,库水位达到校核水位 979.10 m 时,开启表孔,扩大泄洪能力。

9.7.2　按应急预案处置

万家寨水库水位上涨达到水库最高蓄水位 980 m 以后,实施停产保护措施和人员撤离处置方案。

10　供水调度

万家寨水利枢纽的主要任务是供水,设计承担年供水 14 亿 m^3 的任务。

在大坝左岸坝段设两个引黄取水口,供大同、平朔地区和太原地区引水,两条输水管径均为 4.0 m,可满足年供水 12 亿 m^3 的任务,每年除 8 月、9 月停产外,其余 10 个月均匀引水,引水流量为 48 m^3/s。

在库区小沙湾建有取水口向准格尔供水 2 亿 m^3。

下游河道生态流量要求龙口水库下泄流量不低于 50 m^3/s。

10.1　供水调度任务和原则

万家寨供水调度的任务是:保证库水位不低于 957 m,使引黄能正常引水。

万家寨供水调度的原则是:在确保防洪、防凌安全的前提下,确保供水安全,实现“洪水、排沙协调一致,发电供水相配合”。目标是实现水沙电一体化调度和综合效益最大化。

万家寨、龙口水库联合调度保证下游河道最小流量不小于 50 m^3/s。

10.2　供水调度期

引黄供水全年除 8 月、9 月外,其余 10 个月均为供水调度期。

干流头道拐断面出现预警流量 50 m^3/s 时,万家寨、龙口水库要提供不小于 50 m^3/s 的下泄流量。

10.3 供水调度方式

非汛期控制库水位不低于 970 m,汛期引水期控制库水位不低于 960 m,特殊时期控制库水位不低于 957 m,极限情况控制库水位不低于 954 m,头道拐断面小于预警流量时库水位继续下降。

10.4 特殊情况处理

出现因排沙运行方式优化,开河期枢纽需要排沙运行,或者头道拐断面小于预警流量,库水位会降低到 957 m 以下时,应提前通报山西引黄调度中心。

11 发电调度

11.1 发电调度任务

11.1.1 在满足黄河防总制定的下泄流量或水库水位指标的前提下,尽量多发电、少弃水,提高万家寨水利枢纽的发电效益。

11.1.2 完成电网调峰和潮流调整任务,发挥万家寨电站在电网中的事故备用作用。

11.2 发电调度原则

发电调度的原则是"电调服从水调、以水定电",当电网有特殊需求时,尽力配合电网调度。

11.3 发电调度职责

11.3.1 公司水库调度管理部门的职责

公司水库调度管理部门负责制订年度水库调度和发电计划,做好防洪(凌)、排沙和供水调度,配合发电做好水库水位或水库下泄流量控制调度。

11.3.2 公司电力调度管理部门的职责

公司电力调度管理部门根据枢纽水情预报成果,负责制订短期发电调度和发电方式计划,并向两网申报;协调两网落实发电方式;根据来水情势的变化或偶发情况,协调两网申请变更发电计划和发电方式。

11.3.3 公司发电运行管理部门的职责

公司发电运行管理部门负责机组的发电运行值班管理,协调两网申请和落实发电负荷,监控和调度机组尽量运行在安全区内。

12 排沙调度

12.1 排沙调度的任务和原则

排沙调度的任务是:在水库淤积达到或接近设计淤积平衡高程以后,按照设计排沙运用方式进行排沙运用,保持水库有效库容,控制淤积末端不影响到拐上以上,形成和保持坝前冲刷漏斗,降低过机泥沙含量和粒径。

排沙调度的原则是:以机组发电排沙为主,并尽量安排底孔、排沙洞泄流排沙。

12.2 排沙调度期

万家寨水库的排沙调度期为:汛期的 8 月、9 月。如果汛期 8 月、9 月干流入库流量大小,排沙水流动力条件不足时,可考虑利用凌汛开河入库流量较大时期进行排沙。

12.3　排沙调度方式

水库采取“蓄清排浑”方式运行。

12.3.1　8 月、9 月排沙期的调度方式

设计水库 8 月、9 月排沙期的调度方式为：

(1)入库流量 800 m^3/s 以下时，库水位控制在 952~957 m，日调节发电调峰；

(2)入库流量大于 800 m^3/s 时，库水位保持 952 m 运行，电站转入基荷或弃水带峰；

(3)当日调节库容不足、入库流量大于 1 000 m^3/s 时，库水位短期降至 948 m，弃水调峰冲沙(5~7 天)。

12.3.2　汛期排沙调度方式

汛期，除 8 月、9 月排沙期外，7 月和 10 月上半月水库水位应控制在 966 m 以下运行；当入库流量大于机组发电泄流能力需要开启底孔或排沙洞泄流时，应尽量降低库水位运行。

12.3.3　开河期排沙调度方式

当水库淤积严重，又遇全年入库流量较小时，汛期入库流量小排沙动力条件不足时，可考虑利用凌汛开河入库流量较大时期排沙，但要加强观测分析研究排沙效果和经济性。

12.4　排沙泄流设施选择

(1)入库流量 800 m^3/s 以下、库水位 952~957 m 时，机组发电泄流排沙；

(2)入库流量大于 800 m^3/s、库水位 952 m，机组发电和底孔联合泄流排沙；

(3)入库流量大于 1 000 m^3/s、库水位 948 m，底孔泄流排沙为主，机组调峰发电运行；

(4)入库流量大于机组发电泄水能力时，机组、底孔同时运行排沙；

(5)库水位 957 m 以下机组发电运行时，排沙洞可同时开启运行。

12.5　冲刷漏斗有效性恢复及防淤堵措施

为防止门前泥沙淤积板结和恢复坝前冲刷漏斗，每年应保证每个底孔弧门都被开启运行；当坝前泥沙淤积高程达到 925 m 以上时，则必须择机开启排沙洞运行。

排沙洞运行时，发电机组应同时发电运行，以防止尾水渠泥沙淤积。

12.6　泥沙淤积监测

12.6.1　监测内容

针对万家寨水利枢纽运行特点，泥沙冲淤监测内容为：入、出库含沙量过程监测，泥沙颗粒级配分析，水库泥沙淤积包括断面淤积形态、床沙级配、泥沙容重测验，坝前淤积漏斗形状观测，过机水流含沙量及颗粒级配分析等。

12.6.2　观测时机

水流含沙量、颗粒级配全年观测，水库泥沙淤积形态每年大汛前后各测验一次。

12.6.3　分析评价

公司水库调度管理部门应及时组织力量对原型观测资料进行整理，对水库库区内泥沙淤积量大小与分布，以及库区泥沙淤积过程等方面进行分析、计算，并向黄河防总提交原型观测资料及分析研究报告，同时根据分析、计算，并向黄河防总提交原型观测资料及分析研究报告，同时根据分析成果，对下一阶段的泥沙调度和原型观测提出意见和建议。

公司水库调度管理部门，应根据规定对水库淤积原型观测资料及有关分析成果，及时组织人员进行整编、归档。

13　水库调度管理

13.1　公司水库调度管理部门负责制订年度水库调度和发电计划、编制防洪调度预案、组织编制或修订防洪抢险应急预案，并上报黄河防总和山西防指审批。

13.2　公司水库调度管理部门负责根据批复的计划和方案，做好枢纽的防洪（凌）、排沙、供水和发电调度工作。

13.3　公司水库调度管理部门负责执行黄河防总的水库调度指令，负责组织建立调度值班、巡视检查与安全监测、水情测报、运行维护等制定。

13.4　公司水情管理部门负责收集和掌握流域水雨情、枢纽工况、供水区用水需求情况等情报资料，做好水情预报工作。

13.5　公司发电运行管理部门根据防洪抢险应急预案，组织做好枢纽防汛险情的应急处置工作。

13.6　公司水库调度管理部门要严格遵守水库调度规程，建立有效的信息沟通和调度汇报磋商机制，做好信息沟通工作，组织做好水库调度运行有关部门资料的归档工作。

13.7　公司防汛、水库调度值班及信息沟通报告工作，执行《防汛、防凌管理标准》（Q/W 206005—2012）、《水库调度管理标准》（Q/W 206002—2012）、《水情管理标准》（Q/W 206004—2012）和《防汛值班制度》。

14　附则

14.1　龙口水库调度执行《黄河龙口水利枢纽水库调度规程》。

14.2　龙口是万家寨的反调节水库，应当制定《黄河万家寨—龙口水利枢纽梯级调度规程》。

14.3　当万家寨水利枢纽水库运用方式调整或龙口水库运用方式发生变化后，本规程有关条款应修订。

14.4　本规程自颁布之日起执行。

附录4　三门峡水库

三门峡水库位于陕、晋、豫三省交界处，控制了黄河河口镇至龙门区间和龙门至三门峡区间两个主要洪水来源区，对三门峡至花园口区间的第三个洪水来源区的洪水能起到错峰作用。

三门峡水库是黄河干流上修建的第一座以防洪为主的综合利用大型水利枢纽，上距潼关约120 km，下距花园口约260 km，坝址以上控制流域面积68.8万km^2，占全河流域面积的91.5%，控制黄河水量的89%、黄河沙量的98%。该工程的任务是防洪、防凌、灌溉、供水和发电。

三门峡水利枢纽于1957年4月开工，1958年11月截流，1960年9月水库开始蓄水，经初期运用后,水库淤积严重。为解决水库淤积问题,1962 年 3 月决定采用滞洪排沙运用方式,并于 1965~1969 年和 1969~1973 年 12 月先后两次对枢纽泄洪排沙设施进行增建和改建,以扩大泄流能力。

第一次改建,是在大坝的左岸增建两条泄流隧洞并改建四条原建的发电引水钢管为泄流排沙管道(简称“两洞四管”)。第二次改建是打开 8 个原用于导流的底孔,下卧 5 个发电引水钢管进口,安装 5 台低水头发电机组。两次改建竣工后,较大地提高了各级水位的泄流能力,水库开始实行蓄清排浑控制运用。

改建后的底孔,由于过流部分磨损气蚀严重,影响正常运用。1984~1988 年依次进行了第二次修复和改建。1990 年又打开了两个底孔以弥补由于底孔改建而减少的泄量。1991 年开始,为扩装机组又将已改建的两个泄流钢管仍用于发电引水。1998 年开始打开最后两个(11#、12#)导流底孔,2000 年汛前完成。

枢纽工程为混凝土重力坝,主坝长 713.2 m,最大坝高 106 m。其中左岸有非溢流坝段、溢流坝段、隔墩坝段、电站坝段,右岸非溢流坝段、右侧副坝为双铰心墙斜丁坝。在泄流坝段 280 m 设 12 个施工导流底孔,在 300 m 设 12 个深水孔,在 290 m 的左岸增建 2 条隧洞。水电站为坝后式,设有 7 台机组和 1 条泄流钢管。

三门峡水库防洪运用水位 335 m,相应库容约 59 亿 m^3,相应最大泄流能力 14 350 m^3/s;汛期 7 月 1 日至 10 月 31 日,限制水位 305 m。从 10 月 21 日起水库可以向非汛期水位过渡。非汛期运用水位 318 m。水库历史最高水位 332.58 m(1961 年 2 月 9 日)。

水库汛期投入运用的泄水建筑物有 12 个深孔、12 个底孔、2 条隧洞、1 条钢管,共 27 个孔、洞、管。三门峡水电厂厂房为坝后式,发电机组有 7 台,其中 1#~5#机组装机容量均为 60 MW,6#、7#机组装机容量均为 75 MW。满发流量约 1 550 m^3/s。库水位 315 m 相应的泄流能力为 9 701 m^3/s(不包含机组)。现状启闭设备条件下连续开启(关闭)一次约需 8 h。

三门峡水库是黄河干流上修建的第一座以防洪为主的综合利用大型水利枢纽,工程的任务是防洪、防凌、灌溉、供水和发电。水库非汛期蓄水位一般不超过 318 m,汛限水位 305 m,汛期洪水期敞泄运用。泄水建筑物有 12 个深孔、12 个底孔、2 条隧洞、1 条钢管,共 27 个孔、洞、管,发电机组有 7 台,2017 年汛期 5#机组实施增容改造,其余 6 台机组最大发电流量 1 320 m^3/s。

水库运用方式:

(1)预报花园口站洪水流量小于等于 10 000 m^3/s,视潼关站来水来沙情况,原则上按敞泄运用。

(2)预报花园口站洪水流量大于 10 000 m^3/s,洪水主要来源于三门峡以上,按敞泄运用,当水库水位达到本次洪水最高蓄水位时,视小浪底水库蓄水情况适时进行进出库平衡运用;洪水主要来源于三花间,视潼关站来水情况,原则上按敞泄运用,在小浪底水库不能满足防洪要求时,适时控制运用;预报花园口站洪水流量回落至 10 000 m^3/s 以下时,按控制花园口站 10 000 m^3/s 退水,其退水次序在故县水库之后。

社会经济:

三门峡库区 335 m 以下共有 147 648 居住人口,其中,山西省 9 418 人(318 m 以下无居住人口),陕西省 130 418 人(330 m 以下无居住人口),河南省 7 812 人(320 m 以下无居住人口)。水库运用水位超过 319.0 m 将涉及人员紧急转移。

附图、附表:

附表 4-1　三门峡水库基本情况表

附图 4-1　水库泄水建筑物上游立视示意图

附表 4-2　三门峡水库水位—库容—泄流量关系表

附表 4-3　三门峡水库主要技经指标表

附表 4-4　三门峡水库防洪运用水位以下不同高程居民情况(2016 年)

附表 4-5　三门峡库区 335 m 以下耕地财产统计表

附图 4-2　三门峡水库特征值示意图

附表 4-1　三门峡水库基本情况

<table>
<tr><td rowspan="2">流域面积
(km²)</td><td colspan="2">坝顶高程</td><td rowspan="2">防浪墙高程
(m)</td><td rowspan="2">溢洪道底
高程(m)</td><td colspan="2" rowspan="2">下游河道安全
泄量(m³/s)</td><td colspan="2" rowspan="2">全赔高程
(m)</td><td colspan="2" rowspan="2">移民高程
(m)</td><td colspan="2" rowspan="2">历史最高
水位(m)</td></tr>
<tr><td>设计(m)</td><td>现有(m)</td></tr>
<tr><td>688 399</td><td>363</td><td>353</td><td></td><td></td><td colspan="2">(艾山)10 000</td><td colspan="2"></td><td colspan="2">335</td><td colspan="2">332.58
(1961 年 2 月 9 日)</td></tr>
<tr><td colspan="2" rowspan="2">防洪标准</td><td rowspan="2">频率
(%)</td><td rowspan="2">洪峰流量
(m³/s)</td><td rowspan="2">最高水位
(m)</td><td rowspan="2">相应库容
(亿 m³)</td><td rowspan="2">最大泄量
(m³/s)</td><td colspan="3">洪量(亿 m³)</td><td colspan="3">雨量(mm)</td></tr>
<tr><td>7 d</td><td>12 d</td><td>45 d</td><td>7 d</td><td>12 d</td><td>45 d</td></tr>
<tr><td rowspan="2">规划</td><td>设计</td><td>0.1</td><td>40 000</td><td></td><td></td><td></td><td></td><td>135.9</td><td>306.8</td><td></td><td></td><td></td></tr>
<tr><td>校核</td><td>0.01</td><td>52 300</td><td></td><td></td><td></td><td></td><td>167.3</td><td>358.6</td><td></td><td></td><td></td></tr>
<tr><td colspan="2">现有</td><td></td><td></td><td></td><td></td><td></td><td></td><td></td><td></td><td></td><td></td><td></td></tr>
<tr><td rowspan="5">运用方式</td><td rowspan="3">汛限水位
及库容</td><td colspan="4">7 月 1 日至 10 月 31 日</td><td colspan="7"></td></tr>
<tr><td colspan="2">水位(m)</td><td colspan="2">库容(亿 m³)</td><td colspan="7"></td></tr>
<tr><td colspan="2">305</td><td colspan="2">0.17</td><td colspan="7"></td></tr>
<tr><td>现状泄流
方式</td><td colspan="11"></td></tr>
<tr><td>防御超标准
洪水措施</td><td colspan="11"></td></tr>
<tr><td>备注</td><td colspan="12"></td></tr>
</table>

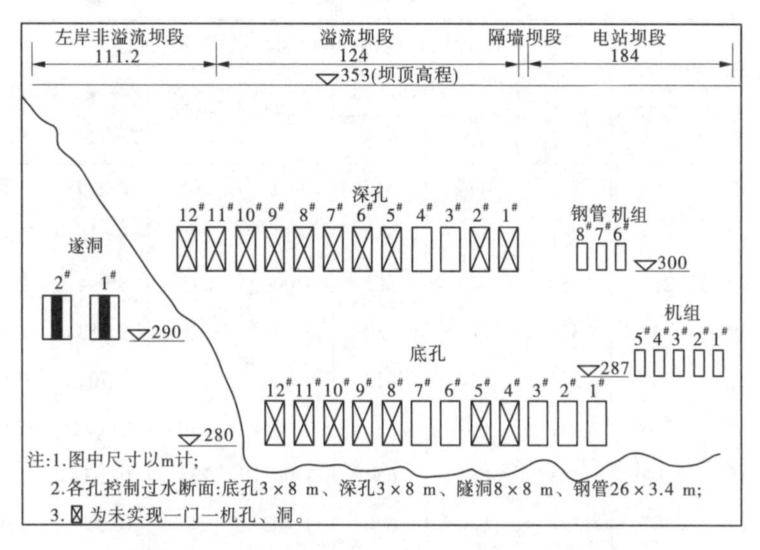

附图 4-1 三门峡水库泄水建筑物上游立视示意图

附表 4-2 三门峡水库水位—库容—泄流量关系

水位(m,大沽)	库容(亿 m³)	泄水建筑物(单孔、洞、机)泄量(m³/s)								
		深孔	底孔	双层孔		隧洞	钢管	合计(不含机组)	机组	
				6#	其余				1#~5#	6#~7#
295	0	0	177	172	161	137	0	2 265	207	
296	0	0	190	188	176	175	0	2 516	208	
297	0	0	202	204	192	215	0	2 779	209	
298	0	0	214	219	209	259	0	3 052	210	
299	0	0	226	235	227	306	0	3 336	212	
300	0	0	237	250	245	356	0	3 633	213	
301	0.01	7	248	264	264	413	0	3 965	212	
302	0.02	16	259	277	284	473	0	4 316	212	
303	0.05	26	270	292	304	535	0	4 683	211	
304	0.10	38	281	307	326	597	0	5 063	211	
305	0.17	51	291	325	349	656	0	5 455	210	
306	0.25	66	301	345	373	712	0	5 858	207	
307	0.33	83	310	368	400	768	185	6 468	205	
308	0.43	103	319	392	429	825	190	6 929	202	
309	0.56	123	327	418	459	879	195	7 391	200	
310	0.72	144	335	445	487	926	200	7 830	197	

续附表 4-2

水位(m,大沽)	库容(亿 m³)	泄水建筑物(单孔、洞、机)泄量(m³/s)								
		深孔	底孔	双层孔		隧洞	钢管	合计(不含机组)	机组	
				6#	其余				1#~5#	6#~7#
311	0.92	165	343	474	513	961	205	8 229	199	
312	1.17	188	351	507	539	986	210	8 616	200	
313	1.49	212	358	543	565	1 006	215	8 994	202	269
314	1.89	235	365	578	589	1 022	220	9 358	203	261
315	2.32	257	373	610	612	1 040	225	9 701	205	252
316	2.84	276	381	637	633	1 061	230	10 024	200	244
317	3.45	293	388	661	654	1 082	234	10 334	195	235
318	4.19	307	397	680	670	1 102	238	10 594	189	227
319	5.09	322	404	702	689	1 122	242	10 878	184	218
320	6.20	337	411	723	707	1 142	246	11 153	179	210
321	7.55	351	417	743	725	1 162	249	11 420	175	209
322	9.14	364	423	763	743	1 181	253	11 683	170	207
323	10.96	376	425	780	763	1 201	256	11 945	166	206
324	13.05	388	431	799	779	1 220	259	12 187	161	205
325	15.36	400	436	818	795	1 239	263	12 427	157	204
326	17.97	412	442	837	810	1 258	266	12 661	154	203
327	20.80	423	448	855	824	1 276	269	12 881	151	202
328	23.80	434	454	874	837	1 294	272	13 094	148	201
329	26.97	445	460	892	849	1 312	275	13 298	145	200
330	30.35	455	467	910	860	1 329	277	13 491	142	198
331	34.05	465	473	920	870	1 345	280	13 656	142	197
332	38.38	475	481	946	880	1 363	283	13 863	142	196
333	43.71	484	485	964	890	1 378	285	14 003	142	195
334	50.15	495	495	982	900	1 397	288	14 234	142	194
335	58.14	505	502	1 000	910	1 414	291	14 420	142	193

注:1. 库容为 2017 年 10 月实测值。

2. 泄流量由黄科院依据 2005 年《黄河三门峡水利枢纽泄流工程二期改建设计工作报告》研究成果插值求得。

附表 4-3　三门峡水库主要技经指标表

特征	多年平均径流量 426.69 亿 m^3			多年平均输沙量 16.0 亿 t	
	千年设计	洪峰流量 40 000 m^3/s			
		12 d 洪量 135.9 亿 m^3,45 d 洪量 306.8 亿 m^3			
	万年校核	洪峰流量 52 300 m^3/s			
		12 d 洪量 167.3 亿 m^3,45 d 洪量 358.6 亿 m^3			
水库特征	设计最高水位		340 m	总库容	162 亿 m^3
	防洪水位		335 m	防洪库容	58.2 亿 m^3
	汛限水位		305 m		
	非汛期运用水位		318 m		
坝顶高程		主坝	353 m	副坝	353 m
最大坝高			106 m		24 m
坝顶长度			713.2 m		144 m
泄水建筑物	深孔	孔口:3 孔,孔口尺寸 3 m×8 m(宽×高)			
		进口底槛高程:300 m		最大泄流能力:1 509 m^3/s	
		闸门:钢平板门		启闭能力:350 t	
	底孔	孔口:3 孔、进口尺寸 3 m×11 m(宽×高),孔身 3 m×8 m(宽×高)			
		进口底槛高程:280 m		最大泄流能力:1 491 m^3/s	
		闸门:平面钢闸门		启闭能力:350/250 t	
	双层孔	孔口:共 9 对,孔口尺寸(同上)			
	隧洞	形式、尺寸	2 条、圆形压力洞、直径 11 m		
		底槛高程	进口 290 m、出口 287 m	最大泄流能力 2 820 m^3/s	
		闸门:弧形钢闸门			
	泄流排沙钢管	形式、尺寸	1 条、圆形、直径 7.5 m		
		进口底槛高程	300 m	最大泄流能力:290 m^3/s	
		闸门形式	钢平板门	启闭能力:180/150 t	
发电机组		台数、尺寸	7 台 ϕ7.5 m		
		进口底槛高程	287~300 m	计算引用流量:210~230 m^3/s	
效益	防洪削峰				
	发电	装机容量 135 MW		年发电量 12 亿 kW·h	
	灌溉	蓄水量 14 亿~16 亿 m^3		灌溉面积 2 000 万亩	

注:6、7 号钢管改为发电机组;泄流能力相应水位 335 m。

附表 4-4　三门峡水库防洪运用水位以下不同高程居民情况(2016 年)

高程(m,大沽)		318	319	320	321	322	323	324	325	326
人口(人)	山西	0	6	216	249	254	256	256	262	284
	陕西									
	河南			0	154	282	683	887	1 114	2 097
	合计	0	6	216	403	536	939	1 143	1 376	2 381
高程(m,大沽)		327	328	329	330	331	332	333	334	335
人口(人)	山西	321	2 223	2 429	2 636	3 528	4 465	6 261	6 995	9 418
	陕西				0	5 513	15 333	28 775	58 000	130 418
	河南	2 748	3 459	4 263	4 810	5 172	5 985	6 534	7 212	7 812
	合计	3 069	5 682	6 692	7 446	14 213	25 783	41 570	72 207	147 648

附表 4-5　三门峡库区 335 m 以下耕地财产统计

水位(m,大沽)	耕地(万亩)	财产损失(万元)
316		
317	0.33	
318	0.99	
319	2.65	
320	5.29	90
321	7.63	144
322	7.95	197
323	13.81	540
324	13.91	5 933
325	18.20	11 472
326	18.28	17 019
327	19.96	30 059
328	20.63	43 379
329	27.94	57 896
330	30.19	72 175
331	31.10	85 872
332	39.21	101 139
333	44.42	118 849
334	50.94	134 724
335	57.15	150 400

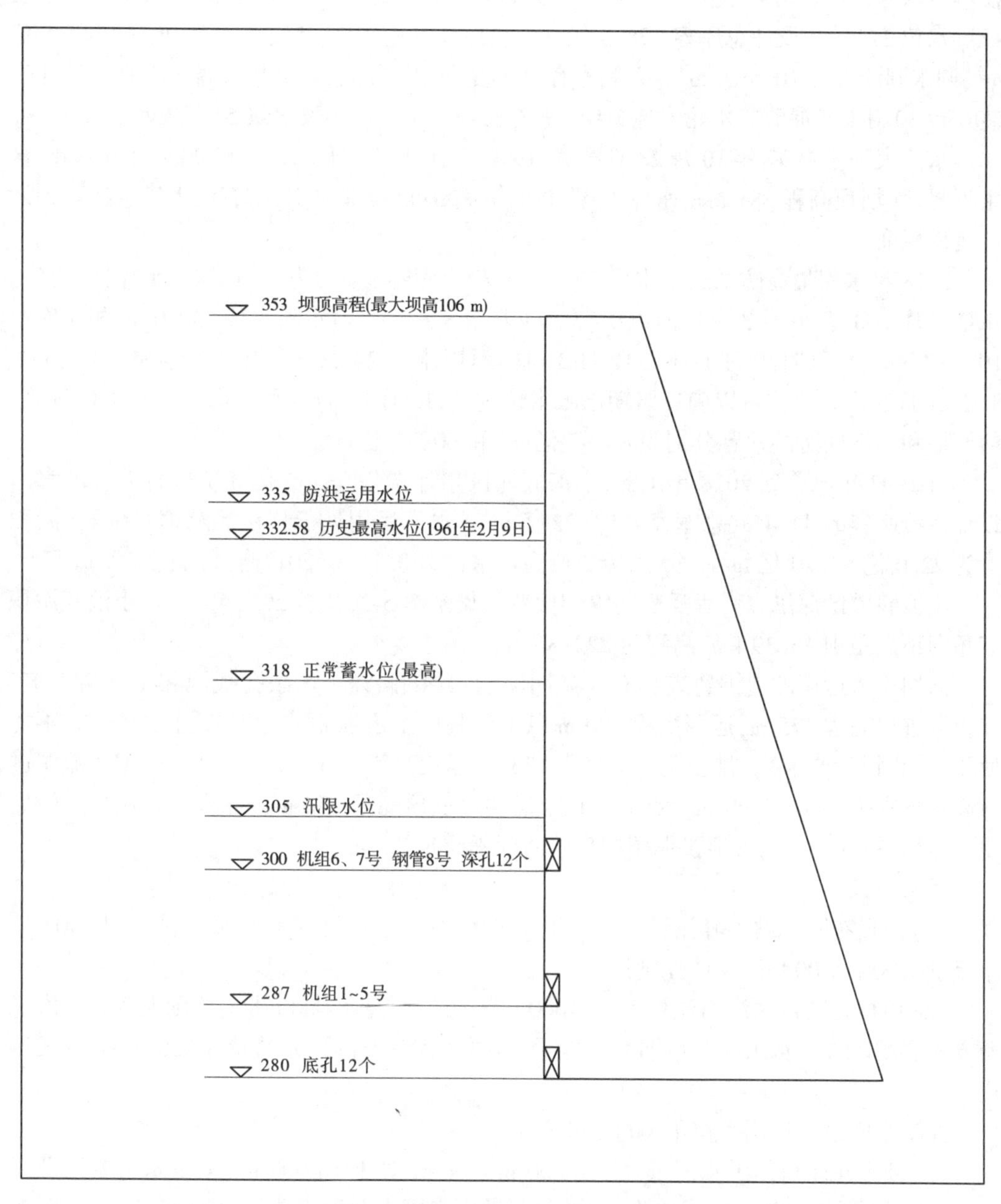

附图 4-2　三门峡水库特征值示意图

附录 5　小浪底水库

小浪底水利枢纽位于河南省洛阳市以北 40 km 处的黄河干流上。上距三门峡水利枢纽 130 km,下距郑州花园口站 128 km。坝址控制流域面积 69.4 万 km^2,占花园口以上流域面积的 95.1%。小浪底水库的开发任务是以防洪(防凌)、减淤为主,兼顾供水、灌溉、发电。水库设计正常蓄水位 275 m(黄海标高),万年一遇校核洪水位 275 m,千年一遇设计洪水位 274 m。设计总库容 126.5 亿 m^3,包括拦沙库容 75.5 亿 m^3,防洪库容 40.5 亿 m^3,调水调沙库容 10.5 亿 m^3。兴利库容可重复利用防洪库容和调水调沙库容。设计安装 6 台 30 万 kW 混流式水轮发电机组,总装机 180 万 kW,年发电量 51 亿 kW · h。

水库大坝于 1997 年 10 月 28 日截流,1999 年 10 月 25 日下闸蓄水,2000 年 6 月 26 日主坝封顶(坝顶高程 281 m),水库工程 2001 年 12 月已全部完工,所有泄水建筑物达到设计运用标准。

2018 年水库最高防洪运用水位 275.0 m,相应库容 94.22 亿 m^3(2018 年 4 月库容)。汛期 7 月 1 日至 10 月 31 日,前汛期(7 月 1 日至 8 月 31 日)汛限水位 230.0 m,相应库容 10.25 亿 m^3;后汛期(9 月 1 日至 10 月 31 日)汛限水位 248.0 m,相应库容 34.19 亿 m^3。8 月 21 日起水库水位可以向后汛期汛限水位过渡;10 月 21 日起可以向正常蓄水位过渡。前汛期和后汛期防洪库容分别为 83.97 亿 m^3 和 60.03 亿 m^3。

自 1997 年汛前到 2018 年汛前,小浪底库区累计淤积 33.32 亿 m^3(断面法),占水库设计拦沙库容的 44.4%,总库容为 94.22 亿 m^3。水库运用处于拦沙后期第一阶段(淤积量为 22.0 亿~42.0 亿 m^3)。水库历史最高蓄水位 270.11 m(2012 年 11 月 20 日)。

小浪底库区深泓点高程反映的纵剖面变化见附图 5-2,截至 2018 年 4 月,小浪底淤积三角洲顶点距坝 16.39 km,高程为 222.36 m。

汛期投入运用的泄洪建筑物有 3 条明流洞、3 条排沙洞、3 条孔板洞和正常溢洪道。孔板洞进口高程 175 m,运用高程 200 m 以上。其中 1#孔板洞在水位超过 250 m 时不能使用(工程设计要求)。排沙洞进口高程 175 m,运用高程 186 m 以上。1#、2#、3#明流洞进口高程分别为 195 m、209 m、225 m。正常溢洪道堰顶高程 258 m。各泄水建筑物闸门启闭设施均系一门一机,各泄洪洞闸门启闭时间不超过 30 min。

运用方式:

(1)预报花园口站洪峰流量小于等于 4 000 m^3/s;水库适时调节水沙,按控制花园口站流量不大于 4 000 m^3/s 的原则泄洪。

(2)预报花园口站洪峰流量大于 4 000 m^3/s 小于等于 8 000 m^3/s,原则上按进出库平衡方式运用。视来水来沙及后期天气情况,适时按控制花园口站流量 4 000 m^3/s 方式运用。

控制水库最高运用水位不超过 254.0 m。

(3)预报花园口站洪水流量大于 8 000 m^3/s 小于等于 10 000 m^3/s,洪水主要来源于三门峡以上,原则上按进出库平衡方式运用;洪水主要来源于三花间,视下游汛情,适时按控制花园口站不大于 8 000 m^3/s 的方式运用。

(4)预报花园口站洪水流量大于 10 000 m^3/s,洪水主要来源于三门峡以上,水库按控制花园口站 10 000 m^3/s 方式运用。洪水主要来源于三花间,若预报小花间流量小于 9 000 m^3/s,按控制花园口站 10 000 m^3/s 方式运用;否则,按不大于 1 000 m^3/s(发电流量)下泄。当预报花园口站流量回落至 10 000 m^3/s 以下时,按控制花园口站流量不大于 10 000 m^3/s 泄洪,直到小浪底库水位降至汛限水位。其退水次序在三门峡水库之后。

附图、附表：

附表 5-1　小浪底水库基本情况表
附图 5-1　小浪底水库泄水建筑物上游立视示意图
附表 5-2　小浪底水库水位—库容—泄流量关系表
附表 5-3　小浪底水库主要技经指标表
附图 5-2　小浪底水库干流主槽最低河底高程沿程变化对照图
附图 5-3　小浪底水库特征值示意图。

附表 5-1　小浪底水库基本情况表

<table>
<tr><td rowspan="2">流域面积
(km²)</td><td colspan="2">坝顶高程</td><td rowspan="2">防浪墙高程
(m)</td><td rowspan="2">溢洪道底
高程(m)</td><td colspan="2" rowspan="2">下游河道安全
泄量(m³/s)</td><td colspan="2" rowspan="2">全赔高程
(m)</td><td colspan="2" rowspan="2">移民高程
(m)</td><td colspan="2" rowspan="2">历史最高
水位(m)</td></tr>
<tr><td>设计(m)</td><td>现有(m)</td></tr>
<tr><td>694 155</td><td>281</td><td>281</td><td></td><td></td><td colspan="2">(艾山)10 000</td><td colspan="2">275</td><td colspan="2">275</td><td colspan="2">270.11
(2012年11月20日)</td></tr>
<tr><td colspan="2" rowspan="2">防洪标准</td><td rowspan="2">频率
(%)</td><td rowspan="2">洪峰流量
(m³/s)</td><td rowspan="2">最高水位
(m)</td><td rowspan="2">相应库容
(亿 m³)</td><td rowspan="2">最大泄量
(m³/s)</td><td colspan="3">洪量(亿 m³)</td><td colspan="3">雨量(mm)</td></tr>
<tr><td>7 d</td><td>12 d</td><td>45 d</td><td>7 d</td><td>12 d</td><td>45 d</td></tr>
<tr><td rowspan="2">规划</td><td>设计</td><td>0.1</td><td>40 000</td><td>274</td><td>98.5</td><td>11 400</td><td></td><td>140.8</td><td></td><td></td><td></td><td></td></tr>
<tr><td>校核</td><td>0.01</td><td>52 300</td><td>275</td><td>126.5</td><td>14 900</td><td></td><td>173.8</td><td></td><td></td><td></td><td></td></tr>
<tr><td colspan="2">现有</td><td></td><td></td><td>275</td><td>95.44</td><td>14 900</td><td></td><td></td><td></td><td></td><td></td><td></td></tr>
<tr><td rowspan="5">运用方式</td><td rowspan="3">汛限水位
及库容</td><td colspan="4">7月1日至8月31日</td><td colspan="4">9月1日至10月31日</td><td colspan="3"></td></tr>
<tr><td colspan="2">水位(m)</td><td colspan="2">库容(亿 m³)</td><td colspan="2">水位(m)</td><td colspan="2">库容(亿 m³)</td><td></td><td colspan="2"></td></tr>
<tr><td colspan="2">230</td><td colspan="2">10.25</td><td colspan="2">248</td><td colspan="2">34.19</td><td></td><td colspan="2"></td></tr>
<tr><td>现状泄流
方式</td><td colspan="11"></td></tr>
<tr><td>防御超标准
洪水措施</td><td colspan="11"></td></tr>
<tr><td>备注</td><td colspan="12"></td></tr>
</table>

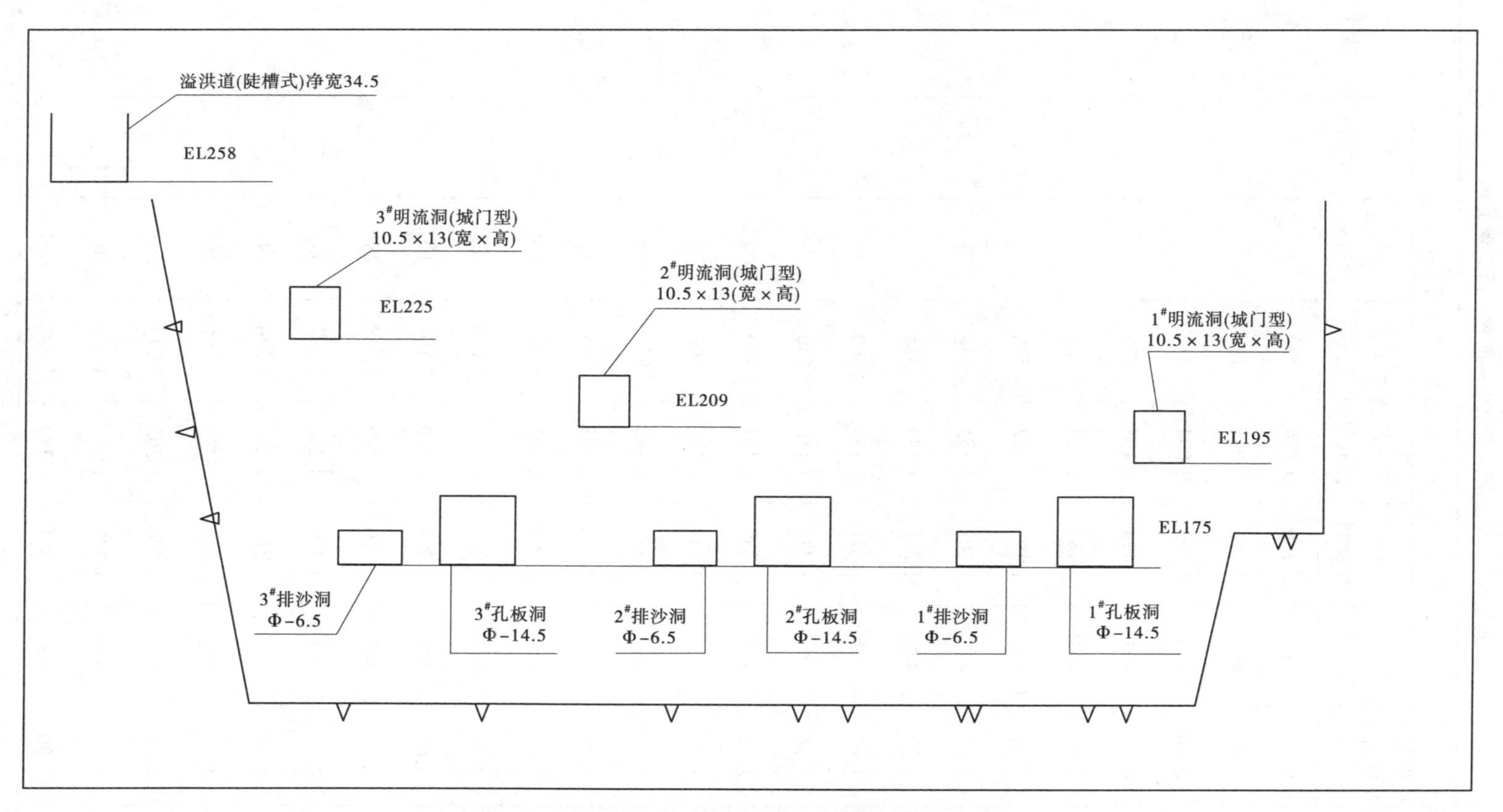

附图 5-1　小浪底水库泄水建筑物上游立视示意图　（单位:m）

附表 5-2　小浪底水库水位—库容—泄流量关系

水位(m,黄海)	库容(亿 m^3)	各建筑物泄量(m^3/s)							
		1#~3# 排沙洞	1# 孔板洞	2#~3# 孔板洞	1# 明流洞	2# 明流洞	3# 明流洞	正常溢洪道	合计
200	0.49	419	1 146	1 076	139				4 694
201	0.58	423	1 155	1 085	182				4 776
202	0.68	428	1 165	1 094	230				4 867
203	0.78	432	1 174	1 104	270				4 948
204	0.89	437	1 184	1 113	320				5 041
205	1.01	441	1 193	1 122	376				5 136
206	1.14	445	1 202	1 131	440				5 239
207	1.27	449	1 211	1 140	515				5 353
208	1.41	453	1 221	1 149	580				5 458
209	1.56	457	1 230	1 158	650	0			5 567
210	1.71	461	1 239	1 167	730	12			5 698
211	1.87	465	1 248	1 176	805	35			5 835
212	2.04	469	1 257	1 185	877	64			5 975
213	2.23	473	1 265	1 193	945	99			6 114
214	2.47	477	1 274	1 202	1 007	139			6 255
215	2.75	481	1 283	1 211	1 060	182			6 390
216	3.05	485	1 292	1 220	1 104	230			6 521
217	3.37	489	1 300	1 229	1 148	281			6 654
218	3.71	493	1 309	1 237	1 192	335			6 789
219	4.09	496	1 317	1 246	1 236	392			6 925
220	4.49	500	1 326	1 255	1 280	452			7 068
221	4.91	500	1 334	1 263	1 317	503			7 180
222	5.34	500	1 342	1 272	1 354	565			7 305
223	5.80	500	1 351	1 280	1 391	614			7 416

续附表 5-2

水位（m，黄海）	库容（亿 m^3）	各建筑物泄量（m^3/s）							
		1# ~ 3# 排沙洞	1# 孔板洞	2# ~ 3# 孔板洞	1# 明流洞	2# 明流洞	3# 明流洞	正常溢洪道	合计
224	6.29	500	1 359	1 289	1 428	673			7 538
225	6.83	500	1 367	1 297	1 465	727	0		7 653
226	7.42	500	1 375	1 305	1 497	777	12		7 771
227	8.07	500	1 383	1 313	1 527	824	35		7 895
228	8.76	500	1 391	1 322	1 560	869	64		8 028
229	9.48	500	1 399	1 330	1 592	911	99		8 161
230	10.25	500	1 407	1 338	1 624	952	139		8 298
231	11.07	500	1 415	1 346	1 654	990	182		8 433
232	11.95	500	1 423	1 353	1 684	1 029	230		8 572
233	12.91	500	1 430	1 361	1 714	1 064	281		8 711
234	13.91	500	1 438	1 368	1 744	1 098	335		8 851
235	14.97	500	1 446	1 376	1 774	1 130	392		8 994
236	16.09	500	1 454	1 384	1 802	1 160	451		9 135
237	17.28	500	1 461	1 391	1 830	1 190	510		9 273
238	18.52	500	1 469	1 399	1 858	1 220	569		9 414
239	19.80	500	1 476	1 406	1 886	1 250	628		9 552
240	21.18	500	1 484	1 414	1 914	1 280	687		9 693
241	22.65	500	1 491	1 422	1 940	1 300	740		9 815
242	24.18	500	1 499	1 429	1 966	1 325	794		9 942
243	25.75	500	1 506	1 437	1 993	1 350	845		10 068
244	27.37	500	1 514	1 444	2 019	1 372	890		10 183
245	29.02	500	1 521	1 452	2 045	1 394	931		10 295
246	30.71	500	1 528	1 459	2 071	1 414	969		10 400
247	32.43	500	1 535	1 467	2 097	1 434	1 007		10 507

续附表 5-2

水位(m,黄海)	库容(亿 m^3)	各建筑物泄量(m^3/s)							
		1#~3# 排沙洞	1# 孔板洞	2#~3# 孔板洞	1# 明流洞	2# 明流洞	3# 明流洞	正常溢洪道	合计
248	34.19	500	1 543	1 474	2 122	1 455	1 046		10 614
249	35.98	500	1 550	1 482	2 148	1 475	1 084		10 721
250	37.80	500	1 557	1 489	2 174	1 495	1 122		10 826
251	39.66	500		1 496	2 197	1 515	1 155		9 359
252	41.55	500		1 503	2 220	1 535	1 188		9 449
253	43.46	500		1 510	2 243	1 554	1 220		9 537
254	45.42	500		1 517	2 266	1 574	1 253		9 627
255	47.39	500		1 524	2 289	1 594	1 286		9 717
256	49.40	500		1 531	2 312	1 614	1 315		9 803
257	51.45	500		1 538	2 335	1 634	1 344		9 889
258	53.53	500		1 545	2 358	1 653	1 372	0	9 973
259	55.64	500		1 552	2 381	1 673	1 401	54	10 113
260	57.79	500		1 559	2 404	1 693	1 430	152	10 297
261	59.97	500		1 565	2 423	1 712	1 457	279	10 501
262	62.19	500		1 572	2 442	1 731	1 483	430	10 730
263	64.44	500		1 578	2 462	1 751	1 510	622	11 001
264	66.73	500		1 585	2 481	1 770	1 536	818	11 275
265	69.06	500		1 591	2 500	1 789	1 563	1 038	11 572
266	71.42	500		1 597	2 519	1 808	1 587	1 289	11 897
267	73.81	500		1 604	2 537	1 827	1 611	1 538	12 221
268	76.24	500		1 610	2 556	1 845	1 636	1 829	12 586
269	78.71	500		1 617	2 574	1 864	1 660	2 110	12 942
270	81.21	500		1 623	2 593	1 883	1 684	2 405	13 311
271	83.74	500		1 629	2 610	1 901	1 706	2 717	13 692
272	86.31	500		1 635	2 628	1 919	1 729	3 034	14 080
273	88.91	500		1 642	2 645	1 937	1 751	3 365	14 482
274	91.55	500		1 648	2 663	1 955	1 774	3 698	14 886
275	94.22	500		1 654	2 680	1 973	1 796	4 050	15 307

注:1. 库容为 2018 年 4 月实测值。
2. 泄流量按设计值。

附表 5-3 小浪底水库主要技经指标

类别	项目	指标	类别	项目	指标
坝址以上流域面积		694 155 km^2	正常溢洪道	形式	陡槽式
坝址岩石		砂页岩互层		堰顶高程净宽	258 m、34.5 m
水文特征	多年平均降水量	635 mm		最大泄量	3 764 m^3/s
	多年平均流量	1 342 m^3/s		闸门形式	3 孔弧形门
	多年平均径流量	423.2 亿 m^3		闸门(高×宽)	11.5 m×17.5 m
	多年平均输沙量	159 400 万 t		启闭设备	油压启闭机 2 台 150 t
	调查最大流量	36 000 m^3/s		消能形式	水垫塘消能
	实测最大流量	17 000 m^3/s	非常溢洪道	形式	心墙堆石体堵塞明渠
	设计洪峰流量	(0.1%)40 000 m^3/s		堰顶、底高程	280 m、268 m
	设计洪水总量	12 d 140.8 亿 m^3		堰顶宽度	100 m
	校核洪峰流量	(0.01%)52 300 m^3/s		最大泄量	3 000 m^3/s
	校核洪水总量	12 d 173.8 亿 m^3	输引水道	形式	钢管
水库特征	调节性能	不完全年调节		断面尺寸	φ7.8 m
	设计洪水位	274 m		长度	6 条单长 199.23 m
	校核洪水位	275 m		进口、底坎高程	195 m、190 m
	正常高水位	275 m		闸门(高×宽)	5 m×9 m
	死水位	230 m		最大输、引水量	303×6 m^3/s
	总库容	126.5 亿 m^3	发电站	形式	地下厂房
	其中:防洪库容	40.5 亿 m^3		厂房尺寸	250 m×23.5 m×56.4 m
	兴利库容	51 亿 m^3		装机容量	6 台 30 万 kW
	死库容	75.5 亿 m^3		保证出力、年电量	35 万 kW、58 亿 kW · h
主坝	坝型	壤土斜心墙堆石坝		年利用小时	2 609/3 148 h
	坝顶高程	281 m		最大、最小、设计水头	141.7 m、92.9 m、112 m
	最大坝高	154 m		水轮机型号	混流式
	坝顶长度、宽度	1 317 m、15 m		主变压器	6 台 360 MVA/ 2 台 540 MVA
	坝基防渗形式	混凝土防渗墙			
	坝体工程量	4 813 万 m^3	效益	灌溉面积	4 000 万亩
副坝	坝型	土石坝		发电量	51 亿 kW · h/a
	坝顶高程、坝高	281 m、45 m			
	坝顶长度、宽度	170 m、15 m			
	坝体工程量	76 万 m^3			
泄洪洞	形式	多级孔板洞(代表型)			
	断面尺寸	φ14.5 m			
	洞长	3 条单长 1 100 m			
	进口底坎高程	175 m			
	闸门形式尺寸(高×宽)	偏心铰弧门 4.8 m×4.8 m			
	最大泄量	1 632 m^3/s			

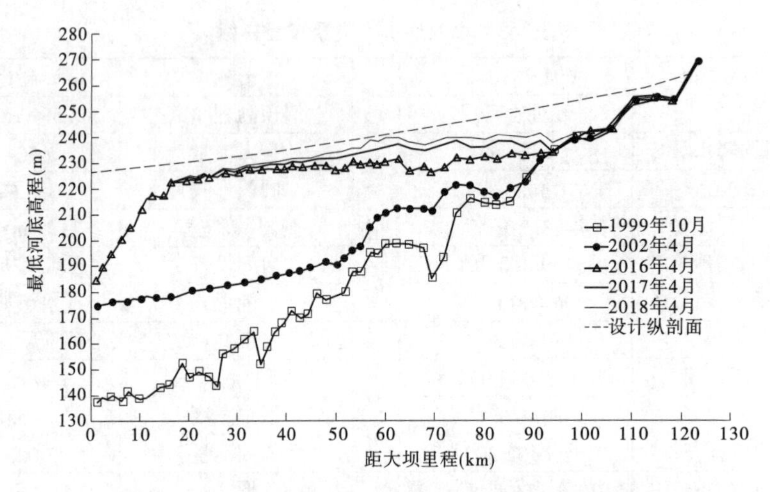

附图 5-2　小浪底水库干流主槽最低河底高程沿程变化对照

小浪底水利枢纽拦沙初期运用调度规程

第一章　目的及适用范围

1.1　为科学、合理地进行小浪底水利枢纽运用调度，明确调度和运行管理有关各方的职责，在保证工程安全的前提下，充分发挥枢纽综合效益，根据有关法律、规范，结合小浪底水利枢纽有关设计文件、运用方式研究成果以及实际运行经验，制定本规程。

1.2　本规程适用于小浪底水利枢纽拦沙初期。

第二章　总　则

2.1　小浪底水利枢纽是"以防洪(包括防凌)、减淤为主，兼顾供水、灌溉和发电，除害兴利，综合利用"为开发目标的枢纽工程。

2.2　小浪底水利枢纽拦沙初期运用调度的目标是：按设计确定的参数、指标及有关运用原则，考虑近期和长远利益，兼顾洪水资源化，合理利用淤沙库容，正确处理各项开发任务的需求，在确保工程安全的前提下，充分发挥枢纽以防洪减淤为主的综合利用效益。

2.3　小浪底水利枢纽运用分为三个时期，即拦沙初期、拦沙后期和正常运用期。

2.3.1　拦沙初期：水库泥沙淤积量达到 21 亿 m^3 至 22 亿 m^3 以前。

2.3.2　拦沙后期：拦沙初期之后至库区形成高滩深槽，坝前滩面高程达 254 m，相应水库泥沙淤积总量 75.5 亿 m^3。

2.3.3　正常运用期：在长期保持 254 m 高程以上 40.5 亿 m^3 防洪库容的前提下，利用 254 m 高程以下 10.5 亿 m^3 的槽库容长期进行调水调沙运用。

2.4　小浪底水利枢纽水库调度单位为黄河水利委员会和黄河防汛总指挥部(以下简称水库调度单位)，发电调度单位为河南省电力公司(以下简称电力调度单位)，运行管理单位为小浪底水利枢纽建设管理局(以下简称运行管理单位)。

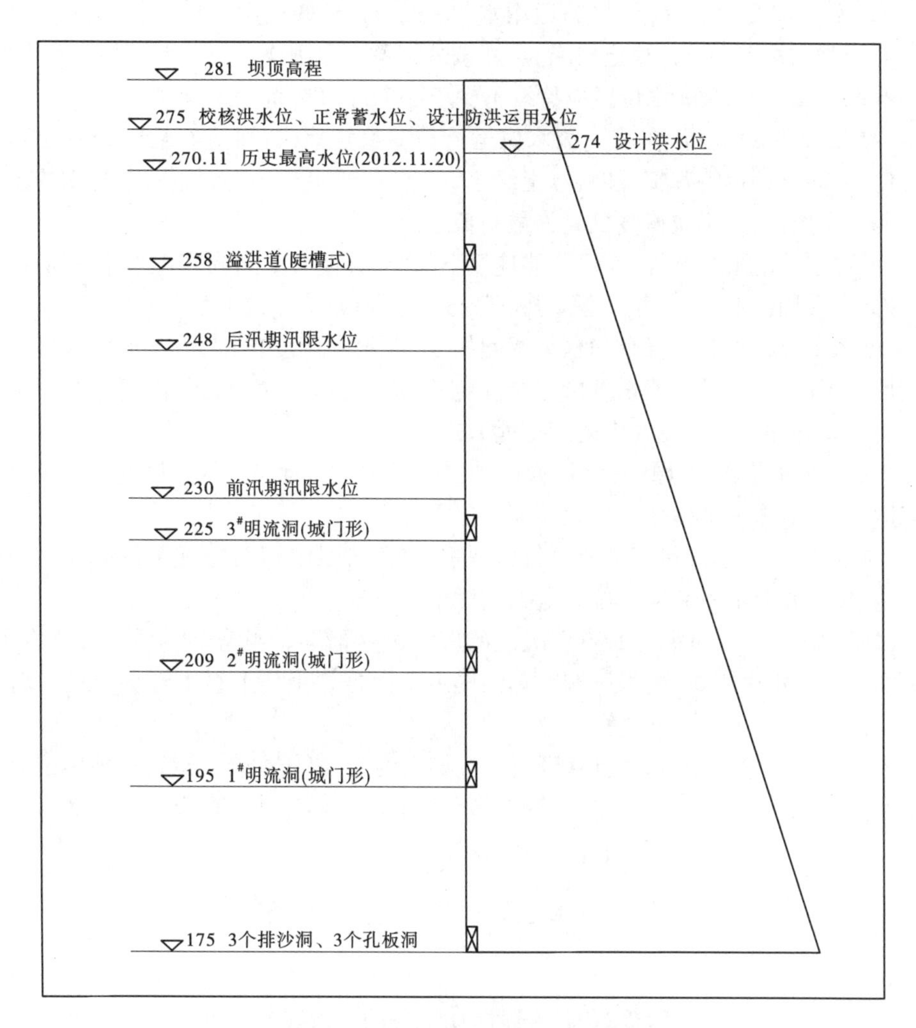

附图 5-3 小浪底水库特征值示意图

2.5 水库调度单位负责制定枢纽下泄流量及含沙量指标等,并及时下达调度指令;电力调度单位按“以水定电”原则制定发电指标,并及时下达调度指令;运行管理单位应严格执行调度指令,制定孔洞组合方案满足调度要求。调度单位对调度指令的执行结果负责,运行管理单位对枢纽建筑物的安全运行负责。

2.6 小浪底水利枢纽拦沙初期运用调度应在确保枢纽安全的前提下,充分考虑水库初期运用库容大、下游河道行洪输沙能力低、黄河水少沙多及水沙不平衡的特点,按水沙联合调度原则进行枢纽调度运行。

2.7 调度时段及主要目标

2.7.1 7月1日至10月31日:防洪,减淤。

2.7.2 11月1日至次年2月底:防凌,减淤。

2.7.3 3月1日至6月30日:减淤,供水,灌溉。

2.8 枢纽运用条件

2.8.1　水库正常设计水位(同最高运用水位)275 m,最低运用水位一般不低于 210 m。根据土石坝蓄水特点和坝体稳定要求,水库按分级蓄水原则逐步提高允许最高蓄水位,在 260~265 m 和 265~270 m 水位级应持续不少于 3 个月的时间,每级水位蓄水运用的原型观测资料应及时汇总分析,在前一级水位运行检验稳定后,方可进行后一级水位蓄水运用。在防洪、防凌期遇特殊情况时,经上级主管部门批准后,允许短期突破,此时应加强枢纽建筑物安全监测,并尽快恢复到允许最高蓄水位以下。

2.8.2　库水位消落限制条件:库水位非连续下降时,日最大下降幅度不大于 6 m;库水位连续下降时,一周内最大下降幅度不得大于 25 m,且日最大下降幅度不得大于 5 m。

2.9　调度指令分防汛调度指令和水量调度指令,由水库调度单位下达,运行管理单位执行。调度指令应明确时段、泄量等指标及误差范围。出库含沙量控制由运行管理单位根据枢纽实际条件和调水调沙要求确定控泄方式。

2.10　按照"以水定电"的原则,运行管理单位应将与发电有关的水库调度指令及时通知电力调度单位,电力调度指令由电力调度单位下达。

2.11　运行过程中若枢纽建筑物及设备出现重大安全问题,运行管理单位应及时采取相应的应急措施,并向水库调度单位和电力调度单位报告。

2.12　水库调度单位负责制定特殊情况下的应急调度预案。当需要启用应急调度预案,或突破本规程规定运用时,由水库调度单位提出书面报告报请上级主管部门批准后下达应急调度指令。

2.13　水库调度、电力调度和运行管理单位应加强沟通,密切配合。运行管理单位应严格执行调度指令,如有不同意见,在执行调度指令的同时可向有关部门反映。

2.14　应加强对水库淤积情况的观测,并及时报有关单位。

第三章　水工建筑物安全运用条件

3.1　大坝

3.1.1　除满足本规程 2.8 条各款的条件外,还应定期采集、整编、分析大坝变形、渗流、渗压等资料,若发现测值异常或突变,应查找原因,必要时采取相应措施,以确保大坝的运行安全。

3.1.2　左岸山体是大坝的延伸,在运用过程中应控制其排水幕后地下水位不高于 200 m,地下厂房周边地下水位不高于 134 m。

3.2　进水塔群及进口高边坡

3.2.1　定期测量坝前和塔前的泥沙淤积面高程、淤积层特性,及时整理、绘制水下地形图及纵横剖面图,以指导塔群泄水孔洞的操作运用。

3.2.2　及时检查进水塔内各系统设备的工作性状,确保闸门、启闭机、拦污栅等升降自如、安全运行。

3.2.3　监测拦污栅前后水位差,及时清污,防止拦污栅超负荷运行、变形或折断。

3.2.4　及时采集、整编、分析进水塔塔基应力、塔体沉降、位移以及结构钢筋应力等资料。若发现测值异常或突变,应查找原因,必要时采取相应措施。

3.2.5　定期检查塔群流道环氧砂浆护面是否完好,如有掉块、开裂或大面积脱落,应及时修补。

3.2.6 及时采集、整理、分析塔周高边坡观测资料,若发现边坡累计沉降、位移过大或变化速率剧增、骤减,以及锚索应力突增或骤减等问题,应查找原因,必要时采取相应措施。

3.3 排沙洞

3.3.1 排沙洞运用条件

(1)排沙洞按压力洞设计,形成洞内压力流的最低水位为 186 m。

(2)当库水位超过 220 m 需用排沙洞泄洪排沙时,要求工作闸门局部开启运用,一般应控制单洞泄量不超过 500 m^3/s,压力洞段流速不大于 15 m/s,以减轻洞内磨损。

3.3.2 排沙洞运用程序

(1)排沙洞停泄时,由工作闸门挡水,汛期关闭事故闸门,以防洞内淤积。

(2)启用排沙洞时,若事故闸门在关闭位置,则应先向事故闸门后充水平压,而后开启事故闸门,再开启工作闸门。

(3)停用排沙洞时,关闭工作闸门。

(4)在工作闸门局部开启运用过程中,若门体发生振动,则应立即小幅度调整其开度将振动消除。

(5)当排沙洞工作闸门发生事故不能正常关闭时,每洞进口的 2 扇事故闸门应同时动水关闭切断水流。

3.3.3 排沙洞至少每年汛前、汛后各安排进洞全面检查一次,检查重点为预应力锚具槽回填混凝土工作性态及出口高流速段,发现问题及时处理。

3.4 孔板洞

3.4.1 孔板洞运用条件

(1)孔板洞运用要求的最低库水位为 200 m。

(2)1 号孔板洞暂限制在库水位不高于 250 m 条件下运用。

(3)孔板洞工作闸门必须全开运用。

3.4.2 孔板洞运用程序

(1)孔板洞停泄时,由工作闸门挡水,汛期关闭事故闸门,以防洞内淤积。

(2)启用孔板洞时,若事故闸门在关闭位置,则应先向事故闸门后充水平压,而后开启事故闸门,再开启工作闸门。

(3)停用孔板洞时,关闭工作闸门。

(4)泄水运用时,每条洞的 2 扇工作闸门必须同时启闭,两门之间高差不得大于 300 mm。

(5)当孔板洞工作闸门发生事故不能正常关闭时,每洞进口的 2 扇事故闸门应同时动水关闭切断水流。

3.4.3 孔板洞原则上每次运用后应安排进洞全面检查一次,检查重点为孔板环、中闸室出口段高流速部位的空蚀及磨蚀情况,发现问题及时处理。

3.5 明流洞

3.5.1 明流洞运用条件

(1)明流洞停泄时,由工作闸门挡水。

(2)明流洞工作闸门宜全开运用。

(3)明流洞工作闸门发生事故不能正常关闭时,应立即关闭事故闸门,1 号明流洞 2 扇事故闸门必须同时关闭。

3.5.2 明流洞至少每年汛前、汛后各安排进洞全面检查一次,发现问题及时处理。

3.6 正常溢洪道

3.6.1 最低运用水位不低于 265 m,以防挑流水舌撞击消力塘上游边坡。

3.6.2 工作闸门均必须全开运用。为防止泄槽内产生不利流态,3 孔闸门应对称开启,即 3 孔全开,或左右侧孔全开,或中间孔全开。

3.7 消力塘

3.7.1 当泄水建筑物组合运用时,应尽可能使每个消力塘内流态平稳和 3 个消力塘的出流均匀,以防其下游泄水渠出现回流造成流量集中或局部流速过大。

3.7.2 当 1 号、2 号、3 号消力塘总泄量超过 3 000 m^3/s 时,或总泄量小于 3 000 m^3/s,但邻塘间泄量差大于 1 000 m^3/s 时,应抽排地下水,保持基础地下水位不高于 125 m。

3.7.3 在某个消力塘检修时,应抽排地下水,保持基础地下水位不高于 115 m,此时非检修的消力塘只能使用排沙洞泄水。

3.7.4 消力塘应定期检查,若发现泥沙渗入排水洞和排水廊道,应查清原因,及时清除,以保持排水孔通畅排水。

3.8 水轮发电机组

3.8.1 电站机组最低发电水位为 210 m。

3.8.2 电站水轮机应严格按照运行特性曲线选择较好的运行工况运行。

3.8.3 当过机含沙量大于 100 kg/m^3 时,宜适当减少开机台数;当过机含沙量大于 200 kg/m^3 时,宜短时停机避沙峰。

3.9 泄水建筑物组合运用原则

3.9.1 根据泄水建筑物自身特性和运用条件,统筹兼顾异重流排沙减淤、水库排污排漂、进水口防淤堵、发电洞进口"门前清"、下游消力塘和泄水渠出流均匀、流态平稳等要求。

3.9.2 当机组过机含沙量低于 100 kg/m^3 时,枢纽下泄流量应首先满足发电要求,其余泄量按不同水位、不同下泄流量制订泄水建筑物组合运用方案。

3.9.3 非常情况下,1 号孔板洞可在 250 m 水位以上运用,每条排沙洞泄量可大于 500 m^3/s 运用。

第四章 金属结构设备安全运行条件

4.1 检修闸门

4.1.1 孔板洞、排沙洞、明流洞检修闸门及发电洞进口检修闸门允许在库水位等于或低于 260 m,且淤沙高程不高于 180 m 的静水条件下闭门挡水。启门前需先向门后充水平压,待上下游水位差达到设计要求后才允许提升闸门。排沙洞检修闸门必须在与其对应的发电洞不引水发电时才能启闭。

4.1.2 机组尾水检修门允许在下游水位等于或低于 140.5 m、相应水容重不大于 1.05 t/m^3,且淤沙高程不高于 132.68 m 的静水条件下闭门挡水。启门前需先向门后充水平压,再提升闸门。

4.1.3　1 号孔板洞出口浮箱叠梁检修闸门应在 1 号消力塘停止泄洪、消力塘水位等于或低于 137.0 m 的静水条件下闭门挡水,在平压条件下靠浮力启门。

4.2　检修闸门启吊抓梁及其他设备

4.2.1　孔板洞、排沙洞、明流洞、发电洞检修闸门的启吊、平移利用塔顶门机配合液压自动抓梁进行操作。

4.2.2　孔板洞检修闸门的液压自动抓梁平时锁定在 275.5 m 平台上。

4.2.3　排沙洞、明流洞、发电洞检修闸门的液压自动抓梁平时锁定在库水位以上。

4.2.4　机组尾水检修闸门的启吊、平移利用尾水台车式启闭机配合液压自动抓梁进行操作。

4.2.5　1 号孔板洞出口检修闸门应与移动式空压机、2 台 100 kN 手拉葫芦及牵引绳等配合使用。

4.3　事故闸门

4.3.1　孔板洞、排沙洞、明流洞工作闸门及隧洞定期检修或孔板洞、排沙洞要求闭门挡沙时,事故闸门在静水条件下闭门。孔板洞、排沙洞、明流洞在工作闸门事故条件下允许事故闸门动水闭门挡水。

4.3.2　孔板洞、排沙洞事故闸门关闭后应向止水背压腔充水加压,达到封水的目的。

4.3.3　发电洞事故闸门在机组出现事故,机组导水机构、筒阀又同时失灵时,允许动水闭门挡水。当机组、隧洞需要检修时,应静水闭门挡水。

4.3.4　事故闸门启门前需先用旁通管向门后充水平压,待上下游水位差达到设计要求后,才允许提升闸门。

4.3.5　在隧洞泄洪期间,孔板洞、明流洞事故门应悬挂在孔口上方 10 m 处,排沙洞事故门应悬挂在孔口上方 5 m 处。汛期停泄时,孔板洞、排沙洞事故闸门闭门挡沙。明流洞停泄时事故闸门锁定在检修平台上,库水位高于检修平台时,闸门不得锁定,须悬挂在闸室内。

4.3.6　发电洞事故闸门平时悬挂在孔口上方,检修时,将闸门提到检修平台。

4.4　工作闸门

4.4.1　孔板洞、排沙洞、明流洞、溢洪道工作闸门允许在动水条件下启闭;排沙洞工作闸门允许局部开启运用,局部开启运用时,应避开闸门振动的开度区。

4.4.2　防淤闸工作闸门允许在水位 140.55 m、相应水容重 1.05 t/m^3 的条件下动水启闭。

4.4.3　明流洞和溢洪道不泄洪时工作闸门闭门挡水,孔板洞、排沙洞非汛期不泄洪时工作闸门闭门挡水,汛期不泄洪时由事故闸门闭门挡沙。

4.4.4　孔板洞、排沙洞事故闸门挡沙期间,工作闸门前的积水宜保留,以保证来洪水时及时开门泄洪。

4.4.5　机组发电期间防淤闸工作闸门处于开启状态,汛期某条尾水渠对应的 2 台机组均停止运行时,关闭该渠末端的 2 扇防淤闸门挡沙。

4.5 **拦污栅**

4.5.1 允许在污物堵塞栅体引起小于或等于 4 m 水位差条件下启栅。

4.5.2 拦污栅的启吊利用塔顶门机配合主、副拦污栅液压自动抓梁进行操作。

4.5.3 拦污栅上、下游水位差达 0.5 m 时应开始清污。清污的方式首先采用清污机清污,其次为人工清污。

4.5.4 泥沙污物来量集中,主栅堵塞面积过大,导致机械清污无法进行时,应及时下放副栅,然后将主栅提至塔顶进行人工清污。主栅清污完毕检查合格后,才允许放入栅槽继续运行。

4.6 启闭机

4.6.1 移动式启闭机

(1)进水塔顶门式启闭机各个机构之间设有电气联锁保护装置,运行时任何两个机构不允许同时工作。

(2)遇 6 级以上大风或大雾、大雪、雷雨等恶劣气候,门机应停止作业。

(3)清污机由门机副钩携带清污抓斗实施清污作业,运行以压污为主,抓污为辅。压污作业应在排沙洞泄水条件下进行。

(4)机组尾水检修闸门台车式启闭机,运行机构和起升机构之间设电气联锁保护装置,不允许同时工作。

4.6.2 固定卷扬启闭机

(1)固定卷扬启闭机操作前应检查闸门锁定和机电等设备,在确认具备安全运行条件后,再选择采用现地操作或远方操作方式。

(2)每条排沙洞、孔板洞和 1 号明流洞均设有 2 扇事故闸门,两门的启闭机采用双机联合操作方式,动水闭门时两机必须同时操作。静水启闭时,两门既可同时操作,也可分别单独操作。

4.6.3 液压启闭机

(1)泄洪系统液压启闭机采用现地操作和远方操作两种控制方式。电站系统液压启闭机由电站计算机监控系统进行控制,也可在启闭机旁进行现地操作。

(2)偏心铰弧形闸门禁止在闸门压紧状态下操作主机。

4.7 **充水平压及高压冲淤系统**

4.7.1 充水平压系统的阀门正常运行时采用远方操作,电动装置发生故障时切换为手动操作。

4.7.2 当闸门后洞内需充水时,先开启进口闸阀再开启蝶阀,平压后先关闭蝶阀,后关闭闸阀挡水挡沙。

4.7.3 当充水平压管路取水口被泥沙淤堵不能过水时,应利用高压冲淤系统冲沙。

4.7.4 当泥沙淤积造成流道堵塞时,应启动高压冲淤系统冲沙,过流后立即停止冲淤。在流道未堵塞状态下,不得使用高压冲淤系统。

第五章 防洪调度

5.1 防洪调度的任务是:根据规划设计确定的枢纽设计洪水、校核洪水标准和下游防洪工程的防洪标准，在确保枢纽建筑物安全的前提下，减轻洪水对下游防洪工程的压力，保证下游防洪安全，兼顾洪水资源利用及水库、下游河道减淤。

5.2　防洪调度原则：当下游出现防御标准（花园口站流量22 000 m^3/s）内洪水时，合理控制花园口流量，最大限度减轻下游防洪压力；当下游可能出现超标准洪水时，尽量减轻黄河下游的洪水灾害；当水库遇超过设计标准洪水或枢纽出现重大安全问题时，应确保枢纽安全运用。

5.3　防洪调度期为7月1日至10月23日，其中7月1日至8月31日为前汛期；9月1日至10月23日为后汛期。

5.4　水库调度单位应根据黄河洪水季节性变化规律，考虑拦沙初期水库淤积特点，分别制定前汛期和后汛期的限制水位。考虑黄河洪水和径流的特点，7月1日至7月10日，在综合分析来水情况并经上级主管部门批准后，可突破汛限水位运用。

5.5　黄河洪水调度复杂，水库调度单位应根据每年的具体情况逐年制定防洪调度预案，并及时通知运行管理单位；运行管理单位应根据枢纽的具体情况和防洪调度预案制定防洪调度计划，并及时上报水库调度单位。

5.6　防洪调度方式

5.6.1　当预报花园口流量小于5 000 m^3/s、大于编号洪水时，原则上按入库流量泄洪；当潼关站实测为低含沙、小洪量编号洪水时，可短时超量蓄水。

5.6.2　预报花园口洪水流量大于5 000 m^3/s，需根据小浪底至花园口区间来水流量与水库蓄洪量多少，确定不同的泄洪方式：

（1）对三门峡以上来水为主的“上大洪水”，当潼关站实测含沙量小于200 kg/m^3 时，先按控制花园口站流量5 000 m^3/s 运用，待水库蓄洪量达到20亿 m^3 时，再按控制花园口站流量不大于10 000 m^3/s 运用；当潼关站发生含沙量大于200 kg/m^3 的编号洪水时，按入库流量下泄，并控制花园口站流量不大于10 000 m^3/s。

（2）对三门峡至花园口区间来水为主的“下大洪水”，在小浪底水库控制花园口站流量5 000 m^3/s 运用过程中，当水库蓄洪量尚未达到20亿 m^3、小浪底至花园口区间来水流量已达到5 000 m^3/s 且有增大趋势时，水库按不大于1 000 m^3/s 控泄；当水库蓄洪量达到20亿 m^3 后，开始按控制花园口10 000 m^3/s 运用；当小浪底至花园口区间来水流量大于10 000 m^3/s，水库按不大于1 000 m^3/s 控泄。

5.6.3　当预报花园口洪水流量回落至5 000 m^3/s 以下时，按控制花园口5 000 m^3/s 泄洪，直到小浪底库水位回降至汛限水位以下。

5.7　黄河来水、来沙多变，预见期有限，在防洪调度期间需要在调度预案的基础上，结合实时水沙情况，进行实时调度。

5.8　防洪调度应服从于国家防汛抗旱总指挥部批准的黄河洪水调度方案的原则。

第六章　调水调沙调度

6.1　调水调沙调度的任务是：通过水库对出库水沙过程进行调节，尽可能减少下游河道特别是艾山以下河道主河槽的淤积，增加河道主槽的过流能力。

6.2　调水调沙调度原则：水库调水调沙要考虑水沙条件、水库淤积和黄河下游河道的过水能力,充分利用下游河道输沙能力,控制花园口站流量小于 800 m^3/s 或大于 2 600 m^3/s,尽量避免出现 800 m^3/s 至 2 600 m^3/s 之间的流量过程。

6.3　调水调沙调度期:调水调沙调度运用贯穿于其他各个调度期之中。

6.4　水库调度单位负责制定小浪底水库调水调沙调度预案,下达调水调沙调度指令。运行管理单位负责组织实施。

6.5　调水调沙调度方式

6.5.1　调水调沙最低运用水位为 210 m,调控库容不小于 8 亿 m^3。

6.5.2　调控下限流量按控制花园口站流量不大于 800 m^3/s,调控上限流量按控制花园口站流量不小于 2 600 m^3/s,历时不小于 6 天。

6.6　当出库流量大于调控上限流量时,应及时打开排沙洞或孔板洞排沙,充分利用黄河下游河道的输沙特性,排沙入海,减少小浪底水库淤积。当出库流量小于调控下限流量时,以电站泄流为主,避免小水带大沙增加下游河道淤积。

6.7　当潼关站含沙量大于 200 kg/m^3、流量小于编号洪水时,应采用“异重流”“浑水水库”等排沙运用方式。

6.8　在调水调沙调度中,要做好与防洪调度的衔接,并尽量使三门峡水库和小浪底水库调度相协调。

6.9　黄河来水、来沙多变,预见期有限,在调水调沙期间,需要在调度预案的基础上,结合实际水沙情况,加强实时调度。

第七章　防凌调度

7.1　防凌调度的任务是:在防凌期优先承担防凌蓄水任务,合理控制出库流量,避免下游凌汛灾害。

7.2　防凌调度方式:预报下游河道封冻前一旬,水库按防凌预案确定的流量均匀泄流,维持下游流量平稳,避免小流量封河;下游河道封冻后,水库平稳减少泄流,逐步减小下游河道槽蓄水量,使下游流量不超过河道的冰下过流能力。开河期为进一步削减下游河道槽蓄水量,适时控泄流量,直至开河。

7.3　防凌调度期:每年的 11 月 1 日至次年 2 月底为防凌调度期,特殊情况时,调度期顺延。

7.4　水库调度单位根据来水预报、下游河道可能开始封(开)河时段的气象预报,以及该时段内下游沿河地区用水、配水计划,编制水库防凌调度运用预案。运行管理单位负责制订小浪底水利枢纽的防凌调度计划,并按调度指令负责组织实施。

第八章　供水灌溉调度

8.1　供水灌溉调度的任务是:在尽可能保证黄河不断流的前提下,按“以供定需”的要求,尽量满足下游供水和灌溉配额,提高供水保证率。

8.2　供水灌溉调度原则:供水灌溉服从黄河水量统一调度,在满足黄河下游减淤要求的前提下,合理分配下游生活、生产用水和生态环境用水。

8.3　水库调度单位根据来水预报和下游需水要求负责制定年度水量分配调度预案和月、

旬调度计划,每月28日下达下一月调度计划,每月8日、18日、28日下达下一旬调度计划。运行管理单位负责组织实施,在满足瞬时最小流量要求的前提下,日均下泄流量误差不超过10%,旬均下泄流量误差不超过5%。

8.4　为防止7月上旬的“卡脖子”旱,6月底在210 m水位以上可预留约10亿m^3水量。

第九章　发电调度

9.1　发电调度的任务是:在满足水库调度单位制定的下泄流量指标的前提下,尽量多发电、少弃水,提高小浪底水利枢纽的发电效益。

9.2　发电调度原则:按“以水定电”原则进行发电调度。当电网有特殊需求时,电力调度单位应及时通报,水库调度单位应尽可能予以协助。

9.3　电力调度单位在水库调度单位要求控泄的日平均流量和日调节流量上、下限范围内进行电负荷的日调节。具体电负荷的日调节由电力调度单位直接下达运行管理单位。

9.4　运行管理单位根据水调计划及防洪、防凌、调水调沙调度指令编制小浪底水电厂的季、月、日发电建议计划(包括最大出力、最小出力、发电量等),并报送电力调度单位和水库调度单位。

9.5　当汛期发生高含沙洪水泄水时,宜考虑减少开机台数或短时停机避沙,以减轻机组泥沙磨损。

9.6　运行管理单位根据本规程,与电力调度单位协商,制定(或修订)小浪底水电厂发电运行规程。

第十章　枢纽防沙防淤堵调度

10.1　运行管理单位应定期对进水塔前泥沙淤积面高程进行监测。坝前和进水塔前泥沙淤积面高程定义:测量断面位置为塔前60 m(小浪底库区01断面),用150 kg铅鱼下放失重后,铅鱼落底高程减去50 cm,即为泥沙淤积面高程。

10.2　汛期下泄的水量,若要求全部通过发电机组下泄时,可能导致进水塔前泥沙淤积。当实测塔前泥沙淤积面达到183.5 m高程时,运行管理单位应报请水库调度单位批准,小开度短历时开启排沙洞工作闸门,以检查其进口流道是否畅通。以后可按0.5 m一级逐步提高塔前允许淤积面高程,但最终许可值不得大于187 m。

10.3　若要求单个排沙洞运用,应先开启3号排沙洞,然后轮流开启2号、1号排沙洞泄流。多个排沙洞运用时,各排沙洞宜均匀泄水。

10.4　若因地震、水流淘刷等特殊原因造成进口冲刷漏斗坍塌,导致塔前淤积高程过高而排沙洞不能泄流时,可相机启用明流洞、孔板洞泄流拉沙,必要时辅以高压水枪冲沙,以恢复进口冲刷漏斗。

10.5　泄洪排沙时,若某条尾水渠对应的2台机组均停止运行,应关闭该渠末端的防淤闸门,防止黄河泥沙回淤尾水洞(渠)。

第十一章　水库调度管理

11.1　运行管理单位应建立调度值班制度,做好调度指令传接、水情收发、信息通报、编制调度月报、调度值班记录等工作。调度值班记录包括各泄(引)水建筑物启闭时间、闸门开度、泄量、运行时间、过机含沙量等。

11.2　运行管理单位应制定泄洪建筑物、闸门启闭机的日常运行、维护、检修规程和闸门启闭操作规程。

11.3　水库调度单位和运行管理单位每年应对水库调度运用进行总结并上报主管部门。总结内容主要包括水情分析、调度运用过程、调度执行情况、水库淤积量、水库淤积形态及部位、下游减淤效果、综合利用效益、存在问题及改进意见等。

11.4　运行调度有关资料应妥善保管并归档。

第十二章　水库调度信息保障

12.1　小浪底水库运用调度需要的信息

12.1.1　水库调度信息

(1)黄河干支流水文断面实测流量、含沙量及泥沙颗粒级配。

(2)黄河干流主要水库(龙羊峡、刘家峡、万家寨、三门峡等)水位、蓄水量、入库流量、出库流量、含沙量及泥沙颗粒级配。

(3)黄河中下游洪水预报、测报信息。

(4)小浪底水库入库水量测报信息。

(5)小浪底水库水位、蓄水量、入库流量、出库流量、含沙量及泥沙颗粒级配、发电流量、下泄流量过程。

12.1.2　枢纽运用信息

(1)枢纽建筑物运行工况。

(2)枢纽发电运行工况。

(3)库区泥沙淤积形态。

(4)进水口泥沙淤积形态及塔前泥沙淤积高程。

(5)电站机组过机含沙量。

12.2　水库调度单位和运行管理单位可通过网络实时查询有关信息或采用其他方式保证信息渠道通畅,做到信息共享。

12.3　运行管理单位每年汛前、汛后负责对小浪底库区泥沙淤积断面、库容曲线进行测验,并将成果报送水库调度单位。汛期如有必要,亦应进行上述测验。

12.4　运行管理单位负责小浪底水位观测、枢纽建筑物及设备运行工况监测、机组过机含沙量监测、进水口泥沙淤积形态和塔前泥沙淤积高程观测,并按国家防汛抗旱总指挥部和水库调度单位要求拍报相关信息。

第十三章　附　则

13.1　当三门峡水库运用方式调整或西霞院反调节水库建成后,本规程有关条款应予以修订。

13.2　本规程由批准单位或由其授权的单位负责解释。

13.3　本规程自批准之日起执行。

小浪底水利枢纽拦沙后期（第一阶段）运用调度规程

第一章　总　则

1.1　为科学、合理地进行小浪底水利枢纽运用调度，明确调度和运行管理有关各方的职责，在保证枢纽工程安全的前提下，充分发挥枢纽综合利用效益，根据有关法律、规范，结合小浪底水利枢纽有关设计文件、运用方式研究成果以及拦沙初期实际运行经验，制定本规程。

1.2　小浪底水利枢纽运用分为三个时期，即拦沙初期、拦沙后期和正常运用期。拦沙后期是拦沙初期之后，至库区形成高滩深槽，转入正常运用期止，相应坝前滩面高程达254 m，水库泥沙淤积总量约75.5亿m^3。

1.3　小浪底水利枢纽拦沙后期可拦蓄黄河泥沙50多亿m^3，持续时间可能较长，水库的调度运行十分重要和复杂。本规程适用于小浪底水利枢纽拦沙后期第一阶段，即水库泥沙淤积总量达到42亿m^3以前。

1.4　小浪底水利枢纽拦沙后期运用调度的目标是：按设计确定的条件、指标及有关运用原则，考虑近期和长远利益，合理利用淤沙库容，塑造合理的库区泥沙淤积形态，保持长期有效库容，正确处理各项开发任务的需求，充分发挥枢纽以防洪减淤为主的综合利用效益。

1.5　小浪底水利枢纽水库调度单位为黄河水利委员会和黄河防汛抗旱总指挥部（以下简称水库调度单位）；发电调度单位为河南省电力公司（以下简称电力调度单位）；运行管理单位为小浪底水利枢纽建设管理局（以下简称运行管理单位）。

1.6　小浪底水利枢纽的主要任务是以防洪（包括防凌）、减淤为主，兼顾供水、灌溉和发电等综合利用。

西霞院水库是小浪底水利枢纽的反调节枢纽，主要任务是以对小浪底水电站日内调峰发电下泄流量过程进行反调节为主，结合发电，兼顾灌溉、供水等综合利用。

1.7　西霞院反调节水库与小浪底水利枢纽是一组工程的两个项目，水库调度应将其作为整体实施调度。

1.8　水库调度单位负责制定枢纽出库流量及含沙量要求等，并及时下达调度指令；电力调度单位按"以水定电"原则制订发电指标，并及时下达调度指令；运行管理单位应严格执行调度指令，制定小浪底、西霞院联合调度方案满足调度要求。调度单位对调度指令的执行结果负责，运行管理单位对枢纽建筑物的安全运行负责。

1.9　小浪底水利枢纽拦沙后期运用调度应充分考虑拦沙后期水库运用对于库区形成高滩深槽形态的重要性和复杂性、下游河道行洪输沙能力低、黄河水少沙多及水沙不平衡的特点，按水沙联合调度原则进行枢纽调度运行。

1.10　调度时段及主要目标

1.10.1　7月1日至10月31日：防洪，减淤。

1.10.2　11月1日至次年2月底：防凌，减淤。

1.10.3　3 月 1 日至 6 月 30 日:供水,灌溉,减淤。

1.11　水库调度指令分防汛调度指令和水量调度指令,由水库调度单位下达,运行管理单位执行。调度指令应明确时段、泄量及误差范围等指标。运行管理单位应根据实际条件和枢纽建筑物运用要求制定控泄方式,满足出库水量要求,尽可能满足水流含沙量要求。

1.12　按照“以水定电”的原则,运行管理单位应将与发电有关的水库调度指令及时通知电力调度单位。电力调度指令由电力调度单位下达。

1.13　水库调度单位负责制定特殊情况下的应急调度预案,并报请上级主管部门批准。当需要突破本规程规定运用时,应由水库调度单位提出书面报告报请上级主管部门批准后实施。

1.14　运行过程中若枢纽建筑物及设备出现重大安全问题,运行管理单位应及时采取相应的应急措施,并立即向水库调度单位和电力调度单位报告。

1.15　水库调度、电力调度和运行管理单位应加强沟通,密切配合。运行管理单位应严格执行调度指令,如有不同意见,在执行调度指令的同时可向有关部门反映。

1.16　运行管理单位应加强对水库淤积情况的观测,并及时报有关单位。

第二章　水工建筑物安全运用条件

2.1　大坝

2.1.1　小浪底水库正常设计水位 275 m,防洪最高运用水位 275 m,最低运用水位一般不低于 210 m。根据土石坝运用条件和坝体稳定要求,水库应按分级蓄水原则逐步提高允许最高蓄水位,当水库在 265～270 m 水位间运用时应及时,对原型观测资料进行分析,在连续运用时间达到 45 天或累计运用时间达到 90 天并经水库调度单位和水库运行管理单位确认大坝运行无异常后,方可进入 270 m 以上水位蓄水运用。

2.1.2　库水位涨落限制条件

(1)小浪底水库坝前水位不宜骤升骤降,库水位在 260 m 以上连续 24 h 的上升幅度不应大于 5.0 m,当库水位连续下降时, 7 天内最大下降幅度不应大于 15 m。

(2)库水位在 275～250 m 时,连续 24 h 下降最大幅度不应大于 4 m;库水位在 250 m 以下时,连续 24 h 下降最大幅度不应大于 3 m。

2.1.3　左岸山体在运用过程中应控制其排水幕后地下水位不高于 200 m,地下厂房周边地下水位不高于 134 m。

2.1.4　及时采集、整编、分析大坝安全监测资料,若发现测值异常或突变,应查找原因,必要时采取相应措施,以确保大坝的运行安全。

2.2　进水塔群及进口、出口高边坡

2.2.1　定期测量坝前和塔前的泥沙淤积面高程,及时整理、绘制水下地形图及纵横剖面图,以指导塔群泄水孔洞的操作运用。

2.2.2　及时检查进水塔内各系统设备的工作性状,确保闸门、启闭机、拦污栅等升降自如、安全运行。

2.2.3　及时采集、整编、分析进水塔塔基应力、塔体沉降、位移以及结构钢筋应力等资料。若发现测值异常或突变,应查找原因,必要时采取相应措施。

2.2.4 定期检查塔群流道护面是否完好,如有掉块、开裂或大面积脱落,应及时修补。

2.2.5 及时采集、整理、分析进口和出口高边坡观测资料,若发现边坡累计沉降、位移过大或变化速率剧增,以及锚索应力突增或骤减等问题,应查找原因,必要时采取相应措施。

2.3 排沙洞

2.3.1 排沙洞运用条件

(1)排沙洞按压力洞设计,形成洞内压力流的最低库水位为186 m。

(2)当库水位超过220 m需用排沙洞泄洪排沙时,要求工作闸门局部开启运用,一般应控制单洞泄量不超过500 m^3/s,使压力洞段流速不大于15 m/s,以减轻衬砌混凝土的磨损。

2.3.2 排沙洞运用程序

(1)排沙洞停泄时,关闭工作闸门,由工作闸门挡水;汛期关闭事故闸门,以防洞内淤积。

(2)启用排沙洞时,若事故闸门在关闭位置,则应先向事故闸门后充水平压,尔后开启事故闸门,再开启工作闸门。

(3)在工作闸门局部开启运用过程中,若门体发生振动,则应立即小幅度调整其开度将振动消除。

(4)当排沙洞工作闸门发生事故不能正常关闭时,每洞进口的2扇事故闸门应同时动水关闭切断水流。

2.3.3 排沙洞至少每年汛前、汛后各安排进洞全面检查一次,检查重点为预应力锚具槽回填混凝土及出口高流速段工作性态,发现问题及时处理。

2.4 孔板洞

2.4.1 孔板洞运用条件

(1)孔板洞运用要求的最低库水位为200 m。

(2)1号孔板洞暂限制在库水位不高于250 m条件下运用,非常情况下,可在250 m库水位以上短时运用;2号、3号孔板洞宜逐步提高运用水位,并在过流过程中加强监测。

(3)孔板洞工作闸门必须全开运用。

2.4.2 孔板洞运用程序

(1)孔板洞停泄时,关闭工作闸门,由工作闸门挡水;汛期关闭事故闸门,以防洞内淤积。

(2)启用孔板洞时,若事故闸门在关闭位置,则应先向事故闸门后充水平压,尔后开启事故闸门,再开启工作闸门。

(3)泄水运用时,每条洞的2扇工作闸门必须同时启闭,两门之间高差不得大于300 mm。

(4)当孔板洞工作闸门发生事故不能正常关闭时,进口的2扇事故闸门应同时动水关闭切断水流。

2.4.3 孔板洞原则上每次运用后应安排进洞全面检查一次,检查重点为孔板环、中闸室及其出口段高流速部位的空蚀及磨蚀情况,发现问题及时处理。

2.5　**明流洞**

2.5.1　明流洞运用条件

(1)2 号、3 号明流洞的最低运用库水位一般情况下应分别不低于 220 m、235 m,以防挑流水舌直接冲击消力塘上游边坡。

(2)明流洞工作闸门宜全开运用。

2.5.2　明流洞运用程序

(1)明流洞停泄时,关闭工作闸门,由工作闸门挡水。

(2)启用明流洞时,若事故闸门在关闭位置,则应先向事故闸门后充水平压,尔后开启事故闸门,再开启工作闸门。

(3)明流洞工作闸门发生事故不能正常关闭时,应立即关闭事故闸门,1 号明流洞 2 扇事故闸门必须同时关闭。

2.5.3　明流洞至少每年汛前、汛后各安排进洞全面检查一次,发现问题及时处理。

2.6　**灌溉洞**

2.6.1　灌溉洞运用条件

(1)灌溉洞按压力洞设计,其最低运用库水位不低于 230 m。

(2)灌溉洞引水时,由工作闸门控制流量不超过 30 m^3/s。

2.6.2　灌溉洞运用程序

(1)灌溉洞完建前,由事故闸门挡水。

(2)启用灌溉洞时,若事故闸门在关闭位置,则应先向事故闸门后充水平压,尔后开启事故闸门,再开启工作闸门。

(3)停用灌溉洞时,关闭工作闸门。

(4)在工作闸门局部开启运用过程中,若门体发生振动,则应立即小幅度调整其开度将振动消除。

(5)灌溉洞工作闸门发生事故不能正常关闭时,应立即关闭进口的事故闸门。

2.7　**正常溢洪道**

2.7.1　最低运用库水位不低于 265 m,以防挑流水舌冲击消力塘上游边坡。

2.7.2　工作闸门必须全开运用。为防止泄槽内产生不利流态,3 孔闸门应对称开启,即 3 孔全开,或左右侧孔全开,或中间孔全开。

2.7.3　当正常溢洪道泄洪运用后,应做一次全面检查,发现问题及时处理。

2.8　**消力塘**

2.8.1　当泄水建筑物组合运用时,应尽可能使泄入每个消力塘内的流量大致相当,以确保每个消力塘内流态平稳、出流均匀,以防其下游泄水渠出现回流、流量集中或局部流速过大。

2.8.2　当 1 号、2 号、3 号消力塘总泄量超过 3 000 m^3/s 时,或总泄量小于或等于 3 000 m^3/s,但邻塘间泄量差大于 1 000 m^3/s 时,应抽排地下水,保持基础地下水位不高于 125 m。

2.8.3　当某个消力塘检修时,应抽排地下水,保持基础地下水位不高于 115 m,此时非检修的消力塘只能使用排沙洞泄水。

2.8.4　消力塘应定期检查,若发现泥沙渗入排水洞和排水廊道,应查清原因,及时清除,并保持排水孔畅通。

2.9　泄水建筑物组合运用原则

2.9.1　根据泄水建筑物自身特性和运用条件,应兼顾水库排沙减淤、排污排漂、泄水建筑物进水口防淤堵、发电洞进口"门前清"、下游消力塘和泄水渠出流均匀、流态平稳等要求,制订泄水建筑物组合运用方案,确保运行安全。

2.9.2　当水轮发电机组过机水流含沙量低于 100 kg/m^3 时,调度要求的枢纽下泄流量应首先满足发电要求,其余泄量按不同库水位、不同下泄流量条件制订泄水建筑物组合运用方案。

第三章　金属结构设备安全运行条件

3.1　检修闸门

3.1.1　孔板洞、排沙洞、明流洞、灌溉洞检修闸门及发电洞进口检修闸门允许在库水位不高于 260 m,且门前淤沙高程不高于 180 m 的静水条件下闭门挡水。启门前需先向门后充水平压,待上下游水位差不大于 2 m 后才允许提升闸门。排沙洞检修闸门必须在与其对应的发电洞不引水发电时才能启闭。

3.1.2　发电机组的尾水检修闸门允许在下游水位等于或低于 140.5 m 的静水条件下闭门挡水。启门前需先向门后充水平压,再提升闸门。

3.1.3　1 号孔板洞出口浮箱叠梁检修闸门应在 1 号消力塘停止泄洪、消力塘水位等于或低于 137.0 m 的静水条件下闭门挡水,在平压条件下靠浮力启门。

3.2　检修闸门启吊抓梁及其他设备

3.2.1　孔板洞、排沙洞、明流洞、灌溉洞、发电洞检修闸门的启吊、平移利用塔顶门机配合液压自动抓梁进行操作。

3.2.2　发电机组尾水检修闸门的启吊、平移利用尾水台车式启闭机配合液压自动抓梁进行操作。

3.2.3　1 号孔板洞出口检修闸门应与移动式空压机、2 台 100 kN 手拉葫芦及牵引绳等配合使用。

3.2.4　孔板洞检修闸门的液压自动抓梁平时锁定在 275.5 m 平台上。排沙洞、明流洞、发电洞、灌溉洞检修闸门的液压自动抓梁平时锁定在 275 m 水位以上。

3.3　事故闸门

3.3.1　孔板洞、排沙洞、明流洞、灌溉洞工作闸门及隧洞定期检修或孔板洞、排沙洞要求闭门挡沙时,事故闸门在静水条件下闭门。孔板洞、排沙洞、明流洞、灌溉洞事故闸门在工作闸门事故或隧洞事故条件下允许动水闭门挡水。

3.3.2　孔板洞、排沙洞事故闸门关闭后应向止水背压腔充水加压,明流洞事故闸门关闭后直接利用库水压力作为止水背压,以达到封水的目的。

3.3.3　发电洞事故闸门在机组出现事故,机组导水机构、闸阀又同时失灵时,允许动水闭门挡水。当机组、隧洞需要检修时应静水闭门挡水。

3.3.4　事故闸门启门前需先用旁通管向门后充水平压,待上下游水位差不大于 10 m 后才允许提升闸门。

3.3.5　在隧洞泄洪期间,孔板洞、明流洞事故门应悬挂在孔口上方 10 m 处,排沙洞事故门应悬挂在孔口上方 5 m 处。汛期停泄时,孔板洞、排沙洞事故闸门闭门挡沙。明流洞、灌溉洞停泄时,事故闸门锁定在检修平台上,库水位高于检修平台时,闸门不得锁定,须悬挂在闸室内。

3.3.6　发电洞事故闸门平时悬挂在孔口上方,检修时,将闸门提到检修平台。

3.4　工作闸门

3.4.1　孔板洞、排沙洞、明流洞、灌溉洞、溢洪道工作闸门允许在动水条件下启闭;排沙洞和灌溉洞工作闸门允许局部开启运用,局部开启运用时,应避开闸门振动的开度区。

3.4.2　防淤闸工作闸门允许在水位 140.55 m 且水流含沙量低于 80 kg/m^3 的条件下动水启闭。

3.4.3　明流洞和溢洪道不泄洪时工作闸门闭门挡水;孔板洞、排沙洞非汛期不泄洪时工作闸门闭门挡水,汛期不泄洪时由事故闸门闭门挡沙;灌溉洞完建后,由灌溉洞工作闸门和供水支洞工作闸门共同挡水。

3.4.4　孔板洞、排沙洞事故闸门挡沙期间,宜保留工作闸门前的积水,以保证来洪水时及时开门泄洪。

3.4.5　机组发电期间防淤闸工作闸门应处于开启状态,汛期泄洪时若某条尾水渠对应的 2 台机组均停止运行时,应关闭该渠末端的 2 扇防淤闸门挡沙。

3.5　拦污栅

3.5.1　监测拦污栅上、下游水位差,当水位差达 0.5 m 时应开始清污,防止拦污栅超负荷运行、变形或折断。清污的方式首先采用清污机清污,其次为人工清污。

3.5.2　当泥沙污物来量集中,主栅堵塞面积过大,导致机械清污无法进行时,应及时下放副栅,然后将主栅提至塔顶进行人工清污。主栅清污完毕检查合格后,才允许放入栅槽继续运行。

3.5.3　允许在污物堵塞栅体引起小于或等于 4 m 水位差条件下启栅。

3.5.4　拦污栅的启吊利用塔顶门机配合主、副拦污栅液压自动抓梁进行操作。

3.6　启闭机

3.6.1　移动式启闭机

(1)进水塔顶门式启闭机各个机构之间设有电气联锁保护装置,运行时任何两个机构不允许同时工作。

(2)遇 6 级以上大风或大雾、大雪、雷雨等恶劣气候,门机应停止作业。

(3)清污机由门机副钩携带清污抓斗实施清污作业,运行以压污为主,抓污为辅。压污作业应在排沙洞泄水条件下进行。

(4)机组尾水检修闸门台车式启闭机的运行机构和起升机构之间设有电气联锁保护装置,不允许同时工作。

3.6.2　固定卷扬启闭机

(1)固定卷扬启闭机操作前应检查闸门锁定和机电等设备,在确认具备安全运行条件后,再选择采用现地操作或远方操作方式。

(2)每条排沙洞、孔板洞和1号明流洞均设有2扇事故闸门,两门的启闭机采用双机联合操作方式,动水闭门时两机必须同时操作。静水启闭时,两门既可同时操作,也可分别单独操作。

3.6.3 液压启闭机

(1)泄洪系统液压启闭机采用现地操作和远方操作两种控制方式。电站系统液压启闭机由电站计算机监控系统进行控制,也可在启闭机旁进行现地操作。

(2)偏心铰弧形闸门禁止在闸门压紧状态下操作主机。

3.7 充水平压及高压冲淤系统

3.7.1 充水平压系统的阀门正常运行时采用远方操作,电动装置发生故障时切换为手动操作。

3.7.2 当闸门后洞内需充水时,先开启进口闸阀再开启蝶阀,平压后先关闭蝶阀,后关闭闸阀挡水挡沙。

3.7.3 当充水平压管路取水口被泥沙淤堵不能过水时,应利用高压冲淤系统冲沙。

3.7.4 当泥沙淤积造成流道堵塞时,应启动高压冲淤系统冲沙,过流后立即停止冲淤。在流道未堵塞状态下,不得使用高压冲淤系统。

第四章 防洪调度

4.1 防洪调度的任务是:根据规划设计确定的枢纽设计洪水、校核洪水标准和下游防洪工程的防洪标准,在确保枢纽建筑物安全的前提下,减轻洪水对下游防洪工程的压力,保证下游防洪安全。

4.2 防洪调度期为7月1日至10月31日,其中7月1日至8月31日为前汛期,9月1日至10月31日为后汛期。

4.3 防洪调度原则:当下游出现防御标准(花园口站流量22 000 m^3/s)内洪水时,合理调节水沙,控制花园口流量,最大限度减轻下游防洪压力,兼顾洪水资源利用及水库、下游河道减淤;当下游可能出现超标准洪水时,尽量减轻黄河下游的洪水灾害;应防止枢纽出现重大安全问题,确保枢纽安全运用。

4.4 拦沙后期第一阶段前汛期起始汛限水位为225 m,从8月21日起可以向后汛期汛限水位过渡;后汛期起始汛限水位为248 m,从10月21日起可以向非汛期水位过渡。随着库区泥沙淤积变化,需要调整汛限水位时,应由水库调度单位提出调整意见并报上级主管部门批准。

4.5 黄河洪水调度复杂,水库调度单位应根据每年的具体情况逐年制订洪水调度方案,并及时通知运行管理单位;运行管理单位应根据枢纽的具体情况和洪水调度方案制订汛期调度运用计划,并及时上报水库调度单位审批。

4.6 防洪调度方式

4.6.1 当预报花园口流量小于编号洪峰流量4 000 m^3/s时,水库适时调节水沙,按控制花园口流量不大于下游主槽平滩流量的原则泄洪。

4.6.2 当预报花园口洪峰流量4 000~8 000 m^3/s时,需根据中期天气预报和潼关站含沙量情况,确定不同的泄洪方式。

(1)若中期预报黄河中游有强降雨天气或当潼关站实测含沙量大于等于 200 kg/m³ 的洪水时,原则上按进出库平衡方式运用。

(2)中期预报黄河中游没有强降雨天气且潼关站实测含沙量小于 200 kg/m³,若小浪底—花园口区间来水洪峰流量小于下游主槽平滩流量时,原则上按控制花园口站流量不大于下游主槽平滩流量运用;当小浪底—花园口区间来水洪峰流量大于等于下游主槽平滩流量时,可视洪水情况控制运用,控制水库最高运用水位不超过正常运用期汛限水位 254.0 m。

4.6.3 当预报花园口洪峰流量 8 000~10 000 m³/s 时,若入库流量不大于水库相应泄洪能力,原则上按进出库平衡方式运用;若入库流量大于水库相应泄洪能力,则按敞泄滞洪运用。

4.6.4 当预报花园口流量大于 10 000 m³/s 时,若预报小浪底—花园口区间流量小于等于 9 000 m³/s,按控制花园口 10 000 m³/s 运用;若预报小浪底—花园口区间流量大于 9 000 m³/s,则按不大于 1 000 m³/s 下泄;当预报花园口流量回落至 10 000 m³/s 以下时,按控制花园口流量不大于 10 000 m³/s 泄洪,直到小浪底库水位降至汛限水位以下。

4.6.5 当危及水库安全时,应加大流量泄洪。

4.7 黄河来水、来沙多变,预见期有限,在防洪调度期间,需要在年度洪水调度方案的基础上,结合实时水沙情况,进行实时调度。

第五章 防凌调度

5.1 防凌调度的任务是:在防凌期优先承担防凌蓄水任务,合理控制出库流量,避免下游凌汛灾害。

5.2 防凌调度期:每年的 11 月 1 日至次年 2 月底为防凌调度期,特殊情况时,调度期顺延。

5.3 防凌调度原则:小浪底水库每年 12 月底预留防凌库容 20 亿 m³ 控制运用,直至水库蓄满。

5.4 防凌调度方式:预报下游河道封冻前一旬,水库按防凌预案确定的流量均匀泄流,维持下游流量平稳,避免小流量封河;下游河道封冻后,水库平稳减少泄流,尽量减小下游河道槽蓄水量,使下游流量不超过冰下河道的过流能力。开河期为进一步削减下游河道槽蓄水量,适时控泄流量,直至开河。

5.5 水库调度单位根据来水预报、下游河道可能开始封(开)河时段的气象预报,以及该时段内下游沿河地区用水、配水计划,编制水库防凌调度运用预案。运行管理单位负责制订小浪底水利枢纽的防凌调度计划,并按调度指令负责组织实施。

第六章 调水调沙调度

6.1 调水调沙调度的任务是:在水库合理拦沙尽可能延长小浪底水库拦沙运用年限的同时,通过对出库水沙过程的调节,尽可能减少下游河道主河槽的淤积,增加并维持河道主槽的过流能力。

6.2 调水调沙调度期主要为 7 月 11 日至 9 月 30 日,每年的 6 月可根据前汛期限制水位以上蓄水情况相机进行调水调沙运用。

6.3 调水调沙调度原则:水库调水调沙要考虑水沙条件、水库淤积和黄河下游主槽的过流能力,充分利用下游河道输沙能力,调控花园口站流量或小于 800 m^3/s 或大于 2 600 m^3/s,尽量避免出现 800~2 600 m^3/s 的流量过程。水库在下泄 800 m^3/s 以下流量时,应在满足灌溉、发电用水并考虑下游河道生态用水条件下尽量取最小值;在利用水库蓄水调水调沙下泄 26 00 m^3/s 以上流量时,应在满足滩区安全的条件下尽量取大值。

6.4 水库调度单位负责制定小浪底水库调水调沙调度预案,下达调水调沙调度指令。运行管理单位负责组织实施。

6.5 调水调沙最低运用水位一般不低于 210 m。调控库容和调控流量应考虑水库淤积状况、下游河道演变和滩区治理的要求,在每年的调水调沙预案中明确。

6.6 当出库流量大于调控上限流量时,应及时打开排沙洞或孔板洞排沙,充分利用黄河下游河道的输沙特性,排沙入海,减少小浪底水库淤积;当出库流量小于调控下限流量时,以电站泄流为主,避免小水带大沙增加下游河道淤积。

6.7 汛期当水库运用水位达到汛限水位时,应结合上游来水情况,适时降低水位排沙运用,以塑造合理的库区淤积形态。

6.8 当潼关站含沙量大于 200 kg/m^3、流量小于编号洪水(4 000 m^3/s)时,水库应在满足黄河下游河道减淤的条件下尽量多排沙。

6.9 在调水调沙调度中,要做好和防洪调度的衔接,并尽量使三门峡水库和小浪底水库调度相协调。

6.10 黄河来水、来沙多变,预见期有限,在调水调沙期间需要在调度预案的基础上,结合实际水沙情况,加强实时调度。

第七章 供水灌溉调度

7.1 供水灌溉调度的任务是:在黄河水量统一调度前提下,小浪底水库按“以供定需”的要求,尽量满足下游供水和灌溉配额,提高供水保证率。

7.2 供水灌溉调度原则:供水灌溉服从黄河水量统一调度,在考虑黄河下游减淤要求的前提下,合理分配下游生活、生产用水和生态环境用水。

7.3 水库调度单位根据来水预报和下游需水要求负责制订年度水量调度计划和月、旬调度方案,每月 28 日前下达下一月水量调度方案;用水高峰期,根据需要于每月 8 日、18 日、28 日前分别下达下一旬水量调度方案,运行管理单位负责组织实施。在满足瞬时最小流量要求的前提下,西霞院日均下泄流量相对误差按±5%控制,其中相对误差的绝对值小于等于 5%的概率应达到 75%以上,相对误差的绝对值不应超过 10%,旬均下泄流量误差不应超过 5%。

第八章 发电调度

8.1 发电调度的任务是:在满足水库调度单位制定的下泄流量指标的前提下,充分利用西霞院水库的反调节作用,尽量多发电、少弃水,提高小浪底水利枢纽的发电效益和在电力系统中的调峰作用。

8.2 发电调度原则:按“以水定电”原则进行发电调度。当电网有特殊需求时,运行管理单位应及时通报,水库调度单位应尽可能予以协助。

8.3 电力调度单位在水库调度单位要求控泄的日平均流量范围内按电力负荷的要求进行日调节。具体电力负荷的日调节由电力调度单位直接下达运行管理单位。

8.4 运行管理单位根据水调计划及防洪、防凌、调水调沙调度指令编制小浪底水电厂的季、月、日发电建议计划(包括最大出力、最小出力、发电量等),并报送电力调度单位。

8.5 根据水轮发电机组最小发电水头要求,最低发电库水位为 210 m,水轮机应按照运行特性曲线选择较好的运行工况运行。

8.6 当过机水流含沙量大于 100 kg/m^3 时,宜适当减少开机台数;当过机水流含沙量大于 200 kg/m^3 时,宜停机避沙峰。

8.7 运行管理单位根据本规程,与电力调度单位协商,制定(或修订)小浪底水电厂发电运行规程。

第九章 枢纽防沙防淤堵调度

9.1 运行管理单位应定期对进水塔前泥沙淤积面高程进行监测。

9.2 当实测塔前泥沙淤积面高程达到 183.5 m 时,运行管理单位应报请水库调度单位批准,小开度短历时开启排沙洞工作闸门,以检查其进口流道是否畅通。以后可按 0.5 m 一级逐步提高塔前允许淤积面高程,但最终许可值不得大于 187 m。

9.3 若要求单个排沙洞运用,应先开启 3 号排沙洞,然后轮流开启 2 号、1 号排沙洞。多个排沙洞运用时,各排沙洞宜均匀泄水。

9.4 若因地震、水流淘刷等特殊原因造成进口冲刷漏斗坍塌,导致塔前淤积高程过高而排沙洞不能泄流时,可相机启用明流洞、孔板洞泄流拉沙,必要时辅以高压水枪冲沙,以恢复进口冲刷漏斗。

9.5 泄洪排沙时,若某条尾水渠对应的 2 台机组均停止运行,应关闭该渠末端的防淤闸门,防止黄河泥沙回淤尾水洞(渠)。

第十章 水库调度管理

10.1 运行管理单位应建立调度值班制度,做好调度指令传接、水情收发、信息通报、编制调度月报、调度值班记录等工作。调度值班记录包括各泄(引)水建筑物启闭时间、闸门开度、泄量、运行时间、过机水流含沙量等。

10.2 运行管理单位应制定泄水建筑物、闸门启闭机的日常运行、维护、检修规程和闸门启闭操作规程。

10.3 水库调度单位和运行管理单位每年应对水库调度运用进行总结并上报主管部门。总结内容主要包括水情分析、调度运用过程、调度执行情况、水库淤积量、水库淤积形态及部位、下游减淤效果、综合利用效益、存在问题及改进意见等。

10.4 运行调度有关资料应妥善保管并归档。

第十一章 水库调度信息保障

11.1 小浪底水库运用调度需要的信息

11.1.1 水库调度单位提供的信息

(1)黄河干支流主要水文断面实测流量、含沙量及泥沙颗粒级配。

(2)黄河干流主要水库(龙羊峡、刘家峡、万家寨、三门峡等)水位、蓄水量、入库流量、出库流量、含沙量及泥沙颗粒级配。

(3)黄河中下游洪水预报、测报信息。

(4)小浪底水库入库水量测报信息。

11.1.2 运行管理单位提供的信息

(1)小浪底水库水位、蓄水量。

(2)枢纽建筑物、设备运行和库岸稳定状况。

(3)进水口泥沙淤积形态及塔前泥沙淤积高程。

(4)库区泥沙淤积形态。

11.2 水库调度单位和运行管理单位可通过网络实时查询有关信息或采用其他方式保证信息渠道通畅,做到信息共享。

11.3 运行管理单位每年汛前、汛后负责对小浪底、西霞院库区泥沙淤积断面进行测验,并将成果报送水库调度单位。汛期如有必要,亦应进行上述测验。

11.4 运行管理单位负责小浪底水库水位、库容观测,并按要求向国家防汛抗旱总指挥部和水库调度单位拍报相关信息。

第十二章 附 则

12.1 当水库淤积总量达到42亿 m^3 或《黄河中下游近期洪水调度方案》修订时,本规程有关条款应予以修订。

12.2 本规程由批准单位或由其授权的单位负责解释。

12.3 本规程自批准之日起执行。

附录6 西霞院水库

西霞院水库位于洛阳市以北40 km的黄河干流中游段。西霞院水库为小浪底水库的反调节水库,上距小浪底水利枢纽16 km,下距花园口145 km,是当前黄河干流上建设的最后一座水库。该水库是以反调节功能为主,结合发电,兼顾灌溉、供水综合利用功能,于2007年5月蓄水运用,电站安装了4台单机35 MW的轴流转浆式机组。小浪底至西霞院区间流域面积400 km^2,无大支流汇入,河长大于5 km的支流共有7条。其中砚瓦河为西霞院库区最长的支流,河长30.90 km,流域面积为87.50 km^2。西霞院库区自然河道表现为沿程上窄下宽,库区河道平均比降为0.86‰。距坝址11.00 km以上河段的河床较为平稳,河床比降约为0.23‰;距坝址11 km以下河段平均比降较大,约为1.17°。西霞院水库对控制进入黄河下游的水沙过程具有重要作用,尤其是对清水的小流量过程和调水调沙等中小洪水的水沙过程控制。

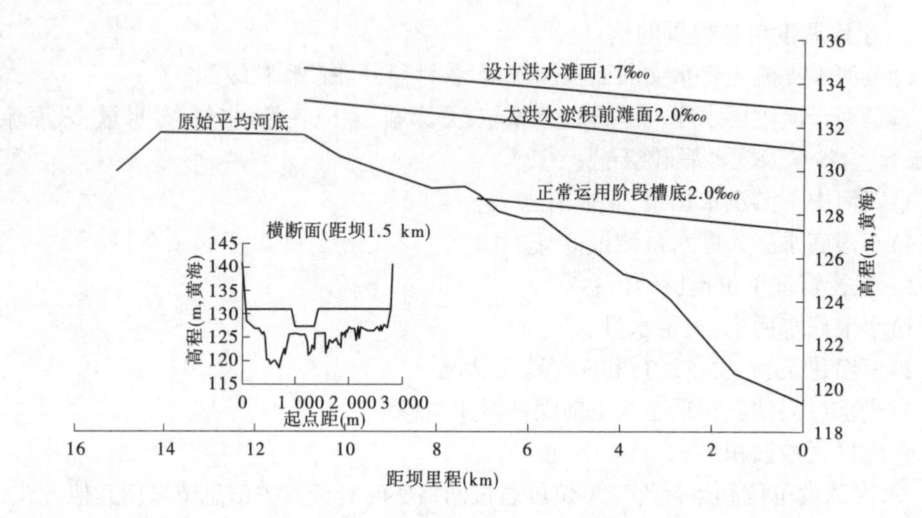

附图 6-1　西霞院反调节水库淤积形态

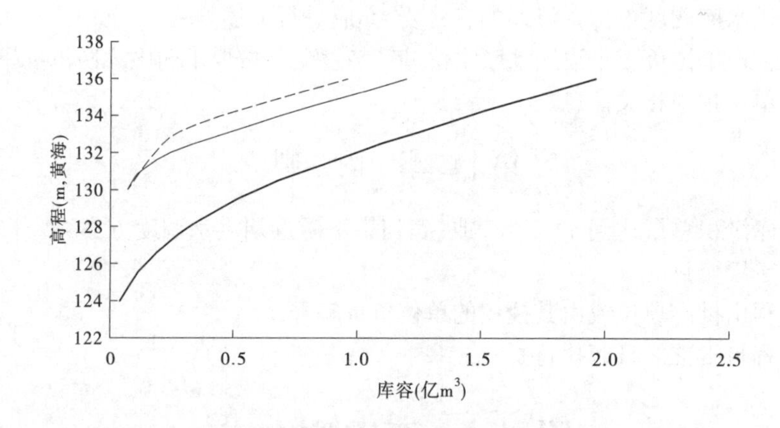

附图 6-2　西霞院反调节水库库容曲线

附表 6-1　西霞院反调节水库有效库容

高程(黄海，m)		124	126	128	130	131	132	133	134	135	136
库容（亿 m^3）	原始	0.04	0.14	0.32	0.59	0.79	0.98	1.22	1.45	1.71	1.96
	淤积平衡后				0.07	0.12	0.24	0.46	0.69	0.95	1.2
	1933 年实测洪水淤积后				0.07	0.12	0.177	0.258	0.452	0.705	0.959

附表 6-2　西霞院反调节水库工程特性

项目	名称	数量、单位	说明
坝址地层		砂卵石地层、上第三系泥(岩)类地层、砂(岩)类地层	
水文特性	工程坝址以上流域面积	694 600 km^2	
	多年平均年径流量	279.6 亿 m^3	南水北调生效前水平
	多年平均流量	887 m^3/s	设计水平年入库
	设计洪水标准及入库流量($P=1\%$)	9 870 m^3/s	上游工程调节后
	校核洪水标准及入库流量($P=0.02\%$)	13 940 m^3/s	上游工程调节后
	设计洪水洪量(12 d)	94.7 亿 m^3	
	校核洪水洪量(12 d)	98.3 亿 m^3	
泥沙特性	多年平均悬移质年输沙量	10.71 亿 t	设计水平年入库
	多年平均含沙量	37.3 kg/m^3	经中游水土保持和水库调节(相应多年平均水量 286.99 亿 m^3)
	实测最大含沙量	941 kg/m^3	实测日期 1977 年 8 月
水库特性	调节特性	日调节	
	校核洪水位	134.75 m	黄海,下同
	设计洪水位	132.56 m	
	正常蓄水位	134.00 m	
	汛期限制水位	131.00 m	
	正常蓄水位时水库面积	25 km^2	
	回水长度	15 km	
	总库容(校核洪水位以下库容)	1.62 亿 m^3	
	正常蓄水位以下库容	0.452 亿 m^3	库区冲淤平衡后有效库容
	调洪库容(校核洪水位至汛期限制水位)	0.522 亿 m^3	库区冲淤平衡后有效库容
	防洪库容(设计洪水位至汛期限制水位)	0.102 亿 m^3	库区冲淤平衡后有效库容
	水量利用系数	83.4%	主要为排沙弃水
	库容系数	0.2%	
	淹没损失总土地	30 755.4 亩	
	其中:淹没耕地	15 291.7 亩	
	淹没影响人口	6 127 人	
	迁移人口	2 827 人	调查迁移

续附表 6-2

项目	名称	数量、单位	说明
泄流量	设计洪水位时泄量	9 857 m^3/s	不含 3 条排沙底孔
	校核洪水位时泄量	13 673 m^3/s	不含 3 条排沙底孔
	调节流量	1 380.0 m^3/s	水电站为满载（4 台机组发电流量）
	最小流量	200 m^3/s	发电基荷流量
主要工程量	土方开挖	660.2 万 m^3	
	土石方填筑	281.53 万 m^3	
	砌体	20.75 万 m^3	
	混凝土和钢筋混凝土	86.87 万 m^3	
	混凝土防渗墙(厚 0.6 m)	9.774 万 m^2	
	钢筋	3.95 万 t	
	坝基强夯	12.68 万 m^2	
	振冲碎石桩	0.49 万 m	
	金属结构安装	6 328 t	
	启闭机	2 223 t	
主要建筑材料	木材	11 679 m^3	
	水泥	212 862 t	
	钢筋、钢材	46 313 t	含锚筋、锚杆
	柴油	11 395 t	
施工时间	主体工程开工日期	2004 年 1 月 10 日	
	下闸蓄水时间	2007 年 5 月 30 日	
	主体工程完工日期	2008 年 1 月 28 日	
综合效益	反调节	消除小浪底水库下泄的不稳定流对下游造成的各方面不利影响	
	发电	多年平均发电量 5.83 亿 kW · h	
	供水	年用水总量($P=75\%$) 4.017 亿 m^3	包括灌溉用水
	灌溉面积	113.8 万亩	

续附表 6-2

项目	名称	数量、单位	说明
大坝	形式	砂砾石坝壳复合土工膜斜墙坝	
	坝顶高程、防浪墙高程、设计最大坝高	137.8 m、139.0 m、20.2 m	不含混凝土坝段
	坝体工程量	218.3 万 m^3	
	坝顶长度、宽度	2 609 m、8.0 m	
	坝底最大宽度	130.0 m	
	坝基防渗体	混凝土防渗墙(厚 0.6 m、最大深度 35 m)	
	坝体防渗	斜墙复合土工膜防渗	
开敞式泄洪闸	孔数	14	
	堰顶高程	126.40 m	
	单孔净宽	12 m	
	消能方式	底流消能	
	事故检修闸门形式、孔口尺寸	平面滑动 12 m×7.6 m	
	工作闸门形式、闸门孔口尺寸	露顶弧形闸门 12 m×8.4 m	
	最大启门水头差	8.4 m	工作闸门
	最大泄量	8 883 m^3/s	
胸墙式泄洪闸	孔数	7	
	堰顶高程	121.00 m	
	单孔净宽	9 m	
	消能方式	底流消能	
	事故检修闸门形式、孔口尺寸	平面滑动 9 m×4.82 m	
	工作闸门形式、闸门孔口尺寸	潜孔弧形闸门 9 m×4.91 m	
	最大启门水头差	13.81 m	工作闸门
	最大泄量	3 566 m^3/s	

续附表 6-2

项目	名称	数量、单位	说明
排沙洞	形式	压力洞	
	条数	6	
	单洞长	68.3 m	
	进口底坎高程	106.0 m	
	消能方式	底流消能	
	工作闸门形式	平面定轮	闸阀式
	工作闸门孔口尺寸	4.5 m×3.8 m	
	最大启门水头差	14.0 m	
	单洞最大泄量	204.0 m^3/s	校核洪水位水头差 8.52 m
排沙底孔	形式	压力洞	
	条数	3	
	单洞长	68.3 m	投影长度
	进口底坎高程	106.0 m	
	消能方式	底流消能	
	工作闸门形式	平面定轮	闸阀式
	工作闸门孔口尺寸	3.0 m×5.0 m	
	最大启门水头差	14.0 m	
	单洞最大泄量	135.3 m^3/s	校核洪水位水头差 8.52 m
王庄引水闸	形式	胸墙式	
	孔数	1	
	进口底坎高程	126.0 m	
	工作闸门形式	平面滑动	
	工作闸门孔口尺寸	2.0 m×1.0 m	
	最大启门水头差	8.0 m	
	设计引水流量	15.0 m^3/s	
	加大引水流量	20.0 m^3/s	

续附表 6-2

项目	名称	数量、单位	说明
王庄排沙闸	形式	胸墙式	
	孔数	1	
	进口底坎高程	125.00 m	
	工作闸门形式	平面滑动	
	工作闸门孔口尺寸	2.0 m×1.0 m	
	最大启门水头差	9.0 m	
	冲沙最大流量	22.0 m^3/s	
灌溉引水闸	形式	胸墙式	
	孔数	3	
	进口底坎高程	116.50 m	
	工作闸门形式	平面滑动	
	工作闸门孔口尺寸	2.5 m×3.5 m	
	最大启门水头差	8.8 m	
	设计引水流量	53.9 m^3/s	
电站厂房	形式	河床式	
	主厂房尺寸	179.6 m×23.8 m×25.5 m	长×高×宽
	机组台数	4 台	
	进水口底板高程	114.00 m	
	事故闸门形式	平面定轮	
	事故闸门孔口尺寸	5.33 m×12.3 m	
	引用额定流量	4×345 m^3/s	
	装机容量	4×35 MW	
	保证出力	45.6 MW	
	年利用小时	4 164 h	
	最大水头	13.82 m	
	最小水头	5.83 m	
	额定水头	11.5 m	
	额定流量	345 m^3/s	
	水轮机型号	ZZ(K400)-LH-730	
	发电机型号	SF-J35-80/10470	
	水轮机安装高程	116.50 m	
	主变压器	SF10-90000/220	2 台
开关站	形式	GIS	
	结构形式	户内式	
	面积(长×宽)	32.8 m×13.4 m	

附表 6-3　西霞院反调节水库泄水建筑物实有泄流能力明细表

库水位（m）	流量（m^3/s）					总流量（不含排沙底孔）（m^3/s）	总流量（m^3/s）	说明
	三孔排沙底孔	三孔排沙洞（左侧）	三孔排沙洞（右侧）	14孔开敞式泄洪闸	7孔胸墙式泄洪闸			
106	0	0	0			0	0	（1）“实有泄流能力”是指泄水建筑物在工作闸门全开，且不受人为限制条件下实际具有的泄流能力。该表中“总流量”栏内的数值，则为枢纽的实有总泄流能力。 （2）排沙洞水位流量关系考虑了恢复落差，表中数值是根据模型试验拟合公式得来，实际情况可根据运行情况调整。 （3）胸墙式泄洪闸和开敞式泄洪闸泄量与下游水位基本无关，因此，水位流量关系曲线采用上游水位与流量关系，且是闸门全开时的水位流量关系。该曲线是根据模型试验和计算得来的，实际情况应根据运行情况调整。运行管理单位可根据运行经验确定胸墙式泄洪闸门局部开启时的流量
120	32.48	46.64	46.64			93.28	125.76	
121	120.10	186.59	186.59			373.18	493.28	
122	171.73	272.62	272.62		104.16	649.41	821.14	
123	210.07	337.56	337.56		318.53	993.64	1 203.71	
124	241.98	392.15	392.15		611.37	1 395.67	1 637.65	
125	269.35	439.32	439.32		968.32	1 846.97	2 116.31	
126	294.91	483.65	483.65		1 399.46	2 366.76	2 661.66	
127	311.93	513.30	513.30	127.48	2 071.79	3 225.88	3 537.81	
128	330.69	546.09	546.09	613.21	2 319.26	4 024.65	4 355.34	
129	347.52	575.59	579.59	1 337.26	2 542.76	5 031.19	5 378.70	
130	360.89	599.09	599.09	2 282.17	2 748.14	6 228.50	6 589.38	
131	371.76	618.24	618.24	3 423.02	2 939.21	7 598.72	7 970.48	
132	383.73	639.36	639.26	4 728.17	3 118.59	9 125.49	9 509.22	
133	397.78	664.21	664.21	6 153.50	3 288.20	10 770.11	11 167.89	
134	413.43	691.96	691.26	7 700.74	3 449.48	12 534.13	12 947.57	
135	429.77	720.99	720.99	9 330.73	3 574.72	14 347.42	14 777.19	
136	445.75	749.44	749.44	11 033.20	3 719.79	16 251.87	16 697.62	
132.56	390.95	652.13	652.13	5 511.84	3 214.67	10 030.79	10 421.74	
134.32	418.61	701.14	701.14	8 191.35	3 499.52	13 093.15	13 511.76	
134.75	425.49	713.38	713.38	8 886.40	3 565.66	13 878.81	14 304.30	

附表 6-4　门式启闭机主要技术参数

进口门式启闭机主要技术参数

机构	参数	数值	参数	数值
主小车起升机构	额定起重量(kN)	2×1 000	扬程/轨上扬程(m)	48/18
	起升速度(m/min)	0.2~4.0	吊距(m)	3.3
主小车运行机构	运行荷载(kN)	2×600	运行距离(m)	~7.5
	运行速度(m/min)	1~10	轨距/轮距(m)	7.0/5.0
大车运行机构	运行荷载(kN)	2×600	运行距离(m)	~580.9
	运行速度(m/min)	1.2~20	轨距/轮距(m)	12/11
回转吊起升机构	额定起重量(kN)	125	扬程/轨上扬程(m)	30/15
	起升速度(m/min)	3.8	吊距(m)	单吊点
回转吊回转机构	回转荷载(kN)	125	回转速度(m/min)	0.4
	回转半径(m)	9	回转角度	~180°

启闭机工作级别	Q3	启闭机台数(台)	2

机构名称	主小车起升机构	主小车运行机构	大车运行机构	回转吊起升机构	回转吊回转机构
机构工作级别	Q3	Q3	Q3	Q3	Q2
附属设备	7 套液压自动抓梁、1 套机械自动抓梁和 1 套清污抓斗				

尾水门式启闭机主要技术参数

机构	参数	数值	参数	数值
主起升机构	额定起重量(kN)	2×1 250	扬程/轨上扬程(m)	38/12
	起升速度(m/min)	0.2~4.0	吊距(m)	3.0
小车起升机构	额定起重量(kN)	800	扬程/轨上扬程(m)	38/12
	起升速度(m/min)	0.2~4.0	吊距(m)	单吊点
小车运行机构	运行荷载(kN)	300	行走距离(m)	~4.0
	运行速度(m/min)	0.6~17.4	轨距/轮距(m)	2.6/4.0
大车运行机构	运行荷载(kN)	2×400	运行距离(m)	~210
	运行速度(m/min)	1.2~25.4	轨距/轮距(m)	7.8/13.5
电动葫芦起升机构	额定起重量(kN)	100	起升高度(m)	18
	起升速度(m/min)	8	运行速度(m/min)	20

启闭机工作级别	Q2	启闭机台数(台)	1

机构名称	主起升机构	小车起升机构	小车运行机构	大车运行机构	电动葫芦起升机构
机构工作级别	Q2	Q2	Q2	Q2	Q2
附属设备	3 套液压自动抓梁				

黄河小浪底水利枢纽配套工程——西霞院反调节水库水库运用调度规程

第一章　总　则

1.1　为科学、合理地进行西霞院反调节水库运用调度，明确调度和运行管理有关各方的职责，在保证工程安全的前提下，充分发挥小浪底水利枢纽及西霞院反调节水库的综合效益，根据有关法律、规范和小浪底水利枢纽运用调度规程，结合西霞院反调节水库有关设计文件、运用方式研究成果，制定本规程。

1.2　西霞院反调节水库开发任务是“以反调节为主，结合发电，兼顾供水、灌溉等综合利用”。

1.3　运用调度目标：按设计确定的参数、指标及有关运用原则，协调各项开发任务的需求，在确保工程安全的前提下，充分发挥以反调节为主的综合利用效益。

1.4　西霞院反调节水库调度单位为黄河水利委员会和黄河防汛抗旱总指挥部（简称水库调度单位），发电调度单位为河南省电力公司（简称电力调度单位），运行管理单位为小浪底水利枢纽建设管理局（简称运行管理单位）。

1.5　西霞院反调节水库是小浪底水利枢纽的配套工程，水库调度应将其与小浪底水利枢纽作为整体实施调度。

1.6　水库调度单位负责制定水库下泄流量等指标，并及时下达调度指令；电力调度单位按“以水定电”原则制定发电指标，并及时下达调度指令；运行管理单位应严格执行调度指令，在确保工程安全的前提下，制订西霞院、小浪底水库联合调度运用方案。水库调度单位对调度指令的执行结果负责，运行管理单位对枢纽建筑物的安全运行负责。

1.7　水库调度、电力调度和运行管理单位应加强沟通、密切配合。运行管理单位应严格执行调度指令，如有不同意见，在执行调度指令的同时可向上级主管单位反映。

1.8　运行过程中若建筑物及设备出现重大安全问题，运行管理单位应及时采取相应的应急措施，并向水库调度单位和电力调度单位报告。

第二章　水工建筑物安全运用条件

2.1　总体要求

2.1.1　西霞院反调节水库正常蓄水位134.00 m，汛期排沙限制水位131.00 m，设计洪水位（$P=1\%$）132.56 m，校核洪水位（$P=0.02\%$）134.75 m。

2.1.2　各建筑物每年汛前、汛后至少各安排全面检查一次，发现问题及时处理。

2.1.3　加强泄水发电建筑物内各系统设备的检查和维护，确保闸门、启闭机、拦污栅等升降自如、安全运行。

2.1.4　及时采集、整编、分析各建筑物及近坝区水文地质观测网的观测资料。若发现测值异常或突变，应加密观测，查找原因，必要时采取相应措施。

2.1.5　定期测量坝前及各泄水发电建筑物前、后的泥沙淤积面高程、淤积层特性,及时整理、绘制水下地形图及纵横剖面图。

2.2　大坝

2.2.1　西霞院反调节水库在库水位131.00 m以下运行时,连续24 h水库水位最大降幅应控制在3 m以内。

2.2.2　定期人工巡视上游坝坡,发现坝坡塌陷或隆起,查明原因,及时处理。

2.2.3　定期对下游坝坡、坡脚、坝肩进行人工巡视,若出现集中渗漏点或浑水,应严密观察,查找原因,及时采取处理措施。

2.3　排沙洞及排沙底孔

2.3.1　运用程序

(1)停泄时,由工作闸门挡水。

(2)长期停泄时,需关闭事故闸门,以防洞内淤积;启用时,先开启事故闸门,再开启工作闸门。

(3)工作闸门局部开启运用过程中,若门体发生振动,则应立即小幅度调整其开度将振动消除。

(4)当工作闸门或流道发生事故时,应立即关闭事故闸门。

2.3.2　左排沙洞消力池检修时,应通过1号集水井抽排地下水,并保持集水井水位不高于118.00 m;右排沙洞消力池检修时,应通过2号集水井抽排地下水,并保持集水井水位不高于119.00 m,保证消力池的抗浮稳定安全。

2.4　泄洪闸

2.4.1　运用程序

(1)停泄时,由工作闸门挡水。

(2)工作闸门局部开启运用时,若门体发生振动,则应立即小幅度调整其开度将振动消除。

(3)工作闸门发生事故不能正常启闭时,应立即关闭事故检修闸门。

2.4.2　泄洪闸1号消力池检修时,2号、3号集水井应同时抽排地下水,并保持集水井水位不高于114.00 m;2号、3号消力池检修时,2号、3号集水井泵房应同时抽排地下水,并保持集水井水位不高于117.00 m。

泄洪闸泄流运用时,2号、3号集水井应同时抽排地下水,并保持集水井水位不高于116.00 m,以保证消力池的抗浮稳定安全。

2.5　王庄引水闸及排沙闸

2.5.1　运用程序

(1)不引水时,由工作闸门挡水。

(2)工作闸门发生事故时,应立即关闭事故检修闸门。

2.5.2　当水库入库水流含沙量大于1 kg/m^3,且引水闸不引水时,排沙闸应开启排沙。

2.6　水轮发电机组

2.6.1　电站机组上游最低发电水位为128.50 m,机组不得在5.83 m以下的净水头运行。

2.6.2 电站水轮机应严格按照运行特性曲线选择较好的运行工况运行。

2.6.3 当水轮发电机组过机水流含沙量大于 90 kg/m³ 时,宜停机避沙峰。

2.7 泄水建筑物组合运用原则

2.7.1 根据泄水建筑物自身特性和运用条件,泄水建筑物组合运用时,应统筹兼顾水库排漂、进水口防淤堵、发电洞进口"门前清"、下游消力池和泄水渠出流均匀、流态平稳等要求。

2.7.2 泄水建筑物组合运用,同一消力池内闸孔工作闸门应对称启闭。排沙期间优先启用排沙洞或排沙底孔。

2.7.3 当水轮发电机组过机水流含沙量低于 90 kg/m³ 时,按调度要求首先利用发电下泄流量,其余泄量由泄洪排沙系统下泄。

第三章 金属结构设备安全运行条件

3.1 工作闸门

3.1.1 排沙底孔、排沙洞、泄洪闸、王庄引水闸及排沙闸工作闸门在动水条件下启闭;开敞式泄洪闸工作闸门一般为全开运用;排沙底孔、排沙洞、胸墙式泄洪闸、王庄引水闸及排沙闸工作闸门允许局部开启运用。

3.1.2 泄洪闸不泄水时,由工作闸门闭门挡水,工作闸门门前淤沙高程不允许超过 131.00 m。

3.1.3 排沙洞及排沙底孔停泄时,由工作闸门闭门挡水;长期停泄时由事故闸门闭门挡上游沙,由工作闸门闭门挡下游沙,工作闸门下游侧淤沙高程不允许超过 110. 00 m。

3.1.4 王庄引水闸及排沙闸不过流时,工作闸门挡水,门前淤沙高程均不允许超过 128.00 m。

3.2 事故闸门

3.2.1 在工作闸门或机组或流道需要检修时,事故闸门应在静水条件下闭门。事故闸门在工作闸门或机组或流道出现事故时,允许动水闭门挡水。

3.2.2 事故闸门启门前需向门后充水平压,待上下游水位差满足要求后才允许启门。电站、排沙洞、排沙底孔及胸墙式泄洪闸上下游水位差不大于 3 m;开敞式泄洪闸、王庄引水闸及排沙闸上下游水位差不大于 1 m。

3.2.3 应控制事故闸门及事故检修闸门门前淤沙高程不超过允许值。电站、排沙洞及排沙底孔事故闸门为 116.00 m;开敞式泄洪闸事故检修闸门为 129.00 m;胸墙式泄洪闸事故检修闸门为 124.00 m;王庄引水闸及排沙闸的事故检修闸门为 126.80 m。

3.3 检修闸门

3.3.1 电站、排沙洞及排沙底孔的进口检修闸门允许在库水位不高于 134.00 m 静水条件下闭门挡水,门前淤沙高程分别不允许超过 114.00 m、110.00 m 和 110.00 m。

3.3.2 电站尾水检修闸门允许在下游水位不高于 125.30 m 静水条件下闭门挡水,门前淤沙高程不允许超过 110.00 m。

3.3.3 排沙洞和排沙底孔出口检修闸门允许在下游水位不高于 120.80 m 静水条件下闭门挡水,门前淤沙高程分别不允许超过 110.00 m 和 103.00 m。

3.3.4　检修闸门启门前需向门后充水平压,待上下游水位差满足要求后才允许启门。电站进口及尾水检修闸门上下游水位差不大于1 m;排沙洞、排沙底孔进口和出口检修闸门上下游水位差不大于3 m。

3.4　**拦污栅**

3.4.1　正常运行时由主拦污栅拦污。当主拦污栅上、下游水位差达到3.0 m时,应及时下放副拦污栅,然后将主拦污栅提至坝顶进行人工清污。

3.4.2　应监测拦污栅上、下游水位差,控制水位差不超过3 m,当水位差达0.5 m时应开始清污。

3.4.3　清污的方式首先采用清污机清污,其次为人工清污。

3.5　**启闭机**

3.5.1　门式启闭机

(1)各个机构之间设有电气联锁保护装置,任何两个机构不允许同时工作。进口门机大车运行时,主钩携带重量不大于2×600 kN;回转吊回转时,回转吊携带荷载不大于125 kN。尾水门机主钩携带重量不大于2×400 kN,或小车携带的总重量不大于800 kN。

(2)遇6级以上大风或大雾、大雪、雷雨等恶劣气候时,门机应停止作业。

(3)闸门门顶充水阀充水或小开度提门充水时,可预设充水阀打开或小开度提门规定值,到位后自动停机。也可直接提门并观察显示屏高度指示数据,到位后及时停机。

3.5.2　液压启闭机

(1)液压启闭机采用现地操作和远方操作两种控制方式。两种控制方式的切换需在现地完成。

(2)电站进口事故闸门、排沙洞工作闸门液压启闭机3孔共用1套液压泵站,泄洪闸工作闸门液压启闭机2孔共用1套液压泵站,共用1套液压泵站的闸门不应同时启闭。

(3)排沙底孔和排沙洞液压启闭机采用气囊式蓄能器作为液压锁定,根据闸门运行状况,液压锁定可选择投入或退出。

3.5.3　启闭机应有可靠的电源保证。

3.6　充水平压及冲淤系统

3.6.1　充水平压系统的阀门正常运行时采用远方控制,电动装置发生故障时切换为手动操作。

3.6.2　充水平压系统正常情况工作阀处于关闭状态。工作阀发生事故或检修时事故检修阀关闭挡水。当门后需要充水平压时,开启工作阀门,平压后关闭工作阀门。

3.6.3　当排沙洞、排沙底孔事故闸门或尾水检修闸门前泥沙堵塞造成启闭力超过限值时,应启动冲淤系统冲沙。

3.7　所有金属结构设备应定期全面检查,发现问题及时处理。

第四章　泄洪、排沙调度

4.1　调度任务:根据西霞院反调节水库入库水沙条件及小浪底水利枢纽调度情况,在确保建筑物安全、保持西霞院反调节水库有效库容的前提下,通过水库调度,充分发挥小浪底水利枢纽和西霞院反调节水库的综合利用效益。

4.2　调度原则：西霞院反调节水库在泄洪、排沙期的运用主要满足保坝和保持有效库容要求。

4.3　调度方式：小浪底水利枢纽泄洪、排沙（西霞院反调节水库入库水流含沙量大于 1 kg/m^3）和调水调沙下泄大流量运用时：

（1）西霞院反调节水库库水位按不超过 131.00 m 运用。

（2）当西霞院反调节水库入库流量小于等于水库在库水位 131.00 m 泄流能力时，水库按不超过 131.00 m 控制运用。当西霞院反调节水库入库流量大于水库 131.00 m 泄流能力时，水库敞泄滞洪运用；水库最高水位出现后，库水位逐渐降到 131.00 m 以下。

4.4　应及时开闸冲沙，减少进水口前泥沙淤积，防止闸门淤堵。

第五章　供水、灌溉及防凌调度

5.1　调度任务：对小浪底水库调峰发电期间下泄的不稳定流进行反调节，以满足下游生活、生产用水和生态环境用水要求，并配合小浪底水库的防凌调度。

5.2　调度原则：服从黄河水量统一调度，与小浪底水库联合运用，充分发挥水库综合效益。

5.3　调度方式：水库调度单位制定西霞院反调节水库下泄流量控制指标。非泄洪排沙运用时，在满足水库下泄流量控制指标的前提下，西霞院水库按反调节运用。

水库调度单位负责编制年度水量调度计划和月调度方案，于每月 28 日前下达下一月水量调度方案；3~6 月根据需要制订旬调度方案，于每月 8 日、18 日、28 日前分别下达下一旬水量调度方案。运行管理单位负责组织实施。

5.4　水库调度单位根据实时水情、雨情、旱情、墒情、水库蓄水量及用水情况，可以对已下达的月、旬水量调度方案作出调整，下达实时调度指令，运行管理单位负责实施。

5.5　按照“以水定电”的原则，运行管理单位应将与发电有关的水库调度指令及时通知电力调度单位。电力调度指令由电力调度单位下达。

5.6　在满足瞬时最小流量要求的前提下，西霞院反调节水库日均下泄流量误差按±5%控制，其中相对误差的绝对值小于等于 5%的概率应达到 75%以上，相对误差的绝对值不应超过 10%。

5.7　在小浪底水库防凌调度期间，配合小浪底水库的防凌调度，维持下泄流量平稳。

第六章　发电调度

6.1　调度任务：在满足水库调度单位制定的下泄流量指标的前提下，利用调节库容进行反调节运用，发挥小浪底水利枢纽发电调峰效益，兼顾西霞院水库发电效益。

6.2　调度原则：在满足反调节运用要求的情况下，优化小浪底水利枢纽、西霞院反调节水库日内发电过程，最大限度发挥综合发电效益。

6.3　运行管理单位根据水调计划、方案和实时调度指令编制西霞院水电站的年、季、月、周、日发电建议计划，并报送电力调度单位。

6.4　电力调度单位在水库调度单位要求控泄的日平均流量和日调节流量上、下限范围内，根据运行管理单位的发电建议计划，进行电力负荷的日调节。具体电力负荷的日调节由电力调度单位直接下达运行管理单位。

6.5　当电力调度单位有特殊调度需求时,运行管理单位应及时通报水库调度单位,尽可能予以协助。

6.6　运行管理单位根据本规程,与电力调度单位协商,制定(或修订)发电运行规程。

第七章　水库调度运行保障

7.1　运行管理单位应建立调度值班制度,做好调度指令传接、水情收发、信息通报、编制调度月报、调度值班记录等工作。

7.2　运行管理单位应制定大坝、泄洪建筑物、电站、闸门启闭机、供电系统的日常运行、维护、检修、操作规程。

7.3　西霞院反调节水库运用调度需要的信息。

(1)黄河中下游洪水预报、测报信息。

(2)小浪底水文、泥沙信息。

(3)西霞院水文、泥沙信息。

(4)建筑物、设备运行和库岸稳定状况。

(5)进水口泥沙淤积形态及坝前泥沙淤积高程。

7.4　运行管理单位负责西霞院反调节水库水位、库容观测;每年汛前、汛后负责按规范要求对西霞院反调节水库库区泥沙淤积断面进行测验,汛期如有必要,应进行加测;对观测资料进行整理。

7.5　运行管理单位按要求向水库调度单位及电力调度单位报送相关信息。水库调度单位、电力调度单位和运行管理单位可通过网络实时查询有关信息或采用其他方式保证信息渠道通畅,做到信息共享。

7.6　运行管理单位每年应对水库调度运用进行总结并上报主管部门和水库调度单位。

7.7　运行调度有关资料应按规定保管并归档。

第八章　附　则

8.1　当小浪底水利枢纽运用调度规程调整时,本规程有关条款应相应进行修订。

8.2　本规程由批准单位或由其授权的单位负责解释。

8.3　本规程自批准之日起执行。

附录 A　基本资料

A-1　黄河流域基本特征表

A-2　黄河下游河道基本情况统计表

A-3　黄河下游防洪工程体系图

A-1　黄河流域基本特征表

河段	起迄地点	流域面积（km^2）	河长（km）	落差（m）	平均比降（‱）	汇入支流（条）
全河	河源—河口	794 712*	5 463.6	4 480.0	8.2	76
上游	河源—河口镇	428 235	3 471.6	3 496.0	10.1	43
	1. 河源—玛多	20 930	269.7	265.0	9.8	3
	2. 玛多—龙羊峡	110 490	1 417.5	1 765.0	12.5	22
	3. 龙羊峡—下河沿	122 722	793.9	1 220.0	15.4	8
	4. 下河沿—河口镇	174 093	990.5	246.0	2.5	10
中游	河口镇—桃花峪	343 751	1 206.4	890.4	7.4	30
	1. 河口镇—禹门口	111 591	725.1	607.3	8.4	21
	2. 禹门口—三门峡	190 842	240.4	96.7	4.0	5
	3. 三门峡—桃花峪	41 318	240.9	186.4	7.7	4
下游	桃花峪—河口	22 726	785.6	93.6	1.2	3
	1. 桃花峪—高村	4 429	206.5	37.3	1.8	1
	2. 高村—艾山	14 990	193.6	22.7	1.2	2
	3. 艾山—利津	2 733	281.9	26.2	0.9	0
	4. 利津—河口	574	103.6	7.4	0.7	0

注：1. 汇入支流是指流域面积在 1 000 km^2 以上的一级支流。
2. 落差从约古宗列盆地上口计算。
3. 流域面积包括内流区。
4. 表中数据采用《黄河流域特征值资料》(1977 年 6 月版)。
5. * 含内陆区 4.2 万 km^2。

A-2 黄河下游河道基本情况统计表

项目河段	河型	河道长度(km)	宽度(km)			河道面积(km^2)			平均比降(‰)	滩槽高差(m)
			堤距	河槽	滩地	全河道	河槽	滩地		
全下游		878				4 239.7	712.7	3 527		
白鹤镇—铁桥	游荡型	98	4.1~10.0	3.1~10.0	0.5~5.7	697.7	131.2	566.5	0.256	0.1~3.1
铁桥—东坝头	游荡型	131	5.5~12.7	1.5~7.2	0.3~7.1	1 142.4	169	973.4	0.203	0.6~3.1
东坝头—高村	游荡型	70	5.0~20.0	2.2~6.5	0.4~8.7	673.5	83.2	590.3	0.172	
高村—陶城铺	过渡型	165	1.4~8.5	0.7~3.7	0.5~7.5	746.4	106.6	639.8	0.148	0.3~0.6
陶城铺—宁海	弯曲型	322	0.4~5.0	0.3~1.5	0.4~3.7				0.101	1.8~2.6
宁海—西河口	弯曲型	39	1.6~5.5	0.5~4.0	0.7~3.0	979.7	222.7	757.0	0.101	1.8~2.6
西河口以下	弯曲型	53	6.5~15.0						0.110	

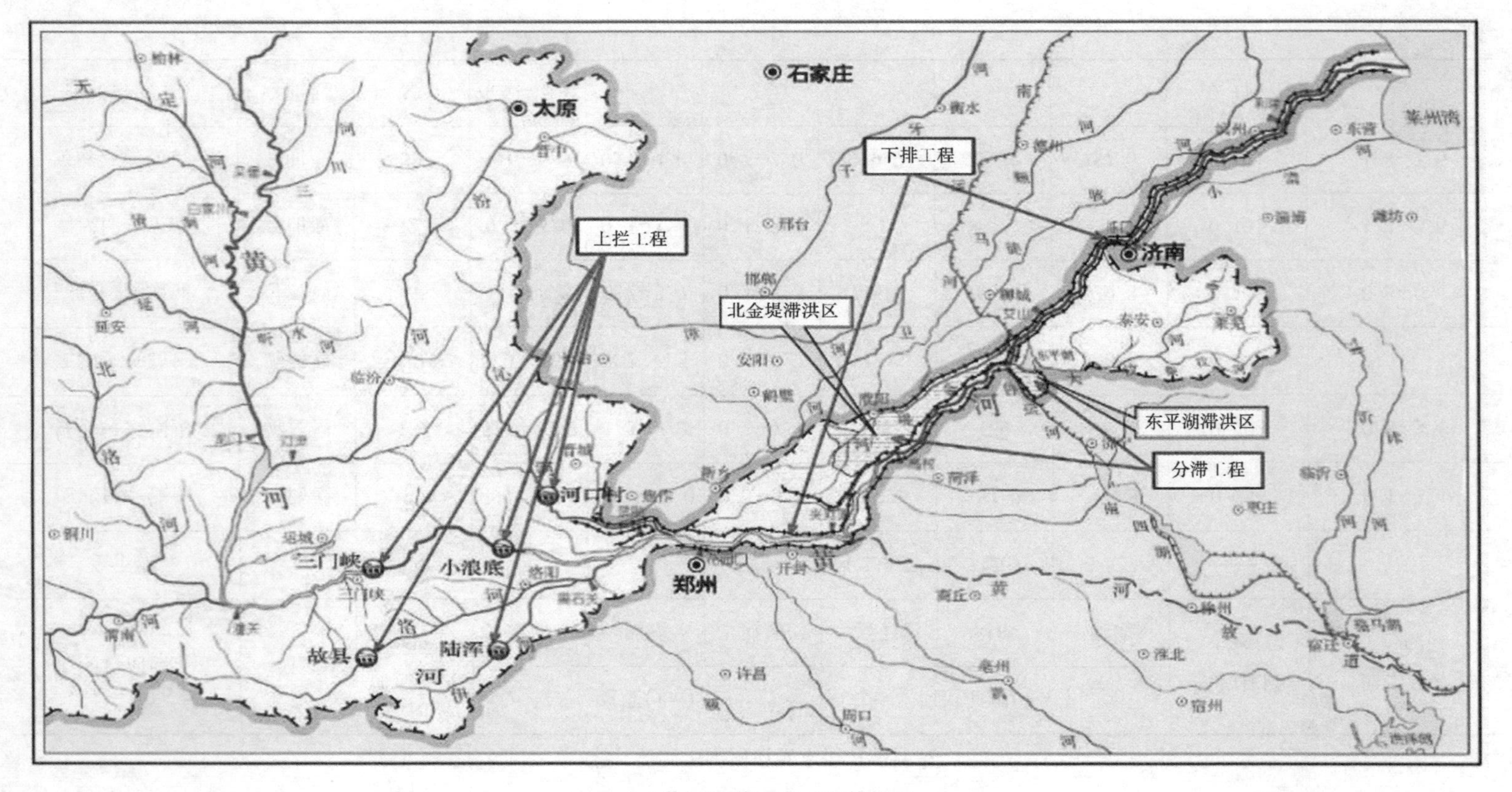

A-3 黄河下游防洪工程体系图

附录 7　故县水库

故县水库是一座以防洪为主,兼顾灌溉、供水、发电、养殖等综合利用的大型水利枢纽。控制流域面积 5 370 km^2,占洛河流域面积的 44.6%。坝址以上流域多年平均降水量 700 余 mm,坝址处多年平均径流量 12.81 亿 m^3,多年平均流量 40.6 m^3/s,约占洛河总水量的 60%。调查历史最大洪峰流量 5 400 m^3/s(1898 年),实测坝址最大洪峰流量 3 840 m^3/s(1958 年)。

故县水库大坝坝型为混凝土实体重力坝,系一级建筑物,地震基本烈度 7 度,按 8 度设防。最大坝高 125 m,坝顶高程 553 m,坝顶长 315 m,共分 21 个坝段,一般坝段宽 16.5 m,最大 19 m,最小 13 m。大坝由挡水坝段、电站坝段、底孔坝段、溢流坝段组成。泄洪底孔设在 10# 坝段,共两孔,孔口尺寸 3.5 m×4.213 m(宽×高),进口高程 473.27 m,最大泄量 982 m^3/s。溢流孔设在 11#~16# 坝段,共 5 孔,单孔宽 13 m,堰顶高程 532 m,最大泄量 11 436 m^3/s。电站位于左岸河床 7#、8#、9# 三个坝段,安装 3 台水轮发电机组,单机容量 20 MW,引水口底坎高程 485 m,单机设计引水流量 36 m^3/s。中孔设于 17# 坝段,仅一孔,孔口尺寸 6 m×9 m(宽×高),进口高程 494 m,最大泄量 1 476 m^3/s。中孔已于 2018 年 5 月 28 日完成封堵,不再投入运用。

运用方式:

1. 预报花园口站洪水流量小于 12 000 m^3/s

(1)当入库流量小于等于 1 000 m^3/s 时,原则上按进出库平衡方式运用;否则,按控制下泄流量 1 000 m^3/s 运用。

(2)当水库水位达 20 年一遇洪水位(543.2 m)时,如入库流量不大于 20 年一遇洪水位相应的泄流能力,原则上按进出库平衡方式运用;否则,按敞泄运用。

在退水过程中,按不超过本次洪水实际出现的最大泄流量泄洪,直到水库水位降至汛限水位。

2. 预报花园口站洪水流量达 12 000 m^3/s 且有上涨趋势

(1)当水库水位低于蓄洪限制水位(548.0 m)时,水库按不超过 90 m^3/s(发电流量)控泄。

(2)当水库水位达到蓄洪限制水位时,若入库流量小于蓄洪限制水位相应的泄流能力,原则上按进出库平衡方式运用;否则,按敞泄运用,直至水位回降至蓄洪限制水位。

在退水阶段,若预报花园口站流量仍大于等于 10 000 m^3/s 时,原则上按进出库平衡方式运用;否则,按控制花园口站流量不大于 10 000 m^3/s 泄流至汛限水位。其退水次序在陆浑水库之后。

存在问题:

挡水坝段下游面渗水。强降雨天气下,防汛道路存在安全隐患。

附图、附表：

附表 7-1　故县水库基本情况表

附表 7-2　故县水库水位—库容—泄流量关系表

附表 7-3　故县水库主要技经指标表

附表 7-4　故县水库防洪运用水位以下不同高程居民情况

附图 7-1　故县水库特征值示意图

附表 7-1　故县水库基本情况表

<table>
<tr><td rowspan="2">流域面积
(km²)</td><td colspan="2">坝顶高程</td><td rowspan="2">防浪墙高程
(m)</td><td rowspan="2">溢洪道底
高程(m)</td><td colspan="2" rowspan="2">下游河道安全泄量
(m³/s)</td><td colspan="2" rowspan="2">全赔高程
(m)</td><td colspan="2" rowspan="2">移民高程
(m)</td><td colspan="2" rowspan="2">历史最高水位
(m)</td></tr>
<tr><td>设计(m)</td><td>现有(m)</td></tr>
<tr><td>5 370</td><td>553</td><td>553</td><td></td><td>532</td><td colspan="2">1 000</td><td colspan="2">534.8</td><td colspan="2">544.2</td><td colspan="2">536.57
(2014 年 9 月 20 日)</td></tr>
<tr><td colspan="2" rowspan="2">防洪标准</td><td rowspan="2">频率
(%)</td><td rowspan="2">洪峰流量
(m³/s)</td><td rowspan="2">最高水位
(m)</td><td rowspan="2">相应库容
(亿 m³)</td><td rowspan="2">最大泄量
(m³/s)</td><td colspan="3">洪量(亿 m³)</td><td colspan="3">雨量(mm)</td></tr>
<tr><td>1 d</td><td>3 d</td><td>5 d</td><td>1 d</td><td>3 d</td><td>5 d</td></tr>
<tr><td rowspan="2">规划</td><td>设计</td><td>0.1</td><td>11 400</td><td>548.55</td><td>10.03</td><td>10 150</td><td></td><td></td><td>17.5</td><td></td><td></td><td></td></tr>
<tr><td>校核</td><td>0.01</td><td>15 300</td><td>551.02</td><td>10.89</td><td>12 480</td><td></td><td></td><td>23.6</td><td></td><td></td><td></td></tr>
<tr><td colspan="2">现有</td><td>0.1</td><td>11 400</td><td>548.55</td><td>10.03</td><td>10 150</td><td></td><td></td><td></td><td></td><td></td><td></td></tr>
<tr><td rowspan="5">运用方式</td><td rowspan="3">汛限水位
及库容</td><td colspan="4">7 月 1 日至 8 月 31 日</td><td colspan="4">9 月 1 日至 10 月 31 日</td><td colspan="3"></td></tr>
<tr><td colspan="2">水位(m)</td><td colspan="2">库容(亿 m³)</td><td colspan="2">水位(m)</td><td colspan="2">库容(亿 m³)</td><td></td><td colspan="2"></td></tr>
<tr><td colspan="2">527.3</td><td colspan="2">4.9</td><td colspan="2">534.3</td><td colspan="2">6.16</td><td></td><td colspan="2"></td></tr>
<tr><td>现状泄流
方式</td><td colspan="11"></td></tr>
<tr><td>防御超标准
洪水措施</td><td colspan="11"></td></tr>
<tr><td>备注</td><td colspan="12"></td></tr>
</table>

附表 7-2　故县水库水位—库容—泄流量关系表

水位(m,大沽)	库容(亿 m^3)	泄流量(m^3/s)				
		底孔	中孔	表孔	合计	
					近期	远期
510	2.79	659			659	659
511	2.90	668			668	668
512	3.00	678			678	678
513	3.11	687			687	687
514	3.22	697			697	697
515	3.33	706			706	706
516	3.44	715			715	715
517	3.55	724			724	724
518	3.67	733			733	733
519	3.79	742			742	742
520	3.91	751			751	751
521	4.04	759			759	759
522	4.16	768			768	768
523	4.30	776			776	776
524	4.43	785			785	785
525	4.56	793			793	793
526	4.70	801			801	801
527	4.85	809			809	809
528	5.01	817			817	817
529	5.17	825	1 102		1 927	825
530	5.34	833	1 122		1 955	833
531	5.52	841	1 141		1 982	841
532	5.70	848	1 159	0	2 007	848
533	5.90	855	1 178	230	2 262	1 085

续附表 7-2

水位(m,大沽)	库容(亿 m^3)	泄流量(m^3/s)				
		底孔	中孔	表孔	合计	
					近期	远期
534	6.10	863	1 197	460	2 520	1 323
535	6.31	870	1 215	690	2 775	1 560
536	6.52	878	1 234	920	3 032	1 798
537	6.75	885	1 251	1 388	3 524	2 273
538	6.98	892	1 269	1 856	4 017	2 748
539	7.22	900	1 286	2 324	4 510	3 224
540	7.47	907	1 303	2 792	5 002	3 699
541	7.73	914	1 319	3 483	5 716	4 397
542	8.00	921	1 335	4 175	6 431	5 096
543	8.28	928	1 352	4 868	7 148	5 796
544	8.57	935	1 368	5 559	7 862	6 494
545	8.87	942	1 384	6 251	8 577	7 193
546	9.18	949	1 400	6 943	9 292	7 892
547	9.51	955	1 415	7 821	10 191	8 776
548	9.84	962	1 431	8 700	11 093	9 662
549	10.18	969	1 466	9 579	11 994	10 548
550	10.53	976	1 461	10 458	12 895	11 434
551	10.89	983	1 476	11 435	13 894	12 418

注:1. 库容为 2015 年 5 月实测值。
2. 总泄量不包括 3 台机组。
3. 中孔已于 5 月 28 日封堵。

附表 7-3　故县水库主要技经指标表

<table>
<tr><td colspan="5">坝址以上流域面积 5 370 km^2</td></tr>
<tr><td rowspan="5">水文特征</td><td colspan="2">多年平均径流量 12.80 亿 m^3</td><td colspan="2">多年平均输沙量 655.00 万 t</td></tr>
<tr><td rowspan="2">千年设计</td><td colspan="3">洪峰流量 11 400 m^3/s</td></tr>
<tr><td colspan="3">5 d 洪量 17.5 亿 m^3</td></tr>
<tr><td rowspan="2">万年校核</td><td colspan="3">洪峰流量 15 300 m^3/s</td></tr>
<tr><td colspan="3">5 d 洪量 23.60 亿 m^3</td></tr>
<tr><td rowspan="4">水库特征</td><td>设计水位</td><td>548.55 m</td><td colspan="2">总库容(校核水位下)11.75 亿 m^3</td></tr>
<tr><td>校核水位</td><td>551.02 m</td><td colspan="2">防洪库容(设计水位下)6.98 亿 m^3</td></tr>
<tr><td>正常蓄水位</td><td>534.8 m</td><td colspan="2">兴利库容(正常蓄水位下)5.10 亿 m^3</td></tr>
<tr><td>汛限水位</td><td colspan="3">527.3 m(07-01~08-31)　534.3(09-01~10-31)</td></tr>
<tr><td colspan="2">坝顶高程</td><td colspan="3">553.00 m</td></tr>
<tr><td colspan="2">最大坝高</td><td colspan="3">125.00 m</td></tr>
<tr><td colspan="2">坝顶长度</td><td colspan="3">315.00 m</td></tr>
<tr><td rowspan="7">泄水建筑物</td><td rowspan="3">溢流坝段</td><td colspan="3">5 孔,为表面溢流堰型,闸孔跨度 13 m</td></tr>
<tr><td colspan="2">溢流堰顶高程 532 m</td><td>最大泄量 11 436 m^3/s</td></tr>
<tr><td colspan="3">闸门:弧形闸门</td></tr>
<tr><td rowspan="3">底孔</td><td colspan="3">2 孔,孔口尺寸:3.5 m×4.2 m(宽×高)</td></tr>
<tr><td colspan="2">进口底槛高程 473.27 m</td><td>最大泄流能力 982 m^3/s</td></tr>
<tr><td colspan="2">闸门:弧形闸门</td><td>启闭能力 200 t</td></tr>
<tr><td>中孔</td><td colspan="3">已于 2018 年 5 月 28 日封堵</td></tr>
<tr><td rowspan="3">效益</td><td>削峰</td><td>P=0.01%,3 550 m^3/s</td><td>P=0.1%,2 250 m^3/s</td><td>P=1%,1 470 m^3/s</td></tr>
<tr><td>发电</td><td colspan="2">机组 3 台、装机容量 6 万 kW</td><td>年发电量</td></tr>
<tr><td>灌溉</td><td colspan="2">蓄水量 5.10 亿 m^3</td><td>灌溉面积 50 万亩</td></tr>
</table>

说明:本资料部分来源于《洛河故县水库设计综合报告》,削峰系指对花园口不同频率洪峰流量的最大削减值。

附表 7-4　故县水库防洪运用水位以下不同高程居民情况

高程(m,大沽)	541	542.2	543.2	544.2	545.2	546.2	547.2	548.2	548.55
人口(人)	0	20	70	150	3 932	7 712	11 502	15 280	16 597

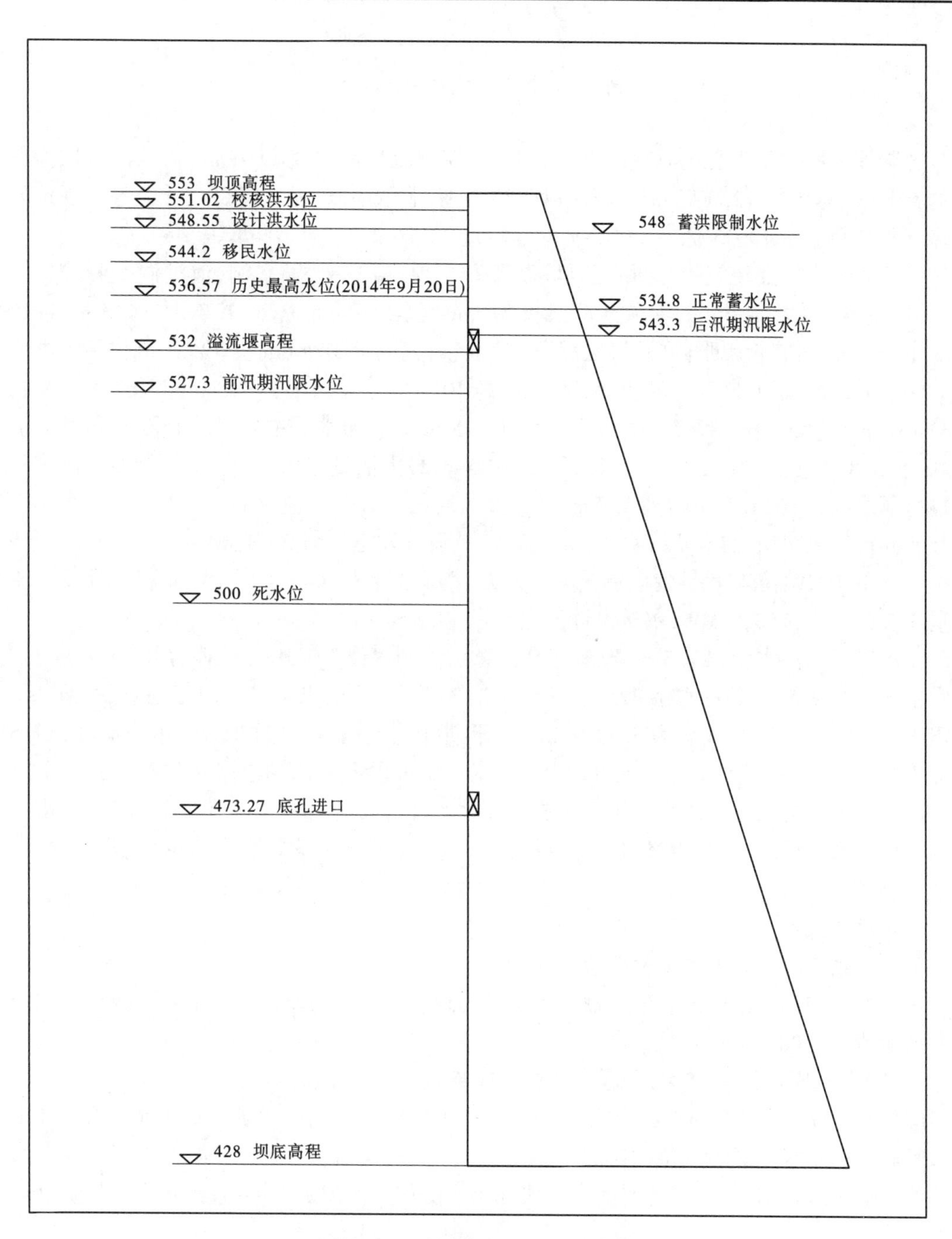

附图 7-1 故县水库特征值示意图

附录 8　陆浑水库

陆浑水库位于嵩县黄河支流伊河的中游，控制流域面积 3 492 km^2，占该河流域面积的 57.9%，总库容 12.9 亿 m^3。该库以防洪为主，兼顾灌溉、发电、供水、养鱼等。坝址处多年平均径流量 10.25 亿 m^3，多年平均输沙量 301.6 万 t。

陆浑水库主要建筑物有：黏土斜墙砂卵石大坝、溢洪道、输水洞、泄洪洞、灌溉洞、渠首、电站等。大坝高 55 m，坝顶宽 8 m，长 710 m。溢洪道位于右岸，共 3 孔，宽 12 m，高 10 m，长 435 m，进口设弧形闸门，底槛高程 313 m，最大泄量 3 740 m^3/s。泄洪洞位于溢洪道和输水洞之间，洞身断面为城门形，宽 8 m，高 10 m，长 518.6 m，塔架式进口分 2 孔，每孔 4 m×7 m，进口高程 289.72 m，最大泄量 1 175 m^3/s。输水洞主要是灌溉放水和发电引水，长 318.77 m，直径 3.5 m，进口高程 279.25 m，最大泄量 200 m^3/s。灌溉洞在泄洪洞和输水洞之间，长 314.3 m，内径 5.7 m，进口底槛高程 291.0 m，泄洪能力 471 m^3/s。水库安装有 6 台发电机组，总装机容量为 12.2 MW，总设计发电流量 58.1 m^3/s。其中输水洞装机 3 台 1.4 MW，单机设计发电流量 4.4 m^3/s；灌溉洞装机 1 台 0.8 MW，单机设计发电流量 5.7 m^3/s，2 台 3.6 MW，单机设计发电流量 19.6 m^3/s。

水库设计洪水位 327.5 m（黄海标高），蓄洪限制水位 323 m，相应库容 8.14 亿 m^3，正常蓄水位 319.5 m，移民水位 325 m，征地水位 319.5 m。前汛期（7 月 1 日至 8 月 31 日）汛限水位 317 m，相应库容为 5.68 亿 m^3；后汛期（9 月 1 日至 10 月 31 日）汛限水位 317.5 m，相应库容为 5.87 亿 m^3。8 月 21 日起水库水位可以向后汛期汛限水位过渡；10 月 21 日起可以向正常蓄水位过渡。水库历史最高蓄水位 320.91 m（2010 年 7 月 25 日）。水库的防护对象为伊河下游、伊洛河和为黄河错峰。水库的泄洪建筑物有泄洪洞、输水洞、溢洪道、灌溉洞。

运用方式：

1. 预报花园口站洪水流量小于 12 000 m^3/s

（1）当入库流量小于等于 1 000 m^3/s 时，原则上按进出库平衡方式运用；否则，按控制下泄流量 1 000 m^3/s 运用。

（2）当水库水位达 20 年一遇洪水位（321.5 m），如入库流量不大于 20 年一遇洪水位相应的泄流能力（2 560 m^3/s），原则上按进出库平衡方式运用；否则，按敞泄运用。其中灌溉洞在达百年一遇洪水位（324.95 m）之前按 77 m^3/s 流量控泄。

在退水过程中，按不超过本次洪水实际出现的最大泄流量泄洪，直到水库水位降至汛限水位。

2. 预报花园口站洪水流量达 12 000 m^3/s 且有上涨趋势

（1）当水库水位低于蓄洪限制水位（323.0 m）时，水库按不超过 77 m^3/s 控泄。

（2）当水库水位达到蓄洪限制水位时，若入库流量小于蓄洪限制水位相应的泄流能力（3 240 m^3/s），原则上按进出库平衡方式运用；否则，按敞泄运用，直至水位回降至蓄洪限制水位。

在退水阶段，若预报花园口站流量仍大于等于 10 000 m^3/s，原则上按进出库平衡方式运用;否则,按控制花园口站流量不大于 10 000 m³/s 泄流至汛限水位。

陆浑水库在水库群中首先退水。

目前,水库设计洪水位以下居住有约 10.2 万人,水库运用水位超过 319.5 m 将涉及人员紧急转移。

附图、附表:

附表 8-1　陆浑水库基本情况表

附表 8-2　陆浑水库水位—库容—泄流量关系表

附表 8-3　陆浑水库主要技经指标表

附表 8-4　陆浑水库防洪运用水位以下不同高程居民情况

附图 8-1　陆浑水库特征值示意图

附表 8-1　陆浑水库基本情况表

<table>
<tr><td rowspan="2">流域面积
(km^2)</td><td colspan="2">坝顶高程</td><td rowspan="2">防浪墙高程
(m)</td><td rowspan="2">溢洪道底
高程(m)</td><td colspan="2" rowspan="2">下游河道安全
泄量(m^3/s)</td><td colspan="2" rowspan="2">全赔高程
(m)</td><td colspan="2" rowspan="2">移民高程
(m)</td><td colspan="2" rowspan="2">历史最高
水位(m)</td></tr>
<tr><td>设计(m)</td><td>现有(m)</td></tr>
<tr><td>3 492</td><td>333</td><td>333</td><td>334.20</td><td>313.00</td><td colspan="2">1 000</td><td colspan="2">319.5</td><td colspan="2">325</td><td colspan="2">320.91
(2010 年 7 月 25 日)</td></tr>
<tr><td colspan="2" rowspan="2">防洪标准</td><td rowspan="2">频率
(%)</td><td rowspan="2">洪峰流量
(m^3/s)</td><td rowspan="2">最高水位
(m)</td><td rowspan="2">相应库容
(亿 m^3)</td><td rowspan="2">最大泄量
(m^3/s)</td><td colspan="3">洪量(亿 m^3)</td><td colspan="3">雨量(mm)</td></tr>
<tr><td>1 d</td><td>3 d</td><td>5 d</td><td>1 d</td><td>3 d</td><td>5 d</td></tr>
<tr><td rowspan="2">规划</td><td>设计</td><td>0.1</td><td>12 400</td><td>327.50</td><td>10.03</td><td>4 697</td><td>5.77</td><td>10.58</td><td>13.18</td><td></td><td></td><td></td></tr>
<tr><td>校核</td><td>0.01</td><td>17 100</td><td>331.80</td><td>12.45</td><td>5 622</td><td>7.95</td><td>14.56</td><td>18.02</td><td></td><td></td><td></td></tr>
<tr><td colspan="2">现有</td><td></td><td></td><td></td><td></td><td></td><td></td><td></td><td></td><td></td><td></td><td></td></tr>
<tr><td rowspan="5">运用方式</td><td rowspan="3">汛限水位
及库容</td><td colspan="4">7 月 1 日至 8 月 31 日</td><td colspan="4">9 月 1 日至 10 月 31 日</td><td colspan="3"></td></tr>
<tr><td colspan="2">水位(m)</td><td colspan="2">库容(亿 m^3)</td><td colspan="2">水位(m)</td><td colspan="2">库容(亿 m^3)</td><td></td><td colspan="2"></td></tr>
<tr><td colspan="2">317.0</td><td colspan="2">5.68</td><td colspan="2">317.5</td><td colspan="2">5.87</td><td></td><td colspan="2"></td></tr>
<tr><td>现状泄流
方式</td><td colspan="11"></td></tr>
<tr><td>防御超标准
洪水措施</td><td colspan="11"></td></tr>
<tr><td>备注</td><td colspan="12"></td></tr>
</table>

附表 8-2　陆浑水库水位—库容—泄流量关系表

水位（m,黄海）	库容（亿 m^3）	泄流量（m^3/s）				
		溢洪道	泄洪洞	灌溉洞	输水洞	合计
290	0.28	0	0	0	91	91
291	0.32	0	30	0	95	125
292	0.36	0	60	0	99	159
293	0.42	0	90	0	104	194
294	0.48	0	120	0	108	228
295	0.66	0	150	0	112	262
296	0.82	0	191	23	115	329
297	0.95	0	232	45	118	395
298	1.05	0	272	68	121	462
299	1.20	0	313	90	124	529
300	1.34	0	354	113	127	594
301	1.52	0	398	127	130	656
302	1.69	0	441	141	133	718
303	1.88	0	485	155	135	779
304	2.01	0	528	169	138	841
305	2.24	0	572	183	141	903
306	2.45	0	605	194	143	948
307	2.70	0	638	206	146	993
308	2.90	0	670	217	148	1 039
309	3.11	0	703	229	151	1 048
310	3.38	0	736	240	153	1 129
311	3.67	28	763	250	155	1 170
312	3.91	56	789	260	158	1 210
313	4.26	85	816	269	160	1 248

续附表 8-2

水位（m,黄海）	库容（亿 m^3）	泄流量（m^3/s）				
		溢洪道	泄洪洞	灌溉洞	输水洞	合计
314	4.59	113	842	279	163	1 338
315	4.93	141	869	289	165	1 464
316	5.30	296	892	298	167	1 589
317	5.68	452	914	307	170	1 776
318	6.06	607	937	315	172	1 963
319	6.46	763	959	324	175	2 188
320	6.82	918	982	333	177	2 410
321	7.29	1 182	1 005	341	179	2 663
322	7.71	1 447	1 028	349	181	2 914
323	8.14	1 711	1 050	358	183	3 239
324	8.61	1 976	1 073	366	185	3 563
325	9.01	2 240	1 096	374	187	3 926
326	9.54	2 500	1 103	382	189	4 231
327	10.01	2 760	1 110	389	192	4 542
328	10.51	3 020	1 116	397	194	4 852
329	11.01	3 280	1 123	404	197	5 067
330	11.47	3 540	1 130	412	199	5 281
331	11.99	3 680	1 163	417	200	5 471
332	12.57	3 820	1 197	423	201	5 660
333	13.12	3 960	1 230	428	202	5 820

注:库容为 1992 年实测值。

附表 8-3　陆浑水库主要技经指标表

<table>
<tr><td colspan="4">坝址以上流域面积 3 492 km²</td></tr>
<tr><td rowspan="5">水文特征</td><td colspan="2">多年平均径流量 10.25 亿 m³</td><td>多年平均输沙量 301.60 万 t</td></tr>
<tr><td rowspan="2">千年设计</td><td colspan="2">洪峰流量 12 400 m³/s</td></tr>
<tr><td colspan="2">5 d 洪量 13.18 亿 m³</td></tr>
<tr><td rowspan="2">万年校核</td><td colspan="2">洪峰流量 17 100 m³/s</td></tr>
<tr><td colspan="2">5 d 洪量 18.02 亿 m³</td></tr>
<tr><td rowspan="3">水库特征</td><td>设计水位</td><td>327.50 m</td><td>总库容 13.20 亿 m³</td></tr>
<tr><td>校核水位</td><td>331.80 m</td><td>防洪库容 6.77 亿 m³</td></tr>
<tr><td>汛限水位</td><td>317 m(07-01~08-31)</td><td>317.5(09-01~10-31)</td></tr>
<tr><td colspan="2">坝顶高程</td><td colspan="2">333.00 m</td></tr>
<tr><td colspan="2">最大坝高</td><td colspan="2">55.00 m</td></tr>
<tr><td colspan="2">坝顶长度</td><td colspan="2">710.00 m</td></tr>
<tr><td rowspan="17">泄水建筑物</td><td rowspan="4">输水洞</td><td colspan="2">1 孔、圆形压力洞、直径 3.50 m</td></tr>
<tr><td>进口底槛高程 279.25 m</td><td>最大泄流能力 200 m³/s</td></tr>
<tr><td colspan="2">闸门:进口平板门(3.8 m×4.1 m),出口弧形门(3 m×3.5 m)</td></tr>
<tr><td colspan="2">启闭能力 1×50 t</td></tr>
<tr><td rowspan="4">灌溉洞</td><td colspan="2">1 孔、圆形压力洞、直径 5.7 m</td></tr>
<tr><td>进口底槛高程 291.0 m</td><td>最大泄流能力 420 m³/s</td></tr>
<tr><td colspan="2">闸门:进口平板门(1-5.4 m×5.8m),出口平板门(2-3.3 m×6.1m)</td></tr>
<tr><td colspan="2">启闭能力:进口 1×125 t、出口 2×63 t</td></tr>
<tr><td rowspan="4">泄洪洞</td><td colspan="2">1 条、城门洞形无压洞、断面 8×10 m</td></tr>
<tr><td>进口底槛高程 289.72 m</td><td>最大泄流能力 1 193 m³/s</td></tr>
<tr><td colspan="2">闸门:进口平板门(2-5.6 m×7.4 m)</td></tr>
<tr><td colspan="2">启闭能力:2×300 t</td></tr>
<tr><td rowspan="3">溢洪道</td><td colspan="2">3 孔,每孔 12 m×11 m</td></tr>
<tr><td>进口底槛高程 313.0 m</td><td>最大泄流能力 3 810 m³/s</td></tr>
<tr><td>闸门:弧形闸门</td><td>启闭能力 3×75 t</td></tr>
<tr><td rowspan="2">非常溢洪道</td><td colspan="2">1 孔、河岸开敞溢流式(未开挖)</td></tr>
<tr><td>进口底槛高程 319.5 m</td><td>最大泄流能力 10 600 m³/s</td></tr>
<tr><td rowspan="3">效益</td><td>削峰</td><td colspan="2"></td></tr>
<tr><td>发电</td><td>6 台机、装机容量 12.2 MW</td><td>发电量 0.145 亿 kW·h</td></tr>
<tr><td>灌溉</td><td>蓄水量 3.125 亿 m³</td><td>有效灌溉面积 48 万亩</td></tr>
</table>

附表 8-4　陆浑水库防洪运用水位以下不同高程居民情况

高程(m,黄海)	318.5	319.5	320.5	321.5	322.5	323.5	324.5	325.5	326.5	327.5
人口(人)	0	819	3 200	4 770	6 151	33 139	58 973	65 912	71 694	102 408

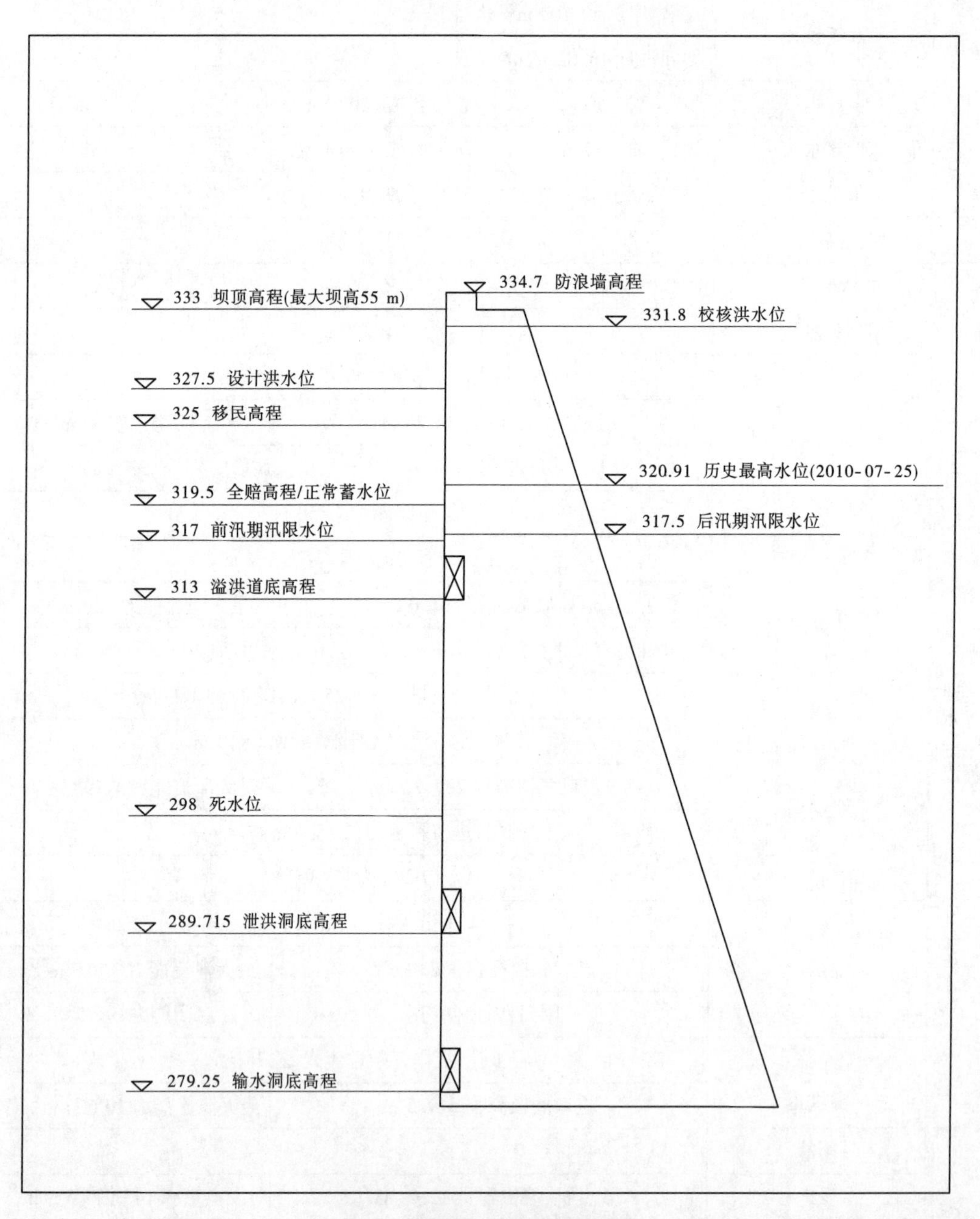

附图 8-1　陆浑水库特征值示意图

附录9 河口村水库

河口村水库位于河南省济源市克井镇河口村,坝址以上控制流域面积9 223 km^2,占沁河流域面积的68.2%。该工程是以防洪、供水为主,兼顾灌溉、发电、改善河道基流等综合利用的大(2)型水利枢纽工程。主要建筑物由面板堆石坝、泄洪洞、溢洪道、引水发电系统等组成。水库500年一遇设计洪水位、2000年一遇校核洪水位和蓄洪限制水位均为285.43 m(黄海标高),相应库容3.17亿m^3。正常蓄水位275.0 m,相应库容2.51亿m^3。汛期7月1日至10月31日,前汛期(7月1日至8月31日)汛限水位238.0 m,相应库容0.86亿m^3;后汛期(9月1日至10月31日)汛限水位275.0 m。8月21日起水库水位可以向后汛期汛限水位过渡。

2008年河口村水库前期工程开始建设,2011年4月主体工程开工,2015年12月主体工程基本完工,2016年10月已按照初设批复建设内容全部完工,2017年10月通过竣工验收。

水库汛期投入运用的泄洪建筑物有2个泄洪洞、1个三孔溢洪道。水库总装机容量11.6 MW,其中大电站10 MW、小电站1.6 MW。设计总发电流量为20 m^3/s。

运用方式:

1.调度运用原则

(1)汛期泄水方式以保证河口村水库大坝等建筑安全为原则,通过水库调度充分发挥河口村水库的综合利用效益。

(2)根据泄水建筑物自身特性和运用条件:正常泄洪时,采用1#、2#泄洪洞泄流,先启用1#洞泄流,当1#泄洪洞不满足泄流要求,需启用2#泄洪洞时,2#泄洪洞全开、1#泄洪洞控泄;当泄量超过1#、2#泄洪能力时,采用1#、2#泄洪洞和溢洪道联合泄洪,1#泄洪洞控泄,2#泄洪洞敞泄,溢洪道对称开启泄洪。

2.调度运用方式

(1)前汛期调度运用方式(7月1日至8月31日)。

①预报花园口站洪水流量小于12 000 m^3/s。

当预报武陟站流量小于等于2 000 m^3/s时,原则上按进出库平衡方式运用;否则,控制武陟站2 000 m^3/s运用。

当水库水位达254.5 m(相应蓄滞洪库容0.6亿m^3)时,若预报武陟站流量小于等于4 000 m^3/s,原则上按进出库平衡方式运用;否则,控制武陟站4 000 m^3/s运用。

当水库水位达到蓄洪限制水位(285.43 m)时,按进出库平衡方式运用。

在退水过程中,按控制武陟站流量不超过本次洪水实际出现的最大流量泄洪,直到水库水位降至汛限水位。

②预报花园口站洪水流量达12 000 m^3/s且有上涨趋势。

当水库水位低于254.5 m时,关闭所有泄流设施。

当库水位达到或超过254.5 m时,若预报武陟站流量小于等于4 000 m^3/s时,原则上按进出库平衡方式运用;否则,尽可能控制武陟站不超过4 000 m^3/s运用。

当水库水位达到蓄洪限制水位时,按进出库平衡方式运用。

在退水阶段,若预报花园口流量为 10 000 m^3/s,原则上按进出库平衡方式运用;否则,按同时控制花园口流量不大于 10 000 m^3/s 和武陟站流量不大于 4 000 m^3/s 且不超过本次洪水出现的最大泄流量泄洪至汛限水位。其退水次序在陆浑水库之后。

(2)后汛期防洪运用方式(9 月 1 日至 10 月 31 日)。

由于沁河及小花间后汛期洪水相对较小(小花间后汛期万年一遇洪水洪峰流量为 8 910 m^3/s),对黄河下游防洪安全威胁不大,后汛期黄河下游防洪对河口村水库无特定要求,河口村水库后汛期不承担防洪任务,后汛期汛限水位按 275.0 m(正常水位)控制。

附图、附表:

附表 9-1　河口村水库基本情况表

附表 9-2　河口村水库水位—库容—泄流量关系表

附表 9-3　河口村水库主要技经指标表

附图 9-1　河口村水库特征值示意图

附表 9-1 河口村水库基本情况表

<table>
<tr><td rowspan="2">流域面积（km²）</td><td colspan="2">坝顶高程</td><td rowspan="2">防浪墙高程（m）</td><td rowspan="2">溢洪道底高程（m）</td><td colspan="2" rowspan="2">下游河道安全泄量（m³/s）</td><td colspan="2" rowspan="2">全赔高程（m）</td><td colspan="2" rowspan="2">移民高程（m）</td><td colspan="2" rowspan="2">历史最高水位（m）</td></tr>
<tr><td>设计（m）</td><td>现有（m）</td></tr>
<tr><td>9 223</td><td>288.5</td><td></td><td></td><td>267.50</td><td colspan="2">4 000</td><td colspan="2"></td><td colspan="2"></td><td colspan="2">262.65
（2016 年 11 月 26 日）</td></tr>
<tr><td colspan="2" rowspan="2">防洪标准</td><td rowspan="2">频率（%）</td><td rowspan="2">洪峰流量（m³/s）</td><td rowspan="2">最高水位（m）</td><td rowspan="2">相应库容（亿 m³）</td><td rowspan="2">最大泄量（m³/s）</td><td colspan="3">洪量（亿 m³）</td><td colspan="3">雨量（mm）</td></tr>
<tr><td>1 d</td><td>3 d</td><td>5 d</td><td>1 d</td><td>3 d</td><td>5 d</td></tr>
<tr><td rowspan="2">规划</td><td>设计</td><td>0.2</td><td>8 900</td><td>285.43</td><td>3.17</td><td>7 600</td><td></td><td></td><td>8.48</td><td></td><td></td><td></td></tr>
<tr><td>校核</td><td>0.02</td><td>11 500</td><td>285.43</td><td>3.17</td><td>10 800</td><td></td><td></td><td>10.59</td><td></td><td></td><td></td></tr>
<tr><td colspan="2">现有</td><td></td><td></td><td></td><td></td><td></td><td></td><td></td><td></td><td></td><td></td><td></td></tr>
<tr><td rowspan="5">运用方式</td><td rowspan="3">汛限水位及库容</td><td colspan="4">7 月 1 日至 8 月 31 日</td><td colspan="4">9 月 1 日至 10 月 31 日</td><td colspan="3"></td></tr>
<tr><td colspan="2">水位（m）</td><td colspan="2">库容（亿 m³）</td><td colspan="2">水位（m）</td><td colspan="2">库容（亿 m³）</td><td></td><td colspan="2"></td></tr>
<tr><td colspan="2">238</td><td colspan="2">0.86</td><td colspan="2">275</td><td colspan="2">2.5</td><td></td><td colspan="2"></td></tr>
<tr><td>现状泄流方式</td><td colspan="11"></td></tr>
<tr><td>防御超标准洪水措施</td><td colspan="11"></td></tr>
<tr><td>备注</td><td colspan="12"></td></tr>
</table>

附表 9-2　河口村水库水位—库容—泄流量关系表

水位 (m,黄海)	库容 (亿 m^3)	泄流量(m^3/s)			
		1 号泄洪洞	2 号泄洪洞	溢洪道	合计
224	0.48	1 020			1 020
226	0.53	1 063	695		1 759
228	0.58	1 106	772		1 877
230	0.63	1 146	842		1 988
232	0.68	1 185	906		2 091
234	0.74	1 223	966		2 190
236	0.80	1 260	1 023		2 283
238	0.86	1 296	1 076		2 372
240	0.92	1 331	1 128		2 458
242	0.98	1 365	1 176		2 541
244	1.05	1 398	1 223		2 621
246	1.12	1 430	1 269		2 699
248	1.20	1 462	1 312		2 774
250	1.28	1 493	1 354		2 847
252	1.36	1 523	1 395		2 918
254	1.44	1 553	1 435		2 988
256	1.53	1 582	1 474		3 056
258	1.61	1 611	1 512		3 122
260	1.71	1 639	1 548		3 187
262	1.80	1 666	1 584		3 251
264	1.90	1 694	1 619		3 313
266	2.00	1 720	1 654		3 374
268	2.10	1 747	1 688		3 434
270	2.21	1 773	1 721	325	3 819
272	2.32	1 798	1 753	795	4 346
274	2.44	1 824	1 785	1 385	4 993
276	2.55	1 848	1 816	2 110	5 775
278	2.68	1 873	1 847	2 953	6 673
280	2.80	1 897	1 877	3 945	7 719
282	2.93	1 921	1 907	4 945	8 773
284	3.07	1 945	1 936	6 055	9 936
285.43	3.17	1 962	1 957	6 924	10 842

注:库容为原始库容。

附表 9-3　河口村水库主要技经指标表

序号及名称	单位	数量	说明
一、水库			
1. 水库水位			
校核洪水位	m	285.43	库容 3.17 亿 m^3
设计洪水位	m	285.43	库容 3.17 亿 m^3
防洪高水位	m	285.43	库容 3.17 亿 m^3
正常蓄水位	m	275.00	库容 2.51 亿 m^3
汛期限制水位(前汛期)	m	238.00	库容 0.86 亿 m^3
汛期限制水位(后汛期)	m	275.00	库容 2.5 亿 m^3
死水位	m	225.00	库容 0.51 亿 m^3
2. 正常蓄水位时水库面积	km^2	5.92	
3. 回水长度	km	18.5	正常水位
4. 库容			
总库容(校核洪水位以下库容)	亿 m^3	3.17	
死库容	亿 m^3	0.51	
调洪库容(校核洪水位至汛期限制水位)	亿 m^3	2.30	
防洪库容(防洪高水位至汛期限制水位)	亿 m^3	2.30	
调节库容(正常蓄水位至死水位)	亿 m^3	1.96	
二、下泄流量			
1. 设计洪水位时最大泄量	m^3/s	7 600	
2. 校核洪水位时最大泄量	m^3/s	10 800	
三、主要建筑物及设备			
1. 大坝			
坝型		混凝土面板堆石坝	
地基特性		含漂石，覆盖层厚度 10~40 m	最大厚度 41.97 m
地震动峰值加速度		0.1g	
坝顶高程	m	288.5	
最大坝高	m	122.5	
坝顶长度	m	530.0	
2. 1#泄洪洞			
洞型		城门洞	明流洞

续附表 9-3

序号及名称	单位	数量	说明
进口底坎高程	m	195	
典型洞身断面	m^2	9.0×13.5	（宽×高）
洞身纵坡	%	2.338	
事故检修门孔口尺寸	m^2	2-4.0×9.0	两孔（宽×高）
事故检修门型		平面定轮闸门	
工作门孔口尺寸	m^2	2-4.0×7.0	两孔（宽×高）
工作门型		弧形闸门	
设计流量	m^3/s	1 961.60	
消能方式		挑流	
3. 2#泄洪洞			
洞型		城门洞形	明流洞
进口底坎高程	m	210	
典型洞身断面	m^2	9.0×13.5	（宽×高）
洞身纵坡	%	1	
事故检修门孔口尺寸	m^2	7.5×10.0	（宽×高）
事故检修门型		平面定轮闸门	
工作门孔口尺寸	m^2	7.5×8.2	（宽×高）
工作门型		弧形闸门	
设计流量	m^3/s	1 956.77	
消能方式		挑流	
4. 导流洞			
条数	m/条	740/1	
断面尺寸	m^2	9 m×13.5 m	
衬砌形式		城门洞形	
5. 溢洪道			
形式		岸边开敞式	
堰型		WES 型	
堰高	m	7.8	
堰顶高程	m	267.50	
孔数	孔	3	
孔口净宽	m	15.0	

续附表 9-3

序号及名称	单位	数量	说明
陡槽段净宽	m	52.20	
工作门形式		弧形闸门	
设计流量	m^3/s	6 924.0	
消能方式		挑流	
6.引水发电洞			
设计引用流量	m^3/s	19.80	
洞型		圆形压力洞	
主洞洞径	m	3.5	
进水口底坎高程	m	220.0/230.0/250.0	分层取水进水口
分层进水口尺寸	m^2	3.5×4.0	
分层进水口门型		平面滑动闸门	
拦污栅	m^2	3.5×34.5	
衬砌形式		钢筋混凝土	
7.厂房		大电站	小电站
形式		地面式	地面式
地基特性		岩基	岩基
主厂房尺寸	m^3	28.92×13×25.81	27.02×9.6×14.24
机组安装高程	m	171.20	217.17
8.电站			
装机容量	MW	10/1.6	大电站/小电站
多年平均发电量	万 kW·h	3 029/406	
年利用小时数	h	3 029/2 536	

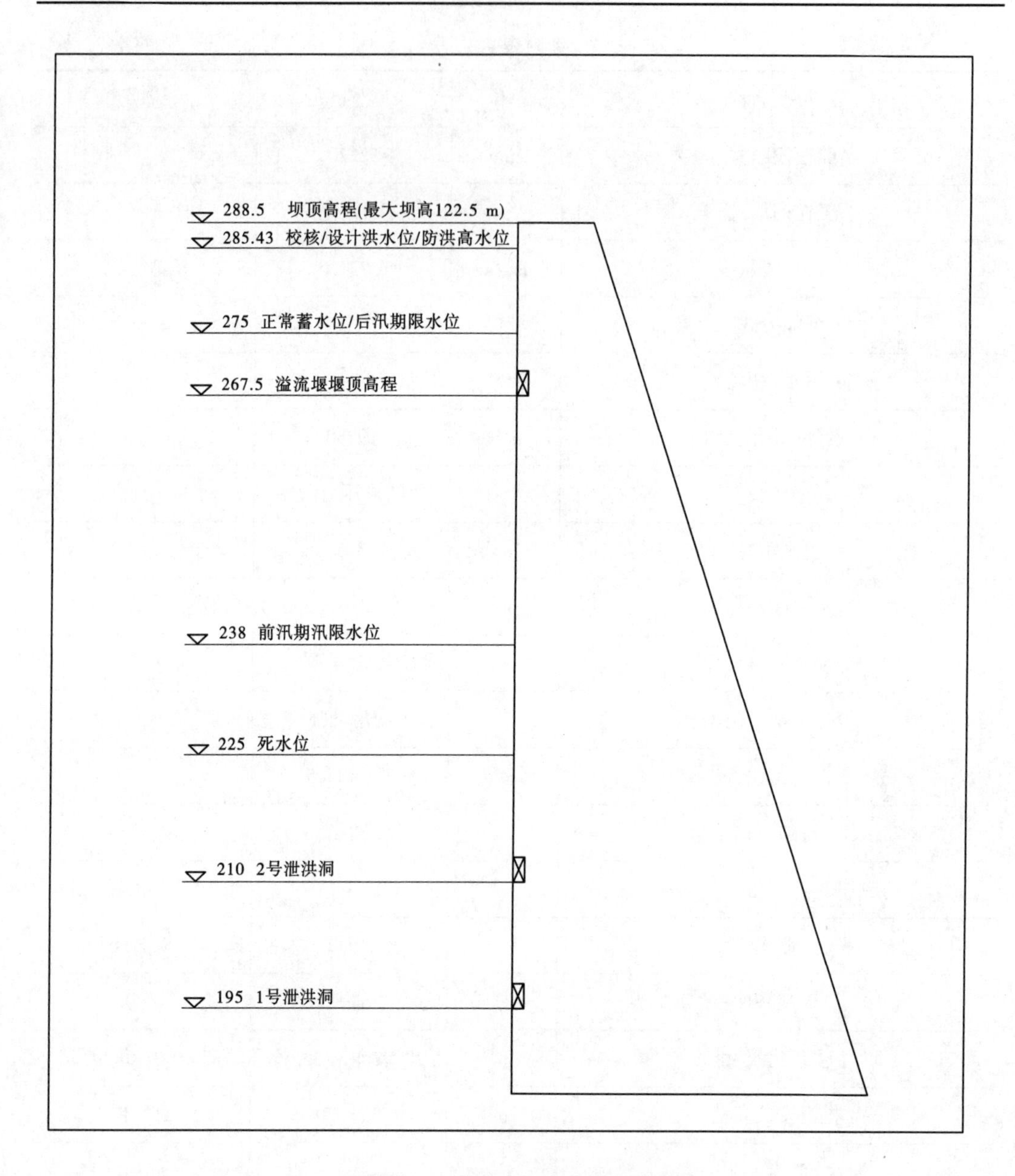

附图 9-1　河口村水库特征值示意图

参考文献

[1] Akiya ma J, Stefan H G. 1984. Plunging Flow Into a Reservoir: Theory[J]. Journal of Hydraulic Engineering,110(4):484-499.

[2] Alavian V, Jirka G H, Denton R A, et al. 1992. Density Currents Entering Lakes and Reservoirs[J]. Journal of Hydraulic Engineering,118(11):1464-1489.

[3] Albert D, Marcelo H. Garcia. 2009. Analysis of plunging phenomena[J]. Journal of Hydraulic Research, September,(5):638-642.

[4] Altinakar S, Graf W H, Hopfinger E J. 1990. Weakly depositing turbidity current on a small slope[J]. Journal of Hydraulic Research,28(1):55-80.

[5] An S, Julien P Y. 2014. Three-Dimensional Modeling of Turbid Density Currents in I mha Reservoir, South Korea[J]. Journal of Hydraulic Engineering,140(5):644-651.

[6] Anton J. Schleiss, Mário J, et al. 2016. Reservoir sedimentation[J]. Journal of Hydraulic Research,54:6, 595-614, DOI:10. 1080/00221686. 2016. 1225320

[7] Ashida K, Egashira S. 1975. BASIC STUDY ON TURBIDITY CURRENTS[J]. Doboku Gakkai Ronbunshu,(237):37-50.

[8] Aureli F, Maranzoni A, Mignosa P, et al. 2008. A weighted surface-depth gradient method for the numerical integration of the 2D shallow water equations with topography[J]. Advances in Water Resources,31(7):962-974.

[9] Bård B, Eidsvik K J. 1992. Dynamic Reynolds Stress Modeling of Turbidity Currents[J]. Journal of Geophysical Research Atmospheres,97(C6):9645-9652.

[10] Basson G R, Rooseboom A. 1998. Dealing with Reservoir Sedimentation[J]. South African Water Research Commission Publication,6-15.

[11] Benjamin. 1968. Gravity currents and related phenomena[J]. Journal of Fluid Mechanics,31(2):209-248.

[12] Best J L, Reid I. 1984. Separation Zone at Open-Channel Junctions[J]. Journal of Hydraulic Engineering,110(11):1588-1594.

[13] Best J L. 1988. Sediment transport and bed morphology at river channel confluences[J]. Sedimentology, 35(3):481-498.

[14] Biron P, Best J L, Roy A G. 1996. Effects of Bed Discordance on Flow Dynamics at Open Channel Confluences[J]. Journal of Hydraulic Engineering,122(12):676-682.

[15] Bonnecaze R T, Hallworth M A, Huppert H E, et al. 1995. Axisy m metric particle-driven gravity currents[J]. Journal of Fluid Mechanics,294(294):93-121.

[16] Bonnecaze R T, Lister J R. 1999. Particle-driven gravity currents down planar slopes[J]. Journal of Fluid Mechanics,390(390):75-91.

[17] Bournet P E, Dartus D, Tassin B, et al. 1999. NUMERICAL INVESTIGATION OF PLUNGING DENSITY CURRENT[J]. A merican Society of Civil Engineers, 125(6):584-594.

[18] Bowen A J, Nor mark W R, Piper D J W. 1984. Modelling of turbidity currents on Navy Submarine Fan,

California Continental Borderland[J]. Sedi mentology,31(2):169-185.

[19] Bradbrook K F, Richards K S, Biron P M, et al. 2001. Role of Bed Discordance at Asymmetrical River Confluences[J]. Journal of Hydraulic Engineering, 127:351-368.

[20] Bradford S F, Katopodes N D. 1999. Hydrodynamics of Turbid Underflows. II: Aggradation, Avulsion, and Channelization[J]. Journal of Hydraulic Engineering, 125(10):1016-1028.

[21] Britter R E, Linden P F. 1980. The motion of the front of a gravity current traveling down an incline[J]. Journal of Fluid Mechanics,99(3):531-543.

[22] Britter R E, Linden P F. 1980. The Motion of the Front of a Gravity Current Traveling Down on an Incline [J]. Journal of Fluid Mechanic,99:531-543.

[23] Britter R E, Simpson J E. 1978. Experiments on the dynamics of a gravity current head[J]. Journal of Fluid Mechanics,88(2):223-240.

[24] Cao Z X, Li J, Pender G, et al. 2015. Whole-Process Modeling of Reservoir Turbidity Currents by a Double Layer-Averaged Model[J]. Journal of Hydraulic Engineering, 141(2):04014069.

[25] Catherine S. Jones, Claudia Cenedese, Eric P. Chassignet, et al. 2015. Gravity current propagation up a valley[J]. Journal of Fluid Mechanics. vol. 762:417-434.

[26] Cesare G D, Boillat J L, Schleiss A J. 2006. Circulation in Stratified Lakes due to Flood-Induced Turbidity Currents[J]. Journal of Environmental Engineering, 132(11):1508-1517.

[27] Cesare G D, Schleiss A, Hermann F. 2001. I mpact of Turbidity Currents on Reservoir Sedimentation [J]. Journal of Hydraulic Engineering,127(1):6-16.

[28] Chamoun S, Cesare G D, Schleiss A J. 2016. Managing reservoir sedimentation by venting turbidity currents: A review[J]. International Journal of Sediment Research, 31(3):195-204.

[29] Chamoun S, De Cesare G, Schleiss A J. 2017. Venting of turbidity currents approaching a rectangular opening on a horizontal bed[J]. Journal of Hydraulic Research:1-15.

[30] Chamoun S, Zordan J, Cesare G D, et al. 2016. Measurement of the deposition of fine sediments in a channel bed[J]. Flow Measurement & Instrumentation,50:49-56.

[31] Choi S U, Garcl'A M H. 2002. k-ε Turbulence Modeling of Density Currents Developing Two Dimensionally on a Slope[J]. Journal of Hydraulic Engineering, 128(1):55-63.

[32] Chu F H, Pilkey W D, Pilkey O H. 1979. An analytical study of turbidity current steady flow[J]. Marine Geology,33(3-4):205-220.

[33] Cigizoglu H K. 2003. Incorporation of ARMA models into flow forecasting by artificial neural networks [J]. Environmetrics,14(4):417-427.

[34] Constantinescu G. 2014. LES of lock-exchange compositional gravity currents: a brief review of some recent results[J]. Environmental Fluid Mechanics,14(2):295-317.

[35] Dade W B, Huppert H E. 1994. Predicting the geometry of channelized deep-sea turbidites[J]. Geology, 22(1994):645-648.

[36] Dallimore C J, Jö, I mberger R, et al. 2004. Modeling a Plunging Underflow[J]. Journal of Hydraulic Engineering,130(11):1068-1076.

[37] De S I P D, Fernando H J S, Eaton F, et al. 1996. Evolution of Kelvin-Hel mholtz billows in nature and laboratory[J]. Earth & Planetary Science Letters,143(1-4): 217-231.

[38] Dhafar I A, Noureddine L, Blaise N. 2017. Experimental Study of the Effect of the Spreading Buoyant Gravity Current on the Coastal Environment[J]. International Journal of Engineering and Technology, 9

(2).
[39] Eidsvik K J, Brørs B. 1989. Self-accelerated turbidity current prediction based upon (k-ε) turbulence [J]. Continental Shelf Research,9(7):617-627.
[40] Elder R. A., Wunderlich W. O. 1973. Inflow Density Currents in TVA Reservoirs. In Proceedings of the International Symposium on Stratified Flow. ASCE. Software Practice & Experience,2:977-987.
[41] El-Gawad S A, Cantelli A, Pirmez C, et al. 2012. Three-dimensional numerical simulation of turbidity currents in a submarine channel on the seafloor of the Niger Delta slope[J]. Journal of Geophysical Research Oceans,117(C5):342-347.
[42] Ellison T H, Turner J S. 1959. Turbulent entrainment in stratified flows[J]. Journal of Fluid Mechanics, 6(3):423-448.
[43] Ettema R, Muste M. 2001. Laboratory Observations of Ice Ja ms in Channel Confluences[J]. Journal of Cold Regions Engineering,15(1):34-58.
[44] Farrell G. J., Stefan. 1986. Mathematical modeling of plunging reservoir flows[J]. Journal of Hydraulic Research,26(5):525-537.
[45] Farrell, Gerard Joseph. 1986. Buoyancy induced plunging flow into reservoirs and coastal regions[M]. A Bell & Howell Information Company.
[46] Felix M., Sturton S., Peakall J. 2005. Combined measurements of velocity and concentration in experimental turbidity currents[J]. Sedimentary Geology,179:31-47.
[47] Firoozabadi B, Samie M, Aryanfar A, et al. 2013. Theoretical Modeling of Internal Hydraulic Jump in Density Currents[J]. Physics.
[48] Fleenor W E. 2001. Effects and Control of Plunging Inflows on Reservoir Hydrodynamics and Downstrea m Releases[D]. University of California,Davis.
[49] Ford D E, Johnson M C, Monismith S G. 1980. Density Inflows to Degray lake, Arkansas[J]. Software Practice & Experience,2:977-987.
[50] Garcia M H. 1994. Depositional Turbidity Currents Laden with Poorly Sorted Sediment[J]. Journal of Hydraulic Engineering,120(11):1240-1263.
[51] Garcia M, Parker G. 1993. Experiments on the entrainment of sediment into suspension by a dense bottom current[J]. Journal of Geophysical Research,98(98):4793-4808.
[52] Garcia M. 1991. Entrainment of Bed Sediment into Suspension[J]. Journal of Hydraulic Engineering,117(4):414-435.
[53] Gerard J. Farrell, Heinz G. Stefan. 1988. Mathematical modeling of plunging reservoir flows[J]. Journal of Hydraulic Research,(5):525-537.
[54] Hebbert B, I mberger J, Loh I, et al. 1979. Collie River underflow into the Willington Reservoir[J]. Journal of Hydraulics Division, ASCE. 105(5):533-545.
[55] Heezen B C, Ericson D B, Ewing M. 1954. Further evidence for a turbidity current following the 1929 Grand banks earthquake[J]. Deep Sea Research,1(4):193-202.
[56] Heezen B C, Ewing M, Ericson D B. 1955. Reconnaissance survey of the abyssal plain south of Newfoundland[J]. Deep Sea Research,2(1953):122-128,IN3,129-133.
[57] Hinze J O. 1960. On the Hydrodynamics of Turbidity Currents[J]. Netherlands Journal of Geosciences, 39:18-25.
[58] Hsu C C, Lee W J, Chang C H. 1998. Subcritical Open-Channel Junction Flow[J]. Journal of Hydraulic

Engineering,124(8):847-855.

[59] Huang H, Imran J, Pirmez C. 2005. Numerical Model of Turbidity Currents with a Deforming Bottom Boundary[J]. Journal of Hydraulic Engineering,131(4):283-293.

[60] Huang J, Weber L J, Lai Y G. 2002. Three-Dimensional Numerical Study of Flows in Open-Channel Junctions[J]. Journal of Hydraulic Engineering,128(3):268-280.

[61] Huppert H E, Simpson J E. 1980. The slumping of gravity currents[J]. Journal of Fluid Mechanics,99(4):785-799.

[62] Imran J, Kassem A, Khan S M. 2004. Three-dimensional modeling of density current. I. Flow in straight confined and unconfined channels[J]. Journal of Hydraulic Research, 42(6):591-602.

[63] Imran J, Khan S M, Pirmez C, et al. 2016. Froude scaling limitations in modeling of turbidity currents [J]. Environmental Fluid Mechanics,1-28.

[64] Imran J, Parker G, Katopodes N. 1998. A numerical model of channel inception on submarine fans[J]. Journal of Geophysical Research Atmospheres,103:1219-1238.

[65] Ippen A. T. , Harleman D. R. F. 1952. Steady-state characteristics of subsurface flow[J]. Circular No. 521, Gravity Waves Symposium, National Bureau of Standards, Washington DC,15-19.

[66] Jain S C. Subash. 1980. Plunging phenomenon in reservoirs, Proceedings of the Symposium on Surface Water Impoundments, Minneapolis, Minn. , June 2-5.

[67] Jain S K, Das D, Srivastava D K. 1999. Application of ANN for Reservoir Inflow Prediction and Operation [J]. Water Resour. Plan. Manage. ASCE 125 (5),263-271.

[68] Johnson T R, Farrell G J, Ellis C R, et al. 1987. Negatively Buoyant Flow in Diverging Channel: Part I: Flow Regimes[J]. Journal of Hydraulic Engineering,113(6):716-730.

[69] Johnson T R. 1988. Experimental study of density induced plunging flow into reservoirs and coastal regions [J]. Critical Studies in Education,38(2):5-34.

[70] Kassem A, Imran J, Khan J A. 2003. Three-Dimensional Modeling of Negatively Buoyant Flow in Diverging Channels[J]. Journal of Hydraulic Engineering, 129(12):936-947.

[71] Kassem A, Imran J. 2004. Three-dimensional modeling of density current. II. Flow in sinuous confined and uncontined channels[J]. Journal of Hydraulic Research, 42(6):591-602.

[72] Kneller B C, Bennett S J, Mccaffrey W D. 1999. Velocity structure, turbulence and fluid stresses in experimental gravity currents[J]. Journal of Geophysical Research Atmospheres,104(C3):5381-5391.

[73] Komar P D. 1969. The channelized flow of turbidity currents with application to Monterey Deep-Sea Fan Channel[J]. Journal of Geophysical Research Atmospheres, 74(18):4544-4558.

[74] Kondolf G M, Gao Y, Annandale G W, et al. 2014. Sustainable sediment management in reservoirs and regulated rivers: Experiences from five continents[J]. Earths Future, 2(5):256-280.

[75] Kondolf G M, Gao Y, Annandale G W, et al. 2014. Sustainable sediment management in reservoirs and regulated rivers: Experiences from five continents[J]. Earths Future, 2(5):256-280.

[76] Kostic S, Parker G. 2003. Progradational Sand-mud Deltas in Lakes andReservoirs. Part I: Theory and Numerical Modeling[J]. Journal of Hydraulic Research,41(2), 127-140.

[77] Kubo Y, suke, Masuda F, et al. 1998. Spatial variation in paleocurrent velocities estimated from a turbidite bed of the Mio-Pliocene Kiyosumi Formation in Boso Peninsula,Japan[J]. Journal of the Geological Society of Japan,104(6):359-364.

[78] Kuenen P H, Migliorini C I. 1950. Turbidity Currents as a Cause of Graded Bedding[J]. Journal of Geol-

ogy,58(2):91-127.

[79] Kuenen P H. 1952. Estimated size of the Grand Banks [Newfoundland] turbidity current[J]. American Journal of Science,(12):874-884.

[80] Lambert A, Giovanoli F. 1988. Records of riverbome turbidity currents and indications of slope failures in the Rhone delta of Lake Geneva[J]. Limnology & Oceanography, 33(3):458-468.

[81] Lee H Y, Yu W S. 1997. Experimental Study of Reservoir Turbidity Current[J]. Journal of Hydraulic Engineering,123(6):520-528.

[82] Li T, Gao G M, Ma H B, et al. 2012. Theoretically Investigation on Plunging Point Calculation Method [J]. Applied Mechanics, Materials,(212-213):413-416.

[83] Li T, Zhang J H, Tan G M, et al. 2012. Study on turbidity current head going through the changing width section[J]. Procedia Environmental Sciences,13:214-220.

[84] Li Y, Zhang J, Ma H. 2011. Analytical Froude number solution for reservoir density inflows[J]. Journal of Hydraulic Research, 49(5): 693-696.

[85] Li Y Y, Zhang J H,Ma H B. 2011. Analytical Froude number solution for reservoir density inflows[J]. Journal of Hydraulic Research,49(5):693-696.

[86] Lincoln F. Pratson, Jasim Imran, Eric W. H. Hutton, et al. 2001. BANG1D: a one-dimensional, Lagrangian model of subaqueous turbid surges[J]. Computers & Geosciences,27(6):701-716.

[87] Lowe D R. 1979. Sediment gravity flows; their classification and some problems of application to natural flows[M]. Geology of Continental Slopes,75-82.

[88] Luthi S A. 1981. Experiments on non-channelized turbidity currents and their deposits[J]. Marine Geology,40(3):M59-M68.

[89] Manica R. 2012. Sediment Gravity Flows: Study Based on Experimental Simulations[M]. Hydrodynamics-Natural Water Bodies. InTech.

[90] Marleau L J. , Flynn,M R. , Sutherland B R. 2014. Gravity currents propagating up a slope[J]. Physics of fluids,26,046605.

[91] Marleau L J. , Flynn,M R. , Sutherland B R. 2015. Gravity currents propagating up a slope in a two-layer fluid[J]. PHYSICS OF FLUIDS,27,036601.

[92] Masamitsu Arita, Masanori Nakai. 2008. Plunging conditions of two-dimensional negative buoyant surface jets released on a sloping bottom[J]. Journal of Hydraulic Research,46(3):301-306.

[93] Mcguirk J J, Rodi W. 1978. A depth-averaged mathematical model for the near field of side discharges into open-channel flow[J]. Journal of Fluid Mechanics,86(4):761-781.

[94] Meiburg E, Kneller B. 2010. Turbidity Currents and Their Deposits[J]. Annual Review of Fluid Mechanics,42(1):135-156.

[95] Middleton G V, Hampton M A. 1973. Sediment gravity flows: mechanics of flow and deposition[J]. In Turbidites and Deep Water Sedimentation G. V. Middleton and A. H. Bouma (2eds.). Anaheim, California, SEPM. Short Course Notes,38p

[96] Middleton G V, Neal W J. 1989. Experiments on the thickness of beds deposited by turbidity currents [J]. Journal of Sedimentary Petrology,59(2):297-307.

[97] Middleton G V. 1967. Experiments on Density and Turbidity Currents: III. Deposition of Sedi[J]. Canadian Journal of Earth Sciences, 4(3):475-505.

[98] Middleton G V. 2003. Sediment Deposition from Turbidity Currents[J]. Annual Review of Earth & Plane-

tary Sciences,21(1):89-114.

[99] Modi P N, Dandekar M M, Ariel P D. 1981. Conformal Mapping for Channel Junction Flow[J]. Journal of the Hydraulics Division,107(12):1713-1733.

[100] Monaghan J J, Cas R A F, Kos A M, et al. 1999. Gravity currents descending a ramp in a stratified tank [J]. Journal of Fluid Mechanics,379:39-69.

[101] Mosley M P. 1976. An Experimental Study of Channel Confluences[J]. Journal of Geology,84(5):535-562.

[102] Mulder T, Syvitski J P M, Skene K I. 1998. Modeling of erosion and deposition by turbidity currents generated at river mouths[J]. Journal of Sedimentary Research, 68(1):124-137.

[103] Octavio E, Sequeiros B S, Rick T, et al. 2010. Bedload transport and bed resistance associated with density and turbidity currents[J]. Sedimentology, 57(6):1463-1490.

[104] Özgö kmen, Tamay M, Chassignet E P. 2002. Dynamics of Two-Dimensional Turbulent Bottom Gravity Currents[J]. Journal of Physical Oceanography,32(5):1460-1488.

[105] Parker G, Fukushima Y, Pantin H M. 1986. Self-accelerating turbidity currents[J]. Journal of Fluid Mechanics,171:145-181.

[106] Parker G, Garcia M, Fukushima Y, et al. 1987. Experiments on turbidity currents over an erodible bed [J]. Journal of Hydraulic Research, January,(1):123-147.

[107] Parker G, Toniolo H. 2007. Note on the Analysis of Plunging of Density Flows[J]. Journal of Hydraulic Engineering,133(6):690-694.

[108] Ran L S, Lu X. X. , Xin Z B,et al. 2013. Cumulative sediment trapping by reservoirs in large river basins: A case study of the Yellow River basin[J]. Global and Planetary Change,100(1):308-319.

[109] Raynaud J P. 1951. Study of Currents of Muddy Water through Reservoirs[C]. Proceedings of the Fourth Congress on Large Dams, New Delhi, India,Vol. 4:6-9.

[110] Reynolds S. 1987. A recent turbidity current event, Hueneme Fan, California: reconstruction of flow properties[J]. Sedimentology,34(1):129-137.

[111] ROOSEBOOM, A. , ANNANDALE, G. W. 1982. Sediment movement through reservoir. Question 54a Reservoirs sedimentation and slope stability, Technical and environmental effects, Proc. of 14th Congress on Large Dams, Rio de Janeiro, Brazil, 1982. ICOLD, Paris, France, pp. 373-381.

[112] Roozbeh Ghazal, Amir Khosrojerdi. 2010. Impacts of inflow mean velocity and its concentration on the head velocity and the cross motion of density current using the hydraulic model[J]. Australian Journal of Crop Science,4(9):757-766.

[113] Salaheldin T M, Imran J, Chaudhry M H, et al. 2000. Role of fine-grained sediment in turbidity current flow dynamics and resulting deposits[J]. Marine Geology, 171(1-4):21-38.

[114] Samothrakis P, Cotel A J. 2006. Propagation of a gravity current in a two-layer stratified environment [J]. Journal of Geophysical Research,111:1-17.

[115] Savage S B, Brimberg J. 1975. Analysis of Plunging Phenomena in Water Reservoirs[J]. Journal of Hydraulic Research,13(2):187-205.

[116] Sequeiros,O. E. 2012. Estimating turbidity current conditions from channel morphology: A Froude number approach[J]. Journal of Geophysical Research. ,117,C04003, doi:10. 1029/2011JC007201.

[117] Siegenthaler C, Buhler J. 1985. The kinematics of turbulent suspension currents (turbidity currents) on inclined boundaries[J]. Marine Geology,64(1-2):19-40.

[118] Simpson E J. 1972. Effects of the lower boundary on the head of a gravity current[J]. Journal of Fluid Mechanics, Vol. 53, 759-768.

[119] Simpson E J. 1997. Gravity currents in the environment and the laboratory[M]. 2. ed. Cambridge University, ISBN 0521664012, UK.

[120] SIMPSON, J. E. & BRITTER, R. E. 1979. The dynamics of the head of a gravity current advancing over a horizontal surface[J]. Journal of Fluid Mechanic. 94, 477-495.

[121] Singh B, Shah C R. 1971. Plunging phenomenon of density currents inreservoirs[J]. La Houille Blanche, 26(1):59-64.

[122] Stacey M W, Bowen A J. 1988. The vertical structure of turbidity currents and a necessary condition for self-maintenance[J]. Journal of Geophysical Research, 93(C4):3543-3553.

[123] Stagnaro M, Bolla Pittaluga M. 2014. Velocity and concentration profiles of saline and turbidity currents flowing in a straight channel under quasi-uniform conditions[J]. Earth Surface Dynamics Discussions, 2(2):817-853.

[124] Stefan H. 1973. High Concentration Turbidity Currents in Reservoirs[J]. Hydraulic Resistance. IAHR 1, 341-352.

[125] Stokke P R, Carson B, Baker E T. 1977. Comparison of the bottom nepheloid layer and late Holocene deposition on Nitinat Fan: Implications for lutite dispersal and deposition[J]. Geological Society of America Bulletin, 88(11):1586-1592.

[126] Stow D A V, Bowen A J. 1980. A physical model for the transport and sorting of fine-grained sediment by turbidity currents[J]. Sedimentology, 27(1):31-46.

[127] Tassell J V. 1981. Silver Abyssal Plain Carbonate Turbidite: Flow Characteristics[J]. Journal of Geology, 89(3):317-333.

[128] Taylor E H. 1944. Flow Characteristics at Rectangular Open-Channel Junctions[J]. Trans. ASCE. 109: 839-902.

[129] Tesaker E, Trondheim U I, Tesaker E, et al. 1969. Uniform turbidity current experiments[D]. University of Trondheim.

[130] Tiercelin J J, Soreghan M, Cohen A S, et al. 1992. Sedimentation in Large Rift Lakes: Example from the Middle Pleistocene-Modern Deposits of the Tanganyika Trough, East African Rift System[J]. Bulletin Des Centers De Recherché Exploration Production Elf Aquitaine, 16(1):83-111.

[131] Toro EF. 1998. Shock-capturing methods for free-surface shallow flows[M]. Chichester: Wiley.

[132] Üneş F, Joksimovic D, Kisi O. 2015. Plunging Flow Depth Estimation in a Stratified Dam Reservoir Using Neuro-Fuzzy Technique[J]. Water Resources Management, 29(9):3055-3077.

[133] Van Andel T H, Komar P D. 1969. Ponded Sediments of the Mid-Atlantic Ridge between 22° and 23° North Latitude[J]. Geological Society of America Bulletin, 80(7):1163-1190.

[134] Wang Z H, Xia J Q, Deng S S, et al. 2017. One-dimensional morphodynamic model coupling open-channel flow and turbidity current in reservoir. Journal of Hydrology and Hydromechanics, 65(1):68-79.

[135] Wang Z H, Xia J Q, Li T, et al. 2016. An integrated model couplingopen-channel flow, turbidity current and flow exchanges between main river and tributaries in Xiaolangdi Reservoir, China[J]. Journal of Hydrology, 543:548-561. DOI: 10.1016/j.jhydrol.2016.10.023.

[136] Webber N B, Greated C A. 1966. An Investigation of Flow Behaviour at The Junction of Rectangular Channels[J]. Ice Proceedings, 34(3):321-334.

[137] Xia J Q, Li T, Wang Z H, et al. 2016. Improved criterion for plunge of reservoir turbidity currents[J]. Journal of Proceedings of the Institution of Civil Engineers-Water Management, 169(2):55-104. DOI: 10. 1680/jwama. 15. 00046.

[138] Ying X, Khan A A, Wang S S Y. 2004. pwind conservative scheme for the Saint Venant equations[J]. Journal of Hydraulic Engineering, 130(10):977-987.

[139] Yu W S, Lee H Y, Hsu S H M. 2000. Experiments on Deposition Behavior of Fine Sediment in a Reservoir[J]. Journal of Hydraulic Engineering, 126(12):912-920.

[140] Zeng J, Lowe D R. 1997. Numerical simulation of turbidity current flow and sedimentation: I. Theory [J]. Sedimentology, 44(1):67-84.

[141] 北京市水务局. 2004. 永定河泥沙公报.

[142] 蔡蓉蓉,王晖. 2014. 小浪底水库运用初期支流泥沙淤积特征分析[J]. 人民黄河,(7):23-24,28.

[143] 曹巧丽. 2010. 三峡水库香溪河库湾倒灌异重流运动特性研究[D]. 宜昌:三峡大学.

[144] 曹如轩,任晓枫,卢文新. 1984. 高含沙异重流的形成与持续条件分析[J]. 泥沙研究,(2):1-10.

[145] 曾曾,李嘉,安瑞冬,等. 2016. 低含沙量异重流运动规律及其对水温分布的影响[J]. 水动力学研究与进展(A辑),(3):346-354.

[146] 曾康,黄廷林,马卫星,等. 2015. 金盆水库汛期高浊水径流的潜入及热分层水体水质响应[J]. 中国环境科学,(9):2778-2786.

[147] 曾康. 2016. 降雨径流对大水深分层型水库水质的影响[D]. 西安:西安建筑科技大学.

[148] 陈珺,舒彩文,武见,等. 2010. 山区多沙水库干支流泥沙淤积数学模型及应用[J]. 河海大学学报(自然科学版),(6):693-697.

[149] 陈立,段涛,闫涛,等. 2013. 库区交汇流河段泥沙淤积特性研究[J]. 四川大学学报(工程科学版),(3):57-62.

[150] 陈媛媛,刘德富,杨正健,等. 2013. 分层异重流对香溪河库湾主要营养盐补给作用分析[J]. 环境科学学报,33(3):762-770.

[151] 陈月平. 2008. 官厅水库水位库容关系细化计算方法分析[J]. 北京水务,(5):29-31.

[152] 程卫华. 2012. 官厅水库水文特性统计分析[J]. 北京水务,(5):29-32.

[153] 丁君松,杨国禄,熊治平. 1982. 分汊河段若干问题的探讨[J]. 泥沙研究,(4):41-53.

[154] 董炳江,张小峰,陆俊卿,等. 2009. 水库异重流潜入运动数值模拟及影响因素[J]. 武汉大学学报(工学版),(2):163-167.

[155] 董秀斌. 2014. 山区多沙河流上大库盘水库冲淤排沙技术研究[D]. 乌鲁木齐:新疆农业大学.

[156] 杜殿勋. 2000. 三门峡水库异重流运动和排沙规律分析[R]. 郑州:黄河水利科学研究院报告.

[157] 范家骅,姜乃森. 1957. 异重流试验第一阶段报告[J]. 泥沙研究,(2):1-12.

[158] 范家骅. 1959. 异重流运动的实验研究[J]. 水利学报,(5):30-48.

[159] 范家骅. 2008. 关于水库浑水潜入点判别数的确定方法[J]. 泥沙研究,(1):74-80.

[160] 方春明,韩其为,何明民. 1997. 异重流潜入条件分析及立面二维数值模拟[J]. 泥沙研究,(4):70-77.

[161] 冯伶亲,李运来,王净,等. 1998. 官厅水库近十年来的淤积发展[J]. 北京水利,(4):48-52.

[162] 冯小香,张小峰,谢作涛. 2005. 水流倒灌下支流尾闾泥沙淤积计算[J]. 中国农村水利水电,(2):54-56.

[163] 郜国明,谈广鸣,李涛. 2014. 多沙河流水库泥沙研究展望[J]. 浙江水利科技,(5):42-46.

[164] 高亚军,陆永军,李国斌. 2008. 黄河小浪底库区高含沙异重流的运动过程分析[J]. 水利水运工程

学报,(2):60-66.

[165] 高亚军,陆永军,许慧. 2009. 小浪底水库异重流对库区河床冲淤的影响[J]. 河海大学学报(自然科学版),(2):240-244.

[166] 郭振仁. 1990. 明渠流能量耗散率沿程分布初探[J]. 泥沙研究,(3):79-86.

[167] 韩其为,陈绪坚. 2008. 恢复饱和系数的理论计算方法[J]. 泥沙研究,(6):8-16.

[168] 韩其为,何明民. 1988. 泥沙数学模型中冲淤计算的几个问题[J]. 水利学报,(5):16-25.

[169] 韩其为,杨小庆. 2003a. 我国水库泥沙淤积研究综述[J]. 中国水利水电科学研究院学报,1(3):169-178.

[170] 韩其为. 2003b. 水库淤积[M]. 北京:科学出版社.

[171] 韩其为. 2014. 江湖关系变化的内在机理[J]. 长江科学院院报,31(6):104-112.

[172] 韩卫. 2014. 牤牛河汇流段泥沙淤积特性分析[J]. 东北水利水电,(3):26-27,47.

[173] 洪大林,谢瑞,曲少军,等. 2004. 黄河小浪底水库库区水流泥沙运动规律分析[J]. 水利水电科技进展,(1):15-18,69.

[174] 侯晖昌,焦恩泽,秦芳. 1958. 官厅水库 1953-1956 年异重流资料初步分析[J]. 泥沙研究,(2):70-94.

[175] 侯素珍,焦恩泽. 2003a. 小浪底水库异重流有关问题分析[J]. 水利水电技术,(6):11-14.

[176] 侯素珍. 2003b. 小浪底水库异重流特性研究[D]. 西安:西安理工大学.

[177] 胡春宏,王延贵,等. 2003. 官厅水库泥沙淤积与流域水沙调控[M]. 北京:中国水利水电出版社.

[178] 胡春宏,王延贵. 2004a. 官厅水库流域水沙优化配置与综合治理措施研究 Ⅰ——水库泥沙淤积与流域水沙综合治理方略[J]. 泥沙研究,(2):11-18.

[179] 胡春宏,王延贵. 2004b. 官厅水库流域水沙优化配置与综合治理措施研究 Ⅱ——流域水沙优化配置与水库挖泥疏浚方案[J]. 泥沙研究,(2):19-26.

[180] 胡春娟. 2014. 辽河多沙水库水沙联合调度方式研究[D]. 大连:大连理工大学.

[181] 胡浩. 2016. 新疆克孜尔水库堤渠联合辅助排沙系统异重流排沙效果分析[J]. 广西水利水电,(1):57-59.

[182] 胡元园. 2015. 复杂地形上异重流模拟研究水卷吸和泥沙侵蚀经验公式对比分析[C]//《水动力学研究与进展》编委会,中国力学学会,中国造船工程学会,等. 第二十七届全国水动力学研讨会文集(下册).《水动力学研究与进展》编委会、中国力学学会、中国造船工程学会、河海大学:8.

[183] 胡跃斌,胡著翱,刘炜,等. 2014. 分水曲面法水库干支流划分及库容计算方法[J]. 人民黄河,(9):11-13.

[184] 华祖林,芮孝芳,黄国如,等. 2001. 缺乏资料条件下倒灌河段流速的近似确定方法[J]. 水科学进展,12(2):210-214.

[185] 黄委河南水文水资源局科研报告. 2005. 黄河小浪底水库异重流演进规律初步分析报告[R]. 郑州:黄委河南水文局.

[186] 纪道斌,刘德富,杨正健,等. 2010. 三峡水库香溪河库湾水动力特性分析[J]. 中国科学:物理学力学天文学,(1):101-112.

[187] 蒋思奇,王婷,李涛,等. 2012. 小浪底库区支流拦门沙形成及淤积形态分析[R]. 郑州:黄河水利科学研究院科研报告.

[188] 蒋思奇,张俊华,马怀宝,等. 2015. 利用支流蓄水冲刷拦门沙坎试验研究[J]. 中国水运(下半月),(10):213-215,218.

[189] 焦恩泽. 2004. 黄河水库泥沙[M]. 郑州:黄河水利出版社.

[190] 解河海,张金良,郝振纯,等. 2008. 水库异重流研究综述[J]. 人民黄河,(5):28-30,55.
[191] 金德春. 1981. 浑水异重流的运动和淤积[J]. 水利学报,(3):39-48.
[192] 李国英,盛连喜. 2011. 黄河调水调沙的模式及其效果[J]. 中国科学:技术科学,(6):826-832.
[193] 李国英. 2004. 黄河中下游水沙的时空调度理论与实践[J]. 水利学报,(8):1-7.
[194] 李国英. 2006. 基于水库群联合调度和人工扰动的黄河调水调沙[J]. 水利学报,(12):1439-1446.
[195] 李景宗. 2006. 工程规划[M]. 郑州:黄河水利出版社.
[196] 李立刚,陈洪伟,李占省,等. 2016. 小浪底水库泥沙淤积特性及减淤运用方式探讨[J]. 人民黄河,10:40-42.
[197] 李立刚. 2005. 黄河小浪底水库库区泥沙冲淤规律及减淤运用方式研究[D]. 南京:河海大学.
[198] 李立刚. 2006. 小浪底水库减少泥沙淤积的调度运行方式探讨[J]. 大坝与安全,(1):32-34.
[199] 李靓亮,朱海琴,杨红刚. 2012. 二维密度异重流潜入过程数值模拟的探索[J]. 价值工程,26:86-88.
[200] 李娜伟. 2015. 闹德海水库典型年洪水冲淤分析[J]. 甘肃水利水电技术,(2):7-8,18.
[201] 李善征,陈宗文,张启舜. 1985. 官厅水库泥沙问题的研究[J]. 水利学报,(3):10-21.
[202] 李书霞,夏军强,张俊华,等. 2012. 水库浑水异重流潜入点判别条件[J]. 水科学进展,23(3):363-368.
[203] 李书霞,夏军强,张俊华,等. 2011. 小浪底水库异重流持续运动条件的定量准则[J]. 武汉大学学报(工学版),(5):599-603.
[204] 李书霞,张俊华,夏军强,等. 2013. 水库异重流[M]. 郑州:黄河水利出版社.
[205] 张金良. 2004. 黄河水库水沙联合调度问题研究[D]. 天津大学,2004.
[206] 李树森,郑宝旺,樊东方,等. 2014. 黄河小浪底水库水文泥沙规律研究[M]. 郑州:黄河水利出版社.
[207] 李涛,谈广鸣,张俊华,等. 2006. 水库异重流研究进展[J]. 中国农村水利水电,(9):21-24.
[208] 李涛,夏军强,张俊华,等. 2017. 水库异重流潜入点流速分布及其判别式改进[J]. 工程科学与技术,49(2):62-68.
[209] 李涛,张俊华,陈书奎,等. 2011. 小浪底水库异重流潜入条件研究[J]. 中国农村水利水电,(10):90-92.
[210] 李涛,张俊华,李书霞,等. 2013. 基于浑液面变化的水库异重流不平衡输沙规律探讨[J]. 水力发电学报,32(4):148-152.
[211] 李涛,张俊华,马怀宝,等. 2012. 异重流潜入重力修正系数研究[J]. 人民黄河,34(7):28-29.
[212] 李涛,张俊华,夏军强,等. 2016. 小浪底水库溯源冲刷效率评估试验[J]. 水科学进展,27(5):716-725.
[213] 李涛,张俊华,王婷,等. 2008. 小浪底水库降水冲刷运用方式专题试验[R]. 郑州:黄河水利科学研究院科研报告:102-108.
[214] 李文杰,杨胜发,胡江,等. 2015. 三峡库区粉砂淤积成因的初步分析[J]. 泥沙研究,(5):7-13.
[215] 李小平,李勇,田勇,等. 2010. 基于分组泥沙冲淤规律的小浪底水库减淤调度研究[J]. 水利水电科技进展,(3):20-23.
[216] 李璇. 2015. 分层型富营养化水源水库水质演变机制与水质污染控制[D]. 西安:西安建筑科技大学.
[217] 李永,李嘉,安瑞冬. 2009. 水沙两相流 ASM 模型在浑水异重流计算中的应用及模型试验研究[J]. 四川大学学报(工程科学版),(4):102-108.

[218] 李珍. 2004. 小浪底水库的泥沙问题[C]//中国大坝委员会,日本大坝委员会,韩国大坝委员会. 中日韩大坝委员会第一次学术交流会议论文集. 中国大坝委员会、日本大坝委员会、韩国大坝委员会.

[219] 李振连,屈章彬,肖强. 2007. 小浪底水库泥沙淤积观测与分析[J]. 人民黄河,(1):23-24,79.

[220] 梁林江. 2005. 汇流区水沙组合对渭河下游河道冲淤演变影响[J]. 水利与建筑工程学报,3(3):47-50.

[221] 林挺. 2016. 层结水体中异重流沿坡运动的试验研究[D]. 杭州:浙江大学.

[222] 刘流. 2012. 三峡水库支流库湾水温分层及其对水华的影响[D]. 宜昌:三峡大学.

[223] 刘世海,胡春宏,李希霞,等. 2008. 近 50 a 来官厅水库上游流域泥沙输移平衡研究[J]. 水土保持通报,(3):128-132,172.

[224] 刘世海,胡春宏. 2004. 近廿年来官厅水库流域水土保持拦沙量估算[J]. 泥沙研究,(2):67-71.

[225] 刘世海,胡春宏. 2007. 官厅水库流域产流产沙变化规律及其影响因素研究[J]. 水土保持研究,14(1):272-275.

[226] 刘淑红,邢斌. 2013. 册田水库泥沙入出库分析[J]. 海河水利,(5):42-45,56.

[227] 刘树君,付健,陈翠霞. 2012. 水库异重流和浑水水库排沙数值模拟技术研究[J]. 人民黄河,(12):30-31.

[228] 刘同宦,王协康,郭炜,等. 2006. 支流水沙作用下干流床面冲淤特征试验研究[J]. 长江科学院院报,23(2):9-12.

[229] 刘志刚,栾正伟. 2013. 黄河小浪底水库库区水流泥沙运动规律分析[J]. 金田,(4):273.

[230] 娄渊知,张夏煜. 2013. 小浪底水库库区冲淤规律分析[J]. 水利水电技术,(12):85-87.

[231] 芦田和男. 1980. 水库淤积预报[C]//河流泥沙国际学术讨论会论文集.

[232] 罗福安,梁志勇,张德茹. 1995. 直角分水口水流形态的实验研究[J]. 水科学进展,6(1):71-75.

[233] 罗海龙. 2013. 牤牛河河口拦门沙成因分析及解决措施[J]. 东北水利水电,(9):44-46.

[234] 麻长信,曹琨,李相臣,等. 2013. 丰满水库入库沙量及淤积量研究[J]. 东北水利水电,(11):45-46.

[235] 马献宾,周春芳. 2011. 小浪底水库泥沙淤积观测分析[J]. 河南水利与南水北调,(4):57-58.

[236] 马振海. 1995. 黄河倒灌渭河的数值模拟[J]. 水科学进展,6(3):211-217.

[237] 孟庆伟,杨金叙,邵明明. 2009. 黄河小浪底水库深水泥沙处理技术与装备构想[J]. 中国水利,(14):41-43.

[238] 牛长喜,陈海燕,张小成,等. 2014. 小浪底水库增大异重流排沙几率与效率的方法研究[J]. 价值工程(32):116-117.

[239] 欧阳潮波. 2015. 河龙区间水库淤积特征及其对入黄泥沙的影响[D]. 杨凌:西北农林科技大学.

[240] 潘欣,王玉杰,张会兰,等. 2015. 官厅水库上游典型植物措施特性及在侵蚀性降雨下的水沙效应分析[J]. 北京林业大学学报,(7):76-84.

[241] 彭杨,李义天,槐文信. 2000. 异重流潜入运动的剖面二维数值模拟[J]. 泥沙研究,(6):25-30.

[242] 漆富冬. 1997. 柘溪水库拦门沙淤积及治理对策探讨[J]. 水力发电学报,(1):71-78.

[243] 祁志峰,屈章彬,焦玉峰,等. 2011. 小浪底水库库区支流东洋河及西阳河泥沙淤积规律分析[J]. 水电能源科学,(10):85-87.

[244] 钱宁,范家骅. 1958. 异重流[M]. 北京:中国水利水电出版社.

[245] 钱宁,万兆惠. 1983. 泥沙运动力学[M]. 北京:科学出版社.

[246] 钱善琪. 1993. U 型渠—高浓度输送渠槽的最佳形态[J]. 水利学报,(3):70-74.

[247] 秦文凯,府仁寿,韩其为. 1995. 反坡异重流的研究[J]. 水动力学研究与进展(A 辑),(6):637-647.

[248] 申冠卿,张原锋,刘晓燕. 2014. 小浪底水库拦沙期黄河引水对河道泥沙输移影响机理探讨[J]. 水力发电学报,(6):136-141.

[249] 沈金山,朱珍妹,张新琴. 1983. 长江口南槽拦门沙的成因和演变[J]. 海洋与湖沼,14(6):582-590.

[250] 时钟,朱文蔚,周洪强,等. 2000. 长江口北槽口外细颗粒悬沙沉降速度[J]. 上海交通大学学报,34(1):18-23.

[251] 谈明轩,朱筱敏,朱世发. 2015. 异重流沉积过程和沉积特征研究[J]. 高校地质学报,(1):94-104.

[252] 谭升魁,王锐,安瑞冬,等. 2011. 基于组分输运模型和 RNG k-ε 模型的浑水异重流数学模型研究及其应用[J]. 四川大学学报(工程科学版),(S1):48-53.

[253] 唐海东. 2009. 水库异重流排沙的研究与实践[J]. 水科学与工程技术,(2):42-45.

[254] 唐武,王英民,仲米虹,等. 2016. 异重流研究进展综述[J]. 海相油气地质,21(2):47-57. DOI:10.3969/j. issn. 1672-9854. 2016. 02. 006.

[255] 田震. 2015. 近坝支流入汇对水库泥沙淤积影响研究[D]. 重庆:重庆交通大学.

[256] 佟二勋. 1962. 关于目前分流分沙的研究成果综述[J]. 水利水电技术,(9):39-48.

[257] 王昌杰,陈国祥. 2001. 河流动力学[M]. 北京:人民交通出版社.

[258] 王光谦,方红卫. 1996. 异重流运动基本方程[J]. 科学通报,(18):1715-1720.

[259] 王光谦,周建军,杨本均. 2000. 二维泥沙异重流运动的数学模型[J]. 应用基础与工程科学学报,(1):52-60.

[260] 王洪彬,田为民. 2002. 官厅水库上游水土保持综合治理可行性分析[J]. 河北水利水电技术,(5):38-39.

[261] 王普庆. 2012. 小浪底水库运用初期库区泥沙淤积分布特征[J]. 人民黄河,(10):26-27,31.

[262] 王婷,陈书奎,马怀宝,等. 2011. 小浪底水库 1999-2009 年泥沙淤积分布特点[J]. 泥沙研究,(5):60-66.

[263] 王婷,张俊华,马怀宝,等. 2016. 小浪底水库 2015 年年度咨询[R]. 黄科院科研报告:60-66.

[264] 王婷,张俊华,马怀宝,等. 2013. 小浪底水库淤积形态探讨[J]. 水利学报, (6):710-717.

[265] 王婷,张俊华,马怀宝,等. 2012. 小浪底水库运用情况分析[C]//第十一届全国水动力学学术会议暨第二十四届全国水动力学研讨会并周培源诞辰 110 周年纪念大会文集(下册). 北京:海洋出版社.

[266] 王小艳. 1994. 黄河汛期倒灌渭河规律的分析[J]. 水资源与水工程学报,(1):32-37.

[267] 王兴奎,张仁,陈稚聪. 1995. 宽浅明渠横向取水的试验研究[J]. 水动力学研究与进展,10(4):361-370.

[268] 王延贵,胡春宏. 2003. 官厅水库淤积特点及拦门沙整治措施[J]. 泥沙研究,(6):25-30.

[269] 王艳平,刘沛清,张俊华. 2007. 紊流浑水异重流交混区的阻力系数的研究[J]. 水利学报,38(12):1489-1494.

[270] 王增辉,夏军强,李涛,等. 2015a. 两步计算模式下的三门峡水库异重流模拟[J]. 四川大学学报:工程科学版,47(5):1-8.

[271] 王增辉,夏军强,李涛,等. 2015b. 水库异重流一维水沙耦合模型[J]. 水科学进展,(1):74-82.

[272] 吴柏春. 2002. 白石水库泥沙运用研究[D]. 大连:大连理工大学.

[273] 吴华林,沈焕庭,胡辉,等. 2002. GIS 支持下的长江口拦门沙泥沙冲淤定量计算[J]. 海洋学报:中

文版,24(2):84-93.

[274] 吴娟娟,张小峰,乔伟,等. 2009. 水库底坡对异重流运动特性影响分析[J]. 中国农村水利水电,(10):1-4.

[275] 吴幸华,李有才,李树森,等. 2009. 浅析黄河小浪底水库异重流演进规律[J]. 东北水利水电,(10):24-25,71.

[276] 伍超,黄国富,杨永全,等. 2000. 洪水演进中支流倒回灌研究[J]. 四川大学学报(工程科学版),32(4):11-14.

[277] 夏润亮. 2013. 小浪底拦沙后期运用方式优化及其数值模拟研究[D]. 武汉:武汉大学.

[278] 谢金明. 2012. 水库泥沙淤积管理评价研究[D]. 北京:清华大学.

[279] 徐建华,李晓宇,李树森. 2007. 小浪底库区异重流潜入点判别条件的讨论[J]. 泥沙研究,(6):71-74.

[280] 徐洲元. 2010. 高含沙地区中小水库异重流排沙特性分析研究[J]. 甘肃水利水电技术,(8):17-18,31.

[281] 许少华,陈秉钧,俞维升. 2008. 变量浑水异重流传播特性之实验研究[J]. 中华水保杂志,39(1):45-56.

[282] 闫涛. 2014. 库区交汇河段泥沙淤积规律及防治的初步研究[D]. 武汉:武汉大学.

[283] 杨霞. 2011. 三峡水库香溪河库湾异重流背景下水华暴发影响因子研究[D]. 宜昌:三峡大学.

[284] 姚鹏,王兴奎. 1996. 异重流潜入规律研究[J]. 水利学报,(8):77-83.

[285] 姚烨. 2014. 基于抑制近坝支流水华的三峡水库非汛期优化调度研究[D]. 天津:天津大学.

[286] 尹晔,郭庆超,刘尧成,等. 2016. 金沙江下游溪洛渡与向家坝水库浑水异重流研究[J]. 四川大学学报(工程科学版),(2):28-33.

[287] 于涛. 2008. 水库异重流排沙的双流体模型[D]. 北京:清华大学.

[288] 余斌. 2002. 泥石流异重流入海的研究[J]. 沉积学报,(3):382-386.

[289] 余斌. 2008. 浊流和泥石流的异重流初期潜入点的实验研究[J]. 水科学进展,(1):27-35.

[290] 张红武,江恩惠. 1994. 黄河高含沙洪水模型的相似条件[M]. 河南科学技术出版社.

[291] 张金良,王育杰,练继建. 2001. 水库异重流调度问题的研究[J]. 水利水电技术,12:17-19.

[292] 张俊华,陈书奎,李书霞,等. 2007a. 小浪底水库拦沙初期水库泥沙研究[M]. 郑州:黄河水利出版社.

[293] 张俊华,陈书奎,李书霞,等. 2007b. 小浪底水库拦沙初期泥沙输移及河床变形研究[J]. 水利学报,38(9):1085-1089.

[294] 张俊华,陈书奎,马怀宝,等,等,2011. 小浪底水库拦沙运用初期水沙特性及冲淤演变[R]. 黄河水利科学研究院报告.

[295] 张俊华,陈书奎,王严平,等. 2000. 小浪底水库 2000 年运用方案库区动床模型试验研究[J]. 人民黄河,22(8):36-37.

[296] 张俊华,等. 2016. 小浪底水库拦门沙坎形成机理及恢复措施研究[R]. 黄河水利科学研究院科研报告.

[297] 张俊华,马怀宝,王婷,等. 2013. 小浪底水库支流倒灌与淤积形态模型试验[J]. 水利水电科技进展,33(2):1-4.

[298] 张俊华,张红武,等. 2002. 黄河小浪底水库运用初期库区淤积过程数值模拟研究[J]. 水利学报,(7):110-115.

[299] 张俊勇,陈立,张春燕,等. 2005. 支流入汇对汉江中下游的影响[J]. 武汉大学学报(工学版),38

(1):53-57.
[300] 张瑞瑾. 1989. 河流泥沙动力学[M]. 北京:水利电力出版社.
[301] 张小峰,姚志坚,陆俊卿. 2011. 分层水库异重流试验[J]. 武汉大学学报(工学版),44(4):409-413.
[302] 张燕菁,张世奇,陈金荣. 2003. 官厅水库妫水河口拦门沙疏浚的数值模拟研究[J]. 泥沙研究,(1):45-51.
[303] 张永征,李树森,李建平. 2010. 小浪底水库异重流潜入点特性分析[J]. 人民黄河,(12):77-78.
[304] 张志昌,赵莹. 2015. 矩形明渠水跃段沿程和局部水头损失的计算[J]. 水力发电学报,34(11):88-94.
[305] 赵琴,李嘉. 2012. 浑水异重流潜入理论模型及影响因素研究[J]. 泥沙研究,(1):58-62.
[306] 中国科学院水利电力部水利水电科学研究院河渠研究所编. 范家骅等. 1959. 异重流的研究和应用[M]. 北京:水利电力出版社.
[307] 中国水利学会泥沙专业委员会. 1992. 泥沙手册[M]. 北京:中国环境科学出版社.
[308] 朱鹏程. 1981. 异重流的形成与衰减[J]. 水利学报,(5):54-61.
[309] 朱素会,耿胜安,王德军. 2011. 小浪底水库异重流潜入点区特性分析[J]. 华北水利水电学院学报,(2):23-25.